高等土力学原理

赵成刚　刘　艳　李　舰　　主编
尹振宇　蔡国庆

清华大学出版社
北京交通大学出版社
·北京·

内 容 简 介

本书是用于岩土工程专业研究生教学的高等土力学教材，该书仅涉及土力学基础理论方面的内容。土力学原理包括两方面的内容：土质学和土力学，土质学的内容在目前高等土力学教材中好像成了被遗忘的角色。与国内其他教材相比，本书的特点是深入和广泛。深入需要读者阅读时自己去比较和体会；广泛是指包括一些其他高等土力学教材没有的内容，如土质学、临界状态土力学和非饱和土力学等。本书上篇适合于博士研究生的教学（也可供工程地质专业的研究生参考），下篇适合于硕士研究生的教学。

本书也为土力学理论的研究者提供了土力学方面必要的基础性知识，使研究者能够夯实基础，站在巨人的肩膀上，继续前行。

本书可供岩土工程、工程地质、土木工程、水利工程、铁道工程、公路工程等专业的研究生、教师及研究和技术人员参考。

图书在版编目（CIP）数据

高等土力学原理 / 赵成刚等主编. —北京：北京交通大学出版社 ：清华大学出版社，2023.6

ISBN 978-7-5121-4941-0

Ⅰ．① 高…　Ⅱ．① 赵…　Ⅲ．① 土力学–高等学校–教材　Ⅳ．① TU43

中国国家版本馆 CIP 数据核字（2023）第 068797 号

高等土力学原理
GAODENG TULIXUE YUANLI

责任编辑：严慧明

出版发行：清 华 大 学 出 版 社　　邮编：100084　　电话：010-62776969
　　　　　北京交通大学出版社　　邮编：100044　　电话：010-51686414
印　刷　者：北京鑫海金澳胶印有限公司
经　　　销：全国新华书店
开　　　本：185 mm×260 mm　　印张：46　　字数：1178 千字
版 印 次：2023 年 6 月第 1 版　　2023 年 6 月第 1 次印刷
定　　　价：115.00 元

前　　言

为何要编写这本书，这是每一位严肃、认真、负责任的编者都需要认真考虑的问题。国内较早的、用于研究生高等土力学教学的书有：黄文熙等人（1983）编写的《土的工程性质》，钱家欢、殷宗泽（1980）编写的《土工原理与计算》，以及后来龚晓南（1996）、李广信（2004，2016）、谢定义等（2008）一批学者出版的《高等土力学》，并且已经有了十来个版本。

国内高等土力学的教学受到黄文熙等人（1983）编写的《土的工程性质》，钱家欢、殷宗泽（1980）编写的《土工原理与计算》，李广信等人（2004，2016）编写的《高等土力学》的影响较大，对岩土专业研究生的培养产生了良好和重要的作用，为提高研究生的培养水平做出了卓越贡献。在高等土力学相关教材已经有了很多个版本的情况下，为何还要再编写一本？这是需要本书编者认真回答的问题。

这主要是由于目前此类教材虽然各有特色和优点，但从总体上来看，存在以下不足（个人看法）：

（1）缺少土的成分、形成、结构、工程性质方面较为深入的内容，而这方面的内容对于土力学的研究者和高水平的工程师是至关重要的。Terzaghi 和 Peck（1948）编写的经典教材《工程实用土力学》中就有近四分之一的篇幅论述这部分内容。我认为有必要在教材中深入介绍这部分内容。

（2）缺少深入介绍现代土力学中具有里程碑意义的成果，即临界状态土力学的内容。在已有高等土力学相关教材中，多数仅介绍临界状态土力学中的剑桥模型，而对其中所涉及的关于土体剪切变形的一些基本性质、概念和内容则介绍得不够，也不深入，缺少必要的内容。这就导致国内岩土专业的研究生的知识体系中缺少这方面的内容，落后于国际土力学理论的现有水平。

（3）缺少非饱和土力学的内容。非饱和土力学在最近 30 多年间取得了很多研究成果，值得介绍。虽然有些高等土力学相关教材也零散地介绍过一些非饱和土力学的内容，但缺乏完整性和系统性。另外，如果土力学中没有非饱和土力学的内容，那么这门学科是不完整的（可能有些作者认为，这部分内容需要另外专门讨论）。原因很简单，除了饱和土之外，还有到处都存在的非饱和土；而作为内容完整的高等土力学教材，不介绍非饱和土力学，总是有所欠缺的。

另外，一个不引人注意，但非常基础而重要的问题是：为何将土这样一种疏松、离散和黏结力很弱的矿物颗粒及其周围充满液体和气体的混合堆积物，用连续介质力学理论进行描述和分析，而这样做的理由和适用条件为何？一般高等土力学教材都没有讨论过这样的问题。此外，如何选择变量描述土的力学性质和行为？表征体元（或土力学中称之为土样）应该具有哪些基本特征？有效应力原理的本质和局限性为何？对这些基础而重要的问题，一般高等土力学教材中极少论述过。为此我认为有必要出版一本新的高等土力学教材，该教材应该包括这些基础性内容。另外，本书与现有的高等土力学教材在很多方面都具有不同之处，用心的读者从书中自能体会到。这就是出版这本《高等土力学原理》的动机和意义。

为弥补上述不足，我在近 30 年的土力学教学实践中，一直注意补充相关的教学内容和材料。作为高校教师，出版高水平、高质量的教材是我义不容辞的责任和义务。在完成了本科生教材《土力学原理》第 2 版的编写后，我就开始着手编写研究生教材《高等土力学原理》。

编写本书的目的是：为培养土力学方面功底和基础扎实、理解深入的优秀研究生提供必要的基础理论方面的教材。

有很多人也许会说，这本书的内容太宽泛，对我没有直接的用途，对我所从事的研究或工程也没有直接的关系。既然如此，为何还要学习这本书？

我的回答是，这要看你想走多远，想达到何种水平、高度和境界。如果你仅想做一名普通、平庸的工程师或研究者，可以不去理会本书所讲述的内容。但对于具有更高要求的人来说，就需要对土力学现有知识具有更加广泛而深入的了解，这就需要深层次地理解和体会本书所涉及的内容，强化一些土的微观机理、形成历史和结构方面的知识（这些内容对认识和理解土的宏观行为所产生的原因和机理是非常重要的），增强对土的基本性质及其力学描述（临界状态土力学）的认识和理解，这些知识都是土力学中的基础性知识，只有掌握了它们，才能更好地从事土力学的科学研究或处理好与土相关的工程问题。并且只有掌握了已有的知识，站在巨人的肩膀上，才能取得更大的进步和成功。如果你对土力学理论存在的局限性，影响土的强度、变形、渗流行为的因素和机理（包括微观机理）都不了解，又何谈解决与土相关的问题？

本书是对已有土力学知识的一个综合和系统性的介绍，是一本教材，而不是一本学术专著。所以书中所介绍的内容（除了第 7 章部分内容外），绝大部分是别人提出的研究成果，而我自己的研究成果介绍得很少。但我深信本书是一本有特色的高等土力学教材，它也反映了我对土力学知识的整体性把握及个人的认识和理解。与一般高等土力学教材相比，本书的一个特点是：其内容较为基础、丰富、系统和深入，它不只提供了土力学中力学方面的经典内容（这是一般高等土力学教材介绍的内容），并且还包含了临界状态土力学的内容。另外，本书还介绍了影响土的力学性质和行为的其他方面的内容，如土中物理化学的作用和影响、土的结构的作用等。而这方面的内容对土力学将来的发展具有重要的意义。原因是土的宏观力学性质和行为的研究已经较为深入了（与微观研究相比），而这些其他内容所涵盖的影响因素（对土的力学行为有时会具有决定性的作用和影响）在现有土力学的理论和模型中却很少得到考虑和反映，不得不说，目前的土力学理论是有很大的局限性和不足的。例如，目前的强度和变形模型中很少有反映土的结构性影响的。物理化学、土的结构等内容对研究者和工程师深入认识及理解土的行为也是至关重要的。应该承认，我的这种认识得益于 Mitchell 和 Soga（2005）的著作 *Fundamentals of soil behavior*，本书中的很多内容就取材于该书。另外，实际上我本人对化学和物理化学的内容并不熟悉，而这部分内容却是认识和描述土的微观性质的基础，所以迫不得已，我不得不勉为其难地转述别人的描述，其中必然会存在不当之处，希望读者体谅。

好的教材要求作者具有深厚的学识和宽广的视野，能够在总体上把握整个学科的内容和发展方向，需要作者花费足够多的时间和精力去思考写什么、如何写及达到何种程度等。为追求更好并满足上述要求，需要投入的时间和精力可能是非常巨大的。但人的生命是有限的，所以需要有确定的程度和深度的要求，以及具体的编写目标和计划。另外，一本教材无论多么优秀，肯定会存在缺点和不足，并且随着时间的推移，它也必将会逐渐过时。

关于本书的定名。实际上，最初我把本书定名为《理论土力学》，其副标题为"为研究生和研究者使用的理论土力学基础"。这种定名的原因是本书仅论述了土力学的理论部分，而基本没有涉及土力学的应用。但以《理论土力学》定名的土力学书籍已经有两本了，并且均出自名家，其中一本为土力学的奠基人 Terzaghi（1943）所撰写，而另一本为沈珠江院士（2000）所撰写。所以若再以《理论土力学》作为本书的书名，有重复和不自量力之嫌。考虑前后继承和延续，我把这本书作为此前本科生教材《土力学原理》的后续教材，并称之为《高等土力学原理》。这样的定名既能够反映前后的继承、延续、拓广和深入，也能够表达其内容仅涉及基本原理的情况。这一定名还有一个好处，就是能够表示与其他高等土力学教材的区别。《高等土力学原理》上篇的内容是北京交通大学岩土工程专业博士生学位课的教学内容；下篇的大部分内容是北京交通大学岩土工程专业硕士生学位课的教学内容。这两篇内容反映了北京交通大学土力学专业的教学特色。关于本书的内容，有人建议加入土动力学和土的击实特性等内容，但考虑到这些内容比较专业和特殊，不属于土的基础性质，所以我没有将其纳入到本书中。

在本书编写期间，我已经处于半退休或退休状态，所以有足够的时间和精力投入到本书的编写工作中。经过长达 20 多年的思考、收集材料和 5 年的具体编写，以及其他诸位编者的共同努力，我终于在今年完成了《高等土力学原理》的编写工作，也完成了对本专业所期望和许诺的最后一件重要的事情。希望本书的出版和使用，可以提高我国岩土专业研究生土力学基础理论方面的培养水平，并盼望接近或达到国际近一二十年的培养水平，缩短土力学基础理论培养方面与国际先进国家培养水平的差距。当然这只是我个人的目标和愿望，能否实现有待将来教学实践的检验。限于编者的能力和学识有限，书中存在缺点和不足也是必然的，希望读者提出批评和指正，以利于本书将来的进一步修订。

本书第 1 至 11 章由赵成刚编写，第 12、14 章由刘艳编写，第 15、16 章由李舰、蔡国庆编写，第 13 章由香港理工大学尹振宇编写；最后由赵成刚、刘艳、李舰统编。除了香港理工大学尹振宇外，其余编者都是北京交通大学的教师。另外，本书的校对工作得到了博士生苏彦林和米明昊的帮助。

本书得到北京交通大学出版基金的资助，对此表示感谢。另外，在编写 10.14.3 节时，得到了姚仰平、周安楠教授的帮助；在与宋二祥教授对总应力表示的三轴固结不排水强度公式的讨论中，受益匪浅，并改正了式（11.29）的表述；在编写本书的过程中与韦昌富教授和孙德安教授进行过有益的讨论，并获得了建议和帮助。在此对上述老朋友的帮助表示由衷的感谢。

赵成刚

2022 年 10 月于北京交通大学新园

重要参考文献

　　将重要的参考文献单独拿出来，并按其重要程度排序，其目的就是想表明，这些文献对本书的重要性和影响的程度。本书中的很多内容都直接取材于这些重要文献，从某种意义上可以说，没有这些文献也就不会有本书。所以，在此对这些文献的作者表示由衷的感谢和敬意。

(1) MITCHELL J K, SOGA K, 2005. Fundamentals of soil behavior. 3rd ed. New York: John Wiley & Sons, Inc.

(2) ATKINSON J H, BRANSBY P L, 1978. The mechanics of soils：an introduction to critical state soil mechanics. London: McGraw-Hill.

(3) ATKINSON J H, 2007. The mechanics of soils and foundations. 2nd ed. USA: Taylor & Francis.

(4) BIAREZ J, HICHER P Y，1994. 尹振宇，姚仰平，译，2014. 试验土力学. 上海：同济大学出版社.

(5) ROSCOE K H, BURLAND J B, 1968. On the generalized stress-strain behavior of wet clay. Cambridge: Engineering Plasticity: 535–609.

(6) 高国瑞. 2013. 近代土质学. 2 版. 北京：科学出版社.

(7) 姚仰平，罗汀，侯伟，2018. 土的本构关系. 2版. 北京：人民交通出版社股份有限公司.

(8) WHITMAN R V, 1960. Some considerations and data regarding the shear strength of clays // Research Conference on Shear Strength of Cohesive Soil: 581–614.

目　　录

下 篇

1 绪 论

空中楼阁只是一种梦幻，现实当中各种结构物都建于岩土体中。就连海洋平台，其基础也是处于水下岩土材料的地层中。人类生活中所接触的地表面多数都是土体，各种结构物多数也是修建于土体中。因此，土的强度、变形和渗流就会对土体中的各种结构物的设计、修建、运营和维护产生重要影响。所以对于土的强度、变形和渗流的认识和把握就极为重要，而土的强度、变形和渗流正好就是土力学研究、分析和描述的主要对象。

土力学是研究和分析土体在荷载和周围环境作用下，土体中产生或存在的应力、应变、强度和稳定性及渗流问题的一门学问。

研究土力学有两个目的：一是揭示土的各种行为和性质及它们随时间发展、变化的客观规律；二是为岩土工程的勘察、设计、施工和维护提供理论分析的工具。

1.1 土力学理论发展的简单概述

1.1.1 Terzaghi 时代的经典土力学

1925 年以前，人们一直采用工程力学的方法分析土的力学行为。当时关于土力学的理论有达西渗流定律、库仑强度理论、土压力理论，但用这些理论进行分析时，都采用了总应力，而有效应力在当时还没有被发现，由此难以取得好的分析和预测结果。工程师们在处理土的工程问题时，主要依赖于工程经验。依靠经验的工程师们成功修建了很多知名建筑物。但工程经验通常不是普遍适用的，依靠经验也出现了一些失误。所以，直到 1925 年，工程师们都一直需要一种理论工具，以便于更好地、科学地分析和处理所遇到的土的变形和强度问题，有时还有渗流问题，由此导致以 Terzaghi（太沙基）为标志的经典土力学的出现和发展（我们把 Terzaghi 以前的土力学理论称为古典土力学理论）。自从 Terzaghi（1925）出版第一本土力学书以后，土力学才逐渐成为一门独立和系统的学科。下面通过古德曼的著作《工程艺术大师：卡尔·太沙基》来简单回顾 Terzaghi 创建土力学理论的过程。

在创建土力学理论的过程中，Terzaghi 在 1919 年 3 月 17 日的日记中写道："理论是一种语言，人们可以通过这种语言把汲取的经验清楚地表达出来。如果没有理论，比如在土建工程中，就无法将零碎的知识片段整合起来，构建成完整的体系。"这就意味着，需要通过实验定量地确定土体的性状，从而在应用工程学中采用合理、系统、科学的方法取代工程中的臆测和经验。

1920 年末，Terzaghi 总结了自己的研究收获，将"4 年的研究成果写在了 12 页纸上"。"他已经理解了固结仪中的黏土在逐步加载过程中会出现压缩延迟的原因。在'黏土的水力平衡'这一节中，他写道：'在外部压力的作用下，如果黏土内部各处的含水量处处与之相等，则该黏土处于水力平衡状态。'在固结仪中每一步加载后，黏土中的含水量将会减小，最终会达到一个终值，并处于平衡状态。'然而由于黏土的渗透率较小，要达到水力平衡会非常缓慢'。"

"1923 年 10 月初，探索的喜悦再度降临。当时他正在整理土力学的新体系，将其撰写成书稿。这本书叫 *Erdbaumechanik auf bodenphysikalischer Grundlage*，大致可以翻译为《基于土体物理性质的土工力学》。他现在完全明白了，黏土外部压力的增加会导致黏土内部孔隙水压力同幅度的瞬间增加。在孔隙水压力开始消散前，土颗粒间的接触压力不会增加。假设土体的孔隙水压力值为 u，外部压力大小为 p，只有 $p-u$ 的值才是土颗粒间相互作用力的有效值。他称这个量为'作用在黏土固相上的压力'，这也就是如今所谓的'有效应力'。"

土力学的基本要求之一就是如何理解和应用这种有效应力（也称为有效应力原理），它是土力学的奠基性原理。"如何随时、随地预测有效应力"正是 Terzaghi 下一步想要解决的问题。他很清楚这个过程的物理机理。外压力的增加会导致饱和土孔隙水压力的瞬间增加。由此形成的孔隙水压力梯度驱动孔隙水向外排出，导致黏土含水量减少，土体压缩。但是由于黏土渗透率很小，这个过程需要很长时间。并且，Terzaghi 想用公式来表示这个物理过程，但却一直没有取得进展，直到他开始研究热传导数学方面的书籍。热传导的数学理论点醒了他，他将问题简化，并推导出了微分方程，这与著名的固体中热流随时间传导的扩散方程完全类似。Terzaghi 为人熟知的"一维固结"理论就是扩散方程的另一种应用，只是用水压力代替了温度。随后，土力学理论得到了迅速发展。

由于土力学的迅速发展并取得成功，Terzaghi 于 1948 年在 Rotterdam 召开的第 2 届世界土力学与基础工程大会所做的报告中充满自信地指出，"土力学于 1936 年就已经创建了描述理想土性质的理论，并给工程师们提供了一系列的理论概念和方法，它们已经涵盖了土的工程性质和行为中所有重要方面"。目前很多重大土木工程的建设都要用土力学理论进行分析和预测。土力学已经成为土木工程建设、运行和维护中不可缺少的理论分析工具。

1925—1963 年，土力学处于 Terzaghi 时代，本书称这一时代的土力学为经典土力学。这个时代，在 Terzaghi 的带领下，土力学理论得到了不断发展和进步。Terzaghi 为土力学的发展和应用做出了巨大的贡献，因此，Terzaghi 是公认的土力学的奠基人。作为土力学的研究者，不但要学习 Terzaghi 创立的经典土力学的理论，而且更要学习 Terzaghi 创立土力学理论时所独具的、不畏惧各种不利的环境和困难、一往直前的创新精神。从《工程艺术大师：卡尔·太沙基》一书中可以清楚地看到这种精神。这种精神将激励土力学的学者不断进取、创新，使土力学理论不断向前发展和完善。

1.1.2　现代土力学的发展

土力学理论的发展有两个重要阶段：一个阶段是以 Terzaghi 为标志的经典土力学发展的阶段；另一个阶段是以 Roscoe 的剑桥学派为代表的现代土力学开始发展的阶段。

Terzaghi 经典土力学理论的局限性有以下几点：

（1）土力学基本上是以线弹性理论和刚塑性理论为基础的；

（2）土力学将土体的变形和强度（包括稳定性）作为两个独立的问题分别进行模拟和分析；

（3）将剪切变形和体积变形作为两种变形，分别进行分析和研究；

（4）变形计算本质上是一维的；

（5）缺少科学性、系统性和严密性。

受到 Terzaghi 经典土力学理论的深刻影响，并清醒地看到这一土力学理论所具有的局限性，以 Roscoe 为代表的剑桥学派于 1958、1963、1968 年（Roscoe et al.，1958；Roscoe et al.，1963；Roscoe et al.，1968；Schofeild et al.，1968）建立了临界状态土力学理论。这一理论不再是一些经验公式的集合，它提供了一个理论框架，将饱和土的一些重要特征和行为，如剪切性质、体积变化、强度、膨胀和屈服、临界状态、弹-塑性变形等，通过统一和一致的方式整合在一起，深化了土力学的知识和认识；并将土力学拓展成为一门可以处理二维和三维的工程问题（此前土力学的变形理论主要是一维的）的理论。而临界状态土力学的理论基础是塑性力学理论，因此与此前 Terzaghi 时代的经典土力学相比，临界状态土力学具有更好的科学性和严密性，它也更像一门系统的、前后一致的科学了。

但临界状态土力学的发展仍然没有从根本上改变土力学理论预测不准确和误差非常大的状况，并且土力学的科学、统一的理论基础（如渗流和力学行为的统一的理论基础）仍有待于发展和研究。

1.1.3　土力学理论仍然需要发展和变革

随着人类社会的不断发展和进步，人们所面临的工程问题越来越复杂，土力学所要处理的问题也更加宽广、复杂和多变。土力学遇到了前所未有的问题和困难，例如：分析和处理非饱和土的问题；开挖隧道出现涌水时的稳定性问题；土的动力与液化问题；冻融对路基沉降的影响；高速铁路路基长期的沉降、变形分析与控制；核废料的处置；气候的变化（降雨和蒸发等）对边坡稳定的影响；油、气的开采对地基沉降的影响；垃圾填埋场的分析与处理；废水和污染物扩散和运移；力和孔隙水流动耦合作用的数学描述；溶解、弱化和风化作用对岩土体的作用和影响；CO_2 的封存等。这些问题都是 Terzaghi 时代没有遇到或难以处理，而目前又迫切需要解决的问题。这些工程问题对土力学提出了严峻的挑战。

通常土力学理论的发展有两个推动力，即实际工程的需要和土力学理论内在发展的需要。前面给出的问题是实际工程需要解决的一些问题，它们为土力学理论的发展提供了推动力。

作为一门科学理论本身的需要，土力学应该发展成为一门严密、没有矛盾、前后一致的理论，并且仅用土力学理论就能够较为准确地预测土的力学行为，这是土力学理论内在发展的需要，也是其成熟的标志。为此需要研究：① 如何建立科学、严密的土力学理论；② 如何减少这一理论预测的不确定性，并努力使其成为较为精确和成熟的理论。刘艳、赵成刚（2016）针对第一个问题进行了初步探讨；赵成刚等（2018）针对第二个问题进行了讨论，本书将在 1.3 和 1.4 节继续讨论第二个问题。针对这两个方面及前述实践中遇到的工程问题，土力学理论的研究者还需要不断努力地研究和探索，使土力学的理论达到较为成熟的水平。

1.2　土的工程性质和特点

土的工程性质主要是指土的变形、强度和渗流的性质。从力学的角度，工程师主要关注土的变形和强度问题。除了第 15 章主要讨论土的渗流问题以外，本书其他章节主要关注土的变形和强度问题。

本科生教材《土力学原理》（赵成刚 等，2017）中，已经论述了土的工程性质的 4 个基本特征：① 碎散性；② 空间和时间的不均匀性或变异性；③ 三相体；④ 敏感性与易变性。编者在深入学习土力学的时候，就不断地思考：土的碎散性及其三相构成为何成了土的易变性和敏感性的基础，而土的易变性和敏感性又是如何影响土力学理论预测的不确定性呢？思考的结果是，土的碎散性和三相构成使土不同于其他材料。首先，碎散性和三相构成导致土成为一种碎散颗粒的沉积物，其中碎散颗粒之间的黏结力较弱（与混凝土相比），并由此形成了一种以摩擦性为主的颗粒沉积材料，它的强度和刚度取决于颗粒之间联结的强度和刚度，而不取决于颗粒本身的强度和刚度。其次，由于土颗粒之间的黏结力较弱，导致液-固-气各相的相互作用与这种颗粒之间的黏结作用的大小相近，不可忽略，并且这种相互作用可能就是黏结作用的一部分，如毛细作用、水中盐分不同浓度的结晶作用、双电层作用等物理-化学作用。关键是液-固-气各相的相互作用与外界的各种影响因素直接相关，由此使得土体成为一种易变性材料（这种易变性主要是指土的强度和变形性质的易变性），导致土的工程性质对很多外界因素都很敏感，如外界温度、湿度、地下水的迁移、荷载等的作用。与其他建筑材料（如钢材、砖石、混凝土等）相比，土是一种对很多外界因素都很敏感的易变性材料。也就是说，土的强度和变形性质对很多外界因素和作用（包括荷载或力）都很敏感。已有的研究表明，**土的工程性质与这些外界因素和作用的关系一般都是非线性的。**由于土的易变性、多相性及其对很多外界因素和作用的敏感性，并且其性质变化一般都是非线性的等原因，导致土是一种非常复杂的、难以用简单的一、两个变量和模型就可以进行较为精确定量描述的材料。

通过第 2 章将会了解到，土是由各方面差距（指物理-化学性质和形状差距）都很大且大小尺寸不同的颗粒组成的，并且土是由长期的地质作用自然形成的，土的各种性质是会随着时间的推移而变化的。即，土是由大小尺寸不同的颗粒自然集聚在一起的三相（固-液-气相）沉积物。土颗粒材料的一个重要特征是其颗粒本身的抵抗拉、压、剪、扭的强度远大于其颗粒之间接触黏结的抗拉、压、剪、扭的强度，即颗黏之间的黏结强度很弱（与其他建筑材料相比），所以导致土与其他材料不同。在普通外力作用下由于压力不太大（在深度不大的土层），一般不会压碎土颗粒或土颗粒之间相互切入到其内部，所以土颗粒之间只能够产生相互之间的相对位移和错动；也就是说，颗粒之间相互接触作用面上只有剪切作用力才会使颗粒之间产生相对位移和错动，而该面上的垂直压力只会增大摩擦作用。土的刚度取决于颗粒之间抵抗相互错动力（剪切力）的能力（摩擦力），土的强度取决于颗粒之间发生较大相互错动时的摩擦作用力。由此，通常假定土是一种摩擦性材料。

摩擦性材料具有一些其他材料所没有的性质，例如它的强度和刚度和土骨架应力（沿着颗粒接触点或接触面而传播的应力）直接相关，由此产生所谓的压硬性。土的体积变化取决于土体内孔隙体积的变化（这里忽略了土颗粒和水自身的体积变化，因为与总体积变化相比，它们所占比例非常小）。而土体内孔隙体积要想变化，则需要颗粒之间产生相互移动才能够做到。颗粒移动需要克服颗粒连接处的摩擦力，而这种摩擦力需要进一步做以下讨论。

（1）它们作用于颗粒之间的接触点或接触面处，有时也称之为粒间应力。

（2）它是沿土颗粒之间的接触点或接触面而传递的应力，有时也称这种传递的应力（经过平均化后而形成的）为宏观土骨架应力。

（3）颗粒之间连接处摩擦力的大小取决于颗粒之间的摩擦系数和压应力的大小。

（4）颗粒之间连接处摩擦力的大小还取决于颗粒之间孔隙的大小。这是由于相同土颗粒系统在同样应力作用下，孔隙越小，则颗粒之间的接触点和接触面积也越大，其约束就越大，而克服这些约束并产生移动需要更大的驱动力，这实质上也是增加了摩擦力。这些摩擦力的增大会导致土颗粒之间不宜产生移动，由此会产生两种结果：① 土的刚度增大；② 土的强度增大。这就是所谓的摩擦材料的压硬性。

土骨架应力被称为有效应力，就是基于土的摩擦特性而建立并定义的。

土的压硬性包括以下内容（根据上述第（4）项）：① 土承受的压力越大，其刚度越大；② 土承受的压力越大，其强度越大。

1.3 土力学理论的特点（预测的不确定性）

事实上，Terzaghi 所创建的土力学理论到目前为止仍然是一门半科学、半经验的学科。之所以这样说，主要是基于以下原因。

（1）土力学是一门简单的、实用的近似理论。

土的力学性质很复杂。目前已经知道，土的力学性质受到很多因素的控制和影响（这可以从本书上篇的讨论而得知）。土力学理论为了便于分析和处理，采用了非常简化的方法，通常仅采用少数一、两个变量（如把有效应力作为一个变量）进行建模、分析和处理。由此导致目前土力学理论不能考虑很多具有重要影响的因素（如土的结构），并使土力学的预测结果产生误差和不确定性。

（2）土力学不是一门完善、严密、系统、前后一致的科学理论。

Terzaghi 在他的代表性著作 *Theoretical soil mechanics* 的序言中说道：For the author, theoretical soil mechanics never was an end in itself. Most of his efforts have been devoted to the digest of field experiences and to the development of the technique of the application of our knowledge of the physical properties of soils to practical problems. Even his theoretical investigations have been made exclusively for the purpose of clarifying some practical issues. Therefore this book conspicuously lacks the qualities which the author admires in the works of competent specialists in the general field of applied mechanics. （对于著者来说，《理论土力学》一书并不是最终的结束。著者的努力几乎都致力于消化和理解场地经验及建立或发展一种把土的物理性质的知识用于实际问题的技术。甚至著者的理论研究和考察的目的也仅仅是澄清某些实践中的问题。因此这本书明显地缺少著者本人所欣赏的一般应用力学领域的杰出专家所写的书的质量。）这里所说的缺少的质量，是指该书缺少一般力学著作的严密性、科学性和系统性的质量。工程师不像力学家和数学家讲究系统性、科学性、严密性和精确性，他们采用完全实用主义的方法，建立工程中能够方便使用的土力学理论。

土力学理论的这种不严密性及一些不完善的假定，经常受到其他力学学科的学者的诟病。理论研究离不开假定。可以不夸张地说，没有假定就不会有理论。土力学中经常会采用一些与实际情况相差很大的假定，例如：沉降计算时，用弹性理论分析应力，而沉降变形计算的结果却是塑性的、不可恢复的沉降（弹性计算结果与塑性变形情况不一致）；在承载力、土压力和稳定性计算时，将土体假定为理想弹塑性体，即没有失稳时土是刚体，一旦失稳时它就变成了理想塑性体（与实际变形情况不一致）；在固结理论推导中用线弹性本构关系，但其固结理论预测的变形却是不可恢复的（线弹性本构关系与固结的不可恢复的变形结果不一致）。另外，Terzaghi 固结理论假定荷载是一次施加上，且此后不随时间变化（实际荷载是逐渐加上去的）；假定渗流、变形和强度之间无直接联系，渗流、强度与变形的理论是根据不同的假定分别建立的；土力学中各理论和模型之间缺少有机和统一的理论基础；经验公式和方法还随处可见等。**但假设是对复杂事物的一种简化**，只要能在一定范围内使用这种简化假设，由此建立的理论就会有生命力。

（3）土力学理论预测结果的误差和不确定性非常大。

与其他建筑结构（钢结构、混凝土结构、砖石结构等）理论的预测结果相比，土力学理论的预测结果的不确定性要大很多。产生这种情况的原因是：理论过于简化，并且采用了许多与实际情况相差很大的假定；土的边界条件（尤其是排水条件）难以准确地确定；通过实验确定的参数难以反映现场的真实情况等。因此，本质上说，目前土力学理论所得到的结果，最多也仅能对实际情况做粗略的大致估计，其精度很差，不确定性也非常大。

（4）经验和技艺具有重要作用。

土力学理论预测的结果与实际情况存在非常大的误差和不确定性，所以在这门学科中经验和工程判断起着非常重要的作用，而工程师的经验和技艺在处理岩土工程问题中发挥了重要的，有时是决定性的作用。

我们发现如下现象：通常在一门学科中，工程经验和技艺的作用和科学理论的作用成反比关系，即科学所起的作用和占有的比重越大，工程经验和技艺的作用就越小。人类土木工程的实践表明：土力学诞生之前，岩土工程完全依靠经验和技艺；土力学诞生之后，随着学科的不断发展，科学理论所起的作用也越来越大。另外，采用科学理论（如土力学理论）对工程问题进行分析和处理，一般也会减小这种依靠经验处理工程问题所带来的不确定性。面对这种状况，一方面，在应用中要积累更多的经验，培养和提高处理工程问题的技艺和水平；另一方面，也要促使土力学和岩土工程学科的理论不断向前发展，并且期望最后也和其他学科一样达到成熟的水平，即仅利用科学理论就能够较为准确地预测土的行为，这也是土力学研究者所追求的目标。

1.3.1　土力学理论描述的简单性要求

前面的讨论已经表明，土是易变和敏感的，所以影响其变形和强度的因素和变量有很多，并且关系很复杂。试图在一个模型中精确定量地描述土所具有的各方面的力学性质和行为通常是徒劳无益的。这是因为目前对土的认识水平和测试手段还远不能满足建立这种精确、定量理论的需求。因此从实际应用出发，考虑实用性，要求建立尽可能简单的模型。一个简单的、实用的、好的数学模型通常需要满足以下 4 个要求（赵成刚 等，2018）：

（1）忽略次要特征和因素；

（2）选择尽可能少的变量，这些变量应该能够描述需要考虑的最重要的一些影响因素和特征，并满足工程要求的精度；

（3）尽可能地满足科学性的要求；

（4）尽可能地简单、实用。

在土力学中，这样建立的简单模型不可能描述土所具有的广泛的、各方面的力学性质和行为，它的适用范围是有限的，所以在处理不同工程问题时需要选用不同的模型。但工程处理的好与坏，不完全依赖于所采用的理论或模型（这主要是理论的局限性），它还依赖于工程经验和工程判断能力。

岩土工程中最经常遇到的土的问题是土的强度和变形问题，而如何认识和描述土的强度和变形的性质就成为土力学理论研究中的重中之重。目前为了简化，通常所建立的强度和变形模型仅采用有效应力作为其唯一控制变量，并建立了相应的关系方程。有少数理论略复杂些，除了有效应力外，还采用了其他的少数几个变量，如比体积（Atkinson et al.，1978）、状态参量（Been et al.，1985）等，以便于能够更好地描述土的实际行为。总体上来说，土力学理论还是一种非常简化的理论，这也是工程应用的要求，但其缺点是其预测结果具有非常大的不确定性。

1.3.2　土力学理论不确定性的来源

编者在第一次阅读 Whitman 于 1960 年在美国 Colorado 举办的著名的黏土剪切强度会议上发表的文章（Whitman，1960）的中文译文时，对原本深信不疑的有效应力原理产生了质疑，第一次认识到有效应力原理也存在局限性。文中说道："我们还必须认识到：① 有效应力和抗剪强度之间的关系不是单一的；② 很多问题中，难以比较精确地预测有效应力将来的变化。以上两点实质上就是有效应力原理的缺陷。第一点告诉我们，想要精确地测定强度，除了考虑有效应力外，还得考虑其他影响因素。因此，应该非常谨慎地阐述有效应力原理，使读者能够清楚地理解这一原理的确切含义及其缺点。"另外，他还指出，莫尔−库仑抗剪强度有效应力表达式 τ_f 好像唯一地取决于 σ'_{ii}，事实远不是这样的，影响 τ_f 的因素还有许多。一种比较全面的表达式为

$$\tau_f = f(\sigma'_{ii}, e, t, H, S, E, S_r, F, C) \tag{1.1}$$

式中，τ_f 为破坏时刻的剪应力；σ'_{ii} 为剪切破坏面上的有效压应力；e 为破坏时的孔隙比；t 为时间；H 为应力历史；S 为土的结构；E 为环境作用；S_r 为饱和度；F 为土的生成条件；C 为毛细张力。当然不能直接用式（1.1）来计算抗剪强度，式（1.1）的意义在于它指出了抗剪强度的性质是相当复杂的。

在 Whitman 的启发下，编者认识到，有效应力不是影响强度的唯一因素，还有很多其他重要因素，并且是不可忽略的。如果忽略这些重要因素的影响就会产生较大的误差，并导致所建立的模型的预测结果具有非常大的不确定性。这种情况是理论不完备产生的不确定性，即因理论不能完整地反映多种重要因素的影响而产生的误差和不确定性。

另外编者提出并认为：这种情况不仅是针对强度的，对土的变形情况也是如此。因为，强度仅是土的整个变形过程的特殊点或特殊阶段，所以对强度有影响的因素也必然会对变形产生影响。只不过这些影响因素在变形过程中可能会变化，在不同变形阶段，这些影响因素的作用也会不同。由于变形过程的描述需要更加细致和复杂，对变形影响的因素也必然会更多和更加复杂，但至少应该相同。根据这一认识，在式（1.1）的基础上又增添了一些新的影响因素，提出了强度和变形的表达式为

$$\tau_f = f(\sigma_{ii}, u_w, u_a, e, D_c, \dot{L}, T, H, P, S, C, A, S_r, F, t, c, E, \cdots) \tag{1.2}$$

$$\varepsilon_{ij} = f'(\sigma_{ij}, u_w, u_a, e, D_c, \dot{L}, T, H, P, S, C, A, S_r, F, t, c, E, \cdots) \tag{1.3}$$

式中，σ_{ij} 为总应力，u_w 为孔隙水压，u_a 为孔隙气压，D_c 为排水条件，$\dot{L}$ 为加载速率，A 为吸附或其他物理−化学作用（Action），T 为温度作用，P 为应力路径，c 为土的矿物成分和构成的影响。这些影响因素并不都是独立的，此处把它们尽可能多地罗列出来是想表示影响因素很多。另外，这些影响因素与强度和应变的函数关系也是未知的。

人们正确地认识到有效应力的影响最大，而采用有效应力作为唯一的独立变量，可以满足 1.3.1 节中简单性的要求，所以得到了较为简单的强度和变形的表达式为

$$\tau_f = f(\sigma'_{ij}); \qquad \varepsilon_{ij} = f'(\sigma'_{ij}) \tag{1.4}$$

式中，σ'_{ij} 为有效应力。把式（1.4）第一个方程等号右侧的函数 f 取为线性关系，则得到用有

效应力表达的莫尔-库仑强度公式；式（1.4）第二个方程为一般性的应力-应变方程的表达式。纵观整个土力学研究的历史，主要就是围绕着式（1.4）中的两个关系而展开（渗流除外）。也就是说，把主要研究精力用于如何建立式（1.4）中的两个关系。

把式（1.4）与式（1.2）和式（1.3）相比，可以看出，式（1.4）仅考虑了有效应力的影响，而忽略了很多其他因素的影响。忽略其他因素的影响，不等于它们不存在，它们必然会表现出其影响的。所以，式（1.4）的预测结果就会具有很大的误差，由此导致其预测结果具有非常大的不确定性。以前很少有人采用对比式（1.4）与式（1.2）和式（1.3）的方式进行分析和比较研究，并用以阐明不确定性的来源。关于土力学理论预测的误差和不确定性到底有多大？1.3.3 节中将就此进行讨论。

1.3.3 土力学理论的误差和不确定性的讨论

1. 沉降变形预测的不确定性

Duncan（1993）在 ASCE 第 27 届 Terzaghi 讲座的报告中给出了 2 个关于沉降变形的工程实例，说明了沉降变形预测的误差和不确定性。

第一个例子是美国旧金山 Bay Farm 岛的一个建筑工程。该建筑工程场地在 1880 年前是受到潮汐影响的 6～15 m 厚度的淤泥场地，出于商业和居住的目的，1967 年开始开发该区域，在该区域的淤泥场地吹填砂厚 2.5～6 m。1969—1979 年的沉降监测表明：① 该区域沉降很大，1979 年已经出现 2 m 的沉降；② 沉降是不均匀的，1979 年测量到的沉降从 1 m 多到 2 m 多，其沉降差是明显的。1979 年沉降仍然在继续。开发商要想在该区域开发和建筑房屋必须要估计房屋浅基础的最大不均匀沉降，即要估计将要建设建筑物的 23 m 长的方形场地的最大不均匀沉降。开发商雇用了 2 个岩土工程公司（A 和 B 公司）对这一场地最大不均匀沉降进行了预测和评估。最初，A 公司预测的不均匀沉降为大于 300 mm，B 公司预测的不均匀沉降为大于 30 mm。由于 A 和 B 公司的预测结果相差很大（相差 10 倍），难以确定采用哪个公司的预测结果进行设计。为此开发商进行协调，协调后给出修正的结果为：A 公司预测不均匀沉降小于 250 mm，B 公司预测不均匀沉降小于 50 mm。两个公司预测的结果仍然相差很大（相差 5 倍），难以进行设计。最后，开发商请求 Duncan 教授对这一场地最大不均匀沉降进行预测和评估，Duncan 教授最后预测的不均匀沉降为 100 mm。到 1992 年该场地的实际不均匀沉降为 45～60 mm。

第二个例子是日本大阪关西国际机场的建设工程。该机场坐落在人工岛上，由于是回填场地，因此可以预见其沉降必然很大。机场于 1987 年开始填海建设，1994 年开始运营。设计时，机场寿命期的地表沉降是需要考虑的重要因素。1986 年设计机场时所给出的预估沉降见表 1.1。由于实际监测的沉降值与预估值相差很大（图 1.1）。1990 年根据实际监测的数据，设计和研究人员对原计算模型进行了调整，给出了新的预估沉降值（见表 1.2）。表 1.1 和表 1.2 中 50 年后预估的总沉降分别为 8 m 和 11.6 m，它们相差 3.6 m 和 1.4 倍。图 1.1 还给出了到 1990 年的实际监测的数据。Duncan 进一步指出：针对洪积黏土沉降速率，1990 年预估值是 1986 年预估值的 36 倍。

表 1.1　1986 年之后 50 年沉降的预估值（Duncan，1993）

地层	预估沉降值/m
冲积黏土	6.5
洪积黏土	1.5
总计	8

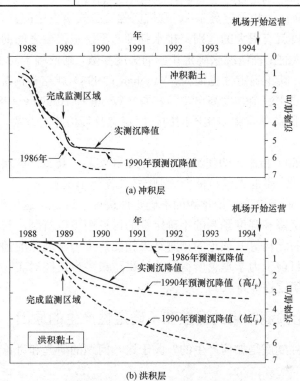

(a) 冲积层

(b) 洪积层

图 1.1　关西机场观测沉降和预测沉降（Duncan，1993）

表 1.2　1990 年之后 50 年沉降的预估值（Duncan，1993）

地层	预估沉降值/m
冲积黏土	5.5
洪积黏土	5.5
填土	0.6
总计	11.6

2. 强度理论预测的不确定性

Wroth 等人（1985）在第 11 届国际土力学和基础工程大会的主题报告中指出，在获取了一些 London 黏土的土样后，每一直径为 100 mm 的土样都被加工成为直径为 38 mm 的三轴试样，以具有相同地质历史的 3 个试样为一组，这 3 个试样在不同围压下进行固结，然后再进行常规三轴排水压缩实验。每一组实验可以得到相应的破坏包线，并可确定一对排水强度参数（c'，ϕ）。总共有 14 组强度参数实验数据，它们具有相当大的离散性：ϕ 在 16.2° 到

$25.0°$ 之间变化，平均值为 $21.2°$，其最大和最小摩擦系数相差 1.6 倍；c' 在 6.9 kN/m^2 到 56.2 kN/m^2 之间剧烈变化，平均值为 30.8 kN/m^2，其最大和最小值相差 8.1 倍。这里还仅仅涉及了试验结果中存在的误差和不确定性，当然这种不确定性也与采用了莫尔–库仑抗剪强度理论有关，即莫尔–库仑抗剪强度理论过于简单（仅考虑了应力变化的影响，而忽略了其他影响），并导致其中强度参数（c'，ϕ'）产生了很大的误差和不确定性。当然还可能有其他因素也会对这种误差和不确定性产生影响，参考 1.3.4 节。

另外，还存在如何认识和确定莫尔–库仑抗剪强度公式所表达的具体强度含义这一问题。例如，峰值和残余强度就有很大的区别，排水强度与不排水强度之间的差别也很大。在实际工程中，如何根据具体的工程情况来确定相应的强度参数，则依赖于对土的工程性质的认识、工程经验及工程判断，其不确定性也很大。Vaughan（1994）就这种情况进行了一些讨论，他指出，峰值强度有时要比残余强度高出 1 倍左右（Wroth 和 Houlsby 1985 年在讨论残余强度时也有同样的结论）。因此工程中采用不同的强度定义及其相应的参数，所获得的强度预测结果会有很大的差距。

另外，Gibbs（1960）指出，即使经过认真准备和实验，其土样的实验抗剪强度结果仍然存在一定的误差，有些产生的误差可能会大到 5%（甚至 10%）。

Vaughan（1994）还就渗流理论预测的不确定性进行了讨论，这里不再赘述。

从上述关于变形沉降和强度预测的不确定性的讨论中可以看到，与其他建筑结构（钢结构、混凝土结构、砖石结构等）理论的预测结果相比，土力学理论的预测结果的不确定性要大很多。本质上说，目前土力学理论所得到的结果，最多也仅能对实际情况做粗略的大致估计，其精度很差，不确定性非常大。

1.3.4 土力学理论预测结果的误差和不确定性产生的原因

这么大的不确定性到底是如何产生的？关于这一问题的研究和讨论并不多见，而这正是本节讨论的问题。

编者提出并认为，从理论本身考虑，主要有 3 个原因。

（1）土力学理论过于简化。由于受客观条件和理论发展水平的限制，目前土力学理论只能考虑很少几个变量和重要因素的影响，而忽略了一些重要并具有很大影响的因素（如土的结构因素），导致现有的土力学理论是一门非常简化的理论。

（2）采用了和实际情况相差很大的一些假定。例如 1.3 节开始所讨论的：沉降计算时，用弹性理论分析应力，而沉降变形计算的结果却是塑性的、不可恢复的沉降；在承载力、土压力和稳定性计算时，将土体假定为理想弹塑性体，即没有失稳时土是刚体，一旦失稳时它就变成了理想塑性体；在固结理论推导中用线弹性本构关系，但其固结理论预测的变形却是不可恢复的；Terzaghi 固结理论假定荷载是一次施加上的，并且此后不随时间变化等。

（3）采用的理论模型与实际情况有差别，如一维或二维模型与三维实际情况的差别等。

另外，外界环境和客观条件变化所产生的不确定性及实验所产生的误差，有以下几种。

（1）场地的边界条件难以准确地确定，如静力平衡时的排水条件，动力问题中边界处能量的散射与动应力等。实际场地的排水条件是随位置（如深度）和季节而变化的，由此采用排水或不排水条件仅仅是两种极端的情况，而处于其中间的实际情况只能靠经验进行评估和判断。

（2）实验室中的土样与实际场地土有差别（如结构和相互作用的差别）。

（3）土的性质随空间和时间而变化，但理论模型没有考虑。

（4）实验结果本身具有误差（实验仪器及人为的实验和实施方法所带来的误差）。

（5）选用的参数与实际情况有偏差。

如果想要减小土力学理论预测的不确定性，就必须针对上述原因进行深入的分析和研究，以便于建立不确定性更小的模型，或给出减小不确定性的方法（如改进现有的仪器和实验方法或采用现场实验），并使土力学理论更好地向前发展，而不是盲目地认为，这种不确定性是不可避免的，就不再想办法去从理论上解决或减小这种不确定性。

1.4　从更加宽广的视角发展现有的土力学理论

科学理论总是沿着从简单到复杂的道路发展，土力学理论也是如此。例如，首先是基于 Terzaghi 有效应力原理，简单的饱和土力学在 1925—1960 年得到迅速的发展；1960 年以后，略微复杂一些的土的本构模型和强度理论得到了发展；与此同时，较为复杂的非饱和土力学也得到了迅速发展。

随着社会的发展，土力学面临的问题也更加复杂和多变。因此要求土力学理论能够采用、分析和处理的变量也将会更多、更复杂。

目前，由于计算机和有限元等数值方法的发展，土力学数值求解的方法和计算能力已经优先于土力学理论本身的发展。这表明，土力学已经具备了分析和处理更多、更复杂变量的计算和求解能力。

接下来，土力学理论的发展不能依靠还是仅采用有效应力这一个变量来研究和处理问题，而应该考虑增加 1～2 个变量甚至更多的变量，以便于分析和处理更为复杂的工程问题，**实际上在非饱和土力学的研究中已经这样做了**。下面将介绍一些研究，这些研究除了采用有效应力外，又增加了 1～2 个变量，建立了相应的模型，这些模型对土的工程性质具有较好的描述能力。

1.4.1　增加一个变量所建立的模型

Roscoe 等（1958，1963，1968）基于三维轴对称情况中有效应力（q, p'）和比体积 v，并针对正常固结黏土建立了剑桥模型，但用同样的方法分析砂土时却遇到了困难和问题。例如，同一地点和同一深度取到 2 个砂样，并重塑成 2 个具有不同孔隙比的砂样，采用同样的实验方法和施加相同的荷载，这 2 个砂样却得到不同的响应。其中疏松砂样的响应是压缩，而密实砂样的响应则是膨胀。即砂土的体积变化与有效应力之间的关系不具有唯一性。所以如何统一描述整个不同孔隙比范围和应力水平作用下砂土的响应，是当时研究者所关注的问题（蔡正银 等，2007）。Li 等（2000）通过增加了一个描述砂土剪胀、剪缩变化趋势的状态参量，解决了这一问题，建立了可以统一描述整个不同密度范围和应力水平作用下砂土的本构模型。该模型可以较好地描述具有不同密实程度的砂土在较大应力水平作用下砂土的变形过程和行为。由此可以看到必要时增加一个变量或状态参量的好处。

另外，在经典的挡土墙理论分析中，主动土压力和被动土压力是两种特殊情况，它们反映了挡土墙土压力的两个极限值。而实际挡土墙的土压力处于这两个极限压力之间。人们通过长期的实践发现，实际挡土墙的土压力与挡墙的位移密切相关。Terzaghi 在 1917—1919 年的研究中（Goodman，1999）认识到，库仑和兰金在理论推导的过程中，都忽略了土体和墙体的变形问题。很显然，土体变形对于土压力的结果至关重要，因为挡土墙和墙后土体之间的相互作用取决于两者之间的相对运动。因此，挡墙位移对于实际存在的土压力的计算显得尤为重要。徐日庆、龚慈、魏刚（2005）将位移量作为内摩擦角 ϕ_m 及外摩擦角 δ_m 的修正参数；宋飞、张建民（2011）将位移量作为内摩擦角 ϕ 的修正参数，他们对挡土墙的土压力计算方法进行了修正。这两种方法虽然反映了挡土墙位移的影响，但不是将其作为独立变量处理的。卢国胜（2004）将挡墙位移作为土压力 P 的修正参数，其结果是将挡墙位移作为独立变量进行考虑的。由这些研究可以了解到，在挡土墙土压力的计算模型中增加挡墙的位移量，可以较好地反映挡土墙实际存在的土压力情况。

1.4.2　非饱和土中单应力变量与双应力变量的比较

在非饱和土强度理论中，采用单变量有效应力，其强度可表示为（谢定义，2015）

$$\tau_f = c + [\sigma - u_a + \chi(u_a - u_w)]\tan\phi \tag{1.5}$$

式中，τ_f, σ 分别表示某一剪切平面上的剪切强度和正压力，中括号内就是非饱和土力学中的 Bishop（1959）有效应力

$$\sigma'_{ij} = \sigma_{ij} - u_a\delta_{ij} + \chi(u_a - u_w)\delta_{ij} \tag{1.6}$$

采用双变量，即净应力 $(\sigma - u_a)$ 和 $(u_a - u_w)$，非饱和土强度可表示为（谢定义，2015）

$$\tau_f = c + (\sigma - u_a)\tan\phi + (u_a - u_w)\tan\phi^b \tag{1.7}$$

式（1.5）和式（1.7）是 2 种不同形式的表述，其中，c, ϕ 是通过实验得到的凝聚力和摩擦角，ϕ^b 是非饱和土实验中吸力作用所对应的摩擦。式（1.7）右侧的最右项是吸力或毛细作用影响项，它可以视作为凝聚力而并入到 c 中。

在式（1.7）右侧第 3 项与式（1.5）中对应项 $\chi(u_a - u_w)\tan\phi$ 中，有 2 方面不同。① 其物理意义完全不同。式（1.5）中 $\chi(u_a - u_w)$ 是作为有效应力的一部分，它对强度的影响是作为有效应力而施加其上的，它反映的是摩擦作用的影响。② 式（1.7）右侧第 3 项中 $(u_a - u_w)$ 是可以独立变化的量，而不受有效应力公式的约束，它反映了毛细作用的影响，并可以并入到凝聚力中去。

值得注意的是，式（1.7）中的 $\tan\phi^b$ 是独立变量吸力 $(u_a - u_w)$ 对强度的影响系数，它是可以独立、方便地包含毛细或吸附作用中饱和度的影响，例如它可以表示为 $\tan\phi^b = s_r\tan\phi'$。而式（1.5）中的 $\tan\phi$ 却不能这样处理，因为它是有效应力对应的摩擦系数，其物理意义和表达方式已经确定了它不是吸力对应的系数，物理意义不一样，对强度的影响也就不一样。由此表明采用 2 个变量与单个变量的不同，以及采用 2 个变量的优越之处。而采用 2 个变量分析变形问题时，可以更好地体现这种方便、灵活和优越之处，这里不再赘述。

1.4.3　提倡用多个因素（多场）作用的观点研究和描述土的行为

在经典理论框架下所进行的研究难以突破该理论的束缚，对经典理论的不足和局限性也很难有全面和深入的认识。只有跳出经典理论的框架，摆脱其影响，以更加宽广的视角重新审视经典理论，才会对其不足和局限性有全面和深入的理解和认识。目前关于有效应力原理的讨论多数是在经典土力学的框架下进行的，因此难有新的认识。我们意在从更加宽广的视角重新审视有效应力原理，即研究者不但要注意有效应力的影响（当然这肯定是正确的），还需换一个视角，考虑其他更多因素作为独立变量。另外，工程实践也要求土力学考虑更多因

素变化的影响，如冻土地区温度的变化，核废料处置中的温度、渗流、污染物扩散等，需要发展和建立新的理论和模型。

这些更多因素或变量的变化会改变原有变形和强度的关系，如低饱和度与高饱和度情况下土的变形和强度关系就有很大的不同。从多个因素（多场）作用的视角审视原有的土力学问题，会产生很多新的问题和知识增长点，会拓宽和加深对原有问题的认识和理解。从多个因素（多场）作用的角度研究土的变形和强度，即把不同的影响因素作为独立变量（或独立的场量）处理，而不再是等效、简化为有效应力而作为单相的力学问题处理。如渗流作用下土的变形和强度问题，向上渗流与向下渗流就有很大差别，并且不同密实程度和级配的砂土在渗流作用下其力学行为也有很大差别。现有的理论仅能做一个大致的估计，与实际情况相差很大。而采用液-固 2 场理论进行研究和建模就会更加科学和准确。这样做还可以考虑多变量或多场之间的耦合作用。显然，从多变量或多场的角度研究土的变形和强度问题是更加完备、更加科学的方法。

通过有效应力把非饱和土三相耦合问题转化或等效为单相连续介质的力学问题，这种方法仅能处理平衡问题；一旦遇到不平衡问题，就难以处理了。如当土中存在液-气的流动时，饱和度会发生变化，这种情况下必须对变形和渗流分别处理。也就是说，需要把液体的流动变化作为独立变量考虑进来，并需要增加相应的微分方程进行分析，而不能再按有效应力变量中的参数或内变量来考虑。

也许有人会问，变量是否越多越好？我们的回答是：变量多，不一定就好。请不要忘记，增加一个变量，就大大地增加了数学和物理描述及求解的复杂性和难度，另外相应的参数也会获取困难。因此，在满足精度的要求下，变量越少越好。

有人认为，从多变量或多场的角度研究土的变形和强度是把简单的问题复杂化。编者认为，科学的认识和研究总是从简单到复杂。如果总是停留在简单的土力学理论上，不再前进，土力学理论就难有实质性进展，这不符合科学发展的规律。

思 考 题

1. 为何提倡用多场或多个因素作用的观点研究和描述土的行为？这样做有何意义和好处？
2. Terzaghi 经典土力学理论有哪些局限性？
3. 土的摩擦力有何特征？
4. 土力学理论有哪些特点？
5. 为何要求土力学理论简单、实用？
6. 土力学理论的不确定性是如何产生的？试着给出一些例子。

上　篇

2　土的形成

岩土工程中所处理和遇到的地质材料的范围是非常巨大的,从密实、坚固、巨大的岩石到碎石、砂、粉土、黏土、富含有机物质的软土等。它们可以具有变化范围很宽的含水率和密实程度。不同类型的土可以在任何场地中存在,它们之间存在差异巨大的工程性质。土的矿物构成可以在几毫米的范围内发生变化。

为了认识和理解某一沉积土层的性质,应该了解它是由什么材料组成的,它是如何到达目前状态的,经过哪些过程,将来会如何变化。这就要求考虑岩石和土的风化、土的侵蚀和搬运,沉积层的沉积过程和沉积后的变化。本章就讨论这些问题,主要参考臧秀平主编的《工程地质》。

2.1　地壳的构造

地球内部位于莫霍面以上的部分,即地球本身最外一圈,称为地壳,它由岩石组成,其表面凸凹不平。地壳又可分为大陆地壳和海洋地壳两种,大陆地壳覆盖了 29.2% 的地球表面。地壳厚薄不等,大约在 5～70 km 之间变化。大陆地壳的厚度大约为 30～40 km,我国青藏高原地区最厚达 70 km。海洋地壳的厚度相对薄一些,平均厚度为 6 km,最厚处也只有 8 km。土体存在于地壳的表面层,它最深可以达到几百米。

地壳底部的温度为 1 200 ℃,地壳表面与其底面间平均每 30 m 存在 1 ℃ 的温差。在某些特殊区域,例如近期有新的地壳运动(造山运动、断层错动、火山喷发),其温度变化速率为每 100 m 存在 20 ℃ 的温差。这些特殊区域也是人们关注的区域,因为它们是自然灾害(地震、滑坡、火山喷发)发生的潜在区域,但也是可利用热能的潜在区域。

当具有高温熔融的岩浆从下部向上移动时,冷却的速率对所形成的岩石结晶结构具有重要影响。高温熔岩在冷却时,其原子热能也会降低,原子的运动就慢下来,并在这一过程中会力图取得最小自由能的位置。如果冷却过程是缓慢的,那么产生的矿物结晶体就大,所产生的特殊晶格结构取决于熔岩的元素成分。通常熔岩冷却的速度越快,形成的晶体就越小。这是因为形成最小自由能位置的排列时间被减少。例如,火山喷发时高温熔岩冷却的速度非常迅速,以至于在熔岩凝固前还没来得及形成结晶结构,而此时所形成的火山灰物质基本上是无定形物质。

当高温熔岩达到其结晶温度时,就达到了其结晶体最强的电化学稳定性。而当熔岩温度低于结晶温度时,其形成的物质结构的稳定性就降低。例如,橄榄石是岩浆在极高温度下结晶形成的,因此它是最不稳定的火成岩之一。岩浆冷却时,土的矿物质可以形成或保存下来,也可以在低一些的温度下逐渐产生化学作用,并形成其他矿物质。Bowen 在图 2.1 中给出了硅酸盐矿物(温度从底层 1 200 ℃ 开始降低,直到地表常温层)结晶系列图示。

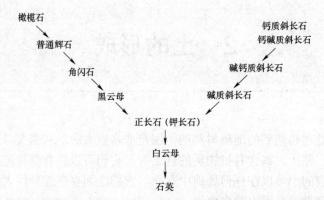

图 2.1　Bowen 的矿物稳定性反应系列（图中越往下的矿物越稳定）

根据地壳组成物质的差异，又可将地壳分为两层，上层叫硅铝层，下层叫硅镁层（图 2.2）。

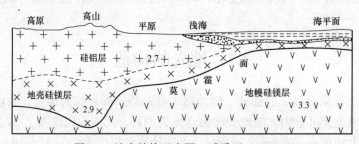

图 2.2　地壳结构示意图（臧秀平，2004）

硅铝层又称花岗岩质层，包括沉积岩层和花岗岩层。前者指分布于地壳表层的未固结或已固结的各种沉积岩。该层是地球外力作用最显著的地带，物质组成极为多样，构造形态和地貌形态也非常复杂。花岗岩层是指平均化学组分和花岗岩成分相似的一层，所以用分布最广的花岗岩为代表。硅铝层在地壳上部不连续分布，厚 0～22 km，在陆地上较厚，在海洋底部较薄或缺失，该层的化学成分以 Si、Al 为主，密度较小，平均为 2.7 g/cm³，压力小，放射性高。

硅镁层又称玄武岩质层，因为它的平均化学组分和玄武岩相似，所以用分布最广的玄武岩为代表。硅镁层是硅铝层下面位于地壳下部的成连续分布的一层，以莫霍面为下界，厚度在各地不等，大陆地区厚度可达 30 km，在海洋底部则仅厚 5～8 km。该层化学成分 Mg，Fe 相对增多，密度为 2.7～2.9 g/cm³，压力可达 9 000 MPa，温度在 1 000 ℃以上。

大陆地壳和海洋地壳有很多不同之处。大陆地壳的厚度较大，在玄武岩层之上有很厚的沉积岩层（有些地方缺乏）和花岗岩层，即双层结构（图 2.2）；而海洋地壳的厚度较小，在玄武岩层之上只有很薄的或者根本没有花岗岩层，大部分是单层结构。地壳厚度的差异和花岗岩层的不连续分布形成地壳结构的主要特点。由于地壳的物质在水平和垂直方向的不均匀性，在地球内部的能量作用（主要有地内热能、重力能、地球旋转能、化学能和结晶能等）之下，势必导致地壳经常进行物质的重新分配和调整（物质移动），并导致地壳的运动。

2.2　地壳的物质组成

无论是地壳的上层——花岗岩质层，或是地壳的下层——玄武岩质层，都是由多种类型的岩石组成的。岩石是在各种不同地质作用下所产生的、由一种或多种矿物有规律地组合而成的矿物集合体。按照成因，可将构成地壳的岩石归纳起来分为岩浆岩、沉积岩和变质岩三大类。

岩浆岩（或称为火成岩）是火山喷发时，从地壳深部喷出的大量炽热气体和熔融物质，这些熔融物质就是岩浆。岩浆具有很高的温度（800~1 300 ℃）和很大的压力（大约在几百兆帕以上）。它从地壳深部向上侵入过程中，有的在地下即冷凝结晶成岩石，叫侵入岩；有的在喷射或溢出地表后才冷凝成岩石，叫喷出岩。这些由岩浆冷凝、固结而成的岩石通称岩浆岩。

沉积岩是指由地壳上原有的岩石遭风化、剥蚀作用而破坏所形成的各种松散物质和溶解于水的化合物质经搬运、沉积和成岩作用而形成的层状岩石。此外，还有一些是由火山喷出的碎屑物质和由生物遗体组成的特殊沉积岩。沉积岩分布很广，占大陆面积的 3/4 左右。沉积岩是在地壳表面常温常压条件下形成的，故在物质成分、结构构造、产状等方面都不同于岩浆岩，它具有自己的特征。

变质岩是已有的岩浆岩或沉积岩在高温、高压及其他因素作用下，矿物成分、结构构造方面发生质变而形成的新岩石，这种变了质的岩石称变质岩。由岩浆岩变质的叫正变质岩，由沉积岩变质的叫副变质岩。变质岩无论岩性或工程地质性质，都与原岩有些共同点，但又有巨大的差别。

通常在 2 000 m 以内，所见到的岩石 75%为次生岩（沉积岩、变质岩），25%为火成岩。岩石是由许多细小的颗粒组成的，这些细小的颗粒就是矿物。岩石是矿物的集合体，它可由单种矿物组成，也可由多种矿物组成。通过对矿物进行化学分析，便可发现它是由各种自然元素或自然化合物组成的。例如，金刚石是由一种自然元素 C 组成的，石英是由 Si 和 O 两种元素形成的化合物组成的等。由此可见，地壳是由岩石组成的，岩石是由矿物组成的，矿物是由化学元素或自然化合物组成的，因此，化学元素是组成地壳的基本物质。

地壳上层（花岗岩质层）基本的化学元素组成为：O 为 47.3%，Si 为 27.7%，Al 为 7.8%，Fe 为 4.5%，Ca 为 3.5%，Na 为 2.5%，K 为 2.5%，Mg 为 2.2%，Ti 为 0.5%，H 为 0.2%，C 为 0.2%。Si、Al、O 是土中最常见的化学元素。

2.3　地质循环作用

在整个地质期，地壳表面受到 4 种过程的作用：剥蚀过程、沉积过程、成岩过程和地壳的构造运动过程。这些过程在地壳中不断地、无休止地、循环进行着。这些地质循环作用过程可以用图 2.3 表示。

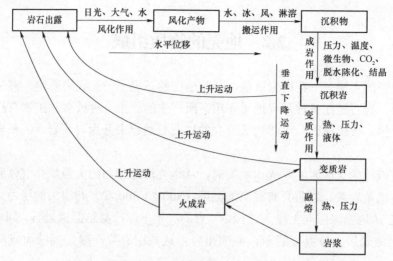

图 2.3　地质循环作用过程示意图（高国瑞，2013）

剥蚀过程包括形成地壳表层土体的所有过程。它们有：冰川作用、山崩、滑坡、地质破碎体的移动、雪崩或崩塌的破碎和运移、风和水流的磨噬和运移过程及物理、化学、生物风化的过程。其中最重要的是各种风化和运移作用。风化作用使地表岩体发生机械破损和分裂及化学变化，形成岩石破碎物和次生矿物。其中有一部分溶解于水中，赋存于地表或地下水中。除了残留在原处的岩石破碎物和次生矿物外，其余都由各种地质营力从一个地区运移到另一个地区。运移过程中还会发生进一步的风化。风化作用与剥蚀作用的主要区别是：风化作用是使岩石破坏后改变其形状，而剥蚀作用是破坏并转移物体从而改变其面貌。另外，风化会极大地加强剥蚀作用，进而改变地形、地貌。

沉积过程通常定义为沉积物质在地表温度及大气压力下以成层方式进行堆积或形成的过程，包括沉积物埋藏以前（成岩作用开始以前）自风化、搬运以至堆积的全过程。

2.3.1　成岩过程

成岩过程是指，疏松沉积物经过一定的物理、化学、生物化学及其他的变化和改造（如水分挤出、孔隙率减小、密度加大、胶结、重结晶、化学成分变化形成新矿物等），变成沉积岩的作用和过程。成岩作用是沉积岩形成的最后阶段。沉积物的成岩作用是很复杂的，主要包括以下几个方面。

（1）成岩过程的压实作用。由于上覆沉积物逐渐增厚，压力也不断增大，因此，沉积物中的附着水逐渐排出，颗粒间的孔隙减少，体积缩小，颗粒之间的联结力增强，进而使沉积物固结、变硬，这就是压实作用（compaction）。压实作用是黏土沉积物成岩作用的主要方式，如新鲜的黏土沉积物孔隙度可达 80%，压实成页岩后孔隙度可减少至 20%甚至更小。随着压力的增大，温度也增加。在温度和压力作用之下，沉积物不仅排出颗粒之间的附着水，而且许多含水胶体和含水矿物也会产生失水作用而变为新矿物。例如，蛋白石变为玉髓，褐铁矿变为赤铁矿，石膏变为硬石膏等。矿物失水也可引起沉积物体积收缩现象。

（2）成岩过程的胶结作用。填充在沉积物孔隙中的矿物质将分散的颗粒黏结在一起称为胶结作用（cementation）。最常见的胶结物质成分是硅质、钙质、铁质、黏土质等。这些物质是与沉积物同时形成的，或者是在成岩过程中形成的新矿物，也可以是后来由地下水带来物沉淀的。胶结作用是碎屑沉积物成岩作用的主要方式，如砾石和砂被胶结后形成砾岩和砂岩。

（3）成岩过程的重结晶作用。沉积物受温度和压力影响重新结晶，使非结晶物质变成结晶物质，使细粒结晶物质变成粗粒结晶物质，这个过程称为重结晶作用（recrystallization）。一般而言，颗粒细、易溶解的沉积物容易产生重结晶作用。重结晶后，沉积物孔隙减少，密度增大，形成坚硬岩石。重结晶作用是各类化学沉积物和生物化学沉积物成岩作用的主要方式。

另外，当各种风化剥蚀物质被搬运到新环境中沉积时，常常随着环境特点（如气候干湿变化、氧化还原条件等）的改变而发生变化，形成新的矿物或新的矿物组合，如还原环境可以使高价化合物转变为低价化合物等。因此，在成岩作用过程中，不仅沉积物的物理特征会发生变化，而且其化学成分也可通过氧化作用、还原作用、置换作用等发生改变。

沉积岩形成后还将发生一些变化。沉积岩形成以后，到风化作用和变质作用以前，这一漫长阶段发生的变化称为后生作用（epidiagenesis）。后生作用方式主要有胶体陈化、重结晶作用、淋溶和溶解作用、水化作用、压溶作用、结核作用。

成岩作用和后生作用阶段的一些作用可使岩石（或沉积物）中的孔隙率降低，另一些作用使岩石中的孔隙率增加。因此，成岩作用和后生作用对油气储集和油气开发起着重要的作用，是石油地质学及开发地质学研究的重要内容之一。

2.3.2 地壳的构造运动过程

沉积岩大多数是在广阔的海洋和巨大的湖泊中形成的，起初都是水平的。这些水平的岩层都是按老的在下、新的在上，一层覆盖一层地分布于地壳之中。因此，通常越在下面的岩层，其地质年代就越久远。但通常岩层中多数都不是水平的，而是出现了各种各样的变化，有的发生了倾斜，有的变弯曲了，有的形成了断裂，也有的产生了错动。这就是说，沉积岩层的原始形态发生了改变。是什么原因促使产生了这种改变呢？是地壳运动，也称为构造运动。

地壳运动是指由地球内力所引起的地壳内部物质缓慢变化的机械运动。它使地球表面海陆发生变化，并使岩层发生变形和变位，形成各种不同形态的岩层。

地壳运动分为水平运动和垂直运动。水平运动是指地壳的物质沿平行于地球表面方向的运动，这种运动使地壳受到挤压、拉伸或平移甚至旋转。垂直运动是指地壳的物质沿垂直于地球表面方向的运动，即地壳上升或下降。它主要引起海洋和陆地的变化及地势高低的改变。

从地壳的某一地区或其演化的某一阶段看，可以是以水平运动为主，也可以是以垂直运动为主，但从全球规模和地壳发展的整个历史看，无论是大陆地壳还是海洋地壳，有越来越多的证据说明，水平或近于水平的运动是主导的，垂直运动是由水平运动派生出来的。

由于地壳运动，岩石原有的空间位置和形态发生改变。岩层由水平变为倾斜或弯曲，连续的岩层被断开或错动，完整的岩体被破碎等，这种原生的形态和位置的改变，称为构造变形，变形的产物称为地质构造。最常见的地质构造为褶皱和断裂。

褶皱：岩层的弯曲称为褶皱，褶皱的基本类型是背斜与向斜。背斜在形态上是向上拱的弯曲，中心部分为老地层，两翼岩层依次渐新。向斜是中部向下弯曲，中心部分为新地层，两翼岩层依次渐老。褶皱中，背斜与向斜常常是并存、相依的。当然，背斜的上凸及向斜的下凹，并不一定与地形的高低一致，背斜可以形成山，也可以是低地；向斜可以是低地，但也可以构成山岭。

断裂：岩石在受力作用后，当应力超过岩石的强度极限时，岩石就要发生破裂，沿破裂面两侧岩体会发生显著相对位移的断裂构造称为断层。断层的规模大小不等，大者沿走向延伸可达上千千米，向下可切穿地壳，由许多断层组成时，可称为断裂带；小者位移仅几厘米。被错开的两部分岩体沿着滑动的破裂面叫作断层面，断层面可呈水平的、倾斜的或直立的，以倾斜的最多。断层面两侧相对移动的岩块称为断盘。断层面以上的断盘叫上盘，断层面以下的断盘叫下盘。断盘沿断裂面相对错开的距离叫断距。上盘相对下降，下盘相对上升的断层为正断层；上盘相对上升，下盘相对下降的断层为逆断层；两盘沿断层面走向相对水平移动的断层为平移断层。

地壳表面千姿百态的地表形态，都是地壳运动的结果。引起地壳及其表面形态不断发生变化的作用，就是地质作用。地质作用按其能量来源，可分为内力作用和外力作用。

内力作用： 内力作用的能量来自地球本身，主要是地球内部的热能，它表现为地壳运动、岩浆活动、变质作用等。

外力作用： 外力作用的能量来自地球外部，主要是太阳能。

内力作用形成地表形态的"粗毛坯"，外力作用则不断地把"粗毛坯"进行再塑造，使地表形态更加丰富多彩。外力作用的表现形式有风化、侵蚀、搬运、沉积和固结成岩作用等。地表岩石在风化作用下不断发生崩解、破碎和化学破坏。风化作用的结果是使坚硬的岩石变成松散的碎屑状风化物。风化物残留在地表形成风化壳。在风化作用基础上，流水、风、冰川和生物等外力对地表进行侵蚀破坏作用。风化侵蚀的产物，经过外力搬运作用离开原来的位置，随着流速降低、风力减小或冰川融化等，这些物质又在某一地表处沉积下来。在侵蚀-沉积过程中，形成各种各样的侵蚀、堆积地貌。

流水作用： 流水的作用强大而普遍。流水侵蚀使地面变得崎岖。坡面水流冲刷地面，并且下切形成沟谷；水流汇集，使沟谷不断发育，沟谷加宽、加深。瀑布、峡谷就是河流侵蚀作用的强烈表现。我国的黄土高原，由于黄土岩性疏松，再加上地表植被多遭破坏，流水侵蚀严重，造成千沟万壑的地表形态。流水在搬运途中，由于流速降低，所携带的物质便沉积起来。山区河流流出山口，大量碎石和泥沙在山前堆积，形成山麓冲积扇；河流中下游地区，泥沙淤积，则形成宽广的冲积平原和河口三角洲。

风力作用： 在干旱地区，风扬起沙石，吹蚀地表，形成风蚀沟谷、风蚀洼地等。地表沙尘和碎屑被风力侵蚀搬走，常形成大片的戈壁和裸岩荒漠。风在搬运途中，当风力减小或气流受阻时，便导致风沙堆积，形成沙丘、沙垄等风积地貌。它们成为沙漠地区基本的地表形态。一些颗粒细小的粉沙尘土，被风挟带到更远的地方才沉落，因而在沙漠的外缘常形成黄土堆积，如我国的黄土高原。

地质作用引起的地壳物质的循环运动，不断改变着地球的表面形态。内力作用使地表隆起或拗陷，形成高山或盆地；外力作用则把高山削低，把盆地填平。在内、外力共同作用下，形成了地球上高低起伏的地表形态，并且由此分别产生了各种不同的自然环境特征。例如，在海陆两大地貌单元的基础上，全球便有了海洋环境和陆地环境的分化；陆地表面从高山、高原、平原、盆地的分布格局，到阴坡、阳坡的差异，又在不同的尺度上引起地理环境进一步分化，从而使陆地环境更加丰富多彩。

地表形态就是在内、外力相互作用下不断地发展、变化着。地质作用，有些进行得很迅速、很激烈，如地震、火山喷发、山崩、泥石流等，它可以在瞬间发生，使地面产生剧变，并往往造成自然灾害；有些则进行得十分缓慢，不易被人们觉察，但年长日久，却会使地表形态发生较为显著的变化。在漫长的地质时期，许多大山被夷平了，许多大海被填平了。今天地球上最雄伟高大的喜马拉雅山脉和"世界屋脊"青藏高原，在几千万年前还是一片汪洋大海。

2.3.3 地层系统和地质年代表

如前所述，越在下面的岩层，其地质年代就越久远。地质年代分为太古代、元古代、古生代、中生代和新生代，每一代还分几个纪，每个纪中又分几个世。地层系统和地质年代相适应，分别称为界、系、统。例如，古生代二叠纪形成的地层称为古生界二叠系。表 2.1 为地层系统和地质年代表。

表 2.1　地层系统和地质年代表（臧秀平，2004）

界（代）	系（纪）	统（世）	符号	经历时间/Ma	距今时间/Ma	地壳运动	主要生物
新生界（代）Kz	第四系（纪）Q	全新统 上更新统 中更新统 下更新统	Q_4 Q_3 Q_2 Q_1	2～3	2～3	喜马拉雅运动	人类时代
	第三系（纪）R	晚第三系（纪）上新世 中新世	N_2 N_1	67～68			兽类时代
		早第三系（纪）渐新世 始新世 古新世	E_3 E_2 E_1		70	燕山运动	
中生界（代）Mz	白垩系（纪）K	上白垩统（世） 下白垩统（世）	K_2 K_1	55			爬行动物恐龙的时代
	侏罗系（纪）J	上侏罗统（世） 中侏罗统（世） 下侏罗统（世）	J_3 J_2 J_1	55			
	三叠系（纪）T	上三叠统（世） 中三叠统（世） 下三叠统（世）	T_3 T_2 T_1	45	225	海西运动	
古生界（代）Pz	上古生界（代） 二叠系（纪）P	上二叠统（世） 下二叠统（世）	P_2 P_1	45			成煤的时代
	石炭系（纪）C	上石炭统（世） 中石炭统（世） 下石炭统（世）	C_3 C_2 C_1	80			
	泥盆系（纪）D	上泥盆统（世） 中泥盆统（世） 下泥盆统（世）	D_3 D_2 D_1	50			鱼的时代
	下古生界（代） 志留系（纪）S	上志留统（世） 中志留统（世） 下志留统（世）	S_3 S_2 S_1	40	400	加里东运动	无脊椎动物的时代
	奥陶系（纪）O	上奥陶统（世） 中奥陶统（世） 下奥陶统（世）	O_3 O_2 O_1	60			

续表

界（代）		系（纪）	统（世）	符号	经历时间/Ma	距今时间/Ma	地壳运动	主要生物
古生界（代）Pz	下古生界（代）	寒武系（纪）Є	上寒武统（世） 中寒武统（世） 下寒武统（世）	Є_3 Є_2 Є_1	100	6 000		无脊椎动物的时代
元古界（代）Pt		震旦系（纪）Z	上震旦统（世） 中震旦统（世） 下震旦统（世）	Z_3 Z_2 Z_1	400	1 700	五台运动	原始单细胞生物的时代
太古界（代）Ar		五台系（纪） 泰山系（纪）		Ar	3 500	4 500（?）		尚未发现生物化石

注：界、系、统是地层单位名称，代、纪、世是相对应的地质年代名称。

表 2.1 所示的是国际性地层单位，即世界上各处的地层，不论其岩性差别如何，只要根据其生物化石特征进行对比，如果可以确定它们是属于同一时代形成的，都可以用同样的界、系、统等作为地层划分的单位。

表 2.1 第四纪中，Q_4 全新世从 1.6 Ma 前到现在，值得特殊关注。因为从地表至地下几十米深处，是一般岩土工程所处的地层，而该地层就是这一期间孕育、发展、形成的。这一期间沉积起到了主要作用，沉积主要是由气候变化引起的。因为在此地层，就其他地质作用来说，这一时间作用太短了。这期间会有多至 20 次的冰川和融解的循环作用，每一次冰川作用面积都会有 3 倍于现在的冰川覆盖面积，由此导致世界范围海水平面的上下起伏与震荡，并和气候环境一起影响土的形成、风化、侵蚀和沉降，以及沉积后土的变化，如土的固结和淋溶的变化，而这些对土的变形、强度和渗流具有重要影响。

2.4 风 化 作 用

在风化的作用下地壳表层岩石或矿物在原地产生裂隙、破碎、侵蚀、分解等，并形成各种尺寸和形状非常不同的破碎物。岩石的风化是破碎和分解的过程，破碎使岩石变成尺寸较小、形状各异、级配差别很大、物质组成很复杂的集聚体；分解使岩石的元素分离或与其他元素重组产生新的矿物质。地表面的岩石和地表以下的岩层具有很大的不同，这主要是由地表以下的岩层所处的物理、化学、环境条件与地表的条件有巨大的不同导致的。高温高压下新初露的岩石进入风化带后，暴露在大气圈中，极大地降低了岩石的温度和压力，产生了体积膨胀，并导致岩石破碎。岩石矿物发生化学分解，并析出热量以补偿其温度的下降，从而改变了矿物的成分和性质。岩石温度和压力的降低与大气圈、生物圈、水圈中各种生物、化学作用交织在一起，产生了岩石的蚀变过程。

岩石风化后直接留在原地形成的残积风化物，或被搬运到低洼处堆积起来，形成堆积风化物。从工程的角度看，风化物强度一般小于原生新鲜岩石，并且风化程度越深，岩石强度越小。

使岩体产生破损的风化过程有：物理、化学和生物的风化作用和过程，这些作用和过程一般同时或交替进行，并且相互影响。它们的作用只是程度的不同。

2.4.1 物理风化作用

物理风化是指在各种物理作用下地表岩石在原地发生机械破碎，由大石块分裂为小石块或更小颗粒的过程。物理风化不会改变岩石的化学成分，也不会产生新的矿物。以下6种物理风化过程很重要。

1. 卸载作用

当岩土体中有效压力（或约束压力）降低时，岩土体因膨胀而产生裂隙和节理，并可以深达地下几千米。另外，卸载作用也可以产生岩石表层的崩裂。卸载作用可能由岩体隆起、侵蚀、流体压力的变化和人工开挖所引起。

2. 温差作用

岩石受温度变化的影响而产生机械破碎的原理有以下2个方面。

（1）温度变化的剥蚀作用。岩石是热的不良导体，在阳光和环境的影响下岩石表层存在温差，温差作用会产生热胀、冷缩。但岩石表面和内部的胀缩不能协调一致，会使岩石产生由表层向内层的层层剥落现象，此种现象就是温差剥离作用。

（2）岩石宏观上并不均匀，岩石受温度变化的影响时，由于岩石本身的不均匀，导致温度引起的应变在岩石的不同部位并不一致，并由此产生裂纹或断裂。这种温度的长期反复作用，将会使岩石破裂为各种尺寸的碎石或土颗粒。

温度变化产生的不同胀缩是岩石出现不同应变、发展薄弱的结构面直到最终导致岩石破碎的重要原因。沙漠地区的烈日暴晒和霜冻降温是产生这种情况的典型场合。

3. 结晶胀裂作用

岩石和土的裂隙或孔隙中存在各种可能结晶的溶液水。在干旱或半干旱地区，夜间岩石和土的裂隙或孔隙会吸入大气中的水分而湿解，变成溶液渗入到岩土的内部，在渗入的过程中将所遇到的盐类溶解；而白天在烈日暴晒下，水分蒸发，盐类从溶液中结晶出来。这种反复湿解–蒸发作用使得结晶体体积不断变大，使裂隙或孔隙变大，发生膨胀，并产生很大的膨胀压力。在这种长期反复作用下，岩石和土的裂隙或孔隙不断扩大，进而使岩石和土产生破裂和破碎，这种作用称为结晶胀裂作用。

4. 冻融作用

岩石和土中存在裂隙水或孔隙水，在寒冷季节，这些水会冻结，由此在裂隙或孔隙中产生冻胀，扩大岩石和土中的裂隙或孔隙，造成更深、更密的裂隙或更多、更大的孔隙。如此长期反复作用，使岩土体更加破碎、变小。

5. 岩土体的张拉和剥蚀作用

岩土体的裂隙表面或颗粒的接触面有胶体物质存在，在干燥（湿度减小）或饱和度降低时胶体物质会收缩，这种胶体物质的收缩会在与之接触的岩土体处的周围产生一种张拉应力，这种张拉应力会使岩土体表层开裂、剥离。

6. 碰撞作用

风、水流、波浪的冲击和夹带物对岩土表面的撞击等都会使岩土体遭受破坏和侵蚀。

一般情况下，物理风化是化学风化的先导，它的主要作用是破碎岩石，使其成为较小的颗粒，从而增加化学侵蚀作用的面积。在化学风化过程中通常也伴随着物理风化作用。

2.4.2 化学风化作用

化学风化是指母岩表面和碎散的颗粒受环境因素的作用而改变其矿物的化学成分，形成新的矿物，也称次生矿物。这些次生矿物有的被水溶解，并可以随水流去；有的属于不溶解矿物，它们有部分残留在原地，也有部分被搬运到其他地方。环境因素包括水、空气及溶解在水中的 O_2 和 CO_2 等。化学风化常见的原因如下。

1. 水解作用

水解作用是指某些矿物与水接触后发生的化学反应，矿物离子与水的 H^+ 或 OH^- 之间发生化学反应，形成带有 OH^- 的新矿物或化合物。它是最重要的化学作用。矿物与水接触后，极小体积的 OH^- 能使自己进入到矿物的晶格里去，置换或取代原矿物存在的阳离子（Na^+、K^+、Mg^{2+}、Ca^{2+}），引起电荷条件的变化，逐渐地破坏原矿物的晶格，并使其缓慢地发生分解。新生矿物的强度往往低于原矿物的强度。例如，正长石 $[KAlSi_3O_8]$ 经过水解作用后，形成高岭石，其化学反应式为

$$4KAlSi_3O_8 + 6H_2O \longrightarrow 4KOH + Al_4(Si_4O_{10})(OH)_8 + 8SiO_2$$

钙长石以 $[C_a]$ 表示为

$$[C_a] + 2(H^+OH^-) \longrightarrow [HH] + C_a^{2+}(OH)_2^-$$

硅酸盐矿物的水解作用的化学反应式为

$$MSiAlO_n + (H^+OH^-) \longrightarrow M^+(OH)_m^- + [Si(OH)_{0\sim4}]_{n-3} + [Al(OH)_3]_n^{-3}$$
$$或 \longrightarrow Al(OH)_3 + (M, H)Al^0SiAl^tO_n$$

式中：M——金属阳原子；n——不固定的原子系数；0 及 t——八面体及四面体配位数；（M, H）$Al^0SiAl^tO_n$——黏土矿物或硅酸碎屑。

水解作用在静水中不能持续进行，只有在淋溶、络合、吸附和沉淀过程及不断引进离子的情况下，才能不断进行。

2. 水化作用

水化作用是指某些矿物与水接触后发生的化学反应，水被吸收到矿物的晶体结构中，形成含结晶水新矿物的过程。水化作用改变了原来矿物的化学成分，同时也改变了原来岩石的结构，可以使岩石因体积膨胀而产生破坏，加速风化的过程。例如，土中的硬石膏（$CaSO_4$）水化为含水石膏（$CaSO_4 \cdot 2H_2O$），其化学反应式为

$$CaSO_4 + 2H_2O \longrightarrow CaSO_4 \cdot 2H_2O$$

3. 氧化和还原作用

氧化作用是最为活跃的化学风化作用之一，指大气和水中游离氧与土中某些矿物发生作用，形成新矿物的过程。这种作用对氧化铁、硫化物、碳酸盐类矿物表现得较为明显。它可以导致许多含铁的硅酸盐和绝大部分硫化物分解。由于铁的氧化能量很大，它对氧化非常敏感。当硅酸盐晶格中的硅氧四面体所结合的是 Fe^{2+} 时，它与空气或水中的游离氧化合形成铁氧化物，硅酸盐矿物就被分解了，其化学反应式为

$$4FeSiO_2 + O_2 \longrightarrow 2Fe_2O_3 + 4SiO_2$$

通常硫化物最容易发生氧化，例如，黄铁矿（FeS_2）与水、氧气作用形成硫酸亚铁（$FeSO_4$）和硫酸（H_2SO_4）。硫酸亚铁（$FeSO_4$）与水、氧气作用形成硫酸铁 $[Fe_2(SO_4)_3]$ 和褐铁矿 $[Fe(OH)_3]$，其化学反应式为

$$2FeS_2+7O_2+2H_2O \longrightarrow 2FeSO_4+2H_2SO_4$$
$$12FeSO_4+3O_2+6H_2O \longrightarrow 4Fe_2(SO_4)_3+4Fe(OH)_3$$

这些反应中形成的硫酸可促进硅酸盐的水解。

还原作用主要发生在缺氧的岩层中，经常与细菌、有机质的存在相关。有机质在分解过程中不仅消耗游离氧，而且还与化学上呈结合状态的氧发生化合反应，从而造成缺氧的环境。某些细菌为了生存，直接从自然界的有机和无机化合物中吸取氧，导致还原条件的产生。

风化带中最广泛出现的是三价铁的氧化物转换为亚铁化合物的还原反应，其结果是铁与含碳酸的溶液接触并形成 $Fe(HCO_3)_2$。

4. 溶解作用

溶解作用是一种常见的化学风化形式，主要指岩石中某些矿物成分被水溶解，并以溶液的形式流失了。当水中含有一定量的 CO_2 或其他化学成分时，或者当温度和压力增大时，水的溶解能力会增强。溶解作用使得岩石的孔隙率增大，裂隙变大、增多，致使岩石产生破损和裂解。例如，石灰岩中的方解石（$CaCO_3$）遇到含有 CO_2 的水时，会生成重碳酸钙[$Ca(HCO_3)_2$]，并溶解于水中而流失，使石灰岩形成溶蚀裂隙和孔洞，其化学反应式为

$$CaCO_3+H_2O+CO_2 \longrightarrow Ca(HCO_3)_2$$

5. 碳酸化作用

碳酸化作用是碳酸离子和重碳酸离子与岩石矿物质的化学反应。大气中的 CO_2 是这些离子成分的来源，而大气中的 CO_2 却又是来自土壤中有机质分解及氧化过程中土壤生物与微生物活动的结果。

在碳酸化作用的影响下，矿物部分或全部发生溶解，使矿物中的金属转变为碳酸盐，同时碳酸可以溶解二价金属（Ca^{2+}、Mg^{2+}、Fe^{2+}）的盐酸盐，如白云岩的碳酸化学反应为

$$CaMg(CO_3)_2+2H_2O+2CO_2 \longrightarrow CaH(CO_3)_2+Mg(HCO_3)_2$$

硅酸盐水解时常伴随着碳酸化作用，失去碱金属和碱土金属，生成碳酸盐和黏土矿物：

$$CaAlSiO_3+CO_2+2H_2O \longrightarrow H_2Al_2Si_2O_3+CaCO_3$$

6. 螯合作用

螯合作用包括配位和除去金属离子，它也有助于驱动水解作用。以白云母为例：

$$K[Si_2 Al_2]Al_4O_{20}(OH)_4+6C_2O_4H_2+8H_2O \longrightarrow 2K^++6C_2O_4Al^++6Si(OH)_4^0+8OH^-$$

草酸（$C_2O_4H_2$）、螯合剂和释放的 $C_2O_4^{2-}$ 一起形成了含 Al^{3+} 的可溶解的合成物，它可以强化白云母的分解。来自腐殖土的环状结构有机复合物质可以作为螯合剂，它通过环状结构内的共价键把金属离子固定在环内。

通过螯合作用所形成的螯合物的稳定性是不同的，具有 Cu、Zn、Fe、Mn 的合成物较稳定，而具有 Ca、Mg、Na 的合成物不太稳定，容易被其他离子所取代。螯合物容易被淋溶迁移。

7. 阳离子交换作用

阳离子交换是一种重要的化学风化作用。赋存或吸附于矿物中的阳离子可以被交换，尤其是黏土矿物（如蒙脱土）具有很强的阳离子交换性质。离子交换的结果会促使矿物水解。阳离子及其交换至少有 3 种影响土性质的方式。

（1）在具有氢的胶体或胶粒中，阳离子可以引起胶体氢的替换，促使矿物水解。这会降低携带氢的胶体到达没有风化地表的能力。

（2）Al_2O_3 和 SiO_2 胶体所携带的阳离子会影响所形成黏土矿物的类型。

（3）土体的物理性质（如渗透性）可能会依赖于吸附于土颗粒表层吸附水中阳离子的浓度和类型。

化学风化可以形成非常细小的土颗粒，其中最主要的是黏土颗粒（粒径小于 0.005 mm）及大量的可溶盐类。由化学风化形成的微细颗粒，其表面积非常大，吸附水的能力很强。

2.4.3 生物风化作用

生物风化作用是指各种动植物及人类活动对岩石的破坏作用，从生物的风化方式看，可分为生物的物理风化和生物的化学风化两种基本形式。生物的物理风化主要是动物和植物产生的机械力造成岩石破碎。例如，植物根系在生长过程中会变长、变粗，使岩石楔裂、破碎；人类从事的爆破工作或动物的活动，对周围岩石产生的破坏等，都属于生物的物理风化。生物的化学风化则主要是由于生物生长、变化过程中所产生的化学成分，它们会引起岩石成分改变，并使岩石发生破坏。例如，植物根分泌的某些有机酸、动植物死亡后遗体腐烂的产物及微生物作用等，可使岩石成分发生变化，并遭到腐蚀破坏。

2.4.4 几种风化同时作用

上述风化作用常常是同时存在、互相促进的，但是在不同区域或地区，自然条件不同，风化作用又有主次之分。例如，在我国西北干旱大陆性地区，水很缺乏，气温变化剧烈，以物理风化作用为主；在东南沿海地区，雨量充沛，潮湿炎热，则以化学风化作用为主。

由于影响风化的各种自然因素在地表最活跃，地表向下随深度增加而迅速减弱，故风化作用也是由地表向下逐渐地减弱的，达到一定深度后，风化作用基本消失。

2.4.5 风化的垂直和水平变化

在风化的过程中，与不同风化阶段相对应，风化的结果在空间上往往表现出明显的垂直和水平方向的分区和分带性。

1. 垂直方向的分区和分带性

通常自地壳表面向深部过渡时，各种物理、化学和生物作用会随着深度的变化而逐渐减小。

物理风化方面：首先，随着深度的增加，岩石的卸载作用会减小，由此产生的膨胀也会减小，并导致其裂解作用降低；其次，随着深度的增加，温差也会减小，岩石受温度变化的影响而产生的机械破碎也会减小；再次，随着深度的增加，结晶胀裂和冻融作用也会减小；最后，岩土体的张拉和剥蚀作用及表层的碰撞等机械作用也会随着深度的增加而减小。物理风化作用主要发生在地表层深几米至几百米范围内。

化学风化方面：随着深度的增加，各层或各带的化学作用的特征也会不尽相同。① 氧化作用层，它位于最上部，接近地表，这层主要存在氧化作用，而水解作用已趋向结束，形成化学分解的产物——铁、铝、锰、钛的氧化物。这层常具有褐色、红色或淡白色构造，且比较疏松。② 水解作用层，该层位于氧化作用层以下，氧化作用刚开始，而淋溶作用已经结束，这时此层主要发展着水解作用。硅酸盐中的碱和碱土金属被淋出，并分解为氢氧化物和硅酸，而低铁氧化为高铁矿物，该层大量集聚着黏土矿物。通常此层为绿色、黄绿色，呈条带或节理构造。③ 淋滴作用层，该层位于水解作用层以下，水化作用结束，主要发展着淋滴作用，开始形成鳞片状外貌的云母族黏土矿物，具有黄色、白色。④ 水化作用，该层位于水解作用层以下，主要发展着水化作用。硅酸盐通过水化作用形成水云母和绿泥石，并少量带出碱金属。在岩石发生崩解的裂缝和孔洞中有时沉淀菱镁矿。

2. 水平方向的分区性

地壳表面风化层上部直接受到气候条件的影响，原始岩石矿物的成分对风化壳的成分有一定的影响，但当风化作用长期持续进行，并且基本保持在一个水平上时，结果使得在同一气候区域中不同的岩石可以形成基本相同的地球化学特征。因此，风化区域可以按气候地带划分成不同的地球化学类型。

1）高温潮湿的热带和亚热带

热带和亚热带降雨量很大，高温和降雨使化学风化激烈地进行，有机质被快速分解，所产生的 CO_2 多数向大气逸出，腐殖酸也被雨水稀释。在此环境下，Si、Ca、Mg、K、Na 将被大量淋失，而 Al 和 Fe 氧化物、氢氧化物不断积聚在风化层中，并形成特征矿物：首先为水硬铝石、勃姆石、水赤铁矿、针铁矿等；其次为高岭石、多水高岭石等。这类风化层在铝、铁土化的风化阶段，具有的地球化学类型为红土型，其在第四纪堆积层上，可以表现为各种成因类型的红土，一般具有很好的工程性质。当然，由于淋溶和积聚的条件不同，其工程性质也会有明显的差异。

2）温暖湿润的温带

温暖湿润的温带因为湿度和温度适中，植被繁茂，有机质分解产生大量的 CO_2 和腐殖酸，土壤溶液呈弱酸性或酸性，由此增强了化学侵蚀作用。在此条件下，Na、K、Ca、Mg 被淋失，Al 和 Fe 被部分迁移，只有 SiO_2 因为在酸性溶液中溶解度小，基本残留在风化层中。因此这类风化层中高岭石替代铝土（铝的硅酸盐替代了铝的氧化物）。其特征矿物为水云母、高岭石、多水高岭石、蒙脱石、少量褐铁矿或针铁矿等，它们具有酸性硅铝化阶段的特征，在第四纪堆积物中形成各种年代的黏性土。

3）半干旱气候的温带

因为气候干燥，化学反应缓慢，淋溶程度中等，Ca^{2+}、Mg^{2+} 进入土壤中，使孔隙溶液呈碱性和中性，Na^+ 大部分淋失，SiO_2 部分淋失，Ca^{2+}、Mg^{2+} 积聚在风化层中，形成碳酸盐结核和钙积层。这类风化层的特征元素为 Ca，特征矿物是各类碳酸盐、少量伊利石、高岭石和蒙脱石，具有石灰化阶段的地球化学特征，在第四纪堆积层中，常形成具有湿陷性的黄土和黄土状亚黏土。

4）干旱气候带

干旱气候地区由于气候干燥，并且昼夜温差较大，物理风化作用很大，而化学作用较弱，碱金属和碱土金属基本没有淋失，碎粒矿物基本保持原始矿物成分。沙漠、半沙漠、戈壁滩地区就是这种风化的产物，具有碎屑型地球化学特征。

2.4.6　风化的阶段性

风化作用在时空中明显地表现出阶段性。原生矿物经过风化作用并向最终产物发展的过程中，通常都是经过一些中间阶段而逐渐实现的。火成岩的风化一般经历以下阶段：

1. 破碎阶段

该阶段的特点是力的破坏作用大于化学分解作用，此阶段所形成的碎屑的物质成分还没有变化。

2. 石灰化阶段

这一阶段中 Cl 和 S 被析出，硅酸盐被水解并带出碱，使介质溶液变成了碱性反应，溶液中 Mg^{2+} 和 K^+ 重新在次生黏土矿物的晶格中被固定，促使伊利石和蒙脱石这类黏土矿物形成。

3. 酸性硅铝阶段

该阶段继续淋溶碱，碱性逐渐地被酸性所取代，Mg^{2+} 和 K^+ 再次被分解出来，并重新破坏前一阶段形成的伊利石和蒙脱石。酸性反应促进不含碱（如高岭石）的黏土矿物的形成。

4. 铝铁土化阶段

这一阶段的特点是几乎所有的硅酸盐矿物都分解成简单的氧化硅、氧化铝和氧化铁的水化物。这一阶段的主要矿物为针铁矿、赤铁矿和水铝矿。

区域的条件不同，风化作用有时进行得较快，有时进行得较慢，有时某一阶段可能完全不出现。通常仅在持久湿热的条件下，经历长时间的连续风化过程，才有可能充分经历这些阶段。

各分区或各阶段的特征产物仅标示出了该分区或阶段的特征矿物，而不是全部矿物成分。

2.4.7 风化产物

风化产物是指岩石经历风化作用而形成的物质。风化作用不同，所形成的风化产物也会有所不同。物理风化的产物主要是粗细不等、具有棱角的岩石和矿物的碎屑，它们的成分与原母岩一致。化学风化的产物是：① 包含 Fe、Mn、Al、Si 等元素，并且难溶和难迁移的矿物，它们形成残留在原地的残积物；② 易溶质，它们易形成溶液或胶体溶液，并随着水流而流失，其化学成分与原母岩有显著差别。生物风化作用的产物主要是富含腐殖质、矿物质、水和空气的土壤。**风化产物主要包括碎屑物质、溶解物质、难溶物质、黏土矿物。**

1. 碎屑物质

碎屑物质主要包括岩石碎屑和矿物碎屑。矿物碎屑中最常见的是化学性质稳定的石英碎屑。在干旱气候条件下，长石碎屑也是常见的。碎屑成分中也可能包括白云母、石榴子石等。通常碎屑物质主要是物理风化的产物，但有时也可能是化学风化没有完全分解的产物。

2. 溶解物质

溶解物质主要是化学风化和生物风化的产物。溶解物质包括碳酸盐、氯化物、氢氧化物、磷酸盐等易溶性物质，并且以溶液的形式随水的流动而流失。另外，溶解物质还包括由岩石分解出来的 SiO_2、Al_2O_3、Fe_2O_3 等物质，在一定条件下，它们以胶体溶液的形式流失。溶解物质可以在一定条件下沉积下来，并构成沉积岩中主要的化学成分之一。

3. 难溶物质

上述 SiO_2、Al_2O_3、Fe_2O_3 等物质除在特定条件下产生一部分流失外，大部分相对富集起来，并形成高岭土、铝土、赤铁矿、褐铁矿等不溶的次生矿物，它们是构成沉积岩中黏土质岩石及其他岩类的主要成分。

4. 黏土矿物

黏土矿物是次生矿物中含量最多的矿物，其颗粒一般都很细小，是黏土质岩石和黏土的主要矿物成分。黏土矿物是一种含 Mg、Al 的复合铝–硅酸盐晶体，它由硅片和铝片构成的晶胞交互成层组叠而成，呈片状。根据硅片和铝片组叠方式的不同，黏土矿物可划分为高岭石、伊利石和蒙脱石 3 种矿物。

2.5 运移和沉积

风化的物质（土和岩屑）会由于各种地质营力（水、风、各种动力和冰川）的作用，而连续不断地从原风化区域被运移到远近不同的地方，并且运移过程会使运移的物质发生明显的变化。例如，风化的物质被运移到地表低凹的湖、海盆地，并沉积下来，形成松散的颗粒堆积物。这些颗粒堆积物处于新的物理化学环境中，经过一系列变化，最后又会变成为密实、坚硬的沉积岩。这种由碎散的颗粒变成岩石的变化、改造过程称为沉积过程和成岩过程。在沉积过程、成岩过程和地壳运动过程中，各种营力会携带风化碎屑物质对地壳表面产生冲刷、磨蚀、溶蚀作用，它们和地壳运动一起导致地貌特征的不同与变化。运移方式主要有推移（滑动和滚动）、跃移、悬空移和溶移等。土的工程性质与运移和具体的沉积过程关系密切。

运移通常包括：风力搬运、水流运移、海浪运移、冰川运移、地下水运移、生物运移等。在搬运和运移过程中，存在颗粒的分选性。风力搬运的分选性最好，冰川运移的分选性最差。

1. 沉积概述

沉积是指运动的介质所搬运的物质到达适宜的场地后，由于环境条件发生改变而发生沉淀、堆积的过程和作用。沉积可以定义为沉积物质在地表环境中以成层的方式进行堆积的过程，包括成岩作用开始前的风化、运移和沉淀、堆积的全过程。按沉积环境，它可分为大陆沉积与海洋沉积两大类；按沉积作用方式，它又可分为机械沉积、化学沉积和生物沉积三大类。

2. 沉积环境

沉积环境对沉积物的工程性质有重要影响，它对沉积物的沉积厚度和固结过程中所发生的物理、化学和生物化学的条件起决定作用。沉积环境与决定土类性质的地理分类如下。

1）大陆环境（潮汐带以上地区）

原地残积土（山顶、分水岭、平台、缓坡）；坡积土（斜坡、坡脚、山前区）；洪积土（山前缓坡、戈壁滩、山口洪积扇和裙）；冲积土（山区峡谷、平原河谷、阶地、泛滥平原、浸滩、河网）；湖泊沉积土（湖、泊、三角洲湖网）；沼积土（沼泽积土、苔原）；风积土（沙漠、黄土高原、湖滨和海滨）。

2）海洋环境（潮汐带以下）

陆架土（从潮汐带以下到 $200 \sim 250$ m 水深处的土，坡度平缓，约为 $0.1°$）；陆坡、大陆前沿半深海土（陆坡是陆架前较陡的坡，坡度平均为 $4°$；再往深处延伸到较缓的坡，称之为陆前沿）；深海土（水深平均为 $5\,000$ m）。

3）海陆过渡环境（潮汐涨落之间区域）

海滨土（潮汐沼、湖汐潟湖）；沙滩；三角洲沉积物。

3. 运移过程对沉积物工程性质的影响

运移过程对沉积物工程性质的影响主要表现为对土的分选、磨蚀和集聚的过程。

1）分选过程

分选过程划分为 2 类，其一是局部分选过程，通过这一分选过程产生具有不同大小颗粒分布的土层或透镜体；其二是纵向分选过程，这一分选过程导致沿水流方向土颗粒粒径逐渐变小。分选过程受流体的流量、速度、土颗粒大小和形状的控制和影响。流体的流量越大，携带的颗粒物质越多，其中细微颗粒量远大于大颗粒量。流体的流速越大，携带的颗粒粒径就越大。在确定的流速下，球形颗粒通常要比非球形颗粒先下沉；但在流体与固体接触的局部区域，在接触摩擦作用下，非球形颗粒通常要比球形颗粒先沉降。

2）磨蚀过程

磨蚀会影响砂土颗粒的大小和形状。磨蚀包含风、水流和冰川产生的碾压、碰撞、压裂、冲击等物理作用，也包含化学和物理的联合作用。水能使砂粒变圆，变光滑。风引起的碰撞和冲击能使颗粒变小，并使其表面变粗糙。冰川的碾压和研磨作用能使砂粒变细，并保持一定棱角。化学腐蚀能使化学稳定性差的碎石受到局部侵蚀，而不同矿物碎屑在运移过程中经受腐蚀作用的时间和程度是不同的，辉石、闪石、长石受化学和物理作用发生迅速的破碎和蚀变；而石英主要受到力学作用才发生变化，且其变化速度也较慢。所以，石英砂可以在风的搬运过程中多次沉积，并保存下来，重量损失不超过 2%，磨圆度的增加也不大。

3）集聚过程

运移过程中土的颗粒将不断地变小，但这种颗粒变小的过程不会无休止地进行下去。颗粒随着粒径的不断变小，其表面积也在不断地增加，表面活性也在增加。当土的粒径减小到某一确定值后，细小颗粒在介质中运动时发生撞击所引起的回弹能量与颗粒之间的吸引能量相等或较小时，分散作用转变为聚合作用，细小颗粒不再变小，反而会聚合在一起并逐渐变大。当颗粒粒径增大到某一确定值时，又会发生磨损、碰撞，并再度变小。对于特定运移的介质，这种分散和聚合过程在一定粒径变化的范围内会达到平衡。

大部分黄土集粒是微粒集成体，探测结果表明它们以钙质胶结为主。也许在风搬运过程中碳酸钙胶粒把其他微小颗粒凝聚胶结在一起形成黄土集粒，也可能在沉积之后形成不规则的集聚体，经再次搬运后，逐渐形成比较规则的、粒径较为均匀的颗粒。黄土的粒径大小可直接反映这种分散和集聚的平衡结果，黄土的粒径大小在 $10\sim100~\mu m$，粒径是以风为营力的多次搬运的平均粒径。

水作为运移的介质会更有利于前述的分散和集合的过程。当然这一过程更为复杂，除了物理作用之外，化学作用有时也更加明显，平衡时其粒径变化的范围会更宽一些，并且随着电解质浓度和温度的变化而变化。

4. 周期性沉积现象

周期性沉积是自然界中经常遇到的普遍现象，其原因为：

（1）地球的周期性变化和运动；

（2）不同持续时间的季节性气候循环变化，如年周期性变化；

（3）周期性火山喷发。

任何周期内形成的沉积层厚度可以从毫米级到几百米级，而持续的周期长度可以从数月到数千甚至数万年。周期性沉积类型可以是一种或几种。

2.6 沉积后的成土作用

各种不同粒径和矿物成分的颗粒，经过各种地质营力作用，运移到有利于沉积的地点，堆积起来，并发生一系列物理、化学转变，前面把这一过程称为成岩过程。但从 1.6 Ma 前到现在，即全新世 Q_4 期，这段时间是成岩过程的初期，本节称之为成土过程，成土过程中的各种作用称之为成土作用。

本节主要讨论地表以下 100 m 以内、岩土工程感兴趣的深度范围内的沉积层的成土作用。

2.6.1　压密作用

沉积物在堆积初期是较为松散的，密度也较小。随着沉积物的积累、沉积厚度的不断增加，上覆土自重压力也随之增大，颗粒之间的距离逐渐减小，单位体积内，土的密度、颗粒的联结数目和强度也不断增大和增强，孔隙比减小，土中气体和液体被逐渐排走。这种由土的自重所产生的压密作用，是重要的成土作用。

1. 压密与深度的关系

通常认为沉积过程的压密作用是一种简单的物理作用，压力越大，时间越长，压密作用的影响就越大。所以，可能有人会认为，土的密实程度或孔隙比必定会有规律地随深度而变化。然而，天然沉积土层中土的密实程度往往并不符合这一规律，这是由土颗粒的矿物成分、粒径、孔隙溶液中电解质情况、沉积期的环境和运移条件等因素所导致的。只有在观测较深的沉积土层时，才有可能发现这一规律在发挥作用。这种土的密实程度随深度的增大而增加的规律不是平稳、连续地表现出来的，而可能出现局部跳跃的情况，但总的趋势是不会改变的。因此试图用一个方程式来表示这种复杂的情况几乎是不可能的。

2. 颗粒矿物成分与密实程度的关系

黏性土沉积层的初始密度与土的矿物成分密切相关，刚沉积下来的土颗粒的粒径越小，其沉积密度就越小。根据胶体化学原理，沉积物的初始容积与土颗粒半径的立方成反比。另外，黏性土沉积层所含的置换阳离子成分对初始密度和压密性也有一定的影响。

随着土压力和土密度的增加，土的颗粒成分对其压密性的影响会随之逐渐减小，图 2.4 的结果证实了这一点。图 2.4 给出了含有不同阳离子的膨润土的实验曲线，可以看到初始时，由于阳离子不同，其密实程度（孔隙比）也不同；但随着压力的增加，其密实程度差别也随之减小。当压力到达 252 kPa 时，含 Ca^{2+}、K^+ 的膨润土的两条实验曲线已经重合了。另外，在图 2.4 中，同压力情况下膨润土比高岭石的孔隙比要大。

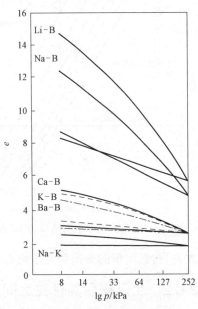

图 2.4　含有不同阳离子的膨润土（用 –B 表示）和高岭石（用 –K 表示）的实验曲线（高国瑞，2013）

3. 沉积介质与密实程度的关系

沉积土在水中与在空气中的压密过程是明显不同的。土在空气和水这 2 种不同介质中，单位面积上土的重量相等，但其体积并不相同，水中沉积的土的初始体积通常大于空气中土的初始体积。这是因为小压力情况下，水中土由于扩散双电层起排斥作用，大压力情况下则起润滑作用；而空气中沉积的土颗粒开始就相互直接接触，初始密度较大，之后压力增大使土颗粒重新排列，并变得更为稳定（孔隙比变得更小），由于没有水，其粒间阻力也比水中要大，密度则比水中要低。空气中和水中沉积土的压力与孔隙的关系曲线如图 2.5 所示。

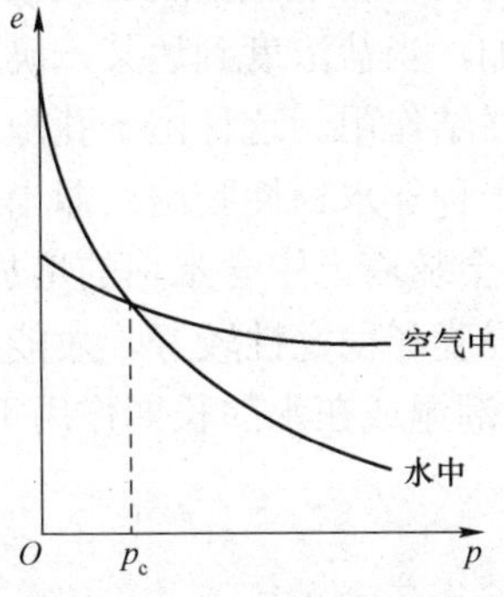

图 2.5　空气中和水中沉积土的压力与孔隙的关系曲线

4. 沉积的时间效应与密实程度的关系

缓慢堆积起来的天然沉积土层的密实程度比快速堆积起来的沉积层的密实程度要小，原因是缓慢堆积起来的沉积土层颗粒之间的凝聚力会随时间的增加而增大。由于沉积土层颗粒之间凝聚力的增大，颗粒之间的滑移减小，而压密作用也会随之减小，所以密度会小一些。反之，快速堆积起来的沉积层时间效应不大，其密实程度要大一些。

土的次固结现象也是一种时间效应对土体压密影响的反映。一般将超静孔压消散后随时间增加而产生的沉降或固结认为是次固结。次固结对土的压密作用具有重要影响。这种影响从图 2.6 中一组经历不同时间的压缩曲线可以清楚地看到，图中右边第一条曲线表示新堆积土的压缩曲线，依次向左表示不同压缩历程的时间影响（0.1、1、10、100、1 000、10 000 年）的具有次固结效应的压缩曲线。从图 2.6 中可以看到相同压力 p_1 作用下，次固结的时间效应使孔隙比减小很大。从回弹曲线可以看到，经过 10 000 年次固结沉降的土，其荷载由 p_1 卸载到 p_0，但其孔隙比却变化不大。

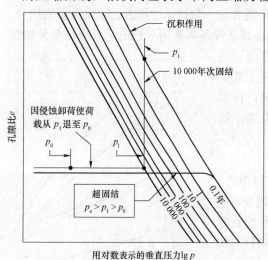

图 2.6　正常固结黏土的地质历史与压密作用

5. 干湿度与密实程度的关系

黏性土含水率减小后会收缩、含水率增加后会膨胀。土在沉积过程中出现干湿交替作用时，由于上覆土压力的不同，可以产生不同的压密效应。这是因为：不同压力、相同干湿循环作用下，土的压密效果是不同的。或压力相同，而干湿循环作用不同，其压密效果也是不同的。实践中人们发现：自然沉积的饱和土的干缩会产生超固结现象（比正常固结土密度大）；自然沉积的非饱和土干燥并产生裂缝时将会导致欠固结现象（比正常固结土密度低）。

2.6.2　土沉积后其颗粒之间的联结

沉积土颗粒之间的胶结作用（除了摩擦作用外）会产生土颗粒之间的附加联结作用和强度。这种胶结作用所产生的附加联结作用可以分成水稳性胶结和非水稳性胶结。

1. 非水稳性胶结

沉积物在风化和沉积过程中，随着水分蒸发，孔隙溶液浓度升高，碱或碱金属首先被淋出。而气候干燥、水分蒸发或其他原因致使孔隙溶液中盐浓度增加，当盐浓度到达某一确定值时会析出微晶体，盐微晶体会使土颗粒胶结起来，起到胶结的联结作用。这种由于孔隙溶液盐分浓度的增加、盐微晶体析出而使土颗粒联结起来的胶结是一种非水稳性胶结，即当水分增加时，这种胶结作用就会减小甚至完全丧失。结晶出来的盐类会随着土中含水率的增加，最容易重新溶解。只有那些比较难溶解的碳酸盐微晶体，其胶结强度和稳定性较好，才能在干湿交替半干旱气候条件下长期地保存下来。但是如果气候条件变潮湿或在水的长期作用下，这种胶结联结也会失去稳定。

2. 水稳性胶结

温暖、湿热气候条件下，Fe^{3+}、Al^{3+}、Si^{4+} 等离子将大量地从沉积层中淋出，以 $Fe(OH)_3$、$Al(OH)_3$、SiO_2 的胶体存于孔隙液体中。酸性条件下，$Fe(OH)_3$ 和 $Al(OH)_3$ 胶粒带正电，容易和带负电的黏粒相互联结，形成胶结作用。这种胶结作用既能增加沉积物的强度，又能覆盖黏粒表面，削弱其表面活性，抑制双电层扩散排斥能。由于这种凝结联结是在孔隙水存在的条件下发生的，所以具有一定的水稳性。胶体氢氧化铁在干燥条件下会脱水，经陈化形成晶态氧化铁（针铁矿、赤铁矿）沉淀在颗粒表面，甚至包裹在颗粒集聚体的外表面，形成很厚的包膜，一般情况下是较为稳定的。

3. 其他形式的联结

沉积过程中土颗粒之间还存在其他形式的联结。

（1）土颗粒之间的接触固化。在高温、高压和长期的持续作用下，同相土颗粒之间会克服颗粒表面的短程斥力，而相互直接接触，并发生一系列物理-化学作用，使之同相固化。

（2）相互凝结形成新的黏土矿物。沉积物在风化过程中所产生的 $Fe(OH)_3$、$Al(OH)_3$、SiO_2 的凝胶使土颗粒相互联结，它们是自然界中存在的共生硅酸铝和共生硅铝酸铁的雏形，是形成新的黏土矿物的第一步。只要条件合适，就可以形成新的硅铝盐或在已经生成的矿物颗粒上增生新的晶体，这些硅酸盐雏晶沉淀在 2 个黏土颗粒之间就会产生新的晶质物质，把 2 个颗粒联结起来，形成新矿物。

（3）常温接触固化。黏粒与非黏粒之间或非黏粒与非黏粒之间，当高压接触时，颗粒表面的凸起部位的应力高度集中，接触部位产生塑性变形，并形成局部凝固现象，而把土颗粒联结起来。这就是常温接触固化。

（4）分子热渗固化。在一定压力下，两个接触颗粒之间，当温度增高时，固体分子之间发生的相互扩散和渗透作用会极大地增强，进而产生极高的联结强度。这种现象称为分子热渗固化。

上述沉积之后的所有成土作用有可能并不同时存在或发生。虽然沉积物的成土作用一般情况下会改善土的工程性质，但有些已经固化的、相当密实的土，当重新暴露在大气中，风化、淋溶、干湿交替、冻融更迭等都会使土的强度、刚度和稳定性降低。

2.6.3　土层剖面及其生成和演变

随着土形成过程的演进，成土母质发生层次分异，形成不同的土壤发生层。在同一发生层中，成土过程进行的淋溶、淀积、机械淋洗等作用的方式和强度基本一致，并反映在发生层的形态特征上，如颜色、结构、质地、有机质、紧实度、新生体等，其工程性质也基本一致。因此，各发生层中都具有其特有的形态学特征。如淋溶过程形成淋溶层，机械淋洗过程形成黏化层，潜育化过程形成潜育层等。尽管各种成土过程都发生在土体中的特定层位，但是都与整个土体上下层具有相应的联系，淀积层上部必然有一个物质向下迁移的淋溶层，土壤灰化过程中的铁、铝向下移动，使土层中的二氧化硅相对富积，成为灰白淋溶层——漂白层，其下必然产生一个铁、铝聚积的灰化淀积层。不同土壤发生层的排列形式构成了各种土体的构造，也是各种土壤类型的形态标志。风化过程会使工程场地的土体出现水平分层的现象。土体的剖面指从地面垂直向下的土的纵剖面，也就是完整的垂直发生层序列，是沉积物成土过程中物质发生淋溶、积淀、迁移和转化形成的。不同类型的土，具有不同形态的土体剖面。土的剖面可以表示土的外部特征，包括土的若干发生层次、颜色、质地、结构、新生体等。

土发生层的顺序及变化情况，反映了土的形成过程及土的性质。有时，这些分层区域的两层之间变换较快，而有些层与层之间的划分是较难分辨清楚的，每层厚度为几毫米到几米。

这些不同层之间的土体具有以下任何一项或几项不同：

（1）从母岩或源物质材料分离的程度的不同；

（2）有机材料的种类、特征和含量的不同；

（3）次生矿物的种类和含量的不同；

（4）pH 的不同；

（5）土颗粒的级配的不同。

19 世纪末，俄国土壤学家道库恰耶夫最早把土壤剖面分为 3 个土层，即：腐殖质聚积表层、过渡层和母质层。后来有研究者又提出许多新的命名建议，土层的划分也越来越细。但基本土层命名仍不脱离道库恰耶夫的传统命名法。自从 1967 年国际土壤学会提出把土壤剖面划分为：有机层（O）、腐殖质层（A）、淋溶层（E）、淀积层（B）、母质层（C）和母岩（R）等 6 个主要土层类型以来，经过一个时期应用，我国近年来在土壤调查和研究中也趋向于采用 O、A、E、B、C、R 土层命名法，示例参见表 2.2。主要土层的含义阐述于下。

表 2.2　土壤层的划分示例

O 层	● 枯枝落叶有机物残体	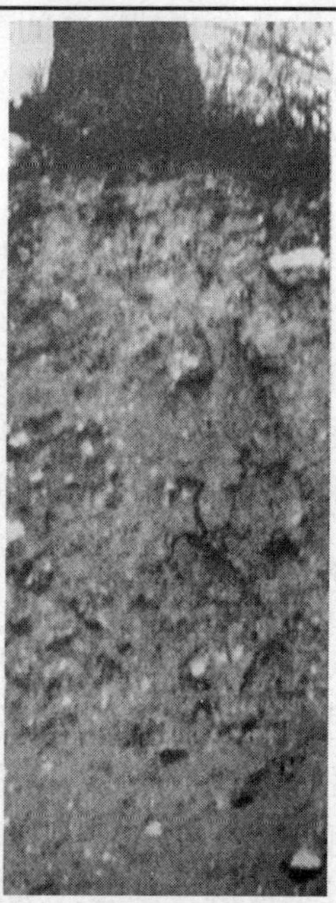	厚度＜10 cm
A 层	● 较强度风化 ● 颜色深暗		厚度可达 25 cm
B 层	● 中度风化 ● 颜色较浅		厚度大约 30～100 cm
C 层	● 弱度风化		深度在 1 m 以下
R 层	● 基岩，未受风化影响		

O 层：指已分解的或未分解的以有机质为主的土层。它可以位于矿质土壤的表面，也可被埋藏于一定深度处。

A 层：形成于表层或位于 O 层之下的矿质发生层。土层中混有有机物质，或具有因耕作、放牧或类似的扰动作用而形成的土壤性质。它不具有 B、E 层的特征。

E 层：硅酸盐黏粒、铁、铝等单独或一起淋失，石英或其他抗风化矿物的砂粒或粉粒相对富集的矿质发生层。E 层一般接近表层，位于 O 层或 A 层之下，B 层之上。有时字母 E 不考虑它在剖面中的位置，而表示剖面中符合上述条件的任一发生层。

B 层：在上述各层的下面，并具有下列性质：

（1）硅酸盐黏粒、铁、铝、腐殖质、碳酸盐、石膏或硅的淀积；

（2）碳酸盐的淋失；

（3）残余二、三氧化物的富集；

（4）有大量二、三氧化物胶膜，使土壤亮度较上、下土层为低，彩度较高，色调发红；

（5）具粒状、块状或棱柱状结构。

C 层：母质层。多数是矿质层，但也将有机的湖积层划为 C 层。

R 层：即坚硬基岩，如花岗岩、玄武岩、石英岩或硬结的石灰岩、砂岩等都属坚硬基岩。

G 层（潜育层）：是长期被水饱和，土壤中的铁、锰被还原并迁移，土体呈灰蓝、灰绿或灰色的矿质发生层。

P 层（犁底层）：由农具镇压、人畜践踏等压实而形成。主要见于水稻土耕作层之下，有时亦见于旱地土壤耕作层的下面。土层紧实、容重较大，既有物质的淋失，也有物质的淀积。

J 层（矿质结壳层）：一般位于矿质土壤的 A 层之上，如盐结壳、铁结壳等。出现于 A 层之下的盐盘、铁盘等不能叫作 J 层。

凡兼有两种主要发生层特性的土层，称过渡层，如 AE、BE、EB、BC、CB、AB、BA、AC、CA 等，第一个字母标示占优势的主要土层。若来自两种土层的物质互相混杂，且可明显区分出来，则以"/"表示，如 E/B、B/C。

经过风化而发展起来的土层，即土壤发生层，按矿物成分和化学构成可以分为 3 种类型：铁铝质土层、钙质土层、铁矾质土层，如图 2.7 所示。图 2.7（a）为铁铝质土层，其主要矿物成分和化学构成为由铝、铁的氧化物和硅酸盐构成的石英和黏土矿物，广泛分布于潮湿、多雨的地区。图 2.7（b）为钙质土层，其主要矿物成分为硅酸盐，此类土层富有钙元素，这些钙元素来自碳酸钙和其他从母岩分解出来的矿物质。此类土层主要在干旱地区形成，土中部分水分在近地表处被蒸发，并在土孔隙中残留下碳酸钙的颗粒和结节沉淀。图 2.7（c）为铁矾质土层，其主要矿物成分为铝和铁的氧化物、富含铁的黏土矿物和氢氧化铝，主要形成于潮湿的热带地区。

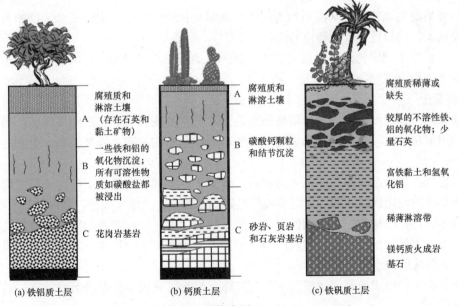

图 2.7　3 种典型土层的类别（Press et al.，1994）

2.6.4 各种成因的土

母岩的成分、各种风化的不同作用、运移营力、沉积的环境、沉积的厚度、沉积的历史和沉积后各种成土、成岩作用的不同，导致所形成的土层中各种土的物质成分、宏-微观结构和工程性质是非常不同的。下面将讨论各种不同成因所形成的土。

1. 残积土

残积土是指岩石风化后未被搬运而残留在原地的松散岩屑和土形成的堆积物，该风化层称为残积层。残积层向上逐渐过渡为土壤层，向下逐渐过渡为半风化岩石的弱风化层，与母岩之间的界限也不明显。残积土的分布主要受地形控制，分布在地表岩石暴露、风化作用强烈和地表径流速度小的分水岭地带、平缓斜坡地带和剥蚀平原等地区。残积土从地表向深处颗粒由细变粗，一般不具层理，碎块呈棱角状，土质不均匀，孔隙率大、强度低、压缩性高，透水性较强。残积土的厚度与地形、地表径流条件有关。如在夷平面上、分水岭和缓坡低洼处，由于侵蚀与搬运作用较弱，残积层保留较厚；斜坡上厚度较小；经常有水流的沟谷底部，一般无残积层。此外，由于山区原始地形变化较大和岩石风化程度不一，残积土厚度变化很大，工程建设时要特别注意地基土的不均匀性。

工程性质：一般呈棱角状，无层理构造，孔隙度大；存在基岩风化层（带），土的成分和结构呈过渡变化。残积土的工程性质取决于母岩性质、风化类型、风化程度和风化的产物。一般来说，残积土结构比较松散，物质组成与结构不均匀，水平与垂直方向上成分和厚度变化大，组成碎屑物的矿物大部分经风化蚀变，其强度较低。但有的残积土没经过水平移动，土中还保存着母岩的某些微结构的形态，虽然内部某些物质已经被淋溶走了，但残留物之间某些化学键尚未彻底解体，仍然具有一定强度。另外，这些强度也可能是由于淋溶产生的胶体氧化物所导致的，在排水不畅时，这些胶体氧化物可以停留在风化物周围，产生凝聚和胶结作用。例如，残积成因的红土工程地质性质较好。残积土还可用作土石坝的填筑料。

残积土易产生的工程地质问题：

（1）容易产生建筑物地基的不均匀沉降，原因是：土层厚度、组成成分、结构及物理力学性质变化大，均匀性差，孔隙度较大；

（2）容易产生建筑物沿基岩面或某软弱面的滑动等不稳定问题，原因是：原始地形变化大，岩层风化程度不一。

2. 坡积土

形成原因：位于山坡上方的碎屑物质，经雨、雪水洗刷、剥蚀及短距离搬运，另外土粒在重力作用下顺着山坡逐渐移动形成的堆积物，一般分布在坡腰上或坡脚下，上部与残积土相接。

工程性质：具分选现象，下部多为碎石、角砾土，上部多为黏性土；而细小的颗粒随水流方向分布在斜坡稍远的地方。其物质成分与残积土相似。土质（成分、结构）上下不均一，一般层理不明显，结构疏松，压缩性高，土层厚度变化大。新近堆积的坡积物经常具有垂直的孔隙，结构比较疏松，一般具有较高的压缩性。坡积所形成的黄土，其湿陷性一般也比洪积或冲积所形成的黄土要高很多。

易产生的工程地质问题：建筑物不均匀沉降；沿下卧残积层或基岩面滑动等，易于产生不稳定问题。

3. 洪积土

形成原因：由于暴雨或大量融雪骤然集聚而成的暂时性山洪急流带来的碎屑物质在山沟的出口处或山前倾斜平原堆积形成的土体是洪积土。山洪携带的大量碎屑物质流出沟谷口后，因水流流速骤减而呈扇形沉积体，称洪积扇。

工程特征：粒径分布具分选性，距离山口近的地方，颗粒粗大；远处洪积扇边缘地带，土颗粒细小，与山前平原冲积物质交互成层、互相重叠，有明显水平层理；常具不规则的交替层理构造，并具有夹层、尖灭或透镜体等构造；近山前洪积土具有较高的承载力，压缩性低；远山地带，洪积物颗粒较细、成分较均匀、厚度较大。

易产生的工程地质问题：洪积土一般可作为良好的建筑地基，但应注意中间过渡地带可能会地质条件较差，因为粗碎屑土与细粒黏性土的透水性不同而使地下水溢出地表形成沼泽地带，且存在尖灭或透镜体。

4. 冲积土

形成原因：碎屑物质经河流的流水作用搬运到河谷中坡降平缓的地段堆积而形成，发育于河谷内及山区外的冲积平原中。根据河流冲积物的形成条件，可分为河床相、河漫滩相、牛轭湖相及河口三角洲相。

工程特征：冲积平原的土层堆积较厚，具有明显的水平层理，每一层中的土性较为均匀，一般河流上游粒径较粗大，下游逐渐变得细小。河床相土压缩性低，强度较高，而现代河床堆积物的密实度较差，透水性强；河漫滩相冲积物具有双层结构，强度较好，但应注意其中的软弱土层夹层；牛轭湖相冲积土压缩性很高、承载力很低，不宜作为建筑物的天然地基；三角洲沉积物常常是饱和的软黏土，承载力低，压缩性高，但三角洲冲积物的最上层常形成硬壳层，可作低层或多层建筑物的地基。

5. 湖泊沉积物

形成原因：分湖边沉积物和湖心沉积物两类，湖边沉积物由湖浪冲蚀湖岸形成的碎屑物质在湖边沉积而形成，近岸带多为粗颗粒的卵石、圆砾和砂土，远岸带为细颗粒的砂土和黏性土；湖心沉积物由河流和湖流挟带的细小悬浮颗粒到达湖心后沉积形成，主要是黏土和淤泥，常夹有细砂、粉砂薄层。

工程特征：湖边沉积物具有明显的斜层理构造，近岸带土的承载力高，远岸带则差些；湖心沉积物压缩性高，强度很低；若湖泊逐渐淤塞，则可演变为沼泽，形成沼泽土，主要由半腐烂的植物残体和泥炭组成，含水率极高，承载力极低，一般不宜作天然地基。

6. 海洋沉积物

海洋沉积物可分为以下4类。

滨海沉积物：主要由卵石、圆砾和砂等组成，具有基本水平或缓倾的层理构造，其承载力较高，但透水性较大。

浅海沉积物：主要由细粒砂土、黏性土、淤泥和生物化学沉积物（硅质和石灰质）组成，有层理构造，较滨海沉积物疏松、含水率高、压缩性大而强度低。

陆坡和深海沉积物：主要包含有机质软泥，成分均一。

海洋沉积物：在海底表层沉积的砂砾层很不稳定，随着海浪不断移动变化，在选择海洋平台等构筑物地基时，应慎重对待。

7. 冰积土和冰水沉积土

冰积土和冰水沉积土分别由冰川和冰川融化的冰下水进行搬运堆积而成，其颗粒由巨大块石、碎石、砂、粉土及黏性土混合组成。一般其分选性极差，无层理，但冰水沉积土常具斜层理，颗粒呈棱角状，巨大块石上常有冰川擦痕。

8. 风积土

风积土是指在干旱的气候条件下，岩石的风化碎屑物被风吹扬，搬运一段距离后，在有利的条件下堆积起来的一类土。颗粒主要由粉粒或砂粒组成，土质均匀，质纯，孔隙大，结构松散。最常见的是风成砂及风成黄土。

风成砂的现代形态可以砂丘和新月形砂丘为代表，它们的特点是移动性。没有生长植物的砂土能够在大风吹动下重新移动，所以砂土附近的建筑物有被砂土埋没的危险。为防止这种现象出现，常用植草、造林的方法固定这种砂土。

风成黄土主要特点：一般呈黄或黄褐色，粉粒为主，富含钙，有大孔隙和垂直节理，具有湿陷性。具有上述全部特性的黄土称为典型黄土，而上述部分特性不明显的黄土称为黄土状土，这两者统称黄土。具有湿陷性的黄土称为湿陷性黄土，它的湿陷性对工程建筑的稳定性具有很大影响。

9. 特殊土

特殊土是指具有一定分布区域或工程上具有特殊成分、状态或结构特征的土。我国的特殊土不仅类型多，而且分布广，如各种静水环境沉积的软土，西北、华北等干旱、半干旱气候区的湿陷性黄土，西南亚热带湿热气候区的红黏土，南方和中南地区的膨胀土，高纬度、高海拔地区的多年冻土及盐渍土等。

1）软土

软土指天然孔隙比大于或等于 1.0，且天然含水率大于液限的细粒土，包括淤泥、淤泥质土、泥炭、泥炭质土等。

软土的分布：软土在我国沿海地区分布广泛，内陆平原和山区亦有分布。我国东海、黄海、渤海、南海等沿海地区，如滨海相沉积的天津塘沽，浙江温州、宁波等地，以及溺谷相沉积的闽江口平原，河滩相沉积的长江中下游、珠江下游、淮河平原、松辽平原等地区。内陆（山区）软土主要位于湖相沉积的洞庭湖、洪泽湖、太湖、鄱阳湖四周和古云梦泽地区边缘地带，以及昆明的滇池地区、贵州六盘水地区的洪积扇等。

工程性质：天然含水率大、孔隙比大、压缩性大、强度低，具有触变性、流变性、低渗透性、各向异性等。各地区的软土虽有共性，但它们的差异还是非常大的。

2）湿陷性黄土

湿陷性黄土：在上覆土的自重压力作用下，或在上覆土的自重压力与附加压力共同作用下，受水浸湿后土的结构迅速破坏而发生显著附加下沉和变形的黄土。

湿陷性黄土的特征和分布：黄土是第四纪干旱和半干旱气候条件下形成的一种特殊沉积物，颜色多呈黄色、淡灰黄色或褐黄色；颗粒组成以粉土粒为主，粒度大小较均匀，黏粒含量较少；含碳酸盐、硫酸盐及少量易溶盐；含水率小；孔隙比大，且具有肉眼可见的大孔隙；具有垂直节理，常呈现直立的天然边坡。黄土按其成因可分为原生黄土和次生黄土。一般认为不具层理的风成黄土为原生黄土。原生黄土经过流水冲刷、搬运和重新沉积形成次生黄土。次生黄土一般具有层理，并含有砂砾和细砾。

我国黄土分布面积约 64 万 km^2，其中具有湿陷性的约 27 万 km^2，分布在北纬 33°～47°。一般湿陷性黄土大多指新黄土，即上更新世马兰黄土和全新世次生黄土，它广泛覆盖在老黄土之上的河岸阶地，颗粒均匀或较为均匀，结构疏松，大孔发育。

（1）黄土湿陷性的形成原因。

内在因素：黄土的结构特征及其物质组成。

外部条件：水的浸润和压力作用。

（2）黄土湿陷性的影响因素。

黄土湿陷性强弱与其微结构特征、颗粒组成、化学成分等因素有关，在同一地区，土的湿陷性又与其天然孔隙比和天然含水率有关，并取决于浸水程度和压力大小。

我国湿陷性黄土的固有特征有：① 黄色、褐黄色、灰黄色；② 粒度成分以粉土颗粒（0.05～0.005 mm）为主，约占 60%；③ 孔隙比 e 一般在 1.0 左右，或更大；④ 含有较多的可溶性盐类，如重碳酸盐、硫酸盐、氯化物；⑤ 具垂直节理；⑥ 一般具肉眼可见的大孔。

湿陷性黄土的工程特征：① 塑性较弱；② 含水较少；③ 压实程度很差，孔隙较大；④ 抗水性弱，遇水强烈崩解，膨胀量较小，但失水收缩较明显；⑤ 透水性较强；⑥ 强度较高，压缩性较低，抗剪强度较高，但遇水后（或饱和度增加）其强度变化较大。

3）红黏土

红黏土指碳酸盐岩系出露区的岩石，经红土化作用而形成的棕红、褐黄等色的高塑性黏土，液限一般大于 50%，上硬下软，具明显的收缩性，裂隙发育。经再搬运后仍保留红黏土基本特征，液限大于 45%小于 50%的土称为次生红黏土。

（1）形成条件。

① 气候特点：气候变化大，年降水量大于蒸发量，潮湿的气候有利于岩石的机械风化和化学风化。

② 岩性：主要为碳酸盐类岩石，当岩层褶皱发育、岩石破碎时，更易形成红黏土。

（2）红黏土的分布规律。

红黏土主要为残积、坡积类型，也有洪积类型，其分布多在山区或丘陵地带。红黏土是一种受形成条件控制的土，是一种区域性的特殊性土。在我国以贵州、云南、广西分布最为广泛和典型，其次在安徽、川东、粤北、鄂西和湘西也有分布。红黏土一般分布在山坡、山麓、盆地或洼地中，其厚度的变化与原始地形和下伏基岩面的起伏变化密切相关。

（3）红黏土的成分特点。

红黏土的粒度成分中，小于 0.005 mm 的黏粒含量为 60%～80%，这其中小于 0.002 mm 的胶粒占 40%～70%，使红黏土具有高分散性。红黏土的矿物成分主要为高岭石、伊利石和绿泥石。红黏土的化学成分以 SiO_2、Al_2O_3 和 Fe_2O_3 为主，其次为 CaO、MgO、K_2O 和 Na_2O。黏土矿物具有稳定的结晶格架，细粒组结成稳固的团粒结构，土体近于两相系且土中水多为结合水。

（4）红黏土的物理力学性质。

一是天然含水率、孔隙比、饱和度及塑性界限（液限和塑限）都很高，但却具有较高的力学强度和较低的压缩性。二是各种指标的变化幅度很大。

（5）红黏土的裂隙性与胀缩性。

① 裂隙性：处于坚硬和硬塑状态的红黏土层，由于胀缩作用形成了大量裂隙，且裂隙的发生和发展速度极快，在干旱气候条件下，新挖坡面数日内便可被收缩裂隙切割得支离破碎，使地面水易侵入，使土的抗剪强度降低，常造成边坡变形和失稳。

② 胀缩性：红黏土的胀缩性能表现为以缩为主。即在天然状态下膨胀量微小，收缩量较

大，经收缩后的土试样浸水时，可产生较大的膨胀量。

（6）红黏土中的地下水特征。

红黏土的透水性微弱，其中的地下水多为裂隙性潜水和上层滞水，它的补给来源主要是大气降水、基岩岩溶裂隙水和地表水体，水量一般均很小。在地势低洼地段的土层裂隙中或软塑、流塑状态土层中可见土中水，水量不大，且不具统一水位。红黏土层中的地下水水质属重碳酸钙型水，对混凝土一般不具腐蚀性。

4）膨胀土

膨胀土是指含有大量的强亲水性黏土矿物成分，具有显著的吸水膨胀和失水收缩且胀缩变形往复可逆的高塑性黏土。膨胀土的胀缩性会导致建筑物开裂和损坏，并且是造成坡地建筑场地崩塌、滑坡、地裂等严重的不稳定因素。

（1）土体的现场工程地质特征。

① 地形、地貌特征：膨胀土多分布于Ⅱ级以上的河谷阶地或山前丘陵地区，个别处于Ⅰ级阶地。

② 土质特征：颜色呈黄、黄褐、灰白、花斑（杂色）和棕红等色，多由高分散的黏土颗粒组成，常有铁锰质及钙质结核等零星包含物；近地表部位常有不规则的网状裂隙。

（2）膨胀土的物理、力学及胀缩性指标。

① 黏粒含量多达 35%～85%。

② 天然含水率接近或略小于塑限，故一般呈坚硬或硬塑状态。

③ 天然孔隙比小，并且天然孔隙比随土体湿度的增减而变化，即土体增湿膨胀，孔隙比变大；土体失水收缩，孔隙比变小。

④ 自由膨胀量一般超过 40%，而各地膨胀土的膨胀率、膨胀力和收缩率等指标的实验结果的差异很大。

⑤ 膨胀土的强度和压缩性。膨胀土在天然条件下一般处于硬塑或坚硬状态，强度较高，压缩性较低，但会因干缩、裂隙发育及不规则网状与条带状结构等原因，破坏了土体的整体性，降低承载力，并可能使土体丧失稳定性。注意：不能单纯从"平衡膨胀力"的角度或小块试样的强度考虑膨胀土地基的整体强度问题（注意裂隙的影响）。同时，当膨胀土的含水率剧烈增大或土的原状结构被扰动时，土体强度会骤然降低，压缩性增高。

（3）影响膨胀土胀缩变形的主要因素及其评价。

主要内在因素：土的黏粒含量和蒙脱石含量、土的天然含水率和密实度及结构强度等。

主要外部因素：引起地基土含水率剧烈或反复变化的各种因素，如气候条件、地形地貌及建筑物地基不同部位的日照、通风及局部渗水影响等。

膨胀土建筑场地与地基的评价，应根据场地的地形地貌条件、膨胀土的分布及其胀缩性能、等级地表水和地下水的分布、集聚和排泄条件，并按建筑物的特点、级别和荷载情况，分析计算膨胀土建筑场地和地基的胀缩变形量、强度和稳定性问题，为地基基础、上部结构及其他工程设施的设计与施工提供依据。

根据各种成因土层的基本特征就可以判断它们的分布、沿走向和沿深度方向的形态和性状，判断它们的各向异性和将来的变化。土的成因特征从宏观上定性地决定了土的强度和变形的总的变化趋势，据此可以确定工程勘察的内容、方法和工作量。

2.7 本章结语

地质和土的形成过程的知识有助于了解与预测土的可能构成、土的构造和结构、土的特性和工程行为。通过场地的勘察及地形和地貌数据的收集，人们可以知道地形和地貌形成过程的过去和现在及与之相关的气候和环境条件，这些有助于确定设计土工结构的土质条件和设计参数及对其长期行为的预测。例如，这些知识可用于推测和判断黏土矿物的类型，是否需要探测有机矿物和高含量的黏土层的存在，确定构筑物（坝、路基等）填筑料的位置，评估土的不变的母体材料的深度等。土壤的数据可用于推测土的构成和物理性质。

风化和搬运过程中土被磨蚀、分类并形成反映搬运特征的颗粒表面结构，而沉积的条件和环境会影响土颗粒粒径的尺寸、级配和分布。所以，运移和沉积历史的知识可以提供对岩土工程行为的深入理解和把握。简而言之，现在所处理的土及其性能是很久以前其母体材料在侵蚀、风化、搬运等所有作用结合在一起而产生的结果。也就是说，我们对土的形成过程的知识知道得越多，并且对于其形成过程的细节了解和把握得越具体，则处理土的工程能力就越强。

思 考 题

1. 了解土的形成有何意义？

2. 土是如何生成的？

3. 有哪些风化类型，它们具有什么作用？

4. 土颗粒之间有哪些胶结形式？

5. 何谓水稳性胶结？它是如何产生的，如何对土的力学性质产生影响？

6. 湿陷性黄土有哪些特点？

7. 产生膨胀土的原因有哪些？膨胀土具有哪些工程性质？

8. 时间（历史）对土的行为有何影响？

9. 溶液中可溶盐类是如何对黏土工程性质产生影响的？

10. 非晶质矿物（无定形物质）是如何对黏土工程性质产生影响的？

11. 黏土矿物的来源有哪些？

3　土矿物学简介

　　土一般由固体颗粒和颗粒孔隙中的液体和气体组成。土的范围可以从很软的、有机的沉积物到黏土和砂，最后直到软岩而变化。土颗粒的直径范围可以从很大的漂石到只有借助显微镜才能看到的微小颗粒。土的固体颗粒形状可以从球状或颗粒状物到扁平的片状物或一维细长的线状、针状物；而通常黏土主要是由片状物或线状、针状物组成的。天然土颗粒的粒径分布范围很广，它的粒径可以从粒径大于 200 mm 的块石到粒径小于 0.002 mm 的黏土颗粒而变化。

　　一种土的固相成分可以含有各种各样的结晶质黏土和非晶体质材料、非黏土类矿物、有机物和沉淀析出的盐类。在天然的微细颗粒土中经常存在有机物质或非结晶无机物质。土可以包含地壳中存在的任何元素，而最富存的元素是 O、Si、H 和 Al。这些元素，再随同 Ca、Na、K、Mg、C 等元素，组成了地球中土的 99% 以上的固相物质。晶体矿物质构成了工程实践中所遇到的土的绝大部分物质，并且土中无黏性土物质的数量通常大于黏性土物质的数量。**然而土中黏性土物质或有机质对土的性质所具有的影响却远远大于其所占比例所产生的影响，也就是说，黏性土物质或有机质所占比例虽小，但对土的工程性质的影响却很大。**

　　无黏性土的物理和力学性质主要是由土颗粒粒径及其分布、颗粒形状和组构、颗粒的硬度等确定的，而其**矿物成分对其硬度、节理和抗化学腐蚀性的影响具有重要意义**。通常无黏性土可以看作是惰性较大的物质。

　　研究控制土颗粒的尺寸、形状和性质的基本因素是土的矿物学原理的主要内容之一，这些基本因素决定了给定土的物理和化学性质的可能范围，对某一土的矿物质的了解有助于理解该土的行为。

　　矿物是自然界中的化学元素，在一定的物理、化学条件下形成的天然物体。这种天然物体大多是结晶的单质和化合物。**矿物通常主要指的是地壳中作为构成岩石和黏土组成单位的那些天然物质元素体。**

　　地壳中的矿物是通过各种地质作用形成的。它们除少数呈液态（如水银、水）和气态（如 CO_2 和 H_2S 等）外，绝大多数呈固态。固态矿物大多数具有比较固定的化学成分和内部结构，在适宜的条件下生长时，均能自发地形成规则几何多面体的外形。

　　在常温、常压下的液态和气态矿物，因不具晶体结构，故没有一定的外形，它们赋存于土的孔隙中。水中溶液有多种类型和数量不等的可溶性电解质。水溶液在孔隙中可以和固相土颗粒表面电荷产生相互作用，也可以与气相相互作用形成液体表层的表面张力（产生毛细作用）。非饱和土中气相物质通常是由空气构成的，但在生物密集活动地区，也可能存在有机气体。土的工程性质取决于其各相的物质之间的相互作用及外加的势能作用，如应力、水位差、电位差、温差等。由于这些相互作用和外加的势能影响，土的工程性质不能仅单方面地通过土固相颗粒的性质来认识和理解。从土的结构研究中可知，**还需要通过颗粒表面作用和各相之间的相互作用才能全面理解土的工程性质。**

原子间和分子间的成键力把物质结合在一起，并在不同相之间的分界面处存在不平衡力。有必要研究这些力的性质和大小，进而了解土颗粒的结构、大小和形态及土矿物的形成和影响其工程性质的物理–化学作用。

任何一种矿物都不是一成不变的。当其所处的地质条件改变到一定程度时，原有矿物就要发生变化，并改变成在新条件下稳定的另一种矿物。因此，从这个意义上说：矿物又可看作是地壳在演化过程中其元素存在和运动的一种形式。

本章将简要地介绍原子和分子间力的一些特征、物质晶体结构、结构的稳定性，介绍与土的工程性质相关的颗粒的表面特征等。

3.1　土中非黏土矿物

无黏性土，包括砾石、砂、粉土，由较大的无黏性颗粒组成，其物理和力学特性主要由土颗粒的平均硬度（和强度）、尺寸、形状、表面结构和其颗粒粒径分布或级配决定（实际上其力学性质还受围压作用的影响）。土的矿物成分和组成决定了土的硬度、节理及抵抗物理、化学的侵蚀和抵抗破坏的能力。

大多数土是此前的原始岩石或土经过各种风化和沉积的产物。无黏性土主要由岩石碎屑或由岩石形成的矿物颗粒组成。

源于火成岩的土，其中最常见的矿物有：长石（约占 60%）、辉石和角闪石（约占 17%）、石英（约占 12%）、云母（约占 4%）、其他矿物（约占 7%）。

通常大多数土中含量最丰富的是石英，也有少量的长石和云母，很少会发现大量的辉石和角闪石。在有些土中，主要包含方解石和白云石，从中也可以发现碳酸盐矿物，它们可以作为粗颗粒、片状、沉淀物或溶解物。碳酸盐有时可以成为某些深海沉积土层的主要构成部分，主要在干旱半干旱地区土中，可以发现不同形式的磷酸盐（在石膏中最常见）。铁和铝的氧化物在热带地区的残积土中，其含量很丰富。

石英是由结合成螺旋式结构的硅氧四面体聚合群组成的，四面体中所有的氧原子都同硅原子成键。四面体结构具有很高的稳定性，另外，四面体的螺旋式聚合群还会形成没有节理的结构。石英是一种氧化物，这种结构没有弱键结合的离子，所以石英矿物具有很高的硬度及很好的耐久性。

长石是一种具有三维框架结构的硅酸盐矿物，该矿物中有部分硅原子被铝原子置换。这种置换会产生多余的负电荷，它们需要钾、钙、锶、钡这样的阳离子来平衡。当这些阳离子相对较多时，它们的配位数目也会较多，由此会导致开放式结构和单元之间键的强度较低，结果出现了节理面，其硬度只能到达中等程度，并且易破碎。与在火成岩中的含量相比，长石在土中的含量相对较少的原因就在于此。

云母是由四面体和八面体单元组成的片状结构。这种片状结构是一片一片叠合起来的，并且主要由钾离子在层间以 12 重配位相结合，由此提供了中等强度的静电键。但与晶层内的键相比，它还是一个弱键，并且是由云母基本节理导致的。由于云母具有薄片形态，仅包含百分之几云母的砂与粉土在加载时可以表现出较高的压缩性，在卸载时可以表现出较大的回弹。

闪石、辉石和橄榄石的晶体结构可以迅速地被风化和破坏，所以在多数土中它们很少存在。

图 3.1 给出了不同土中砂和粉土颗粒的一些示例。通常棱角度和磨圆度可以用来描述无黏性土颗粒的形状，如图 3.2 所示。砂和粉土颗粒的细长和片状颗粒趋向于较为稳定的定向排列，并且是土体产生各向异性的根本原因。土颗粒团（或粗大颗粒）的表面结构和形状特征会影响土的变形和强度性质。

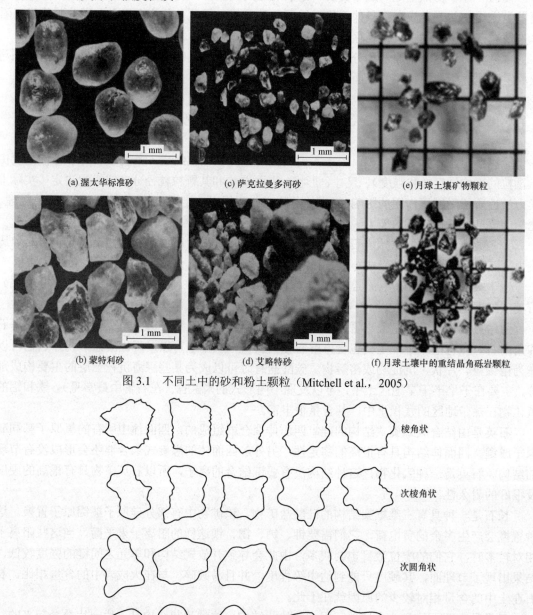

(a) 渥太华标准砂　　　　　(c) 萨克拉曼多河砂　　　　　(e) 月球土壤矿物颗粒

(b) 蒙特利砂　　　　　(d) 艾略特砂　　　　　(f) 月球土壤中的重结晶角砾岩颗粒

图 3.1　不同土中的砂和粉土颗粒（Mitchell et al.，2005）

棱角状

次棱角状

次圆角状

圆角状

圆形状

图 3.2　砂和粉土颗粒形状的外轮廓分类（Mitchell et al.，2005）

　　土是一种颗粒材料，其颗粒之间的联结作用和联结强度与其他材料相比是较弱的，土颗粒自身的强度远大于颗粒之间的联结强度。因此，土体变形和破坏主要是颗粒之间联结处的位移和滑移破坏所引起（除非压力非常大，会压碎颗粒）的。土体的变形刚度通常取决于颗粒之间联结处的相对移动，其单位位移所需要的力与颗粒之间联结处的联结和摩擦强度相关。

3.1.1　生物和地球化学过程形成的土矿物或土材料

　　海水（或某些含盐较多的湖水）的盐分蒸发并渗透或沉积到土层中，其深度有时可达几米。海水和蒸发所影响的沉积层的主要构成见表 3.1。在某些区域，其他一些蒸发影响的沉积层和黏土层及微细颗粒沉积层是由干–湿周期性循环作用而形成的。

表 3.1　海水和蒸发所影响的沉积层的主要构成（Degens，1965）

成分	浓度/（g/L）	占总固体重量的百分比/%	主要的蒸发盐沉积
Na^+	10.56	30.61	$CaSO_4$
Mg^{2+}	1.27	3.69	$BaSO_4$
Ca^{2+}	0.40	1.16	$SrSO_4$
K^+	0.38	1.10	$MgSO_4 \cdot H_2O$
Sr^{2+}	0.013	0.04	$CaSO_4 \cdot 2H_2O$
Cl^-	18.98	55.04	$Ca_2K_2Mg(SO_4) \cdot 2H_2O$
SO_4^{2-}	2.65	7.68	$Ma_2Mg(SO_4)_2 \cdot 4H_2O$
HCO_3^-	0.14	0.41	$MgSO_4 \cdot 6H_2O$
Br^-	0.065	0.19	$MgSO_2 \cdot 7H_2O$
F^-	0.001	—	$K_4Mg_4(Cl/SO_4) \cdot 11H_2O$
B_3HO_3	0.026	0.08	$NaCl$
	34.485	100.00	KCl
			CaF_2
			$MgCl_2 \cdot 6H_2O$
			$KMgCl_3 \cdot 6H_2O$

　　某些石灰岩或珊瑚岩由沉淀而形成，或由不同的残留的有机质而形成。石灰岩与大多数其他岩石相比，具有较大的溶解性，这可能是某些基础工程出现溶蚀孔洞和溶蚀通道问题的原因。

　　在土木工程建设中或在淡水湖、池塘、沼泽和海湾的岩石中，有时会遇到具有化学作用的沉积物。它们的生物化学作用过程会产生泥灰土，这些泥灰土的范围是从纯碳酸钙到泥土和有机质的混合物，而在有些湖泊中会形成氧化铁。硅藻土基本上是由淡水或盐水中那些小的有机物残骸的纯硅物质形成的。石灰岩、方解石、石膏和其他含盐分的土是具有溶解性的，并由此可能引起特殊的岩土工程问题。

　　地球表面含黄铁矿材料的氧化还原反应（也即岩土中的二硫化铁），可能是许多岩土工程问题的根源，如地表隆起、高膨胀压力、酸性排水的形成、混凝土的损伤及钢的腐蚀。

加拿大有多于12%的地表被泥炭土所覆盖，称为泥岩沼泽地，它几乎完全由腐蚀的植物组成。泥炭或泥岩沼泽的含水率可以达到或超过1 000%。它们具有很高的压缩性和较低的强度。它们的特殊属性和岩土工程的分析和处理方法可以在 MacFarlane（1969），Dhowian 和 Edil（1980）及 Edil 和 Mochtar（1984）发表的文献中找到。

3.1.2　非黏土矿物特征小结

表3.2总结了土中非黏土矿物的属性和特征。在这些矿物中，目前含有石英的各种非黏性土的数目是最多的，而在一种典型土中，它的含量也是最丰富的。长石和云母在非黏性土中所占百分比通常较小。

表3.2　土中非黏土矿物的属性和特征（Hurlbut, 1957）

矿物	化学式	晶系	解理	颗粒形状	比重	硬度	工程土壤中的赋存状态
石英	SiO_2	六角晶系	无	巨大的	2.65	7	非常丰富
正长石	$KAlSi_3O_8$	单斜晶系	2平面	细长的	2.57	6	普遍
斜长石	$NaAlSi_3O_8$ $CaAl_2Si_3O_8$	三斜晶系	2平面	巨大的-细长的	2.62～2.76	6	普遍
云母	$KAl_3Si_3O_{10}(OH)_2$	单斜晶系	完美基面	薄板	2.76～3.1	2～2.5	普遍
黑云母	$K(Mg,FE)_3AlSi_3O_{10}(OH)_2$	单斜晶系	完美基面	薄板	2.8～3.2	2.5～3	普遍
角闪石	Na,Ca,Mg,Fe,Al silicate	单斜晶系	完美棱柱体	棱柱	3.2	5～6	罕有
辉石	$Ca(Mg,Fe,Al)(Al,Si)_2O_6$	单斜晶系	良好棱柱体	棱柱	3.2～3.4	5～6	罕有
橄榄石	$(Mg,Fe)_2SiO_4$	斜方晶系	贝壳状断口	巨大的	3.27～3.37	6.5～7	罕有
方解石	$CaCO_3$	六角晶系	完美	巨大的	2.72	2.5～3	可能局部丰富
白云石	$CaMg(CO_3)_2$	六角晶系	完美棱形	巨大的	2.85	3.5～4	可能局部丰富
石膏	$CaSO_4 \cdot 2H_2O$	单斜晶系	4平面	细长的	2.32	2	可能局部丰富
黄铁矿	FeS_2	等轴晶系	立方体	巨大的立方	5.02	6～6.5	可能局部丰富

3.2　黏土矿物的基本结构

土中三相物质的相同相之所以能维系在一起，是因为原子间和分子间存在相互结合力。三相混合物质能构成具有特定工程性质的土，是因为各相的特殊物质结构和构成及界面上存在各相之间的相互作用。只有对各相的特殊物质结构和构成及界面上存在的相互作用进行深入分析，才能了解影响土的工程性质的物理–化学作用。

黏土，当用它说明土粒大小时，表示土的粒径小于 2 μm 的土；当用它作为土矿物学术语时，它代表一类特定的矿物，并称为"黏土矿物"。但当涉及颗粒大小时，最好使用"黏土粒径"；当涉及黏土矿物成分时，最好使用"黏土矿物含量"。

黏土是一小类矿物中的一种或多种结晶和非结晶矿物质组成的微粒群。黏土中的矿物多数是次生的矿物，有时称为次生黏土矿物或简称为黏土矿物。黏土矿物是层状构造硅酸盐矿物、层链状构造硅酸盐矿物和含水的非晶质硅酸盐矿物的总称。通常见到的黏土矿物主要是层状构造硅酸盐矿物，只有少数为层链状构造硅酸盐矿物。

3.2.1　原子结构

原子由原子核和核外电子组成。原子核含有质子、中子和其他基本粒子，带正电；其原子序数等于质子数，也等于其电子数。核外电子带负电，所带负电荷数由核外电子数决定。原子结构可以用图 3.3 简单表示。

核外电子的运动像弥漫在原子核周围空间的云层，它并不和原子核保持固定不变的距离，也不遵循严格的轨道，它可以瞬间位于核外一定空间范围内的任意点。通常距原子核一定距离的电子（或电子扩散层）呈现一定的概率分布。

最靠近原子核的扩散层的电子能量最低。当外界供给能量时，电子就跃迁到距离核较远的、能量较高的扩散层上去。电子能的量子化效应和每一能量级上电子数目的限制，导致了不同的原子具有不同的相互结合的特点。**原子间的相互结合是以相邻原子的外层电子降低电子能量的方式相互结合的。因此原子最外层电子数目和排列方式对于原子间不同结合类型和晶体的结构是极为重要的。**如果相互结合的电子能量降低很多，就会产生"主键"或"强键"。相互结合的电子在空间的定位方式将决定这些键的定向性质。原子间键的强度、定向和结合原子的尺寸是决定晶体结构类型的 3 个重要因素。

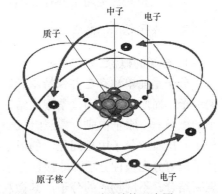

图 3.3　原子结构示意图

一般情况下，原子是中性的，即它不带电。然而，在一些特殊情况下，原子是可以带电的，这种带电的原子称为**离子**。带正电的离子称为**阳离子**（cations），带负电的离子称为**阴离子**（anions）。

3.2.2　原子间的结合力

原子和原子之间通过外层电子而相互结合时，称为化学键（chemical bond）。化学键根据结合的电子在空间定位的方式，可分为共价键、离子键和金属键。

1. 共价键

共价键（covalent bond）是化学键的一种，**两个或多个原子共同使用它们的外层电子**，在理想情况下达到电子饱和的状态，由此组成比较稳定的化学结构叫作共价键。共价键与离子键不同的是，进入共价键的原子向外不显示电荷，因为它们并没有获得或损失电子。共价键的强度比氢键要强，与离子键差不太多，有时甚至比离子键强。共价键的本质是在原子之间形成共用电子对。同一种元素的原子或不同元素的原子都可以通过共价键结合，一般共价键结合的产物是分子，在少数情况下也可以形成晶体。原子以共价键结合在一起组成的晶体称为原子晶体。

2. 离子键

离子键（ionic bond）指带相反电荷离子之间的相互作用。离子键属于化学键的一种，大多数的盐、碱、活泼金属氧化物都有离子键。离子键构成的化合物称为离子化合物。离子键只存在于离子化合物中。离子化合物在室温下以晶体形式存在。

3. 金属键

金属键（metallic bond）是化学键的一种，主要在金属中存在。**金属键是金属阳离子与自由电子之间的结合力**。金属原子失去的外层电子成为自由电子分布于金属阳离子之间，并被所有阳离子所共有。由于电子的自由运动，金属键没有固定的方向，因而是非极性键。金属键有金属的很多特性。例如，一般金属的熔点、沸点随金属键强度的增加而升高。其强弱通常与金属离子半径成逆相关，与金属内部自由电子密度成正相关。

离子键和共价键通常并存和相互组合，并呈现非金属固态。

3.2.3 分子间的结合力

1. 分子的概念

分子是能单独存在并保持单纯物质的化学性质的最小粒子。分子是由多个原子结合而成的粒子，而原子之间因化学键联结在一起。**由分子组成的物质叫分子化合物**。分子一般由更小的微粒——原子构成，按照组成分子的原子个数可分为单原子分子、双原子分子及多原子分子。单质的分子由相同元素的原子构成，化合物分子由不同元素的原子构成。分子按照电性结构可分为极性分子和非极性分子。**化学变化的实质就是不同物质的分子中各种原子进行重新结合。不同物质的分子，其微观结构、形状不同。**

极性与非极性分子：分子中正负电荷中心重合，从整个分子来看，电荷分布是均匀的、对称的，这样的分子称为非极性分子；当分子中各键全部为非极性键时，通常分子是非极性的。但当一个分子中各个键都为极性键，而分子的构型是对称的，则分子是非极性的，反之则为极性分子。

2. 分子间作用力

分子与分子之间存在一种能把分子聚集在一起的作用力，这种作用力就叫分子间作用力。范德瓦耳斯力和氢键是 2 种最常见的分子间作用力。分子间作用力实质上是一种静电作用，它比化学键作用弱很多。

1）范德瓦耳斯（van der Waals）力

范德瓦耳斯力是普遍存在于固、液、气体中分子之间的作用力。它的大小影响物质的物理性质。范德瓦耳斯力（又称分子作用力）产生于两分子或原子之间的静电相互作用。当两原子彼此紧密靠近，其电子云相互重叠时，发生强烈排斥，排斥力与距离的 12 次方成反比。

范德瓦耳斯力可以分为三种作用力：取向力、诱导力和色散力。

（1）取向力。

取向力发生在极性分子与极性分子之间，如图 3.4 所示。由于极性分子的电性分布不均匀，一端带正电，另一端带负电，形成偶极。因此，当两个极性分子相互接近时，由于它们偶极的同极相斥、异极相吸，两个分子必将发生相对转动。这种偶极子的互相转动，就使偶极子的相反的极相互对应，叫作"取向"。这时由于相反的极相距较近，同极相距较远，结果引力大于斥力。两个分子靠近，当接近到一定距离之后，斥力与引力达到相对平衡。这种由于极性分子的取向而产生的分子间的作用力，叫作取向力。取向力的大小与偶极距的平方成正比。

图 3.4　两个永久极性分子间的"取向力"示意图（高国瑞，2013）

（2）诱导力。

在极性分子和非极性分子之间及极性分子和极性分子之间都存在诱导力。在极性分子和非极性分子之间，由于极性分子偶极所产生的电场对非极性分子发生影响，使非极性分子电子云变形（电子云被吸向极性分子偶极的正电的一极），结果使非极性分子的电子云与原子核发生相对位移。本来非极性分子中的正、负电荷重心是重合的，发生相对位移后就不再重合，使非极性分子产生了偶极。**这种电荷重心的相对位移叫作"变形"，因变形而产生的偶极，叫作诱导偶极**，以区别于极性分子中原本存在的固有偶极。诱导偶极和固有偶极相互吸引，这种由于诱导偶极而产生的作用力，叫作诱导力。

同样，在极性分子和极性分子之间，除了取向力外，由于极性分子的相互影响，每个分子也会发生变形，产生诱导偶极。其结果使分子的偶极矩增大，既具有取向力，又具有诱导力。在阳离子和阴离子之间也会出现诱导力。诱导力的大小与非极性分子极化率和极性分子偶极距的乘积成正比。

（3）色散力。

非极性分子之间也有相互作用。粗略来看，非极性分子不具有偶极，它们之间似乎不会产生引力，然而事实上却非如此。例如，某些由非极性分子组成的物质，如苯在室温下是液体，碘、萘是固体；又如在低温下，N_2、O_2、H_2 和稀有气体等都能凝结为液体甚至固体。这些都说明非极性分子之间也存在分子间的引力。当非极性分子相互接近时，由于每个分子的电子不断运动和原子核的不断振动，经常发生电子云和原子核之间的瞬时相对位移，也即正、负电荷重心发生了瞬时的不重合，从而产生瞬时偶极。而这种瞬时偶极又会诱导邻近分子也产生和它相吸引的瞬时偶极。虽然，瞬时偶极存在时间极短，但上述情况在不断重复着，使得分子间始终存在引力，这种力可通过量子力学理论计算出来，而其计算公式与光色散公式相似，因此，把这种力叫作色散力。

综上所述，分子间作用力的来源是取向力、诱导力和色散力。一般来说，极性分子与极性分子之间，取向力、诱导力、色散力都存在；极性分子与非极性分子之间，则存在诱导力和色散力；非极性分子与非极性分子之间，则只存在色散力。这 3 种类型的力的比例的大小，决定于相互作用分子的极性和变形性。极性越大，取向力的作用越重要；变形性越大，色散力就越重要；诱导力则与这两种因素都有关。但对大多数分子来说，色散力是主要的。分子间作用力的大小可从作用能反映出来。

2）氢键

氢键是有氢原子参加的比较强的、有方向性的分子间的作用力。氢原子可以同时与 2 个电负性很大、原子半径较小且带有未共享电子对的原子（如 O、N、F 等）相结合。形成氢键的必要条件是氢在原来分子中结合着的键要有足够强的极性，即要求与氢原子结合的原子的电负性（元素的原子在化合物中吸引电子的能力）足够大，而半径又比较小，如 F、O、N 等。凡具有 H—O、H—N、H—F 等强极性键的化合物，都可能因氢键而形成缔合分子。

氢键会对化合物的物理和化学性质产生影响。具有氢键的化合物的熔点、沸点，要比同类化合物的熔点、沸点高。

3.2.4　晶体与非晶质体

黏土矿物是组成黏粒的主要矿物成分，其晶体的结构不同，则其对土的工程性质的影响也有所不同。然而，什么是晶体？构成物质的原子、离子和分子等遵循怎样的几何规律构成晶体？晶体具有什么样的特性及它们和非晶质体的根本区别是什么？针对这些问题，本节做如下扼要的介绍。

1. 什么是晶体

对于晶体，人们常见而又熟悉的实物有水晶（石英 SiO_2）、石盐（NaCl）和蔗糖等。有人认为只要是晶体，它们必然都是一些像水晶和石盐那样具有规则几何多面体的固体。其实，只要稍事考察，就会发现晶体并不一定都具备规则几何多面体的形状。例如盐湖中产出的石盐就是这样，有的呈规则立方体，**有的却是形态任意的颗粒**。观察证明，它们之所以有上述差别，归根结底，主要是后者在结晶时受外界条件影响的结果，绝非因本质有什么不同而造成的。因此，什么是晶体？应当从它的本质上来回答。

在所有晶体中，组成它们的物质质点（原子、离子、离子团或分子等）在空间都是按格子构造的规律来分布的。例如，在石盐中就可以明显地看出这种规律性。图 3.5（a）为石盐晶体模型。图 3.5（b）是从该结构中依一定条件取出的一个能代表整个结构规律的最小单位（晶胞），其中大球代表氯离子（Cl^-），小球代表钠离子（Na^+）。可以看出，这些离子在空间的不同方向上，各自都是按着一定的间距重复出现的。例如，沿着立方体的三条棱边方向，Cl^- 与 Na^+ 各自都是每隔 0.397 3 nm 的距离重复一次，而沿着对角线方向，则各自都每隔 0.561 9 nm 的距离再出现一次，其他方向上的情况也都类似，只不过各自重复的间距大小不同而已。如用圈和点分别代表 Cl^- 与 Na^+ 中心点，并用直线将它们连接起来，这样就可以得出一个如图 3.5（c）所示的格子状图形。实践证明，所有石盐，不论外部形态是否规则，它们的内部质点都是按如图 3.5（c）所示的立方格子排列的。石盐之所以能够成为立方体的规则外形，正是格子状构造规律制约的结果。

(a) 晶体模型　　　　　(b) 晶胞　　　　　(c) 晶体结构示意图

图 3.5　石盐的晶体结构

目前已经弄清了数以千计的不同种类的晶体结构，尽管各种晶体的结构互不相同，但都具有格子状构造这一点则是所有晶体的共同属性。因此，在这里可以得出一个简单的结论：**晶体即是内部物质质点在三维空间呈周期性重复排列的固体**。或者概括地说：晶体是具有格子状构造的多面体，并具有平滑的界面，是内部原子有序排列的外部现象。

与上述情况相反，有些状似固态的矿物，如蛋白石（$SiO_2 \cdot nH_2O$）和琥珀（$C_{10}H_{16}O$）等，它们的内部质点不做周期性的重复排列，即称为非晶质体。

土中固体有晶体和非晶质体（或无定形体）两种状态。同一物质从液态变为固态时，因条件的不同可以形成上述两种不同的状态。例如，土中的石英和硅土都是二氧化硅固体，其中石英是二氧化硅晶体，而硅土则是无定形状态。土中固体物质很大部分是含有结晶矿物的颗粒。

2. 晶体的形成

晶体形成是物质相变的一种结果。其形成方式主要有以下 3 种。

1）由气相转变为晶体

一种气体处于它的过饱和蒸气压或过冷却温度条件下，直接由气相转变为晶体。如冬季玻璃窗上的冰花就是由空气中的水蒸气直接结晶的结果；又如火山口附近分布的自然硫、卤砂（NH_4Cl）和氯化铁（$FeCl_3$）的晶体，它们都是在火山喷发过程中，由火山喷出的气体受冷却或气体间相互发生反应而形成的。

2）由液相转变为晶体

这种相变有自熔体直接结晶的，也有自溶液直接结晶的。前者系在过冷却条件下转变成晶体，如岩浆和工业上各式铸锭、钢锭的结晶等；后者为溶液中的溶质结晶，即溶液处于过饱和状态时的结晶，如各种热液矿床中的矿物结晶和内陆湖泊及潟湖中的石膏、岩盐等盐类矿物的形成等。

3）由固相转变为晶体

这种相变亦可有两种方式。

（1）在同一温度、压力条件下，某物质的非晶质体与它的结晶相相比较，前者因具有较大的自由能，所以它可以自发地向自由能较小的后者转变，如火山玻璃脱玻璃化后形成的细小长石和石英等。

（2）由一种结晶相转变为另一种结晶相。这种相变，即通常所谓的同质多相转变，如酸性和中酸性火山岩中的β-石英（β-SiO_2）转变为α-石英（α-SiO_2）的相转变。

3. 晶体的基本性质

由于晶体结构都具有空间格子规律，因此，所有晶体都有以下共同性质。

（1）内能最小。在相同的热力学条件下，晶体与其同种物质的气体、液体和非晶质体相比较，其内能最小。所谓内能主要是指晶体内部的质点在平衡点周围作无规则振动的动能和质点间相对位置所决定的势能之总和。晶体内能之所以最小，是由于组成它的质点作规则的格子状排列后，它们相互间的吸引和排斥完全达到平衡状态时而赋予晶体的一种必然性质。

（2）稳定性。对于化学成分相同的物质，以不同的物理状态存在时，其中以结晶状态最为稳定。晶体的这一性质与晶体的内能最小是密切相关的。如果在没有外加能量的情况下，晶体是不会自发地向其他物理状态转变的。这种性质即称为晶体的稳定性。

（3）对称性。晶体内质点排列的周期重复本身就是一种对称，这种对称无疑是由晶体内能最小所促成的一种属于微观范畴的对称，即微观对称。因此，从这个意义上来说，一切晶体都是具有对称性的。另外，晶体内质点排列的周期重复性是因方向而异的，但并不排斥质点在某些特定方向上出现相同的排列情况。晶体中这种相同情况的有规律出现及由此而导致的晶体在形态（晶面、晶棱和隅角）、各项物理性质上相同部分的规律重复，即构成了晶体的对称性（晶体的宏观对称性）。

（4）异向性。晶体结构中不同方向上质点的种类和排列间距是互不相同的，反映在晶体的各种性质（化学的和物理的）上，也会因方向而异，这就是晶体的异向性。例如，蓝晶石的硬度在不同的方向上有不同的大小，就是这一性质的典型表现。

（5）均一性。由于晶体结构中质点排列的周期重复性，使得晶体的任何一个部分在结构上都是相同的。因而，由结构所决定的一切物理性质，如密度、比重、导热性和膨胀性等，也都无例外地保持着它们各自的一致性，这就是晶体的均一性。在此应当指出的是，非晶质体也具有均一性。例如，玻璃不同部分的导热、膨胀系数和折光率等都是相同的。这是因为组成玻璃的质点在空间呈无序分布，所以它的均一性是宏观统计的一种平均结果，特称为统计均一性，以便于和晶体的均一性相区别。

（6）自限性。自限性也称自范性。任何晶体在其生长过程中，只要有适宜的空间条件，它们都有一种自发地长成规则几何多面体形态的能力，这就是晶体的自限性。晶体因自限性而导致的规则形态，是由组成它们的质点按空间格子的周期重复性规律而产生的一种必然结果，绝非人工雕琢的产物。

4. 非晶质体的特点

非晶质体（也称为无定形体）与晶体在性质上是截然不同的两类物体。非晶质体纵然也呈"固态"形式而存在，但组成它的质点在空间的排列却是无序的，而晶体是有规律的。因此，它不具有像组成晶体的质点那样受空间格子规律支配形成的外形规则的几何多面体和晶体所固有的那些基本性质，没有规则的几何外形，没有固定的熔点和各向确定的传导性。

常见的无定形物质包括玻璃、石蜡和很多高分子化合物如聚苯乙烯等。只要冷却速度足够快，任何液体都会因过冷生成无定形体。其中，原子尚未排列好，在热力学上有利的晶态中的晶格或骨架便已失去运动速度，但仍保留有液态时原子的大致分布。由于熵的缘故，即使冷却速度很慢，很多聚合物仍会生成无定形体。无定形物质在土中属于次要成分，但它所起的作用却不容忽视。无定形物质的颗粒一般很小，其表面积非常大，化学活性高，不稳定，并可以在一定条件下老化。层状硅酸盐颗粒表面显露出来的氧原子面在适当的条件下容易和硅凝胶结合，形成硅氧四面体的"同质增生"，如果颗粒靠得很近，这种"同质增生"就会发展成颗粒之间的"同相"接触连接。这种连接很牢固，相当于离子键的连接强度，这可能也是老黏土具有很高的结构性强度的原因。另外，黏土颗粒表面裸露的羟基容易和硅氧四面体发生氢键连接，这也加强了颗粒之间的连接，所以无定形物质对土的工程性质具有重要作用。

非晶质体和晶体在一定条件下是可以相互转化的。由于非晶质体是内能没有达到最小的一种不稳定物体，因此，它必然要向取得内能最小的结晶状态转化，并最终成为稳定的晶体。由非晶质体到晶体的这种转变是自发进行的，例如由岩石学的研究得知，在地球的各个地质时期曾存在过的玻璃质岩石，迄今大都已成为结晶质体。这种由玻璃质转变为结晶质体的作用，称为晶化作用或脱玻化作用。与这种作用相反，一些含放射性元素的晶体，由于受放射性元素发生蜕变时释放出来的能量的影响，原晶体的格子构造遭到破坏变为非晶质体。这种作用称为变生非晶质化或玻璃化作用。经变生非晶质化后的非晶质体，在高于室温的某一温度下保持一段时间，还可恢复它原来的晶体结构。

5. 基本晶体单元

基本晶体单元（unit cell）是能够保持和拥有晶体结构的构成特征和原子空间排列特征的最小、最稳定的单位或单元，晶体结构是由基本晶体单元按一定规律组合而成的。黏土矿物是由原生矿物长石、云母等硅酸盐矿物经化学风化而形成的具有片状或链状晶体结构构架的颗粒细小、亲水性强、具有胶体特性的铝-硅酸盐矿物。这种铝-硅酸盐矿物由 2 种基本晶体单元组成，即硅氧四面体和铝氧八面体。

1）硅氧四面体

在硅酸盐晶体结构中，每个 Si^{4+} 一般等距离地被 4 个比它大得多的 O^{2-} 所包围，如图 3.6（a）所示，构成硅氧四面体。每一个硅氧四面体中有 3 个 O^{2-} 位于同一平面，另外一个 O^{2-} 位于顶端。位于同一平面的 3 个 O^{2-} 称为"底氧"，位于顶端的 O^{2-} 称为"顶氧"。硅氧四面体的 4 个氧各带 1 个负电荷。

2）四面体片

层状结构的硅酸盐首先是以硅氧四面体相互联结成片状体（基本结构单元片）为特征，再由片状体叠合成层状结构（晶胞层）。在层状结构中，所有的硅氧四面体都分布在一个平面内，每个四面体底部的 3 个"底氧"分别与相邻的 3 个硅氧四面体共用，在二维平面上连成无限延展的由硅氧四面体构成的片状结构体，如图 3.6（b）所示，这一硅氧四面体构成的片状结构体中所有四面体未共用的"顶氧"都指向一个方向。硅氧四面体的片状结构体在底平面上呈现六边形网格状，如图 3.6（c）所示。它的化学式为 $[Si_4O_{10}]^{4-}$。由于四面体片含有负电荷，在实际矿物结构中，四面体片仅能以与阳离子和附加阳离子结合的形式存在。四面体配位位置只适用于那些体积较小的阳离子，这些阳离子主要是 Si^{4+}，其次是 Al^{3+}，很少为 Fe^{3+}。占据四面体配位位置的阳离子称为四面体阳离子。

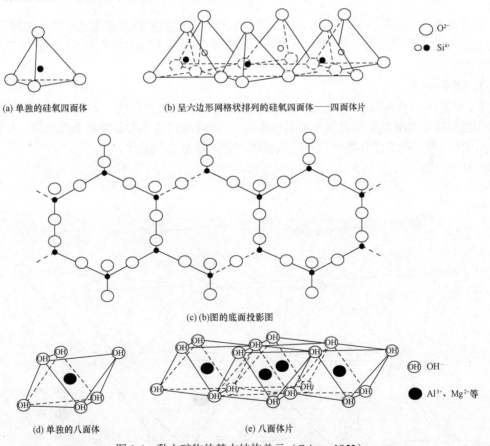

(a) 单独的硅氧四面体　　(b) 呈六边形网格状排列的硅氧四面体——四面体片

$\bigcirc$ O^{2-}　$\odot$ Si^{4+}

(c)(b)图的底面投影图

(d) 单独的八面体　　(e) 八面体片

$\textcircled{OH}$ OH^-　$\bullet$ Al^{3+}、Mg^{2+}等

图 3.6　黏土矿物的基本结构单元（Grim，1953）

3）铝氧八面体和铝氧八面体片

八面体由两层 O^{2-} 或 OH^- 紧密堆积而成，大阳离子位于其中，呈八面体配位，如图 3.6（d）和图 3.6（e）所示。这种八面体构型适合于 Al^{3+}、Mg^{2+}、Fe^{2+}、Fe^{3+} 等阳离子配位，但不适合 Ca^{2+}、Na^+、K^+ 等更大阳离子配位。占据八面体配位位置的阳离子称为八面体阳离子。八面体中，联结 6 个最近的 O^{2-} 或 OH^- 的棱边形成一个具有 8 个面的几何体，即八面体，如图 3.6（d）所示。在八面体片中，如图 3.6（e）所示，八面体各自以它的一个面摆置在一个平面内，由此形成八面体片。

4）三八面体与二八面体

八面体片与四面体片不同，八面体片可以独立存在。例如，水镁石 $[Mg_3(OH)_6]$ 和三水铝石 $[Al_2(OH)_6]$ 就是全部由八面体片组成的矿物。水镁石的结晶结构如图 3.6（c）所示，由图可见，所有八面体阳离子配位位置上均有阳离子占位。然而在三水铝石的结晶结构中，仅有三分之二八面体阳离子配位位置上有阳离子占位。由此引出了三八面体与二八面体的定义，即水镁石是三八面体结构（3/3 占位）矿物，而三水铝石是二八面体结构（2/3 占位）矿物。所以三八面体就是阳离子配位位置全部被二价阳离子 Mg^{2+}、Fe^{2+} 等占据，而二八面体就是阳离子配位位置有 2/3 被三价阳离子 Al^{3+}、Fe^{3+} 等占据。若同时存在二价和三价阳离子，则为三八面体与二八面体之间的过渡型结构。

3.2.5　基本结构层

四面体片与八面体片的相互结合构成了层状结构硅酸盐矿物的基本结构层。按照四面体片与八面体片的配合比例，可以把层状构造硅酸盐矿物的基本结构层分为 1:1 层型和 2:1 层型两种类型。

1. 1:1 层型

1:1 层型由一个八面体片（层）和一个四面体片（层）组合而成，又称为双层型构造单元层，是层状构造硅酸盐矿物最简单的晶体结构。高岭石是 1:1 层型矿物的典型代表，如图 3.7 所示。1:1 层型中的八面体既可以是三八面体，也可以是二八面体。

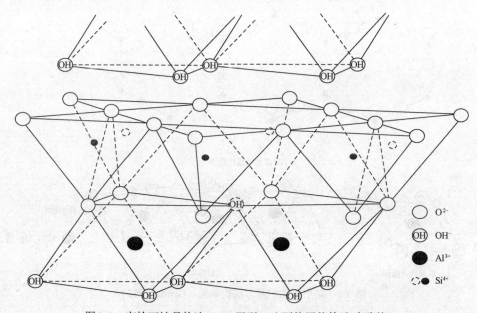

图 3.7　高岭石结晶构造（1:1 层型二八面体层状构造硅酸盐）

2. 2:1 层型

层状构造硅酸盐矿物另一个基本层型是由一个八面体片（层）和两个四面体片（层）组合而成的 2:1 层型，也称为三层型结构单元层。从图 3.8 可以看到，2:1 层型和 1:1 层型类似，只不过另外一个四面体片的方位与第一个四面体片的方位正好相反。2:1 层型中的八面体既可以是三八面体，也可以是二八面体。云母族是 2:1 层型矿物的典型代表。图 3.8 给出了白云母的结晶构造，它是一种 2:1 层型二八面体层状构造硅酸盐矿物。

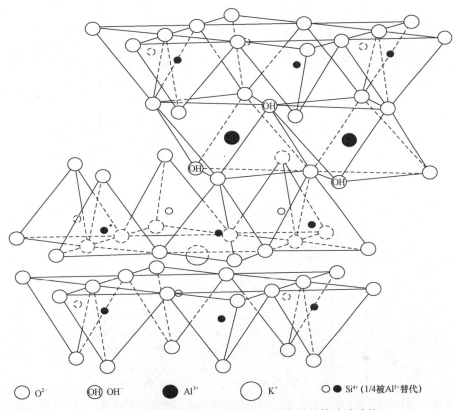

$\bigcirc$ O^{2-} $\quad$ $\textcircled{OH}$ OH^- $\quad$ $\bullet$ Al^{3+} $\quad$ $\bigcirc$ K^+ $\quad$ $\circ\bullet$ Si^{4+}（1/4被Al^{3+}替代）

图 3.8 白云母结晶构造（2:1 层型二八面体层状构造硅酸盐）

3. 层间域、层间物、层电荷和单位构造

层状构造硅酸盐黏土矿物由基本结构层 1:1 或 2:1 层型重复堆叠而成。当两个基本结构层重复堆叠时，相邻基本结构层之间的空间称为层间域，常用代号为 I（图 3.9）。层间域中可以有物质存在，也可以没有物质存在。存在于层间域中的物质称为层间物。层间物可以是水（如在埃洛石中）、水和交换性阳离子（如在蒙皂石和蛭石中），也可以是阳离子（如在云母类矿物中）。值得注意的是，绿泥石矿物的层间域中存在一层氢氧化物八面体片（图 3.10）。

基本结构层与层间域组成的层状体称为单位构造。单位构造的高度用 d_0 表示（参见图 3.9 和图 3.10）。各种矿物构造之间的最大差别是层间高度不同或单位构造高度不同。

如果忽略边缘破键，单独的 1:1 层型或 1:2 层型可以是电中性的，也可以带负电荷的。当带负电荷时，所带负电荷被层间域内的层间物平衡。层间域中平衡 1:1 层型或 2:1 层型的负电荷的阳离子称为层间阳离子。理想的 1:1 层型或 2:1 层型都是电中性的，层电荷是四面体片或八面体片中的阳离子置换的结果。很显然，层电荷受四面体片或八面体片中的阳离子置换的限制。四面体片中阳离子替代所产生的层电荷称为四面体电荷，八体片中阳离子置换所产生的层电荷称为八面体电荷。

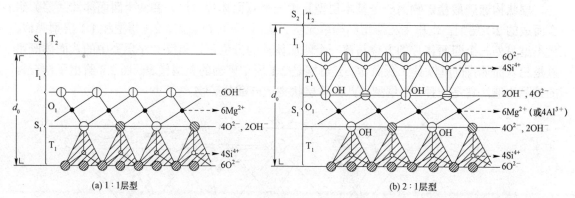

(a) 1:1 层型　　　　　　　　　　(b) 2:1 层型

T₁、T₂—第一、二单位构造层的四面体（片）；T₁′—2:1 层型构造层的第二个四面体（片）；O₁—第一单位构造层的八面体（片）；
I₁—第一单位构造层的层间域；S₁、S₂—第一、二单位构造层；d₀—单位构造高度。

图 3.9　1:1 层型或 2:1 层型沿 b 轴投影图

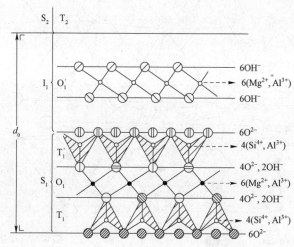

T₁、T₂—第一、二单位构造层的四面体（片）；T₁′—2:1 层型构造层的第二个四面体（片）；I₁—第一单位构造层的层间域；

O₁—第一单位构造层的八面体（片）；O₁′—第一单位构造层的层间八面体（片）；

S₁、S₂—第一、二单位构造层；d₀—单位构造高度。

图 3.10　绿泥石结构沿 b 轴投影图

4. 有序–无序

化学组成对矿物的晶体结构的形成具有重要影响。但是，矿物的晶体结构还受外界环境的影响。在一定的条件下，晶体形成的热力学条件及其他外界因素可以是决定晶体结构的主导因素。结构的有序与无序现象、同质多象与多型现象等，就是形成条件所决定的。

有序和无序是结晶学的概念。当两种原子或离子在晶体结构中占据等同的构造位置时，如果它们占据任何一个等同位置的概率是相同的，即两种质点相互间的分布没有一定的秩序，称这样的晶体结构为无序结构；如果它们相互间的分布是有规律的，即两种质点各自占有特定的位置，则称这样的结构为有序结构。

理论上讲，原子或离子在结晶过程中总是倾向于进入特定的结构位置，形成有序结构，从而最大限度地降低内能，以达到最稳定的状态。晶体是具有格子构造的固体，其内部质点在三维空间呈周期性的规则排列，这种规则排列是质点间引力和斥力达到平衡的结果。这就意味着，晶体结构中，质点之间趋向于尽可能地相互靠近，形成最紧密堆积，以达到内能最小，使晶体处于最稳定状态。这需要保持电中性，满足成键方向，减小强离子之间的斥力和原子紧密集聚在一起。

通常结构有序是指长程有序，也就是说，全部点阵都是有序和有规律的分布。而与长程有序相对应的是短程有序，短程有序指的是镶嵌在一个个小区域（晶畴）内的有序结构。结晶过程中的热扰动或晶体的快速生长都会促使原子或离子随机地占据任何可能的结构位置，从而形成无序结构。由于无序结构中原子或离子随机地占据任何可能的结构位置，内能较大。所以无序结构是一种不稳定的结构。

有序-无序结构在矿物中是极为广泛的存在，除了在类质同象代替的情况下出现有序-无序现象外，甚至在化学组成固定的某些晶体中也同样可以出现有序-无序结构。例如黄铜矿 $CuFeS_2$ 晶体，当温度高于 550 ℃时，阴离子 S^{2-} 作立方最紧密堆积，阳离子 Cu^{2+} 和 Fe^{2+} 占据半数四面体配位位置，晶体为无序结沟，属于等轴晶系 3 m 对称型，$a=0.529$ nm；但当温度低于 550 ℃时，在形成的黄铜矿晶体中，处于四面体配位位置中的 Cu^{2+} 和 Fe^{2+} 作有规律的相间分布，成为完全的有序结构，从而破坏了晶体的立方对称，形成犹如两个原来的立方晶胞沿 Z 轴重叠而成的四方晶胞，属于 2 m 对称型，$a=0.525$ nm，$c=1.032$ nm。

在完全有序和完全无序之间，还存在部分有序的过渡状态。在部分有序结构中，只有部分质点有选择地占据特定的位置，而另一部分质点则无序地占据任意位置。结构的有序程度称为有序度。

晶体结构的有序度在一定条件下是可以改变的，或者说，有序-无序之间是可以相互转化的。物质在结晶过程中，质点倾向于进入特定的结构位置，形成有序结构，以使最大限度地降低自由能。但是，热扰动的存在及晶体的快速生长，都促使质点占据任意可能的位置，从而形成了无序结构。显然无序结构不是最稳定的状态。随着热力学条件的改变，其中主要是温度的变化，结构状态会发生改变。当温度降低时，无序结构会向有序结构转变；反之，当温度升高时，可促使晶体从有序结构向无序结构转变。由无序向有序的转变作用，称为有序化。晶体结构的有序化过程有长、有短，在地质作用中，大多数矿物晶体结构的有序化过程常经历很长的地质时期，由部分有序逐渐增大有序度，直至转变为完全有序。

矿物晶体有序度的不同，在矿物的晶体结构及由结构所决定的物理性质方面都会有所反映。有序和无序两者属于不同结构类型，显然，它们在某些物理性质上的差异应是很明显的。而部分有序，晶体结构虽属于同一类型，但有序度不同，结构也会有细微的变化，因此，某些物理性质也会随着其有序度的不同而连续地变化。确定晶体结构的有序、无序，最直接的方法是测定质点的分布位置，如采用 X 射线结构分析、电子衍射法、红外光谱法等。但又因为有序-无序现象影响晶体物理性质的变化，所以比较简便的方法是测定物理性质，间接地推断其有序和无序的情况。常用的方法有 X 射线衍射法、光学方法和热力学方法等，根据矿物晶体结构的有序度，可以确定矿物的形成温度或冷却历史，从而有助于了解地质体的形成条件。目前有关长石、辉石、角闪石等矿物有序度的研究，已成为矿物学和理论岩石学的重要课题之一。此外，有序度的研究，对材料的微观结构和性质的确定，也具有很重要的实际意义。

5. 同质多象

化学成分相同的物质，在不同的热力学条件下，结晶成结构不同的几种晶体的现象，称为同质多象。例如，碳（C）在不同的地质作用过程中，可结晶成属于等轴晶系的金刚石和属于六方晶系的石墨（一部分属于三方晶系），两者成分相同，但结构各异。这种现象的出现，是由于结晶时的热力学条件不同所致。金刚石的形成条件与石墨不同，它是在较高温度和极大的静压力下结晶的。

一般把成分相同而结构不同的晶体称为某成分的同质多象变体。上述的金刚石和石墨就是碳的两个同质多象变体。若一种物质成分以两种变体出现，称为同质二象；若以三种变体出现，就称为同质三象；依次类推。例如，金红石、锐钛矿和板钛矿就是 TiO_2 的同质三象变体。

同一物质成分的每个变体都有自己的内部结构、形态、物理性质及热力学稳定范围，所以在矿物学中，把同质多象的每一个变体都看作是一个独立的矿物种，给予不同的矿物名称，或在名称之前标以希腊字母作前缀以示区别，如金刚石和石墨、α–石英和β–石英等。

由于同质多象的各变体是在不同的热力学条件下形成的，即各变体都有自己的热力学稳定范围，因此，当外界条件改变到一定程度时，为在新条件下达到新的平衡，各变体之间可能在结构上发生转变，即发生同质多象转变。

根据转变时的速度和晶体结构改变的程度，可将同质多象转变分为两大类。

（1）改造式转变：当两个变体结构间差异较小时，不需要破坏原有的键或只改变最邻近的配位，只要质点从原先的位置稍做位移，就可从一种变体转变为另一种变体。这种转变称为改造式转变或高低温转变，这类转变是在一个确定的温度下发生的，一般可迅速完成，并且转变通常是可逆的。如 SiO_2 的两个变体β–石英（三方）和α–石英（六方）之间的转变就属于这种类型。

（2）重建式转变：当变体结构间差异较大时，在转变过程中需要首先破坏原变体的结构，包括键性、配位数及堆积方式等的变化，只有这样才能重新建立起新变体的晶体结构，这类转变称为重建式转变。重建式转变一般是不可逆的。转变的速度很缓慢，而且还需要外界供给较大的能量，以加速转变的进行。否则，一种变体在新的热力学条件下虽已变得不稳定，但仍有可能长期保持此种不稳定状态，而不发生任何同质多象转变。如石墨变为金刚石时，因要求原石墨中 C 原子的 3 个 sp^2 杂化轨道（呈平面三角形配位）和一个 π 轨道改变成 4 个 sp^3 杂化轨道以构成一组按四面体取向的与其他 C 原子相联系的键。在这个转变过程中，不仅需要增大压力，而且还需要很高的温度及催化剂的参与才能完成。其他如文石到方解石的转变（O^{2-} 的六方最紧密堆积转变为立方最紧密堆积）也属于这种方式。

6. 多型

多型是指由同种化学成分所构成的晶体，当其晶体结构中的结构单位层相同，而结构单位层之间的堆积顺序也即重复方式有所不同时，由此所形成的不同结构的变体即为多型。显然，多型是同质多象的一种特殊类型，它出现在广义的层状结构晶体中，同种物质的不同的多型只是在层的堆积顺序上有所不同，也就是说，多型的各个变体仅以堆积层的重复周期不同而相区别，所以多型也就是一维的同质多象。

例如 ZnS，早已知道它有两种同质多象变体，即阴离子 S^{2-} 作立方最紧密堆积的闪锌矿和阴离子 S^{2-} 作六方最紧密堆积的纤维锌矿。在纤维锌矿中现已了解至少有 154 种不同的多型变体，其结构单元层的高度为 0.312 nm，这就是各变体的公因数。

从众多的实例中可以得出，同种物质成分的各个多型变体在平行结构单位层的方向上晶胞参数相等（或者有一定的对应关系），而在垂直于层的第三个方向上，各变体的晶胞高度则相当于结构单位层的厚度（在纤维锌矿的例子中为 0.312 nm）的整数倍，其倍数即为单位晶胞中结构单位层的数目。显然，这是由于它们晶体内部的结构单位层都是相同的，仅层的堆积顺序不同而造成的。同时，由于层的堆积顺序不同，还可能导致结构的对称性、空间群其至于晶系也不相同。

与同质多象变体不同，一种物质成分的不同多型因为它们在最近邻原子的相互作用方面全都具有同样的性质，所以不同的多型具有近于相同的内能。它们在形态和物理性质上，也几乎没有差别，有时甚至同一种物质的若干多型在一个晶块上同时出现。故此，在矿物学中，将多型的不同变体仍看成是同一个矿物种。书写时，在矿物种名之后加相应的多型符号，中间用横线相连。如石墨有六方晶系的 $2H$ 型和三方晶系的 $3R$ 型两种多型变体，前者书写为石墨–$2H$，后者书写为石墨–$3R$。表示多型的符号有多种，这里采用的多型符号是目前国际上常用的一种，它由一个数字和一个字母组成。前面的数字表示多型变体单位晶胞内结构单位层的数目，即重复层数，后面的大写斜体字母指示多型变体所属的晶系。如果有两个或两个以上的变体属于同一个晶系，而且有相等的重复层数，则在字母右下角再加下标以示区别，如白云母–$2M_1$、白云母–$2M_2$ 等。

对于不同多型的产生，已被归因于各种各样的原因，诸如热力学因素、晶格振动、二级相变等。但实验上的发现也已证明，堆积层错和位错在多型的生长中起着决定性的作用，而在解释多型生长的机理中，最有希望的是辅以螺旋位错的层错扩张机理。不过，热力学的影响也是不能忽视的，特别是对于像 SiC 和 ZnS 等高温下生长的多型物质更是如此。

多型现象在许多人工合成的晶体中和具有层状结构的矿物中都有发现，看来它是具有层状结构晶体的一种普遍特征。

3.2.6　控制晶体结构的重要因素

有组织的晶体结构并不是偶然形成的。晶体中原子最稳定的排列是其单位体积能量最小的排列，这就要求保持电中性、满足成键方向、减小强离子的斥力和原子要紧密地接近和聚集在一起。

如果原子间的结合键是非定向的，则原子的相对尺寸就会对集聚的原子结构具有控制作用和影响。最紧密的集聚将使单位体积的成键数最多，而其成键能最小。如果原子间的结合键是定向的（如共价键），则键的角度或方向及原子的相对尺寸对集聚的原子结构就有重要影响。

因为电子要从阳离子转移到阴离子中，通常阴离子的半径大于阳离子的半径。在晶体结构中，阳离子周围最接近它（第 1 层）的阴离子数称之为配位数（N）。固体结构中可能的配位数有：1（很少），2，3，4，6，8，12。原子之间的尺寸和大小的关系可以用阳离子和阴离子的半径比率、配位数和阴离子所形成的几何形状表示，见表 3.3。

表 3.3　原子集聚、结构和稳定性

半径比率[①]	配位数 N	几何形状	实例	稳定性
0～0.155	2	线状	—	—
0.155～0.225	3	三角形	CO_3^{2-}	很牢固
0.225～0.414	4	四面体形	SiO_4^{4-}	中等牢固
0.414～0.732	6	八面体形	$[Al(OH)_6]^{3-}$	牢固
0.732～1.0	8	外壳–中心正立方体	铁	差
1.0	12	片状	云母中的钾–氧键	很差

注：① 期望稳定配位的分布范围。

大多数固体不具有完全非定向键，邻近的第 2 层离子也像第 1 层离子一样会影响到它们的集聚。即便如此，就许多材料而言，所预想的结果和所观测的配位数均具有很好的一致性。阳离子的化合价除以阴离子的配位数是表示键的相对强度的一个近似指标。其次，它也同晶体结构单元的稳定性相关。某些在黏土矿物中常见的晶体结构单元和它们键的相对强度列于表 3.4 中。

表 3.4　某些黏土矿物结构单元的相对稳定性

结构单元	近似于键的相对强度（阳离子的化合价/N）
硅四面体$(SiO_4)^{4-}$	4/4=1
铝四面体$[Al(OH)_4]^{2-}$	3/4
铝八面体$[Al(OH)_6]^{3-}$	3/6=1/2
镁八面体$[Mg(OH)_6]^{4-}$	2/6=1/3
$K - O_{12}^{23-}$	1/12

基本配位排列的多面体很少是电中性的。由离子键多面体所形成的晶体中，集聚就是要保持电中性和使带有同种电荷的离子之间的强斥力减为最小。这种情况下，中心阳离子的化合价等于配位阴离子的总电荷，并且这种单元才是一个真正的分子。这种类型的单元必然是由较弱的次键结合在一起的。例如，水镁石矿物具有化学成分 $Mg(OH)_2$。Mg^{2+} 与 6 个 OH^- 形成八面体配位排列，而且以每一个 OH^- 共享 3 个 Mg^{2+} 的方式形成一个晶片结构。在一个晶片中包含 N 个 Mg^{2+}，所以必须有 $6N/3=2N$ 个 OH^-。**由此保持每一晶片呈现电中性，这种晶片实际上是一个大的分子。**连续的八面体片层通过范德瓦耳斯力松散地联结在一起。正因为如此，水镁石具有和晶片平行的完整的底面节理。

阳离子集聚的电荷空间比阴离子集聚的电荷空间更小，所以阳离子之间的斥力大于阴离子之间的斥力。阴离子位于配位多面体中心，故阳离子的斥力会大为减小。如果阳离子具有较低的化合价，则阴离子多面体就会尽可能紧密地集聚在一起，以使单位体积的能量最小。另外，如果阳离子较小并带有较多的负电荷，则根据不同排斥力的不同反应，可以形成各种不同的单个基本单元。

3.2.7　层状硅酸盐的基本结构

土中黏土矿物属于层状硅酸盐（phyllosilicates）矿物家族，它也包含其他层状硅酸盐，如蛇纹石、叶蜡石、滑石、云母和绿泥石。黏土矿物，其颗粒尺寸很小，并且其晶胞通常具有残留的负电荷，这种负电荷被其固相表面所吸附的溶液中的阳离子所平衡。

以下对黏土矿物的结构进行描述时，使用如图 3.11 所示的简化示意图是很有帮助的。

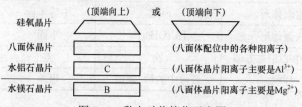

图 3.11　黏土矿物简化示意图

图 3.11 仅表示黏土矿物层的层状

结构，它们并不表示各种矿物准确的长宽比，所示结构也都是理想化的。实际的矿物常出现不规则的置换及夹层现象。因此，天然矿物未必是由这些晶片或基本单元组合而成的，但这种表示方法对发展概念模型是有用处的。

土由小到大的结构排列是：原子和分子；单个基本单元；基本结构单元片（它是由若干个单个基本单元组合而形成的一层片状结构）；基本结构层（**晶胞层**，它由2个、3个或4个基本单元片叠合组成）。通常层状硅酸盐结构由2种简单基本单元（硅四面体及铝或镁八面体）的组合而构成。**不同的黏土矿物种类是通过其基本结构单元片的堆叠形式或链接的形式形成基本结构层（晶胞层）及基本结构层之间联结在一起形成构造单元层的方式而表征和刻画的。**

黏土矿物家族中矿物的区别主要是由晶体结构的同晶置换的类型和数量决定的。可能置换的数量几乎是无穷多，并且晶体结构的排列可以从欠缺不全到相对完善之间而变化。幸好从工程的角度，只要具有每一种黏土矿物结构和成分特征的知识就可以了，而不必详细研究每一种矿物的具体细节和微妙之处。

下面以硅酸盐的基本结构为例，介绍层状硅酸盐矿物家族的一些典型结构。层状硅酸盐矿物家族是按以下方式构成的。首先，硅氧四面体和铝氧八面体（单个基本单元）通过某种方式形成基本结构单元片如图3.12和图3.13所示，其中图3.13中给出了基本结构单元片形成的具体方式。然后，若干基本结构单元片采用某种形式叠合在一起，组成了层状硅酸盐的基本结构层，这些层状硅酸盐基本结构层的不同组合会形成不同的**构造单元层**或黏土矿物种类，即层状硅酸盐矿物家族，如图3.12所示。

层状结构各层可以很紧密地堆积在一起，或者有水层夹在其间。四晶片结构的亚氯酸盐由2:1型层状结构加一层氢氧晶片作为交互层。在一些土中发现一些无机的、类似黏土的材料，它们没有可以清楚确定的晶体结构，这种材料被称为水铝英石或非结晶黏土。

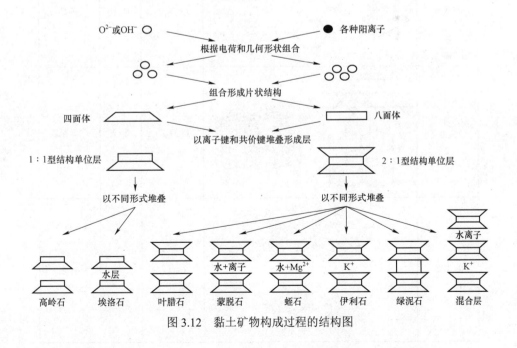

图3.12 黏土矿物构成过程的结构图

四面体组合	结构图解	Si-O组合与负电荷	氧硅比	例子
单一型	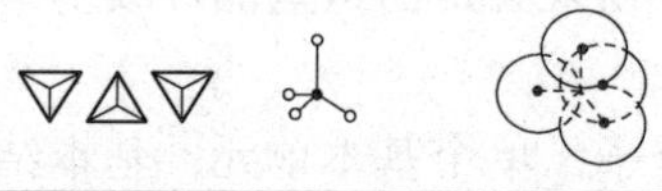	$(SiO_4)^{4-}$	4:1	橄榄石 $(Mg, Fe)_2SiO_4$
成对型	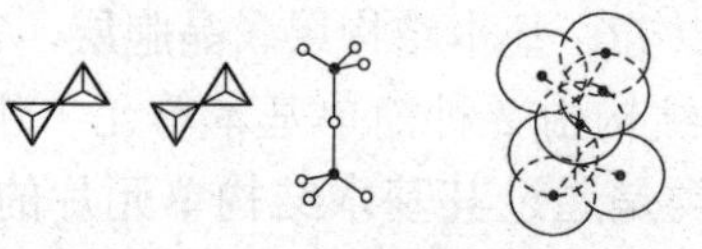	$(Si_2O_7)^{6-}$	7:2	镁黄长石 $Ca_2Mg_2Si_2O_7$
环型	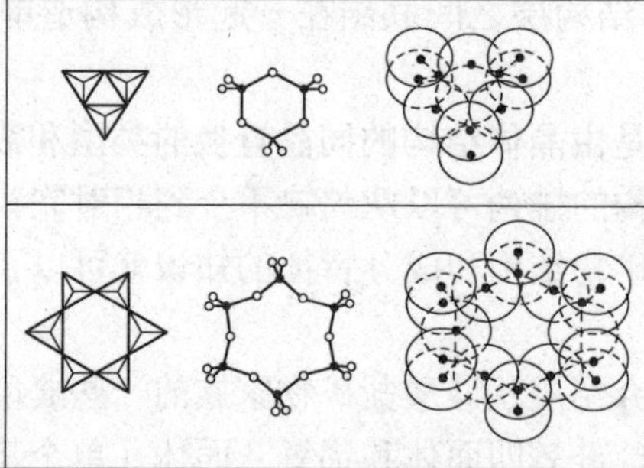	$(Si_3O_9)^{6-}$	3:1	蓝锥矿 $Ba\,TiSi_3O_9$
		$(Si_6O_{18})^{12-}$		绿柱石 $Be_3\,Al_2Si_6O_{18}$
链型	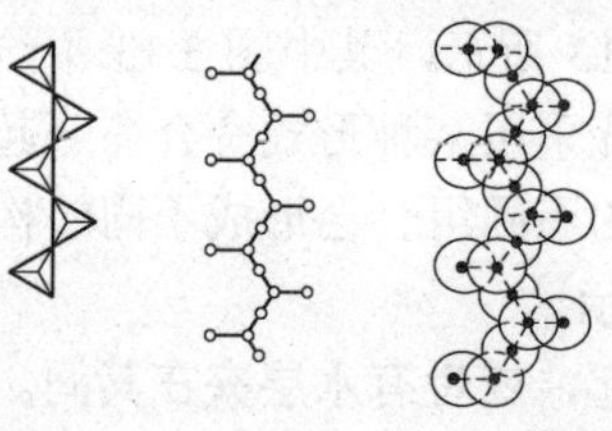	$(SiO_3)_n^{2-}$	3:1	辉石
带状型	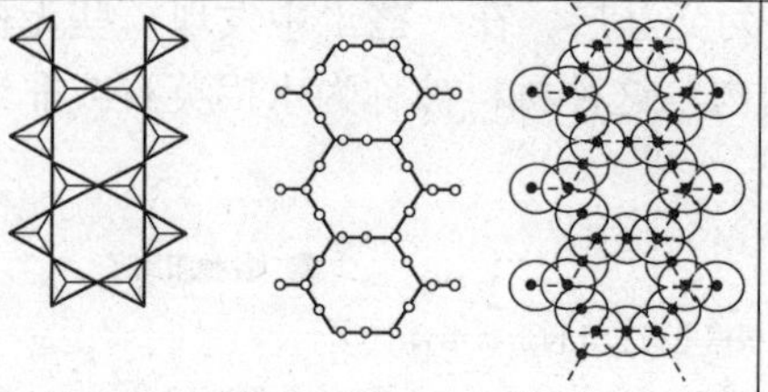	$(Si_4O_{11})_4^{6-}$	11:4	闪石
表型	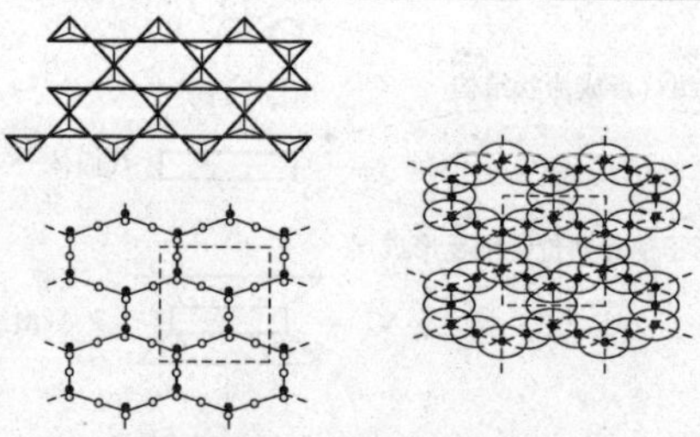	$(Si_4O_{10})_n^{4-}$	5:2	云母
框架型	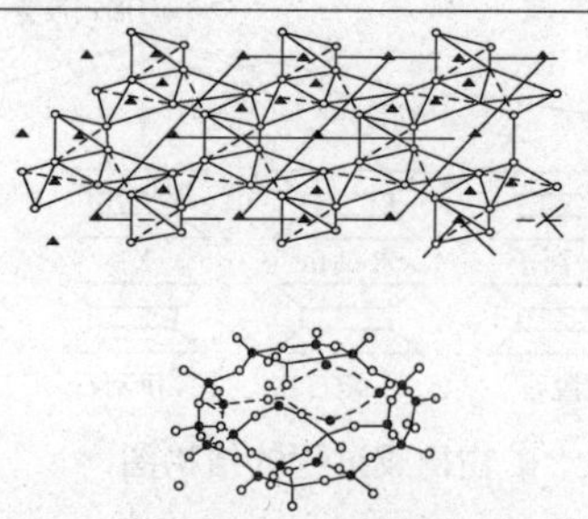	$(SiO_2)_n^{0}$	2:1	石英

图 3.13　硅酸盐矿物中硅氧四面体形成基本结构单元片的一些具体方式

图 3.12 最下面一行表明具有 2:1 型层状结构的矿物的主要区别在于各层之间黏结在一起的形式和强度。例如蒙脱石通过水中阳离子把各层松散地联结在一起，伊利石各层通过钾离子而牢固地联结起来，蛭石具有水和阳离子组成的夹层。亚氯酸盐类由 2:1 型层状结构加一层氢氧晶片作为夹层。无论在层状单元内或不同种类单元中，所形成的每一个层状单元的电荷是可变的，并且反映这样的事实，即组成成分的变化主要随同晶置换量而变化。所以黏土矿物各种类之间的边界（界限）多少有点任意性。

同晶置换对黏土矿物的结构和性状而言都是很重要的。在一个理想三水铝石晶片中，八面体中只有 2/3 配位位置被占据，并且其阳离子都是铝离子。在一个理想氢氧镁石晶片中，八面体空间的阳离子都是镁离子。在一个理想硅晶片中，四面体空间的阳离子都是硅离子。然而在黏土矿物中，某些四面体或八面体空间中阳离子的位置由其他阳离子占据，而不像上述三水铝石、氢氧镁石、硅石的理想晶片是由与其相应的阳离子占据。常见同晶置换的例子是硅酸盐矿物中的铝被镁离子所置换，或其中的二价铁离子置换镁离子。这种由其他阳离子占据了四面体或八面体中正常阳离子的位置，并且晶体结构不发生变化的现象称为同晶置换。四面体和八面体中实际阳离子的分布和配置可能是在晶体结构形成的初期或后来矿物质变化过程中发展和配置的。

3.3 黏土矿物中晶片之间和晶层之间的联结和相互作用

四面体和八面体晶片都有一个底部原子平面，它形成了黏土矿物层的一部分。这些晶片之间的联结是主键结合型，其联结强度很高。然而，基本结构层（晶胞层）之间的一些联结类型的联结强度可能很弱。周围环境变化对黏土产生物理–化学作用，并影响黏土的行为，进而影响基本结构层（晶胞层）之间的联结强度。

所有黏土矿物（高岭石可能除外）中，同晶置换会使黏土颗粒带净负电荷。要保持电中性，就要吸引阳离子，这些阳离子被吸引到各层之间和颗粒的表面及边缘处。这些阳离子中许多是可置换的，所以它们可以被某些其他类型的阳离子所替代。而可置换的阳离子量称为"阳离子置换容量"（cation exchange capacity，CEC）。

在层状硅酸盐中可能有以下 5 种联结形式。

（1）中性平行层之间是由范德瓦耳斯力联结的，其联结强度较弱。但叶蜡石和滑石这些非黏土矿物可以形成具有一定厚度的稳定晶体，这些矿物会沿平行于晶层的方向产生节理。

（2）在一些矿物中，如高岭石、氢氧镁石、三水铝石，会有氢–氧或氢–氢面的对面层。层与层之间发展出氢键联结和范德瓦耳斯联结。有水时，氢键联结也会保持稳定性，但在自然力影响下会产生节理面。

（3）中性的硅酸盐层虽然被强极性水分子分离，但却可以通过氢键联结在一起。

（4）保持电中性的阳离子占据了那些控制层之间联结的位置。在云母中，硅片中的铝离子被某些硅离子替换所导致的电荷差，其中部分会被晶胞层之间的钾离子所平衡；而钾离子的大小刚好适合填充到硅四面体空间的位置中，结果产生了很强的层之间的联结。在亚氯酸盐中，2:1 晶片夹层的八面体中由同晶置换而产生的电荷差由在 3 晶片层之间交叉的单片层上的多余电荷来平衡。这会提供一种很强的联结结构，即使存在水或其他极性液体，这种联结也不会被分开。

（5）当表面电荷密度为中等时，如在蒙脱石、蛭石中，硅酸盐层很容易吸收极性分子，并且被吸收的阳离子也可能被水化，结果会导致层之间的分离和膨胀。交互层之间的联结强度低，其强度是电荷分布、离子水化能、表面离子的构型和极性分子结构等的函数。

蒙脱石和蛭石的颗粒在其基本结构层之间吸收水并且膨胀，而非黏土矿物的颗粒，如叶蜡石和滑石，它们具有类似的结构，却不会膨胀。之所以如此，有以下 2 种可能的原因。

（1）蒙脱石晶层之间的阳离子水化后，其水化能超过了基本结构层之间的吸引力，所以出现了基本结构层之间的吸水和膨胀，而在叶蜡石中没有晶层之间的阳离子，故不会膨胀。

（2）当水不能水化阳离子时，但却可以通过氢键联结作用把它吸收在氧的表面。在叶蜡石和滑石中，由于它们的表面水化能太小，难以克服各晶层之间的范德瓦耳斯力（这种范德瓦耳斯力之所以大，是因为它们矿物晶层之间的层间距较小），所以不会膨胀。

无论什么原因，蒙脱石矿物质是膨胀土产生膨胀的控制原因，而蒙脱石却遍布世界。

3.4　表　面　现　象

土是由三相物质组成的物体，每一相都被其界面限制在一定空间范围内。当土体处于平衡状态时，其每一相在界面上都与周围介质和环境处于各种平衡状态或平衡条件中。

不同物质的界面则是某一相物质的内部结构的不连续的边界面。例如，土颗粒固体表面，其固体的质点排列的周期重复性被中断，使处于表面边界上的质点对称性被破坏，并表现出剩余的不饱和键力，这就是固体表面的不平衡力。表面不平衡力可以分为化学键力和分子引力两部分，这两部分力可以通过以下方式达到平衡。

（1）吸附。吸附是固体表面力与其他物质中被吸附的分子产生的力场相互作用的结果。由分子之间的范德瓦耳斯力所引起的吸附称为物理吸附，而伴随有电子转移的结合过程称为化学吸附。

（2）同相物质黏聚。相同物质表面之间所产生的黏聚作用即为同相物质黏聚。

（3）表面内物质结构的调整。表面内物质结构的调整是指紧贴表面以下的物质结构作适应性的调整，如气-液界面中液体的表面张力。

每一个在界面或相界面上的不饱和键力，相对于原子和分子重力来说，是具有重要意义的。它实际作用力等于或小于 10^{-11} N。当然，这与一个砾石或一粒砂的重量相比是极其微小的，但也要考虑减小颗粒尺寸的效应。当某种物质被分成越来越小的单元体时，其总表面积与其质量比就会变得越来越大。

许多材料，当颗粒的尺寸小于 $1\,\mu m$（或 $2\,\mu m$）时，其颗粒表面力就开始明显地影响该材料的工程性质和行为。对这种小尺寸颗粒材料工程性质和行为的研究，要求考虑胶体作用和表面化学的影响。大多数黏土颗粒的工程性质和行为像胶体一样，这是由于：① 颗粒很小；② 未平衡的表面（电）力（晶体结构的同晶替换引起的表面剩余负电荷）。事实上，由于许多微小的黏土矿物的片状结构和多数微小黏粒具有因晶体结构的同晶置换引起的剩余负电荷，其表面和胶体的力成为一个控制因素。

蒙脱土是黏土矿物的一种，当其处于分散状态时，它可以分散为片状微粒，单个微粒的厚度仅为一个晶胞（$10\,nm$），它的比表面积为 $800\,m^2/g$。也就是说，$9\,g$ 蒙脱土的表面积约等于整个足球场的面积。

▲ 黏土矿物的基本结构和表面作用小结

　　了解原子和分子的结构及其原子间的结力、分子间的结合力、晶体结构和表面现象的知识，对理解土颗粒的大小、形状及其刚度和强度，土颗粒表面与气体、液体的相互作用力，以及土颗粒的排列、连接和形成其结构的机制等都是很重要的。

　　黏土矿物层间结合力与表面力也会极大地影响土的物理化学性质。

3.5　各黏土矿物结构、同晶置换和表面积的主要特征

　　黏土矿物的结构、同晶置换情况和其表面积通常决定了黏土的工程性质。而黏土矿物的结构是基础，它确定了其同晶置换的具体形式及其表面积。根据黏土矿物的结构特征可以将黏土层状构造分为三大类。

　　（1）晶面间距 $d_0 = 7 \times 10^{-1}$ nm 左右的 1:1 层型矿物（如高岭石-蛇纹石族）；

　　（2）晶面间距 $d_0 = 10 \times 10^{-1}$ nm 左右的非膨胀性 2:1 层型矿物（如滑石-叶蜡石族、云母族）；

　　（3）晶面间距 $d_0 = 14 \times 10^{-1}$ nm 左右的膨胀性 2:1 层型矿物（如蒙皂石族、蛭石族）和非膨胀性 2:1 层型矿物（如绿泥石族）。

　　图 3.14 给出了主要黏土矿物构造比较图，从图 3.14 和上述黏土层状构造三大类可以看出，各种矿物构造（结构）的最大区别是层间域高度的不同，或单位构造层高度 d_0 的不同，所以单位构造层高度 d_0 通常是描述黏土矿物的一个非常重要的参数。

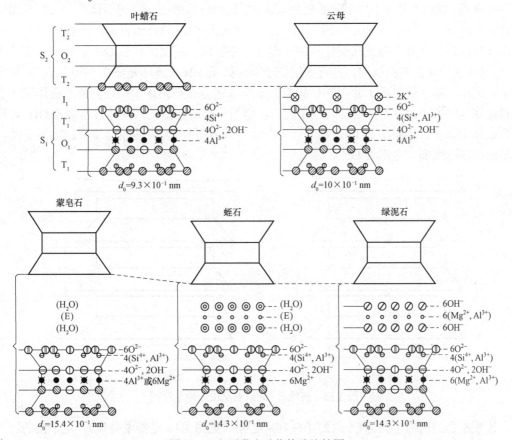

图 3.14　主要黏土矿物构造比较图

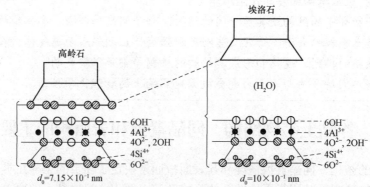

※ 表示di亚群时变成的空位。S_2的原子、离子符号与S_1相同，不过圆圈稍大且其中花纹线条数目增多。

T_1、T_2—第一、第二单位构造层2:1层型的下四面体片；T_1'、T_2'—第一、第二单位构造层2:1层型的上四面体片；

O_1、O_1—第一、第二单位构造层2:1层型的八面体片；I_1—第一单位构造层2:1层型的层间域；

S_1、S_2—第一、第二单位构造层；d_0—单位构造层高度。

图 3.14 主要黏土矿物构造比较图（续）

下面针对工程中比较关注的黏土矿物分别介绍其结构、同晶置换情况和表面积。

3.5.1 1:1 层型矿物

高岭石-蛇纹石是 1:1 层型层状硅酸盐矿物，其单位构造由一层四面体片和一层八面体片交替叠合而成，如图 3.15 所示。图 3.7 给出了该单位结构层的具体表示，所示 1:1 层结构中，四面体片的共用顶氧也构成八面体片的一部分，并替代了八面体片的 OH^-，形成了共用面。因此，1:1 层型单位结构层中，共有 5 层原子面，如图 3.16（该图是图 3.7 的局部，并用平面表示）所示，即 3 层阴离子面（OH^-和 O^{2-}面）、2 层分布在阴离子面之间的八面体阳离子面和四面体硅阳离子面。若八面体片位于上方，则第一个面全部是八面体片顶面的 OH^-，接着是八面体阳离子，再接着是 OH^-和 O^{2-}混合面（共用面），其后是四面体中硅阳离子面，最后是四面体的底面，全部为 O^{2-}。

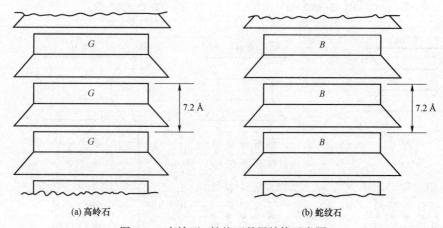

图 3.15 高岭石-蛇纹石晶层结构示意图

该族矿物的内部电荷为 −6+12−10+16−12=0（见图 3.16 左侧电荷数），是平衡的，一般没有层电荷（$x=0$）。该矿物的 $d_0=7\times10^{-1}$ nm 左右，其单元结构层上下两个面的组成不一样，一个面全是 O^{2-}，另一个面全是 OH^-。单位结构层（晶层）之间靠氢键联结，由此，所有单位结构层内的四面体中未共用的顶氧离子都指向相同方向，即指向单位构造（晶胞）的中心。

高岭石–蛇纹石有 2 个亚族：二八面体型高岭石亚族和三八面体型蛇纹石亚族。这 2 个亚族的区别在于：高岭石亚族的八面体空隙仅有 2/3 被 Al^{3+} 占据，称为二八面体型；蛇纹石亚族的八面体空隙均被 Mg^{2+} 占据，称为三八面体型。三八面体 1:1 层型矿物相对少见，通常与高岭石和伊利石混存在一起，并且很难辨认。

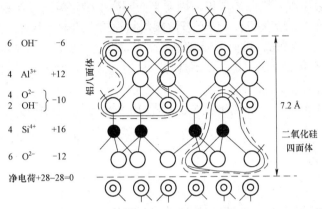

图 3.16　高岭石的电荷分布示意图

3.5.2　高岭石亚族

高岭石亚族矿物是 1:1 层型矿物的典型代表，它是高岭石、迪开石、珍珠陶石和埃洛石这些矿物的族名。高岭石有时也称为高岭土，它是最普通、最常见的高岭土矿物，迪开石和珍珠陶石是不常见的，迪开石作为次生黏土矿物在砂石孔隙中和煤层中是普遍可见的。高岭石晶体结构的示意图如图 3.7 所示，其化学通式为 $Al_4[Si_4O_{10}](OH)_8$，其电荷分布如图 3.16 所示。高岭石亚族的化学结构式是相同的，即 $Al_4[Si_4O_{10}](OH)_8$，仅单位结构层的堆叠方式和其层间水的含量略有不同。

高岭石晶层结构示意图如图 3.15（a）所示，它由单位结构层重叠组成。每一单位结构层是靠氢键和范德瓦耳斯力联结的，这一联结具有足够的强度，即使有水存在，也不会产生单位结构层间的膨胀。

高岭石、迪开石、珍珠陶石是高岭石亚族矿物的 3 种多型矿物，它们的理论化学结构式都是 $Al_4[Si_4O_{10}](OH)_8$，不含层间水。

高岭石的单位晶胞（单位构造）由 1 个单位结构层组成，单斜晶系，$a_0=5.15\times10^{-1}$ nm，$b_0=8.95\times10^{-1}$ nm，$c_0=5.15\times10^{-1}$ nm；$\alpha=91.8°$，$\beta=104°\sim105°$，$\gamma=90°$；$d_{(001)}=(7.15\sim7.20)\times10^{-1}$ nm。

迪开石的单位晶胞（单位构造）由 2 个单位结构层组成，三斜晶系，$a_0=5.15\times10^{-1}$ nm，$b_0=8.94\times10^{-1}$ nm，$c_0=14.424\times10^{-1}$ nm；$\beta=96°44'$；$d_{(002)}=7.16\times10^{-1}$ nm。

珍珠陶石的单位晶胞（单位构造）由 2 个单位结构层组成，三次对称轴消失，$a_0=8.96\times10^{-1}$ nm，$b_0=5.15\times10^{-1}$ nm，$c_0=43\times10^{-1}$ nm；$\beta=92°20'$；$d_{(006)}=7.186\times10^{-1}$ nm。

埃洛石有 2 种特殊的结构。一种是变埃洛石，具有与高岭石相同的化学结构式，即

$Al_4[Si_4O_{10}](OH)_8$ 的非水化形式；另一种是四水型埃洛石，其化学结构式为 $Al_4[Si_4O_{10}](OH)_8 \cdot 4H_2O$ 的水化物形式，它是由单一水分子层及水分子层隔开的单位结构层组成。埃洛石由于层间有水分子的存在，削弱了层间氢键作用，所以埃洛石晶层有可能弯曲成管状，有时也呈现卷曲的鳞片状。水化埃洛石干燥时可以引起该管状颗粒的开裂和展平。

变埃洛石的 $d_{(001)}$=0.72 nm；埃洛石的 $d_{(001)}$=1.01 nm（水分子层厚 0.29 nm，0.29+0.72=1.01 nm）。

四水型埃洛石（水化埃洛石）能够单向地脱水，形成脱水埃洛石。

由于高岭石不会出现晶层分离现象，因而平衡阳离子必定吸附在微粒外表面或其边缘。

结晶完好的高岭石、珍珠陶石、迪开石微粒是完好的六边形片状体。其横向宽度为 0.1～4 μm，其厚度为 0.05～2 μm。目前已经观测到叠合厚度达 400 μm 的高岭石晶层，但这种情况不常见。结晶不好的高岭石，其晶体不具有明显的六边形片状体，并且其颗粒粒径也比结晶完好的高岭石粒径要小。

高岭土比表面积范围：干燥黏土比表面积是 $10～20 \ m^2/g$，水化埃洛石比表面积是 $35～70 \ m^2/g$。

3.5.3　蒙脱石矿物

1. 结构

蒙脱石（smectite）矿物是 2:1 层型构造硅酸盐矿物。它由 2 个硅晶片之间夹 1 个八面体晶片组成一个单位结构层（图 3.17 和图 3.18），是二八面体型。蒙脱石在正常湿度下含有层间水，如图 3.17、图 3.18 中的层间所示。

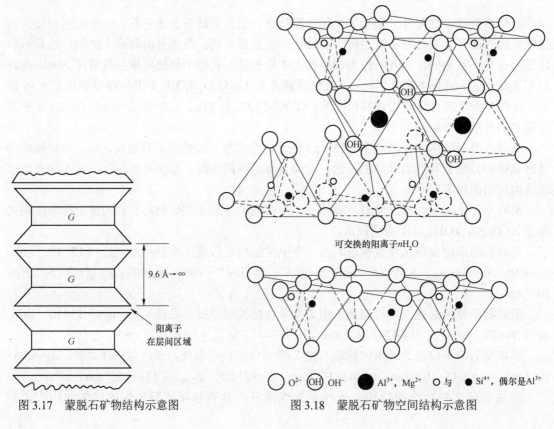

可交换的阳离子 $n H_2O$

阳离子在层间区域

9.6 Å→∞

G

$\bigcirc$ O^{2-}　$\widehat{OH}$ OH^-　● Al^{3+}, Mg^{2+}　$\circ$ 与　● Si^{4+}, 偶尔是 Al^{3+}

图 3.17　蒙脱石矿物结构示意图　　　　图 3.18　蒙脱石矿物空间结构示意图

图 3.18 给出了蒙脱石矿物的空间排列构成方式，它的各晶层沿水平 2 个方向（a 方向和 b 方向）以如图中所示相同的方式延伸，在 c 方向（垂直方向）一个接一个地叠合下去。其层间存在范德瓦耳斯力和平衡其结构所缺电荷的阳离子。这些联结是弱键，很容易由于解理、水的吸收和其他极性液体的作用而分离。层间距 $d_{(001)}$ 也是可以变化的，其变化范围从 9.6 Å 到完全分离。

在没有同晶置换条件下，蒙脱石矿物的理论组成成分为 $(OH)_4Si_8Al_4O_{20} \cdot n$（interlayer）$H_2O$。它的结构构造和其电荷分布如图 3.19 所示，该结构是电中性的，它与叶蜡石的结构相同。

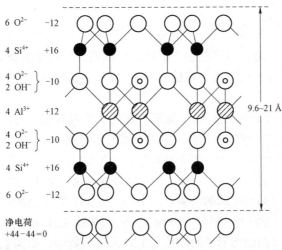

图 3.19　蒙脱石的电荷分布图（与叶蜡石同相的结构）

2. 同晶置换

蒙脱石矿物不同于其他叶蜡石矿物，它具有非常广泛的同晶置换。由于蒙脱石有大量的非平衡置换，因而它们表现出很强的阳离子置换能力，蒙脱石的阳离子容量为 80～150 meq/100 g，其中约 80% 源于晶体构造中的同晶置换，20% 源于晶层边缘的负电荷。蒙脱石结构中的铝和硅阳离子可以与很多其他阳离子进行同晶置换。在八面体片中的铝离子可以被镁、铁、锌、镍、锂或其他阳离子所置换。铝离子替代四面体片中硅离子的百分比可以达到 15%。某些硅的位置也可能被磷离子占据。具体置换形式会随矿物形成环境条件而异。这些置换会引起电荷差，这种电荷差要靠具有置换能力的阳离子来平衡。这些阳离子有的占据着晶胞层间的位置，有的则处于微粒的表面。

蒙脱土构形的讨论如下：蒙脱土颗粒的形状是薄片形，如图 3.20 所示。其微粒的厚度范围可以从 1 nm 的构造单元层厚度到土片状颗粒宽度的 1/100。土颗粒最长的轴通常小于 1 μm 或 2 μm。当铝离子大量地被铁离子和（或）镁离子置换后，土颗粒可能呈现板条或针状，这是因为镁离子或铁离子比蒙脱石八面体阳离子晶格空间位置大一些，并引起晶格空间某一定向的应变。

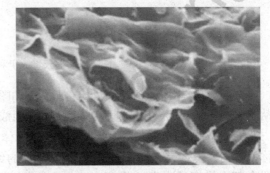

图 3.20　蒙脱土照片（图的实际宽度为 7.5 μm）

3. 比表面积

蒙脱土比表面积是非常大的。排除了构造单元内各晶胞层之间的互层面积，蒙脱土比表

面积为 $50\sim120$ m²/g。如果包括可能被极性溶液介入的晶胞层之间的表面积，其总比表面积可以达到 $700\sim840$ m²/g。

膨润土（bentonite）是一种具有很高塑性和膨胀性的黏土。多数工程师是由于膨润土具有高胶质特性和膨胀特性而熟知它的。它是火山灰蚀变的产物，并具有 500% 甚至更大的液限值。当膨润土作为松软页岩的主要成分或存在于岩缝夹层中时，它可能会引发边坡失稳的问题。在地下结构围岩的节理和断层中存在的膨润土，也可能会引起地下结构的失稳或开裂问题。

3.5.4 云母类黏土矿物

伊利石是工程实践中最常遇到的黏土矿物。伊利石的结构非常类似于白云母的结构，有时也称为含水云母。蛭石通常也认为是黏性土的一种，它的结构和黑云母相似。

1. 结构

白云母基本结构单元如图 3.21（a）所示。它由 3 个晶片组成基本结构层（晶胞），上下两个硅氧四面体片夹一层三水铝八面体片，与叶蜡石结构相同。每片硅氧四面体片的顶点都指向基本结构单元的中心，并与八面体片中的阳离子共用，图 3.22 为其空间结构示意图。白云母与蛭石结构［图 3.21（b）］的区别在于：有 1/4 硅四面体中硅离子的位置被铝离子所占据，并且所导致的电荷差通过晶胞层间的钾离子而平衡。基本结构单元沿水平向（a 方向和 b 方向）是延伸的，在垂直方向（c 方向）一个接一个地叠合下去，如图 3.21 所示。钾离子的半径为 1.33 Å，它比较紧密地添置于硅氧四面体形成的半径为 1.32 Å 的空间中，如图 3.22 所示。

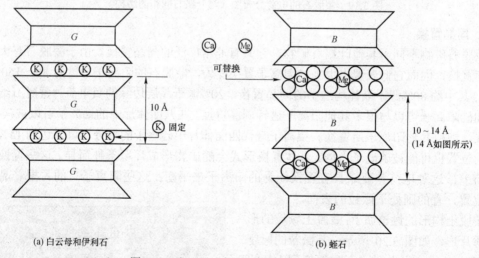

(a) 白云母和伊利石　　　　　　　　　　(b) 蛭石

图 3.21　白云母、伊利石及蛭石结构示意图

白云母基本结构单元的空间结构示意图如图 3.22 所示，其平面的电荷分布图如图 3.23 所示。从图 3.23 可以知道，其晶胞呈电中性，理论组成成分为 $(OH)_4K_2(Si_6Al_2)Al_4O_{20}$。白云母是云母类二八面体型矿物的终端成员，并且在其八面体片中仅有 Al^{3+}。金云母（phlogopite），有时也称为褐色云母，是云母类三八面体型矿物的终端成员，并且在其八面体片中阳离子的位置全部由镁离子占据，其理论组成成分为 $(OH)_4K_2(Si_6Al_2)Mg_6O_{20}$。黑云母（biotite）属于三八面体型云母类矿物，其八面体片中阳离子的位置多数由镁离子和铁离子占据，其一般化学结构组成为 $(OH)_4K_2(Si_6Al_2)(MgFe)_6O_{20}$，其中镁和铁的比例变化范围很大。

伊利石在以下几方面不同于云母。

（1）在伊利石中，仅有很少的硅离子的位置被铝离子所占据。

（2）在伊利石中，其晶层的堆叠具有某种随机性。

（3）在伊利石中含有较少的钾离子，组织完好的伊利石中含有 9%～10%的 K_2O。

（4）伊利石的颗粒比云母颗粒小很多。

某些伊利石的八面体晶片中含有镁、铁和铝。富铁的伊利石通常呈现为土绿色球形，称为海绿石。

蛭石的结构由具有规则层间作用的黑云母晶胞和两分子层厚的层间水构成，如图 3.21（b）所示。层间水的实际厚度依赖于平衡黑云母晶胞层电荷差的阳离子数。随着镁

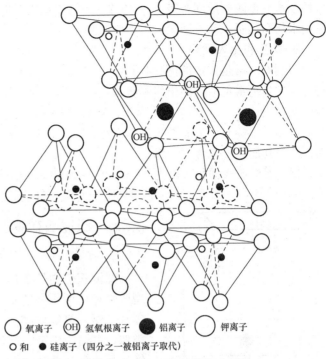

○ 氧离子　⊙ 氢氧根离子　● 铝离子　○ 钾离子
○ 和　● 硅离子（四分之一被铝离子取代）

图 3.22　白云母空间结构示意图

和钾的存在（这是自然界常见的情况），使得晶胞层间出现两层厚的层间水，其间距为 14 Å。蛭石的一般化学结构组成为 $(OH)_4(MgCa)_x$ $(Si_{8x}Al_x)$ $(MgFe)_6O_{20}yH_2O$，其中 $x≈1～1.4$，$y≈8$。

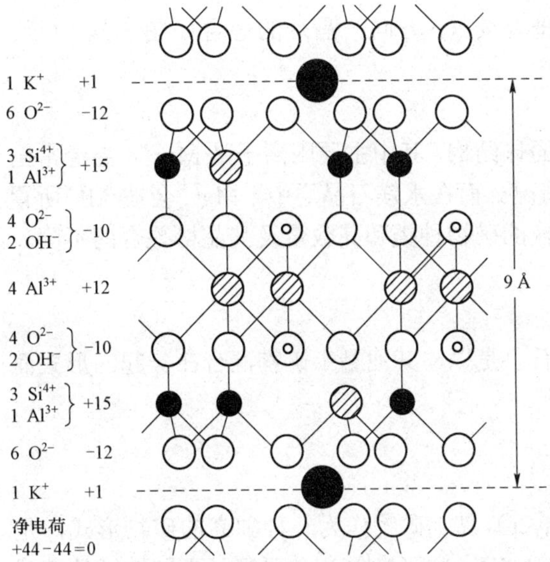

2. 同晶置换和置换容量

同晶置换在伊利石和蛭石中是广泛存在的。每个伊利石晶胞的电荷差为 1.3～1.5。其电荷差主要在伊利石的硅氧晶片中，其中部分电荷差靠层间不可置换的钾离子来平衡。因此，伊利石阳离子的置换容量小于蒙脱石，伊利石阳离子的置换容量为 10～40 meq/100 g。如果其置换容量大于 10～15 meq/100 g，则表示可能存在某些膨胀性晶层。当没有起固定作用的钾离子时，伊利石阳离子的置换容量可以达到 150 meq/100 g。钾离子形成的层间联结强度非常强，即使极性溶液存在，其晶胞层间距仍然可以固定在 10 Å。

蛭石晶胞的电荷差为 1～1.4。由于晶胞层之间阳离子是可以置换的，所以其置换容量较高，蛭石阳离子的置换容量为 100～150 meq/100 g。蛭石晶胞层间距 $d_{(001)}$ 受阳离子类型和水化状态这 2 种因素的影响。当钾和铵离子处在置换位置后，其层间距仅为 10.5～11 Å。当锂离子处在置换位置后，其层间距为 12.2 Å。层间水通过加热温度超过 100 ℃后可以将其驱离。

左下图电荷分布：

1 K^+　+1
6 O^{2-}　-12
3 Si^{4+}　+15
1 Al^{3+}
4 O^{2-}　-10
2 OH^-
4 Al^{3+}　+12
4 O^{2-}　-10
2 OH^-
3 Si^{4+}　+15
1 Al^{3+}
6 O^{2-}　-12
1 K^+　+1

净电荷
+44-44=0

9 Å

图 3.23　白云母电荷分布图

这种脱水会伴随着层间距减小到 10 Å。当将脱水蛭石放置于潮湿的室内温度环境中时，它会迅速水化和膨胀，其层间距会重新膨胀到 14 Å。

3. 构形和比表面积

伊利石通常是很小的薄片状颗粒，并与其他黏土和非黏土材料混合在一起。高纯度伊利石沉积层是不常见的。如果伊利石很好地结晶，则这种薄片颗粒会具有六边形外形，其长轴的尺度范围从 0.1 μm 到小于几微米。颗粒薄片的厚度可以小到 3 nm。

自然界中蛭石以大晶型集聚体而存在，其晶片结构外形上类似于云母结构。蛭石颗粒很小，并与其他黏土混合在一起。

伊利石的比表面积大约为 65~100 meq/100 g。蛭石的外比表面积为 40~80 meq/100 g，其总比表面积（包括晶胞层间）可以高达 800 meq/100 g。

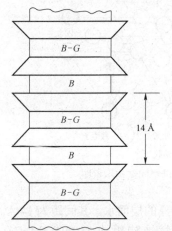

图 3.24　绿泥石垂直向结构示意图

3.5.5　绿泥石矿物

1. 结构

绿泥石矿物是 2:1 层型的层状构造硅酸盐，与其他 2:1 层型矿物相比所不同的是，绿泥石矿物层间域是氢氧化物八面体片。这种氢氧化物八面体片在构造上与水镁石或三水镁石类似，并带正电荷。绿泥石垂直向堆叠结构由云母晶片和水镁石晶片交互叠合而成，如图 3.24 所示。

绿泥石的结构与蛭石相似，但此时蛭石结构中云母晶胞层间的两层水分子已经被组织好的八面体晶片所取代，从而形成绿泥石结构。绿泥石晶格沿水平向（a 和 b 方向）是延伸的，沿垂直向（c 方向）晶片的叠合如图 3.24 所示。晶胞层之间的距离固定在 14 Å。

2. 同晶置换

绿泥石结构中云母晶胞的中心晶片是三八面体结构，其中主要阳离子是 Mg^{2+}。会经常出现 Mg^{2+} 部分地被 Al^{3+}、Fe^{2+} 和 Fe^{3+} 所置换的情况。而在水镁石晶层中，Mg^{2+} 会被 Al^{3+} 所置换。绿泥石矿物族中其不同子类的区别在于置换的矿物种类和其数量及其晶格叠合的不同。绿泥石阳离子置换容量范围是 10~40 meq/100 g。

3. 构形

绿泥石矿物为扁平状颗粒。在土中，绿泥石总是以与其他黏土矿物混合在一起的形式而存在。

3.5.6　间层（混层）黏土矿物

间层（interstratification）或混层（mixed-layer）黏土矿物作为一种独立的矿物形式，是 Gruner（1934）在研究蛭石的过程中首先确立的。Weaver（1956）在研究了不同地区从寒武纪到现代的沉积岩中 6 000 块以上的黏土样品后，发现其中 70%的样品中都含有间层黏土矿物。研究表明，间层黏土矿物在各种地质环境中，如风化地壳、土壤、古代和现代沉积物（或沉积岩）及热液蚀变的各类岩石中均有广泛分布。

间层黏土矿物是在特定的物理化学条件下形成的。研究间层黏土矿物的重要性不仅在于它们分布的广泛性和结晶学上的理论意义，而且还在于它的晶层组成和堆叠的规律性，以及其含量的变化可以作为地质环境的一种灵敏指示剂，对黏土地质学、岩石学、古环境的研究都具有重要的意义。

间层黏土矿物的单位晶胞由 2 种或 2 种以上的晶层组成，层内的键强、层间的键弱，不同晶层具有近似的四面体氧分布形状使得不同晶层（组分层）能够很好地相互嵌合。由此，间层黏土矿物不是各组分层的简单、机械的混合。

间层黏土矿物分为规则间层和不规则间层两种。同种晶层连续呈带状分布的不规则间层称为带状间层。规则间层与不规则间层之间，以及不规则间层与带状间层之间都有多种过渡类型存在。

1. 间层黏土矿物的分类

目前没有公认的间层黏土矿物的分类，一般认为间层黏土矿物分类需要考虑以下 3 条重要原则：

（1）层型的具体形式（如伊利石、蒙皂石、绿泥石等）；

（2）每一层型含量的百分比；

（3）组成晶层的堆叠方式或垂直向序列（如有序、无序等）。

通常认为，规则间层黏土矿物可以赋予专有名称，如钠板石、柯绿泥石等；不规则间层黏土矿物应该直接用各组成的矿物名称和其含量来表示，如"含有 10%伊利石层的伊利石/蒙皂石无序间层"等。

2. 间层黏土矿物的结构类型

间层黏土矿物的单位晶胞是由 2 种或 2 种以上的不同层状硅酸盐结构单元层以不同比例和不同交替顺序（沿垂直向或沿水平向）叠置而成的。由于广泛分布的是 2 种组分层组成的间层黏土矿物，所以这里仅讨论由 A、B 两种组分层形成的间层结构。

按间层的结合方式，间层结构共有 3 种基本类型，如图 3.25 所示。

1）规则间层

在规则间层结构中，根据结构的周期性，已经发现在自然界中有 A 层、B 层以 1:1 规律交替排列的结构形式 [图 3.25（a）] 及 A 层、B 层以 3:1 规律交替排列的结构形式 [图 3.25（b）]，而常见的是前一种形式。由此，这种矿物也称为 1:1 规则间层黏土矿物。

2）不规则间层

不规则间层是 A、B 层随机地无规则交替排列。不规则间层

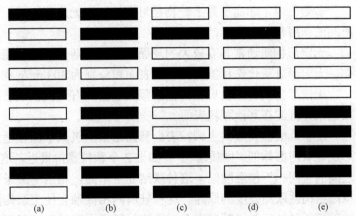

(a)　　(b)　　(c)　　(d)　　(e)

注：（a）和（b）规则间层；（c）和（d）不规则间层；（e）分凝作用的离析间层。

图 3.25　A 和 B 组分层所形成的 3 种基本间层结构形式

是自然界分布最广的间层黏土矿物，尤其是伊利石/蒙皂石不规则间层黏土矿物更为普遍。不规则间层黏土矿物的结构很复杂，它可进一步分为 2 类：① 完全随机排列的无序间层，即典型的不规则间层；② 部分随机排列、部分有规律排列的间层，即所谓有序化间层。

3）分凝作用的离析间层

具有分凝作用的离析间层，实质上是由 2 种组分层分别结晶成极薄的分离晶体相间堆积

而成的。同种晶层的堆积可达 10 层以上，显示为 2 个分离相。

最常见的混层矿物有：伊利石/蒙皂石混层、累托石（rectorite）、皂石/绿泥石（saponite/chlorite）相的混合物或混层、柯绿泥石（corrensite）、蒙皂石/高岭石（smectite/kaolinite）、绿泥石/蛇纹石（chlorite/serpentine）–绿泥石/磁绿泥石（chlorite/berthierine）–绿泥石/镁绿泥石（chlorite/amesite）等。

3.5.7 其他黏土矿物

1. 链状结构的黏土矿物

图 3.13 中给出了硅氧四面体组合成链式和带式等结构形式，并由这些晶格形式构成了某些黏土矿物。凹凸棒石（硅镁土）、海泡石和坡缕石就是这类矿物，属于层链状构造硅酸盐。由于四面体顶氧不是指向同一方向，所以结构中的八面体片不连续，形成许多位置空间。这些位置空间可以容纳水分子和可以置换的阳离子。**这些矿物的主要区别在于结构中置换的离子不同。**

这些矿物颗粒呈现板柱状或纤维状。颗粒直径为 4～5 Å，长度为 4～5 μm。图 3.26 给出了凹凸棒石（硅镁土）颗粒的电子显微镜照片。这些矿物在实际工程中并不常见。

2. 非晶质黏土矿物

土中黏土矿物除了晶质黏土矿物外，还有非晶质黏土矿物，如水铝英石、氧化铁、氧化硅、氧化铝及其水化物等。另外，还有有机质结合的铁铝络合物等也属于这一类。

图 3.26　凹凸棒石（硅镁土）颗粒的电子显微镜照片

多数土中，非晶质黏土矿物被习惯地称为无定形物质，它在土中是次要成分，然而它们所起的作用却不容忽视。

无定形物质通常具有较大的表面积，化学活性高，不稳定，可以在一定条件下老化。例如，无定形氢氧化铁和氢氧化铝的表面积分别为 303 m^2/g 和 441 m^2/g。

无定形物质有些包裹在其他土颗粒表面，有些沉积在贯通孔隙的孔壁上，有些以单颗微粒集聚并沉淀在其他颗粒表面。

层状硅酸盐构成的土颗粒表面暴露出来的氧原子面在适当条件下很容易和硅凝胶结合，形成硅氧四面体的"同质增生"。如果 2 个颗粒靠得很近，这种"同质增生"就会发展成颗粒之间的"同相"接触联结。这种联结非常牢固，相当于离子键的强度，它可能是老黏土具有很高结构性联结强度的原因。这种硅质同相接触会使土结构刚度增加，而在外力作用下呈脆性破坏。另外，黏土颗粒表面裸露的氢氧离子容易和硅氧四面体发生氢键联结，这也会加强颗粒间的联结，所以无定形物质在土结构性联结中具有很重要的地位。

1）水铝英石

黏土材料中，其结晶很差以至于难以确定其晶体结构，称其为水铝英石。这种材料无规则晶型，X 射线下是无定形的。这是因为，八面体单元和四面体单元均无足够长范围的有序排列。但有时不完善的排列也可能存在，从而导致出现 X 射线衍射频带。非晶质的硅酸盐黏土矿物通常称为水铝英石。水铝英石没有固定的成分和确定的形状，它可以表现出变化范围较大的物理性质。某些非晶质黏土材料有可能包含在所有细颗粒土中。在火山灰土中，非晶质黏土很常见。

2）氧化物

所有的土都可能包含一定量的胶体氧化物和含水氧化物。铝、硅、铁的胶体氧化物和含水氧化物是最常遇到的。这些材料以胶凝质或沉淀物的形式呈现，它们包裹矿物颗粒的表面或可能将颗粒黏结在一起。它们也可能以独特的晶体单元而呈现，如三水铝石、勃姆石、赤铁矿和磁铁矿。褐铁矿和铝土矿有时也会存在，它们是铁和氢氧化铝的非结晶混合物。

氧化物在火山灰土和热带残积土中是特别常见的。某些富含水铝英石和氧化物的土，在干燥过程中，可以展现出较大的不可恢复的塑性减小和强度增加。而当修筑土工结构时，很多具有氧化物的土在承受交通荷载或人工作用时易于出现破坏和强度丧失。

3.6 黏土矿物特征的总结

土中黏土矿物可能是风化或蚀变而来的，它们最初的形状可能十分规整，但是经过各种地质作用的剥蚀、搬运、磨耗、分散及重新组合，在不同环境下沉积并经过改造、调整和阳离子交换，最终呈现的黏土颗粒早已面目皆非，已经不是原先的形态，有些还可能保留原来的成分和结构，其他则已经转化为其他成分的黏土矿物。

在黏土中不存在单个的黏土片，通常是若干个黏土片堆叠在一起，以基本土颗粒或黏土畴的形式存在。基本土颗粒或黏土畴通常呈现为薄片形状或针状，其厚度随着黏土的矿物成分不同而不同，其长度方向可达 1 μm 左右，如图 3.27 所示。

土颗粒结构的图谱如图 3.28 所示。土的宏观结构才是形成土的宏观土骨架的结构。多数黏土畴并不是由同一种黏土成分构成的。通常黏土颗粒都以黏土畴的形式存在，"畴"的外形多数呈现长扁形，中间厚、边缘薄，这是大小不同的黏土片堆叠的结果。

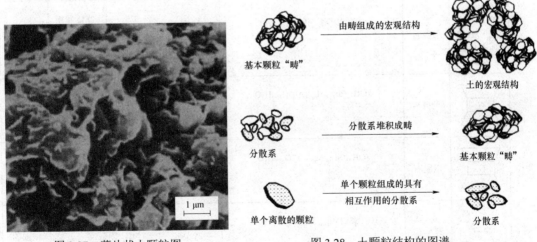

图 3.27 薄片状土颗粒图　　　　　　图 3.28 土颗粒结构的图谱

黏土畴内的土片之间主要以分子键、氢键和静电–离子键结合，虽然它们比原子键和层间键弱，但一般也不容易被分离。黏土畴的表面带有剩余负电荷，其电荷来源于畴的表面几层黏土片。黏土畴在介质（如液体）中，以扩散双电层方式和范德瓦耳斯分子引力与其发生相互作用。

重要的黏土矿物的结构、组成和构形及其重要特征在表 3.5 中进行了总结，该表还给出了八面体和四面体晶片堆叠的结构特征等。

表 3.5 黏土矿物特征

1. 硅氧四面体：硅原子在中心点。四面体单元形成六方晶系网络=$Si_4O_4(OH)_4$
2. 水铝石晶片：铝在八面配位体中。填充可能位置的三分之二。$Al_2(OH)_0$—O—O=2.60 Å
3. 水镁石晶片：镁在八面体坐标中。填充所有的可能位置。$Mg_2(OH)_0$—O—O=2.60 Å

类型	亚类及结构简图	矿物	全部分子式/晶胞	八面体晶层阳离子	四面体晶层阳离子	结构	
						同晶置换	层间键
	水铝英石	水铝英石	无定形	—	—		
1:1	高岭石	高岭石	$(OH)_8Si_4Al_4O_{11}$	Al_4	Si_4	少量	O—OH 强氢键
		地开石	$(OH)_8Si_4Al_4O_{10}$	Al_4	Si_4	少量	O—OH 强氢键
		珍珠陶土	$(OH)_8Si_4Al_4O_{10}$	Al_4	Si_4	少量	O—OH 强氢键
1:1	$\begin{array}{c} G \\ S \end{array}$	埃落石（脱水的）	$(OH)_8Si_4Al_4O_{10}$	Al_4	Si_4	少量	O—OH 强氢键
	$\begin{array}{c} G \\ S \end{array}$	埃落石（水合的）	$(OH)_8Si_4Al_4O_{10} \cdot 4H_2O$	Al_4	Si_4	少量	O—OH 强氢键
2:1	蒙脱石 $(OH)_4Si_8Al_4$ $O_{20} \cdot nH_2O$ 理论上不置换	蒙脱石	$(OH)_4Si_8(Al_{3.34})Mg_{66}O_{20}nH_2O$ ↓ Na_{66}	$Al_{3.34}Mg_{66}$	Si_8	（Mg 置换 Al，净电荷总是等于 0.66–/晶胞）	O—O 很弱的膨胀晶格
	$\begin{array}{c} S \\ G \\ S \end{array}$	贝得石	$(OH)_4(Si_{7.34}Al_{66})(Al_4)O_{20}nH_2O$ ↓ Na_{66}	Al_4	$Si_{7.34}Al_{66}$	（Al 置换 Si，净电荷总是等于 0.66–/晶胞）	O—O 很弱的膨胀晶格
	$\begin{array}{c} S \\ G \\ S \end{array}$	绿脱石	$(OH)_4(Si_{7.34}Al_{66})Fe_4^{3+}O_{20}nH_2O$ ↓ Na_{66}	Fe_4	$Si_{7.34}Al_{66}$	（Fe 置换 Al，净电荷总是等于 0.66–/晶胞）	O—O 很弱的膨胀晶格
	皂石	理皂石	$(OH)_4Si_8(Mg_{3.34}Li_{66})Fe_4^{3+}P_{20}nH_2O$ ↓ Na_{66}	$Mg_{3.34}Li_{66}$	Si_8	（Mg,Li 置换 Al，净电荷总是等于 0.66–/晶胞）	O—O 很弱的膨胀晶格
	$\begin{array}{c} S \\ R \\ S \end{array}$	皂石	$(OH)_4(Si_{7.34}Al_{66})Mg_6O_{20}nH_2O$ ↓ Na_{66}	Mg,Fe^{3+}	$Si_{7.34}Al_{66}$	（Mg 置换 Al，Al 置换 Si，净电荷总是等于 0.66–/晶胞）	O—O 很弱的膨胀晶格

总结表（Grin, 1968）

所有基面在一个平面 O—O=2.55 Å—Si 的间距=0.55 Å—厚度 4.93 Å、C—C 高度=2.1 Å
OH—OH=2.944 Å，离子间距=0.61 Å，单元厚度=5.05 Å，双八面体
OH—OH=2.944 Å，离子间距=0.61 Å，单元厚度=5.05 Å，三八面体

结构		形状	粒径	阳离子交换容量/(meq/100 g)	比重	比表面/(m²/g)	在工程土中的分布
晶体结构	基面间距						
		不规则，稍有圆度	$0.05\text{-}1\mu$				普遍可见
三斜晶系 $a=5.14, b=8.93, c=9.37$ $\alpha=91.6°, \beta=104.8°, \gamma=89.9°$	7.2 Å	六边鳞片	$\left.\begin{array}{l}0.1-4\mu\times \\ 0.05-2\mu\end{array}\right\}$单个 到 3 000×4 000（堆积）	3～15	2.60～2.68	10～20	很普遍
单斜晶系 $a=5.15, b=8.95, c=14.42$ $\beta=96°48'$	14.4 Å	晶胞含有2个单位晶层	六边鳞片	$0.07\text{-}300\times2.5\text{-}1\,000\mu$	1～30		罕见
几乎是斜方晶系 $a=5.15, b=8.96, c=43$ $\beta=90°20'$	43 Å	晶胞含有6个单位晶层	磨圆鳞片	$1\mu\times0.025\text{-}0.15\mu$			罕见
$a=5.14$ 在 O—平面中 $a=5.06$ 在 OH—平面中 $b=8.93$ 在 O—平面中	7.2 Å	晶胞任意堆积	管状	0.07μO.D. 0.04μI.D. 1μ长	5～10	2.55～2.56	偶尔可见
$b=8.62$ 在 OH—平面中 各层要变离	10.1 Å	晶胞间有水层	管状		5～40	2.0～2.2	35～70	偶尔可见
	9.6 Å—完全分离	三八面体	鳞片状（等等尺寸的）	>10 Å× 上限到 10μ	80～150	2.35～2.7	50～120 主键 700～840 次键	很普遍
	9.6 Å—完全分离	二八面体					罕见
	9.6 Å—完全分离	二八面体	板条状	长宽=1/5 长度到 $n\mu\times$晶胞	110～150	2.2～2.7		罕见
		三八面体		到 $1\mu\times$晶胞宽度 =0.02-0.1μ	17.5			罕见
	9.6 Å—完全分离	三八面体	类似于蒙脱石	类似于蒙脱石	70～90	2.24～2.30		罕见

类型	亚类及结构简图	矿物	全部分子式/晶胞	八面体晶层阳离子	四面体晶层阳离子	结构	
						同晶置换	层间键
2:1	S B S	锌蒙脱石	$(Si_{6.04}Al_{1.06})Al_{66}Fe_{34}Mg_{36}Zn_{4.80}O_{20}(OH)_4 \cdot nH_2O$ ↓ Na_{66}	$Al_{44}Fe_{34}Mg_{36}$ $Zn_{4.80}$	$Si_{6.34}Al_{1.06}$	Zn 置换 Al	O—O 很弱的膨胀晶格
	水化云母（伊利石） S G S (K) S G S	伊利石	$(K,H_2O)_2(Si)_8(Al,Mg,Fe)_{4.6}O_{20}(OH)_4$	$(Al,Mg,Fe)_{4.6}$	$(Al,Si)_3$	有些 Si 总是由 Al 来置换，晶层间由 K 来平衡	K 离子，强的
	蛭石 S S ○○○○○ S S	蛭石	$(OH)_4(Mg,Ca)_3(Si_{8-x}Al_x)(Mg,Fe)_6O_{20}yH_2O$ $x=1\sim1.4, y=8$	$(Mg,Fe)_6$	$(Si,Al)_3$	Al 置换 Si，净电荷为 1-1.4/晶胞	
2:1:1	绿泥石 S S R S S	绿泥石（已知的几个度种）	$(OH)_4(SiAl)_8(Mg,Fe)_6O_{20}$ (2:1 晶层) $(MgAl)_6(OH)_{12}$ 夹层	$(Mg,Fe)_6$ (2:1 晶层) $(Mg,Al)_6$ 夹层	$(Si,Al)_3$	Al 置换 2:1 晶层中的 Si，Al 置换夹层中的 Mg	
链式结构		海泡石	$Si_4O_{11}(Mg,H_2)_3H_2O_2(H_2O)$			Fe 或 Al 置换 Mg	氧连接弱链
		凹凸棒石	$(OH_2)_4-(OH)_2Mg_6Si_8O_{20}4H_2O$			有些置换 Al，有些置换 Si	

说明：箭头表示电荷量来源。等量钠作为平衡阳离子列入表内。

结构			形状	粒径	阳离子交换容量/（meq/100 g）	比重	比表面/（m²/g）	在工程土中的分布
晶体结构	基面间距							
	9.6 Å—完全分离	三八面体	宽板条状	50 Å 厚				罕见
	10 Å	二八面体和三八面体	鳞片状	0.003-0.1μ×上限到 10μ	10～40	2.6～3.0	65～100	很普遍
a=5.34，b=9.20 c=28.91，β=93°15′	10.5-14 Å	蚀变云母和双水层	类似于伊利石		100～150		40～80 主键 870 次键	较为普遍
单斜晶系的（主要）a=5.3，b=9.3 c=28.52，β=97°8′	14 Å			类似于伊利石	10～40	2.6～2.96		普遍可见
单斜晶系 a=2×11.6，b=2×7.86 c=5.33		链	鳞片或纤维状		20～30	2.08		罕见
a_0=sin β=12.9，b_0=18 c_0=5.2		两个二氧化硅链	板条状	最大 4-5μ×50-100 Å 宽度=2 t	20～30			偶尔可见

3.7 可 溶 盐 类

土孔隙溶液中盐矿物很多，按溶解的难易程度可划分为难溶盐（主要有方解石、白云母等硅酸盐）、中溶盐（常见的有石膏等硅酸盐）和易溶盐（主要有石盐、钾盐、氯镁石、氯钙石、芒硝）。它们是土孔隙水中钾、钠、钙、镁离子的重要来源，在淋溶条件不充分的地区，对土的工程性质产生非常重要的影响。

溶盐矿物一般以离子状态存在于土的孔隙溶液中，其阳离子主要有钾、钠、钙、镁、铁、锰等离子；其阴离子主要有 Cl^-、SO_4^{2-}、HCO_3^-、NO_3^- 等。这些离子的不同会影响土中离子交换作用发生的方向和双电层作用的范围。当土中含水率减少或介质酸碱度发生变化时，有可能使土中阳−阴离子化合而形成新的物质，或结晶析出并附着、包裹在土颗粒表面，由此给土的结构或联结带来暂时的强度和刚度，这种情况发生在盐土、盐渍土和部分含盐量高的黄土中。当外部环境发生变化，土中含水率增加时，其结晶的盐类将重新溶解，则所形成的暂时的强度和刚度将会部分甚至全部消失。

难溶的碳酸盐类矿物在土中的形态是多样的，有离子态、大分子聚合的溶胶态、无定形凝胶态和微晶态的碳酸盐及方解石。它们的溶解度随着分子排列有序度的增加而逐渐减小。钙离子能够使黏土微粒在孔隙液中凝聚。无定形凝胶态碳酸盐常以包膜形式包裹在土颗粒表面，形成颗粒间的胶结联结。微晶态的碳酸盐能够使已凝聚的黏粒群共同凝聚而生成具有一定形态和刚度的凝聚体（黄土集粒）。原生的方解石碎屑可以构成土的结构骨架。微晶碳盐是干旱或半干旱地区各种土类的主要胶结剂，特别是在黄土中普遍存在，是我国北方地区黄土和黄土类土的特征元素和化合物。

3.8 有 机 质

土中的有机质是动植物残骸和微生物及它们的各种分解和合成的产物，如碳水化合物、氨基酸、蛋白质、脂蜡、有机酸、纤维素、木质素等。通常把分解不完全的植物残骸称为泥炭，其中主要成分为纤维素。而把完全分解的植物、动物残体称为腐殖质。腐殖质在一定程度上具有胶体的性质，带负电。

土体中腐殖质很少单个存在，通常与黏土矿物结合形成有机−无机复合体。这种复合体可以根据矿物成分而分为腐殖质碳酸钙复合体、腐殖质活性铝复合体和腐殖质游离铁复合体，这种复合体通常带负电。

3.9 黏土矿物的来源

黏土矿物是由以下一种或多种情况形成的：

（1）溶液的结晶；

（2）硅酸盐矿物和岩石的风化；

（3）岩化作用、再生作用和离子置换；

（4）矿物和岩石的水热蚀变；

（5）实验室合成。

岩石的结合层、剪切层、节理和裂隙及断层的充填物质（断层泥）中通常存在黏土矿物，这种矿物一般是直接靠近的岩石经过蚀变所形成的。水热蚀变也可以导致岩石矿脉中黏土的形成，温泉、喷泉周围所形成的黏土地带就是如此。以这些方式形成的土并不是土体的主要部分。但是在岩石结合层、剪切层和断层中存在的这种土，对于地下结构和其他岩石中的结构的稳定性，都是十分重要的。

土中存在的大量黏土矿物是由上述 1～3 种情况形成的。在第 2 章中已经论述过，在某些情况下，由于各种蚀变过程的作用，使得岩石结构内部的硅酸盐矿物，特别是长石，可以变为黏土矿物。另外，分解的花岗岩形成破碎的岩石材料，它常常是岩石中的建筑基础和土工结构出现问题的原因，应予以重视。

3.10　确定土的组成

1. 概述

细颗粒土矿物的识别和确认通常是采用 X 射线衍射仪进行的，也可做一些简单的化学实验，用以表明存在有机物和其他组成物。显微镜可被用于确认非黏土的成分。精确地确定土中各种不同矿物、有机物、无定形固体材料的比例，虽然可能，但却需要花费大量的金钱和时间，另外也不能从土的成分得到其工程性质的精确定量关系。所以，了解土的颗粒尺寸大小和分布、X 射线衍射的相对强度及做一些简单的实验，在此基础上做一种半经验性分析，对大多数目的而言通常是适当的。

本节就如何确定土的组成给出一般性的方法，并且给出一些相关技术的简要描述，以及针对土的重要成分的确定准则给予说明。

2. 土成分的确定方法

确定土的成分和颗粒分布的可用技术和方法有：

（1）颗粒尺寸的分析及其分离；

（2）用于矿物分析前的各种预处理；

（3）用于游离氧化物、氢氧化物、无定形物成分和其他有机物的化学分析；

（4）粉土和砂颗粒的岩相（土相）显微镜研究；

（5）土的电子显微镜研究；

（6）确认结晶矿物的 X 射线衍射；

（7）热分析；

（8）测定比表面积；

（9）用于层电荷、阳离子交换容量、可交换阳离子、pH 和可溶盐的化学分析；

（10）黏土鉴别的染色实验。

美国农学会出版的丛书，给出了确定土成分过程的详细描述。《物理和矿物学方法》为土壤科学的专家和工程师提供了一组矿物分析的过程和方法。《微生物和生物化学性质》出版于1994 年，它对生物修复和地质环境方面所需要的测定是很有用的。《化学方法》出版于 1996年，它包含了一些表征土的化学性质和化学过程的方法。《物理方法》出版于 2002 年，它是《物理和矿物学方法》中物理方法部分的修订本。该书对每一种方法的原理及其细节都做了介绍，此外还对一些结果做了说明和讨论，并且给出了广泛的参考文献。

3. 土成分的分析精度

化学分析一般具有很高的精度。然而，就理解和定量描述土的性质的有意义和感兴趣的这部分成分而言，这种精度却不能拓展到某一土体的整个土成分的分析中。这是由于**土的化学成分的知识本身对理解土的工程性质的价值是有限的**。例如，土的固相化学分析不能指出由元素所组成的晶体和非晶体物质的组织结构的差异。

在对土的黏土部分做定量的矿物分析时，通常需要假定实际土中矿物的性质和所涉及的矿物的性质相同。然而，即使给定某一黏土矿物，其不同的试样可能会在成分、表面面积、颗粒尺寸和形状及阳离子置换容量方面，表现出有足够意义的不同。因此，对所涉及的矿物选择其标准的代表土样是具有随意性的。没有足够的经费和时间去做好相应的化学和矿物实验，不能使定量地确定黏土矿物的测试具有很高的精度，其误差通常大于百分之几。幸好多数情况，黏土矿物的确定不需要很高的精度。

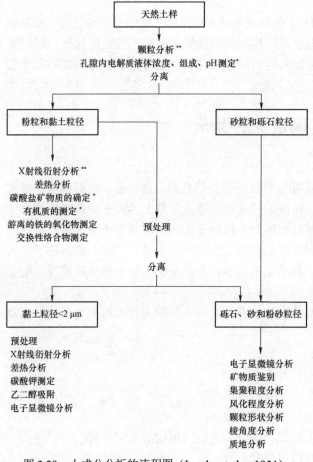

图 3.29　土成分分析的流程图（Lambe et al.，1954）

4. 土成分分析的一般性步骤

图 3.29 给出了土成分分析的一般性步骤的图示。定量和半定量分析中最有价值的技术在图 3.29 中用**表示，而解释不寻常性质和特殊使用的技术用*表示。图 3.29 中给出的步骤在实践中绝不是唯一的，在任何给定情况下都需要进行反复的探讨，其中每一实验结果都需要用于计划下一步的实验。下面简要地讨论图 3.29 给出的各种方法。X 射线衍射技术将在 3.11 节中作较为详细的讨论，因为它在确定细颗粒土的矿物时特别有用。

5. 土颗粒尺寸分析

确定土颗粒的尺寸及其分布通常对粗颗粒（粒径大于 75 μm）部分是采用筛分法，而对较细颗粒（粒径小于 75 μm）部分，采用密度计法（沉淀法）。筛分法和密度计法（沉淀法）在《土工试验规程》中给出了具体操作过程和相关规定，这里不再讨论。

光学和电子显微镜有时也可以用于研究土颗粒尺寸及其分布。虽然需要的时间和费用多一些，并且仅适用于小试样（其适用范围和代表性具有局限性），但它们可以提供颗粒的形状、聚集的情况、粗糙的程度、风化的情况及颗粒表面的纹理结构等信息。

6. 孔隙内电解质液体

可溶盐的总浓度可以通过抽取的孔隙液体的电导率来确定。化学和光学技术可用于确定抽取液体的元素成分（Rhoades，1982）。在继续进行下一步实验前，需要清除过量可溶盐，这可以通过用水或酒精对试样进行冲洗来解决。如果过量可溶盐不能被清除，则土颗粒很难被分散，有机物也很难被清除，不可能可靠地确定阳离子的置换容量，并且矿物分析也将会很复杂。

7. pH

土的酸碱度是用 pH 表示的，这是一种相对简单的方法，它可以通过 pH 计或特殊的指标器进行量测（American Society for Testing and Materials，1970；McLean，1982）。所得到的 pH 依赖于土水比。当土与水的比例减小时，所得到的 pH 也会相应减小。所以，通常采用一种标准化的测量，即使用 1:1 的土与水的重度比。对高塑性土，测量其 pH 时，可能要求较低的土水比，以便于悬浮，适于量测。pH 也会随中性盐液体的浓度和溶解的二氧化碳量的增加而减小。

8. 碳酸盐

碳酸盐以方解石（$CaCO_3$）、白云石 [$CaMg(CO_3)_2$]、泥灰岩和贝壳的形式在土中经常被发现。当土用稀释盐酸处理后，出现冒泡现象，由此就可以实际知道碳酸盐的存在。有许多方法可用于确定土中有无无机碳酸盐、方解石和白云石（Nelson，1982），包括酸中溶解、差热分析、X 射线衍射和化学分析。

9. 石膏

石膏通过简单的加热就能够确定。当把石膏土放在金属板上加热时，脱水后形成白色颗粒。Nelson（1982）给出了定量确定方法。

10. 有机质

土中有机质可以使用 15%过氧化氢（H_2O_2）溶液进行处理就能实际检测到。过氧化氢 H_2O_2 和有机质发生化学反应时会产生强烈的冒泡现象。有机质具有集聚效应，它的存在可能会干扰其他矿物分析，此时可以采用过氧化氢吸收大多数有机质（Kunze et al.，1986）。American Society for Testing and Materials（1970）、Nelson 和 Sommers（1982）、Schnitzer（1982）给出了土中有机质的定量分析方法。

11. 氧化物和氢氧化物

土中游离的氧化物和氢氧化物包括硅、铝、铁的结晶化合物和非晶体化合物（无定形物）。这些物质既可以作为离散的颗粒，也可以作为包裹、吸附物质，还可以作为颗粒之间的胶结物。它们可以导致土分散困难，也可能干扰其他分析过程。Jackson 等人于 1986 年给出了一些氧化物和氢氧化物的探测、定量分析和去除的方法。

12. 合成物的置换

阳离子置换容量（用每 100 g 干土的毫克当量表示）的确定，需要预先除去土中超量的溶解盐。然后，用一种已知的阳离子置换被吸附的阳离子，并且分析确定已知的阳离子的量（这一量值需要饱和所置换的场地和空间）。有机阳离子化合物的成分可以通过原始提取液体的化学分析来确定（Thomas，1982）。

13. 碳酸钾

水化云母矿物（伊利石）是土中黏土细粒组中通常能够发现的、唯一含钾的晶体矿物。因此，知道 K_2O 的含量对于定量地确定它们的存有程度是有用的。Knudsen 等人于 1986 年给出了确定钾的方法。结构组成很好的 10-Å 的伊利石土的晶层包含 9%～10%的 K_2O（Weaver et al.，1973）。

14. 比表面积

乙二醇和甘油吸附在黏土颗粒表面。不同的黏土矿物具有不同的比表面积。在控制条件下保存的乙二醇和甘油量可以帮助定量确定黏土矿物并估计其比表面积（Martin，1955；Diamond et al.，1956；American Society for Testing and Materials，1970）。

使用乙二醇单乙醚作为确定表面积的极性分子，可以提供优越的、更加迅速地达到平衡、更加精确的方法（Carteret et al.，1982）。单分子层的乙二醇单乙醚假定会使预干燥的试样形成真空，达到平衡后，吸附的乙二醇单乙醚的重量，通过系数 0.000 286 g/m^2，就可以转换为其比表面积。

3.11　X 射线衍射分析

1. X 射线及其产生

在确定细颗粒土的矿物和其晶体结构时，X 射线衍射分析是一种最广泛使用的方法。X 射线的波长范围是 0.01～100 Å。当高速电子冲击某一材料时，可能出现以下 2 种现象之一。

（1）高速电子冲击，并置换被冲击材料内层原子的电子。这样从外层进入的电子就会落到具有较低能量状态的空缺位置，一个具有被冲击材料原子波长和强度特征及其特殊电子位置的 X 射线光子（束）被发射出来。由于这种电子传输可以在不同电子层内发生，并且每一层都有其特殊的本征频率，结果就产生了如图 3.30 所示的辐射强度和波长的关系，图中字母表示电子传输到不同层原子层（次）。

（2）发射的高速电子没有冲击到被冲击材料的电子，而是降低了接近原子核的电场强度。由此降低的能量转换成为热和 X 射线光子。这种方式产生的 X 射线与被冲击的原子特殊本质（本征频率）无关，而是表现出一种波长连续变化的频带，如图 3.31 所示。

将上面 X 射线的 2 种作用效果所产生（输出）的结果放在一起，由此所得到的情况示于图 3.32 中。X 射线使用了一个管子型装置，这一管子中电流从产生 X 射线的光源线一侧出发到观测材料之间具有 20～50 kV 的电压降。弯曲的晶体单光仪能够给出 X 射线的单个波长。或者，因一些材料能够吸收不同波长的 X 射线，所以可以用来过滤出管子型装置中其他波长的 X 射线，而产生具有唯一波长的 X 射线。通常观测材料的单色辐射的波长范围是 0.71 Å（钼元素材料的波长）至 2.29 Å（铬元素材料的波长）。铜是最经常用于矿物鉴别的元素材料，它的辐射波长是 1.54 Å。

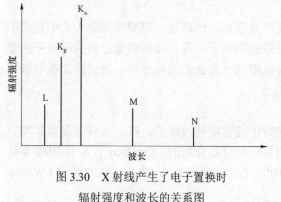

图 3.30　X 射线产生了电子置换时
辐射强度和波长的关系图

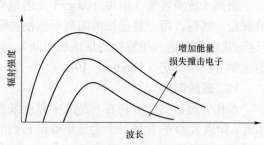

图 3.31　X 射线降低了冲击材料电场强度时
辐射强度和波长的关系图

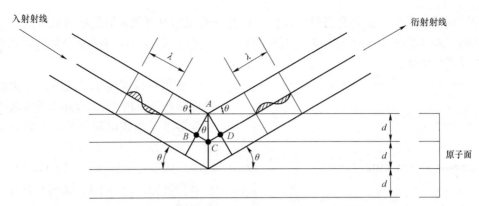

图 3.32　X 射线衍射的几何条件（按照 Bragg 定律）

2. X 射线的衍射

因为 X 射线的波长大致为 1 Å，这与晶体材料的原子面的空间尺度是同一数量级，所以 X 射线对于分析晶体结构是很有用的。当 X 射线冲击晶体并被吸收前，它能够穿透几百万晶层的深度。在每一原子面，光束的很微小部分会被单个原子所吸收，然后作为偶极波和辐射波沿所有方向而振荡、传播。一些方向的辐射波将是同相位的，这可以用简单的方式解释为入射光束的反射所产生的一种波。同相位辐射作为一种相干光束，它可以用某种胶卷或通过辐射计量设备探测。平行的原子面方向的定向与相关的具有同相辐射的入射光束的方向依赖于 X 射线的波长和原子面之间的距离。

图 3.32 显示了一个波长为 λ 的 X 射线的平行光束以与平行的原子面（空间距离为 d）的夹角为 θ 的方向射向一个晶体。如果源自 C 点的反射波加强了源自 A 点的反射波，则 2 个波之间的路径长度差必然是波长的整数倍（$n\lambda$）。图 3.32 表明，这种路径长度差可以用下式计算：

$$n\lambda = BC + CD \tag{3.1}$$

由入射与反射的对称性，$BC=CD$，利用三角形关系 $CD = d\sin\theta$。由此，其必要条件为

$$n\lambda = 2d\sin\theta \tag{3.2}$$

这就是 Bragg 定律。它成为利用 X 射线衍射确定晶体的基础。由于没有 2 个矿物在三维空间中具有相同的原子面之间的距离，X 射线衍射产生的衍射角能够用于确认矿物成分。X 射线衍射特别适用于黏土矿物的确认，这是由于（001）平面空间距离是每一黏土矿物群所具有的特征。一般晶体基面会比其他晶面产生更加强（最强）的反射，这是因为在这些平面中，基面的原子排列更加紧密。X 射线衍射通常也适用于土中非黏土矿物的确认。

3. X 射线衍射的检测

绝大多数土颗粒都很小，因此妨碍了单晶体的研究，通常采用粉样法和颗粒定向聚集法。在粉样法中，将具有所有可能定向的土颗粒的小试样放在平行的 X 射线光束的照射区，不同强度的衍射光束用 Geiger 仪进行扫描，并自动记录、形成关系图，这种关系图显示了 2θ 角与衍射光束强度之间的函数关系。作为一个示例，图 3.33 给出了石英的 X 射线衍射图。峰值出现在特定的 2θ 角，用 Bragg 定律可以将 θ 角转换成空间距离 d。粉样法之所以能发挥作用，是因为试样中有大量的土颗粒，能够确保其中某些颗粒总能形成适当的方向定向，以便于产生反射。

晶体中所有本征特征显著的原子面，如果位置适当，将会对 X 射线光束产生反射。所以，

每一种矿物将会产生一组具有特征的反射，该特征的反射具有的 θ 值是相对显著的原子面之间的空间距离（按照 Bragg 定律）所对应的 θ 角。反射强度的不同根据原子聚集的密度和其他一些因素而变化。

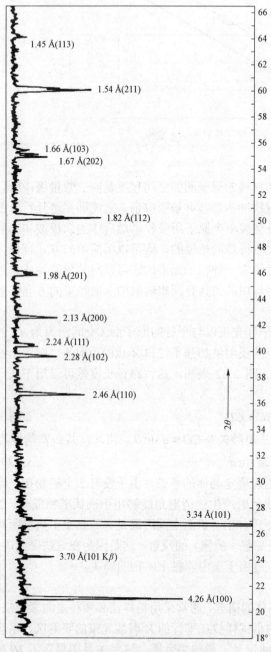

图 3.33 石英的 X 射线衍射图
（括号中的数字是晶体面的 Miller 指数）

使用颗粒定向聚集法时，片状黏土颗粒需要在玻璃板上沉淀，通常是将散絮凝土悬浮溶液干燥或用陶土板将土颗粒从反絮凝土悬浮溶液中分离出来。由于大多数颗粒的定向平行于玻璃片，则（001）平面的反射会被增强，而来自（$hk0$）平面的反射会被减小。

在 Bragg 方程中，n 可以是任何整数。$n=1$ 对应的反射称为第一阶反射。一种矿物第一阶反射（$n=1$）给出的数值是 $d_{(001)}=10$ Å，第二阶反射（$n=2$）给出的数值是 $d_{(002)}=5$ Å，第三阶反射（$n=3$）给出的数值是 $d_{(003)}=3.33$ Å，以此类推。通常在提到这些面的空间距离时，称之为（002）平面、（003）平面、（004）平面等（即使这些面空间距离不存在原子面），这些 $n>1$ 的平面的反射，通常称为高阶反射。实际上，当 $n>1$ 时，$d/n=\lambda/(2\sin\theta)$。

4. X 射线衍射图的分析

一个完整的 X 射线衍射图由一系列不同 2θ 角度对应不同强度的反射所组成。每个反射必须被指派到样本的某一部分。分析的第一步是根据辐射的特殊类型（据此可以确定波长 λ）并利用式（3.2）确定所有 d/n 的数值。可以直接将测得的实验曲线与已知材料的实验曲线进行比较。美国材料和测试学会（American Society for Testing and Materials）维护和持有许多材料的实验曲线图的数据库，数据库是根据曲线中最强的一组线为基础来索引的。Grim（1968），Carroll（1970），Brindley 和 Brown（1980），Whittig 和 Allardice（1986），Moore 和 Eynolds（1997）给出了一些针对黏土矿物和其他常见土矿物的 X 射线衍射的数据。表 3.6 列出了在粉状土试样中常见的对矿物产生最强烈的一些反射。表 3.7 和图 3.34 列出了采用不同制样方法获得的不同土矿物基面的空间距离。

表 3.6 黏土矿物和其他常见土矿物的 X 射线衍射的数据

d/Å	矿物质	d/Å	矿物质
14	蒙脱石（很强）、绿泥石、蛭石（很强）	2.93～3.00	长石
12	海泡石、加热柯绿泥石	2.89～2.90	碳酸盐
10	伊利石、云母（强）埃洛石	2.86	长石
9.23	加热蛭石	2.84	碳酸盐、绿泥石
7	高岭石（强）、绿泥石	2.84～2.87	绿泥石
6.90	绿泥石	2.73	碳酸盐
6.44	凹凸棒石	2.61	凹凸棒石
6.39	长石	2.60	蛭石、海泡石
4.90～5.00	伊利石、云母（强）埃洛石	2.56	伊利石（很强）高岭石
4.70～4.79	绿泥石（强）	2.53～2.56	绿泥石、长石、蒙脱石
4.60	蛭石（强）	2.49	高岭石（很强）
4.45～4.50	伊利石（很强）、海泡石	2.46	石英、加热蛭石
4.46	高岭石	2.43～2.46	绿泥石
4.36	高岭石	2.39	蛭石、伊利石
4.26	石英（强）	2.38	高岭石
4.18	高岭石	2.34	高岭石（很强）
4.02～4.04	长石（强）	2.29	高岭石（很强）
3.85～3.90	长石	2.28	石英、海泡石
3.82	海泡石	2.23	伊利石、绿泥石
3.78	长石	2.13	石英、云母
3.67	长石	2.05～2.06	高岭石（弱）
3.58	碳酸盐、绿泥石	1.99～2.00	云母，伊利石（强）、高岭石、绿泥石
3.57	高岭石	1.90	高岭石
3.54～3.56	蛭石	1.83	碳酸盐
3.50	长石、绿泥石	1.82	石英
3.40	碳酸盐	1.79	高岭石
3.34	石英（很强）	1.68	石英
3.32～3.35	伊利石（很强）	1.66	高岭石
3.30	碳酸盐	1.62	高岭石
3.23	凹凸棒石	1.54B	蛭石（强）石英
3.21	长石	1.55	石英
3.20	云母	1.58	绿泥石

续表

d(Å)	矿物质	d(Å)	矿物质
3.19	长石（很强）	1.53	蛭石、伊利石
3.05	蒙脱石	1.50	伊利石（强）、高岭石
3.04	碳酸盐（很强）	1.48~1.50	高岭石（很强）、蒙脱石
3.02	长石	1.45B	高岭石
3.00	加热蛭石	1.38	石英、绿泥石
2.98	云母（强）	1.31，1.34，1.36	高岭石（宽）

表3.7 从沉积物中分离的黏土粒组中主要黏土矿物（<2 μm）用定向载玻片法进行 X 射线衍射鉴定

矿物质	$d_{(001)}$	乙二醇处理影响（1 h，60 ℃）	加热影响（1 h）
高岭石	7.15 Å（001）；3.75 Å（002）	不变	550~600 ℃变成无定形
高岭石（不规则）	7.15 Å（001）宽；3.75 Å 宽	不变	低于高岭石温度时变成无定形
埃洛石(4H$_2$O 水)化的	10 Å（001）宽	不变	在 110 ℃时脱水为含 2H$_2$O
埃洛石（2H$_2$O 脱水的）	7.2 Å（001）宽	不变	在 125~150 ℃时脱水，在 560~590 ℃时变成无定形
云母	10 Å（002）；5 Å（004）通常叫作（001）和（002）	不变	（001）在加热时变得更强，但结构保持到 700 ℃
伊利石	10 Å（002）宽，其他空间间距存在但小些	不变	（001）在加热时有明显的增强，因为水层消除了，在更高温度下像云母
蒙脱石组	15 Å（001）和其他系列空间间距	（001）膨胀至 17 Å 有更高级层序	在 300 ℃时（001）变成 9 Å
蛭石	14 Å（001）和其他系列空间间距	不变	分级脱水
绿泥石（镁型）	14 Å（001）和其他系列空间间距	不变	（001）增加强度；<800 ℃时显示失重但不改变结构
绿泥石（铁型）	14 Å(001)比镁型较弱和其他系统空间间距	不变	（001）很少增加；低于 800 ℃时结构破坏
混合矿物	规则的，一个（001）和其他系列空间间距 不规则的，(001)是单独矿物的附加物质且取决于存在的量	不变，除非有一个可膨胀成分；如有蒙脱石成分，则会膨胀	取决于层间矿物质中存在的矿物
凹凸棒石坡缕石	高强度反射 d=10.5，4.5，3.23，2.62 Å	不变	分级脱水
海泡石	高强度反射 d=12.6，4.31，2.61 Å	不变	分级脱水
无定形黏土铝英石	—	不变	脱水和失重

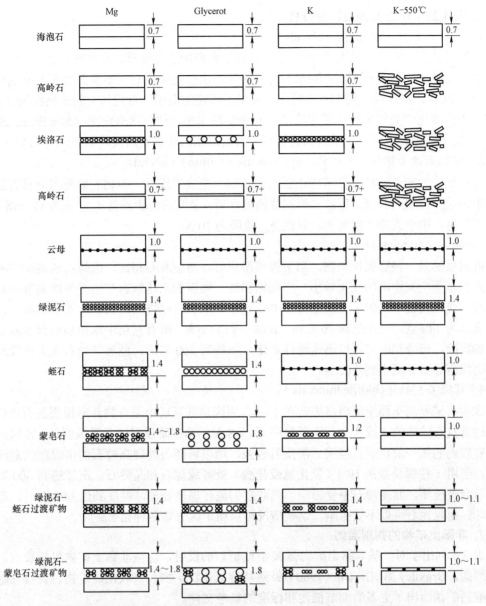

图 3.34 采用不同制样方法获得的一些土矿物基面的空间距离图示

5. 黏土矿物的判别准则

不同黏土矿物是通过空间距离为 7 Å、10 Å、14 Å 的第一阶基面的反射进行刻画和描述的。对特殊矿物组的识别通常要求进行特殊的预处理。土颗粒不同尺寸的分离要求土样被彻底地扰动和分散。由于胶结物可能会抑制分散和衍射曲线的不利影响，需要除掉土颗粒表面的胶结物。为了确保特定黏土矿物的所有晶体在水化时能够均匀膨胀，土样应该是相同离子的。镁和钾是饱和（湿化）时最常用的元素。Whittig 和 Allardice（1986），Moore 和 Reynolds（1997）给出了针对黏土 X 射线衍射分析的预处理过程的详细描述。下面给出特定黏土矿物 X 射线衍射分析的一些具体情况。

6. 特定黏土矿物 X 射线衍射分析

1）高岭石矿物（kaolinite minerals）

高岭石基面的空间距离大约为 7.2 Å，它对干燥和加热不敏感。当加热到 500 ℃时，高岭石矿物会被破坏，但其他黏土矿物却不会被破坏。水化的埃洛石（多水高岭石）基面的空间距离约为 10 Å，加热烘干到 110 ℃时，会发生不可逆的坍塌，直到其空间距离约为 7 Å。有时会使用有机化学处理方法，用于从高岭石中把脱水的埃洛石区分出来（MacEwan et al.，1980）。电子显微镜也可以用于将具有管状形态的脱水的埃洛石从高岭石中区分出来。

2）水化云母（伊利石）矿物［hydrous mica（illite）minerals］

这组矿物的膨胀特征提供了确认它们的基础。空气干燥时，伊利石矿物可能具有的基面空间距离 $d_{(001)}$ 为 12～15 Å。用乙二醇或甘油处理后，蒙脱石会膨胀到 $d_{(001)}$ 值为 17～18 Å；而用烘干法时，由于去除了层间水，导致 $d_{(001)}$ 值降为 10 Å。

3）蛭石（vermiculite）

蛭石虽然是一种膨胀性矿物，当干燥或湿化时，与蒙脱石相比，因蛭石较高阶的有序夹层导致其基面空间距离的变化较小。当镁饱和时，蛭石的水化状态产生了一组离散的基面空间距离，变化过程中产生了互层混合物中镁离子和水的有序排列。当蛭石充分饱和后，其空间距离 d 为 14.8 Å，当加热到 70 ℃时，d 减小到 11.6 Å。所有互层中水在加热到 500 ℃时都可以被排除，但冷却时它可以迅速地再水化。加热到 700 ℃后，能够使蛭石永久性脱水，并使其坍塌而导致 d 减小到 9.02 Å。

4）绿泥石矿物（chlorite minerals）

绿泥石矿物的基面空间距离固定在 14 Å，原因是其互层中混合物具有很强的有序性。绿泥石通常具有清晰的 4 或 5 个基面反射序列。4.8 Å 的第三阶反射通常是很强的。富铁的绿泥石具有较弱的第一阶反射，但第二阶反射较强，所以可能与处理高岭石的情况产生混淆。事实上，当用 1 牛顿质量的 HCl（氯化氢或盐酸）处理绿泥石和高岭石，在加热到 600 ℃时，绿泥石会被破坏，而高岭石不受影响。当对它们进行加热处理，温度到达 600 ℃时，高岭石被破坏，而绿泥石可以不受影响。这些情况可以用于区分这两种黏土矿物。

7. 非黏土矿物的判别准则

表 3.6 列出了对一些非黏土矿物强 X 射线衍射的反射，这些非黏土矿物包括长石、石英和碳酸盐。Brindley 和 Brown（1980）针对特种氧化铁矿物、二氧化硅矿物、长石、碳酸盐和硫酸钙矿物给出了更多的细节描述和标准的参考文件。

8. X 射线衍射的定量分析

基于简单的比较衍射峰值高度或面积，定量地确定土中不同矿物的含量是具有不确定性的。这是因不同矿物不同的质量吸收系数、不同的颗粒定向性、不同样本的重量及其表面结构、不同的矿物结晶度、不同的水化程度和一些其他影响因素的不同所导致的。仅靠常用的 X 射线的数据所得到的估计，最多也就是一种半定量的方法。然而，在某些情况下，其他一些技术方法考虑到质量吸收特性的不同，以及利用已知的结构或测试所用的内部标准情况进行比较，可能会得到好的结果。土中如果仅有 2 或 3 种结晶很好的矿物成分，这种土比那些含有多种矿物成分和混合分层的土，进行成分分析要容易得多。Klug 和 Alexander（1974），Carroll（1970），Brindley 和 Brown（1980），Whittig 和 Allardice（1986），特别是 Moore 和 Reynolds（1997）给出了 X 射线衍射理论的更加详细的描述，可供参考。

3.12　矿物成分分析的其他方法

1. 差热分析

1）原理

差热分析（differential thermal analysis，DTA）：恒定加热速率（通常为 10 ℃/min）下在烘箱中同时加热试样和一个热惰性物质试样，直到 1 000 ℃，并且连续测量 2 个试样的温度。2 个试样的温度差反映了它们各自热作用的情况。基于水的蒸发或二氧化碳或氧气的进入使其重量改变，热重量分析也在某种程度上被使用。Tan 等人（1986）给出了差热分析技术的详细介绍。

热差分析的结果通常用土试样和热惰性物质试样之间的温差（ΔT）与烘干箱温度（T）的关系图表示，砂质黏土的热谱图如图 3.35 所示。实验结果分析方法是将试样的实验曲线和已知材料的标准曲线进行比较，由此可以解释每一种偏差。

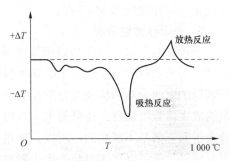

图 3.35　砂质黏土的热谱图（Mitchell，2005）

2）差热分析装置

差热分析装置通常包括：用陶瓷、镍或铂制成的试样容器，加热炉，提供常加热速率的温控仪，测量试样和热惰性物质试样温差的热电偶，热电偶输出的记录仪。要求试样的重量约为 1 g。虽然用于差热分析的温度是试样的唯一函数，但这种作用峰值的大小和形状还依赖于差热分析装置的制热情况和加热速率。

3）产生热峰值的反应

使热谱图产生峰值的重要热反应有以下几种。

（1）脱水反应。

土孔隙中除了自由水外，还有另外 3 种形态的水。① 吸附水或结合水，当温度为 100～300 ℃时，它可以被排除。② 层间水，如在埃洛石和膨胀的蒙脱石中。③ 以离子（OH^-）的形式存在的晶格水，它的去除称之为脱羟基。脱羟基反应会破坏矿物的结构。使大多数晶格水排出的温度，是确认矿物最合适的指标。脱水反应是吸热反应，它在温度为 500～1 000 ℃时出现。

（2）结晶反应。

新晶体可以由无定形材料或低温时老晶体的破坏而形成。结晶反应通常会伴随能量的损失，所以它是放热的，并且在温度为 800～1 000 ℃时发生。

（3）相变。

某些晶体结构在特定温度下会从一种形式变为另一种形式，并且其能量转换在热谱图中显示为一个峰值。例如，石英在 573 ℃时从 α 型可逆地变为 β 型。石英相变的这种峰值是尖锐的，并且其幅值与石英的存在量几乎成正比关系。石英的热反应峰值经常会被其他材料的热反应峰值所遮蔽，但可以将试样先冷却、再加热后得到的热谱图辨认出石英的热反应峰值。这是因为在初次升温过程中，其他矿物已经被破坏了，而石英的反应却是可逆的。

（4）放热氧化反应。

放热氧化反应包括：有机物的燃烧和 Fe^{2+} 氧化成为 Fe^{3+}。有机物在 250～450 ℃范围内发生氧化。

除了石英，土中唯一常见的非黏土矿物（并具有较大峰值的热反应）是碳酸盐和游离氧离子，如在三水铝石、水镁石和针铁石中。碳酸盐在 800～1 000 ℃时会产生很大的峰值，而游离氧离子在 250～450 ℃时具有峰值。Lambe（1952）给出了许多黏土矿物和非黏土矿物的热分析图。

4）定量分析

理论上讲，峰值反应的面积是试样存在矿物多少的一个度量。而幅值，尤其是尖锐、较大的峰值（如石英逆温过程在 573 ℃时的峰值，高岭石在 650 ℃时的吸热峰值）能够用于土成分的定量分析。然而，无论是幅值（或峰值）还是峰值反应的面积，都需要对实验装置进行校正，整体精度为 5%左右。

2. 光学显微镜分析

无论是双目显微镜还是岩相显微镜，它们都可以用于研究土的同一性、粒径、形状、组织结构和单颗粒的情况及粉土的聚集情况、砂土的粒径分布；也可以用于研究薄试样的组构，即颗粒的空间分布和构成成分的相互关系；还可以用于研究黏土颗粒群组的定向性。当显微镜的放大倍数增加时，视野的聚焦深度就会明显减少。因此，研究薄片试样时显微镜放大倍数大于数百倍是不现实的。所以，使用光学显微镜通常是不能区分黏土的每一个颗粒的。使用光学显微镜可以直接得到关于土颗粒的形状、组织结构、粒径、粉土和砂土的级配等方面信息，而不需要岩相技术方面的正规培训。在确认不同黏土矿物时，一些背景知识是需要的。Cady 等人（1986）给出了一些相对简单的准则，用它们可以确认出超过 80%的大多数粗粒土。这些准则基于下述一些因素，如颜色、折射率指数、双折射率、节理和颗粒形态、颗粒表面组织结构的性质、颗粒表面包裹–吸附的存在、分解层理等，对于解释土的历史和指导把控土颗粒的稳固性和持久性都有意义。

3. 电子显微镜分析

利用现代电子显微镜解决了观测距离小于 100 Å的问题，使得研究比较小的黏土颗粒成为可能。电磁波衍射对研究单颗粒行为也可能很有用。电磁波衍射类似于 X 射线衍射，只是用电磁波替代了 X 射线光波。而使用电子扫描电镜还可以观测到黏土细颗粒及土体破裂面。第 5 章将进一步讨论电子显微镜及其扫描电镜的应用。

3.13　土的矿物成分的定量分析

通过 X 射线衍射的定性分析和一些简单的实验一般可得出一种土中所存在的矿物成分，而更加精确的定量估计则需要更多的数据。一般来说，所需数据的数目等于实际存在矿物种类的数目。乙二醇吸附、离子置换容量、X 射线衍射、差热分析和化学实验等，所有这些数据都可以用于定量估计。黏土矿物的某些确认准则和参考值列在表 3.8 中。

表 3.8　黏土矿物鉴定准则总结—对黏土矿物鉴定的参考依据（Mitchell，2005）

黏土	X 射线 $d_{(001)}$	乙二醇/ (mg/g)	阳离子 交换容量/ (meq/100 g)	K_2O/%	DTA[①]
高岭石	7	16	3	0	500～600 ℃吸热峰尖锐[②] 900～975 ℃放热峰尖锐
脱水埃洛石	7	35	12	0	和高岭石相同，但 600 ℃峰坡比>2.5
水合埃洛石	10	60	12	0	和高岭石相同，但 600 ℃峰坡比>2.5
伊利石	10	60	25	8～10	500～650 ℃吸热峰宽 800～900 ℃吸热峰宽 950 ℃放热峰
蛭石	10～14	200	150	0	
蒙皂石	10～18	300	85	0	600～750 ℃吸热峰 900 ℃吸热峰
绿泥石	14[③]	30	40	0	950 ℃放热峰 610±10 ℃或 720±20 ℃吸热峰

注：① 对在同样相对湿度下制备的 100～300 ℃的黏土粒径（吸附水清除）的吸热峰按高岭土—伊利石—蒙皂石的次序增加。

② 对在 50%相对湿度时开始的试样，其 600 ℃峰幅/吸水峰幅远大于 1。

③ 热处理将会强化 14 Å 线和削弱 7 Å 线。

　　有机物、碳酸盐、游离氧离子及非黏土矿物的量被确定以后，黏土矿物的百分比是使用近似的乙二醇吸附、离子置换容量、K_2O 和差热分析数据进行估计的。而非黏土矿物和其丰富程度是通过显微镜、颗粒粒径分布分析、X 射线衍射分析和差热分析而确认和确定的。伊利石的含量是通过 K_2O 的含量进行估计的，因为这是唯一内含钾的黏土矿物。高岭石含量可以通过 600 ℃差热分析中吸热幅值而可靠地确定。如果通过 X 射线衍射分析已经得出了矿物成分有蒙脱石、绿泥石和蛭石，而做进一步的定量估计则可基于乙二醇吸附和离子置换容量的数据。为了描述黏土矿物，总的离子置换容量和乙二醇保有量测量值还必须考虑所存在的不同黏土矿物的贡献比例。

　　下面给一个简单示例。假定在一块黏土粒径小于 2 μm 的土中，已经确认出有石英、伊利石和蒙脱石，附加数据有：含有 4%的 K_2O、乙二醇保有量为 100 mg/g、阳离子置换容量为 35 mg/100 g。假定纯伊利石 K_2O 含量的平均值为 9%，伊利石的含量可估计为 4.0/9.0=44%，即为 44%。因为仅伊利石和蒙脱石对乙二醇保有量有贡献，则蒙脱石含量 S 估计为

$$0.44 \times 60 + S \times 300 = 100$$

$$S = \frac{100 - 26.4}{300} = 25\%$$

　　剩余 31%假定为石英和其他非黏土成分。而就黏土矿物成分而言，其理论阳离子置换容量可以参考表 3.8 给出的数值，由此就可以计算得到

$$0.44 \times 25 + 0.25 \times 85 = 11 + 21.25 = 32.25 (\text{meq}/100\text{g})$$

　　把计算值 32.25 与测量得到的值 35 进行比较，可知误差为 7.86%，误差不是很大。所以，

土的成分的体积分数（各成分体积的百分比）为：伊利石 44%，蒙脱石 25%，石英和非黏土 31%。

上述矿物成分定量分析的主要困难是不同土矿物参考值的不确定性。

对大多数工程问题，半定量方法已经足够了。这种方法可以按以下步骤进行：粉土和砂土的体积分数可以通过显微镜检测，并且非黏土矿物近似的比例关系也可以确定。粒径小于 2 μm 的黏土材料可以用粒径分布分析法估算。作为一阶近似，可以假定黏土矿物含量（指重量或质量）至少等于按该黏土粒径所给出的含量。这种假定是合理的，主要有下列原因：通过粒径分布分析可以发现，非黏土矿物主要是石英；对大多数土而言，黏土矿物含量是超过按该黏土粒径所给出的含量。而这最可能是由于较小黏土颗粒被黏结到粒径大于 2 μm 的集聚体中，但这部分质量被排除在该黏土粒径（小于 2 μm）所给出的含量以外。黏土部分中不同黏土矿物近似比例可以由每种矿物的 X 射线衍射的反射相对强度进行估计。有机物和碳酸盐，根据 3.11 节给出的实验方法会较容易地检测出来。

3.14 本 章 结 语

土矿物本身的性质很大程度上决定了土颗粒的大小、形状和表面特征，也决定了与液相的相互作用。这些因素联合在一起共同决定了土的塑性、膨胀、压缩、强度和传导行为。土矿物学是认识和理解土的这些行为和工程性质的基础，虽然许多岩土工程的勘察不做土矿物的测定，而是代之以其他特征，以反映土矿物的成分和工程特性，如土的液塑限和级配。

原子之间的联结键作用、晶体结构和表面特征决定了土颗粒的大小、形状及其稳定性，以及它与气相和液相的相互作用。不同矿物结构的稳定性控制着它们对风化的抵抗能力，所以也要部分地考虑在不同土中不同矿物的相对含量。

土颗粒内部矿物质的原子之间存在非常强的原子间的结合力（共价键、离子键和金属键）作用，而土颗粒之间存在相对较弱的分子间的结合力（范德瓦耳斯力和氢键）作用，这意味着颗粒本身抗剪切破坏的强度远大于其颗粒表面的黏结和剪切摩擦强度。因此土体的变形和破坏是由于颗粒之间的摩擦滑移引起的，而非颗粒本身的变形和破坏。当然，高压力时，粗颗粒如砂、石，有可能被压碎、破坏。

黏土矿物晶胞层之间的联结形式再加上颗粒表面吸附的性质决定了土的膨胀性质。在土与化学物质相互作用中，吸附与去吸附过程是很重要的。这种相互作用反过来也会影响不同物质和流体流经土体的流动与其衰减。土周围化学环境的变化会引起表面力的变化，这种表面力的变化可以改变土的结构状态。

土矿物学与土的工程性质和行为的关系，就像水泥、骨料、钢筋与混凝土结构的关系一样。这些工程材料，如土、水泥、钢材，其力学性质虽然可以通过直接测量而得到，但如果不考虑它们的内部结构，就难以解释它们为何具有这些性质。

随着社会的不断发展，环境问题，特别是城市的废弃物、有害物质和核废料的安全处置问题，污染场地的清理与防治，以及地下水的保护，已经成为岩土工程的主要问题。**这就要求岩土工程师们对土的组成和结构特征，以及与其相关的并在环境变化或极端环境条件下，控制土长期物理化学的性质给予极大关注。**只有增加这方面的知识，岩土工程师们才能处理好这些环境问题。

思 考 题

1. 试着描述土由小到大的微观结构的排列。

2. 试着描述层状硅酸盐矿物家族的一些典型结构。层状结构矿物的主要区别是什么？

3. 了解原子和分子的结构及其原子间的结合力、分子间的结合力、晶体结构和表面现象的知识有何意义。

4. 土颗粒的大小、形状及其稳定性和它与气相、液相的相互作用与什么相关？

5. 为何说颗粒本身抗剪切破坏的强度远大于其颗粒表面的黏结和剪切摩擦强度？

4 土–水物理化学的相互作用

土是一种三相体混合物。液相的物理–化学性质对土的工程性质具有重要影响。但在土的构成和性能（土质学）的研究中，重点一般放在土矿物学和土的固相结构上，而较少考虑液相的性质和作用。究其原因可能有以下两点。① 经典土力学建立在有效应力原理之上，该原理假定土的体积和强度是由土骨架承担的应力即有效应力决定的；而液相只是中性的，即对土的体积和强度没有直接的影响。② 我们对水太熟悉了，它的性质和行为都是常识性知识，而对土孔隙中水的行为，则很少主动去了解和做进一步深究。而实际情况却并非如此简单，由于液体和土颗粒表面都不是惰性体，它们可能会发生物理、化学或生物反应和作用，导致土孔隙中的水不同于宏观的江河湖海中的水。孔隙中液体和土颗粒之间必然会产生相互作用，在通常情况下，液体中的一些分子会强烈地吸附在土颗粒的表面，由此对土（尤其是黏土）的工程性质会产生重要影响。这种土–水相互作用将是本章讨论的重点。

土–水相互作用是由于土颗粒和液体在交界面处发生突变所导致的内力场不平衡的力所引起的。如果两个土颗粒相互离得很近，两个颗粒表面所产生的不平衡力场会相互重叠，并且影响土的行为。特别是当土颗粒很小，这些不平衡力比颗粒本身的重量还大时，对土的工程性质和行为影响更大。黏土颗粒由于其颗粒尺寸很小、独特的晶体结构和薄片形状，具有非常大的比表面积，因此这种不平衡力场的作用就会特别显著。

土颗粒之间各种形式的吸引和排斥力决定了黏土在悬浮液中的絮凝–反絮凝行为，以及具有常规孔隙比沉积黏土的体积和强度。土的絮凝–反絮凝行为及其发展过程，控制了土的组构的形成过程，而所形成的土的组构会极大地影响土的工程性质。所以，了解对絮凝–反絮凝行为有影响的因素具有重要的意义。另外，沉积后或结构形成过程完成后，土的内部结构和工程性质依然会发生变化，这很可能是由土中具有相互作用的物理化学力的变化所引起的。

胶体、表面作用及土的物理和化学理论将有助于理解土颗粒–水–电解质系统中各种相互作用及其结果。本章提供了相关的背景知识，以便于理解岩土工程中土体内部介观和微观尺度的这种相互作用。这些知识中很多是直接关于土的化学–物理–力学的耦合过程，其中介观和微观尺度的内部现象会影响到土的宏观力学性质和反应。

4.1 水与冰的内部结构

土中孔隙水的水分子是由 2 个氢原子和 1 个氧原子构成的极性分子。水分子中 1 个氧原子和 2 个氢原子呈 V 形排列，如图 4.1 所示。1 个氧原子有 6 个外层电子，2 个氢原子有 2 个电子，每个分子有 4 个电子对（8 个电子）。2 个氢质子和氧原子核在同一平面 HOH' 上，其夹角为 105°。氢原子上的 1 个电子和氧原子上的 1 个电子结合成 1 对，共 2 对分别在 c 和 c' 处（共 4 个电子），它们被吸向氧原子核一侧，并在 HOH' 平面内。氧原子的其余 2 对

（4 个）电子，一对在 a 处，另一对在 a' 处。其中 a 在 HOH' 平面之上，a' 在 HOH' 平面之下。它们和氧原子组成 aOa' 平面，并与 HOH' 平面成正交，其 aOa' 夹角为 102.2°。$HH'aa'$ 形成一个四面体，它可以解释水分子是具有空间极性状态的分子。这个模型对于理解水和冰的内部结构很有帮助。Pauling（1960）在讨论联结键能时指出，水的 H−O 键中大约 40% 为离子键，60% 为共价键。所以水的 H−O 键是具有方向性的，并且水分子具有很强的偶极性。

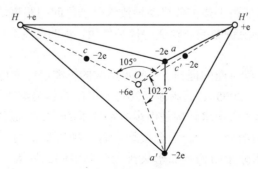

图 4.1　水分子模型示意图

　　水可以有很多的结晶形态。在某些范围的温度和压力下，13 个结晶形态中至少有 9 个可以被确认为是稳定的。在水和冰中，一个水分子四面体正电子角点处的正电子会吸引另一个水分子四面体的负电子角点处的负电子，这时，2 个氧原子会共享 1 个氢质子，由此会导致氢键形成，并且每一个水分子四面体的 4 个角点都倾向于联结相邻的 4 个水分子四面体。冰 I 型晶体结构在大气压和温度小于 0 ℃时，冰处于稳定晶态，并且会形成一种六边形网络结构，如图 4.2 所示。由此形成 3 个顶点在下（同一平面的 3 个角点在下方，图 4.2 中虚线圆）、3 个角点在上（同一平面的 3 个角点在上方，图 4.2 中实线圆）的晶体结构。冰的联结键能约为 19 kJ/mol。当冰接近熔点时，断裂和畸变的氢键数量会增加。这也说明了当温度增加时，在冰或土孔隙冰的融化过程中，冰或者土具有较低的强度和较高的蠕变速率（与未融化的冰相比）。在正常大气压和温度高于 0 ℃条件下，大量的氢键出现断裂和畸变（氢键畸变也会消减键能），冰结构中水分子的有序排列被打乱，冰会逐渐失去刚度，并逐渐转化为水。由于温度的升高，冰结构中 16% 的氢键断裂就可能引起冰的融化。

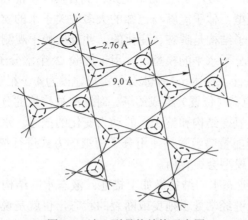

图 4.2　冰 I 型晶体结构示意图

　　当水处于液态时，水的四面体结构会变成局部的和瞬变的，但一些氢键和结构会保留下来。目前，人们还没有完全搞清楚水的结构，但可以肯定的是，水的结构中存在某种键力，它会阻碍远处水分子的接近和成键联结，否则每一个水分子会有 12 个配位的水分子围绕它，此时水的密度将高达 1.84 g/cm³。使氢键断裂所需的能量也说明了水具有较高的熔点、沸点、熔化热、汽化热、比热、介电常数、黏滞性，这也说明了水结构中存在氢键联结。

当冰融化时，水的体积会减少 9%（密度增加），这是由于每一个水分子获得了多于 4 个周围水分子的配位数（虽然由于热扩散扰动导致水分子之间的距离增加到 0.29 nm）。在大气压力和温度为 0~4 ℃时，氢键断裂和畸变起控制作用，水的密度会继续增加，到 4 ℃时密度最大，为 1 g/cm³。

基于已有的物理和化学方面的证据，一些水结构的模型已经提出，Eisenberg 和 Kauzman（1969）、Mitchell 和 Soga（2005）、高国瑞（2013）提出的相关综述如下。

（1）混合模型。该模型假定水结构是由少数水分子的种类构成的混合物，其中有氢键联结的分子群和无氢键联结的分子群。混合模型中有一种模型认为，水分子结构中氢键联结分子群的存在可以解释水分子结构更加密集排列受到限制的原因。无氢键联结的分子群可以进入到有氢键联结的水分子晶格结构的空隙中，由此可以说明自由水比冰态水体积小而密度大的原因，但无法解释自由水的情况。通常温度升高会使无氢键联结的水分子的浓度增加。

（2）畸变氢键模型。假定大多数氢键会产生畸变而不是断裂。由于氢键的畸变会允许某些周围第二层次和第三层次的水分子进入第一层次的中心区域，导致周围分子数大于 4。

（3）随机网络模型。随机网络模型是在畸变氢键模型的基础上发展起来的。氢键的畸变会产生一种环状网络结构，而不是像冰中有序的晶格结构。假定许多氢键的畸变的环状网络结构具有 5 个水分子，原因是具有 5 个水分子的环的 H−O−H V 形角度接近 108°，而其他具有 4 个、6 个、7 个甚至更多的水分子环状结构，根据 Bernal 理论，在非晶体、不规则结构中，由于几何的原因，具有 5 个水分子环的排列结构可能是一个规则。这种结构不可能在结晶固体中存在，因为这种 5 个水分子环的排列结构是不能形成规则的、可重复的晶格形式。这就准确地说明了液体所处状态的原因，一种物质能够区分为固态或液态，取决于它是否具有规则的结构。水不具有规则晶格结构。

Eisenberg 和 Kauzman（1969）给出的结论是：混合模型不能得到数据的支持，但畸变氢键模型（包括随机网络模型）似乎能够与已知的大多数关于水的实验结果相一致。不论水结构模型的细节如何，水分子结构是瞬态、变化的，并且依赖于观测它的时间尺度。

已经提出了水不同的分子水平的模型，并用于检验 2 个水分子之间的相互作用，Güven（1992）对其中一些模型进行了综述。一个水分子可以建模为 4 个相互作用的场组成的单位——1 个氧、2 个氢和 1 个负电荷（位置）组成的场。对这些被模拟的分子之间的相互作用的分析会很合理地给出其能量、氢键结构和整个水的动力变化的描述。水的分子粒子、反离子和黏土的相互作用是采用一套能量势函数并使用分子模拟的方式进行描述的，在计算土−水系统平衡的热动力性能时这些模型会很有用。

Stillinger（1980）对液态水的结构做如下描述：液态水的结构由具有宏观联结的氢键随机网络构成，网络中的氢键经常处于拖曳或断裂的状态，也就是说它的网络形态不断地发生改变。水的属性取决于水分子相对松散的不同联结方式的竞争，进而形成局部的结构形态，这种局部的结构形态的形成是通过强键联结和如何趋近四面体的角度来刻画的，或具有更加紧密的局部排列形态（密度增加），它以更强的拖曳和氢键断裂为特征。

4.2 水中溶解离子的影响

由于水分子电荷的不均匀分布和偶极性特征，水分子被吸引到离子的周围，并产生离子水化。阳离子吸引水分子四面体中带负电子的角点，而阴离子吸引水分子四面体中带正电子的角点。当水分子从其正常的结构中移到一个离子的水化层的位置中时，具有水化水所需要的能量小于没有水化的正常水所需要的能量。并不是所有的离子都会产生水化，虽然土中一般阳离子会产生水化。

无论离子是否产生水化，它们都会破坏水的常规结构。那些溶解于水中没有水化的离子仍然会占据一定的空间；而那些水化的离子仅吸引那些在水分子四面体角点处具有相反电性的电荷，并使之定向排列，如图 4.3 中的 A 和 B 区所示。反之，在具有常规结构的水中，具有正、负电荷的水分子四面体角点会交互排列，不会产生定向性，如图 4.3 所示。

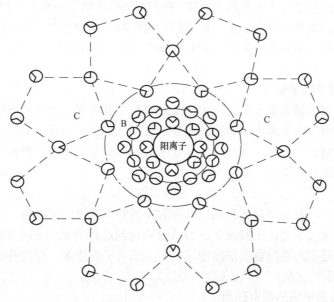

A—水分子固定区；B—影响区；C—正常结构的水。

图 4.3 阳离子-水相互作用假想图

在图 4.3 中，中心 A 区是不可移动区或固定区（水化层），在水化层内由于离子吸引力场的作用，极性水分子被强迫定向排列，其四面体负角点朝向阳离子。该层内水的密度大、动能小、活性差。A 区的外层是 B 区，而 B 区的外层是 C 区。C 区是具有正常结构的水，它会受一些离子场极化的影响，但不会影响其流动，正、负电荷四面体的角点会交互排列和吸引，不像在 A 和 B 水的结构排列具有定向性。B 区是过渡区，在 B 区，水的结构也被破坏。B 区受离子引力场的影响要高于 C 区，但低于 A 区。水的密度（B 区）比水化层（A 区）低、比正常结构的水（C 区）要高，B 区水分子活动性比 A 区高、比 C 区要低。Sposito（1984）给出了关于单价或二价阳离子周围 A 区水分子的数量和特征的更加详细的讨论，此处不再赘述。土的实际情况要比上述阳离子与水分子相互作用的模型和水化模型复杂得多。有一些关于势函数可以用于描述阳离子与水分子的相互作用及水化作用的讨论可以参考 Güven，Ohtaki 和 Radnai 发表的文献。

4.3 土颗粒表面吸附作用的机理

土中微颗粒具有很强的吸湿能力，即土矿物颗粒会把水分或液体吸附到其表面上。颗粒越细小，这种吸附能力越强。即使大气中相对湿度较低，较为干燥的土也会将大气中的水分吸引到其颗粒表面上。这种吸附作用来自水和土颗粒的相互作用。Mitchell 和 Soga（2005）、高国瑞（2013）给出了吸附作用的一些可能机理，如下所述。

1. 氢键联结

黏土矿物表面由硅氧四面体底部的氧或铝氧八面体底部的羟基组成，氧会吸引水分子四面体具有正电荷的角点，而羟基会吸引水分子四面体具有负电荷的角点，如图 4.4（a）和图 4.4（b）所示，并形成很强的氢键。

土颗粒表面氢键的形成会改变正常水中电子的分布，因此很容易使得已经联结成键的水分子在同层或外面一层水分子中形成附加键。键的方向性能将导致水分子四面体的重新排列，并随着与颗粒表面距离的增加，这种表面作用场的影响、水的黏滞性和密度也随之减小；而具有正常结构水的场的影响则会随着与颗粒表面距离的增加而增强。这就是水中阳离子周围的水化现象。

2. 可交换阳离子的水化

因为黏土颗粒表面带有负电荷，阳离子会被吸引到其表面，而这种吸附在土颗粒表面的阳离子也会将其周围的水化水带到颗粒表面处，如图 4.4（b）所示。当然，土颗粒表面的水化作用也取决于阳离子的存在，并且在低含水率时特别重要。关于这种被吸引到颗粒表面的阳离子水化水的详细讨论将在后面给出。

3. 渗透吸引

阳离子的浓度会随着与带负电荷颗粒表面的距离的不断接近而增加，如图 4.4（c）所示。而离子浓度通常也需要平衡，一般有 2 种方式可以达到这种平衡。一种方式是阳离子的向外扩散；另一种方式是水向颗粒表面的渗透，以减少阳离子的浓度，而这种水也会受到阳离子的影响和作用，并发生水化。

4. 黏土颗粒表面电场的吸引作用

黏土颗粒表面具有负电荷产生的电场，电场强度与其表面的距离成反比关系，即距离颗粒表面越近，其强度越大。在这种电场的影响下，极性水分子将定向排列，即水分子正极指向颗粒表面，定向的程度会随着电场强度的减弱而变小，如图 4.4（d）所示。然而，当处于2 个平行黏土片的中间位置时，水分子结构定向排列可能会被打乱，这是由于中间部位的水分子受到同等强度的吸引作用，其水分子的极性相互调整的结果。Ingles 指出，黏土中的阳离子如铝离子，因具有较高的水化数和能量，水会被强烈地吸引到其颗粒表面附近，并进入颗粒表面和阳离子之间，而将阳离子挤到平行黏土片表面的中间位置，如图 4.4（d）所示。同样的排列情况也可以在离子水化过程中出现。在干黏土中，吸附的阳离子占据了颗粒表面的空缺位置，水化过程中阳离子周围分布着水化水，并转移到黏土片层之间的中间区域。

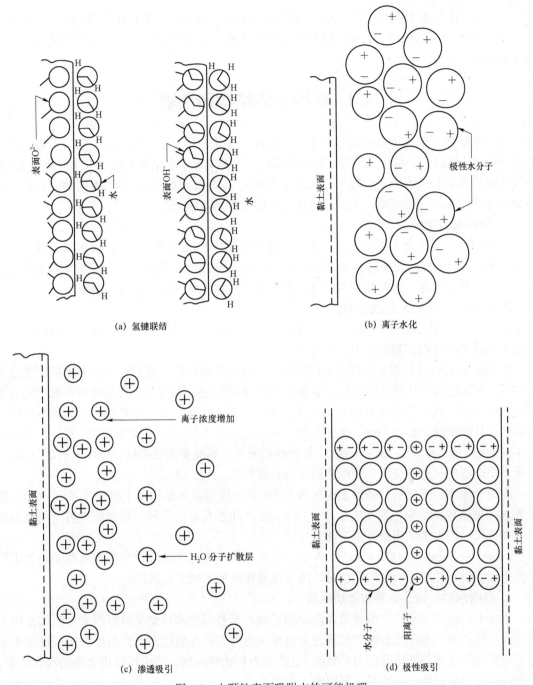

图 4.4　土颗粒表面吸附水的可能机理

5. 范德瓦耳斯力作用

范德瓦耳斯力会将水分子吸引到土颗粒表面。黏土颗粒表面的范德瓦耳斯力主要是诱导力和色散力（参见 3.2.3 节）。这种范德瓦耳斯力是无方向性的，因此所形成的水结构会更加紧凑，其流动性也比氢键结构的流动性更好。

6. 毛细凝聚和吸水作用

黏土中通常存在不同尺度和形状差别非常大的孔隙，孔隙内充填着液体和气体。当饱和度低于100%时，在微细孔隙中的水–气界面上具有张力作用，并施加在周围颗粒上，使颗粒之间产生集聚和吸引作用。另外，这种张力对孔隙水也具有吸引作用。通常孔隙越小，这种吸水能力越大。

4.4 吸附水的结构和性质

为了更好地理解和定量描述岩土工程中出现的现象，如土中的渗流、扩散、冻融、蠕变和应力松弛、强度、膨胀和固结等，掌握孔隙水性质的知识是非常重要的。通常不同的土–水相互作用机理会导致水分子表现出不同结构和排列，并且：这种水分子的不同的结构和排列将会赋予孔隙水不同的性质。下面讨论吸附水的一些基本性质。

1. 吸附水的密度

当土颗粒表面的含水率少于 3 层水分子厚度的水（1 nm 厚的水层），其水的密度大于正常水的密度；当土颗粒表面的含水率较大时，其水的密度则相对较小。所以当含水率很低（仅有几层分子厚度）时，水的结构和密度可能不同于在相同区域而接近饱和的水。

2. 吸附水结构的 X 射线研究

Anderson 和 Hoekstra（1965）利用 X 射线研究吸附水，结果指出，颗粒表面的吸附水是刚性的和具有冰结构的假说是不成立的。

Ravina 和 Low（1972）发现当某些蒙脱土的含水率增加时，它们晶格中 b 维度的值也会增加（土内部结构和体积也会变化和增加）。处于干燥状态的蒙脱土，其晶格中 b 维度值的不同是由于同晶替代的差异所引起的，并且会导致硅四面体产生顺时针和逆时针的微小旋转。当膨胀过程完成时，$b=0.9$ nm。无论如何，水的结构在土的膨胀过程结束时，它与正常的水在能量上是平衡的。当 $b<0.9$ nm 时，其水结构所具有的能量水平要低于自由水的能量水平，能量不平衡必然会产生变化，否则膨胀不会自发产生。

土中含水率的变化会伴随着 b 值的改变（土颗粒内部晶体结构发生改变）。由于水和土都优先选择自己内部结构作为发展趋势，当土–水之间相互吸引，每一相都会对另一相施加影响，并使自己的内部结构也发生变化。

Lahay 和 Bresler（1973）指出，b 值随着含水率的变化而改变的情况也可能是由于阳离子渗透到蒙脱石硅表层六角形空位时，因其渗透作用的不同所导致的。

3. 吸附水的扩散、黏滞和流动性质

土中水的流动速率、扩散系数及流动和扩散的活性能的测试结果可以用来推断黏土中水结构的具体细节。然而其数据的解释通常需要假定考虑流经的迂回曲折程度。测试过程中土的组构和化学环境的变化及细菌的繁殖、电的动力和化学的耦合效应可能也会影响测试结果，并有时会使得测试数据的解释出现困难。

分析地下水的流动、渗流和固结，通常采用达西（Darcy）渗流定律：$q=k\cdot i\cdot A$。其中，q 为渗流速率，i 为水力梯度。按照达西定律，渗流速率 q 与水力梯度 i 成正比关系。然而，当土中水具有特殊结构时，它就会拥有非牛顿流的性质，或者如果它具有特殊高的黏性，或在颗粒表面附近存在结晶过程，这些都会使水的流动偏离达西渗流定律的正比关系。Olsen（1965，1969），Gray 和 Mitchell（1967），Miller 等（1969）给出的证据表明，在饱和土中渗流是符合达西渗流定律的，然而，土中细颗粒的迁移、电动力的影响、化学浓度梯度可以使土中渗流明显偏离达西渗流定律。

Christenson 等人（1987）对云母表面薄水层进行了实验测量并指出，水会保持其整体黏性直到最后的分子层。扩散、湿化热和核磁共振的测试使 Fripiat 等人（1984）得到以下结论：黏土胶粒和悬液中的水可划分为 2 相，即 a 相和 b 相。a 相是孔隙中的自由水，b 相是一层具有 1~3 个分子厚、靠近颗粒表面并直接受到颗粒表面力场影响的水。a 相水的扩散系数与纯水相同。

4. 吸附水的介电和磁性

材料的介电性质取决于其分子极化的难易程度。而介电损失和致使介电损失的频率依赖于分子键间的联结形式和强度。由此，水的介电常数的测定结果可以用于推断水的结构。Sposito（1989）测得的介电常数，对于吸附水是 2~50，而对于整体水是 80，即测得的土−水系统的介电常数低于正常水的介电常数。

核磁共振的数据证实了吸附水的存在，并且吸附水的结构与冰的结构是不同的，吸引作用的机理也不同于简单的极性吸引。

5. 吸附水的过冷冻结和过热蒸发现象

土中水可以表现出过冷和冻结温度点降低的现象。过冷是水的温度低于正常的冻结温度而没有开始出现冻结的现象。冻结温度点降低是指液体通常的冻结温度出现降低的情况。

吸附水的结构不会和冰的结构完全相同，否则就不会表现出过冷和冻结温度点降低的现象。过冷和冻结温度点降低的现象是由于其水分子结构相对于正常水分子结构的有序性不同造成的。这是因为，其分子结构有序排列越少，它排列为冰结构就越困难，也需要更多的能量使其冻结。

同样吸附水还存在过热和汽化温度点升高的现象。过热是水的温度高于正常的汽化温度而没有开始出现汽化的现象。汽化温度点升高是指液体通常的汽化温度出现升高的情况。吸附水会产生过热和汽化温度点升高，这也是由于吸附水的结构不同于普通水的结构所导致的，即它们的有序性不同的结果。

6. 孔隙水的热动力学研究

气相的吸湿和湿化热的量测及其自由能变化的量测已经用于评价土中水的热动力学性质。这些量测结果可以提供当水的热动力学状态发生变化时系统所具有的不同热力学特性的信息，但却难以提供发生这种变化的相应的机理方面的专门信息。

湿化吸热可以使用 Clausius-Clapeyron 方程进行描述：

$$\ln\frac{p_2}{p_1}=\frac{\Delta\overline{H}}{R}\frac{T_2-T_1}{T_2T_1} \tag{4.1}$$

式中，p_1 和 p_2 是当含水率不变时土中温度为 T_1 和 T_2 时处于平衡状态的蒸汽压力，R 为气体常数，$\Delta\overline{H}$ 是从蒸汽中吸收转变为水的热力学焓的变化量。

平衡状态时，土中孔隙水的偏摩尔自由能和孔隙气的偏摩尔自由能是相等的。吸收过程中偏摩尔自由能 F 的变化量可以表示为

$$\Delta\overline{F}=\Delta\overline{H}-T\Delta\overline{S} \tag{4.2}$$

式中，$\overline{F}$ 为孔隙水或孔隙气的偏摩尔自由能，T 为温度，$\overline{H}$ 为热力学焓，$\overline{S}$ 为热力学熵。

当 $\Delta\overline{F}=0$ 时，有

$$\Delta\overline{H}=T\Delta\overline{S} \tag{4.3}$$

在热力学中，熵是分子随机性的度量，所以熵反映了水分子从气态变化为吸附水状态时

水分子无序状态的变化。由孔隙中水蒸气吸附转变为孔隙吸附水的焓 $\bar{H}$ 大于冷凝为纯水的焓。通过式（4.3）可以知道：如果孔隙中水蒸气吸附转变为孔隙吸附水时偏摩尔熵的减少要比冷凝为纯水时大，这说明吸附水的分子排列比纯水更加有序。但这种情况并没有通过实验而得到一致的验证，还需要更深入地从多方面进行考察和检验。

湿化过程中热的测量（由于液体浸润黏土导致释放热量）结果表明，在土颗粒表面吸附的第一层或第二层水分子层中会有大量的能量释放出来，但不久后，在所形成的、最靠近土颗粒表面的几层水中，这种能量就几乎变为零了。另外，可交换的离子也会影响这种热能的释放量。

Oster 和 Low 对土–水系统的比热值进行了测量，结果表明：当土的含水率很低时，其比热约为 4.6 J/g；而当土的含水率增高时，其比热会降低，在含水率较高时比热接近 4.2 J/g。另外，有证据指出（Oster et al.，1964），土在扰动后孔隙水的热能会随着其静止时间的延长而增加。这种情况也与扰动后的土在触变过程中随着时间的延长其湿张力会增加（孔隙压力减小）所具有的现象相一致。这种现象使自由能和水结构随时间而变化，反映了土–水系统作为新的静止平衡条件得到发展和形成。由于湿张力依赖于整个土–水系统的自由能，因此已观测到土的触变硬化和组构变化的数据，不能作为水的结构发生变化的证据。不论怎样，似乎有理由预测：机械扰动能够使土系统中水的结构状态发生变化。

7. 吸附水的红外线和中子衍射研究

Low 和 White（1970）利用红外光谱仪测试，结果表明，土中吸附水的氢键联结作用要比自由水的氢键联结作用弱。氢键联结作用弱并不意味着水结构的无序性就高，这样的数据也不意味着在吸附水中就比正常水中氢键联结的数量少，也许会产生更多的氢键联结。

Powell 等人（1997）利用中子衍射仪对蒙脱土的层间水和自由水进行了比较研究，结果是土中与颗粒最近的水分子的构型不同于自由水四面体的构型（在 4.1 节中有描述）。

8. 吸附水定量分析的一些结果

Low（1994）给出了土的 3 种性质与水膜厚度的关系，如图 4.5 所示。其中分析参数 k_i = 7.22×10^{-8}，-0.807×10^{-8}，-13.68×10^{-8} g/cm^2（图中 3 种不同性质土的 k_i）；水的密度 ρ_w = 1.0 g/cm^3，3 种性质均取同一值；t 是水膜厚度。图 4.5 中 1、2、3 分别表示上述土的 3 种不同性质的情况。图 4.5 中的曲线是回归曲线，这就隐含着土–水相互作用不依赖于颗粒具体、局部的表面特征，而是被分析土体的平均情况。

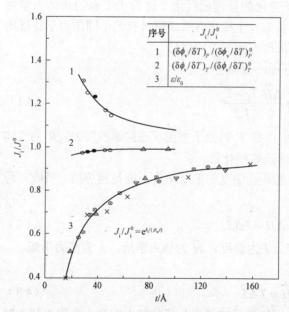

序号	J_i/J_i^0
1	$(\delta\phi_v/\delta T)_P/(\delta\phi_v/\delta T)_P^0$
2	$(\delta\phi_v/\delta T)_T/(\delta\phi_v/\delta T)_T^0$
3	$\varepsilon/\varepsilon_0$

$$J_i/J_i^0 = e^{k_i/(\rho_w t)}$$

图 4.5　土的 3 种性质与水膜厚度的关系（Low，1987）

图 4.5 表明，当水的厚度超过 100 Å（10 nm）时，上面两种土的性质会超出图示范围，但从发展趋势看，会接近正常水的性质。Low（1994）根据上述数据进一步推测，对土的性质有影响的厚度至少是 3.5 nm。也就是说，当蒙脱土中颗粒表面平均水膜的厚度在 3.5～10 nm 范围内变化时，其对吸附水的热、压缩和光谱性质的变化具有重要影响。具有高塑性的土（该土的比表面积较大），它的孔隙水会有非常

大的部分被颗粒表面所影响，进而影响其工程性质。例如，当黏土的颗粒比表面积为 $100 \ m^2/g$ 时，则当含水率为 100%时，其平均水膜厚度 t 大约为 10 nm。由此可见，在 3.5～10 nm 范围内，其工程性质会明显地受到表面相互作用的影响。另外，较多粗颗粒的级配或低塑性黏土，其受到表面作用影响的孔隙水比例较小。例如，对于具有颗粒比表面积为 $20 \ m^2/g$ 的土，当含水率为 40%时，其平均水膜厚度 t 大约为 20 nm。因此，当更多比例的孔隙水与颗粒表面的距离超过颗粒表面力影响的距离或范围时，颗粒的表面作用影响较小。

根据土颗粒表面和水的相互作用所引起的水结构的变化，至少可以部分地说明黏土的膨胀、高膨胀压力和膨胀土的高膨胀现象。膨胀土可以通过蒙脱黏土矿物具有很高的比表面积和相对低的含水率对其性质进行描述和刻画，并由此可知它的平均水膜的厚度在其颗粒表面力的影响范围内。

9. 吸附水的结构和性质小结

（1）黏土中水的体积经常等于或大于固相材料的体积。

（2）水分子中的电子按四面体的几何形状分布，其中氢质子在四面体的 2 个角点上。所以具有氢键联结的不同分子构型集结在一起，并可以形成多种水的结构。

（3）我们知道冰的结构，但水的结构还没有完全搞清楚。有一些模型可以表示自由水的能量、氢键结构和动力学的性质。

（4）溶解的离子会扰乱水的结构。已有一些势函数可以用来描述离子和水分子的相互作用。

（5）水被强烈地吸附到土颗粒的表面，并且所产生的相互作用可以影响距离颗粒表面几纳米的水的性质。距离硅矿物颗粒表面大约 1.0 nm 的水层（3 层水分子层的厚度）被非常强烈地吸附在颗粒表面（Sposito，1984，1989），并且具有不同于正常水的结构。

（6）吸附水的结构既不同于冰的结构，也不同于正常水的结构。

（7）吸附水表现出过冷和冻结温度点降低的性质。

（8）土中颗粒表面吸附的过程会释放能量。

（9）土中水的湿张力增加依赖于时间的发展，这已经通过土−水系统机械扰动后水静态结构的观察而得到证实。

（10）水和土颗粒表面的相互作用会引起土颗粒晶格 b 维方向的变化，这会引起吸附过程中土和水的结构均发生相互调整。

（11）吸附水的热动力学、水动力学和光谱性质与颗粒表面的距离呈 e 指数变化，这种表面作用的效果在 10 nm 范围内是明显的并且是可以证实的。这一范围的吸附水，相应于纯蒙脱土在充分膨胀后其含水率大约为 800%，而相应于高岭土在充分膨胀后其含水率大约为 15%。

（12）没有证据表明常见土中吸附水的达西渗流定律会失效，从实用的目的看，可以认为吸附水的黏滞性和扩散性是近似相同的。

当土含水率较低时，低饱和度水结构的特征与高饱和度或饱和时的情况有很大差异。当土含水率很低时，阳离子和颗粒表面均会吸附水分子，两者之间存在激烈竞争。被强烈吸引到颗粒表面的水分子排列具有较高的无序性和较高的侧向流动性是合理的结论。

高含水率时，阳离子（至少某些种类的阳离子）会从颗粒表面向外扩散。如果假定具有随机网络水结构是存在的，则可能会发展一种网络结构，使其既适合于黏土表层情况，又体现吸附离子的作用。由于表面作用和阳离子作用会影响到所形成的水的网络结构的性质，可以预料其键强度和热动力学性质将不同于普通水的情况。颗粒表面的水层结构逐渐变化为无界面作用的自由水，这种假定似乎是合理的。

4.5 土–水–电解质系统

即使水可以湿化黏土或吸附在土颗粒表面，黏土还是由憎水和憎液的胶质组成的，而不是由亲水和亲液的胶质组成的。而憎水胶质是很小的固体颗粒的液体分散系，它呈现 3 种情况，即：① 具有很大表面面积的两相系统；② 其性质受表面力控制；③ 能够絮凝赋存有少量盐分。土–水–电解质系统满足这 3 种情况。

4.6 土–水系统中离子的分布

通常阳离子会非常紧密地吸附在具有负电荷的土颗粒表面。那些被黏土颗粒表面负电荷或其他阴离子电中性化后多出的阳离子，将以盐份沉淀物形式析出。当有水存在时，这些沉淀物将成为溶液。由于靠近颗粒表面的浓度较高，为使整个孔隙中液体的浓度平衡，阳离子会向远离颗粒表面且浓度低的方向扩散。然而这种扩散受到颗粒表面外侧的负电场及阳离子周围局部电场的约束。这种向外逸散的趋势是由于扩散和静电吸引联合作用所引起的，并导致悬液在单个土颗粒周围形成了离子分布，这种情况可以用图 4.6 理想化表示。这种阳离子分布可以与大气中气体分子的扩散现象作类比。大气中由浓度引起的向外逸散的气体分子会受到地球重力的约束作用，并最后形成相应的气体分布。被颗粒表面形成的负电场力所排斥的阴离子的分布也在图 4.6 中给出。

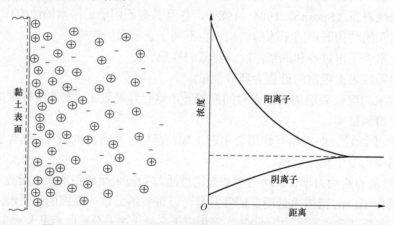

图 4.6　根据双电层概念确定的颗粒表面附近离子分布的情况

带电的颗粒表面和与其相连的液相中电场的分布，它们一起被称为扩散双电层。颗粒表面既可以带负电也可以带正电，而在液相也形成了与之相匹配（相反）的电场。通常黏土颗粒表面带负电荷，而仅在具有破键的土颗粒表面才存在正电荷。已经提出的一些理论可用于定量描述这种离子分布。Gouy（1910）和 Chapman（1913）分别提出的离子分布理论是引用最多的。后来，Derjaguin 和 Landau（1941）及 Verwey 和 Overbeek（1948）拓展了 Gouy-Chapman 理论，可以用于分析胶质颗粒的排斥能量和颗粒之间的相互作用力，并可以预测胶质悬液的稳定性。这种理论现在通常被称为 DLVO（4 个人名的第一个字母的组合）理论。这种理论结果已经用于描述黏土颗粒和黏土颗粒集聚体周围的电场分布，并用于描述实际土的情况。但仅仅当蒙脱土颗粒在单价电解质溶液中并具有很低浓度（少于 $100\ mol/m^3$ 或 0.001 摩尔单位）时（Sposito，1989），所形成的离子分布的情况才可以得到合理描述。然而这些理论对于理解土体内物理-化学作用，集聚、絮凝、反絮凝、分散作用及土结构形成过程中它们的关系、黏土的压缩和膨胀等具有重要意义。

4.7　扩散双电层理论基础

假定土颗粒表面为平面或球面，关于其扩散双电层的数学模型已经建立起来。针对片状黏土颗粒，平面（一维的情况）假定是合理的。下面给出这一理论的一些其他理想化的假定。

（1）双电层中离子是点电荷，并且离子之间没有相互作用。

（2）土颗粒表面的电荷是均匀分布的。

（3）土颗粒表面是平面，并且其长度比双电层厚度大很多倍（这是一维成立的条件）。

（4）土颗粒表面附近液体的电解常数（电解常数是描述分子在电场中被极化和被定向的难易程度的一种度量）与其位置是无关的。

土颗粒表面附近液体中第 i 种离子浓度（离子数/m³）n_i（当处于平衡时）可以用 Boltzmann 方程描述：

$$n_i = n_{i0} \exp\left(\frac{E_{i0} - E_i}{kT}\right) \tag{4.4}$$

式中，下标 0 表示距离颗粒表面较远处液体的参考状态，E 为势能，T 是温度（单位为 K），k 为 Boltzmann 常量（每分子的气体常数）（1.38×10^{-23} J·K⁻¹）。

电场中一个离子的势能为

$$E_i = v_i e \Psi \tag{4.5}$$

式中，v_i 为离子价，e 为电子电荷（1.602×10^{-19} C），Ψ 为该点的电位能，它是电场中单位正电荷从参考点到指定点所做的功。图 4.7 给出了电位能 Ψ 随颗粒表面距离而变化的曲线。黏土中 Ψ 值是负的，因为颗粒表面电荷是负的。颗粒表面的位能为 Ψ_0，$E_0 = 0$，这是因为距离颗粒表面较远时 $\Psi = 0$。所以 Boltzmann 方程式（4.4）变为

$$n_i = n_{i0} \exp\left(\frac{-v_i e \Psi}{kT}\right) \tag{4.6}$$

图 4.8 给出了离子浓度随电位能变化曲线。

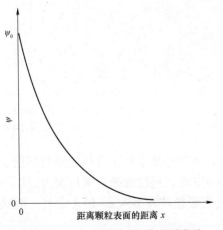

图 4.7　电位能 Ψ 随表面距离衰减曲线

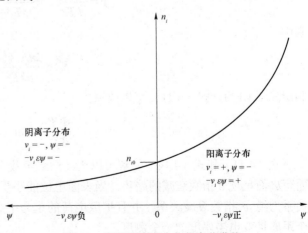

图 4.8　离子浓度随电位能变化曲线

泊松方程是关于位能、电荷和距离关系的数学表达式，其一维方程为

$$\frac{\mathrm{d}^2\Psi}{\mathrm{d}x^2} = \frac{-\rho}{\varepsilon} \tag{4.7}$$

式中，x 为距离颗粒表面的距离（m），ρ 为电荷密度（C/m³），ε 为液体的静态介电常数 [C²/（J·m）]。其中扩散层的电荷密度取决于离子数目，它可以表示为

$$\rho = e\sum v_i n_i \tag{4.8}$$

式中，n_i 为单位体积第 i 种离子的数目。将式（4.6）代入式（4.8），得到

$$\rho = e\sum\left[v_i n_{i0}\exp\left(\frac{-v_i e\Psi}{kT}\right)\right] \tag{4.9}$$

将式（4.9）代入式（4.7），得到

$$\frac{\mathrm{d}^2\Psi}{\mathrm{d}x^2} = -\frac{e}{\varepsilon}\sum\left[v_i n_{i0}\exp\left(\frac{-v_i e\Psi}{kT}\right)\right] \tag{4.10}$$

式（4.10）是颗粒具有平面表面的邻近液体的双电层控制微分方程。其解可以提供其电位能与离子浓度随着与颗粒表面的距离而变化的函数关系。对于一个等价阳离子和一个阴离子的情况，$i=2$，$n_0^+ = n_0^- = n_0$，$v^+ = -v^- = v$，则式（4.10）简化为

$$\frac{\mathrm{d}^2\Psi}{\mathrm{d}x^2} = \frac{2en_0 v}{\varepsilon}\sinh\frac{ve\Psi}{kT} \tag{4.11}$$

黏土颗粒表面的作用是通过其表面常电荷密度刻画的，而其常电荷密度取决于黏土结构中不平衡的同晶置换的数量，它正比于阳离子置换能力/比表面积。许多胶质液体的扩散双电层受到其颗粒表面电位能的控制，并且取决于液体中具有确定电位能的离子浓度。**液体中离子的浓度及其化合价会对扩散双电层的厚度具有明显的影响。**黏土颗粒表面处液体扩散层之所以具有上述情况是由于液体中的离子控制了黏土矿物八面体片中氧化铝的分解量。上面给出的方程仅适用于土颗粒表面为平面的情况（片状和线状的土颗粒）。

1. 单面扩散双电层

扩散双电层控制微分方程的解通常是用量纲一的量表示的，为便于应用无量纲量，采用 y, z, ξ，它们可以表示为

$$y = \frac{ve\Psi}{kT}, z = \frac{ve\Psi_0}{kT}, \xi = Kx \tag{4.12}$$

其中

$$K^2 = \frac{2n_0 e^2 v^2}{\varepsilon kT} \tag{4.13}$$

利用式（4.12），式（4.11）可以改写为

$$\frac{\mathrm{d}^2\Psi}{\mathrm{d}\xi^2} = \sinh y \tag{4.14}$$

式（4.11）和式（4.14）的解可以用 e 指数函数表示，并粗略地描述了电位能随与颗粒表面距离而呈现 e 指数衰减的趋势。当表面电位能小于 25 mV 时，电位能随与颗粒表面距离的关系为纯 e 指数衰减关系，并且扩散电荷的重力中心是在距颗粒表面为 $x=1/K$ 之处，而这个距离是双电层厚度的一个测度。

$$x = 1/K = 1 / \sqrt{\frac{2n_0 e^2 v^2}{\varepsilon kT}} \tag{4.15}$$

根据式（4.15），x 值仅依赖于分解的盐分和液相的特性。然而，距颗粒表面任何距离处实际液体的浓度和电位能还依赖于颗粒表面的电荷、表面势能、颗粒表面比、溶解离子的相互作用等，而这些又依赖于土的类型和孔隙液体的具体情况。

双电层电荷可用下式分析：

$$\sigma = \int_0^\infty \rho \mathrm{d}x \tag{4.16}$$

其中 ρ 的表达式见式（4.9），其解为

$$\sigma = \sqrt{8n_0 \varepsilon kT} \sinh \frac{z}{2} \tag{4.17}$$

当 $\varPsi_0$ 较小时，式（4.17）简化为

$$\sigma = \varepsilon k \varPsi_0 \tag{4.18}$$

单面扩散双电层理论不能表示大多数土系统的实际情况，因为实际的扩散层是很多个颗粒产生的（单个颗粒的）单面扩散双电层相互重叠的结果。然而，上述理论对于理解液体成分的变化和其扩散层中浓度的变化是非常有用的，这些和黏土悬液的性质相关，这将在后面讨论。

2. 双电层之间的相互作用

具有相互作用的 2 个平行的土颗粒外表平面，当它们距离为 $2d$ 时，其电位能和电荷分布可以用图 4.9 表示。在中间平面的势函数中，$y = ve\varPsi/(kT)$，用 u 表示，并根据边界条件可以对式（4.16）求解。当相互作用较小时（Kd 值较大），即两平面的距离很大、很高的 n 或 v 值、较小的 $\varPsi_0$ 值，则中间平面上的位势函数接近于其距为 d 的 2 个单平面的双电层位势函数的叠加。中间平面上的离子浓度可以用 Boltzmann 表示：

$$n^- = n_0 \exp(u), \quad n^+ = n_0 \exp(-u) \tag{4.19}$$

相同符号的颗粒表面电荷产生的相互重叠的双电层电场会使颗粒之间产生斥力作用，这需要引起注意，并需要考察典型的细颗粒黏土中双电层的厚度及其间具体的相互作用情况。根据式（4.15）中 x 作为双电层的厚度，则含有单价阳离子浓度 0.1 M 的溶液中，其双电层厚度为 1 nm；而当浓度为 0.001 M 的溶液中，其双电层厚度增加到 10 nm。当水均匀地分布在土颗粒表面时，水层的厚度等于 2 个颗粒之间一半的距离，或用 d 表示，如图 4.9 所示。水层厚度 d 可以用含水率/颗粒比表面积计算。基于此，如果含水率为 50%，土颗粒比表面积为 50~300 m²/g，则得到 d 值为 1.7~10.0 nm。这一范围正是相互作用较为重要的距离范围。事实上，多数情况因颗粒表面不平行，会导致颗粒间的距离较小，并且颗粒之间存在其他诸力的作用（包括物理–化学作用），可能会减小扩散双电层相互作用的影响。

上面讨论的是单价阳离子的双电层情况，但实际上，土颗粒表面附近溶液中既有单价阳离子也有二价阳离子。即使是同样的溶液中，其单价阳离子浓度远高于二价阳离子浓度，而一旦接近颗粒表面，二价阳离子浓度会远高于单价阳离子浓度。

本节内容对于理解长程力控制的絮凝和散凝过程、土的膨胀性及离子交换的某些方面都是很有帮助的。

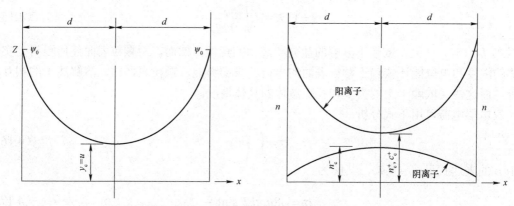

图 4.9　相互作用双电层势能和电荷分布

4.8　系统变量对扩散双电层的影响

人们已经认识到，接近颗粒表面的溶液中离子浓度和电位能分布对以下因素的变化是敏感的，这些因素有：颗粒表面电荷密度 σ、颗粒表面电位能 Ψ_0、电解质浓度 n_0、阳离子化合价 v、介质的介电常数 D 和温度 T。其中 n_0, v, D, T 的影响可以利用式（4.15）进行近似度量和估计，该式可以进一步表示为

$$x = 1/K = \sqrt{\frac{\varepsilon_0 DkT}{2n_0 e^2 v^2}} \tag{4.20}$$

这一关系表明，双电层厚度随着阳离子化合价和浓度、电解质浓度、温度等的平方根而可逆地变化（其他因素保持不变）。

虽然颗粒之间长程范围的斥力依赖于相关的双电层电场的相互重叠和相互作用量的大小，但系统成分变化对这种斥力可能的影响可以利用式（4.20）近似估计。通常扩散双电层越厚，则悬液中黏土颗粒趋向于越少的絮凝，并可能使膨胀土产生更高的膨胀力。

1. 电解质浓度的影响

式（4.20）已经给出了扩散双电层有效厚度 x 与土孔隙溶液浓度的关系。当增加溶液中电解质浓度时，会使具有常电荷的土颗粒表面的电位能减小，并且电位能会随着与颗粒表面距离的增加而更加迅速地衰减，扩散层也变得越薄。具有 2 个土颗粒平行平面和相互作用的中间平面上，在给定它们粒间距时其溶液的浓度和电位势会随着整个溶液浓度的增加而减小，颗粒之间的相互排斥力也会减小。这种情况的实际结果是孔隙溶液中电解质浓度增加会促进悬浮颗粒形成絮凝结构。另一个结果是，基于土扩散层中的相互作用，可以给出土产生膨胀的一种说明，即随着这种相互作用的减小，与之相关的膨胀量和膨胀压力也减小。所以，土的膨胀性依赖于或至少部分依赖于孔隙溶液中电解质的浓度。

2. 阳离子化合价的影响

当溶液浓度和颗粒表面常电荷都相同时，溶液中阳离子化合价的不同，既会降低表面位能，也会减小双电层的厚度。化合价对扩散双电层厚度的影响是较大的，这可以从 $x = 1/K \propto 1/v$ 中看到。化合价的增加会抑制具有 2 个平行土颗粒平面具有相互作用之间中间平面上的电解质浓度和电位能，并且导致其间排斥力降低。

多价阳离子会被优先吸附,这有很好的实验证据。这意味着,即使将相对少量的 2 价或 3 价阳离子加入到土–水–单价电解质系统中,也会对扩散层中的相互作用和其物理性质产生明显的影响。事实上,多价阳离子通常会限制片状黏粒分离的距离,并且在应用 Gouy-Chapman 方程和 DLVO 理论分析双电层时,多价阳离子将施加强烈的限制和影响。

3. 介电常数的影响

土孔隙中液体的介电常数 $\varepsilon = \varepsilon_0 D$,介电常数会影响表面位能和扩散层厚度。当颗粒表面为常电荷时,表面位能函数随着 D 的减小而增加,并满足下式:

$$\sinh\frac{z}{2} = \sigma\sqrt{8n_0\varepsilon_0 DkT} \qquad (4.21)$$

该式来自式(4.17)。

介电常数与双电层厚度的关系为

$$x = 1 / K \propto D^{1/2}$$

所以若用乙醇作电解质,则扩散层厚度的影响系数降为 0.55(水为 1.0)。

土孔隙中的液体通常是水,详细地考虑电解常数的影响一般意义不大。但在特殊情况时,例如,当土孔隙液体中部分是油、溶剂或其他有机化学剂时,它们的电解质常数(特别是无水相液体)通常比水的电解质常数低很多。

4. 温度的影响

由式(4.21)和式(4.20)可以看到,当保持其他所有因素不变时,温度的升高会引起扩散层厚度的增加和常电荷颗粒表面位能的减小。另外,温度的升高也会导致电解质常数的降低,这是由于当温度升高时,增加的能量被用于去极化流体中的分子。温度变化对水的电解常数的影响可以用表 4.1 表示。

表 4.1　温度变化对水的电解常数的影响(**Mitchell et al.,　2005**)

$T/℃$	T/K	D	DT
0	273	88	$2.40×10^4$
20	293	80	$2.34×10^4$
25	298	78.5	$2.34×10^4$
60	333	66	$2.20×10^4$

伴随着温度的变化,而 DT 的变化很小,这说明温度对扩散层厚度的影响不大。

4.9　Gouy-Chapman 扩散双电层模型的局限性

扩散双电层模型为土颗粒附近的离子分布情况提供了有用的知识,它可以对与之相关的某些方面,如絮凝和反絮凝、膨胀过程及理想条件下孔隙流体成分发生变化的影响做出合理的预测。然而,很多情况下这种预测具有很大的离散性,这是由于该理论没有考虑一些有影响的因素,如 pH、离子尺寸、颗粒的相互干扰,一些有影响的力被忽略了。另外,实际情况偏离了理想化的假定。DLVO 模型是 Gouy-Chapman 模型的拓展,它能够对具有单价离子的细颗粒黏土的自由膨胀给出合理的预测结果。DLVO 模型针对其他黏土也有一些有限的定量的成功预测。

Güven（1992）指出了以下一些不切实际的假定。

（1）离子忽略了其尺寸大小，假定为点电荷。

（2）水的结构和水分子的电性质没有考虑。孔隙水的电解常数假定为与自由水相同。

（3）土颗粒表面的电荷假定为沿表面均匀分布，实际上其电荷沿颗粒表面分布是有局部不同的，并且其电荷来自四面体或八面体的同晶置换，这种不同置换的电荷会对位势场产生不同的影响。

（4）离子和土颗粒表面的水合（化）作用被忽略。

（5）基于 Boltzmann 方程给出的离子分布，会在颗粒表面给出不实际的高浓度。

尽管 2 个颗粒距离很近（有相互作用），该理论还假定抗衡离子和离子分布相同。此外，没有考虑可能存在的库仑引力，这将在后面讨论。

1. 离子的尺寸和类型

阳离子的水化半径决定了它们可能的最大浓度。某些阳离子的水化半径见表 4.2。

表 4.2　某些阳离子的水化半径

离子	水化半径/nm
Li^+	0.73～1.00
Na^+	0.56～0.79
K^+	0.38～0.53
NH^+	0.54
Rb^+	0.36～0.51
Cs^+	0.36～0.50
Mg^{2+}	1.08
Ca^{2+}	0.96
Sr^{2+}	0.96
Ba^{2+}	0.88

Stern（1924），Carnie 和 Torrie（1984）考虑了确定的离子尺寸。Stern 层靠近颗粒表面并充满了相互靠近的抗平衡离子，它在扩散层的内侧并紧邻扩散层，而扩散层向外延伸到自由溶液中。基于 Stern 理论，van Olphen（1977）建立了一组方程可以用于描述单面双电层或双面具有相互作用的双电层。这组方程可用于计算每一层的电荷和它们界面处的位势。

通过 4 个黏土（平均颗粒尺寸大约为 0.5 μm，pH＝10）凝聚速率的测试结果，Stern 层中位势可以被推导出来（Novich et al.，1984）。所得到的具体数值如下：高岭土，−42.7 mV；伊利土，−40.7 mV；蒙脱土，−21.2 mV；坡缕石，66.9 mV。这些值明显小于通过计算得到的表面位势值（计算结果中没有考虑 Stern 层的作用）。然而，这些值却和其他研究的结果一致，这说明大约 75%扩散层的离子存在于距颗粒表面大约 10 nm 的范围内（Sposito，1989）。另一个系列的实验是使用了 4 种技术、3 种蒙脱土（Low，1987），发现了几乎所有的抗平衡离子都在 Stern 层中。Low（1992）得到以下结论：颗粒表面外侧可置换的阳离子很少会被分离，扩散层也很小并且没有很好地发展，而黏土膨胀首先是由于颗粒表面的水合（化）作用。

扩散双电层模型没有考虑在同价阳离子中其吸附选择的差异。Sposito（1989）给出 3 种阳离子吸附到硅酸盐颗粒表面的机理（图 4.10）。① **内球阳离子机理**，该种阳离子处在硅酸盐颗粒表面的六边形孔洞中，并且在该阳离子与颗粒表面之间没有水分子。内球阳离子牵涉到离子和同价联结及它被紧密地限制在六边形孔洞中。② **外球阳离子机理**，该种阳离子溶解和吸附在带静电的颗粒表面。③ **扩散离子机理**，它是在颗粒表面外侧扩散层中的离子。实际可置换的离子是那些在扩散的离子群中和外球合成物中的离子。

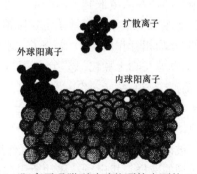

图 4.10　阳离子吸附到硅酸盐颗粒表面的 3 种机理

Güven（1992）给出了离子和位势与表面距离的关系模型，如图 4.11 所示，图 4.11 中 α 面与土颗粒表面之间的区域是水分子偶极化区，内球阳离子可以在这一区域。图 4.11 中 β 面是水化的抗平衡离子与颗粒表面最接近的平面，D 平面是扩散层起始的平面，$1/K$ 平面是扩散区域内位势已经降到了 Ψ_0/e 的平面，ζ 平面是滑动面（剪切面）。当胶体颗粒受外力作用移动时，与颗粒一起移动的一层表面水称为固化水，而液体中颗粒表面固化水与非固化水的界面，称为滑动面。

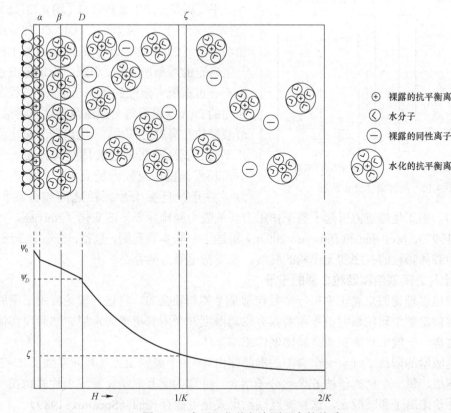

图 4.11　离子和位势与表面距离的关系

Sposito（1992）指出，对钠蒙脱石颗粒，在低浓度（<100 mol/m³）溶液并具有 1:1 电解质中，当扩散离子群接近其颗粒基平面时，修正的 Gouy-Chapman 模型提供了一个合理的模型。但该模型即使在浓度低到 5 mol/m³，也不能较为准确地描述电解质溶液含有 2 价离子的情况。

计算模拟提供了更好地确定实际情况的可能性，Güven（1992）给出了如下结论，即必须考虑的 10 项相互作用：① 水分子与水分子；② 平衡离子与平衡离子；③ 共离子与共离子；④ 黏土颗粒与黏土颗粒；⑤ 水分子与平衡离子；⑥ 水分子与共离子；⑦ 水分子与黏土颗粒；⑧ 平衡离子与共离子；⑨ 平衡离子与黏土；⑩ 共离子与黏土。某一系统中总的相互作用势能等于各组分的相互作用能量的总合。Güven（1992）基于 Monte Carlo 和分子动力学的计算机模拟，对其模拟中的发现做了以下总结。将数百个颗粒放置在一个有限尺度的盒子中，颗粒的坐标被确定，并且颗粒之间的相互作用是用其位势定义的。Monte Carlo 模拟包括盒子中所有颗粒构型的取样、找出颗粒移动所引起的位能的变化。最稳定的构型，其位能最小。在分子动力学模拟中，盒子中颗粒的运动方程通过数值方法解出，其构型和在液体中颗粒的动力行为被确定。这 2 种方法能够更好地描述土–水相互作用的细节，并能帮助理解土颗粒之间的相互作用。

2. 离子的重新分布

在早期就已经注意到，所有颗粒间分离的扩散双电层模型中均假定其粒间作用力是排斥力。然而这种模型和其假定受到了 McBride（1997），McBride and Baveye（2002a，2002b）等人的挑战。基于 Langmuir（1938）的工作，粒间基本作用力的不同表述被提了出来，即提出了粒间作用力为吸力的理论（Sogami et al.，1984；Smalley，1990），并使用 Monte Carlo 技术对比进行了模拟研究。当 2 个黏土颗粒聚合时，平衡离子会产生重新分布 [图4.12（b）]，而这种粒间作用力（吸力）在 DLVO 理论中是不加考虑的 [图 4.12（a）]。粒间吸力作用模型被一些确定的观测所支持，观测中稳定分散系中颗粒不必占据所有溶液的体积，而基于长程范围排斥力的 DLVO 模型将会预测得到这一溶液体积。溶液颗粒在分散过程中，一些趋向于聚集的颗粒并不会占据所有扩散层液体空间。在一个系统中，长程范围库仑吸力受到水化和渗透力的阻力，并且一旦黏土片颗粒之间被分离得更远

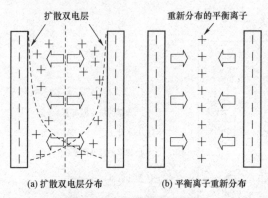

（a）扩散双电层分布　　（b）平衡离子重新分布

图4.12　两种离子分布情况

（10～30 Å），则正是渗透力引起了整个作用力（从吸力到排斥力）的变化（Norrish，1954）。McBride（1997），McBride 和 Baveye（2002a）综述了一些实验观测，包括：分散、渗透膨胀、稀盐溶液中胶体颗粒的有序和无序相的转换，都支持电吸力的存在。

3. 黏土片之间联结和颗粒之间的干涉

扩散双电层理论假定黏土中每一个颗粒都是个体和独立的，将这一理论应用于蒙脱土颗粒时，通常假定整个颗粒表面被覆盖着具有均匀厚度并吸附着离子的水层。然而现实情况通常却不是这样，一般土片堆积成类晶团聚体或准晶体。

当钙是吸附的阳离子时，一个典型的准晶体由 4～7 个蒙脱土片（其间穿插了 2～3 层水分子层）组成。每一个钙离子被 6 个水分子溶合，并作为交互联结使蒙脱土片联结在一起。对于任何 2 价阳离子和蒙脱土，这种交互联结形式是可能存在的（Sposito，1989）。

从光散射、中子散射和其他一些实验得到的证据已经清楚地表明，当存在单价阳离子时

准晶体会形成。单价阳离子系统的每一准晶体中的晶片数量都是从 1 到 2 排列，并按锂、钠、钾的顺序而增加。

就非膨胀黏土而言，如高岭土和伊利土，它们与上述情况有所不同。这些矿物的颗粒比蒙脱土颗粒要厚很多，直到多层片状土颗粒可以到达几百层的晶胞厚度。土的片状颗粒的厚度比其扩散层的厚度还要厚。所以，在这些矿物的悬液中，其颗粒的重力是非常重要的；并且在沉积过程中，除了扩散层的相互作用影响外，颗粒之间的物理干涉也是重要的。

4. pH 的影响

OH⁻暴露在黏土颗粒表面和颗粒边缘处。水中 OH⁻具有分离的趋向：

$$SiOH \xrightarrow{H_2O} SiO^- + H^+$$

pH 会强烈地影响这一分离。根据定义，$pH = -lg_c(H^+)$。pH $<$ 7 是酸性的（高 H⁺ 浓度），pH $>$ 7 是碱性的（低 H⁺ 浓度）。pH 越高，则 H⁺ 从 OH⁻分离到溶液中的趋势就越大，颗粒有效负电荷作用也越大。因此，八面体具有 1:1 层型矿物的面，如高岭石，边缘为 OH⁻的 1:1 和 1:2 层型的黏土矿物都会受 pH 影响。

另外，暴露在黏土颗粒边缘处的氧化铝是两性的，低 pH 时它的离子化作用表现为正电性，而高 pH 时它的离子化作用表现为负电性。结果导致在酸性环境中，某些黏土颗粒边缘处能够发展起正电的扩散层。这种扩散层是一种常表面势的形式，与常表面负电荷形式不同的是，正电的扩散层具有控制势能的 H⁺。

表面势和溶液的 pH 相关，所以 pH 对黏土悬液的行为具有重要的影响，特别是当黏土为高岭石时。低 pH 会促进带正电的边缘与负电荷表面相互作用，通常会导致悬浮颗粒形成絮凝状黏土结构。而在黏土颗粒溶液中，当 pH 较高时，易于形成稳定的悬浮或扩散液体。就具有小的厚度与长度比的黏土矿物而言（如蒙脱石矿物），当黏土矿物边缘为 OH⁻时，其贡献是小于所有颗粒的负电子的贡献。pH 对黏土-水系统的行为具有重要的影响，但其定量关系目前还没有很好地建立。

5. 阴离子的吸附

某些类型的阴离子可以被吸附到颗粒的边缘或表面（可以变为颗粒组成的一部分），因此增加了颗粒的负电性。一些负电子自由基，如磷酸盐、砷酸盐、硼酸盐，具有和硅四面体同样的尺寸和几何形状，所以它们是同一类。特别是磷酸盐会被颗粒强烈地吸附，它的化合物就是土悬液中一种有效的反絮凝剂。阴离子被吸附到颗粒表面或边缘，增加了颗粒的负电性，防止土悬液中颗粒的边—面絮凝结构形成。Sposito（1989）对阴离子吸附的表面化学的某些细节进行了讨论。关于黏土片基面上是否有阴离子置换点，人们知道的很少（虽然 OH⁻的置换是它存在的一种可能的机制）。

4.10 能量和斥力

DLVO 理论可用于计算具有相互作用的扩散双电层之间的势能和电荷分布及具有颗粒平行平面的单位面积的静电排斥力。排斥能量 V_R 由下式给出：

$$V_R = 2(F_d - F_\infty) \tag{4.22}$$

式中，F_d 是颗粒平行平面距离为 $2d$ 时扩散层单位面积的自由能，F_∞ 是单个平面没有相互作用双电层的自由能。

虽然具有负电荷的黏土颗粒周围的阳离子可以自由地重新分布，但它们不太可能离开周围颗粒形成的空间，原因是它们与颗粒要保持电中性。孔隙自由水中由于其浓度高而产生的渗透压力的作用，会使自由的水分子移动到浓度低的其他颗粒孔隙中，以减少孔隙水的浓度。这种单位面积的排斥力等于平衡溶液中不同位置的渗透压力的差值。这种渗透压力差直接取决于两个位置中离子数目差，即

$$p \propto n_c^+ + n_c^- - (n_0^+ + n_0^-)$$

所以，利用方程式（4.19），可以得到

$$p \propto n_0 e^u - n_0 + n_0 e^{-u} - n_0 = 2n_0[\cosh(u) - 1]$$

由上式可以建立以下方程：

$$p = 2n_0 kT[\cosh(u) - 1] \tag{4.23}$$

式（4.23）适用于颗粒表面是常电荷和常势面的情况，其中 u 要根据适当的条件计算。这一方程已经被用于分析和描述黏土膨胀和黏土膨胀压力的物理化学性质。

4.11 长 程 引 力

往复变化的偶极键或范德瓦耳斯力作用在物质的所有基本结构层之间，并使胶体颗粒之间产生引力。

Casimir 和 Polder（1948）假定相互作用是可以叠加的，他们将成对分子之间的吸引能量理论扩展到平行平面之间。Mitchell 等人（2005）给出以下平行平面之间吸引能量 V_A 的计算公式：

$$V_A = -\frac{A}{48\pi}\left[\frac{1}{d^2} + \frac{1}{(d+\delta)^2} - \frac{1}{(d+\delta/2)^2}\right] \tag{4.24}$$

式中，d 是两平行平面中一个平面上的某一点到另一平面之距离的一半，δ 是土片颗粒的厚度，A 是 Hamaker 常数，就黏土的胶粒来说，它在 2×10^{-20} J 数量级附近，并且具有很大的不确定性。范德瓦耳斯力是一种电磁力，而瞬时的电力矩是频率相关的。所以，Casimir-Polder 理论不是一种精确的理论，但对于土颗粒的距离小于 100 nm（1 000 Å）的情况，这一理论是一种良好的近似，此种情况已经包括岩土工程实际应用中感兴趣的范围。

根据 Casimir-Polder 和 Lifshitz 理论，吸引力依赖于土颗粒之间的距离：

$$F_1 \propto \frac{Ak}{d^3} \qquad \text{Casimir} - \text{Polder理论}$$

$$F_2 \propto \frac{Bk'}{d^4} \qquad \text{Lifshitz理论}$$

其中，A，B，k，k'是常数，B 是经推导得到的常数，它在 10^{-28} J/m 数量级范围内。Black 等人（1960）给出了平行石英片间每平方厘米上的引力为

$$F_2 \propto \frac{C}{d_\mu^4} \quad \text{dyn}/\text{cm}^2$$

其中，d_μ 是平行石英片间的距离（μm），C 的实验测试值、Lifshitz 理论值如下。

实验测试：　　　$C = 1.0\times10^{-3} \sim 2.0\times10^{-3}$；

Lifshitz 理论值：$C = 0.6\times10^{-3} \sim 1.6\times10^{-3}$。

根据一般理论，土孔隙中存在的吸引力依赖于其中流体介质的介电常数。当土的强度部分依赖于土颗粒之间的吸引力时，则可以预料其强度也会受到孔隙液体的电解常数的影响。图 4.13 给出了高岭土不排水强度与孔隙水电解常数的关系曲线。针对每一种实验情况，试样都被放在水中进行初始固结，然后用具有水溶性的孔隙液体进行浸滤。对于上述每一种实验情况，这一过程所形成的用于每一实验的

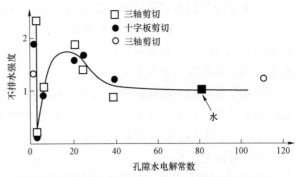

图 4.13　高岭土不排水强度与孔隙水电解常数的关系曲线

试样基本具有相同的组构（fabric）。实验数据所确定的关系与 Lifshitz 理论的预测具有很好的一致性（Moore et al.，1974）。

前面介绍的静电吸引力理论可以作为 DLVO 理论的又一种选择或替代理论，用于描述土-水系统中范德瓦耳斯力，但这一理论似乎增加了关于范德瓦耳斯力实际大小的不确定性。

4.12　相互作用的净能量

将扩散层排斥力能量关系和范德瓦耳斯力能量关系结合在一起，可以得到相互作用净能量与颗粒距离的函数曲线，如图 4.14 所示。排斥能量对孔隙液体的电解质浓度 n_0、阳离子化合价 v、介电常数 D 和 pH 的变化较敏感，而理论上范德瓦耳斯力能量对介电常数 D 和温度 T 的变化较为敏感。

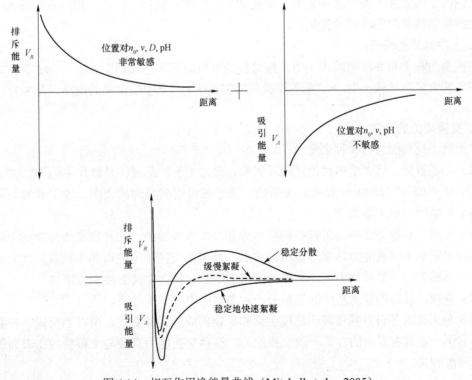

图 4.14　相互作用净能量曲线（Mitchell et al.，2005）

如果相互作用净能量曲线处在排斥能量区域的较高位置的上边界，则悬液中的细颗粒不易相互接近，悬液是稳定的。如果没有排斥能量，叠加后的总净能量（参见图 4.14 下面的图）最小的曲线就给出了其表示，此时悬液中的细颗粒容易相互接近并产生絮凝，细颗粒的絮凝或集聚体会从悬液中沉积下来。

相互作用净能量曲线的特征对土的颗粒排列及土体的沉降、固结的稳定性和细颗粒土击实的稳定性都具有重大影响。土系统发生化学变化，它会转而引起相互作用净能量曲线的变化。另外，如果土被扰动或承受水流的作用，土的化学变化也会对其后续行为产生重要影响，这将在后面讨论。

事实上，除了双电层排斥力和范德瓦耳斯力外，还有一些重要的颗粒之间的相互作用力（这些都是内部作用力），如颗粒之间 Born 静电斥力、颗粒表面作用和水合作用、胶结作用、毛细作用等。所以应该建立一个能综合考虑所有重要影响因素的模型，但 DLVO 模型是发展土悬液的颗粒相互作用和其稳定性的基础。

4.13　阳离子交换

在黏土–水–电解质系统中，阳离子的类型和数量对双电层的相互作用及土的性质具有重要影响，相互作用的变化又会使土的物理和化学性质发生变化。在给定环境条件（如温度、压力、pH、水的化学和生物构成）下，层状土会吸收特定种类和数量的阳离子。吸附的阳离子数量通常会与颗粒电荷缺少的数量相平衡。当环境条件发生变化时，作为这种变化的反应，阳离子的置换反应就会出现，这些反应包括部分置换或所有的某种类型的吸附离子被另外一种类型的离子所置换。虽然这种置换反应通常不会影响土颗粒的结构，但却可能导致土的物理或物理化学性质产生重要的变化。

1. 土中常见的离子

在残留沉积土和非海相沉积土中，最常见的吸附阳离子是 Ca^{2+}、Mg^{2+}、Na^+、K^+。在海相沉积土和大多数盐碱土中，Na^+ 是主要吸附的阳离子。而土中最常见的阴离子是 SO_4^{2-}、Cl^-、PO_4^{3-} 和 NO_3^-。

2. 交换能力的来源

黏土离子交换能力有 3 种来源。

（1）同晶置换。第 3 章中讨论过同晶置换。最常见的同晶置换是硅片中的 Si^{4+} 被 Al^{3+} 置换、八面体中的 Al^{3+} 被 Mg^{2+} 置换。平衡的阳离子被吸附到节理的表面。除了高岭石矿物，这是黏土交换能力的主要来源。

（2）断键。断键的交换场地是在颗粒边缘和非节理表面处，它是高岭土交换能力的主要来源，并对蒙脱土交换能力具有近 20% 的贡献。断键的交换场地随着黏土颗粒尺寸的减小而增加。在断键处，一侧带负电荷，另外一侧带正电荷，将会使其交换能力增加。

（3）替换。暴露的氢氧基中的氢被另一种类型的阳离子所替换。

这 3 种来源的各自贡献依赖于环境因素和矿物构成因素的变化，所以当给定一种黏土矿物时，它不一定具有固定的、单一的交换能力，这种交换能力直接与土颗粒的比表面积和表面电荷密度相关。

3. 黏土矿物的置换能力

阳离子置换能力，即可置换电子数，通常为 $1 \sim 150$ meq/100 g。表 3.5 给出了不同类型土的离子置换能力的范围，这些值代表了可置换离子的数量，这些离子很容易被浸入的溶液中的溶解的、具有比吸附离子更高置换能量的离子所替换。黏土颗粒中离子所具有的置换形式在图 4.10 已经给出了说明。

4. 离子的置换能力

一种类型的离子可以被另一种类型的离子置换。例如，Ca^{2+}可以被 Na^+ 置换，Na^+也可以被 Ca^{2+} 置换，Fe^{3+}可以被 Mg^{2+} 置换等，这种置换依赖于具体的条件。**置换的难易程度主要依赖于其化合价、不同类型离子的相对量和离子的尺寸。**通常高价离子与带电的黏土颗粒间的吸引能力大，所以离子化合价高，其置换能力也就大。而化合价相同的水化离子随着其尺寸的增大，其置换能力却减小。离子的电场强度与所带负电荷数量成正比，与其半径平方成反比，所以小离子会吸引大量水分子在其周围，形成较厚的水化膜，因此其水化的离子半径（有效半径）会较大。例如，Ca^{2+} 和 Mg^{2+} 的离子半径分别为 1.06 Å 和 0.78 Å，而水化半径却是 10.0 Å 和 13.3 Å，因此 Ca^{2+} 的置换能力大于 Mg^{2+}。另外，等价的、三价的离子比二价离子联结得更紧密些，而二价离子比单价离子联结得更紧密些。通常尺寸比较小的离子趋向于置换尺寸大的离子。典型的置换次序为

$$Na^+ < Li^+ < K^+ < Rb^+ < Cs^+ < Mg^{2+} < Ca^{2+} < Ba^{2+} < Cu^{2+} < Al^{3+} < Fe^{3+} < Th^{4+}$$

然而，也可能出现置换能量高的离子被置换能量低的离子所替换，如 Al^{3+} 被 Na^+ 所置换。这主要是因溶液中质量浓度的作用所导致的，如溶液中具有置换能量低的离子浓度高于具有置换能量高的离子浓度，就可能会产生这种情况。

5. 置换速率

置换速率依赖于土的种类、溶液浓度、温度等。通常高岭石的置换反应几乎是瞬时完成的，伊利石需要几小时，这是由于有一小部分置换空间是在基本结构层之间。蒙脱石需要更长的时间，这是由于大部分置换空间是在基本结构层之间。

6. 具有吸附离子的复合物的稳定性

在有水分存在的环境中，通常会发生离子置换反应。即使水分很少，黏土也可以从微小浓度的不可溶物质的溶液中吸附离子。在铁管中存放了很久的黏土样的变化就是一个例子。这一变化过程包含了黏土矿物对铁离子的吸附，这种吸附的铁离子是溶液与铁管壁发生作用，并经渗流带来的铁离子。原因是黏土不可能很快移动铁离子，它是经铁管壁而持续不断地通过微渗流带来含铁离子溶液。经过几周或几个月的持续微渗流，结果是与铁管接触的土样发生了变化，它不再是从现场取回的土样了。不锈钢管、黄铜管或塑料管经常被用来保存土样，以减少这种腐蚀，但经过长时间存放，这些方法通常也不是十分有效。

有人尝试用加氢土，即土中添加了氢离子，但并没有成功。加氢后更可能得到含有二价或三价离子的土，而不是单价离子的土。原因是，添加氢后的土样，经过一段时间，铝离子会从八面体晶格的位置移开，并且置换了土样中的氢离子，最后形成含铝土。

在具有混合离子系统中，黏土颗粒表面对不同离子的选择性还依赖于温度。例如，Bischoff 等人（1970）的研究表明，海洋沉积黏土的孔隙水的组分会随着在海洋底部的温度 5 ℃到实验室的温度 22.5 ℃的变化而变化。自由孔隙水中钾和氯的浓度会分别增加 13%和 1.4%，而镁和钙的浓度会分别减少 2.4%和 4.9%。在复杂的置换过程中，这些组分比例必然朝相反的

方向变化。另一个例子是，海洋沉积土的孔隙水中硅浓度，当温度加热到 20 ℃（高于现场温度），则增加 51%，而 pH 略有增加（Fanning et al.，1971）。应该使实验具有现场的温度，并在保持现场条件下测得具有代表性的实验值。

4.14　阳离子置换的理论

研究和发展一般性的、可应用的、定量的描述平衡浓度和离子置换速率的理论是困难的，原因是系统太复杂及其所包含的变量太多。目前，可以应用质量守恒定律、运动学、双电层理论和分子动力学解释阳离子的置换。某些土和土化学方面的文献，包括 Townsend（1984）、Laudelout（1987）、McBride（1989）、Sposito（1989），采用了热动力学和物理化学处理阳离子的置换问题。

就同价的混合阳离子而言，在双电层中反离子浓度比不同于平衡溶液中的情况，原因是不同离子的尺寸和相互作用能量是不同的。这些不同确定了可置换系列中单价阳离子的不同位置。

当系统含有单价和二价阳离子时，在吸附层中二价阳离子对单价阳离子的比值远高于其在平衡溶液中的比值。Gapon 方程可以用于估计单价阳离子与二价阳离子的比值（高酸性土除外）。假定下角标 s 表示土的可置换复合体，下角标 e 表示平衡溶液，M 和 N 是单价离子浓度，P 是二价离子浓度，Gapon 方程为（Mitchell et al.，2005）

$$\left(\frac{M^+}{N^+}\right)_s = k_1 \left(\frac{M^+}{N^+}\right)_e \tag{4.25}$$

$$\left(\frac{M^+}{P^{2+}}\right)_s = k_2 \left[\frac{M^+}{(P^{2+})^{1/2}}\right]_e \tag{4.26}$$

式中，k_1 和 k_2 是选择性参数，它们必须由实验确定。

下面给出一个实用的 Gapon 方程的形式（Mitchell et al.，2005）：

$$\left(\frac{Na^+}{Ca^{2+}+Mg^{2+}}\right)_s = k \left(\frac{Na^+}{\sqrt{(Ca^{2+}+Mg^{2+})/2}}\right)_e \tag{4.27}$$

式中，右端项是浓度，单位是每升毫克当量。即钠吸附比（sodium adsorption ratio，SAR）为

$$\frac{Na^+}{\sqrt{(Ca^{2+}+Mg^{2+})/2}} = SAR(meq\,/\,liter)^{1/2} \tag{4.28}$$

SAR 可以通过孔隙水的化学分析来确定。就旱区土范围而言，选择性参数 k 大约为 0.017。如果已知孔隙流体的组分，则在吸附离子的复合体中单价和二价离子的相对量能够计算得到。Bruggenwert 和 Kamphorst（1979）提供了很多黏土的置换性能和选择性参数的数据。

钠在吸附层中所具有的比例对土的结构状态有重要影响，它可以用 EPS（exchangeable sodium percentage，可置换钠的百分比）表示（Mitchell et al.，2005）：

$$EPS = \frac{(Na^+)_s}{总的可置换能力（total \ exchange \, capacity）} \times 100 \tag{4.29}$$

EPS 和 SAR 对描述黏土结构的分解和其颗粒的分散性是较好的指标，至少对非海洋性黏土是这样。当土的 ESP 指标大于 2%时，它就可以很容易自发地在水中分散，并且具有分散性黏土的性质。

大多数土的 EPS 指标和 SAR 指标具有唯一的相关关系，这可以从式（4.28）和式（4.29）看出，图 4.15 还给出了实验数据。由于 SAR 指标比 ESP 指标更容易确定，SAR 指标被更广泛地应用于实际。

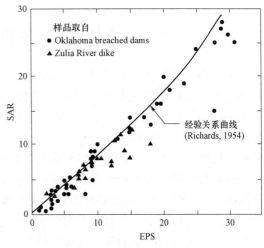

图 4.15　EPS 与 SAR 的关系曲线
（Mitchell et al.，2005）

4.15　土-无机化学的相互作用

下面主要讨论孔隙水与土颗粒表面的相互作用及微小土颗粒之间（存在水和电解质时）的作用力，这些力对土颗粒本身几乎没有影响。尽管如此，这些相互作用对土的实际行为的所有方面都是基本而重要的，如絮凝、分散、膨胀、收缩和塑性等性质，这些都是本书整个上篇都在讨论的内容。

此外，土暴露在无机化学环境中能够触发不同的变化过程，这些过程会引起土颗粒和土成分的化学反应和变化，主要包括以下内容。

（1）酸能够溶解碳酸盐、氧化铁及黏土矿物的氧化铝八面体层。使用盐酸，借助于观测其快速沸腾反应，确认碳酸盐矿物，是一个标准的应用。

（2）酸碱能够分解硅酸盐矿物。当从黏土矿物分解并使用硅而形成了水化硅酸钙（calcium-silicate-hydrate）胶结材料时，使用石灰[CaO 或 $Ca(OH)_2$]增加其环境的 pH（pH＞12.4），对黏土进行胶结、凝硬反应，并使黏土稳定性增加。如果存在硅酸盐，也可能形成具有较大膨胀性的矿物。

（3）硫化物的氧化，特别是黄铁矿物，会导致硫酸的形成，进而能分解某些岩石矿物，并产生气体。

（4）减少硅酸盐会增加周围环境的碱性，除了个别情况，这是形成超灵敏黏土的重要因素。

（5）铁的氧化和还原反应对土颗粒表面铁的涂层和包裹作用过程及氧化铁的沉淀过程的形成和分解是很重要的。

（6）有机物会在高和低 pH 环境中产生反应。

在考量这些作用对岩土工程的重要性时，上述这些反应的大小和速率通常是关注的重点。然而，对它们进行很好预测的知识和能力是有限的，本书整个上篇都在介绍关于这些反应的情况及它们在岩土工程方面的一些研究成果。

4.16　土-有机化学的相互作用

黏土中的有机化学反应以很多形式出现，并且对很多方面和领域都是重要的，如农业、石油工程、钻流技术、黏土悬浮的稳定控制、润滑剂的生产和制造，甚至生命的起源和发展。土-有机化学的相互作用对岩土工程和环境岩土工程也具有重要的影响，如以下问题：有害废弃物的迁移、控制和清理，不同类型有机物对黏土物理性质的影响，地质微观生物现象及利用有机复合物和高分子聚合物对黏土进行灌浆、加固。

有机材料和黏土的相互作用具有以下几种方式：① 颗粒表面的吸附，如氢键联结；② 离子置换；③ 大有机分子通过范德瓦耳斯力对黏土颗粒表面的吸引；④ 嵌入，嵌入是指有机分子进入硅酸盐层中。在含水土颗粒系统中，有机化合物吸附到颗粒表面的能力依赖于其能接触到的颗粒表面面积的多少及其置换水分子的能力，并且这些有机化合物将被颗粒表面吸附。有机阳离子能够置换被吸附的无机阳离子，然而，当有机阳离子大于所能够容纳的离子的空间时，则所有可置换的离子就不可能发生置换。大有机分子通过范德瓦耳斯力吸引黏土颗粒，该吸引力的大小是由大有机分子包含的有机分子总数量决定的。有机分子与黏土相互作用的最重要性质是它们的极性、极化率、溶解度、大小和形状。由于黏土种类繁多，所处的物理和化学环境也各不相同，而且各种有机化合物的数量几乎无限多，所以黏土和有机化学的相互作用既多又复杂。Lagaly（1984）、Oades（1989）、Sposito（1989）等对许多这种相互作用给出了描述。Yariv（2002）提供了一个关于有机黏土相互作用的深入而详细的综述。House（1998）讨论了近地表环境中非挥发性微生物污染物与黏土的相互作用。Jackson（1998）描述了重金属、胶体、络合剂和有机物之间的相互作用。

有机改性黏土可以在很多方面得到应用，如废弃物的稳定、水的净化、石油和碳氢化合物的泄漏、垃圾填埋场的衬垫等。有机黏土大多数由膨润土组成，通过离子置换反应使有机化合物吸附到黏土上，由此形成有机黏土。改性黏土也可以作为与其直接接触的其他有机化合物的吸附剂。Pusch 和 Yong（2006）、Alther 等人（1988）、Stockmeyer（1991）阐述了这些材料的科学与技术。

4.17　本 章 结 语

黏土矿物对孔隙水具有强烈的吸附作用，这几乎对土的所有方面的行为都具有重要影响。吸附水的能量状态不同于普通水，它会影响可测的孔隙水压力，是导致水的结构随时间而变化的原因，并且会影响水的物理性质。

黏土中吸附水在宏观的黏滞性和扩散性方面与自由水基本相似，这意味着即使在高塑性黏土中，当分析、讨论孔隙流体的流动问题时，力（某种势的梯度）和流的线性关系，如达西渗流定律、化学扩散的菲克定律，也应该是可用的。

了解了胶体的性质和行为将有助于洞察细颗粒土在悬液中的絮凝和反絮凝行为、膨胀性、组构和结构的稳定性，基于此就可以预测孔隙溶液化学变化对土工程性质的影响。

某些使用外加剂加固土体的方法就是根据离子置换和扩散层相互作用的变化，用外加剂来改变颗粒之间的作用力和颗粒的排列。比如使用具有分散作用的化学物质，可使土产生反絮凝和分散的排列，具有更大的密度，从而能降低土的传导性。又比如使用具有絮凝作用的化学物质，会使土具有较高的强度，以及具有更开放的孔隙排列，易于排水和渗流。

当使用石灰注浆来控制黏土的性质和稳定性时，离子置换反应是很重要的。相对自由水的成分来说，可置换复合体的成分受温度和自由水成分的影响，而其力学性质受吸附离子的类型及实验室的控制条件的影响。

适当地使用黏土作为废弃物控制的屏障，了解黏土的胶体性质和离子的置换性质是至关重要的。离子的置换决定了不同化学物质的吸附和反吸附的作用，而土的结构状态决定了土的流动传导性及其强度。所以，土的离子置换和结构稳定性是非常重要的。

就有害废物的安全储藏来说，其势能变化要考虑几十年，而就核废料的安全储藏来说，其势能的变化需要考虑几万年。可靠地评价黏土－水－电解质系统的长期稳定性，是当前岩土工程中最具挑战性的问题之一。

思 考 题

1. 土力学理论中为何很少考虑液相的性质和作用？液－固相的物理化学作用对土的工程性质有何影响？

2. 土颗粒表面吸附作用的可能机理有哪些？

3. 吸附水具有哪些特殊性质？试对其进行描述。关于吸附水的讨论有哪些结论？

4. 为何说土孔隙中的水不同于江河湖海中的水？

5. 双电层理论描述何种作用？这种作用对土的工程性质有何影响？它可以描述土的哪些情况？它有哪些局限性？

5 土的结构和组构

组构（fabric）主要用于描述土的结构中几何方面的情况，它通常是指不同尺寸土颗粒、颗粒集聚体的形状和它们的排列与分布及不同尺度孔隙的排列和分布（也包括它们整体的排列和分布）。但土孔隙中液相和气相的几何分布对土的工程性质影响也很大，并且是属于几何方面的内容。因此，不妨将孔隙中液相和气相的几何分布也定义为组构组成的一部分，即组构也包括孔隙内液相和气相的几何分布。而土的结构包括土的组构和土颗粒之间的相互作用、三相之间的相互作用及土体内部的物理化学作用等。但目前，很多人把土的组构误认为就是土的结构。这是片面的，这种观点忽略了土的结构中很重要的、对土的工程性质有非常大影响的因素，即土颗粒之间的相互作用、三相之间的相互作用及土体内部的物理化学作用等。事实上在本书第2~4章中已经讨论了土的结构中这部分内容的一些情况，但对三相之间的相互作用的问题讨论较少，这可以在非饱和土的相关章节中做进一步介绍。除了组构以外，土的结构这方面的内容过于复杂，它涵盖了本书第2~4章的内容，它并不像人们通常所认为的那样简单。目前这方面的研究还很不充分，也不全面和深入，有待持续不断的努力和研究。

土虽然由离散的颗粒或离散的颗粒聚集体组成，但在工程和设计中总是将土处理为连续介质，以便于用连续体力学进行分析。然而土的强度、渗透和变形性质却依赖于土颗粒的大小、形状及其排列和分布，以及颗粒之间相互作用、土体三相之间的相互作用、土体内部的物理化学作用等，也就是说土的强度、渗透和变形性质除了外部作用（外因）以外，还依赖于土的结构（内因）。因此，我们需要具备土的结构方面的相关知识，以便于更好地研究、了解和预测土的行为。

近期已经出现了颗粒力学理论和相应的数值分析方法，这一理论和数值分析方法的最终目标是以土的离散颗粒的方式来预测土体的实际力学行为，然而这一目标离我们目前看来还非常遥远。

20世纪50年代中期，已经可以使用光学显微镜、电子显微镜、X射线衍射等技术对土进行直接观测，当时主要关注土颗粒的排列与土的宏观力学性质的关系。20世纪70年代初，已经研究了无黏性土的颗粒排列问题。从这些研究工作中认识到，砂土或砾石土的工程性质不仅依赖于其孔隙比和密实程度（以前是这样认为的），它们的排列和应力历史也必须加以考虑。20世纪70至80年代，微观力学理论已经开始关注宏观力学行为与土的微观结构的关系，即将小尺度的不均匀性和微观断裂结合到宏观的连续模型中。另外，离散元和接触动力学也迅速发展（Cundall et al.，1979；Moreau，1994；Cundall，2001），目前离散元法已经可以模拟三维颗粒的形状、复杂的接触模型及孔隙流体的相互作用等。蒋明镜（2019）就宏微观土力学近期发展给出了系统的综述。

虽然离散元法能够以土的离散颗粒的方式来预测土体的力学行为，但其局限性也是明显的。首先，它难以刻画土的实际组构，土的实际组构要比离散元模型描述的组构复杂得多（而离散元的特色就是能够反映土的离散性和颗粒的组构情况）；其次，离散元的接触模型及孔隙流体的相互作用模型过于简化，难以反映不同尺度颗粒接触作用的实际情况和孔隙流体的复杂相互作用。此外，细观模型的实验参数也不能直接应用于宏观模型，因为细观模型存在太多的假定，难以通过这些实验参数包含这些细观因素产生的不确定性。另外，土颗粒之间的各种联系和相互作用，被这种离散的、冷冰冰的颗粒单元和摩擦所替代，难以反映土的真实行为。本章主要介绍一些土的组构方面的内容。

5.1 组构及其定义

工程界已经认识到：组构对土的工程性质具有重要影响。所以需要考虑组构的尺寸和形式对其工程性质的影响，并且要关注组构的尺度问题。因为不同尺度的组构对不同类型的土，其影响大小也是不同的；即使是同一类型的土，不同尺度的组构对其工程性质的影响也还是不同的。例如，填埋场的衬砌是均匀铺设的，而一旦某一局部出现断裂（如收缩断裂），则该处的断裂就可能引起渗漏，而小于此断裂尺度的裂纹就不重要了。此外，下（小）一尺度颗粒的排列对完整、均匀的软黏土的强度和刚度影响很大，而硬裂隙黏土的工程性质被其裂隙的性质所控制。

1. 悬液中土颗粒的联结与缔合

许多沉积土是由水流或静止水中矿物质的沉积而形成的，如海相和湖相沉积土。因此，悬液中土颗粒的联结与缔合是理解土在整个历史过程中其组构的形成和变化的良好出发点。纯净的砂和砾石通常是由单个颗粒排列构成的，这些情况将在 5.3 节讨论。悬液中土颗粒的联结与缔合是可以非常复杂的，van Olphen（1977）对此给出了以下描述。

（1）分散联结：颗粒没有面对面的联结，颗粒是完全分散的，如图 5.1（a）所示。

（2）聚合联结：一些颗粒之间有面对面（FF）的联结，并形成局部、小的聚集体，如图 5.1（b）至图 5.1（g）所示。

（3）絮凝联结：颗粒或集聚体中有边对边（EE）及边对面（EF）的联结，如图 5.1（c）、图 5.1（d）所示。通常絮凝形成的集聚体是松散的不稳定组构。

（4）反絮凝联结：颗粒或集聚体之间无联结，如图 5.1（a）、图 5.1（b）所示。

图 5.1 中给出了悬液中土颗粒的联结与缔合模型及与其相关的术语。其中聚合体之间也会有絮凝、反絮凝和分散的联结，如图 5.1（b）至图 5.1（g）所示。

面对面的（聚合）联结可以产生较厚和较大的黏土颗粒，边对边及边对面的联结可以产生不稳定的结构，在压缩前，这种结构是很多的。

絮凝和聚合通常是指具有很多颗粒的集聚体，而反絮凝和分散通常是指单个颗粒或颗粒群（它们独立地发挥作用）。

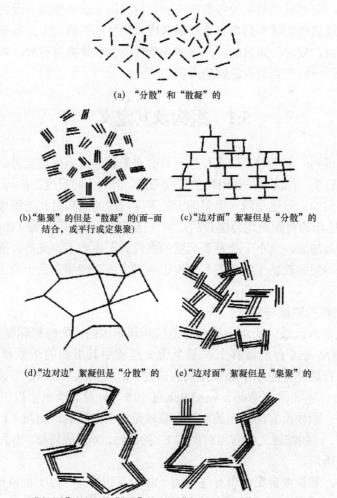

(a) "分散"和"散凝"的

(b) "集聚"的但是"散凝"的(面–面结合，或平行或定集聚)

(c) "边对面"絮凝但是"分散"的

(d) "边对边"絮凝但是"分散"的

(e) "边对面"絮凝但是"集聚"的

(f) "边对边"絮凝但是"集聚"的

(g) "边对面和边–边"絮凝且"集聚"的

图 5.1 悬液中土颗粒的联结与缔合模型（van Olphen，1977）

2. 土颗粒的联结

沉积土、残积土和击实土中颗粒的联结通常可假定为多种形式，然而，它们大多数都可以用图 5.1 给出的某些模型的组合作为参考和对照，并且反映了土的不同含水率和密实程度的影响。微细颗粒土几乎总由多颗粒聚合体组成。总之，主要有 3 类组构被确认（Collins et al.，1974）：

（1）基本颗粒排列形式。每一个黏土、粉土或砂土颗粒单独与周围颗粒产生相互作用。

（2）颗粒聚集形式。颗粒有机地组合在一起并形成基本单元，这种单元具有确定的物理边界和特定的力学功能，它由一个或多个基本颗粒排列组合而成。

（3）孔隙的大小、分布和排列。孔隙被流体或气体充填。

图 5.2 至图 5.4（Mitchell et al.，2005）给出了这 3 种组构类型的每一种组构特征。图 5.5 给出了电子显微镜照片，说明了某些特征。图 5.6 给出了在淡水冲积层中未扰动 Tucson 粉黏

土的整个组构形态。图 5.1 至图 5.6 所显示的组构特征足以描述多数组构形式，虽然有些相同和类似的附加情况需要补充或说明。

不稳定的组构是一种边对面的联结排列形成的一种开放形态的组构，类似于边对面絮凝并分散排列的组构［图 5.1（c）］。区域型（Aylmore et al.，1960，1962）或片状颗粒堆放和排列形式，是指片状黏土颗粒平行的集聚排列。颗粒交织在一起的排列和组构，如图 5.3（g）和图 5.3（h）所示。片状颗粒堆放和排列单元再进一步形成边对面的联结形式或组构，类似图 5.1（e）所示的组构。一簇（a cluster）是一组颗粒或集聚成更大的组构单元。当土的组构由一组颗粒簇组成时，将孔隙空间区分为簇内孔隙和簇之间的孔隙，并定义簇的孔隙比和总孔隙比是非常有用的。

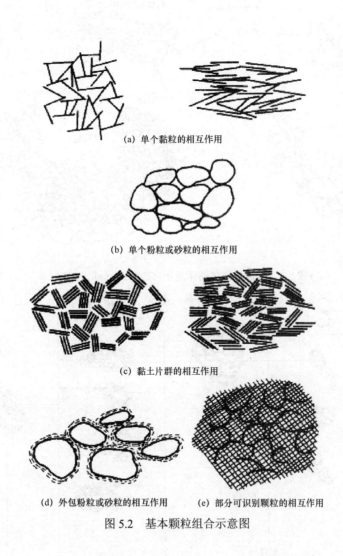

(a) 单个黏粒的相互作用

(b) 单个粉粒或砂粒的相互作用

(c) 黏土片群的相互作用

(d) 外包粉粒或砂粒的相互作用　　(e) 部分可识别颗粒的相互作用

图 5.2　基本颗粒组合示意图

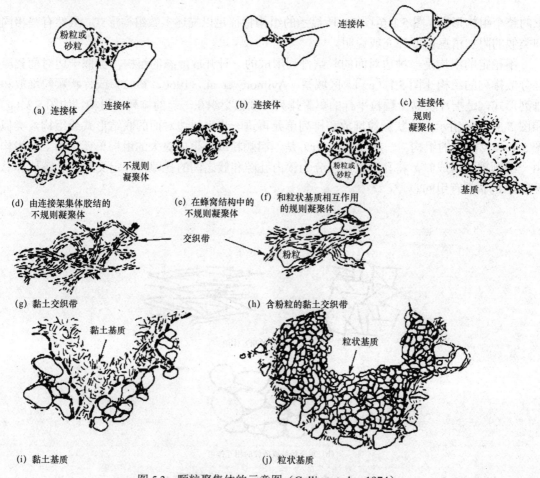

图 5.3　颗粒聚集体的示意图（Collins et al.，1974）

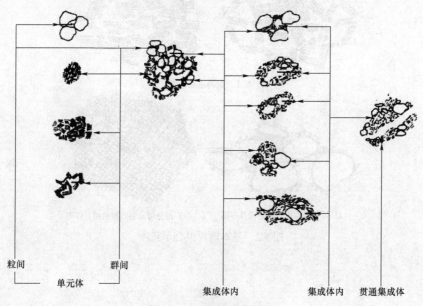

图 5.4　孔隙类型示意图

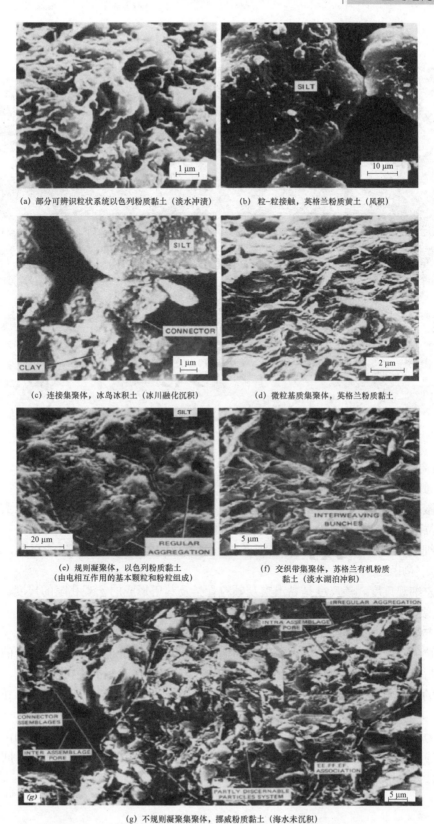

(a) 部分可辨识粒状系统以色列粉质黏土（淡水冲渍）

(b) 粒-粒接触，英格兰粉质黄土（风积）

(c) 连接集聚体，冰岛冰积土（冰川融化沉积）

(d) 微粒基质集聚体，英格兰粉质黏土

(e) 规则凝聚体，以色列粉质黏土（由电相互作用的基本颗粒和粉粒组成）

(f) 交织带集聚体，苏格兰有机粉质黏土（淡水湖泊冲积）

(g) 不规则凝聚集聚体，挪威粉质黏土（海水未沉积）

图 5.5　未扰动土的组构特征的电子扫描图像（Collins et al.，1974）

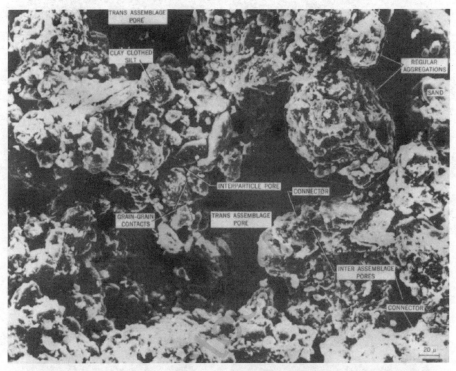

图 5.6　美国 Tucson 粉质黏土的微观组构全貌（淡水冲积）

3. 组构的尺度

黏土通常可以用以下 5 个尺度刻画。

（1）微观尺度。该尺度是第 3 章讨论的尺度，即黏土矿物晶体层状结构与分类所讨论的尺度。单位薄层颗粒的长度为 1 μm 量级，如图 5.7（a）所示。

（2）细观尺度。该尺度是黏土宏观颗粒骨架内部的颗粒与相应孔隙的尺度，其尺度在 10 μm 量级，如图 5.7（b）所示。

（3）宏细观尺度。该尺度是黏土宏观颗粒骨架及其所形成的宏观孔隙的尺度，其尺度在 100 μm 量级，如图 5.7（c）所示。

（4）宏观尺度。土样或土体表征体元的尺度（厘米量级）。

（5）较大尺度。远大于土体表征体元的地质构造变化的尺度（水平或竖向土的性质发生变化），即其物理、力学宏观性质发生变化的尺度，其尺度在 0.1 m 以上量级。

砂土的尺度比黏土大一些，它可以从黏土的宏细观尺度开始，即考虑 100 μm 以上的尺度。

土的力学和渗流的性质依赖于这 5 个尺度组构的细节及其变化的程度。例如，细颗粒土的水力传导性质几乎完全被土的细观尺度（第 2 个尺度）以上的组构所控制；时间依赖的变形（蠕变、次固结）主要被这种尺度的组构所控制。

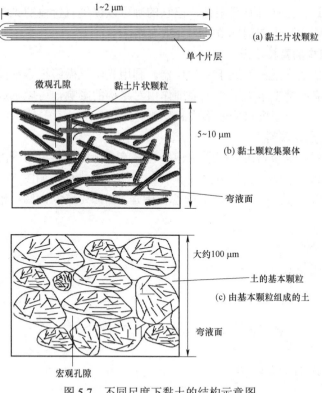

图 5.7　不同尺度下黏土的结构示意图

Yong（1975）把土的组构分为 2 级。**第一级组构**可分为 3 类：① 宏观组构，即人的眼睛能够看到的组构；② 细观组构，即用光学显微镜才能看到的组构；③ 微观组构，黏土片组成的晶体层状结构的形式。**第二级组构**是指构成土体宏观骨架的基本颗粒单元内部更细小黏土颗粒和孔隙的排列或组构。Yong（1975）根据第一级组构和第二级组构排列的方式给出了 4 种组合类型，如图 5.8 所示。① 第一级组构的排列是随机、任意的，第二级组构的排列也是随机、任意的，如图 5.8（a）所示；② 第一级组构的排列是随机、任意的，第二级组构的排列是定向的，如图 5.8（b）所示；③ 第一级组构的排列是定向的，第二级组构的排列是随机、任意的，如图 5.8（c）所示；④ 第一级组构的排列是定向的，第二级组构的排列也是定向的，如图 5.8（d）所示。

(a)第一、二级　　(b)第一级随机、　(c)第一级定向的；　(d)第一级定向的；
随机、任意的　　任意的；第二级定向　第二级随机、任意的　第二级定向的

图 5.8　Yong（1975）给出 2 级组构示意图

5.2　单个颗粒形成的组构

砂和砾石的尺寸足够大，它们可以作为独立的基本单元。尝试将土作为离散的颗粒，描述土的应力–应变行为，已经取得了某些成功。在本章开始已经讨论了采用离散元法模拟土

颗粒的行为。虽然这种方法具有局限性,但它的确可以提供有价值的见解和知识,这些见解和知识在解释和说明实际土的测试数据时会很有用。

1. 无黏性土组构的直接观测

无黏性土组构的研究通常借助于光学仪器。利用光学显微镜很容易能够看到无黏性土颗粒的大小和形状。有些情况下为了避免毛细作用对组构的影响,可以制成干砂样,这样(通过不同的击实方法)可以研究组构的形成和变化。

2. 相同尺寸的圆球填料

同尺寸、规则的圆球填料可以提供认识和理解单个颗粒材料组构可能的最大和最小的密度、孔隙率和孔隙比的基础。圆球填料有 5 种可能的规则排列,如图 5.9 所示。这种排列的性质在表 5.1 中给出。其中,可能的孔隙率范围是 25.95%~47.64%,相应孔隙比的范围是 0.35~0.91。

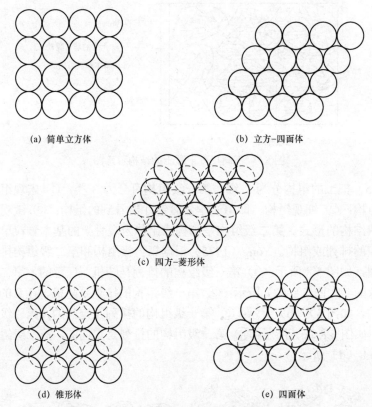

(a) 简单立方体　　　　　　　　　　　(b) 立方–四面体

(c) 四方–菱形体

(d) 锥形体　　　　　　　　　　　(e) 四面体

图 5.9　同尺寸、规则圆球填料的 5 种排列形式

表 5.1　同尺寸、规则圆球填料 5 种排列的几何性质

堆积类型	配位数	层间距（R 为球半径）	单位体积	孔隙率/%	孔隙比
简单立方体	6	$2R$	$8R^3$	47.64	0.91
立方–四面体	8	$2R$	$4\sqrt{3}R^3$	39.54	0.65
四方–菱形体	10	$\sqrt{3}R$	$6R^3$	30.19	0.43
锥形体	12	$\sqrt{2}R$	$4\sqrt{2}R^3$	25.95	0.35
四面体	12	$2\sqrt{2/3}R$	$4\sqrt{2}R^3$	25.95	0.35

玻璃球自由落体降落会形成一种各向异性的聚集体，并趋于链式联结或排列（Kallstenius et al.，1961）。单位面积玻璃球的接触点数在竖向平面和水平平面是不同的，被气和水充填其孔隙的砂土也被观测到相同的情况。

Makse 等人（1997）、Fineberg（1997）将具有 2 个控制尺寸的颗粒混合物进行了自由落体堆积，观测到：它们自然分离，并形成了分层状态。当不同尺寸的颗粒被倾撒、堆积，大的颗粒会趋向于在底部堆积、积累。Makse 等人（1997）通过实验还给出了一个有趣的结果，即在 2 种尺寸颗粒混合物中，如果较大颗粒的摩擦角比较小颗粒的摩擦角大，混合物会形成颗粒大小相互交替出现的层。如果较小颗粒的摩擦角比较大颗粒的摩擦角大，混合物就不会形成分层。这种行为和下面一些地质工程问题有关联，并具有参考价值，如堆积的尾矿坝的稳定性、对静态液化敏感的土层、颗粒材料的加工和运输。

3. 无黏性土中颗粒材料的特性

土颗粒的大小是变化的，较小的颗粒可能会充填在大颗粒所形成的孔隙中，由此可以形成比均匀圆球的密度要高和孔隙比要低的组构。另外，规则的颗粒形状趋向于形成较低的密度和较高的孔隙率与孔隙比。具有单粒组构形式的实际土中，其孔隙率和孔隙比的变化范围与均匀球粒（见表 5.1）的变化范围差别不是很大，即孔隙率的范围是 26%～47.6%，孔隙比的范围是 0.35～0.91。这种情况可以通过表 5.2 给予说明。粉砂和砾石具有较低孔隙率和较高的密度或比重，这种情况可以归结于粉砂充填到砾石的孔隙中。

表 5.2　一些粗颗土的最大和最小孔隙比、孔隙率和土的比重（Lambe et al.，1979）

土的类型	孔隙比		孔隙率/%		干容量/（kN·m^{-3}）	
	e_{max}	e_{min}	n_{max}	n_{min}	$r_{d\,min}$	$r_{d\,max}$
均匀球粒	0.91	0.35	47.6	26	—	—
标准渥太华砂	0.80	0.50	44	33	14.5	17.3
清洁均匀砂	1.0	0.40	50	29	13.0	18.5
均匀无机粉砂	1.1	0.40	52	29	12.6	18.5
粉砂	0.90	0.30	47	23	13.7	20.0
细砂到粗砂	0.95	0.20	49	17	13.4	21.7
云母砂	1.2	0.40	55	29	11.9	18.9
粉砂和砾石	0.85	0.14	46	12	14.0	22.9

许多研究表明，一种给定的无黏性土，即使具有相同的孔隙比或相对密度，也可以具有不同的组构。这时的组构特征可以用颗粒的形状因素、颗粒的定向和颗粒定向的接触作为表征（Lafeber，1966；Oda，1972a；Mahmood et al.，1974；Mitchell et al.，1976）。最近的图像分析技术有助于加深对土的组构的理解和定量描述。

砂土沉积层的定向可以用颗粒轴线对一组参考轴的倾角进行描述。例如，图 5.10 描述了某一颗粒具有 α 和 β 角的定向状态。多数研究中，通过对一

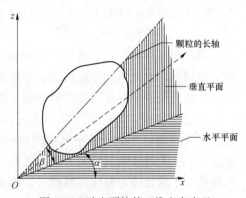

图 5.10　砂土颗粒的三维定向表示

个薄片的考察而给出其视长轴的定向。颗粒的长轴与水平参考轴形成了夹角 θ。土样和沉积层的颗粒薄片的空间定向也是土的组构描述的基本内容。

具有很大数目的颗粒体长轴的定向可以通过直方图和定向玫瑰图表示。一个具有平均轴比为 1.65 的砂（用圆柱模型）的出现频率直方图，如图 5.11 所示。每一颗粒的定向都被分配到每 15° 为一个间隔（从 0° 到 180°）的直方图的区间内。V-section 为垂直参考面，它表示土颗粒长轴与垂直平面坐标的夹角；H-section 为水平参考面，它表示土颗粒长轴与水平平面坐标的夹角，如图 5.11 所示。

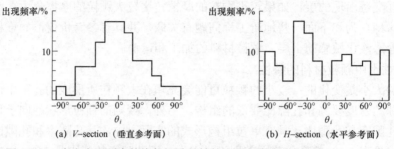

(a) V-section（垂直参考面）　　　　　(b) H-section（水平参考面）

图 5.11　2 个参考平面中的均匀细砂长轴的出现频率直方图（Oda，1972a）

2 个碎散的、很好级配的玄武岩土样，平均长宽比为 1.64，长轴与垂直平面的定向在图 5.12 和图 5.13 中用定向玫瑰图表示。在这一研究中，对每一土样至少 400 个土颗粒的定向被量测，而每一土颗粒的定向被分配到 18 个区域中的一个区域中（每个区域为 10°，$18 \times 10° = 180°$）。图 5.12、图 5.13 中一个完全的随机分布是用虚线表示的。图 5.12 中给出了一个通过自由落体制样、具有很强的水平择优的定向分布。图 5.13 中给出了一个动力击实土样的定向分布情况，其组构更接近随机分布的组构。

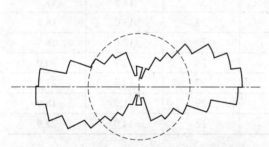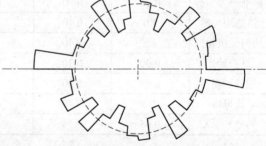

图 5.12　玄武岩碎屑颗粒定向图（用灌注法制样的　　　　图 5.13　玄武岩碎屑颗粒定向图（用动力夯实法制样
垂直断面，密度为 1 600 kg/m³、相对密度为 62%）　　　　的垂直断面，密度为 1 840 kg/m³、相对密度为 90%）
（Mitchell et al.，2005）　　　　　　　　　　　　　　（Mitchell et al.，2005）

颗粒相互接触的定向及它们的分布会影响土的变形、强度和各向异性。这种定向用与接触点的切平面相垂直的方向描述。多数组构特征的研究都是在二维平面内进行的，而实际颗粒的接触点很少出现在所分析模型的二维平面内，而接触法线的测量可以检测其误差。

在图 5.14 中，定向角度 N_i 是通过角度 α' 和 β' 确定的。Oda（1972a）给出了接触点法线 $E(\alpha', \beta')$ 的确定方法。竖向坐标轴对称的组构函数 $E(\alpha', \beta')$ 是独立于 α' 的，所以分布函数 $E(\beta')$ 作为 β' 的函数可以用于描述颗粒接触法线角度的分布特征。将 4 个水下沉积层砂样装入容器中，通过振动砂样容器使它们固结，这时砂样的接触法线角度的分布如图 5.15 所示，水平虚线表示各向同性的组构的分布情况。其中，黑硅石和 Toyoura 砂主要是棒状或扁平颗粒，Tochigi 砂含有球形颗粒，Soma 砂处于上述形状的中间状态。对于每种情况都可观察到，接触面的法线方向大部分接近垂直方向，也就是说，这些接触面是在水平方向上择优定向的。

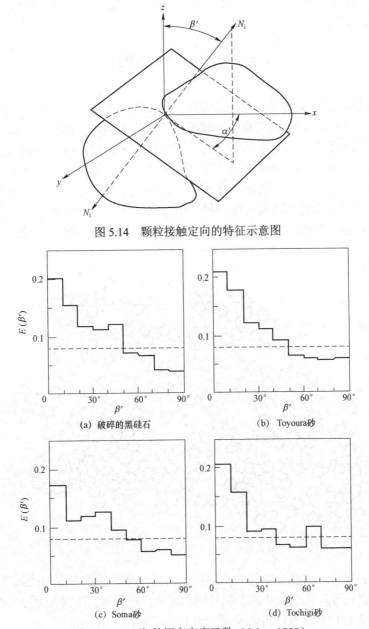

图 5.14   颗粒接触定向的特征示意图

图 5.15 $E(\beta')$ 的概率密度函数（Oda，1998）

Oda（1972a）、Fisher 等人（1987）、Shih 等人（1998）给出了不同的定量方法，以描述土颗粒长轴和接触面的分布情况。将测得的统计分布情况转换为一个张量，这一张量与应力和应变具有相同的维数（Satake，1978；Kanatani，1984；Oda et al.，1985；Kuo et al.，1998）。Oda 等人（1982b）建立了一个著名的定量方法，即组构张量，它可以表征接触面法线的方向。这一组构张量及其随塑性应变的演化，可以用于发展微观力学理论及连续介质的本构模型（Tobita，1989；Muhunthan et al.，1996；Yimsiri et al.，2000；Wan et al.，2001；Li et al.，2002）。

接触数（coordination number）是某一颗粒与周围颗粒直接接触的数目，它依赖于颗粒的尺寸、形状、颗粒尺寸的分布和孔隙比。颗粒接触数的平均值和其标准差，对粗粒土来说，又是一个重要的组构特征。不同的定向和填筑参数与无黏性土的力学性质的关系将在后面讨论。

5.3　细小颗粒的组构

5.2 节已经强调，在含黏粒的土体中，由单个颗粒形成的组构是非常少见的。对于粉粒土，当颗粒尺寸在 2～74 μm 时，通常也会出现这种情况。例如，实验表明，水下沉积的粉粒尺寸的石英颗粒，具有的孔隙比可以高达 2.2。这种尺寸范围的土颗粒很可能是某种片状颗粒，并可以将这种高孔隙比值的细颗粒土与孔隙比上限值为 1.0 的单个粗颗粒土进行比较。不管怎样，在缓慢沉积过程中，粉粒土会形成多种尺寸颗粒的排列（图 5.16）。由于它们的颗粒非常小，所以它们的排列会受到颗粒表面力相互作用的影响。图 5.16 给出了一个开放蜂巢型颗粒的排列情况，这种排列被认为是由于存在粉粒土所致。这种松散的组构是一种亚稳定结构，在快速施加的应力作用下会出现突然的崩塌或液化。

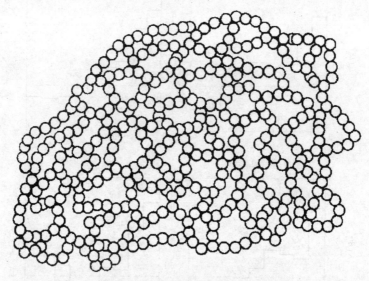

图 5.16　粉粒土蜂巢组构的示意图

黏土及黏土–非黏土的混合物的细小颗粒组构是在黏土颗粒表面力比其自重力大的情况下形成的，黏土颗粒可以吸附在非黏土颗粒的表面上，并且黏土颗粒表面经常发生化学反应。在许多土中，黏土颗粒聚集群体可以是源于岩石的残留物。

5.4　孔隙比及其分布

图 5.4～图 5.6 给出了不同形式孔隙的图示，而孔隙的尺寸及其分布还需要补充颗粒和颗粒群的尺寸及其分布。当描述土的性质和行为时，通常重点放在固相，而不是液相和气相。土中孔隙的尺寸及其分布决定了孔隙内液体和气体的传导性质，转而也控制了流体和化学组分运移速率的变化过程、变形过程中超静孔压的产生与变化、固结率的变化过程、排水的难

易和速率、毛细孔隙压力发展过程及动力作用下的液化势。分析孔隙尺寸及其分布的方法将在 5.7 节中讨论。

5.5 用于组构分析土样的获取和制备

要想得到可靠的工程性质测试结果，必须使制备的土样样本具有最小的扰动，这是最基本的要求。对于制备作组构研究用的土样样本，也应该满足此要求。所以，作组构研究用的土样的取样和制备是至关重要的，许多时候需要采用特殊的方法。虽然相关方法的记录不是很多，但如果已经证明是可靠的方法，则该方法也可以用于评估工程实践中不同取样过程和方法的效果。

表 5.3 给出了研究土组构特征的直接和间接方法。在图 5.17 中，总结了利用电磁波不同的频谱部分来分析土的矿物成分和组构的方法。在利用这些方法获得的结果并对其加以说明时，一定要做判断，要确认结论对所感兴趣的性质和行为是否适当。例如，宏观尺度的不连续、断裂、各向异性能够覆盖（包含或概括）微观组构细节的影响。

表 5.3　研究土组构特征的一些方法（Mitchell et al.，2005）

方法	基本原理	观测水平和可辨识的特征
光学显微镜（偏振光）法	直接观察样品表面或薄片的外部特征	可辨识砂粒、粉粒、黏粒群黏土片堆的择优定向，可观测毫米范围（或更大）的均质性，大孔隙、剪切区
		有效放大倍数为 300 倍
电子显微镜法	直接观察样品上的颗粒或表面特征（SEM）	分辨率约 100 Å；SEM 可获得大而深的视域，直接观测颗粒、粒群、孔隙空间，微组构的细节
X 射线衍射法	观察复制品表面（TEM）	
孔径分布法	平行的黏土片群比不规则的黏土片产生更强的衍射效应	几平方毫米区域大小的定向区和几微米的厚度鉴别单一黏土矿物最好
弹性波法	（1）非浸润液体的压入（汞）毛细管冷凝作用 （2）颗粒排列、密度和应力影响波速	（1）孔径范围 0.01～10 μm （2）最大为 0.1 μm 可测各向异性；可做整个样品的平均微组构测定
介电分散和电导率法	介电常数和电导率随频率变化而变化	评估各向异性；絮凝和散凝；整个样品的平均微组构测定
热传导法	颗粒定向和密度影响热传导率	各向异性；测定整个样品的平均组构
磁化率法	各种与磁场有关的样品定向率变化将带来磁化不同	各向异性；测定整个样品的平均组构
力学性质（强度模量、压缩性、收缩和膨胀）法	组构影响土力学性质	测定整个样品的平均组构；各向异性；某些情况下的宏观结构特征

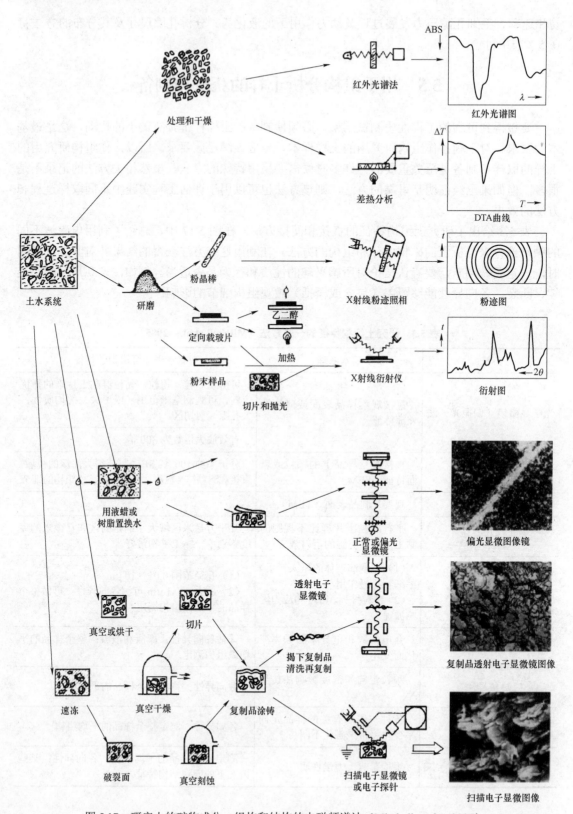

图 5.17 研究土的矿物成分、组构和结构的电磁频谱法（Mitchell et al.，2005）

当土样具有代表性且其制备过程没有破坏原始的组构时，采用光学和电子显微镜、X 射线衍射和孔径分布，可以提供先进的、直接而清晰的关于特殊组构特征的信息和资料。另外，这些方法局限于小样本，并且测试的土样也会受到一定程度的扰动和破坏。对某些情况，使用不同的组构分析方法，以便于提供更多形式和不同水平的组构情况的细节是适当的，特别是不同尺度的组构情况。

下面介绍用于组构分析土样的制备方法。

声波测定、介电测定、热和磁的测定能够在湿的、未扰动的土样上直接进行测试。当使用光学和电子显微镜、X 射线衍射和测孔仪时，要求土样孔隙中的流体被**排除、替换或冻结**。但这样做而不扰动土样的原始组构是非常困难的，并且多数情况下还不能确定这样做所产生的扰动有多大。

1. 孔隙液体的排除

（1）风干法。没有经受明显收缩的土，采用风干法一般不会对土的原始组构产生有意义的扰动和破坏。

（2）烘干法。就高含水率的软土而言，烘干法比风干法可能会引起较小的组构变化。很明显，风干需要较长的时间，可以使较大颗粒重新排列（Tovey et al., 1973）。另外，烘干法会引起内应力，并可能会导致土体开裂。

（3）临界温度干燥法。如果将土样的温度和压力升高到临界值以上（水的临界值：温度为 374 ℃，压力为 22.5 MPa），液相和气相是难以区分的，这时孔隙水可以蒸发掉，并且由于不存在液-气交界面，不会产生由液-气交界面引起的收缩。然而，高温和高压可能会引起土颗粒的改变。为避免这种情况，可用 CO_2 进行置换。CO_2 的临界值：温度为 31.1 ℃，压力为 7.19 MPa。但此法需要预先用丙酮浸润土样，这样会引起非饱和土产生膨胀（Tovey et al., 1973）。

（4）冻结干燥法。土中冰在一定条件下可以被升华。被升华的土样应该被快速冻结，这可以避免孔隙水排出时液-气边界面所引起的收缩。此时，土样的尺寸必须很小，通常其厚度为 3 mm，这是可以避免不均匀的冻结所引起的断裂和裂缝。使含有 N_2 的液体快速冻结，最好是使其迅速冷却到它的熔点，如异戊烷的熔点是 -160 ℃，氟利昂的熔点是 -158 ℃。这可以避免土样在含有 N_2 的液体（其温度为 -196 ℃）中浸泡而产生气泡（Delage et al., 1982）。冻结温度应该低于 -130 ℃，以防止形成冰晶。然后，水的升华是在 -50～-100 ℃ 范围内进行的，而不是在初始冻结的温度下进行的，以便于增加水蒸气去除的比率。当温度低于 -100 ℃ 时，冰的蒸汽压力（大约为 10^{-5} torr）可能会小于真空系统的功率所能提供的值。

当土-水系统含水率很高时，冻结过程可能引起组构的变化，如膨润土泥浆中膨润土自身重量超过 10%。然而，就岩土工程勘察中可能遇到的典型的饱和黏土而言，冻结干燥法引起组构的变化是很小的。针对冻结干燥法制土样，Tovey 和 Wong（1973）、Gillott（1976）给出了一些需要附加的考虑。

无论是临界温度干燥法，还是冻结干燥法，它们比风干法或烘干法所引起的土样的扰动和收缩要小一些，但难度更大、耗时更多。

2. 孔隙液体的置换

在进行孔隙液体的置换前，需要将试样制成薄片（如用于光学显微镜）或烘干使其收缩到最小限度，并且保证所用的置换材料不会对孔隙产生不利的作用。不同的树脂和化学材料被用于这一目的。高分子量的乙二醇，如聚乙二醇 6 000，在各种比例下都能与水混溶，并在许多研究中被使用。聚乙二醇 6 000 在低于 55 ℃时处于固态，高于 55 ℃时才熔化。

试样的浸泡方法是：将一个未扰动的立方样本（边长为 10~20 mm）放在温度为 60~65 ℃的聚二醇溶液中浸泡。浸泡的第一天，样本的上表面应该暴露在空气中，以使样本中被孔隙滞留的气体逸散出去，防止样本出现裂缝或断裂。历时 2~3 天，聚乙二醇溶液会变化，直至孔隙中是无水的聚乙二醇溶液。所以，孔隙水完全被聚乙二醇溶液所置换，需要几天的时间。将水完全置换完成后，将样本从聚乙二醇溶液中取出，使其冷却，试样就制成了。

薄片试样采用金刚砂布打磨和标准的薄片制备技术进行制备。制备过程中必须小心，既不能加热或加水，也不能用其他水溶性液体。采用 X 射线衍射法的测试结果表明，用聚乙二醇置换水后，对湿高岭石的组构基本没有影响（Martin，1966）。凝胶或水溶性树脂可用于代替聚乙二醇。但在用树脂进行置换时，应该先将试样浸泡在甲醇或丙酮液体中。关于将试样浸泡在甲醇或丙酮液体中的详细描述，可参考 Smart 和 Tovey（1982）、Jang et al.（1999）。

3. 研究用的试样表面的制备

由于用于研究的试样表面应保证能够反映土的原始组构，因此制样时应避免使用不适当的方法。风干法中打磨或切割和聚乙二醇置换法可能使颗粒表面产生大量的颗粒重新排列。因此，用电子显微镜研究时，采用这些试样制备方法不合适。为克服这一缺点，使用胶带在干燥试样表面进行连续缠绕、包裹，可以保持原始组构。或者用树脂溶液将试样表面涂抹覆盖起来，它可能部分穿透薄片试样。硬化后，剥去试样的树脂表层，则暴露出试样未受扰动的组构。

聚乙二醇置换法对高岭石试样表面扰动区最大深度可达大约 1 μm。用偏光显微镜进行研究的薄片试样厚度约为 30 μm，因此最大扰动深度为 1 μm 的影响是不大的。这种扰动对用 X 射线衍射研究的影响也不大。

有表面裂缝的干试样有时也可以认为保持了原组构状态，但要做附加处理，如对其表面做低强度的吹风或剥离，因为：① 试样裂缝表面可能有松动的颗粒；② 试样的裂缝面可能更多地表征其为一个薄弱面，而不是试样整体的情况。图 5.18 给出了试样剥离前后的照片。

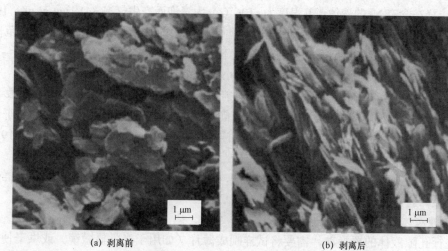

(a) 剥离前   (b) 剥离后

图 5.18 试样表面剥离前后的 SEM 照片（Tovey et al.，1973）

试样的制备需要考虑：组构及其尺度特征、所使用的观测方法、土的类型和状态（状态是指土的含水率、强度、扰动等），然后再选择试样的制备方法。当考虑这些因素以后，就可以大致估计制备试样对组构所产生的影响程度。

5.6　组构研究的方法

一旦合适的试样已经制备好，就可以使用一种或多种方法直接测试和研究试样的组构特征，图 5.17 给出了一些常用方法。

1. 偏光显微镜

偏光显微镜可以观测到砂土和粉土的每一个颗粒及其尺寸和定向，并且也可以系统地观测和描述颗粒、孔隙的分布。薄片试样或其磨光面能够用于二维分析，而三维分析则要求一系列平行剖面的观测。

有许多岩相和土的观测技术及特殊的处理方法有助于确认土的组构特征（如 Stoopes，2003）。定向玫瑰图可以用于表示二维平面组构的特征。三维组构特征可以使用多个空间立体投影表示。作为一个二维表示的例子，图 5.19 给出了澳大利亚接近 Woomera 地区的砾石质沙漠高原土的孔隙二维图示，该图表明其组构具有某种程度的定向偏好。图 5.20 给出了孔隙（白色）和颗粒（黑色）的定向玫瑰图。图 5.20 表明，孔隙和颗粒长轴都具有明显的某些方向偏好的定向性。

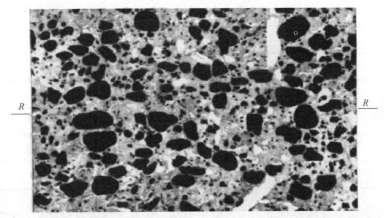

图 5.19　澳大利亚接近 Woomera 地区的砾石质沙漠高原土的孔隙二维图示

图 5.20　接近 Woomera 地区的砾石质沙漠高原土的孔隙和颗粒长轴方向分布的图示

偏光显微镜通常很难看到每一黏土颗粒，这是由于受到其分辨率和景深的限制。实用的分辨率可以到达几微米，其放大约 300 倍。如果黏土片状颗粒成群并沿某一方向平行排列，则它们的光学图像的情况就像一颗大颗粒的光学图像的情况。

黏土矿物的光轴几乎总与晶轴相重合。就片状土颗粒而言，其折射率在 a 和 b 轴方向近似相等，但在 c 轴方向是不同的。沿某一结晶体不同的光轴的不同折射率指标决定了其光学性质，并称其为双折射率。如果用平面偏振光沿 c 轴观察一组平行颗粒，当这组颗粒沿着 c 轴旋转时，可以看到一个均匀的视域（视场）。如果用沿 c 轴垂直方向的平面偏振光观察同一组颗粒，当土颗粒基面平行于偏振光方向时，没有光可以通过；并且当土颗粒基面与偏振光方向之间的夹角为 45°时，可以传递最大的光束。使用通过正交 Nicols 棱镜的光并将装试样的载物台旋转经过 360°，则存在 4 个灭光和发光的位置。对于平行排列的棒状颗粒而言，沿长轴可以观察到一个均匀的视域（视场）。而向垂直于长轴的方向观察时，可以看到灭光和发光的位置。显微镜加一个彩色镜片是有用的，因为这可以导致光波延迟，并对灭光和发光产生不同的颜色。

如果考虑颗粒的定向并不是很明显，或如果一组片状平行的颗粒的 c 轴方向不正交于光束的方向，则光束的最小强度是有限度的，而其最大强度小于完全定向的强度。最小强度 I_{min} 与最大强度 I_{max} 之比，称为双折射比 β（birefringence ratio）。

双折射比 β 的光学测定能够用于定量描述黏土颗粒的定向（Wu, 1960；Morgenstern et al., 1967a）。尽管用光测方法观测具有多个单定向的非单种矿物材料可能是困难的（Lafeber, 1968），但 Morgenstern 和 Tchalenko（1967c）给出的一种半定量度量方向性的方法还是很有用的（见表 5.4）。

表 5.4　半定量度量定向性的方法（**Morgenstern et al., 1967c**）

双折射比	颗粒平行度
1.0	完全不平行
1.0～0.9	稍微平行
0.9～0.5	中等平行
0.5～0.1	很高的平行度
0	完全平行

在纹泥土中沿竖向（地表垂直向下）取出土样，将其制成薄片试样后，它的偏光观测结果示于图 5.21 中。土样的上半部显示了冬季沉积的纹泥黏土，而下半部显示了夏季沉积的粉质纹泥土。通过比较左方的发光和右方的灭光，就可以观测到黏土具有高度偏好的定向。假定整个黏土片是随机定向排列的，则切成薄片的试样在 2 个方向上将具有相同的外貌。在粉质纹泥土的上部也可以看到一些具有高度偏好定向的黏土区域，孔隙具有水平面玫瑰瓣的定向也是可见的，这种情况可能是试样浸泡或制样时产生的。

光学显微镜提供了那些用眼睛观察太小而用电子显微镜观察又太大，并且对理解土的行为非常重要的组构特征的研究方法。这些特征包括粉土和砂土颗粒的分布、表面包裹物（吸附物质）、组构和结构的均匀性、各种形式的不连续和剪切面的情况（如 Mitchell, 1956；Morgenstern et al., 1967b, 1967c；McKyes et al., 1971；Oda et al., 1998）。

图 5.21 给出了英国 Mersey 河上在 Fiddler 渡口大坝基础破坏场地软粉土中剪切破坏区薄

片土样的偏光显微镜照片。图 5.22 给出了该剪切区域的细节情况（Morgenstern et al.，1967c），其中：F 是碎片材料；短线阴影区是剪切基质区域，该区域双折射比为 0.45；空心圆点区域的平均双折射比是超过短线阴影区的，空心圆点区域的平均双折射比为 1.00。

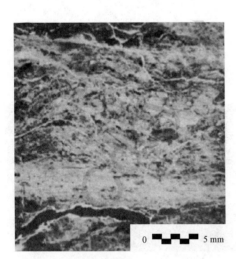

图 5.21 Fiddler 渡口大坝基础破坏场地软粉土中剪切破坏区薄片土样的偏光显微镜照片

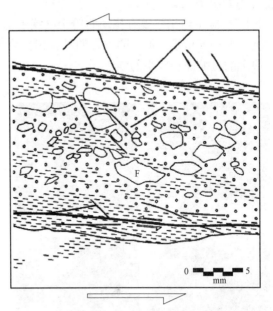

图 5.22 Fiddler 渡口大坝基础破坏场地软粉土中剪切区域的细节（Morgenstern et al.，1967c）。

2. 电子显微镜

电子显微镜能够直接显示黏土的颗粒及其排列。透射电子显微镜（TEM）的实际分辨率小于 10 Å，并且能够看到原子面；而扫描电子显微镜（SEM）的实际分辨率大约是 100 Å。然而，小于这些精度的仪器也可分辨出黏土颗粒和其他很小的土的组成。与 TEM 相比，SEM 具有的优点是宽度、深度更大，连续、可用的放大范围更大（为 20～20 000 倍），并且可以直接探查土颗粒表面情况。采用 TEM 时，需要制备极薄的试样或者对试样表面进行处理或复原。与 SEM 相比，TEM 的优点是具有更高的分辨率。

使用上述两种电子显微镜时均要求一个抽真空室（1×10^5 torr），所以含水试样是不能直接做测试的，除非试样装在一个特殊的测试室内。此时冷冻是需要的，冻结后的试样可用来进行测试和研究。通常需要在扫描电子显微镜试样表面涂抹或覆盖一层导电膜，以防止表面带电和分辨率的损失。一般需要将抽真空薄试样涂抹一层金膜。

采用电子显微镜研究组构的一个主要困难是试样表面的制备和复原，或采用极薄的试样，但试样要求保持土的原始组构不受扰动。一般原始试样的含水率和孔隙比越高，则扰动的可能性就越大。对于含有膨胀黏土矿物的土，当排除层间水时，可能会导致土的微观组构发生变化，或产生收缩。烘干−破裂−剥皮技术和冻结−断裂技术是获得具有代表性试样表面的最好的可用方法。

仔细的试样制备技术可以成功地保持精细的组构，图 5.23 给出了证据，图中显示了 6 个人工沉积土试样的微观结构（Osipov et al.，1978）。这些试样是某种小于 1 μm 的黏土颗粒并具有 1%的悬液，经逐渐沉积，并最后通过冻结而得到的。当孔隙流体是蒸馏水，沉积后孔隙率对高岭土是 96%，对伊利土是 90%，对蒙脱土是 83%。当孔隙流体是电解质溶液，沉积后孔隙率对高岭土是 97%，对伊利土是 98%，对蒙脱土是 99%。用电子显微镜拍摄的照片反映出所有的试样均具有很高的孔隙率，并且盐溶液对试样原始组构具有显著的絮凝效果。

　　图 5.24 中给出了没有扰动的粉土微观组构。这些粉质黏土的微观组构是在持续、无中断的沉积条件下积累、形成的，它们具有相当高的孔隙率（60%～90%）。这种类型的沉积土具有很大的压缩性和较小的强度。

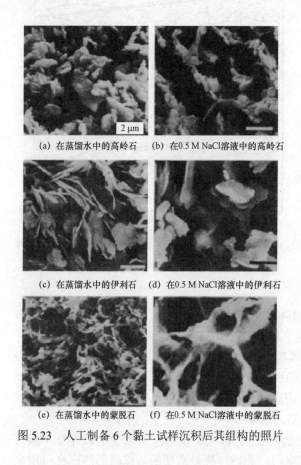

(a) 在蒸馏水中的高岭石　　(b) 在0.5 M NaCl溶液中的高岭石

(c) 在蒸馏水中的伊利石　　(d) 在0.5 M NaCl溶液中的伊利石

(e) 在蒸馏水中的蒙脱石　　(f) 在0.5 M NaCl溶液中的蒙脱石

图 5.23　人工制备 6 个黏土试样沉积后其组构的照片

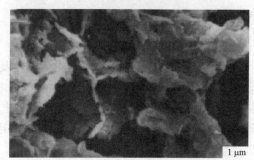

(a) 来自Vozhe湖的黏土

(b) 来自黑海近海黏土

图 5.24　蜂窝型微观组构

（Sergeyev et al.，1980）

　　图 5.25 给出了 Delage 和 Lefebvre（1984）针对敏感性 Champlain 黏土随着竖向荷载的增加，其微观组构**渐进破坏**的照片。实验的初始固结压力是 54 kPa。扫描电子显微镜用于对试样每一加载阶段的竖向平面和宏观孔隙分布进行拍照，并示于图 5.25 中。加载的整个阶段所形成的结构明显不同于初始结构。当荷载增加到 124 kPa 时，水平方向的宏观孔隙的破坏被观测到。孔隙也是沿水平方向聚集。随着荷载的增加，由于宏观孔隙的塌陷和破坏引起的孔隙聚集的变化逐渐显得不够明显了，并且土颗粒也沿着水平方向排列。虽然高倍放大的视域是有限制的，但采用图片拼接的方式可以显示较大范围的组构特征。例如图 5.6 给出了这种拼接照片。

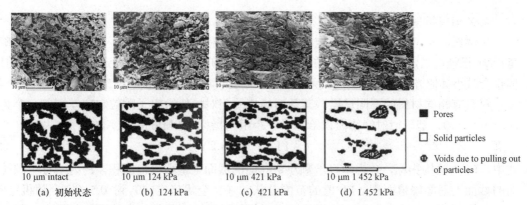

Pores
Solid particles
Voids due to pulling out of particles

10 μm intact   10 μm 124 kPa   10 μm 421 kPa   10 μm 1 452 kPa

(a) 初始状态   (b) 124 kPa   (c) 421 kPa   (d) 1 452 kPa

图 5.25 敏感性 Champlain 黏土在不同压力下固结时的
电镜扫描照片（该黏土的先期固结压力为 54 kPa）

3. 环境扫描电子显微镜

传统扫描电子显微镜的试样必须是干的，并能抽真空和导电。但为了测试原始含水的试样，压力至少是 612 Pa，要求保持水温为 0 ℃时的最小气压。而环境扫描电子显微镜可以测试湿的、原始天然的、具有非导电性的试样。

环境扫描电子显微镜一个很有用的功能是能够观测试样孔隙内的液体。试样内孔隙水的升华和冷凝速率能够通过调整温度和压力而进行控制。图 5.26 给出了某试样通过环境扫描电子显微镜测试到的影像，该试样含有伊利黏土（左侧）和石英颗粒（右侧）。试样中水蒸气（气相）被冷凝为水。图 5.26 显示了液体对土矿物的湿化能力。在土颗粒表面观察到凸起的球状水滴，这表明这种伊利土表面是疏水的（斥水的）；而石英砂表面则是较低的圆弧水滴，这表明石英砂表面是亲水的。

图 5.26 伊利黏土（左侧）和石英颗粒
（右侧）的环境扫描电子显微镜图像

试样室内的压力和温度是可以变化的，所以环境扫描电子显微镜可以研究试样随时间变化的性质，如湿度、烘干、吸附、溶解、腐蚀和结晶。图 5.27 给出了采用环境扫描电子显微镜观测砂–膨胀土混合物中膨胀土的膨胀影像图（Komine et al.，2004）。初始时，膨胀土颗粒附着在砂土颗粒上，并且能够观测到宏观孔隙。当水加入到试样后，膨胀土开始膨胀，并充填到宏观孔隙中。

膨胀土   孔隙   可以观察到膨胀土体积增加填充孔隙的过程   膨胀土吸水体积增加至孔隙完全被填充

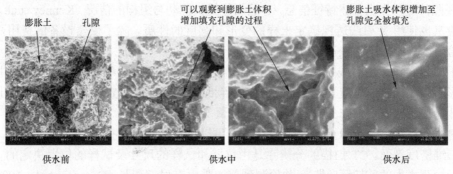

供水前   供水中   供水后

图 5.27 砂–膨胀土混合物中膨胀土的膨胀过程影像图（Komine et al.，2004）

4. X 射线衍射

矿物结晶面对 X 射线具有一定强度的反射和折射，这依赖于：① 土的单位体积的矿物含量；② 已经适当定向的矿物颗粒的比例。对于黏土矿物，土片的平行定向会加强基面的反射，但也会减小其他方向上晶格面的反射强度。反射强度（001）提供了黏土颗粒定向的一个量度。

对具有相同材料的不同试样，其基面峰值的相对幅值给出了颗粒定向差别的一个量度。Gillott（1970）基于衍射峰值面积给出了一个组构指标（fabric index）的定义：

$$FI = V / (P + V) \tag{5.1}$$

式中，FI 为组构指标，V 为垂直于颗粒定向面的截面上基面峰值面积，P 为平行于颗粒定向面的截面上基面峰值面积。FI 值的范围是从 0（完全优势定向）到 0.5（完全随机定向）。Yoshinaka 和 Kazama（1973）给出了一个类似的过程，它保持了峰值面积的概念，但却不要求它们是精确的测量值。

峰值比（peak ritio，PR）的定义是（002）与（020）反射的比值［关于（002）和（020）反射的定义参见 3.11 节］，峰值比也可以作为颗粒定向性的一个度量。峰值比的优点是它和特定颗粒在总颗粒中所占比例无关，并且可以减小机械和仪器变化的影响（Martin，1966）。完全随机定向的高岭石的峰值比大约为 2.0，而最大的平行定向的峰值为 200。选择（002）和（020）反射的理由是：① 它们的反射比较强，容易确认；② 相应的 2θ 值相差不是非常大，以保证确定 2 个峰值时它们的辐射容量相差不太大。

X 射线衍射方法具有数据可以量化的优点，在这方面，光学显微镜和电子显微镜是不能与之相比的。然而，最近图像分析的发展已经较大地克服了这一缺点。另外，X 射线衍射方法还有以下缺点。

（1）用 X 射线衍射方法对包含多种矿物的土所获得的数据和结果进行解释是困难的。

（2）数据和结果更有利于解释靠近试样表面的组构。

（3）土体受到的辐射通常包括微观组构和细观组构两部分，测试结果将平均化，难以对两者进行区分。另外，相同峰值的结果可以由不同微、细观组构所产生。

X 射线衍射方法最适合于单一矿物的组构分析，并且整个单一矿物颗粒的定向区应该是 X 射线光束（通常几毫米）的长度能够适用的范围，即 X 射线的强度和功率要足够大，保证能够穿透整个试样的区域。将 X 射线衍射方法同其他方法结合使用，可以提供微观组构的详细特征。

5. X 射线透视（CT 扫描）

X 射线透视是研究地下土层、均匀同质性和宏观组构的有用和无损伤的探测方法。样本的 X 射线照片可以提供上述特征信息，并且还能提供扰动与组构的情况（Kenney et al.，1972）。一些实验室也使用 X 射线透视确定土样的变形和强度的性质。除了仪器设备的费用，X 射线透视实验过程具有简单、快速、低价的特点。

对于模型实验，X 射线照片可以用于研究土变形过程的特征和形式。整个实验中土样不同的变形阶段、镜头的位置也应该通过比较连续照片的情况而确定。实验结果可用于给出剪切区和计算的应变及它们在整个材料中的变化情况。

X 射线透视（computed tomography，CT）可以将不同角度拍摄的二维图像装配、构筑成材料的三维密度剖面。CT 扫描的分辨率是由仪器和试样的尺寸及试样的位置决定的。这一技术被用于检测样本的剪切区（带），并检测到剪切带内有局部膨胀（Desrues et al.，1996；Otani et al.，2000；Alshibi et al.，2003；Otani et al，2004）。图 5.28 给出了柱状砂样在三轴仪的压缩过程中，不同应变情况的图示。砂样是密实的，应变在 2.0%左右处于峰值段，图 5.28 中的应变处于应变软化阶段，此阶段展现出不均匀膨胀（中间起鼓），但没有明显的单个或多个剪切带。当应变为 4.6%时，没有观测到存在明显的剪切区，这表明应变软化是沿着整个试样进行的。然而，随着应变的增加，大孔隙比的剪切区在土样中出现。随后 2 个剪切区显现出来（Desrues et al.，1996；Alshibi et al.，2003）。

（1）圆锥形剪切区。水平平面的图像显示深（黑）色圆环出现在中心位置，并且在沿土样顶端向中间位置移动时，深（黑）色圆环的直径会变小。这表明，圆锥形剪切区的锥口在边界处，而锥尖处于土样沿高度的中间区域，如图 5.28 所示，对应 9.2%应变的右侧图。

（2）倾斜偶联的剪切区。水平剖面图像表明：从中心圆向外有多条近似均匀定向的放射线 [图 5.28（a）]。竖向剖面图像有一些倾斜线，如图 5.28（b）所示。仔细观察图 5.28 中倾斜线，可以发现存在很多对偶联结的剪切带，并具有 2 个不同倾斜角度，如图 5.28（c）所示。

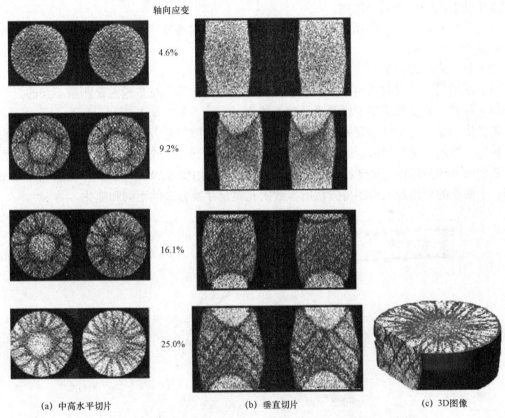

(a) 中高水平切片   (b) 垂直切片   (c) 3D图像

图 5.28　密砂三轴压缩实验过程 CT 扫描图（Alshibi et al.，2003）

5.7　孔隙尺寸及其分布的分析

孔隙的大小、形状和分布是组构的 3 个最重要的概念之一，其他 2 个是颗粒接触的形式及分布和颗粒的定向排列。土孔隙的信息可以通过孔径和孔隙体积分布而确定及薄片试样的电子扫描图像分析而获得。

1. 孔隙的孔径及其体积分布的确定

孔隙的孔径及其分布可以利用非湿润性流体（如汞）压入法或毛细凝聚法或加压排水法确定。基于吸附和反吸附等温线的毛细凝聚法能够测量的最大孔隙尺寸大约为 $0.1\,\mu m$。如果土中孔隙较大，这种方法的使用会受到一些限制。然而，压汞法对量测孔隙尺寸从 $0.01\,\mu m$ 到几十微米是非常有用的。该法基于非湿润性流体（流体对固体的接触角大于 $90°$）在没有施加压力时不会进入到孔隙中去。对于圆柱形孔隙并基于毛细作用，能够使汞进入圆柱形孔隙的直径为

$$d = -4\tau\cos\theta\,/\,p \tag{5.2}$$

式中，d 为汞进入孔隙的直径，τ 为压入的液体表面张力，θ 是接触角，p 是施加的压力。

汞进入排空干土样（大约 $1\,g$ 重）的体积可以在持续增高的压力下测量得到。在任何压力下，通过压入土样的汞的总体积可以给出土样孔隙的总体积，但此时按式（5.2）计算出的孔径要小于土样的当量孔径。汞的表面张力是 $4.84×10^{-4}\,N/mm$（温度为 $25\,℃$），接触角 θ 为 $140°$，Diamond（1970）测得的角度为：蒙脱土 $\theta=139°$，其他黏土矿物 $\theta=147°$。

压汞法的局限性有以下几点。

（1）初始压汞前，土样孔隙必须是干的。应经常使用冷冻干燥土样以便于减小因干燥所产生的体积变化影响。

（2）封闭的孔隙测量不到。

（3）压汞只能进入联通的孔隙；较小的没有联通的孔隙，在贯通前是测量不到的。

（4）仪器可能没有贯穿土样最小孔隙的能力。

无论压汞法具有怎样的局限性，它可以用于确定孔隙尺寸及分布，并可以提供影响组构和各种组构性质的关系等因素的有用的信息。图 5.29 给出了一个例子，图中纵坐标是压汞侵入孔隙空间累积的体积，横坐标是大于此孔径的孔隙。由图 5.29 可以看到，孔隙孔径分布的范围、土密度的变化及土样制备方法所导致的孔隙尺寸及分布的不同和变化。

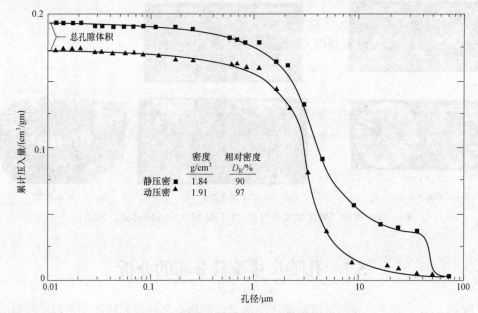

图 5.29　不同击实方法引起的孔径尺寸及分布

砂土的孔隙尺寸及分布可以通过对土样施加吸力后排出的孔隙水体积进行估计，也可以

通过对孔隙施加气压而排出的孔隙水体积进行估计。此时应用式（5.2），水的表面张力在常温下是 $7.5×10^{-4}$ N/mm，接触角 θ 应该取 0°。

2. 图像分析

土样中局部孔隙的空间分布可以通过土样切片的图像分析而得到。通常有 2 种图像分析方法：多边形法、平均自由路径法。使用第一种方法时，颗粒的形心位置需要确定，连接形心形成多边形，如图 5.30（a）所示。Bhati 和 Soliman（1990）利用第一种方法发现，松砂试样比密实砂试样展现出更大的孔隙比的变化。Frost 和 Jang（2000）利用第一种方法定量确定了由于制样不同产生的局部孔隙分布的变化。

采用平均自由路径法时，测量了不同颗粒之间的平均自由路径。它通过颗粒和孔隙的扫描线而得到，如图 5.30（b）所示。每一扫描线的距离和方向性都是变化的，一个具有代表性的孔隙通过孔隙线（孔隙线是在每一方向上一些扫描线中形成的）的叠加或求和而得到。Masad 和 Muhunthan（2000）使用这种方法发现了水平方向的局部孔隙是大于竖向局部孔隙的。

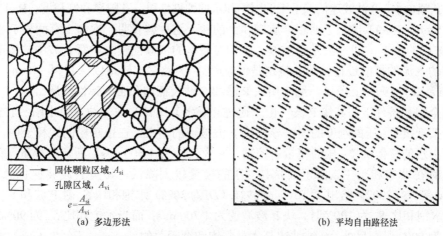

固体颗粒区域, A_{si}
孔隙区域, A_{vi}
$$e=\frac{A_{si}}{A_{vi}}$$
(a) 多边形法   (b) 平均自由路径法

图 5.30　采用图像分析方法确定孔隙组构（Bhati et al.，1990；Kuo et al.，1998）

5.8　确定土组构特征的间接方法

土的所有物理性质都部分地取决于其组构，所以某一物理性质的量测都会提供对其组构的间接度量方法。表 5.3 中列出的一些测量方法特别有用，本节将简单地对它们加以讨论。

1. 弹性波传播方法

土中压缩波和剪切波的传播波速依赖于土的密实程度、围压、组构。根据弹性理论（小变形，即应变小于 10^{-4} 时，可以用该理论分析波的传播），剪切波（S 波）波速 V_s、压缩波（P 波）波速 V_p 和剪切模量 G、约束压缩模量 M 相关，可以用下式计算：

$$V_s = \sqrt{G/\rho}$$
$$V_p = \sqrt{M/\rho}$$

式中，ρ 为质量密度。

约束压缩模量 M 与弹性力学常用的杨氏模量 E 有以下关系：

$$M = \frac{1-\mu}{(1+\mu)(1-2\mu)}E \tag{5.3}$$

式中，μ 为泊松比。杨氏模量 E 和泊松比 μ 的关系为

$$2(1+\mu) = E \tag{5.4}$$

对黏性土，模量主要依赖于土中有效应力、应力历史、孔隙比、塑性指数。对非黏性土，模量近似等于有效围压的平方根。对黏性土，模量近似等于有效围压的 0.5～1 次方。小应变土的剪切模量依赖于其接触刚度和组构状态。所以，剪切波速随围压的变化提供了理解接触刚度的压力依赖性的基础。

如果两个土样具有相同的质量密度和围压，但却有不同的组构，它们将具有不同的模量值。这种不同反映了其剪切和压缩波速不同的影响。这两种波速能够通过测量得到，它们可以提供评价组构的手段。这两种波速中，剪切波波速会更加有用，因为剪切波可以在固体土颗粒骨架结构中传播，而不能在孔隙水中传播。各向异性土的结构和应力状态可以基于不同方向的不同的剪切波波速的探测而确定。

如果材料是干的，其骨架的整体模量可以通过剪切波和压缩波的两个波速的测量而得到。如果材料孔隙含水，P 波波速依赖于土的固相和水的弹性性质、孔隙率和饱和度。Biot（1956a，1956b）、Stoll（1989）给出了两相介质饱和土的解。这种解表明，饱和土有两种 P 波和一种 S 波。P 波中的快 P 波和 S 波是标准波，它们对频率的依赖性较弱。而 P 波中的慢 P 波与土变形导致的水流的扩散过程相关（特别是低频时），因此它比较难以探测到（Plona，1980；Nakagawa et al.，1997）。所以，通常用快 P 波和 S 波表征饱和土的弹性性质。

土完全饱和条件下，其快 P 波（由于通过孔隙水）比其 S 波的波速快 10%～15%。这是由于土骨架抵抗拉-压的刚度的增加导致快 P 波波速的增大。在很疏松的饱和土中，快 P 波波速主要由水的整体抗拉-压的模量所控制，它大致约为 1 500 m/s。而随着少量气体进入饱和土，此时在非饱和土中，由于其抗拉-压的模量较大降低，其快 P 波波速也急剧减小。Tsukamoto 等人（2002）给出了 Toyoura 砂样（D_r 为 30%）水饱和比 S_w 对 P 波和 S 波波速的影响。当水饱和比 S_w 为 100% 时，快 P 波波速为 1 700 m/s；而当水饱和比 S_w 为 90% 时，快 P 波波速仅为 500 m/s。另外，S 波波速基本是与饱和度无关的。

2. 土的电色散和电传导

电在土中的流动有以下几种方式：① 仅在土颗粒中流过，它是很小、很少的，这是由于固相土颗粒的导电性很差；② 仅在孔隙流体中流过；③ 既在土颗粒中，也在孔隙流体中流过。流过的总电流也依赖于以下因素：孔隙率、流经的曲折程度及液-固相交界面的情况。这些因素反之也依赖于颗粒的排列及其密度。所以，简单测量土的导电性对土的组构评估是一种迅速和可靠的手段。

然而事实上，对土的电测量是复杂的。如果使用直流电，测量时将会产生电动耦合现象，如电渗、电化学，它们能够引起系统产生不可逆的变化。另外，当使用交流电（AC）时，测量的响应将依赖于频率。因此当使用电测量的方法和对土的数据加以解释和说明时，需要细心地考虑测量方法对测量结果产生的可能的影响。另外，对频率依赖的土的电性质的测量也可作为评估土的组构和其他工程性质的参考指标，这是有用的。

电容 C 和电阻 R 可以比较容易测得。如果电流仅是一维的，这时导电率 σ 就可以由下式给出：

$$\sigma = L / (RA) \tag{5.5}$$

式中，L 是土样的长度，A 是土样的截面面积。

使用下式可以将电容转变成相对介电常数 D：

$$D = CL / (A\varepsilon_0) \tag{5.6}$$

式中，ε_0 是真空介电常数（$8.854\,2\times10^{-12}\,\mathrm{C^2 \cdot J^{-1} \cdot m^{-1}}$）。

在细颗粒材料中（如黏土），利用交流电场会引起电荷的产生，这些电荷会集中在颗粒表面附近的区域，并且随着交流电的电流幅值往返移动，这种颗粒表面的电荷情况依赖于以下因素：电荷的种类、电荷与颗粒表面相互关联的形式、颗粒的排列及电场的强度和频率。这种振荡的电荷会产生一种极化电流，这种极化电流是可测的。单位体积的电荷数乘以平均位移就是极化率。极化率的大小由材料的成分和结构决定，并且通过介电常数来反映和体现。

对极化现象产生影响的有：偶极转动、颗粒表面累积的电荷孔隙中悬浮的介质、大气离子的畸变与失真、耦合的流、分子系统的扭曲与畸变。极化分子的程度依赖于电荷移动的难易程度和电荷移动的时间。随着频率的增加，介电常数可能降低而传导性可能增加。这些变化称之为"反常色散"。在从零到微波的频率范围内（$>10^{11}\,\mathrm{Hz}$），一些区域的反常色散可能会发展。超过某些频率值时，某些极化机制失效，这将导致连续的反常色散区。仅仅电解质溶液在频率小于 $10^8\,\mathrm{Hz}$ 是不能显示出电导或介电色散效应的，但黏土在无线电频率范围却能显示出电导或介电色散效应。图 5.31 给出了饱和伊利土电导率和介电常数与频率的关系。

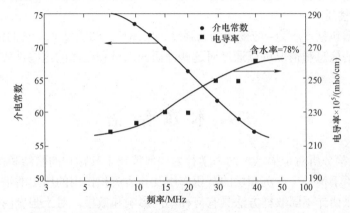

图 5.31　饱和伊利土电导率和介电常数与频率的关系（Arulanandan et al.，1973）

土的低频范围的电反应特征依赖于颗粒粒径及其分布、含水率、电流方向与颗粒优势定向方向的关系、孔隙水中电解质的浓度和类型、颗粒表面特征及样本的扰动情况。

Arulanandan（1991）给出了介电性质、土的成分和一些状态参数（如孔隙率、颗粒形状、组构的各向异性和比表面积）之间的关系。这种理论基于 Maxwell（1881）建立的关系（孔隙率、混合物溶液的介电性质和球状颗粒之间的关系）。

在使用电的性质描述土的性质和状态时，会采用构成因子。构成因子是孔隙水的电导性与湿土的电导性之比，它是一个无量纲参数，并且依赖于颗粒形状、长轴的定向、孔隙率和饱和度。如果土具有各向异性组构，则不同方向的构成因子也是不同的。

3. 土的热传导

热在土中是通过土颗粒、孔隙水、孔隙气而传输的。黏土矿物的热传导率大约为 $2.9\,\mathrm{W/}$（$\mathrm{m \cdot ℃}$），而水和气的热传导率分别为 $0.6\,\mathrm{W/}$（$\mathrm{m \cdot ℃}$）和 $0.026\,\mathrm{W/}$（$\mathrm{m \cdot ℃}$）。土中热主要通过土颗粒而传输。由此当土的孔隙比较小、颗粒之间接触的数量和面积较大或饱和度较高时，其热传导率会较高。典型土的热传导率范围可能在 $0.5\sim3.0\,\mathrm{W/}$（$\mathrm{m \cdot ℃}$）。

热传导率可以通过相对简单的瞬态热流方法确定，该法使用一个线状的热源（称为热针）

插入土中。热针有发热线和温度传感器。热针以不变的速率产生热，在 t_1 和 t_2 时刻产生的温度分别为 T_1 和 T_2，相应的热传导率 k 应满足下式：

$$k = \frac{4}{Q}\pi \frac{\ln t_2 - \ln t_1}{T_2 - T_1} \tag{5.7}$$

式中，Q 为 $t_1 \sim t_2$ 时间范围内输入的热量。Mitchell 和 Kao（1978）介绍了这种方法，并描述了对结果具有影响的一些因素。

不同方向的不同的热传导率提供了对土的各向异性的一种度量。例如，3 个具有水平方向优势定向的土样，它们的水平热传导率 k_h 与竖向热传导率 k_v 之比在 1.05～1.07 范围内，依赖于土的类型、固结压力和土样的扰动情况（Penner，1963）。顶部位置向下插入的热针，其热流方向是水平方向，则由式（5.7）确定的 k 值是 k_h。当热针从侧面水平插入得到 k_i 值，Carlslaw 和 Jaeger（1957）给出的公式表明它与 k_v 和 k_h 值之间的关系

$$k_v = k_i^2 / k_h \tag{5.8}$$

热针探测技术也可以用于探测在同一材料中不同位置的密度差别（Bellotti et al.，1991），并可以评价土中由于力和环境引起土的状态变化而导致密度、含水率、结构的变化。

4. 土的力学性质

土的力学性质包括：应力–应变行为、强度、压缩性、渗流性质，它们依赖于土的组构。所以，关于组构的信息和情况可以通过对这些性质的测量和已知的这些性质与组构的相互关系而推导得到。

5.9 本章结语

研究表明，组构分析对于揭示土的力学行为如何依赖于其颗粒的联结和排列是有意义的。组构的信息可以用于推导一个沉积层的沉积作用及其后沉积作用的历史的细节。通过土样组构变化的研究可以估计不同取样方法具有何种不同影响和效果。对土强度的变化机制、峰值和残余强度的本质及应力–应变行为，土的组构研究可以提供更加深入的理解。

间接的组构研究方法对于确定现场土的性质、均匀同质性和各向异性通常是有用的。这种方法，对于评估供实验室使用的重塑土样能否正确地反映和重构现场条件，可能会有价值。土的特殊本质及离散颗粒和粒组的许多可能的联结形式意味着：一种给定成分的土可能有许多不同的组构并且土的状态变化的范围很宽，而且上述每一种情况都具有一系列相应的特殊工程性质。

思 考 题

1. 土的结构与组构有何区别与联系？
2. 为何需要注意土的组构的尺度？三级组构是如何定义的？
3. 土的组构有哪些测试方法？各种方法有何优缺点？
4. 组构与孔隙比有何关系？
5. 为何说，土的结构涉及很多微观的相互作用，不像人们通常感觉的那样简单？
6. 试较详细地讨论土的结构与组构不同的那部分情况和内容。

6 土的成分、形成、结构与其工程性质和稳定性

6.1 土的成分与其工程性质关系概述

土的工程性质与很多复杂因素及它们之间的相互作用密切相关，这些因素可以分为两组：一组是本征因素，另一组是环境因素。

本征因素决定了土体工程性质可能的取值范围。本征因素包括：矿物的种类；每种矿物的含量；吸附离子的种类；颗粒的形状和粒径分布；孔隙水的成分；其他组分的种类和含量，如有机物、二氧化硅、氧化铝和氧化铁。这些本征因素对土的工程性质的影响可以使用扰动后的重塑土样方便地进行研究（因为扰动不能改变土的本征因素）。

环境因素影响了土体工程性质的实际取值。环境因素包括：含水率（饱和度）；密度；围压及外部力学作用（包括附加荷载）；温度；组构（它是外部环境作用的结果，而不是本征不变的因素）；水及水的作用（包括梯度作用即渗流作用）。研究环境因素（从发展、变化的角度考虑）对土的工程性质的影响时通常要求利用现场实测或采用未扰动土样进行实验。

根据土的分类标准，如果碎石和砂的重量超过50%，这种土被称为粗颗粒土、粒状土或无黏性土；而如果细颗粒土（粉土和黏土）的重量超过50%，则这种土被称为细粒土或黏粒土。土力学中当使用黏性土和无黏性土时要注意，因为在粗粒土中即使仅存在百分之几的黏土矿物也可以给粗粒土赋予塑性特质并造成影响。

无黏性土的工程性质可用相对密度来表征，受到围压等影响。黏性土的工程性质可用塑性指数来表征，受当前含水率、固结历史等影响。图6.1给出了粗粒土和细粒土的一些工程特征并进行了比较。土的成分因素和环境因素的组合效应对土的3种主要性质（渗流、变形、强度）的影响将在后面讨论。

想要将影响土体行为的所有本征因素和环境因素表征出来是不可能的，理由如下。

（1）天然土的成分大多十分复杂，且难以确定。

（2）颗粒接触之间的相互作用和液相组分之间所产生的物理–化学的相互作用是复杂、多变的，并难以合理地定量描述。

（3）从工程的角度（考虑强度、变形和渗流这3个方面）出发，有意义地、定量地确定和表示土的组构是困难的。

（4）**在实验室中难以模拟过去的地质历史和当前的现场环境，如边界条件（渗流条件）。**

（5）目前的物理化学和力学理论难以实现定量地描述土的成分和环境作用。

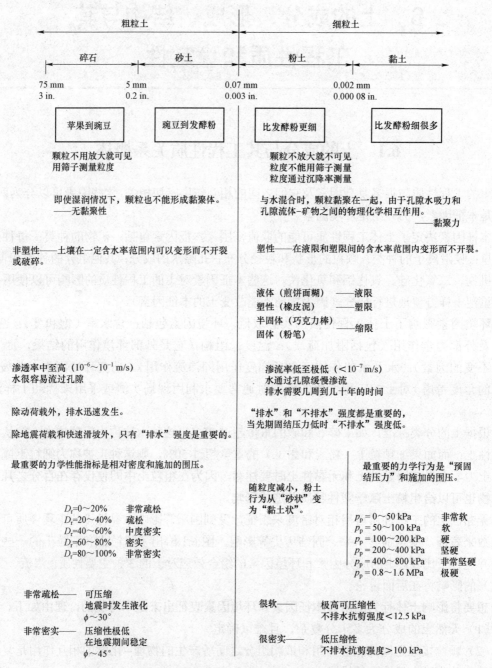

图 6.1　土的成分因素和环境因素对其工程性质的影响的图示

　　尽管存在上述问题，**土的成分数据对于理解土的性质并用于指导和建立反映土的实际行为的定性和半定量的关系是很有意义的**。所以本章前半部分将概述一些土的成分因素和工程性质之间的关系。

6.2 土的结构与工程性质概述

土的特殊组构和结构的早期研究以一些理论假定和前提为主，这些假设可以用来解释土体的一些行为，比如黏土重塑的强度损失、不同环境下沉积土层的不同性质、湿陷土和液化土、蠕变和次压缩、变形过程中孔隙水压力的产生、各向异性、触变硬化及摩擦滑动和黏聚等。

一般土的结构一词可用来指土的组构及其稳定性。土的组构的稳定性很重要，它主要是由土颗粒或颗粒集聚体总体的松散程度和联结情况（联结的几何方面隶属于组构，但相互作用不属于组构）所决定的。土组构的稳定性对应力和化学环境的变化是很敏感的。即使土具有同样的组构，但如果颗粒之间或颗粒集聚体之间的相互作用力不同，它们的性质也会不同。因此土颗粒、颗粒集聚体和它们之间的联结作用，以及附加应力和粒间作用力等，所有这些因素共同决定了整个土体的结构。

土的结构也可用于描述自然状态土与具有相同孔隙比但被彻底重塑的同一土之间的不同与差别，或者自然状态的土与重塑后并重新施加原始应力状态的土之间的差别。彻底重塑和重新加工、制作的土被称之为土的解构。**实际上每一种天然的、无扰动的土都具有其自身特殊的结构。**正像 Leroueil 和 Vaughan（1990）所强调的那样，土的结构对确定其工程性质的影响，就像孔隙率和应力历史等这些重要因素的影响一样，都是同等重要的。

残积土层和搬运沉积土层是如何形成的；土层的形成过程及随后整个变化过程是如何影响土的结构的（并具有特殊的工程性质）；其工程性质及与其相关联的行为是如何产生相互联系的；在岩土工程应用中，为什么其形成过程和其工程性质是相互关联的。这些就是本章后半部分将要讨论的主题。

6.3 研究土的成分和工程性质之间关系的方法

研究土的成分和工程性质之间的关系可以采用以下两种方法。

第一种方法是采用天然土。利用天然土确定其成分和工程性质，并建立其成分和工程性质之间的关系。这种方法的优点是测量得到的性质就是土天然状态下具有的性质，其缺点是在天然状态下土的成分分析比较困难和耗时，并且对土中所含有的某些矿物和其他组分，如有机物、二氧化硅、氧化铝和铁的氧化物等，单独分析每个组分的作用可能会很困难。

第二种方法是采用人工合成土，并用此种土确定其工程性质。通过混合可以买到的、相对纯度较高的、不同的黏土矿物，再掺入粉土和砂，就可以制备出已知成分的土样。虽然这种方法操作起来很容易，但其缺点是纯矿物的性质可能会不同于天然黏土中矿物的性质，一些重要的组分之间的相互作用可能会丧失。当采用这种方法对组分（如有机物、氧化物和黏结物及其他的化学效应）的影响进行研究时，它能否成功目前还不确定。

不论使用哪种方法，至少有两个困难。第一个困难是任何沉积土的成分和性质在时间和空间上通常变化很大，导致代表性土样的选择很困难。沉积土的成分和结构在很短的距离（如几厘米）内就可能会发生变化，特别是残积土，可能很不均匀。另外，经过一定时间后，其性质也会改变。

第二个困难是土的不同组分可能不会直接影响其性质，且其宏观性质也不一定与当前组分含量成比例关系，因为**物理和物理化学的相互作用也会间接地影响其工程性**，**并且这部分作用难以定量地描述**。作为物理相互作用的一个例子，对具有相同比例的均匀的砂和黏土进行混合，砂和黏土都具有相同的击实后重度 17 kN/m³，但它们的混合物却不会具有相同击实后的重度 17 kN/m³。实际上，混合物的重度竟然达到 20 kN/m³，这是因为黏土颗粒可能会充填到砂土颗粒的孔隙中。

图 6.2 给出了不同黏土矿物之间的物理化学相互作用对液限的影响，涉及高岭土–膨润土混合物及伊利土–膨润土混合物（伊利土约占 40%），其余的多数是非黏性粉土。用这些土制备土样，并测定其液限。在图 6.2 中，如果每一矿物影响与其含量成正比，那么混合土液限的期望值应该如图 6.2 中的虚线所示，然而实测值却如图 6.2 中实线和点所示。高岭土–膨润土混合物测量值接近理论值，而伊利土–膨润土混合物的液限值却比理论预测值小很多。这种结果是由于伊利土中过量盐分所导致的。因为当这种含有过量盐分的伊利土与膨润土混合时，它会阻碍蒙脱土颗粒层之间存在的水进行充分膨胀，这就是物理化学作用的结果。

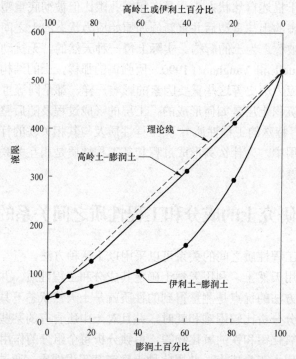

图 6.2　不同黏土矿物之间的物理化学相互作用对液限的影响

6.4　粒状土的工程性质

粒状材料的力学行为主要是由其内部结构和施加的有效应力所控制的。粒状材料由于**黏聚力相对较小**，**因此其结构主要是指组构的作用和影响**（排除毛细作用）。颗粒状土的组构依赖于颗粒的粒径、形状、排列和分布及其接触，它也涉及密度和各向异性，孔隙的大小、形状、分布（包括排列），孔隙水的分布（非饱和土），这些构成了土的组构。其中颗粒材料的组构特征已经在第 5 章中讨论过了。

1. 颗粒粒径及其分布

图 6.3 给出了土粒径的可能范围，图中用同一尺度的坐标来描述不同尺寸粒径的土颗粒。图 6.3 中上端最大粒径的颗粒是隶属于细砂的颗粒。人的视力能够看到颗粒最大粒径是 0.06 mm。图 6.3 给出的颗粒尺寸的表达要比土力学中粒径级配曲线的表达直观得多，并且更容易理解。

最初，无黏性土的性质是通过其粒径级配而反映的。冲积形成的阶地沉积土和风积土通常具有分选和级配较差的特性。冰积土，如砾石黏土和冰碛土，通常具有很好的级配，并且其粒径变化范围也较宽。级配好的土中，小颗粒会落入大颗粒形成的孔隙中。较好级配的无黏性土通常是采用振动方法将其击实的，采用该法可以相对容易地将其击实到较高的密度。**土中的细颗粒部分因内部侵蚀和渗流而失去，则可能会导致土的工程性质产生较大的变化**。均匀土的级配通常用于控制土中的排水，因为级配好的土不太可能会产生细颗粒因侵蚀和渗流而丧失的情况，并且其传导性能够维持在确定的、较小的限制范围内。

级配曲线的斜率是通过不均匀系数 C_u 表征的，即

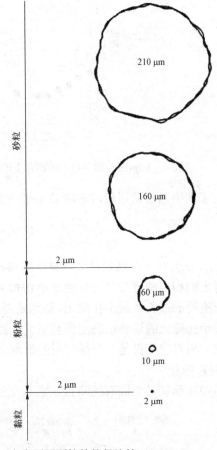

图 6.3　土中不同颗粒的粒径比较（Mitchell et al.，2005）

$$C_u = d_{60} / d_{10} \tag{6.1}$$

式中，d_{60} 和 d_{10} 分别表示小于该粒径的土粒含量占土的总重量的 60% 和 10% 的等效粒径。C_u 是描述土的均匀性的系数，C_u 越大，土越不均匀。当土的不均匀系数 C_u 大于 5～10 时，这种土被认为是良好级配的土。

通常用最大和最小孔隙比（或最小和最大密度）分别反映土的最疏松和最密实状态。与很好级配的土相比，较均匀颗粒土可能的密度范围也将会很小。**含有棱角的土颗粒和光滑、无棱角的土颗粒相比，会趋向于产生较低的密度**。并且，**具有棱角且强度和刚度较弱的土，当压缩、击实和变形时，可能更加容易被压碎**。图 6.4 给出了混合不同比例的砂和粉土时最大和最小孔隙比的变化情况。当粉土含量低时，粉土颗粒会填入到较大砂粒的孔隙中，这种砂-粉土混合土的孔隙比会随着粉土含量的增加而减小。但是当粉土充分占据了孔隙空间时，再继续增大粉土含量就会导致砂土在粉土基质内流动，这时整个土体的孔隙比会随着粉土含量的增加而增加。

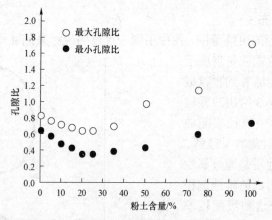

图 6.4   Monterey 砂–粉土的混合土的最大和最小孔隙比（Polito et al.，2001）

岩土工程中通常采用相对密度 D_r 评价无黏性土的工程性质。其表达式为

$$D_r = \frac{e_{\max} - e}{e_{\max} - e_{\min}}\qquad(6.2)$$

式中，$e_{\max}$、$e_{\min}$ 和 e 分别是最大、最小和现在的孔隙比。

粒状土的相对密度与其工程性质密切相关，但也存在一些不足，如不同的标准实验方法可能给出不同的最大或最小孔隙比，特别是当考虑大多数现场砂和砾石的密度的随机变化时，最大或最小孔隙比的这种不确定性会更大。然而，如果能够适当地给予解释，对无黏性土的性质而言，相对密度仍是一个很有用的量度。

2. 颗粒形状

土的颗粒形状是土固有的特征，它对土的力学行为有重要影响。图 6.5 给出了依赖于尺度的颗粒形状特征的描述。当颗粒尺寸较大时，颗粒本身的几何形态可以描述为：球形、圆形、块状、整块的、片状的、椭圆状的、细长的等。当颗粒尺寸较小时，颗粒表面结构十分重要，反映了局部粗糙的特征，如表面的光滑性、边与角的圆度及表面粗糙度。

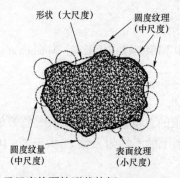

图 6.5   依赖于尺度的颗粒形状特征（Mitchell et al.，2005）

除了云母外，大多数非黏土矿物是以较大土颗粒的形式而存在的。石英颗粒会随着其颗粒粒径的变小而变得扁平，当进一步变小，直到接近黏土颗粒的尺寸时，石英可能会具有扁平的几何形态（Krinsley et al.，1973）。大多数土颗粒的 3 个方向的尺度是不等的，并且差别非常大，**黏土颗粒或相同尺寸的无黏性土颗粒，大多数是扁平状、片状或线状的**。图 6.6 给出了 Monterey No.0 砂颗粒的长宽比的频率直方图。这种级配良好的海滩砂主要由含有一些长石的石英组成。所有颗粒平均长宽比为 1.39。就很多砂和粉土而言，这种长宽比是一种典型的情况。

土力学中颗粒的几何形态曾经使用标准的图表进行描述，每一颗粒都可以据此进行比较和分类。图 6.7 给出了一个典型的图表和一些例子。**球度定义为：与颗粒等体积球的直径与颗粒的外切球形直径之比。而圆度定义为：颗粒的角和边界的平均曲率半径与其可内接最**

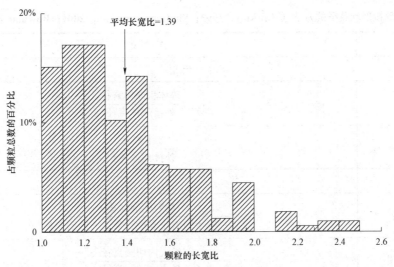

图 6.6　Monterey No.0 砂颗粒的长宽比的频率直方图（Mahmood，1973）

大球面的曲率半径之比。球度和圆度是 2 个具有不同几何形态性质的度量。**球度主要依赖于长度方向的情况**（看颗粒是三维的还是二维的甚至是一维的情况），而**圆度较大地依赖于颗粒凸起角的锐利程度**。也有人对球度和圆度给出不同的定义，见表 6.1。由于存在不同的定义，因此对颗粒形状进行定量描述时要准确说明其定义。

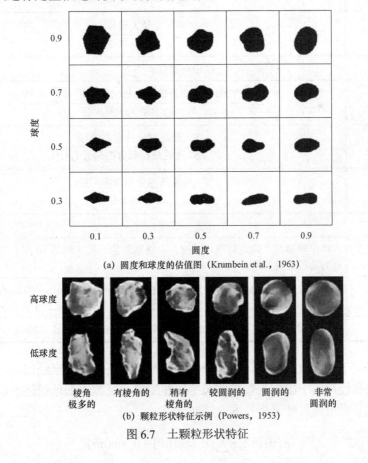

(a) 圆度和球度的估值图（Krumbein et al.，1963）

(b) 颗粒形状特征示例（Powers，1953）

图 6.7　土颗粒形状特征

表 6.1 描述颗粒形状特征的方法（Hawkins，1993；Santamarina et al.，2001；Bowman et al.，2001）

方法	定义
形态—球形	
球度 1	$\dfrac{\text{等体积球体直径}}{\text{外接球体直径}}$
球度 2	$\dfrac{\text{颗粒体积}}{\text{外接球体体积}}$
球度 3	
投影球度	$\dfrac{\text{颗粒轮廓面积}}{\text{直径等于圆周轮廓最长长度的圆的面积}}$
内切圆球度	$\dfrac{\text{最大内切圆直径}}{\text{最小内切圆直径}}$
形态—椭圆	
离心率	$\delta_{\mathrm{p}} / R_{\mathrm{ap}}$，其中椭圆在极坐标中表示为 $R_{\mathrm{p}} + \delta_{\mathrm{p}} \cos(2\theta)$
伸长率	$\dfrac{\text{最小直径}}{\text{垂直于最小直径的直径}}$
长细比	$\dfrac{\text{最大尺寸}}{\text{最小尺寸}}$
纹理—圆度	
圆度 1	$\dfrac{\text{表面曲线特征曲率半径的平均值}\left(\sum r_i\right)/N}{\text{可内切的最大球面半径 } r_{\max}}$
圆度 2	$\dfrac{\text{最凸部分的曲率半径}}{0.5(\text{通过最凸部分的最长直径})}$
圆度 3	$\dfrac{\text{最凸部分的曲率半径}}{\text{平均半径}}$
形态—纹理	
傅里叶法	第一阶和第二阶谐波表征球度，而更高阶的谐波（约第 10 次）表征圆度。表面纹理的特征是更高阶的谐波
傅里叶描述干法	使用复平面比傅里叶方法更灵活（Bowman et al.，2001）。较低的谐波赋予形状特征，如伸长率、三角形、方形和对称性。较高阶的谐波（大于第 8 次）表征纹理特征
分形分析	用作纹理的衡量标准（Vallejo，1995；Santamarina et al.，2001）

近些年，借助于数字成像技术，用于分析颗粒形状数据的技术已经得到了巨大的改进，可用的标准软件已经可用于确定土颗粒的长宽比和圆度。更加详细地描述土颗粒形状特征的一个方便的方式是采用傅里叶分析技术。例如

$$R(\theta) = a_0 + \sum_{n=1}^{N}\left[a_n \cos(n\theta) + b_n \sin(n\theta)\right] \tag{6.3}$$

式中，$R(\theta)$ 是角度为 θ 时的半径，N 是总谐波数，n 是谐波数，a_i 和 b_i 分别是第 i 个谐波给定幅值和相位的系数。较低的谐波数可以给出整体形状的大致描述，例如，球度可以通过第 1 阶和第 2 阶谐波表示。高阶谐波的系数值通常会随着谐波阶数的增加而衰减，它们表示较小的细部特征（如表面结构）（Meloy，1977）。表 6.1 给出了其他一些描述颗粒形状的拟合方法。对颗粒形状特征的进一步讨论可以参考以下文献：Barrett（1980）、Hawkins（1993）、Santamarina et al.（2001）和 Bowman et al.（2001）。

当均匀尺寸的球形颗粒聚集时，最疏松状态的排列是简单立方的堆积，其孔隙比为 0.91；而最密实的堆积是四面体的排列，其孔隙比为 0.34。**颗粒的形状会影响孔隙比的最大和最小值**，如图 6.8 所示。当颗粒的棱角变多或圆度减小时，孔隙比会增加（表 6.1 中第一个圆度的定义）。当颗粒的棱角更多，R 会减小至 0。**孔隙比也是颗粒粒径分布的函数，其值会随着粒径范围的增加**（不均匀系数 C_u 也会增加）**而减小**。

摩擦角随着颗粒棱角度增加而增加，这可能是配位数增加的结果。例如，休止角与圆度的关系在图 6.9 中给出。Santamarina 和 Cho（2004）给出了如下线性拟合关系：

$$\phi_{\text{repose}} = 42 - 17R \tag{6.4}$$

式中，R 是圆度系数（表 6.1 中第一个圆度的定义）。Sukumaran 和 Ashmawy（2001）在三轴排水实验中，摩擦角和颗粒形状之间也有相似的数据。

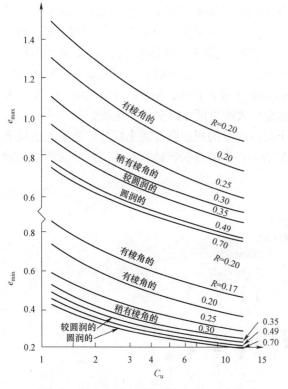

图 6.8　最大和最小孔隙比与不均匀系数
C_u 的关系（Youd，1973）

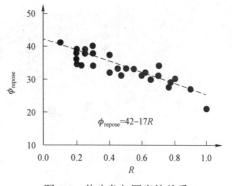

图 6.9　休止角与圆度的关系
（Santamarina et al.，2004）

3. 土颗粒的刚度

土体小应变的变形源于颗粒之间接触点的弹性变形。接触力学表明，颗粒的弹性性质控制了颗粒接触点上的变形（Johnson，1985），并且这种变形反过来会影响颗粒集合体的刚度。表 6.2 给出了不同矿物和岩石的弹性性质。单个颗粒的模量（它确定了颗粒之间的接触刚度）至少是大于颗粒集合体的。关于颗粒刚度和颗粒集合体的刚度之间的关系将在以后详细讨论。

表 6.2 室温下地质材料的弹性性质（Santamarina et al.，2001）

材料	杨氏模量/GPa	剪切模量/GPa	泊松比
石英	76	29	0.31
石灰岩	2～97	1.6～38	0.01～0.32
玄武岩	25～183	3～27	0.09～0.35
花岗岩	10～86	7～70	0.00～0.30
赤铁矿	67～200	27～78	—
磁铁矿	31	19	—
页岩	0.4～68	5～30	0.01～0.34

4. 土颗粒的强度

颗粒的抗压碎性对颗粒材料在高压力下的力学行为具有很大的影响。高压力时，砂土的压缩到达压碎阶段，这时 e-p' 压缩曲线已经变得类似于正常固结土的压缩曲线（Miura et al.，1984；Coop，1990；Yasufuku et al.，1991）。常应力作用下，土颗粒的破碎量会随着时间的延长而增加，通常把这种情况归类于蠕变（Lade et al.，1996）。土中颗粒的压碎量依赖于每个压碎颗粒的强度和刚度，也依赖于所施加的应力是如何在土颗粒之间和聚集体中传递的（依赖于组构）。

土颗粒的强度或硬度是通过接触压碎或颗粒张拉开裂来表征的。对于特定的材料和给定的尺寸，个体颗粒的强度具有统计变异性（Moroto et al.，1990；McDowell，2001）。当较大应力施加在土体上时，土颗粒强度的随机变化会导致颗粒尺寸的变化与重新分布。图 6.10 列出了一些土颗粒的张拉强度特征，其数值小于材料自身的屈服强度。土颗粒的强度也依赖于它的形状。例如，Hagerty 等人（1993）的研究表明，带棱角的玻璃颗粒比同尺寸的圆玻璃颗粒更易于破碎。

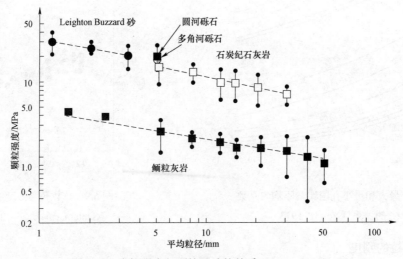

图 6.10 张拉强度与颗粒尺寸的关系（Lee，1992）

表 6.3 土颗粒的强度（Mitchell et al., 2005）

名称	尺寸	抗拉强度/MPa	平均强度/MPa	参考文献
石英				
Leighton Buzzard 硅砂	1.18	—	29.8	Lee（1992）
	2.0	—	24.7	
	3.36	—	20.5	
Toyoura 砂	0.2	147.4	136.6	Nakata et al.（2001）
Aio 石英砂	0.85	51.2	52.1	Nakata et al.（1999）
	1.0	47.7	46.6	
	1.18	37.9	35.6	
	1.4	46.7	42.4	
	1.7	39.6	38.5	
硅砂	0.5	147.4	132.5	McDowell（2001）
	1	66.7	59.0	
	2	41.7	37.3	
硅砂	0.28	110.9	147.3	Nakata et al.（2001）
	0.66	72.9	73.1	
	1.55	31.0	29.7	
长石				
Aio 长石砂	0.85	20.9	24.6	Nakata et al.（1999）
	1.0	24.3	22.8	
	1.18	18.1	18.2	
	1.4	23.1	21.4	
	1.7	18.9	18.3	
钙质砂				
鲕粒灰岩颗粒	5	—	2.4	Lee（1992）
	8	—	2.1	
	12	—	1.8	
	20	—	1.5	
	30	—	1.3	
	40	—	1.2	
	50	—	1.1	

名称	尺寸	抗拉强度/MPa	平均强度/MPa	参考文献
石炭纪石灰岩颗粒	5	—	14.9	Lee（1992）
	8	—	12.2	
	12	—	10.3	
	20	—	8.3	
	30	—	7.0	
	40	—	6.2	
	50	—	5.7	
Quiou 砂	1	109.3	96.19	McDowell et al.（2000）
	2	41.4	36.20	
	4	4.2	3.87	
	8	0.73	0.63	
	16	0.61	0.54	
其他				
Masado 风化花岗岩土壤	1.55	24.2	22.1	Nakata et al.（2001）
玻璃珠	0.93	365.8	339.6	Nakata et al.（2001）
带棱角的玻璃颗粒	0.93	62.1	60.0	Nakata et al.（2001）

　　单个土颗粒的破坏势是随着颗粒自身尺寸的增加而减小的，参考表 6.3。这是由于较大的颗粒趋向于含有更多、更大的瑕疵和微裂纹，所以它们具有较低的抗压和抗张拉强度。图 6.10 表明，鲕粒灰岩、石炭纪石灰岩和石英砂表现出其强度与其颗粒尺寸在双对数坐标系中呈线性衰减的关系（Lee，1992）。

　　土颗粒体中，**颗粒压碎量不仅依赖于颗粒强度，而且还依赖于不同尺寸颗粒的排列和接触点数及接触力的分布**。也有观点认为，尺寸大的颗粒会更有可能被压碎，因为土单元中法向接触力随着颗粒尺寸的增大而增大，而给定颗粒缺陷的概率也是随着颗粒尺寸的增大而增大的，参见图 6.10。然而，如果颗粒较大，它与周围颗粒的接触点数就相对较多，它所承担的荷载或应力就会随着接触点数的增加而减小，断裂的概率也会小于接触点少的情况。实验证据表明，增加压力就会使颗粒破碎并增加细颗粒的含量。作为一个例子，图 6.11 给出了 Ottawa 砂在一维压缩时颗粒级配曲线的演化情况（Hagerty et al.，1993）。**接触点数控制了依赖于颗粒尺寸的颗粒强度**。大颗粒具有相对较多的接触点数，因为它会与更多的小颗粒接触。颗粒越小，就具有越小的接触点数，这是因为颗粒越小，可供接触的颗粒的可能性（机会）就越小。所以，**土的聚集体中，最大的颗粒会受到周围新形成的小颗粒的保护，而越小的颗**

粒就越有可能被破坏或移动。

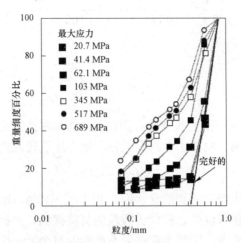

图 6.11 土的级配曲线在压碎过程中的演化（Hagerty et al.，1993）

6.5 黏土的控制性影响因素

通常土中黏土的成分越多，土的塑性越高，其收缩和膨胀势越大，水力传导性越低，压缩性越高，黏性越大，内摩擦角越低。对于粉砂颗粒而言，其表面力及其影响范围与重力（量）和粒径尺寸相比要小，然而对于片状黏土矿物颗粒，因其重量非常小，其表面力作用的影响强烈。孔隙水被很强地吸附在颗粒表面（见第 4 章），并导致黏土具有塑性。非黏性土颗粒具有很小的比表面积，对水的吸附作用也小，不能产生较大的塑性，甚至在无黏性细颗粒土的土层中也是如此。

作为一阶近似，假定所有的孔隙水都被黏土吸附并围绕在黏土周围，则填满粒状颗粒孔隙并防止它们之间直接接触的黏土的需要量是能够在任何含水率的情况下被估计的。将饱和土任一相的重量和体积之间的关系示于图 6.12 中，图中 W 为重量，V 为体积，C 为黏土的重量百分比，G_{SC} 是黏土的比重，w 是质量含水率百分比，γ_w 是水的重度，G_{SG} 是粒状土的比重。粒状的孔隙体积为 $e_G V_{GS}$，其中 e_G 是粒状颗粒相的孔隙比，V_{GS} 是粒状颗粒体积，V_{GS} 的计算式为

$$V_{GS} = \left(1 - \frac{C}{100}\right) \frac{W_S}{G_{SC} \gamma_w}$$

上式可修改为

$$e_G V_{GS} = \left(1 - \frac{C}{100}\right) \frac{W_S}{G_{SC} \gamma_w} e_G \tag{6.5}$$

水的体积加上黏土的体积可以用下式计算

$$V_w + V_c = \frac{w}{100} \frac{W_S}{\gamma_w} + \frac{C}{100} \frac{W_S}{G_{SC} \gamma_w} \tag{6.6}$$

167

如果黏土和水完全充填了粒状土的孔隙，则有

$$\frac{w}{100}\frac{W_{\mathrm{S}}}{\gamma_{\mathrm{w}}}+\frac{C}{100}\frac{W_{\mathrm{S}}}{G_{\mathrm{SC}}\gamma_{\mathrm{w}}}=\left(1-\frac{C}{100}\right)\frac{W_{\mathrm{S}}}{G_{\mathrm{SG}}\gamma_{\mathrm{w}}}e_{\mathrm{G}} \tag{6.7}$$

式（6.7）可以简化为

$$\frac{w}{100}+\frac{C}{100G_{\mathrm{SC}}}=\left(1-\frac{C}{100}\right)\frac{e_{\mathrm{G}}}{G_{\mathrm{SG}}} \tag{6.8}$$

由大颗粒组成的粒状材料最疏松的状态的孔隙比是 0.9 左右。在大多数土中，非黏土部分的比重大约为 2.67，而黏土部分的比重大约为 2.75。把上述值代入式（6.8）中，得到

$$C=48.4-1.42w \tag{6.9}$$

这一关系表明，实际中经常遇到的含水率，如 15%～40%，则当土的固相需要黏土量的**最大值为其三分之一时，便可以防止粒状土颗粒的直接接触，并控制土的行为**。事实上，黏土趋向于覆盖在粗颗粒的表面，则黏土能够显著地影响整个土的性质。例如，在砾石土中仅存在 1%或 2%的高塑性黏土作为填料或聚集体，就足以造成一些影响。

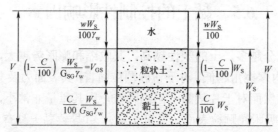

图 6.12 饱和黏土–粒状土混合物的重量和体积关系

6.6 黏土的 Atterberg 界限含水量

Atterberg 界限含水量被广泛地用于黏土的鉴别、描述和分类，并作为预评估黏土力学性质的基础。Atterberg 界限含水量在土力学中潜在的用途是 Terzaghi（1925a）首先指出的，他注意到，简单的界限含水量的实验结果精确地依赖于相同的物理因素，这些物理因素决定了黏土内部的抵抗力和渗流（颗粒形状、颗粒有效尺寸和均匀性），当然这是以很复杂的方式发挥作用的。

Casagrande（1932b）研发了一个标准装置，用于确定黏土的液限，并且注意到非黏土矿物（石英和长石）和水混合后不能形成具有塑性的混合物，即使将其颗粒尺寸研磨至小于 2 μm。更进一步，Casagrande（1948）基于 Atterberg 界限含水量给出了黏土分类的划分系统。这一系统仅作了很少的改动，就被作为统一的分类系统的一部分。图 6.13 给出了一个把塑性指数作为液限函数的图示，该图划分为几个区域，并根据物理性质对这几个区域进行了命名，这个图称为塑性图。塑性图已经成为土的统一分类系统的基础部分。

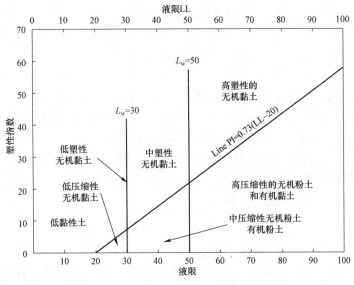

图 6.13 塑性图（Mitchell et al.，2005）

虽然液限和塑限都容易确定，它们与土的成分和其物理性质的定性关系已经被很好地建立起来，**然而液限和塑限概念的解释及它们的具体数值与土成分因素的定量关系却非常复杂。**

1. 液限

液限是一种界限含水率。到达这一含水率时，自由水含量已经多到足以在很小的剪应力作用下就可以使土颗粒产生滑动。它是由动力剪切实验的形式确定的。Casagrande（1932b）推断：液限时土的含水率与该土不排水剪切强度为 2.5 kPa 左右的含水率大致接近。后来的研究指出，与所有细颗粒土的液限相对应的剪切强度为 1.7～2.0 kPa，相对应的吸力为 6 kPa（Russell et al.，1970；Wroth et al.，1978；Whyte，1982）。

使用液限仪和落锥式液限仪可以确定液限值。不同的仪器需要采用不同的标准，因此使用某些与液限相关的关系应该小心。不排水剪切强度是随含水率的变化而变化的，这种变化可以由一系列落锥液限实验而得到。基于落锥液限实验，对不同地质材料的塑性力学的解答也是可以得到的（Houlsby，1982；Koumoto et al.，2001）。进一步借助临界状态土力学，其他一些工程性质（如压缩和强度）也能够经推导得到（Wood，1991）。

表 6.4 给出了一些黏土液限时其水力传导值（Nagaraj et al.，1991）。虽然液限时不同黏土的含水率和孔隙比变化范围很大，但它们的水力传导值却很接近。这意味着所有黏土在液限时控制其流体流动的有效孔隙尺寸必然是接近或相同的。

表 6.4 一些黏土液限时其水力传导值（Nagaraj et al.，1991）

土类	液限 w_L/%	在液限的孔隙比 e_L	水力传导率/（10^{-7} cm/s）
膨润土	330	9.240	1.28
膨润土+砂	215	5.910	2.65
天然海洋土	106	2.798	2.56
风干海洋土	84	2.234	2.42
烘土海洋土	60	1.644	2.63
棕土	62	1.674	2.83

所有黏土到达液限时其强度、吸力和水力传导会趋同，可以通过以下几点来解释：① 集聚体或集群是基本单位，它们通过相互作用产生强度，因此集聚体可以像单个颗粒一样发挥作用；② 所有颗粒表面吸附水层的平均厚度几乎相同；③ 所有黏土集聚体之间孔隙的平均尺寸几乎相等。其中第②点解释了为什么不同黏土会具有不同液限值。**所有黏土本质上都具有相同的表面结构**，也就是说，与硅相配位的四面体氧原子层及与铝或镁相配位的八面体氢氧根层具有相同的表面结构。对不同黏土矿物而言，这些表面相互作用力及吸附水作用应该大致相同。所以，相对于 6 kPa 吸力的单位表面面积的吸附水量应该大致相等。这就意味着：黏土比表面积越大，则会产生越大的总含水率，因此就会降低其液限时的强度。**黏土矿物的比表面积与其液限值有关**，这一观点也可由 Farrar（1967）提出的关系式得到印证，他们针对 19 种英国黏土建立了如下关系式

$$LL = 19 + 0.56A_s \quad (\pm 20\%) \tag{6.10}$$

式中，LL 是液限值，A_s 是比表面积（m^2/g）。

Sridharan（2002）说明和讨论了孔隙液体的电解质浓度、离子价及其尺寸、介电常数对高岭石和蒙脱石的液限的影响。这种影响和前面的解释是一致的，并且也能够说明它们通过双电层对黏土的膨胀、其颗粒的絮凝和反絮凝及强度的影响。

2. 塑限

Terzaghi（1925a）把塑限解释为一种特定含水率，低于这种含水率，其物理性质就不再是自由水的性质了。该含水率首先要足够低，使颗粒之间或颗粒集聚体之间的黏性减小到允许颗粒移动；同时该含水率又要足够高，使重塑土能维持其形状不改变（Yong et al.，1966）。无论水的结构状态和颗粒相互作用力的本质如何，塑限都是含水率范围的一个最低界限值，高于这一界限含水率时，土具有塑性，即土能够变形而没有体积变化或开裂，并且将保持其变形形态；而低于这一界限含水率时，却不能具有此种塑性性质。表 6.5 给出了不同黏土矿物的界限值。据报道，塑限时其不排水强度范围是在 100～300 kPa，平均值为 170 kPa（Sharma et al.，2003）。

表 6.5 不同黏土矿物的界限值（Mitchell et al.，2005）

黏土矿物	液限	塑限	缩限
蒙脱石（1）	100～900	50～100	8.5～15
绿脱石（1）（2）	37～72	19～27	—
伊利石（3）	60～120	35～60	15～17
高岭石（3）	30～110	25～40	25～29
水化埃洛石（1）	50～70	47～60	—
无水埃洛石（3）	35～55	30～45	—
凹凸棒石（4）	160～230	100～120	—
绿泥石（5）	44～47	36～40	—
小铝英石（不干的）	200～250	130～140	—

3. 液性指数

液性指数（liquidity index，LI）定义为

$$LI = \frac{w - w_p}{PI} \qquad (6.11)$$

式中，PI 为塑性指数，PI=$w_w - w_p$，w_w 和 w_p 分别为液限和塑限，即塑性指数等于液限减去塑限。液性指数在表达和比较不同黏土的稠度时是很有用的。液性指数是将含水率相对于土的整个塑性范围含水率的变化进行归一化而得到的，**它与土的压缩性、强度和细颗粒土的敏感性质密切相关。**

4. 土的活性

黏土的类型及其含量影响了土的性质，可通过其 Atterberg 界限含水量来反映这两种因素的影响。而土的活性则可用来区分这两种因素。将塑性指数与黏土尺寸分数（小于 2 μm 颗粒部分的重度百分比）之比称为土的活性（Skempton，1953）：

$$A = \frac{PI}{W_{d \leqslant 2\,\mu m}\%} \qquad (6.12)$$

就很多黏土而言，将塑性指数作为黏土含量的函数，可以得到一个通过原点的直线，图 6.14 给出了 4 种黏土的这种直线。这种直线的斜率代表了土的活性。表 6.6 给出了不同黏土矿物活性的近似值。

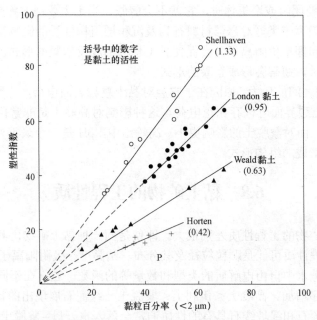

图 6.14 土的塑性指数与黏土粒径小于 2 μm 重度的百分比的关系（Skempton，1953）

表 6.6 黏土矿物活性的近似值（**Mitchell et al., 2005**）

黏土矿物	活性值
Smectites	1～7
Illite	0.5～1
Kaolinite	0.5

黏土矿物	活性值
Halloysite (2H$_2$O)	0.5
Halloysite (4H$_2$O)	0.5
Attapulgite	0.5～1.2
Allophane	0.5～1.2

土的活性越大，黏土部分对土的整体性质的影响也越大，并且土的活性对控制塑性的因素（如置换离子的类型和孔隙液体的成分等）也越加敏感。例如，Belle Fourche 蒙脱土的活性（当镁离子作为置换离子时）为 1.24，它可以变化到 7.09（当置换场地为钠饱和时）。另外，Anna 高岭土的活性变化范围仅从 0.30 到 0.41（针对 6 种离子形式）（White，1955）。

6.7　可置换阳离子和 pH 的影响

当有水浸入膨胀性黏土矿物时，其中阳离子可以对其膨胀量产生巨大影响。例如，钠和锂蒙脱土，当有足够的水浸入并且其围压较小、电解质浓度较低时，则其黏土片层之间可以经历非常大的膨胀。另外，无论其他环境怎样，二价和三价形式的蒙脱土当基面距离超过 17 Å，并形成颗粒团组或聚集体时，它就不会膨胀。当土主要由非膨胀黏土矿物组成时，其颗粒表面吸附的阳离子类型对悬浮材料行为及沉积层组构性质的影响都是最重要的。单价阳离子，特别是钠和锂单价阳离子，会促使黏土悬液形成反絮凝的形式；而黏土悬液在二价或三价阳离子作用时，通常会形成絮凝的形式。

pH 会影响颗粒之间的斥力，原因在于它会对黏土颗粒表面电荷产生影响。当土颗粒周围环境的 pH 低时，土边界面可以存在正电荷。这种影响对高岭土是非常巨大的，但对伊利土的影响却没那么大，而对蒙脱土的影响更小。高岭土中，pH 是一个最重要的因素，它控制了土层由悬液沉积所形成的组构形式。

6.8　黏土矿物的工程性质

不同种类黏土矿物的工程性质差别很大。即使是同一种黏土矿物，其性质的变化范围也可能会很大。其工程性质可能是颗粒粒径及其分布、结晶度、吸附阳离子的类型、pH、有机物的存在情况、孔隙水中自由电解质的类型和数量等的函数。通常在不同土中这些因素的重要性随着下面的顺序增加：高岭土＜伊利土＜蒙脱土。绿泥石展现出的特征是在高岭土–含水云母的范围内。蛭石和绿坡缕石具有的性质通常会落入水云母–蒙脱土的范围内。

由于受上述成分因素的影响，本节仅给出工程性质的典型变化范围。不同情况下决定实际数值的因素及其细节将在以后章节中加以分析和讨论。

1. Atterberg 界限含水量

表 6.5 给出了不同黏土矿物的界限值，包含液限、塑限和缩限的变化范围。绝大多数数值是用颗粒粒径小于 2 μm 的土样确定的。针对黏土矿物的 Atterberg 界限含水量，有以下结论：① 任何一种黏土矿物的液限和塑限值可能变化较大；② 任何一种黏土矿物的液限的变化范围大于其塑限；③ 不同黏土矿物组中液限的变化远大于其塑限的变化；④ 吸附阳离子

的类型对高塑性黏土矿物（如蒙脱土）的影响比对低塑性黏土矿物（如高岭土）的影响要大很多；⑤ 增加阳离子的化合价会降低膨胀土的液限值，但却趋向于增加非膨胀土矿物的液限值；⑥ 水埃洛石具有异常高的塑限和较低的塑性指数；⑦ 干燥过程中，塑性越大的黏土，其收缩越大，其缩限也越低。

2. 黏土颗粒的粒径和形状

不同的黏土矿物具有不同的粒径范围（见表 6.7），这是因为黏土矿物成分是决定其颗粒粒径大小的主要因素。表 6.7 给出了土中具有不同粒径范围的矿物成分。通常大多数黏土矿物的形状是片状的（除了埃洛石是管状以外）。**高岭土颗粒相对较大、较厚、较硬，蒙脱土颗粒则很小、很瘦、很薄。**伊利土的大小介于高岭土和蒙脱土之间，其边缘处通常较薄并呈现阶梯状。绿坡缕石由于其双二氧化硅链结构，其形状呈现条状形态。

表 6.7　土中具有不同粒径范围的矿物成分（Soveri，1950）

粒径/μm	主要成分	常见成分	罕见成分
0.1	蒙脱土、贝得石	云母类中间物	微量伊利土
0.1～0.2	云母类中间物	高岭土、蒙脱土	伊利土、微量石英
0.2～2.0	高岭土	伊利土、云母中间物 云母、埃洛石	石英、蒙脱土、长石
2.0～11.0	云母、伊利土、长石	石英、高岭土	埃洛石、蒙脱土（微量）

3. 渗透性（导水特性）

黏土矿物的成分、粒径及其分布、孔隙比、组构和孔隙流体的特性都会影响土的渗透性（导水特性）。从塑限到液限整个含水率范围内，所有黏土矿物的渗透性小于 10^{-7} m/s，对某些具有较低孔隙率的单价离子的蒙脱石矿物，其渗透性范围可能会小于 10^{-12} m/s。对于天然黏性土，通常所观测的渗透性范围是 $10^{-10} \sim 10^{-8}$ m/s。对很多黏土矿物，在相同含水率时对它们的渗透性进行了比较，得到以下次序结果：蒙脱土的渗透性＜绿坡缕石的渗透性＜伊利土的渗透性＜高岭土的渗透性。

4. 黏土的强度

有许多方式可以测量和表达土的抗剪切强度，参考第 11 章。多数情况下，黏土强度用一个莫尔-库仑破坏包线表示，它通常将剪切强度（一般为峰值、临界状态或残余强度）表示为破坏平面上的有效应力（本书中的有效应力通常是指有效正压力，而不包括剪应力，因为一般情况下有效剪应力和总剪应力是相同的，所以不再特别说明）的函数；或是作为一个修正的莫尔-库仑破坏包线的曲线图，该曲线表示了破坏时破坏平面上最大剪切应力与有效应力之间的关系，这种关系也可以表示为平均最大和最小主应力的函数。在所关注的有效应力范围中采用线性拟合方法，给出下面强度公式：

$$\tau = c' + \sigma' \tan \phi' \tag{6.13}$$

式中，σ' 是在剪切平面上的有效正压力，c' 是斜直线在 τ 轴上的截距，通常称为黏聚力，ϕ' 是斜直线与水平方向的夹角，也称为摩擦角。

有效应力的强度包线对表示土的强度与土的成分之间的关系很有用。基于峰值强度，图 6.15 给出了纯黏土矿物和石英在有效应力区域的破坏包线。由图 6.15 可以看到，土的剪切强度随着有效应力的增加而增加。此外，**就土的摩擦角而言，石英最大**，然后按下面顺序递减：高岭土＞伊利土＞蒙脱土。对于给定矿物，其破坏包线的位置及其变化范围是由以下因素的变化所决定的，如组构、吸附离子、pH 和超固结比。图 6.16 中给出了一些天然土类似的破坏包线，图中土的颗粒越细、黏土含量越大，破坏包线趋向于越小。

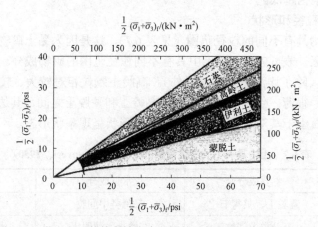

图 6.15　黏土和石英的有效应力范围的破坏包线（Olson，1974）

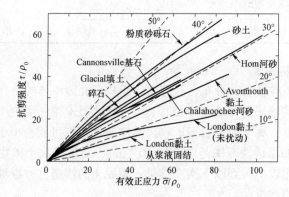

图 6.16　一定范围内土的抗剪强度包线（Bishop，1966）

大量研究者（Hvorslev，1937，1960；Gibson，1953；Trollope，1960；Schmertmann et al.，1960；Schmertmann，1976）指出，某一黏土的总强度由两个不同部分组成。一部分归类于黏聚力，它依赖于孔隙比和含水率，并且与所承受的应变相关（还不是线性关系），此外黏聚力产生的原因很多。另一部分归类于摩擦的贡献，它主要依赖于有效应力。这两部分强度分别通过两个土样在相同孔隙比（或含水率）但不同的有效应力作用下的测量进行了估计。这种条件是通过使用一个正常固结土样和一个超固结土样而得到的。以这种方式确定的强度参数通常称之为 Hvorslev 参数或真黏聚力或真摩擦系数，这种方法确定的正常固结土的强度虽然存在不确定性（见 11.3.1 节的讨论），但这一研究表明，随着黏土塑性和活性的增加，其黏聚力会增加而摩擦作用则会减小。

然而，对同样的黏土，具有同样的孔隙比但却受到不同有效应力作用的两个土样，通常它们会具有不同的组构，对此第 5 章已经讨论过。所以，这两个土样并不等价，通过强度实验所测量的有效应力和结构也是不同的。更进一步且较大范围的有效应力的实验表明，实际上土的破坏包线是曲线，正如图 6.16 中所示。并且黏聚力在竖向（剪应力）坐标轴上的截距是很小的，有时甚至为零。因此，当没有化学黏结作用时，有意义的真黏聚力（如果它定义为破坏面上没有压应力的强度）是很小的。因此，当强度涉及黏聚力时，它有两种含义。其一是颗粒之间的真黏聚力；另一种是根据回归实验数据得到的参数 c 值，它仅是一种实验回归参数，如不固结不排水实验得到的强度参数 c 值，它不反映真黏聚力。

即使是黏土矿物的最大摩擦角，也明显小于无黏性土的残余摩擦角，通常无黏性土的排水实验的摩擦角为 30°～50°。图 6.17 给出了一些石英−黏土混合物的残余强度。如果每一种矿物对强度的贡献是同样重要，则给定混合物的强度曲线在 50% 的点为对称的，就像与具有无盐孔隙水的高岭土和水云母的情况一样。然而在其他混合物中，黏土（当其含量小于 50%时）就开始起控制作用。这是由于黏土具有膨胀黏土矿物（蒙脱土）或絮凝组构，并且湿黏土的体积与石英体积之比远大于干黏土体积与石英体积之比。

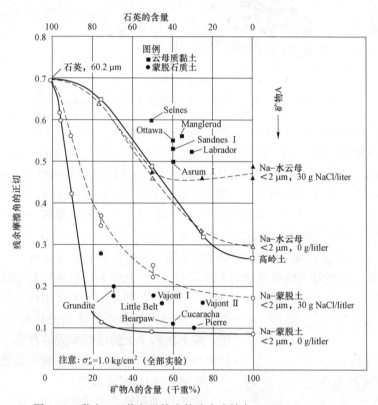

图 6.17　黏土−石英和天然土的残余摩擦角（Kenney，1967）

5. 黏土的压缩

黏土矿物饱和样本的压缩性按以下顺序增加：高岭土＜伊利土＜蒙脱土。压缩指数 C_c 定义为：固结压力作用下单位体积孔隙比的变化量。C_c 的变化范围：对高岭土为 0.19～0.28，对伊利土为 0.50～1.10，对具有不同离子形式的蒙脱土为 1.0～2.6（Cornell University，1950）。**对压缩性越大的黏土，则可以认为：离子的类型和电解质浓度对其压缩性的影响也越大。**

图 6.18 给出了一些天然土的压缩指数作为塑性指数的函数值（Kulhawy et al.，1990）。纯黏土压缩指数的值一般都在图 6.18 给出的范围内。**卸载再加载的压缩指数 C_{ur} 大约是初次加载压缩指数 C_c 的 20%。**

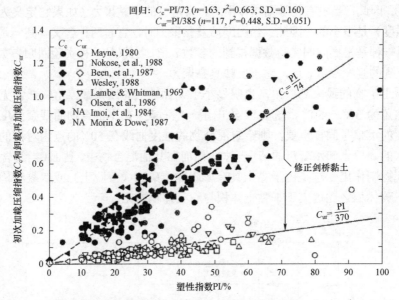

回归：C_c=PI/73（n=163，r^2=0.663，S.D.=0.160）
C_{ur}=PI/385（n=117，r^2=0.448，S.D.=0.051）

图 6.18　一些天然土的压缩指数作为塑性指数的函数值（Kulhawy et al.，1990）

土的压缩性和水的传导性都与土体成分密切相关，而土的固结系数 C_v 又与水的传导性成正比，与压缩系数成反比，因此土的固结系数也与土体成分相关。Cornell University（1950）根据他们的研究给出了一些固结系数 C_v 的数值范围：对蒙脱土为 $0.06\times10^{-8}\sim0.3\times10^{-8}$ m²/s，对伊利土为 $0.3\times10^{-8}\sim2.4\times10^{-8}$ m²/s，对高岭土为 $12\times10^{-8}\sim90\times10^{-8}$ m²/s。Kondner 和 Vendrell（1964）的研究给出了另一组固结系数的范围：对高岭土、伊利土、蒙脱土、埃洛石（多水高岭土）和这些黏土矿物中两种矿物的混合物是从 1×10^{-8} m²/s（对纯蒙脱土）$\sim378\times10^{-8}$ m²/s（对纯埃洛石）。个别的黏土矿物不会影响固结系数与矿物含量的正比关系。

图 6.19 给出了天然黏土固结系数的大致范围。土中固结系数值是针对纯黏土和黏土混合物的，并且是在同样的一般范围内。从对天然土和纯黏土的压缩指数和固结系数的比较可以得到以下结论：黏土控制了土的压缩和固结行为，同时非黏土材料充当了一种作为惰性填料的被动角色。

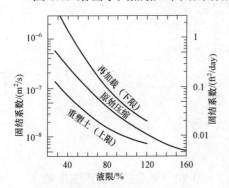

图 6.19　作为液限函数的天然黏土
固结系数（NAVFAC，1982）

6. 黏土的膨胀与收缩

作为所施加应力增量的响应，黏土体积的实际增量是依赖于环境因素的（6.1 节提到过），同时也依赖于阳离子的类型、电解质的类型及其浓度和孔隙水的电解常数。而黏土的膨胀和收缩的潜在总量却取决于黏土的类型及其含量。从黏土矿物的结构和片层之间的联结方式考虑，可以预见：蒙脱土要比高岭土、含水云母在湿化和干燥过程中会经历更大的体积变化。实验表明，也确实如此。通常，**黏土矿物的膨胀和收缩性质遵循着与塑性性质相同的模式**，即黏土矿物具有的塑性指数越大，则它的膨胀和收缩的潜能也越大。Sridharan（2002）就吸附阳离子类型和孔隙液体成分的影响给出了解释和说明。

为了解决在变形较大的土中修建结构物时所遇到的问题，研究人员提出了许多表征土体变形的方法。其中最成功的方法是与可反映黏土矿物成分的指标建立关系，这些指标有缩限、塑性指数、黏土的活性和细颗粒粒径小于 1 μm 部分的百分比。

想要建立膨胀量或膨胀压力与仅反映黏土类型和含量的参数之间的简单、唯一的关系是不可能的，因为土的行为很强地依赖于初始状态（如初始的湿度、密度和结构）和其他环境因素。图 6.20 对此给予了说明，图中给出了 4 条膨胀势与塑性指数的关系曲线（Chen，1975）。其中 2 条曲线显示了 Chen 建立的关系式，它针对不同天然土，含水率为 15%～20%，击实到干密度（单位重度）为 15.7～17.3 kN/m。膨胀过程中不同附加约束压力的影响已经被清楚显示出来。Seed 等人（1962）进行了研究和实验，实验采用了砂和黏土矿物的人工混合物并以最优含水率根据 AASHTO 标准进行击实，容许该试样在 7 kPa 附加约束压力下膨胀。Holtz 和 Gibbs（1956）使用没有扰动试样和重塑试样，在 7 kPa 附加约束压力下，容许试样从气干燥状态到饱和状态过程中进行膨胀，并做了测量和研究。

上述砂和黏土矿物的人工混合物试样的实验结果（Seed et al.，1962b）显示，膨胀与成分因素具有很好的相关性，这些成分因素反映了黏土的类型和含量，即活性 $A = \Delta PI / \Delta C$，C 为粒径小于 2 μm 的颗粒所占的百分比。其关系式为

$$S = 3.5 \times 10^{-5} A^{2.44} C^{3.44} \tag{6.14}$$

式中，S 为膨胀势。基于式（6.14），图 6.21 给出了不同粒径颗粒所占的百分比膨胀势的分类关系曲线。就击实的天然土而言，按照式（6.15），膨胀势与塑性指数的关系具有的精度为 ±35%。

$$S = 2.16 \times 10^{-3} (\text{PI})^{2.44} \tag{6.15}$$

可以找到一些不同的关系式以期更好地划分某些黏土的膨胀势，无法仅用一个关系式就能满足和适合所有的情况和条件。所以，上述公式［式（6.14）和式（6.15）］和关系图（图 6.20 和图 6.21）说明了黏土成分因素的影响，并且提供了实验前的指导，即任何情况下关于膨胀势大小、膨胀的可靠定量和膨胀压力都应该基于具有代表性、没有扰动的试样在适当的限制条件和水化学条件下所进行的实验结果。

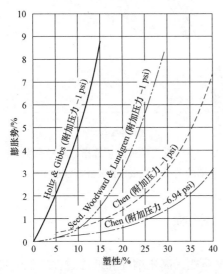

图 6.20　4 条膨胀势与塑性指数的关系曲线图（Chen，1975）

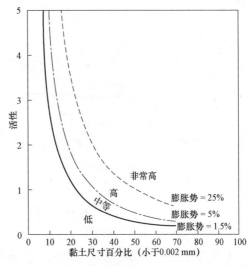

图 6.21　膨胀势函数的划分（Seed et al.，1962b）

7. 考虑时间效应的黏土行为

不同类型的土都可能会呈现出像次压缩、蠕变和应力松弛所描述的与时间相关的现象，参考第 13 章。这些现象与土的成分有关，而不同情况下实际时间相关量则依赖于环境因素。例如，用湿土回填的挡土墙必须按静止土压力设计，因为潜在破坏面的应力松弛会导致墙体土压力的增加。然而，如果采用干土回填并保持干燥，则可按主动土压力设计，因为干土的土压力随时间的增量可以忽略。土中有机物和含水量越大，则其塑性也越大，其行为的时间依赖性也越明显。黏土的类型和含量都很重要，蠕变速率与黏土含量同步变化，图 6.22 给出了 3 种不同黏土矿物–砂的混合物的这种例子。这些实验中通过以下方法保证所有实验受到的环境因素相同，即制备试样时使其具有相同的初始体积（饱和土样在 200 kPa 围压作用下等向固结），并让所施加的蠕变应力等于普通强度实验的 90%。这些样本蠕变速率的变化是塑性指数的函数，并示于图 6.23 中。**这种关系是合理和唯一的，因为塑性指数反映了黏土的类型及其含量。**关于黏土的行为随时间变化的详细讨论，请参考第 13 章的内容。

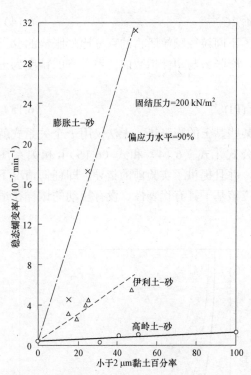

图 6.22　稳态蠕变速率时黏土类型及其含量的影响（Mitchell et al.，2005）

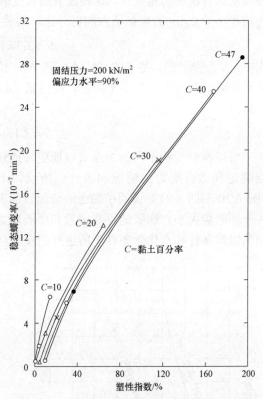

图 6.23　不同黏土粒径时塑性指数与稳态蠕变速率的关系（Mitchell et al.，2005）

6.9　土中有机物的影响

土中存在的有机物可能是导致土产生高塑性、高收缩性、高压缩性和低渗透性、低强度的主要原因。土壤有机物不论在物理还是化学方面都很复杂，并且有机物易与土之间发生反应及相互作用（Oades，1989）。有机物可能会以下面的形式出现：碳水化合物、蛋白质、脂肪、树脂和蜡、碳氢化合物、碳。植物细胞质物质是土的主要有机物成分。地表层残积土中有机物是最丰富的。有机物的颗粒粒径可以小到 0.1 μm。胶粒特有的性质会有很大的变化，它依赖于其母质材料、气候、变质的阶段。土的腐殖质部分的性质像凝胶，并且其颗粒表面带负电荷（Marshall，1964）。**土中有机物颗粒很小，能够很强地吸附在土矿物颗粒表面，并且这种吸附会改变矿物和有机物的本身性质。**当土含有足够丰富的腐蚀有机物时，其一般表现为暗灰至黑色，并具有腐烂气味。当湿度较高，腐蚀有机物可以表现为一个可逆的膨胀系统。然而，在干燥过程中当到达临界状态阶段，这种可逆的膨胀将终止，并且当 Atterberg 界限值降低较大时，这种终止通常会更加明显。土的统一分类系统已经考虑到这种情况，该系统把有机土划分为这样一种土：烘箱干燥后其液限值小于干燥前的液限值的 75%（ASTM，2000）。

增加 **1%**或 **2%**有机碳的含量，对 **Atterberg** 界限值会产生增大的效果，相当于增加了 **10%**至 **20%**的粒径小于 **2 μm** 的细颗粒材料或蒙脱土（Odell et al.，1960）。图 6.24 给出了巴西根据有机物含量划分软土性质的关系图。

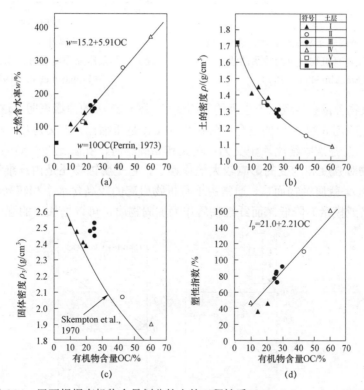

图 6.24　巴西根据有机物含量划分软土的工程性质（Coutinho et al.，1987）

图 6.25 和图 6.26 分别给出了最大干密度和无侧限压缩强度与有机物含量的关系，其中有机物为天然土样及腐叶土与无机矿物土的机械混合物。击实密度和强度都会随着有机物含量的增加而显著地减少，这种关系无论针对天然土样，还是腐叶土与无机矿物土的机械混合物都具有相同的行为。**有机物含量的增加也会导致击实时最优含水率的增加。**

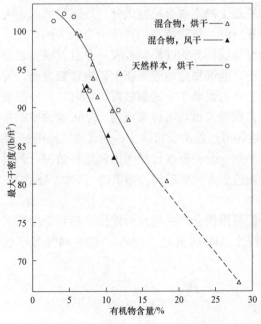

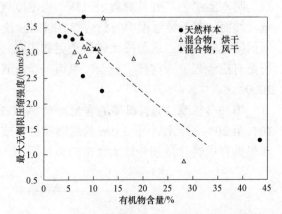

图 6.25　天然土及腐叶土与无机矿物土混合物的
最大干密度与有机物含量的关系曲线
（Franklin et al.，1973）

图 6.26　天然土及腐叶土与无机矿物土混合物的
最大无侧限压缩强度与有机物含量的关系曲线
（Franklin et al.，1973）

土的高有机物含量会导致土产生大的压缩变形，图 6.27 中的曲线表明了这种情况，图 6.27 中土的性质是按照图 6.24 给出的划分。图 6.27 中 CR 是压缩比，定义为 $CR = C_c/(1+e_0)$，并用百分比表示；C_α 是次固结比，定义为：结束初始固结时，孔隙比随时间的变化。

土中有机物对强度和刚度的影响较大地依赖于，它是腐蚀物还是由纤维组成的物质（纤维可以加固土体）。就腐蚀物而言，通常由于有机物引起的较高含水率和较高塑性，会使不排水强度和刚度（或模量）降低。而纤维物质作为加固物质，可以增加土的强度。

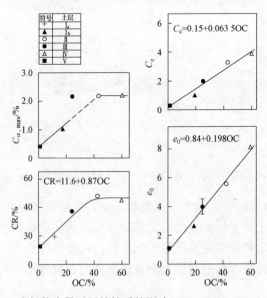

图 6.27　有机物含量对压缩性质的影响（Coutinho et al.，1987）

6.10　土的成分及其影响小结

学习土的成分相关理论将有助于了解土的性质，以及土体对环境的敏感性和变异性。虽然仅由土的成分信息不能得到用于分析和设计土的性质的定量指标和数据，但土的成分信息对于解释土的行为、识别膨胀土、选择土样制备和处理过程、选择土体加固方法和预测将来可能行为都是很有帮助的。

例如，如果已知施工现场的土含有较多的多水高岭土、有机物或膨胀黏土矿物的土中，则室内实验前就不能将这种土样风干，因为风干会改变土样界限值，导致所测的力学特征出现错误。如果土体含有大量的活性较大的黏土矿物，则可以预知，土的性质将对化学环境的变化很敏感。土和其孔隙水的成分数据在评估土的扩散势和腐蚀势及由侵蚀和溶解过程产生的不稳定性风险是非常有用的。

许多情况下，土的成分对其行为的影响是通过以下信息反映的，即土颗粒的粒径和形状、粗颗粒部分的粒径分布及细颗粒部分的 Atterberg 界限值的信息。大型项目中无论何时都可能会遇到不寻常的土的行为，而土成分的数据非常有助于解释和说明这种观测到的土的行为。另外，用常规的性质分类，土的成分和结构因素的影响并不总是能够在这种分类中得到恰当的反映，这就需要更加直接地评估它们的影响和意义。土的成分和结构因素影响特别重要的土类有：花岗岩、热带残积土、火山灰土、塌陷土、湿陷黄土、硅酸盐砂等，Mitchell 等人（1991）对此进行了更为详细的讨论。

6.11　土的结构概念的发展

1. 早期土的结构概念

早期关于土的组构和结构的想法大多是主观推测，因为当时还没有直接观测土颗粒的技术。一个非常有意思的现象是关于常常水量条件下扰动会造成土体的强度损失，如图 6.28 所示。未扰动土的结构敏感性（它定义为：相同含水率的土，其未扰动强度与其完全扰动后的强度之比）可以足够大，导致土体重塑时会丧失强度。

Terzaghi（1925a）表明，接近颗粒表面的**吸附水层具有很高的黏滞性，这是黏土颗粒接触点之间产生很强黏性的原因。**黏土的扰动会导致黏土颗粒接触点处产生断裂，进而更多的水会充填断裂处的空间位置并引起土的强度降低。另外，不同的吸附离子也被认为是导致土体强度和敏感性不同的可能原因（Terzaghi，1941）。Goldschmidt（1926）曾假定，敏感土的颗粒的排列就像"纸牌屋"一样，当土重塑时其结构就会遭到破坏。

Casagrande（1932a）建议了一种海洋黏土结构，其土骨架由夹杂着高压缩性胶结黏土的粉土

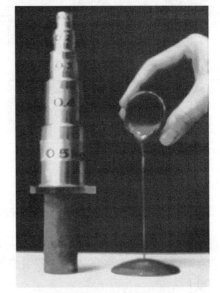

图 6.28　极敏感黏土的强度损失
（Mitchell et al.，2005）

和细砂颗粒组成。该骨架结构被认为是产生海相黏土敏感性的原因。这种组构假定，絮凝的黏土颗粒、粉土和砂粒是在盐水环境中同时沉积而形成的。基本单元之间的孔隙或裂隙中沉积的黏土称为基质黏土，这种基质黏土被假定为仅有部分固结，并具有很高的含水率（意味着孔隙比较大）。重塑过程是把这种基质黏土和具有高压缩性的胶结黏土混合的过程，因此会破坏初始的土的承载结构，并引起强度的降低。

Winterkorn 等人（1947）指出**土的敏感性源于颗粒间的黏结**，它类似于在黄土和砂石中的黏结情况。**这种黏结产生于缓慢的再结晶作用或由具有低溶解度的无机物形成的黏结物质**。

自形成关于土结构的想法以来，目前已经可以较为详细地确定土的组构和成分，并且基于此可以更好地理解土的应力-应变-强度的性质及土的结构与其工程性质的相互联系。有关土的结构现代的概念及它在岩土工程的重要性早在 20 世纪 50 年代就开始形成，例如，Lambe（1953）、Bennett 等人（1986）就黏土的微观结构给出了综述。

2. 关于土的结构及其发展的一般性考虑

土的结构由组构和粒间力系统组成，它反映了土的成分、历史、现在状态和环境等所有方面的作用和影响。图 6.29 总结了决定结构的因素和过程。具有高孔隙率或近期击实的新沉积土层的结构受其初始条件的控制；而经过长时间沉积、具有低孔隙率的土层可能更多地受到沉积后各种新作用的变化的影响。

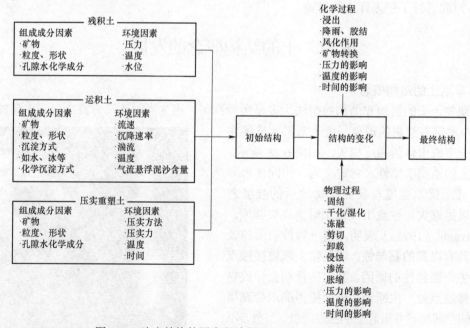

图 6.29　决定结构的因素和过程（Mitchell et al.，2005）

具有黏土的土体中单个颗粒的组构形式是不常见的。微米到毫米的复杂的组构单元或由大的骨架颗粒、黏土聚集体和孔隙组成的更大的构成体是绝大多数细颗粒土结构的特征，如图 6.30 所示。

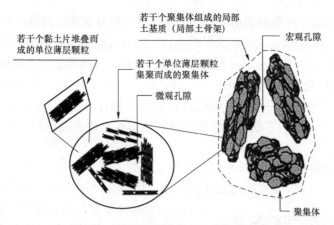

图 6.30　不同尺度下黏土的结构示意图

黏土组构的化学不可逆原理通常可以应用到细颗粒沉积土层中（Bennett et al.，1986）。这一原理揭示了：水中沉积的土在组构形成的初始阶段，化学环境和作用是关键；然而，在土颗粒和沉积层初始絮凝以后，化学过程对组构的变化和后来状态的影响就不是很重要了。这时力学能而非化学能成为影响土的后来行为的控制因素，但也不是任何情况下都是绝对如此。

3. 残积土

残积土的结构和节理是结晶岩石体现场风化而形成的，它们具有非常类似于原始母岩的结构。**黏土颗粒由干湿循环可以形成包裹粉土和砂土的表层物质。**一些区域会形成开放的孔隙组构（开放组构是指颗粒或聚集体之间具有不稳定的连接和不稳定的组构），而其他区域会形成密实的、低孔隙率的组构，**组构的区域性和不均匀性是常见的。**

强烈的风化和侵蚀作用及在热带和亚热带土中发生的与铝和氧化铁的耦合作用所产生土的组构的变化范围是：从开放的颗粒结构到密实的黏土结构。这些材料的凝固和结核是很常见的。例如，肯尼亚的红高岭黏土由"团粒"组成，而"团粒"又是由"亚团粒"构成的；"亚团粒"又可依次分解为"亚－亚团粒"，"亚－亚团粒"具有单个颗粒的随机排列形式（Barden，1973）。此类土的孔隙可划分为两大类：一类大约为 **1 μm** 的不均匀孔隙，另一类为很小的大约 **5 nm** 的孔隙。

4. 冲积土

冲积土在海洋、微咸水或淡水流域能够沉积而形成。单个黏土颗粒是少见的，而在整个盐的浓度范围的水中可以形成颗粒群的絮凝组构。**边对面的絮凝集聚和排列**［类似于图 5.3（e）］，**在海相黏土中是常见的；**具有分散的和混层的形式，类似于交织形式［图 5.3（h）］，主要存在于微咸水下黏土中（Collins et al.，1974）。除了季节性黏土或分层黏土外，粉粒和砂粒土通常比较合理均匀地分布，并且大颗粒之间一般相互不直接接触。**初始的开放式组构是水下沉积土所具有的特征，**它的开放程度依赖于其黏土矿物类型、颗粒尺寸和水化学。水化学包括：总含盐量及单价与二价阳离子之比。微咸水或淡水沉积层的絮凝程度可能较小，所以随后的固结可能引起片状颗粒和颗粒群组**在微咸水或淡水中要比其在盐水中具有更大的择优定向性。**就具有开放组构的土层而言，非常缓慢堆积的速率会比快速堆积的速率产生更高的稳定性。

伊利土集聚形式的范围可以从随机排列到类似书的排列，而高岭土最常见的排列是类似书

排列的集聚形式。蒙脱土中颗粒表面吸附的阳离子的类型及其浓度通常控制了其基本单元的组构形式。钠蒙脱土能够分离出来而成为单位晶层，并且可能形成颗粒群交织网络结构。钙蒙脱土颗粒通常由一些单元晶层组成。一些超强固结的蒙脱土呈现出非常小的优势定向性。

在海相较软的伊利土和微咸水的伊利土中（除了聚集体内部），很少有或没有颗粒的定向性排列。而在淡水的软黏土中，大于 0.5 μm 颗粒的长轴几乎垂直于固结压力的方向排列。源于原始页岩的黏土沉积层，它们自身的聚集体可能是很小的岩石碎屑，在其中黏土片具有高度的定向性。

冰河期之后的敏感性黏土的堆积是具有开放性的，其部分原因是存在很小的片状形态的石英颗粒（Krinsley et al.，1973；Smalley et al.，1973）。小于节理、开裂机制的界限尺寸的颗粒是存在的，所以石英片状颗粒和可能出现的其他非黏土矿物都是长期机械研磨的结果。

有机物，包括微观的小动物、植物碎片、微观有机物和有机化合物，能够对冰河期以后的黏土的结构和性质产生重要影响（Pusch，1973a，1973b）。在距海平面深度为 10 ～ 50 m 的海洋里，细菌的数量是 $1×10^9 ～ 3×10^{11}$ m^{-3}（Reinheimer，1971）。在冰河期之后的黏土中，微生物可能就已经形成，并在海洋中普遍存在了。由于有机物与黏土表面相互作用，有机物被吸附到沉积的聚集体内颗粒的外表面。在新环境中，大多数生物会死亡或因缺少营养处于休眠状态，结果产生出腐殖酸、富里酸和腐殖土。富含有机物的土是具有集聚趋势还是分散趋势，主要依赖于其所处的环境。超薄切片的电子显微镜观测（Pusch，1973a）表明，有机物不论是松软的肉体还是明显的物体，它们都吸附在聚集体的内、外颗粒表面。

沉积过后作为一维压缩结果的土的组构的各向异性通常会导致某些力学性质的各向异性。水流、波浪和滑坡作用也能引起土颗粒的择优定向。例如，图 6.31 给出了 Portsea 海滩砂的组构和定向性。颗粒的长轴方向趋向于平行于海岸线的方向或朝陆地方向倾斜大约 10°。

5. 风积土

风积土（如黄土）的特征为，其颗粒在粉土和细砂的范围内，虽然也存在少量

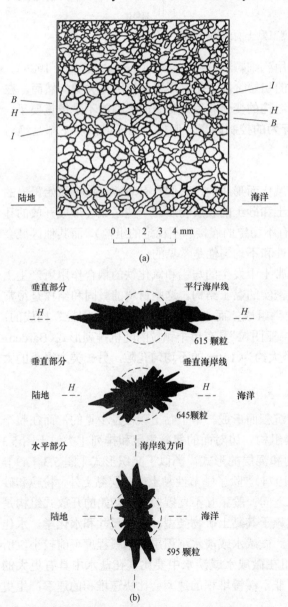

图 6.31　Portsea 海滩砂的组构和颗粒定向
（Lafeber et al.，1971）

的黏土颗粒。这些风积土（通常是非饱和的）如果被饱和，就经常会出现湿陷。这种疏松的亚稳态组构是通过黏土和少许的碳酸盐在颗粒接触处的黏结而维持的。整个宏观组构能够采用大颗粒的排列来描述。

Matalucci 等人（1969）对密西西比 Vicksburg 黄土颗粒的定向性和优势方向进行了观测和描述。颗粒的长轴集中在 285°～289° 方位角的方向，并具有 3°～8° 的倾角。根据该区域黄土的存在形式可推导出：沉积过程中，该区域主导风向的方位角为 290°，从而对观测到的三维各向异性给出了解释。

6. 冰川沉积土

冰川沉积土颗粒粒径具有较宽的范围，来自冰川融化的沉积土的沉积速率也具有很宽的变化范围，并产生一定范围内的组构类型。人们很早就已经注意到，存在由冰川磨蚀所产生的小的、片状石英颗粒。许多冰川消融的粉土和砂土仍然具有多种形式的粒径分布，粗颗粒是经由细颗粒基质连接并分布的（McGown，1973）。基质的组构是变化的。许多组构形式类似于湿陷性土的组构（Barden et al.，1973）。

砾石黏土不同于软沉积黏土，砾石黏土含有较宽的粒径范围，其中一些颗粒达到碎石和卵石的范围，并且它们很密实。作为重新形成冰原的结果，许多砾石黏土层已经承受过较高的竖向和切向应力。**分选差和存在许多不同黏土矿物的类型是这些材料的明显特征**。在微细观尺度下，良好发育的黏土区是普通和常见的，并且可能存在一些软黏土局部区，用以联结某些孔隙，这些孔隙是大颗粒之间的连拱作用所形成的。某些具有较高历史应力的砾石黏土会发展包含剪切区和剪切面的宏观组构特征。

7. 重塑和击实土的组构

一种重塑或击实后的土的组构依赖于以下几个因素：先存组构单元的强度、击实方法、击实或重塑需要的能量和含水率。**常含水率的扰动和重塑所具有的一般效果是破坏絮凝的聚集体**（絮凝意味着松散、开放结构、孔隙比大），**消除剪切面和大孔隙，并且形成宏观上更加均匀的组构**。是否能够形成土颗粒的优势定向依赖于所使用的方法。当明显的剪切面形成时，通常就会有片状颗粒或颗粒群沿着剪切面平行排列的局部区域。

各向异性固结条件下，片状颗粒的长轴一般会沿着大主应力作用面的方向平行排列。等向固结应力会产生各向同性组构（必须假定初始组构也是各向同性的）。

土的击实可以采用不同方法，包括：夯实、振动、碾压和静压。击实方法和土的初始状态对砂和黏土击实后土的工程性质和组构具有重要影响。就黏土而言，含水率是重要的，它控制了在确定的击实能量作用下土颗粒和粒群重新移动和排列的难易程度。

细颗粒土击实后，其组构形成的主要因素是：锤击能否产生足够大的剪切应变。如果锤击、碾压、静压不能够穿透土体，就像通常最优含水率位于干侧的土的击实，则可能会形成颗粒或粒群沿水平面方向的排列。如果土具有最优含水率的湿度，击锤能量就会穿透表面土，并会产生（锤击面作用下）土的承载能力破坏面，然后形成颗粒长轴沿该破坏面平行的方向排列。在不断击实能量的作用下，一系列这样的破坏面区域就会发展和形成，并产生褶皱和卷曲的组构，图 6.32 给出了示例。

图 6.32　最佳含水率击实后土的微观组构

（Yoshinaka et al.，1973）

8. 后续变化的影响

正像图 6.29 指出的那样，有很多后续变化的因素会影响和改变土的初始组构。针对这些因素做如下解释。

（1）**时间**。化学扩散和反应是时间的函数。沉积、重塑或击实作用以后的过程中，粒间力和其力学性质（简单地作为新环境下孔隙压力重新分布的结果）也是会变化的。

（2）**渗流和淋溶作用**。流体在土孔隙中流过，至少有 4 个作用：① 使细小颗粒移动；② 由渗流引起压缩；③ 淋溶作用会除掉一些化学物质、胶结物质和微生物；④ 引入一些化学物质、胶结物质和微生物。这些作用（除湿陷土外）对组构变化的影响通常不大，但对粒间力变化的影响较大。

（3）**沉淀/胶结**。一些物质会沉淀在颗粒表面、颗粒接触处及孔隙中，由此能够产生胶结作用，还可能会形成一个部分可辨识的颗粒群组构。

（4）**风化**。在风化区，一些物质分解了，另一些物质生成了。孔隙水的化学变化会影响颗粒间的作用力及絮凝和反絮凝过程的发展趋势。风化还能够破坏土的初始组构。

（5）**干-湿和冻-融的循环过程**。它们能够破坏较弱的颗粒聚集体和颗粒群之间的联结。湿化通常意味着弱化，并可能导致某些结构的湿陷（特别是那些具有开放的组构，其颗粒之间黏结较弱，如黄土）。干燥过程引起的收缩会使具有开放式排列的土产生破坏，并在一些土中形成局部区域型聚集体，而在土的其他区域中产生张拉断裂。干燥作用常集中在围绕砂土、粉土颗粒周围的黏土与它们接触处的黏土中。在易遭受冰霜的土中，冰晶层因干缩作用产生裂缝和裂隙，并使其张开，然后融化使其发生湿陷和破坏。

（6）**压力和固结**。压力作用产生的固结通常会使土的结构得到强化，它会减小孔隙率，并使颗粒的联结加强。然而，某些土的初始状态具有一定黏结强度，固结应力作用下颗粒联结处所受应力大于其颗粒联结强度的界限值，这种应力作用会破坏土的结构，由此引起土的弱化甚至破坏。

（7）**温度**。淋溶、沉淀、黏结、风化的作用及压力的增加会引起土的结构的改变，而这种土的结构的改变在高温时要比低温时快很多。

（8）**剪切作用**。剪切可能会使某些土的结构出现破坏，而对其他土（如强超固结黏土），剪切可能仅会在剪切面附近（几毫米）使土的结构产生明显的变化。

（9）**卸载**。由卸载产生的应力释放能够导致颗粒和颗粒群的弹性回弹及触发土的膨胀。对某些很坚硬的材料，卸载后它们可能会产生局部分解（分裂）或剥落。

6.12　残　积　土

目前已有许多关于沉积砂土、粉土、黏土和冰碛土的研究，然而关于残积土和热带土的研究却比较少。这是因为，目前大量经典的岩土工程研究和工程项目都是从含沉积土中发展起来的，这种土已经在一个新环境中被侵蚀、运移和再沉积。含有这些土的很多工程处在温带气候地区。然而，目前世界范围的大量工程建设正在热带或残积土地区迅速发展，这就非常需要了解热带或残积土地区中土的行为和性质的知识。

残积土不同于沉积土：它们是由当地母岩材料在气候、地形和排水等条件下形成的。它们可能还具有母岩材料的结构元素，通常是不均匀的，并且其厚度和到基岩的深度具有很大变化。经常遇到的残积土有：热带土、腐泥土和风化花岗岩。

目前有不同的工程分类系统，它们可划分为 3 类（Wesley，1988）：① 基岩风化剖面图方法；② 基岩土壤分类方法；③ 针对特殊局部土方法。Wesley（1988）、Wesley 和 Irfan（1997）针对这几种分类系统进行了讨论。由于残积土类型的划分及其性质具有很大的差异，不太可能发展一种能够普遍应用的工程分类系统。

1. 热带土

高温和降雨充沛的地区，岩石风化严重，其特征是长石和含铁镁矿物被迅速分解，SiO_2 和含氧基（Na_2O，K_2O，MgO）被迅速除去，铁、铝氧化物的浓度迅速变化。这种过程被称为红土化作用（Gidigasu，1972；Grant，1974），并且包含 SiO_2 的浸出及 Fe_2O_3 和 Al_2O_3 的沉积。对于红化土，其 SiO_2 与 Al_2O_3 的比值小于 1.33，而对于红土，其 SiO_2 与 Al_2O_3 的比值介于 1.33 至 2.00 之间（Bawa，1957）。

随着充沛的降雨、高温和很好的排水、原始的结晶材料和长石的风化，初始形成了高岭土、水化铁和铝的氧化物，而具有更强抗风化性质的石英和云母颗粒可能会保留下来。随后，由于风化作用，高岭土的含量会减少，水化铁和铝的氧化物（针铁矿物和三水铝石矿物）逐渐变化为赤铁矿物（Fe_2O_3）。由于含铁量比较高，所形成的土称为氧化土，通常呈红色。

火山灰和岩石的热带风化作用会形成水铝英石和埃洛石，并伴随有铁和铝的氧化物。在火山材料风化的早期阶段，可能会形成蒙脱土，最后也可能会形成高岭土和三水铝石。由火山灰和岩石经过风化而形成的土称之为火山灰土。

作为一种黏土矿物，水铝英石已经在第 3 章中描述过。水铝英石过去也习惯称之为火山灰土。通常在加勒比海、安第斯及美国、印度尼西亚、日本和新西兰的太平洋地区可以发现这种土。Maeda 等人（1977）和 Wesley（1977）就水铝英石的结构和性质给出了很好的描述。

图 6.33 给出了一个热带典型的较深的风化地质剖面图。其中各层界面并不总能清楚界定，此外还有几套（基于风化程度和工程性质）不同的分类系统（Little，1969；Deere et al.，1971；Tuncer et al.，1977）。

由于它们的成分、结构和形成历史的特殊性，**红土和火山灰土**（相对于典型的经过运移和沉积的砂和黏土层）**具有一些独特的性质**（Mitchell et al.，1982）。

（1）黏结的土颗粒聚集体和黏土颗粒群易于被机械损坏，这是常见的。持续的机械作用或形成不能氧化的物质的过程能够导致其性质发生很大的变化。表 6.8 给出了重塑和不能氧化物质对其性质产生的影响。

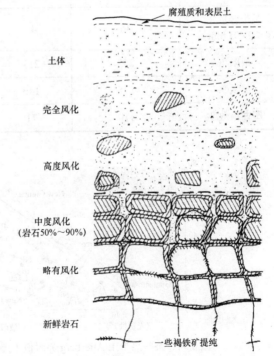

图 6.33 热带典型的残积土地质剖面图（Little，1969）

表6.8 未重塑、重塑和不能氧化红土的物理性质（Townsend et al., 1971）

特性	未重塑	重塑	不能氧化物质
液限/%	57.8	69.0	51.3
塑限/%	39.5	40.1	32.1
塑性指数/%	18.3	28.0	19.2
比重	2.80	2.80	2.67
普氏密度/（kN/m³）	13.3	13.0	13.8
最佳含水率/%	35.0	34.5	29.5

（2）风干可以使黏土大小的颗粒产生集聚，并形成粉土和砂土体，而且造成塑性损失。表6.9给出了这种情况的相关数据。图6.34表明一些不同的热带土由于风干导致的塑性减小。

表6.9 风干对夏威夷水化红黏土的影响（Mitchell et al., 2005）

特性	湿 （在自然含水率下）	潮湿 （部分风干）	干燥 （完全风干）	备注
含砂量/%	30	42	86	比重测试前将硅酸钠分离
粉土含量/% （0.05～0.005 mm）	34	17	11	
黏土含量/% （<0.005 mm）	36	41	3	
液限/%	245	217	NP	在水中浸泡7天没有恢复 因风干而失去的塑性
塑限/%	135	146	NP	
塑性指数/%	110	71	NP	

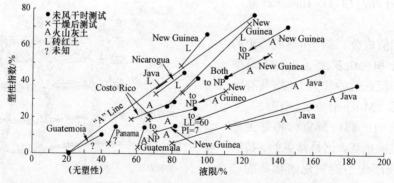

图6.34 某些热带土Atterberg界限值干燥的影响效果（Morin et al., 1975）

（3）干燥可能会引起土的硬化，有时这种硬化是不可逆的。

（4）液限相同时，热带残积土的击实干密度、塑性指数和压缩性可能会小于温带土的相应指标的数值；另外，其强度和渗透性却可能具有更大的值。

（5）热带残积土通常具有不均匀的结构和纹理。

（6）热带土的含水率一般高于大多数土工构筑物土中所期望的含水率，由此导致常见的土的硬化及击实的困难。

残积土的屈服和强度反映了它们黏结的结构。前期固结压力可能与土中的应力历史或覆盖土层压力没有直接关系。表 6.10 给出了残积土典型的前期固结压力值。屈服后由于结构损坏和颗粒破碎，残积土呈现较大的压缩性。图 6.35 给出了一些土的压缩指数与孔隙比的关系图。Vaughan（1988）针对残积土的力学行为与它们黏结的结构的关系进行了深入的讨论。

表 6.10　不同残积土的屈服应力（Fookes，1997）

土类和位置	屈服应力/MPa
埃洛石和铝英石，Papua New Guinea	100~350
火山黏土	110~270
片麻岩、玄武岩和砂岩，Brazil	60~450
片麻岩、玄武岩和砂岩，Brazil	50~200
埃洛石和铝英石，Japan	200~550
花岗岩、片麻岩和片岩，USA	50~150
片麻岩，Venezuela	50~300
火山灰，Indonesia 和 New Zealand	200~500

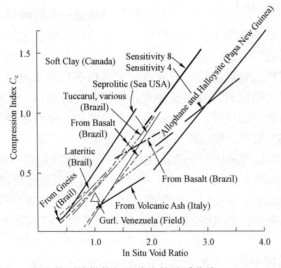

图 6.35　一些土的压缩指数与孔隙比的关系曲线（Vaughan，1988）

2. 残积土

残积土来自现场母岩的风化与分解，它一般含有土质部分及部分风化和新成的岩石部分。残积土一般会保留一些可见的残留岩石的结构，如片理、残余的联结、母岩的组构。通常残积土和下卧母岩的接触处的渐次变化并不明显。**虽然残积土还保留很多原来岩石的外貌，但**

它们很容易分解为土质材料。残积土中裂隙和缝隙通常被黏土充填，因此当湿化时会导致抗滑力很低。

1）风化分解的花岗岩

按照 Bowen 的反应系列，花岗岩基岩中不稳定矿物会逐渐分解，并经过剥落、分裂和分离作用而使岩石破碎。花岗岩可能被风化深达 30 m，甚至更深，并且剖面的大多数土层中可能会包含岩石与其残余碎屑的混合物。其中岩石的比例会随着与地面距离的减小而逐渐减小。

花岗岩的风化一般遵循 Bowen 的反应系列。黑云母首先分解，接着是斜长石。在部分斜长石已经分解后，正长石开始分解。岩石破碎会成为花岗岩碎片，也称其为花岗岩碎粒。当大多数正长石已经风化成为高岭石时，花岗岩碎粒会被粉碎成为粉砂，它一般会包含雪花状云母。除了一些机械破损导致颗粒变小外，本身基本保持不变。

风化的花岗岩剖面一般包括 4 个区域，如图 6.36 所示。最深的区域由具有棱角的花岗岩块体组成。虽然岩石会有相对较大的改变，但其中残留的碎片量很少。再往上一层的区域包含有从多棱角到稍有棱角的石头，形成由花岗岩碎粒和残留碎片组成的基质。中间偏上的区域是整个剖面变化最大的部分，通常含有大量圆石、花岗岩碎砾和残留碎屑。最上层区域通常是粒径分布变化很大、无结构堆积的黏质砂土。

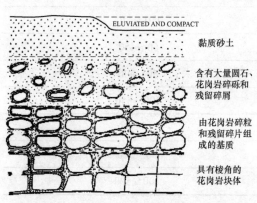

ELUVIATED AND COMPACT

黏质砂土

含有大量圆石、花岗岩碎砾和残留碎屑

由花岗岩碎粒和残留碎片组成的基质

具有棱角的花岗岩块体

图 6.36　已分解、成熟的花岗岩分区剖面
（Mitchell et al.，2005）

在下卧层为分解的花岗岩场地中进行建设可能比较困难。其基岩剖面很不规则，完好的基岩可能处于不同的深度。块石的存在可能会对开挖造成较大的障碍。开挖时岩石和碎石似乎已经充分地破碎了，或者被用于土工工程中。云母的存在可能会形成由分解的花岗岩组成的无黏性土并具有较高的压缩性。

风化的花岗岩能够作为筑堤填料，但需要假定颗粒在相对低应力下已经充分破碎。破碎材料，特别是那些多棱角颗粒和具有很多内部孔隙的颗粒的材料，其中最大的部分是粗糙并级配均匀的颗粒。其结果可能呈现：随着侧限压力的增加，峰值摩擦强度反而会明显减小。例如，Yapa 等人（1995）发现，侧限压力变化范围是 100～1 500 kPa，对较密实的击实土样，其摩擦减小 25%（可能是侧限压力变化范围较大，强度包线呈现非线性所导致的结果）；而对疏松的土样，其摩擦角减小大约 15%。20 世纪 60 年代美国加州建造的 12 座土石坝，所使用的属于风化的花岗岩的摩擦角被保守地选择，其范围是 29°～38°。为了减小填料浸湿时已建好的土石坝由水压力所引起的沉降，推荐击实值要大于 90%修正的 Proctor 最大相对击实值（最优含水率时）。

1995 年日本神户地震中，许多神户的填海场地产生了广泛的液化。用于填海造田的是风化的花岗岩，也称之为 Masado。它的颗粒在砾石到细颗粒范围内变化，并具有良好级配。这种土产生液化令人感到吃惊，这是因为：它比砂性土具有更高的不均匀系数和更大的干密度，基于此通常认为这种土是不能液化的。**Masado 土颗粒的薄弱和易破碎特征被认为是产生液化的原因之一。**通过对风化的花岗岩做不排水循环剪切强度实验发现，砾石（它具有与风化的花岗岩相似的颗粒级配分布，但具有坚硬的颗粒）的强度比风化的花岗岩强度要大很多

（Kokusho et al.，2004）。

　　2）坡积土（崩积土）

　　坡积土是由重力作用从坡体滑下的物体在当地经风化、堆积而形成的。坡积土具有丰富的母岩碎片，并呈现从黏土到砂土的不均匀的基质形式。它们通常可以在山坡上面找到，也可以在地形凹陷地区或洼地堆累。**坡体的稳定性可能会与坡积土堆累的厚度相关**。例如，香港的坡积土能够达到 30 m 的厚度，经常会以疏松的状态在陡峻的坡体上存在，并且很可能会产生灾难性滑坡，以至于造成重大的生命和财产的损失（Philipson et al.，1985）。

　　3）硫化铁土

　　存在于岩石和土中的硫化铁（FeS_2）会导致基础工程抬升、混凝土退化、钢结构腐蚀、环境损伤、酸性排出、岩石加速风化，并且是地质材料的强度和稳定性损失的重要原因。硫在岩土中会以硫化物、硫酸盐和有机硫的形式而出现。材料中硫铁矿中硫的含量是风化作用势的一个很好的指标。在地基材料中，即使仅含有少到 0.1% 的硫化物，工程中由其引起的基础抬升也会出现（Belgeri et al.，1998）。

　　硫铁矿氧化的产物包括硫酸盐矿物、不溶解的铁氧化物，如针铁矿、赤铁矿、硫酸。硫酸能够分解其他硫化物、重金属及氧化区存在的相似矿物。因此，在构建自身结晶和物理化学作用过程中也使氧化效应得到增加。在毛细区会形成硫酸盐晶体，以及由于侧限应力的减小所产生的不连续区域，也会局部形成硫酸盐晶体。沿层理面硫酸盐矿物的增长会使土体的体积增加，这是在页岩和其他层状材料中出现地基竖向抬升的一个主要因素。硫铁矿氧化产生的硫酸盐也会使有害反应的势能增加，如石膏（$CaSO_4 \cdot 2H_2O$）和其他膨胀硫酸盐矿物（如钙矾石）的形成。

　　硫铁矿氧化过程按照如下方式进行：

$$FeS_2 + 7/2O_2 + H_2O \longrightarrow Fe^{2+} + 2SO_4^{2-} + 2H^+$$

$$Fe^{2+} + 1/4O_2 + H^+ \longrightarrow Fe^{3+} + 1/2H_2O$$

$$Fe^{3+} + 3H_2O \longrightarrow Fe(OH)_3 + 3H^+$$

$$FeS_2 + 14Fe^{3+} + 8H_2O \longrightarrow 15Fe^{2+} + 2SO_4^{2-} + 16H^+$$

　　这些反应通常可以通过微生物的活动进行催化，所产生的硫酸通常是岩石和矿物的酸排放的来源。

　　当存在水时，硫酸盐离子与钙发生化学反应后会形成石膏：

$$H_2SO_4 + CaCO_3 + H_2O \longrightarrow CaSO_4 \cdot 2H_2O + CO_2$$

并且会伴随着较大的体积增加。因为硫铁矿氧化反应生成物的密度明显低于土的初始硫化物的密度。硫铁矿物的比重 $G_s=4.8\sim5.1$，其与方解石（$G_s=2.7$）产生化学反应后形成石膏，石膏的比重 $G_s=2.3$（Hawkins et al.，1997）。

　　为了防止或减少硫化物所产生的问题，需要采取一些有用的措施，包括：控制硫铁矿物的氧化过程、利用约束力防止地层移动、设计一些容许其在一定范围内移动的措施，以及去除或中合酸的反应。Bryant 等人（2003）针对含硫化物地基土的抬升机制和防范措施的岩土工程问题进行了综述。

6.13　地表残积土及其分类

对于那些缺少工程资料的地区，可以通过其农业土壤分布地图初步评估地表土及其性质。在高速公路、机场和土地开发、利用的项目中，这些地表土壤可能会特别重要。对地表层土进行分类，以便于它们能够聚集和划分为不同的类别，这种分类对于理解土的起源、性质和行为，特别是和农业性质和指标的关系，是很有意义的。按照土壤分类方法（Soil Survey Staff，1975），美国所有的土壤都已经进行了分类，1980 年就有多于 11 000 种，其他国家也对大量的土壤进行了分类。

土的分类是一个多种范畴土分类的系统，它包括 10 个目序列，47 个亚目，200 个大群，1 000 个子群，2 000 个组和 10 000 个系列。与大多数分类系统不同，土分类中每一个范畴都传递了更高范畴的元素。所以，当一种土被分类为一个组的分类级别，这个组的名字表明了这种土是属于哪个目、亚目、大群或子群。这种土组的名字也可能会包含土的颗粒尺寸、矿物成分、年平均温度、pH 值、土体的坡度和深度等信息。

世界范围土的分类中，土的目和亚目与气候相关。土的目及其特征将在下面进行讨论。

新成土（entisols） 一般是难以给出发育成熟的剖面图，此种情况也包括从黏土到砾石的冲积层，深沉积层，松软矿物沉积层（如砂丘），黄土，冰渍土，没有完全风化的大量的岩石碎屑，土固结而形成岩石。新成土包括一些近期的、发育未成熟并处于排水条件较差地区的土。在岩土工程中遇到这些土的情况多于遇到其他种类土的情况。这是因为大量的建筑趋向于集中在这些土集聚的区域，如河谷区域和岸边区域。而主要的大都市通常处于这种区域。为了了解这些土的特征和性质就要求考虑运移、沉积、沉积后的过程与作用。这些都是第 2 章讨论的内容。

变性土（vertisols） 是深层黏性土，一般称之为黑土和黑土地带土。它们是与干燥并具有潮湿季节的气候相联系的。当水平层状区域中的土是黏性土，而控制性黏土矿物的是蒙脱土矿物，这种土则通常具有膨胀性。

弱发育土或新土（inceptisols） 包括冻土层和沼泽、湿地、平地中具有选择性的土。冻土层是一种暗灰色、泥炭累积物，处于灰色斑斓矿物的水平层状区域之上。沼泽、湿地土通常排水性能差，并呈淤泥状。永久冻土经常存在于地表以下的土层。腐殖潜育新土是在排水很差区域形成的土，它具有黏性、压缩性，呈灰色或橄榄灰色，赋存于 B 或 C 水平层。A 水平层可能会含有 5%～10%的有机物（关于土层 A、B、C 的划分见表 2.1 和图 2.7）。

干旱土（arid soils） 的特征是表层具有盐分，它来源于孔隙水的向上迁移，通常是几厘米厚的土层并覆盖在一个具有钙质的母体材料之上。接近地表的土可能是碱性的、具有高浓度可溶性钙盐、镁和钠。在这些土中，伊利土和蒙脱土是常见的。

融化土或松软土（mollisols） 通常是在年平均降雨量为 400～650 mm 的较冷地区形成的。它们通常有一个暗黑的 A1 地层，并且地层的边界不明显。在黏土部分中蒙脱土比伊利土占优势。可能局部会有海泡石、坡缕石和绿坡缕石，并且钙盐也可能存在。

淋淀土（spodosols） 可以在冻土地区南部（其降雨每年超过 600 mm，并且夏季短而凉爽）找到。淋淀土的特征是具有中等程度腐殖质的累积物、一个略薄的 A1 地层和一个强淋溶的 A2 地层。B 地层从深棕褐色到红棕色，并经常被有机化合物和铁氧化物所黏结。除了 O 地层，所有地层的节理通常由砂质土组成。土是酸性的，并具有较低的离子置换能力，伊利土占据了黏土的主要部分。

淋溶土（**alfisols**）可以在灰土地区的南部找到，在美国东北大草原的东部、加拿大的东南部及西欧和亚洲东部的潮湿、温和地带也可以发现。这些地区平均每年的降雨量为 750～1 300 mm。这些土的特征是具有一个厚度为 50～150 mm 的 A1 地层和一个很好发育的从灰色到淡黄色的 A2 地层。B 地层具有灰色到红棕色、比较暗的颜色以及比 A 地层或 C 地层更微细的节理、裂缝。它们是酸性土，并且高岭石占据了黏土矿物的主要部分。

很好发育土（**ultisols**）处于高温和丰富的降雨（降雨超过 1 000～1 500 mm）地区。淋溶作用很大，并且黏土矿物会迅速衰变。表层累积的有机物数量不大，淋溶作用过的 A 地层较深。相对厚一些的 B 地层，由于铁的氧化和水合作用，可能会呈现光亮的颜色（如红和黄色）。B 地层的黏土含量比 A 地层的黏土含量 2 倍还多。在所有地层中，很好发育土的离子置换能力都很低，并且黏土部分主要由高岭石、伊利石和石英矿物组成。亚热带地区许多红壤土就是很好发育土。

氧化土（**oxisol**）是一种铁氧化物和富氧化铝的矿物构成的土，它是高度风化的黏土性材料，它会不可恢复地发生凝固、底部硬化的变化，或脱水后形成外壳。黏土矿物会被迅速地破坏和除去。剩下的、很少量的黏土通常是高岭土。这些土沉积深度可以达到 30 m 甚至更深，氧化土的质地范围可以从脆弱的土变化到硬岩。一些氧化土具有很强的抗破坏能力，而另外一些氧化土，加载时可能会失去颗粒构型并变为软黏土，其渗透性也很差。大多数热带红土区域的土都是氧化土。

有机质土（**histosols**）是沼泽土，其特征会很大地依赖于形成沼泽土的植物的性质。

火山灰土（**andisols**）是土壤分类中第 11 目，它是由火山灰演变而形成的。

6.14 陆 相 沉 积

1. 风成沉积

在不同的运移作用中，风是唯一能够把材料运移到坡体上部的。风最容易运移的是砂子。风不是一个普遍的侵蚀作用，它的影响被限制在具有特殊气候的区域（如沙漠）或特殊的地方（如海滩、河滩及耕犁过的田地等）。风所携带的物质主要是粉土颗粒，可以在大地上空飞翔，并可以运移到很远的距离。由跳跃和牵引所移动的河床河水中的颗粒和地表颗粒，从整体看它们的运移很缓慢。

风的沉积会在风速减小时出现。结果发现，沙漠的背风处会产生堆积。由跳跃和牵引所移动的粗颗粒砂会在砂丘处堆积，并且其颗粒长轴与风向平行。由粉土颗粒组成的黄土沉积层是工程特别感兴趣的，这是由于它们特殊的结构和性质，本章后面将进行详述。

2. 冰川沉积

冰川融化会形成某些类型的沉积土，表 6.11 给出了一些相关信息。冰碛土是由冰川融化和坠落而直接形成的。冰碛土通常有几种类型，就像表 6.11 描述的那样，它属于哪种类型依赖于所处之地域与冰川的相对距离和位置。冰碛土一般具有较宽范围的未经分选的颗粒粒径，这种材料称之为冰碛物。当存在大量的砾石和黏土时，此沉积层称之为泥砾土。某些冰碛土由于巨大冰山的压力作用会被压缩得较为密实。

表 6.11 冰川环境下的沉积土（Mitchell et al., 2005）

I. 冰川沉积物质
　　A. 沉积物
　　　1. 漂砾黏土或泥砾（漂流物包括冰川和冰川河流沉积物）
　　　2. 漂石
　　B. 结构
　　　1. 冰碛层
　　　a. 侧碛——冰川边上的碎屑带
　　　b. 中碛——相连两条冰川的内部侧碛的混合
　　　c. 内碛——冰间物质
　　　d. 冰下碛——冰川基底面处物质
　　　e. 底碛——冰川下部沉积的
　　　f. 端碛或尾碛——在冰川尾部筑起的沉积隆起物
　　　g. 后碛——回流冰川的端碛
　　　2. 鼓形丘
　　　　在深层冰下形成的漂砾黏土丘
II. 冰川——河流沉积物质
　　A. 沉积物
　　　1. 粗砾石至砂土，逐次分选的堤和三角洲
　　　2. 天然层状砾石及呈冰碛和冰河砂堆的砂土
　　B. 结构
　　　1. 冰川端接陆上的沉积扇形和扇形物混合的冰水沉积平原
　　　2. 冰川端接静水中的三角洲
　　　3. 由融化的岸滩冰块所形成的孔穴
　　　4. 冰砾堆——由融化冰河流形成的天然层状砂和砾石堆
　　　5. 冰川蛇形丘——从冰隧洞或回流冰川的融化水流来的砂和砾石的曲折隆起物
III. 冰川——湖泊沉积物
　　A. 沉积物
　　　1. 砂质黏土
　　　2. 分选分层不好的河床沉积物
　　　3. 湖底良好分层的沉积物
　　B. 结构
　　　1. 湖水溢出的泛滥河床
　　　2. 由波浪或水流形成的海岸线沉积物和阶地
　　　3. 三角洲
　　　4. 包括成层黏土的湖底沉积物

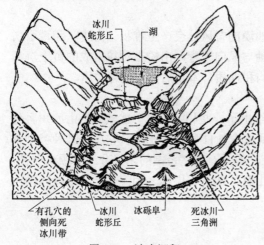

图 6.37 冰水沉积

冰水沉积土是在冰雪融化水的流动、冲击、输运所形成的，冰砾阜和冰河沙滩就是例子，如图 6.37 所示。冰砾阜和冰河沙滩很难归类为碎石类沉积土和砂类沉积土。许多外侧冰碛和死冰川沉积土是冰水沉积物和冰碛物的混合体。

冰川湖沉积土是静止水的沉积物，它们通常由细颗粒材料组成。成层黏土就是一个例子。

某一特殊冰积土的特性依赖于其类型和母体材料的可侵蚀性、运移的形式和距离、坡度和压力。例如，底层冰碛土通常是细颗粒土，并且比其侧冰碛或尾冰碛固结的更多些。细的地表岩石粉末（粉粒和黏土粒）是由冰川的磨蚀

作用产生的，并且可能是冰河期后海相、湖相黏土的主要成分，它们可以在加拿大和斯堪的纳维亚地区找到。

更加广泛和详细的关于冰川和冰川沉积土性质的信息可以在 Leggett 等人（1988）、West（1995）的论文及其他许多书籍和参考文献中找到。

3. 冲积沉积

冲积沉积是由多雨的洪积和河水的冲刷而形成的沉积，并且具有横向不连续、向下游定向的透镜状河床以及不同尺寸的颗粒粒径特征。其中碎石通常与砂和粉土直接接触。

水流的沉积源于水流经过区域坡度的减少、对流动阻挡的增加、流动流量的减小或排放到更加沉静和广阔的湖水或海水中。由于坡度变缓，水流就会降低驱动流动的能量，此时大于某一尺寸的所有颗粒以大小颗粒混杂的形式随机堆积起来。然后，水流沿着最陡坡的方向而流动。河道可能随后被填满，则水流会再次改变和转向。当这一过程出现在某一山坡的底部，结果会形成一个冲积扇，它的一个暂时的特征是土体形状是对称堆积的，并且从斜坡坡度变化处向远处放射性铺展沉积下来。

待河流发育成熟，其流水通常仅占据宽阔、平坦山谷（或河谷）的较小部分。但在洪水季节，流水漫过堤坝，而河床外地表的摩擦阻力会降低水的流动能量，一层砂石混合体会被冲刷掉。这一过程可以形成天然的堤坝。

密西西比河下游的冲积河谷就是冲积沉积及其复杂性的例子和说明。河谷从 Cairo、伊利诺伊一直扩展、延伸到墨西哥湾。在河谷的某些点处，所有类型的沉积土（从砂土到高塑性黏土）都可能会被发现。在上一个冰川季，海平面的降低导致在河漫滩（洲）表面冲刷出一个河谷。在上一个冰川季的后期，海平面上升导致河谷底部出现其表面覆盖细颗粒材料的砂石的沉积。在上一个冰川季以后的 25 000 年内，密西西比河从一个泛滥的、浅河道、分叉的河流变成了一个深的、具有单个主航道、蜿蜒曲折的大江。

密西西比河谷地区不同沉积作用的变化是很大的，关于沉积作用的关系也很复杂。然而，这些关系可以通过沉积及其历史的控制因素做出符合逻辑的解释和说明，参考 Kolb 等人（1957）的研究。

粗颗粒材料初始时在河谷底部落下并沉积。偶尔黏土、砂质粉土和粉砂会在下面沉积层中出现。这些材料所处深度在 3 m（河的北部）～30 m（河的南部）范围之间变化，而其厚度在 15 m（河的北部）～125 m（河的南部）范围内变化。

分叉河流沉积通常远离其主河道。大多数是相对密实的砂质粉土和黏土质砂。天然堤坝比洪积平原可以高出 5 m 或更多，远离山峰并沿着下流的方向，颗粒尺寸会减小。

沿河的沙洲和边滩的沉积土由粉土和粉砂组成，这些粉土和粉砂是高水位时期在河床内形成的。具有较高有机物含量和含水量的黏土洼地是在原河岸与边滩之间形成的。渗透性交替变化的边滩和渗透性差的洼地是人工堤坝产生渗流问题的诱因。因河流改道而废弃的河段，被留存下来作为牛轭湖，它被较弱的、具有压缩性的黏土和粉质黏土层所填，其厚度高达 30 m 或更厚。废弃河段可以几英里长，并被类似于牛轭湖的材料所充填。

从中等塑性到高塑性的黏土（通常是有机质土）称之为退化沼泽沉积土，它是洪水期间在浅层洼地形成。由于沉积期间的干燥作用，它们的含水量低于废弃河道沉积层的含水量。

4. 湖泊和沼泽沉积

湖泊沉积在淡水或盐水条件下产生。由重力产生的沉积物被排放到盐水湖中，可以通过黏土颗粒的絮凝而加速其沉积。含盐物的沉积能够导致在湖泊底部形成盐沉淀层，或蒸发盐沉积层。

除了狭窄的砂滨（岸）区域，淡水湖沉积一般是细颗粒、清静水下的沉积。作为例证，更新世期间美国西部存在的很多大的浅水湖已经变成了横向连续的、较厚的黏土层。美国科克伦黏土（它位于加州圣华金河谷，覆盖面积大约为 15 000 km²），在河谷中形成了一个广泛的隔水河床和不透水层，它足以影响该地区地下水的发育。

沼泽或湿地沉积土通常由塑性粉土、泥和具有较高含水量和有机物的黏土组成。工程中遇到的很多困难问题就是和这些沉积土相联系的，这是因为这种沉积土的强度低、压缩性大并且存在沼气。

6.15　海相与陆相混合沉积

1. 海滨沉积

海滨沉积是在有潮汐的地区形成的，并由潮汐潟湖、潮汐平原和海滩沉积组成。潟湖沉积包括在河道的细颗粒砂和粉土，以及在清静水域下颗粒的富含有机物的粉土和黏土。有机物和碳酸盐可能会较丰富。潮汐平原沉积由含有砂和碎石的细暗色泥土组成，并且缺少中间尺寸颗粒的沉积。海滩沉积由纯净的从细到粗的砂组成，偶尔会看见碎石。

2. 入海河口沉积

入海河口是半封闭的接近海的水域，它与大海自由地联结在一起。入海河口沉积由河床的泥、粉土和砂组成，它们是在河流的季节和大海的潮汐作用下沉积形成的。入海河口沉积典型的级配情况是，越接近大海的地方多是潮汐形成的细颗粒的沉积土；越是朝向内河的地方则多为河水冲积形成的粗颗粒的沉积土。细颗粒潮汐平原并有含盐沼泽，它经常处于入海河口的边缘地带。

3. 三角洲沉积

三角洲在江、河的入海口地带形成。三角洲沉积是在既没有潮汐也没有水流作用的地方形成的。这里移除沉淀物的能力和沉积的能力近似相等。三角洲以一种复杂过程的方式从海岸线向外延伸，由此形成了一些分离的通道、孤立的潟湖、堤坝、沼泽和湿地，以及一些小河流。由此，三角洲由粗与细的颗粒材料、有机物和泥灰（砂、粉土或含有碳酸钙的黏土形成的松散、脆弱的沉积物）组成。粗与细材料的交替变化是由于流水的不断改变造成的。悬浮在河道主流中的粉土和黏土由于海水中的盐分而产生絮凝，并在朝向大海的三角洲中形成了海相泥土，它随后又被冲积的、湖积的、海滩的沉积物所覆盖，并导致三角洲的增长。

密西西比河三角洲的复杂形成过程反映了三角洲的演进和入海的复合影响。更新世沉积由位于三角洲地表下的密实黏土、砂和碎石组成。砂和海滩上覆的硬壳体通常 5 m 高（有些甚至更高），它们是三角洲区域最适合建筑基础的地方。与之相反，三角洲区域一些困难的岩土工程问题都是和细颗粒土和三角洲有机物的沉积有关，这是因为它们具有较低的强度和较高的压缩性。

6.16 海 相 沉 积

图 6.38 给出了一个平均的、理想化的海洋环境的剖面图。大陆架从较低的海潮处延伸到平均深度大于 130 m 的水深之处。大陆架中比较陡峭的斜坡（平均为 4°）会导致其后大陆架斜坡更加缓慢地升起。较深海洋的平均水深是大于 3 500 m。

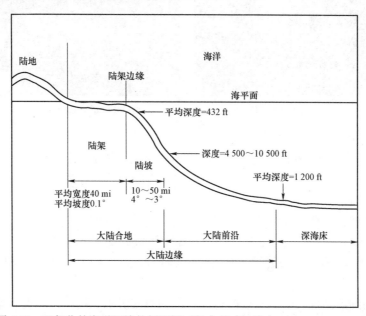

图 6.38 理想化的海洋环境的剖面图（竖向尺寸被放大，Heselton，1969）

有 3 种主要形式的海相沉积：成礁的（源自地球内部、火山）、生物产生的（海洋生物的残留物）和水成的（海水的沉淀物或孔隙水）。Noorany（1989）发展了一个工程分类系统，它把这些沉积的成分和沉积作用的特征组合到这个系统中。这一系统遵循了统一的土的分类系统的分类准则，并且是工程应用最广泛的陆地土壤分类系统。

生物产生的沉积（由海相动物和植物的残留物形成）覆盖了大约一半的大陆架，一半以上海洋深处的平原和部分大陆斜坡和升起的地方（Noorany，1989）。热带海岸地带的浅水区域中粗颗粒生物碎屑沉积物非常丰富。

1. 浅海沉积

浅海或大陆架环境会一直延伸到水深达 200 m 之处。在浅海区域，当海波引起的湍流强度降低，沉积就会产生。一般在朝向大海的方向，颗粒粒径会减小，而生物和化学的影响因素则会增加，虽然由于潮流和天气季节的变化使得沿海浅水沉积的分布可能会不规则。浅海沉积物反映了原始沉积源的区域和气候条件，它们具有典型的、大陆架存在的砂石、页岩和石灰岩。除了生物沉积外，大陆架沉积物的物理性质和陆地土壤的性质是基本相同的。

钙质砂、钙质生物碎屑砂是由珊瑚骨架残骸、软体动物的贝壳和海藻形成的。它们在地球的热带、亚热带地区的海洋中广泛地分布并存在。它们大多数是存在孔隙或中空的。图 6.39 给出了一个钙质砂的电子显微照片。钙质砂的特殊工程特征是，它们由较弱的、带棱角的颗粒组成，其颗粒尺寸和分布是变化的，在很短的距离范围内其黏结也是不均匀的，与硅酸盐沉积物相比其孔隙比相对更高一些。由于上述特征，钙质砂可能是一些特殊岩土工程问题产生的原因。例如，根据预测在钙质砂中打入桩周围的摩擦作用经常大大低于石英砂中桩的摩擦作用（Noorany，1985；Murff，1987；Jewell et al.，1988）。

图 6.39 钙质砂的电子显微照片（Mitchell et al.，2005）

2. 半深海沉积

半深海环境包括大陆架的凸起和凹陷段。半深海沉积物是典型的细砂、粉土和具有高含水量–低抗剪强度的泥土。沉积区域的地质构造和大陆原始材料的特征在很大程度上控制了这些沉积物的分布、几何形状和性质。

这些材料的侵蚀、运移和沉积作用可能是由暗流的摩擦效应所引起的，并导致很厚的漂移沉积层，这种沉积层是由很细的砂、粉土和泥土组成的变厚度的薄层组合而成的（Leeder，1982）。数量可观的沉积物能够通过退潮、泥石流和浊流从大陆架的凸起和凹陷段运输到深海平原。

海洋边缘的细致勘探表明，和以前曾经猜想的海底沉积过程相比，泥石流作用可能是更加重要的海底沉积作用。例如，巨大范围的泥石流沉积已经被确认，它是由西北非洲大陆边缘的巨大沉积体的滑移产生的，沿着坡度仅为 0.1°的平坦坡面流动，可以长途运移几百千米的距离。其沉积可以覆盖大约 30 000 km²，它源自大陆隆起上端的一个大约 600 km³ 的巨大物体的骤降，并且现在还存在一个明显的滑移痕迹。导致这种情况的精确触发机制多数是不确定的，然而地震被认为是其中原因之一。

3. 深海沉积

深海沉积主要由棕色黏土及钙质和硅质软泥组成，并具有 300～600 m 的厚度。陆相沉积源于陆地，而深海沉积是仅由水而决定的沉积，它包含贝壳、微小海洋生物和植物的骨架残骸。它的堆积增长速率的范围是从小于每千年一毫米（在深海）到每年几十厘米（靠近大河入海口的近海岸区域）（Griffin et al.，1968）。软泥一般含有大于 50% 的生物材料。

钙质软泥（通常是空的贝壳组成）覆盖了水深约 5 km 处海床的 35% 左右。它通常是非塑性的、奶油白色，并且由很容易破碎的、砂至粉土颗粒尺寸的颗粒组成。棕色黏土可以在大部分的深海区域找到。其来源被认为是海流循环作用的大气尘埃和细小的材料所衍生的物质。大约 60% 的这种材料是小于 60 μm 的，其黏土的部分一般含有绿泥石、蒙脱石、伊利石和高岭石，并且通常伊利石是最丰富的。棕色黏土具有很高的含水量、很高的塑性和较低的强度。硅质软泥（由植物残留物组成）主要是在南极地区、日本东北部和某些太平洋赤道热带地区存在。

除非接近地表，深海沉积层通常是正常固结土并具有高压缩性。这种情况明显反映了：土颗粒黏结作用的发展是沉积和物理化学作用发展非常缓慢的速率所导致的结果（Noorany et al.，1970）。另外，许多深海土现有的力学性质数据属于海床深度小于 6 m 的土层。

6.17 化学和生物沉积

蒸发沉积是盐分从盐湖和海水沉淀而形成，作为盐水蒸发的结果，有时可以在土层中找到几米厚的盐水蒸发沉积层。表 6.12 给出了海水的主要成分及其比例，以及一些重要的蒸发沉积的成分。有些区域在干湿循环作用下会形成蒸发沉积层、黏土层或其他细颗粒塑性沉积土层交替变化的土层。

表 6.12　海水和一些重要的蒸发沉积物的主要成分及其比例（Degens，1965）

离子	g/L	实体总重量百分数/%	重要蒸发岩沉积物	
钠，Na^+	10.56	30.61	硬石膏	$CaSO_4$
镁，Mg^{2+}	1.27	3.69	重晶石	$BaSO_4$
钙，Ca^{2+}	0.40	1.16	天青石	$SrSO_4$
钾，K^+	0.38	1.10	水镁矾	$MgSO_4 \cdot H_2O$
锶，Sr^{2+}	0.013	0.04	石膏	$CaSO_4 \cdot 2H_2O$
氯化物，Cl^-	18.98	55.04	杂卤石	$Ca_2K_2Mg(SO_4) \cdot 2H_2O$
硫酸盐，SO_4^{2-}	2.65	7.68	白钠镁矾	$Ma_2Mg(SO_4)_2 \cdot 4H_2O$
重碳酸盐，HCO_3^-	0.14	0.41	六水泻盐	$MgSO_4 \cdot 6H_2O$
溴化物，Br^-	0.065	0.19	泻利盐	$MgSO_4 \cdot 7H_2O$
氟化物，F^-	0.001	—	钾盐镁矾	$K_4Mg_4(Cl/SO_4) \cdot 11H_2O$
硼酸，H_3BO_3	0.026	0.08	岩盐	$NaCl$
	34.485	100.00	钾盐	KCl
			氟石	CaF_2
			水氯镁石	$MgCl_2 \cdot 6H_2O$
			光卤石	$KMgCl_3 \cdot 6H_2O$

许多石灰石是由沉淀形成的，或来自不同有机物的残骸。石灰石的可溶性比其他大多数岩石类的可溶性大很多，它可能是使许多基础下部产生溶解通道和空洞等工程问题的原因。

大于 12%的加拿大土地是被泥炭（muskeg）材料所覆盖，它几乎完全是由腐蚀的植物组成。该区域泥炭材料可能会具有 1 000%或更多的含水量，它们的压缩性很大，但强度却很低。MacFarlane（1969）、Dhowian 等人（1980）、Edil 等人（1984）针对这些材料的特殊性质及相应地质问题进行了分析和探讨。

土木工程项目经常会在化学沉积层和淡水湖的岩土层、池塘、沼泽及港湾等地质条件下进行建设。生物化学作用过程会形成一种泥灰土，它的组成范围可以从相对较纯的碳酸钙到泥土和有机物的混合物。一些湖中会有氧化铁。硅藻土或含有硅藻的土，基本上是由淡水和海水中较小的有机物的残骸所形成的纯硅构成的。含有硅藻的土的填料，击实后的干密度很低（$1.0 \sim 1.2\,\mathrm{Mg/m^3}$），其含水量却较高（大于 40%）。应力低于大约 50 kPa 时，这种材料可以具有像较密实的颗粒材料一样的工程性质，这是由于硅藻土的粗糙性和颗粒之间的紧密联结；但当受到相对高一点应力作用时，由于颗粒之间联结结构的压坏，硅藻土的压缩性变大了，强度也会降低（Day，1995）。

6.18　关于土的组构、结构与其工程性质关系的一般性考虑

由于存在多种可能的组构和多种粒间力作用，使得土的可能结构形式几乎是数不清的。土的力学性质在一定程度上反映了土的结构的影响，这依赖于土的类型、土的结构的形式及其他相关的特殊性质。土的结构的影响与土的初始孔隙比和应力同等重要。在这个意义上，结构是指：当给定孔隙比和有效应力，而其实际某种物理–力学量的值与同一土处于其结构完全丧失时的相应值相比，它们之间的不同之处。图 6.40 给出了具有某种结构的土在给定有效应力的作用下孔隙比的不同值，这是针对所有沉积土（具有某种确定结构的土）的固结过程，从较高的孔隙比到结构完全丧失时的孔隙比的固结过程的变化情况。

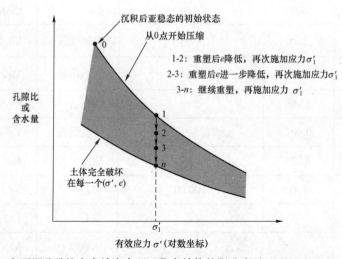

图 6.40　在不同孔隙比和有效应力下亚稳态结构的影响表示（Mitchell et al.，2005）

作为一种化学黏结和时间陈化黏结的作用结果，土体可能处在图 6.40 中初始压缩曲线上方。因此，在孔隙比和有效应力空间中可能状态的整个范围大于图 6.40 所示，而图 6.41 中可以看到状态的整个范围。图 6.41 中从 0 点到 a 点曲线段是初始压缩段（有结构性土初始固结压缩段）；接下来从 a 点到 b 点线段是颗粒之间黏结发挥作用并抵抗 $a–b$ 段附加的压缩应力作用的阶段（这里采用弹性进行描述），土在 b 点承受的有效应力是 σ'_b。在同一有效应力 σ'_b 作用下，土的结构性在 d 点达到完全丧失。从 b 点（具有结构性的土）到 d 点（结构性完全丧失的土）之间孔隙比的不同，是由于 $b–c$ 段的结构是黏结发挥作用的阶段，进一步发展到 $c–d$ 段的结构（组构发挥作用的阶段），$c–d$ 段是组构发生变化的结果。

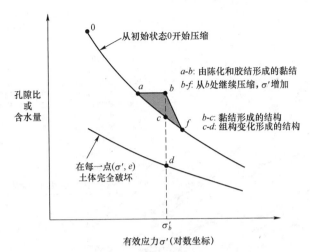

图 6.41　孔隙比和有效应力空间中可能的状态（Mitchell et al.，2005）

图 6.42（a）给出了具有较宽范围的、各种重塑土的一维压缩曲线。Burland（1990）提出了**孔隙指数 I_v（void index）**，用于建立不同黏土压缩行为的相关关系和估计结构对土的工程性质的影响。孔隙指数 I_v 定义为

$$I_v = \frac{e - e_{100}^*}{C_c^*} \qquad (6.16)$$

其中 e 是孔隙比，e_{100}^* 是一维压缩的竖向有效压力为 100 kPa 时的**本征孔隙比**，C_c^* 是**本征压缩指数**。**本征性质**是指用黏土以 **1.25** 倍液限值的含水量的重塑样本来确定的性质。本征压缩曲线是图 6.42（b）中给出的归一化的曲线。

知道和理解本征压缩曲线非常有用，自然状态土的压缩曲线偏离本征压缩曲线，这表明土的结构的存在能够抵抗所施加的附加荷载。图 6.43（a）给出了一些海相沉积土的沉积压缩曲线（Skempton，1970）。图中天然沉积黏土的含水量（或孔隙比）被表示为现场竖向有效承载压力的关系曲线。图 6.43（b）给出了归一化压缩曲线，也称之为沉积压缩线（SCL），以及本征压缩曲线，也称之为本征压

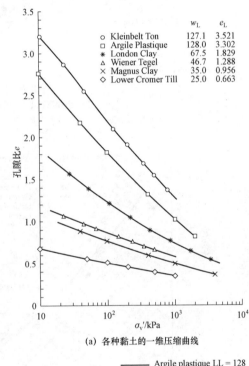

（a）各种黏土的一维压缩曲线

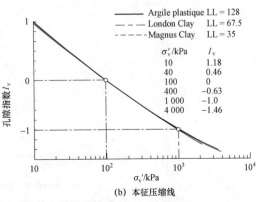

（b）本征压缩线

图 6.42　各种黏土的一维压缩曲线和本征压缩线（Burland，1990）

缩线（ICL）。

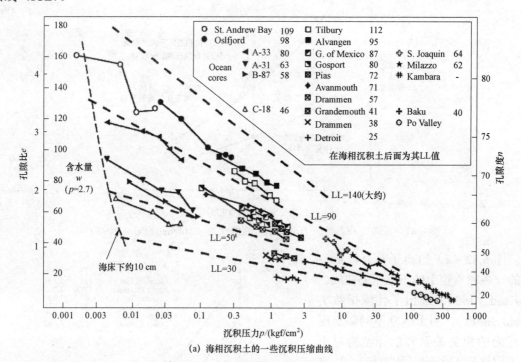

（a）海相沉积土的一些沉积压缩曲线

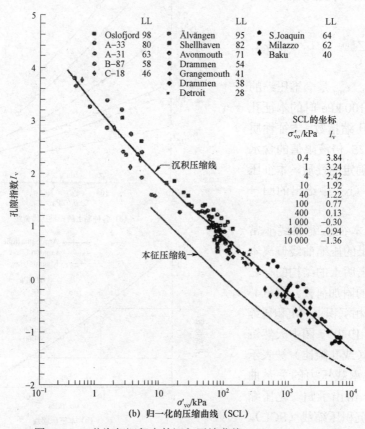

（b）归一化的压缩曲线（SCL）

图 6.43　一些海相沉积土的沉积压缩曲线（Skempton，1970）

当给定孔隙比，一个天然沉积黏土层能够承受的有效压应力近似 5 倍于同一土的重构土样所能够承担的有效压应力，产生这种差别的原因是由沉积和沉积后的过程所形成土的组构和结构造成的。例如，淡水冰湖黏土的压缩曲线是在沉积压缩线和屈服前的本征压缩线的上方，如图 6.44 所示。一旦荷载超过前期固结压力，土的结构会退化，压缩曲线会移向本征压缩曲线。图 6.45 给出了原位天然土的孔隙指数 I_v 和竖向有效压力的一般关系的说明（Chandler et al.，2004）。

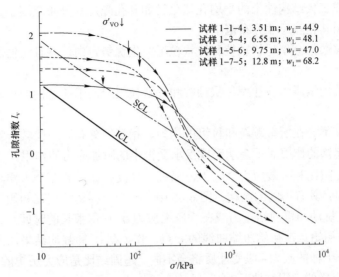

图 6.44　淡水冰湖黏土在压力低于和高于屈服压力时的压缩曲线（Burland，1990）

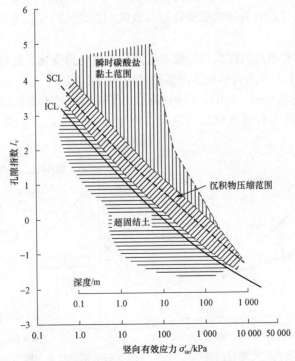

图 6.45　不同类型黏土的孔隙指数 I_v 和竖向有效应力关系曲线（Chandler et al.，2004）

工程中土的**力学性质与其组构和结构相关关系**的一些规律如下。

（1）给定有效固结压力时，具有絮凝组构的土比具有反絮凝组构的土会更加疏松。

（2）当土和孔隙比相同，并具有随机定向的颗粒和粒组时，其絮凝组构比反絮凝组构的刚度更大。

（3）一旦达到前期最大固结压力，进一步增加压力时，具有絮凝结构的土比具有反絮凝结构的土在组构上会产生更大的变化。

（4）反絮凝或丧失结构性土的平均孔隙直径和其孔隙尺寸分布范围小于絮凝或未扰动土的平均孔隙直径和其孔隙尺寸分布范围。

（5）剪切位移通常会使片状颗粒和片状粒组产生优势定向，并且它们的长轴方向平行于剪切方向。

（6）各向异性固结压力往往使片状颗粒和片状粒组趋向于使它们的长轴与其大主应力作用面看齐。

（7）应力通常不会在所有颗粒和粒组中均匀、相等地分布。一些较小颗粒和粒组可能由于周围组构单元起拱的作用而不会承受或仅承受很小的附加应力的作用。

（8）在同一孔隙比和有效应力空间中，如果一种没有黏性的 2 个土样具有不同的应力历史，则这 2 个土样会具有不同的结构。图 6.46 中，一个土样初始点在初始压缩曲线（正常固结线）的 a 点，在扰动和再固结压力或在次压缩应力 σ'_a 作用很长的时间后，土样会变形移到 b 点。另一个土样初始点在初始压缩曲线的 c 点，作为从 σ'_c 卸载的结果，土样会回弹变形而移到 b 点。这 2 个土样的应力–应变性质将会不同。**超固结比是应力历史的一个很好的度量。**图 6.46 中第二个土样的超固结比是 σ'_c / σ'_a。

（9）在附加应力作用下，体积变化的趋势决定了不排水变形时孔隙水压力的变化和发展。

（10）饱和土在常体积时其结构的变化与有效应力的变化同步。这种有效应力的变化通常认为是即刻发生的。

（11）**饱和土在常有效应力时其结构随着孔隙比的变化而变化。**这种孔隙比的变化不是即刻发生的，而是依赖于土排出同体积水所需要的时间。

图 6.47 针对上述第（9）、（10）、（11）条给出了说明。对于丧失结构的饱和土处于临界状态或稳态时，孔隙比和有效固结压力之间存在唯一曲线关系。如果某种土处在这一关系

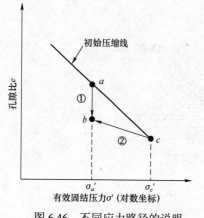

图 6.46　不同应力路径的说明

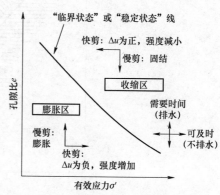

图 6.47　初始状态与临界状态或稳态的关系对变形时孔隙水压或体积的变化的影响

曲线上，则剪切变形时不存在体积变化的趋势。然而，如果土处于临界状态线上方或右侧区域的状态，当应变速率缓慢时土样将会产生收缩变形；而当应变速率较快时土样将会产生正孔隙水压力。与此相反，如果土处于膨胀区域（即土处于临界状态线下方或左侧区域的状态），缓慢变形将会伴随有膨胀变形；而迅速变形将会产生负孔隙水压力。一般而言，正常固结到略微超固结的黏土与饱和松砂具有收缩的趋势，而强超固结黏土和密砂则具有膨胀趋势（与围压相关）。

6.19 土的组构及其性质的各向异性

各向异性固结、剪切、液体中某一组分的迁移、重塑的方法或压实土样的制备方法及分层压实，上述每一种情况都会使土体产生各向异性的组构。通常宏观尺度组构的各向异性会导致力学性质的各向异性，并且不同方向性质的差异十分显著。图 5.9 给出了砂土的各向异性组构。

本节将给出一些例子用以说明，就工程性质而言，各向异性的一般性质和大小，它们可能是一种宏观均匀的各向异性的组构。**这些关于组构各向异性不同于土的性质的各向异性**（如由不同土层的分层所产生的），虽然后者可能在现场中会更加重要，特别是考虑土中流体渗流时。各向异性组构的分析和讨论，以及应力各向异性对应力−应变和强度的影响将在以后讨论。

1. 砂和粉土

图 6.48 给出了破碎玄武岩的强度，分别给出了沿着颗粒排列的优势方向和与其垂直方向这两个方向的强度。一些细长颗粒的优势定向（颗粒的平均长宽比=1.64）是通过倾倒土颗粒至剪切盒而形成的。然后得到了中等密实程度的强优势定向的土样，参见图 5.13。相对密度较低时，垂直于颗粒优势定向平面的强度要比沿着该平面的强度大近 40%。这种不同随着土密度的增加而减小，当相对密度大于 90%时，2 个方向的强度基本相等。这与已经发现的，**土的密实程度增加会减小其优势定向的程度**是一致的。当土样的刚度（作为剪应力与剪切应变之比的度量）到达峰值强度的 50%（相对密度不高）时，剪切方向垂直于优势方向的刚度大约是平行于该方向刚度的 2 倍。

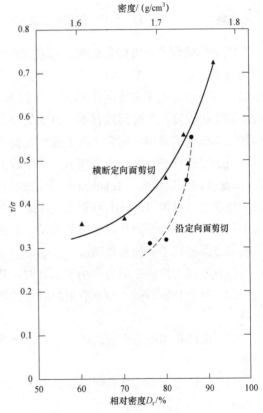

图 6.48 剪切方向对土强度的影响

（Mahmood et al.，1974）

图 6.49 表明，当平面应变或三轴压缩时，较密实的 Toyoura 砂摩擦角，可以作为与初始基平面的加载方向角 θ 的函数（Park et al.，1994）。θ 角是基础平面与最大主应力方向的夹角，使用平面应变压缩时 $\theta=90°$ 的摩擦角对所测摩擦

角进行归一化。当加载方向接近 $\theta=30°$，摩擦角是最小的。产生这种情况部分原因是剪切破坏面正好与基础平面相重合。三轴压缩时的摩擦角小于平面应变压缩时的摩擦角，这是因为中主应力的影响。三轴压缩中可以观测到相对平面应变时较小的基础平面的影响（也包括侧向约束的影响），这是因为三轴压缩的土样中经常会产生不同方向的多剪切面。然而，在平面应变的压缩中，会产生相对较少但更加明显的剪切面。

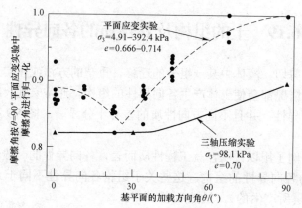

图 6.49　当平面应变或三轴压缩时摩擦角的变化（Park et al.，1994）

当土体受到不同方向剪切时，颗粒之间接触面的方向对颗粒土的应力-应变行为和体积变化行为具有重要影响。 颗粒之间接触面的方向可以通过与平面正交的 β' 表示。图 6.50（a）给出了四种砂的概率密度函数 $E(\beta)$。将混合水的沙子倒入一个圆柱模型桶中，然后击实到所希望的密实程度，会得到具有不同组构的砂土。由图 6.50（a）可以看到，棒状或扁平的砂粒和接近圆球状的砂粒，它们之间的接触定向具有很大的各向异性。

对上述砂样进行三轴压缩实验，其中最大主应力与初始的水平面成 θ 角。图 6.50 给出了 Toyoura 砂的实验结果。Toyoura 砂是由细长和扁平颗粒组成，并且颗粒轴长之比为 1.65，类似的结果也可以由 Tochigi 砂得到。Oda（1972a）报道了这些实验结果及其他的一些实验，其中包括砂土具有不同相对密度的实验，针对颗粒土的各向异性组构对其力学性质具有重要影响的方面进行了解释和说明。

（1）不同方向的主应力作用于土体时，其应力-应变行为和体积变化行为也是不同的。

（2）具有长轴的砂土与具有近似圆形的砂土相比，其各向异性的影响在某些方面会更大一些。

（3）由冲积作用而形成的砂土组构，随着 θ 从 90°变化到 0°，其变形模量和膨胀性也会减小。

（4）密砂在 $\theta=0°$ 时实验得到的应力-应变-体积行为是可以与松砂在 $\theta=90°$ 时实验得到的土样行为进行比较的。

（5）在 50%峰值强度时其切线模量随着 θ 的减小而减小。就密砂而言，$\theta=90°$ 时的 E_{50} 是 $\theta=0°$ 时 E_{50} 的 2～3 倍。

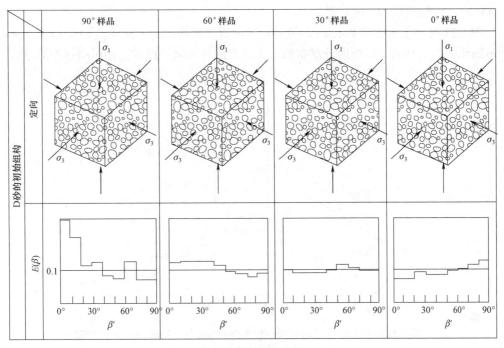

(a) 初始组构的影响

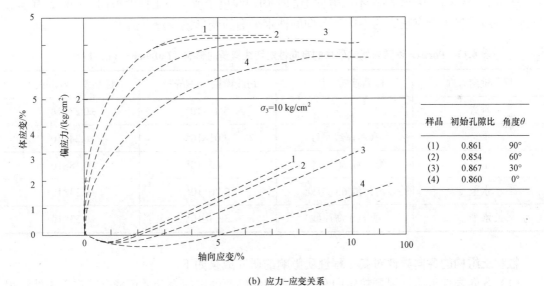

样品	初始孔隙比	角度θ
(1)	0.861	90°
(2)	0.854	60°
(3)	0.867	30°
(4)	0.860	0°

(b) 应力–应变关系

图 6.50　初始组构各向异性对应力–应变–体积行为变化的影响（Oda，1972a）

　　总而言之，粒状土组构的各向异性（可以通过颗粒长轴的方向性和颗粒接触面的方向性的测量而得到）会导致不同体积变化的趋势。在进一步的不同加载方向作用下，这种体积变化会引起土的应力–应变和体积的不同行为。

　　土的组构和力学性质的各向异性在现场未扰动砂土和粉土中也能够发现。Vicksburg 地区未扰动黄土的实验表现出：垂直于颗粒的优势方向剪切的强度比平行于颗粒的优势方向剪切的强度高出 12%（Matalucci et al.，1970）。对干黄土，三轴实验测得的摩擦角会从 34° 减小到 31°；而对于湿土，当最大主应力的方向从垂直于土颗粒排列的优势方向变化到与其交角为 45° 时，摩擦角从 24° 减小到 21°。

图 6.31 给出了未扰动 Portsea 海滩砂的各向异性组构。Lafeber 等人（1971）采用如图 6.51 所示的未扰动土样的不同断面开展实验，来研究这种各向异性对三轴压缩行为的影响。

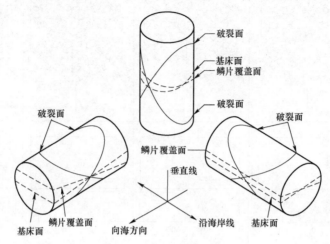

图 6.51　未扰动 Portsea 海滩砂的各向异性组构（Lafeber et al.，1971）

表 6.13 给出了一些土样在不同方向上的平均切线模量值。当土样的方向不同时，其实验得到的切线模量也会有很大的不同，各向同性水平面的变形模量没有给出。

表 6.13　**Portsea 海滩未扰动砂样的定向性对切线模量的影响（Lafeber et al.，1971）**

样品轴向方向	样品轴向方位角	切线模量（kN/m²）	标准差（kN/m²）
垂直		5.41×10^4	$\pm 0.27 \times 10^4$
水平	和海岸线平行	4.01×10^4	$\pm 0.24 \times 10^4$
水平	海岸线 30° 方向	3.85×10^4	$\pm 0.18 \times 10^4$
水平	海岸线 60° 方向	3.76×10^4	$\pm 0.23 \times 10^4$
水平	垂直于海岸线	3.55×10^4	$\pm 0.53 \times 10^4$

粒状土组构的各向异性对其工程性质影响的研究成果如下。

（1）各向异性组构（用颗粒定向和颗粒之间接触面的定向表示）可能会存在于天然沉积土、击实填料和实验土样中。

（2）各向异性组构会导致各向异性的力学性质。

（3）当剪切方向横向跨过颗粒优势方向时，土的强度和变形模量比顺着优势方向的强度和变形模量要大。

（4）**土的强度和变形模量的各向异性的大小依赖于其密度、颗粒扁平的程度和细长颗粒的平均轴长比。**土的密度越大，其各向异性就越小。土颗粒扁平程度和细长颗粒轴长比越小，则其各向异性程度也越小。土颗粒的平均轴长比为 1.6 或者更大时，土的峰值强度的差别范围为 10%～15%。

（5）**土的不同方向模量的差别大于其不同方向强度的差别**。不同方向的模量可能会变化 2 或 3 倍。也就是说，**同一土样不同应变阶段组构的各向异性程度是不同的，应变越大，其各向异性程度就越小**（土样保持大致均匀），所以其力学性质也不同。

（6）土的组构各向异性对其力学性质各向异性的影响，主要是通过不同方向的变形所具有的不同体积变化的趋势来认识的（实际上不同剪切作用下的行为也需要考虑）。

2. 黏土

黏土组构各向异性的研究主要集中在强度和水的传导性的各向异性问题。除了各种可能的组构各向异性外，固结不排水强度的各向异性也可能源于固结时应力作用的各向异性。Brinch-Hansen 等人（1949）采用有效应力参数 c' 和 ϕ'，通过分析有效应力各向异性，得到

$$\frac{c_u}{p} = \frac{c'}{p}\cos\phi' + (1+K_0)\sin\phi'(2\overline{A}_f - 1) \times \left[\left(\frac{c_u}{p}\right)^2 - \frac{c_u}{p}(1-K_0)\cos^2\left(45 + \frac{\phi'}{2} - \alpha\right) + \left(\frac{1-K_0}{2}\right)^2\right]^{1/2}$$

（6.17）

式中，c_u 是不排水剪切强度，p 是竖向固结压力，K_0 是静止土侧向固结压力系数，α 是破坏面与水平面的夹角。孔隙水压力参数 $\overline{A}_f$ 为

$$\overline{A}_f = \frac{\Delta u_f}{(\Delta\sigma_1 - \Delta\sigma_3)_f}$$

（6.18）

式中，Δu_f 是破坏时孔隙水压力的变化值，$(\Delta\sigma_1 - \Delta\sigma_3)_f$ 是破坏时的偏应力。

对于不排水实验，其峰值应力和最终破坏状态的参数 c' 和 ϕ' 的变化程度是不同的，随着主应力的方向而变化。图 6.52 总结了不排水压缩强度随着破坏面的方向而变化的数据。**组构各向异性导致了竖向和水平向的土的强度不同，其差别可能会达到 40%。不同方向的不排水强度的区别源于剪切产生的孔隙水压力的不同**（Duncan et al.，1966；Bishop，1966；Nakase et al.，1983；Kurukulasuriya et al.，1999）。有效应力强度参数对土样组构的优势方向不是很敏感。而排水强度对组构的方向性会比剪切应力的方向性更加敏感，对高岭土的实验给出了这种情况的说明（Duncan et al.，1966；Morgenstern et al.，1967b）。图 6.53 给出了 2 个具有各向异性组构的黏土样本在初始等向应力作用和其他应力路径作用的曲线图。

事实上有效应力强度参数和排水强度对于组构各向异性不是很敏感。但不排水剪切时，土孔隙水压力的发展却受到各向异性的强烈影响，这就意味着：组构各向异性不论对砂土还是黏土的强度都同样是有影响的。应力的方向相对于组构的方向发生改变会影响到土体积变化的趋势。这随后会影响膨胀对砂土强度的贡献和排水变形中的体积变化，以及黏土不排水剪切的孔隙水压力的发展。

土组构的各向异性和天然土的分层使大多数沉积土中水平方向的水力传导性大于竖向的水力传导性。

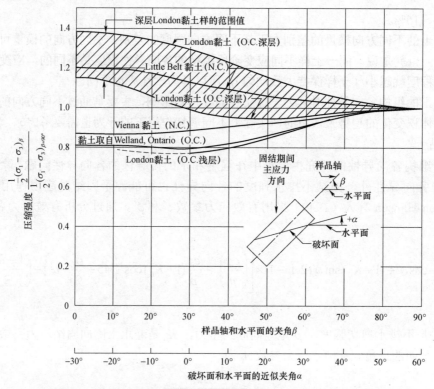

图 6.52　压缩强度随破坏面方向变化的关系（Duncan et al.，1966）

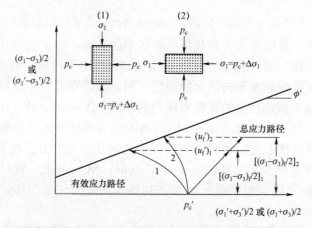

图 6.53　具有不同组构的黏土在三轴压缩时不同应力路径的图示（Mitchell et al.，2005）

6.20　砂土的组构和液化

如果饱和砂的孔隙比在临界状态线或稳态线上方（图 6.47）并被快速剪切，它将趋于变密实。当孔隙水不能很快从孔隙中排除，土结构的崩溃将使正压力转变为孔隙水压。与此相伴的是有效应力的减小、抗剪强度降到较低值，最后导致土体液化。地震引起的循环荷载可能是最常见的导致动力液化的原因。**砂土抗液化的能力依赖于砂土本身的性质，包括：级配、颗粒尺寸和形状、相对密度、侧限压力和初始应力状态。**关于地震砂土液化方面的综述可以参考 NRC（1985）、Kramer（1996）、赵成刚（2001）、陈国兴（2007）、张建民（2012）。

砂土液化依赖于砂土抵抗变形的能力和当迅速施加剪切应力所引起的结构趋向于体积减小或破坏的程度。**具有相同密度的同种砂土若组构不同，这些砂样的应力-应变和体积变化性质会不同，因此不同的砂土组构也会影响其抗液化能力。**Mulilus 等人（1977）在图 6.54 给出了三种砂样，它们采用了 2 种不同方法制备，并产生了明显不同的抗液化能力，这是通过在特定的循环应力比下引起液化的荷载的循环次数来体现。循环应力比定义为：二分之一的循环偏应力与初始围压之比。

由于**砂土试样制备方法的不同，所形成砂土的组构也就会不同，并导致砂土试样有不同的抗液化能力和行为**（Mitchell et al.，1976）。与图 6.54 相似，图 6.55 给出了 Monterey No. 0

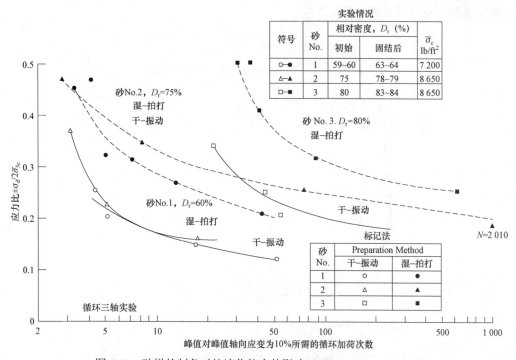

图 6.54　砂样的制备对抗液化能力的影响（Mulilus et al.，1977）

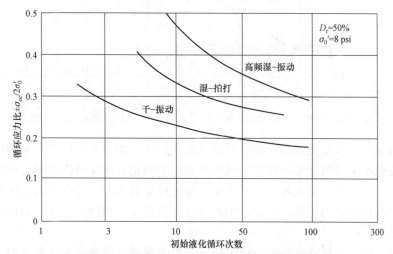

图 6.55　3 种砂样制备方法对抗液化能力的影响
（相对密度为 50% 的 Monterey No. 0 砂；Mulilus et al.，1977）

相对密度为 50%的砂，采用 3 种不同方法制备试样的实验结果。类似的性质也在同样的砂土但相对密度为 80%的试样的测试中被观测到（Mulilus et al.，1977）。Monterey No. 0 砂是一种均匀、中等密实程度、次圆形的砂土，主要由石英及一些长石和云母组成。

土样的不同制备方法会导致不同的组构，可通过土样薄切片，上测量得到的颗粒长轴和颗粒接触面的法线方向的数据来分析。雨水作用会导致明显的颗粒长轴优势定向趋向于水平方向。**洒水振实可以产生大多数土颗粒长轴的随机定向，洒水击实可以形成中等密实值。静力三轴压缩实验**（图 6.56）表明，应力-应变和体积变化行为与所观测到的组构和液化抵抗能力是一致的。也就是说，**最弱的、最小膨胀趋势的土是干旱环境产生的，而最强的、具有最大膨胀性的土可以通过洒水振实产生。**

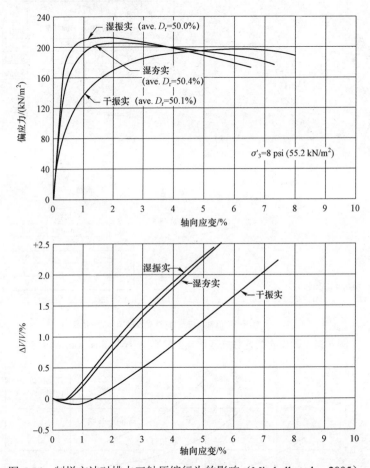

图 6.56　制样方法对排水三轴压缩行为的影响（Mitchell et al.，2005）

从上述情况可以清楚地知道：**相对密度（或孔隙比）本身不足以充分刻画砂土的性质。**这意味着，**实验室采用的重塑砂样实验通常不能用于确定其现场未扰动砂土的性质。**因为现场砂土的组构（或结构）是未知的，而未扰动砂土样是根本不可能得到的。这也说明了为何基于现场实验的预测更为可靠，例如，用现场标准贯入实验和圆锥贯入实验评估砂土沉积场地的抗液化能力。

在常用的几种室内制样方法中，**给定任一相对密度并采用自由落体制样的方法，产生的土压缩性最大且组构最弱。**所以，这种方法能够用于得到土的工程性质的下限值或最保守的估计，即具有同样相对密度的同种砂土在现场未扰动状态的下限值和最保守的评估值。而大多数现场砂土比这种下限值要更大些，这是由此前的历史应力作用、时间作用和黏结作用所导致的。**自由落体制样方法制成的土样具有的下限值和现场的实际值的差别可能会很大。**已有研究证实扰动土与未扰动土相比，抵抗应力能力必然有所下降；也就是说，与许多沉积黏土的情况相似，砂土疏松的亚稳态结构对扰动是很敏感的。

6.21　敏感性及其产生的原因

前面已经说明，岩土工程中早期建立的土的组构和结构的概念至少部分地解释了，当未扰动黏土被重塑后，其不排水强度损失的原因。**实际上所有正常固结黏土都会表现出某种程度的敏感性。**敏感黏土（quick clay）是最敏感的黏土，这种材料的沉积土重塑时会变成黏性较大的流体（图 6.28）。它们存在于北美和斯堪的那维亚的前冰川作用的区域。

最初采用通过无侧限压缩实验测定的未扰动土峰值强度（S_{up}）与重塑土峰值强度（S_{ur}）之比，即敏感值为 $S_t = S_{up} / S_{ur}$ 来度量土的敏感性（Terzaghi，1944）。某些黏土的重塑强度非常低，以至于其无侧限压缩实验的重塑土样难以形成并测量。所以，现场和实验室经常使用十字板剪切实验测量土的敏感性（Swedish State Railways，1922；Karlsson，1961）。

一些敏感性的分类已经被提出，表 6.14 给出了其中一种。具有较高盐分的海相黏土的敏感值 S_t 可能高达 30（Torrance，1983）。**土成为敏感黏土不是由于未扰动强度很高，而是由于其扰动后强度太低。**盐分的析出过程会导致发展出一种具有很高敏感性土的结构，其敏感性会大于 100。盐分的析出会减小具有低活性黏土的液限值和后来重塑土的强度，而其孔隙比则基本保持为常量或略微减小。

表 6.14　黏土敏感值的划分（Rosenqvist，1953）

	S_t
非敏感土	～1.0
微敏感黏土	1～2
中等敏感黏土	2～4
很敏感黏土	4～8
微过敏黏土	8～16
中等过敏黏土	16～32
很过敏黏土	32～64
极过敏黏土	＞64

1. 敏感黏土的成分

敏感黏土在矿物成分、颗粒尺寸分布或组构方面不同于低敏感性黏土。大多数敏感黏土是冰川作用后的沉积土，其中黏土部分主要是伊利石和绿泥石，非黏土成分主要是石英和长石。闪石和方解石也很常见。敏感黏土的活性通常小于 0.5。**孔隙流体的成分及历史过程中流体成分的变化也很重要。流体中电解质和有机混合物的类型及其含量的变化，以及少量表面活性组分对敏感黏土发展起控制作用。**

2. 敏感黏土的组构

除了强胶结土外，敏感黏土的未扰动组构由颗粒或粒组的絮凝而聚集在一起。电子显微照片表明，在中等敏感至敏感黏土中的颗粒排列主要呈现开放和絮凝状。**此处所谓开放是指：由不稳定的连接而把集聚体连接在一起的结构体系，此时整个结构体系也是不稳定的**。高敏感性黏土的组构是通过颗粒和集聚体形成的**开放网络**而发挥骨架构形作用的。图6.57显示了未扰动 Leda 黏土的组构，图中会看到很宽范围的粒径。

敏感黏土的微观组构和它周围区域具有不同敏感性的黏土的微观组构是相同的。因此，**开放的絮凝组构是敏感性黏土发展的必要条件，但不是充分条件**。作为延迟或二次压缩的结果，敏感黏土中会发展某种优势定向。沉积形成过程中作为盐分滤出的结果，这种压缩会被加速（Torrance，1974）。

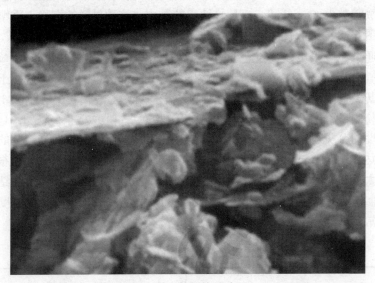

图 6.57　未扰动 Leda 黏土的组构照片（Tovey，1971）

3. 敏感性土产生的原因

至少 6 种不同现象是导致土的敏感性产生和发展的原因。

（1）**亚稳态组构**。

（2）**颗粒或集聚体之间的胶结**。

（3）**风化作用**（风化过程会改变离子在土孔隙溶液中的类型和比例）。

（4）**触变硬化**。

（5）**滤出、离子置换、单价与二价离子的比值的改变**。

（6）**形成过程或附加化学组分产生的扩散作用**。

4. 亚稳态组构

当颗粒和颗粒集聚体进行絮凝或没有很紧密地聚集时，沉积后的初始组构是开放的，并具有一定量的边–边颗粒连接和边–面颗粒连接，其长条状和扁平状颗粒像纸牌一样不稳定地排列在一起。这种情况可以通过沉积压缩线相对本征压缩线给予很好的说明，参见图6.43（b）。在固结期间，这种组构的孔隙比高于颗粒和颗粒群处于平行排列时可能产生的孔隙比，这种组构能承受有效应力。当饱和土从图6.40点1的状态被重塑，由于其体积有减小趋势，强度会降低，说明其组构被破坏，有效应力被降低。

　　如果原始的固结压力被再次施加，则会产生附加的固结变形，孔隙比将会减小到图 6.40 中的点 2。重塑和再加载将会引起固结变形到点 3，不断重复这一过程将最后到达最小孔隙比，即在 n 点土体结构被彻底破坏。因此，如果土处于图 6.40 中阴影区域，它将会具有一定程度的亚稳态结构，并且如果被扰动或再加载，它就会进一步固结变形。

　　为了研究亚稳态颗粒排列对敏感性的影响，Houston（1967）对高初始含水量饱和高岭土进行了三轴不排水固结实验，并对其敏感值做了测量。敏感值从较高的含水量和较低的固结压力时的 12 变化到较低的含水量和较高的固结压力时的 2。图 6.58 给出了初始固结有效应力为 200 kPa 的饱和砂−高岭土混合物的固结不排水压缩实验的结果。扰动强度损失伴随着一个较大的孔隙压力的升高，且有效应力从初始 200 kPa 降低到几乎为零，**这说明了有效应力和土的结构的相互依赖性，以及亚稳态结构的作用和影响。**

　　具有重要实际意义的一点是，扰动后持续产生的亚稳态组构可以解释多次地震作用下，某些沉积砂层相同的局部区域为何会观察到再次出现液化的现象。

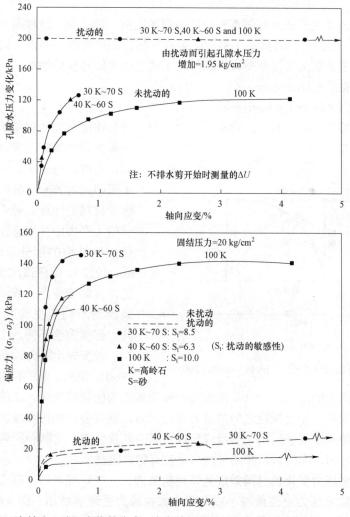

图 6.58　高岭土−砂混合物的应力−应变特征与扰动影响（Mitchell et al., 2005）

5. 胶结作用

许多土含有碳酸盐、氧化铁、氧化铝和有机物，它们可能在颗粒接触处沉淀并作为胶结剂。扰动过程会破坏胶结连接并导致强度损失。Sangrey（1970，1972）对 4 种天然的、具有胶结的加拿大黏土进行了测试，得到的敏感性结果为 45～780。瑞典 Gota 峡谷近 Lilla Edit 的晚冰川期塑性黏土具有的敏感性为 30～70。前期固结压力（由一维固结仪确定的）是比过去上覆压力更大的压力（Bjerrum et al.，1960）。当固结压力大于前期施加的最大表观压力时，黏聚力会明显减小，实际上这就是颗粒胶结连接破裂的结果。这种连接是由微观化学和有机物的碳酸化作用及孔隙水盐分的沉淀而在颗粒接触处产生的。用具有 **EDTA** 的溶液通过过滤除去碳酸盐、石膏和氧化铁，就会导致 **Labrador** 地区敏感土的前视固结压力明显减小（Bjerrum，1967）。

如果黏土长期处在应力不变的作用下，就会产生一个准前期固结（胶结）效果（Leonards et al.，1960）。化学胶结能否产生附加抵抗，目前还是有争议的问题。然而其产生的效果是相同的，同时将导致敏感性增加。

6. 风化

风化过程会改变离子在土孔隙溶液中的类型和比例。反过来，这种改变也会改变扰动后土的絮凝-反絮凝的趋势。未扰动土强度的某些变化也是可能的。然而，对土的敏感性的主要影响一般是通过重塑土的强度变化表示的。土的强度和敏感性的增加或减小，本质上依赖于其液相离子分布的变化（Moum et al.，1971）。

7. 触变硬化（thixotropy hardening）

触变是一种等温、可逆的、依赖于时间的过程，并且在成分和体积基本不变的条件下，一种土材料重塑（或通过软化和液化）后，在静止条件下，它会出现随时间而不断硬化的情况。图 6.59 给出了一种纯触变材料的性质。触变硬化可能是导致一些土产生中等敏感性和高敏感性及不稳定性结构的部分原因（Skempton et al.，1952）。但应该注意：与触变强度相比，其触变变形（或刚度）是不同的，原因是不同应变情况下的变形模量不同，强度也会不同。

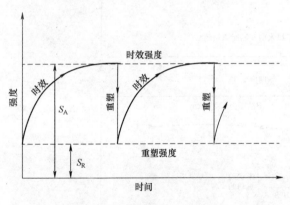

S_A/S_R=触变强度比

图 6.59　土材料的触变性质（Mitchell et al.，2005）

触变硬化的机制解释如下（Mitchell，1960），沉积、重塑和击实过程会产生与这些过程相匹配的土的结构。一旦外部施加的重塑或击实能量被移除，土的结构就不再与周围环境处于平衡状态。如果颗粒之间的引力超过斥力，则将会使颗粒和颗粒聚集体朝着絮凝的趋势发展，并使水中离子结构重新组成形成更低的能量状态。这两种影响（都已经被实验所证实）都需要时间，因为颗粒和离子的移动都有黏性阻抗。

扰动后孔隙水压力变化的时间效应是特别重要的。一些研究表明，击实或重塑后，随着时间的发展，孔隙水压力会连续减小或孔隙水张拉应力会连续增加。图 6.60 及 Ripple 等人（1966）的研究表明，对触变湿黏土施加剪切应力会引起孔隙水张拉应力突然减小（孔隙水压力的突然增加），在随后的一段静止期间，孔隙水应力会缓慢恢复（减小）。随着时间的推移，有效应力会同时增加，并因此导致不排水强度的增加。

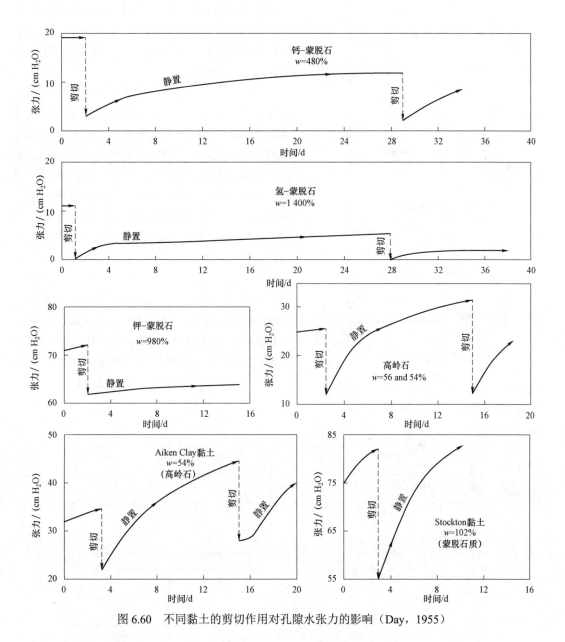

图 6.60　不同黏土的剪切作用对孔隙水张力的影响（Day，1955）

触变硬化对现场黏土敏感性的影响和作用的程度是很难确定的。实验室研究是针对一个特定的成分和密度而开始的。天然沉积黏土的初始状态通常不同于其现在的状态，并且未扰动黏土与同一黏土的重塑土样，在不变的含水量和孔隙水成分并静止的情况下，几乎没有多少相似之处。然而，土样从现有的成分开始硬化的研究结果认为，由于触变硬化性，土的敏感性可以达到 8 左右（Skempton et al.，1952；Seed et al.，1957；Mitchell，1960）。

8. 淋洗和阳离子的单价与二价之比的变化

Rosenqvist（1946）首先指出，由淋洗引起的海相黏土盐分减少，是敏感黏土发展过程中

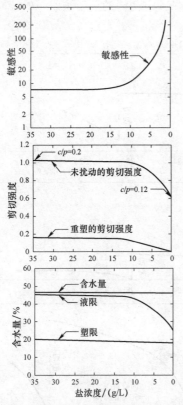

图 6.61　淡水淋洗时正常固结海相黏土的
性质变化（Bjerrum，1954）

重要的第一步。海平面下降或陆地抬升会导致失去海水的环境，发生淡水淋洗。淡水在粉土和砂土中的渗流，并通过扩散（不要求水流过整个黏土的所有孔隙）就可以除去黏土中的盐分（Torrance，1974）。

　　虽然淋洗很少会引起土组构的变化，但颗粒相互作用力却会改变，并导致未扰动强度降低幅度高达 50%，如此大的强度降低只有在敏感黏土重塑时才会出现。土颗粒之间较大的斥力增加是黏土重塑时反絮凝和分散作用产生的原因。导致这种情况的部分原因是孔隙溶液电解质浓度的降低，并引起双电层厚度的增加。图 6.61 给出了挪威海相黏土伴随着盐分的淋洗所产生的强度变化和敏感性增加的情况。图 6.62 给出了一些挪威海相黏土的敏感性与含盐度的关系。通过一些人工沉积黏土的淋洗实验证实了淋洗和浸出这种假定的正确性（Bjerrum et al.，1956）。黏土在盐水（35 g/L）中沉积，然后被淋洗，其敏感性可从 5 增加到 110。而在淡水中沉积的土样的敏感性则为 5～6。

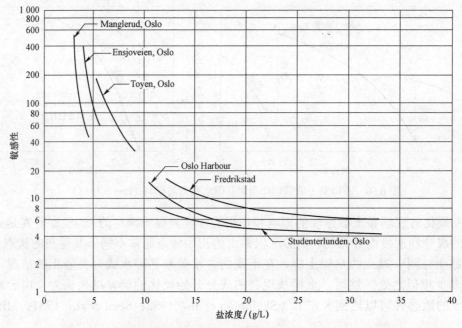

图 6.62　挪威海相黏土的敏感性与含盐度的关系（Bjerrum，1954）

　　Champlain 黏土的电动势或 zeta 势（使用电渗透方法可以确定）与其敏感性具有很好的

相关性，如图 6.63 所示。电动势是双电层中势的一个度量，**电动势的值越高，相关的双电层厚度就越厚、敏感性也越高**。就低盐分的黏土（1 或 2 g 盐/liter 水）而言，**其敏感性与孔隙水中单价阳离子的百分比具有很好的相关性**，参见图 6.63。孔隙水中单价阳离子的百分比可以由下式给出

$$\frac{Na^+ + K^+}{Na^+ + K^+ + Ca^{2+} + Mg^{2+}} \times 100$$

所具有的浓度为每升毫克当量。Moum 等人（1971）给出了敏感性对于单价离子与整个离子之比的依赖性。钠吸收比的分析也给出了相似的结果（Balasubramonian et al.，1972）。

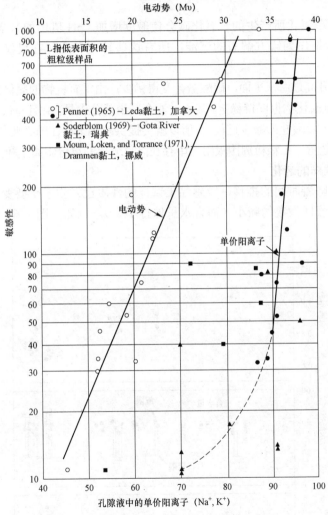

图 6.63　低盐含量黏土的敏感性与单价离子和电动势的关系（Penner，1965）

　　海水中单价离子的百分比大约仅为 75（基于毫克当量/升）。所以，按照图 6.63 给出的关系，如果海水被过滤，没有 Na^+、K^+、Mg^{2+} 和 Ca^{2+} 相对浓度的变化，黏土并不能发展出很高的敏感性，因此需要除去二价离子。敏感黏土中，可以通过有机物将 Mg^{2+} 和 Ca^{2+} 从系统中除去（Soderblom，1969；Lessard et al.，1985）。Lessard（1981）给出了这些变化产生的机制，并综述如下。

来自海相有机物沉积层的有机物与伊利土、长石和石英构成了冰川后海相黏土体，氧化铁矿物也少量存在。埋藏物的埋深会随着不断的沉积而增加，从海水上面提供氧气的距离也同样会增加。

有机物的细菌氧化会耗尽孔隙水的含氧量，并且一种无氧环境得到发展，这可以减少对可溶性二价铁的铁氧化。同时，借助于具有硫酸盐还原细菌的有机物，孔隙水中的硫酸盐会变成为硫化氢。硫化铁材料按照以下方式形成

$$Fe^{2+}+H_2S \rightarrow 黑色无定形的 FeS \rightarrow 缓慢结晶过程 \rightarrow FeS_2（黄铁矿）$$

硫化铁和黄铁矿产生的量是由来自上面海水的硫酸盐扩散的速率和铁屑的量及铁屑的反应所限定的。

由有机物的细菌氧化所产生的二氧化碳会使碱度增加（pH 值增加），溶解的 Mg^{2+} 和 Ca^{2+} 含量减小，而后者是作为镁方解石的沉淀。所有这些转变和变化在仅仅几年的时间内就会发生。

如果沉积层上升高过海水平面，硫酸盐会变得稀少；由于有机物的氧化依靠 O_2 的含量，其过程会很缓慢，并且硫化物也保持稳定。淡水过滤会减少盐分含量，并且与低浓度的 Mg^{2+} 和 Ca^{2+} 结合（这种情况源于硫酸盐的减少过程），所以就会提供敏感土存在的必要条件；也就是说，存在以下条件：低含盐量、土颗粒周围吸附层中存在高百分比的单价阳离子和高 pH 值。

9. 敏感黏土试样的老化

土样制备后，随着时间的推移，敏感黏土试样的性质已发生了重要变化，包括：重塑强度和液限的增加、液性指数的减小（而含水量保持不变）。例如，图 6.64 给出了超过一年时

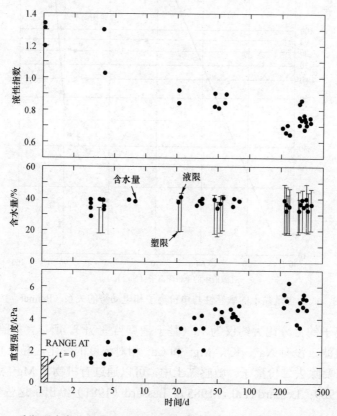

图 6.64　重塑强度变化与作为时间函数敏感性黏土的一致性（Lessard，1978）

间的魁北克 Outardes-2 敏感黏土重塑试样的变化情况。而这种基于老化试样的室内实验所给出的变化结果，相对于现场黏土的性质来说，有可能会产生误导。把含水量相对于塑性指数归一化后得到的液性指数可用于表示和比较不同黏土的一致性。与此类似，式（6.16）给出的孔隙指数 I_v 就经常被用于估计不同土的压缩行为和结构对其性质的影响。

对魁北克 LaBaie 敏感性黏土的研究已经可以解释这种变化，这种变化会引起制样后土的性质的改变，如图 6.64 所示（Lessard et al., 1985）。土样制备后一个月，所测得的 LaBaie 黏土的岩土工程的性质如图 6.65 所示。这种黏土最初是由岩石粉末并包含斜长石、K-长石、石英、闪石和方解石组成，并含有 10% 的伊利土和微量的高岭土和绿泥石。

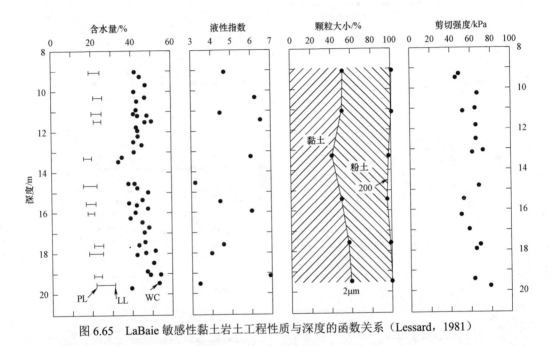

图 6.65　LaBaie 敏感性黏土岩土工程性质与深度的函数关系（Lessard，1981）

LaBaie 黏土样被置于不同的条件下贮藏时，其重塑强度、液性指数、pH 值和某些离子的浓度均随贮藏时间而改变，如图 6.66 所示。这些结果表明，老化会导致孔隙水盐的浓度和二价阳离子（在孔隙水）浓度的增加及 pH 值的减少。总体上，土的成分变化会引起重塑强度的增加（图 6.64）和液性指数的减少（图 6.66），由于每一个双电层厚度变薄，颗粒之间斥力会减小。重塑强度与二价阳离子浓度和阳离子总浓度具有很好的相关性，如图 6.67 所示。贮藏方法（图 6.66）不会影响图 6.67 给出的关系，但会影响化学浓度变化所需要的时间。

这些在化学和工程性质方面的变化是由以下原因所引起的。当敏感性黏土被制成土样或暴露，就会不可避免地与大气和氧气接触。这些气体会引起某些残留有机物的氧化并形成碳酸。反过来，碳酸钙溶解会增加钙和碳酸氢盐在孔隙水中的浓度。黄铁矿的氧化会形成硫酸和氢氧化铁，即使极低的 O_2（氧气）的气压也会足以触发硫循环的氧化。高 pH 值时，这种反应能够很迅速，从 $Fe(OH)_3$ 缓慢地转变为黄针铁矿（$FeO—OH$），并可能会使黏土的颜色逐渐变为褐色。硫酸与镁方解石的反应会增加 Mg^{2+} 和 Ca^{2+} 在孔隙水和颗粒吸附的复合物层中的浓度。同时，在孔隙水的双电层中钠和钾被替换。盐分的增加和二价阳离子浓度的增加会

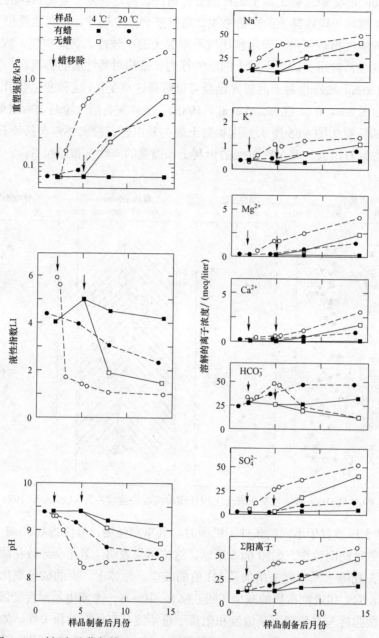

图 6.66　时间和贮藏条件对 LaBaie 敏感性黏土性质的影响（Lessard，1981）

引起重塑强度和液限的增加及敏感性和液性指数的减少。Lessard（1981）、Lessard 等人（1985）对这种反应（包括状态图和反应动力学）进行了更完整的描述。敏感性黏土形成和老化的过程中，细菌在调节氧化和还原反应中的重要作用被提了出来。地质化学和微生物演化过程在岩土工程中的重要性过去一直没有给予注意。这些现象和过程的进一步研究将会提供重要、深刻的新洞察和理解。

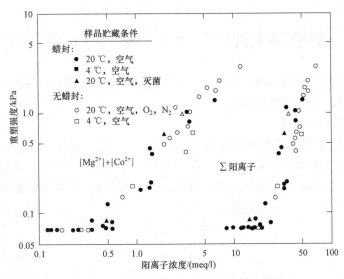

图 6.67　LaBaie 敏感性黏土的重塑强度对阳离子浓度的依赖性（Lessard，1981）

10. 工程实践中老化的意义

敏感黏土的老化表明，即使很小的环境条件的变化也会导致其工程性质的明显变化。这些变化发生的时间可能是在相关的现场和实验室从事的项目所需要的时间之内，如几周至几个月的时间。如果土试样贮藏时没有被小心地保管，则这种土试样室内实验可能会给出误导性的结果。制备土样和实验时，简单的 pH 值的测量就能够提供一种迅速而容易的方式用于评估老化过程是否已经发生。为了减小老化的影响，应该尽量避免把土试样暴露在大气中，对试样桶可以采用厚蜡层封闭方法，并且试样应该放置在低温处贮藏，用以减缓反应的速率。

11. 产生敏感性机制的综述

表 6.15 综述了前面讨论的土的敏感性发展的 6 个原因。对每一种敏感性的机制和其上限可以给出一个估计。实际上所有天然土，包括许多砂土，都是敏感的。也就是说，当土被扰动和重塑时，它就会损失一些强度，但强超固结的、坚硬的裂隙黏土（可能增加强度）除外，这是因为这种土的裂隙和弱面被消除而获得了强度。敏感黏土是由软冰川、海相黏土仅通过过滤除掉盐分，并进一步增加双电层中排斥力的作用（它是在孔隙水中增加单价阳离子相对比例和 pH 值的结果）而形成的。在任何一种土中，一种以上的原因就可使土的敏感性得到发展。

表 6.15　土的敏感性产生的原因（Rosenqvist，1953）

机理	敏感性上限近似值 [a]	影响的主要土类型
亚稳组构	稍过敏（8～16）	所有土
胶结	极过敏（>64）	土体含有 Fe_2O_3，Al_2O_3，$CaCO_3$，游离的 SiO_2
风化	中度灵敏（2～4）	所有土
触变硬化	极灵敏 [b]	黏土
淋溶离子交换，单/双价阳离子比率的变化	极过敏（>64）	冰川和冰川后海相黏土
分散剂的形成和增加	极过敏（>64）	在溶液中或颗粒表面上含有有机化合物的无机黏土

注：a. 根据 Rosenqvist（1953）的表述。

b. 适用于从当前的成分和含水量开始的样品，触变性在原位引起敏感性的作用尚不确定。

6.22 敏感黏土性质与其他指标、变量的相互关系

正常固结、非胶结的敏感黏土的岩土工程性质可以根据敏感性、液性指数和有效应力，采用前面给出的概念进行评估和预测。

1. 敏感黏土的一般特征

具有高和低敏感性的冰川和冰川后黏土的表现很不相同，从图 6.68 给出的挪威 Drammen 正常黏土和 Manglerud 敏感性黏土的剖面图中看到。最重要的一个不同之处是 Manglerud 黏土的含水量远高于其液限值；也就是说，**液性指数远大于 1**。而这是**敏感性黏土的特征**。

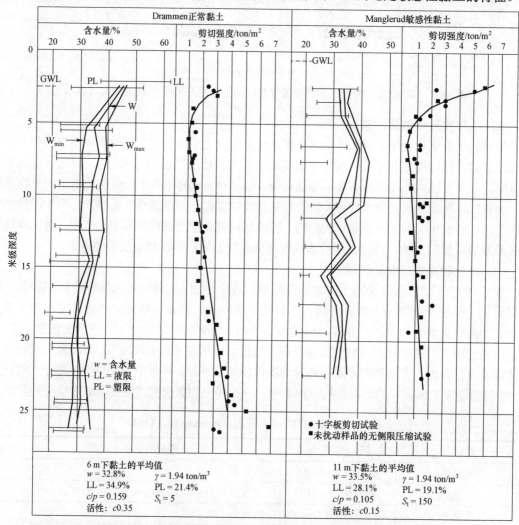

图 6.68　不同海相敏感性黏土的剖面图（Bjerrum，1954）

1）塑性和活性

当正常黏土通过化学变化转变为高塑性或敏感黏土，其液限和活性就会减小。这些变化是通过液性指数的增加（有效应力不变）而反映的。高敏感性黏土的液限通常小于 40%，且很少会大于 50%；塑限值通常是 20%。大多数无机海相黏土的活性在 0.5 到 1.0 之间，而敏感黏土的活性可以低至 0.15。一个给定类型黏土的敏感性通常与液性指数具有唯一的相关性，

图 6.69 是针对挪威海相黏土的示例。

2）孔隙压力参数 A_f［见式（6.18）］

当敏感黏土被剪切时，其内部会产生较高的孔隙水压力。就某些敏感黏土而言，可以测量到孔隙水压力是其峰值偏应力的 2 倍。当不排水并迅速剪切时，松砂的孔隙水压力可发展到与初始围压相等，导致其完全丧失其强度。

3）固结压力比（s_u/p）的不排水强度

固结压力比 s_u/p（s_u 为不排水强度）会随着敏感性的增加而减小，固结压力比 s_u/p 的范围为：对正常固结、不敏感黏土，该值从 0.3 开始或更大一些；对敏感性黏土，该值小于 0.1。图 6.70 对正常固结黏土给出了说明，图中固结压力 p 是上覆荷载引起的竖向的有效应力，CIUC 意味着采用等向固结的不排水压缩实验确定土的强度。

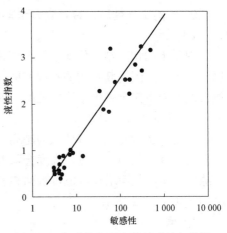

图 6.69 挪威海相黏土的敏感性与液性指数的函数关系（Bjerrum，1954）

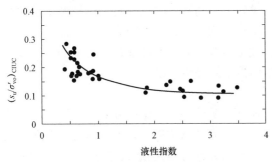

图 6.70 归一化不排水强度与液性指数的关系（Bjerrum et al.，1960）

4）应力–应变关系

通常土的破坏所对应的应变会随着敏感性的增加而变小。在无侧限荷载作用下，某些敏感性黏土是很脆的，并且在很低的应变下就会破裂，有时也会出现轴裂。更进一步，对已经出现断裂的试样再继续加载，就会使之产生类似于流体的流动性质。

5）压缩性

高敏感性黏土初始阶段的压缩性是相对较低的，直到固结压力超过其先期固结压力，其应变会突然出现较大的变化，图 6.71 给出了 Champlain 黏土的情况。当较大固结压力作用下孔隙比还在减小时，其最终的压缩性假定还是一个较低的值。这是由于在相同的有效应力增量作用下，与重塑土的整个压缩过程的压缩量相比，天然土的压缩量仍相对较小（图 6.71）。

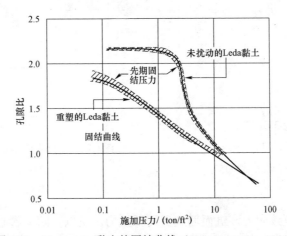

图 6.71 Champlain 黏土的固结曲线（Quigley et al.，1966）

2. 土的工程性质、有效应力和含水量的关系

1）固结

由于土的初始结构依赖于许多因素，另外压力作用下土体积的变化是其结构的函数，所以同一种土（因为其结构的不同）的固结曲线不唯一。具有结构性土的所有状态和其压缩曲线必然会处于完全丧失结构性土的压缩曲线的上方。

2）正常固结土的强度

给定含水量时通常有效应力越高，不排水强度也会越高，因为此时颗粒之间有较高的摩擦阻抗。有效应力不变时，强度会随着含水量的减少而增加，对饱和土，含水量的减少会使孔隙比减少，从而增加摩擦接触面积和摩擦作用；对非饱和土，含水量的减少会使毛细作用增加，如图 6.72 所示。

3）敏感性

在图 6.40 和图 6.41 中完全丧失结构性土的曲线上的每一点都表示了完全重塑土的情况与状态，曲线上任一点的敏感性必然是一致的。因此，这个曲线是一个常值（不变）敏感性线或敏感性的等值线。确定的含水量和确定的孔隙流体成分的饱和黏土的强度要比其完全重塑的强度更强、更高。所以，含水量-有效应力曲线处于相同情况并完全丧失结构性土的曲线的上面（或右侧）是完全可能的。常含水量时，未扰动强度随着有效应力的增加而增加，参见图 6.45；在完全丧失结构性土的曲线的右侧区域中所有点的敏感性都是大于 1 的。所以，敏感性最大梯度的增加一般是垂直于完全丧失结构性土的等值曲线。

4）孔隙压力参数 A_f

破坏时孔隙水压力被土的膨胀或收缩趋势所控制。所以，常初始有效应力作用下，孔隙压力参数 A_f 随着含水量的减少而增加。**当含水量不变，有效压力越低，土就越容易膨胀，这是因为低压力比高压力时膨胀需要的能量更低。**图 6.73 给出了 A_f 的最大梯度。

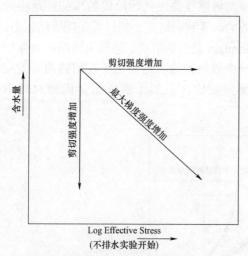

图 6.72　强度随着含水量和有效应力
变化的关系（Mitchell et al.，2005）

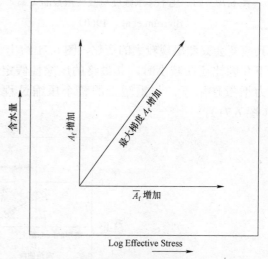

图 6.73　A_f 随着含水量和有效应力变化的
关系（Mitchell et al.，2005）

5）破坏时的应变

限制膨胀会增加有效应力，进而增加剪切抵抗力。所以，随着膨胀的增加，变形会引起加重破坏。另外，破坏时的应变应该随着 A_f 的增加而减小。由于 A_f 随着膨胀趋势而可逆地变

化，因此破坏时应变最大正梯度应该与 A_f 的最大梯度相反。

6）示例

Houston（1967）利用高岭土的三轴压缩实验结果说明了上述关系。对一些具有不同初始含水量的土样进行固结，然后用不同的方式重塑和再固结这些土样，这些土样会具有一定范围的初始有效应力和含水量，最后获得了具有不同结构的土样。通过不排水三轴实验测量其强度、敏感性、A_f 和破坏时应变的值。图 6.74 给出了基于这些实验的等值曲线。测量值基本符合前述的预测。

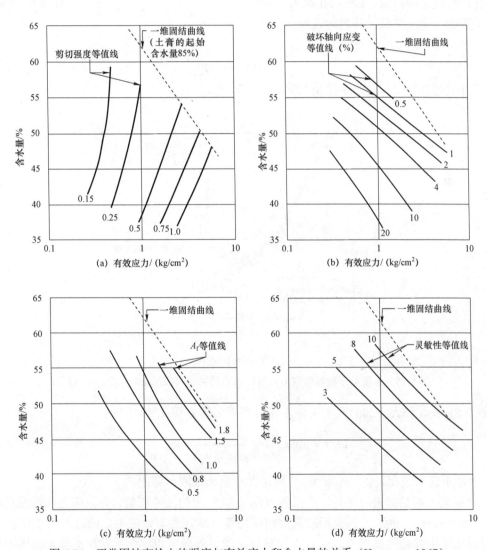

图 6.74 正常固结高岭土的强度与有效应力和含水量的关系（Houston，1967）

3. 敏感性–有效应力–液性指数的相互关系

敏感性、有效应力和含水量之间的关系是基于重塑强度相对含水量关系的归一化而建立的。液性指数（LI）提供了这种归一化的基础。敏感性、液性指数和有效应力之间存在唯一的关系，并满足以下条件。

（1）液性指数–有效应力的关系对所有彻底重塑的黏土土样都是相同的。这种关系就是敏感性等于 1 的等值线。

（2）对所有黏土，其重塑强度和其液性指数的关系都是相同的。

（3）对任何液性指数，s_u/p 随有效固结压力的变化都是相同的。这说明可用液性指数和有效应力表示的未扰动强度关系。

大多数敏感性黏土都会充分地满足上述条件。图 6.75 给出了一些黏土的重塑试样的剪切强度与液性指数的函数关系。图中数据点是基于自由落锥实验确定的液性指数。Houston 等人（1969）报道了实验确定的强度和液性指数的关系，试样的制作采用了不同的实验方法，这些值具有较宽的范围。Leroueil 等人（1983）在图 6.75 给出了重塑黏土不排水剪切强度与液性指数的一般性关系，其表达式为

$$s_u = \frac{1}{(LI - 0.21)^2} \tag{6.19}$$

式中，LI 是液性指数，s_u 的单位是 kPa。

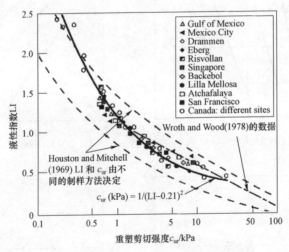

图 6.75　重塑黏土的剪切强度与液性指数的关系（Leroueil et al., 1983）

基于 Sharma 等人（2003）的工作推导得到下面的方程：

$$\log \tau = \log \tau_{LL} + \frac{2}{\log(w_L / w_p)} \times \log \frac{w_L}{w} \tag{6.20}$$

式中，τ 是不排水强度，w、w_L 和 w_p 分别是含水量、液限和塑限。

对一些黏土的数据进行平均，可以得到图 6.76 给出的液性指数、有效应力和敏感性的关系（Mitchell et al., 2005）。假定用前期固结压力替代现在的有效应力，此时，图 6.76 给出的关系也适用于中等超固结黏土。这是因为与现在的有效应力相比含水量和不排水强度更加依赖于前期固结压力。可以预计图 6.76 给出的值会存在某些偏差，这是因为使用了平均化。而对于非常敏感性黏土，这种偏差可能会更大；这是因为它具有很低的重塑强度，这时精确地确定它是很困难的，并且它控制和影响了敏感性的计算值。然而，当不能够得到未扰动土样或现场强度数据时，图 6.75 和图 6.76 给出的关系可以用于评估土的敏感性与强度，以及由于有效应力和液性指数的变化而导致土的强度和敏感性发生的改变；并且这些关系可以作为一个指导，即以少量的数据做更大范围的外推。Cotecchia 等人（2000）、Chandler（2000）提出

了相似的方法建立了敏感性、应力状态和孔隙指数 I_v 的关系。

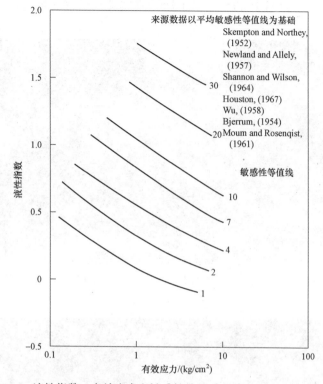

图 6.76 液性指数、有效应力和敏感性的关系（Mitchell et al.，2005）

6.23 分 散 黏 土

某些细颗粒土的结构很不稳定，容易被分散，因此很容易被侵蚀。这种土中的黏性颗粒将会自发地彼此分离或从土整体结构中分离，进入到静水中并悬浮，称之为分散黏土。分散黏土接触到水的结果可能有几种。处于恶劣地形、开挖后所形成的边坡表面侵蚀情况，如图 6.77 所示。防洪堤坝侵蚀通道如图 6.78 所示，这种形式的破坏已经在很多较低的均质坝中出现。每一种情况都表明，土中含有分散黏土颗粒时，这种颗粒很容易在流水中悬浮。这种破坏常在路堤、大坝和低至中等塑性的蒙脱黏土的斜坡中出现，且已经在坝体内产生了分散通路，这种情况通常出现在第一次注水时，有时也出现在库水抬升至较高水位时。分散黏土的破坏通常是水流进入到小的裂缝和通路中而促发的。另外，当水库第一次注水，土的饱和过程可能会伴随着沉降；特别是当土处于最优含水量干的一侧并且没有很好击实时，饱和过程的沉降将会更大。地表面下和拱以上的沉降可能会导致裂缝，水流流过这些裂缝会带走分散黏土的颗粒，而带走分散黏土的速率会随着渗流的速度和渗流空间的尺寸的增加而增加。这种情况与侵蚀产生通路的机制完全不同。水的传导速率在低到 $1×10$ m/s 时，就可以在土中促发这种通路产生。**Atterberg 界限含水量和粒径级配分析不能提供区分普通抗侵蚀黏土与分散黏土的方法和标准**。然而，相对简单的化学实验、一个分散实验、一个碎散实验和针孔测试（**Sherard et al.，1976**）就可用于确认分散黏土。针孔测试中，蒸馏水流过击实土样中直径为 1 mm 的钻孔。如果土样是分散黏土，流过孔径的水会变得浑浊，并且孔洞被迅速侵蚀。若土样不是分散黏土，流过孔径的水就会保持纯净，并且没有侵蚀。ASTM 标准 D4647-93（2006）、（ASTM 2000）给出了针孔测试及其过程的描述。

图 6.77　敏感土开挖形成的斜坡被侵蚀的图示（Sherard et al.，1977）

图 6.78　由于降雨在 5 m 高堤坝中产生的侵蚀破坏的图示（Sherard et al.，1977）

从第 5 章已经了解到，可置换钠的百分比（ESP）是分散行为势能的一个很好的指标，当 ESP 大于 2 则说明可能会分散；当 ESP 大于 10～15 时，则表明在总孔隙水的盐浓度相对较低的土中，可能会表现出分散黏土的行为。确定 ESP 要求测量阳离子置换能力和颗粒周围复合层中钠的含量，这不是一个简单、迅速地确认分散黏土的方法。一个简单的分散势能的化学测量方法被 Sherard 等人（1972，1976）提出来，该测量方法已经过许多土样的实验而证实，该方法基于从土-水湿黏土的饱和提取物中对钠的百分比进行测量与分析。这种关系显示于图 6.79 中。

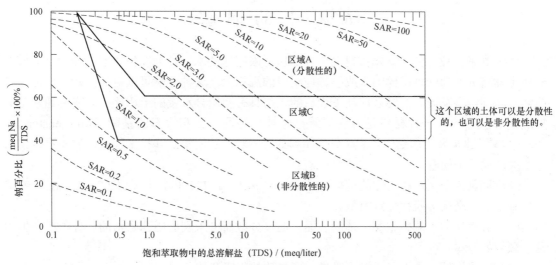

图 6.79 基于针孔实验和现场观测的分散性与溶解于孔隙水中
盐分之间的关系（Sherard et al.，1977）

后来的许多实验表明，图 6.79 给出的区域并不总是分散性的可靠指标。例如，Craft 等人（1984）发现 223 个土样中只有 62.3%被正确地分类。这并不奇怪，因为**一种土是否具有分散行为不仅依赖于它的化学和矿物成分，而且依赖于它的状态**，这种状态的情况是通过含水量、密度和结构而呈现的，并且它还依赖于土暴露于水中的水化学作用及水所处的特殊条件；这些特殊条件包括：温度、侧限压力和水流的速度。Statton 等人（1977）利用对页岩击实土样的针孔实验的结果，解释了水化学作用（用于评估分散性）的影响。使用盐酸侵蚀水的 pH 值减小到小于 4 左右，使用氢氧化钙或氢氧化钠的侵蚀水的 pH 值增加到大于 11 左右，会引起土的行为从分散性到非分散性的变化。与此相似，增加具有天然 pH 值为 6.3 的水的盐分浓度到 $0.1N$ NaCl 或 $0.5N$ NaCl，则会引起分散黏土停止侵蚀。

在分散实验中，细颗粒（小于 5 μm）的百分比是由土样的液体比重计分析（悬液水中使用或不使用分散剂）确定的（Sherard et al.，1972）。不用分散剂测量得到的细颗粒小于 5 μm 的重度百分比，与使用分散剂测量得到的细颗粒小于 5 μm 的重度百分比相比越大，则现场土具有分散性的概率就越大。当用百分比表示时，这种百分比就是分散百分比。分散百分比大于 20%～25%就意味着土的分散性可能会是一个问题。分散百分比大于 50%几乎总是表明，土是易于受到由分散而促发的、严重的侵蚀损伤和破坏。

破碎实验中，一个小土块置于烧杯并浸入水。如果小土块是干的，它通常将会崩解。如果它是分散土，黏土将会在静水中悬浮，并且小土块周围区域将会变浑浊。

在一些确定分散黏土的实验方法中，针孔实验被认为是最可靠的。但即使采用针孔实验，较为重要的是：期望试样能够正确地模拟和反映现场土的状态和孔隙水的成分。

有一些方法可用于减小分散土的不利影响。施工、建造时，添加 2%～3%的氢氧化钙通常会使土转变为不分散的土。所设计的过滤筛子要能够保留小颗粒，并用于大坝的放水侧和坝心处。针对已有的大坝，如果可能发展侵蚀通路，则可以添加石灰到上游面一侧，防止水的向内渗流和形成通路。Sherard 等人（1977）建议了一些其他措施并进行了评估。

6.24 土 的 崩 解

大多数细颗粒土如果暴露在空气中并随后无限制地浸水，都会发生崩解；开始是完整的一块土体将分解为一堆破碎的土或小颗粒组成的沉积土。这种分解可以直接开始于侵蚀之时或随着时间缓慢发展。侵蚀之前被干燥后的土与具有初始含水量的土相比，其崩解通常是更加迅速和强烈的。**一种材料是否会崩解已经被作为区分土和岩石的基础**（Morgenstern et al., 1974）。建筑硬土和黏土页岩（作为集料或堆石料）的崩解是开挖工程稳定性和页岩耐久性所关注的一个问题。

从不同黏土中采用相对纯的试样（Moriwaki et al., 1977）和黏土页岩（Seedsman, 1986）的控制实验，确认了四种分解模型。

（1）分散崩解。从完整黏土体的表面，通过分散而进入到周围孔隙水的过程中所产生的黏土颗粒的分解。

（2）膨胀崩解。黏土和材料由吸进水所导致的膨胀和软化。

（3）表面崩解。使黏土聚集体表面剥落，并在周围水中沉积下来。

（4）土体内崩解。土体分裂、分解为相对较小的土粒，并且土体破坏与裂解是由内而外发展的。

这些破坏模型具有 3 种机制。分散作用是前一节讨论的内容，依赖于黏土化学和水化学。膨胀崩解是源于应力释放、吸附和渗流力所引起的水的吸入。非饱和土中不连通的封闭气体的压缩是土体内崩解和某种程度的表面崩解产生的原因。水被土体迅速吸附会压缩孔隙内封闭气体，并反过来对土的骨架施加张拉应力。土骨架不能承担因湿化而产生的这些内应力时，土就会分裂、分离。Seedsman（1986）发现，崩解机制与整体密度相关，并且**密度越高，土抵抗任何模式的崩解能力也越大**。

6.25 湿陷土和膨胀土

地球表面很多区域的土体饱和时会产生较大的沉降，特别是在我国的黄土地区。这种土称为湿陷土（collapsing soils）。湿陷可以由水单独促发，也可以由饱和与加载共同引起和促发。具有**湿陷结构的土可能是残积土、水积土或风积土**。大多数情况，其沉积层由较大形状的颗粒组成（颗粒范围经常为粉砂至细沙），并具有松散的结构。可湿陷的结构为残积土时，它是由可溶液过滤和胶结材料作用而形成的。水和风沉积形成的湿陷土，通常出现在干旱和半干旱地区，并且是所形成的组构和较弱结构的结果。

泥石流（泥土流和沉积物倾泻的激流）属于一种突然且局部的沉积，可能会形成松散的、亚稳态结构。尤其是倾泻、激流的沉积物会形成松散的、级配很差的材料。某些少量存在的黏土干燥后可以作为这种沉积层的黏结剂。一些胶结也能够发展，这是由于干旱气候地区孔隙水向上移动并蒸发，然后留下具有一定溶解盐含量的沉积层。湿化后，这种松散结构的土可能湿陷并产生较大沉降。

因湿化而易于产生较大湿陷的土可使用密度准则确定其能否湿陷。如果密度足够低，其孔隙空间大于液限含水量所需要的孔隙空间，则可能会出现湿陷的问题（Gibbs et al., 1967）。如果孔隙空间小于液限含水量所需要的孔隙空间，除非土体被加载，否则湿陷不可能发生。

　　黄土沉降层广泛分布于我国西北地区和美国中西部地区。这种风成的粉土材料是浅棕色、脆弱的并基本没有分层。黄土主要是粉粒尺寸的颗粒，并且由长石和石英组成。也可能存在少量的黏土，通常少于 15%。蒙脱土是常见的黏土矿物类型。方解石的存在量可能会达到 30%，并能够作为胶结物（胶结物沿着竖向根状孔隙和颗粒直接的接触处析出和沉淀）。未扰动黄土密度可能会低到 1.2 g/cm³，亚稳黄土沉降层的天然含水量较低，大约在 10%。大多数黄土在塑性图中是接近 A 线的。

　　因为竖向根状孔隙（由植物埋藏和沉积而逐渐形成的）、没有分层和轻微的胶结、黄土沿着竖向面的开裂和竖向面的切入或劈开是相当稳定的，如图 6.80 所示。事实上，如果倾斜的边坡被切开，它们将逐渐地被侵蚀，返回到一系列阶梯状的竖向表面。

图 6.80　黄土沉积层中竖向边坡（**Mitchell et al.，2005**）

　　低密度和轻微胶结的黄土结构使黄土易于湿陷。当保持黄土干燥时，它具有合理的强度和不易压缩性。其孔隙结构甚至可以延续到 60 m 深。然而，一旦湿化或饱和，黄土层就可能会失去稳定性。仅仅饱和所产生的压缩量不大，而一旦加载，压缩量可能会很大，见图 6.81。我们已经知道，给建筑在黄土层上面的新房子周围的草坪浇水会引起较大的沉降。如果饱和黄土层承受动力荷载作用（如地震作用），黄土可能会产生瞬间液化和大的流动滑移。黄土层的未扰动密度是其沉降势和由饱和而产生强度损失的一个合适的

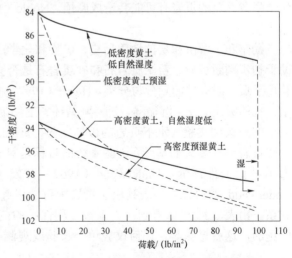

图 6.81　Missouri 河底部黄土的压缩性质

指标。Krinitzky 等人（1967）给出了 Mississippi 黄土的性质行为的详细信息。

6.26　硬土和软岩

　　工程中所遇到的土和岩石都是连续的，其中有很大的超固结细颗粒土、泥石、页岩和沙泥岩，它们有时是最难处理的。这些材料是被作为土还是岩石进行处理，通常并不是很清楚。如果其行为像岩石，材料就能够像岩石一样用于土工建筑，并且每一层都较厚而不需要做很多击实。如果是页岩则易于破坏，所以它必须视为土，并且每一层应该很薄并需要很好地击实，此时如果把地质材料作为一种岩石，在应力和水作用下其随后的恶化和化学变化将会引起破损和强度损失及压缩性的增加，进而可能会出现破坏。相反，如果把耐久性和力学性质做过于保守的处置，可能会导致不必要的超标设计和过高的费用。

　　页岩是软岩–硬土问题中一个很好的例子。Terzaghi 等人（1996）在其书中指出：页岩是一种碎屑沉积岩，主要由粉土大小的颗粒和黏土大小的颗粒组成。大多数页岩是薄层状并具有易裂性；这种岩石具有沿着相对光滑和平坦的面（平行于岩石基床面）分离和开裂的趋势。当不存在易裂性时，这种碎屑沉积层称为泥石或黏土岩。

　　没有风化的、完整的页岩，虽然比大多数火成和变质岩明显地更弱，耐久性也更差，但仍然具有足够的抗力和长期稳定性，如页岩切面形成的边坡及页岩可作为堤坝或路基的填料。另外，许多完整、岩石般的页岩，当开挖或外露后，随着时间的变化，它的性质会逐渐弱化。接下来的问题就是确定页岩性质是否可能出现退化；如果可能出现，则出现的规模有多大、发展的速度有多快？

　　除了由力学作用（如卸载、压缩、破碎和剪切作用）引起的退化外，其他退化通常是由页岩被暴露到气体、潮湿和化学环境的变化引起的崩解、水化和消散作用所致。从长期的角度考虑，胶结页岩可能比击实页岩具有更好的耐久性，除非胶结页岩外露在水和离子溶液中，并导致其胶结材料溶解。在沉积岩层中的黄铁矿或硫酸盐可能会引起地质化学过程的发展，并经常因微生物作用而被催化，这种地质化学过程的发生会导致完整岩石强度的提升和损失。如果这种过程是退化过程，它发生所需要的时间可以短到几个月。当环境的 pH 值小于 6 时，化学耐久性差的页岩有可能会造成麻烦。Noble（1977，1983）针对这些材料给出了判别的推荐方法。

　　勘察和了解沉积层的地质历史、矿物和化学成分、新的加载情况和外露的环境条件，有助于初步判断页岩、粉土质岩石和砂质岩石是否会退化。另外，应尽早实现风化和耐久性实验用于页岩耐久性的划分与分类。Huber（1997）描述和总结了用于这种目的的实验。它们包括：水的吸附、干–湿循环、冻–融循环、震动崩解、破碎、点荷载强度、超声波分解和淤泥土的耐久性实验（水下页岩的破坏实验，Franklin et al.，1972）。这些实验的结果形成了一些页岩分类系统的基础，这些系统的目标是对有问题的页岩与没有问题的页岩进行区分。为了进行工程评价，Underwood（1967）开发了第一个页岩分类系统，表 6.16 就源于 Underwood 的研究。该表列出了页岩中可能引起问题的性质，并与指定类型的不利行为相联系。由表 6.16 可以看到，大多数工程性质的范围（其中不利行为是可能发展的）是相当广泛的，这就意味着，任何仅凭单个实验或观测不可能充分地证实其有利或不利的行为。

表 6.16 页岩中可能引起问题的性质及其产生条件（Underwood，1967）

物理和组成性质		可能出现的原位行为						
实验室调试和现场观测	在指示值范围内可能出现不利行为	高孔压	低承载能力	回弹趋势	边坡稳定性问题	快速消解	快速侵蚀	隧道支护问题
抗压强度	$<300\sim1\,800$	×	×					
弹性模量	$<140\sim1\,400$		×					×
黏聚力	$<30\sim700$			×	×			×
内摩擦角	$<10\sim20$			×	×			×
干重度	$<11.0\sim17.3$	×					×(?)	
膨胀势	$>3\sim15$				×		×	×
天然湿度	$>20\sim35$	×						
渗透系数	$<10^{-5}$	×				×		
主要黏土矿物	蒙脱石或伊利石				×			
活性	$>0.75\sim2.0$				×			
干湿循环	缩小到颗粒大小					×	×	
岩石裂隙间距	近距离		×		×		×(?)	×
岩石裂隙方向	不良		×				×	
应力状态	过大荷载			×	×			×

6.27 本章结语

这一章主要关注土的成分、结构对其工程性质的影响，残积土和运移土的沉积层是如何形成的，形成过程和后来随时间的改变作用是如何产生了唯一的土的结构及特性，这些特性和相关的行为又是如何相互关联和影响的。本章的主题是：解释与说明在岩土工程的应用中具有影响的一些土的成分、形成过程和工程性质。

土的结构依赖于其组构和粒间力系统。结构反映了土的成分、历史、目前的状态和环境影响等所有方面。工程中所遇到的土颗粒的尺寸、形状和成分随着时间的推移会有巨大的变化。可能的颗粒排列（组构）和这些排列的稳定性会是多种多样的；因此，任何一种土都能够以许多不同的状态存在，并且其中每一种状态（的这种土）都可以看作是不同的材料。

地质化学和微生物的作用（它们对地质过程和工程性质有重要影响）的研究目前才刚开始，并且关于地质化学和微生物的作用还需被工程师所理解。而来自这些领域的知识将来可能会非常有用。

思 考 题

1. 土力学中所谓的工程性质主要指什么？

2. 影响土的工程性质的本征因素有哪些？试说明这些本征因素是如何影响土的性质的？

3. 影响土的工程性质的环境因素有哪些？试说明这些环境因素是如何影响土的性质的？

4. 为何说：完全依赖于成分因素和环境因素而定量地确定土的行为是不可能的？

5. 为何说：土的成分及其含量是一个很有用的指标？

6. 研究土的成分和工程性质之间的关系有哪些方法？其中存在哪些困难和问题？

7. 如何区别黏土与无黏性土？它们的工程性质主要有何区别？

8. 为何说"粒状土的结构主要是指组构的作用和影响"？粒状土的组构主要取决于哪些因素？

9. 为何说"土中颗粒的压碎量依赖于每个压碎颗粒的强度和刚度，也依赖于所施加的应力是如何在土颗粒之间和聚集体中传递的"？

10. 为何说"单个土颗粒的破坏势是随着颗粒自身尺寸的增加而减小"？为何有棱角的颗粒比圆球形状颗粒更容易破损？

11. 为何说"土中黏土的成分越多，则土的塑性越高、其收缩和膨胀势越大、其水力传导性越低、其压缩性越高、其黏性越大、其内摩擦角越低"？

12. 黏土含量如何影响砂土的工程性质？

13. 无黏性颗粒材料的性质主要取决于哪些因素（仅举出 2~3 个主要因素）？

14. 用粒状土的相对密度表示其相关的工程性质存在哪些不足？

15. 土颗粒几何形状的描述有哪些度量的量或方法？

16. 孔隙比与颗粒粒径分布有何关系？颗粒形状对孔隙比有何影响？

17. 黏土含量大致占固相的比例为多少，它就可以控制土的行为？

18. 超固结反映何种土的何种性质？围压对土的工程性质有影响吗？

19. 为何说"所有黏土到达液限时其强度、吸力和水力传导会趋同"？液限是如何定义和确定的？

20. 黏土的塑性指数反映了黏土的何种物理状态和性质？Atterberg 界限含水量可以反映黏土的哪些因素的影响？

21. 黏土的活性是如何定义的？它有何作用和意义？

22. 可置换阳离子和 pH 值对黏土有何作用和影响？

23. 黏土的工程性质与变化范围与哪些因素相关？这些因素的重要性会随着黏土的种类变化吗？

24. 针对黏土矿物的 Atterberg 界限含水量，有哪些一般性结论？

25. 影响土的渗透性的因素有哪些？天然黏性土通常所观测的渗透性范围为何？

26. 每一种黏土矿物对强度的贡献是同等重要的吗？

27. 黏土的强度包线与黏土矿物类型和含量有何关系？试着给出图示。

28. 黏土矿物的摩擦角与无黏性土的摩擦角有何区别？

29. 摩擦角仅反映摩擦作用吗？超固结和密砂没有有效压力作用时的拉剪强度（即 c 值）如何解释？不固结不排水强度就不存在摩擦作用吗？

30. 黏土产生体积膨胀的原因是什么？为何说"黏土的膨胀和收缩的潜在总量取决于黏土的类型及其含量"？

31. 黏土矿物的膨胀和收缩性质与哪些因素有关？它与其塑性性质有何关系？

32. 为何说：想要建立膨胀量或膨胀压力与仅反映黏土类型和含量的参数之间的简单、唯一的关系是不可能的？试给出具体的解释和说明。

33. 为何说：能够找到一些关系式，可以很好地划分某些黏土的膨胀势，但不能仅用一个关系式就能够满足和适合所有的情况和条件？试给出具体的解释和说明。

34. 不同类型的土当承受随时间变化的变形和应力作用时，会呈现出像次压缩、蠕变和应力松弛所描述的随时间而变的现象，为何说这种流变现象依赖于土的成分因素，而成分的实际含量是依赖于土的环境因素？

35. 为何说：土中有机物和水的含量越大，其行为的时间依赖性也越明显？试给出具体的解释和说明。

36. 土中存在有机物质会对土的哪些性质有影响？试给出一些受影响的性质。

37. 黏土矿物的工程性质和变化范围是由什么决定的？

38. 为何黏土矿物在相同含水量时它们的渗透性进行了比较，得到以下次序的结果，蒙脱土的渗透性＜绿坡缕石的渗透性＜伊利土的渗透性＜高岭土的渗透性？原因是什么？

39. 相对密度对各向异性有何影响？

40. 为何说"一种土的结构是由一个组构和粒间力系统组成，它反映了土的成分、历史、现在状态和环境的所有方面的作用和影响"？

41. 为何说"土的结构的影响能够与土的初始孔隙比和应力是同等重要"？

42. 土的力学性质与其组构和结构相关关系有哪些规律？

43. 试给出各向异性组构对其力学性质具有影响的解释和说明。

44. 敏感土产生和发展的原因是什么？变形的敏感性与强度的敏感性是否相同，由强度确定的敏感性能否用于变形的预测当中，理由为何？土的结构性是否也有类似的情况？

45. 什么是亚稳态组构？它对土的强度和变形有何影响？

46. 什么是触变硬化，它产生的机制为何？

47. 地质化学和微生物的演化对土的沉积过程和工程性质有何作用和影响？

48. 从老化的角度来看，土试样应该如何贮藏和保管？

下　篇

7 土的均匀、连续化和变量的选择及有效应力和粒间应力

7.1 概 述

土是一种离散的和联结力很弱的矿物颗粒的堆积物，地壳表面的岩石在大气中经受长期的风化作用而破碎后，形成了形状不同、大小不一的颗粒，是一种典型的离散体。土作为碎散颗粒的集合体，由固体土颗粒组成其固相骨架，固相骨架之间是孔隙，孔隙由液相和气相这两种流体填充。所以土是三相体，每一相都可以认为是局部连续体并由各相边界分离开。

与一般连续介质不同，土体中的土骨架、孔隙液体和孔隙气体，它们各自的运动通常是不同的，并且它们之间还存在相互作用。虽然我们希望能够得到土体中气-液流体的每一点的流动情况及土骨架中每一点的具体、详细的运动描述，但事实上这是不可能的。因为通常不可能详细地知道土体内无数孔隙中每一个孔隙的具体几何形状和尺寸，并且这种几何形状和尺寸是随空间的位置和时间的发展而变化的，因此不可能具体地描述它们的这种变化情况。另外，土颗粒形状和其内部结构也极其复杂、多变。此时连续介质的经典力学理论是不能直接拿来使用的，这就使得对土的力学描述变得非常困难。此外，土系统内部微观（细观）相互作用（如三相之间的相互作用）机制也是复杂、多变的，难以有效地定量描述。土的性质和行为，如果仅凭借力学（这一门学科）是难以很好地理解和描述的。

面对这些困难，有些人认为土力学是不可能用以描述如此复杂的土的行为的，并且认为土力学不是一门科学，并对土力学在岩土工程中的应用持悲观的态度，否认土力学对岩土工程的指导意义，而强调经验的重要性。然而一些怀有坚定科学信仰的人确信，土的行为虽然复杂，但土也是自然界中物质的一种，它必然满足科学的基本规律，如热力学第一、第二定律；满足力学的基本规律，如牛顿定律、力学的平衡关系。由此，土的行为虽然复杂，却是可以进行科学描述的。当然由于土性质的复杂性，已有土力学理论的描述是具有局限性和很大误差的。所以，土力学理论目前还处于半理论、半经验的状态。

我们认为：通常在一门学科中，工程经验作用和科学理论的作用成反比关系，即科学理论所起的作用和占有的比重越大，工程经验的作用就越小。人类土木工程的实践表明，在土力学诞生之前，岩土工程是完全依靠经验和技艺的。在土力学诞生之后，随着学科的不断发展，科学理论所起的作用也越来越大。面对土力学目前这种状况，一方面，要在实践中积累更多的经验，培养和提高处理工程问题的技艺和水平。另一方面，也要促使土力学和岩土工程的科学理论不断向前发展，最后和其他学科一样达到成熟的水平，即仅利用科学理论就能够较为准确地预测土体的行为，这也是土力学研究者所追求的目标。

为克服前面所描述的颗粒离散的困难，并将已有的经典力学方法应用到土中，我们应该把目光转向更为粗略的平均水平，即转向宏观水平。宏观的方法是一种连续、均匀化方法，即连续介质方法。由于土体存在前面讨论的复杂原因，人们主要试图描述土的宏观性质，而

这种宏观性质不依赖于孔隙的具体特殊构形，并且可以通过实验得到并验证，还可以获得相应的参数。这种做法实质上就是**用一种宏观上均匀的连续介质替代微观上不均匀的孔隙介质，但这种替代应具有宏观的等价性**。基于这种宏观上均匀的连续介质就可以用连续介质力学或连续介质热力学方法进行分析和描述。一般土力学教科书很少讨论过下面这一问题：为何把土这样一种离散的和黏结力很弱的矿物颗粒物质，并具有三相的堆积物体，用连续的力学理论进行描述和分析，而这样做的理由和适用条件为何？对于这一问题的回答见 7.3 节的描述。

科学的优点是仅凭少数几个定律和方程就可以描述无数复杂的现象。土力学的关键问题是：在众多复杂影响因素面前，针对具体问题，选择少数几个控制变量，并建立适当的理论和规律方程及给出相应参数的测量方法和测量用的仪器设备。

既然是科学理论，就应该关注所建立理论的一般性和广延性，而不仅仅是具体的实验结果或经验公式。由此应该注意避免经验主义及由此衍生的无限制的扩大化。科学的本质特征就是其定量描述的方程应该具有广泛的一般性，即所建立的方程能够描述无数的同类现象。

科学是研究自然界的特定客体或系统所具有的性质和规律。土力学所研究的客体或系统就是地球表层（包括大气层和一定深度的地表层）在环境作用下的土体。这里强调环境作用，意味着土不是孤立的，土周围还存在与其发生相互作用的环境。关于土体的具体情况，本书上篇已经讨论过了，这里不再叙述。接下来就是要确定描述土的性质和行为及其规律的物理和力学量。

土力学遇到的第一个困难是，土本质上是离散体，难以用连续的变量描述，即土体的连续化问题。为此，首先可以了解和参考热力学的情况。

由物理学可以知道，没有绝对意义的连续体。任何物体都由离散的原子、分子、离子等微观粒子组成，少数粒子的系统是不能称之为热力学系统的。那么，构成热力学系统的粒子数和空间尺度究竟应该为多大才能连续化并定量描述？对于**平衡态系统**，通常当体系的粒子数和空间尺度满足表征体元（后面将讨论）的要求时，就可以进行平均和连续化，并可进行定量描述。所以表征体元架起了从微观转向宏观的桥梁。

第二个困难是描述土的物理和力学行为的变量的选择问题，该问题将在 7.4 节讨论。在选定变量后，接下来就要讨论建立描述土行为的各种一般性平衡方程和相应的本构方程，这将在以后各章中陆续讨论。

7.2　热力学的一些基本概念

热力学的特点是将所研究的体系作为整体进行研究，通过对体系整体的直接观察和实验，揭示和阐明体系的宏观性质和规律，所以它是一种唯象理论。

土力学中经常会使用一些热力学的基本概念，这里对一些经常使用的概念和术语加以介绍。

7.2.1　系统与环境

宇宙是一个整体，其各部分之间存在相互联系和作用。从热力学的角度来看，各部分之间的相互作用就是各部分之间能量的变换和转化。通常将研究所关注的那一部分划分出来，并称之为热力学体系或系统，而将与这一部分相互联系和相互作用的其余部分称为该系统的环境。

系统与环境之间的相互作用是通过界面而进行的，这种界面发生的相互作用是通过物质和能量的交换表示的。通常有 3 种交换形式：质量交换、机械功的交换、热能的交换。当然也可以有其他形式的能量交换，如电磁能、化学能的交换。考虑不同的交换条件，热力学系统按与周围环境的相互作用关系可分为三大类。

（1）孤立系统。它与环境没有任何相互作用，既没有质量（或物质）交换也没有能量交换。

（2）封闭系统。它与环境没有物质交换，但可以有能量交换。能量交换既包括热能交换，也包括机械功的交换。

（3）开放系统。它与环境既可以有物质交换，也可以有能量交换。

当系统内部允许物质和能量的自由交换，则称该系统是简单系统。

7.2.2　系统的状态

系统在不同时刻、不同外界环境影响和不同约束下的**宏观表现和行为**称为宏观状态或简称**状态**。**状态是指此刻系统的一切宏观性质的总和**。系统的状态有平衡态和非平衡态两大类。

平衡态是指体系内各部分本身的宏观性质不随时间改变，而且不存在外界和内部的某些作用使体系内及体系与环境之间有任何宏观流（物质流和能流）与化学反应发生的状态。平衡态是对系统宏观性质不随时间而变及无宏观流和化学反应而言的。从微观上看，平衡态体系内的每个粒子都在不停运动，并且还存在宏观性质的涨落（尽管很小）。因此，平衡态本质上是一种统计的热动平衡。由此可见，热力学所讨论的不是体系内个别粒子的行为，而是组成系统大量粒子集体表现出来的宏观性质。**这种不随时间变化的宏观性质可用系统的状态描述**。换句话说，如果没有外界的影响，这一系统将长期维持它的平衡态并可用状态描述。实验证明：当没有外界影响时，某一系统在足够长的时间内必将趋近于平衡态。

应该注意，**处于平衡态下的系统，其宏观性质必定不随时间变化。但反之，宏观性质不随时间变化的状态却不一定都是平衡态**。例如，当系统处于稳定渗流时，其宏观性质不随时间变化，但它不是热力学平衡态，原因是它受到外界渗流梯度的作用，并且边界处存在质量交换。如果去掉外界渗流梯度的作用，系统的性质将发生变化。因而不论开放系统或封闭系统，不仅需要系统的状态不随时间变化，而且要求与外界相互平衡（与外界平衡才是充要条件），这时它们才处于热平衡状态。由此可见，非孤立系统要处于平衡态，必须满足的充要条件是平衡条件。这些平衡条件包括：① 力学平衡条件；② 热平衡条件；③ 相平衡条件；④ 化学平衡条件。在多过程或多场情况下，可能上述所有平衡条件都需要满足。

实际上自然界都是非平衡态的系统，平衡态只是非平衡态的一种极限和理想状态。既然如此，为何还要讨论、研究平衡态和平衡态热力学呢？原因是：① 已有的热力学理论主要是针对平衡态建立的，如温度的概念只有平衡态才存在；② 平衡态热力学理论是非平衡态热力学理论的基础；③ 平衡态热力学理论可以近似地描述很多现象，并具有广泛的实用价值。

7.2.3　平衡态的宏观描述、状态变量、状态函数

前面讲过，状态是指某一时刻、某系统的一切宏观性质的总和。所以状态会有很多方面，并且不同学科所关注的方面也是不同的。不同的学科对这种多方面状态的定量描述，也会选择不同的变量。热力学中使用了很多宏观变量，如温度、内能、熵等，但其中有一些不是热力学揭示出来的，而是其他学科研究得到的变量，如体积、面积、压力、表面张力、电场强度、磁场强度、物质质量等。这些宏观变量都是基于表征体元而定义并得到的，不同的量对

应的表征体元的特征尺寸可能会是不同的。

平衡态热力学假定：**平衡态系统的宏观量都具有确定的数值，并且它们都可以用确定的连续函数表示。**

一个系统的状态如何描述，即用何变量来刻画，是一个很重要的、需要非常高的水平才能处理好的问题。体系的状态只能用它的性质和特征进行刻画。一种笨拙的方法是将体系所有宏观性质和特征（或变量）都罗列并表示出来，这样做虽然能够将系统的状态刻画清楚，但却不是科学的方法。由于系统宏观物理量之间具有一定的关系，一般不需要用系统所有的物理量来描述其平衡态及其性质，只需选择与这种平衡态和它的某种性质相关的几个独立的宏观物理量即可。**能够描述系统状态的这几个独立宏观物理量称为状态变量。**至于选多少个状态变量才能将系统的平衡态及其性质确定下来，这要根据系统的复杂程度、描述系统的哪方面问题和描述的方法及所要求的粗细程度等因素确定。系统状态的描述也取决于需要研究热力学的哪种性质及采用何种方法。例如，研究力学、电磁学和热化学及采用宏观和微观的方法就会选择不同的状态变量。所以状态变量数目的多少随着系统的不同及涉及的具体问题、所使用的理论、方法甚至经验的不同而变化，**没有确定的、唯一的状态变量及其数量。**通常**状态变量只与系统的目前状态有关，而与系统如何达到这一状态无关，即与路径无关。**

从严格的数学角度来看，状态变量应该是可微分的，并具有全微分。如果函数 $u = u(\varepsilon)$ 是可微分的，并具有全微分，则有下面结果：

$$\mathrm{d}u = \frac{\partial u}{\partial \varepsilon_{ij}} \mathrm{d}\varepsilon_{ij} \Rightarrow \int_{u_1}^{u_2} \mathrm{d}u = u_2 - u_1 = u(\varepsilon_2) - u(\varepsilon_1)$$

上式右端项结果表明，该积分结果与积分路径无关。热力学状态变量就是可微分的且具有全微分的函数，因此，热力学状态变量与任何到达该状态点的路径无关。也就是说，它对自己的历史（任何到达当前状态）没有记忆。另外，功、热能及耗散的增量 δ（变分或增量）仅为一个无穷小的变化而非某一状态函数的微分，也即为非全微分。它们的积分一般和路径也即历史有关。

应该指出，当系统处于平衡态时，系统的宏观状态变量不会发生变化，即为一个常量。

一般按所研究的物理对象的不同进行划分，有 4 类描述系统状态的状态变量：① 几何状态变量；② 力学状态变量；③ 化学状态变量；④ 电磁状态变量。通常并不是所有这 4 类状态变量都要求使用，究竟选用哪些状态变量要由所研究问题和系统本身的性质决定。

在热力学中，通常将描述系统各种性质的状态变量分为**强度量**和**广延量**。将一个均相系统分为若干部分，若各部分的某性质仍保持系统原来的数值，则这一性质为强度量，它是不可加的，表示系统"质"的特征。将一个均相系统分为若干部分，若各部分的某性质与其所含物质的量成正比，则这一性质为广延量，它是可加的，表示系统"量"的特征。例如，压力、温度、应力、应变等为强度量，而体积、质量、能量、熵等为广延量。

均匀的定义：平衡系统的某区域内任选两个容积相等的局域部分，它们所有的宏观性质都相等（不考虑地球重力），则说该区域是均匀的。

一个热力学系统，如果其独立的状态变量设为 x_k（$k = 1, 2, \cdots, n$），则**温度 T** 与这些独立状态变量的函数关系式称为**状态方程**，它可以写成如下形式：

$$f(x_1, x_2, \cdots, x_n, T) = 0$$

此式表示了 $x_1, x_2, \cdots, x_n, T$，这 $n+1$ 个状态变量之间存在一定的函数关系，所以可以选择其中

任何 n 个变量作为独立变量来描述系统的平衡态，余下的一个状态变量作为这 n 个独立变量的函数。在实际问题中，对于不同的研究对象，独立状态变量的选择是不同的，应视分析和解决问题的方便而定。在热力学中，若一个系统的平衡态由 n 个独立变量单值确定，则称这个热力学系统为具有 n 个自由度的系统。

应该指出，**只有均匀系统才有状态方程**，也就是说，对于**一个不均匀系统，不可能有一个总的状态方程**。一个不均匀系统可以分为若干个近似均匀部分，每一个均匀部分都有一个相应的状态方程。但对于整个不均匀系统来说，不存在一个单一的总的状态方程。状态方程在连续介质力学中也称为本构方程。然而各种不同物质的状态方程（或本构方程）的具体形式和相应的参数不可能由热力学理论直接推导得到（虽然可以从微观理论导出一些简单物质的状态方程，但由于引用了一些简化假设，所以理论结果与实际不完全一致，有时还相差很大），它们通常是由宏观实验确定的。这里的本构方程不仅包括应力与应变的关系方程（针对力学问题），而且还有其他学科中的本构方程，如电学中的欧姆定律、物理化学中的菲克定律、渗流中的达西定律、非饱和土中的土水特征曲线等。**本构方程被认为是反映材料特殊性质和行为的表达式**。因此，不同材料性质和行为的差异主要体现在其本构方程中，即不同材料（不同种类的土）的本构方程也是不同的；而同种材料或土的本构方程可以采用同一方程，材料本身的差异反映在它们的参数不同上。

一个物理量若是描述系统平衡态的其余所有独立变量的单值函数，则称这个物理量为状态函数。由状态函数的定义可知，由状态方程可以确定某一个物理量的状态函数，即只要把该物理量从状态方程中显式地解出来，并表示为其他所有独立量的函数。例如，通过 $f(x_1, x_2, \cdots, x_n, T) = 0$，显示解出 T，就可以得到 T 的状态函数表达式为

$$T = T(x_1, x_2, \cdots, x_n)$$

此式中的温度 T 就是一种状态函数，它的值可以由 n 个状态变量 $(x_1, x_2, \cdots, x_n)$ 确定。

7.3 表 征 体 元

热力学和连续介质力学都假定研究对象是连续体，这主要是数学表述的需要，因为要建立连续的微分方程和求解边界条件，这些都需要使用连续的变量进行描述。这就需要将离散的土体连续化，而这种连续化是通过将离散的、微观尺度的物质"抹平"或"均匀化"以消除离散的不连续与不均匀性。如果土力学使用连续介质力学和数学的基本原理对土的力学行为进行科学描述，首先就要对离散的土体进行连续化。

1. 连续化

首先看一下如何处理土中渗流问题。图 7.1 为一个二维平面渗流。从图 7.1（a）可以看到，孔隙空间中流体每一点的渗流速度大小和方向都是不同的。图 7.1（b）是连续化、平均化的结果。这种连续化的结果需要做以下假定：① 不考虑渗流路径的迂回曲折，只分析它的主要流向；② 认为空间各点均有渗流存在（认为孔隙在空间各点均存在，按其体积分数占据空间点）；③ 同一过水断面［如图 7.1（a）、（b）中右边的截断面］，渗流模型的流量应该等于真实渗流的流量；④ 相同体积内，渗流模型所受阻力与真实渗流的阻力应该相等。上述假定① 针对二维渗流问题，忽略细节，抽象出主要问题，建立相应的变量；假定②是如何将离散土体进行平均化和连续化的具体方法。假定③和④是如何使模型描述和实际情况等价。在这些假定的基础上，再对图 7.1 做平均化，就可以建立相应的变量和模型。

(a) 实际渗流情况　　　　　(b) 平均化后的情况

图 7.1　二维平面渗流

2. 平均化

所谓平均化，就是将确定区域的离散物质加在一起，再除以该区域的体积或面积，即在该区域取平均，得到该区域、该物质的平均值；然后，将这一平均值均匀地、连续地分布在该区域，就可以形成均匀的连续介质。但这种做法忽略了该区域内物质的微、细观分布和结构，将不均匀物质转变为均匀、连续物质。平均化的前提是：这种确定区域的离散物质具有可加性。

7.3.1　表征体元的定义

表征体元是在假定平衡的土的系统内选取某一局部区域的微单元体，而这种微单元体并不是任意选取的，它应该满足一些条件。显然选择不同体积单元，会得到不同的物理、力学量的平均值，这取决于所要描述的问题，而且其平均值的度量尺度直接与所选择的体积单元的尺寸相关。为了避免选择的任意性，需要有一个统一的标准，使得所选择的体积单元可以代表其附近区域土的重要特征，即某一物理量或力学量，且这些特征值的平均值在一定区域范围内可以保持为常数。满足这个条件的体积单元，就是表征体元（representative element volume，REV）（Zhao，2016）。

选择表征体元是将微观尺度转换到宏观尺度的重要步骤，图 7.2 是一个三相土介质的表征体元示意图，通常 REV 需要满足以下条件。

（1）在宏观尺度上应足够小，也就是说，在整个宏观场地中它应该作为一个空间点或微积分中的微分单元处理，这样做的目的是使表征体元受力状态量及表征材料性质和参数的量应该尽可能地简单、明确、便于数学表示，否则表征体元就会成为一个复杂的结构体（有些甚至包括边

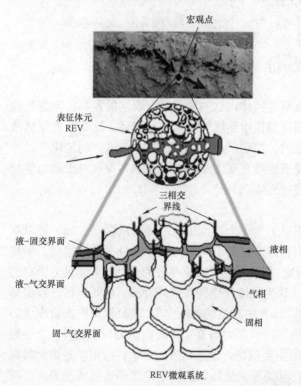

图 7.2　三相土介质的表征体元示意图（Miller et al.，2005）

界条件），难以简单地描述。

（2）在微观尺度上应足够大，使其包含足够多的土颗粒和孔隙，以便于进行统计平均并具有统计意义，图 7.2 中的 REV 在微观尺度上包含了土三相系统中所有的信息，以便于统计和平均。由此才能得到有意义的力学和物理性质的量和参数值。

7.3.2　表征体元的特征尺寸

从图 7.2 中可以看到，从实际场地中某一宏观点取样，得到表征体元（土样）。该表征体元的二维平面表示就是一个圆（也可以是正方形等），这个圆的特征尺寸（用 ℓ 表示）就是该圆的直径。很明显，表征体元的特征尺寸 ℓ 不同，其内部的物质的物理量的平均值可能会变化。这种物理量的平均值用该物理量的特征值表示后，表征体元内某一物理量的特征值与其特征尺寸 ℓ 的关系如图 7.3 所示。图 7.3 中将特征尺寸 ℓ 的变化分为 3 个区域。第一个区域为微观不连续区域，该区域内由于颗粒较少，其统计平均值具有较大的起伏和变化。当 $\ell_{min} < \ell < \ell_{max}$ 时，为第二个区域，它为均质性区域，该区域内颗粒很多，其统计平均值也变化不大，可以认为是常值。当 $\ell \geqslant \ell_{max}$ 时，为

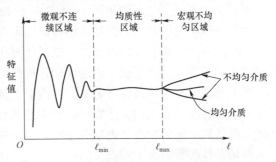

图 7.3　表征体元的描述尺度

第三个区域，该区域内其统计平均值又开始出现较大变化，这种变化由宏观范围物质的性质发生了较大变化所导致，如不同土层的性质的变化。对平衡态土系统而言，由表征体元确定的某一物理量的特征值应该是一个不变的常值。为此，表征体元的特征尺寸必须满足 $\ell_{min} < \ell < \ell_{max}$，只有这样才能保持其特征值是一个不变的常值。

另外，表征体元的特征尺寸不应该随着空间位置的不同而改变，即使特征尺度有微小的变化，但其平均化后的材料性质和参数也应为常量，而不应随其特征尺度的变化而变化。这就要求宏观场地土的性质应该大致均匀和一致。由此，表征体元的特征尺寸 ℓ 必须满足以下条件：

$$\ell_{min} < \ell < \ell_{max} \tag{7.1}$$

在此区间内，其特征量（如密度、孔隙率、含水率、饱和度、应力、应变等）的平均值可近似认为保持不变。由此其宏观行为可以用连续介质的方法进行描述。

在土的宏观系统中，表征体元就犹如连续介质中的一个质点。从微观角度来看，连续介质中每一个点，其实也是一个非常小的时空系统，它包含了大量的微观尺度的物质。质点的宏观性质量及其特征值不应该随微观尺度的物质多少的变化而出现波动，满足式（7.1）表征体元的宏观特征值不会受到 REV 尺寸的影响而出现波动，这可以从图 7.3 观察到。

7.3.3　表征体元的特征时间

除了满足空间上的限制外，表征体元的特征尺度还应满足时间上的限制，即其特征值应该是空间和时间的单值函数。通常系统的整体是可以变化的，不仅在空间上有梯度的变化，而且在时间上也有变化。连续介质力学中的变量或方程通常针对某个特殊平衡态而建立，但是在实际过程当中系统总是会受到外界环境的影响而偏离平衡态。此时在系统内部的特征值就可能不会唯一。以一根热棒为例，在平衡态时可用同一值来表征整个系统的温度，但如果对热棒一端加热，使系统偏离平衡态，在达到后来的平衡之前，热棒内部随着时间的变化，

其温度是不同的。如何对系统温度进行表征呢？此时需要对这种非平衡系统进行处理，比如利用准静态过程或采用局部平衡原理，即假设表征体元的状态是由微元体内相同的热动力学性能所决定的，就好像表征体元在某一瞬时是均匀的一样，需要通过所谓的"弛豫时间"来选择表征体元在非平衡态时的特征值。

处于平衡态的系统在受到外界瞬时扰动后，**经一定时间必能恢复到原来的平衡态，系统所经历的这一段时间即弛豫时间（relaxation time）**，以 τ 表示。实际上弛豫时间就是系统调整自己随环境变化所需的时间。利用弛豫时间可将准静态过程中其状态变化"足够缓慢"这一条件解释得更清楚。假想在某个时刻 t，将表征体元和周围的环境隔离，那么在 t 时刻处于非平衡态的表征体元，在经过 δt 时间间隔后，表征体元会达到新的平衡态（注意是表征体元而不是整个系统到达新的平衡）。于是在 $t+\delta t$ 时刻就可以按照平衡态热力学的方法定义微元体内的一切热力学量，如温度、熵等。如果 δt 和整个系统宏观变化的弛豫时间 τ 相比要小得多，即 $\delta t/\tau \ll 1$，那么可以假设任一微元体内在 t 时刻的热力学变量用其在 $t+\delta t$ 时刻达到平衡时的热力学变量来近似表示。这样的过程即可认为是准静态过程，它们可按经典热力学进行分析、处理。在这些条件下定义的热力学变量之间仍然满足经典平衡热力学的关系。

弛豫时间与系统的大小有关，大系统达到平衡态所需时间长，故弛豫时间也长。弛豫时间还与达到平衡的种类（力学的平衡、热学的平衡、化学的平衡）有关。弛豫时间的长短，与环境条件改变的大小及属于哪种性质的条件改变有关，还与系统本身的性质有关。一般外界条件改变得越小，经历的弛豫时间也越短。

7.3.4 表征体元的平均化

通过选择合适的表征体元，再经过平均化处理，可将一个离散的土体等价为一种连续介质，从而转向宏观水平，然后就可以利用连续化方法，即连续介质方法对土体进行分析（Bear et al.，1990）。表征体元（REV）内任一微观点的位置矢量用 $\boldsymbol{r}$ 表示，如图 7.4 所示。假设在表征体元内，孔隙按统计平均分布，其分布特征可以用相分布函数表示，α 相的分布函数定义为

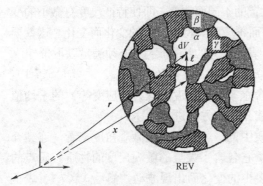

REV

图 7.4　表征体元 REV

$$\gamma_\alpha = \gamma_\alpha\left(\boldsymbol{r},t\right) = \begin{cases} 1 & \boldsymbol{r} \in \mathrm{d}V_\alpha \\ 0 & \boldsymbol{r} \in \mathrm{d}V_\beta \end{cases}, \quad \alpha \neq \beta \quad (7.2)$$

式中，$\boldsymbol{r}$ 表示宏观坐标系中表征体元内任意点的位置矢量，在给定坐标系中，可以表示为 $\boldsymbol{r} = \boldsymbol{x} + \boldsymbol{\ell}$；其中，$\boldsymbol{x}$ 代表表征体元质心位置，表示在宏观坐标系中的坐标；$\boldsymbol{\ell}$ 是表征体元内任意点相对于质心的位置矢量，代表表征体元内的微观坐标。

根据分布函数，表征体元中 α 相的体积 V_α 可以表示为

$$V_\alpha\left(\boldsymbol{r},t\right) = \int_V \gamma_\alpha\left(\boldsymbol{r},t\right)\mathrm{d}\Omega \quad (7.3)$$

表征体元内 α 相的面积 A_α 则可以表示为

$$A_\alpha\left(\boldsymbol{r},t\right) = \int_A \gamma_\alpha\left(\boldsymbol{r},t\right)\mathrm{d}\Gamma \quad (7.4)$$

在式（7.3）和式（7.4）中，V 是表征体元的体积，A 是表征体元的边界面面积，$\mathrm{d}\Omega$ 表示无穷小体积单元，$\mathrm{d}\Gamma$ 表示无穷小面积单元。

表征体元内 α 相的体积与表征体元的体积之比，代表 α 相的体积分数，可以表示为

$$n^\alpha(\boldsymbol{x},t) = \frac{V_\alpha}{V} = \frac{1}{V}\int_V \gamma_\alpha(\boldsymbol{r},t)\mathrm{d}\Omega \tag{7.5}$$

显然 $0 \leqslant n^\alpha \leqslant 1$，对于饱和多孔介质，体积分数满足关系：$\sum\limits_\alpha n^\alpha = 1$。

类似地，可以定义表征体元内 α 相的面积分数，即 α 相的面积与表征体元面积的比值

$$\tilde{n}^\alpha(\boldsymbol{x},t) = \frac{A_\alpha}{A} = \frac{1}{A}\int_A \gamma_\alpha(\boldsymbol{r},t)\mathrm{d}\Gamma \tag{7.6}$$

显然 $0 \leqslant \tilde{n}^\alpha \leqslant 1$，对于饱和多孔介质，面积分数满足关系：$\sum\limits_\alpha \tilde{n}^\alpha = 1$。

REV 内的任何微观量的分布函数 f_α 都与 REV 的坐标系和位置有关，即 $f_\alpha = f_\alpha(\boldsymbol{x},\boldsymbol{r},t)$，该函数的积分有如下关系：

$$\int_{V_\alpha} f_\alpha \mathrm{d}\Omega = \int_V f_\alpha \gamma_\alpha \mathrm{d}\Omega \tag{7.7}$$

宏观量与微观量之间的关系可以通过对微观坐标 $\boldsymbol{r}$ 平均来得到，在一般平均化方法中，主要有 3 种不同的平均化算子：体积平均、质量平均和面积平均。不论是哪种平均，在平均化时，这些热力学量通常都必须满足以下准则：

（1）当平均化与积分有关时，被积函数和积分微元的积必须具有线性、可加性（可积性）；

（2）平均化后得到的宏观量必须和微观量的总和相等（等价性）；

（3）所定义的宏观量的物理意义和经典连续介质力学中的物理量必须保持一致（一致性）。

对微观量，所采用的平均算子必须与现场实际观测结果一致，比如速度在实际测定时通常都是质量平均值，因此对微观量进行平均化时也应采用质量平均化，只有这样才能得到合理的宏观速度项。

（1）对于体积平均通常可以定义以下 2 种平均化方法。

① 体积平均算子：

$$\overset{V}{\overline{f}}{}^\alpha(\boldsymbol{x},t) = \frac{1}{V}\int_V f(\boldsymbol{r},t)\gamma_\alpha(\boldsymbol{r},t)\mathrm{d}\Omega \tag{7.8}$$

② 本征体积平均算子：

$$\overset{V}{\overline{f}}{}_\alpha(\boldsymbol{x},t) = \frac{1}{V_\alpha}\int_V f(\boldsymbol{r},t)\gamma_\alpha(\boldsymbol{r},t)\mathrm{d}\Omega \tag{7.9}$$

根据体积分数定义有如下关系：$\overline{f}(\boldsymbol{x},t)^\alpha = n^\alpha \overline{f}_\alpha(\boldsymbol{x},t)^\alpha$。密度就属于一个体积平均量，通常定义的体积密度 ρ^α 属于第一种体积平均量，而真实密度 ρ_α 属于第二种体积平均量。所以它们之间的关系可以表示为

$$\rho^\alpha = n^\alpha \rho_\alpha \tag{7.10}$$

（2）质量平均化算子：

$$\overset{m}{\bar{f}^\alpha}(x,t) = \frac{\int\limits_V \rho(r,t) f(r,t) \gamma_\alpha(r,t) \mathrm{d}\Omega}{\int\limits_V \rho(r,t) \gamma_\alpha(r,t) \mathrm{d}\Omega} \tag{7.11}$$

（3）面积平均化算子：

$$\overset{A}{\bar{f}^\alpha}(x,t) = \frac{1}{A} \int\limits_A f(r,t) \cdot n\gamma_\alpha(r,t) \mathrm{d}\Gamma \tag{7.12}$$

在实际应用时必须注意区分，应力矢量、热通量和熵通量等都是面积平均量，而速度、外力、内能、外部热补给、内熵、外熵补给等都是质量平均量。也就是说，应该注意几何的体积平均和质量平均的区别。

在宏观尺度上，由平均化得到的多相孔隙介质可以被定义为：它由 α 相组成，同时为了数学处理方便，假定每一相都包含有 j 个组分（如果某一组分在某一相中不存在，则可令这一组分在该相中的浓度为零），并且认为它是 $\alpha \times j$ 个组分相互重叠，共同占据连续土介质空间的每一点。因此在这一连续空间的每一点上都可用上述算子来表征经平均化后土的力学的性质参数。

目前一些研究者在讨论土力学中有效应力时，没有区分宏观的有效应力与下一微观尺度中颗粒之间接触应力的尺度不同而进行论述，缺少平均化这一步，导致其结论具有片面性和缺陷。

上述平均化处理方法相当于，在土体任意空间点及其附近，取出一个表征体元，对表征体元内的某一物理量进行平均、均匀分布后就可以得到该点相应的连续的物理量。该点的这种物理量实际上是描述了**该点附近区域（该点表征体元）内离散的物质的这种物理量的平均值**。但在数学描述中，所选择的土体中的空间点则被视为连续土介质中的一个点。土的三相物质都按其体积分数的比例在空间各点连续、均匀地分布，并用这种假想的土的连续体替代真实土体，以便于进行数学、物理和力学描述。由此也可以理解：这种描述本质上是对大于表征体元特征尺寸的整体宏观现象的描述，而不能对小于表征体元特征尺寸的微观或细观现象进行描述。

7.3.5　表征体元的基本特征

表征体元是对土体空间中某一局部点的宏观性质的定量描述，它应该具有以下 3 个基本特征。

（1）典型性。表征体元要代表土体中的某些区域，并与这些区域具有相同的性质或行为，否则就不具有典型性和代表性。并且这种性质和行为不能受系统边界条件的控制，这种受系统边界条件控制的情况可以导致系统内部与边界产生不平衡或不均匀、不一致，进而丧失其为表征体元的典型性和代表性。

（2）简单性。表征体元要具有简单性，即其变量或材料性质要简单，便于描述。要满足简单性要求，表征体元在宏观上要足够小，即将被考虑的空间复杂的土体系统不断细分，使其尺寸减小到这样的程度，即其内部应力和性质足够简单，这样就形成了该物质的表征体元。这种不断细分的目的是使细分后的表征体元的受力情况和其力学性质及本构关系足够简单和便于定量描述，这是连续介质力学对应力状态变量应该尽可能简单的要求。否则表征体元就成为一个复杂的结构体，这就难以对其性质进行有效的定量描述。另外，如果应力状态变量过于复杂（如包含很多影响因素或变量），其应力和应力路径在实验中难以有效控制，它们的响应也很难确定是由何种因素或变量所引起的。

（3）连续和均匀性。表征体元的宏观变量和由此建立的方程是统计平均的结果，它必须连续并保持均匀和一致性，这隐含着表征体元此时必须是平衡的。在微观上，表征体元要足够大，它需要包括数量足够多的微观物质，以便于使统计平均具有意义。很明显，平均化后的材料所拥有的微观结构特征和局部效应都将被抹去，由此导致小于此尺度的结构特征都将失去，并具有宏观的均匀性、连续性和等效性。例如，土样的直径至少要大于其中最大土颗粒粒径或孔隙直径的 10 倍以上，保证当表征体元内个别颗粒或孔隙的增多或减少时，对其宏观性质、宏观变量和相应参数的影响可以忽略不计，否则难以保证其唯一性和均匀、一致性。当然，这些宏观量不能描述土的颗粒或孔隙尺度的微观现象和行为。

很明显，针对不同的物理、力学量，其表征体元的特征尺寸也会不同。即对不同的测试目的和测量的物理、力学量，实验所采用的表征体元（土样就是一种典型的表征体元）的尺寸也是可以不同的。例如，密度和力学性质测定实验所采用的土样尺寸就可以不同。当大尺寸表征体元采用由小尺寸表征体元所获得的物理、力学量时，这些量应该能够反映大尺寸表征体元内的实际情况，否则不能使用。例如，由微观尺寸表征体元获得的物理、力学量不能直接用于宏观的描述，尽管这种量是同一物理、力学量；反之，也不能用。

通常表征体元内的宏观量应该是一均匀的量，否则就不是一个简单的并达到平衡态的表征体元的宏观量，而是一个复杂的不均匀、不平衡的结构体元。这样就不满足表征体元的简单性要求，需要进一步细分。例如三轴仪中的土样就是一个典型的表征体元，它要求能够代表周围土的性质，并且土样中任意点的应力状态（包括内部孔压）和应变在实验初始阶段或变形稳定后都应该保持均匀、稳定，尤其要注意孔隙水压力是否均匀；否则就没有到达稳定的平衡态，这时其宏观变量就失去了应有的含义。例如土动力实验中，往复循环荷载作用下，土样内部的孔隙水压力是否均匀、一致，这是有效应力能否使用的前提。如果土样内由于荷载变化较快，超静孔隙水压力来不及消散，出现不均匀的情况，那么此时到底使用土样中哪一点处的孔压作为计算有效应力时的孔压呢？研究非饱和土的人对这种情况比较熟悉，这需要等到平衡后，才能实验。但研究土动力学的人，由于传统和习惯，大家都忽略了实验过程中土样孔压分布不均匀的影响，尤其是土样表面（能够测量得到的）与内部孔压的不同。

7.3.6 表征体元的局限性

使用表征体元描述宏观现象具有以下局限性。

（1）表征体元的描述是一种平均的宏观描述，它抹去了微观、细观的细节情况，并只能给出唯一、确定不变的量值。所以它不能考虑微观、细观结构的细节和影响，如 2 个颗粒之间的移动导致的局部微小变形。再例如表征体元出现或存在个别宏观裂缝，就是不均匀的标志，此时表征体元已经不再具有代表性了。但可以采用某些宏观内变量（如损伤变量）描述某些微观（结构）变化的影响，但这些微观现象也要求具有宏观均匀性。

（2）基于表征体元（土样）所得到的变量、方程（规律）和参数仅适合描述大于其特征尺寸的宏观现象，而不能用于描述小于其特征尺寸的细观和微观现象。这是因为平均化后，表征体元已经失去了所有微、细观的结构和影响。例如当土样的特征尺寸大于其内部溶液浓度发生变化的特征尺寸时，该表征体元就无法用于描述宏观现象，即表征体元内宏观溶液浓度不能变化较大。

（3）基于表征体元（土样）所得到的变量、方程（规律）和参数也不能描述宏观更大尺寸范围中（建设场地范围的宏观尺寸内）其性质变化较大的情况。例如场地的分层或宏观性质突变的区域，即仅能描述相对较为均匀的宏观区域，否则会产生很大的误差。

（4）表征体元的特征尺寸应该远远小于波长或弛豫时间产生的扩散距离，否则难以保证波动和扩散现象发生时表征体元内的均匀和一致性。

所以使用表征体元时应注意表征体元的特征尺寸的适用范围为 $\ell_{min} < \ell < \ell_{max}$。当土体的性质在宏观范围内发生了的较大变化（如遇到分层情况）时，即 $\ell \geqslant \ell_{max}$，如果此时还使用原来表征体元确定的物理、力学量，就可能产生较大的误差。另外需要关注表征体元的适用性，即土样的行为能否代表现场的实际情况。

7.4 变量的选择和有效应力

科学理论就是对客观世界的（本质）现象进行定量的描述，这种定量描述的第一步是选择变量。选何种变量对客观现象进行描述是一个根本性的问题。

通常会选择独立状态变量（参考 7.2.3 节）描述土系统的状态。独立状态变量的选择依赖于所涉及问题的性质和特点、已有的认知（包括理论知识和实验结果等）和研究者的经验等。如果独立的状态变量选得不合适，则后面建立控制方程和本构方程的工作就很难做好。7.2.3 节指出：独立的状态变量的选择不是唯一的，而是有多种可能。

土力学中主要考虑 3 方面的问题，即土的变形、强度和渗流问题。变形和强度问题本身就已经反映出其力学的特征，然而渗流问题则不仅属于土力学研究的内容，水文地质或工程地质也研究同样的内容。渗流问题也不仅仅涉及孔隙流体的力学问题（如渗流过程中的变形问题），它还关注污染物的扩散问题，这就扩展了土力学的研究内容。

如何科学、定量地表示变形和强度问题呢？从已有的经典力学角度看，就一般材料而言，应力变量无疑会对这两方面的问题具有决定性的影响，并且应力通常是决定材料变形和强度的根本的甚至唯一的因素。此外经典力学还建立了基于应力变量的强度和变形的分析理论。由于土也是一种材料，所以也可以用经典力学的理论和方法进行同样的分析。

实际上，最早分析土的变形和强度问题都采用经典力学的方法，如库仑强度理论。但实践表明，直接采用经典力学方法（采用土力学中的总应力方法）对土进行分析，会产生非常大的误差。岩土工程的科学家和工程师难以认同这种做法。那么，如何选择影响强度和变形的关键变量呢？

在土力学变形和强度问题中，好像没有遇到变量的选择问题。为何会如此？这主要是受到了 Terzaghi 建立的有效应力原理的影响。Terzaghi 的有效应力原理已经告诉人们，有效应力完全决定了土的变形和强度。因此，只要使用有效应力就可以建立土的变形和强度理论或模型。

大家都知道经典力学是针对单相介质而建立的。因此，采用这种理论分析复杂、三相土体时，就难免会出现局限性，并产生很大的误差。目前的研究已经表明了土体多相性的影响。例如，利用经典力学的应力（总应力）去分析同一土样，当土处于饱和或非饱和状态（两相或三相土）时，土样变形和强度的差别是非常大的，并且没有唯一性（孔压变化的结果）。这就表明，两相或三相土的影响非常大，不可以忽略。

针对饱和土，Terzaghi（1936）明确地给出了有效应力的定义："All measurable effects of a change of stress，such as compression，distortion and a change of shearing resistance，are due exclusively to changes of effective stress." 有效应力 σ'_{ij} 的表达式为

$$\sigma'_{ij}=\sigma_{ij}-u \cdot \delta_{ij} \tag{7.13}$$

式中，σ_{ij} 为总应力，u 为孔隙水压力，δ_{ij} 为单位张量。实际使用中，有效应力总是指某一截面中的有效正压力，这是因为，有效应力与总应力只是在某一截面上的正压力大小不同。有效应力中的剪应力与总应力中的剪应力是完全相同的（假定液相不能承受剪应力）。所以，此后除非特别说明，有效应力一般均指有效正压力。

Terzaghi 受到了经典力学的影响，并凭借丰富的研究和实验经验及天才的直觉，极富创造性地建立了有效应力原理。有效应力原理的实质是：用有效应力（仅适用于饱和土）替代了用于单相介质的总应力（这样做已经等于将两相的饱和土等效为类似于单相介质的连续体），这样做后就可以用与单相连续介质力学（经典力学）中同样的方式去建立适用于饱和土的变形和强度的关系式。事实上，土力学中莫尔-库仑强度理论的总应力的表达式与有效应力的表达式完全相同，它们的区别仅在于各自采用的变量（和所对应的参数）是不同的。

Terzaghi 建立的有效应力原理本质上包括 2 个方面（赵成刚 等，2018）：① 给出了有效应力的表达式（7.13）；② 指出了有效应力的作用，这种作用就是：土体体积和剪切强度的变化完全取决于有效应力的变化，即利用有效应力（采用与单相连续介质力学中同样的方式）就可以建立适用于饱和土的变形和强度的关系式。由此可见，有效应力是建立饱和土的变形和强度理论的基础和关键，它也是 Terzaghi 时代经典土力学的基础。由于 Terzaghi 建立了有效应力原理，使土力学从一般力学中分离出来，成为一门独立的学科，土力学界公认 Terzaghi（1883—1963）为土力学之父或奠基人（图 7.5）。

实际上即使是饱和土，在不同的平衡条件（指外力作用不同，但仍然处于力平衡态）下，孔隙水体积发生了改变（意味着孔隙比的不同），以及体系不平衡时孔隙水的流动（如向上渗流），都会对土体的变形和强度产生重要影响，并且这种影响是不可忽略的。为考虑孔隙水的这种影响（体积变化和流动），Terzaghi 通过在一个应力变量的有效应力中引入孔隙水压力，富有创造性地并较为简单地考虑了液相的影响。

图 7.5　Karl Terzaghi——土力学之父

但孔隙水流动及其体积变化对土体行为的影响是极为复杂的，不可能通过引入简单的孔隙水压力而得到全面的反映和描述。

7.5　粒间应力的作用

前面从宏观的角度分析和讨论了土中的应力，即将微观的土颗粒系统，通过表征体元进行平均化，得到了三相土的宏观应力和性质的定量表示。而目前的土力学理论就是基于土的

宏观现象建立起来的，并且经过近百年的时间，这种宏观土力学理论得到了较为充分的研究和发展。但这种宏观土力学的方法具有很大的局限性，例如，它不能考虑其内部的物理-化学作用及细观尺度中颗粒、孔隙和孔隙水分布（指土的结构）的不同对土体强度和变形的影响等（正如第 5 章和第 6 章介绍的）。仅从宏观的尺度研究土力学的理论问题难以深入到更深和本质的层次，难以揭示复杂问题的深层机理。要想深入地探讨和研究决定土力学性质的本质及深层原因和机理，需要进入到细观或微观的尺度中去，并在这一尺度中研究各种因素的影响和关系（Mitchell et al.，2005），最后才能建立综合考虑细观或微观对土体宏观性质影响的理论模型。关于这方面的研究现状，蒋明镜（2019）做过很好的综述。

土的宏观压缩、形状改变和强度性质依赖于宏观的外力作用，也依赖于土颗粒之间或土颗粒群之间的相对位移及对相对位移的阻抗。绝大多数工程材料对其内部变形和位移的阻抗是由材料内部相互联结在一起的原子、分子和粒子的相互作用而产生的微观化学和物理化学力所提供的。虽然这种微观化学和物理化学力对土的力学行为具有重要影响，但土的压缩和强度理论却主要是根据其自身的重力和施加于土体上的应力而建立的。例如，一个给定土体的状态可以通过它的含水率、结构、密度或孔隙比等进行表示和描述，这种状态反映了土体曾承受的各种应力作用的影响（参考第 6 章）。

由于土的状态具有应力和其历史的依赖性，所以一种给定土的性质可以呈现出很宽范围的变化。然而，幸好土的应力、状态和性质不是独立的，而应力和体积变化的关系、应力和刚度的关系及应力和强度的关系能用可确定的土性参数（如压缩系数和摩擦角）进行表示。对于受化学和物理化学相互作用影响较大的黏土来说，可能会需要其他一些土性的参数，如黏聚力等。下面将讨论不同形式的粒间力及物理化学作用对孔隙水压力的影响等。

7.5.1 颗粒系统中力的分布

粒间力目前已经成为有效应力的同义语。然而，无论粒间力是否等于有效应力，在没有对土体所有颗粒之间的作用力进行更加详细的考察之前，是不能确定粒间力是否等于有效应力的。Santamarina 针对细观土颗粒之间的粒间力给出了以下 3 种划分。

（1）**外部荷载引起的骨架力**。这种外部施加的力是通过土颗粒形成的骨架而传递的，如图 7.6（a）所示。

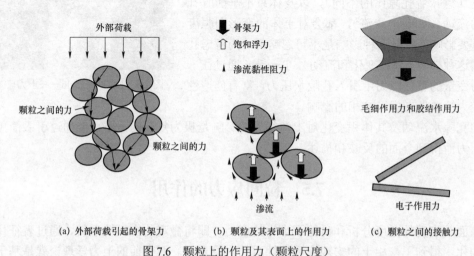

(a) 外部荷载引起的骨架力　(b) 颗粒及其表面上的作用力　(c) 颗粒之间的接触力

图 7.6　颗粒上的作用力（颗粒尺度）

（2）**颗粒及其表面上的作用力**。它们包括颗粒的重力、液体对颗粒的浮力、孔隙中液体流动引起的渗流力，如图 7.6（b）所示。

（3）**颗粒之间的接触力**。它们包括颗粒接触处的电子作用力、非饱和时的毛细作用力和胶结作用力，如图 7.6（c）所示。

当土体上施加外部荷载时，在颗粒的接触面处会产生垂直向和切向力。所有的颗粒并不均等地承受这种外力的作用。每一个颗粒都会承担不同的骨架力，这依赖于颗粒的位置和接触的点数等。外部作用力是通过颗粒之间的接触处而传递的，并形成颗粒传递的力链。比较强的颗粒力链会在主应力作用的方向上形成。土体中颗粒骨架力的发展和分布控制了土的宏观应力–应变行为、体积的变化和强度。当土接近破坏时，颗粒力链会产生屈曲，并且由于变形局部化的出现会导致剪切带的发展。

干土颗粒的重力作为体积力，并对土骨架力产生影响。当土体孔隙存在液体时，液体的重量会加到土混合物的体积力中。地下水位以下由于存在上浮力，会减小土的有效重度，并导致骨架力的减小（与干土比较）。渗流力（也称为渗透力，由水力梯度而产生）会在颗粒表面产生动水压力，并改变骨架力。

7.5.2　颗粒之间的力

第 4 章已经讨论了与双电层和范德瓦耳斯力相联系的颗粒间的长程相互作用。这些相互作用控制了悬液中黏土的絮凝和反絮凝行为，并且在包含格状黏土矿物的膨胀土中它们的作用对土的行为影响是非常重要的。在密度较大的土体中，其他一些相互作用力也会成为重要的影响因素，因为可能会影响到粒间应力的大小和控制颗粒间的联结强度。这些粒间应力和颗粒间的联结强度反过来又会对压缩变形和强度变化产生阻抗作用。通常在处于平衡的土体系统中，要求所有的粒间力必须是平衡的，无论是各相间，还是总体上或各点处，都需要保持平衡，否则就会破坏平衡，出现不平衡现象。下面介绍各种颗粒之间的力。

1. 粒间排斥力

1）静电力

很强的短程排斥力，如博恩（Born）排斥力，它会在颗粒间接触处存在。它产生于电子云的相互重叠，它作用的强度可以达到足以防止物体的穿透和贯通。

当水中吸附离子和水化水分子的分离作用的距离超过原子和分子直接物理干扰作用的区域范围时，此时双电层的相互作用提供了颗粒间排斥力的主要来源。关于这种颗粒间排斥力和双电层的理论已经在第 4 章中介绍过，这种排斥力对离子价、电解质浓度及孔隙液体的介电性质是很敏感的。

2）颗粒表面作用和离子的水合作用

颗粒表面的水合能量和互层中的离子在单元层之间，当距离很小时（很清晰的颗粒表面的距离可以达到大约 2 nm），会在单元层之间的水中引起很大的排斥力。当黏土片叠放在一起时，移除最后几层的水所需要的净能量可以是 $0.05\sim0.1$ J/m^2。而挤出一个分子层的颗粒表面水可能需要相应的压力约为 400 MPa（4 000 atm）（van Olphen，1977）。

所以，仅凭自身的水压力不太可能挤出天然黏土颗粒表面水层的所有水。想将细颗粒土中所有水分除去，需要加热或高压抽真空。但即使如此，也不意味着所有土颗粒层间的水可以从颗粒接触处挤出。在具有相互作用的不光滑土颗粒的角点、边和粗糙面处，其接触应力可能是几千个大气压，这是由于颗粒接触面积是整个土的截面面积的很小的一部分（≪1%）。

土颗粒接触面积的精确比例目前还只是一种推测，然而其等效骨架面积还是可以估计的。

水合作用排斥力会随着分离距离的增大而迅速衰减，其衰减的大小与分离距离的平方成反比。

2. 粒间吸引力

1）静电引力

当土颗粒的边和面上所带电荷的符号相反时，由于具有相反符号的双电层的相互作用，这些带有相反符号电荷的颗粒边和面之间会产生吸引力，而在孔隙水和其表面则会引起张拉应力。通常可以观察到，干燥的细土颗粒之间存在黏聚、吸附作用。不同颗粒表面存在的不同势能会引起静电引力。令平行颗粒表面之间的距离为 d，其 2 个颗粒表面的势能分别为 V_1 和 V_2，则会有一个单位面积的吸引力：

$$T = \frac{4.4 \times 10^{-6} (V_1 - V_2)^2}{d^2} \tag{7.14}$$

式中，T 是水中的张拉强度，单位是 N/m^2，d 的单位是 μm，V_1 和 V_2 的单位是 mV。张拉强度 T 不依赖于土颗粒的尺寸，但却异常依赖于颗粒表面之间的距离 d。当 $d < 2.5$ nm 时，T 可以远大于 7 kN/m^2。

2）电磁引力

电磁引力是由依赖于频率的偶极相互作用（范德瓦耳斯力）引起的，见 4.11 节。Anandarajah 和 Chen（1997）提出了一种细颗粒之间范德瓦耳斯力的量化方法，该方法可以考虑不同的几何参数，如颗粒长度和厚度、颗粒的定向及颗粒间的距离。

3）颗粒之间化学的原子间的结合力（联结）

在颗粒之间及颗粒与液体之间仅能够产生短程的化学相互作用。共价键和离子键出现在颗粒间隔小于 0.3 nm 的情况下。黏结也包括化学键，可以认为是短程吸引力。

无论是原子间的结合力联结或可能的氢键联结，它们在颗粒接触处是可能产生的；但如果不存在黏结作用，则这在很大程度上仅是一种推测。很高的接触应力能够挤出吸附水和离子，并使黏土矿物表面之间距离更加接近，这就提供了冷凝聚的机会。在化学键破裂的特征范围内，此时使土产生变形的能量会较高，并且其强度行为也与摩擦理论呈现合理的一致性。因此，颗粒之间形成原子键（联结）似乎也是可能的。另外，在超固结的粉土和砂土中是缺少凝聚作用的，所以存在反对意见，即反对它们中存在压力引起的联结键作用。

4）黏结作用

黏结作用可以自然地从孔隙溶液中的方解石、二氧化硅、氧化铝、氧化铁和其他有机或无机混合物在颗粒表面的沉淀中而产生。例如水泥和石灰对土颗粒会产生附加的稳定作用，可以导致土颗粒之间具有黏结作用。如果颗粒之间没有黏结作用，颗粒之间无法承受张拉应力，颗粒之间是很松散地接触、联系在一起的。然而，如果颗粒之间被黏结作用联系起来，某些颗粒之间的力，由于黏结作用对张拉的抵抗，可能会变成为负的作用力，在颗粒的接触处对剪切作用的阻抗也会增加。但是当联结键断裂，接触处的抗剪切能力就会减小到没有黏结作用的情况。

对黏结作用产生的强度进行分析应该考虑 3 种情况：① 黏结作用的破坏；② 土颗粒的破坏；③ 土颗粒和黏结作用交界面处的破坏。Ingles（1962）给出了横截面单位面积上张拉强度 σ_T 的计算公式为

$$\sigma_T = Pk\left(\frac{1}{1+e}\right)\frac{n}{\sum_{i=1}^{n} A_i} \tag{7.15}$$

式中，P 是接触处单位面积的黏结作用强度，k 是土颗粒的平均配位数，n 是在一个理想破坏面（与 σ_T 作用面垂直的面）上的土颗粒数，A_i 是第 i 个土颗粒的总表面积。

对于随机、各向同性的等直径球形土颗粒（其直径为 d），式（7.15）就变为

$$\sigma_T = \frac{Pk}{\pi d^2(1+e)} \tag{7.16}$$

对于随机、各向同性的圆棒形土颗粒（其长度和直径分别为 l 和 d），式（7.15）就变为

$$\sigma_T = \frac{Pk}{\pi d(l+d/2)(1+e)} \tag{7.17}$$

黏结土的行为依赖于黏结作用发展的时间和时机。人工黏结强化土通常是黏结强化以后再加载，而天然土中则是加载期间或加载后，黏结作用才逐渐产生和发展起来。在人工黏结强化土的情况中，土颗粒和黏结作用通过加载而联结在一起，接触力能否形成负的张拉力依赖于黏结作用的张拉阻抗。因此，骨架力的大小和分布受到颗粒的几何排列和颗粒接触处的黏结作用的共同影响。另外，对于天然土，由外荷载引起的颗粒接触力是黏结作用层出现前就已经发展或存在了。这种情况，黏结作用可能会增加颗粒接触的附加作用力。在某些天然土中，如果土承受的较高应力被卸载，则弹性回弹可能会破坏或扰乱土颗粒之间的黏结作用。

黏结作用会使土颗粒的法向力变为负的张拉力，由此，在没有黏结作用的土中，即使所施加的外应力是相同的，其骨架应力的分布和发展可能会与有黏结作用的土的情况不同。所以，由于土黏结作用发展时间和情况的不同，其刚度和强度也可能是非常不同的。而在有效应力中如何考虑这种黏结作用的影响，目前也不清楚。

5）毛细作用

由于孔隙水可以被吸附到土颗粒的表面，并且非饱和土的孔隙水中可以产生表面张力，当饱和土体干化时，在孔隙水体中也会产生和发展出吸力（suction）。吸力作用像一种抽真空的作用，它可以直接对有效应力或骨架力产生影响。负孔隙水压力通常被认为是土中的一种视黏聚作用和暂时的凝聚作用，而前述的其他吸引力被认为是真凝聚作用。

7.5.3　颗粒之间力的定量表示及其平衡

7.5.2 节就一些颗粒间存在的相互作用力给出了定性描述，而对所有这些颗粒间的相互作用力进行定量描述则超出了目前科学的能力和水平。尽管如此，它们的存在直接关系到粒间压力的大小及粒间压力与有效应力之间的关系。

Mitchell 和 Soga（2005）采用下面的简化方程对土颗粒中的粒间应力进行描述。图 7.7 给出了土中某一深度土颗粒的剖面。由于主要关注土颗粒接触点处的应力情况（这是由于：骨架应力是通过颗粒接触处而传递的，这种接触力对土的强度和刚度产生决定性的作用和影响），而不是通常某一平截面上的平均应力，所以剖面不是平直的截面而是波动起伏的曲面剖面，如图 7.7（a）中的 X—X 剖面。这样做就是为了截取颗粒之间的接触点处。X—X 剖面所截出的接触面面积在整个截面面积中所占的比例是很小的，如图 7.7（c）所示。

图 7.7 中的 A 点是 X—X 剖面中 2 个颗粒的接触点，它们被单独取出来，示于图 7.8 中。其中所有的作用力仅考虑其垂直竖向的作用（这样可以简化为一维问题），水平向的情况可以

类似地进行分析，假定土是完全饱和的。注意：这种简化分析方法（Mitchell et al.，2005）中仅考虑垂直竖向的接触作用力，然而，很明显的是，边界上所施加的法向和切向应力，都会在土颗粒接触面上产生并引起法向和切向接触力。这些接触力对土的强度、压缩和滑移（包括颗粒之间的相对滑移）的发展产生影响。这种影响是需要考虑和讨论的重点。

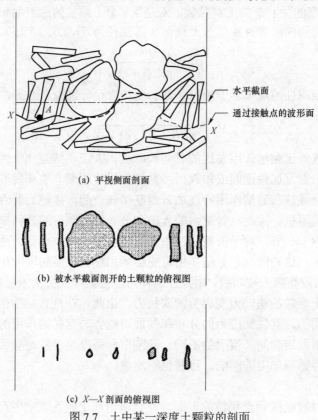

(a) 平视侧面剖面

(b) 被水平截面剖开的土颗粒的俯视图

(c) X—X 剖面的俯视图

图 7.7　土中某一深度土颗粒的剖面

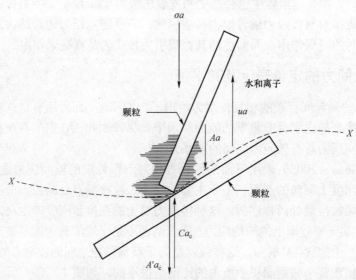

图 7.8　在接触点 A 处的作用力（Mitchell et al.，2005）

下面讨论图 7.7 中 X—X 剖面处 2 个颗粒的接触点 A 处（附近）的竖向平衡，参见图 7.8。

a_c 为有效接触面积，其平均值是点 A 处（附近）沿 X—X 剖面的总接触面积除以其中的接触点数。a 为平均总截面面积，其平均值是点 A 处（附近）总水平面积除以沿 X—X 剖面的接触点数。点 A 处（附近）X—X 剖面截出的上面颗粒的作用力（图 7.8）如下。

（1）σa 是由施加的外力和自重所引起的、从上面土体传下来的应力 σ 所产生的总作用力。

（2）$u(a-a_c)$ 是由静水压力引起的作用力（排斥力，与上面传下来的压力方向相反），孔隙水作用的面积是总截面面积减去接触面面积，但由于接触面面积很小，所以通常可以近似取为 ua。长程的双电层排斥力通常包含在 ua 中。

（3）$A(a-a_c) \approx Aa$ 是由长程吸引应力 A 引起的作用力（与孔隙水压力符号相反的吸力），A 是范德瓦耳斯吸引力和静电吸引力。

（4）$A'a_c$ 是由短程吸引应力 A' 引起的作用力（与孔隙水压力符号相反吸附应力），A' 是源于化学中的主价化合价联结和黏结的作用。

（5）Ca_c 是短程颗粒接触作用力（与孔隙水压力符号相同的排斥作用），C 是由水合作用和博恩排斥作用产生的作用力。

点 A 处（附近）X—X 剖面上颗粒表面存在的各种作用力的竖向平衡方程为

$$\sigma a + Aa + A'a_c = ua + Ca_c \tag{7.18}$$

将式（7.18）两端中各项力的作用同时除以截面面积，得到单位面积的应力作用为

$$\sigma = (C - A')a_c / a - A + u \tag{7.19}$$

式中，$(C-A')a_c / a$ 项是总截面平均化后的接触面上的净作用应力，换句话说，它是总截面平均化后的颗粒间的作用力，即通常土力学中使用的粒间应力。粒间应力可以用 σ_i' 表示，并定义为

$$\sigma_i' = (C - A')a_c / a = \sigma + A - u \tag{7.20}$$

式（7.18）至式（7.20）也可以拓展到非饱和土的情况。Zhao 等人（2016）给出了非饱和土有效应力的推导过程，其中忽略了长程引力 A 的作用。

针对饱和土粒间应力的表达式（7.20），有 2 个问题需要考虑：

（1）式（7.20）中粒间应力（粒间压力）σ_i' 是如何与有效应力 $\sigma' = \sigma - u$ 相联系的？

（2）粒间应力是如何与可测量相联系的？

有效应力 $\sigma' = \sigma - u$ 定义中，工程中的做法是将某点土中的孔隙水压力 u 与其附近没有与孔隙之间相互作用的自由水的压力 u_0 等价考虑，即把孔隙水与普通可流动的水同样看待。

对这 2 个问题的回答，需要详细地考虑土中孔隙水压力的含义。这里提一个问题，供大家思考：孔隙水与普通江河湖海的水是否相同？如果不同，从哪些方面考虑这种不同？

7.5.4　孔隙水的势能、水头高度、压力及其相互转换

空间位置不同的 2 点之间，通常流体的流动由 2 点处流体总势能不同所引起。采用（热力学中）总势能对土中孔隙水的流动进行描述是科学和严谨的。在土系统中，其各空间点能量必然由不平衡向平衡方向发展，这种发展和变化要求土中液体的流动从总势能高的地方向总势能低的地方流动，直到达到平衡。

土中某一点的总势能（也可以用水头高度或水压力表示）是一种在纯水中的势能，这种势能能够在相同温度下的土中引起相同的自由能，即认为可以用纯水中的势能描述土中一点的自由能。另外，总势能也可以采用一种单位功的定义：在土中某一特定点，由外部具有特定水头高度和通常大气压力作用的水池中，等温、可逆地输入一个无穷小量的纯水所做的功

等价于该点土的总势能（宋朝阳，2022）。

在土的渗流理论中，水的势能通常有以下 3 种表达方式：

（1）势能 μ（potential，J/mol）；

（2）孔隙水头高度 h（head，长度单位，如 m）；

（3）孔隙水压力 ψ（pressure，如 kPa）。

岩土工程界通常接受下面的观点（Aitchison et al.，1965）。

（1）重力势能 μ_g（gravitational potential）。在水力计算中通常采用水头高度 h，也有用孔隙水压力 ψ。

（2）基质势能或毛细势能 μ_m（matrix or capillary potential）。在土中某一特定点，由外部具有特定水头高度和气压作用（与土中特定点的水头高度和气压相同）的水池中，等温、可逆地输入一个无穷小量的液体（与该点孔隙液体成分相同）所做的功等于该点土的基质势能 μ_m。它通常包括毛细作用，也包括吸附作用。

（3）渗透势能 μ_s（osmotic potential）。它是和孔隙液体不同组分的浓度相关的渗流。渗透势能 μ_s 通常是负的，这是由于孔隙液体流动的方向是浓度增加的方向，而重力势能引起的孔隙液体流动的方向是重力势能由大到小的方向（减小的方向）。

土中某一点的总势能 μ，也称为化学势，渗流理论中总势能通常可以由 3 部分组成：重力势能、毛细势能和渗透势能。当然，土中某一点的总势能也可以采用其他形式表达，下面给出 3 种表达方式：

$$\begin{cases} \mu = \mu_g + \mu_m + \mu_s \\ h = h_g + h_m + h_s \\ \psi = \psi_g + \psi_m + \psi_s \end{cases} \quad (7.21)$$

式中，角标 g 表示由重力引所起的，角标 m 表示由吸附和毛细作用所引起的，角标 s 表示由液体浓度不同的渗透作用所引起的。式（7.21）中，第一个方程是总化学势的表达式，第二个是总水头高度的表达式，第三个是孔隙水总压力的表达式。

表示土中某点的总势能（自由能）的表达方式有 3 种（势能、孔隙水头高度和孔隙水压力）（Bolt et al.，1958），但选择哪种表达方式，目前还比较随意，但它们之间是可以互相转换的，其转换公式为

$$\mu = \psi v_w = h g w_w \quad (7.22)$$

式中，μ 为总势能（J/mol），ψ 为孔隙水压力，h 为孔隙水头高度，v_w 为水的摩尔体积（m³/mol），g 为重力加速度（m/s²），w_w 为水的摩尔质量（g/mol）。也可以利用表 7.1 进行转换。

表 7.1　孔隙水势能的 3 种表达方式的相互转换表

参数	势能/（J/mol）	孔隙水头高度/m	孔隙水压力/kPa
势能/（J/mol）	—	$\mu = h g w_w$	$\mu = \psi v_w$
孔隙水头高度/m	$h = \dfrac{\mu}{g w_w}$	—	$h = \dfrac{\psi v_w}{g w_w} = \dfrac{\psi}{\rho_w g}$
孔隙水压力/kPa	$\psi = \dfrac{\mu}{v_w}$	$\psi = \dfrac{h g w_w}{v_w} = h g \rho_w$	—

注：$\rho_w = w_w / v_w$。

土中这 3 种势能可以统一由总势能式（7.21）表示。在平衡、没有渗流的情况下（静水平衡态），这种状态意味着土的系统中任何一点的总化学势能都相等，所以没有孔隙液体的流动。但需要注意，同一孔隙中不同点的孔隙水压力可以是不同的，但孔隙内各点的总势能却是可以相等的，所以孔隙水不流动，例如，颗粒表面的吸附水与相邻的自由水的压力就可以不同。这是由于吸附水中存在与颗粒表面的物理化学相互作用，所以会导致孔隙中各点的总化学势可以相等，但各点的孔隙水压力却不同。因此，判断孔隙水的流动情况最好是从总势能的角度出发，分析各点的总势能是否相等，而不是仅从孔隙水压力是否相等来讨论问题。

7.5.5　Mitchell 关于粒间应力和有效应力的讨论

在 7.5.3 节中，Mitchell 和 Soga（2005）利用简化的方法给出了土中粒间应力公式，参见式（7.20）。

式（7.20）中孔隙水压力 u 是工程场地中某一深度的静水压力，通常 $u = h\gamma_w$。其中 h 为水头高度，γ_w 为水的重度。然而，一般情况下，工程场地中某一深度的孔隙水压力 u_0 理论上通常还包括位置水头对应的压力和渗透压力的作用，即用下式进行计算：

$$u_0 = Z\gamma_w + h\gamma_w + h_s\gamma_w$$

式中，$Z\gamma_w$ 是位置水头对应的孔隙水压力，$h\gamma_w$ 是静水压力水头对应的孔隙水压力，$h_s\gamma_w$ 是渗透作用对应的孔隙水压力（h_s 为渗透水头）。由上式可以得到

$$u = h\gamma_w = u_0 - Z\gamma_w - h_s\gamma_w \tag{7.23}$$

将式（7.23）代入式（7.20）中，并假定 $Z = 0$（参考坐标原点放置在被考虑点处），可以得到

$$\sigma_i' = \sigma + A - u_0 + Z\gamma_w + h_s\gamma_w = \sigma + A - u_0 + h_s\gamma_w \tag{7.24}$$

由于 $h_s\gamma_w$ 是土颗粒之间的渗透压力（如盐水浓度所引起的渗透压力），它必然导致该孔隙中的孔隙水压力大于同水头高度的静水压力 u（如测压计中），并且 $h_s\gamma_w$ 项通常是负值。这一渗透压力反映了双电层中的排斥作用。Lambe（1960）、Mitchell（1962）等人将 $h_s\gamma_w$ 项表示为 $-R$（取负号是因为 $h_s\gamma_w$ 项通常为负值），将 $-R$ 替换式（7.24）中的 $h_s\gamma_w$ 项，可以得到

$$\sigma_i' = \sigma + A - u_0 - R \tag{7.25}$$

也就是说，一般情况下（理论上）颗粒之间的应力，除了测压管测得的孔隙水压力 u_0 外，还应该考虑 A 项（长程吸引作用应力）和 R 项（渗透压力作用）的影响和作用。令有效应力 $\sigma' = \sigma - u_0$（此处 u_0 为理论孔隙水压力，而不是静水压力），则式（7.25）可以写成

$$\sigma_i' - \sigma' = A - R \tag{7.26}$$

式中的 A 和 R，对于粗粒土、粉土和低塑性黏土，通常很小，或 $A - R$ 是很小的，即式（7.26）近似等于零，所以有效应力与颗粒间应力近似相等。只有当 A 和 R 都很大，并且 $A - R$ 也很大时，式（7.26）不为零，此时有效应力与颗粒间应力具有较大的不同。通常这种情况是很少出现的，然而分散良好的钠蒙脱土在压缩时是需要考虑这种影响的（如双电层排斥作用的影响）。

在推导式（7.26）过程中，**假定土系统是竖向平衡的，并且各种作用（力）是相互平行（没有水平方向的变化）、独立的**，即粒间应力是骨架应力（$\sigma' = \sigma - u_0$）与电化学应力（$A - R$）之和，如图 7.9（a）所示。由此，式（7.26）实际上隐含着：电化学应力（$A - R$）作用引起

的变形与颗粒接触处的骨架应力的作用引起的变形是等效的（这种等效是值得追问的），即它们对变形的影响是等价和相同的，这也是相互平行的含义之一。当接触处的应力为 σ' 时，孔隙液体中如果发生化学变化，就会导致粒间应力发生变化［根据式（7.26）］，由此也会导致土中剪切强度发生变化（当然也会导致土体刚度和变形发生变化）。

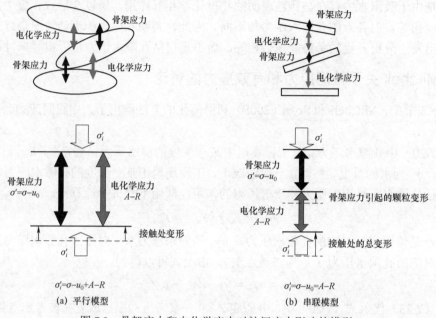

图 7.9　骨架应力和电化学应力对粒间应力影响的模型

Hueckel（1992）提出了另一个串联模型，该模型假定：土在接触处的总变形是由骨架应力引起的变形与电化学应力引起的变形之和，如图 7.9（b）所示。在串联模型中，应力在任何位置（元件）中都应该是相等的，而整个模型的变形则是不同部位的元件变形的总和。所以上部元件中有效应力 σ' 应该等于下部元件中电化学应力 $A-R$，即有下式成立：

$$\sigma'_i = A - R = \sigma' = \sigma - u_0$$

这种串联模型可以用于高含水率且非常细的土中，这种土的颗粒实际没有真正接触上，并且它们是一致平行、定向排列的。粒间应力或有效应力（它们实际上是相等的，参考上式）增加，会改变颗粒的间隔空间和距离，由此可以改变土颗粒的抗剪切性质。

由于颗粒的排列既可以是平行的，也可以是不平行的，并且在水平方向也可以出现变化，所以土的实际化学-力学耦合行为与上面 2 个粒间应力模型的预测结果可能会存在较大的差异。Santamarina（2003）指出：外力所引起的骨架应力、颗粒尺寸的作用力及接触力对土的行为的影响是不同的，在有效应力表达式中混淆这些不同形式的作用（力）可能会导致错误的预测结果（见非饱和土的有效应力表达式中，具有可测的颗粒间的排斥力和吸引力）。

7.5.6　对有效应力的讨论和评估

7.5.5 节的讨论并没有从理论上证实上述简化方法（假定**各种作用（力）相互平行，没有水平向变化**），所建立的有效应力方程可以定量地描述土的变形和强度。然而，有效应力的有效性却是从几十年成功应用的经验中得到证实的。

Skempton（1960b）研究的结论是：Terzaghi 建议的有效应力方程 $\sigma' = \sigma - u$ 不是真正意义上的有效应力，但对于饱和土来说，所给方程却是一个非常好的近似。针对饱和土，Skempton 建议了 3 种可能的有效应力表达式。

（1）粒间应力（不考虑 $A-R$ 的影响）

$$\sigma' = \sigma - (1 - a'_c)u \qquad (7.27)$$

式中，$a'_c = a_c / a$ 是总接触面面积和总截面面积之比，参考 7.5.3 节和图 7.8。

（2）Skempton 首先假定：土的固相为一种实际固体材料，它的压缩性表示为实际固体材料的压缩系数 C_s，其抵抗剪切的强度为：$\tau_i = k + \sigma \tan \psi$，其中 k 是本征黏聚力，ψ 是本征摩擦角。**Skempton（1960b）从强度的角度**，利用平衡条件反推有效应力，论证了有效应力的表达式为

$$\sigma' = \sigma - \left(1 - a'_c \frac{\tan \psi}{\tan \phi'}\right)u \qquad (7.28)$$

式中，ϕ' 是有效摩擦角。**Skempton（1960b）从压缩变形的角度**，论证了有效应力的表达式为

$$\sigma' = \sigma - \left(1 - \frac{C_s}{C}\right)u \qquad (7.29)$$

式中，C 是土的压缩系数。从这里可以看到，**针对强度和压缩变形，其有效应力具有不同的表达式。**

（3）土的固相为一种理想固体材料，所以有：$\psi = 0$，$C_s = 0$。由此，Skempton（1960b）同样证明饱和土的有效应力表达式为：$\sigma' = \sigma - u$。

为了检验上述 3 种有效应力表达式，Skempton（1960b）将所有可得到的数据用于这种检验，主要用于观测 3 种有效应力表达式与土的体积变化的关系。其中总应力与孔隙水压力需要满足下式：

$$\frac{\Delta V}{V} = -C\Delta \sigma' \qquad (7.30)$$

并且还要满足排水的莫尔-库仑强度准则（τ_d）：

$$\tau_d = c' + \sigma' \tan \phi' \qquad (7.31)$$

可以看到，上述验证方法中事前就需要假定莫尔-库仑强度方程是有效的。

Skempton（1960b）的研究结果表明：有效应力表达式（7.27）不是一个完全有效的表示。对于土、混凝土、岩石，式（7.28）和式（7.29）给出了有效应力的正确的表达式。有效应力表达式能够较好地表示土的行为，但是对于混凝土和岩石却不适用。产生这种情况的原因是：在土中，C_s / C 和 $a'_c \tan \psi / \tan \phi'$ 是接近零的，所以式（7.28）和式（7.29）就会近似为 $\sigma' = \sigma - u$。然而在混凝土和岩石中，C_s / C 和 $a'_c \tan \psi / \tan \phi'$ 数值较大，很明显是不可忽略的。混凝土和岩石的 $\tan \psi / \tan \phi'$ 数值的变化范围可能是 0.1～0.3，由此可以清楚地推断 $a'_c \tan \psi / \tan \phi'$ 是不可忽略的。而 C_s / C 的具体数值可以从表 7.2 中看到，表 7.2 中给出的变化范围为 0.12～0.46。

表 7.2　不同材料的压缩系数值（Skempton，1960b）

材料	压缩系数/（10^{-6} kPa^{-1}）		
	C	C_s	C_s/C
石英砂岩	0.059	0.027	0.46
Quincy 花岗岩（30 m 深）	0.076	0.019	0.25
Vermont 大理石	0.18	0.014	0.08
混凝土（近似）	0.20	0.025	0.12
密砂	18	0.028	0.001 5
松砂	92	0.028	0.000 3
London 黏土（超固结）	75	0.020	0.000 25
Gosport 黏土（正常固结）	600	0.020	0.000 03

注：当 $p=98$ kPa 时，水的压缩系数为 $C_w=0.49\times10^{-6}$ kPa^{-1}。

Lade 和 de Boer（1997）给出了有效应力的更加一般的表达式为

$$\sigma'=\sigma-\eta u \tag{7.32}$$

式中，η 是孔隙水压力系数，当土为各向异性时 η 是一个张量。表 7.3 给出了不同学者提出的关于 η 的不同表达式。无论排水或不排水条件，式（7.32）或 $\sigma'=\sigma-u$ 都适用。

表 7.3　不同学者提出的关于 η 的不同表达式

孔隙水压力系数 η	符号说明	参考文献
1		Terzaghi (1925b)
n	n 为孔隙率	Biot (1955)
$1-a_c$	a_c 为单位平面内颗粒接触面积，即总接触面面积和总截面面积之比	Skempton and Bishop (1954)
$1-a_c\dfrac{\tan\psi}{\tan\phi'}$		Skempton (1960b)
$1-\dfrac{C_s}{C}$	用于多孔材料的各向同性弹性变形	Biot and Willis (1957); Skempton (1960b); Nur and Byerlee (1971); Lade and de Boer (1997)
$1-(1-n)\dfrac{C_s}{C}$	用于具有小连通孔和低孔隙率的固体岩石	Suklje (1969); Lade and de Boer (1997)

7.6　有效应力的进一步讨论

为加深对有效应力的认识和理解，在此对有效应力的概念展开进一步的讨论。

（1）孔隙水压力不是一个独立的状态变量。Terzaghi（1936）给出有效应力 σ'_{ij} 的公式为 $\sigma'_{ij}=\sigma_{ij}-u\cdot\delta_{ij}$。在这一公式中，如果认为总应力是独立状态量，就会导致孔隙水压力不是独立状态量。本来如果饱和土中作为一个独立液相的应力状态的表示，u 应该是独立状态变量，但由于土介质采用单变量的有效应力（用一个变量描述土的力学性质），并且当总应力 σ_{ij} 为独立状态量时，孔隙水压力 u 就变成为依赖于总应力 σ_{ij} 和土的内部结构的状态函数。例如同一饱和砂土，即使同一总应力作用时，不同孔隙比的土样，不排水时其孔隙水压力是不同的。通常孔隙比大的土样，其孔隙水压力也大；反之，孔隙比小的土样，其孔隙水压力也小。所以孔隙水压力不是独立状态变量。由此，再看 $\sigma'_{ij}=\sigma_{ij}-u\cdot\delta_{ij}$，就可以知道有效应力 σ'_{ij} 不是独立状态变量。

（2）实验时，孔隙水压力虽然是一个可测量，但它不是可控量，即它是响应变量而不是自变量。由此也可以知道孔隙水压力不是独立状态变量，它的大小和变化除了与外力作用相关外，还与其内部结构和刚度的变化相关。由固结理论可知，孔隙水压力是随着孔隙比（反映了土结构的情况）而变化的，但工程界很多人误以为孔隙水压力是一个独立的应力状态变量。另外，孔隙水压力一般是指孔隙中自由水的压力，虽然它是可测量的，但对测量得到的孔隙水压力的含义，最近却存在新的看法，即这种孔隙水压力不能反映土颗粒表面吸附水的压力情况（通常孔隙水的势能相同，但吸附水的压力较高）及孔隙水与颗粒表面的物理化学作用。由于孔隙水压力是表征体元平均以后的结果，由此孔隙水压力应该是孔隙中所有孔隙水的压力的整体平均结果。砂土、高岭石、伊利石等因吸附水的物理化学作用较小，测量得到的孔隙水压力与孔隙水承担的压力相差不大，可以认为测量得到的孔压就是孔隙水承担的压力。蒙脱土由于颗粒表面与孔隙水物理化学作用较大、吸附水也较厚，其吸附水压力值相对也较大。这时仍然认为测量得到的孔压（自由水压力）就是整个孔隙水承担的压力，由此会低估孔隙水承担的压力，而高估土颗粒骨架承担的有效应力。

（3）有效应力是一个抽象量。有效应力是根据表征体元的应力平衡，将总应力减去可测的孔隙水压力的结果。它不是一个可直接测量的量，因而是一个抽象的、通过计算得到的量。对于这一抽象量，Terzaghi 称之为有效应力。

（4）有效应力是一种（平衡态时）应力表示的方程，这一方程的力学含义是平衡时总应力如何在饱和土的土骨架和液相之间进行分配。通常认为有效应力就是作用于土骨架的应力。由于孔隙水压力宏观可测量，虽然它的大小取决于土的结构，但只要采用某种手段测量，可以得到确定的孔隙水压力值。而知道了孔隙水压力，利用平衡条件，即根据式（7.13）就可以计算得到有效应力值。虽然这一有效应力是计算得到的确定值，但对其物理和力学含义却有许多不同看法，如土骨架应力、粒间应力等。

（5）物理–化学作用、黏结作用等对有效应力的贡献和影响。饱和土的孔压会随着土体内部结构的改变而变化，所以一旦影响饱和土结构的因素（如孔隙比、土体内部各相的物理–化学作用、黏结作用等）发生变化，将会影响到孔隙水压力的变化，进而也会影响到土骨架承担的那部分总应力的变化，即有效应力的变化。也就是说，土体内部各相的物理–化学作用、黏结作用等会对有效应力及其大小产生影响。

（6）有效应力或土骨架应力（此处认为有效应力等于土骨架应力）应该包括表征体元中除了孔隙水压力以外，所有与总应力起相互平衡作用因素的影响，并且认为这些影响因素是作用在土骨架上的。关于这一点，Terzaghi 开始时并没有给出清晰的解释，只是指出，有效应力是控制饱和土强度和刚度的应力变量。所以针对此，后来的研究者对有效应力给出了很多解释，并根据各自的观点发展出了不同的有效应力表达式。例如：Skempton（1984）定义有效应力为土颗粒之间的作用应力；Mitchell 和 Soga（2005）给出了考虑物理–化学作用的有效应力的表达式；Nuth 和 Laloui（2008）、邵龙潭和郭晓霞（2014）称有效应力为土的骨架应力。

1. 有效应力的局限性

人们已经知道：饱和土中固体和液体的运动，虽然两相交界处相互有约束，但两相各自的运动本质上是不同的，并且是相互独立的。要想描述这两相物质的不同运动和相应的功（或能量），则需要分别采用固相的应力和对偶的应变及液相压力和对偶的体积应变（平衡时）。而仅采用一个应力变量（如有效应力）描述饱和土的行为是一种不完备的近似方法，原因是独立变量不够，至少需要 2 个应力变量，才有可能完备地描述两相饱和土的行为。本质上说，应该是方程不够，如强度方程只有 1 个，而有效应力中的变量却有 2 个，即总应力和孔压。当然，土力学中已经将有效应力作为一个变量，由此 1 个强度方程是可以求解的，但这种做法已经把有效应力中 2 个变量转变为其中一个是独立的（如总应力），另一个是相关的（如孔压，它不用通过方程求解得到，而是通过测量得到）。变形情况也是如此。

在独立变量不够的情况下，无论由何种方式得到的有效应力，也不能完备地描述两相饱和土的行为。因此，**有效应力是一种等效应力的办法，即通过采用有效应力，就可以把两相饱和土等效为一种单相的介质，并可采用与分析单相介质相同的方式去分析饱和土**。这种等效做法与在温度应力分析中将温度的作用等效为温度应力是类似的（注意：温度不是应力）。在存在物理-化学作用条件下，有效应力常被表达为以下形式（Mitchell，1976）：

$$\sigma'_{ij} = \sigma_{ij} - u_w \delta_{ij} + (A - R) \delta_{ij} \tag{7.33}$$

式中，$(A-R)\delta_{ij}$ 是考虑物理-化学作用影响的等效应力，A 和 R 分别表示由物理-化学作用引起的粒间吸力和斥力，这也就是将物理-化学作用转化为有效应力中的一项，即通过引入物理-化学作用的等效应力来考虑物理-化学作用的影响。但如何定量地分析物理-化学作用，即考虑 $A-R$ 项的影响，目前虽然有一些理论可以考虑物理-化学作用（如韦昌富 等，2014；Ma et al.，2019；宋朝阳，2022），但还没有一般性模型。另外，即使是特殊模型，仍然需要在工程中进一步验证。此外，等效方法毕竟是一种近似方法，更加科学的方法是：n 相物质体还是需要采用 n 个独立的状态变量和 n 个方程进行描述（如 $n=3$ 的三相非饱和土）。

非饱和土力学中采用 2 个变量，即采用吸力与净应力，建立其强度和本构关系，就已经突破了有效应力的等效方法的限制，实现了从液相和气相相互作用的现象出发，去选择相应的变量，而不再使用有效应力作为其唯一的变量。

另外，有效应力原理实际上是在平衡条件下的一种等效方法，否则不满足表征体元的均匀、一致的要求。所以，有效应力原理通常仅适用于平衡的土系统。例如稳态渗流就不是平衡系统，虽然系统宏观性质不变，但也不能用有效应力的概念分析具有渗流情况的变形和强度。渗透力不是平衡系统的作用力，因为存在不平衡的广义力（梯度）的作用。由此渗透力需要采用液-固耦合的（2 场）理论描述。

2. 有效应力原理是一种近似方法

编者认为，有效应力原理是一种近似方法，理由如下：

（1）有效应力是应力形式的方程，而不是热力学定义的独立状态变量（独立状态变量的定义见 7.2.3 节）。而将有效应力方程作为独立状态变量是一种近似方法。

（2）将本来是三相（饱和土为两相）、多变量、复杂的土的多场问题（注意多场问题就不再是单一的力学问题），通过有效应力简化或等效为类似一种单相介质的力学问题的方式处理。这种将两相饱和土的问题等效为类似单相介质的力学问题处理是一种近似。

（3）仅考虑有效应力的影响，忽略了其他具有重要影响的因素或变量。当然，出现这种情况是有条件的，即只发生在建立强度和本构方程时，采用有效应力作为唯一变量的情况。

在 7.6 节就有效应力概念展开的讨论中，其第（1）、（2）项对上述第（1）个理由已经进行了论证，这里不再赘述。7.6 节一开始的讨论已经较好地说明了第（2）个理由。1.3.2 节和 1.3.3 节就第（3）个理由进行了讨论。

3. 有效应力原理是一种简化方法

由 1.3.2 节和 1.3.3 节的讨论已经知道，土的性质非常复杂，影响变形和强度的因素很多，而采用有效应力作为确定变形和强度的唯一独立变量，并建立起式（1.4）中变形和强度的两个方程，这是一种简化的方法。因为这种方法忽略了影响变形和强度的很多因素，由此会产生很大的不确定性和误差，这种情况在 1.3.3 节中讨论过了，此处不再赘述。然而，这种简化满足 1.3.1 节讨论的土力学的简单性的要求，从实用角度看这是合理的，但其代价就是不确定性和误差非常大。

4. 关于有效应力讨论的结语

7.6 节关于有效应力局限性的讨论，其本意并不是要贬低有效应力原理在土力学中奠基性的意义和作用。也就是说，在研究和应用中，该应用有效应力原理时还要正常使用。本书下篇的大部分内容还是建立在有效应力原理的基础之上而进行论述和介绍的。本节的目的是提醒大家：要注意这一原理也是具有局限性的。另外，当遇到复杂问题时，如 1.1.3 节提到过的超出经典土力学范围的问题，可以换一个角度去考虑和研究它。

思 考 题

1. 有效应力 σ' 与颗粒间的应力 σ'_i 何时相等，何时会不同？

2. 有效应力有何局限性？何时需要考虑这种局限性？

3. 如何把离散的土颗粒转变为连续介质？

4. 表征体元基本特征有哪些？它有何局限性？为何实验时要保持土样中的应力（包括孔隙水压力）和应变的均匀和唯一？

5. 为何要求土样中最大颗粒的直径不大于土样本身直径的十分之一？

6. 何为系统的平衡态？非孤立系统处于平衡态的充要条件是什么？

7. 为什么平衡态系统的宏观量都具有确定的数值？

8. 状态变量具有什么特点？

9. 为何说有效应力原理是一种简化和近似的方法？

8 土的一般性质和体积变形

8.1 土的一般力学性质

土的行为及其变化首先要满足和遵循更具一般性的热力学、力学的普遍规律，如各种守恒方程：质量守恒、动量守恒（平衡方程是其特例）、能量守恒等。

土力学问题的求解，最经常使用的是静力平衡方程和变形协调、一致性条件及初始和边界条件。而土力学所遇到的问题多数是超定问题，就像结构力学中超静定结构的问题。这些问题仅使用平衡方程（包括静力平衡、质量平衡、能量平衡方程），如静力平衡方程，是不能够求解的，这是由于求解变量多于平衡方程的个数。此时应该补充方程，以满足求解方程的需要，并还需要保证满足变形的协调、一致性条件。这种补充方程通常就是本构方程。而**土的本构方程在土力学中主要是指描述土的应力与应变关系的方程**（实际上达西渗流定律也是一种本构方程）。所以，土的本构关系研究在土力学中属于基础性研究。

也许有人会问：什么情况下是弹塑性的静力问题？什么情况下是流变问题？什么情况下是动力问题？对这些问题的回答，主要看所建立的平衡方程（无论是结构的整体平衡方程，还是微单元体的平衡微分方程）和本构方程中是否有加速度项或速度项，若这 2 项都没有，并且没有时间因素和时间变量，就是静力问题；若有加速度项（时间的二阶导数项），则是动力问题；若有速度项（时间的一阶导数项）或时间项，则是流变问题。

如果建立本构模型的方法具有一般性或普遍性，则**场地中某点处土本身的特殊性反映在本构模型的参数中**（通常参数是通过实验获得的），当然模型本身也可以针对某些特殊土。因此，在实际应用中参数的质量及其好坏是非常重要的。

一般而言，本构方程是仅涉及局部作用（宏观空间的一个点）的独立变量和反应量的本质关系的方程，它一般应该与边界条件无关。

土的力学性质通常是由土的力学实验揭示的。通过实验可以揭示两方面的情况：

（1）哪些因素影响土的力学性质；

（2）这些因素对土的力学性质产生影响的定量规律。

为了解土的力学性质（如应力–应变关系，即土力学中通常意义的本构方程），需要进行土的力学实验。土的本构方程是通过实验发现并建立的，其参数也是通过实验确定的。例如土体的沉降通常是借助于土样的压缩实验进行定量描述的，一般采用一维的压缩固结仪或三轴仪进行实验，并基于这种实验结果进行分析和计算。因此土力学，无论是从事研究还是应用，都离不开实验。

实验中所采用的土样就是 7.3 节所讨论的表征体元的具体形式。因此土样的选择应该满足表征体元的要求，详见 7.3.5 节中表征体元的 3 个基本特征。

通常借助于某一土样在压缩仪或三轴仪的实验中所表现的力学行为去描述某一建筑场

地的某一土层中某一点的土的力学性质，这种描述是否合适、是否满足工程要求，主要取决于以下 3 个方面：

（1）施加在土样上的荷载与现场土层中该空间点处的应力情况应该尽量一致。通常试图用该点土样的力学性质描述该土层的力学性质，这就要求该点的应力状态应该代表该土层的应力情况。一般取用该土层的平均压应力作为一维压缩仪中土样的竖向受力状态，而水平方向则采用刚性环箍，使其水平方向的应变近似为零。这种受力状态与水平地表受到结构物竖向重力作用的实际情况略有不同，主要是水平方向的应变一般不为零。但这种水平方向的应变不为零的影响不太大，通常被忽略。

（2）土样本身的性质和内部结构状态与所代表的现场土层中土的实际情况应该尽可能地保持一致。

（3）土样的边界条件与现场土层中该宏观空间点处的土的实际边界条件（如排水条件和温度条件、受力条件、饱和度及其他环境条件）应该尽可能地保持一致。

只有在土样外界的各种作用及土样内部的各种性质和结构状态与现场的实际情况尽可能地保持一致或者接近时，其实验结果才有意义，否则就会产生很大的不确定性。而这种不确定性只有靠长期的经验积累和工程判断才能够近似把握。通常岩土工程更强调现场实验，因为这种做法可以减小扰动和边界不真实造成的影响。当然不确定性很大，也可能是由于理论过于简化，难以描述复杂的实际情况而导致的，这已经在第 1 章绪论中讨论过。

要想做好上述 3 点，需要采用更好的实验仪器和实验方法。而目前土力学中的实验仪器和手段过于宏观、简单和粗糙，可以控制的变量太少，它们难以用于研究和讨论复杂环境因素变化的影响，因为这些变量难以控制和量测。通常的做法是不考虑这些因素变化的影响，即隐含着假定这些因素不变。由于忽略了很多因素变化的影响，导致强度和变形的理论预测结果的不确定性很大（见 1.3 节）。因为这些变量难以控制和量测，其实验结果也难以探讨清楚这些复杂因素变化的定量影响。

目前土力学实验仪器的研制和发展是制约土力学理论发展的重要瓶颈之一，造成这种状况的原因可能是：研制仪器的人不懂土力学理论，而研究土力学理论的人又不懂土力学实验仪器的开发和研制。

从力学的角度对机械功和能及其力学行为进行研究和探讨，必然涉及物体材料的应力和应变。**应力是对外力作用的度量，而应变是物体几何形状变化的度量。从热力学的角度，应力与应变应该是功对偶的变量**，即应力与应变之积等于应力作用在与其对偶的应变变形上所做的变形功。这种从功和能的角度分析土的力学行为方法在以后会经常采用，而这种描述更具有一般性。

土力学有 2 个基本假定：① 应力或应变的基础单位长度或面积必须足够大，以包括足够多的土颗粒并具有统计、平均意义，使其具有典型性和代表性，即需要满足表征体元（土样）的要求，见 7.3 节；② 压力和压应力为正，而拉力或张拉应力为负（与一般力学的定义不同）。

下篇除了第 14 章非饱和土力学以外，每章都是针对饱和土的，所以这些章中除非特别说明，否则所涉及的土都指饱和土，以后不再说明。

下面将讨论土的一些一般性质。由于土的孔隙很大，土颗粒之间的联结很弱，土是一种变形大、强度低的介质或工程材料。在力的作用下，土会发生变形，当变形发展到一定程度时，土会产生破坏。从力学的角度，土的工作状态一般取决于其所受到的应力作用的水平。当应力作用的水平低时，土处于线弹性工作状态；当应力作用的水平较高时，土处于非线性、弹塑性工作状态；当应力作用的水平很高时，土处于流动或破坏工作状态。

1. 土的弹性和塑性

外荷载作用下土的变形通常分为两部分：弹性变形和塑性变形。在人的眼睛所能看见的土的变形范围内，弹性变形仅占整个变形中很小的一部分，而人眼所能见到的土的变形绝大部分是塑性变形。所以工程上土力学所面对的变形问题主要是塑性变形问题。

土体产生这种塑性变形的原因是：土是一种黏聚力很弱的颗粒材料，颗粒本身的强度远远大于颗粒表面之间的连接强度。所以土颗粒本身产生破坏的概率很小，其破坏一般是出现在颗粒表面之间的联结或接触处；外力作用通常会在土体的薄弱处，即在颗粒表面之间的联结或接触处，引起颗粒表面的相对滑移或移动，并且土颗粒本身的变形和水自身的体积变形非常小，所以可以认为此种情况下的土颗粒是刚体（地表压力不太大时）。土体的变形主要是由土颗粒之间表面接触处的滑移导致的孔隙的变形及孔隙排列的变化所引起的。土颗粒表面接触处的滑移导致的孔隙变形及孔隙排列的变化通常是不可恢复的、非线性的，即是非弹性、非线性的。土体刚度则是由土骨架刚度决定的，而土骨架刚度是由土骨架的薄弱处，即土颗粒各接触点处的强度和刚度决定的。

弹塑性静力学（不同于动力和流变问题），通常简称为弹塑性力学，在讨论变形和强度问题时，由于是静力问题，一般不涉及时间，即其平衡和本构方程中没有时间导数和时间变量。但在外力作用下，到达最后的变形或强度都必然是一个与时间相关的过程，即变形或强度不会突然、没有前序的过程而产生。然而，由于静力问题没有时间导数和时间变量，所以隐含着假定：其前序的变形过程在荷载施加后，并不考虑时间及时间变化的影响，就好像瞬时就完成了其前序的变形过程。但通常人们往往忘记了，实际上这一过程是在一定的时间内完成的，而这一变形过程中可能会产生不同的变形或强度结果。

如果按剪应变的百分比划分，可以将剪应变的变形过程划分为 3 个阶段（张克绪 等，2020）：第一个阶段为小变形阶段，$\gamma \leqslant 10^{-5}$；第二个阶段为中等变形阶段，$10^{-5} < \gamma \leqslant 10^{-2}$；第三个阶段为大变形阶段：$\gamma > 10^{-2}$。小变形阶段，土体为弹性变形；中等变形阶段，土体为弹塑性变形；大变形阶段，土体开始逐渐出现破坏。

经典弹塑性理论假定应变中弹性和塑性部分是通过加荷和卸荷过程加以确定和分离的，其中可恢复的应变是弹性应变，而不可恢复的应变是塑性应变。总应变是弹性应变和塑性应变之和。就土而言，通过加荷和卸荷过程将弹性变形分离出来，这通常是难以做到的。虽然恢复的应变是储藏弹性能的结果，但这种卸载产生的可恢复应变并不总是纯弹性的。卸荷过程（可恢复变形过程）中颗粒接触处也会产生滑动，即出现塑性变形的滑动。弹性变形经常与由颗粒之间的滑动、重新排列和挤压等引起的变形混淆在一起，难以辨认。颗粒之间的滑动，通过摩擦而消耗能量，这种可恢复的应变不是纯弹性的。按照这种塑性变形的定义，这种可恢复的应变具有部分塑性应变。通常假定：颗粒接触处产生滑动的变形均是塑性变形。

那么，在何条件下土的变形是弹性的？通常只有在应变非常小的情况下，才认为土的变形是弹性的，如剪应变 $\gamma \leqslant 10^{-5}$。一般利用波的传播幅值和速度确定弹性模量和弹性应变，因为普通实验仪器的精度难以达到如此小的剪应变（$\gamma \leqslant 10^{-5}$）。

2. 土的压硬性

压硬性是指土的强度和刚度随着有效压应力的增大而增大，或随着有效压应力的减小而减小。通常在长期荷载作用下，荷载所引起的孔隙水压力已经消散，所以荷载产生的总压力是等于其有效压力的。压硬性是摩擦性材料（土就是一种摩擦性材料）所具有的特性，一般金属材料没有这种性质。莫尔-库仑准则描述了土的压硬性的强度方面。至于刚度方面，Janbu（1963）给出如下压硬性刚度方面的表达式：

$$E_{\mathrm{i}} = K_{\mathrm{E}} P_{\mathrm{a}} \left(\frac{\sigma_3}{P_{\mathrm{a}}} \right)^{n}$$

式中，E_{i} 是压缩模量，K_{E} 和 n 为常数，P_{a} 是大气压力，σ_3 是围压。从上式可以看出 E_{i} 是 σ_3 的函数，E_{i} 随 σ_3 的增大而增大。

3. 剪胀性

剪胀性是指土体受剪时产生体积膨胀或收缩的现象，这也是土的特性之一。**实验表明，土的体积变形不仅取决于球应力分量的作用，还取决于偏应力分量的作用，即偏应力分量的作用也会引起土的体积变形。**这种情况与弹性理论的假定不同。通常金属或弹性理论中剪切作用不会产生体积膨胀，所以剪胀不是弹性变形。密砂剪胀，松砂剪缩，这一现象最早是由英国学者 Reynolds（1885）发现的。剪胀性是砂土最为重要的力学性质之一。黏土也具有剪胀性现在也被普遍接受，强超固结土也会呈现剪胀现象。

4. 密实程度的依赖性

密实程度的依赖性是指土的强度和刚度依赖于土的密实性。即越密实的土，其强度和刚度越大；反之越疏松的土，其强度和刚度就越小。这是因为土是摩擦性材料，同样外力作用，相同的土，土越密实，其孔隙体积就越小，土颗粒的接触点和面积就越多、越大，所以其强度和刚度也就越大。它是土的最重要的性质之一。孔隙比 e 可以用于粗略描述土的密实情况，但土的密实程度实际上还依赖于围压作用的大小。

5. 拉–压性质的巨大区别

土的抗拉刚度和抗拉强度很低，并且不稳定，所以工程设计中通常不考虑土的抗拉性质。另外，土体有拉伸作用时其刚度和强度与压缩作用时其刚度和强度相差非常大。因此，在遇到拉剪耦合作用时要注意它与压剪作用有非常大的差别。

6. 应力路径依赖性

应力路径依赖性是指土的变形不仅取决于当前的应力状态，而且与到达该应力状态之前的应力历史及今后加载的大小和方向有关。图 8.1 给出了应力路径对应力–应变关系的影响。

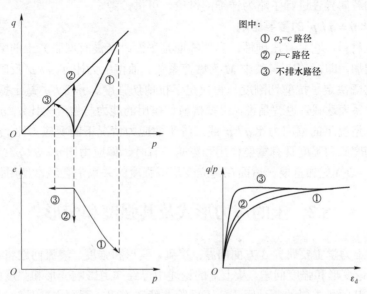

图中：
① $\sigma_3=c$ 路径
② $p=c$ 路径
③ 不排水路径

图 8.1　应力路径对应力–应变关系的影响

但应力路径相关性的考虑不但使本构模型本身复杂化，也给计算和模拟带来困难，从而限制了本构模型的实际应用价值。因而现有的强度和本构理论几乎都忽略应力路径依赖性的影响而采用某种唯一性的假定。但是在应力路径发生大的转折时，应力路径依赖性的影响会很大，这种唯一性是得不到保证的。

土力学假设中最重要的一条假设是有效应力与路径无关的假设。**有效应力强度指标与应力路径无关的假设今天已被普遍接受，但是对于具有较强结构性的土类，这一假设未必正确。**近期受到广泛注意的塑性应变方向与应力路径无关的假设（塑性势假设）是又一个例子。

下面简单讨论一下土力学中的假设。**假设是对复杂事物的一种简化，**只有在一定范围内使用这种简化，假设才会有生命力。土的弹性体假设就是一个例证。假设越少，考虑的因素越全面的理论，如果使用起来太复杂，就未必优于更简单的理论，有的甚至是画蛇添足，多此一举。该简单的地方简单，该复杂的地方复杂，这恐怕是研究工作的一条重要原则。即使对同一种土类，也不能笼统地说都要考虑或者都不要考虑。软黏土的流变现象是比较明显的，但很多情况下可以不必考虑。例如 20 世纪 60 年代曾发现许多建于斜坡上的码头结构遭到破坏，当时许多人将原因归之于软土的剪切流变；以后的研究表明，主要是由土层压缩变形引起的差异沉降造成的。砂土料的流变特性不明显，但如果和混凝土构件相互作用，持续的少量变形可能会引起构件破坏，则同样需要考虑。地下洞室的支护中甚至要考虑岩石的流变，这就是例证。总之，任何一项有价值的理论研究成果都必须有明确的基本假设，并需要大致规定其适用范围，还可以通过对比（包括与已有理论的对比及与实验资料和原型观测资料的对比）证明其优越性。

7. 土的各向异性

土的各向异性是指土的刚度和强度沿各个方向是不同的。引起各向异性的原因有 2 个：一是在天然土的沉积过程中形成的；二是受力过程中逐渐形成的，它与扁平颗粒的扁平面的方向逐渐趋向于大主应力方向有关，这一现象常称之为应力诱导的各向异性。天然土体在其形成过程中必然会产生各向异性的性质，为简化，通常假定为水平荷载作用下横观各向同性。6.19 节针对土的各向异性进行了略为详细的讨论，可供参考。

8. 偏应力比 $\eta = q / p'$ 的重要影响

土是摩擦性材料，它具有压硬性，当摩擦面是平面时（没有剪胀）土的刚度和强度随着压力的增加而增加，即 $q = p'M$，其中 M 为摩擦系数。而偏应力比 $\eta = q / p'$ 反映了土抵抗剪切作用的能力，它既决定了抗剪切刚度，也决定了抗剪切强度。$\eta = q / p'$ 是土抵抗剪切作用能力的最简单的关系表达式，也就是说，土抵抗剪切作用的能力与偏应力比 q / p' 密切相关。所以，三维轴对称情况下的偏应力比 q / p' 或二维平面应力情况下的剪应力比 τ / σ，偏应力比对土的变形（刚度）和强度具有重要作用和影响。有时，偏应力比 $\eta = q / p'$ 或 σ_1' / σ_3' 甚至比应力差 $\tau = 1/2(\sigma_1' - \sigma_3')$ 更加重要。后面在建立变形或强度的关系中会经常使用偏应力比。

8.2　土的应力形式及其强度和变形

前面讲过，土力学主要研究 3 方面问题：渗流、变形和强度。渗流问题将在第 15 章中讨论，下面主要讨论变形和强度问题。从上篇的论述中已经知道影响变形和强度的因素有很多，力的作用仅仅是其中最重要的一种因素。下面除非特殊说明，否则主要是针对力的作用所产生的变形和强度问题进行讨论。

对于土的应力，通常各点都不同，而不同空间点的应力相等仅是特殊情况。由空间各点的应力的不同，必然会使与其相应的空间各点的应变也不相同。

通常岩土工程都是三维问题。平面应变问题或一维压缩问题及二维的莫尔–库仑强度理论，为了处理问题容易、简单，都是简化的结果。因此，一维、二维或三维轴对称的应力状态及与其相应的应变也都是简化的结果。

对土的变形和强度性质的认识一般是通过简单形式应力作用下由实验研究而获得的，因此，对**简单的一维、二维或三维轴对称的应力作用及其响应的研究很重要**。

在不同形式的应力作用（如拉应力、压应力、剪应力、扭剪应力、压剪应力等）下，土的变形和强度的响应也是不同的，应该探讨各种不同应力作用下土的不同响应。工程应用时，也应该注意土的不同应力（应力路径）作用及与其相应的不同响应，如拉剪应力作用及其响应。

土的变形可以分为 2 类：① 体积变形；② 剪切变形。土体积变形实质是孔隙的变化（土颗粒不可压缩）。对于饱和土，通常认为孔隙水和土颗粒本身是不可压缩的，孔隙体积的压缩就等于土的体积压缩。孔隙压缩量取决于孔隙水排出的量。由于土的渗透系数较小，孔隙水从孔隙中排出的速率较小，特别是黏性土。饱和土的体积压缩在荷载施加后需要相当长的一段时间才能逐渐完成。另外，由于孔隙水不可压缩，在荷载施加后饱和土不会发生瞬时体积变形，但是孔隙水压力在荷载施加的瞬时是最大的（一般假定此时的荷载全部由孔隙水承担），然后随着土体积的压缩而逐渐降低。因此，对于饱和土，土体积压缩过程也是孔隙水压力的消散过程。

8.3 土力学实验

土体的变形和强度主要是借助于实验而发现和揭示的，土力学中的各种参数也是通过实验确定的，因而土力学的研究与应用离不开土力学实验。土力学实验通常可分为以下两大类：① 土的体积变形及孔隙水压力性质的实验；② 土的剪切变形及强度性质的实验。

土力学实验中加载速率对土的变形和抗剪强度具有重要影响。所谓加载速率，可以分为 3 种情况：① 动力加载情况，荷载的加速度不可忽略时所对应的情况，这属于土动力学讨论的范围；② 土的流变情况，它涉及较长时间的缓慢的变形和强度，本书第 13 章将讨论这一情况；③ 常规实验中的加载速率，它主要涉及孔隙水压力的扩散速率及其分布情况，即加载速率会对孔隙水压力和有效应力产生影响，由此对土的变形和强度也会产生影响。为了保证土样的均匀性（如此才会有应力和应变的唯一性），通常要求加载速率要足够慢，否则土样中的孔隙水压力就会不均匀，不满足表征体元的均匀、一致的要求（参考 7.3.5 节）。

土力学实验中排水条件是非常重要的，因为它对土的变形和强度具有重要影响。所谓排水条件是指，外荷载会在土体中引起超静孔隙水压力（超静孔隙水压力是由外部荷载和扰动造成土体受到挤压或剪缩而有体积变形趋势时产生的孔隙水压的增量，即附加的孔隙水压力），这种超静孔隙水压力会在场地不同点处形成孔隙水压力差和水力梯度，并导致土体产生渗流和排水，而在土中这种渗流和排水的难易程度就是排水条件。

土的现场实际排水条件是随着地点、深度和季节而变化的，因此很难准确确定。工程上通常采用两种极端的排水条件，即假定没有阻碍的排水实验条件和一点水都不排的不排水实验条件，并且三轴仪中土样在荷载作用下不管其状态（包括变形）怎样变化，始终能够控制这两种极端的排水条件。至于中间状态的排水条件（场地中真实的排水条件实际上都处于这种中间状态）对实验结果的影响，只能靠经验进行估计。虽然在三轴实验过程中，土样的渗透性是可以变化的（因为孔隙比的改变），但三轴仪却可以很好地控制这两种极端的排水条件，并保证这两种极端的排水条件不会发生变化。

在三轴实验中，**这两种极端的排水条件对变形和强度的实验结果都产生了很大影响。**

不论排水或不排水实验，最后都要求土样达到平衡，只有这样才能够得到相应的、符合要求的实验结果，否则不满足表征体元连续和均匀性的要求，见 7.3.5 节。也就是说，在排水实验时，外荷载的加载速率要足够小，保证所产生的超静孔隙水压力有足够的时间完全消散（这就要求超静孔隙水压力消散的速率远大于加载速率），使土样各点处不能产生超静孔隙水压力。不排水实验时，加载速率也要较小，以保证试样中产生的超静孔隙水压力分布均匀。实际上，三轴实验中分级加载也是为了满足超静孔隙水压力有足够的时间使孔压完全消散或孔压分布均匀，并且每级加载都要求土样到达稳定和平衡状态。这种稳定、平衡状态就是要求：土样中应力、孔压、吸力、应变都要均匀（只有一个量）。这种要求就需要加载速率不能快，并有足够的时间使土样到达平衡状态。

1. 排水实验

饱和土的排水实验意味着：每级加载变形结束后，有效应力等于总应力，土样内不存在超静孔隙水压力。载荷逐级施加后土的体积会随时间而发生变化，有效应力也随之变化，并且仅当有效应力等于总应力时，这一级荷载所产生的变形过程才会结束，系统此时达到平衡。通常排水实验时间会长一些。

2. 不排水实验

饱和土的不排水实验意味着：土的体积不变，而孔隙水压力会发生变化。实验过程中，载荷逐级施加后土的体积始终保持不变，孔隙水压力则会根据孔隙比和球应力之间的关系而变化。在不排水实验过程中，系统达到平衡时所需要的时间，相对排水实验通常会短一些。

土的排水和不排水情况与土的性质和加载情况相关。静力加载条件下，粗颗粒土（黏土含量<5%）的渗透系数很大，并足以使其中的超静孔隙水压力迅速消散，所以，这类土可以采用排水条件。不排水条件不宜在黏土含量<5%的粗颗粒土中采用，而只能用在细颗粒黏土或黏土颗粒含量>35%的粗-细颗粒混合土中。细颗粒黏土含量在 5%～35%的粗-细颗粒混合土的排水行为介于干净的粗颗粒土排水行为和细颗粒黏土排水行为之间。排水条件还与加载或扰动速率相关，当加载或扰动速率快于孔隙水压的消散速率时，宜采用不排水条件。例如，动力加载（如地震、爆炸、冲击荷载）是速率非常快的一种的荷载，即使是砂土，也没有足够的时间对其引起的超静孔隙水压力进行消散，所以，动力加载一般采用不排水条件。反之，当加载或扰动速率非常缓慢，并小于孔隙水压的消散速率时，可以考虑采用排水条件。

8.3.1　土的体积变形及孔隙水压力量测实验

土的体积变形及孔隙水压力量测实验通常需要测试以下内容：载荷施加后土体积压缩过程、孔隙水消散过程及土的最终变形。

土的体积变形及孔隙水压力量测实验采用分级加荷方法进行。在不排水条件下，施加每级荷载，并测试每级荷载作用引起的瞬时孔隙水压力（或体积变形，不排水时一般情况下体积不变）。而在排水条件下，测试在每级荷载作用下土体积压密及孔隙水压力消散过程，并测试每级荷载作用下的最终土体积变形。

由于要测试每级荷载作用下土体积压密或孔隙水压力消散过程，土的体积变形及孔隙水压力量测实验是较费时的。但是，如果只测试加荷瞬时饱和土的孔隙水压力，则实验可在不排水条件下进行，并只测量每级荷载作用引起的孔隙水压力（但也要保证土样内孔隙水压力的分布是均匀的，否则没有意义）。由于不需要测试孔隙水压力完全消散的过程（孔隙水压力为零），因此实验不需要花费很长时间。

8.3.2 土的剪切变形及强度性质实验

土的剪切变形及强度性质实验过程包括以下 2 个阶段：

（1）固结阶段。为模拟现场初始应力的作用或使土样到达某一确定的固结压力，通常在排水条件下施加固结压力，并且使土样在固结压力作用下发生压密。通常要求固结过程只会使土样压密，而不会产生破坏。另外，有的实验则要求在不排水条件下施加围压，在这种情况下饱和土不能发生压密，而只会产生孔隙水压力。

（2）剪切阶段。模拟附加应力作用时，固结阶段完成后，在不排水或排水条件下施加偏应力或剪应力，使土样发生剪切变形，并可以不断发展直到破坏。当在不排水条件下施加偏应力或剪应力时，称为不排水剪切；而在排水条件下施加偏应力或剪应力时，则称为排水剪切。

在剪切阶段，要测量在偏应力或剪应力作用下试样产生的偏应变或剪应变。如果是排水剪切，还要测量土体积变形；而对于不排水剪切，则要根据要求测量或不测量孔隙水压力。这样，根据固结及剪切阶段的排水条件，将剪切实验分 3 种，见表 8.1。表 8.1 还给出了每种实验所能提供的结果。

表 8.1 剪切实验的类型及结果（张克绪 等，2020）

实验类型	固结		剪切		剪切阶段的测试项目	提出结果
	不排水	排水	不排水	排水		
不排水剪切实验	√		√		差应变或剪应变	应力－应变关系；抗剪强度
固结不排水剪切实验		√	√		差应变或剪应变；孔隙水压力（或不测）	应力－应变关系；抗剪强度；孔隙水压力变化（测孔隙水压力）
排水剪切实验		√		√	差应变或剪应变；土体积变形	应力－应变关系；抗剪强度；土体积变化

关于表 8.1 所列的 3 种实验有必要做以下说明：

（1）不排水剪切实验：这种实验多用于黏性土，特别是饱和黏性土。由于固结时不排水，饱和黏性土在所施加的压力下不能发生压密，土的抗剪性能主要取决于土的初始密度，而与所施加的压力无关。

（2）固结不排水剪切实验：各种土均可做固结不排水剪切实验。固结时，在固结压力作用下，土将发生压密。而在剪切阶段，由于不排水，剪切作用将不引起体积变形，只引起孔隙水压力产生变化，并使土的有效应力也发生变化。因此，土的抗剪性能不仅取决于初始密度和固结压力，还取决于剪切引起的孔隙水压力的变化（但孔隙水压力的变化趋势还是取决于初始密度和初始固结压力）。

（3）排水剪切实验：由于在剪切阶段排水，剪切作用将引起土体积发生变化，并使土的密度发生相应的变化。因此，土的抗剪性能不仅取决于初始固结压力，还取决于剪切引起的体积变形。

8.3.3　孔隙水压力实验的结果

孔隙水压力的特性是指在不排水条件下，荷载作用于饱和土所引起的孔隙水压力的正负和大小。在 7.6 节中论述过，孔隙水压力并不是一个独立变量，它是一个依赖于总应力和土的内部结构的反应量。

孔隙水压力特性实验始于三轴仪的开发，其实验方法分为：① 测试球应力分量所引起的孔隙水压力；② 测试偏应力分量所引起的孔隙水压力。

不排水条件下，荷载作用引起的孔隙水压力对土的初始有效应力的影响，可以通过三轴实验得到以下 3 点结论：

（1）荷载作用之前，土的初始平均总压力为 p_0，并完全由土骨架承受，$p_0 = p_0'$，即总应力全部由有效应力承担，孔隙水压力为零。这是初始应力条件。

（2）荷载作用后，仅产生附加平均总压力 p，测量此时的孔隙水压力为 u_p，并且 $u_p = p$，这表明附加平均总压力 p 作用会引起孔隙水压力 u_p，并且总压力 p 的作用完全由孔隙水压力 u_p 抵消或平衡，而不影响初始有效应力，也就是说，不会影响土的抵抗变形和强度的能力。

（3）荷载作用后，如果还存在附加偏应力 q，此时有效应力为：$p' = p_0' + p - u = p_0' + p - (u_p + u_q)$，其中 $u_q = u - u_p$，表示由偏应力引起的孔隙水压力。由 $u_p = p$，上式变成为：$p' = p_0' - u_q$。这就表明：**偏应力分量作用引起的孔隙水压力 u_q 是由初始有效应力相应降低来平衡的，这样附加应力对土的作用可视作使土的初始有效应力降低，并使土承受附加偏应力作用。因此，只有偏应力作用引起的孔隙水压力 u_q 才会影响土抵抗附加偏应力作用的能力。**

8.4　颗粒之间的物理相互作用

连续介质力学假定：所施加的力在均质颗粒系统中均匀传播。但实际上，粒间力的分布是不均匀的，并且所施加荷载是以颗粒链的网络方式传播的。颗粒的分布和排列一般是无序的（配位数的空间局部波动、相邻颗粒的位置），这导致颗粒系统具有不均匀性，并具有结构性的力的分布。变形也与这些力链的屈曲相关，并且能量耗散是由力链之间的颗粒群的滑移而产生的。

离散颗粒的数值模拟，如离散元法的模拟（Cundall et al.，1979），以及接触动力学方法（Moreau，1994）提供了对颗粒相互作用和荷载传播的物理解释和说明，这种解释和说明很难从一般的物理实验中得到。模拟的典型输入是颗粒排列和集聚的条件及颗粒的接触特征（如颗粒的摩擦角）。这些数值方法的详细而完整的描述超出了本书范围，感兴趣的读者可以参考 Oda 和 Iwashita（1999）。然而，某些主要结论改进了已有的认识，如应力是如何由土颗粒承担和传播的及颗粒的分布如何，会影响其变形和强度。

1. 强力链网络和弱颗粒群

图 8.2（a）给出了颗粒系统在各向同性荷载作用下计算得到的法向接触力分布的例子，

图 8.2（b）是针对双轴加载条件。图 8.2 中，线的粗细与接触力的大小成正比。外部荷载是由网络中的粗线（该线表示颗粒接触力）传递的，并称为强力链网络，它是颗粒系统荷载传递的关键细观特征。Radjai 等人（1996）发现二维颗粒集合体中统计均匀化的尺度（表征体元的特征尺寸，见 7.3.2 节）是颗粒直径的几十倍。因此，在这个尺寸上，平均化的力可以期望给出一个表征宏观应力状态的应力。当在较小荷载作用下，颗粒系统在接触处没有形成强力链网络，也没有像流体一样流动。这种情况的颗粒称之为弱颗粒群，并且弱颗粒群区域的宽度为 3～10 倍颗粒直径。

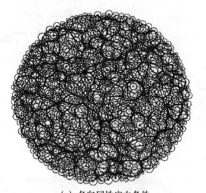

(a) 各向同性应力条件　　　　　　　　(b) 竖向最大加载的双轴应力条件

图 8.2　二维盘状颗粒集聚体的法向力分布（Thornton et al.，1986）

颗粒接触处存在法向力和切向力。图 8.3 给出了在给定双轴荷载条件下颗粒接触处法向力 N 和切向力 T 的概率分布（P_N 和 P_T）。水平轴是用它们平均力值而归一化的力，该力依赖于颗粒尺寸的分布。个别的法向力可能是近 6 倍的平均法向力，但大约 60% 的法向力是低于平均法向力的，也就是弱颗粒群中的颗粒。当接触处的法向力大于平均法向力时，这些法向力的分布规律可以用 e 指数递减函数近似地表示；Radjai 等人（1996）的研究表明，$P_N(\xi = N/<N>) = k\exp[1.4(1-\xi)]$ 能够很好地满足二维和三维计算模拟的数据。可以看到：随着粒间摩擦系数的变化，e 指数函数仅产生非常小的变化，并且是独立于颗粒尺寸的分布。

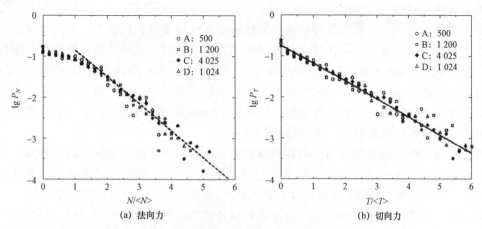

(a) 法向力　　　　　　　　　　　(b) 切向力

图 8.3　粒间接触力的概率分布（Radjai et al.，1996）

注：这是通过 500、1 024、1 200 和 4 025 个颗粒的接触动力模拟而得到的，颗粒数量对概率分布的影响看来很小。

数值模拟表明，施加的**偏应力荷载是唯一通过强力链网络中的法向力的作用才得以传播的，而弱颗粒群的作用是可以忽略的**。图 8.4 说明了上述情况，并且表明，法向力对密实的颗粒集聚体的轴对称压缩和其偏应力发展的贡献和影响是大于切向力的（Thornton，2000）。强力链网络承载了大多数的偏应力荷载，并是承担荷载的那部分结构，如图 8.5 所示。在强力链网络中的颗粒，其切向力远小于颗粒间的摩擦阻抗，这是由于存在很大的法向力。在弱颗粒群中情况却与此相反，数值分析结果表明，切向力接近于颗粒间的摩擦阻抗。所以，在弱颗粒群中颗粒之间几乎是接近可移动的，而其颗粒的行为将可能会像黏性流体一样。

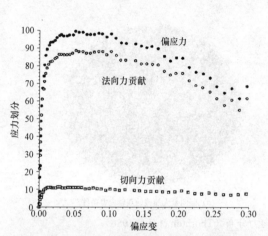

图 8.4　轴对称压缩时密实的颗粒集聚体的法向力和切向力对其偏应力的影响（Thornton，2000）

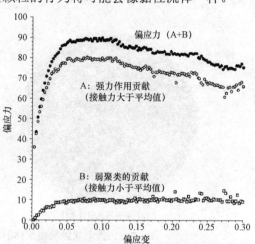

图 8.5　轴对称压缩时密实的颗粒集聚体的强弱接触力对其偏应力的影响（Thornton，2000）

2. 屈曲、滑移和滚动

土颗粒在剪切应力作用下开始相对移动时，强力链网络中的颗粒没有出现滑移，但其柱状或细长颗粒却可能会出现屈曲（Cundall et al.，1979）。在强力链网络中颗粒的屈曲会导致局部崩溃，并形成新的力链。因此，强力链网络的空间分布既不是静态的，也不是持久的。

在给定双轴压缩加载时间内，近 10%的颗粒在接触处会出现滑移（Kuhn，1999），而其中约 96%的滑移颗粒处于弱颗粒群中（Radjai et al.，1996）。超过 90%的能量耗散出现在仅占据很小百分比的接触处（Kuhn，1999）。这一小部分的滑移颗粒与颗粒的翻滚和旋转能力有关，而与滑移能力无关。**颗粒旋转会减小颗粒系统的接触滑移和耗散率**。如果所有的颗粒都能相互旋转和翻滚，颗粒集聚体将会有变形而没有能量耗散（这种情况需要假定：颗粒是刚体，滚动是单点接触的滚动，并忽略旋转阻抗）。然而，由于颗粒旋转和翻滚的限制是存在的，导致这是不可能产生的。由于颗粒的随机位置，仅通过旋转而使所有颗粒产生移动也是不可能的，并且在某些接触处不可避免地产生滑移（Radjai et al.，1995）。因此某些摩擦能量的耗散可以认为是颗粒位置混乱、无序移动的结果。

在变形过程中，强力链网络中的颗粒数量会随着共同承担荷载的颗粒数量的减小而减小（Kuhn，1999）。图 8.6 给出了残余变形的空间分布，其中每一颗粒的计算变形值是从整个变形的平均值中取得的（Williams et al.，1997）。可以观测到：一组互锁的颗粒群像刚体一样以圆环的方式瞬态移动（参见图 8.6）。互锁颗粒群外边界的残余变形要大一些，但其中心位置的残余变形却很小。具有较大残余变形的颗粒带，其颗粒的移动和旋转与强力链网络中颗粒的移动和旋转具有近乎同样的程度。Kuhn（1999）报告了这种带宽，在剪切变形的早期阶段，是（1.5～2.5）D_{50}；随着变形的增加，带宽会增加到（1.5～4）D_{50}。这种滑移区（带）可能最后变为局部剪切带。

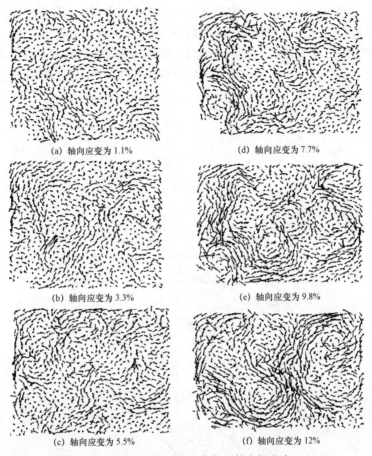

(a) 轴向应变为 1.1%　　　　　　　(d) 轴向应变为 7.7%

(b) 轴向应变为 3.3%　　　　　　　(e) 轴向应变为 9.8%

(c) 轴向应变为 5.5%　　　　　　　(f) 轴向应变为 12%

图 8.6　椭圆颗粒集聚体加载过程中观测到的残余变形的空间分布（Williams et al., 1997）

3. 组构的各向异性

颗粒集聚体承担偏应力荷载的能力归因于接触定向的形成过程中发展了各向异性的能力。在压缩荷载作用下，初始各向同性集聚的颗粒体会发展一种各向异性接触的网络。这是因为，在压缩加载方向会形成新的接触点和接触面积，而垂直于加载方向的接触点和接触面积会逐渐减小，甚至消失。

接触各向异性的初始状态（或组构）对变形具有重要作用，如图 8.7 所示。图 8.7 表明在不同初始接触的各向异性状态下制备的土样在各向同性应力作用下离散颗粒模拟的结果（Yimsiri，2001）。初始孔隙比是相似的（$e_0 = 0.75 \sim 0.76$），对三轴压缩排水实验和三轴伸长排水实验都进行了模拟。虽然所有样本的初始加载都是各向同性的，但由于颗粒接触面法向的不同方向性（样本 A 垂直方向更多，样本 B 所有方向都相似，样本 C 水平方向更多），接触力的方向分布也是不同的。如图 8.7（a）所示，当压缩荷载施加在接触力的优势方向时，样本 A 和 C 呈现出更加刚性（刚度大）的反应；但当压缩荷载施加的方向垂直于接触力的优势方向时，样本 A 和 C 则会呈现出较软（刚度小）的反应。样本 B 具有各向同性的组构，它的反应介于样本 A 和 C 之间。当接触力的优势定向接近压缩的方向时，剪胀是最显著的。Konishi 等人（1982）的实验数据也呈现出类似的趋势。

图 8.7（b）展示了组构的各向异性随着应变的增大而发展的情况。组构各向异性的程度是通过组构各向异性参数 A 表示的；各向异性参数 A 是随着颗粒接触面的法向具有更多的垂直向而增加的；而当颗粒接触面的法向具有更多的水平方向时，则各向异性参数 A 是负的。组构参数是逐渐随着应变的增大而变化的，并且样本破坏时组构参数会到达一个稳定状态值。最后稳定状态值是独立于初始组构的，这表明：固有（本征）的各向异性会通过剪切过程而逐渐消除。三轴伸长排水实验后，试样的最后组构的各向异性大于三轴压缩排水实验试样的组构的各向异性，这是因为，在三轴伸长排水实验中存在较大的中主应力而产生的附加限制，会加大组构各向异性的程度。

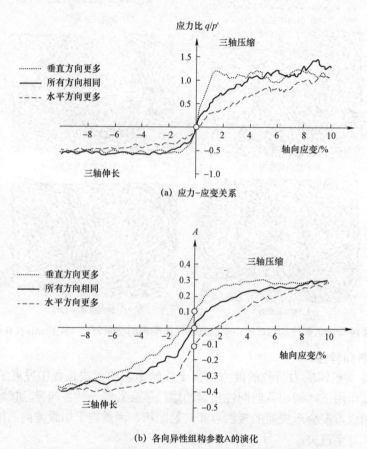

(a) 应力–应变关系

(b) 各向异性组构参数A的演化

图 8.7　在不同初始接触组构下制备土样的三轴压缩排水实验和
三轴伸长排水实验的离散元模拟（Yimsiri，2001）

对强力链网络和弱颗粒群中接触力分布的仔细考察得到了一些有趣的微观特征。图 8.8 给出了土样在双轴压缩加载条件下组构各向异性参数 A 的值，它是针对接触力的子组（通过大小进行分组）确定的（Radjai，1999）。弱颗粒群颗粒接触各向异性的方向（$N/<N><1$）正交于压缩荷载的方向；反之，强力链网络中颗粒接触各向异性的方向（$N/<N>>2$）平行于压缩荷载的方向。图 8.9 给出了双轴加载下组构各向异性随应变演化的一个例子（Thornton et al.，1998）。组构的各向异性被分成强力链组构各向异性（$N/<N>>1$）和弱团聚体组构各向异性（$N/<N><1$）。在弱团聚体中组构方向的演化与加载方向相反。所以，强力链沿着竖向加载方向的稳定性通过周围弱颗粒群的侧向力的作用而得到加强。

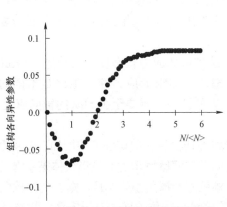

图 8.8 土样在双轴压缩加载条件下组构
各向异性参数（Radjai et al.，1996）

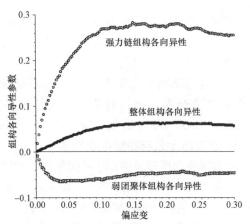

图 8.9 双轴压缩加载下强力链和弱颗粒群中组构各
向异性参数的演化（Thornton et al.，1998）

4. 颗粒接触数和微观孔隙的变化

在对密实颗粒集聚体进行双轴加载的初始，源于压力的增加而产生接触点的增加，并且局部孔隙变小。然而，当轴向应力增加时，剪切带附近局部孔隙沿加载方向逐渐被拉长，如图 8.10 所示，结果是颗粒接触点减少了。当荷载继续增加时，局部被竖向拉长的孔隙会变得更加明显，并导致整个试样体积的膨胀（Iwashita et al.，2000）。

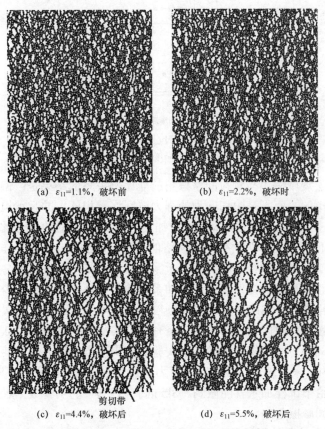

(a) $\varepsilon_{11}=1.1\%$，破坏前　　　　(b) $\varepsilon_{11}=2.2\%$，破坏时

(c) $\varepsilon_{11}=4.4\%$，破坏后　　　　(d) $\varepsilon_{11}=5.5\%$，破坏后

图 8.10 双轴加载条件下局部微观孔隙空间分布的数值模拟（Iwashita et al.，2000）

孔隙减小的部分原因是颗粒的破碎，因此，需要在离散颗粒模拟中结合颗粒的破碎以模拟土体积减小的行为（Cheng et al.，2003）。强力链网络中法向力是相当高的，因此颗粒表面凹凸峰甚至颗粒本身都可能会破碎，并引起力链的崩塌。

局部孔隙趋向于改变其尺寸，甚至所施加的应力达到破坏应力状态以后也是如此（Kuhn，1999）。这意味着，剪切到某一程度与达到临界状态，所需求的应力和孔隙比是不同的。Thornton（2000）进行的数值模拟表明，达到临界状态的孔隙比需要至少 50%的轴向应变。

5. 宏观摩擦角与颗粒间摩擦角

离散颗粒的模拟表明，颗粒间摩擦角的增加会导致剪切模量和剪切强度的增加，以及更大的膨胀率和更大的组构各向异性。图 8.11 表明了假定的颗粒间摩擦角对颗粒集聚体宏观滑动摩擦角的影响（Thornton，2000；Yimsiri，2001）。如果颗粒间摩擦角小于 20°，则宏观摩擦角大于颗粒间摩擦角。如果颗粒间摩擦角大于 20°，则颗粒间摩擦角的增加对于宏观摩擦角的影响会变得相对小一些；当颗粒间摩擦角为 30°～90°时，宏观摩擦角在 30°～40°间变化。

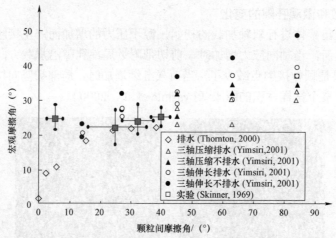

图 8.11　颗粒间摩擦角与宏观摩擦角的关系（Thornton，2000；Yimsiri，2001；Skinner，1969）

注：宏观摩擦角由排水和不排水的三轴压缩和伸长实验的离散元模拟而得到。

颗粒聚集体的宏观摩擦角与颗粒间摩擦角的非比例关系的结果是：偏应力荷载是由法向力的强力链网络承担的，而不是由切向力的强力链网络承担的，并且承担偏应力荷载的大小是由颗粒间摩擦角控制的。颗粒间摩擦的增加会导致滑移接触的百分比减小（Thornton，2000）。因此，颗粒间摩擦是作为对强力链网络的一种运动约束，而不是作为剪切作用的一种宏观阻抗的直接来源。如果颗粒间摩擦角等于零，强力链是不能发展的，颗粒集聚体的行为也就会像流体一样。增加接触处摩擦就会增加系统的稳定性，并且会减少系统稳定性所要求的接触数量。而一旦强力链网络能够形成，颗粒间摩擦角的大小就变为次要的了。

以上来自离散颗粒模拟的结果和认识，是有部分实验数据支持的。Skinner（1969）给出了球形颗粒具有不同颗粒间摩擦角的剪切盒实验的结果，参见图 8.11，其中的实验材料有玻璃球、钢球和铅弹丸。采用玻璃球很具有吸引力，因为颗粒摩擦的变化（其影响因子是 3.5～30）仅仅可以通过给干试样加水就能做到。Skinner（1969）的实验数据表明，宏观摩擦角几乎是不依赖于颗粒间摩擦角的。

6. 颗粒形状和多棱角的影响

椭球形颗粒可以比圆球形颗粒获得更低的孔隙率和更大的配位数（Lin et al.，1997），因此，椭球形颗粒可以更加密实地堆积和填筑，但圆球形颗粒比椭球形颗粒更加易于旋转和翻滚。椭球形颗粒集聚体会比圆球形颗粒集聚体具有更大的剪切强度和初始模量，主要是因为椭球形颗粒具有更大的配位数。二维颗粒集聚体也有类似的情况。在给定应力比时，二维圆形与椭圆形或菱形相比，会产生更大的膨胀和更低的配位数（Williams et al.，1997）。圆球形颗粒的集聚体在组构各向异性随应变而变化时，会呈现出更大的软化行为，而细长颗粒的集聚体则需要更大的剪切变形来改变其初始组构的各向异性，直到最后到达临界状态（Nouguier-Lehon et al.，2003）。

8.5　土的体积变形及其对土的力学性质和渗透性的影响

弹塑性力学是基于金属而发展起来的。金属弹塑性力学中剪应力作用是不会产生金属体积变化的，然而，土弹塑性力学中却不存在这种情况。剪胀和剪缩是土力学中（也包括土弹塑性力学中）将会遇到的基本现象。为何如此？这是由土颗粒之间黏结很弱的本质特点所决定的。当压应力不大（如地表浅层土，通常为几十米范围内）时，通常土颗粒不会被压碎，其本身的强度远大于颗粒之间的连接强度，此时土颗粒本身变形非常小，类似于刚体，而颗粒的接触处是薄弱点，也是强度和刚度较低的地方。在这种情况下，通常假定二维的正压力或三维的球应力只会增大土颗粒连接处的强度和刚度（条件是压力不大时），此时只有剪应力才可能使土颗粒之间产生错动。而实际情况是当二维的正压力或三维的球应力作用时（压力不大，颗粒不会被普遍压碎），如果没有剪切应力（或偏应力）的作用，则只会使土体结构发生局部滑移、错动，其结果只会使土体压密并增加稳定性，而不会产生整体滑移破坏。

外力作用是通过颗粒之间接触处而传递的，土颗粒之间的错动是在颗粒连接处产生并发展的，最后直至土体破坏。**随着剪应力的增大**，土体的薄弱处，即土颗粒之间的接触处，开始产生滑动，初始阶段其滑动量很小，可能只产生较小的摩擦滑动；但当剪应力变大时**会产生很大的滑移、错动甚至旋转、翻转、滚动，最后直到土体破坏。这种颗粒间的错动会改变土的孔隙形状、颗粒和孔隙的排列情况，并使土的体积发生变化。**实验表明：在剪切应力作用下，松砂和正常固结黏土会产生剪缩，而密砂和超固结黏土则会产生剪胀，如图 8.12 所示。这种颗粒滑移、错动产生的变形，很小的部分是弹性变形，大部分都是塑性变形，并且是非线性的。

一个针对土体的好的本构模型应该能够很好地描述土的这种剪胀-剪缩的体积变化现象。

饱和土的体积变化必然是孔隙水流动的结果（假定：土颗粒本身和水不可压缩，则土体积变化等于其孔隙水体积的变化量）。孔隙水流动的难易程度会涉及土的结构及固相-液相相互作用。渗透系数 k 就是孔隙水流动难易程度的一种量度。通常颗粒越大、级配越差，则渗透性越好，渗透系数 k 也就越大。

对于给定的饱和土，其颗粒的形状、尺寸都是确定的，它的渗透性主要依赖于孔隙所占空间的百分比，或孔隙比（孔隙体积/颗粒体积）。总体积 V 的比体积 v 表示为：

剪胀——密砂、超固结黏土
剪缩——松砂、正常固结黏土

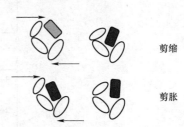

剪缩

剪胀

图 8.12　剪缩与剪胀示意图

$$v = \frac{V}{V_s} = \frac{V_s + V_v}{V_s} = 1 + e \tag{8.1}$$

式中，体积 V 的下标 s 和 v 分别表示固相（solid）和孔隙（void），e 为孔隙比，$e = G_s w / S_r$。对于饱和土，$e = G_s w$，则孔隙所占空间的百分比为 $[e/(1+e)] \times 100\%$。实际上，孔隙比 e 和比体积 v 都是描述孔隙体积的量（前提是：假定当土颗粒和孔隙水不可压缩时，孔隙体积的变化就是土体积的变化），它们之间仅差一个常数 1，见式（8.1），所以本书中它们是经常相互替换使用的。

描述现在场地土的结构并不是一件简单、容易的事。由上篇的讨论已经知道，影响土的结构的因素有很多，并且难以宏观定量地描述。所以，一般趋向于使用尽可能简单的量描述土的结构，这种量应该能够易于直接测量，并能反映结构变化的影响。

饱和土的体积由孔隙体积和颗粒体积共同组成。对于给定的土，孔隙体积和颗粒体积各自所占总体积的百分比（或孔隙比）就是描述土的目前结构（指组构）的一种最简单的（一阶近似）方法。而土力学中通常使用孔隙比，所以对于给定的土，**孔隙比就是描述土的目前组构的一种最简单的、具有一阶近似的方法**。通过上篇的讨论可以知道：土的过去沉积的历史会反映在目前土的结构中（沉积或应力的历史的最简化的表示就是超固结比），并且可以断定：目前土的结构将会控制土的将来的响应，而不管这种断定是基于渗透性的考虑或是基于应力变化的力学响应。

众所周知，土是一种摩擦性材料。某一特定的土样，在同样的平均有效压力（球应力）作用下，孔隙比的值越小（塑性体积的压缩变化越大），则土样就越密实，颗粒之间的接触点就越多，接触面积也就越大，其抵抗剪切作用的刚度和强度也就越大。这种情况说明了将土体积的塑性变形作为屈服面发展的硬化参数的物理机制。

饱和土的体积变化通常用孔隙比 e（或比体积 v）及其变化表示。在应力非常小的沉积土层表面 10 cm 范围内，孔隙比 e 大约等于 $2w_L \sim 3w_L$（w_L 为液限值）。当土层深度到达 1 m 时，$e \doteq w_L$，如图 8.13 所示。

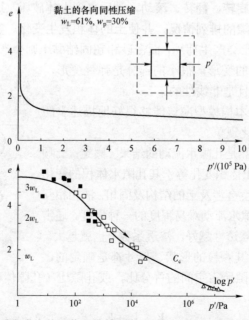

图 8.13　重塑黏土从泥浆开始的各向同性压缩（Biarez et al.，1994）

8.6 土的各向同性压缩和膨胀

由 8.5 节的讨论可以知道土的体积变化（包括弹性和塑性体积变化）对土的性质和行为影响的重要性，即土体积的变化对于土的结构及其抗剪刚度和强度的变化具有重要影响，是土力学的重要内容之一。另外，本节中关于各向同性压力作用下土的体积变化的讨论，对临界状态土力学也具有重要意义，它是临界状态土力学的出发点和发展的基础。

临界状态土力学首先通过体积的变化将经典土力学中的一维沉降变形与各向同性压缩联系起来（见 8.7 节一维压缩和膨胀与各向同性压缩及三维轴对称压缩的比较）；然后，再将各向同性压缩与剪切变形联系起来，并基于此建立起统一描述土的行为的理论框架。

土的体积变化通常是由于施加荷载的变化、化学和湿度的变化及温度的变化所引起并产生的。毫无疑问，岩土工程中荷载所引起的应力变化对土体积变化的影响是最重要的，并且对这种情况的研究也是最多、最深入的。下面将主要介绍应力变化所引起土的变形和强度变化的理论。

8.6.1 土的一般性体积变化的性质

土孔隙比的正常分布范围是 0.5～4.0。虽然大多数工程上感兴趣的压力范围（可到达几百 kPa）与整个地质大尺度范围的压力相比还是相对较小的，但其孔隙比实际上包含了从新沉积土到页岩的整个范围。土的力学和化学的性质会伴随和影响整个沉积、压密过程。一般情况下，孔隙比与有效应力的关系是和土颗粒的尺寸和土的塑性指数相关的，如图 8.14 所示。

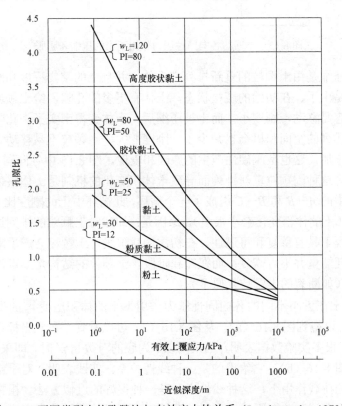

图 8.14 不同类型土体孔隙比与有效应力的关系（Lambe et al.，1979）

土颗粒的尺寸和形状共同决定了土颗粒的表面面积,它们也是最重要的因素,即它们会影响土的压缩变形及物理化学和力学的作用(Meade,1964)。土颗粒的尺寸和形状是土的矿物成分的直接反映。此外,土中胶体活性和膨胀性是随土颗粒尺寸的减小而增加的。上述结论可以参考本书上篇的内容。

8.6.2 各向同性压力作用下土的行为

各向同性压缩和膨胀是指在不同大小的各向同性压力($\sigma_1' = \sigma_2' = \sigma_3' = p'$)作用下的压缩或膨胀的变形过程。图 8.15 给出了在不同的各向同性压力作用下土的一般行为。其中土在初始 O 点时压力为 p_0',土颗粒体是较松散的;施加各向同性压力 p' 后由 O 点到达 A 点;然后由 A 点卸载到 B 点;再由 B 点加载到 C 点,然后再到 D 点;在 OA 段和 CD 段,土颗粒体被逐渐压密。其中 C 点是屈服点。

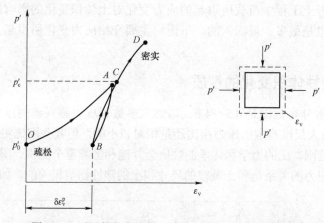

图 8.15　不同的各向同性压力作用下土的压缩和膨胀

土体最初的压缩是由土颗粒的重新排列产生的,并且土的密实程度和刚度也会随土体的压缩而增加。这是由于,在初始的疏松状态,土体有更多的孔隙,给土颗粒的移动提供空间和可能,土颗粒容易移动,刚度小;而土被压缩后,土体变得密实了,孔隙空间减小,土颗粒可移动和重新排列的空间和机会也减少了,刚度变大,土颗粒不易移动。所以土体压缩会导致土体刚度的增加,这也是压硬性产生的原因和表现。图 8.15 中各向同性压力–体积应变是一种曲线关系。这种因颗粒重新排列而导致土体积变化的机制是土体整体刚度具有非线性的原因。图 8.15 中的 $A{\to}B$ 和 $B{\to}C$ 组成了一个循环,此循环中土的刚度比 OA 段初次加载时的刚度要大很多(土的体积变化会小很多)。原因是:卸载时土颗粒的排列过程与初次加载时土颗粒的排列过程不具有重复和可逆性。在初次加载阶段,土颗粒会产生滑移、旋转、翻滚和断裂,这会消耗能量并不可恢复;而在卸载阶段,土颗粒的结构是不可能恢复成原来的排列和结构状态的(如断裂的土颗粒复原了)。

将图 8.15 中土在大小不同的各向同性压力作用下土的体积应变 ε_v 的变化曲线换成用比体积 v 表示,就可以得到图 8.16(a)。从图 8.16(a)可以看到,在此坐标系中给出的是一种曲线关系。然而,很多实验数据表明,当采用以 v 为底的对数 $\ln p'$ 时,即采用 $v-\ln p'$ 坐标系时,就可以得到图 8.16(b),它给出的是一种线性关系。实践表明:对于绝大多数黏土和砂土,在较宽范围的荷载作用下,这种线性表示是一种很好的近似方法。粗颗粒土初次加载压缩曲线的体积变化在达到前期固结压力时(开始出现明显的塑性体积变形)会产生颗粒的破碎并且通常需要施加很大的压力（大于 1 000 kPa），此后的压缩曲线才是正常固结线，由此才能够确定整个范围的体积变化情况。以后除了特殊说明，本书将用 $v - \ln p'$ 坐标系表示土的各向同性压缩和膨胀，而用 $e - \log \sigma'_z$ 或 $e - \lg p'$ 表示土的一维压缩与膨胀。

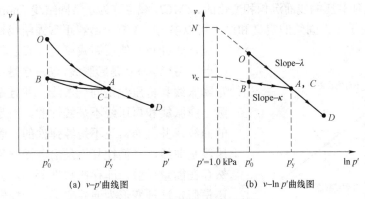

(a) $v-p'$ 曲线图   (b) $v-\ln p'$ 曲线图

图 8.16   各向同性压缩和膨胀

图 8.16（b）中由 A 点→B 点，再由 B 点→C（A）点，经过一个循环。实际上这种循环即使用图 8.16（b）中的 $v - \ln p'$ 坐标系表示，它也应该是一条曲线。但为了简化，通常还是采用直线代替曲线，如图 8.16（b）中 BA 段是一个直线。用直线代替曲线是一种近似，并且在土力学和实际应用中被广泛使用。

图 8.16（b）中 $OACD$ 直线段是初次压缩线，也是正常固结线，该线可以用下式表示：

$$v = N - \lambda \ln p' \tag{8.2}$$

式中，λ 为 $OACD$ 直线的斜率，N 是 $OACD$ 线与 $p'=1.0\,\text{kPa}$ 竖直线交点的纵坐标值（截距）。

式（8.2）即正常固结线，反映重塑的正常固结土中各向同性压力 p' 与比体积 v 的本质关系。由于重塑已经将重塑土中不稳定的结构部分（亚稳态结构）去除掉了，所以式（**8.2**）是一种稳定的、具有唯一性的关系。也就是说，对于重塑的正常固结土，只要知道 p' 和 v 中的任意一个值，就可以利用式（**8.2**）求得另外一个值。当然，不同类型的重塑正常固结土，它们的不同反映在式（**8.2**）中的参数中（N 反映土松密情况，λ 通常反映土的类别和物理化学性质）。土的类型不同，其参数也随之不同。但式（8.2）的关系是不变的，尤其是某一确定场地的重塑正常固结土更是如此。

图 8.16（b）中 BA 直线段是膨胀线，也称之为回弹线，该线可以用下式表示：

$$v = v_\kappa - \kappa \ln p' \tag{8.3}$$

式中，κ 为 BA 直线的斜率，v_κ 是 BA 直线与 $p'=1.0\,\text{kPa}$ 竖直线交点的纵坐标值（截距）。膨胀线与正常固结线相交于 C 点，C 点是屈服点，其屈服应力是 p'_y。BA 段的膨胀线或回弹线上的体积变化通常假定为弹性的。而屈服应力（弹性极限压力）p'_y 称之为先期固结压力，对应于土样颗粒未发生破坏，并且是应力历史上承受的最大有效压力。先期固结压力的定义通常适用于细颗粒黏土和超大孔隙比的砂土。

黏土在经受较大的各向同性压缩后，卸载回弹和再压缩时，会表现出显著的各向同性的弹性特征。

在图 8.16（b）中 $OACD$ 直线段上的体积变化是包含塑性的，可以用式（8.2）计算。该直线段范围内的有效压力为 $10^4 \sim 10^6$ Pa，这一压力范围也是土木工程中常遇到的土压力范围。

8.6.3 土的超固结

岩石风化后，其碎屑被运移到场地并沉积下来，这一沉积过程通常是沿着图 8.17 中的 *OACD* 线即初次加载压缩而沉积和变化的。*OACD* 线也称为正常固结线（normal compression line，NCL），关于正常固结的定义和讨论可以参考 9.3 节。沿着正常固结线初次加载到任意

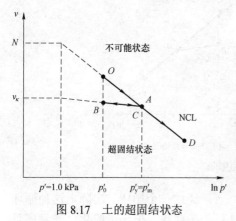

图 8.17 土的超固结状态

一点，如 *A* 点，然后卸载直到 *B* 点，再由 *B* 点加载到 *C* 点。路径 $A \to B$ 是膨胀线，$B \to C$ 是再压线，通常假定膨胀线和再压线是同一条线，并且是弹性直线。实际上膨胀线和再压线不是线性的，而是两条比较接近的曲线，并且通常也不是纯弹性的。因为膨胀线和再压线是曲线，它们往复不是沿着同一条曲线，所以必然存在能量耗散，即存在塑性变形。但为简化起见，还是假定这种变形为弹性变形，这样做误差不大。膨胀线和再压线是用式（8.3）表示和计算的。

膨胀线和再压线上任何点所对应的土都处于超固结状态。实际上，正常固结线下方或左侧区域都是超固结状态，因为该区域中任意一点都是通过该点的某一膨胀线和再压线上的点，所以是超固结状态，而该区域也是超固结区。超固结概念是土力学理论中的一个重要概念，在临界状态土力学中也发挥重要作用。**产生超固结状态的原因可能有以下几种情况：** ① 地质剥蚀作用产生的卸载所导致的超固结；② 干燥作用产生的超固结；③ 地下水位上升引起的超固结；④ 取样卸载引起的超固结；⑤ 击实和蠕变引起的超固结。

超固结区内任意一点，如图 8.17 中 *B* 点，该点超固结比 R_p 可以用下式计算：

$$R_p = \frac{p'_m}{p'_0} \tag{8.4}$$

式中，p'_0 为现在压力，p'_m 为通过 *B* 点的回弹线对应的最大先期固结压力（*C* 点处压力，参见图 8.17）。注意在描述重塑土的等向压缩状态时，除了 v, p' 外，还需要参数超固结比 R_p。

正常固结土的状态处于图 8.17 的 *OACD* 线上，该线也称之为正常固结线（NCL），并且在该线上土的超固结比为 1。

图 8.18 给出了两种超固结状态，R_1 和 R_2，它们具有相同的超固结比。从图 8.18 中的几何关系或式（8.4）可以得到

$$R_p = \ln p'_{y1} - \ln p'_{01} = \ln p'_{y2} - \ln p'_{02} \tag{8.5}$$

所以通过两个相同超固结比 R_1 和 R_2 的直线是平行于正常固结线的，如图 8.18 所示。

由图 8.18 可以看到，土在 N_1 和 R_2 点具有相同的压力 p'_{y1}、p'_{02}，并且可能处于相同的埋深度，但在 N_1 和 R_2 点却具有不同的刚度（2 个不同线段的斜率）λ、κ。与此相似，土在 R_2 和 N_2 点具有

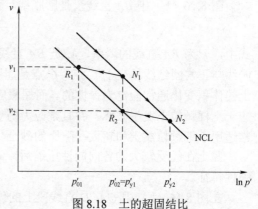

图 8.18 土的超固结比

较为接近的比体积和含水率，但却具有差别很大的刚度 λ、κ。在正常固结线上的任意点（如 N_1 或 N_2）上，加载（塑性变形）刚度和卸载（弹性变形）刚度是具有巨大差别的，这意味着土的刚度不仅与含水率（比体积 v）和现在压应力 p'（或埋深）相关，而且还与超固结比相关。超固结比也是确定土的行为的一个重要指标。

图 8.19 中土在 R_1 点的状态可以通过以下加载路径到达 R_2 点的状态，其加载路径为 $R_1 \rightarrow N_1$；然后沿着正常固结线压缩到 N_2 点，即路径为 $N_1 \rightarrow N_2$；最后，由 N_2 点卸载到 R_2 点，路径为 $N_2 \rightarrow R_2$。这种状态的变化，可以通过蠕变（细颗粒土）、击实或振动（粗颗粒土）由 R_1 点的状态直接移到 R_2 点的状态。这种状态位置的变化（R_1 点移到 R_2 点）是土的结构状态变化的结果，见 6.17 节。

图 8.19 给出了由蠕变或振动引起土状态的变化情况。土的最初状态可以从正常固结线上 R_0 点开始（正常固结线上 $p'_0 = p'_m$），直接移到 R_1 点（通过蠕变或振动），R_1 点的压力为 p'_0，与 R_0 点的压力相等。由式（8.4）可以知道这两点的超固结比是相同的，都等于 1，因为压力没有变化。由此可以看出，式（8.4）没有恰当地描述此情况中土的目前状态。

这种情况采用屈服应力比 Y_p 可能是一个更好的表述：

$$Y_p = \frac{p'_y}{p'_0} \tag{8.6}$$

式中，p'_0、p'_y 分别是目前压力和屈服压力。在图 8.19 中，屈服压力是 N_1 点的压力 p'_{y1}，N_1 点是回弹线与正常固结线的交点。由图 8.19 可以看到，状态位置的变化（R_1 点移到 R_2 点）既可以通过路径 $R_1 \rightarrow N_1$，$N_1 \rightarrow N_2$，$N_2 \rightarrow R_2$ 到达，也可以通过蠕变或振动使其屈服压力比增加而得到。后者是因为（R_1 点对应的）屈服压力 p'_{y1} 增加到（R_2 点对应的）屈服压力 p'_{y2}。

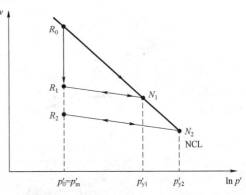

图 8.19 由蠕变或振动引起土状态的变化

8.7 一维压缩和膨胀与各向同性压缩和膨胀及三维轴对称压缩和膨胀的比较

实际工程场地中土的应力通常不是各向同性的，一般情况下其水平应力与竖向应力是不同的。场地土，由于存在水平各向同性的侧向土的约束，其侧限（水平向）位移很小，对工程的影响也不大，通常也不太关注水平向位移（特殊情况除外）。所以，一般忽略水平向位移的影响，并假定水平应变 $\varepsilon_h = 0$。这就是采用一维压缩和膨胀描述场地土沉降的原因和理由。

8.7.1 一维压缩和膨胀与各向同性压缩和膨胀的比较

土的一维压缩和膨胀行为可以用图 8.20 描述。可以看到，图 8.20 中土的一维压缩和膨胀行为与图 8.15 中土在各向同性压力作用下的压缩和膨胀行为类似，即除了相应的应力坐标（用 σ'_z 替代了 p'）和应变坐标（用 ε_z 替代了 ε_v）不同，曲线基本相似。但这里需要注意的是一维压缩和膨胀时，$\varepsilon_h = 0$；而各向同性压力作用下，土的水平应变 $\varepsilon_h = \varepsilon_v$。

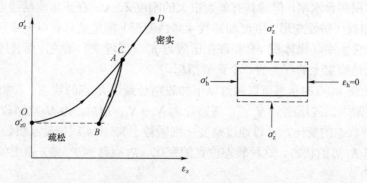

图 8.20　土的一维压缩和膨胀行为

与 8.6 节中讨论各向同性压缩和膨胀情况相似，将图 8.20 中在一维压力作用下土的竖向应变 ε_z 换成用孔隙比 e 表示，就可以得到图 8.21（a），再把图 8.21（a）中 σ_z' 换成为 $\lg\sigma_z'$，就可以得到图 8.20（b）。

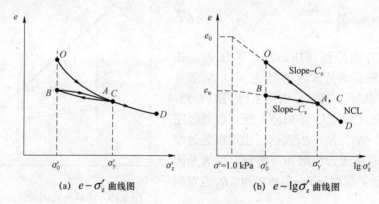

(a) $e - \sigma_z'$ 曲线图　　　(b) $e - \lg\sigma_z'$ 曲线图

图 8.21　一维压缩和膨胀

所有在 8.6 节中描述的各向同性压缩和膨胀的基本特征都在一维压缩和膨胀时得到反映和重现，而主要区别是各向同性压缩和膨胀的参数 N 被 e_0 所替换，λ 和 κ 分别被 C_c 和 C_s 所替换。此时，图 8.21（b）中一维压缩 OAD 和膨胀线 ABC 分别表示为

$$e = e_0 - C_c \lg\sigma_z' \tag{8.7}$$

$$e = e_\kappa - C_s \lg\sigma_z' \tag{8.8}$$

图 8.21（b）中一维压缩超固结 B 点的屈服压力比 Y_0 为

$$Y_0 = \frac{\sigma_y'}{\sigma_0'} \tag{8.9}$$

土的一维压缩过程中加载和卸载时，σ_z' 和 σ_h' 一般并不相等，由此导致土中会存在剪应力（偏应力）作用。当比较各向同性压缩和一维压缩的行为时，必须注意和考虑这种剪应力作用的影响（如剪胀和剪缩的影响）。

图 8.22 给出了土的一维压缩和各向同性压缩行为的比较，其中下标 1 表示一维压缩，没有下标表示各向同性压缩。图 8.22 中正常固结线 $OACD$ 和 $O_1A_1C_1D_1$ 具有相同的 λ 及不同

的截距 N 和 N_0。膨胀线和再压线 ABC 和 $A_1B_1C_1$ 具有几乎相同的斜率 κ 及相同的 p_y'，但 v_κ 却不同。实际上，由于加载和卸载具有两种 K_0 值，受其影响，斜率 κ 也会略微不同，如图 8.22（a）所示回弹线和再压线（循环的虚线所示）。

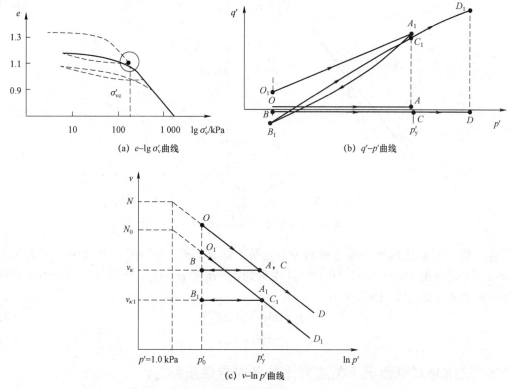

图 8.22　土的一维压缩和各向同性压缩行为的比较

8.7.2　一维压缩和膨胀与三维轴对称压缩和膨胀的比较

实际上土的一维压缩和膨胀就是具有侧限的固结仪中土样的压缩和膨胀，其水平应变 $\varepsilon_h = 0$。而三维轴对称压缩和膨胀是三轴仪中土样的压缩和膨胀，三轴仪中土样的应力和应变的描述，见 9.2 节。

一维压缩和膨胀时，其水平压力 σ_h' 可以由静止土压力的侧压力系数 K_0 求得。即

$$K_0 = \frac{\sigma_h'}{\sigma_z'} \qquad (8.10)$$

通常，竖向压力 σ_z' 随着加载或卸载而发生变化，又因为水平应变 ε_h 不变，所以水平压力 σ_h' 也会随着竖向压力 σ_z' 的变化而变化，如图 8.23（a）所示。其中各向同性压缩情况，如图 8.23（a）中的虚线所示。而侧向压力系数 K_0 还与土的**屈服压力比 Y_0**（或超固结比）相关，参见图 8.23（b）。图 8.23（a）中 $OACD$ 路径处于正常固结状态，$Y_0 = 1$，此时侧向压力系数为 K_{0nc}。对于许多正常固结土，K_{0nc} 可以用下面的经验公式计算：

$$K_{0nc} = 1 - \sin\phi_c'$$

式中，ϕ_c' 为临界状态时的摩擦角，关于临界状态，见 9.4 节。就超固结土而言，图 8.23（a）中 ABC 路径就处于超固结状态，侧向压力系数 K_0 随着超固结比的增加而增加。

图 8.23（a）、（b）说明，随着卸载和再加载（$A \to B \to C$ 路径），图 8.23（b）中会出现（$A \to B \to C$）滞回现象。忽略这种滞回现象，则可以看到 K_0 随着屈服压力比 Y_0 而变化，这种变化关系可以用下面的经验公式近似表示：

$$K_0 = K_{0nc} \sqrt{Y_0} \tag{8.11}$$

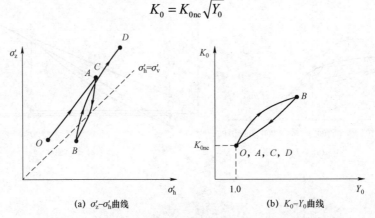

(a) σ'_z-σ'_h曲线   (b) K_0-Y_0曲线

图 8.23   一维加–卸载时水平压力与竖向压力的变化情况

令三维轴对称压缩和一维压缩的应力相等，即 $\sigma'_a = \sigma'_z$，$\sigma'_r = \sigma'_h$。将这两个应力代入式（8.10），再利用式（9.2）和式（9.3），并注意到 $\sigma'_a = \sigma'_1$ 和 $\sigma'_r = \sigma'_3$，就可以得到三维轴对称情况下的应力表达式（参考 9.2 节）：

$$p' = 1/3\, \sigma'_z (1 + 2K_0) \tag{8.12}$$

$$q = \sigma'_z (1 - K_0) \tag{8.13}$$

8.7.3　三维轴对称情况下常应力比的各向异性压缩

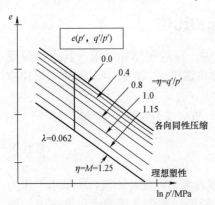

图 8.24　各向异性压缩实验结果

三轴仪中土样在常应力比 $\sigma'_3 / \sigma'_1 = \sigma'_h / \sigma'_a = K_0 \neq 1$ 或 $\eta = q / p' = 3(1 - K_0) / (1 + 2K_0)$ 的应力路径下，各向异性压缩与各向同性压缩所观察到的性质相似。正常固结土的压缩线用 $e - \ln p'$ 空间坐标系表示，$\lambda = 0.062$ 为压缩直线的斜率，如图 8.24 所示。图 8.24 中最上面的线为各向同性压缩线（$\eta = 0.0$），最下面的线是临界状态线 $\eta = M = 1.25$。由图 8.24 可以看到，正常固结土在不同常应力比时是一系列的平行线。

正常固结土一维固结压缩（有侧限，$\varepsilon_2 = \varepsilon_3 = 0$）时，土样的行为与三轴实验的应力比为 $\eta = \sigma'_3 / \sigma'_1 = K_0$ 时常应力比路径的行为很接近。这就表明了正常固结细颗粒土的沉积过程（沉降过程）和该土三轴实验中应力比为 $\eta = K_0$ 时常应力比路径的压缩过程基本相同，即它们具有近似相同的斜率 λ，二者的压缩行为可以相互参考和借鉴。

8.8　有关土体积变化的深入探讨

前面针对一般压应力作用下土的体积变化的宏观表达方式进行了介绍，但主要是土力学中一些常用的数学模型和表达式，而对土的体积变化的机理和细观影响因素及深层次原因等并没有进行分析和讨论。下面先就影响土的体积变化的因素做一般性的讨论，然后再就具体问题进行较为深入的讨论和分析。

一维压缩公式（8.7）中采用了压缩系数 C_c。在较低压力作用下，特殊制备的钠蒙脱重塑土，其压缩系数 C_c 是从较小的 0.2 到较大的 17 的范围之间变化，虽然 C_c 值小于 2.0 是常见的。对于大多数天然土，其压缩系数 C_c 小于 1.0，并且绝大多数情况 C_c 小于 0.5。

一维膨胀公式（8.8）中采用了膨胀（回弹）系数 C_s，它通常远小于压缩系数 C_c，这是由于土体在回弹（膨胀）阶段中土颗粒没有出现较大量的颗粒重新排列现象。在经过多于一个循环加–卸载以后，土体会伴随着产生某些不可恢复的体积变形，但所测量的结果表明，其已经屈服区域的膨胀系数 C_s 变得几乎是相等的。Olson 和 Mesri（1970）在表 8.2 中给出了三种黏土矿物、云母和砂的膨胀系数 C_s 的具体数值。对于未扰动的非饱和天然土，非膨胀土的膨胀系数 C_s 通常小于 0.1，而膨胀土的膨胀系数 C_s 通常大于 0.2。

表 8.2　三种黏土矿物、云母和砂的膨胀系数的具体数值（Olson et al., 1970）

矿物	孔隙流体，吸附的阳离子，电解质浓度/（g/L）	有效固结压力为 5 kPa 时的孔隙比	膨胀系数
高岭石	水，钠离子，1	0.95	0.08
	水，钠离子，1×10^{-4}	1.05	0.08
	水，钙离子，1	0.94	0.07
	水，钙离子，1×10^{-4}	0.98	0.07
	乙醇	1.10	0.06
	四氯化碳	1.10	0.05
	干空气	1.36	0.04
伊利石	水，钠离子，1	1.77	0.37
	水，钠离子，1×10^{-3}	2.50	0.65
	水，钙离子，1	1.51	0.28
	水，钙离子，1×10^{-3}	1.59	0.31
	乙醇	1.48	0.19
	四氯化碳	1.14	0.04
	干空气	1.46	0.04
蒙脱石	水，钠离子，1×10^{-1}	5.40	1.53
	水，钠离子，5×10^{-4}	11.15	3.60
	水，钙离子，1	1.84	0.26
	水，钙离子，1×10^{-3}	2.18	0.34
	乙醇	1.49	0.10
	四氯化碳	1.21	0.03
白云母	水	2.19	0.42
	四氯化碳	1.98	0.35
	干空气	2.29	0.41
砂			0.01～0.03

　　密实的砂土和碎石的压缩性远小于正常固结黏土的压缩性，尽管如此，在较大的压力作用下颗粒材料也可能会产生很大的体积变化，如图 8.25 所示。有时土石坝在较低压力水平作用下，其中砂土的压缩性依赖于其初始密实程度。然而，在非常高的压力水平作用下，会观测到屈服，并且压缩曲线趋近于唯一的压缩线。即具有不同初始密度的同一砂土，高压力作用时，它们会趋近于同一压缩曲线（趋近于砂土的正常固结线，见 9.7.3 节）。颗粒破碎是产生这种较大体积变形并且其变形趋近于砂土的正常固结线的主要原因，而其屈服应力与土颗粒本身的抗拉强度相关（McDowell et al.，1998；Nakata et al.，2001）。

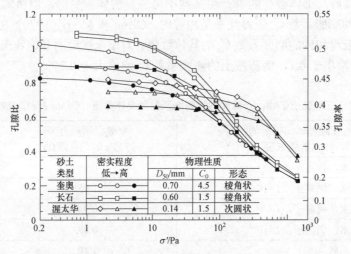

图 8.25　较大应力下三种砂土的压缩性（Pestana et al.，1995）

　　图 8.26 给出了砂、砂砾和碎石的一些压缩数据。当压力为 700 kPa 时，其压缩为 3% 是常见的，并且压缩高达 6.5% 也被测量到。令人感兴趣的是，堆石坝的外壳有时会比堆石坝内核的黏土具有更大的压缩性。

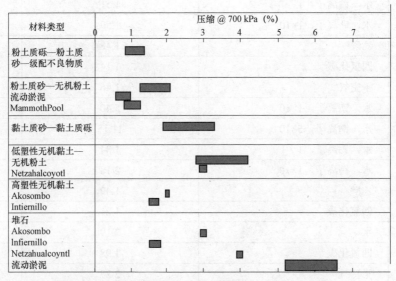

图 8.26　土和堆石材料的一些压缩数据（Wilson，1973）

8.8.1 阻止土体积变化的影响因素

土的成分和其环境因素都会影响土的体积变化，只有采用未扰动土样或现场实验确定土的性质才有可能做出有意义的现场土的实际行为的定量预测。下列因素是阻止场地土体积变化的重要因素。

1. 土颗粒之间的物理力学相互作用

土颗粒之间的物理力学相互作用包括：土颗粒的弯曲、相对滑移、旋转、翻滚和压碎。在高压力作用和低孔隙比时，土颗粒之间的物理力学相互作用比物理化学相互作用重要得多。

2. 土颗粒之间的物理化学相互作用

土颗粒之间的物理化学相互作用依赖于土颗粒表面的作用力，它们存在于双电层的相互作用、颗粒表面和离子的水化作用及颗粒之间的吸引力中。细颗粒土沉积、形成阶段，通常其压力较低、孔隙比较大，此阶段土颗粒之间的物理化学相互作用是最重要的。

3. 有机和化学的环境

化学沉淀会将土颗粒黏结和胶合在一起。有机物会影响颗粒表面的作用力和孔隙水的吸附性质，而颗粒表面作用力和孔隙水的吸附性质反过来会增加土的塑性和压缩性。某些页岩和其他地质材料因暴露在大气和水中，会引起氧化作用，氧化会使其中的黄铁矿物产生膨胀，这种膨胀是使结构物产生足够大的损伤和破坏的重要原因（Bryant et al.，2003）。温度的变化可能会引起某些具有盐分液体的水合状态发生变化，由此导致土体积的变化。

4. 黏土矿物的细节特征

膨胀黏土矿物的一些性质的较小变化可能对土的膨胀产生重要影响。

5. 土的组构和结构

击实后，具有絮凝结构的膨胀土可能会比具有分散结构的膨胀土具有更大的膨胀性。Seed等人（1962a）给出了土的结构和吸附溶液的电解质浓度对击实黏土膨胀性的影响的例子，如图8.27所示。当压力小于前期固结压力时，絮凝结构土的压缩性小于具有分散结构的相同土的压缩性。当压力大于前期固结压力时，絮凝结构土的压缩性一般大于具有分散结构的相同土的压缩性。

6. 应力历史

孔隙比相同的黏土，其超固结状态比正常固结状态的压缩性要小，但其膨胀性却要大，图8.28给出了一个示例。在图8.28中，点 A 是正常固结状态，点 B 是超固结状态，点 A 位于正常固结曲线上，点 A 进一步压缩的正常固结曲线的斜率大于点 B 沿回弹曲线的斜率，即说明了土的超固结状态比其正常固结状态的压缩性要小。但点 A 进一步回弹（膨胀）的斜率小于点 B 回弹的斜率，由此说明了土的超固结状态比其正常固结状态的膨胀性要大。如果历史上各向异性应力系作用到土体上，通常会形成各向异性的压缩性和各向异性的膨胀性的结果。

7. 温度

温度增加通常会导致能够充分排水的土体的体积减小，但如果排水被制止，则温度的增加会引起有效应力的减小。

8. 孔隙水化学变化

孔隙水的任何化学变化都可能会减小双电层的作用，减小颗粒表面的吸附作用力，并导致土的膨胀或膨胀压力减小。图8.27就是一个例子，这个例子表明，击实黏土的孔隙水中电

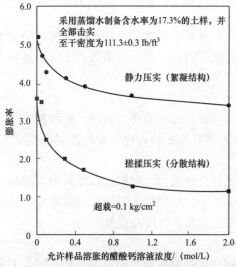

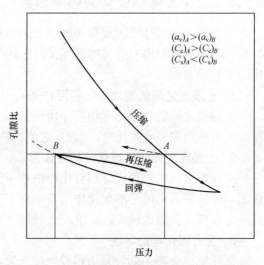

图 8.27　土的结构和吸附溶液的电解质浓度
对击实黏土膨胀性的影响（Seed et al., 1962a）

图 8.28　土的正常固结状态和超固结状态的
压缩性和膨胀性的比较

解质浓度增加会导致膨胀减小。对于仅包含非膨胀的黏土矿物的土而言，在稳定的有效应力作用下，土的初始组构已经形成并且其结构已经稳定，此时孔隙水化学变化对土的压缩行为具有相对很小的影响。这种结果与第 6 章的讨论是一致的。含水率高的海相正常固结黏土的过滤，会改变粒间力的作用，将足以引起土的体积少量减小（kazi, 1973；Torrance, 1974）。

9. 应力路径

给定的应力变化所引起的压缩或膨胀量通常是依赖于其应力路径的。加载、再卸载（会引起应力从一种状态到另一种状态的变化）与仅一次加载相比会使土体产生具有很大不同的体积变化。图 8.29 给出了击实砂质黏土的膨胀情况。每一个样本受到不同的超载压缩作用，然后卸载，并被置于水下容许膨胀（回弹），其膨胀结果示于图 8.29，图中卸载压力是指超载作用后卸载压力的大小。

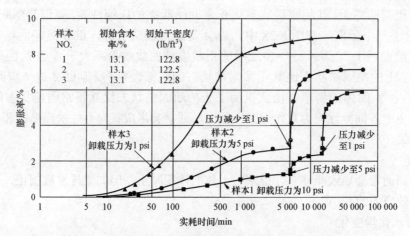

图 8.29　击实砂质黏土的膨胀情况（Seed et al., 1962a）

8.8.2 体积变化中的物理相互作用

土颗粒之间的物理（包括力学）相互作用包括：弯曲、滑移、滚动、翻转及压碎。通常土的颗粒越粗大，其颗粒之间的物理相互作用就会比物理化学相互作用相对更加重要一些。

具有片状颗粒的土，弯曲作用是较重要的。在粗颗粒土中，即使仅有很少量的云母（片状颗粒），也会较大地增加该土的压缩性。一种密砂，具有圆颗粒和云母片状颗粒的混合体，竟然可以符合黏土的压缩和膨胀曲线的形式，如图 8.30 所示。云母含量为 5% 的 Chattahoochie 河砂，它的压缩性是没有云母含量的同种砂的压缩性的 2 倍（Moore，1971）。但另外，良好级配土的压缩性几乎很少受到添加云母含量的影响。

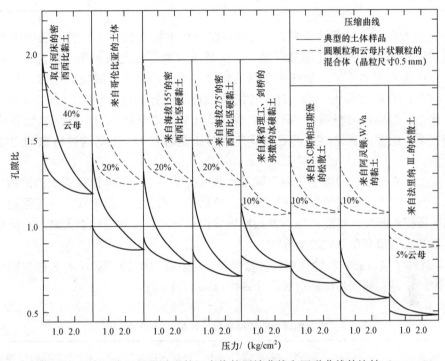

图 8.30 一些黏土与具有混合云母和砂土的混合物的压缩曲线和回弹曲线的比较（Terzaghi，1931）

交叉联结会增加土的组构（特别是包含扁平状颗粒的黏土）的刚度。土颗粒和土颗粒的群组作为标示层或框架结构，它们的阻抗取决于其对弯曲的阻抗和颗粒连接处的强度。van Olphen（1977）认为，交叉联结是重要的（即使是在纯黏土系统中）；而当颗粒系统完全是由颗粒之间的排斥力平衡时，这种交叉联结行为有时却被解释为是受侧限压力的影响，这种解释可能是片面的。

土颗粒压碎的重要性随着颗粒尺寸的增加和土体侧限压力的增加而增加。土颗粒的破碎是一个渐进的过程，这一过程开始于应力相对较低的水平，因为粒间接触力的大小具有很宽范围的分散性。每个颗粒的接触数目依赖于土颗粒的级配和密度（密度与压力相关），表 8.3 总结了土颗粒平均接触力随颗粒尺寸的增加而增加的情况。Marsal（1973）的研究，即接触力可能的频度概率分布的统计分析表明，统计结果相对其均值具有很大的偏差。

表 8.3　粒状土的接触力和其类型的关系（**Mitchell et al., 2005**）

土体类型	每个颗粒的接触数目（范围）	每个颗粒的接触数目（平均）	平均接触压力/N（1 atm）
松散均匀砾石	4～10	6.1	
密实均匀砾石	4～13	7.7	
级配良好的砾石（0.8 mm<d<200 mm）	5～1 912	5.9	
中砂 砾石 填石 $\bar{d} = 0.7$ m			10^{-2} 10 10^4

　　未受到应力作用或闲置的土颗粒，它们可能会居于较大颗粒之间的孔隙中或具有较强力链的拱式联结颗粒之间的孔隙或区域中。闲置颗粒的百分比依赖于土的级配、组构、孔隙比、应力历史和应力水平。从抵抗变形的角度来看，具有闲置颗粒的土体，其有效孔隙比比实际测量的孔隙比要大一些。对包含闲置颗粒土的行为进行特殊的力学分析，这是依赖于以下诸量，如单位面积颗粒的平均数或平均体积，每个颗粒的平均接触数和这些相关量的可能损失。除非上述这些量的目前状态的分析是容许的，否则这种特殊的力学分析是难以进行的。

　　颗粒抵抗压碎和断裂的能力依赖于颗粒本身的强度，这一强度依赖于土的矿物成分及其颗粒的稳定性。破坏的模式可以是压缩模式、剪切模式或张拉分裂模式。石英颗粒比长石颗粒更能抵抗压碎和断裂，然而，当石英颗粒尺寸比长石颗粒尺寸变化更大时，石英颗粒抵抗压碎和断裂的能力却存在更大的变异性。

　　表 8.4 总结了填石和碎石的预期颗粒压碎量（**Marsal，1973**），表中 B_q 为破碎颗粒与总颗粒的重量比，q_i 是初始固相体积分数，$q_i = V_s / V = 1 / (1 + e)$。

表 8.4　填石和碎石的预期颗粒压碎量（**Marsal, 1973**）

样本	粒度分布	颗粒压碎强度	预期颗粒压碎量 $B_q q_i$
El infiernillo 硅化砾岩			
Pinzandaran 砂和碎石	级配良好的填石和碎石	高	0.02～0.1（5 kg/cm² ≤ σ_{1f} ≤ 80 kg/cm²）
San Francisco 玄武岩（1、2 级）			
El infiernillo 闪长岩	均匀的填石	高	
El granero 板岩（A）级		低	0.1～0.20（5 kg/cm² ≤ σ_{1f} ≤ 80 kg/cm²）
云母花岗片麻岩（X 级）	级配良好的填石	低	
云母花岗片麻岩（Y 级）	爆破变质岩产生的均匀填石	低	随着 σ_{1f} 的增加，最大值为 0.3

　　注：σ_{1f} 为破坏时的大主应力。

在各向同性和各向异性三轴压缩应力到达 20 MPa 时，Lee 等人（1967）基于对砂土和砾石的压缩和颗粒压碎的研究给出了以下结论：

（1）粗颗粒土（在上述压力作用时）压缩量更大，并且比细颗粒更加易于断裂和破碎。Lee 和 Farhoomand 对 8 MPa 的各向同性加载前和加载后的不同初始粒径的级配曲线进行了比较，如图 8.31 所示。

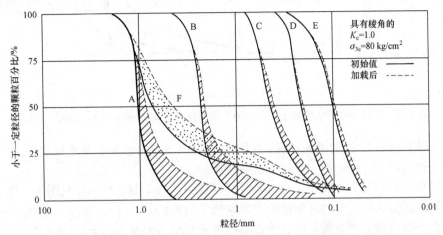

图 8.31　各向同性加载前和加载后的不同初始粒径的级配曲线（Lee et al.，1967）

（2）具有棱角的颗粒比圆滑的颗粒具有更大的压缩性和更加易于压碎。

（3）粒径均匀的土比良好级配的土（与粒径均匀的土具有相同的最大粒径尺寸）更加易于压缩和压碎。

（4）在给定应力作用下，压缩和破碎以某一递减速率而持续下去。

（5）压缩的体积变化主要依赖于大主应力，而不依赖于主应力之比。

（6）固结时，主应力比（$K = \sigma_{1c} / \sigma_{3c}$）越高（围压较高），土颗粒破碎就越多。

颗粒破碎会导致细颗粒含量随着侧限压力的增加而增加。Fukumoto（1992）给出了颗径分布曲线随侧限压力的增加而变化的例子，如图 8.32 所示。颗粒破碎可以采用 Hardin（1985）给出的相对破损参数 B_r 进行定量描述，其定义如图 8.33 所示。图 8.34 给出了 Dog 海湾碳酸盐砂的参数 B_r 随着各向同性压力的增加而增加的情况（Coop et al.，1993），图中曲线也表明

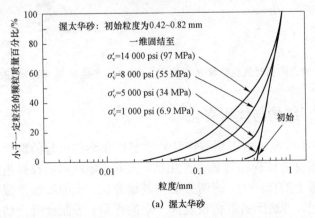

图 8.32　颗径分布曲线随侧限压力的增加而变化的结果（Fukumoto，1992）

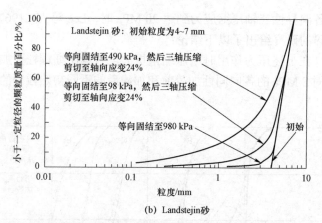

(b) Landstejin砂

图 8.32　颗径分布曲线随侧限压力的增加而变化的结果（Fukumoto，1992）（续）

了临界状态破坏时参数 B_r 的增加情况。不管剪切条件（三轴排水和不排水或常平均压剪条件）如何，都会得到破坏时唯一的、颗粒破裂特征曲线。

　　黏土矿物颗粒的聚集体在黏土中通常是可以观测到的［图 5.3（d）至图 5.3（h）］，它们可以作为构成黏土颗粒完整的聚集群的宏观颗粒［图 5.3（i）、（j）和图 5.6 中的土颗粒］。这些完整的黏土聚集群的宏观颗粒的行为在某些方面类似于宏观的、无黏性粒状土。它可以概念化为，当固结压力增加时，这种黏土的固结与黏土聚集群的宏观颗粒不断破裂成更小的聚集群的过程相关（Bolton，2000）。

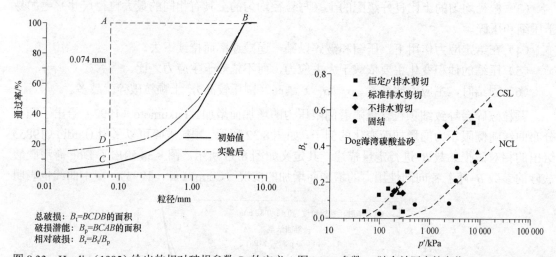

总破损：$B_t=BCDB$ 的面积
破损潜能：$B_p=BCAB$ 的面积
相对破损：$B_r=B_t/B_p$

图 8.33　Hardin（1985）给出的相对破损参数 B_r 的定义　　图 8.34　参数 B_r 随有效压力的变化（Coop et al.，1993）

8.8.3　土的组构、结构与体积变化

　　土的坍塌、收缩和压缩是由于颗粒接触处的剪切和滑移引起的颗粒重新排列及颗粒聚集群的破裂和颗粒本身的破碎而导致并产生的。因此，颗粒和颗粒聚集群的排列及将土颗粒固定在其现在位置上的作用力，这两方面都是重要的。土的膨胀很强地依赖于颗粒之间的物理化学相互作用，当然土的组构也发挥一定的作用。下面针对一些具体情况进行讨论和介绍。

1. 收缩

黏土的干化收缩（shrinkage）是指由于孔隙水排出，导致毛细液面表层张拉应力增加，并使孔隙中毛细液面作用到的土颗粒受到更大的拉力作用而使其相互靠近。另外，土骨架内的颗粒聚集群中（它们中的孔隙越细小，通常越可能处于饱和状态，所以排出的孔隙水体积就可近似为土骨架收缩的体积）孔隙水的排出会使土骨架本身产生收缩。下面主要讨论组构和结构对收缩的影响。如果两个黏土样具有相同的初始含水率，但却具有不同的组构，其中具有程度更高的反絮凝和分散结构的土样，其收缩也会更多一些。这是由于具有更高程度的反絮凝和分散结构的土样，其平均孔隙尺寸更小，由此容许更大毛细应力的存在，并使土颗粒相互靠近；另外，也由于具有这种结构的颗粒之间的相对移动会更容易些。

表8.5给出了扰动与未扰动状态下一些黏土干化后的孔隙比，表中的数据提供了上述因土的结构不同所产生的干化收缩也不同的一个说明。表8.5中列出了未扰动土样或彻底重塑土样，其中每一种黏土样都是从天然含水率的状态被干化。重塑土样的干孔隙比是非常低的，这表明它比未扰动土样具有更大的收缩性。

表8.5 扰动与未扰动状态下一些黏土干化后的孔隙比（Mitchell et al., 2005）

黏土	天然含水率/%	灵敏度	未扰动土样的干孔隙比	重塑土样的干孔隙比
波士顿蓝	35.6	6.8	0.69	0.50
波士顿蓝	37.5	5.8	0.75	0.53
缅因州前河	41.5	4.5	0.65	0.46
拉布拉多鹅湾	29.0	2.0	0.60	0.55
芝加哥	39.7	3.4	0.65	0.55
魁北克博阿努瓦	61.3	5.5	0.76	0.70
圣劳伦斯	53.6	5.4	0.79	0.66

宏观尺度土的结构的各向异性可能会在土的收缩的各向异性中反映出来。对于片状土颗粒，其择优取向平行于水平方向，干化过程中其竖向收缩大于侧向收缩。例如，塞文西斯特斯黏土的竖向收缩是其侧向收缩的3倍（Warkentin et al., 1961）。

2. 坍塌

在总应力不变的情况下，作为非饱和土湿化的结果，坍塌（collapse）与有效应力原理具有明显的矛盾。这种矛盾是由以下现象产生的：根据有效应力原理，加水会增加孔隙水压力，减小有效应力，而有效应力的减小会使土体产生回弹和体积膨胀；但湿化（加水）使土体坍塌（体积减小），这就与有效应力原理的预测，即有效应力减小、体积膨胀，相矛盾。因此可见，有效应力原理不是普适性的。产生（有效应力减小而体积也减小的）这种明显不正常的原因是，对这种现象的描述采用了连续性的概念（Mitchell et al., 2005）。土的坍塌通常要求具备以下条件：

（1）开放的、部分饱和、部分不稳定的组构，并且土的密实程度较低；

（2）较高的总应力，在该应力作用下土的结构是亚稳态的；

（3）干燥时，黏土颗粒和颗粒群之间产生较强的联结和黏结作用，会稳定土的结构。

当对湿陷性土（湿陷性土中砂粒和粉粒通过黏土的表层包裹或支撑而维持土的稳定性）加水时，黏土的有效应力降低并产生膨胀，土变得更弱；在剪切作用下粗颗粒接触处发生破坏，从而容许粗颗粒部分变得更加密实，土体积变小。此时，有效应力原理的适应性是维持在比粗颗粒更小的尺度上。

3. 砂土的压缩

上篇曾经讨论过，具有相同孔隙比但不同初始组构的两个砂样，在同一剪切应力作用下，它们的体积变化是不同的（因初始孔隙比不同）。这种砂土组构的不同（可以由制备砂样方法的不同而产生），导致其体积变化也不相同，在砂土不排水循环加载作用下也可以明显地看到这一现象，但这种体积变化趋势（不排水则体积不变）是通过孔隙水压力的变化反映的，即体积压缩变化趋势越大，其孔隙水压力增加就越大。

图 8.35 给出了自然、完整黏结的钙屑石灰岩质砂的压缩行为曲线（Cuccovillo et al.，1997）。相似结构的黏土，由于完整的黏结作用，屈服前的初始压缩性是较小的，即其刚度较大。如果土的黏结强度大于颗粒或颗粒群的压碎强度，则其压缩曲线处于其重塑土样正常固结线的右侧（或

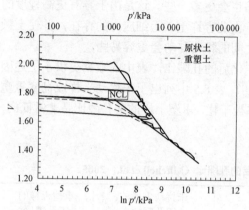

图 8.35 完整和重塑的钙屑石灰岩质砂样的各向同性压缩曲线（Cuccovillo et al.，1997）

上面）。如果土的黏结强度小于颗粒或颗粒群的压碎强度，则屈服前其压缩曲线将逐渐趋近于其重塑土样正常固结线。上述情况凸显了结构性土中黏结和颗粒之间的相对强度对土的压缩行为影响的重要性。

4. 黏土的压缩

图 8.36 给出了 Leda 黏土、伊利土和高岭土的未扰动和扰动一维固结实验的压缩曲线，图中竖向坐标是液性指数（I_L），图中的虚线取自图 6.76 中的敏感性曲线的结果。

图 8.36 中曲线 A 是未扰动 Leda 黏土压缩曲线，与初始含水率相应的液性指数为 1.82。由于敏感性和轮廓性是针对正常固结土建立的，它们不能用于估计其应力小于前期固结压力（超固结）的土的敏感性。在超过前期固结压力后，压缩曲线迅速降低并跨过不同敏感性轮廓线，这表明，由于压缩破坏了土的结构，其敏感性产生较大的降低。

图 8.36 中曲线 B 是重塑高岭土的压缩曲线，其液性指数为 2.06。压缩固结曲线较早期的部分没有在图中表示。采用高含水率重塑土样后，土中有效应力是很低的，其敏感性等于 1.0。曲线 B 表明，压缩固结会导致敏感性增加，当有效固结应力约为 20 kPa 时，其敏感性最大值可以达到 15～18。此后，荷载所引起的颗粒之间或颗粒群之间的剪切应力开始超过它们的黏结强度，土中亚稳态结构减少，敏感性降低。

图 8.36 中曲线 D 是重塑高岭土的压缩曲线，其液性指数为 0.98。曲线 D 与曲线 B 具有很大的区别，这也与其他人的研究结果是一致的。这些研究表明，当一个给定重塑黏土具有不同含水率时，它们的压缩行为和结构是不同的，Morgenstern 和 Tchalenko（1967b）给出了一个例子。曲线 D 形成的敏感性比曲线 B 形成的敏感性要低很多。这些观测表明，黏土在悬液中的浓度及沉淀累积的速率对黏土沉积形成的结构都是很重要的。当有效压力较大时，这两条曲线将收敛到一起，这说明它们的初始组构已经彻底改变了。

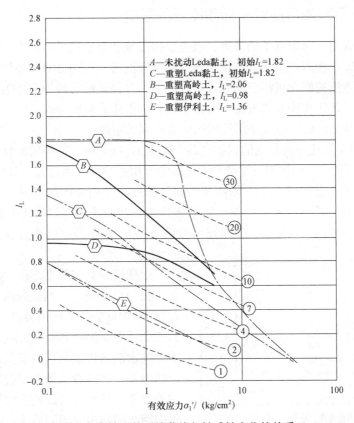

图 8.36　Leda 黏土、伊利土和高岭土的压缩曲线与敏感性变化的关系（Mitchell et al.，2005）

图 8.36 中曲线 E 是级配良好的重塑伊利土的压缩曲线，其液性指数为 1.36。曲线 E 表明，在所有的有效压力中，该土的敏感性都是较低的。土的强度实验结果显示，其实际敏感性范围是 1.0～2.6。

图 8.36 中曲线 C 是重塑 Leda 黏土的压缩曲线，其液性指数为 1.82。随着初期的固结，其敏感性大约会从 1 增加到 8。这说明，土样重塑后和再压缩，土会发展亚稳定性（具有剪缩趋势的、暂时的稳定性）。在高有效压力阶段，敏感性会降低，并趋近和收敛于曲线 A。上述这些情况与第 6 章中介绍的情况是一致的。

5. 膨胀

细颗粒土结构对膨胀（swelling）和回弹的影响是由卸载或加水引起的有效应力减小而导致的。例如，相同密度条件下，低于最优含水率进行压实的膨胀土，其膨胀量会大于高于最优含水率进行压实的膨胀土（Seed et al.，1959）。这种不同并不是由于初始含水率的不同而导致的，主要还是归因于它们结构的不同。

在某些土中已经观测到一种特殊的、膨胀的敏感性，其重塑黏土的膨胀指数高于同一黏土未扰动土样的膨胀指数。

未扰动材料膨胀性的增加可来源于颗粒之间黏结（这种未扰动状态的颗粒之间存在的黏结会抑制膨胀的出现）的破裂及不同的组构。**老的、未风化的超固结黏土可能会具有特殊的膨胀敏感性。** Schmertmann（1969）曾经测量到某一黏土的膨胀敏感性高达 20 的情况。

8.8.4 吸附作用和渗透压对压缩和膨胀的影响

在黏土颗粒表面，对阳离子的吸附、双电层的形成和对水的吸附都会产生颗粒之间的排斥力（参考第 4 章）。由双电层相互作用引起的颗粒间的排斥力的计算和模拟可以采用多种方法，其中使用渗透压的概念和相应的方法是方便的，并且是应用最为广泛的。这种方法中，防止孔隙水移动（即防止流入或流出）而施加的孔隙水压力是需要确定的，而这一孔隙水压力作为颗粒空间距的函数，通常是用孔隙比或含水率表示的。

图 8.37 给出了渗透压力概念的说明。其中图 8.37（a）中，在实验装置中间设置一个半渗透膜，该膜把两侧液体分离开，这种半渗透膜的作用是容许纯水通过，但不容许盐分通过。因为膜右侧液体的盐分浓度小于左侧液体的盐分浓度，左侧纯水的自由能和化学势小于右侧纯水的自由能和化学势。由于存在膜的阻隔作用，盐分不能通过膜而到达右侧（如果不存在膜，含盐分液体则可以流过，以平衡浓度的不同），而水却可以通过膜并进入到左侧容器中。

上述情况具有两个方面，如图 8.37（b）所示。第一个方面，左侧盐分浓度减小，而右侧则增加，由此会降低两侧容器中势能的不平衡。第二个方面，两侧容器中静水压力变得不同了。由于纯水的自由能直接随着压力增加和浓度减小而增加，这两者的效果都会减小两侧容器中的不平衡。纯水会持续地流过膜，直到两侧容器中纯水的自由能相同后才会停止。

在一个系统中，如图 8.37（a）所示，通过施加足够的压力（施加渗透压）就可以完全阻止水通过膜的流动，如图 8.37（c）所示。这就需要渗透压力 π，将它施加到左侧容器液体上以精确地停止水的流动。对于稀释溶液，渗透压力 π 可以通过下式计算：

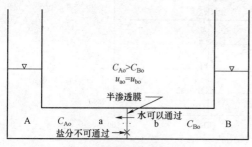

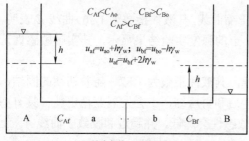

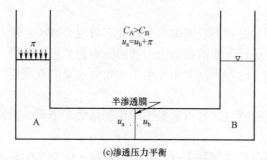

图 8.37　渗透压力概念的说明（Mitchell et al., 2005）
注：C 为浓度，u 为水压力，角标 A 和 B 分别表示左侧和右侧容器。

$$\pi = kT \sum (n_{iA} - n_{iB}) = RT \sum (c_{iA} - c_{iB})$$

（8.14）

式中，k 是 Boltzmann 常量，R 是热力学温度，n_i 是单位土体积中颗粒的浓度，c_i 是摩尔浓度。所以，两种溶液（被半渗透膜分离）的渗透压力差是与溶液浓度差成正比的。

土中不会真实地存在半渗透膜，这种半渗透膜会将高浓度和低浓度的不同溶液严格地分离开。然而，土颗粒表面负电荷对孔隙水中吸附阳离子的影响会增加这种膜的隔离效果。这是因为颗粒表面负电荷的吸引作用，使得孔隙水中的阳离子不能自由扩散；而无论何时，在相邻颗粒相互重叠的双电层场中，由浓度差产生的渗透压力却可以得到发展。图 8.38 给出了这种渗透膨胀压力产生的物理机制的图示。颗粒孔隙之间的中间平面处的液体渗透压差和黏土周围平衡状态液体中渗透压差就是颗粒之间的排斥压力或膨胀压力 P_s。这一压力可以用颗粒之间的中间平面处的势能表示，并可以用下式表达：

$$P_s = p = 2n_0 kT(\cosh u - 1) \tag{8.15}$$

式中，n_0 是外部溶液的浓度，u 是颗粒之间中间平面处的势能。

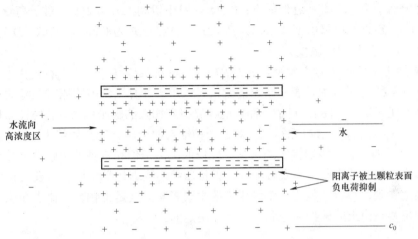

图 8.38 黏土中渗透膨胀压力产生的物理机制

如果用颗粒之间中间平面处的阳离子浓度 c_c 和平衡溶液中的浓度 c_0 表示（Bolt，1956），式（8.14）变为

$$P_s = \pi = RT \sum (c_{ic} - c_{i0}) \tag{8.16}$$

对于单个阳离子和同价的阴离子，可用下式表示：

$$P_s = \pi = RT(c_c + c_a - c_0^+ - c_0^-) \tag{8.17}$$

式中，c_a 是颗粒之间中间平面处的阴离子浓度，c_0^+ 是平衡溶液中阳离子浓度，c_0^- 是平衡溶液中阴离子浓度。溶液平衡时，需要满足下式：

$$c_c \cdot c_a = c_0^+ \cdot c_0^- = c_0^2 \tag{8.18}$$

由于阳离子与阴离子同价，所以 $c_0^+ = c_0^-$，则式（8.17）可以表示为

$$P_s = RTc_0 \left(\frac{c_c}{c_0} + \frac{c_0}{c_c} - 2 \right) \tag{8.19}$$

颗粒之间中间平面处的离子浓度可以利用第 4 章给出的方法确定。式（8.19）假定颗粒表面是平行的平直面，对于饱和土，可以用孔隙比表示。土中平行颗粒的平均水层的厚度可以用下式计算：

$$d = \frac{w}{\gamma_w A_s} \tag{8.20}$$

式中，d 是颗粒之间距离的一半，w 是土的含水率，A_s 是土颗粒的平均表面积，γ_w 是水的

重度。饱和土中 $w = e/G_s$，G_s 为土粒比重。将此式代入式（8.20），可以得到

$$d = \frac{e}{\gamma_w G_s A_s} \tag{8.21}$$

Bolt（1955，1956）研究表明，将双电层方程（见第 4 章）与式（8.21）结合，可以得到

$$v(\beta c_0)^{1/2}(x_0 + d) = 2(c_0/c_c)^{1/2} \times \int_0^{\pi/2} \frac{\mathrm{d}\phi}{[1 - (c_0/c_c)^{1/2}\sin^2\phi]^{1/2}} \tag{8.22}$$

式中，v 是阳离子价，距离 x_0 近似等于：$0.1/v$（对于伊利土），$0.2/v$（对于高岭土），$0.4/v$（对于蒙脱土）。参数 β 可以由下式给出：$\beta = 2F^2/DRT$（F 为 Faraday 常数，D 为介电常数，R 为气体常数，T 为热力学温度）。

表 8.6 给出了膨胀压力 [表示为 $P_s/(RTc_0)$] 与 $v(\beta c_0)^{1/2}[x_0 + e/(\gamma_w G_s A_s)]$ [此式满足式（8.22）和式（8.21）] 的关系，表中给出的数值可以用于计算固结或膨胀时孔隙比与压力的理论曲线。对于任何 $\lg[P_s/(RTc_0)]$ 值，都可能计算得到相应的膨胀压力。孔隙比 e 也可以通过下式 $v(\beta c_0)^{1/2}[x_0 + e/(\gamma_w G_s A_s)]$ 而得到。对于一种给定的土，P_s 完全依赖于 c_0 和 c_c，并且是引起 c_c 相对大于 c_0 的因素，例如较低的 c_0 值、较低的阳离子价和较高的电解质常数会引起较高的粒间排斥力、较高的膨胀压力及较大的、抵抗压缩的物理化学作用。从表 8.6 中列出的数值可以明显地看到，给定孔隙比，膨胀压力的主要影响因素是土颗粒的比表面积，而土颗粒的比表面积主要是由土的矿物成分和粒径尺寸决定的。

表 8.6　膨胀压力 [表示为 $P_s/(RTc_0)$] 与 $v(\beta c_0)^{1/2}[x_0 + e/(\gamma_w G_s A_s)]$ 的关系（Bolt，1956）

$v(\beta c_0)^{1/2}[x_0 + e/(\gamma_w G_s A_s)]$	$\lg[P_s/(RTc_0)]$	$v(\beta c_0)^{1/2}[x_0 + e/(\gamma_w G_s A_s)]$	$\lg[P_s/(RTc_0)]$
0.050	3.596	0.997	0.909
0.067	3.346	1.188	0.717
0.100	2.993	1.419	0.505
0.200	2.389	1.762	0.212
0.300	2.032	2.076	−0.046
0.400	1.776	2.362	−0.301
0.500	1.573	2.716	−0.573
0.600	1.405	3.09	−0.899
0.700	1.258	3.57	−1.301
0.801	1.130	4.35	−1.955
0.902	1.012		

1. 渗透压力概念的应用

利用渗透压力的概念能够很好地解释细颗粒土的压缩和膨胀行为，但这需要准确、合理、清晰地理解和掌握渗透压力的概念。

1）单一阳离子系统

早期渗透压力理论是采用纯黏土试样（它由很细的黏土矿物组成，并经过特殊制备）进行实验的。图 8.39 给出了在具有细颗粒小于 $0.2\ \mu\mathrm{m}$ 并含有 $10^{-4}\ \mathrm{M}$ 氯化钠溶液的蒙脱土中，

压力与颗粒间距的理论预测结果和试样数据。结果表明，理论和实验结果具有很好的一致性。首次压缩曲线处于卸载曲线和再压曲线的上方，这是颗粒的交叉联结和不平行排列的结果，即组构的影响。这种组构会在首次压缩时被部分地消除。图 8.40 给出了具有 10^{-3} M 电解质溶液的钠和钙蒙脱土的理论和实验压缩曲线。当仅考虑阳离子价的影响时，实验和理论结果具有非常好的一致性。然而在一般情况时，实验结果比理论结果大很多。这可能是颗粒阶梯表面产生的溶液空间体积"盲区"所引起的（Bolt，1956）。

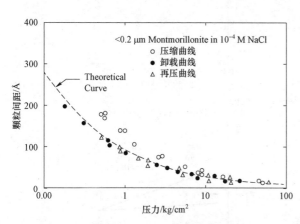

图 8.39　蒙脱土中压力与颗粒间距的关系

（Warkentin et al.，1957）

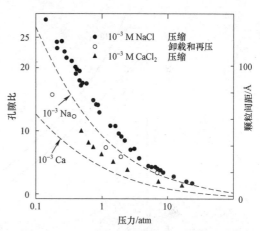

图 8.40　钠和钙蒙脱土的理论和实验压缩曲线

（虚线表示比表面积为 800 m²/g 的理论值）

（Bolt，1956）

　　渗透压力理论被成功地用于预测一种侏罗纪黏土页岩（Opalinum shale）的膨胀压力（Madsen et al.，1985，1989）。膨胀压力是采用式（8.14）进行预测的，并且与测量数据进行了比较，比较结果示于图 8.41 中。颗粒间距是通过计算颗粒比表面积和含水率得到的。

　　对于颗粒大于十分之几微米的黏土，其理论与实验结果的一致性不是很好。两种膨胀土，其粗颗粒组的粒径为 0.2～2.0 μm 的膨胀压力小于预测值，其细颗粒组的粒径小于 0.2 μm 的膨胀压力接近预测值，尽管两个颗粒组具有相同的电荷密度（Kidder et al.，1972）。

　　图 8.42 给出了 3 个不同尺寸的颗粒组的钠伊利土的压缩和膨胀曲线。对于粒径小于 0.2 μm 的粒组，其理论与实验值差别较大，实验值在理论值的上方，如图 8.42（a）所示。但是当土样包含较粗的颗粒时［图 8.42（b）、(c)］，实验值是在理论值的下方。产生这种情况的原因为：这种压缩由初始颗粒的定向排列和较大颗粒之间的物

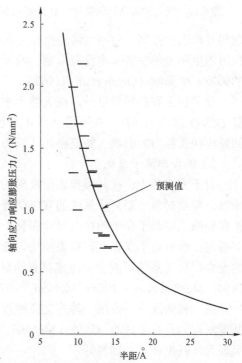

图 8.41　Opalinum 页岩预测和实验结果的比较

（Madsen at al.，1989）

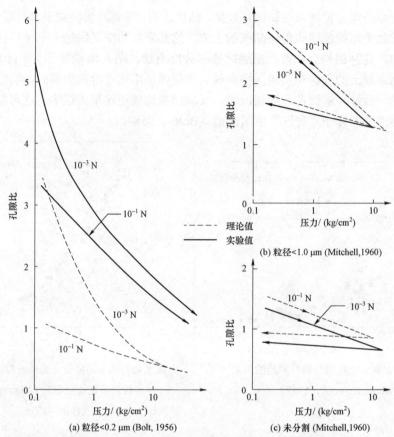

图 8.42　氯化钠浓度和颗粒尺寸对 Fithian 伊利土的压缩和膨胀行为的影响（Mitchell et al.，2005）

理相互作用所控制，而不由渗透排斥力所控制。氯化钙浓度或氯化镁浓度对粒径等于 $0.2\ \mu m$ 粒组的伊利土的膨胀基本没有影响，而固结变形仅受到初始结构变化（初始结构受浓度变化的影响）的影响（Olson et al.，1962）。

　　除了黏土颗粒粒径以外，在天然土中其他一些因素也可能会使渗透压力的概念失效，而且 DLVO 理论也存在一些不足（第 4 章已经讨论过）。此外，颗粒的物理相互作用及颗粒之间短程和长程力的影响（如范德瓦耳斯力）也被忽略了。

　　2）混合阳离子系统

　　对于大多数土，在其颗粒表面吸附的阳离子复合层中包含有钠、钾、钙和镁的混合物。所以，需要对单一阳离子系统的双电层理论和渗透压力方程进行修正。这种针对复杂问题的扩展和修正依赖于黏土颗粒的尺寸和黏土结构的状态。混合阳离子系统方程的扩展和修正需要假定：所有离子在黏土颗粒表面均匀分布，并且与其存在量成正比。然而，含钠和钙离子的混合阳离子系统可能会分离成具有明显区别的区域，这就被命名为分离（Glaeser et al.，1954；McNeal et al.，1966；McNeal，1970；Fink et al.，1971）。

　　在一些情况下，使用一种可交换钠百分比 ESP<50%的分离离子模型，所得到的结果与其观测行为有很好的一致性（McNeal，1970）。基于 X 射线确定的蒙脱土颗粒的间隔距离呈现为（Fink et al.，1971）：

　　（1）当 ESP>50%时，则存在 Na$^+$ 和 Ca^{2+} 的随机混合物，并且加水时所有片状颗粒会产生很大的膨胀。

（2）当10%＜ESP＜50%时，随着EPS的减小并且扁平状颗粒或颗粒组群的塌陷、破坏的逐渐增加，直到20 Å的间隔距离，颗粒表面吸附交换层的场地会呈现上述分离现象。

（3）当ESP＜10%～15%时，在外部平面和边缘的场地，吸附层可交换复合物中主要具有钠离子的饱和钙。

3）小结

渗透压力理论（双电层理论）不能用于解释和描述实践中遇到的大多数天然黏土的首次压缩情况。这是由于颗粒的物理干扰和相对于颗粒尺寸的组构因素。这种行为与黏土组构的化学不可逆原理是一致的（Bennett，et al.，1986）。尽管如此，当考虑阳离子的类型对土的组构和有效比表面积的物理和化学影响时，能够更好地解释和说明土的行为，参考Di Maio（1996）。当组构的变化和颗粒间的相互作用比较小时（如预压过后土的膨胀，或很小颗粒、比表面积大的膨润土），针对膨胀性，渗透压力理论会给出合理的至少是定量的描述。

2. 吸附水的膨胀理论

另一种黏土膨胀的渗透压力理论是描述由颗粒表层水化作用引起的膨胀（Low，1987，1992）。水与颗粒表面的相互作用会减小颗粒表层水的化学势能，因此会产生颗粒表层水化学势能的梯度，并引起附加水流入到系统中。4.4节给出了一些一般性的关系，可用于描述水的性质与水层厚度和含水率的函数关系。

纯黏土的膨胀压力π可用以下经验公式计算（Low，1980）：

$$\pi+1=B\exp(\alpha/w)=B\exp[k_i/(t\rho_w)] \tag{8.23}$$

式中，B和α是黏土的特征常数，w是含水率，ρ_w是水的密度，t是水层的平均厚度，$k_i=\alpha/(\rho_w A_s)$，A_s是土颗粒的比表面积。式（8.23）表明，含水率越低，水层厚度就越薄，由此可以预测其膨胀压力也就越大。此外，式（8.23）能够较为准确地解释纯黏土的膨胀压力，而渗透压力理论却不能。

另外，颗粒表面电荷密度、阳离子价、电解质浓度和电解常数都会对黏土的膨胀和膨胀压力产生重要的影响（以前已经讨论过）。但这些影响却没有直接考虑水化作用，除非适当地调整B,α,k_i，使之可以考虑水化作用或其他因素的影响。下面将给出一个解释，这一解释与双电层理论（或渗透压力理论）和吸附水理论是一致的。电荷密度和阳离子的类型会影响膨胀黏土的整个膨胀层和部分膨胀层所占据的相对比例。例如，钙蒙脱土的膨胀不会扩展到土片的层间距离大于0.9 nm的土中，层间距离大于0.9 nm的土片之间（单元层基面之间），由于受可交换阳离子和吸附水的影响，会产生具有吸引的相互作用，这种吸引作用会使土颗粒趋向于稳定（Norrish，1954；Blackmore et al.，1962；Sposito，1984）。当黏土中存在具有较高的电解质浓度或较低电解常数的孔隙液体时，互层间的膨胀会受到抑制；并且相对于在互层间出现膨胀的情况，有效土颗粒比表面积也会减少很多。另外，颗粒表面出现水化作用致使所需求水的数量也会减少很多。

蒙脱土表面水化水层的厚度大约应为10 nm，超过这一厚度（或距离）水的性质就不需要考虑表面作用力的影响，参见图4.5。Low（1980）指出，就颗粒表面水层厚度大约为5 nm的蒙脱土，其膨胀压力大约是100 kPa。一个充分膨胀的蒙脱石所具有的比表面积为800 m²/g，其形成的水层厚度内所对应的含水率为400%。因此，一种材料，如钠蒙脱土（膨润土），具有很高的比表面积，可以预测它会产生膨胀，并且其含水率会具有很宽的范围，经验很清楚地确认了这种预测。另外，当考虑伊利土或由准晶体组成的蒙脱土时，上述土的层间膨胀是很小的，可以忽略。当这两种土的表面结构基本相同时，由此可以预计，它们的水化作用也将会相近。所以假定 5 nm 的吸附水层厚度是合理的。然而，纯伊利土和无膨胀蒙脱土的比表面积却仅为 100 m^2/g，其相应的含水率为 50%。纯高岭土的比表面积为 15 m^2/g，其 5 nm 吸附水层厚度内的含水率仅为 7.5%。所以很明显，土的比表面积控制了满足水化作用力所需求的含水率的量。强超固结黏土，即使它包含了大量的可膨胀的蒙脱土，也会存在足够的孔隙水（即使含水率较低时），以满足水化作用的需要，并且其膨胀较小。另外，当黏土含量大，并且土颗粒分解成基本单元层非常广泛时，有效比表面积很大，则土的膨胀量可能会很大。在易于发展高排斥力并导致土颗粒可能产生较大分解的条件下，可以通过考虑双电层相互作用，对蒙脱石可能分解成基本单元层的趋势进行估计。

8.8.5 对土的膨胀性具有影响的因素

土产生膨胀的唯一原因是含有膨胀性黏土矿物，而蒙脱石或蛭石是最可能导致膨胀的黏土矿物，原因是：只有它们才具有足够大的比表面积。因此，低含水率时在层间水（该层间水不足以产生膨胀）中才会存在吸附力。这些矿物所具有的某些特殊结构和层状结构可能会对其膨胀性质有足够大的影响。此外，在土或页岩中存在其他矿物，如硫铁矿和石膏，以及地质化学和微生物学所产生的影响因素，这些都可能会导致土体产生足够大的膨胀和隆起。这些现象的详细描述超出了本书的范围，然而，本节将会给出一些具体情况，以说明它们的本质和重要性。

1. 晶格构形

硅酸盐层状结构中存在短缺的负电荷，当负电荷为 1.0～1.5 C 时，可以观察到最大的膨胀，表 8.7 中给出了不同黏土矿物单位晶胞的负电荷情况，由此说明了晶格电荷对膨胀的影响。很明显，具有足够大的同晶置换性能的层状硅酸盐，其单位晶胞能够置换出短缺的负电荷大于 1.0～1.5 C，所以与之平衡的阳离子被很强地保留并排列在层间区域，所以该区域的层间膨胀是被阻止的。

表 8.7 晶格电荷对膨胀的影响（Brindley et al.，1953）

矿物	单位晶胞的负电荷/C	膨胀趋势
珍珠云母	4	无
白云母		只能采用剧烈的化学处理
黑云母	2	
钠云母		
水云母和伊利石	>1.2	
蛭石	1.4～0.9	膨胀
蒙脱石		
贝德石	1.0～0.6	易于膨胀
绿脱石		
水辉石		
叶蜡石	0	无

在出现膨胀的短缺负电荷范围内,电荷(通过可交换阳离子的容量而观测到)和膨胀量之间没有一致的关系(Foster,1953,1955)。这一发现(和渗透压理论相比)与黏土膨胀的颗粒表面水化模型的预测结果更加一致。

自由膨胀和蒙脱土晶格的 b 维尺度之间存在一种倒数关系(Davidtz et al.,1970)。b 维尺度的差值,可能会由同晶置换的不同所引起,并会引起水化作用力的明显变化。而且当含水率增加时,b 维尺度也会变化,如图 8.43 所示。当 b 维尺度到达 0.9 nm 时,膨胀就会停止。

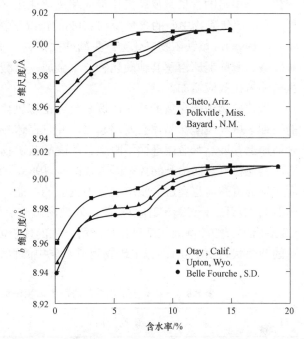

图 8.43　6 个钠饱和二八面体蒙脱石的 b 维尺度与含水率的关系(Ravina,1972)

2. 氢氧基夹层

目前已经研究了氢氧基阳离子夹层(Fe—OH,Al—OH,Mg—H)的出现、形成和所具有的性质,并考虑了其对膨胀黏土物理性质的影响,如 Rich(1968)的研究。在膨胀黏土矿物基片之间的夹层有如下一些情况。

(1)夹层形成的最佳条件是:

① Al^{3+} 的供给;

② 适度的酸性,pH≈5;

③ 低含氧量;

④ 频繁的干-湿交替变化。

(2)Al(OH)$_3$ 是酸性土夹层中的主要材料,但也可能会有 Fe(OH)$_3$ 材料的夹层。

(3)Mg(OH)$_2$ 可能是碱性土中夹层材料的主要成分。

(4)随机分布的孤岛式的夹层材料与邻近土层联结在一起,此时土中夹层所占据的百分比通常较小(10%～20%),但这却足以将蒙脱石和蛭石的晶面间距固定在 14 Å 左右。

(5)阳离子的置换容量因夹层的形成而减小。

(6)夹层的存在通常会减小土的膨胀。

3. 盐胀

一些具有高含盐量的盐渍土,当水化-脱水现象出现时,能够产生体积变化。一个例子是:某些含有大量硫酸盐的土(在内华达的拉斯维加斯区域)就产生了膨胀。当温度从 32 ℃左右降到低于 10 ℃,对盐渍土中($Na_2SO_4 \cdot 10H_2O$)盐分进行水化,就会产生体积增加。一些轻型结构物的损坏就是由盐胀所引起的。Blaser、Scherer(1969)及 Blaser、Arulanandan(1973)对此给出了详细的描述。

4. 黄铁矿物

岩石和土中硫化物(S^- 或 S^{2-})、硫酸盐(SO_4^{2-})和有机硫会发生硫化。硫化矿物、黄铁矿物中的硫化矿物是最普通并是最易于氧化的(Burkart et al.,1999),也是最值得关注的。

硫化矿物中硫的含量是反映氧化反应和风化作用（它们会导致膨胀）的势能的一个很好的指标。土的硫化矿物中硫的含量少到 0.1%的情况下就已经出现硫化物引起的地表凸起（Belgeri et al.，1998）。黄铁矿物氧化会产生硫酸盐矿物、不溶性铁氧化物（如针铁矿物、赤铁矿物）和硫酸。硫酸能够溶解其他硫化物、重金属、碳酸盐和其他存在于可氧化区域的类似矿物，从而使氧化效应增加。

　　硫化矿物中硫含量的相对比例是已经出现风化或氧化程度的一个参考指标。在非饱和土的毛细区域，硫酸盐晶体会发展起来，并且在这些区域，因应力减小，会趋向于沿着不连续处而局部发展。沿着层理面不断生长的硫酸盐矿物而产生的体积增加，是具有水平易裂的页岩和其他材料竖向抬升的控制因素（Kie，1983；Hawkins et al.，1997）。由黄铁矿物的氧化而产生的硫酸盐也会进一步增加有害反应的势能，如石膏和具有膨胀性的硫酸盐矿物（如钙矾石）。石膏（$CaSO_4 \cdot 2H_2O$）被认为是由硫酸盐引起膨胀并导致地表抬升的主要原因。表8.8 给出了一些硫磺酸化学风化反应所产生的体积增加的情况。为了便于比较，假定变化的岩石的初始状态由 100%的原生矿物组成，表中的百分比是基于这一假定而得到的。

表 8.8　一些黏土矿物转化所产生生体积增加的情况（**Mitchell et al.，2005**）

矿物转化		结晶体的体积增加/%
原始矿物	新矿物	
伊利石	明矾石	8
伊利石	黄钾铁矾	10
方解石	石膏	60
黄铁矿	黄钾铁矾	115
黄铁矿	无水硫酸亚铁	350
黄铁矿	水绿矾	536

　　硫化物氧化反应通常由微生物的活动所催化。当有水时，硫酸盐离子与钙反应则会生成石膏，并导致很大的体积增加。黄铁矿氧化反应后的生成物与其初始状态黄铁矿物相比，其密度要小很多。例如，黄铁矿物的比重是 4.8～5.1 g/cm³，而石膏的比重仅为 2.3 g/cm³，钙的比重为 2.6 g/cm³。硫化物氧化产生的酸性也会导致产生大量的酸性矿物及岩土的排水。

　5. 细菌引起的隆起（历史案例）

　　在日本福岛县易威奇市，建筑在泥岩层上大约 1 000 座木房被它们基础的隆起而损坏（Oyama et al.，1998；Yohta，1999，2000），其隆起量达 480 mm。相关的维修费用估计为 100 亿日元（Yohta，2000）。这些泥石层场地含有 5%的黄铁矿物，而隆起前，场地的初始 pH 为 7～8，隆起后的 pH 约为 3，并且含有嗜酸性铁氧化细菌（Oyama et al.，1998）。

　　Yamanaka 等人（2002）通过几个系列实验进一步证实了硫酸盐的减少、硫黄的氧化和嗜酸性铁氧化细菌等的存在及它们的影响。这些实验结果（包括细菌的微电子照片）表明：泥石和天然泥石，经加热处理（温度直到 120 ℃）后，其中 H_2S 浓度、pH、Fe^{3+} 浓度、$Fe^{3+}+Fe^{2+}$ 浓度和 SO_4^{2-} 浓度，在实验周期直到 50 天时都是一直变化的。当避免了加热处置或使细菌的活动极为缓慢，实验温度为 28 ℃时，很大的浓度和 pH 的变化还是被测量到。

基于他们的实验和观测，Yamanaka 等人（2002）针对引起基础隆起的过程给出了如下解释和说明。深层土的温度大约为 18 ℃，开挖后（夏季）会上升到 25 ℃左右。他们对初始无氧、高含水率条件、硫酸盐减小和细菌所产生的 H_2S 进行了模拟。当土质干燥并且气体不能在孔隙之间传递时，硫酸盐氧化过程生成的细菌会生长，并且会促进 H_2SO_4 的产生及降低 pH 和促进黄铁矿物的氧化。泥石中存在的 H_2SO_4 与碳酸钙的化学反应会导致形成石膏，而与钾离子和铁离子的化学反应则会形成黄钾铁矾。基础的隆起与形成石膏和黄钾铁矾晶体过程中其体积的增加有关。

6. 水泥–石膏加固稳定土中硫酸盐所引起的膨胀

某些细颗粒土，特别是处于干旱、半干旱地区的土，会含有大量的硫酸盐和可溶碳酸盐。硫酸钠（Na_2SO_4）和石膏（$CaSO_4 \cdot 2H_2O$）是最常见的硫酸盐形式，而碳酸钙（$CaCO_3$）和白云石（$MgCO_3$）则是最常见的可溶碳酸盐形式。在这些土中起控制作用的黏土矿物是具有膨胀性质的蒙脱石。在一些场地中，使用普通水泥和石灰作为稳定剂对这些土进行加固，但这些加固后的土还是出现了延迟的膨胀现象。虽然一些项目的实验表明：短期内作为加固稳定的结果确实是抑制了土的膨胀，并较大地增加了土的强度。但在其后的某一时间，加之受到水的作用，足够大的隆起却发展起来，损坏了道路结构。与这一过程相关的损坏机制表述如下。

当水泥和石灰与土和水相混合时，其 pH 增加到 12.4，一些钙就会进入到孔隙溶液中，并且与膨胀土中的钠相互置换。这种离子置换（在采用可溶碳酸盐和石膏稍作加固的土中）如果存在，就会抑制黏土的膨胀趋势。这种混合加固及击实方法可以阻止膨胀并能得到（比未经处理过的土）更高的强度。如果硫酸钠存在，则可用石灰按照下式将其消耗掉：

$$Ca(OH)_2 + Na_2SO_4 \longrightarrow CaSO_4 + 2NaOH$$

高 pH 的黏土中，SiO_2 和 Al_2O_3 可以从黏土中溶解，或它们可能会以初始无定形的方式存在。此后，这些化合物能够与钙、碳酸盐和硫酸盐结合形成钙矾石 $Ca_6[Si(OH)_6]_2(SO_4)_3 \cdot 26H_2O$ 或碳硫硅钙石 $Ca_6[Si(OH)_6]_2(SO_4)_2(CO_3)_2 \cdot 24H_2O$，所形成的化合物都是很容易膨胀的材料（Mehta et al.，1978）。此外，在用石灰处理过的土中，如果石灰被溶解，土的 pH 将会降低，并且在黏土中 SiO_2 的进一步溶解将会停止。当需要 SiO_2 以形成水泥（希望最终会产生使土体稳定的反应）时，则长期强度的增加就会被阻止。结果是，当处理的材料容许进水时，就可能会出现较大的膨胀。Dermatis 和 Mitchell（1992）给出了关于石灰–硫酸盐在土中引起隆起反应的详细描述。

8.9 场地的水平应力

Terzaghi 的固结理论仅考虑一维的竖向压缩。土的沉降模型仅与竖向应力作用的竖向应变的变化相关，而这样确定的体积变化在水平位移为零的条件下才能够确定和完成。加–卸载时即使实际的水平应力发生变化，通常计算沉降变形时也不会考虑水平应力的变化。然而，一旦土体变形不再是一维情况（产生水平应力和变形），就需要考虑应力状态在其他方向的变化和与之相关的应变的变化。

绝大多数情况下，地下土体中水平应力不等于竖向加载应力。土压力（侧向压力）可能的最大和最小值能够基于塑性理论进行计算。其实际值（处于最大和最小值之间）与竖向加载应力成正比，其具体值依赖于土的类型和应力历史。通常基于这两个因素并利用经验关系估计和确定土压力，有时也采用现场实验的结果确定土压力（Mair et al.，1987）。现场测试的主要局限性是，存在不可避免的扰动及侧向变形（这种侧向变形会改变所测量得到的土压力）。

8.9.1 水平应力的发展

伴随着竖向应力的变化，土层中某一点的水平有效应力和竖向有效应力之间的关系依赖于该点的侧向（水平向）变形。如果竖向应力和应变增加，而没有任何水平向变形（一维压缩，就像沉积过程的累积沉降变形），土被认为是处于静止状态，与这种条件相关的水平向应力被称之为静止土压力。

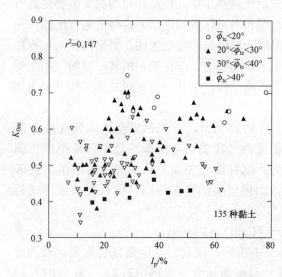

图 8.44   对于正常固结土，静止土压力系数与塑性指数缺乏相关关系（Kulhawy et al.，1990）

当初始压缩时，水平和竖向有效应力之比是一个常数，称之为静止土压力系数，用 $K_0(= \sigma_h' / \sigma_v')$ 表示。对于正常固结土，通常静止土压力系数的范围为 0.3～0.75。对于许多土，Jaky（1944）给出一个很好的预测方程：

$$K_0 = 1 - \sin \phi' \qquad (8.24)$$

式中，ϕ' 是三轴实验中有效应力的摩擦角。虽然，已经发表的一些成果建议，K_0 与液限或塑性指数具有唯一的关系；一组广泛的、具有 135 种黏土的数据表明，它们具有很小的相关性，如图 8.44 所示。这一结果并不奇怪，这是因为，Atterberg 界限值仅依赖于土的成分；而 K_0 不是常数，它是一个状态参数，这种状态参数依赖于土的成分、结构的状态及应力历史。

当正常固结土上的竖向应力减小时，其水平向应力并没有按竖向应力减小的相同比例而减小。从而，超固结土的静止土压力系数值 K_{0oc} 大于正常固结土的静止土压力系数值 K_{0nc}，并且 K_{0oc} 随着超固结比而变化，如图 8.45 和图 8.46（包括 48 种黏土）所示。Kulhawy 和 Mayne（1990）给出了图 8.46，并建立了近似拟合方程

$$K_0 = 1 - \sin \phi' (\text{OCR})^{\sin \phi'} \qquad (8.25)$$

式中，OCR 是超固结比。

Leroueil 和 Vaughan（1990）在图 8.47 中给出了 4 种黏土的一维复杂应力路径下的压缩情况的解释。针对每一种黏土，图 8.47 中上面的图给出了一维压缩时，偏应力可以表示为一个有效应力的函数。屈服前，应力路径表明，与 $K_0 = 1 - \sin \phi'$ 相比，该段应力比值会更大一些。当应力状态接近前期固结压力时，应力路径移到 $K_0 = 1 - \sin \phi'$ 线上。应力路径趋向于 K_0 线的曲率段正好与最大压缩指数的区段（体积应变相对于平均有效应力曲线中最陡的坡度段）相同，这就隐含着土的结构的退化。

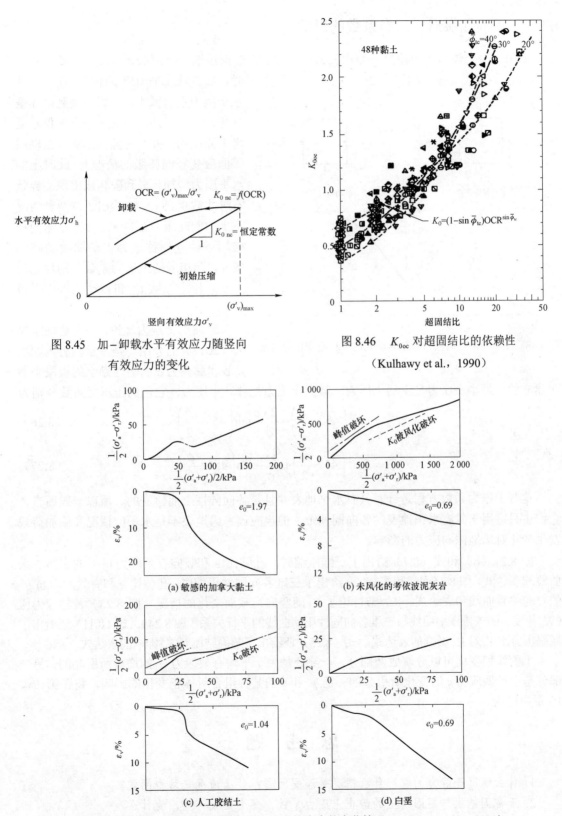

图 8.45　加－卸载水平有效应力随竖向
有效应力的变化

图 8.46　K_{0oc} 对超固结比的依赖性
（Kulhawy et al.，1990）

(a) 敏感的加拿大黏土

(b) 未风化的考依波泥灰岩

(c) 人工胶结土

(d) 白垩

图 8.47　4 种黏土一维固结时侧向应力随平均应力的变化情况（Leroueil et al.，1990）

8.9.2 侧面屈服对土压力系数的影响

如果一个土体单元初始处于静止应力条件并容许竖向压缩产生屈服，当屈服向侧向扩展时，如三轴或平面应变压缩，此时土的水平压力系数减小，一直发展到破坏条件才截止。另外，如果一个土体仅承受水平向压缩，并容许竖向膨胀（三轴或平面应变竖向膨胀的情况），此时土的水平压力增加，直到破坏或出现临界状态时才截止。图 8.48 给出了这两种情况下土的侧向压力系数 K 的变化。这两种破坏条件分别称之为主动和被动破坏条件，而相应的土压力系数分别称之为主动土压力系数 K_a 和被动土压力系数 K_p。

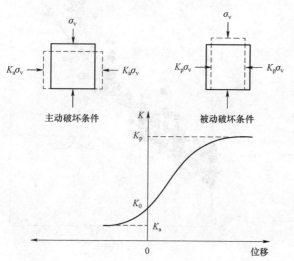

图 8.48　土单元中侧向压力系数随单元的位移而变化的情况

经典的土压力理论，参考赵成刚等人（2017）的介绍，是基于具有内摩擦角 ϕ 和黏聚力 c 的塑性黏土的极限平衡而建立的，最小土压力是主动土压力，最大土压力是被动土压力。它们的土压力系数分别为

$$K_a = \tan^2\left(45° - \frac{\phi}{2}\right) - \frac{2 \cdot c}{\sigma_v}\tan\left(45° - \frac{\phi}{2}\right) \tag{8.26}$$

$$K_p = \tan^2\left(45° + \frac{\phi}{2}\right) + \frac{2 \cdot c}{\sigma_v}\tan\left(45° + \frac{\phi}{2}\right) \tag{8.27}$$

这些土压力系数方程是针对具有水平地表并且是各向同性土而建立的。所以一般而言，它们也只适用于具有水平地表的各向同性土。但也应该考虑地表不是水平的情况及施加荷载发生变化对场地侧向应力的影响。

图 8.21（b）和式（8.7）给出了一维压缩时，孔隙比 e 和竖向有效应力 $\lg\sigma_z'$ 的实验关系曲线和表达式。图 8.16（b）和式（8.2）给出了三维各向同性压缩时，孔隙比 e 和有效应力 $\ln p'$ 的实验关系曲线和表达式。8.7 节讨论了 K_0 随竖向荷载而变化的情况（图 8.23）及常应力比（K_0 不变）的一维压缩曲线与三维各向同性压缩曲线的平行关系（图 8.24）。式（8.11）还给出了屈服压力比 Y_0 对 K_0 影响的表达式。式（8.25）还给出了超固结比对 K_0 影响的表达式。

土的体积变化可以分解成两部分，一部分是由于平均有效应力 p' 的增减所引起的，另一部分是由于偏应力 q 的变化所引起的。而 p' 和 q 的某种组合对体积变化的影响，将在第 9、10 章中讨论。

思　考　题

1. 什么情况是静力问题？什么情况是流变问题？什么情况是动力问题？
2. 正常固结土与超固结土的静止土压力系数，哪个更大一些，为什么？
3. 是土的本构方程或强度方程反映了土的一般性质？还是它们的参数反映了土的一般性质？

4. 土工实验可以揭示哪两个方面的情况？它为何在土力学中如此重要？

5. 土力学理论的描述是否合适、是否满足工程要求，主要取决于哪三个方面？

6. 人们所能看见的变形，是何种变形？弹性应变的范围是什么？

7. 何为土的压硬性？

8. 土的强度和变形为何依赖于其密实程度？

9. 为何偏应力比 $\eta = q/p'$ 很重要？

10. 排水与不排水实验意味着什么？

11. 土的体积变形对土的力学性质和渗透性有何影响？

12. 如何描述土的各向同性压缩和膨胀？

13. 试描述土的一维压缩和各向同性压缩行为的异同？

14. 与一般的金属材料相比，土的体积变形有什么不同？

15. 超固结土与正常固结土的体积变形有什么不同？

16. 超固结土可以用什么指标来描述？

17. 除了力以外，还有哪些因素会引起土的体积变形？

18. 为何需要对土的体积变化进行深入的探讨？有哪些值得注意的问题？

19. 试讨论"渗透压力概念和应用"。

20. 对土的膨胀性进行讨论。

21. 试讨论水平应力与竖向应力的关系。

22. 已知某土的材料参数为 $\lambda = 0.15$，$\kappa = 0.05$。假设现在该土的两个土样 A 和 B 所受应力均为 $p_0 = 200\,\mathrm{kPa}$，但 A 处于正常固结状态，B 处于超固结状态。对 A 和 B 分别从 $200\,\mathrm{kPa}$ 加载至 $500\,\mathrm{kPa}$，请计算两者的体积变化。

23. 对某土样进行一维压缩实验，当竖向应力 $\sigma'_{z1} = 20\,\mathrm{kPa}$ 时，土样的孔隙比为 $e_1 = 1.76$，当继续加载至竖向应力 $\sigma'_{z2} = 40\,\mathrm{kPa}$ 时，测得孔隙比为 $e_2 = 1.47$。请计算其压缩指数 C_c。

9 临界状态土力学1：土的基本概念和行为

9.1 概　述

不同人的脑中会有不同的哈姆雷特。临界状态土力学也存在类似的情况，不同人对临界状态土力学会具有不同的理解和认识。有些人认为，临界状态土力学就是一个能够反映土的弹塑性的力学模型，即剑桥模型。也有些人认为，临界状态土力学能够较好地、较全面地描述土的性质。还有些人认为，临界状态土力学是弹塑性理论在土中的一个应用。而有些工程师则认为，临界状态土力学较为高深、难以掌握。

本书编者对临界状态土力学的看法是：如果一个模型能够提供一把打开理解现实世界之锁的钥匙，它就是一个好模型；而临界状态土力学就是这样一把认识土的性质和行为的钥匙。它提供了一个统一的、基于塑性力学的理论构架（具有科学理论基础），将剪切应力和正压力作用与各向同性压缩和变形及强度联系在一起，并可以清楚地知道（排水和不排水加载时）土的正常固结、超固结行为及临界状态现象。它给出了初始状态和临界状态之间的关系表达式，这种关系式是以三维轴对称的形式（而不是一维形式）表达的，可以较好地描述土的行为。这一理论从二维（三维轴对称情况）或三维更宽广的视角，研究和探讨土的行为，由此拓宽和加深了对土的性质和行为的认识和理解。总体来看，**临界状态土力学是弹塑性土力学的初步基础**，它仅提供了对土的力学行为进行分析的一个初步的理论框架，它还很粗糙、不成熟，有待不断地完善和发展。当然它还包括一些超出一维情况的关于土性和剪切变形行为的认知，另外，它也为有限元在岩土工程中的应用打下基础。因此，关于土的弹塑性力学基本性质和概念，本章会做一些简单介绍，而关于进一步详细的内容和讨论，可以参考土的弹塑性力学和土的本构关系的相关书籍。

为何需要临界状态土力学？这首先要考察 Terzaghi 时代（1925—1963 年）**经典土力学存在哪些局限性**，其局限性主要有：

（1）应力计算用线弹性理论（荷载较小时可近似采用），而沉降变形却是不可恢复的塑性变形。

（2）变形计算本质上是一维的。

（3）稳定计算不考虑变形，采用刚塑性模型（当允许较大变形时，初始阶段应力-应变的变形可以不计及）。

（4）变形和强度之间没有联系。

（5）存在很多经验公式，科学的系统性和一致性较差。

为克服上述局限性，以 Roscoe 为代表的剑桥学派（1958—1970 年）建立了临界状态土力学。

学习临界状态土力学前，首先需要回答：**为何要学习临界状态土力学？**基于前面的讨论，**可以回答如下：**

（1）它能加深对土的工程性质的认识和理解（统一的框架和二维的视角）。

（2）它可以更好地反映土的实际行为（一维扩展到二维）。

（3）它具有更加科学的理论基础（基于塑性力学理论）。

（4）它是现代土力学本构模型的基础。

（5）它是岩土工程数值分析方法的基础。

Terzaghi 时代的经典土力学对变形的讨论主要是一维的沉降，强度主要是二维问题的莫尔–库仑强度理论。而基于弹塑性力学理论的临界状态土力学主要针对二维或三维问题而展开，并且把变形和强度联系在一个框架内进行分析和讨论，并考虑排水与不排水情况，这无疑会拓宽对土的性质和行为的认识和理解，并能够更好地反映土的实际行为。Terzaghi 的经典土力学中除了固结理论（不考虑渗流）外，基本就是一些经验公式的组合，很难入力学家的法眼。而临界状态土力学是基于弹塑性力学理论发展起来的，具有很好的理论基础。Terzaghi 时代后出现的现代土力学本构模型，都不同程度地借鉴和参考了临界状态土力学所建立的剑桥模型。由此，我们说临界状态土力学是现代土力学本构模型的基础，并且也可以说它是岩土工程（不包括岩石工程）数值分析方法的基础。从上面这些讨论可以看出临界状态土力学在现代土力学发展中的重要地位和作用。

临界状态土力学是针对重塑土而建立的，因此通常它仅适用于重塑土。实际上，临界状态土力学之所以重要并具有很大的影响，关键是采用了重塑土进行研究和实验，并取得了杰出的成果。然而，为何要针对重塑土呢？理由如下：

（1）土的重塑可以消去很多复杂因素的影响（如吸附、黏结作用等产生的结构性）。

（2）重塑土的工程性质简单，便于理论和数学描述。

（3）重塑土针对同一特定土可以反复使用和反复实验，由此可以研究重塑土的变化规律，发现很多现象，这些规律和现象可用于发展土的基本概念和理论模型（如临界状态和剑桥模型）。

（4）便于实验中实施。

（5）它是完全丧失结构性的土。重塑土可以把颗粒之间的黏结作用消除，但咬合作用还存在于重塑黏土中，因为咬合作用依赖于孔隙比，而正常固结土是一种最疏松状态的重塑土，它的咬合作用也最小（与超固结土比）。重塑土的力学反应值是结构性土力学反应的下限值，如图 9.1 所示，而反映更复杂实际情况（具有结构性的）的理论和模型可以参考和借鉴重塑土的理论和模型，并且在其基础上更进一步地去发展。

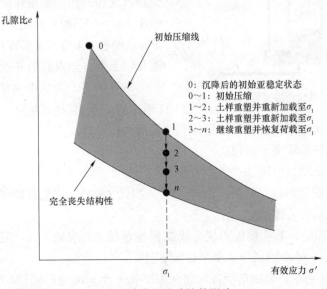

图 9.1　有效固结应力下亚稳态结构对孔隙比的影响（Mitchell et al.，2005）

临界状态土力学选择有效应力作为饱和土强度和变形的控制变量，并基于有效应力原理建立了剑桥模型。本书要求读者最好学过弹塑性力学，当然也不是绝对必要的。

以前，通常把各向同性压缩问题和剪切变形问题作为两个不同问题分别进行讨论和研究，而在本章中临界状态土力学将把这两个不同问题联系起来，作为一个统一的问题去处理，由此加深并拓宽了所研究问题的视野和思路。其理论基础就是9.2节介绍的，经过各向同性体积压缩后，具有摩擦性质的土就越密实，颗粒之间的接触点就越多，接触面积也就越大；其抵抗剪切作用的刚度和强度也就越大。这就是体积变化对剪切变形或剪切强度的影响和产生的机理。在三维 Roscoe 空间（p', q, v）中研究三维轴对称情况下土的压缩和剪切行为就是明显的例证。

土的力学行为通常依赖于：土的类型（如砂土和黏土）；**土的密实程度**（对砂土）和**应力历史**（对黏土用超超固结比表示）；**土的排水条件；土目前的状态**（土处于剪胀或剪缩状态）。另外，重塑土可能呈现和存在的区域（即如何划分土的边界面）、土的剪切变形如何描述等，均涉及临界状态土力学中土性的基础内容。

9.2　三维轴对称情况下的应力和应变

由于三轴仪和三轴实验很普及，土力学中很多概念、认识和想法都来自三轴实验或针对三维轴对称情况而建立的。因此在建立土的本构模型或分析方法时，通常都是针对三维轴对称情况，然后再推广到更一般的情况。

三轴仪中的压力室是放置土样的装置，其简图如图9.2所示。

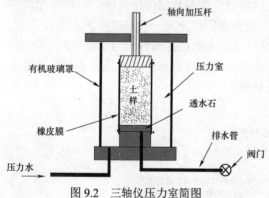

图 9.2　三轴仪压力室简图

图9.2中，压力室中的土样（就是典型的表征体元）是一个圆土柱，圆土柱上面受到轴向压力 F_a，圆土柱水平横截面面积为 A，圆土柱上面受到轴向压应力 $\sigma_a = F_a / A$，圆土柱侧向受到水施加的侧向围压作用 σ_c。而土的各向同性压力 σ_c（三轴仪中的围压）作用下的压缩变形，已经在8.4节和8.5节中讨论过了，它是下面介绍土性方面内容的基础。

临界状态土力学中通常采用各向同性围压（球应力）σ_c 作为出发点，即作为初始应力状态。**为何初始应力状态采用各向同性围压？**这是因为：

（1）应力状态简单和便于应用；

（2）很容易在三轴仪中施加；

（3）便于与体积变形建立联系，见式（8.2）和式（8.3），这是有效球应力（包含体积变形）与剪切变形联系的关键；

（4）理论描述简单，其初始应力状态就在 p' 坐标轴上，也就是说，应力出发点在二维空间坐标系 $v-p'$ 或 $q-p'$ 中的同一水平坐标轴 p' 上。

所以，如图9.3所示，施加初始各向同性围压 $p_0 = \sigma_c = \sigma_r$ 进行固结，参见图9.3（b）；再施加竖向压力加载，参见图9.3（c），可得到如图9.3（a）所示的应力状态，此时有

$$\sigma_a = \sigma_r + \frac{F_a}{A} \qquad (9.1)$$

假定：三轴仪施加的围压 σ_r 和竖向压力 σ_a 作用截面上没有剪应力，所以通常围压和竖向压力是主应力 $\sigma_3 = \sigma_2 = \sigma_r$ 和 $\sigma_1 = \sigma_a$，如图 9.4 所示。也可能竖向应力小于围压，此时则有 $\sigma_1 = \sigma_2 = \sigma_r$ 和 $\sigma_3 = \sigma_a$。根据表征体元（土样）的要求，各种应力、应变和孔隙水压力必须是一个常量，即平衡时土样内的这些量不能变化。

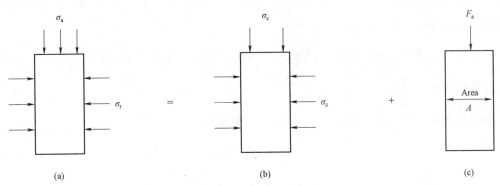

图 9.3　三轴仪土样所受外力及其分解

三维轴对称情况下 $\sigma_2 = \sigma_3$，所以有两个完全独立的应力就可以完全描述三维轴对称情况下的应力状态。所以下面给出这两个独立的三维轴对称应力状态的表达式：

$$p' = (\sigma_1' + \sigma_2' + \sigma_3')/3 = (\sigma_1' + 2\sigma_3')/3 \qquad (9.2)$$
$$q = \sigma_1' - \sigma_3' = \sigma_1 - \sigma_3 \qquad (9.3)$$

式中，σ_i' 为 i（$i=1$，2，3）方向的有效主应力，p' 为平均有效压力（它为各向同性压力或球应力），q 为偏应力。

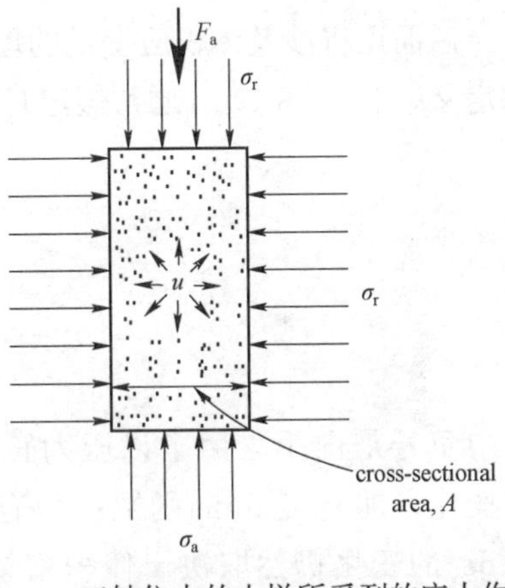

土力学中整个弹塑性变形过程很复杂，难以得到整个应力–应变的变化过程的全量形式的解。另外，岩土工程中相对于原存的自重荷载，附加的结构荷载是一步一步、逐渐加到土体上的，而不是一次性加上去的。因而，土力学通常关注加荷（附加荷载的增量）后土体变形的增量。所以，土弹塑性力学通常采用增量的表达形式。由此应力和应变也需要给出增量表达式，即

$$\delta p' = (\delta\sigma_1' + 2\delta\sigma_3')/3$$
$$\delta q = \delta\sigma_1' - \delta\sigma_3' = \delta\sigma_1 - \delta\sigma_3$$

式中，δ 代表增量算符，其运算与微分算符 d 的运算相同。当增量趋向于无穷小时，算符 δ 趋向于微分算符 d。当增量算符 δ 为一个有限增量时，$\delta \neq d$（李相崧，2013）。

通常三轴实验，先施加围压 $p_0 = \sigma_r$ 进行固结，然后再施加竖向压力 σ_a，这也就等于施加偏应力 q：

$$q = \sigma_1 - \sigma_3 = \sigma_a - \sigma_r$$

图 9.4　三轴仪中的土样所受到的应力作用

三维轴对称情况中，有：$\varepsilon_2 = \varepsilon_3$，所以用两个完全独立的应变就可以完全描述三维轴对称情况下的应变状态，即

$$\varepsilon_v = \varepsilon_1 + 2\varepsilon_3 \tag{9.4}$$

$$\varepsilon_s = \frac{2}{3}(\varepsilon_1 - \varepsilon_3) \tag{9.5}$$

式中，ε_v、ε_s 分别是体积应变和偏应变。式（9.5）右端的系数 $\frac{2}{3}$ 是由功对偶的关系得到的。即令 $\varepsilon_s = x(\varepsilon_1 - \varepsilon_3)$，代入下式：

$$W = \sigma_1' \cdot \varepsilon_1 + \sigma_2' \cdot \varepsilon_2 + \sigma_3' \cdot \varepsilon_3 = \sigma_1' \cdot \varepsilon_1 + 2\sigma_3' \cdot \varepsilon_3 = p \cdot \varepsilon_v + q \cdot \varepsilon_s$$

就可以计算得到 $x = \frac{2}{3}$。

按增量形式表示，式（9.4）和式（9.5）就变成为

$$\delta\varepsilon_v = \delta\varepsilon_1 + 2\delta\varepsilon_3 \tag{9.6}$$

$$\delta\varepsilon_s = \frac{2}{3}(\delta\varepsilon_1 - \delta\varepsilon_3) \tag{9.7}$$

后面还将涉及体积应变量的增量表达式，在此一并导出，以便于应用。土力学比体积 v 的定义中［式（8.1）］，通常假定 V_s 为常量。由此可以得到采用 v 和 e 表示的**体积应变表达式**：

$$\varepsilon_v = -\frac{\delta V}{V} = -\frac{\delta(V_s v)}{V_s v} = -\frac{\delta v}{v} \tag{9.8}$$

$$\varepsilon_v = -\frac{\delta V}{V} = -\frac{\delta v}{v} = -\frac{\delta(1+e)}{1+e} = -\frac{\delta e}{1+e} \tag{9.9}$$

其中负号是由于采用了以压为正而导致的。注意体积应变 ε_v 的变化取决于体积增量 δV 的变化，即 ε_v 是 δv 的函数；但有时仅关注体积应变增量 $\delta\varepsilon_v$ 的变化，而认为体积应变增量 $\delta\varepsilon_v$ 的变化仍然取决于体积增量 δV 的变化，即 $\delta\varepsilon_v$ 是 δv 的函数。此时，可以认为有下式成立：

$$\delta\varepsilon_v = -\frac{\delta V}{V} = -\frac{\delta v}{v} = = -\frac{\delta e}{1+e}$$

不同的仪器、不同的操作方式会导致实验结果之间产生一定的差别，这些差别与很多因素相关，如仪器端部摩阻导致试样内部应力和应变的变异、边界的干扰导致宏观量的不均匀、柔性边界上应变难以测量等。

临界状态土力学通常在（p', q, v）三维空间（Roscoe 空间）中研究三维轴对称情况下土的压缩和剪切行为（通常不考虑拉伸和拉剪行为）。值得注意的是，三维轴对称情况下的独立状态变量，即应力变量 $q : p'$ 是完备的；但在（p', q, v）三维空间中，与应力变量对偶的应变变量却仅有比体积增量 δv（与 p' 对偶，表示各向同性压缩情况），而没有偏应变增量 $\delta\varepsilon_s$（表示与 q 对偶的剪切变形）。这是一种简化，即考虑了 p'、q 三维应力空间的作用对体积变化 v

的影响，但没有直接讨论它们对剪切变形的影响。这样做，是为了就把较为复杂的三维轴对称的变形问题简化为，仅在（p', q, v）三维空间（Roscoe 空间）中进行描述的、三维轴对称应力作用的体积变化问题。而剪切变形是通过基于塑性功的剪胀方程而得到的（见 10.4 节和 10.5 节）。当然这种做法存在一些局限性，但却极大地简化了数学描述复杂的问题，即把四维空间的问题简化为三维空间的问题。

三维轴对称 Roscoe 空间中应力变量 $q : p'$ 组成了一个完备的应力空间，其中原点与 $q : p'$ 坐标系形成的平面，后面将称之为应力平面或应力空间；而把 Roscoe 空间中的曲线在应力平面投影形成的曲线，称之为应力空间或应力平面中的曲线。

平面应力或平面应力状态是指沿着某一平面（截面）作用的正压力和剪切应力。对于三维轴对称问题，平面应力的含义和表示，可以参考式（11.14）和式（11.15）。

9.3 正常固结土

前面已经指出，临界状态土力学是针对重塑土而建立的，所以这里讨论的正常固结土也是一种**重塑的正常固结土**。以后，本章讨论的土（除非特别指出）均是指重塑土。

通常正常固结土是指：假定土层中某一点的土（土样）目前所受压力等于先期固结压力（历史上最大有效压应力）。可以看到，这种固结状态的定义是根据目前所受压力与先期固结压力的比值（即压力比值）来定义的，并且目前所受压力总是等于先期固结压力，即目前所受压力不会小于先期固结压力，也就是说，与先期固结压力比，现在的压力不会出现减小的现象（不会出现卸载）。所以，也把这种没有出现过卸载的正常固结土的压缩线称之为初次压缩线。

上面是从应力比的角度看正常固结的状态，如果从体积变化的角度看，又是一种什么情况呢？大家知道，使体积发生变化的应力只能是有效应力，因此，从使体积变化的角度看，所受压力必须采用有效压力。而这样定义的正常固结状态是：目前所受到的有效压力等于先期固结压力。由此，正常固结状态也表明：有效压力施加的过程中没有出现过卸载情况，即沿着图 9.5 中的 $OACD$ 线；而卸载（图 9.5 中从 A 点开始出现卸载直到 B 点的卸载路径）通常会使 A 点的有效压力减小到 B 点，而 B 点的比体积 v_B 会比没有卸过载的正常固结土（在相同有效压力作用下）O 点的比体积 v_O 更小，也更加密实。即相同有效压力 p'_0 所对应的比体积，参见图 9.5 中的 O 和 B 点，正常固结土 O 点的比体积 v_O 大于超固结土的 B 点的比体积 v_B。这就意味着，超固结比等于 1 时由于没有出现过卸载，其对应的体积是最大的，否则就会出现卸载而使土变得更加密实。所以重塑土的正常固结状态是有效压力与先期固结压力之比最小的状态（超固结比等于 1 的状态）。有观点认为，欠固结状态其超固结比小于 1，是超固结比更小的状态。但需要注意的是，这里给出的是有效压力（从对变形影响

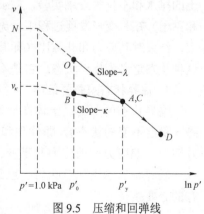

图 9.5 压缩和回弹线

的角度，有效压力已经把超静孔压的影响排除了）与先期固结压力之比（超固结比），此处已经把超静孔压（由外荷载引起的孔压）或欠固结的情况排除了。从体积变化的角度看，既然重塑土的正常固结状态是超固结比最小的状态，处于这种状态时其体积是最大的，也就意味着：**有效压力不变时，正常固结状态是比体积最大的状态**（与超固结状态相比）。而**超固结土也隐含着**：该土比其正常固结状态时更加密实。但应该注意：具有结构性的土，相同有效应力情况下其孔隙体积可以更大，然而临界状态土力学仅讨论重塑土而一般不涉及结构性土。

如何定义重塑土的正常固结状态？首先，重塑过程已经将土的结构性（包括黏结作用）全部消除。另外，从重塑土的整个加载–变形过程及前一段的讨论可以知道，初始有效压力从 0 开始时，此时有效应力等于 0，并且此时重塑土体积（或孔隙体积）是最大的。什么样的重塑土满足这种要求？只有悬浮状态（没有结构性）的泥浆（或砂浆）当有效应力为 0 时，其颗粒之间距离最大、孔隙体积也最大。泥浆土满足这种要求，而其他种类的重塑土是难以满足这种要求的，而不满足这一要求，就有可能存在有效应力和摩擦作用。这就是说，泥浆（或砂浆）的整个加载–变形过程满足重塑正常固结土的要求。这种源于泥浆的土，当其有效应力为 0 时，其抗剪强度也等于 0，它是一种理想土。

8.6.2 节对正常固结线的唯一性进行了讨论。即对于确定的重塑土样，其体积和有效压力的关系是唯一的，并且这种关系是一种反映土的本质性的关系。无论是等向围压的固结，还是一维的压缩，正常固结土都满足体积和有效应力关系的唯一性。后面采用的归一化坐标的讨论也会用到这种唯一性的关系。

9.4　土的临界状态

9.4.1　临界状态在三维轴对称情况下的表述

Roscoe、Schofield 和 Wroth（1958）在实验的基础上建立了土的临界状态的概念。通过土的排水和不排水三轴实验，Roscoe（1958）等人发现，在外荷载作用下土（包括各种砂土和黏土）在其变形发展过程中，无论其初始状态和应力路径如何，都将在某种特定状态下结束，结束时其应力和孔隙比（即其体积）是确定和不变的，但剪切应变却持续发展和流动，这种状态定义为临界状态，它是不依赖于初始条件和应力路径的。

1. 临界状态的必要条件

临界状态的定义：土体在剪切实验的大变形阶段，它趋向于变形过程中最后的临界状态（稳定不变的状态），即体积和应力（应力指所有的应力，即：总应力、孔隙水压力、有效应力、偏应力或剪应力）不变，而剪应变还处于不断持续的发展和流动的状态。换句话说，临界状态的出现意味着土已经发生流动破坏，并且隐含着下式成立（下式也是稳定状态的必要条件）：

$$\frac{\partial p'}{\partial \varepsilon_s} = \frac{\partial q}{\partial \varepsilon_s} = \frac{\partial v}{\partial \varepsilon_s} = 0; \qquad \frac{\partial \varepsilon_s}{\partial t} \neq 0 \tag{9.10}$$

2. 临界状态的充分条件

首先观察图 9.6 和图 9.7，它们给出了正常固结土处于临界状态时的实验结果。由图 9.6 可以看到，破坏或到达临界状态时，平均有效应力 p' 和偏应力 q 呈线性关系。由图 9.7 可以看到，破坏或到达临界状态时，特殊体积 v 与平均有效应力 p' 取对数后的关系呈线性关系。由此可以建立式（9.11）和式（9.12），它们是很多实验观察的结果，也是图 9.6 和图 9.7 中实验曲线的数学表达式。

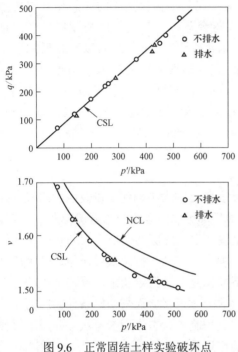

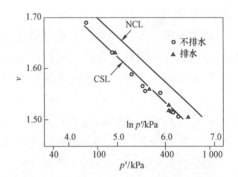

图 9.6　正常固结土样实验破坏点　　　　　图 9.7　v:lnp' 空间中的临界状态线

Schofield（2005）对临界状态做如下表述：

The kernel of our ideas is the concept that soil and other granular materials，if continuously distorted until they flow as a frictional fluid，will come into a well defined state determined by two equations（我们想法的核心是这样的概念，如果土和其他颗粒材料受到连续的剪切作用直到像具有摩擦阻力的流体似的流动时，土和颗粒材料进入到由以下两个方程确定的状态）：

$$q = Mp' \tag{9.11}$$

$$v = \Gamma - \lambda \ln p' \tag{9.12}$$

式中，M、Γ 和 λ 为表征土的性质的常数，Γ 是式（9.12）中 v 在 $p'=1$ 时的截距，v 为比体积，p' 和 q 已在式（9.2）、式（9.3）中给出了定义。

当土处于临界状态时，在持续不变的剪应力（包括不变的总应力和孔隙水压力）作用下，宏观土体出现持续不断的剪切变形（也可能出现局部裂缝并形成剪切带），其内部土颗粒或颗粒聚集体在拉、压、扭、剪的作用下会出现非常大的滑移、旋转、翻滚、破碎或破坏，颗粒也随机移动，**颗粒流动呈现紊流**。此时，微观上可能会发现有许多复杂的功率损耗和颗粒的错动和破损；但宏观上，只能忽略各种细节、忽略各种可能的弱化和颗粒排列的方向性，而将这种复杂的功率损耗假设为摩擦耗散现象。将宏观土体出现的持续不断的剪切变形过程用简单的式（9.11）描述。第一个临界状态方程（9.11）是对滑动摩擦现象的描述。在出现滑动摩擦现象时，偏应力 q 的大小依赖于有效压力 p' 和滑动摩擦系数 M，并且需要保持土的剪切应变连续地流动和发展。滑动摩擦系数 M 也表明了 q/p' 的界限值（或强度值），即 q/p' 必然小于 M。

就第二个方程（9.12）来说，从微观的角度能发现当土颗粒之间的粒间相互作用力增加（相当于 p' 增加）时，则颗粒之间的平均距离将会减小。从宏观的角度看，产生这种连续剪切流动的土颗粒的单位体积所占据的比体积（或比容）v 将随着取对数后的平均有效应力 p' 的增加而减小。这也和人的宏观感觉一致，即有效压力越大，相应的比体积 v 越小；同时饱和土的含水率越大，土越软，产生剪切流动时能承受的偏应力也会越小。

在理想的临界状态下，很密实或强超固结土的颗粒之间的相互咬合（interlocking）作用此时已经消失（所以没有剪胀变形）；而松散土的亚稳定结构（该结构的破坏会导致剪缩变形）也都彻底地破坏或丧失了（所以没有剪缩变形），土的结构被彻底扰动、破坏、重塑了。

通常在很大的均匀剪切变形条件下，无论初始孔隙比的大小如何，以及应力路径（排水或不排水路径）如何，在相同有效压力 p' 作用下最后都可以到达相同的剪切应力 q（或偏应力）和相同的孔隙比 e，即到达临界状态。也就是说，很大的剪切变形会削弱初始条件的影响。对于不排水条件，剪切到达临界状态时，剪切变形（流动）持续发展，但孔隙水压力和有效应力（及它们之间的比例）却保持不变。临界状态是一种稳定状态，反映了土的一个本征性质（不考虑中主应力的影响），它只与土内的本质性质相关，而与初始条件和应力路径无关。根据临界状态时其体积保持不变的性质，可以利用临界状态作为参考状态并用于解释、说明黏土的超固结、砂土的密实程度和应力路径的作用及影响等。

考虑中主应力影响时，由 10.8.2 节的讨论可以知道，临界状态的滑动摩擦系数 M 并不是唯一的，而是有条件的，即依赖于应力条件。例如三轴压缩的 M_p 不等于三轴伸长的 M_e，分别见式（10.74）和式（10.76）。也就是说，中主应力的不同会影响临界状态的滑动摩擦系数的表达式和计算结果。然而，临界状态的两种滑动摩擦系数 M_p 和 M_e 都在工程实践中得到广泛的应用；并且在解释土的性质时，它们对复杂的土的行为能够提供非常简单和有用的表述和分析工具。起码在表述三轴压缩实验和三轴伸长实验结果时，分别采用式（10.74）和式（10.76）中给出的 M 表达式，对土的工程性质进行解释是没有问题的。

另外，从图 9.7 中可以看到：临界状态线与正常固结线相互平行，这意味着它们的变化趋势是相同的。因此，思考与它们相关的问题时，可以互相参考、对照，以启发认知和理解两种不同现象的相同变化趋势。实验时，也可以将两个实验结果相互对照，看是否存在与这种相同变化趋势相矛盾或错误的地方。

也许有人会问，为何式（9.11）的线性关系必须通过原点，而不像黏土的莫尔-库仑强度准则那样具有黏聚力（不通过原点）呢？这是因为临界状态时，土处于流动状态，其应变很大，在这种状态下土颗粒之间的胶结联结、结合水联结甚至毛细水联结都已经破坏，这时就连剪胀的作用都已消失，所以黏聚力为零。因此临界状态时 p' 为零，q 也为零。

通过实验发现，对于给定的土而言，临界状态是由式（9.11）和式（9.12）唯一确定的。Roscoe、Schofield、Wroth、Burland 等人（1958，1963，1968）通过抽象和高度概括，**将极为复杂的土的力学行为，极简单地、非常巧妙地用 p'、q 和 v 这三个变量的关系进行描述**。p'、q 和 v 这三个变量组成的空间称为 Roscoe 空间。Roscoe 等人在 Roscoe 空间中建立了临界状态的概念，在 Roscoe 空间中临界状态的空间曲线如图 9.8 所示。

3. 排水与不排水、正常固结与超固结土的临界状态

图 9.9 中给出了正常固结与超固结土在排水与不排水条件下的临界状态。图 9.9 中下面 2 个图给出了有效压力 p' 与比体积 v 的关系，由图中曲线可以看到：正常固结或略超固结土的压缩曲线是在临界状态线的上方；而强超固结土的压缩线（膨胀线或回弹线）一般是在临界状态线的下方。图 9.9（a）中，点 A 是正常固结土的初始状态，而点 B 是正常固结土不排水加载到达临界状态的值，点 C 是正常固结土排水加载到达临界状态的值。由此可知，对于正常固结或略超固结土，其排水实验的临界状

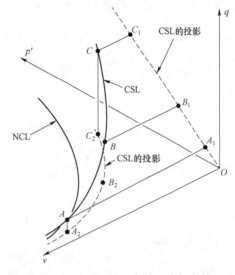

图 9.8　$q:p':v$（Roscoe 空间）空间中的 CSL

态偏应力（强度值）大于不排水实验的临界状态偏应力。另外，图 9.9（b）中，点 D 是强超固结土的初始状态，而点 E 是强超固结土不排水加载到达临界状态的值，点 F 是强超固结土

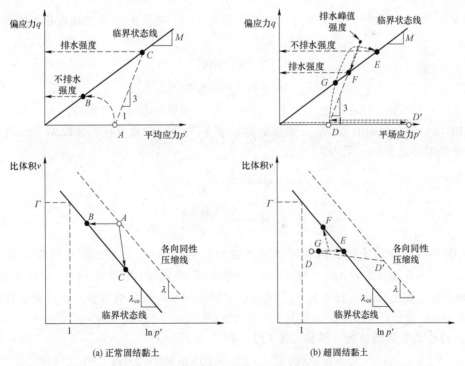

(a) 正常固结黏土　　　　　　　　　　(b) 超固结黏土

图 9.9　正常固结和超固结土的排水与不排水的应力−应变反应及临界状态的概念

排水加载到达临界状态的值。值得注意的是，对于强超固结土，排水实验的临界状态的偏应力（强度）值小于不排水实验的临界状态的偏应力值，参见图9.9（b）。

另外值得关注的是，土处于临界状态需要两个方程即式（9.11）和式（9.12）都同时满足。例如，图9.9（b）中，点 G 满足式（9.11）中的 p'_{cs} 和 q_{cs}，但却不满足式（9.11）中的 v_{cs} 和 p'_{cs}。所以，点 G 不是临界状态的点。

9.4.2 临界状态在平面应力空间和一维压缩时的表述

Atkinson（2007）给出了临界状态在二维应力空间和一维压缩时的图示，如图9.10所示。

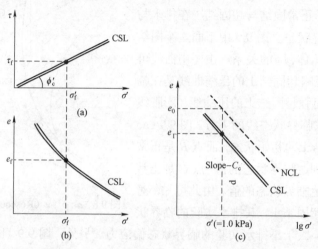

图9.10 二维平面应力空间中临界状态示意图

图9.10中，σ' 为竖向有效压力，τ 为剪切应力。针对图9.10中的临界状态线的计算公式为

$$\tau_f = \sigma'_f \tan \phi'_c \qquad (9.13)$$

$$e_f = e_\Gamma - C_c \log \sigma'_f \qquad (9.14)$$

式中，下标 f 表示处于临界状态，ϕ'_c 是二维应力空间临界状态时的摩擦角，e_Γ 是临界状态线在图9.10（c）坐标系中的截距。三维轴对称 $q:p'$ 应力空间中临界状态参数 M 与二维应力空间临界状态摩擦角 ϕ'_c 的关系为

$$\sin \phi'_c = \frac{3M}{6+M} \qquad (9.15)$$

$$M = \frac{6 \sin \phi'}{3 - \sin \phi'} \qquad (9.16)$$

▲ **例 9-1**（计算土体到达临界状态的应力和变形） 已知某土的土性参数分别为：$N = 3.25$，$\lambda = 0.20$，$\Gamma = 3.16$，$M = 0.94$，将该土的两个试样各向等压正常固结到 $p'_0 = 400 \text{ kPa}$，然后分别进行不排水三轴压缩实验和排水三轴压缩实验，试计算试样破坏时的 q, p', v, ε_v 值。

解：对于正常固结情况，根据式（9.12）有

$$v_0 = N - \lambda \ln p'_0 = 3.25 - 0.20 \times \ln 400 = 2.052$$

（1）对于不排水情况，体积不变 $\Delta v = 0$，体积应变 $\varepsilon_v = 0$，即破坏时有

$$v_f = v_0 = 2.052$$

由式（9.12）知，破坏时有

$$p_f' = \exp[(\Gamma - v_0)/\lambda] = \exp[(3.16 - 2.052)/0.2] = 255（\text{kPa}）$$

由式（9.11）有

$$q_f = Mp_f' = 0.94 \times 255 = 240（\text{kPa}）$$

（2）对于排水情况，由于排水应力路径上应力比等于 3，即 $q_f = 3(p_f - p_0)$，利用公式联立求解可得

$$q_f' = 3Mp_0'/(3-M) = 3 \times 0.94 \times 400/(3-0.94) = 548（\text{kPa}）$$

$$p_f' = q_f'/M = 548/0.94 = 583（\text{kPa}）$$

再由式（9.12）可得

$$v_f = \Gamma - \lambda \ln p_f' = 3.16 - 0.20 \times \ln 583 = 1.886$$

利用式（9.8）求出体积应变为

$$\varepsilon_v = -\Delta v/v_0 = -(1.886 - 2.052)/2.052 = 8.09\%$$

▲ **例 9-2（计算土体临界状态参数）** 对同一种土的不同土样进行多组不同路径的三轴实验，包括排水实验和不排水实验。表 9.1 给出了各组实验在达到临界状态发生破坏时的应力和比体积取值，请根据实验结果确定土样的临界状态参数 M，λ，Γ。

表 9.1 各组实验在达到临界状态发生破坏时的应力和比体积取值

土样	p_f'	q_f	v_f
A	600	500	1.82
B	285	280	1.97
C	400	390	1.90
D	256	250	1.99
E	150	146	2.10
F	200	195	2.04

解：利用式（9.11）和式（9.12）可对参数加以标定，将表 9.1 中所有数据点绘制于图 9.11 和图 9.12 中。

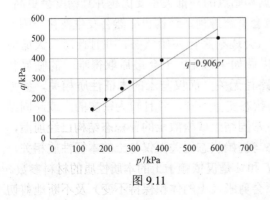

图 9.11

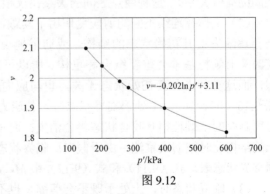

图 9.12

329

拟合得到直线方程

$$q = 0.906p'$$
$$v = -0.202\ln p' + 3.11$$

因此参数取值为：$M = 0.906, \lambda = 0.202, \Gamma = 3.11$。

▲ **例 9–3**（推导二维与一维关系） 式（9.16）给出了三轴压缩实验中三维轴对称应力空间中的临界状态参数 M 与二维平面应力空间中的临界状态摩擦角之间的关系，请对该式进行证明。

解：三轴压缩状态应力可根据式（9.2）和式（9.3）计算，即

$$p' = (\sigma_1' + \sigma_2' + \sigma_3')/3 = (\sigma_1' + 2\sigma_3')/3$$
$$q = \sigma_1' - \sigma_3'$$

利用莫尔–库仑公式，大小主应力之间的关系满足下式：

$$\sin\phi_c' = \frac{\sigma_1' - \sigma_3'}{\sigma_1' + \sigma_3'} = \frac{q}{p' + \dfrac{2}{3}q + p' - \dfrac{1}{3}q} = \frac{q}{2p' + \dfrac{1}{3}q}$$

将临界状态关系式（9.11）代入上式，可得

$$\sin\phi_c' = \frac{Mp'}{2p' + \dfrac{1}{3}Mp'} = \frac{3M}{6 + M}$$

由此也可以反解出三轴压缩实验中三维轴对称应力空间中的临界状态参数 M 与二维平面应力空间中的临界状态摩擦角之间的关系。

9.4.3 临界状态的作用和功能

对于初学者来说，土会存在临界状态，这确实是一件令人感到意外的事情。但细想之后，它却是合乎逻辑的。在剪应变已经很大并且还在连续不断的发展过程中，任何土都会最后到达一种稳态（临界状态），否则土就会持续地、无限制地压缩和硬化或膨胀和软化，但这种持续的压缩（或膨胀）是不可能的。所以土在加载–变形过程中最后必然会到达临界状态。

土的临界状态有以下作用和功能：

（1）为加载–变形过程的模拟提供了一个结束点。构建数学模型时，通常初始条件已知，如果再精确地知道最后的结束点，就可以根据初始点和结束点来建立其模拟关系（如某两点之间的插值关系）。这种两点之间的关系比仅根据初始点的外推关系要优越并且精度会更高。

（2）土体在连续不断的剪应变作用下其颗粒会重新排列，结构也必然会发生变化。因此土会逐渐失去其初始状态的结构，或通俗地说，会逐渐忘记初始状态，并且此时（大剪应变时）土颗粒基本会重新组合和重构。所以可以做如下假定，**土会最后取得唯一的临界状态，而这种状态与其初始状态无关，也与应力路径无关，而仅与土的本征性质相关**，参见图 9.13（b）、（d）。土处于临界状态时，其应力状态变量不变，并且较为密实的土或超固结土所具有的土颗粒相互咬合状态将会消失；而正常固结土或松散土的亚稳态结构已经崩溃，土的结构此时被彻底重塑。由于假定：临界状态与初始状态无关而仅与土的本征性质相关，则临界状态表达式（9.11）和式（9.12）中 M、Γ 和 λ 是仅依赖于土的本质性质的材料参数。

（3）临界状态时，土处于既不会剪缩，也不会剪胀（土的体积保持不变）及不断地剪切

流动的状态。**所以它可以作为剪胀和剪缩区域的分界线**，即它是处于后面将要讨论的湿区和干区的分界线，参见图 9.13。基于这种分界线，可以把土的变形状态和变形趋势划分为剪缩区和剪胀区，以便于进一步对其变形过程进行描述，见图 9.74 并参考 9.6.5 节。

9.4.4 砂土和强超固结土的临界状态

对于砂土和强超固结土而言，通常可能需要比正常固结黏土更大的剪切变形才能够到达临界状态；而更加关键的是，它们特有的峰值软化阶段会产生应变的局部化，导致普通三轴仪难以正确地确定出临界状态，关于这种情况后面将讨论。图 9.13 给出了砂土和超固结土的示例。W（wet）表示湿区土，通常湿区土为疏松的饱和黏土或很疏松的砂土，在剪应力作用下（排水时）土样会**被剪缩，孔隙水会排出**。D（dry）表示干区土，即干区的饱和黏土在剪应力作用下（排水时）土样会**被剪胀，孔隙会吸水**。通常干区土为密实的强超固结黏土或中等以上密实程度的砂土，它们可以表示为图 9.13 中的 D 曲线，并且通常会表现出硬化和软化两个阶段，如图 9.13（b）所示；体积变化也是先剪缩，后剪胀，如图 9.13（c）所示；其孔隙比最后趋近于临界状态孔隙比。

通常无论是湿区土或干区土，硬化阶段中，图 9.13（b）中 D 曲线峰值前阶段，任何不均匀的应变都会随着荷载的增加而减小。因为这一阶段土的刚度会随着应变的增大而变小，直到峰值时其刚度为 0。此阶段中，土的应变大之处其刚度反而小，反之，应变小之处其刚度则大。硬化阶段的土中（由于土样不是绝对均匀）应变较大部分的刚度会小于应变较小部分的刚度，刚度的这种不同会导致土体内部应力重新分布，使原先应变较大处（其刚度小）的变形减小，而应变较小处（其刚度大）的变形增加，由此使得土样的整体应变的不均匀性在硬化阶段不会增加，并保持稳定。

软化阶段，土体会出现负刚度，此时土样中剪应变越大，其刚度减小的幅度也越大，即承担的剪应力会越小；同时使原先应变较大部分的变形进一步增加和恶化，不同点之间都推卸自己承担的荷载，土处于不稳定阶段，并产生不均匀，另外应变较大之处会进一步形成应变集中区域，最后到达临界状态阶段，如图 9.13（b）中 D 曲线峰值后的阶段。

三轴仪中，当土样的竖向应变 ε_a 或 ε_1 超过 10% 时，通常会在土样中间位置附近出现鼓肚，此时应力和应变在土样中会产生不均匀，不满足表征体元的要求，所给出的结果也是不准确的甚至是不正确的。三轴实验表明，砂土和超固结土的竖向应变 ε_a 即使已经超过 10%，但仍然还没有到达临界状态，如图 9.15 和图 9.16。

9.4.5 应变的局部化

下面讨论一个重要问题，即由于局部应变过大而造成不连续和不均匀的变形，以及由此产生的一些错误的概念。

常规三轴实验中，土试样的直径 d 的范围为 35～

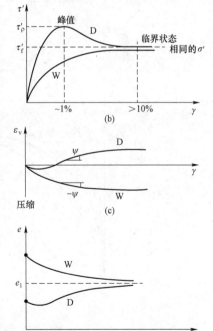

图 9.13 排水剪切实验中土的典型行为

101 mm，土样的高度 h 满足 $h/d = 2 \sim 2.5$，常取高度 h 为直径 d 的 2 倍。通常土样的均匀（或稳定）变形会在特定点结束，参见图 9.14 中 F 点，之后会在某一截面上（与 σ_1' 作用面成 $\pi/4 + \phi/2$ 夹角的截面）出现局部大应变。从实验结果来看，试样这一阶段不会进一步剪胀，参见图 9.14（c）中的 $e - \varepsilon_1$ 曲线；曲线的孔隙比呈现为近似的水平段，土样整体不再进一步膨胀，这也可以从图 9.15（b）超固结土中看到。

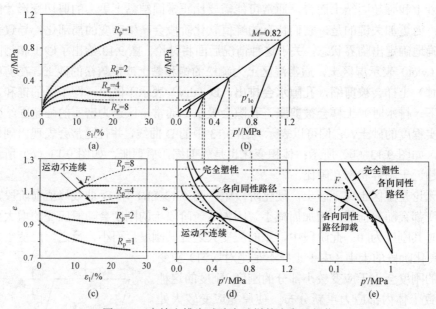

图 9.14　高岭土排水试验中试样的应变局部化

图 9.15 给出了超固结比 $R_p = 4$，8 时，超固结土呈现应变局部化的现象。

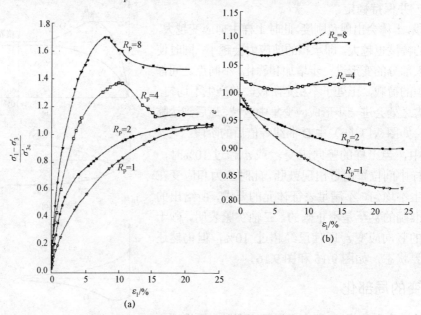

图 9.15　超固结土实验中呈现的应变局部化现象

图 9.16 给出了砂土排水实验时，土样呈现应变局部化的现象。

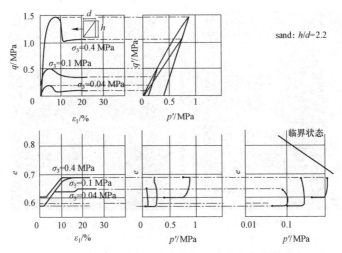

图 9.16　砂土排水实验中土样呈现应变局部化的现象

图 9.14 至图 9.16 说明，假定采用密实砂土或强超固结土土样，其常规三轴实验结果会在 $e-\ln p'$ 平面上得到一条不正确的临界状态线。这是因为常规三轴实验此阶段（F 点以后的阶段）的实验数据，由于产生了局部不均匀的较大应变，会给出不正确的临界状态孔隙比。而产生数据不正确的原因是，试样此阶段的变形已经不再均匀、一致，不满足表征体元的要求，失去了均匀土样的典型性和代表性。

土颗粒之间通常会有很多接触点或接触面，应变局部化过程中伴随着颗粒的旋转、翻滚、滑移，会形成不连续滑动面，这些滑动面通常都沿着或平行于剪切作用面而滑动，并进而形成一个带，即剪切带，如图 9.17 所示。

变形的局部化逐渐发展，并形成剪切带，而剪切带两侧区域土体的变形则近似于刚体。应变局部化趋向于在具有应变软化的土体中存在，如低围压作用下的强超固结黏土或较密实的砂土。这种观测说明，通过在土样边界处的实验测量而得到土的内部行为是困难的，因为实际剪切中，边界处的应变不同于剪切带中的应变，不排水时土样内部孔隙水压力也是如此。由于剪切带发展的渐进性质，土的峰值强度和与其相关的应变依赖于土样的尺寸。

剪切带的方向受颗粒粒径的影响（Arthur et al.，1997；Vermeer，1990）。平面应变条件下，剪切带的方向相对于加载方向的界限是 $\pi/4+\phi/2$ 和 $\pi/4+\phi'_c/2$，其中 ϕ 是峰值应力时的剪胀角，ϕ'_c 是临界状态摩擦角。实验数据表明，剪切带的方向对于小直径颗粒（$D_{50}=0.2$ mm）接近 $\pi/4+\phi'_c/2$，但对于较大直径颗粒，剪切带的倾斜角会减小到 $\pi/4+\phi/2$（Oda et al.，1999）。

剪切带的厚度依赖于颗粒的直径，如图 9.18 所示。剪切带的厚度随着位移的增加而增加，但最后会到达一个常值，该值是在 7～10 倍颗粒直径之间，此时位移值大于 20 倍颗粒直径（Scarpelli et al.，1982；Oda et al.，1998）。然而，这并不意味着更多的颗粒会包含在剪切带中。而更可能的是，剪切带中会出现更大的局部孔隙比。对土样出现的剪切带进行检查表明，这种局部孔隙比大于土样稳定承载结构的最大孔隙比（Oda et al.，1998；Frost，2000），并且在剪切带中颗粒具有很松散的结构。Iwashita 和 Oda（1998）采用离散颗粒的模拟表明，剪切带内存在很大的孔隙比，与剪切带内或接近剪切带的颗粒的旋转有关。剪切带内的颗粒趋向于旋转，而剪切带外面的颗粒却保持在它们原来的位置。高梯度的颗粒旋转在剪切带边界处发展起来，并且即使是在孔隙比大于最大孔隙比时，这种高旋转梯度区的旋转阻抗还是能够传递荷载的。

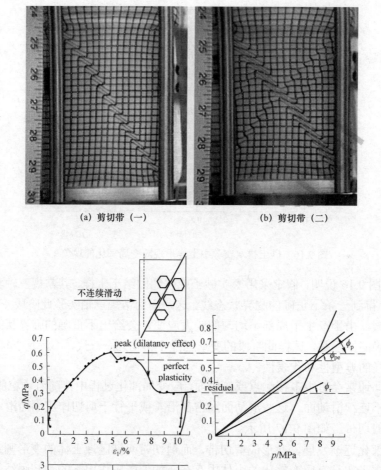

(a) 剪切带（一）　　　　　　　　　(b) 剪切带（二）

(c) 不同摩擦角

图9.17　剪切带的产生和不同摩擦角的情况

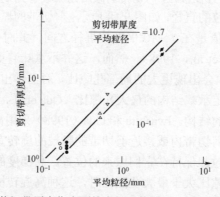

图9.18　剪切带厚度作为颗粒直径函数图示（Oda et al.，1999）

下面给出可能出现应变局部化的情况（Santamarina et al.，2003）。

（1）排水剪切作用下的膨胀材料。当土体发生膨胀，偏应力达到峰值后，就会出现局部化现象。这种类型的局部化发生在低围压下的密砂和重超固结黏土中。

Desrues et al.（1996）和 Saada et al.（1999）给出了一些例子。

（2）不排水剪切作用下的收缩材料。由于产生超孔隙水压力，在有效应力状态通过坍塌线（见 11.8 节）后，高约束条件下的松散砂土剪切会发生软化。在某些情况下，剪切带被鼓包隐藏（Santamaria et al.，2003）。Finno et al.（1998）、Mokni 和 Desrues（1999）也给出了一些例子。

（3）不排水剪切空化作用下的膨胀材料。密砂在低围压下剪切，孔隙水压力会大幅降低。如果孔隙水压力变得小于水的蒸汽压力（−100 kPa），就会发生空化。有效应力在土体发生空化的位置下降，土体软化。Schrefler et al.（1996）、Roger et al.（1998）、Mokni 和 Desrues（1999）给出了一些例子。

（4）板状颗粒的排列，如果土体颗粒呈板状，它们会以一定的角度排列，这会降低抗剪能力，11.11 节讨论的残余摩擦角就是这种应变局部化行为的一个很好的例子。

（5）轻度胶结土。当胶结砂在低围压条件下剪切时，颗粒间胶结在低应变水平下断裂，抗剪能力下降。Santamarina 和 Cho（2003）给出了人工胶结土的例子，Cuccovillo 和 Coop（1999）给出了天然结构砂的例子。

（6）非饱合土。对于饱和度低的土体，在颗粒接触处出现了半月板，这增加了由表面张力引起的颗粒间吸引力。当土体受到剪切时，一些半月板会断裂，这种额外的力会失去，至少暂时失去直到新的半月板形成。半月板的损失导致颗粒间的吸引力局部减小，因此，土体可能会软化。

（7）颗粒破碎。当发生颗粒破碎时，颗粒大小、分布、形状和纹理发生变化。土的结构因颗粒破碎而崩塌，导致剪切时的收缩行为。

（8）异质土。如果土体中有一层松散的材料夹在较密的材料之间，则应变会集中在松散的层中。由于其沉积条件，在许多天然土体中可以观察到微分层。对于潮湿的夯实土，夯实层之间存在较薄的松散区域，这些区域会引发局部破坏。

（9）其他情况。局部化程度受实验条件影响较大，影响因素包括试样形状不均匀，端板摩擦、试样的高径比和倾斜模板。局部化的发生也取决于加载速率。图 11.71 显示了两种不同加载速率下高岭土无侧限压缩实验后的破坏试样（Atkinson，2000）。A 试样加载缓慢，由于膨胀剪切带的局部流体迁移，而表现出应变局部化。而对于 B 试样，加载速率更快，没出现明显的剪切带，因为孔隙流体没有时间在试样中迁移。

下面介绍防止临界状态时应变局部化的措施。

可以采用高度小于直径的试样，并且采取措施以便于减小土样和三轴仪上下两端之间的摩擦（如涂抹润滑剂），来限制应变局部化的产生，如图 9.19 所示，其中土样高度与直径之比 $h/d=0.5$。图 9.19 表明，采取了上述措施，可以观察到更多的剪胀，并且最终可以达到临界状态。图 9.19 中应力−应变曲线通过峰值以后，以一种比较平缓的方式减小，最终达到临界状态。但此种措施的局限性是，三轴仪上下两端的约束、限制和摩擦会随着 h/d 值的减小而迅速增加，因此，需要权衡、评估两端约束的影响。

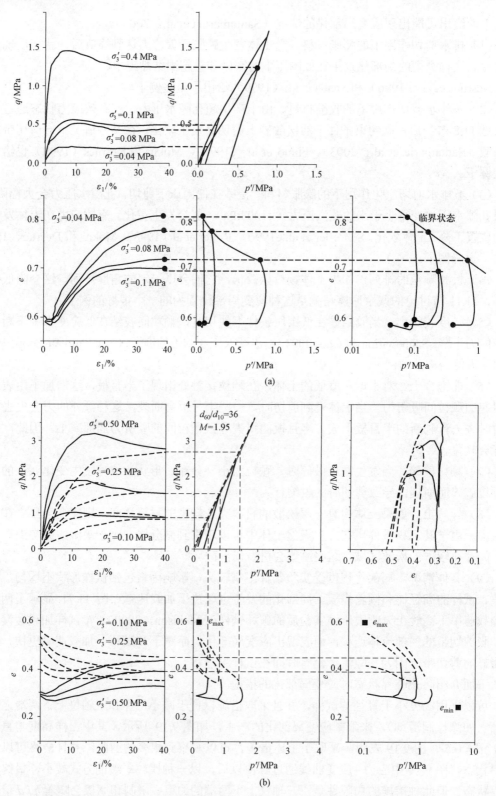

图 9.19　砂土排水实验中土样应变局部化的消除（h/d=0.5）（Biarez et al.，1994）

9.4.6 临界孔隙比

实际上，临界状态是在 Casagrande（1938）提出的"临界孔隙比"的基础上，经过 Roscoe，Schofield，Wroth（1958）的发展而建立的。Casagrande（1938）针对砂土排水时的剪缩和剪胀现象指出：存在一个临界孔隙比，当剪切过程到达临界孔隙比时，砂土既不剪胀，也不剪缩。临界孔隙比通常还与砂土的有效压力（或围压）相关，通常有效压力越大，砂土临界状态孔隙比就越小。但"临界孔隙比"不适用于黏土及砂土的不排水情况。而临界状态既适用于砂土，也适用于黏土；既适用于排水条件，也适用于不排水条件。临界状态是比临界孔隙比更加具有普遍和一般性的概念，另外，它还具有临界孔隙比所没有的作用和功能（9.4.3 节讨论过的 3 个作用和功能）。

9.4.7 砂土的相变与临界状态

还有一种值得一提的现象，即砂土中存在**相变状态**。相变状态是 Ishihara 等人（1975）提出的，它的定义是：在砂土排水实验中，当平均有效压力 p' 不变时，砂土在剪应力的作用下由体积剪缩转变为体积剪胀的界限状态。在相变状态时，砂土的体积（孔隙比 e 或比体积 v）变化为零，见图 9.20（a）中的 P 点。理论上讲，砂土不论是松砂或是密砂，在剪应力作用下，开始时它总是先剪缩的。在剪切过程中砂土的松与密的状态的区别主要表现为，密实砂土其剪缩过程较短（越密实，其剪缩过程越短），到达相变状态点后，开始出现剪胀；而较疏松的砂土，其剪缩过程较长（越疏松，其剪缩过程越长），直到最极端的情况，剪胀过程

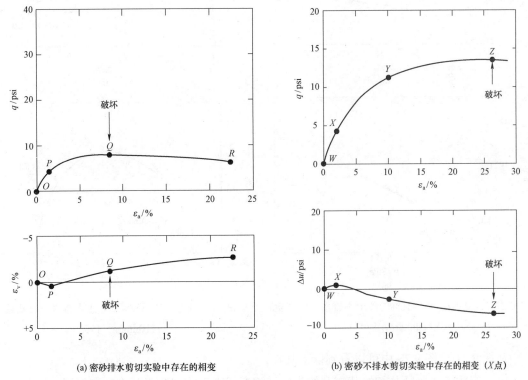

(a) 密砂排水剪切实验中存在的相变　　(b) 密砂不排水剪切实验中存在的相变（X点）

图 9.20　密砂在不同排水条件下的剪切实验中的相变

消失，完全是剪缩过程。这时的相变状态实际上已趋近或等于临界状态。所以，严格来讲只有密实砂土才会存在相变状态，而疏松砂土的相变状态是与临界状态接近或等价的。

Ishihara（1993）给出了砂土在不排水条件下三轴实验的结果，见图 9.21 至图 9.23。三个实验所采用的土样均为 Toyoura 砂，但土样的初始孔隙比 e 和相对密度 Dr 有所不同。不排水时砂土的相变状态现象可以利用图 9.21 加以说明。在不排水实验中，初始剪切时，密砂也略微具有一点剪缩趋势；但由于不排水，为保持土体总体积不变，必须抵消这种剪缩趋势，所以需要减小有效应力，这样就使因减小有效应力所产生的体胀与上述剪缩趋势相互抵消而保持总体积不变。而此时需保持施加的总应力不变，所以有效应力的减少必然使孔隙水压力增加，从而导致了图 9.21（b）中有效应力的路径：即在开始阶段，有效应力减小使得路径曲线向左端发展，直到相变状态点（曲线最左端的点）。此点后砂土出现剪胀趋势，因不排水，为保持总体积不变，有效应力必然增加（由于负孔隙水压力）。由于有效应力的增加而产生体缩，与上述剪胀趋势相抵消，总体积仍然不变。因此，相变状态点后的变形过程是应力路径曲线不断向右发展，最后到达临界状态线。

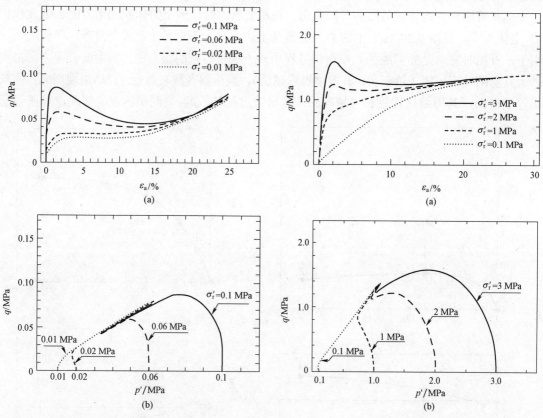

图 9.21　e＝0.916，Dr＝16%的砂土不排水三轴实验　图 9.22　e＝0.833，Dr＝38%的砂土不排水三轴实验
　　　　　　（Ishihara，1993）　　　　　　　　　　　　　　（Ishihara，1993）

从图 9.21 至图 9.23 中可以看到以下几点。

（1）有效应力路径从初始状态开始先经过相变状态后才向临界状态方向发展。

（2）相变后，随着砂土初始孔隙比的增大，其应力比 η 会逐渐向临界状态接近，最后，与临界状态应力比 M 相等，但通常情况下相变点中 $\eta \neq M$ ［见图 9.20（a）中的 P 点］。

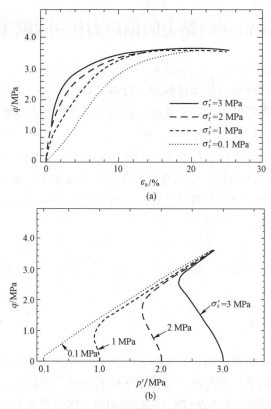

图 9.23 $e = 0.735$，Dr=64%的砂土不排水三轴实验（Ishihara，1993）

（3）不排水时孔隙比不变，相变后当 p' 开始增加时，其应力比也会逐渐接近临界状态应力比（$\eta \to M$）。

（4）到达相变线时土具有以下特点：体积应变增量 $d\varepsilon_v = 0$；应力比等于相变应力比 $\eta = (q/p')_p$。通常密实砂土相变状态较为明显，参见图 9.23；而很疏松的砂土，其相变状态已经与临界状态基本重合，此时 $\eta = M$，参见图 9.21。

实际上，不仅砂土存在相变状态，强超固结土也存在相变状态，只不过密实砂土的相变状态较为明显。

在变形发展过程中，临界状态和相变都是体积（或孔隙比）保持不变的状态，两者的主要区别如下所述。

（1）临界状态是变形过程结束的状态，其变形必然很大；而相变状态是变形过程的初期阶段（只有密实砂土存在相变状态），变形不会很大。

（2）临界状态时，体积会持续保持不变，其剪切变形不断发展，呈现持续的流动现象。而相变状态时，体积不变只是瞬时的状态，不会持续保持不变。

（3）临界状态一般不受初始条件的影响，它反映了土的材料性质。而相变状态却受初始条件的影响，如受初始孔隙比的影响，它不是一个稳定的状态参量，它随初始条件而变化。

9.5 正常固结黏土的偏应力作用和体积变形

本节的目标是找出一种可以整体理解的、没有矛盾的、统一的方式描述所观测到的正常固结黏土的行为。正常固结黏土的行为是临界状态土力学中的基础和重要内容。本节讨论的都是饱和正常固结黏土的行为。

土的力学行为通常依赖于：土的类型，如砂土和黏土；土的密实程度（针对砂土）和应力历史（针对黏土，指超固结比）；土的排水条件，即排水和不排水条件；目前土所处的状态（是在剪胀区，还是在剪缩区）。本节将具体讨论偏应力作用下正常固结黏土的变形行为。

临界状态土力学通常采用各向同性压缩作为初始固结状态或初始条件，而实际情况却可能不是这种状态。为何采用各向同性压缩作为初始固结状态或初始条件？原因在于：①简单和便于应用；②实验中很容易在三轴仪中施加；③理论描述简单，便于建立规律和理论（其初始应力状态就在 p' 轴上）。

9.5.1 排水条件的影响

排水条件对变形具有重要影响。下面将给出 Bishop 和 Henkel（1962）针对正常固结黏土的排水和不排水实验的结果，并探讨一下排水条件的影响。在同一正常固结黏土层中取两个土样，它们的初始固结围压均为 207 kPa，它们的初始比体积均为 1.632（含水率 w=23%），其中 A 土样进行的是标准的排水三轴实验，而 B 土样进行的是标准的不排水三轴实验。图 9.24 和图 9.25 是 A 土样排水三轴实验的结果。图 9.26 和图 9.27 是 B 土样不排水三轴实验的结果。将图 9.24 和图 9.26 进行对比，可以看到，排水三轴实验偏应力峰值接近 240 kPa，是不排水三轴实验中偏应力峰值 119 kPa 的 2 倍左右。另外，排水三轴实验中试样的抗剪刚度也大（斜率较大）。这是由于，正常固结黏土试样在排水偏应力作用时，土样会因排水而被剪缩，使土样变得更加密实，由此导致土样抗剪刚度和强度提高。而正常固结黏土试样在不排水偏应力作用时，土样会产生正孔隙水压力［图 9.26（b）］，并使有效应力降低，导致土样软化，使其抗剪强度和刚度降低。由上述讨论可以了解到排水条件的重要意义和影响。

建筑物场地中排水条件的实际情况是难以被准确地估计和确定的，这是因为场地不同深度、不同季节的排水条件都是变化的。为了简化，工程中只能考虑两种极端情况，即排水条件和不排水条件（见 8.3 节）。而实际场地的排水情况是介于这两种极端情况之间区域中的某一特定点，并且这种特定点的情况也是随时间和深度而变化的。通常某一场地的特定点、特定时刻的这种特定（实际）排水条件与这两种极端排水（排水与不排水）条件不同，这种不同只能靠经验估计，排水条件对强度和刚度的影响也只能靠经验进行考虑和评估。

正常固结黏土不排水实验中，在偏应力作用下土样为何会产生正孔隙水压力？由 9.3 节已经知道：重塑的正常固结黏土是该土的最疏松状态，在偏应力作用下，它必然会产生

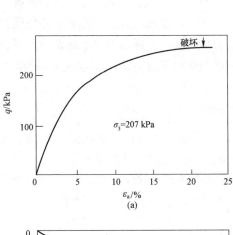

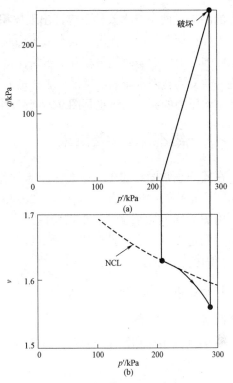

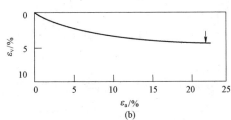

图 9.24   Weald Clay 排水三轴实验结果

图 9.25   土样 A 的排水三轴实验在 $q:p'$
空间和 $v:p'$ 空间的路径

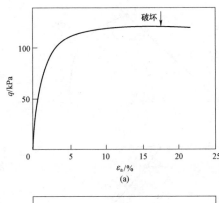

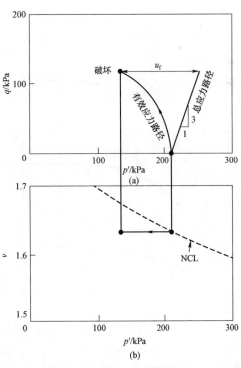

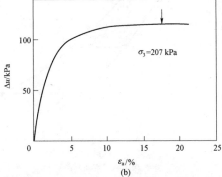

图 9.26   Weald Clay 不排水三轴实验结果

图 9.27   土样 B 的不排水三轴实验在 $q:p'$ 空间和
$v:p'$ 空间的路径

剪缩的趋势；而不排水条件不容许出现体积变化（剪缩），这就迫使土样产生正孔隙水压力，以使土样在相同外应力作用下其有效压力减小。因为有效压力减小，导致土样体积回弹，这种体积回弹与前面的剪缩趋势相互抵消，保持土样体积不变。也就是说，不排水剪切作用把剪缩的趋势转变为孔隙水压力的增加，这就是为何具有剪缩趋势的土样在不排水剪切作用下会产生正孔隙水压力的原因。这也是图 9.27（a）中 $q:p'$ 应力空间中应力路径 p' 呈现减小的原因。

9.5.2　一组不排水实验结果

在同一正常固结黏土层中取 3 个土样作为一组，并进行不排水剪切实验。实验中它们的初始围压和初始比体积分别为 $p'_e = a, 2a, 3a$，$v = v_1, v_2, v_3$，如图 9.28 所示。

由图 9.28 可以看到，每个实验曲线中偏应力 q 都会随着其轴向应变 ε_a 的增加而增加，直到最后到达临界状态（此时为水平直线）。此阶段的曲线是硬化阶段，即随着轴向应变 ε_a 的增大，偏应力 q 也在增大。通常轴应变 ε_a 不大时（$\varepsilon_a \leqslant 5\%$），水平向应变可以近似认为 $\varepsilon_r \approx 0$，所以与 q 对偶的偏应变 $\varepsilon_s = \dfrac{2}{3}(\varepsilon_1 - \varepsilon_3) = \dfrac{2}{3}(\varepsilon_a - \varepsilon_r) \approx \dfrac{2}{3}\varepsilon_a$。到达峰值后，其偏应力不再变化，其峰值就是临界状态。

图 9.29 为不同初始围压时不排水三轴实验在 $q:p'$ 和 $v:p'$ 应力空间的实验曲线。由图 9.29

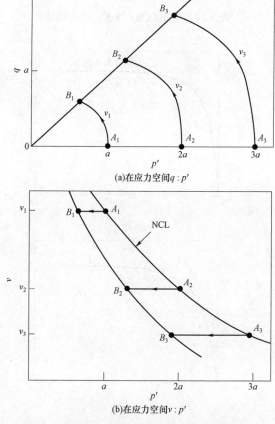

(a)在应力空间 $q:p'$

(b)在应力空间 $v:p'$

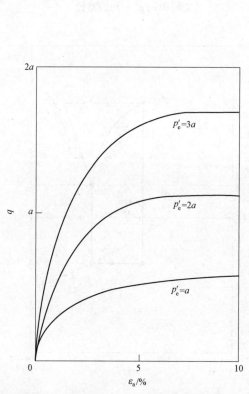

图 9.28　初始围压为 a，$2a$，$3a$ 时不排水
三轴实验在 $q:\varepsilon_a$ 空间的实验曲线

图 9.29　初始围压为 a，$2a$，$3a$ 时
不排水三轴实验曲线

（a）可以看到，在 $q:p'$ 应力空间中，不排水三轴实验曲线具有如下特点：①初始应力（应力的出发点）都在 p' 轴上；②随着偏应力的增大，应力路径中有效应力在不断减小（不排水剪缩趋势引起的有效应力减小）并呈现弧形曲线，每条弧形曲线所对应的体积只有一个，即初始比体积；③该弧形曲线最后与临界状态线在 B_i（i=1，2，3）点相交，此点处于临界状态，它也是结束点。

由图9.29（b）可以看到，在 $v:p'$ 应力空间中，不排水三轴实验曲线具有如下特点：①它们的出发点是在正常固结线上的 A_1、A_2、A_3 点；②由于是不排水实验，其比体积保持不变，它们的路径（A—B）是水平的；③**有效应力在不断减小**（不排水剪缩趋势必然引起孔隙水压力增高，导致有效应力减小）；④最后与临界状态线在 B_i（i=1，2，3）点相交并处于临界状态，该点是结束点。

9.5.3 一组排水实验结果

首先介绍一下三轴排水实验结果在应力空间的表示。通常初始应力条件已知，它们有：$p'=p_0'$，$q=0$，$u=0$。加载结束后，其孔隙水压力 $\delta u=0$，其侧向压力（围压）通常保持不变（这是因为围压是反映原存自重引起的侧压力的影响，当深度不变时，围压也不变），即 $\delta\sigma_r'=0$。此时应力增量 δq，$\delta p'$ 及应力增量的比值 $\delta q/\delta p'$ 分别为

$$\delta q = \delta\sigma_a - \delta\sigma_r = \delta\sigma_a$$

$$\delta p' = \delta p - \delta u = \delta p = \frac{1}{3}(\delta\sigma_a + 2\delta\sigma_r) = \frac{1}{3}\delta\sigma_a \tag{9.17}$$

$$\delta q/\delta p' = \frac{\delta\sigma_a}{\frac{1}{3}\delta\sigma_a} = 3$$

注意：式（9.17）成立的条件是：**三轴排水条件下的围压保持不变，即 $\delta\sigma_r' = \delta\sigma_r = 0$**。在应力空间 $q:p'$ 中，具有不同初始围压的三轴排水条件下的应力路径是一组平行直线，该直线满足式（9.17），即这些平行线的斜率为：$q/p'=3$。

图9.30给出了三轴排水应力路径在应力空间 $q:p'$ 的图示，图9.30中的应力路径 A—B 表明：①应力出发点在 p' 轴上；②路径是直线，其斜率是固定不变的，它（$\delta q/\delta p'$）等于3。

在同一正常固结黏土层中取 3 个土样作为一组，并进行排水剪切实验。实验中它们的初始围压和初始比体积分别为：$p_e' = a, 2a, 3a$；$v = v_1, v_2, v_3$。初始围压为 a，$2a$，$3a$ 时排水三轴实验在应力空间 $q:\varepsilon_a$ 和 $\varepsilon_v:\varepsilon_a$ 的实验曲线、在应力空间 $q:p'$ 和 $v:p'$ 的实验曲线分别如图9.31和图9.32所示。

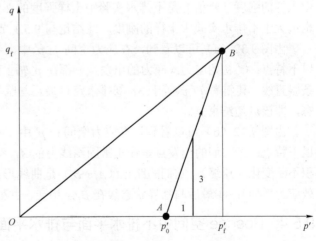

图9.30 一组排水实验的结果

从图9.31中可以看到，每个实验曲线中偏应力 q 都会随着其轴应变 ε_a 的增加而增加，直到最后到达临界状态。此阶段的曲线是硬化阶段，即随着 ε_a 的增大，偏应力 q 也在增大。到

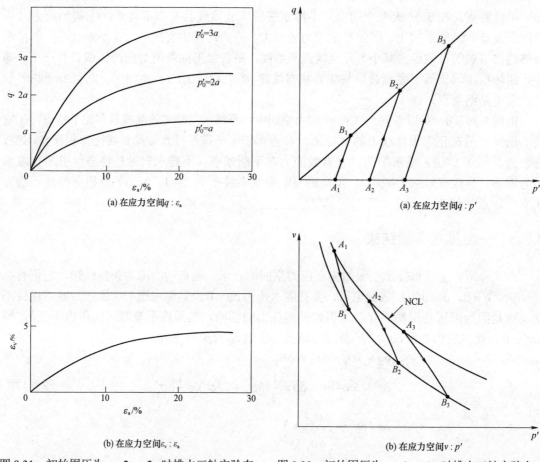

(a) 在应力空间 $q : \varepsilon_a$

(a) 在应力空间 $q : p'$

(b) 在应力空间 $\varepsilon_v : \varepsilon_a$

(b) 在应力空间 $v : p'$

图 9.31　初始围压为 a，$2a$，$3a$ 时排水三轴实验在
　　　　应力空间 $q : \varepsilon_a$ 和 $\varepsilon_v : \varepsilon_a$ 的实验曲线

图 9.32　初始围压为 a，$2a$，$3a$ 时排水三轴实验在
　　　　应力空间 $q : p'$ 和 $v : p'$ 的实验曲线

达临界状态后，偏应力不再变化（保持水平直线）。与不排水实验的结果不同的是：排水实验中土样的强度（峰值）是不排水实验中土样强度的 2 倍左右；同样，排水实验中土样的刚度也远大于不排水实验中土样的刚度。此结论与 9.5.1 节给出的结论完全一致。

　　由图 9.32（a）可以看到，在应力空间 $q : p'$ 中，不同初始围压时排水三轴实验曲线具有以下特点：①初始应力（应力的出发点）都在 p' 轴上；②随着偏应力的增大，应力路径是一条斜直线，其斜率 q / p' 等于 3；③排水路径最后与临界状态线在 B_i 点相交，此点处于临界状态，即该点是结束点。

　　由图 9.32（b）可以看到，在应力空间 $v : p'$ 中，不同初始围压时排水三轴实验曲线具有以下特点：①它们的出发点是在正常固结线上的 A_1、A_2、A_3 点；②由于是排水实验，其比体积不断变化（压缩），它们的路径（$A_i - B_i$）是曲线形；③有效应力在不断增加（排水导致有效应力增加）；④最后与临界状态线在 B_i 点相交，并处于临界状态（到达结束点）。

9.5.4　Roscoe 空间中不排水平面与排水平面

1. 不排水平面

　　当初始围压为 a，$2a$，$3a$ 时，图 9.29 给出了不排水三轴实验分别在应力空间 $q : p'$ 和 $v : p'$ 的 3 个试样的实验曲线；而图 9.32 则给出了排水三轴实验分别在应力空间 $q : p'$ 和 $v : p'$ 的 3

个试样的实验曲线。如果把排水与不排水条件下的实验结果在 Roscoe 三维空间表示出来会是什么样子呢？下面先给出一个不排水条件下三轴实验结果在 Roscoe 三维空间中的表示，如图 9.33 所示。

针对图 9.33 中 Roscoe 三维空间的实验曲线给出以下说明：①初始出发点 A 是在 $v:p'$ 平面中的正常固结线上，而在 $v:p'$ 平面中偏应力为 0；②过 A 点的 $AEDBCA$ 截面的比体积 v 与 A 点的比体积 v_A 相同；③实验曲线形成的路径 $A—B$ 是一条曲线，由于不排水，该路径 AB 曲线在等体积截面 $AEDBCA$ 中；④路径 AB 的结束点 B 是临界状态线上的点；⑤该路径 AB 曲线在 $v:p'$ 平面的投影在 AE 线上；⑥该路径 AB 曲线在 $q:p'$ 平面的投影形成曲线 A_1B_1，B_1 点为临界状态点。从图 9.33 中 Roscoe 三维空间的不排水实验曲线可以看到：该曲线在 $q:p'$ 平面中的投影和在 $v:p'$ 平面中的投影就是图 9.29（a）和图 9.29（b）所示的情况。

2. 排水平面

排水条件下三轴实验结果在 Roscoe 三维空间中的表示如图 9.34 所示。针对图 9.34 中 Roscoe 三维空间的实验曲线给出以下说明：①初始出发点 A 在 $v:p'$ 平面中的正常固结线上；②过 A 点的 $ACBB_1A_1A$ 截面在 $q:p'$ 平面中投影所形成的直线斜率 q/p' 为 3；③实验曲线形成的路径 $A—B$ 是一条曲线，该路径 AB 曲线在 $ACBB_1A_1A$ 截面中；④该路径 AB 曲线中的 B 点是 $ACBB_1A_1A$ 截面与临界状态线的交点，该路径在 B 点结束，并处于临界状态。从图 9.34 中的 Roscoe 三维空间的排水实验曲线可以看到：该曲线在 $q:p'$ 平面中的投影和在 $v:p'$ 平面中的投影就是图 9.32（a）和图 9.32（b）所示的情况。

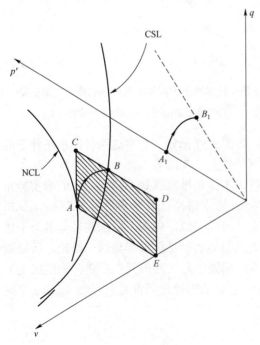

图 9.33 不排水条件下三轴实验结果在
Roscoe 三维空间中的表示

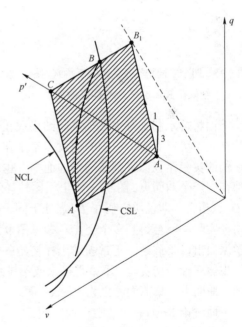

图 9.34 排水条件下三轴实验结果在
Roscoe 三维空间中的表示

9.5.5 Roscoe 面

排水面和不排水面共同构成 Roscoe 面。

下面给出四个不同初始条件下的不排水三轴实验结果在 Roscoe 三维空间中的表示，如图 9.35 所示。这四个实验曲线都是从正常固结线上出发（不同之处是初始比体积不同），经过不排水剪切过程，最后到达临界状态线，并结束实验。

图 9.36 给出了两个不同初始条件下的排水三轴实验结果在 Roscoe 三维空间中的表示。这两个实验曲线都是从正常固结线上出发（不同之处是初始比体积和球应力不同），经过排水剪切过程，最后到达临界状态线，并结束实验。

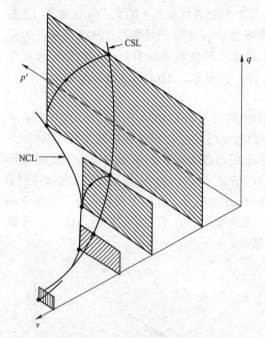

图 9.35 四个不同初始条件下的不排水三轴实验
结果在 Roscoe 三维空间中的表示

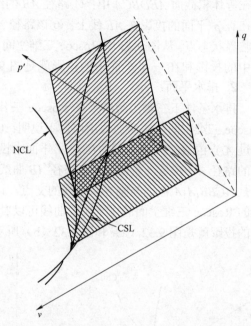

图 9.36 两个不同初始条件下的排水三轴实验
结果在 Roscoe 三维空间中的表示

下面将排水和不排水三轴实验结果放在一起，如图 9.37 所示。观察这两种排水条件下的实验结果，可以看到，它们的出发点都是在正常固结线上，其结束点都是在临界状态线上，而它们的实验路径似乎都在同一曲面中。也就是说，不论是排水或是不排水，它们的实验路径都在同一个曲面上。图 9.38 给出了比较详细的图示，排水路径 $A_1 D_2 B_3$ 与不排水路径 $A_2 D_2 B_2$ 在 D_2 点相交，即说明它们在 D_2 点处于同一曲面上。与此类似，做多个排水路径与多个不排水路径实验，就会得到多个交点，参见图 9.37。通过很多实验都可以得到这一结论，所以剑桥学派做出以下假定：正常固结土样初始各向同性压缩固结后（其出发点在正常固结线上）进一步做三轴剪切实验，不论是排水或不排水实验，它们的实验路径都是在三维 Roscoe 空间的同一曲面上，该曲面称之为 Roscoe 面。

下面讨论 Roscoe 面的唯一性问题。

观察图 9.29（a）中初始围压为 a，$2a$，$3a$ 时不排水三轴实验在应力空间的 3 个实验曲线，可以看到：3 个实验曲线是相似的，其不同之处仅在于其初始围压不同，并导致其比体积不同。由此可以设想，如果利用初始围压 p_0' 进行归一化，就可以消除初始围压 p_0' 的影响，从而得到一致的应力路径。也就是说，将图 9.29（a）中的 3 个曲线结果分别除以它们各自的初始围压 $p_0' = a$，$2a$，$3a$，由此就可以消除初始围压的影响，并将此做法在归一化应力空间 $q / p_0' : p' / p_0'$

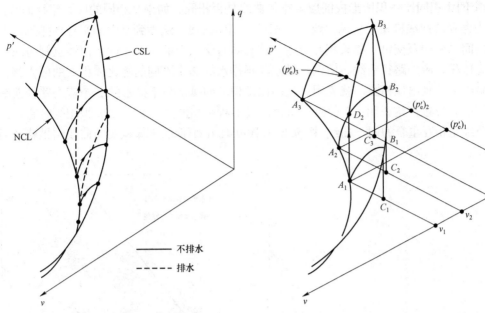

图 9.37 排水和不排水三轴实验结果在
Roscoe 三维空间中的表示

图 9.38 1 个排水和 3 个不排水三轴实验结果在
Roscoe 三维空间中的详细表示

中表示出来，这 3 个实验结果就变成为一条曲线，如图 9.39 所示。由此可见，正常固结土多个不排水三轴实验结果的应力路径曲线在归一化应力空间 $q / p'_0 : p' / p'_0$ 中是唯一的应力路径曲线。

正常固结土的排水实验要比不排水实验复杂一些，因为排水实验中比体积 v 是变化的。对于排水路径，在常体积 Roscoe 面（如图 9.40 中等比体积 v_3 的实线曲线）上的某一点，即使沿虚线移动微小的一步，都会使比体积发生变化，参见图 9.40。通常会期望排水应力路径中具有相同比体积所形成的（等 v 值）曲线形状相同，这些排水路径形成的相同形状的等比体积曲线所具有的不同之处仅在于它们对应的比体积 v_i 是不同的，参见图 9.40 中的实曲线。并且，排水路径形成的等比体积曲线与不排水路径形成的等比体积曲线是形状相同的平行曲线；而且比体积相等时排水路径的等比体积曲线与不排水路径的等比体积曲线是相互重合的同一曲线。对此，下面将通过实验加以证实。

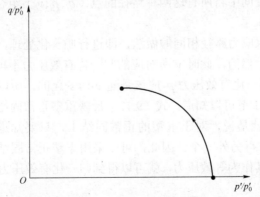

图 9.39 3 个不排水三轴实验结果在归一化应力空间 $q / p'_0 : p' / p'_0$ 中的应力路径曲线

为了检验排水应力路径和不排水应力路径在 Roscoe 空间中是否处于同一曲面，则应看在

$q:p'$ 应力空间中相同比体积所形成的应力路径曲线是否相同。如果是相同的应力路径曲线，则 2 种应力路径的曲线应相互协调一致，即相同体积的曲线应从大到小协调平行地排列，不允许曲线之间产生相互交错。如果相互交错，就意味着交点上的应力相同，但该点却对应 2 不同的等比体积 v 应力路径曲线。所以，排水与不排水的 2 个不同的等比体积 v 的应力路径曲线的实验结果一旦出现相交，就表明：相同比体积 v 的排水与不排水的 2 个应力路径曲线形状是不同的。反之，这说明：2 种应力路径曲线形状是相同的，并且比体积相等时它们的等比体积曲线是相互重合的同一曲线。图 9.40 和图 9.41 中平行的等体积实验曲线结果就证明了上述情况。

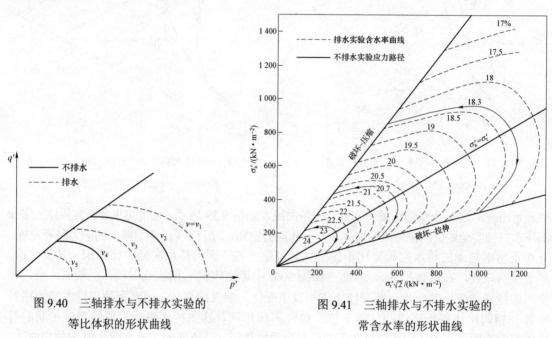

图 9.40　三轴排水与不排水实验的
　　　　　等比体积的形状曲线

图 9.41　三轴排水与不排水实验的
　　　　　常含水率的形状曲线

由图 9.40 和图 9.41 可以看到，无论是排水和不排水实验的等比体积的形状曲线，它们是平行的，形状也是相同的，并且比体积相等时它们的等比体积曲线是相互重合的同一曲线。由此，也验证了排水和不排水这两种路径中当它们的有效应力点（q_i，p_i'）相同时，它们会对应于相同的 v_i。Roscoe 空间中将所有这两种路径的点（q_i，p_i'，v_i）组合在一起，就可以组成一个面，该面就称为 Roscoe 面。

　　然后，采用与不排水应力路径相同的做法，即进行归一化处理，以便于消除不同的比体积 v_i 所产生的不同影响。然而，此时 v 所对应的归一化有效压力不再是确定不变的初始有效压力 p_0'（常量），这种归一化有效压力 p_e' 应该是随 v 而变化的。所以，它应该是一种随 v 而变化的等效压力。由 9.4.1 节可以知道：式（9.12）反映重塑正常固结土材料的本质关系，即这种关系是唯一的。也就是说，对于重塑的正常固结土，只要知道 p' 和 v 中的任意一个，就可以利用式（9.12）求得另外一个。因此，可以采用重塑正常固结土的各向同性压缩公式（9.12）的有效应力，将其作为等效压力，就可以得到归一化有效压力 p_e'，但需要把公式中的 p_e' 解出来，即

$$p_e' = \exp[(N - v) / \lambda] \tag{9.18}$$

式（9.18）中的 p_e' 就是随 v 而变化的，它可作为归一化中使用的等效压力。

图 9.42 中的 5 个等比体积实线曲线，实际上也是不排水路径在 5 个不同初始应力下形成的应力路径曲线。

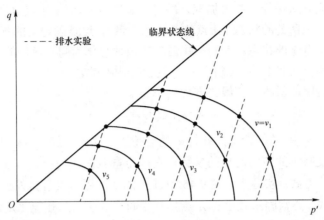

图 9.42　5 个排水与 5 个不排水三轴实验结果在应力空间 $q:p'$ 中的应力路径曲线

图 9.43 给出了图 9.38 所示三维 Roscoe 空间中排水实验路径 $A_1D_2B_3$ 在归一化应力空间 $q/p_e':p'/p_e'$ 中的应力路径曲线。图 9.43 所示排水实验路径中的 A_1 点、D_2 点和 B_3 点实际上分别具有不同的比体积 v_1、v_2 和 v_3，但这种三维空间的排水路径由于归一化后，将 A_1 点、D_2 点和 B_3 点分别具有不同的比体积的情况消去了，转变成归一化的、二维的平面应力关系。而图 9.43 中的应力点 A_1 点、D_2 点和 B_3 点隐含着它们分别具有不同的比体积 v_1、v_2 和 v_3。

针对排水和不排水路径构成的 Roscoe 面的唯一性问题，Balasubramaniam（1969）给出了很多正常固结高岭土在排水、不排水和等 p' 实验条件下的归一化应力路径的实验结果，如图 9.44 所示。图 9.44 中的各种应力路径的实验数据已经很好地说明了下面的假定是正确的，即假定：对于所有压缩实验，并且不论何种实验路径，Roscoe 面都是唯一的。

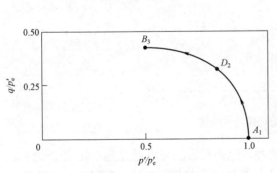

图 9.43　图 9.38 中排水实验路径 $A_1D_2B_3$ 在
归一化应力空间 $q/p_e':p'/p_e'$ 中的应力路径曲线

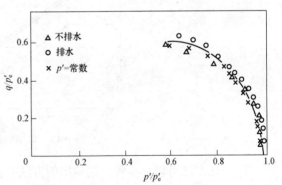

图 9.44　正常固结高岭土在归一化应力空间
$q/p_e':p'/p_e'$ 中的应力路径曲线

（Balasubramaniam，1969）

9.5.6　关于坐标归一化的讨论

前面通过采用归一化的方法，可以将初始条件不同的影响及不同比体积的影响消除掉，并最后得到了反映土的本质规律的关系和曲线。由此可以看到，归一化方法能够将复杂的现象用较为简单的方式表现出来，即用较为简单的方式表达复杂的或更具一般性的土的行为。

下面将对归一化方法进行一些更加深入的讨论。图 9.45 给出了点 A 的状态量 e_a, σ_a'。已知土的超固结比和现在所处的状态（A 点的各状态变量），这是确定土的行为的重要因素。具有相同超固结比的所有土的状态，在归一化后，应该理想化为同一等价的状态。图 9.45 中正常固结线（NCL）和临界状态线（CSL）的位置已经由参数 e_0, e_Γ 确定了，并且图中 AA' 线是一条具有相等超固结比的斜线，该线的方程为

$$e_\lambda = e_a + C_c \lg \sigma_a' \tag{9.19}$$

注意：e_λ 包含了 e_a 和 σ_a' 的影响，并且 e_λ 随着超固结比的增加（AA' 线向左移）而减小。黏土的超固结比是反映土的应力历史的参数，它的定量表达式为：$R_p = p_m' / p_0' = \sigma_e' / \sigma_a'$，这是一种应力比的表达方式。实际上，图 9.45 中 A 点的状态还可以有另外一种表达方式，即孔隙比差值的表达方式。正常固结线上与 A 点具有相同有效压力的孔隙比是 e_A，这一孔隙比 e_A 与 A 点孔隙比 e_a 之差（垂直距离）反映了应力历史的影响。通常超固结比越大，它们的差距也越大，孔隙比的变化也越大，e_a 就会越小。超固结比等于 1，表明（相同有效压力作用下）A 点的孔隙比与正常固结土的孔隙比是相等的。这也说明，在相同的有效压力作用下，超固结比越大的土，其孔隙比越小，也就越密实。因为 AA' 和正常固结线是平行线，所以 $e_A - e_a$ 与 $e_0 - e_\lambda$ 是相等的。因此，可以用 $\sigma' = 1$ 的竖向坐标上不同截距的特征值 $e_0 - e_\lambda$ 代替 $e_A - e_a$。另外，也可以用 $\sigma' = 1$ 的竖向坐标 e_λ 的特征值描述土的状态，这将在以后讨论。图 9.45 中：σ_e' 为正常固结线上孔隙比 e_a 所对应的应力；σ_c' 为临界状态线上孔隙比 e_a 所对应的应力。

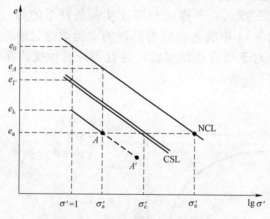

图 9.45　剪切实验结果及其参数

归一化方法可以有多种，最常用的方法有两种，这两种方法可以通过图 9.46 加以说明。图 9.46（b）图给出了在归一化坐标系中的一维正常固结线和临界状态线，它们归一划后可以表示为 2 个点。其水平轴为 e_λ ［由式（9.19）定义的等超固结比线在 $\sigma' = 1$ 的竖向坐标上的截距，它取决于 e_a 和 σ_a' ］，纵轴为 τ / σ'（剪应力 τ 用目前有效压力 σ' 进行了归一化）。正常固结线在 $\tau / \sigma' = 0$ 时，$e_\lambda = e_a$；临界状态线在 $\tau / \sigma' = \tan \phi_c'$ 时，$e_\lambda = e_\Gamma$。图 9.46（b）中很明显地给出了黏土状态的一种划分方法，即根据等超固结比线的截距 e_λ 在 $\sigma' = 1$ 的竖向坐标上所处的区间和位置确定土的剪胀或剪缩状态及其相应的应力状态。若 $e_\lambda < e_\Gamma$，则土为剪胀状态；若 $e_\lambda > e_\Gamma$，则土为剪缩状态。

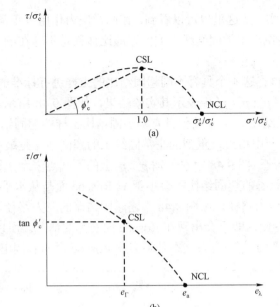

图 9.46　归一化后的正常固结线和临界状态线

第一种归一化方法是采用临界状态应力 σ'_c，是图 9.45 中临界状态线上与 A 点具有相同孔隙比所对应的应力。此时临界状态应力 σ'_c 满足下式：

$$\lg \sigma'_c = \frac{e_\Gamma - e_a}{C_c}$$

图 9.46（a）给出了采用临界状态应力 σ'_c 对两个坐标进行归一化的结果。此时，临界状态线的位置为：$\sigma' / \sigma'_c = 1$，$\tau / \sigma'_c = \tan \phi'_c$；而正常固结线的位置为：$\sigma'_e / \sigma'_c$，$\tau / \sigma'_c = 0$。

第二种方法是采用正常固结压力 σ'_e 替代临界状态应力 σ'_c（图 9.45）进行归一化处理。采用临界状态应力 σ'_c 进行归一化的好处是：对于给定土来说，临界状态线是唯一的，它与初始条件无关；而正常固结线对各向同性压缩和一维压缩（见 9.5.2 节）则是不同的，此外自然状态土的结构性也会影响正常固结线的位置（截距位置）。

9.5.7　正常固结土的状态边界面

此前，本节讨论的都是正常固结黏土各向同性压缩的情况，下面将讨论黏土略有超固结的情况。图 9.47 给出了 4 个具有不同超固结比（或前期固结压力）黏土土样的回弹曲线，其中：1 点的土样是正常固结土样，其超固结比为 1；2、3、4 点为超固结土样，4 点土样的超固结比最大。取有效应力为 p'_1，该应力与图 9.47 中 4 条曲线相交的 4 个点对应 4 个不同的比体积。这说明，在同样压力作用下，超固结比越大，其相应的比体积

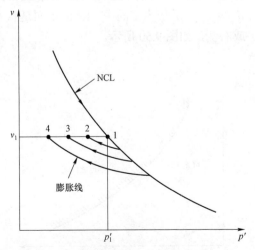

图 9.47　具有 4 个不同超固结比的土样的
正常固结线和回弹曲线

就会越小，土样就越密实。从这里也可以看到，在同样压力作用下正常固结土是比体积最大、最疏松的状态。换句话说，正常固结线上方区域的比体积是不存在的，所以正常固结线是一条边界线。

与上述情况相同，再将这 4 个具有不同超固结比的土样进行标准的三轴剪切不排水实验，在归一化的应力空间 $q/p_e' : p'/p_e'$ 中表示其实验结果，如图 9.48 所示。其中最右端的应力路径是 Roscoe 面，其超固结比 $R_p=1$；其他具有略超固结比土样的超固结比分别为（从右到左）：$R_p=1.2$，1.5，2.2。9.3 节中指出，重塑的正常固结土的超固结比是最小的，也就是说不会出现超固结比小于 1 的情况。图 9.48 中水平轴 p'/p_e' 上的不同点表示土样初始时所具有的不同超固结比的状态，这种状态的超固结比不会小于 1。Roscoe 面是从水平坐标轴最右端的点（超固结比为 1）而出发的应力路径，由图 9.48 中略超固结比的应力路径可以看到，这些应力路径都处于 Roscoe 面的左侧，即不会出现在 Roscoe 面右侧的情况。所以，Roscoe 面是应力空间的状态边界面，而重塑土样的应力状态是不会在 Roscoe 面的右侧出现的。

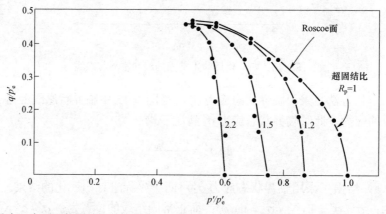

图 9.48　具有 4 个不同超固结比的土样在 $q/p_e' : p'/p_e'$ 应力空间中的应力路径（Loudon，1967）

由上述讨论可以得到以下结论：在 $v:p'$ 应力空间中，正常固结线（初始压缩曲线）是状态边界线，即土的状态不可能处于正常固结线的上方或右侧，如图 9.49 所示；在归一化 $q/p_e' : p'/p_e'$ 应力空间中，Roscoe 面是状态边界面，即土的状态不可能处于 Roscoe 面的上方或右侧，如图 9.50 所示。

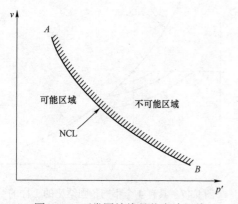

图 9.49　正常固结线是状态边界线

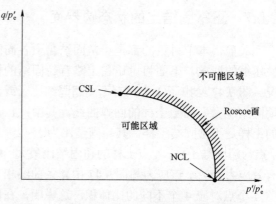

图 9.50　Roscoe 面是状态边界面

9.5.8 三轴排水路径的一些具体情况介绍

（1）正常固结土三轴排水剪切路径的归一化结果。

实验中发现，在 $q:p'$ 平面内等应变的应力状态连线是从原点出发的直线，见图 9.51 中第 2 行中间的图。在 $q/p':\varepsilon_1$ 坐标系中剪切实验关系与 p' 无关，这种情况可以参考图 9.52（b）。

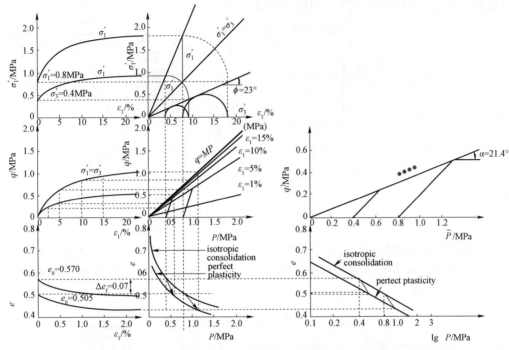

图 9.51 不同坐标系下正常固结土的三轴排水剪切实验结果

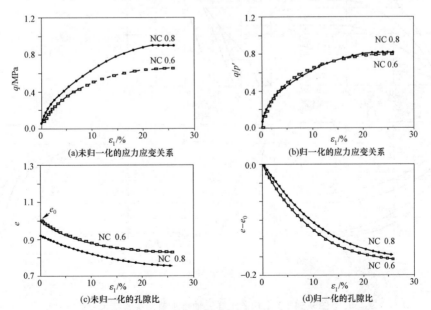

图 9.52 正常固结土的三轴排水剪切实验结果归一化和未归一化的比较

（注：NC 表示正常固结。）

结果表明：不同应力状态下，正常固结土在应力空间 $q/p':\varepsilon_1$ 与 $e-e_0:\varepsilon_1$ 中的曲线是相似的，参见图 9.52（b）和图 9.52（d）。此外与固结压力 p'_{ic} 也没有关系，参见图 9.52。

（2）正常固结土在不同应力比（ $\eta=q/p'$ ）作用下都具有相同的斜率。

实验结果表明，在不同应力空间中各向同性压缩、一维压缩和临界状态线都具有相同的斜率，如图 9.53 所示。由此可以总结出：正常固结土在任何应力比 η 作用下并采用相同的对数坐标时，都具有相同斜率，即它们是平行线。

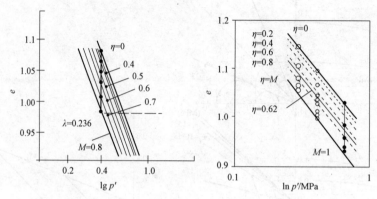

图 9.53　各向同性压缩、一维压缩和临界状态线（不同应力比作用下）

（3）归一化后各变量和参数之间的关系。

图 9.54 给出了松砂各变量和参数之间的关系图示，这 5 个图相互之间都有联系，有利于分析实验结果。其中， γ_d 为干重度。

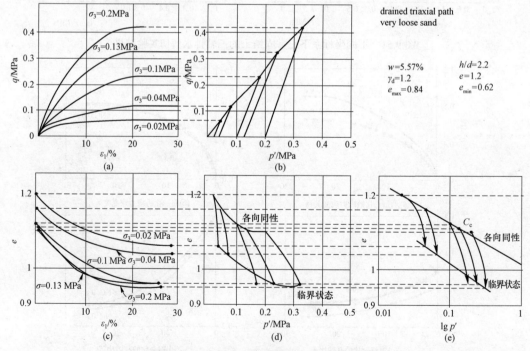

图 9.54　5 个松砂土样三轴排水剪切实验结果

正常固结黏土的实验结果可以较容易地从黏土实验中获得，但砂土正常固结状态的实验通常是比较困难的，这是因为实践中很难得到正常固结砂土的试样（难以使重塑砂土到达最疏松状态）。如果采用略微潮湿的砂土制作试样，并使孔隙比尽可能达到最大，就可以近似地认为其是正常固结砂土，图 9.54 所对应的实验中使用到的土样就是这样制成的砂土样。此时的砂土样的压缩指数 C_c（0.1～0.2）和低塑性细粒土的 C_c 是一致的。由此可以看出，正常固结黏土的剪切行为与最疏松砂土的剪切行为相似。

9.5.9　结论

（1）重塑正常固结黏土是一种最疏松状态的土，所以在 $v:p'$ 应力空间中，正常固结线是最顶部的状态边界线。

（2）在三维 Roscoe 空间 $q:p':v$ 中存在一条临界状态线，三轴压缩实验时正常固结黏土的所有路径都会与临界状态线相交，并且整个变形过程在与临界状态线的交点处结束。

（3）正常固结土在三维 Roscoe 空间 $q:p':v$ 中的应力路径（无论是排水或不排水路径）必然处于 Roscoe 面上，并且这些路径都从正常固结线出发并在临界状态线上结束。

（4）Roscoe 面的几何形状为：当 v 为某一常数（不排水情况）时，就会在 Roscoe 面中形成一条曲线，即不排水路径曲线。当 v 为不同数值时，不同 v 值的等 v 曲线的形状都相同，但当采用 $q/p_e':p'/p_e'$ 应力空间时，则所形成的曲线是唯一的。

（5）正常固结黏土和最疏松砂土的各向同性压缩、一维压缩和临界状态线（不同应力比 $\eta=q/p'$）都具有相同的斜率。

9.6　超固结土的偏应力作用和体积变形

9.5 节介绍了正常固结土从正常固结线到达临界状态线的剪切变形过程中，正常固结土的变形情况和破坏现象，其中讨论的一些概念如临界状态、状态边界面、Roscoe 面等，能否用于超固结土的情况呢？本节将讨论这些问题。下面先从超固结土的排水实验开始。

9.6.1　超固结土的排水实验

图 9.55 中，沿正常固结线压缩到点 A 后开始沿着膨胀线卸载，直到点 B。点 B 处于超固结状态，其超固结比为 $R_p = p_{max}' / p_0'$。实际上，任意膨胀线上的点所对应的土体都处于超固结状态。

Bishop 和 Henkel（1962）给出了一个典型的 Weald 强超固结黏土样（超固结比 $R_p=24$）的三轴排水实验结果，如图 9.56 所示。

观察图 9.56 中强超固结黏土样排水实验的结果，从图中可以得到以下几点结论。

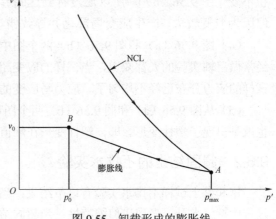

图 9.55　卸载形成的膨胀线

（1）峰值强度 q_f 高于最后结束时的强度，由于结束时曲线仍然呈下降趋势，因此也必然高于临界状态时的强度。再看图 9.56（c）中排水应力路径必然沿着斜率为 3 的直线上升，到达峰值点 q_f 后，开始下降，并向临界状态线发展，在临界状态线附近结束。

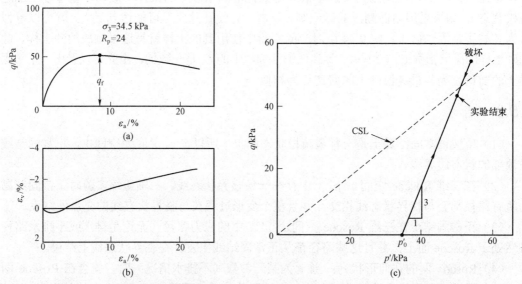

图 9.56　典型的 Weald 强超固结黏土样（超固结比 $R_p=24$）的三轴排水实验结果

（2）在图 9.56（b）中，土的体积应变的变形过程是：先有很短一段的剪缩，然后就一直剪胀下去。这说明强超固结黏土样较为密实，所以才会出现相变后一直存在的剪胀过程（与正常固结土一直处于剪缩状态不同）。但为何初始阶段会呈现很短一段的剪缩过程？这是因为，即使密实的超固结土也会存在较小的孔隙空间，土颗粒在剪切作用下首先会产生颗粒之间的微小滑移，并挤向已有的孔隙空间，使土体积剪缩；但当颗粒滑移受到约束和障碍，产生转动、翻滚、拔出时，就会产生体积膨胀。

（3）图 9.56（a）中给出的偏应力 q 最后并没有到达临界状态，原因是曲线的最后阶段没有呈现水平线段。也就是说，如果实验继续进行，曲线将继续下降，但不能保持应力和体积不变［图 9.56（b）］，所以还没有到达临界状态。或较大应变时，虽然 q 出现水平线段，但因为应变较大，产生应变局部化并导致错误的结果，参考 9.4.5 节中应变局部化的讨论。

（4）图 9.56（a）和图 9.56（b）两个图中的实验曲线最后的竖向应变值已经超过 20%，经常做三轴实验的人都知道，当试样的应变超过 10% 时，试样已经初始出现鼓肚现象，此时试样的应力分布已经不均匀了，应力与应变的关系此时已经失真。

（5）从图 9.56（a）和图 9.56（b）两个图可以看到，在峰值出现以前就已经出现了剪胀，也就是出现了塑性变形。即，塑性变形在峰值出现以前早就存在了。

9.6.2　超固结土的不排水实验

饱和黏土试样不排水实验有以下结果：当超固结比 $R_p<2$ 时，土样中孔隙水压力在剪切过程中持续上升，表现出剪缩特性；当超固结比 $R_p>2$ 时，土样中孔隙水压力在剪切过程中先上升后下降，并一直下降到几乎结束（产生负孔隙水压力），表现出先剪缩后剪胀的特性。

图 9.57 给出了不同超固结比土样的三轴不排水实验结果在不同坐标系中的曲线，通过对比可以看到不同超固结比的影响及其相应曲线的不同之处。其中图 9.57（a）的纵坐标为大主应力 σ_1'，图 9.57（e）的纵坐标是孔隙水压力增量。

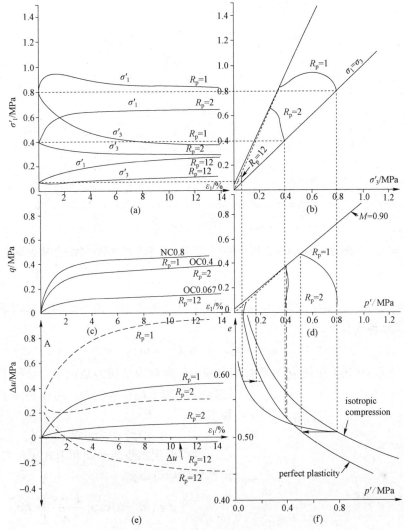

图 9.57 不同超固结比土样的三轴排水实验结果在不同坐标系中的曲线
（注：NC 表示正常固结，OC 表示超固结。）

9.6.3 超固结土的 Hvorslev 面

9.5.7 节中指出：在归一化应力空间 $q/p_e' : p'/p_e'$ 中，Roscoe 面是状态边界面，即土的状态不可能处于 Roscoe 面的上方或右侧，而其左侧则是超固结状态，参见图 9.48。

Hvorslev 曾经采用这种归一化应力空间描述土样在剪切盒中的破坏强度。Parry（1960）针对 Weald 强超固结黏土做了一系列三轴剪切实验，图 9.58 给出了在归一化应力空间 $q/p_e' : p'/p_e'$ 中排水和不排水条件下破坏状态的实验数据。

由图 9.58 可以看到，在归一化应力空间 $q/p_e' : p'/p_e'$ 中三轴排水和不排水破坏状态的实验数据可以用一条斜直线表示。该直线右侧与 Roscoe 面相交，交点为临界状态线的投影点；该直线左侧与无拉伸应力分割线相交，如图 9.59 所示。图 9.58 对应的实验中的实验数据可以用图 9.59 中的斜线表示。

图 9.59 所示的直线称之为 Hvorslev 面，其数学表达式为

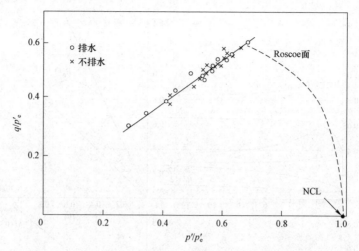

图 9.58　典型的 Weald 强超固结黏土的三轴排水和不排水破坏状态的实验结果

$$q / p'_e = g + h(p' / p'_e) \qquad (9.20)$$

式中，g 为图 9.59 中纵坐标的截距，h 为该图中斜线的斜率。该斜线的最右端是临界状态线的位置点，因此该点有下式：

$$q_f = Mp'_f, \quad v_f = \Gamma - \lambda \ln p'_f$$

图 9.59 和式（9.20）中的 p'_e 为等效固结应力。等效固结应力是正常固结线上相应于某一

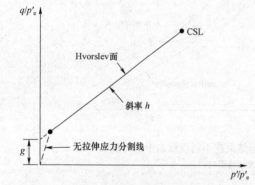

图 9.59　Hvorslev 面

比体积 v 的平均有效应力，可以利用正常固结线方程求解：

$$p'_e = \exp[(N - v) / \lambda]$$

将临界状态线的公式和上式代入式（9.20），化简并整理后可得到

$$q = (M - h) \exp\left(\frac{\Gamma - v}{\lambda}\right) + hp' \qquad (9.21)$$

式中，偏应力 q 是强超固结土到达峰值破坏时的偏应力，它由两部分组成：其中 hp' 部分是正比于 p' 且可以认为是反映摩擦性质的项；而右端第一项是依赖于目前比体积 v 和超固结土样的常数值

（M，h，Γ，λ），所以这一项是比体积 v 的函数。也就是说，强超固结土峰值（强度破坏值）不但依赖于 p'，还依赖于目前状态的比体积 v。与库仑强度准则相比，式（9.21）右侧第一项相当于库仑强度准则中的黏聚力 c 值，而右侧第二项相当于摩擦项；但与库仑强度准则不同之处为：式（9.21）中的黏聚力 c 不再是常数，而是与比体积 v 相关的量。图 9.60 给出了两个强超固结土的排水实验峰值强度曲线，破坏时两个土样具有相同的 p'，但比体积 v_1 和 v_2 不同（$v_1 \geqslant v_2$），其对应的破坏峰值也不同（$q'_1 \leqslant q'_2$）；而斜线 A_1B_1 和 A_2B_2 是针对不同比体积 v_1 和 v_2 的 Hvorslev 面。

式（9.21）也称为 Hvorslev 面方程，其物理含义是：强超固结土不管是沿排水或不排水应力路径，其路径都将达到 Hvorslev 面。这就如同，正常固结土不管是沿排水或不排水应力路径，其路径都终将达到 Roscoe 面。所以它们都是以同样的方式（硬化）到达各自对应的边

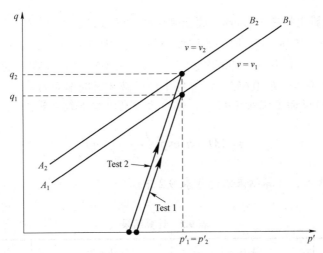

图 9.60　具有两个不同比体积土样的排水实验的峰值破坏状态

界面，然后才转向朝着临界状态线的方向发展。因为 Hvorslev 面上的各点均是峰值点，因此应力状态不可能大于其峰值偏应力，所以 Hvorslev 面也是一状态边界面，即强超固结土不管是沿排水或不排水应力路径，其路径不可能超过 Hvorslev 面。因此强超固结土样的应力路径都是在 Hvorslev 面的下方，而不可能处于 Hvorslev 面的上方。由图 9.58 可以看到 Hvorslev 面和 Roscoe 面相交，它们的交点（线）是临界状态线。值得注意的是：式（9.21）不适用于 p' 较小（略超固结比）的情况，因为这是在拉伸应力区。

下面介绍无拉伸应力分割线。

三轴实验时围压最小为零（因为通常假定土不能承受拉应力），这时三轴仪中土样的应力状态为 $q=\Delta\sigma_a$，$p'=(1/3)\Delta\sigma_a$，所以 $q/p'=3$。这意味着土不能承受有效拉应力的限制，其应力状态只能在过原点并且其斜率为 $q/p'=3$ 的直线以下的区域内。否则，假定：在该直线上方任意一点的应力，过该点做一条 $q/p'=3$ 的直线，这条直线是总应力路径，如果总应力路径下侧通过横坐标原点的左侧拉应力区域，这就意味着：该应力路径的初始应力状态是无压力或拉应力状态。但这是不容许的。图 9.59 中过原点的虚线就表示这一限制，该虚线也是一状态边界面，称之为无拉力面或无拉伸应力分割线。

实际上强超固结土到达 Hvorslev 面以后，是否转向朝着临界状态线的方向发展，这是需要通过实验加以证实的。目前的实验结果表明，强超固结土样到达 Hvorslev 面以后会出现软化，所以临界状态强度小于 Hvorslev 面的峰值强度，参见图 9.56（c）。但强超固结土样到达 Hvorslev 面后是否从 Hvorslev 面继续发展，并最后到达临界状态，这却难以证实。这主要是因为以下两点。①强超固结土样到达临界状态需要有较大的应变，这种程度的应变在三轴仪试样的几何外形不发生较大改变（试样中间不出现鼓肚）时是不可能产生的，而很大应变会导致土样不均匀，从而失去了代表性。②峰值强度后强度降低，出现不稳定，土中应变会集中于软化了的狭窄带，试样不再是均匀的了，即产生了应变局部化。这时用试样边界上的测量值确定这种局部软化土的状态是困难的。就目前的认识和已有的实验结果可以做如下假定：不论土的初始状态如何（正常固结或超固结），其临界状态是相同的。也就是说，超固结土最终也会到达临界状态，并且这一临界状态和正常固结土所到达的临界状态是同一临界状态（临界状态的唯一性），参见图 9.13。

▲ **例 9-4（计算土样在 Hvorslev 面上破坏时的偏应力值）** 已知：三个土样 A，B 和 C 都在 Hvorslev 面上发生破坏，破坏时的比体积和平均有效应力用 v 和 p' 表示。土样 A：$v=1.90$，$p'=200\,kPa$；土样 B：$v=1.90$，$p'=500\,kPa$；土样 C：$v=2.05$，$p'=200\,kPa$。黏土参数为 $N=3.25$，$\lambda=0.2$，$\Gamma=3.16$，$M=0.94$，$h=0.675$。计算各土样在破坏时的偏应力 q。

解：利用 Hvorslev 面方程式（9.21），偏应力 q 可以按下式计算：

$$q = (M - h)\exp\left(\frac{\Gamma - v}{\lambda}\right) + hp'$$

将已知的参数代入，计算结果汇总于表 9.2 中。

表 9.2　计算结果

参数	土样 A	土样 B	土样 C
v	1.90	1.90	205
p'/kPa	200	500	200
q/kPa	279	482	203

9.6.4　完整的状态边界面

本节将讨论完整的状态边界面及临界状态线在其中的位置。

1. 不排水路径的状态边界面

图 9.61 给出了在归一化应力空间 $q/p'_e : p'/p'_e$ 中完整的状态边界面和临界状态线的位置。然而，图 9.61 仅给出了等比体积 v 截面或不排水截面的状态边界面的情况。当然，不同比体积的不排水截面的边界面的形状都是相同的（除了比体积不同）。另外，图 9.61 中的 A 点总是在正常固结线上，并决定了该截面 v 值的大小。

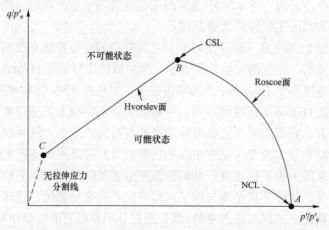

图 9.61　归一化应力空间 $q/p'_e : p'/p'_e$ 中完整的状态边界面

图 9.62 给出了在三维 Roscoe 空间 $q : p' : v$ 中完整的状态边界面和临界状态线的位置。

图 9.62 中等比体积 v 的截面就是图 9.61 所示的截面，不同之处仅在于它们的坐标是不同的。

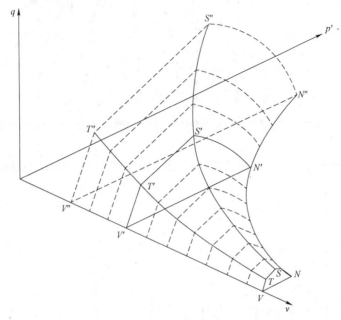

图 9.62　Roscoe 空间 $q:p':v$ 中完整的状态边界面和临界状态线的位置

值得注意的是，不排水等比体积的应力空间中临界状态线是偏应力最大的峰值点，参见图 9.61。观察图 9.61 中的状态边界面发现，好像不排水时临界状态的偏应力大于强超固结土的峰值偏应力。实际上不排水强超固结土的破坏情况是由图 9.63 中 A 点左侧 BA 线决定的，而 A 点右侧略超固结土的破坏是由图 9.63 中的临界状态线的延长线决定的。正常固结土的破坏由虚线标示的临界状态线决定，而超固结土的峰值偏应力是大于正常固结土的临界状态的。实际上超固结比越大（越靠左侧），土就越密实，偏应力峰值也会越大，与虚线的距离也越大。关于强超固结土的峰值偏应力（或强度），将在第 11 章中重点讨论。

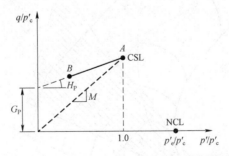

图 9.63　正常固结线（斜率为 M 的虚线）和超固结破坏线（BA 线）

Loundon（1967）给出了一组高岭土不排水实验在归一化应力空间中的表示，如图 9.64 所示，图中尖角处已经被削圆。图 9.64 中给出的应力路径可以近似地认为是垂直向上的，由此可以假定：超固结理想化的不排水应力路径为图 9.65 给出的应力路径。

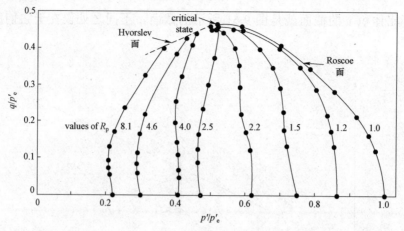

图 9.64　归一化应力空间 $q/p_{\mathrm{e}}':p'/p_{\mathrm{e}}'$ 中一组超固结土样不排水应力路径（Loundon，1967）

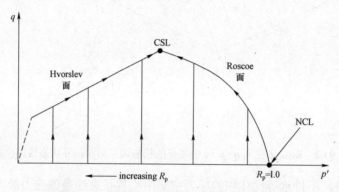

图 9.65　超固结土理想化的不排水应力路径

2. 排水路径的状态边界面

图 9.66 给出了在三维 Roscoe 空间 $q:p':v$ 中一个排水路径的截面及该截面与一组等体积面和各个状态边界面相交的情况。

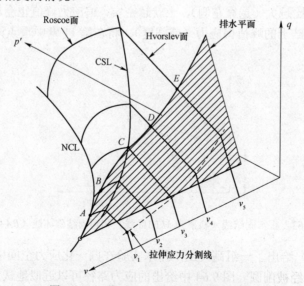

图 9.66　三维 Roscoe 空间中的排水平面

　　图 9.67 给出了应力空间 $q:p'$ 中排水应力路径与一组不排水平面相交的情况，由此可以看到应力路径中不同点 A、B、C、D、E 所对应的不同的比体积 v_i（$i=1,2,3,4,5$）。图 9.66 中给出了 5 个不同比体积的边界面，这 5 个不同比体积的边界面在 $q:p'$ 平面的投影参见图 9.67。

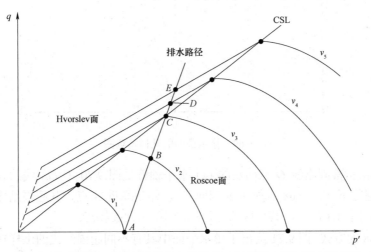

图 9.67　应力空间 $q:p'$ 中排水应力路径与一组不排水平面相交的情况

　　图 9.67 表明，排水应力路径中不同点 A、B、C、D、E 所对应的边界面具有不同的比体积，边界面上随着 p' 的增大，相应比体积 v 减小；而排水应力路径也从正常固结线上的 A 点出发，经过 B 点（Roscoe 面）和 C 点（临界状态线）一直到达峰值 E 点，再由峰值 E 点返回到临界状态线 C 点。

　　图 9.68 给出了三维 Roscoe 空间某一排水平面中边界面透视图（图 9.66 中阴影部分所示排水平面上边界的透视图）。图 9.68 中竖向坐标轴 a 是图 9.66 中排水平面上边界与 $q=0$ 的底部平面的距离，随着排水面上边界偏应力值 q 的增大（向上），其偏应力值所对应的排水面上边界与 $q=0$ 的底部平面的距离 a 也随之增大。由如图 9.69 所示的几何示意图可得到 a 与 q 的关系为：$a=\dfrac{\sqrt{10}}{3}q$。

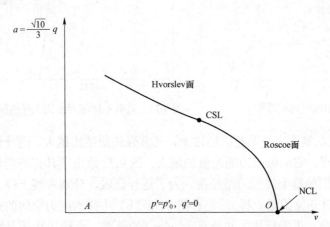

图 9.68　排水截面与边界面相交的示意图

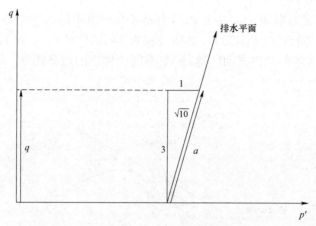

图 9.69　排水截面的几何示意图

图 9.68 中由正常固结线 O 点向左的 OA 水平轴就是图 9.70 中 OA 线的表示。在图 9.70 中，沿 OA 线越往下（图 9.68 水平轴 v 越向左），即越靠近 A 点，其超固结比就越大。这实际上就表示了超固结比越大，其相应的比体积越小，土也越密实。

按照图 9.68 的方式，图 9.71 给出了排水平面中具有不同超固结比的土样在排水剪切实验时的理想路径的示意图。由图 9.71 可以看到，临界状态线上的偏应力值 q_c 不是最大值，它的左侧 Hvorslev 面上的偏应力峰值更大。强超固结土的应力路径到达 Hvorslev 面后，则沿着 Hvorslev 面移向临界状态线。这一过程中土样的实际情况是：偏应力到达峰值（与 Hvorslev 面相交）后，开始出现软化和不均匀，只有在剪切滑移带中的土才会出现软化、向下移动，并移向临界状态线，而土的其他部分则不会出现明显的软化情况。

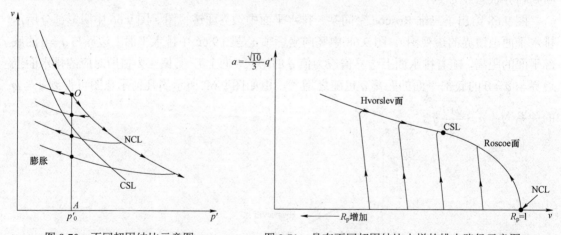

图 9.70　不同超固结比示意图　　　　图 9.71　具有不同超固结比土样的排水路径示意图

图 9.71 中靠近左侧的土是强超固结比土，通常强超固结比越大，则峰值破坏与最后的临界状态线的距离越远，它们偏应力的差值也越大。图 9.72 给出了具有不同超固结比的土在不排水三轴实验中它们的整个过程的路径图。为了进行比较，分别考察土样 1（超固结比最大的土样）和土样 5（正常固结土样）。先看图 9.72（b）中排水应力空间的路径，由于是排水路径，它们的路径是一组平行线，并具有 $q/p'=3$ 的斜率。土样 1 由于是强超固结土样，它的峰值偏应力大于其临界状态偏应力，即其路径从 p' 轴出发，沿具有 $q/p'=3$ 的斜率的直线

向上，到达峰值后沿原路径返回，直到与临界状态线相交才结束；而土样 5 是正常固结土样，所以它的峰值偏应力等于其临界状态偏应力，其路径是从 p' 轴出发，沿斜率 $q / p'=3$ 的直线向上，直到与临界状态线相交而结束，如图 9.72（b）所示。由图 9.72（b）可以看到：**正常固结土和略微超固结土的偏应力峰值与其临界状态值是相等的。**下面再考察在 $v: p'$ 空间的路径情况，见图 9.72（a）。强超固结比土样 1 处于临界状态线的左侧区域（剪胀区），它的比体积 v 的路径先剪缩，到达相变点后开始剪胀，并一直剪胀到最后与达临界状态线相交才结束。正常固结土样 5 处于临界状态线的右侧区域（剪缩区），它的比体积 v 是一直减小（剪缩）的，并一直剪缩到最后到达临界状态线才结束，见图 9.72（a）。

图 9.73 中给出了同一强超固结比土样的排水与不排水实验在应力空间 $q: p'$ 的路径的图示和在 $v: p'$ 空间的路径的图示。

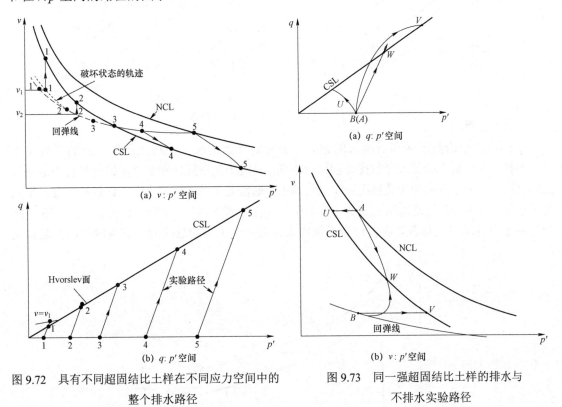

图 9.72　具有不同超固结比土样在不同应力空间中的
整个排水路径

图 9.73　同一强超固结比土样的排水与
不排水实验路径

9.6.5　土的剪胀区和剪缩区的划分

从前面的论述中可以知道正常固结土和弱超固结土处于较疏松状态，因此它们在剪应力作用下会出现剪缩。强超固结土处于较密实状态，因此它们在剪应力作用下会出现剪胀。实际上，土的剪胀和剪缩不但与孔隙比相关，它们还与土所承受的有效应力相关。临界状态是稳定状态，体积不变，此时土既不剪缩也不剪胀。因此在如图 9.74 所示的 $v: p'$ 平面中，临界状态线（虚线为临界状态线，土在临界状态线上是既不剪缩也不剪胀的）将土分成两个区域。当土为黏土时，出现剪胀的区域为强超固结土区，出现剪缩的区域为轻超固结土区和正常固结土区，参见图 9.74（a）。当土为砂土时，出现剪胀的区域为密实砂土区，出现剪缩的区域为松散砂土区和正常固结砂土区（通常很少使用正常固结砂土，因为很难确定砂土的最疏松状态），参见图 9.74（b）。由此可以想象，一把握在手中的饱和砂土，当手对土施加剪应力（保持平均有效应力不变）并产生较大变形时，如果手中的砂土处于正常固结砂土区或松散砂土区，则砂土会因剪缩而排水，使手变湿或进一步加湿；如果手中的砂土处于密实砂土区，则砂土会因剪胀而吸水，使手保持原来的干燥程度不变。所以 Roscoe 称密实砂土区为干区，而称正常固结砂土区或松散砂土区为湿区。

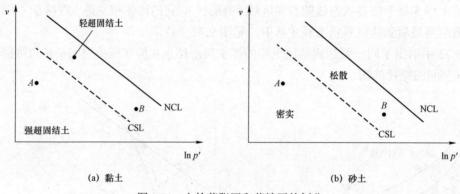

(a) 黏土　　　　　　　　　　　　　　　　(b) 砂土

图 9.74　土的剪胀区和剪缩区的划分

上面讨论土的剪胀区和剪缩区的划分一般针对排水情况。不排水条件下土的行为又如何？不排水条件通常会使土样的比体积保持不变，这时土在剪胀区和剪缩区的剪切行为是通过其内部产生孔隙水压力的正负情况而得到反映的。通常处于剪缩区的土在剪切过程中会产生正孔隙水压力（例如，正常固结土在剪切时会产生正孔隙水压力），如图 9.75 所示。图 9.75 在同一坐标系中将总应力与有效应力分别表示出来，而两个土样的总应力与有效应力的差值就是

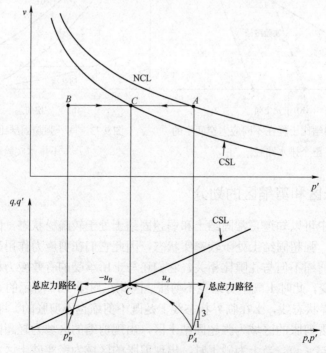

图 9.75　不排水条件下正常固结和强超固结土样的路径

孔隙水压力，图中给出了最终的差值为孔隙水压力 u_A 和 u_B。通常处于剪胀区的土在剪切过程中会产生负孔隙水压力（例如，强超固结土在剪切时会产生负孔隙水压力），如图 9.75 所示。

9.6.6 超固结土峰值边界面的其他形式

9.6.3 节中强超固结土的峰值包线采用最简单的线性方程表示，即式（9.21），并以此线性方程作为状态边界面。但对于重塑土，由于其结构彻底被破坏了，可以认为其已经没有黏聚力了，即有效应力等于零，其抗剪强度也为零。所以，当有效应力接近坐标原点时，超固结土的峰值包线也为零，所以其峰值强度包线应该是一条曲线，如图 9.76 中的 OAB 虚线段所示。该峰值包线 OAB 与临界状态线在 O 点和 B 点相交。为了更准确地描述超固结土峰值包线的这种情况，也可以采用曲线的形式对超固结土的峰值包线进行模拟和描述。

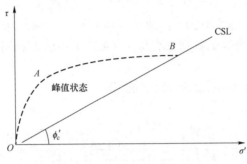

图 9.76 超固结土峰值状态区

可采用较为简单的幂函数方程对超固结土的峰值包线进行描述，即

$$\tau_p = A(\sigma'_p)^B \tag{9.22}$$

式中，下角标 p 表示峰值，A、B 是两个拟合参数。B 是描述曲线弯曲程度的参数，B 值越小，曲线的曲率就越大。当 $B = 1$ 时，$A = \tan\phi'_c$，即摩擦系数。A、B 是依赖于土的状态的参数，它们依赖于孔隙比或含水率。

注意图 9.76 中的峰值包线是等比体积的曲线，采用与前面相同的做法，利用临界状态的有效压力 σ'_c 进行归一化处理，如图 9.77 所示，则式（9.22）变为

$$\frac{\tau_p}{\sigma'_c} = A\left(\frac{\sigma'_p}{\sigma'_c}\right)^B \tag{9.23}$$

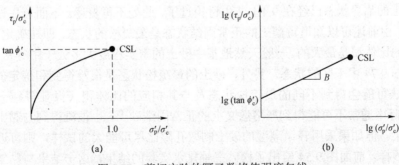

图 9.77 剪切实验的幂函数峰值强度包线

注意峰值包线与临界状态线在 B 点相交，参见图 9.76，即两条线在该点上的应力相等，所以在 B 点上有

$$\left(\frac{\tau_{\mathrm{p}}}{\sigma_{\mathrm{c}}'}\right)_{\mathrm{c}} = \tan\phi_{\mathrm{c}}' = A$$

所以，式（9.23）就变为

$$\frac{\tau_{\mathrm{p}}}{\sigma_{\mathrm{c}}'} = \tan\phi_{\mathrm{c}}'\left(\frac{\sigma_{\mathrm{p}}'}{\sigma_{\mathrm{c}}'}\right)^{B} \tag{9.24}$$

将式（9.24）等号两端同取以 10 为底的对数，得到

$$\lg\left(\frac{\tau_{\mathrm{p}}}{\sigma_{\mathrm{c}}'}\right) = \lg\left(\tan\phi_{\mathrm{c}}'\right) + B\lg\left(\frac{\sigma_{\mathrm{p}}'}{\sigma_{\mathrm{c}}'}\right) \tag{9.25}$$

所以在双对数坐标下，式（9.24）的曲线关系［图 9.77（a）］就变成为线性关系［图 9.77（b）］。式（9.25）中的参数 B 的物理意义与式（9.22）中的 B 相同，是描述曲线弯曲程度的参数。

三维轴对称情况下超固结土的峰值包线如图 9.78 所示，可以由下式表示：

$$\frac{q}{p_{\mathrm{c}}'} = M\left(\frac{q}{p_{\mathrm{c}}'}\right)^{\beta} \tag{9.26}$$

式中，参数 M 是临界状态时土的摩擦系数，β 是材料参数，它仅依赖于土的本征性质。将式（9.26）表示在图 9.78 中是一个等比体积的峰值包线，该式中不同的比体积隐含在临界状态的有效压力 p_{c}' 中，而 p_{c}' 与比体积 v 的关系见式（9.12）。

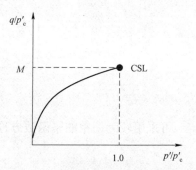

图 9.78　三轴实验的幂函数峰值强度包线

9.7　砂土的偏应力作用和体积变形

砂土与黏土有很大的区别与不同。从变形的角度讲，在静力情况下，一般砂土的刚度可能大一些，强度也可能会高一些，但也不是绝对如此。对于砂土，能否像黏土的情况一样，在统一的框架下进行描述呢？也就是说，砂土是否存在临界状态，它又如何确定？砂土的正常固结状态和正常固结线是如何确定的？如何确定砂土的边界面？超固结比适用于描述砂土吗？

关于砂土的临界状态已经在 9.4.1 节中讨论过了，此处不再赘述。下面首先讨论砂土的正常固结状态。由前述可以知道重塑土的正常固结状态是最疏松的状态，即在确定有效应力下，正常固结土的比体积是最大的。一般天然地基中砂土的密实程度大多处于中等密实程度以上，即可能处于图 9.74 中干区的状态。另外，砂土的最疏松状态是很难得到和确定的，通常采用不同制样方法可能会得到不同的最疏松状态及与其相应的比体积（很难得到一个准确的结果）。所以实际中通常不可能得到严格意义上的正常固结砂土，也很难得到与黏土完全相同的剪切实验结果。但如果采用轻微潮湿的砂土制取孔隙比尽可能大的试样，则可近似将其认为是正常固结砂样。前面图 9.54 给出了松砂三轴排水实验的结果，这一结果与黏土的实验结果相似。这时砂土的压缩指数 C_{c}（0.1~0.2）与低液、塑性指数的细粒土的 C_{c} 是一致的。另外，

在颗粒不破碎的情况下，很难通过正常密度砂土的固结实验来确定正常固结砂土的压缩曲线（对数坐标系下的直线段或塑性变形压缩性），因为其必须在非常大的有效压力下才能取得，如图 9.79 所示。对于常见密度的砂土，固结实验首先观测到的是没有发生颗粒破碎的超固结状态行为（见图 9.79 中压缩固结曲线破碎前的部分），随后破碎发生，孔隙比明显减小，并导致曲线斜率增大，此时才是正常固结线。

由图 9.79 可以看出：对于砂土来说，存在的困难是，在 $e : \lg p'$ 空间中正常固结线的斜率 C_c 和 N 难以确定，因为 C_c 的获取需要实验中施加很大的有效压力，而截距 N 的获取所需有效压力又很小，有效压力太小时砂样容易坍塌。

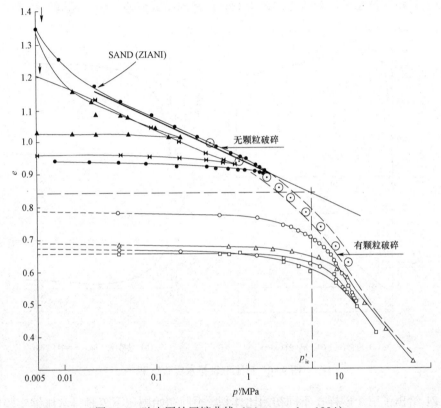

图 9.79　砂土固结压缩曲线（Biarez et al., 1994）

由下面的介绍可以知道，砂土的峰值是存在的，即砂土也具有 Hvorslev 面，而砂土的正常固结状态也可以近似地认为存在。所以可以假定：砂土存在临界状态、Hvorslev 面和 Roscoe 面及无张拉应力边界面。

最后讨论一下砂土的超固结比。由于砂土的正常固结状态和正常固结线难以准确确定，所以砂土的前期固结压力也难以准确确定，由此导致砂土的超固结比不能准确确定。所以，砂土一般都根据其密实程度或后面介绍的砂土的状态参数确定其力学行为，而很少使用砂土的超固结比。

另外，砂土在围压为零时难以维持其稳定性，会出现坍落。这也是为何采用水平坐标轴 p' 最小值是 1，而不是 0（通常不容许出现 $p' \leqslant 0$）；曲线与纵坐标轴的截距是在 $p'=1$ 时的截距，而不是通常在 $p'=0$ 时的截距。

本节主要根据砂土的密实情况与黏土相类比，介绍砂土的变形性质和破坏过程。

9.7.1 砂土三轴排水实验的结果

图 9.80 分别给出了密砂和松砂典型的三轴应力和变形的排水实验结果。从图 9.80（a）中可以看到，密砂在偏应力的作用下，体积先有一小段剪缩，然后就一直剪胀下去，直到最后停止实验（其应变已经超过 20%，但还没有到达临界状态，因为最后阶段的曲线没有呈现水平），这种现象类似于强超固结土的性质。从图 9.80（b）中可以看到，在偏应力的作用下松砂的体积基本是剪缩的（虽然最后阶段略有微小的剪胀），这种现象类似于正常固结黏土或弱超固结黏土的性质。由上述讨论可以知道砂土和黏土具有相似的剪切变形行为，密砂和中密砂类似于强超固结黏土，较疏松的砂类似于正常固结或略微（轻）超固结黏土。

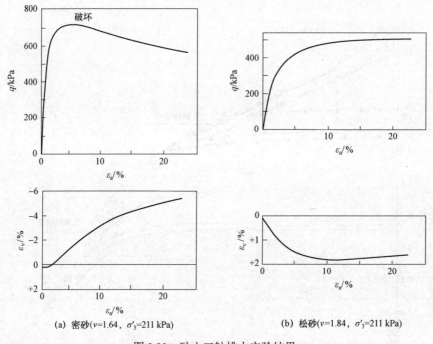

图 9.80　砂土三轴排水实验结果

图 9.81 给出了三个砂样在不同初始比体积、不同初始围压下三轴排水压缩实验的数据曲线。三个初始比体积分别为 1.31、1.75、2.05，初始围压分别为 6.21×10^4 kPa、98 kPa、98 kPa。仅从砂土的比体积看，三角形对应的比体积最大（$v_0 = 2.05$），是最疏松的砂土。但是三个砂样承受的初始围压却相差悬殊，实心黑点对应的砂样围压为 6.21×10^4 kPa，超过另外两个砂样所承受围压的 621 倍，即围压相差非常大。实验结果如下所述。

（1）图 9.81 中三角形对应的土样的比体积最大，也是最疏松的砂样，它的实验结果属于松砂土样的行为（湿区），即其偏应力只有硬化，没有软化，最后到达峰值状态，即达到临界状态。变形过程中其也不断剪缩，直到最后才呈现水平直线段（体积不变）。

（2）图 9.81 中空心圆对应的土样的比体积居中，属于密砂的比体积范围。它的实验结果属于密砂（干区）行为，即其偏应力在开始阶段是硬化，到达峰值后，呈现软化，最后走向临界状态。其比体积的变化过程是先剪缩，到达相变点后开始出现剪胀，一直剪胀到最后开始呈现水平直线段。密砂与强超固结土相似，到达相变点前也存在初始阶段的体积剪缩现象。其产生的原因与强超固结土相同，即密砂也会存在较小的孔隙空间，砂粒在剪切作用下首先会产生颗粒之间的微小滑移，并挤向已有的孔隙空间，使土体积剪缩；但当砂粒之间的滑移受到约束和障碍，即产生转动、翻滚、拔出时，就会产生体积膨胀。

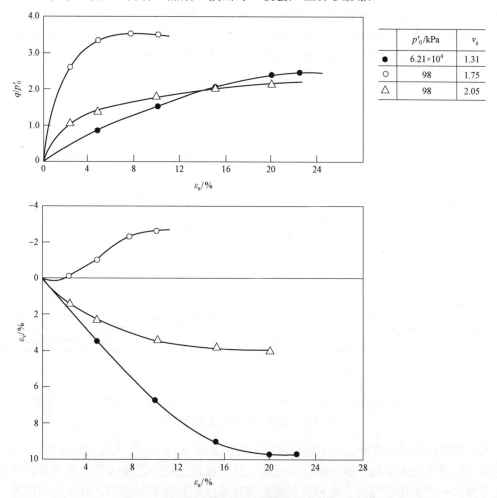

	p'_0/kPa	v_0
●	$6.21×10^4$	1.31
○	98	1.75
△	98	2.05

图 9.81　砂土三轴排水剪切实验中特大围压的影响

（3）图 9.81 中实心黑点对应的土样的比体积最小，仅从体积看，属于最密实的砂样。但其围压超过其他两个砂样围压的 621 倍。大家应该知道：**砂土的密实程度及其行为不但取决于其比体积（孔隙比），还依赖于其所承受的有效压力，即同样的比体积，土的有效压力越大，就越表现出更松散（或超固结比越小）的土的行为；反之，同样的比体积，土的有效压力越小，就越表现出更加密实（或超固结比越大）的土的行为**（但也要注意：有效压力为零，摩擦抗力也等于零，此时超固结却不会无限大）。这是由砂土的摩擦性质决定的。所以，实心黑点对应的实验结果表现出具有松砂的状态和行为特点，即变形过程中只有硬化，没有软化，最后到达峰值状态（临界状态）；比体积也不断剪缩，直到最后呈现水平直线段（体积不变）。这也表明，增大有效围压（使孔隙比较小或不变）也会使土的超固结比减小及使砂土的密实程度减小（变得更加疏松）。

9.7.2　砂土三轴不排水实验的结果

图 9.82 分别给出了密砂和松砂典型的三轴不排水实验结果。

砂土三轴不排水实验的结果与黏土的情况也是类似的。疏松的砂土［处于剪缩区或湿区，见图 9.82（b）］剪切时会出现剪缩趋势，但由于不排水限制了砂土的体积变化，由此只能通过增加孔隙水压力而减小有效压力，导致产生体积回弹趋势。这种剪缩和体积回弹相互抵消，砂土体积保持不变。这就是松砂三轴不排水剪切会产生孔隙水压力的原因。三轴不排水情况下，松砂的状态与黏土的正常固结状态或略微超固结状态非常相似。

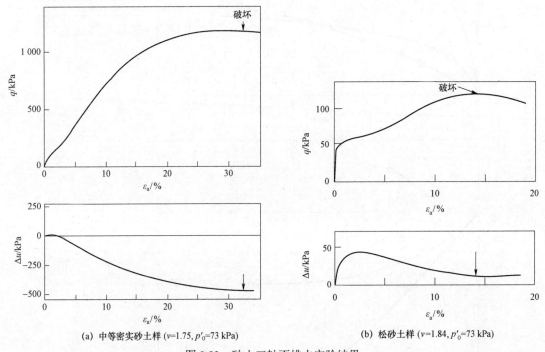

(a) 中等密实砂土样 ($v=1.75, p'_0=73$ kPa)   (b) 松砂土样 ($v=1.84, p'_0=73$ kPa)

图 9.82   砂土三轴不排水实验结果

与松砂情况相反，密砂［处于剪胀区或干区，见图 9.82（a）］发生剪切作用时会出现剪胀趋势，由于不排水限制了砂土的体积变化，其只能通过减小孔隙水压力而增加有效压力，这将导致体积产生压缩趋势。这种剪胀趋势和体积压缩趋势相互抵消，砂土体积保持不变。所以密砂三轴不排水剪切作用会产生负孔隙水压力。不排水情况下，密砂的状态与黏土强超固结状态非常相似。

9.7.3　砂土三轴剪切实验的一般性结论

根据前面砂土三轴排水与不排水实验的讨论，可以得到以下结论。

（1）砂土同黏土一样，不论初始状态（松或密）和应力路径（排水或不排水）如何，最终会到达临界状态，见 9.4.1 节，但砂土的峰值状态是与初始条件相关的状态，这种情况将在第 11 章中讨论。

（2）砂土同黏土一样也存在类似于正常固结、略微超固结和强超固结的状态，只是其正常固结状态通常难以准确确定，所以对于砂土，很少提及或采用超固结比的概念。砂土通常是根据它的密实程度来描述其状态的。因此在剪应力作用下，砂土也会表现出剪缩或剪胀。通常很松的砂土呈现类似于正常固结或略微超固结土的行为，即剪缩；中密砂或密砂呈现类似于强超固结土的行为，即剪胀。因此砂土的性状和行为也同样可以用式（8.2）、式（8.3）描述砂土各向同性压缩；用式（9.11）、式（9.12）描述砂土的临界状态线；用式（9.21）描述砂土的峰值，即 Hvorslev 面。

（3）采用 Hvorslev 面即式（9.21）描述土的状态边界面也是一种简单、理想化的结果，实际情况可能会与式（9.21）的描述有偏差，参考 9.6.6 节，在使用时应该清楚和理解产生这种偏差的机理和原因。图 9.83 和图 9.84 分别给出了砂土和黏土的峰值曲线。图 9.83 中的砂土峰值线是曲线而不是直线，关键是其起始点在坐标原点上［与 Hvorslev 面即式（9.21）不同］。黏土的情况参见图 9.84，其峰值线在接近原点（$p'=0$）时，其细小的虚线部分是曲线而不是直线，其起始点也是在坐标原点上，与 Hvorslev 面截距不同。

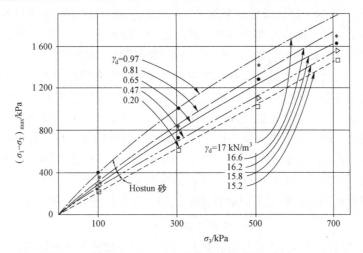

图 9.83 砂土峰值强度和围压的关系

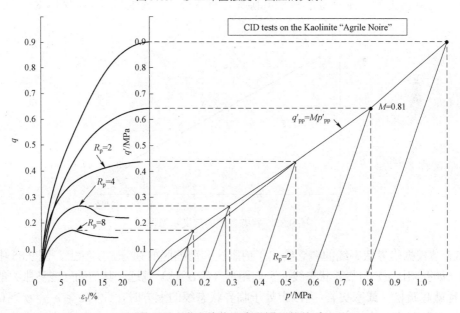

图 9.84 黏土峰值强度和围压的关系

9.7.4 砂土的状态参数

土的状态是非常重要的，这是因为土将来的行为和力学性质取决于它目前所处的状态。例如饱和土的临界状态由下面的变量决定：q_c，p'_c，e_c，因为临界状态反映了土的本征性质，它相对简单,不依赖于它以前的状态。但当考虑超固结土和砂土的力学行为时,它们的情况会复杂很多,仅用 q, p', e 这三个变量就不够了。从力学的角度,就饱和黏土而言,决定其状态的量是以下三个量的组合:孔隙比、有效压力和超固结比。也就是说,仅采用孔隙比 e(或比体积 v)和有效应力($q:p'$)是不够的,例如剑桥模型就没有采用超固结比作为独立变量,因此也不适合描述强超固结的情况,这主要是变量不够,难以将超固结土的状态描述得准确、完备。

就饱和砂土而言,如果采用状态的量:孔隙比、有效压力和超固结比,这种方式是不太合适的,主要原因是超固结比不能准确确定。也就是说,仅采用孔隙比 e(或比体积 v)和有效应力($q:p'$)是不够的(剑桥模型就采用了这些状态变量),这些状态变量难以描述砂土的剪切变形情况。例如,同一地点取两个砂样,并将其重塑成两个具有不同孔隙比的砂样,采用同样的实验方法和施加同样的剪切作用,这两个砂样却得到不同的响应:其中疏松砂样的响应是剪缩,而密实砂样的响应是剪胀。即砂土的体积与有效应力之间的关系不具有唯一性。产生这种情况的原因是描述砂土的状态变量不够、不完备。描述超固结黏土的状态时还有一个状态变量即超固结比,这个状态变量在剑桥模型中没有采用,所以剑桥模型仅适用于正常固结土或略微超固结土。因此,砂土也需要一个类似于描述超固结状态的量,且它最好与砂土的密实程度相关,因为砂土的密实程度是控制砂土力学行为的重要因素。9.7.1 节指出了砂土的密实程度不但与孔隙比的大小有关,它还与所承受的有效围压相关。鉴于此,Been 和 Jefferies(1985)提出了砂土状态参数 ψ 的概念和定义。ψ 作为描述砂土密实程度的度量,其表达式如下:

$$\psi = (e - e_c)_{\sigma'} \tag{9.27}$$

式中,ψ 为状态参数,下标 σ' 为当前有效压力,e 为当前状态的孔隙比,e_c 为临界状态线(CSL)上有效压力为当前应力 σ' 时的孔隙比,称为临界状态孔隙比,如图 9.85 所示。

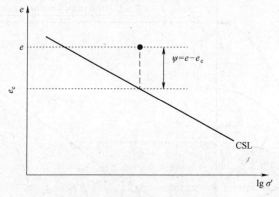

图 9.85　状态参数的定义示意图

9.6.5 节根据临界状态线的概念给出了剪胀区和剪缩区的划分。实际上,图 9.85 中土的目前状态(如孔隙比 e)与临界状态线的竖向距离(等 σ' 时)越远,其剪缩(或剪胀)的趋势越大,土也就越疏松(或密实)。当砂土处于临界状态线的上方时,此时 $e > e_c$,$\psi > 0$,表明砂土处于疏松状态,它在剪应力的作用下将会剪缩;并且 ψ 值越大,砂土就越疏松,剪缩势也越大。

下面将根据土的状态和归一化方法定义土的状态。图 9.86 与图 9.45 相似,表示了图中 A 点(σ'_a,e_a)的状态及临界状态线的情况。如图 9.86(a)所示,A 点距临界状态线的竖向和水平距离分别为

$$S_v = -\psi = -(e_a - e_c)_{\sigma'_a} = e_\Gamma - e_\lambda \tag{9.28}$$

$$\lg S_s = \lg \sigma'_c - \lg \sigma'_a \tag{9.29}$$

$$S_s = \sigma'_c / \sigma'_a \tag{9.30}$$

式中，S_v，S_s 分别表示 A 点距临界状态线的竖向距离和水平距离，且 $S_v = \psi$。

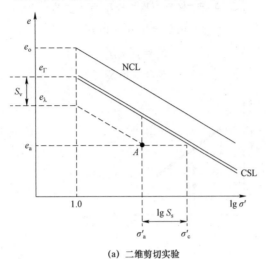

(a) 二维剪切实验

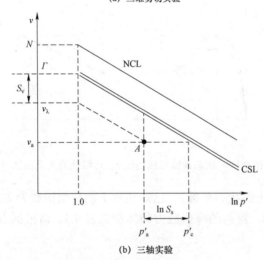

(b) 三轴实验

图 9.86   状态参数的示意图

由此可见，土的状态可以有两种表达方式。一种是前面讲过的状态参数 [式（9.28）]，它是用孔隙比的差值表示的，另一种由式（9.30）给出，它是用一种应力比表示的，也可以作为归一化的表示，只不过这里采用临界状态线上的有效压力作为归一化应力。同一种状态的这两种不同表达方式之间具有以下关系：

$$S_v = C_c \lg S_s \tag{9.31}$$

由式（9.28）和式（9.30）可以知道：如果 A 点在临界状态线上，则有 $S_v = 0$，$S_s = 1$，该线是既不剪胀也不剪缩线；如果 A 点在临界状态线下方，则有 $S_v \geqslant 0$，$S_s \geqslant 1$，即处于剪胀区；如果 A 点在临界状态线上方，则有 $S_v \leqslant 0$，$S_s \leqslant 1$，即处于剪缩区。由此可见，S_v 与 ψ 具有相同的绝对值，但符号相反。

图 9.87 给出了峰值与土的状态参数的关系，由图中曲线关系可见，砂土的状态参数是描述砂土密实程度的量，借助于它可以定量地描述砂土目前的状态和剪胀（或剪缩）量变化的趋势及其数量（距离）的大小。

针对三维轴对称情况（三轴实验情况），见图 9.87（a），下面给出相应的表达式：

$$S_v = -\psi = -(v_a - v_c)_{p'_a} = \Gamma - v_\lambda \tag{9.32}$$

$$\ln S_s = \ln p'_c - \ln p'_a \tag{9.33}$$

$$S_s = p'_c / p'_a \tag{9.34}$$

$$S_v = \lambda \ln S_s \tag{9.35}$$

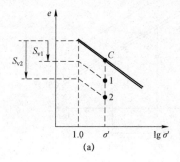

(a)

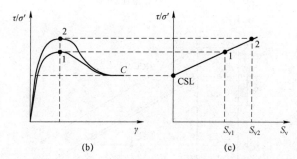

(b)　　　　　　　(c)

图 9.87　状态参数与应力比 τ / σ' 峰值的关系曲线

▲ **例 9-5（计算砂土的状态参数）**　已知某砂土的压缩指数为 C_c=0.46，e_Γ=2.17。在不同正应力下进行剪切实验，测得的峰值应力和体积见表 9.3。请根据表 9.3 中的数据计算砂土的状态参数 S_v。

表 9.3　峰值应力和体积

土样	τ_p	σ_p	e_p
A	138	300	1.03
B	63	60	1.03

解：利用式（9.19）可计算出 e_λ，分别有

$$A: e_\lambda = 1.03 + 0.46 \times \lg 300 = 2.17$$

$$B: e_\lambda = 1.03 + 0.46 \times \lg 60 = 1.85$$

利用式（9.28）可计算状态参数，分别有

$$A: S_v = 2.17 - 2.17 = 0$$
$$B: S_v = 1.85 - 2.17 = -0.32$$

根据计算结果可以发现 A 点位于临界状态线上，B 点位于临界状态线下方。

9.7.5　砂土剪胀的影响

前面介绍过，土是一种摩擦性材料，而摩擦通常指平面摩擦，即摩擦滑动面是一个平面，例如莫尔-库仑强度理论就仅适用于平面摩擦的情况。众所周知，砂土是具有剪胀性的，这种情况可以从前面论述的密砂剪切实验中观测到。也就是说：密实砂土的剪切破坏面或摩擦滑动面不是一个平面，而是一个滑动带，其滑动带中的土体会出现剪胀现象。

通常砂土到达临界状态时，其剪胀变形也会到达稳定状态，即剪胀为零的状态。而砂土或强超固结土的偏应力峰值强度一般是由土体的剪胀和平面摩擦共同引起的，如图9.88所示。而这种偏应力峰值强度和 Taylor 剪胀模型中的最大剪胀量（最大比体积应变）相对应。Schofield（2005）称这种峰值强度是由土的几何变化（剪胀）所引起的，而不是由物理化学等作用所产生的黏聚力引起的。这是由于峰值偏应力所对应的应变值已经很大了，而在应变很大时黏土的黏聚力（短程作用力）已经很小了，这主要是由平面摩擦（线性摩擦关系）和剪胀的几何变化所导致的，参见图9.88。

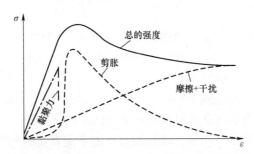

图9.88　黏土抗剪强度中三个部分作用的示意图

Taylor（1948）建立了一个土的剪胀模型，图9.89给出了该模型的示意图。图9.89（a）为锯齿错动模型，它描述了具有平行锯齿形状的剪切滑动面的剪胀机制示意图，此图中剪切滑动面不再是平面，而这种剪胀机制也可以用图9.89（b）中的抽象模型来替代和表示。图9.89（b）中 σ'_y 和 τ'_{yx} 是作用在土体单元上的外应力，其中 σ'_y 是竖向有效压力，τ'_{yx} 是水平剪应力；δv 是（变形引起的）单元竖向位移（表示剪胀量），δu 是（变形引起的）单元水平向位移（剪切应变为 $\delta u / H$）。假定单元外力所做的功全部由单元内部的剪切摩擦而耗散，即外力功为 $\tau'_{yx} A\delta u - \sigma'_y A\delta v$，剪切摩擦耗散的能量为 $\mu\sigma'_y A\delta u$，其中 μ 为摩擦系数，A 为单元水平截面面积。根据前述假定则有

$$\tau'_{yx} A\delta u - \sigma'_y A\delta v = \mu\sigma'_y A\delta u$$

整理后，可以得到

$$\tau_f = \tau'_{yx} = \sigma'_y\left(\mu + \frac{\delta v}{\delta u}\right) = \sigma'_y\mu + \sigma'_y\frac{\delta v}{\delta u} \tag{9.36}$$

三轴实验情况下，式（9.36）转变为

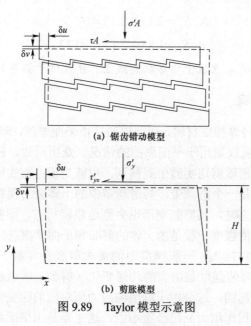

(a) 锯齿错动模型

(b) 剪胀模型

图 9.89　Taylor 模型示意图

$$q_{\mathrm{f}} = p_{\mathrm{f}}' \left(M + \frac{\delta \varepsilon_{\mathrm{v}}}{\delta \varepsilon_{\mathrm{s}}} \right)_{\mathrm{f}} \tag{9.37}$$

　　式（9.37）就是剑桥模型所采用的剪胀方程。由式（9.36）、式（9.37）可以看到，方程等号右端第二项表示剪胀项。当 $\delta v = 0$ 时（没有剪胀），式（9.36）中等号右端第二项为零，此时刚好为砂土的莫尔－库仑强度理论。方程式（9.36）中等号右端第二项表示了剪胀对强度的影响。当 δv 为最大值时，方程式（9.36）表示砂土的峰值强度（偏应力最大值，即 Hvorslev 面）。图 9.90 中 A 点应该为相变点，但是该点应力比 $\eta = q / p'$ 等于 M，也就是假定了相变点应力比 η 与临界状态时应力比 η 相等。注意该点可能不是真实的相变点，因为通常情况下相变点应力比 η 不等于 M，即注意图 9.90 与图 9.20 中真实相变点的区别。

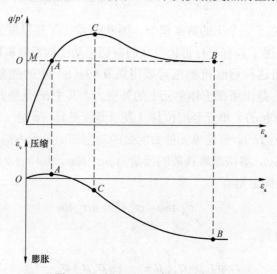

图 9.90　密砂 Taylor 模型示意图

　　另外，按照 Taylor 剪胀方程，砂土的峰值强度是在方程式（9.37）等号右端的体积应变

比值 $\delta\varepsilon_s / \delta\varepsilon_v$ 为最大增量时达到的。Taylor 剪胀模型是非常简单的线性剪胀关系，原始剑桥模型就采用了这一简单的关系。

思 考 题

1. 为何说"临界状态土力学之所以重要并具有很大的影响，关键是采用了重塑土进行研究和实验"？

2. 为何初始固结采用等向球应力（围压）？

3. Terzaghi 时代（1925—1963 年）的经典土力学有哪些局限？

4. 如何定义重塑土的正常固结状态？

5. 临界状态土力学通常采用各向同性压缩作为初始固结状态或初始条件，这样做有什么好处？

6. 什么是土的临界状态？临界状态在描述土体行为中有什么作用？

7. 为什么对砂土和超固结土进行三轴实验时，有时很难达到临界状态？

8. 什么是临界孔隙比？它与临界状态有什么关系？

9. 砂土的相变指的是什么？在变形发展过程中，临界状态和相变都是体积（或孔隙比）保持不变的状态，两者有何区别？

10. 排水条件对土的变形和强度是否有影响？不同排水条件下，正常固结土和超固结土的变形特性有何特点？

11. 什么是 Roscoe 面？对同一种土而言，不同的应力路径条件下，Roscoe 面是否都唯一？

12. 什么是 Hvorslev 面？Hvorslev 面的表达式是什么？

13. 请描述一下完整的状态边界面。

14. 砂土在偏应力作用下的变形特性有何特点？

15. 描述砂土的状态变量与描述黏土的相比有什么不同？为什么？

16. 将同一黏土制备成两个土样 A 和 B 进行室内三轴实验，两土样的直径均为 38 mm，高度均为 76 mm。两土样首先都进行固结施加围压至 300 kPa，忽略固结过程中的体积变化。随后对土样 A 进行排水实验直至到达临界状态，此时土样 A 的剪应力为 360 kPa，体积变化了 4.4 cm³。实验结束后，将土样 A 烘干，测定其质量为 145.8 g。对土样 B 进行不排水实验直至到达临界状态，此时土样 B 的剪应力为 152 kPa。

（1）试确定该黏土的参数 M, λ, Γ, N。

（2）计算土样 B 的最终孔压。土的比重 G_s=2.72。

17. 对一砂土土样进行排水实验，土样达到在峰值 p'=300 kPa 时发生破坏，此时土样孔隙比为 0.8，假设此时土样位于临界状态线干区一侧。已知土性参数为：λ=0.03，Γ=2.0，M=1.4，h=1.35，计算土样破坏时的偏应力 q。

18. 已知某黏土的临界状态参数为：N=2.15，λ=0.10，κ=0.02，Γ=2.05，M=0.85。该土样经过固结并卸载后的孔隙比为 0.62。

（1）如果对该土样进行不排水实验，到达临界状态时，能使水压出现负值的最小超固结比（$R_p=m$）是多少？

（2）如果对该土样进行排水实验，试分别计算超固结比为 $R_p=1$，$R_p=m$ 和 $R_p=8$ 时的体积变形。

19. 已知某黏土的参数为：$N=2.15$，$\lambda=0.09$，$\Gamma=2.1$。将土样固结至 500 kPa 后卸载至 200 kPa。在该过程中土样由于膨胀而发生的体积变形为 2.6%。如果土样继续卸载直至孔隙比为 0.65，此时的围压是多少？

10 临界状态土力学 2：剑桥模型

10.1 概　　述

剑桥模型是以 Roscoe 为代表的剑桥学派基于弹塑性力学理论于 1958—1968 年期间建立的一种土的弹塑性模型。剑桥学派与 Terzaghi 学派的一个显著区别是：他们重视土力学的科学性和理论基础。剑桥模型的理论基础是 20 世纪四五十年代迅速发展的弹塑性理论（剑桥大学就是当时弹塑性理论发展的重地之一），剑桥学派的研究成果使土力学不再仅仅是一些经验公式的累积。如果剑桥学派还像 Terzaghi 学派那样，靠一些经验公式或工程经验和工程判断打天下，他们当时是很难在剑桥大学这样的科学圣地中生存的。

剑桥土（Cam-clay）是剑桥学派对剑桥模型或一组系统方程的称谓，不要将其理解为是剑桥河畔的土。不要试图找什么具体的剑桥土，**剑桥土仅仅意味着一种重塑的正常固结土（或略微超固结土），它的行为可以近似地用剑桥模型描述。**从这里可以知道，**剑桥模型仅适用于重塑的正常固结土（或略微超固结土）。**

介绍剑桥模型前，首先要回答：临界状态土力学与剑桥模型有何区别和联系？

（1）剑桥模型是临界状态土力学的一部分，它们是统一的有机体。

（2）临界状态土力学除了剑桥模型外，还包括了土的基本性质的内容，例如：体积变形与剪切变形的联系，正常固结土、超固结土的剪切变形行为，松砂和密砂的剪切变形行为，临界状态，状态边界面，等等。第 9 章就是介绍这方面的内容。

（3）剑桥模型是在临界状态土力学中土的基本性质的基础上建立的，如果没有临界状态土力学中关于土的基本性质的内容，剑桥模型是难以建立的。另外，即使已经建立剑桥模型，但如果没有关于土的基本性质的知识作为基础，对剑桥模型的认识和理解也难以深入。

第 9 章中介绍了土的临界状态线和状态边界面的概念，确认了土的排水和不排水应力路径，达到临界状态时体积的计算方法也已经给出。但直到现在，还没有考虑剪切应变（或偏应变）的情况，也没有讨论变形过程中较小应变阶段的应力-应变行为。为了考虑较小应变阶段的应力-应变行为，必须区分弹性和塑性应变，并建立加载所产生的应变是属于弹性应变还是塑性应变的判别准则。本章将讨论如何将一般弹塑性理论用于描述土的应力-应变行为。

建立土的本构模型通常可采取的方法是：首先根据已有的认识而假定某种屈服面的形式，其次设定硬化方式，然后利用流动法则建立应变的计算公式，最后通过对比计算结果与实验结果而检验、校核甚至修正所建立的模型。许多土的本构模型都是采用这种方法建立的。

随着临界状态土力学的发展，人们已经认识到：不能将土的弹性和塑性变形截然分开，而土的破坏只是这个变形过程中的特殊点或特殊阶段。

当弹性和塑性变形之间相互没有影响时，如图 10.1（a）所示，此时所产生的塑性变形对弹性模量没有影响，这种材料可以被定义为弹性-塑性变形无耦合材料。当弹性和塑性变形之间有相互影响时，如图 10.1（b）所示，此时所产生的塑性变形对弹性模量有影响，这种材料可以被定义为弹性–塑性变形相互耦合材料。土经多次循环荷载作用后，弹性和塑性变形之间相互影响，因此土是一种弹性–塑性变形相互耦合材料。一般情况下，为数学描述的方便和容易，**通常假定：土体是弹性–塑性变形无耦合材料**，根据这一假定有下面总应变 ε_{ij} 和总应变增量 $\delta\varepsilon_{ij}$ 的弹塑性分解表达式：

$$\varepsilon_{ij} = \varepsilon_{ij}^{e} + \varepsilon_{ij}^{p} \tag{10.1a}$$

$$\delta\varepsilon_{ij} = \delta\varepsilon_{ij}^{e} + \delta\varepsilon_{ij}^{p} \tag{10.1b}$$

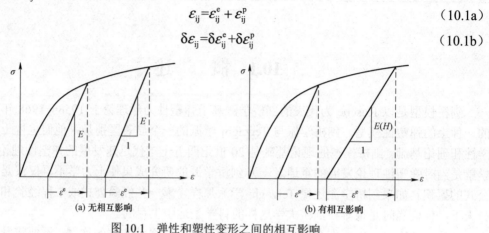

图 10.1　弹性和塑性变形之间的相互影响

10.2　土的线弹性变形

土体受力后会产生变形，而卸除施加的力以后，土体可以恢复为原来的形状，这种变形称为弹性变形。线弹性变形的基本特征为：

（1）土体的变形是可逆的，即经历加载、卸载、再加载之后，其应力–应变关系相同；

（2）应力和应变单调、唯一对应，其当前变形状态仅与当前的应力状态有关（不考虑时间、温度及环境的影响），并与应力路径无关，与应力历史也无关；

（3）满足线性叠加原理，当应力增量相同时，相应的应变增量也相同；

（4）正应力（各向同性压力）与剪应变（偏应变）无关，剪应力（偏应力）也与正应变（体积应变）无关，即它们之间无耦合作用。

各向同性线弹性材料通常有两个弹性参数，并满足广义胡克定律。胡克定律通常可以采用两种方式表达：① $E-\nu$ 形式，即其弹性参数采用弹性模量 E 和泊松比 ν，它们可通过三轴（或单轴）单向无侧限压缩或拉伸实验而获得，此种方法在一般材料力学中采用较多；② $K-G$ 形式，通过等向固结实验和等 p 的剪切实验可以分别直接地、各自独立地、较为准确地测量得到相应的压缩模量 K 和剪切模量 G，此种方法在土力学中采用较多。

1. $E-\nu$ 形式的广义胡克定律

（1）三维主应力表示的广义胡克定律。

$$\begin{bmatrix} \sigma_1' \\ \sigma_2' \\ \sigma_3' \end{bmatrix} = \frac{E}{(1+\nu)(1-2\nu)} \begin{bmatrix} 1-\nu & \nu & \nu \\ \nu & 1-\nu & \nu \\ \nu & \nu & 1-\nu \end{bmatrix} \begin{bmatrix} \varepsilon_1 \\ \varepsilon_2 \\ \varepsilon_3 \end{bmatrix} \tag{10.2}$$

（2）平面应变情况的广义胡克定律。

平面应变有如下假定：$\varepsilon_z = \gamma_{yz} = \gamma_{zx} = 0$，并有以下应力条件：

$$\begin{bmatrix} \sigma'_z \\ \tau_{yz} \\ \tau_{zx} \end{bmatrix} = \begin{bmatrix} v(\sigma'_x + \sigma'_y) \\ 0 \\ 0 \end{bmatrix} \tag{10.3}$$

用应变表示广义胡克定律为

$$\begin{bmatrix} \sigma'_x \\ \sigma'_y \\ \tau_{xy} \end{bmatrix} = \frac{E}{(1+v)(1-2v)} \begin{bmatrix} 1-v & v & 0 \\ v & 1-v & 0 \\ 0 & 0 & \frac{(1-2v)}{2} \end{bmatrix} \begin{bmatrix} \varepsilon_x \\ \varepsilon_y \\ \gamma_{xy} \end{bmatrix} \tag{10.4}$$

或反之，用应力表示广义胡克定律为

$$\begin{bmatrix} \varepsilon_x \\ \varepsilon_y \\ \gamma_{xy} \end{bmatrix} = \frac{(1+v)}{E} \begin{bmatrix} 1-v & -v & 0 \\ -v & 1-v & 0 \\ 0 & 0 & 2 \end{bmatrix} \begin{bmatrix} \sigma'_x \\ \sigma'_y \\ \tau_{xy} \end{bmatrix} \tag{10.5}$$

2. $K-G$ 形式的广义胡克定律

针对三维轴对称问题，可以推导 $K-G$ 形式表达的广义胡克定律。采用三维轴对称的应力 (q, p') 和应变 $(\varepsilon_v, \varepsilon_s)$ 可以得到它们之间的关系为

$$\left.\begin{aligned} \delta\varepsilon_v &= \frac{1}{K}\delta p' + 0 \cdot \frac{1}{3G}\delta q \\ \delta\varepsilon_s &= 0 \cdot \frac{1}{K}\delta p' + \frac{1}{3G}\delta q \end{aligned}\right\} \tag{10.6}$$

式（10.6）表明：ε_v 与 p' 相关，而与 q 无关；ε_s 与 q 相关，而与 p' 无关，即弹性变形中不对偶的应力−应变之间没有相互影响。

根据弹性理论可以推导得到采用上述两种方式表达的弹性参数之间的关系为

$$\begin{aligned} K &= \frac{E}{3(1-2v)} \\ G &= \frac{E}{2(1+v)} \end{aligned} \tag{10.7}$$

10.2.1 土的弹性墙

土弹塑性力学的一个重要问题就是如何区分土的弹性和塑性变形。实际上，土的弹性和塑性变形是难以准确区分的，这是由于对于土体很难严格区分何时加载、何时卸载（一般认为卸载是弹性变形）及弹性和塑性变形的分界，很多实验在卸载−再加载过程中（如一维的回弹线上）也会产生塑性变形。另外，受应力路径的影响，在某一应力作用下土体的应变可能并不唯一，导致加载或卸载难以唯一地确定。所以，弹性和塑性变形的区分或屈服准则基本都是根据经验和假定而建立的。

8.6.2 节给出了各向同性压力作用下土的体积变化的描述，并且它是临界状态土力学的基础和出发点（初始条件），而各向同性压缩曲线和膨胀线（回弹线）则是土的弹塑性（可恢复和不可恢复）变形的一个非常好的划分和描述。图 10.2 给出了各向同性压缩和膨胀时黏土的

弹塑性变形曲线，其中 *ABC* 线是正常固结线。如果土样沿着正常固结线压缩至 *B* 点，然后卸载，土样将沿着 *BD* 膨胀线而回弹。如果土样沿着正常固结线压缩至 *C* 点，然后卸载，土样将沿着 *CE* 膨胀线而回弹。通常假定：路径沿着膨胀线移动的变形是弹性变形，而沿着正常固结线移动是塑性变形。应注意到，在同一平均法向有效应力作用下，土样在 *E* 点处的比体积要比在 *D* 点的小，即在沿着路径 $D \rightarrow B \rightarrow C \rightarrow E$ 移动的过程中，土体发生了不可恢复（塑性）的变形。因在膨胀线 *DB*、*EC* 上土体的应变是可恢复的变形，所以塑性应变肯定在路径 *BC* 上发生，并且路径 $D \rightarrow B \rightarrow C \rightarrow E$ 还是一个状态边界面。

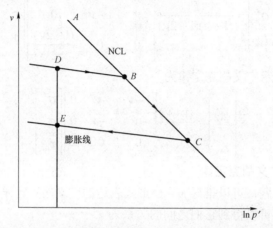

图 10.2　各向同性压缩和膨胀时黏土的弹塑性变形曲线

可以将上述观测结果推广到一般情况，即可假定：塑性（不可恢复）应变只发生在土样沿着状态边界面移动的过程中，而当路径在状态边界面以内移动时，土样只发生弹性的可恢复的变形。这种假定会对土样产生很强的限制。例如，对于前面所述 *D* 点到 *E* 点的路径（图 10.2），因塑性应变在 *D* 点和 *E* 点之间路径中将要发生，按照这一假定就意味着，在这两点之间，土样的实验路径必定与状态边界面接触并沿着状态边界面移动，这样才会产生塑性变形。而路径 $D \rightarrow B \rightarrow C \rightarrow E$ 满足这一条件，即 *BC* 段（正常固结线）位于 Roscoe 面上。另一种情况是选择另一条路径，在常 *p*′ 条件下从 *D* 点到 *E* 点进行剪切加载实验，如图 10.3 所示。

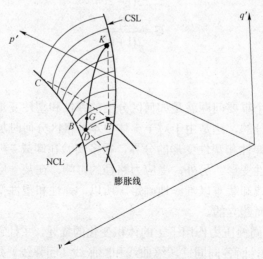

图 10.3　Roscoe 空间中 *D* 点到 *E* 点的移动路径

由于有塑性应变发生，因此实验路径在横跨过不同的膨胀线（不同弹性墙）前，路径从 D 点出发，随着 q' 的增大，首先触及位于 D 点之上并位于状态边界面上的 G 点，然后沿着状态边界面移动，到达 K 点（E 点之上）。若减小 q'，土样此时只发生弹性变形（因为是状态边界面内的路径），路径移回到 E 点。因此，当进行剪切实验并保持 p' 不变时，要想产生塑性变形，须在 D 点的土样上施加 G 点处的 q' 值。

当然，土样还可以通过其他路径从 D 点到达 E 点，但所有这些路径都要求到达状态边界面并沿着边界面移动才会产生塑性变形。反之，从 D 点开始，也应存在一个路径范围，在此范围内的路径只有弹性变形而没有塑性变形。这个范围就是完整状态边界面以内的区域。该区域内由回弹线垂直向上所形成的曲面称之为弹性墙（elastic wall），见图 10.4 中点 H、D、B、G、J、I 形成的竖直线曲面。由前面的论述可知，弹性墙 HDBGJI 曲面内只会产生弹性变形。因每一条膨胀（回弹）线上都可以立一个弹性墙，所以弹性墙的数量与回弹线的数量一样，都是无限的。另外，当路径跨越两条不同的回弹线或弹性墙时，必定产生塑性变形。

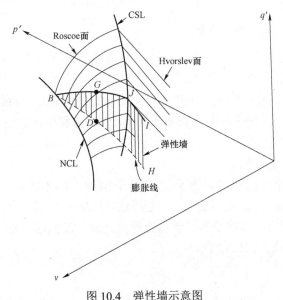

图 10.4　弹性墙示意图

因此，当应力路径处于状态边界面以下时，认为土样为弹性，其应力–应变关系可由弹性理论得到；如果土样所处的状态位于状态边界面上，则弹性和塑性变形都会发生，塑性应变是由塑性理论计算得到的。弹性与塑性变形的一个重要区别在于，弹性变形相对较小并且是可以恢复的变形；而塑性变形相对较大，并且是不可恢复的变形。因此，如果加载过程中土层仅发生弹性变形，则认为变形很小，一般情况下人的眼睛是辨认不出来的。而当变形和沉降很大时（人的眼睛能够辨认出来），则认为土层中必然会有塑性变形发生。

应该注意：Roscoe 面具有弹塑性理论中屈服面或加载面的性质，但又与通常意义上的屈服面或加载面不完全相同。如果说 Roscoe 面是通常意义上的加载面，则按前面的加卸载条件，应力沿着等体积的 Roscoe 面运动应该属于中性变载，因此不应该产生新的塑性剪应变和塑性体积应变。所以说 Roscoe 面不是通常意义上的加载面，它只是体积屈服曲面或体积加载面。也就是说，应力沿着等体积的 Roscoe 面运动，虽然会产生新的塑性剪应变，但是却不产生新的塑性体应变。

在对土体的变形进行理论计算时，由于弹性和塑性变形的计算过程和方程是完全不同的，因此区分这两种类型的变形是很重要的。下面先介绍土的弹性变形的情况。

10.2.2　土的弹性应变的计算

在介绍土的弹性应变的计算前，根据前面弹性变形的讨论，给出以下假定：

（1）土样只有沿着状态边界面移动时才会产生塑性变形。

（2）在状态边界面以下的路径移动时，只能产生弹性变形或可恢复的变形。

按照上述假定，剪切实验的加载路径在弹性墙内的土必然是超固结土，它的变形（不论是排水路径或是不排水路径）被认为是弹性的。土的路径一旦到达上面的状态边界面，并沿着状态边界面向临界状态线移动，必然产生塑性变形。上述假定是存在局限性的，因为实际上加载路径在到达状态边界面（如 Hvorslev 面）以前，就已经存在一定的塑性变形了，但为了简化还是采用了这种假定。

8.6.2 节已经给出了各向同性土体弹性变形的计算公式（8.3）。下面针对排水和不排水情况给出相应的计算公式。

1. 不排水时土的弹性应变的计算

饱和土在不排水剪切实验中，其体积在整个变形过程都保持不变，即 $\delta\varepsilon_v = 0$。它的路径必然在 $QRSTQ$ 等体积平面内，如图 10.5 所示。$QRSTQ$ 等体积平面与弹性墙相交于 DG 线，土样的应力路径 $D \to G$ 沿着弹性墙和不排水平面的交线垂直上升。当到达状态边界面 G 点时，开始发生塑性变形，路径 $G \to F$ 沿着不排水平面 $QRSTQ$ 向着和状态边界面的交点 F 移动，并跨过不同的弹性墙（产生塑性变形），最后到达不排水平面 $QRSTQ$ 和临界状态线的交点 F 点。其中 $D \to G$ 路径是弹性变形阶段。

下面讨论 DG 段弹性应变的计算公式。对于饱和土的不排水加载，由式（10.6）有 $\delta\varepsilon_v = \delta p'/K = 0$，则 $\delta p' = 0$。这与图 10.5 中应力路径 $D \to G$（$D \to G$ 随弹性墙和不排水平面的交线垂直上升）相符合。这就是到达状态边界面之前，超固结土不排水情况下有效应力的路径为垂直线的原因，如图 10.5 所示。

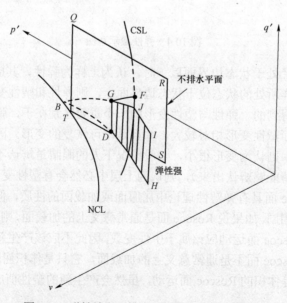

图 10.5　弹性墙和不排水平面的交线（DG 线）

目前，已掌握足够的信息用于计算各向同性弹性土体在三轴压缩实验加卸载过程中沿路径 $D{\rightarrow}G$ 产生的弹性变形，其弹性墙位于膨胀线 BDH 之上并与之垂直。8.6.2 节中给出了膨胀线 BDH 之上弹性墙的体积变化计算公式：

$$v = v_\kappa - \kappa \ln p'$$

两边取微分，表示为增量形式，可以得到

$$\delta v = -\kappa(\delta p'/p') \tag{10.8}$$

引起体积应变增量 $\delta\varepsilon_v^e$ 的变化是比体积应变增量 δv，$\delta\varepsilon_v^e$ 是 δv 的函数，根据 9.2 节的讨论有：$\delta\varepsilon_v = -\delta v / v$，将式（10.8）代入此式，则因 p' 的增加所引起的体积变化的关系如下：

$$\delta\varepsilon_v^e = \frac{-\delta v}{v} = \left(\frac{\kappa}{vp'}\right)\delta p' \tag{10.9}$$

式中，体积应变的上标 e 表示弹性。

因此，对比式（10.9）和式（10.6），体积模量 K 为

$$K = \frac{vp'}{\kappa} \tag{10.10}$$

由式（10.7）的关系可以得到

$$\frac{G}{K} = \frac{E}{2(1+v)}\frac{3(1-2v)}{E} = \frac{3(1-2v)}{2(1+v)} \tag{10.11}$$

因此将式（10.10）代入式（10.11）得到剪切模量 G 为

$$G = K\frac{3(1-2v)}{2(1+v)} = \frac{vp'}{\kappa}\frac{3(1-2v)}{2(1+v)} \tag{10.12}$$

最后将式（10.12）代入式（10.6），可以得到

$$\delta\varepsilon_s^e = \frac{2\kappa(1+v)}{9vp'(1-2v)}\delta q \tag{10.13}$$

不排水时满足条件：$\delta\varepsilon_v^e = 0$，$\delta p' = 0$。

2. 排水时土的弹性应变的计算

实际上，前面已经推导出了排水时弹性应变的计算公式，即可以用式（10.9）计算弹性体积应变，用式（10.13）计算弹性偏应变。

3. 土的弹性变形参数的讨论

由式（10.10）和式（10.7）可以推导得到

$$K = vp'/\kappa = \frac{E}{3(1-2v)}$$

因此

$$E = \frac{3vp'(1-2v)}{\kappa}$$

由此可知，弹性模量 E 与当前比体积 v、当前有效球应力 p'、膨胀线的斜率 κ 和泊松比 v 有关。尽管可以假定泊松比 v 为常数，E 值还是随着比体积 v 的变化而变化。因此即使土为各向同性的弹性体，其弹性性质仍然是非线性的，即土是非线性弹性体。通常式（10.13）和

式（10.9）只有在荷载增量足够小时才成立，此时比体积 v 的变化相对较小，可以假定 E 为常数。在多数情况下，当加载过程只产生弹性应变时，比体积 v 的变化相对较小，此时 E/p' 才近似保持为常数。

10.3 土的塑性变形

由弹塑性理论可知（郑颖人 等，1989；张学言，1993），在建立材料本构模型过程中，通常需要考虑以下 3 个问题。

（1）如何确定屈服函数和塑性势函数？

（2）如何确定流动法则？

（3）如何建立硬化规律或硬化模型？

下面将分别讨论这 3 个问题。

10.3.1 屈服面、加载面、破坏面和屈服函数

屈服函数是比较简单的概念。屈服函数是屈服面的数学表达式，而屈服面是弹性状态区和塑性状态区的分界面。屈服面或屈服函数通常是应力的函数，即

$$f = f(\sigma'_{ij}, H(\varepsilon^p_{ij})) = f(q, p', H(\varepsilon^p_{ij})) = 0 \tag{10.14}$$

式中，$H(\varepsilon^p_{ij})$ 是硬化参量，它是塑性应变 ε^p_{ij} 的函数（土的塑性应变一般用增量表示）。

当应力等于屈服应力（应力位于屈服面上）时，塑性变形开始产生。**屈服面是某一硬化参量的等值面**，如剑桥模型就采用了塑性体积应变作为硬化参量，而不排水等值 v 的 Roscoe 面和 Hvorslev 面就可以被认为是这种屈服面（剑桥模型后面用一个统一的屈服面表示这 2 个边界面），这两个边界面参见图 9.61 和图 9.62。通常屈服面可以通过实验而得到，它比较具体、容易被人理解。

土体在加载过程中，随着加载应力和加载路径的变化，其屈服面的形状、大小、屈服面中心的位置和屈服面的主方向都会发生变化。这种变化的屈服面称之为加载面。加载面最小（内侧）的曲面是初始屈服面，加载面最外侧的曲面是破坏面，如图 10.6 所示，其中 Y_a–Y_c

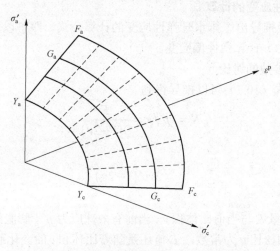

图 10.6 初始屈服面、加载面、破坏面

是初始屈服面，G_a–G_c 是加载面，F_a–F_c 是破坏面。注意：实际上，初始屈服面、加载面和破坏面可能是不同形式的曲面，不必一致。

10.3.2 塑性势函数

塑性势函数比较抽象，较难以理解。Mises（1928）提出了塑性势的概念，这一概念是借鉴了水的流动与水的势能的关系而建立的。水的流动是由水的势函数及其梯度决定的。塑性变形或塑性流动与水的流动一样，也可以看成是由某种势的不平衡所引起的，而这种势称之为塑性势或塑性势函数。也就是说，塑性流动是由塑性势函数的梯度确定的。塑性势函数通常可以表示为应力的函数，即

$$g = g(\sigma'_{ij}) = 0 \tag{10.15}$$

注意：表示塑性势函数的式（10.15）与表示屈服函数的式（10.14）的区别在于，塑性势函数中没有硬化参量。塑性势函数只确定了塑性应变增量的方向，其大小由塑性乘子 $\mathrm{d}\lambda$ 决定。

在三维轴对称空间中，塑性势函数为

$$g = g(q, p') = 0 \tag{10.16}$$

根据塑性力学中 Mises 塑性势面理论，**在应力空间中，任意应力点的塑性应变的增量的方向必与通过该点的塑性势面相垂直。**这就是塑性流动法则，也称之为塑性正交流动法则。它的数学表达式为

$$\delta\varepsilon^{\mathrm{p}}_{ij} = \mathrm{d}\lambda\frac{\partial g(\sigma'_{ij})}{\partial\sigma'_{ij}} \tag{10.17}$$

式中，$\mathrm{d}\lambda$ 为塑性乘子，它是正的标量。在三维轴对称空间中，塑性流动法则为

$$\delta\varepsilon^{\mathrm{p}}_{\mathrm{v}} = \mathrm{d}\lambda\frac{\partial g(q, p')}{\partial p'} \tag{10.18a}$$

$$\delta\varepsilon^{\mathrm{p}}_{\mathrm{s}} = \mathrm{d}\lambda\frac{\partial g(q, p')}{\partial q} \tag{10.18b}$$

式（10.17）和式（10.18）表明：应力空间中一点的塑性应变增量与通过该点的等值塑性势面存在正交关系，如图 10.7 所示，图中 n_{mg}，n_{q}，n_{p} 分别为总塑性流动方向余弦、竖向分量、水平分量塑性流动方向余弦。这两个公式既确定了塑性应变的增量方向，也确定了它的

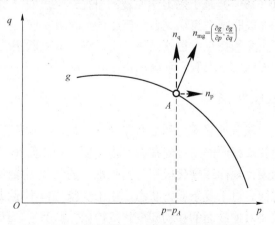

图 10.7 应力空间 $p:q$ 中正交流动方向图示

各分量之间的比值与大小。由式（10.17）可知，只要确定了具体的塑性势函数，并知道塑性乘子 $d\lambda$ 的确定方法，就可以按式（10.17）计算得到塑性应变。

10.3.3 相关联流动法则和非关联流动法则

目前只知道塑性势面与塑性应变增量的方向具有正交性，而势函数仅是一种抽象的数学概念，并且对于如何构建塑性势函数目前也没有很好的具体方法。另外，塑性势函数与实验没有直接的联系，即它一般不可能由实验直接确定或建立。塑性势函数有时是被假设的，有时是通过将实验的塑性应变增量与某一经验势函数进行比较而确定的（半经验方法）。但由弹塑性理论已经知道，屈服函数是可以通过实验确定的，或根据实验和经验共同确定。研究表明，有些材料的屈服面与塑性势面相互重合，即塑性应变增量也与通过该点的屈服面正交。也就是说，将式（10.17）中的塑性势函数 g 换成屈服函数 f，就可以利用该式计算塑性应变增量。鉴于这种情况，塑性力学理论定义：**当屈服面与塑性势面相互重合时，称此种材料满足相关联流动法则。此时，塑性应变增量与通过该点的屈服面正交，如图 10.8 所示；反之，当屈服面与塑性势面不重合时，称此种材料满足非关联流动法则。**此时，因为塑性势函数不能确定，所以就难以用式（10.17）预测此种材料的塑性变形。

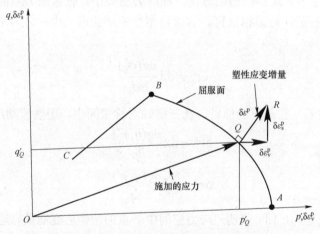

图 10.8 $q:p'$ 应力空间屈服面与塑性应变增量方向图示

Collins 和 Houlsby（1997）基于热力学原理的研究结果表明，当岩土材料变形的内部塑性机制主要是摩擦时，非关联塑性流动是自然产生的，在真实应力空间中表现出塑性应变增量方向与屈服面具有非正交的特点。也就是说，土是满足非关联塑性流动法则的，但就饱和黏土而言，为了简化，可以近似地假定其满足相关联流动法则。

10.3.4 硬化规律或硬化模型

土体在加载过程中，随着加载应力和加载路径的变化，其加载面（屈服面）的形状、大小、加载面中心的位置和加载面的主方向都会发生变化。加载面在应力空间的位置、形状、大小的变化规律称之为硬化规律或硬化模型。而将确定的加载面按照一些具体的参量所产生硬化的规律称为硬化定律。对于复杂应力状态，由于实验资料不足以完整、准确地确定加载面的变化规律，因此需要对加载面的移动和变化规律做一些假定，所以也将硬化规律称之为硬化模型。

硬化规律或硬化模型通常用硬化参量 H 表示，它决定了一个确定应力增量会产生塑性应变大小的准则，也就是说，**式（10.17）中的 $\mathrm{d}\lambda$ 是由硬化规律决定的**。当确定材料的应力状态横跨不同体积（比体积 v）屈服面并且发生硬化时，硬化规律与塑性应变和应力增量的关系及材料的应变硬化相关。

硬化参量 H 一般采用塑性应变增量作为自变量，即三维轴对称空间中有 $H = H(\varepsilon_s^p, \varepsilon_v^p)$。硬化参量的自变量也可以是某种塑性应变增量组合的形式。硬化参量通常具有一定物理意义。由于硬化参量是塑性应变增量的函数，而塑性应变增量实质上反映了土中颗粒间相对位置的变化和颗粒破碎的情况，并反映了土的初始状态和组构发生的变化情况，这种状态和组构的变化使土不再与初始状态相同，土在受力后其变形性质也会发生变化。**这种变化通常是与路径相关的**，但为了简化，更多情况下采用了与路径无关的假定。

现有的岩土静力弹塑性本构模型多数采用等值面硬化模型，即**将屈服面作为某一硬化参量的等值面**。为了简化，假定加载面在主应力空间中不发生转动，并且还假定加载面仅会发生大小的变化而不会发生形状的改变。**如果加载面扩大，则称之为硬化。如果加载面缩小，则称之为软化**。如果加载面的形状和大小保持不变，而仅在应力空间中平行移动，则称之为随动硬化或运动硬化。如果加载面既产生形状和大小的变化，也在应力空间中产生平行移动，则称之为混合硬化。加载面在应力空间中发生转动时，通常会引起塑性变形。

一般情况下，屈服面、加载面、破坏面未必是具有相同形式的曲面。但为了简化和数学处理方便，通常假定屈服面、加载面、破坏面具有相同的形状或表达式（不同之处仅在于硬化参量不同）。

10.3.5 剑桥模型所采用的屈服面、塑性势面、流动法则、硬化模型和假定

10.2.2 节中给出了下述假定：土样只有沿着状态边界面移动时才会产生塑性变形，沿着状态边界面以下的路径移动时，只能产生弹性变形或可恢复的变形。由这种假定可以断定，**状态边界面就是一种屈服面**，因为它是区分弹性和塑性变形的分界面。剑桥模型采用了**最简单的相关联流动法则**，由此可以用屈服函数 f 替代塑性势函数 g，并采用式（10.18）计算塑性变形增量。硬化模型采用了**塑性体积应变作为硬化参量**。所以，前面讨论的建立材料本构模型需要考虑的 3 个问题都已经得到了答案，但还未将这 3 个方面的问题结合起来，形成一个统一、完整的理论体系。接下来就围绕建立一套系统的理论体系展开论述。

在讨论具体建立模型之前，首先给出建立剑桥模型将要用到的一些假定及隐含的一些假定，**其中隐含的假定有：**

（1）土是饱和重塑土。不能用于具有结构性的土。

（2）土是连续、各向同性的弹塑性体。不能用于各向异性土。

（3）仅适用于正常固结土或弱超固结土。这是因为硬化参量为塑性体积变形增量，它只给出了硬化模型，而没有给出软化模型，所以只能用于具有变形硬化的正常固结土和弱超固结土，而不适用于具有软化的强超固结土和密砂，并只能用于描述剪缩，不能用于描述剪胀。

（4）屈服面就是土的状态边界面，通常采用的屈服面与土的边界面并不完全一致，如峰值边界面（Hvorslev 面）就与剑桥模型所采用的屈服面相差很大。

推导过程中用到的假定有：

（1）采用相关联流动法则。

（2）主应力与主应变共轴，即不考虑应变主轴的旋转。

（3）剪胀方程是基于塑性功方程推导得到的，因此剪胀方程的假定与建立塑性功方程的假定相同，也与屈服面方程的假定相同。也就是假定：剪胀方程中塑性增量之间的关系与由屈服面方程得到的塑性流动增量的关系相同。

（4）采用塑性体积应变增量作为硬化变量。

（5）路径只有沿着状态边界面移动时才会产生塑性变形。

（6）当路径在状态边界面以下移动时，只能产生弹性变形或可恢复的变形。

10.4 原始剑桥模型

到目前为止，人们还不清楚 Roscoe 边界面（或屈服面）的具体曲线形式和函数表达式，最多只是根据弹塑性理论中德鲁克塑性公式知道它是一个外凸的曲线。下面将根据摩擦耗散机制建立塑性功方程，然后基于塑性功方程推导屈服面方程。

10.4.1 屈服面方程的建立

剑桥模型的屈服面方程是基于塑性功方程而建立的。本书中的塑性功方程通常有 2 个作用：① 推导建立剪胀方程；② 推导建立屈服面方程。在三维轴对称坐标系下，塑性功方程可以表示为

$$\delta W^{\mathrm{p}} = p' \cdot \delta \varepsilon_{\mathrm{v}}^{\mathrm{p}} + q \cdot \delta \varepsilon_{\mathrm{s}}^{\mathrm{p}}$$

当处于临界状态时，塑性功方程的物理机制假定内力产生的塑性功全部耗散在摩擦剪切变形中。所以有

$$\delta W^{\mathrm{p}} = p' \cdot \delta \varepsilon_{\mathrm{v}}^{\mathrm{p}} + q \cdot \delta \varepsilon_{\mathrm{s}}^{\mathrm{p}} = Mp' \cdot \delta \varepsilon_{\mathrm{s}}^{\mathrm{p}} \tag{10.19}$$

式中，M 为临界状态时剪切流动对应的摩擦系数，$Mp' \cdot \delta \varepsilon_{\mathrm{s}}^{\mathrm{p}}$ 为剪切摩擦耗能项，将式（10.19）整理后得到

$$\frac{q}{p'} = M - \frac{\delta \varepsilon_{\mathrm{v}}^{\mathrm{p}}}{\delta \varepsilon_{\mathrm{s}}^{\mathrm{p}}} \tag{10.20}$$

式（10.20）称之为剪胀方程，它与式（9.37）相同。它反映了土处于临界状态时塑性应变增量分量的比与应力分量比的关系。剑桥模型中的剪胀方程有 2 个重要作用：① 基于剪胀方程建立屈服面方程；② 塑性偏应变增量可以通过剪胀方程而推导得到。所以后面在推导塑性偏应变增量时还要用到此式。但式（10.20）是根据土处于临界状态而推导得到的［主要反映在式（10.20）中的 M 中］，而下面讨论的屈服面是指一般硬化过程的加载面（包括初始屈服面），加载面只有达到最后阶段才是临界状态，所以将式（10.20）作为加载面的剪胀方程是一种近似的表示。

将三维轴对称坐标系下屈服函数式（10.14）求全微分，并考虑同一塑性势面中硬化参数不变，即 $\delta H = 0$，可以得到

$$\frac{\partial f}{\partial q} \delta q + \frac{\partial f}{\partial p'} \delta p' + \frac{\partial f}{\partial H} \delta H = \frac{\partial f}{\partial q} \delta q + \frac{\partial f}{\partial p'} \delta p' = 0 \tag{10.21}$$

将式（10.18）中的塑性势函数 g 换为屈服函数 f（这是因为采用相关联流动法则）会有

$g=f$，然后再代入式（10.21）中，可以得到

$$\delta q \cdot \delta \varepsilon_s^p + \delta p' \cdot \delta \varepsilon_v^p = 0 \Rightarrow -\frac{\delta \varepsilon_v^p}{\delta \varepsilon_s^p} = \frac{\delta q}{\delta p'} \tag{10.22}$$

将式（10.22）代入式（10.20），整理后可以得到

$$\frac{\delta q}{\delta p'} + M - \frac{q}{p'} = 0 \tag{10.23}$$

式（10.23）是常微分方程，求解该方程后，可以得到屈服函数 f 的解为

$$f = g = M \ln p' + \frac{q}{p'} - C = 0 \tag{10.24}$$

式中，C 为积分常数。图 10.9 为式（10.24）的图示。当 $q = 0$ 并发生屈服时，$p' = p_x'$，参见图 10.9。将这两个条件式子代入式（10.24）中，可以得到 $C = M \ln p_x'$。最后式（10.24）变为

$$f = g = M \ln p' + \frac{q}{p'} - M \ln p_x' = 0 \tag{10.25}$$

这就是原始剑桥模型的屈服面方程，p_x' 是此屈服面对应的屈服应力。注意 p_x' 点处屈服面的正交方向与水平坐标轴方向不一致，这会导致各向同性加载（初始固结）所产生的塑性剪应变增量方向（与水平坐标轴方向一致）与屈服面正交方向（塑性流动方向）不一致。这是该屈服面不足的地方，修正剑桥模型改正了这一不足之处。另外，p_x' 点是联结二维应力空间的屈服面（图 10.9）和与各向同性压缩体积应变增量 $\delta \varepsilon_v^p$ 所对应的关键点，参见式（10.30）。即通过 p_x' 点将压剪屈服面和各向同性压缩联系起来，而一般情况下这是 2 个不同的问题。

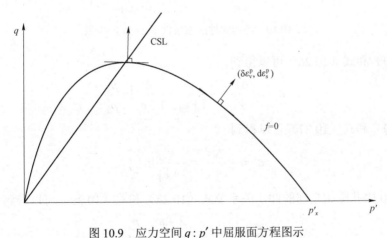

图 10.9 应力空间 $q : p'$ 中屈服面方程图示

10.4.2 硬化参量的推导

在 10.1 节中已经讲过，临界状态土力学将各向同性压缩问题和剪切变形问题这 2 个不同的问题联系起来，作为一个统一的问题进行描述、分析和处理。在 9.3 节中也做过如下讨论：**某一特定的土样，在同样的平均有效应力（球应力）作用下，孔隙比变化后所形成的值越小（塑性体积的压缩变化越大），则土样就越密实，颗粒之间的接触点就越多，接触面积也就越**

大，其抵抗剪切作用的刚度和强度也就越大。这种情况说明了将土体积的塑性变形作为屈服面发展的硬化参数的物理机制。在剑桥模型中，土体积的塑性变形是借助于土的各向同性压缩和膨胀方程进行描述的，其具体描述如图 10.10 所示。其中，e_0 是初始孔隙比，κ 是根据膨胀线（回弹线）斜率确定的回弹指数，λ 是压缩指数，即正常固结线（NCL）的斜率。当荷载从 p_0' 增加到 p_x' 时，孔隙比的变化量为

$$\Delta e = -\lambda \ln \frac{p_x'}{p_0'} \tag{10.26}$$

$$\Delta e^e = -\kappa \ln \frac{p_x'}{p_0'} \tag{10.27}$$

式中，Δe^e 为弹性或可恢复孔隙比的变化量。

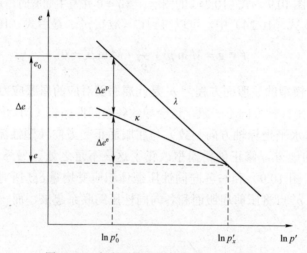

图 10.10　各向同性压缩条件下 $e-\ln p'$ 关系

由式（9.9）和式（10.26）可以得到

$$\varepsilon_v = -\frac{\Delta V}{V} = -\frac{\Delta e}{1+e_0} = \frac{\lambda}{1+e_0} \ln \frac{p_x'}{p_0'} \tag{10.28}$$

由式（9.9）和式（10.27）可以得到

$$\varepsilon_v^e = -\frac{\Delta e^e}{1+e_0} = \frac{\kappa}{1+e_0} \ln \frac{p_x'}{p_0'} \tag{10.29}$$

由图 10.10 中孔隙比之间的图示关系及式（10.28）和式（10.29）可以得到

$$\varepsilon_v^p = \varepsilon_v - \varepsilon_v^e = \frac{\lambda-\kappa}{1+e_0} \ln \frac{p_x'}{p_0'} \tag{10.30}$$

式中，ε_v^e、ε_v^p 分别为弹性和塑性体积应变。

由式（10.30）解出 p_x'，可以得到

$$\ln p_x' = \frac{1+e_0}{\lambda-\kappa} \varepsilon_v^p + \ln p_0' \tag{10.31}$$

将式（10.31）代入式（10.25），可以得到

$$M \ln p' + \frac{q}{p'} - M\left(\frac{1+e_0}{\lambda - \kappa}\varepsilon_v^p + \ln p_0'\right) = 0 \tag{10.32}$$

整理后可以得到剑桥模型的屈服函数：

$$f = \frac{\lambda - \kappa}{1+e_0}\ln\frac{p'}{p_0'} + \frac{\lambda - \kappa}{1+e_0}\frac{1}{M}\frac{q}{p'} - \varepsilon_v^p = 0 \tag{10.33}$$

式中，p_0', e_0 为初始条件，即初始应力和初始孔隙比；λ, κ, M 分别是土性参数。

由式（10.33）解出 ε_v^p，可以得到剑桥模型硬化参量 ε_v^p 的显示表达式：

$$\varepsilon_v^p = \frac{\lambda - \kappa}{1+e_0}\ln\frac{p'}{p_0'} + \frac{\lambda - \kappa}{1+e_0}\frac{1}{M}\frac{q}{p'} \tag{10.34}$$

由式（10.34）可以看到，塑性体积应变 ε_v^p 取决于归一化球应力 p'/p_0' 和偏应力比 $\eta = q/p'$。

式（10.33）可以更加简洁地表示为

$$f = f(q : p', \varepsilon_v^p) = 0 \tag{10.35}$$

式（10.35）可以更加明确地表明：在应力空间 $q : p'$ 中，剑桥模型的屈服面是体积塑性应变 ε_v^p 的等值面，如图 10.11 所示。若 ε_v^p 不同，则屈服面也会随之不同。若应力在屈服面内变化，只会产生弹性变形。若应力超过屈服面，将会产生塑性变形。随着屈服面的扩大，弹性范围也会增大，所以体积塑性应变 ε_v^p 也称之为硬化参量。

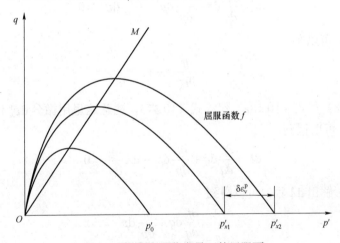

图 10.11　不同硬化参量下的屈服面

由于图 10.11 中屈服面是体积塑性应变 ε_v^p 的等值面，所以可以通过第 9 章介绍的各向同性压缩和膨胀的计算公式，计算出不同屈服面之间体积塑性应变增量 $\delta\varepsilon_v^p$，参见图 10.11。实际上，在式（10.34）中的 ε_v^p 的推导过程中（参考图 10.10 中各向同性压缩和膨胀），已经按照同样思路做过了。即由各向同性压缩和膨胀的计算公式，结合图 10.10 的几何关系和屈服面方程式（10.25），推导得到了式（10.34）中体积塑性应变 ε_v^p 的计算公式。这一过程就是典型的临界状态土力学的方法，即将各向同性压缩问题和剪切变形问题（这 2 个不同问题）作为一个统一的问题去分析和处理。下面利用式（10.30）（它是由各向同性压缩和膨胀的计算公式推导得到的）解释图 10.11 中体积塑性应变增量 $\delta\varepsilon_v^p$ 的意义。式（10.30）表示了沿

着 p' 轴（各向同性压缩），由应力 p_0' 压缩到 p_x' ，塑性体积应变所对应的值。对式（10.30）微分后得到

$$\delta \varepsilon_v^p = \frac{\lambda - \kappa}{1 + e_0} \ln \frac{\delta p_x'}{p_0'} \tag{10.36}$$

式（10.36）表示的塑性体应变增量与相应屈服面的关系，可以参考图 10.11 所示的 $\delta \varepsilon_v^p$ 与 p_{x1}' 、 p_{x2}' 的关系。

10.4.3　剑桥模型塑性应变增量方程的推导

前面已经确定了屈服面和塑性势面，并采用了相关联流动法则推导得到了硬化参量（塑性体积应变），接下来需要确定塑性应变增量与应力及应力增量之间的关系。通常知道了塑性势函数，利用塑性正交塑性流动法则式（10.18）就可以计算得到塑性应变增量。但式（10.18）中的标量塑性因子 $d\lambda$ 目前还是未知的。所以，还需要确定塑性因子 $d\lambda$ 。

弹塑性力学中，塑性因子 $d\lambda$ 通常是由屈服面方程的一致性条件确定的。一致性条件确定了应力状态与硬化参量之间的一致性，这就使得当前硬化参量值对应的屈服面始终通过当前的应力状态点（保持了一致性），并可以利用这种关系确定塑性乘子 $\delta \lambda$ 。将屈服面方程式（10.14）中的硬化参量 $H(\varepsilon_{ij}^p)$ 用剑桥模型硬化参量 ε_v^p 替换，并对式（10.14）取全微分（一致性条件），可以得到

$$df = \frac{\partial f}{\partial q} dq + \frac{\partial f}{\partial p'} dp' + \frac{\partial f}{\partial \varepsilon_v^p} d\varepsilon_v^p = 0 \tag{10.37}$$

由式（10.33）可以得到

$$\frac{\partial f}{\partial \varepsilon_v^p} = -1 \tag{10.38}$$

再将式（10.38）和式（10.18a）代入式（10.37），**注意这里用微分 $d\varepsilon_v^p$ 代替增量 $\delta \varepsilon_v^p$** ，以方便推导和运算，可以得到

$$df = \frac{\partial f}{\partial q} dq + \frac{\partial f}{\partial p'} dp' - d\lambda \frac{\partial g}{\partial p'} = 0 \tag{10.39}$$

由式（10.39）解出 $d\lambda$ 后，可以得到

$$d\lambda = \frac{\dfrac{\partial f}{\partial q} dq + \dfrac{\partial f}{\partial p'} dp'}{\dfrac{\partial g}{\partial p'}} \tag{10.40}$$

将式（10.33）和式（10.24）可以得到

$$\frac{\partial f}{\partial p'} = \frac{\lambda - \kappa}{1 + e_0} \frac{1}{Mp'} \left(M - \frac{q}{p'} \right); \quad \frac{\partial f}{\partial q} = \frac{\lambda - \kappa}{1 + e_0} \frac{1}{Mp'}; \quad \frac{\partial g}{\partial p'} = \frac{1}{p'} \left(M - \frac{q}{p'} \right); \quad \frac{\partial g}{\partial q} = \frac{1}{p'} \tag{10.41}$$

将式（10.41）中的前 3 个式子代入式（10.40）中，可以得到

$$d\lambda = \frac{\lambda - \kappa}{(1 + e_0) M} \left(\frac{1}{M - \dfrac{q}{p'}} dq + dp' \right) \tag{10.42}$$

将式（10.42）和式（10.41）第 3 个式子代入式（10.18a），可以得到

$$d\varepsilon_v^p = \frac{\lambda - \kappa}{(1+e_0)Mp'}\left(M - \frac{q}{p'}\right)\left(\frac{1}{M - \dfrac{q}{p'}}dq + dp'\right) \tag{10.43}$$

同样将式（10.42）和式（10.41）第 4 个式子代入式（10.18b），可以得到

$$d\varepsilon_s^p = d\lambda\frac{\partial g(p',q)}{\partial q} = \frac{\lambda - \kappa}{(1+e_0)Mp'}\left(\frac{1}{M - \dfrac{q}{p'}}dq + dp'\right) \tag{10.44}$$

原始剑桥模型通常是利用剪胀方程式（10.20）求得塑性偏应变增量的表达式。即首先把剪胀方程式（10.20）中塑性偏应变增量 $d\varepsilon_s^p$ 单独解出来，再将式（10.43）代入其中，就可以得到式（10.44）。

将塑性应变增量式（10.43）和式（10.44）用矩阵可以表示为

$$\begin{bmatrix} d\varepsilon_v^p \\ d\varepsilon_s^p \end{bmatrix} = \frac{\lambda - \kappa}{(1+e_0)Mp'}\begin{bmatrix} M - \dfrac{q}{p'} & 1 \\ 1 & \dfrac{1}{M - \dfrac{q}{p'}} \end{bmatrix}\begin{bmatrix} dp' \\ dq \end{bmatrix} \tag{10.45}$$

可以分别用式（10.43）和式（10.44）计算出塑性应变增量，再用式（10.9）和式（10.13）计算出弹性应变增量，最后利用式（10.1b）就可以得到总应变的增量。

10.5 修正剑桥模型

10.4.1 节中提到了原始剑桥模型的一个缺点，即 p' 轴上各向同性压缩的屈服点 p_x' 的屈服面正交方向（塑性流动方向）与水平坐标轴方向不一致。这会导致各向同性加载（初始固结）所产生的塑性（体积）应变增量方向（它应该与水平坐标轴 p' 的方向一致）与屈服面的正交方向（塑性流动方向）不一致，见图 10.12 中 p_x' 点处的情况，图中虚线为原始剑桥模型的屈服面。这是原始剑桥模型的屈服面与实验结果不一致的地方，也是该屈服面不足的地方。

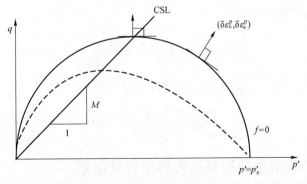

图 10.12 原始剑桥模型和修正剑桥模型在 p_x' 点处的流动情况

10.5.1　关于屈服面的一般性讨论

Roscoe 和 Burland（1968）指出，**任何材料的屈服面总是一种理想化的结果**，并且认为：这种理想化需要根据实验（尽可能满足实验结果）并考虑如何应用（使用方便、简单），这才是合理的。修正剑桥模型的椭圆屈服面就是根据实验并考虑应用方便的一种理想化的结果。

Roscoe 和 Burland（1968）认识到原始剑桥模型屈服面的前述不足，即屈服面在水平坐标轴 p'_x 点处与水平轴方向不具有正交性，因而在修正剑桥模型中采用了在 p'_x 点处具有正交塑性流动的椭圆屈服面。椭圆屈服面是除了圆形屈服面以外的最简单的屈服面，参见图 10.12。最简单的屈服面应该是圆形屈服面，虽然圆形屈服面满足在 p'_x 点处具有正交塑性流动的性质并且在数学上也是最简单的，但它难以较好地满足屈服面在应力空间 $q:p'$ 的屈服性质。而椭圆屈服面是既满足在 p'_x 点处具有正交塑性流动的性质，也大致近似地满足屈服面在应力空间 $q:p'$ 的屈服性质（比圆形屈服面能够更好地满足在应力空间 $q:p'$ 的屈服性质）。有人认为，可采用更复杂却能更好地反映土的实际屈服情况的屈服面，如采用水滴形屈服面。但这样做会增加数学处理的难度，重要的是剑桥模型的屈服面实际上是边界面。前面提到过，实际土的屈服面与土的边界面并不完全一致，如峰值边界面（Hvorslev 面）就与初始屈服面相差很大。而这种屈服面与边界面的差别，很多情况下可能会大于椭圆屈服面与更精确屈服面的差别。所以采用这种所谓精确、复杂的屈服面未必能够取得好的精度和结果。另外沈珠江（1993）在《几种屈服函数的比较》中通过研究得到以下结论：计算参数定义方法影响最大，屈服函数的影响比较次要，而且在 π 平面上选用较复杂的函数未必比简单的圆形函数更好。也就是说，屈服函数或屈服面的选取并不唯一，选取何种屈服函数是一种权衡的结果，牺牲简单性而选取复杂屈服函数未必能够得到理想的结果。

在建立修正剑桥模型过程中，除了屈服面方程及相应的塑性功方程和剪胀方程外，其他方面都与原始剑桥模型完全相同。

10.5.2　修正剑桥模型中塑性功方程和剪胀方程

建立修正剑桥模型过程中，首先确定了屈服面为应力空间中的椭圆形状。而与椭圆屈服面相应的**塑性功方程**（Roscoe et al.，1968）为

$$\delta W^{\mathrm{p}} = p'\delta\varepsilon_{\mathrm{v}}^{\mathrm{p}} + q\mathrm{d}\varepsilon_{\mathrm{s}}^{\mathrm{p}} \approx \sqrt{\left(p'\delta\varepsilon_{\mathrm{v}}^{\mathrm{p}}\right)^2 + \left(q\delta\varepsilon_{\mathrm{s}}^{\mathrm{p}}\right)^2} = p'\sqrt{\left(\delta\varepsilon_{\mathrm{v}}^{\mathrm{p}}\right)^2 + \left(M\delta\varepsilon_{\mathrm{s}}^{\mathrm{p}}\right)^2} \qquad (10.46)$$

下面就利用塑性功方程式（10.46）建立剪胀方程和屈服面方程。由塑性功方程式（10.46）可以推导得到相应的**剪胀方程**为

$$\frac{\mathrm{d}\varepsilon_{\mathrm{v}}^{\mathrm{p}}}{\mathrm{d}\varepsilon_{\mathrm{s}}^{\mathrm{p}}} = \frac{M^2 - (q/p')^2}{2q/p'} = \frac{M^2 p'^2 - q^2}{2p'q} \qquad (10.47)$$

将式（10.22）代入式（10.47）后，经整理可以得到

$$\frac{\mathrm{d}q}{\mathrm{d}p'} + \frac{M^2 - (q/p')^2}{2q/p'} = 0 \qquad (10.48)$$

10.5.3　修正剑桥模型中的屈服函数和塑性势函数

式（10.48）为常微分方程，求解该方程可以得到

$$f(q, p') = g(q, p') = q^2 + M^2 p'^2 - Cp' = 0 \qquad (10.49)$$

式（10.49）为修正剑桥模型的屈服面和塑性势面方程，其中 C 为积分常数。修正剑桥模型同样采用相关联流动法则，所以 $f = g$。

与原始剑桥模型相同，修正剑桥模型屈服函数中的积分常数 C 是通过 $q = 0$ 时，$p' = p'_x$ 而确定的。结合式（10.49）可以得到：$C = M^2 p'_x$。将其代入式（10.49）后，可以得到

$$f(q, p', H) = q^2 + M^2 p'^2 - M^2 p'_x p' = 0 \qquad (10.50)$$

式（10.50）表示的屈服面就是图 10.12 中的椭圆屈服面，p'_x 为各向同性压缩时的屈服压力。

10.5.4 硬化参量

将式（10.50）整理为

$$q^2 + M^2 p'^2 = M^2 p'^2 \frac{p'_x}{p'} \qquad (10.51)$$

对式（10.51）两边取自然对数后得到

$$\ln(q^2 + M^2 p'^2) = \ln(M^2 p'^2) + \ln p'_x - \ln p' \qquad (10.52)$$

将式（10.31）代入式（10.52），整理后可以得到

$$\ln \frac{q^2 + M^2 p'^2}{M^2 p'^2} = \frac{1 + e_0}{\lambda - \kappa} \varepsilon_v^p + \ln \frac{p'_0}{p'} \qquad (10.53)$$

整理后可以得到

$$f = \frac{\lambda - \kappa}{1 + e_0} \ln \frac{p'}{p'_0} + \frac{\lambda - \kappa}{1 + e_0} \ln \left(1 + \frac{q^2}{M^2 p'^2}\right) - \varepsilon_v^p = 0 \qquad (10.54)$$

式（10.54）就是修正剑桥模型的屈服面方程，其硬化参量还是塑性体积应变 ε_v^p。ε_v^p 的计算公式可以由式（10.54）导出为

$$\varepsilon_v^p = \frac{\lambda - \kappa}{1 + e_0} \ln \frac{p'}{p'_0} + \frac{\lambda - \kappa}{1 + e_0} \ln \left(1 + \frac{q^2}{M^2 p'^2}\right) \qquad (10.55)$$

原始剑桥模型的塑性体积应变（硬化参量）的计算公式为

$$\varepsilon_v^p = \frac{\lambda - \kappa}{1 + e_0} \ln \frac{p'}{p'_0} + \frac{\lambda - \kappa}{1 + e_0} \frac{1}{M} \frac{q}{p'}$$

将修正剑桥模型的塑性体积应变的计算式［式（10.55）］与原始剑桥模型的塑性体积应变的计算公式［式（10.34）］进行比较，可以看到：等号右边第一项完全相同，第二项在临界状态（$q_c = Mp'_c$）时，修正剑桥模型的值约为原始剑桥模型值的 $\ln 2$（$= 0.693 \approx 70\%$）。即当 **p' 为常量并到达临界状态时，修正剑桥模型预测的塑性体积应变大约为原始剑桥模型预测的塑性体积应变的 70%**。

10.5.5 修正剑桥模型中塑性应变增量方程的推导

与原始剑桥模型的推导相同，由式（10.54）一致性条件可以得到

$$df = \frac{\partial f}{\partial q} dq + \frac{\partial f}{\partial p'} dp' + \frac{\partial f}{\partial \varepsilon_v^p} d\varepsilon_v^p = 0$$

其中：
$$\frac{\partial f}{\partial \varepsilon_v^p} = -1$$

则
$$d\varepsilon_v^p = \frac{\partial f}{\partial q} dq + \frac{\partial f}{\partial p'} dp' \quad\quad (10.56)$$

由式（10.54）还可得到

$$\frac{\partial f}{\partial q} = \frac{\lambda - \kappa}{1 + e_0} \frac{2q}{M^2 p'^2 + q^2}$$

$$\frac{\partial f}{\partial p'} = \frac{\lambda - \kappa}{1 + e_0} \frac{1}{p'} \left(\frac{M^2 p'^2 - q^2}{M^2 p'^2 + q^2} \right)$$

代入式（10.56）中，可以得到

$$d\varepsilon_v^p = \frac{\lambda - \kappa}{1 + e_0} \left[\frac{2q}{M^2 p'^2 + q^2} dq + \frac{1}{p'} \left(\frac{M^2 p'^2 - q^2}{M^2 p'^2 + q^2} \right) dp' \right] \quad\quad (10.57)$$

由修正剑桥模型的剪胀方程式（10.47）可以得到塑性偏应变 ε_s^p 的计算公式为

$$d\varepsilon_s^p = \frac{2p'q}{M^2 p'^2 - q^2} d\varepsilon_v^p = \frac{\lambda - \kappa}{1 + e_0} \frac{2p'q}{M^2 p'^2 - q^2} \left[\frac{2q}{M^2 p'^2 + q^2} dq + \frac{1}{p'} \left(\frac{M^2 p'^2 - q^2}{M^2 p'^2 + q^2} \right) dp' \right] \quad (10.58)$$

也可以用 $\eta = q/p'$ 将式（10.57）和式（10.58）分别表示为

$$d\varepsilon_v^p = \frac{\lambda - \kappa}{1 + e_0} \left(\frac{2\eta}{M^2 + \eta^2} d\eta + \frac{1}{p'} dp' \right)$$

$$d\varepsilon_s^p = \frac{\lambda - \kappa}{1 + e_0} \frac{2\eta}{M^2 - \eta^2} \left(\frac{2\eta}{M^2 + \eta^2} d\eta + \frac{1}{p'} dp' \right)$$

则
$$d\varepsilon_v = d\varepsilon_v^p + d\varepsilon_v^e = \frac{1}{1 + e_0} \left[(\lambda - \kappa) \frac{2\eta}{M^2 + \eta^2} d\eta + \frac{\lambda}{p'} dp' \right]$$

可以分别用式（10.57）和式（10.58）计算出塑性应变增量，再用式（10.9）和式（10.13）计算出弹性应变增量，最后再利用式（10.1b）就可以得到总应变的增量。

应该注意的是：塑性体应变增量 $d\varepsilon_v^p$ 的计算公式（10.57）（修正剑桥模型）或式（10.44）（原始剑桥模型）都只适用于排水情况下，不能用于不排水情况。不排水情况塑性体应变增量 $d\varepsilon_v^p$ 的计算将在 10.6 节中讨论。

10.6　不排水情况下剑桥模型塑性应变增量方程

下面讨论不排水这一特殊加载路径下土的应力应变关系。由于饱和土在不排水实验过程中保持体积不变，在某一荷载增量下土样所遵循的路径如图 10.13 所示，其中路径 $A \rightarrow B$ 就是不排水路径。应当注意，尽管土样整体上没有发生体积变化，但土样沿路径 $A \rightarrow B$，即从 CC' 弹性墙的 A 点移到 DD' 弹性墙的 B 点，其中肯定会有塑性体应变产生（跨越不同的弹性墙）。但是，在加载路径 $A \rightarrow B$ 的过程中，p' 是减小的，因此肯定存在弹性（膨胀）体积应变。

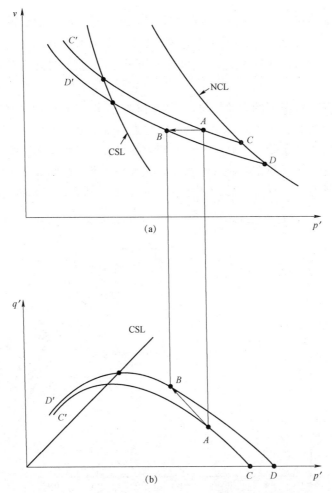

图 10.13　不排水路径（$A \rightarrow B$）下土的屈服与硬化情况

所以显然，若土样的总体积保持不变，弹性和塑性体应变必须大小相等且方向相反。由式（10.1）知：总体积应变增量是弹性和塑性体体应变增量之和，而不排水意味着总体积应变增量为 0，即 $\delta\varepsilon_v = \delta\varepsilon_v^p + \delta\varepsilon_v^e = 0$，参考式（10.9）可以得到

$$\delta\varepsilon_v^p = -\delta\varepsilon_v^e = -\frac{\kappa}{vp'}\delta p' \qquad (10.59)$$

塑性偏应变增量可从修正剑桥模型剪胀方程式（10.58）中解出来，并将式（10.59）代入解后的方程中，可以得到

$$\delta\varepsilon_s^p = \frac{2p'q}{M^2 p'^2 - q^2}\mathrm{d}\varepsilon_v^p = -\frac{2p'q}{M^2 p'^2 - q^2}\frac{\kappa}{vp'}\delta p' \qquad (10.60)$$

将式（10.59）、式（10.60）和式（10.1）结合起来就可以完整地预测不排水实验情况下各种应变的增量。

10.7　三轴伸长情况

前面讨论的塑性应变增量方程的解答都是针对三轴压缩情况的，即 $\sigma_1' \geqslant \sigma_3'$，$\sigma_2' = \sigma_3'$，但还有另外一种重要的情况——三轴伸长情况，即 $\sigma_1' = \sigma_2'$，$\sigma_1' \geqslant \sigma_3'$。而**三轴压缩情况和三轴伸长情况则描述了中主应力 σ_2' 变化过程的两个极端情况**，即中主应力 σ_2' 由最小的主应力 σ_3'（三轴压缩情况）变化到最大的主应力 σ_1'（三轴伸长情况）。下面主要讨论三轴伸长情况的塑性变形和破坏。

首先比较一下两种情况下的实验结果。图 10.14 给出了 Parry（1956）针对 Weald 黏土的三轴压缩和三轴伸长的实验结果。其中实心的实验点代表三轴压缩情况，空心的实验点代表三轴伸长情况，带叉号的实验点为破坏点。从整体趋势看，三轴压缩实验结果略大于三轴伸长实验结果，但与它们本身数据的离散性相比，这种差异不是很明显。然而，在断裂破坏状态时（带叉号的实验点），两种情况却差别较大。断裂破坏状态的平均值为

$$(q/p')_{\text{compress}} = 0.85；\quad (q/p')_{\text{extension}} = -0.682$$

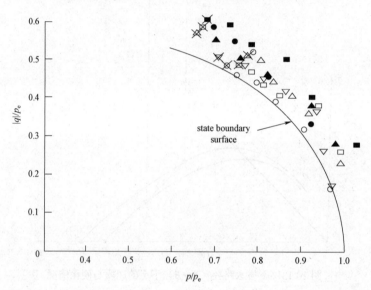

图 10.14　Parry（1956）针对 Weald 黏土的三轴压缩和三轴伸长的实验结果

采用莫尔–库仑破坏准则的结果是：

压缩时，$\eta = M = 0.85$；伸长时，$\eta = -\dfrac{3M}{3+M} = -0.66$。

由此可以知道，莫尔–库仑破坏准则的结果与三轴压缩和三轴伸长实验的断裂破坏结果非常接近。三轴压缩和三轴伸长实验结果差别较大，可能是由于断裂破坏时应力状态不同，另外土样已经不均匀，由此会产生较大的差别。

Roscoe 和 Burland（1968）指出，剑桥模型针对三轴伸长情况的预测结果，只要 $\eta = q/p'$ 不超过 $(q/p')_{\text{extension}} = -0.682$ 时，就可以利用由三轴压缩实验得到的参数进行预测，其预测结果的误差不是很大，并是可接受的。

10.8　三维主应力空间中土的屈服面和状态边界面

到目前为止，对土在外力作用下其行为的讨论仅限于三维轴对称（三轴仪中）的情况。但现实场地土体中可能受到很宽范围的应力作用和应力路径的影响，并且其中很多情况与标

准的三维轴对称应力作用情况存在巨大的差异和不同，而与之相对应的屈服与破坏也与三维轴对称情况有很大的不同。所以，需要考虑一般应力作用和复杂应力路径情况下土的屈服与破坏，以及如何将已知的三维轴对称压缩剪切变形行为及实验的结果应用和推广到更加一般的情况。

在三维主应力空间中，广义球应力 p 和广义偏应力 q 的表达式为

$$p = \frac{1}{3}(\sigma_1 + \sigma_2 + \sigma_3) \tag{10.61}$$

$$q = \sqrt{\frac{1}{2}}\sqrt{(\sigma_1 - \sigma_2)^2 + (\sigma_2 - \sigma_3)^2 + (\sigma_3 - \sigma_1)^2} \tag{10.62}$$

应该注意：广义球应力 p 和广义偏应力 q 对三维应力空间的描述并不完备，它们还缺少一个变量，即需要补充一个变量才能够达到完备。通常采用后面将要介绍的罗德角作为这一补充变量。

10.8.1 三维主应力空间与 π 平面

一点的应力状态可以用以 3 个主应力 $\sigma_1, \sigma_2, \sigma_3$ 作为坐标轴所构成的应力空间进行简洁的表示。应力空间中，满足特定规律及条件的面和线具有特殊的意义，它们为土力学的研究提供了方便的分析工具，如 π 平面、空间对角线等。

应力空间中，$\sigma_1 = \sigma_2 = \sigma_3 = p$ 的应力状态为各向同性压缩的球应力状态，它可以用通过原点 O 并与各坐标轴有相同夹角的直线进行描述，该直线被称为空间对角线或等压线。而垂直于空间对角线的平面称为 π 平面，如图 10.15 所示。土的塑性力学中，偏应力决定了材料的屈服特性，而罗德角和中主应力参数都是反映偏应力的特征量，所以经常采用罗德角和中主应力参数研究塑性变形。

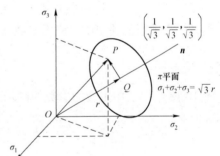

图 10.15 π 平面和应力点 P 在 π 平面上的投影（分量）

主应力空间中任何一点 $P(\sigma_1, \sigma_2, \sigma_3)$，用矢量表示为 $\boldsymbol{OP}$，该矢量可以表示为在空间对角线上的投影 $\boldsymbol{OQ}$ 与在 π 平面上的投影 $\boldsymbol{QP}$ 这 2 个矢量之和，参见图 10.15。$\boldsymbol{OQ}$ 在空间对角线上的分量值为正压力 σ_π，而 $\boldsymbol{QP}$ 在 π 平面上的分量值为 τ_π，它们的计算公式为

$$\sigma_\pi = |\boldsymbol{OQ}| = \frac{1}{\sqrt{3}}\sigma_1 + \frac{1}{\sqrt{3}}\sigma_2 + \frac{1}{\sqrt{3}}\sigma_3 = \sqrt{3}p = \sqrt{3}\sigma_{oct} \tag{10.63}$$

$$\tau_\pi = |\boldsymbol{QP}| = \sqrt{|\boldsymbol{OP}|^2 - |\boldsymbol{OQ}|^2} = \sqrt{\sigma_1^2 + \sigma_2^2 + \sigma_3^2 - \left[\frac{1}{\sqrt{3}}(\sigma_1 + \sigma_2 + \sigma_3)\right]^2} \tag{10.64}$$

$$= \frac{1}{\sqrt{3}}\sqrt{(\sigma_1 - \sigma_2)^2 + (\sigma_2 - \sigma_3)^2 + (\sigma_3 - \sigma_1)^2} = \sqrt{\frac{2}{3}}q = \frac{3}{\sqrt{3}}\tau_{oct}$$

式中，σ_{oct}, τ_{oct}（或 σ_8, τ_8）分别是八面体正应力和八面体剪应力，其物理意义如图 10.16 所示。

主应力空间中任何一点 $P(\sigma_1, \sigma_2, \sigma_3)$ 在 π 平面上的投影为 $P'(\sigma_1', \sigma_2', \sigma_3')$，在 π 平面上取极坐标 (r, θ)，如图 10.17 所示，则 P' 在 π 平面上的矢径 r 和罗德角 θ 的计算公式为

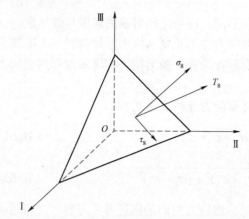

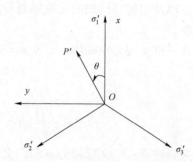

图 10.16　八面体表面和 T_8 在该面上的投影（分量）　　　图 10.17　π 平面中应力点 P' 的表示

$$r = \sqrt{x^2 + y^2} = \frac{1}{\sqrt{3}}\sqrt{(\sigma_1 - \sigma_2)^2 + (\sigma_2 - \sigma_3)^2 + (\sigma_3 - \sigma_1)^2} = \tau_\pi \qquad (10.65)$$

$$\cos\theta = \frac{x}{r} = \frac{\sqrt{3}}{\sqrt{6}}\frac{2\sigma_1 - \sigma_2 - \sigma_3}{\sqrt{(\sigma_1 - \sigma_2)^2 + (\sigma_2 - \sigma_3)^2 + (\sigma_3 - \sigma_1)^2}} \qquad (10.66)$$

在 π 平面上建立极坐标 (r, θ) 时，罗德角为 $0°$ 的方向的选取较为随意，这种选取需要注意所选的方向与各种特殊应力状态的角度关系。本书采用姚仰平、罗汀等（2018）介绍的方法，如图 10.17 所示。

应该注意：罗德角的公式（10.66）是三轴压缩时 $\theta = 0°$，$\sigma_1 \geqslant \sigma_2 = \sigma_3$ 得到的。下面给出另一个常用的关于中主应力参数 b 的定义：

$$b = \frac{\sigma_2 - \sigma_3}{\sigma_1 - \sigma_3} \qquad (10.67)$$

图 10.18 给出了中主应力参数的图示。

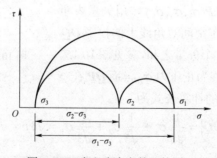

图 10.18　中主应力参数 b 的图示

常见的三轴压缩状态中 $\sigma_2 = \sigma_3$，此时 $b = 0$，$\theta = 0°$，如图 10.19（a）所示。当应力状态不同时，与其相应的屈服条件也会发生变化，而三轴伸长应力状态就是一个非常重要的例子。三轴伸长的应力状态为：$\sigma_1 = \sigma_2$，此时 $b = 1$，$\theta = 60°$，如图 10.19（b）所示。当 $\sigma_2 = (\sigma_1 + \sigma_3)/2$ 时，此时 $b = 1/2$，$\theta = 30°$，如图 10.19（c）所示。中主应力 σ_2 在 $\sigma_3 \leqslant \sigma_2 \leqslant \sigma_1$ 范围内变化。所以，中主应力参数 b 和罗德角 θ 的变化范围为

$$0 \leqslant b \leqslant 1, \quad 0° \leqslant \theta \leqslant 60° \qquad (10.68)$$

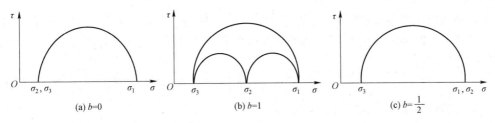

图 10.19　不同应力状态的应力圆图示

通常情况下，由于缺少球应力，仅由中主应力参数 b 和罗德角 θ 不能全面地描述一点应力状态的特征。但中主应力参数 b 却能用于描述中主应力的比例关系，而罗德角是一个表征应力状态的参数，可表示中主应力和其他两个主应力间的相对比例及其应力作用的形式。

主应力 $\sigma_1', \sigma_2', \sigma_3'$ 与 q, p, θ 之间的关系为

$$
\left.
\begin{aligned}
\sigma_1 &= p + \frac{2}{3}q\cos\theta \\
\sigma_2 &= p + \frac{2}{3}q\cos\left(\theta - \frac{2\pi}{3}\right) \\
\sigma_3 &= p + \frac{2}{3}q\cos\left(\theta + \frac{2\pi}{3}\right)
\end{aligned}
\right\}
\tag{10.69}
$$

10.8.2　中主应力对屈服和强度的影响

1. 三轴压缩和三轴伸长状态

材料的力学性质和应力状态决定了屈服面的形态。下面讨论不同应力作用所产生的屈服与强度有何不同。三轴压缩和三轴伸长是 2 种不同的应力作用，这 2 种作用都是压力作用，即使三轴伸长方向的应力，仍然是压应力而不是拉应力，因此这种不同还不是实质上的不同，而拉应力和压应力的不同才是巨大的。这两种应力作用的不同在于：对于三轴压缩状态，主应力 $\sigma_2' = \sigma_3'$；而对于三轴伸长状态，主应力 $\sigma_2' = \sigma_1'$。另外，为了区分三轴压缩状态和三轴伸长状态，定义 $q' = \sigma_a' - \sigma_r'$，$\sigma_a'$，$\sigma_r'$ 分别是竖向应力和水平围压。三轴压缩状态时，$\sigma_a' \geqslant \sigma_r'$；三轴伸长状态时，$\sigma_a' \leqslant \sigma_r'$，并且 q' 为负值。方便起见，当 $q' < 0$ 时，用向下方向的竖向坐标值表示，如图 10.20 所示。

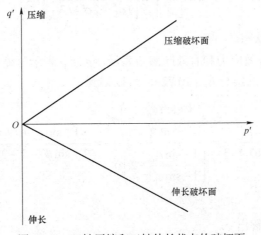

图 10.20　三轴压缩和三轴伸长状态的破坏面

405

第一种情况，假定压缩时的 M_c 值等于伸长时的 M_e 值，即将三轴压缩状态的破坏面直接推广到三轴伸长的情况，采用与 p' 轴对称的破坏面，参见图 10.20 中的伸长破坏面。此时伸长破坏面的方程为

$$-q' = Mp' \qquad (10.70)$$

式中，负号的含义是表示 $\sigma'_a \leqslant \sigma'_r$ 的情况。

第二种情况，假定 $\phi'_c = \phi'_e$，其中 ϕ'_c, ϕ'_e 分别是压缩情况和伸长情况的摩擦角。下面根据莫尔−库仑破坏准则对伸长情况的破坏面进行讨论。莫尔−库仑破坏准则中有效主应力与有效内摩擦角的关系可以借助于图 10.21 表示。由图 10.21 中的几何关系可以推导得到

$$\sin\varphi = \frac{\sigma_1 - \sigma_3}{\sigma_1 + \sigma_3} \qquad (10.71)$$

整理式（10.71）可以得到大、小主应力之间的关系为

$$\sigma_1 = \sigma_3 \frac{1+\sin\varphi}{1-\sin\varphi} \qquad (10.72)$$

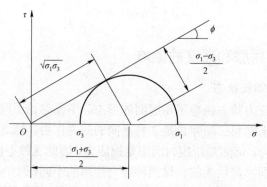

图 10.21　莫尔−库仑破坏准则中主应力与摩擦角的几何关系图示

一般三维轴对称情况下，式（10.70）可以表示为

$$M = \left[\frac{q}{p'}\right]_c = \left[\frac{\sigma'_a - \sigma'_r}{(\sigma'_a + 2\sigma'_r)/3}\right]_c \qquad (10.73)$$

式中，角标 c 表示临界状态。

三轴压缩时，采用有效应力和有效摩擦角表示，角标 p 表示压缩情况，即 $\sigma_a = \sigma'_1$、$\sigma_r = \sigma'_3$、$\phi = \phi'_p$，代入式（10.73）并结合式（10.72），可以得到

$$M_p = \frac{q}{p'} = \frac{\sigma'_1 - \sigma'_3}{(\sigma'_1 + 2\sigma'_3)/3} = \frac{3\left(\dfrac{1+\sin\phi'_p}{1-\sin\phi'_p} - 1\right)\sigma'_3}{\left(\dfrac{1+\sin\phi'_p}{1-\sin\phi'_p} + 2\right)\sigma'_3} = \frac{3(1+\sin\phi'_p - 1 + \sin\phi'_p)}{1+\sin\phi'_p + 2 - 2\sin\phi'_p} = \frac{6\sin\phi'_p}{3-\sin\phi'_p}$$

$$(10.74)$$

由式（10.74）可以解出

$$\sin\phi'_{\mathrm{p}} = \frac{3M_{\mathrm{p}}}{6+M_{\mathrm{p}}} \tag{10.75}$$

三轴伸长时，角标 e 表示伸长情况，$\sigma_{\mathrm{a}}=\sigma'_3$，$\sigma_{\mathrm{r}}=\sigma'_1$，$\varphi=\phi'_{\mathrm{e}}$，此时 $\sigma'_{\mathrm{a}} \leqslant \sigma'_{\mathrm{r}}$，取 $-q$，代入式（10.73）并结合式（10.72），可以得到

$$M_{\mathrm{e}} = \frac{-q}{p'} = \frac{-(\sigma'_3 - \sigma'_1)}{(\sigma'_3 + 2\sigma'_1)/3} = \frac{-3\left(1 - \dfrac{1+\sin\phi'_{\mathrm{e}}}{1-\sin\phi'_{\mathrm{e}}}\right)\sigma'_3}{\left(1 + 2\dfrac{1+\sin\phi'_{\mathrm{e}}}{1-\sin\phi'_{\mathrm{e}}}\right)\sigma'_3} = \frac{-3(1-\sin\phi'_{\mathrm{e}} - 1 - \sin\phi'_{\mathrm{e}})}{1-\sin\phi'_{\mathrm{e}} + 2 + 2\sin\phi'_{\mathrm{e}}} = \frac{6\sin\phi'_{\mathrm{e}}}{3+\sin\phi'_{\mathrm{e}}} \tag{10.76}$$

由式（10.76）可以解出

$$\sin\phi'_{\mathrm{e}} = \frac{3M_{\mathrm{e}}}{6-M_{\mathrm{e}}} \tag{10.77}$$

假定 $\phi'_{\mathrm{p}} = \phi'_{\mathrm{e}}$，比较式（10.74）与式（10.76），可以看到压缩情况下的临界状态摩擦系数大于伸长情况下的临界状态摩擦系数。

而如果假定 $M_{\mathrm{p}} = M_{\mathrm{e}}$，比较式（10.75）与式（10.77），可以看到压缩情况下的有效摩擦角 ϕ'_{p} 小于伸长情况下的有效摩擦角 ϕ'_{e}。

产生上述两种不同结果的原因是分别采用了两种不同的破坏准则，即临界状态摩擦系数 M 等于常量的破坏准则或有效摩擦角 ϕ' 等于常量的破坏准则。而这两种不同的破坏准则隐含着：**破坏时，两种不同的破坏准则对应的主应力关系方程是不同的，并由此导致上述两种不同结果。**

2. 三维应力空间中的莫尔-库仑破坏准则

在更加一般的三维空间中，q, p' 分别采用式（10.62）和式（10.61）表示。此时，将式（10.61）和式（10.62）代入式（10.70），并将方程两边分别取平方后，可以得到

$$(\sigma'_1 - \sigma'_2)^2 + (\sigma'_2 - \sigma'_3)^2 + (\sigma'_3 - \sigma'_1)^2 = \frac{2}{9}M^2(\sigma'_1 + \sigma'_2 + \sigma'_3)^2 \tag{10.78}$$

当采用临界状态时剪切摩擦破坏准则，其摩擦系数为 M，式（10.78）表示了在三维主应力空间中破坏面的数学表达式。利用图 10.22 可以很容易地对式（10.78）进行解释和说明。在三维主应力空间中，一般应力点 M' 的位置可以用 $O'N'$（N' 位于空间对角线 $O'R$ 上）与垂直于空间对角线 $O'R$（该线上 $\sigma'_1 = \sigma'_2 = \sigma'_3$）的 $N'M'$ 之和表示。其中：$|O'N'| = \sqrt{3}\sigma'_{\mathrm{oct}} = \sigma'_\pi$，$|N'M'| = \sqrt{3}\tau'_{\mathrm{oct}} = \tau'_\pi$。此时，式（10.78）可以表示为

$$\left.\begin{array}{l} \tau'_{\mathrm{oct}} = \dfrac{\sqrt{2}}{3}M\sigma'_{\mathrm{oct}} \\[2mm] \tau'_\pi = \dfrac{\sqrt{2}}{3}M\sigma'_\pi \end{array}\right\} \tag{10.79}$$

式（10.79）隐含着，临界状态破坏时 π 平面上的半径 $|N'M'|$ 是 $|O'N'|$ 的 $\dfrac{\sqrt{2}}{3}M$ 倍（不变的常数倍数），参见图 10.22（a）。式（10.79）中没有任何项是涉及 π 平面上关于 N' 点的参

考方向角的。破坏面方程式（10.79）表示的曲面是一个圆锥面，参见图 10.22（b）。该曲面与 π 平面相交，其相交的轨迹是一个圆，如图 10.23 所示。由此，这种破坏准则 $q' = Mp'$ 可以称之为拓展的米泽斯（Mises）屈服准则，该准则在 π 平面上的轨迹就是一个圆，这和塑性力学中常用米泽斯屈服准则作为三维金属屈服准则类似。

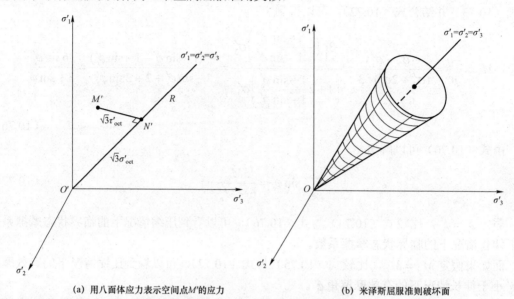

(a) 用八面体应力表示空间点 M' 的应力　　　　　　(b) 米泽斯屈服准则破坏面

图 10.22　三维应力空间中的破坏面

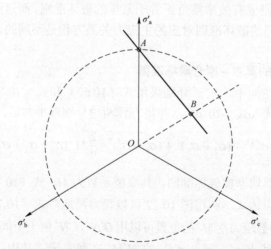

图 10.23　米泽斯屈服准则破坏面和莫尔–库仑破坏准则与 π 平面相交的轨迹

注：图中的虚线圆为米泽斯屈服准则破坏面的轨迹；AB 实线为莫尔–库仑破坏准则的轨迹。

下面为讨论方便起见，假定 $\sigma_a', \sigma_b', \sigma_c'$ 为主应力，但不区分它们的大小，即不固定它们的大小顺序。

莫尔–库仑破坏准则（摩擦角 ϕ' 不变）可以用图 10.24 表示。当主应力形成的莫尔圆与摩擦角为 ϕ' 的摩擦破坏线相切时，该莫尔圆表示了摩擦破坏的应力状态。在图 10.24 中，σ_a', σ_b' 为主应力，并且 $\sigma_a' > \sigma_b'$。由图 10.24 给出的几何关系，可以得到

$$\sigma_a' = \sigma_b' \frac{1+\sin\phi'}{1-\sin\phi'} = K\sigma_b' \tag{10.80}$$

式（10.80）中没有主应力 σ_c'，所以莫尔–库仑破坏准则与主应力 σ_c'（中主应力）无关。

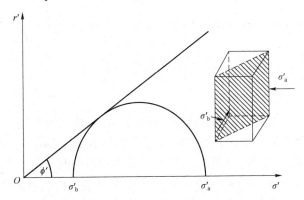

图 10.24 莫尔–库仑破坏准则图示

土体也可以有其他可能的破坏情况，例如：$\sigma_b' \geqslant \sigma_a'$（$\sigma_b' = K\sigma_a'$），$\sigma_b' \geqslant \sigma_c'$（$\sigma_c' = K\sigma_b'$），$\sigma_b' \leqslant \sigma_c'$（$\sigma_b' = K\sigma_c'$），$\sigma_c' \geqslant \sigma_a'$（$\sigma_a' = K\sigma_c'$），$\sigma_c' \leqslant \sigma_a'$（$\sigma_c' = K\sigma_a'$）。考虑这些破坏情况，并根据式（10.80），三个主应力 σ_a'，σ_b'，σ_c' 共有以下 6 种破坏情况的排列方式：

$$(\sigma_a' - K\sigma_b')(\sigma_b' - K\sigma_a')(\sigma_b' - K\sigma_c')(\sigma_c' - K\sigma_b')(\sigma_a' - K\sigma_c')(\sigma_c' - K\sigma_a') = 0 \quad (10.81)$$

当式（10.81）左侧第一个括号内的式子等于 0 时，就得到式（10.80）。分别令式（10.81）中其他 5 个括号内的式子为 0，就得到了另外 5 种可能的破坏情况。由此得到

$$(\sigma_i' - K\sigma_j') = 0 \quad (i, j = \text{a,b,c;} \ i \neq j) \quad (10.82)$$

在三维主应力空间中取一个 π 平面，参见图 10.15。另外，再取一个平面，该平面与 π 平面相交，并形成 π 平面上的 AB 直线，参见图 10.23。为了表示莫尔–库仑破坏准则的中主应力与大、小主应力分别相等的两种情况，在图 10.23 中的 A 点，令 $\sigma_b' = \sigma_c'$；在图 10.23 中的 B 点，令 $\sigma_a' = \sigma_c'$。莫尔–库仑破坏准则可以有以下 2 种情况。

第一种情况，对于图 10.23 中的 A 点，有 $\sigma_b' = \sigma_c'$，所以有 $\sigma_a' = K\sigma_b' = K\sigma_c'$，$\pi$ 平面到原点 O 的距离是 σ_π'，参见图 10.15，它可以用式（10.63）计算，即

$$\sigma_\pi' = |OQ| = \frac{1}{\sqrt{3}}\sigma_a' + \frac{1}{\sqrt{3}}\sigma_b' + \frac{1}{\sqrt{3}}\sigma_c' = \frac{1}{\sqrt{3}}\left(1 + \frac{2}{K}\right)\sigma_a' \quad (10.83)$$

而 π 平面上原点 O 到 A 点的距离（图 10.23）可以参考图 10.15 中 QP 的半径长度并用式（10.64）进行计算，即

$$|OA| = \frac{\sqrt{2}}{\sqrt{3}}(\sigma_a' - \sigma_b') = \frac{\sqrt{2}}{\sqrt{3}}\left(1 - \frac{1}{K}\right)\sigma_a' = \frac{\sqrt{2}}{\sqrt{3}}\left(1 - \frac{1}{K}\right)\frac{\sigma_\pi'}{\frac{1}{\sqrt{3}}\left(1 + \frac{2}{K}\right)} = \frac{\sqrt{2}(K-1)}{K+2}\sigma_\pi' = \frac{3}{\sqrt{3}}\tau_{\text{oct}}$$

$$(10.84)$$

第二种情况，对于图 10.23 中的 B 点，有 $\sigma_a' = \sigma_c'$，所以有：$\sigma_a' = K\sigma_b' = \sigma_c'$，$\pi$ 平面到原点 O 的距离是 σ_π'，参见图 10.15，它可以用式（10.63）计算，即

$$\sigma_\pi' = |OQ| = \frac{1}{\sqrt{3}}\sigma_a' + \frac{1}{\sqrt{3}}\sigma_b' + \frac{1}{\sqrt{3}}\sigma_c' = \frac{1}{\sqrt{3}}\left(2 + \frac{1}{K}\right)\sigma_a' \quad (10.85)$$

而 π 平面上原点 O 到 B 点的距离（图 10.23）可以参考图 10.15 中 QP 的半径长度，并用

式（10.64）进行计算，即

$$|OB| = \frac{1}{\sqrt{3}}\sqrt{(\sigma_a - \sigma_b)^2 + (\sigma_b - \sigma_c)^2 + (\sigma_c - \sigma_a)^2} = \frac{\sqrt{2}}{\sqrt{3}}(\sigma_a' - \sigma_b') = \frac{\sqrt{2}}{\sqrt{3}}\left(1 - \frac{1}{K}\right)\sigma_a'$$

$$= \frac{\sqrt{2}}{\sqrt{3}}\left(1 - \frac{1}{K}\right)\frac{\sigma_\pi'}{\frac{1}{\sqrt{3}}\left(2 + \frac{1}{K}\right)} = \frac{\sqrt{2}(K-1)}{2K+1}\sigma_\pi' = \frac{3}{\sqrt{3}}\tau_{oct} \tag{10.86}$$

由对称性或针对式（10.81）中 6 个括号内的内容，可依次按上述方法进行分析，从而可以得到完整的莫尔–库仑破坏面在 π 平面的位置，如图 10.25 所示。图 10.25 中莫尔–库仑破坏面与 π 平面相交的轨迹是一个不等角六边形，其中相对的两个角不等（如 $\angle A \neq \angle D$），但 $\angle A$、$\angle C$、$\angle E$ 相等，$\angle B$、$\angle D$、$\angle F$ 也相等。其中 A 点、C 点和 E 点对应三轴压缩状态，B 点、D 点和 F 点对应三轴伸长状态。拓展的米泽斯屈服准则在 π 平面上的轨迹是一个圆，参见图 10.25。

下面对莫尔–库仑破坏准则和米泽斯屈服准则进行比较。假定莫尔–库仑破坏准则和米泽斯屈服准则在 A 点相交，即这两个不同的破坏准则都处于相同的三轴压缩状态（A 点）。虽然这两个破坏准则还在 C 点和 E 点处于相同的应力状态，但在破坏面的其他点上，这两个破坏准则所对应的应力状态却存在较大的差别，参见图 10.25。特别是莫尔–库仑破坏准则在三轴伸长状态 B 点、D 点和 F 点处与米泽斯屈服准则（圆形）的应力状态相差最大，参见图 10.25。

假定 $\tau_\pi = \chi\sigma_\pi'$，其中 χ 中是一个常系数（如 $\chi = M$），τ_π 与 σ_π' 是线性关系，则三维应力空间中完整的莫尔–库仑破坏面可以表示在图 10.26 中。

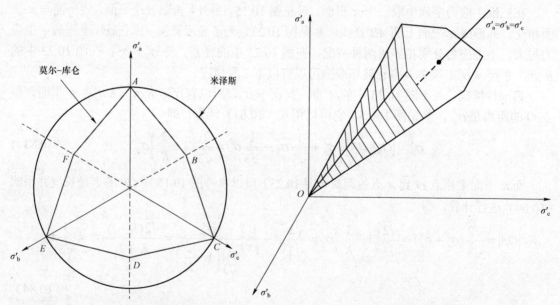

图 10.25　莫尔–库仑破坏准则和米泽斯屈服　　　　图 10.26　三维应力空间中完整的莫尔–库仑破坏面
　　　　　　准则在 π 平面上的轨迹

3. 米泽斯屈服准则与莫尔–库仑破坏准则的应用

前面花了较大篇幅讨论了两种不同的破坏（屈服）准则，这主要是因为已经知道：土的不同变形阶段需要采用不同的破坏（屈服）准则。所以，图 10.27 给出了各向同性正常固结土样在真三轴仪不排水实验中有效应力路径所具有的形式。图 10.27 中的点 I 表示初始各向同性的状态，这里图示的有效应力路径是由一个光滑的轴对称曲面所确定的，这一曲面与标准的三轴压缩实验中所观察到的 Roscoe 面是相似的。所观察到的有效应力路径由一个光滑的轴对称曲面确定，意味着土破坏前的行为受米泽斯型函数的控制。但观察其后的破坏阶段发现：在所有的实验结果中，破坏摩擦角 ϕ' 都近似相同。也就是说，破坏时土的行为是受莫尔–库仑破坏准则控制的。

对于由莫尔–库仑破坏准则确定的不规则六边形锥体与轴对称曲面 Roscoe 面相交的几何形状，到目前还没有被实验所确认和证实。然而，Roscoe 面本身所具有的几何形状还是可以用图 10.28 中的图形加以近似表示的，其中交线表示为点 A、B、C、D…连成的曲线（图中黑实线），点 A、C 相应于三轴压缩状态，点 B、D 相应于三轴伸长状态。

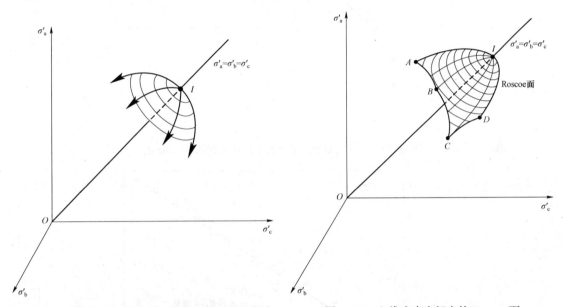

图 10.27　三维应力空间中各向同性正常固结土样在三轴不排水实验中有效应力路径情况的图示

图 10.28　三维应力空间中的 Roscoe 面

图 10.29 中给出的 Roscoe 面是针对某一特色体积得到的曲面，通常这种曲面沿等倾线连续存在，曲面的形状也是相似的，但对于不同的比体积，曲面几何尺寸不同。

就超固结土而言，通常希望在应力空间中超固结土的状态边界面类似于通过三轴压缩实验所得到的 Hvorslev 面。令人遗憾的是，除了三轴仪中所施加的应力状态外，几乎没有关于超固结土行为的实验数据，而这些数据是确定超固结土在三维主应力空间中状态边界面的必要数据。因此，**三维主应力空间中超固结土的拓展 Hvorslev 边界面的一般形式是未确定的**。然而不管怎样，Parry（1956）针对 Weald 黏土进行了一系列三轴实验，这些实验包括压缩和伸长的破坏实验，这些实验至少可以用于验证拓展 Hvorslev 边界面的某一完整截面（段）的情况。图 10.30 给出了在归一化应力空间 $q'/p'_e : p'/p'_e$ 中 Weald 黏土样在不同应力状态（压缩和伸长）、不同排水条件（排水和不排水），以及其应力路径在很宽的范围内变化等情况下，三轴实验破坏状态的结果。按照图 10.30 中采用的方式，q' 为正值（坐标向上）代表压缩剪切实验，q' 为负值（坐标向下）代表伸长剪切实验。所以，图 10.30 是通过拓展 Hvorslev 边界面的一个归一化的截面，该截面应该包括：应力空间中的空间对角线及其长度（$\sigma'_a = \sigma'_b = \sigma'_c$，

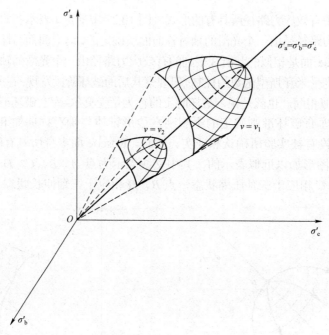

图 10.29　三维应力空间中具有不同比体积的 Roscoe 面

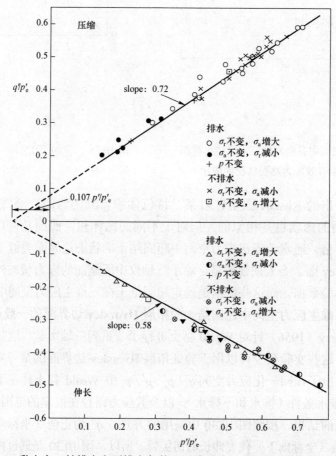

图 10.30　Weald 黏土在三轴排水和不排水条件下压缩和伸长破坏的实验结果（Parry，1956）

等倾线及其长度，如图 10.31 所示）及点 A 和点 D。其中点 A 是针对压缩剪切破坏的点，点 D 是针对伸长剪切破坏的点，这两个点可以参见图 10.25。

如果拓展 Hvorslev 面上的 A 点和 D 点能够适合莫尔–库仑破坏准则，则做如下假定还算是合理的，即假定：比体积 v 为常值的完整状态边界面形状如图 10.31 所示。

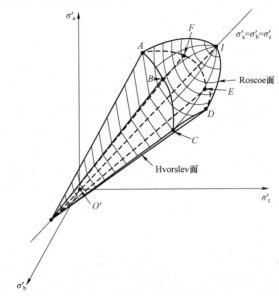

图 10.31　等体积时三维主应力空间中完整状态边界面的图示

根据上述讨论，做以下假定：拓展 Hvorslev 面是一个不规则六边形锥体，其轴心在应力空间等倾线上，其锥顶点在等倾线负轴上的各向同性有效应力（应该是各向同性有效拉力）点上。另外，Roscoe 面（接近圆心点 I 时，参考图 10.31）在 π 平面上的轨迹是圆形。**Roscoe 面与拓展 Hvorslev 面的交线或这两个面的边界线的几何形状目前还没有通过实验精确地加以确定**。图 10.31 中的点 A、C、E 是 Roscoe 面与 Hvorslev 面组成的边界面中的三个截面 $O'IA$、$O'IC$、$O'IE$ 的分界点，其中每一点都处于三轴压缩剪切状态，并是具有特定比体积 v 的临界状态点。所以，**A、B、C、D、E、F 点对应的空间曲线是三维应力空间中拓展临界状态线的表示曲线**，它是通过三轴压缩剪切的临界状态的实验结果拓展到三维主应力空间的。**$ABCDEFA$ 空间曲线是具有特定比体积 v 的 Roscoe 面与 Hvorslev 面的分界面**，而对于比体积 v 连续变化的情况，完整边界面的形状一定相同，但其尺寸不同并且是沿等倾线连续变化的相似边界面，参考图 10.29。只不过应该按照图 10.31 的方式将拓展 Hvorslev 面置于图 10.29 中，这样形成完整的状态边界面，但这样做似乎需要四维空间 $\sigma'_a : \sigma'_b : \sigma'_c : v$ 进行描述。

前面关于三维应力空间中完整的状态边界面的讨论，其关键点是：借助于前述讨论就可以对所关心的实际问题给出简单的观点和说明，并且还可以将整个范围（不同超固结比）土的行为作为一个有机整体联系在一起。这样，三维应力空间中完整的状态边界面问题就仅需要考虑一个截面的情况，然后建立起完整的状态边界面即可。例如，针对三轴压缩剪切情况，仅需要考虑图 10.31 中通过 $O'IA$（或 $O'IC$ 或 $O'IE$）截面上的边界面。接下来，将采用第 8、9、10 章介绍的方法分析这一截面。

同样针对三轴伸长情况，仅需要考虑图 10.31 中通过 $O'IB$（或 $O'ID$ 或 $O'IF$）截面上的边界面。上述所有三轴压缩实验中关于边界面情况的讨论，都可以直接应用到三轴伸长实验中。

图 10.32 给出了归一化坐标下的状态边界面，p'/p'_e 坐标轴下部的状态边界面给出了三轴伸长情况下可能的应力状态区域。Roscoe 面和 Hvorslev 面的交点 D 点是临界状态线中的一点，所以 D 点对应的 q'/p' 值（针对三轴伸长剪切情况）可以不同于 A 点对应的 $q'/p'(=M)$ 值（针对三轴压缩情况）。

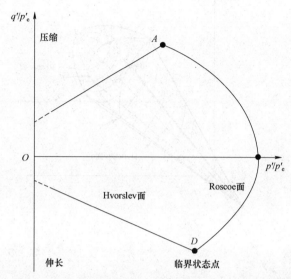

图 10.32　针对三轴压缩和三轴伸长情况的归一化状态边界面图示

在三维主应力空间中，针对任何一个确定的应力路径，都会有一些与之相关的（以 Roscoe 面和 Hvorslev 面形成的完整边界面）截面，这些相关的完整边界面截面的尺寸随着土样比体积 v 的变化而改变。土样的应力状态将会限制在这些状态边界面内（包括状态边界面上），如果剪切变形持续不断，所有土样都会最后移动到临界状态线上的某一点。所预期土的行为方式将总是三轴压缩剪切实验中所观测到结果的反映，因此，土的行为方式必将与前几章讨论的内容相关。

通常总是根据压缩剪切实验的情况预测土的行为。然而，三维主应力空间中土的状态边界面的准确形状（如图 10.31）到目前为止还是有争议的。所以，如果基于图 10.31 给出的状态边界面的形式，对某一场地进行预测，则采用哪种形式的边界面截面及与之相应的室内实验方法（这种室内实验方法可以确定相应截面的边界面）就非常重要。**通常要求这种室内实验方法和应力路径应该与场地实际应力路径及场地的其他条件尽可能地保持一致。**

为了预测实际工程问题，比如地基沉降，通常需要选取代表性土样进行三轴实验，对其施加相应的应力和应力路径来获取所需的参数，进而对沉降量进行预测。这种应力路径方法可以扩展应用到更多的岩土工程问题中，其所需的步骤有：① 选取合适的周围场地土制作土样；② 根据该点场地土单元的实际情况确定其应力路径；③ 按照所确定的应力路径对土样进行室内实验；④ 根据实验结果估算土的变形。

但采用上述方法存在一些问题：土的实际应力路径可以决定土的行为，然而这种应力路径在室内实验中可能无法实现，如三维应力空间中的某些路径，此时采用实验结果来估算实际土的行为效果可能不好。尽管如此，这种方法还是为工程师们提供了一些规则，可以帮助他们分析实验的不足，分析土体数值模型与实际问题的相关性。

10.8.3   三维情况下土的应力-应变关系表达式

前面给出了三维主应力空间中应力的一种表述，即

$$p = \frac{1}{3}(\sigma_1 + \sigma_2 + \sigma_3)$$

$$q = \sqrt{\frac{1}{2}} \sqrt{(\sigma_1 - \sigma_2)^2 + (\sigma_2 - \sigma_3)^2 + (\sigma_3 - \sigma_1)^2}$$

三维主应力空间中功的方程为

$$\delta W = \sigma_1' \delta \varepsilon_1 + \sigma_2' \delta \varepsilon_2 + \sigma_3' \delta \varepsilon_3 = q \delta \varepsilon_s + p' \delta \varepsilon_v \tag{10.87}$$

根据式（10.87）可以得到与三维主应力功对偶（共轭）的三维主应变增量表达式

$$\delta \varepsilon_v = \delta \varepsilon_1 + \delta \varepsilon_2 + \delta \varepsilon_3 \tag{10.88}$$

$$\delta \varepsilon_s = \sqrt{\frac{2}{3}} \sqrt{(\delta \varepsilon_1 - \delta \varepsilon_2)^2 + (\delta \varepsilon_2 - \delta \varepsilon_3)^2 + (\delta \varepsilon_3 - \delta \varepsilon_1)^2} \tag{10.89}$$

首先考虑三轴压缩情况，此时 $\sigma_2' = \sigma_3'$，$\sigma_1' \geqslant \sigma_2' = \sigma_3'$，$\eta = q/p'$。主应力空间中任一应力点 $P(\sigma_1, \sigma_2, \sigma_3)$ 在 π 平面上的分量为 τ_π，它的计算公式为

$$\tau_\pi = \frac{1}{\sqrt{3}} \sqrt{(\sigma_1 - \sigma_2)^2 + (\sigma_2 - \sigma_3)^2 + (\sigma_3 - \sigma_1)^2} = \sqrt{\frac{2}{3}} q$$

考虑 π 平面上偏应力表达式，功的表达式（10.87）可以表示为

$$\delta W = q \delta \varepsilon_s + p' \delta \varepsilon_v = \tau_\pi \delta \varepsilon_{\pi,s} + p' \delta \varepsilon_{\pi,v} \tag{10.90}$$

根据式（10.90），与式（10.64）的塑性功共轭的应变增量表达式为

$$\delta \varepsilon_{\pi,v} = \delta \varepsilon_v = \delta \varepsilon_1 + \delta \varepsilon_2 + \delta \varepsilon_3 \tag{10.91}$$

$$\delta \varepsilon_{\pi,s} = \frac{1}{\sqrt{3}} \sqrt{(\delta \varepsilon_1 - \delta \varepsilon_2)^2 + (\delta \varepsilon_2 - \delta \varepsilon_3)^2 + (\delta \varepsilon_3 - \delta \varepsilon_1)^2} \tag{10.92}$$

下面定义新的应力比 η^* 及 M^* 为

$$\eta^* = \frac{\tau_\pi}{p'} = \sqrt{\frac{2}{3}} \eta \tag{10.93}$$

$$M^* = \sqrt{\frac{2}{3}} M \tag{10.94}$$

式中，M^*、M 分别是 η^*、η 在临界状态时的极限值。

1. 三维主应力空间的屈服面和状态边界面

假定三维主应力空间中湿（剪缩）土的屈服面和状态边界面对称于等倾线 $O'I$，参见图 10.31 顶部的 Roscoe 面。

三维轴对称剪切压缩变形时椭圆屈服面方程为式（10.50），由式（10.50）可以得到

$$\frac{p'}{p_x'} = \frac{M^2}{M^2 + \eta^2} \tag{10.95}$$

将式（10.95）拓展到三维主应力空间（这里是按照米泽斯屈服准则拓展的），即采用屈服面和状态边界面对称于等倾线 $O'I$，参见图 10.28 中的 Roscoe 面，则可以得到三维主应力

空间的椭圆屈服面为

$$\frac{p'}{p'_x} = \frac{M^{*2}}{M^{*2} + \eta^{*2}} \tag{10.96}$$

参考式（10.93），式（10.96）可以表示为

$$p'^2 M^{*2} + \tau_\pi^2 - M^{*2} p' p'_x = 0 \tag{10.97}$$

将式（10.97）用主应力 $(\sigma'_1, \sigma'_2, \sigma'_3)$ 表示，则有

$$(M^{*2} + 6)(\sigma'^2_1 + \sigma'^2_2 + \sigma'^2_3) + 2(M^{*2} - 3)(\sigma'_1 \sigma'_2 + \sigma'_2 \sigma'_3 + \sigma'_3 \sigma'_1) - 3M^{*2} p'_x (\sigma'_1 + \sigma'_2 + \sigma'_3) = 0 \tag{10.98}$$

方程式（10.98）是三维主应力空间 $\sigma'_1 : \sigma'_2 : \sigma'_3$ 的椭圆方程。

2. 三维应力–应变关系的增量表达式

假定：① 屈服面是关于等倾线 $O'I$ 对称的曲面（在 π 平面上是圆形）；② 应力主轴与应变主轴共轴；③ 遵守相关联流动法则。由上述假定可以知道：π 平面上的剪应力 τ_π（图 10.15 中的 QP 分量）必然与其共轭（对偶）的塑性剪切应变增量 $\delta\varepsilon^p_{\pi,s}$（屈服圆 P 点的向外正交流动，参考图 10.8）相互平行。固定的 π 平面（在等倾线的位置固定不变）中圆形屈服面上其偏应力 τ_π 是常量，和其对偶的偏应变增量与屈服圆正交并且也是常量，而偏应力与对偶的偏应变增量的比值必然是一个常量，由此就可以得到以下方程：

$$\frac{\tau_\pi}{\delta\varepsilon^p_{\pi,s}} = \frac{\sigma'_1 - \sigma'_2}{\delta\varepsilon^p_1 - \delta\varepsilon^p_2} = \frac{\sigma'_2 - \sigma'_3}{\delta\varepsilon^p_2 - \delta\varepsilon^p_3} = \frac{\sigma'_3 - \sigma'_1}{\delta\varepsilon^p_3 - \delta\varepsilon^p_1} \tag{10.99}$$

假定忽略弹性应变增量（假定 $\delta\varepsilon^e_1 = \delta\varepsilon^e_2 = \delta\varepsilon^e_3 = 0$），式（10.99）就可以表示为

$$\frac{\tau_\pi}{\delta\varepsilon^p_{\pi,s}} = \frac{\tau_\pi}{\delta\varepsilon_{\pi,s}} = \frac{\sigma'_1 - \sigma'_2}{\delta\varepsilon_1 - \delta\varepsilon_2} = \frac{\sigma'_2 - \sigma'_3}{\delta\varepsilon_2 - \delta\varepsilon_3} = \frac{\sigma'_3 - \sigma'_1}{\delta\varepsilon_3 - \delta\varepsilon_1} \tag{10.100}$$

由式（10.91）和式（10.100）解出三个主应变的增量，就可以得到

$$\begin{cases} \delta\varepsilon_1 = \dfrac{1}{3}\left[(2\sigma'_1 - \sigma'_2 - \sigma'_3)\dfrac{\delta\varepsilon_{\pi,s}}{\tau_\pi} + \delta\varepsilon_{\pi,v} \right] \\[2mm] \delta\varepsilon_2 = \dfrac{1}{3}\left[(2\sigma'_2 - \sigma'_3 - \sigma'_1)\dfrac{\delta\varepsilon_{\pi,s}}{\tau_\pi} + \delta\varepsilon_{\pi,v} \right] \\[2mm] \delta\varepsilon_3 = \dfrac{1}{3}\left[(2\sigma'_3 - \sigma'_1 - \sigma'_2)\dfrac{\delta\varepsilon_{\pi,s}}{\tau_\pi} + \delta\varepsilon_{\pi,v} \right] \end{cases} \tag{10.101}$$

式中，$\delta\varepsilon_{\pi,v}, \delta\varepsilon_{\pi,s}$ 的解可以借助于前面介绍的三维轴对称情况下剑桥模型的解而得到，具体方法是：首先根据 10.8.2 节讨论的情况假定三维空间的屈服面，再利用剑桥模型给出某一截面（图 10.31 中的 $O'IA$ 截面）上的解，即式（10.57）和式（10.58）给出了 $\delta\varepsilon_{\pi,v}, \delta\varepsilon_{\pi,s}$ 的解答。Roscoe 和 Burland（1968）采用了式（10.57）、式（10.58）的 $\eta = q/p'$ 的表达式，但利用式（10.57）和式（10.58）的解答时要注意采用新的应力比 η^* 及 M^*，见式（10.93）和式（10.94）。由此，这两个表达式就分别变为

$$d\varepsilon_{\pi,v} = d\varepsilon^p_{\pi,v} + d\varepsilon^e_{\pi,v} = \frac{1}{1+e_0}\left[(\lambda - \kappa)\frac{2\eta^*}{M^{*2} + \eta^{*2}} d\eta^* + \frac{\lambda}{p'} dp' \right] \tag{10.102}$$

$$d\varepsilon_{\pi,\mathrm{s}} = d\varepsilon_{\pi,\mathrm{s}}^{\mathrm{p}} = \frac{\lambda - \kappa}{1 + e_0} \frac{2 p' \tau_\pi}{M^{*2} p'^2 - \tau_\pi^2} \left[\frac{2\tau_\pi}{M^{*2} p'^2 + \tau_\pi^2} d\tau_\pi + \frac{1}{p'} \left(\frac{M^{*2} p'^2 - \tau_\pi^2}{M^{*2} p'^2 + \tau_\pi^2} \right) dp' \right]$$

（10.103）

最后，再将式（10.102）和式（10.103）代入式（10.101）就可以得到最后的解答。注意这一解答是假定弹性变形为 **0** 时得到的。

10.9　采用通过三轴压缩实验得到的参数预测平面应变条件下土的行为

很多实际工程的土体可以近似地认为是平面应变问题，但室内实验大多采用三轴实验来确定土的参数，三维轴对称状态与平面应变问题具有很大的不同，实验已经证实通过平面应变实验和常规三轴实验得出的材料的强度指标有明显的差别。因此本节将探讨如何用三轴压缩实验参数来预测平面应变条件下土体的行为。平面应变条件下 σ_2' 和 $\delta\varepsilon_2$ 分别表示中主应力和中主应变增量，σ_1' 不必大于 σ_3'。将 $\delta\varepsilon_2 = 0$ 代入式（10.101），并求解式（10.102）和式（10.103）。然而即使是最简单的情况，当已知 σ_1'，σ_2'，σ_3' 和应力增量 $\delta\sigma_1'$，$\delta\sigma_3'$ 时，整个求解过程也是复杂、冗长和烦琐的。原因在于，式（10.102）和式（10.103）的解答只有在 $\delta\sigma_2'$ 已经确定后才能求解出来，并且这两个式子的解答 $\delta\varepsilon_{\pi,\mathrm{v}}^{\mathrm{p}}$，$\delta\varepsilon_{\pi,\mathrm{s}}^{\mathrm{p}}$ 出现在式（10.101）中 $\delta\varepsilon_2$ 的解答中（此处假定：$\delta\varepsilon_{\pi,\mathrm{v}}^{\mathrm{p}} = \delta\varepsilon_{\pi,\mathrm{v}}$，$\delta\varepsilon_{\pi,\mathrm{s}}^{\mathrm{p}} = \delta\varepsilon_{\pi,\mathrm{s}}$）。也就是说，式（10.101）的最终解答依赖于 $\delta\sigma_2'$ 是否已经确定。通常三维轴对称条件下的屈服面是由当前应力状态唯一确定的，而平面应变条件下 $\delta\sigma_2'$ 却是未知的，并且 $\delta\sigma_2'$ 是所施加应力路径的函数。产生这种情况的原因是，平面应变条件下 $\delta\varepsilon_2 = 0$，但 $\delta\varepsilon_2^{\mathrm{p}} = -\delta\varepsilon_2^{\mathrm{e}}$，它们并不等于 0，而且 $\delta\varepsilon_2^{\mathrm{p}}$ 是应力路径的函数。但这种情况可以通过假定弹性变形等于 0（相当于膨胀线斜率 $\kappa = 0$）而得到巨大的简化，下面将对此加以讨论。

1. 平面应变条件下三维主应力空间 $\sigma_1' : \sigma_2' : \sigma_3'$ 中的屈服面

假定弹性变形等于 0（相当于膨胀线斜率 $\kappa = 0$），平面应变条件下所有应力路径必须满足 $\delta\varepsilon_2^{\mathrm{p}} = \delta\varepsilon_2 = 0$。由正交流动法则可以知道：屈服面上的塑性流动向量 $\delta\varepsilon_1^{\mathrm{p}} + \delta\varepsilon_3^{\mathrm{p}}$ 必然等于 $\delta\varepsilon_1 + \delta\varepsilon_3$，并且在平行于 $\sigma_1' O \sigma_3'$ 的平面内，如图 10.33 所示。由此得到平面应变条件下三维主应力空间中唯一的屈服面，见图 10.33 中空间曲线 $C_2' B_2' A' B_1'$。它是一个椭圆屈服面，其形状示于 $\sigma_1' O \sigma_3'$ 平面内，见 $C_2 B_2 A B_1 C_1$ 曲线。

椭圆屈服面中应力 σ_1'，σ_3'（沿着 σ_2' 方向应力没有变化）应该满足：

$$\frac{\delta\sigma_1'}{\delta\sigma_2'} = \frac{\delta\sigma_3'}{\delta\sigma_2'} = 0$$

（10.104）

将式（10.98）对 σ_2' 求微分，并注意式（10.104），可以得到

$$2(M^{*2} + 6)\sigma_2' + 2(M^{*2} - 3)(\sigma_1' + \sigma_3') - 3M^{*2} p_x' = 0$$

（10.105）

式（10.105）表示一个平面中的椭圆屈服面，见图 10.33 中空间曲线 $C_2' B_2' A' B_1'$（椭圆屈服面与斜线截面的交线），该曲线 $C_2' B' A' B_1'$（或斜线截面）平行于 $\sigma_1' O \sigma_3'$ 平面。

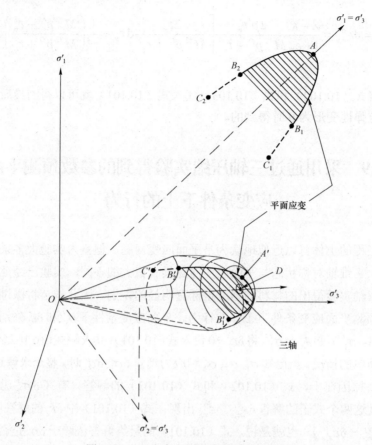

图 10.33　主应力空间中边界面和屈服面

2. 平面应变条件下二维主应力空间 $\sigma_1' : \sigma_3'$ 中的屈服面

要想得到平面应变条件下二维主应力空间 $\sigma_1' : \sigma_3'$ 中的屈服面，必须消去三维主应力空间的椭圆屈服面方程式（10.98）中的中主应力 σ_2'。因此，由式（10.105）解出 σ_2' 的表达式，然后再回代入式（10.98）中，就可以得到二维主应力空间 $\sigma_1' : \sigma_3'$ 中的屈服面方程。根据这一思路，由式（10.105）解出的 σ_2' 的表达式为

$$\sigma_2' = \frac{3M^{*2} p_x' - 2(M^{*2} - 3)(\sigma_1' + \sigma_3')}{2(M^{*2} + 6)} \tag{10.106}$$

将式（10.106）代入式（10.98）中，就可以得到二维主应力空间 $\sigma_1' : \sigma_3'$ 中的屈服面方程为

$$2(M^{*2} + 3)(\sigma_1'^2 + \sigma_3'^2) - 3M^{*2} p_x'(\sigma_1' + \sigma_3') + 2(M^{*2} - 3)\sigma_1'\sigma_3' - \frac{M^{*4}}{4} p_x'^2 = 0 \tag{10.107}$$

在图 10.33 中，$\sigma_1' O \sigma_3'$ 平面内 $C_2 B_2 A B_1 C_1$ 椭圆曲线就是式（10.107）的图示。

3. 平面应变条件下二维应力空间 $t : s'$ 中的屈服面

平面应变条件下二维应力 t, s' 定义为

$$\begin{cases} t = \dfrac{\sigma_1' - \sigma_3'}{2} \\[2mm] s' = \dfrac{\sigma_1' + \sigma_3'}{2} \end{cases} \tag{10.108}$$

将式（10.108）代入式（10.107）中，可以得到

$$6M^{*2}s'^2 + 2(M^{*2}+6)t^2 - 6M^{*2}p'_x s' - \frac{M^{*4}}{4}p'^2_x = 0 \qquad (10.109)$$

式（10.107）中的 p'_x 不太方便在二维应力空间 $t:s'$ 中表示出来，p'_x 需要转变为用应力 (t, s') 表示。在图 10.33 中，$\sigma'_1 O \sigma'_3$ 平面内屈服面 $C_2 B_2 A B_1 C_1$ 椭圆曲线顶点 A 至原点 O 的距离 $|OA| = \sqrt{2}s'_x$。由式（10.109）解出 p'_x（令 $t=0$），可以得到

$$p'_x = \frac{2s'_x}{W}, \quad W = 1 + \sqrt{1 + \frac{M^{*2}}{9}} \qquad (10.110)$$

式中，W 为转换因子。将式（10.110）回代到式（10.109）中，并令 $\eta'' = t/s'$，可以得到

$$\eta''^2 = \left(\frac{t}{s'}\right)^2 = \left[\frac{s'_x}{s'}\left(\frac{M^{*2}}{6W^2}\frac{s'_x}{s'} + \frac{2}{W}\right) - 1\right]\frac{3M^{*2}}{M^{*2}+6} \qquad (10.111)$$

将式（10.111）中的 M^* 替换回 M，则式（10.111）变为

$$\eta''^2 = \left[\frac{s'_x}{s'}\left(\frac{M^2}{9W^2}\frac{s'_x}{s'} + \frac{2}{W}\right) - 1\right]\frac{M^2}{3(W-1)^2} \qquad (10.112)$$

式（10.112）就是屈服面（$\kappa = 0$）在二维应力空间 $t:s'$ 中的表达式，它是一个椭圆方程，其形心在 $s = s_x/W$ 处，并且其主轴与 s 轴同轴。将这一屈服面表示在归一化应力空间 $t/s'_x : s'/s'_x$ 中，且 $M = 1.0$ 时，它仍然保持为椭圆形，参见图 10.34 中的椭圆实曲线。而同一屈服面在归一化主应力空间 $\sigma'_1/s'_x : \sigma'_3/s'_x$ 中表示时，它的屈服面如图 10.35 中实线曲线所示，它相对 $\sigma'_1 = \sigma'_3$ 轴还是一个椭圆屈服面。图 10.36 和图 10.35 中的虚线曲线代表三轴压缩剪切的屈服面，它们在图中已经不再是椭圆形屈服面了。

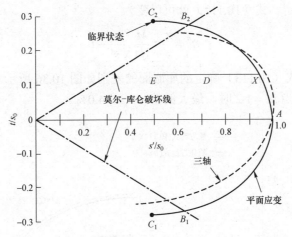

图 10.34　归一化空间 $t/s'_0 : s'/s'_0$ 中某一确定不排水屈服压力 s'_0 的屈服面（此处 $s'_0 = s'_x$）

然而在实际使用中，将三轴压缩剪切实验的数据在二维应力 $t:s'$ 中表示出来，并且假定三轴压缩剪切实验的结果与平面应变的实验结果相同。这种假定所产生的误差在图 10.34 和图 10.35 中给出了清楚的表示。

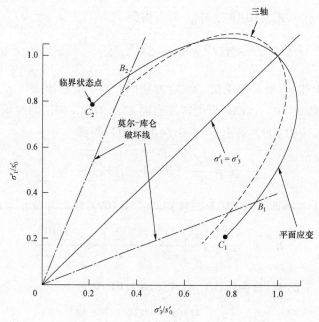

图 10.35　图 10.34 中的屈服面在归一化主空间 $\sigma'_1/s'_0 : \sigma'_3/s'_0$ 中的图示（此处 $s'_0 = s'_x$）

实际上，采用式（10.112）和式（10.110）进行分析和计算时，通常是复杂和难以处理的。为此可以做以下简化，并且不会产生较大的误差。假定：① 当 $0.7 \leqslant M \leqslant 1.2$ 时，根据式（10.112）和式（10.111），有 $2.028 \leqslant W \leqslant 2.078$ 和 $1.0 \leqslant s'_x/s' \leqslant 2.0$。所以，式（10.112）中 $\dfrac{M^2}{9W^2}\dfrac{s'_x}{s'} + \dfrac{2}{W}$ 的最大的变化范围是 0.999（当 $M=0.7$，$s'_x/s'=1.0$ 时）～1.038（当 $M=1.2$，$s'_x/s'=2.0$ 时）。由此可以作假定② $W=2.0$ 及假定③ $\dfrac{M^2}{9W^2}\dfrac{s'_x}{s'} + \dfrac{2}{W} = 1$。

根据上述 3 个假定，式（10.112）就可以变为

$$\eta'' = \frac{t}{s'} = \frac{M}{\sqrt{3}}\sqrt{\frac{s'_x}{s'} - 1} \qquad (10.113)$$

式（10.112）和式（10.113）确定的屈服面的差别如图 10.36 所示。当 $M=0.7$ 时，最大偏差 $t/s'_x \leqslant 1.5\%$；而当 $M=1.2$ 时，最大偏差 $t/s'_x \leqslant 4.0\%$。

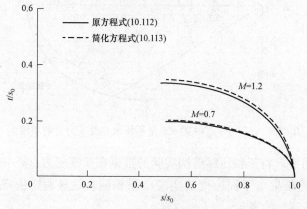

图 10.36　采用不同方法计算屈服面的对比（此处 $s'_0 = s'_x$）

4. 平面应变条件下应力-应变的增量方程

如果将式（10.113）中的 $t, s', s'_x, M/\sqrt{3}$ 分别替换为修正剑桥模型中的 q, p', p'_x, M，则式（10.113）变为

$$\frac{p'}{p'_x} = \frac{M^2}{M^2 + \eta^2}$$

这就是修正剑桥模型的屈服面方程式（10.51）。所以可以推论修正剑桥模型的解即式（10.58）和式（10.59），也可以是式（10.113）的解，但是需要将修正剑桥模型中的 q, p', p'_x, M 分别替换为 $t, s', s'_x, M/\sqrt{3}$。另外，需要给出与塑性功相共轭（对偶）的塑性应变增量的定义。

$$W = s'\delta\varepsilon_m^p + t\delta\varepsilon_t^p = \sigma_1'\delta\varepsilon_1^p + \sigma_3'\delta\varepsilon_3^p$$

由此就可以得到平面应变条件下应变增量的表达式

$$\delta\varepsilon_m^p = \delta\varepsilon_1^p + \delta\varepsilon_3^p \tag{10.114}$$

$$\delta\varepsilon_t^p = \delta\varepsilon_1^p - \delta\varepsilon_3^p \tag{10.115}$$

根据修正剑桥模型屈服面方程式（10.111）即为平面应变条件下式（10.113），可以知道其相应的剪胀方程为

$$\frac{\mathrm{d}\varepsilon_v^p}{\mathrm{d}\varepsilon_s^p} = \frac{M^2 - (q/p')^2}{2q/p'} = -\frac{\mathrm{d}q}{\mathrm{d}p'}$$

式中右端的等式为式（10.48）。而平面应变条件下与上式对应的［相应于式（10.113）的］剪胀方程为

$$\frac{\mathrm{d}\varepsilon_m^p}{\mathrm{d}\varepsilon_t^p} = \frac{\left(\dfrac{M}{\sqrt{3}}\right)^2 - (t/s')^2}{2t/s'} = -\frac{\mathrm{d}t}{\mathrm{d}s'} \tag{10.116}$$

与修正剑桥模型式（10.111）类比也可以得到平面应变条件下的表达式：

$$\frac{s'}{s'_x} = \frac{\left(\dfrac{M}{\sqrt{3}}\right)^2}{\left(\dfrac{M}{\sqrt{3}}\right)^2 + \left(\dfrac{t}{s'}\right)^2} \tag{10.117}$$

式（10.117）中的 s'_x 与孔隙比的关系（平面应变条件下）为

$$e_a - e = \lambda'\ln s'_x$$

上式为平面应变条件下 $\sigma_1' = \sigma_3'$ 时正常固结土的压缩关系曲线，其中 e_a 为 $s' = 1$ 时该曲线对应的孔隙比。理论上讲，$\lambda' = \lambda$，即三轴压缩情况下正常固结线的斜率 λ 等于平面应变情况下且 $\sigma_1' = \sigma_3'$ 时正常固结线的斜率 λ'。Burland（1967）在他的博士论文中已经通过对高岭土的实验证实了这一点。

假定：土为平面应变情况，并且 $\kappa = 0$。如果土的初始状态 t, s', e 是在状态边界面上，而且承受平面应变条件下的应力增量 $\delta t, \delta s'$ 的作用，土会屈服，并产生以下塑性变形［与式（10.57）和式（10.58）相比较］：

$$d\varepsilon_{m}^{p}=d\varepsilon_{m}=\frac{\lambda}{1+e_{0}}\left\{\frac{2t}{\left(\dfrac{M}{\sqrt{3}}\right)^{2}s'^{2}+t^{2}}dt+\frac{1}{s'}\left[\frac{\left(\dfrac{M}{\sqrt{3}}\right)^{2}s'^{2}-t^{2}}{\left(\dfrac{M}{\sqrt{3}}\right)^{2}s'^{2}+t^{2}}\right]ds'\right\} \qquad (10.118)$$

$$d\varepsilon_{t}^{p}=d\varepsilon_{t}=\frac{\lambda}{1+e_{0}}\frac{2s't}{\left(\dfrac{M}{\sqrt{3}}\right)^{2}s'^{2}-t^{2}}\left\{\frac{2t}{\left(\dfrac{M}{\sqrt{3}}\right)^{2}s'^{2}+t^{2}}dt+\frac{1}{s'}\left[\frac{\left(\dfrac{M}{\sqrt{3}}\right)^{2}s'^{2}-t^{2}}{\left(\dfrac{M}{\sqrt{3}}\right)^{2}s'^{2}+t^{2}}\right]ds'\right\} \qquad (10.119)$$

利用式（10.118）和式（10.119）就可以计算平面应变条件下土的应变增量（此时忽略弹性变形，即塑性变形等于整个土的变形）。应该注意，平面应变条件下应变增量的表达式（10.118）和式（10.119）中的 λ, M 是通过三轴压缩实验获得的。

10.10　三维空间中土的应力作用的讨论

从力学的角度，主要讨论应力作用下土的变形与破坏。所以，应力作用的状态决定了其变形和破坏的形式，而土体的几何形状和边界条件对土体的变形和破坏只是起到了约束和限制的作用；但这种约束和限制也可以产生重要影响，如平面应变条件下测量得到的有效应力摩擦角（由于存在出平面的约束作用）通常会比三轴压缩实验中确定的有效应力摩擦角大一些，大 10%左右（Mitchell et al.，2005）。

当不考虑主应力轴的旋转时，在三维主应力空间中描述各种不同应力的作用是合理的。鉴于通常的变形和破坏理论和模型主要是根据一维和二维的情况建立的，因此根据二维情况建立的模型（实际情况都是三维的），如何考虑中主应力 σ_2' 的作用就很重要。从屈服和强度的角度，通常采用中主应力参数 b 描述中主应力的影响，b 的表达式见式（10.67）。$b=0$（$\sigma_2'=\sigma_3'$）和 $b=1$（$\sigma_2'=\sigma_1'$）是中主应力 σ_2' 作用的两种极端情况，它们分别对应三轴压缩实验和三轴伸长实验的应力作用。

1. 中主应力 σ_2' 对应力–应变关系的影响

当有效球应力保持恒定不变时，b 值对体积（或孔隙比）变化似乎没有明显的影响。Lanier 等人（1987）对 Hostun 密砂进行的实验表明，初始阶段砂样有微小剪缩，随后出现剪胀，其剪胀速率与 b 值无关。Trueba（1988）对正常固结黏土进行的实验中也没有显示 b 值与体积应变之间有明确的关系。不排水条件下，试样体积不会变化，也可以认为体积变化与 b 值无关（当然孔压可以发生变化，孔压的变化与 b 值的关系有待考察）。

现有实验结果表明，不论排水或不排水条件下的砂土或黏土，通常中主应力对归一化的偏应力 q/p' 和偏应变 ε_s（$\eta:\overline{\varepsilon}$ 空间）曲线的初始斜率几乎没有影响，如图 10.37 和图 10.38 所示。

从图 10.39 和图 10.40 中八面体表面（图 10.16）上等偏应变线可以看出，总体上中主应力 σ_2' 对图中等偏应变线的影响不太大。但图 10.39 表明，密砂 b 值对等偏应变线的影响大于松砂 b 值对等偏应变线的影响；松砂 b 值对等偏应变线几乎没有影响。图 10.40 中还给出了八面体表面上各种等偏应变线及莫尔–库仑强度线和最大强度包络线。密砂和正常固结土的表

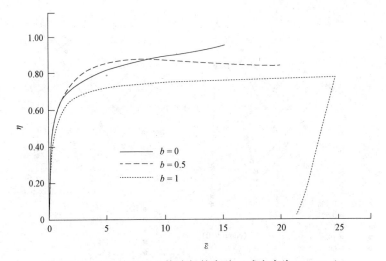

图 10.37 黏土的不同 b 值路径的实验（球应力为 300 kPa）

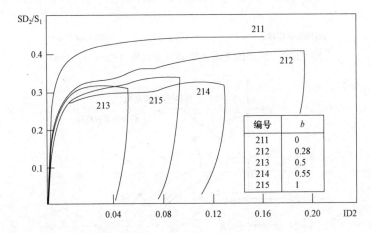

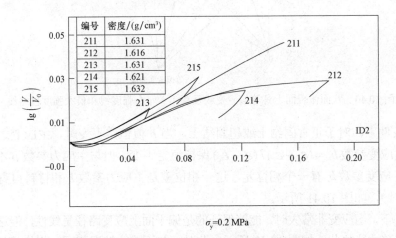

图 10.38 Hostun 密砂的不同 b 值和密度的实验

现是一样的，即当偏应变较小时，这些等偏应变线呈现圆弧形。但在归一化应力 q/p' 和偏应变 ε_s 空间中，曲线则是不同的，b 值越低，曲线的梯度越大，q/p' 的最终值也越大。

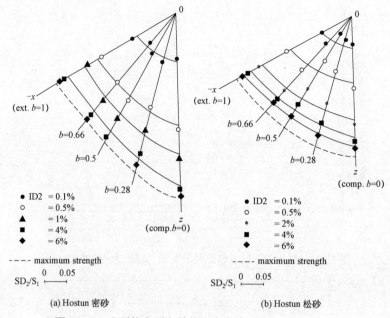

图 10.39　八面体表面上等偏应变曲线（Zitouni，1988）

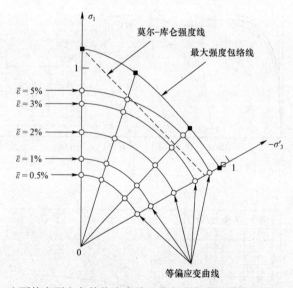

图 10.40　八面体表面上各等偏应变线及莫尔－库仑强度线和最大强度包络线

不排水条件下，对于正常固结土或超固结土，当 b 值恒定不变时，主应变之间成比例相互影响，即主应变参数 $b_\varepsilon = (\varepsilon_2 - \varepsilon_3)/(\varepsilon_1 - \varepsilon_3)$ 保持恒定不变，但与主应力参数 b 不相等。主应力参数 b 与主应变参数 b_ε 有一个相位差，这一相位差是主应力参数 b 和材料自身性质的函数（当 $b \neq 0$，1 时），如图 10.41 所示。

排水条件下，当应变非常大时，能够保证的是偏平面上应变路径呈线性，但这只能在应变出现局部化以前才能如此，如图 10.42 所示。此时，与不排水情况相同，相位差与主应力参数 b 和材料自身性质有关。通常密砂所对应的最大偏量比松砂和黏土的都要大，但它们相对应的 b 值却近似相同。

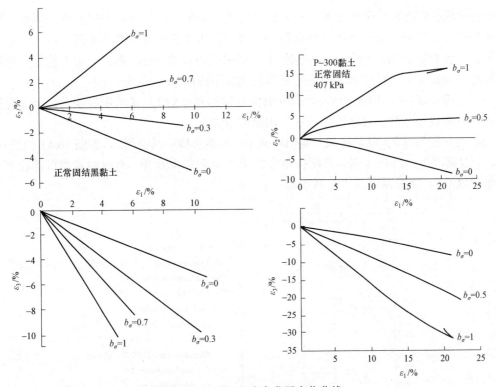

图 10.41　两组主应变发展变化曲线

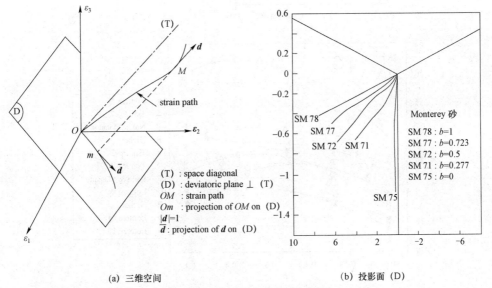

(a) 三维空间　　　　　　(b) 投影面 (D)

图 10.42　偏平面上应变路径图示

在平面应变情况下（$\varepsilon_2 = 0$），无论何种土，排水条件下 b 值接近 0.25，而不排水条件下 b 值接近 0.35。不排水条件下 b 值保持不变，即中主应力 σ'_2 不变（因为 $\varepsilon_2 = 0$）；但排水条件下，则不能确定，因为排水时体积发生变化。

2. 中主应力 σ'_2 对强度关系的影响

大量实验结果表明，伸长实验的摩擦角大于压缩实验的摩擦角。这一结果隐含着根据莫尔-库仑破坏准则确定的摩擦角 ϕ' 对于不同的中主应力而言，只是一个近似值。另外，实验结果还表明，平面应变条件下的摩擦角比三维轴对称压缩条件下的摩擦角要大。

大量实验数据表明，土的强度，不论用 q/p' 值或用 ϕ' 值表示，都会随着 b 值的变化而变化。虽然实验数据离散性较大，但还是可以得出以下规律。

（1）摩擦角 ϕ' 与中主应力相关。当 b 值由 0 增加到 0.5 时，ϕ' 值明显增大。平面应变条件下的摩擦角要比三维轴对称压缩条件下的摩擦角大。

（2）当 b 值超过 0.5 时，ϕ' 值开始出现减小，可能会持续减小到 1，如图 10.43 和图 10.44 所示。一般情况下，当 $b=1$ 时，其摩擦角会大于 $b=0$ 时的摩擦角，有时两者也可能相等（此时 b 值超过 0.5，摩擦角可能不会减小）。

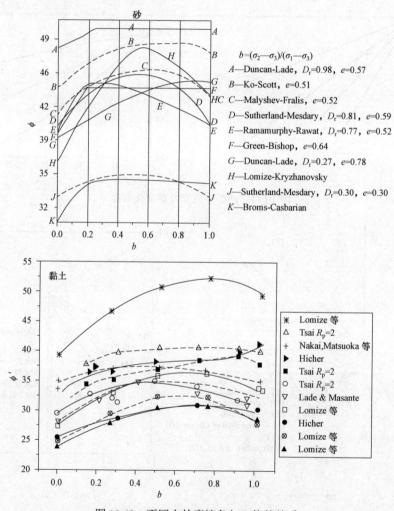

图 10.43　不同土的摩擦角与 b 值的关系

值得注意的是：较大应变时，无论何种试样都会产生不同程度的应变局部化，而到达峰值偏应力（或峰值剪应力）所伴随（对偶）的偏应变会随着 b 值的增大而减小，这就有力地说明了 b 值越大，应变局部化发生的趋势就会增加，并在具有中主应力 σ_2' 的平面上产生破坏。这种条件下（有中主应力 σ_2' 时），屈服包络线（面）更加接近于破坏准则（此时已经丧失了均匀、一致性），而不是稳定的临界状态准则（理想塑性准则）。

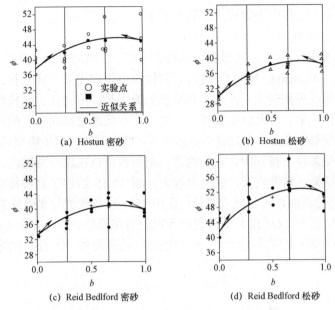

(a) Hostun 密砂　　　　　(b) Hostun 松砂

(c) Reid Bedlford 密砂　　　　　(d) Reid Bedlford 松砂

图 10.44　不同砂土的摩擦角与 b 值的关系

10.11　主应力轴旋转的影响

Hicher 和 Lade（1987）对正常固结的各向异性黏土进行了主应力旋转和不旋转的实验，实验结果如下。

（1）无主应力轴旋转时，$q:\varepsilon_s$（$\overline{\varepsilon}$）空间中曲线的切线斜率要大些。

（2）无主应力轴旋转时，偏应变较小时偏应力就可以到达峰值。这主要是初始各向异性使得与其正交方向的土体变硬的缘故。

（3）当大应变及主应力轴有旋转和无旋转时，$q:\varepsilon_s$（$\overline{\varepsilon}$）空间中的曲线趋于相同。初始各向异性逐渐被应力诱发的各向异性消除了。

（4）$\sigma_1'/\sigma_3':\varepsilon_s$（$\overline{\varepsilon}$）空间中的关系曲线也有与上述相似的地方。大应变时，σ_1'/σ_3' 值会有规律地增加到某一定值。没有主应力轴旋转的实验曲线总是位于有主应力轴旋转的实验曲线的上方，小应变时这种情况会更加明显。因为小应变时，土的各向异性特征会更加显著。随着应变的增加，这两条曲线相互靠近，最后趋于相同。

10.12　土体的刚度

当计算土体的位移及要获得地下结构和挡土结构考虑相互作用的作用荷载时，都需要知道土的刚度及其计算方法。在小应变阶段，即剪切应变 $\gamma \leqslant 10^{-3}\%$ 时，土一般处于弹性变形阶段，其刚度可以近似地采用广义胡克定律计算，参见 10.2 节。但此变形阶段的剪应变非常小，难以用普通的实验仪器测量（通常可以通过测量土的波速而得到土的刚度）。工程中通常人们感兴趣的问题绝大多数都是非弹性问题，所以，可以采用前面介绍的临界状态土力学和剑桥模型处理这种非弹性问题。

通常情况下，土木工程中土的应变一般小于 1%，道路下面应变一般小于 0.01%，由振动引起的应变一般小于 0.001%。

实际工程中土的应力-应变关系要比简单的剑桥模型给出的关系复杂得多，特别是在边界面内的小应变情况（Atkinson，2000）。这时，剑桥模型假定土处于弹性状态，而这种情况下的预测结果与实际情况差别较大。产生这种情况的原因是，应力在到达模型的边界面以前，土就已经出现了塑性变形，而此时剑桥模型却假定：在状态边界面以下的路径移动时，只能产生弹性变形或可恢复的变形。由此就会导致误差产生。另外，剑桥模型的参数 λ, κ, M 是在中等应变到较大应变条件下得到的，它们的适用范围也应该在这一范围内。所以对小应变条件下其刚度的预测结果，精度较低，误差也较大。图 10.45 给出了剑桥模型预测结果与实验结果，由此可以看出边界面以下的应力路径 [图 10.45（a）] 及预测与实验结果的不同 [图 10.45（b）]，其中小应变情况下（OY 段）剑桥模型预测的剪切模量 $G' = vp'/g$（g 是重力加速度，它是常量）是一个常量，此时误差较大；而屈服后（边界面外 YA 段）的应力路径条件下的误差较小。

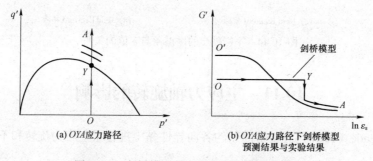

(a) OYA 应力路径　　(b) OYA 应力路径下剑桥模型预测结果与实验结果

图 10.45　剑桥模型预测结果与实验结果比较

图 10.46 给出了土的刚度的主要特征，即按应变的大小划分为 3 个区域，每一区域中土的刚度区别很大。很小应变区域（$\gamma \leqslant 10^{-3}\%$），土的刚度可以近似为常量，即应力-应变为线性关系。大应变区域（$\gamma \geqslant 1\%$），土的应力状态已经到达边界面，应力-应变关系可以用剑桥模型描述，并且精度令人满意。在图 10.46 的中间，小应变区域（$10^{-3}\% \leqslant \gamma \leqslant 1\%$），土的刚度的变化较为迅速，并且是高度非线性的。工程中所遇到的应变情况在图 10.46 给出的整个范围中都会存在。

图 10.47 给出了土的刚度随着应变的变化而变化的主要特征。实际场地中地下土的应变

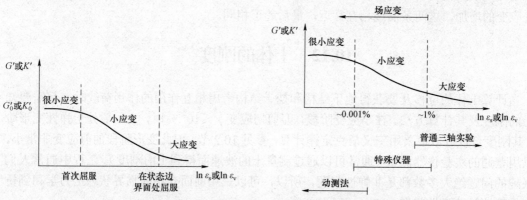

图 10.46　土刚度的变化区域和特征　　图 10.47　土刚度随应变而变化的范围和特征（Atkinson，2007）

通常较小，在沉降较大的基础边缘处的土除外。由于普通三轴仪精度不够，因此难以用于测量此种应变。所以，普通三轴仪不适用于确定工程中感兴趣的范围内土的刚度。对于较小应变区域（$\gamma \leqslant 1\%$），土的刚度只能使用特殊仪器或动测法进行测量。

1. 很小应变刚度的计算

当应变很小时（$\gamma \leqslant 10^{-3}\%$），土的刚度可以利用动测法确定。假定：土体是线弹性的，并忽略阻尼的影响。如果一个典型的 G' 值是 100 MPa，而其偏应变 $\delta\varepsilon_s = 10^{-3}\%$，则其相应的偏应力增量 δq 仅为 3 kPa。

剪切刚度一般情况下可以用下式计算（Viggiani et al.，1995）：

$$\frac{G'}{p_r'} = A\left(\frac{p'}{p_r'}\right)^n Y_p^m \tag{10.120}$$

式中，p_r' 是参考有效压力，无量纲量 Y_p 是屈服应力比，见式（8.6）；A、m、n 是依赖于土的本质性质的参数（Viggiani et al.，1995）。值得注意的是，式（10.120）中 G' 仅依赖于 p'，Y_p，而与比体积和孔隙比无关。这可能是因为，v, p', Y_p 之间并不独立，所以 v 包括在 p', Y_p 之中。通常幂指数 n 的范围为 0.5～1.0，而典型的 m 值范围为 0.2～0.3。此时，式（10.120）变成为

$$\ln\frac{G'}{p_r'} = \ln A + n\ln\left(\frac{p'}{p_r'}\right) + m\ln Y_p \tag{10.121}$$

针对不同的值进行一系列实验，将其实验结果示于图 10.48 中，图 10.48 给出了一个方便的方法确定参数 A，m，n。

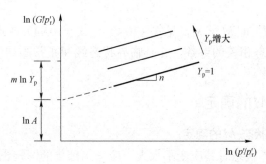

图 10.48　土刚度随应变和屈服应力比而变化的情况

当然，也可以换一种表达方式，即：使 G' 仅依赖于 v, Y_p，利用 v, p' 的关系建立新的表达式。

2. 小应变刚度的计算

当小应变范围在 $10^{-3}\% \leqslant \varepsilon_s \leqslant 1\%$ 内变化时，将 G' 随应变、状态、变形历史的变化而变化的关系示于图 10.49 中，同样的关系也适用于其他形式的刚度（如抗压刚度）的情况。

G'/p' 的具体数值可用下式计算：

$$\frac{G'}{p'} = AY_p^m \tag{10.122}$$

式中，当土为正常固结土并处于相同应变时，$A = G_{nc}'/p'$；当正常固结土处于状态边界面上，则 G_{nc}' 值可以由式（10.58）中 δq 前面的系数确定；m 值依赖于土的本质性质及应变。还有其他一些因素也会对土的刚度产生影响，如不变应力作用的时间、持续加载阶段应力路径方向的改变，都会影响土的刚度。

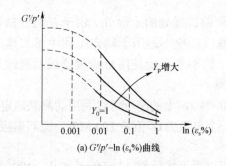

(a) $G'/p'-\ln(\varepsilon_s\%)$曲线

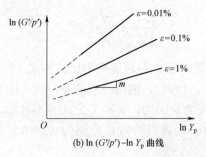

(b) $\ln(G'/p')-\ln Y_p$曲线

图 10.49　土的小应变刚度随应变、应力和超固结而变化的情况

10.13　土性指标的确定

剑桥模型有 3 个参数，即 M, λ, κ，见式（10.43）、式（10.44）或式（10.57）、式（10.58）。其中 M 是直接与临界状态相关的参数，λ 是临界状态线和正常固结线在 $v : p'$ 空间中曲线的斜率，κ 是回弹线的斜率。

10.13.1　临界状态 M 的确定

1. 正常固结土临界状态 M 的确定

正常固结土到达临界状态时其应变不太大，应变局部化的影响也不太严重，也就是说，应力、应变的不均匀性不太严重。此时，M 可以定义为临界状态的应力比：$M = q / p'$，即在应力空间 $q : p'$ 中临界状态线的斜率是一条不可超过的界限线。正常固结土的临界状态 M 值可以由三轴压缩实验的有效摩擦角确定，即由三轴压缩实验获得有效摩擦角，再利用下式确定，即

$$M = \frac{q}{p'} = \frac{6\sin\phi'_c}{3 - \sin\phi'_c}$$

2. 强超固结土和砂土临界状态 M 的确定

通常剑桥模型仅适用于正常固结土，所以即使得到强超固结土或砂土临界状态的 M 值，也不宜于采用剑桥模型计算其弹塑性变形，但强超固结土和砂土临界状态的 M 值是临界状态土力学中一个很有用的参数。另外，一些针对强超固结土或砂土建立的弹塑性模型也需要采用与它们相应的临界状态的 M 值。一般情况下，强超固结土或砂土到达临界状态时它们的应变值会较大，所以会产生较大的应变局部化现象。应变出现局部化后，应力-应变关系不断

发生改变，并导致应力、应变不能再保持其均匀性，表征体元失去了代表性，此时也就不能很好地解释实验结果和预测结果。

然而，还是可以采用一些经验方法对强超固结土或砂土大应变情况下临界状态的 M 值进行考虑应变局部化影响的校正。Biarez 和 Hicher（1994）介绍了一种经验方法，可供大家参考。

另外，就重塑土而言，初始状态为强超固结或正常固结的同一土样，它们最终的临界状态是相同和唯一的。也就是说，可以利用同一重塑土的正常固结土样确定 M 值，这种结果理论上应该与强超固结土样的结果相同。

10.13.2　压缩系数 λ 和回弹系数 κ 的确定

压缩系数 λ 和回弹系数 κ 通常可以用三轴仪确定，即利用（$e, \ln p'$）平面内压缩曲线和回弹线的斜率分别确定压缩系数 λ 和回弹系数 κ。但由于固结仪是更加常见的实验仪器，并且可以更加简单、方便地确定压缩系数 λ 和回弹系数 κ，所以工程实践中更多地趋向于采用这种仪器和相应的实验方法。

9.5.2 节中对一维压缩和膨胀与三维轴对称压缩和膨胀进行了比较，结果表明：**正常固结细颗粒土的沉积过程（沉降过程）和该土三轴实验中应力比为 $\eta = K_0$ 的常应力比路径的压缩过程基本相同，即它们具有近似相同的斜率 λ，两者可以相互参考和借鉴。**也就是说，可以用固结仪确定压缩系数 λ。根据上述比较，也可以假定一维压缩和膨胀与三维轴对称压缩和膨胀相似（膨胀阶段也相似），即两种回弹线平行。但需要考虑对数坐标的不同，对采用两种不同方法而获得的结果进行转换，这种转换可以使用下式：

$$\begin{cases} \lambda = 0.434C_c \\ \kappa = 0.434C_s \end{cases} \tag{10.123}$$

利用式（10.123）就可以将一维固结仪的实验结果 C_c, C_s 转换为三维轴对称空间 $v: q: p'$ 中相应的系数 λ, κ。

10.14　剑桥模型的优点和局限性

10.14.1　剑桥模型的优点

（1）剑桥模型是可以反映重塑土压硬性质的最简单和物理意义最明确的弹塑性模型。

（2）它抓住了反映土体基本性质的 3 个变量应力、应变、孔隙比之间的关系，而这 3 个变量被认为是影响土的性质的最基本、最重要的 3 个量（如果允许仅选择 3 个量表示土的性质的话，则这 3 个量是影响最大的，也是首选的 3 个量）。仅用这 3 个变量就建立了土的弹塑性本构关系。

（3）其土性参数只有 3 个（M, λ, κ），并且它们都可通过标准的室内实验测量得到，所以说它是最简单的土的弹塑性模型。

（4）它可以提供土体反应的下限值（重塑土与结构性土相比的下限值），这种下限值是偏于安全的。

（5）剑桥模型与修正剑桥模型是得到公认的为数不多的模型之一，它已经成为土力学中经典的弹塑性模型，并且是土力学中其他弹塑性本构模型的基础或重要参考框架。在剑桥模型基础上，针对剑桥模型的局限性进行改进和修正，仍是岩土材料建模的重要方向。

10.14.2 剑桥模型的局限性

（1）剑桥模型仅适用于描述常规三轴条件下正常固结或弱超固结重塑黏土的应力应变特性。

（2）压硬性方面，在 π 平面上，不能用于三轴压缩状态以外的强度、屈服特性，如不能用于拉伸和拉剪的强度。

（3）剪胀性方面，只能反映剪缩，不能反映剪胀，适用于正常固结土或弱超固结土，不能用于强超固结土。

（4）塑性软、硬化方面，只能反映硬化，不能反映软化。

（5）不能考虑各向异性和主轴旋转。

（6）不能考虑时间变化（如速率和加速度）和温度变化的影响。

（7）不能考虑土的结构的影响。

（8）仅适用于饱和土。

10.14.3 剑桥模型的进一步发展

Roscoe 和 Burland（1968）在提出修正剑桥模型以后，就开始了寻求针对 10.14.2 节中所列出的局限性问题的研究和突破。土是一种复杂的天然材料，其本构关系的核心问题之一是硬化规律，即土材料在外部环境影响下力学特性演化的基本规律。由于土材料存在多孔、不均匀、不同含水率、各向异性等复杂特性，剑桥模型所采用的硬化规律不能全面地描述不同应力历史、应力路径、应力状态、温度和吸力状态等因素作用下土的力学特性。Yao 等人（2008，2009）、姚仰平等人（2015，2018）针对土的硬化规律进行了长年的研究和探索，发现土的硬化不仅与密度相关，还受到潜在峰值强度和临界状态强度的影响，因此，考虑临界状态强度 M 和潜在峰值强度 M_f（硬化极限）对于整个硬化过程的影响，在平均应力 p 和偏应力 q 平面内，提出了与密度相关且存在硬化/软化极限的统一硬化方程：

$$H = \int \frac{M_f^4 - \eta^4}{M^4 - \eta^4}(1+\mathrm{e})\mathrm{d}\varepsilon_v^p \tag{10.124}$$

式中，η 为偏应力 q 和平均应力 p 的比值（$\eta = q/p$）。统一硬化方程在剪切条件下具有以下特征：① 当应力比 $\eta < M$ 时，土体所承受的应力比增大（硬化）并伴随体积收缩；② 当 $\eta = M$ 时，土体处于特征状态，塑性体积应变增量为零，即为塑性剪缩和塑性剪胀的分界点；③ 当 $M_f > \eta > M$ 时，土体继续硬化（所承受的应力比增大），但伴随体积膨胀；④ 当 $\eta > M_f$ 时，土体的硬化结束、软化开始，应力比随着潜在峰值强度的衰化而减小，剪胀进一步发展；⑤ 最终，潜在峰值强度衰化为临界状态强度，同时应力比也减小为临界状态强度，土的软化阶段结束，达到临界状态。姚仰平等人所提出的土的统一硬化方程，可全面合理地描述土的复杂硬化特性，巧妙地解决了 10.14.2 节中所列出的局限性问题（3）和（4）。针对 10.14.2 节中所列出的局限性问题（2），Yao 等人（2004）提出了变换应力方法，其中变换应力 $\tilde{\sigma}_{ij}$ 和真实应力 σ_{ij} 的映射关系如下：

$$\tilde{\sigma}_{ij} = p\delta_{ij} + \frac{q_c}{q}(\sigma_{ij} - p\delta_{ij}) \tag{10.125}$$

式中，q_c 是由广义非线性强度准则确定的应力参量。通过变换应力方法可以将真实应力空间中复杂的非线性强度准则（如 SMP 准则、Lade-Duncan 准则等）转换成变换应力空间中的 Drucker-Prager 准则。因此，通过变换应力方法可以方便地将各种非线性强度准则嵌入到各种岩土本构模型中，以考虑黏聚力、各向异性、中主应力和静水压力对岩土本构关系的非线性影响。基于土的统一硬化方程和变换应力方法，Yao 等人（2008，2009）建立了可以用于正常固结土和超固结土的统一硬化模型（Unified Hardening Model 或 UH Model），其屈服面可以表示如下：

$$\tilde{f} = \ln \frac{\tilde{p}}{\tilde{p}_0} + \ln\left(1 + \frac{\tilde{q}^2}{M^2 \tilde{p}^2}\right) - \frac{\tilde{H}}{\lambda - \kappa} = 0 \qquad (10.126)$$

式中，λ 和 κ 为土性参数。近十多年以来，统一硬化模型不断发展，形成了统一硬化系列模型，可以模拟各种土体（砂土、黏土、非饱和土等）在不同内因条件（各向异性、颗粒破碎、结构性等）和外部条件（非等温、时间相关和循环荷载）下的力学特性，解决了 10.14.2 节中所列出的局限性问题（1）、（5）、（6）、（7）、（8）（姚仰平 等，2015，2018）。土的统一硬化系列模型使土的本构理论研究在剑桥模型的基础上向前迈进了一步，是我国学者对于土力学理论研究的重要发展。

10.15　例　　题

▲ **例 10-1（弹性应变的计算）**　已知土的特性参数：$\kappa = 0.05$，$v' = 0.25$。试样 A 和 B 在三轴实验仪中进行等向固结至 $1\,000\,\text{kPa}$，然后使之膨胀至 $p = 60\,\text{kPa}$ 且 $u = 0$，此时实验的比体积为 $v = 2.08$。然后分别对试样进行加载实验使总的轴向应力和径向应力变化为 $\sigma_a = 65\,\text{kPa}$ 和 $\sigma_r = 55\,\text{kPa}$。对试样 A 进行排水实验（$u = 0$），对试样 B 进行不排水实验（$\varepsilon_v = 0$），两者都不发生屈服。求各试样的剪切和体积应变及孔隙水压力的变化。

解： 因试样不发生屈服，所以只产生弹性变形，式（10.9）和式（10.13）为控制方程：

$$\delta\varepsilon_v = \left(\frac{\kappa}{vp'}\right)\delta p'$$

$$\delta\varepsilon_s = \frac{2\kappa(1+v')}{9vp'(1-2v')}\delta q'$$

将 $\kappa = 0.05$ 和 $v' = 0.25$ 代入，并且根据 $p' = p = 60\,\text{kPa}$ 及 $v = 2.08$，得到

$$\delta\varepsilon_v = 4.0\times10^{-4}\delta p'$$

$$\delta\varepsilon_s = 2.2\times10^{-4}\delta q'$$

（1）试样 A。

加载前：$q = 0$，$p = 60\,\text{kPa}$。

加载后：$q = 65 - 55 = 10\,(\text{kPa})$，$p = \dfrac{1}{3}\times(65+110) = 58.33\,(\text{kPa})$

因此：

$$\delta q = 10\,\text{kPa}，\quad \delta p = 58.33 - 60 = -1.67\,(\text{kPa})$$

因排水实验满足 $u = 0$，所以 $\delta p' = \delta p$，$\delta q' = \delta q$，则

$$\delta\varepsilon_v = 4.0\times10^{-4}\delta p'$$
$$= -4.0\times10^{-4}\times1.67 = -0.067\%$$
$$\delta\varepsilon_s = 2.2\times10^{-4}\delta q'$$
$$= 2.2\times10^{-4}\times10 = 0.220\%$$

（2）试样 B。

同理得到加载前后应力变化为

$$\delta q = 10 \text{ kPa} ，\quad \delta p = 58.33 - 60 = -1.67 \text{ (kPa)}$$

但不排水实验满足 $\varepsilon_v = 0$，所以 $\delta p' = 0$，$\delta u = \delta p$。但由于 $\delta q' = \delta q$，因此剪应变与试样 A 得到的结果相同，则

$$\delta u = -1.67 \text{ kPa}$$

$$\delta\varepsilon_s = 0.220\%$$

▲ **例 10−2**　已知某土的参数为 $M = 1.0, \lambda = 0.20, \kappa = 0.05, N = 3.25$，假设其屈服面可以用原始剑桥模型来表示，如图 10.50 所示。将该土的两个不同土样在三轴仪中经等向加载或卸载至不同应力状态，其中土样 1 等向加载至 $p'_A = 600 \text{ kPa}$（A 正好位于屈服面上），土样 2 先等向加载至 600 kPa，后又卸载至 $p'_B = 400 \text{ kPa}$。随后均保持围压不变，增加轴压，对两土样进行排水剪切实验，试确定两土样破坏时的塑性体变增量。

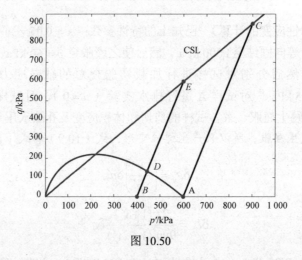

图 10.50

解：根据已知条件可知：土样 1 为正常固结土，其应力路径如图 10.50 中 AC 所示；土样 2 为弱超固结土，其应力路径如图 10.50 中 BDE 所示。

首先计算土样 1，其初始状态 A 已经屈服，此时的应力状态为

$$p'_A = 600 \text{ kPa}, q_A = 0, \eta_A = 0$$

由于排水应力路径是一条斜率为 3 的直线，可将 $\mathrm{d}q = 3\mathrm{d}p'$ 代入临界状态方程，求出临界状态点 C 的应力为

$$p'_C = 3p'_A/(3-M) = 3\times600/(3-1.0) = 900 \text{ (kPa)}$$
$$q_C = Mp'_A = 1.0\times900 = 900 \text{ (kPa)}$$

从屈服到破坏，有效应力的增量为

$$\mathrm{d}\,p'_{AC} = p'_C - p'_A = 900 - 600 = 300\,(\mathrm{kPa})$$
$$\mathrm{d}\,q_{AC} = q_C - q_A = 900 - 0 = 900\,(\mathrm{kPa})$$

由于 A 位于正常固结线上，初始体积可利用正常固结线方程计算：

$$v_A = N - \lambda \ln p'_A = 3.25 - 0.2 \times \ln 600 = 1.970$$

将计算出的应力增量和初始体积等代入式（10.43）得到土样 1 的塑性体应变增量为

$$\mathrm{d}\varepsilon_\mathrm{v}^\mathrm{p} = \frac{\lambda - \kappa}{M v_A p'_A}\Big[(M - \eta_0)\mathrm{d}\,p'_{AC} + \mathrm{d}\,q'_{AC}\Big] = \frac{0.15}{1.0 \times 1.97 \times 600} \times \big[(1.00 \times 300) + 900\big] = 15.23\%$$

接下来计算土样 2，弱超固结土的情况更加复杂，在到达屈服点 D 后才出现塑性变形，在这之前（卸载 $A \rightarrow B$ 再加载 $B \rightarrow D$）均为弹性变形。因此，需要先确定 D 点的应力状态和体积。

首先确定土样 2 的屈服应力（即 D 点的应力），根据式（10.25），屈服面方程可以表示为

$$f = \ln p' + \frac{q}{p'} - \ln 600 = 0$$

由于排水应力路径为一条斜率为 3 的直线，可将 $\mathrm{d}q = 3\mathrm{d}p'$ 代入屈服面方程：

$$\ln p'_D + \frac{3(p'_D - 400)}{p'_D} - \ln 600 = 0$$

求出 D 点的应力：

$$p'_D = 444\,\mathrm{kPa}, \quad q_D = 132\,\mathrm{kPa}, \quad \eta_D = 0.30$$

同样地，将 $\mathrm{d}q = 3\mathrm{d}p'$ 代入临界状态方程中，求出临界状态 E 点的应力为

$$p'_E = 3p'_B / (3 - M) = 3 \times 400 / (3 - 1.0) = 600\,(\mathrm{kPa})$$
$$q_E = Mp'_E = 1.0 \times 600 = 600\,(\mathrm{kPa})$$

从屈服点 D 到破坏点 E，有效应力的增量为

$$\mathrm{d}\,p'_{DE} = p'_E - p'_D = 600 - 444 = 156\,(\mathrm{kPa})$$
$$\mathrm{d}\,q_{DE} = q_E - q_D = 600 - 132 = 468\,(\mathrm{kPa})$$

接下来确定 D 的体积，可用回弹性方程（8.3）计算，也可利用弹性增量式（10.9）计算。从理论上看，用前者计算的结果是精确的，用后者计算的结果可能存在误差。如果利用回弹线计算，则需要利用 A 点应力确定回弹线参数 v_κ：

$$v_\kappa = v_A + \kappa \ln p'_A = 1.97 + 0.05 \times \ln 600$$

因此 D 点体积为

$$v_D = v_\kappa - \kappa \ln p'_D = 1.97 + 0.05 \times \ln 600 - 0.05 \times \ln 444 = 1.985$$

如果用增量表达式（10.9）来计算，则计算步长将影响到结果的精确性，这里分两步计算，首先从 A 到 B 卸载，体积为

$$\mathrm{d}v_{AB} = -\kappa \frac{\mathrm{d}\,p'_{AB}}{p'_A} = -0.05 \times \frac{400 - 600}{600} = 0.017$$
$$v_B = v_0 + \mathrm{d}v_{AB} = 1.97 + 0.017 = 1.987$$

从 B 到 D 加载，体积为

$$dv_{BD} = -\kappa\frac{dp'_{BD}}{p'_B} = -0.05 \times \frac{400-444}{400} = -0.006$$

$$v_D = v_B + dv_{BD} = 1.987 - 0.006 = 1.981$$

对比以上计算结果会发现，利用增量法计算的体积与利用式（8.3）直接计算的结果不相同，这属于数值求解带来的误差，可通过减小步长等方法减小误差。当只有弹性变形时，可以用式（8.3）直接计算，但如果出现塑性变形，很难给出变形的解析表达式，此时只能利用增量法进行求解。因此为了统一，本例按增量法来计算。此时计算出的 D 点体积为 1.981。

由式（10.43）可计算出 DE 段的塑性体应变增量为

$$d\varepsilon^p_v = \frac{\lambda-\kappa}{Mv_Dp'_D}\Big[(M-\eta)dp'_{DE} + dq'_{DE}\Big] = \frac{0.15}{1.0\times1.981\times444}\times\Big[(0.7\times156)+468\Big] = 9.84\%$$

▲ **例 10-3**　已知某土的参数为 $M=1.0, \lambda=0.20, \kappa=0.05, N=3.25$，假设其屈服面可以用修正剑桥模型来表示，如图 10.51 所示。将该土的两个不同土样在三轴仪中经等向加载或卸载至不同应力状态，其中土样 1 等向加载至 $p'_{0A}=600\,\text{kPa}$（A 正好位于屈服面上），土样 2 先等向加载至 600 kPa 后又卸载至 $p'_{0B}=400\,\text{kPa}$。随后保持围压不变，增加轴压，对土样 A 和 B 进行排水剪切实验，试确定土样破坏时的塑性体应变增量。

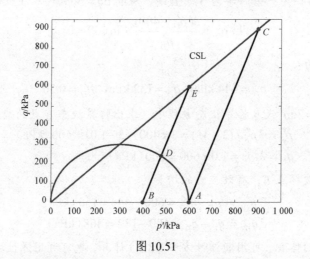

图 10.51

解：此题条件与例 10-2 相同，区别在于屈服面采用修正剑桥模型，此时需要利用式（10.57）来计算塑性体应变增量，计算步骤与例 10-2 类似。

首先计算土样 1，其初始状态 A 和破坏应力状态 C 的取值与例 10-2 相同，分别为

$$p'_A = 600\,\text{kPa}, \ q_A = 0, \eta_A = 0$$

$$p'_C = 900\,\text{kPa}, \ q_C = 900\,\text{kPa}$$

从屈服点 A 到破坏点 C，有效应力的增量为

$$dp'_{AC} = 300\,\text{kPa}, \quad dq_{AC} = 900\,\text{kPa}$$

对于土样 1，初始体积可利用正常固结线方程计算：

$$v_A = N - \lambda\ln p'_A = 3.25 - 0.2\times\ln600 = 1.970$$

将计算出的应力增量和初始体积等代入式（10.57）得到土样 1 的塑性体应变增量为

$$d\varepsilon_v^p = \frac{\lambda - \kappa}{v_A p'_A}\left[\frac{M^2 - \eta_A^2}{M^2 + \eta_A^2}d p'_{AC} + \frac{2\eta_A}{M^2 + \eta_A^2}d q_{AC}\right] = \frac{0.15}{1.97 \times 600}\times 1.0 \times (0 + 1 \times 300) = 3.81\%$$

接下来计算土样 2，由于屈服采用修正剑桥模型，屈服点 D 的应力需重新计算，根据式（10.50），屈服面方程可以表示为

$$q^2 + p'^2 - 600 p' = 0$$

利用排水应力路径为一条斜率为 3 的直线，可将 $dq = 3dp'$ 代入屈服面方程，求出 D 点的应力为

$$[3(p'_D - 400)]^2 + p'^2_D - 600 p'_D = 0 \Rightarrow p'_D = 480\,\text{kPa}, \quad q_D = 240\,\text{kPa}, \quad \eta_D = 0.5$$

破坏时的应力状态与例 $10-2$ 相同，即利用临界状态线和应力路径求出临界状态点 E 应力为

$$p'_E = 600\,\text{kPa}, \quad q_E = 600\,\text{kPa}$$

相应地，DE 的应力增量为

$$d p'_{DE} = p'_E - p'_D = 600 - 480 = 120\,(\text{kPa})$$
$$d q_{DE} = q_E - q_D = 600 - 240 = 360\,(\text{kPa})$$

屈服点 D 处的体积计算方法与例 $10-2$ 类似，由于 D 点的应力状态不同，计算出的体积也有差别，采用增量法计算有

$$d v_{BD} = -\kappa\frac{d p'_{BD}}{p'_B} = -0.05 \times \frac{400 - 480}{400} = -0.01$$
$$v_D = v_B + d v_{BD} = 1.987 - 0.01 = 1.977$$

最后利用式（10.57）计算塑性体应变增量为

$$d\varepsilon_v^p = \frac{\lambda - \kappa}{v_D p'_D}\left[\frac{M^2 - \eta_D^2}{M^2 + \eta_D^2}d p'_{DE} + \frac{2\eta_D}{M^2 + \eta_D^2}d q_{DE}\right]$$
$$= \frac{0.15}{1.977 \times 480}\times \frac{1}{1 + 0.5^2}\times [2 \times 0.5 \times 360 + (1 - 0.5^2)\times 120] = 5.69\%$$

例 $10-4$（利用原始剑桥模型计算）　已知某土的参数为 $M = 1.0, \lambda = 0.20, \kappa = 0.05$，$N = 3.25$，假设其屈服面可以用原始剑桥模型来表示，如图 10.52 所示。将该土的两个不同土

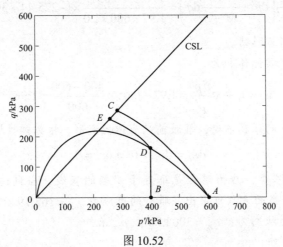

图 10.52

样在三轴仪中经等向加载或卸载至不同应力状态 $p'_{0A} = 600\,\text{kPa}$ （土样 A 正好位于屈服面上）， $p'_{0B} = 400\,\text{kPa}$ 。随后保持围压不变，对土样 A 和 B 进行常规三轴压缩不排水剪切实验，增加轴压至 $q = 300\,\text{kPa}$ ，试根据原始剑桥模型判断两个土样是否破坏，并确定土样此时的塑性应变。

解： 根据式（10.25），初始屈服面方程可以表示

$$f = \ln p' + \frac{q}{p'} - \ln 600 = 0$$

（1）A 土样——正常固结。

A 位于正常固结线上，初始体积为

$$v_{A0} = N - \lambda \ln p'_{0A} = 3.25 - 0.2 \times \ln 600 = 1.970$$

初始状态就位于屈服面上，应力状态为： $p'_{A0} = 600\,\text{kPa}$ ， $q_A = 0$ 。

加载结束时，应力状态为： $q_A = 300\,\text{kPa}$ ， p'_A 未知。

从初始状态到最终状态的应力增量为

$$\mathrm{d}q = q_A - q_{0A} = 300\,\text{kPa}$$

此时如果采用原始剑桥模型，总的体变可由式（10.9）和式（10.43）求和得到，有

$$\mathrm{d}\varepsilon_v = \mathrm{d}\varepsilon_v^e + \mathrm{d}\varepsilon_v^p = \frac{\kappa}{vp'}\mathrm{d}p' + \frac{\lambda - \kappa}{v_0 M p'}\left[(M - \eta)\mathrm{d}p' + \mathrm{d}q\right] = 0$$

$$= \frac{0.05}{1.97 \times 600}\mathrm{d}p' + \frac{0.2 - 0.05}{1.97 \times 600 \times 1.0}(\mathrm{d}p' + 300) = 0$$

利用上式解出有效应力的增量为

$$\mathrm{d}p' = -225.44\,\text{kPa}$$

从而可以计算加载结束时的应力比，即

$$\eta_A = \frac{q_A}{p'_A} = \frac{300}{600 - 225.44} = 0.80 < M$$

此时应力比小于临界状态应力比，土样未发生破坏。

根据式（10.44）计算塑性剪应变增量为

$$\mathrm{d}\varepsilon_s^p = \frac{\lambda - \kappa}{v_0 M p'}\left(\mathrm{d}p' + \frac{1}{M - \eta}\mathrm{d}q\right) = \frac{0.2 - 0.05}{1.97 \times 600 \times 1.0} \times (-225.44 + 300) = 0.95\%$$

（2）B 土样——弱超固结。

B 位于回弹线上，初始体积为

$$v_B = v_0 - \kappa \frac{\delta p'}{p'} = 1.97 - 0.05 \times \frac{400 - 600}{600} = 1.987$$

不排水条件下，土的体积不变，屈服前只有弹性变形，根据弹性增量式（10.9）可知

$$\mathrm{d}\varepsilon_v = \mathrm{d}\varepsilon_v^e = 0 \Rightarrow \mathrm{d}p' = 0$$

屈服前有效围压保持不变，应力路径是垂直于 p' 轴的直线，当到达初始屈服面上时，有 $p'_{0B} = 400\,\text{kPa}$ ，代入屈服面方程可求出屈服时的剪应力 $q_{0B} = 162.19\,\text{kPa}$ 。

加载结束时，应力状态为： $q_B = 300\,\text{kPa}$ ， p'_{Bf} 未知。

B 点的偏应力增量为

$$dq = q_B - q_{0B} = 300 - 162.19 = 137.81\,(\text{kPa})$$

根据原始剑桥模型，总的体变可由式（10.9）和式（10.43）求和得到，有

$$d\varepsilon_v = d\varepsilon_v^e + d\varepsilon_v^p = \frac{\kappa}{vp'}dp' + \frac{\lambda - \kappa}{v_0 Mp'}[(M-\eta)dp' + dq] = 0$$

$$= \frac{0.05}{1.987 \times 400}dp' + \frac{0.2 - 0.05}{1.987 \times 400 \times 1.0}\left[\left(1.0 - \frac{162.89}{400}\right)dp' + 137.81\right] = 0$$

利用上式解出有效应力的增量为

$$dp' = -148.83\,\text{kPa}$$

可以求出加载结束时的应力比，即

$$\eta_B = \frac{q_B}{p'_B} = \frac{300}{400 - 148.83} = 1.19 > M$$

应力比大于 M，说明在达到该应力状态之前，土样已经发生破坏，根据临界状态的定义，此时土样处于流动破坏状态，剪应变无穷大。

例 10-5（利用修正剑桥模型计算） 已知某土的参数为 $M = 1.0, \lambda = 0.20, \kappa = 0.05$，$N = 3.25$，假设其屈服面可以用修正剑桥模型来表示，如图 10.53 所示。将该土的 6 个不同土样在三轴仪中经等向加载或卸载至不同应力状态 $p'_{0A} = 600\,\text{kPa}$（土样 A 正好位于屈服面上），$p'_{0B} = 400\,\text{kPa}$。随后保持围压不变，对土样 A 和 B 进行常规三轴压缩不排水剪切实验，增加轴压至 $q_F = 300\,\text{kPa}$。试根据修正剑桥模型判断两个土样是否发生破坏，并确定土样此时的塑性应变增量。

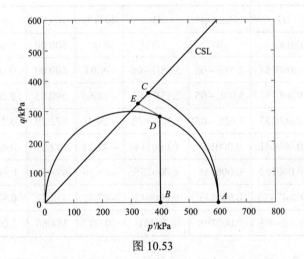

图 10.53

解：根据式（10.50），初始屈服面方程可以表示

$$q^2 + p'^2 - 600p' = 0$$

A 点位于正常固结线上，初始体积为

$$v_{0A} = N - \lambda \ln p'_{0A} = 3.25 - 0.2 \times \ln 600 = 1.970$$

初始状态位于屈服面上，应力状态为：$p'_{0A} = 600\,\text{kPa}$，$q_A = 0$。

加载结束时，应力状态为：$q_F = 300\,\text{kPa}$，p'_F 未知。

从初始状态到最终状态的偏应力增量为

$$\mathrm{d}q = q_F - q_A = 300 \text{ kPa}$$

根据原始剑桥模型，总的体变可由式（10.9）和式（10.57）求和得到

$$\mathrm{d}\varepsilon_v = \mathrm{d}\varepsilon_v^e + \mathrm{d}\varepsilon_v^p = \frac{\kappa}{vp'}\mathrm{d}p' + \frac{\lambda - \kappa}{v_0 p'}\left[\frac{2\eta}{M^2 + \eta^2}\mathrm{d}q + \left(\frac{M^2 - \eta^2}{M^2 + \eta^2}\right)\mathrm{d}p'\right] = 0$$

$$= \frac{0.05}{1.97 \times 600}\mathrm{d}p' + \frac{0.2 - 0.05}{1.97 \times 600}(0 \times 300 + \mathrm{d}p') = 0$$

计算出有效应力的增量为

$$\mathrm{d}p' = 0$$

根据式（10.58）计算塑性应变增量为

$$\mathrm{d}\varepsilon_s^p = \frac{2\eta}{M^2 - \eta^2}\mathrm{d}\varepsilon_v^p = 0$$

显然上述计算并不符合实验结果，不排水实验尽管没有体积变形，但屈服后仍有塑性体应变，同时有塑性剪应变。这是由于数值计算带来的误差，本求解过程均采用了显示算法，所以式（10.57）中的应力比、体积和应力均采用初始值来进行计算，而且从初始状态到破坏状态只采用了一个增量步来计算，因此误差很大。此时需要减小步长，采用多个增量步，从而使计算结果更加合理。

如果将计算步长分成多个增量步，每一个增量步均利用式（10.57）和式（10.58）计算，并不断更新应力和应变，最终计算结果如下所示。

dq/kPa	q/kPa	$\mathrm{d}\varepsilon_v$	D_p	D_{pq}, D_{qp}	D_q	dp'/kPa	p'/kPa	η	$\mathrm{d}\varepsilon_s$	ε_s
60	0	0	0.000169	0	0	0.00	600.00	0.00	0	0.00%
60	60	0	0.000167	2.51E−05	5.08E−06	−9.05	600.00	0.10	7.73E−05	0.01%
60	120	0	0.000162	5.03E−05	2.13E−05	−18.66	590.95	0.20	3.39E−04	0.04%
60	180	0	0.000153	7.62E−05	5.32E−05	−29.78	572.29	0.31	9.22E−04	0.13%
60	240	0	0.000141	0.000104	0.000114	−44.13	542.51	0.44	2.27E−03	0.36%
60	300	0	0.000122	0.000135	0.000255	−66.16	498.38	0.60	6.36E−03	1.00%
24.79	360	0	9.06E−05	0.000173	0.000942	−47.42	432.22	0.83	1.51E−02	2.51%
	384.79	0	6.6E−05	0.000198	8.70361	0.00	384.80	1.00		

根据分步计算结果，在加载结束时的平均应力为 498.38 kPa，此时应力比为 0.60，累计剪应变为 1.00%。如果继续加载至 384.79 kPa，土样将到达临界状态。

（2）B 土样。

B 位于回弹线上，可利用式（10.9）计算

$$\mathrm{d}v = -\kappa \frac{\mathrm{d}p'}{p'} = -0.05 \times \frac{400 - 600}{600} = 0.017$$

$$v_{0B} = v_{0A} + \mathrm{d}v = 1.97 + 0.017 = 1.987$$

不排水条件下，土的体积不变，屈服前只有弹性变形，可知

$$d\varepsilon_v = d\varepsilon_v^e = 0 \Rightarrow dp' = 0$$

屈服前有效围压是保持不变的，应力路径是垂直于 p' 轴的直线，到达初始屈服面上时有 $p_D' = 400\,\text{kPa}$，代入屈服面方程可求出屈服时的剪应力 $q_D = 282.84\,\text{kPa}$，$\eta_D = 0.707$。

加载结束时，应力状态为：$q_F = 300\,\text{kPa}$，p_F' 未知。

B 点的偏应力增量为

$$dq = q_F - q_D = 300 - 282.84 = 17.16\,(\text{kPa})$$

根据原始剑桥模型，总的体变可由式（10.9）和式（10.57）求和得到

$$d\varepsilon_v = d\varepsilon_v^e + d\varepsilon_v^p = \frac{\kappa}{vp'}dp' + \frac{\lambda - \kappa}{v_0 p'}\left[\frac{2\eta}{M^2 + \eta^2}dq + \left(\frac{M^2 - \eta^2}{M^2 + \eta^2}\right)dp'\right] = 0$$

$$= \frac{0.05}{1.987 \times 400}dp' + \frac{0.2 - 0.05}{1.987 \times 400}\left(\frac{2 \times 0.707}{1 + 0.707^2} \times 17.16 + \frac{1.0 - 0.707^2}{1.0 + 0.707^2} \times dp'\right) = 0$$

$$D_p = \frac{\kappa}{(1 + e_0)p'} + \frac{\lambda - \kappa}{(1 + e_0)p'}\frac{M^2 - \eta^2}{M^2 + \eta^2} = \frac{0.05}{1.987 \times 400} + \frac{0.2 - 0.05}{1.987 \times 400} \times \frac{1.0 - 0.707^2}{1.0 + 0.707^2} = 1.258 \times 10^{-4}$$

$$D_{pq} = D_{qp} = \frac{\lambda - \kappa}{(1 + e_0)p'}\frac{2\eta}{M^2 + \eta^2} = \frac{0.2 - 0.05}{1.987 \times 400} \times \frac{2 \times 0.707}{1 + 0.707^2} = 1.779 \times 10^{-4}$$

$$D_q = \frac{\lambda - \kappa}{(1 + e_0)p'}\frac{4\eta^2}{M^4 - \eta^4} = \frac{0.2 - 0.05}{1.987 \times 400} \times \frac{4 \times 0.707^2}{1 - 0.707^4} = 5.033 \times 10^{-4}$$

计算出有效应力的增量为

$$dp' = -24.27\,(\text{kPa})$$

$$p_F = p_D + dp = 400 - 24.27 = 375.73\,(\text{kPa})$$

此时应力比为

$$\eta_F = \frac{q_F}{p_F} = \frac{300}{375.73} = 0.80 < M$$

说明此时土样未破坏，根据式（10.58）计算塑性应变增量为

$$d\varepsilon_s^p = \frac{2\eta}{M^2 - \eta^2}d\varepsilon_v^p = -\frac{2\eta}{M^2 - \eta^2}d\varepsilon_v^e = -\frac{2\eta}{M^2 - \eta^2}\frac{\kappa}{vp'}dp'$$

$$= \frac{2 \times 0.707}{1 - 0.707^2} \times \frac{0.05}{1.987 \times 400} \times 24.27 = 0.43\%$$

思 考 题

1. 何谓土体的弹性墙？

2. 屈服面、加载面和破坏面分别是指什么？有什么区别？

3. 什么是相关联和非关联流动法则？土体是否满足相关联流动法则？剑桥模型利用的是什么流动法则？

4. 剑桥模型是如何将各向同性压缩和剪切变形这两个不同的问题作为一个统一的问题

去分析和处理的？

5. 原始剑桥模型的屈服面存在什么问题？修正剑桥模型的屈服面与原始剑桥模型的屈服面相比有什么不同？

6. 不排水实验是否会产生塑性体积变形？如何计算？

7. 剑桥模型有几个参数？如何通过实验得到这些参数？

8. 三轴伸长实验与三轴压缩实验有什么区别？能否用通过三轴压缩实验得到的参数来预测三轴伸长实验的结果？

9. 剑桥模型有哪些局限性？

10. 已知某土样的土性参数如下：N=3.5，λ=0.3，κ=0.06，M=1.2，G=2 000 kPa，该土样历史上承受了最大压力 $p_0' = 100$ kPa 并发生了屈服。现将该土样在 $q_i = 0, p_i' = 75$ kPa 条件下固结，随后保持围压不变对其进行排水三轴压缩实验。假设该土样可以用原始剑桥模型描述，请问：

（1）要使土样不发生屈服，实验过程中可施加的最大力 q, p' 分别为多少？此时土样的弹性应变是多少？

（2）继续增大外力，土样刚刚发生屈服时的塑性应变增量的比值 $d\varepsilon_v^p / d\varepsilon_s^p$ 是多少？

（3）土样屈服后，应力以 $dp' = 1$ kPa 的增量增加，其应变大小是多少？

11. 某种土的土性参数为：$M = 1.02$，$\Gamma = 3.17$，$\lambda = 0.20$，$\kappa = 0.05$，$N = 3.32$。两试样在三轴仪中进行等向正常固结实验，其中 $p' = 200$ kPa，$u = 0$。然后对试样进行加载使得轴向总应力达到 $\sigma_a = 220$ kPa，而径向应力保持不变。试样 A 进行的是保持 $u = 0$ 的排水实验，试样 B 进行的是保持 ε_v 不变的不排水实验。

（1）采用原始剑桥模型计算各试样的剪切和体积应变及孔隙水压力的变化。

（2）采用修正剑桥模型计算各试样的剪切和体积应变及孔隙水压力的变化。

12. 对一土样进行常规的三轴实验，已知其土性参数为：λ=0.095，κ=0.035，Γ=2.0，M=0.9，泊松比 ν=0.25。其应力路径如图 10.54 所示，先将其等向正常固结至 A 点，此时 $p_A' = 400$ kPa，体积为 $v_A = 1.472$；再卸载至 B 点，此时 $p_B' = 320$ kPa。然后保持围压 320 kPa 不变，对这一弱超固结土样进行排水剪切实验，直到轴向压力为 500 kPa 时停止实验。（计算时采用修正剑桥模型）

（1）判断此时土样是否发生了屈服？

（2）计算此时的体应变和剪应变。

（3）如果要使土样发生破坏（到达图 10.54 中的 D 点），至少要施加多大的轴向压力？

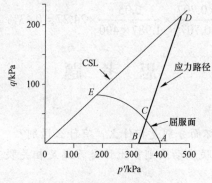

图 10.54

11 土的强度理论

土的强度理论是在应力驱动下直接用应力的状态描述土的破坏的理论，即确定的破坏形式所对应的土的特定应力状态或应力表达式。也就是说，土的强度是采用应力表示的，即某种破坏形式所对应的应力条件或应力状态，并认为破坏是由应力引起和决定的。

土的力学行为极为复杂，不同形式的应力作用会产生不同的破坏形式，如土在拉应力和压应力作用下的破坏差别就极大。剪切破坏是土的主要破坏形式，但压剪和拉剪耦合作用的破坏也极为不同。所以针对不同形式的应力作用，应该建立不同的强度和破坏理论。

强度一般是指材料处于破坏时的应力状态，这已经假定破坏是由应力引起的。但应该注意，力的作用并不是产生破坏的唯一原因，还可以有其他原因和作用，如由降雨导致的非饱和土含水率的变化，也可能会使土体产生破坏。

强度是由应力引起破坏的一种理论表述。应力状态在空间各点是不同的，所以不同空间点的应力所对应的强度也应该是不同的。强度是破坏在某一空间点的局部描述。土中某一点到达强度时不等于土的整体失稳和破坏，材料可以在局部到达强度，但整体并没有失稳破坏。所以强度与整体失稳破坏不等价，它只是整体失稳破坏的必要条件，但不是充分必要条件。

土的强度通常是利用实验确定的，这比仅利用工程经验确定土的强度参数准确、科学。另外，还要认识到利用具体实验确定的强度参数背后所隐藏的物理和力学含义及其局限性，关于这一点将在后面讨论。

研究土的强度理论，首先必然涉及土的破坏。**土的破坏一般可以定义为：当应力微小地增加或保持不变时，变形不能保持较小、稳定的变化，而是急剧地发展或持续地流动变化，或变形累积发展到工程上认为破坏的程度，此时土体不能稳定、持续地抵抗外力的作用或持续地保持其功能完好。**土的结构体系（整体而非局部）破坏的具体形式可以有无数种，人们只能抽象出一些具有一般意义的破坏形式，并据此建立相应的强度理论。实际上，还有另外一种破坏，即变形不容许过大，否则就会产生功能失效。例如：高速铁路路基不容许沉降过大，以避免产生较大的振动或脱轨。

土体的破坏通常是一个过程，这一过程会伴随一定的变形。从更一般的角度看，土的破坏和强度仅仅是整个变形过程的某一特殊阶段（特殊应力状态）或特殊点，如图 11.1 和图 11.2 所示。不考虑整个变形过程，而仅仅关注某一特殊点或特殊阶段（破坏点或破坏阶段）的应力状态或强度，这是一种高度简化的做法。这种简化做法的好处是简单、实用，直接探讨应力状态与破坏的关系；但其缺点是不能考虑应力历史和应力路径的影响及其他因素对破坏和强度的影响。这种做法实质上就是采用了土的强度与有效应力路径无关的假设。

破坏的表现形式有：

（1）很短时间内急剧发展的脆性破坏；

（2）缓慢发展的塑性破坏；

（3）长期缓慢发展的流变破坏；

（4）由加速度引起的动力破坏。

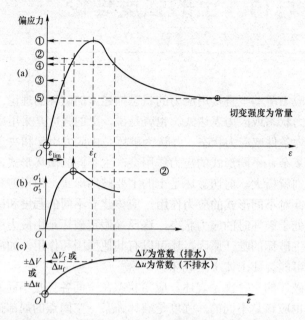

注：①—偏应力峰值；②—最大主应力比；③—极限应变状态；④—临界状态；⑤—残余状态。

图 11.1　几种典型破坏的图示

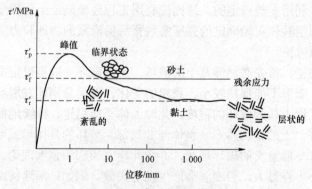

图 11.2　土的残余强度图示

土的脆性破坏只有在特殊情况下才能够发生，如饱和度较低的干裂土坡的失稳，这种情况极为特殊，本书将不涉及。缓慢发展的塑性破坏是岩土工程中土最常见的破坏现象，而这一破坏现象的产生需要一个缓慢发展的过程，塑性破坏及其强度理论是本章讨论的主题。强度理论通常不考虑时间和破坏前变形过程的影响，但这种处理方式可能会产生一种假象，即土的破坏好像可以没有时间和变形的过程，在荷载施加后马上就会产生似的，在学习时应该注意避免产生这种假象。流变模型用于描述随时间而变化的土的变形和破坏现象，本书专设一章（第 13 章）讨论这一问题。加速度引起的动力破坏现象比较特殊，是土动力学研究和考虑的问题，它超出了本书讨论的范围。

土的抗拉强度一般是存在的，并且是非常小的。为何一般很少提到土的抗拉强度？这是因为土的抗拉强度非常小，并且不稳定（土在拉力作用下，随着时间的延长会产生开裂，使其抗拉强度降低）。拉剪耦合作用也存在同样的情况。因此，为避免出现工程事故和问题，工程界很少使用抗拉强度。但边坡上部（或顶部）、地震和其他动力荷载作用中的界面处、地表土的干裂收缩作用等都客观地存在张拉和拉剪耦合应力作用，所以需要考虑这种客观存在的张拉和拉剪耦合应力作用及其稳定性。为此需要建立抗拉或抗拉剪耦合作用的强度理论，11.11 节将讨论这一问题。

下面介绍几个具体破坏或破坏准则的定义。

（1）峰值应力，即最大偏应力或最大剪应力。偏应力或剪应力达到最大值。

（2）最大主应力比。主应力比 σ_1'/σ_3' 达到最大值，参见图 11.1（b）。

（3）极限沉降或极限应变。当某一沉降或应变到达极限沉降或极限应变时，就认为土已经失去其功能而发生破坏了。通常这种极限沉降或应变远小于土的其他破坏形式相对应的沉降或应变，如高铁路基沉降的容许极限值等。

（4）临界状态。它由 Roscoe 等人（1958）提出：土的状态变量不变，即体积不变、应力状态不变（总应力中的正压力和剪应力及孔隙水压力都不变），但剪切变形却不断地发展和变化。它的表达式为式（9.11）和式（9.12）。

（5）残余强度。残余强度的特征是：土的变形非常大时所处的状态和强度，其残余强度小于其临界状态强度。此时土的变形过程已经超过临界状态，并到达最后持续稳定的状态，即应力状态不变（总应力中的正压力和剪应力及孔隙水压力都不变），但剪切变形却不断地发展和变化，参见图 11.1 和图 11.2。图 11.2 中所示土颗粒结构图表明，滑移带（剪切带）的土颗粒的相对流动已经呈现平流（临界状态呈现的是湍流），其土颗粒长轴的排列平行于剪切带；而位移可以达到 1 m 左右，变形非常大。普通三轴仪和直剪仪的允许应变满足不了这样大的应变要求。通常临界状态的位移为 1 cm 左右、剪应变为 10%左右。残余强度的位移和剪应变远大于临界状态的位移和剪应变，对于砂土和具有近似圆形颗粒的土，如果剪切带中没有机会形成平流的土结构（土颗粒长轴的排列平行于剪切带，参见图 11.2），则其残余强度近似等于临界状态强度。而黏土的残余强度可以近似等于临界状态强度的 50%（Vaughan，1994；Wroth et al.，1985），这在坡体抗滑设计时应该加以注意。与临界状态强度相比，土的残余强度的特点是：剪应变大、剪切强度小。

土的强度可能蕴含着很多含义，但工程中主要是指抗剪强度，即指土体能够稳定、有效地抵抗剪应力或偏应力的作用；而这种剪应力或偏应力是作用在剪切破坏面上的应力，它既可以是峰值应力，也可以是稳定塑性流动时的应力状态（临界状态），还可能会是非常大的、稳定的塑性流动并且形成扁平颗粒沿破坏面定向排列时的残余应力状态。

复杂应力状态的强度理论，如三维强度理论（考虑中主应力的影响），11.4 节将讨论这一问题。

土的强度理论就是根据不同破坏准则的定义而建立的一种应力关系表达式。与某种破坏准则的定义相对应的应力关系表达式及其参数共同形成了某种特定的强度理论，使用中要注意强度理论与参数的相互配套。

11.1 土的抗剪强度

为何土的强度主要是抗剪强度？不同形式的应力作用会产生不同的破坏形式，并且应该尽量避免出现拉应力或拉剪耦合应力的情况。下面说明土力学中为何主要考虑剪切强度和压剪耦合强度。通常排除了拉应力或拉剪耦合应力的情况，**土的破坏一般是剪切破坏**。这是由于，土是一种黏聚力很弱的颗粒材料，其颗粒和聚集体本身的强度会远远大于它们之间的连接强度。所以土颗粒或聚集体本身产生破坏的概率很小，其破坏一般出现在它们之间的联结或接触处。外力作用通常会在土体的薄弱处，即颗粒表面之间的联结或接触处，引起颗粒表面的相对滑移或移动；并且土颗粒本身的变形和孔隙水自身的体积变形非常小（通常忽略这两种体积变形），土体的变形主要是由土颗粒之间表面接触处的滑移所导致的孔隙及其排列的变化而引起的。所以此种情况下的土颗粒可以被认为是刚体（压力不太大时）。当这种颗粒表面的联结或接触处的滑移过大，甚至产生了颗粒的偏转、翻滚或小颗粒的跌落，从而产生破坏时，其破坏形式主要是土颗粒表面的联结或接触处由剪切摩擦滑移导致的剪切破坏（除非压力非常大，而使土颗粒本身产生压碎）。所以将抵抗这种剪切破坏的强度称为土的抗剪强度。

下面讲述土的抗剪强度产生的机理。

土体颗粒接触处抵抗剪切破坏的能力是由颗粒接触表面处的吸引力提供的，这种吸引力是颗粒表面的原子作用产生的。这种吸引力会在接触处形成物理–化学的黏结作用，而这就是所有固体表面产生摩擦现象的本质。土体颗粒表面形成的接触点的数量及其接触强度取决于土颗粒表面的物理–化学作用的本质。因此，要想深入理解土的强度机理，就需要了解影响这种物理–化学作用的因素。这些影响因素很多都是微观的，在讨论这些微观影响因素时，需要注意微观与宏观的关系。也就是说，既要看到具体的微观机理，同时也要考虑它在整个土体系统中所处的位置和作用。

从宏观上讲，影响土的抗剪强度的机理有：① 滑动摩擦；② 咬合作用；③ 土颗粒的破碎和颗粒重新排列；④ 黏结作用。其中前 3 种机理主要针对无黏性土（黏土通常也适用），第④种机理主要是针对黏性土。

1. 滑动摩擦

1）摩擦作用

滑动摩擦是沿着固体表面滑动产生真正意义上的摩擦，它一般是土摩擦强度的主要部分。滑动摩擦系数可以表示为

$$\mu = \frac{T}{N} = \tan\phi_\mu \tag{11.1}$$

式中，N 为正压力，T 为开始滑动时的剪切力，μ 为摩擦系数，ϕ_μ 为滑动摩擦角。可见剪切力 T 正比于正压力 N，两物体间摩擦阻力与物体尺寸无关。

摩擦作用可以由以下 3 点加以说明。

（1）从微观尺度看，绝大多数固体表面都是粗糙、不平的，因此两个固体表面仅能在其局部凸起的高处才能够接触。固体颗粒间接触处的性质和影响因素十分复杂。即使是"光滑的"固体表面也不是完全光滑的，其不平度在 10～100 nm，不平处的坡度为 120°～>175°，如图 11.3 所示。土颗粒表面中实际接触面积是非常小的。

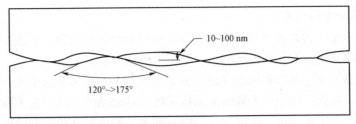

图 11.3　2 个光滑表面之间的接触情况（Mitchell et al.，2005）

（2）由于接触是离散的，并且实际接触面积非常小，所以接触处的正压力是极大的（即使是不大的荷载作用），并到达颗粒的屈服强度。这样实际接触面积 A_c 由颗粒的屈服强度 q_u 和作用于表面的正压力 N 决定：

$$A_c = N / q_u \tag{11.2}$$

假定颗粒的屈服强度 q_u 是固定不变的，随着作用于**表面的正压力 N 的增加，必然会导致实际接触面积 A_c 按相同比例增加**。而实际接触面积 A_c 的增加是颗粒接触处屈服塑性变形的结果。

（3）高接触应力会引起 2 个颗粒表面接触处产生黏结和吸附，就是前面所谓的颗粒之间的物理–化学作用形成的联结。剪切力就是由这种黏结和吸附所提供的。最大可能的剪切力 T_{max} 为

$$T_{max} = sA_c \tag{11.3}$$

式中，s 为颗粒接触处黏结和吸附产生的抗剪强度。此处并没有说 s 等于土的剪切强度 s_m。

将式（11.2）代入式（11.3），可以得到

$$T_{max} = N \frac{s}{q_u} \tag{11.4}$$

式中，s, q_u 是关于材料性质的常数，所以 T_{max} 正比于 N。也就是说，最大剪切力与正压力成正比关系。而摩擦系数 f 应该为：$f = s / q_u$。

Bowden 和 Tabor（1950，1964）描述了很多种材料的摩擦行为，并称之为摩擦的黏附理论，该理论已经成为所有摩擦研究的出发点。图 11.4 给出了摩擦阻抗的微观图示，将图 11.4 中颗粒表面所有接触点的正压力和剪切力叠加起来，可以得到：

$$N = \sum N_i = \sum A_{ci} q_u$$
$$T = \sum T_i = \sum A_{ci} \tau_m$$
$$\mu = \frac{T}{N} = \frac{\tau_m}{q_u}$$

从上述 3 个式子中，最后一个就是宏观滑动摩擦的表达式（11.1）。

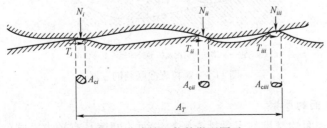

图 11.4　摩擦阻抗的微观图示

2）滑动摩擦的影响因素

前面讨论过土是一种摩擦性材料，其破坏或变形都是由于土颗粒表面接触处产生相互滑移所导致的，所以需要了解和掌握影响土的摩擦性质的因素。

粗颗粒的无黏性土的强度和刚度（由于黏聚力非常小）通常取决于土颗粒接触表面承受的正压力的大小、接触点的数目和颗粒表面粗糙度及其联结的方式。而土颗粒接触点的数目和联结的方式取决于土的组构，即取决于土颗粒的大小和级配、颗粒的排列和分布及孔隙的排列和分布、颗粒的形状、颗粒联结的形式（此项也可以包括在颗粒的排列中，但就黏土而言应该单独考虑，因为黏土的联结复杂，影响也大）、饱和度等，其具体论述见6.3节。但这些因素对滑动摩擦和咬合摩擦（关于咬合摩擦将在后面讨论）都有影响，很难将二者严格区分开来。

黏性土，除了组构影响外，颗粒联结的形式、颗粒表面吸附层特性、低饱和度等可能会对黏土颗粒之间的滑动摩擦产生更加明显和重要的影响。

1）颗粒表面吸附层

由本书上篇的论述可以知道黏土颗粒表面存在吸附层，当具有表面吸附层的2个颗粒相互接触时，如图11.5所示，则两个颗粒接触处的滑移摩擦性质就会受到吸附层中液体的性质和浓度的影响。

吸附层最重要的影响是，它使固体颗粒表面的摩擦阻抗产生了弱化。如果将吸附层去掉，如通过加热减小吸附层厚度或液体含量，则颗粒连接处的抗剪强度就接近没有吸附层的强度，这种做法会增加颗粒连接处的摩擦系数。

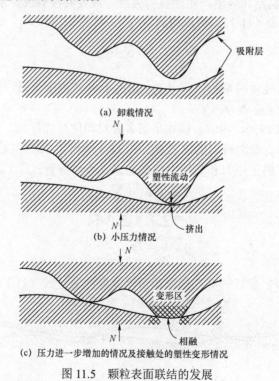

(a) 卸载情况

(b) 小压力情况

(c) 压力进一步增加的情况及接触处的塑性变形情况

图 11.5　颗粒表面联结的发展

2）黏土矿物表面的摩擦

通常黏土矿物表面的摩擦与无黏性土颗粒表面的摩擦具有较大不同。这主要是因为黏土颗粒的形状多数是片状或线状的，并且它们的联结方式为面－面、边－面和边－边的联结（见5.1节）。平行排列的片状黏土具有较大的接触面积，但接触面通常较为光滑，摩擦角可能低于8°。另外，平面之间接触黏结强度相对较低，并且可能具有时间的依赖性。一般情况下，黏土颗粒越大，其行为就越像前述滑移摩擦所描述的行为。例如高岭土是片状颗粒，除非具有定向排列，否则面－面的接触方式仅占据相对较小的部分或区域；而当分步节理不断发展时，它们的行为还是适合采用滑移摩擦理论进行描述的。并且分步节理越发育，黏土（片状颗粒土）的行为就越像粒状土的行为。

同样，当边－面联结的片状土颗粒具有定向排列时，其行为也像粒状土的行为。所以，理想片状黏土颗粒的摩擦滑移理论可能适用于面－面联结排列的最小片状黏土颗粒。

天然黏土抗剪切的作用和机制处于粒状土和具有平行排列的片状黏土这两种极端类别的土之间。

2. 咬合作用

由于土颗粒间不可能是平面接触。颗粒之间会交错排列，在剪切应力作用下使在剪切面处的颗粒发生滑动、提升、错动、偏转、翻滚、拔出，并伴随着土的孔隙形状和孔隙体积的变化及孔隙和颗粒的重新定向排列，甚至在大的压力作用下发生颗粒本身的断裂和破碎。前面论述的滑动摩擦是由于颗粒接触表面粗糙不平而形成的微细咬合作用，它不产生明显的体积膨胀。咬合作用是由相邻土颗粒的约束作用和相互移动障碍而形成的，砂土越密实，土颗粒之间的约束作用和相互移动障碍就越大，咬合作用也就越大。咬合作用主要与土颗粒的几何形状和孔隙的几何形状及它们的分布和排列方式（土颗粒几何方面的密实状态）相关。在这种咬合作用的约束下，颗粒只能通过竖起、偏转、翻滚、拔出才能克服这种约束或障碍而移动，这必然会产生体积膨胀，即通常所谓的剪胀。所以咬合作用主要存在于较密实（密实程度是由孔隙比和围压共同决定的）的粒状土中。

密实的粒状土咬合作用所形成的摩擦称之为咬合摩擦，并且可以用咬合摩擦角表示，关于咬合摩擦作用的概念性图示，如图11.6所示（Lambe et al.，1979）。图11.6（a）描述了滑

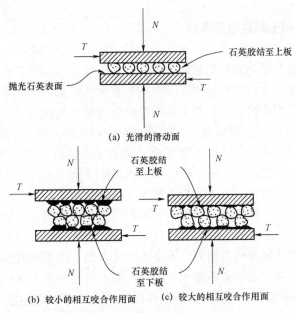

图11.6 咬合摩擦作用的概念性图示（Lambe et al.，1979）

动摩擦情况，图 11.6（b）、（c）描述了咬合摩擦情况。实际场地的砂土颗粒更加接近如图 11.6（b）、（c）所示的情况。土颗粒是在接触点上相互接触的，而接触点的切面和水平面具有一定的倾斜角，参见图 11.6（b）、（c）。在剪切应力的作用下，为了使颗粒之间产生剪切滑移破坏，不仅需要克服颗粒之间的滑动摩擦阻抗，还需要使颗粒向上移动，并且可能发生翻转或偏转而翻越过或绕过该颗粒，这会使孔隙空间变大。

实际土体的剪切摩擦阻抗由两部分组成：① 滑移摩擦；② 咬合摩擦。其中咬合作用的程度越大，整个剪切摩擦阻抗也会越大。所以，对于给定的正压力 N，在图 11.6（c）中需要施加滑移的剪切力 T 是最大的（因为其向上提升的位移是最大的，体积膨胀也最大）；而在图 11.6（a）中需要施加滑移的剪切力 T 是最小的（没有膨胀）；在图 11.6（b）中需要施加滑移的剪切力 T 居于前面两者之间（因为其向上提升的位移和体积膨胀居于两者之间）。

如果剪切过程从具有较高的咬合作用 ［图 11.6（c）］ 开始，在剪切力 T 的作用下，上下平板开始相对移动，即剪切运动过程开始。随着剪切运动持续进行，颗粒之间的咬合作用程度逐渐减小，剪切力 T 也随之减小。所以，随着剪切过程的发展，其颗粒的排列也越来越像图 11.6（b）中颗粒的排列（但孔隙所占据的空间却越来越大，即整个体积变得越来越大）。但图 11.6（c）中的孔隙比看起来好像大于图 11.6（b）中的孔隙比，这是图 11.6 的不足之处。

9.7.1 节讨论的密砂剪胀现象的物理本质就是这种密砂咬合作用的反映。关于咬合作用目前有以下结论（Lambe et al.，1979）：

（1）砂土越密实，咬合程度越大；抵抗剪切的能力越大，所形成的咬合作用的摩擦也越大。

（2）砂土越密实，剪切引起的体积膨胀必然也越大。

（3）密砂膨胀后，则对剪切应变的阻抗会降低（有效围压不变）。

（4）在围压不变的最密实状态的砂样中，剪胀所引起的剪切应变阻抗的降低是最明显的（抗剪刚度降低）。

3. 土颗粒的破碎和土颗粒重新排列

在具有较大围压的剪切作用下，砂土颗粒接触点处局部应力集中，这样就可能产生砂粒接触点处的破碎或屈服及棱角颗粒局部边角折断、剪断等土颗粒的破碎现象。这在高围压剪切时，大颗粒、弱矿物、片状颗粒等情况下是非常普遍的现象。一个明显的例子就是，高围压的剪切实验前后的级配曲线表明实验后的细颗粒含量明显提高。

这些颗粒破碎需要外力的额外做功，因而也影响砂土的摩擦角和摩擦作用。根据 9.7.5 节 Taylor 给出的剪胀模型式（9.37），剪胀通常会提高土的抗剪强度，剪缩（负剪胀）会减少土的抗剪强度。因此，常围压下，土体积的增加或减小决定了土的强度的增加或减小。

在较大围压的剪切作用下，砂土颗粒会产生另外一种现象，即颗粒的重新排列及重新定向，这种现象尤以针状和片状颗粒在剪切带区域内表现得最为明显。砂粒破碎、颗粒重排列对土体积变化的影响，决定了砂土的内摩擦角或摩擦作用的变化。如果砂粒破碎、颗粒重排列使得土体积增加，则其强度也会增加。但是也应该看到，由于颗粒破坏，断裂的颗粒残余部分更容易嵌入到孔隙中，而不易形成大孔隙，因而大大减少了土体产生剪胀的可能性，并且还增加了剪缩的可能性。在高围压下，颗粒破碎量大，所以很少发生剪胀现象。颗粒的重排列往往会破坏土的原有结构状态，造成剪胀量减少。从这个角度来看，颗粒的破碎和重排列减少了土的剪胀发展趋势，与不发生颗粒的破碎和重排列相比，实际上减小了土的摩擦强度。这种情况在图 9.81 中实心黑圆点表示的超大围压砂土的剪切实验曲线中得到了证明。

前面讲过，砂土越密实，咬合程度越大，抵抗剪切的能力越大。**但随着围压的增大，咬合作用却会减小**。这是因为围压增加会使颗粒尖角断裂、颗粒破碎，并使颗粒趋向水平排列，导致颗粒易于滑移，不易发生体积膨胀，所以咬合作用减小。实际上，对于黏性土也有类似的情况，如其他条件相同但围压增加，会使超固结比降低；反之，围压减小会使超固结比增大。超固结比描述了黏土的密实程度，而咬合作用的大小也反映了砂土密实程度的大小。

4. 土的黏结作用

前面讲述的土的宏观抗剪强度机理，即滑动摩擦、咬合作用和土颗粒的破碎，主要针对无黏性的粒状土，并且和压力相关。下面主要讨论黏性土颗粒之间的黏结作用机理。在没有压应力作用时，土颗粒之间的黏结作用也具有抵抗剪切应力作用的能力。当然这种黏结作用的大小也可以与压应力的大小（甚至颗粒之间位移的大小）相关。

土的颗粒之间、各相之间存在相互作用力，这些相互作用力决定了土颗粒之间的黏结作用。7.5 节和第 4 章已经就土的颗粒之间、各相之间存在的相互作用力进行了较为详细的讨论。下面简单总结如下。

1）静电引力

它包括库仑力和离子的静电力。由于黏土矿物颗粒是片状的，在平面部分带负电荷，而其两端边角处带正电荷，当边−面接触则会相互吸引。另外，由于黏土颗粒表面带负电，在水溶液中吸附阳离子，当两相邻颗粒靠近时，双电层重叠，形成公共结合水膜，并通过阳离子将两颗粒相互吸引。参考 7.5.2 节。

2）范德瓦耳斯力

范德瓦耳斯力是分子间的引力。物质的极化分子与相邻的另一个极化分子间通过相反的偶极吸引，极化分子与非极化分子接近时，可能诱发后者与其反号的偶极相吸引。参考 3.2 节。

3）颗粒间接触点的化合键

当正常固结土在固结后再卸载而成为超固结时，其抗剪强度并没有随有效正应力的减小而按比例减小。在这个过程中由于孔隙比减少，造成在颗粒间接触点处形成了初始的化合键，这是产生相互作用的一个重要原因。这种化合键主要包括离子键、共价键和金属键，其键能很高。参考 3.2 节。

4）颗粒间的胶结

黏土颗粒间可以被胶结物（包括碳、硅、铅、铁的氧化物和有机混合物）所黏结，它是一种化学键。这些胶结材料可能来源于土本身，亦即矿物的溶解和析出过程；也可能来源于土孔隙水溶液。由胶结物形成的黏聚力可达到几百 kPa，这种胶结不仅对于黏土，而且对于砂土也会产生一定的黏聚力，即使含量很小，也明显地改变了土的应力−应变关系及其强度包络线。参考 7.5.2 节。

5）表观黏聚力

表观黏聚力不是源于黏土间的胶结和各种键，如毛细力和咬合作用等，它们不是真正意义上的黏聚力，并且可以是长程作用力。毛细力存在于非饱和土中，孔隙水的表面会产生张力，它实际上表现为负孔隙水压力。孔隙水的表面张力对两个相接触的颗粒产生张拉的作用力，这种作用与两个相接触颗粒的黏结效应相似，所以称为表观黏聚力。

另一种表观黏聚力是咬合作用。由于颗粒的几何堆积，可以在无任何物理和化学引力的体系中引起联结、黏结的作用。前述密实砂土的咬和作用可以说明这一点。在图 11.6（c）中，咬合作用也存在抗剪的阻力。

据测试分析，粒间吸引力引起的黏聚力较小，并且是短程作用力，而化学胶结力是黏聚力的主要部分。

5. 土的各种作用机理的综合讨论

无黏性土抗剪强度的组成：滑动摩擦、咬合作用（剪胀）、土颗粒的破碎及颗粒重新排列。在不同压力或孔隙率下，砂土抗剪强度的各种作用机理及其影响可以用图 11.7 表示（黄文熙，1983；Rowe，1962）。但挤碎和重新排列的影响不一定会使抗剪强度增加，这种影响依赖于体积是膨胀还是收缩。一旦挤碎和重新排列的结果是体积收缩，则其抗剪强度减小。

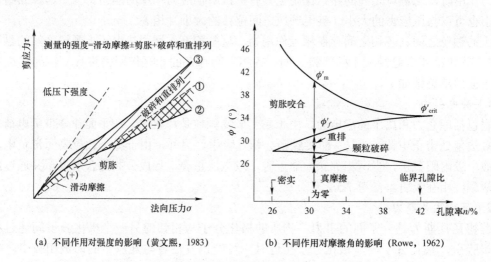

(a) 不同作用对强度的影响（黄文熙，1983）　　(b) 不同作用对摩擦角的影响（Rowe，1962）

图 11.7　砂土中抗剪强度的各种作用机理及其影响

Coop 等人（2004）给出了碳酸盐砂土环剪实验（可以做到剪切应变非常大的实验）的结果，如图 11.8 所示。实验结果表明：颗粒级配不变时常体积剪切变形所需要的剪切应变值，即达到真实临界状态所需要的剪切应变值；达到临界状态后，其接触应力不会进一步引起颗粒的破碎。他们还发现，剪切过程中颗粒的破碎会持续到很大的应变值，而这一应变值远超过三轴实验所能达到的最大应变值。在图 11.8（a）中，竖向压力范围是 650～860 kPa，其环剪切应变只有接近 2 000%，才能够达到常体积应变。而当竖向压力低于上述范围时，达到临界状态需要更大的剪切应变值。Luzzani 和 Coop（2002）针对石英砂也发现了类似结果。图 11.8（b）给出了颗粒破碎程度与剪切应变的关系。破碎量用 Hardin 的相对破碎参数 B_r 表示。在较大 B_r 值时，B_r 最后达到稳定，稳定所需的应变依赖于所施加的应力水平。有趣的是，滑移摩擦角达到稳定值时所需要的剪切应变 [图 11.8（c）] 小于达到常体积时的剪切应变 [图 11.8（a）]。临界状态的摩擦角不受颗粒破碎的影响，实际上，达到临界状态后，颗粒不会产生进一步的破碎。

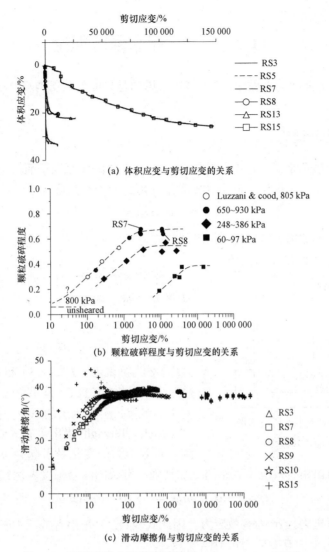

(a) 体积应变与剪切应变的关系

(b) 颗粒破碎程度与剪切应变的关系

(c) 滑动摩擦角与剪切应变的关系

图 11.8　碳酸盐砂土环剪实验结果（Coop et al., 2004）

就黏性土而言，其抗剪强度的组成，除了前述无黏性土给出的以外，还要再加上黏结作用（黏聚力）。法向压力及各种机理对黏土的抗剪强度的影响也可以用图 11.9 描述（黄文熙，1983）。但土的颗粒之间的相互作用力（主要指黏聚力）基本都是短程作用力，它们也都与剪切应变的大小密切相关。图 11.9 给出了不同剪切应变下，滑动摩擦、黏聚力（黏结作用）及剪胀（包括咬合、颗粒重新排列的影响）与剪应力（抗剪强度）的关系示意图。

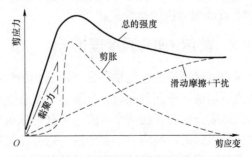

图 11.9　不同剪应变下滑动摩擦、黏聚力和剪胀（或压缩）与抗剪强度的关系示意图（黄文熙，1983）

11.2　莫尔–库仑强度理论

到目前为止,土体相关工程中,绝大多数采用的是只能反映压剪耦合应力作用的莫尔–库仑强度理论。

11.2.1　库仑强度理论

根据土的压剪破坏情况,库仑(1776)给出了土的破坏面为平面(没有剪胀)的滑动摩擦破坏机理(图 11.10),提出了砂土(无黏结作用)的库仑强度理论:

$$\tau_\mathrm{f} = \sigma \cdot \tan\phi_\mu \tag{11.5}$$

式中, τ_f 为出现滑动破坏面时,其上作用的剪应力(抗剪强度), σ 为滑动破坏面上作用的压应力, ϕ_μ 为滑动面上的滑动摩擦角。

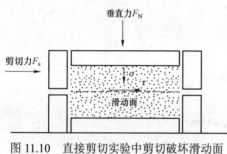

图 11.10　直接剪切实验中剪切破坏滑动面和其作用应力的概念图

除了考虑摩擦力外,如果还考虑黏结作用(或黏聚力)对抗剪强度的影响,则更为一般的表达式为

$$\tau_\mathrm{f} = c + \sigma \cdot \tan\phi_\mu \tag{11.6}$$

式中, c 为黏聚力。式(11.5)和式(11.6)中的 σ 为总应力,因此式(11.6)是用总应力表示的抗剪强度。其中的参数 c, ϕ_μ 称为土的总应力抗剪强度参数。

后来,Terzaghi 提出了有效应力原理,人们认识到,有效应力的变化是引起并决定强度变化的最重要的因素,并且给出用有效应力表达的更加精确和有效的库仑强度表达式为

$$\tau_\mathrm{f} = c' + \sigma' \cdot \tan\phi_\mu' = c' + (\sigma - u) \cdot \tan\phi_\mu' \tag{11.7}$$

式中, u 为孔隙水压力, σ' 为有效应力。因此式(11.7)是用有效应力表示的抗剪强度。其中的参数 c', ϕ_μ' 称为土的有效应力抗剪强度参数。

需要注意:有效应力抗剪强度参数的具体数值与总应力抗剪强度参数的数值是完全不同的。当有效应力能够确定(孔隙水压力已知)时,应该使用更加科学和精确的库仑强度公式(11.7)及其相对应的参数 c', ϕ_μ' 。

11.2.2　莫尔–库仑强度理论

库仑强度理论是在剪切破坏平面已知的情况下建立的,即使用库仑强度理论时,需要事先知道剪切破坏平面的位置。而莫尔–库仑强度理论不需要事先知道破坏平面的位置,仅根据其二维应力状态(如两个主应力)就可以确定其破坏面及相应的抗剪强度 τ_f 。另外,当两个主应力已知时,利用三轴实验就可以方便地确定其强度参数。

莫尔在库仑剪切破坏强度理论的基础上,在更加一般的应力状态下提出了描述剪切破坏的一般性理论,莫尔认为在破裂面上,法向应力 σ 与抗剪强度 τ_f 之间存在函数关系:

$$\tau_\mathrm{f} = f(\sigma) \tag{11.8}$$

式(11.8)的函数关系所定义的曲线如图 11.11 所示,图 11.11 中水平坐标 σ 是二维应力状态

某一平面上的压应力，竖向坐标 τ 是该平面上的剪应力。图 11.11 中的曲线就是抗剪强度包线，也可称为莫尔破坏包线。抗剪强度包线上的各点就是破坏时相应的莫尔圆与该包线相切的点。图 11.11 中的曲线是直剪实验获得的真实破坏曲线。

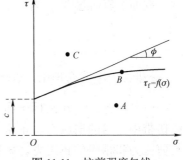

图 11.11　抗剪强度包线

如果二维应力状态的某一截面上的法向应力 σ 和剪切应力 τ 的点落在图 11.11 中破坏包线的下面，如 A 点，表明在该法向应力 σ 作用下，该截面上的剪应力 τ 小于土的抗剪强度 τ_f，土体不会沿该截面发生剪切破坏。如果状态点正好落在强度包线上，如 B 点，表明剪应力等于抗剪强度 τ_f，土体处于破坏状态。如果状态点落在强度包线以上的区域，如 C 点，表明土体已经破坏。实际上，这种应力状态是不会存在的，因为当剪应力增加到 τ_f 时，就不可能再继续增大了。

莫尔假定抗剪强度包线为最简单的直线，该直线的倾角为 ϕ，与纵坐标的截距为 c，见图 11.11 中的直线段。这一直线就是库仑给出的抗剪强度表达式（11.6）。当描述二维应力状态的莫尔圆与图 11.11 中抗剪强度直线包线相交（相切）于一点时，表明该点的应力状态已经处于破坏状态，见图 11.12 中的 A 点。应该注意当压应力（或有效应力）较大时，线性莫尔-库仑理论预测的结果与实验测量结果相差较大。

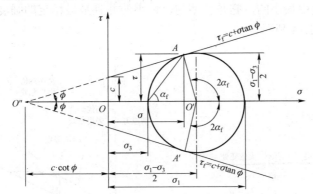

图 11.12　剪切破坏时的莫尔圆与强度包线关系

根据图 11.12 所示几何关系，可以建立用主应力 σ_1, σ_3 表达的剪切破坏状态（赵成刚 等，2017），也称之为极限平衡状态，即

$$\sigma_1 = \sigma_3 \frac{1+\sin\phi}{1-\sin\phi} + 2 \cdot c \frac{\cos\phi}{1-\sin\phi} \tag{11.9}$$

$$\sigma_3 = \sigma_1 \frac{1-\sin\varphi}{1+\sin\varphi} + 2 \cdot c \frac{\cos\varphi}{1+\sin\varphi} \tag{11.10}$$

式（11.9）和式（11.10）就是剪切破坏状态时，主应力 σ_1, σ_3 应该满足的关系式。式中参数 c, ϕ 的定义与库仑强度表达式（11.6）的参数 c, ϕ_μ 相同。通常当已知一个主应力 σ_1 或 σ_3 时，采用式（11.9）或式（11.10）就可以求得剪切破坏时另一个主应力的具体值。有了破坏时的两个主应力 σ_1, σ_3，利用破坏时的莫尔圆，就可以得到破坏截面的角度 α_f 及其剪切强度 $\tau_{\alpha f}$，参见图 11.12。破坏截面与大主应力 σ_1 作用面之间的夹角 α_f 为

$$\alpha_f = 45° + \phi/2 \tag{11.11}$$

破坏截面上剪切强度 $\tau_{\alpha f}$ 为

$$\tau_{\alpha f} = \frac{\sigma_1 - \sigma_3}{2} \sin 2\alpha_f \tag{11.12}$$

按照莫尔–库仑理论，破坏出现在与大主应力作用面呈 $45° + \dfrac{\phi}{2}$ 夹角的斜线处。

值得注意：τ, σ 坐标平面中，破坏曲线（破坏包线）上的各个点表示沿着破坏面上或剪切带中作用的剪应力与正压力之间的关系，而不是某一空间点破坏时的应力状态中的最大剪应力和相应的正压力。所以，需要知道破坏面的位置，然后计算破坏面上的剪应力与正压力。

11.2.3 关于抗剪强度理论的一般性综述及其局限性的讨论

从整个剪切变形过程的角度来看，土的剪切强度仅是整个变形过程的特殊点或特殊阶段。工程中最常用的剪切强度有：① 峰值强度（峰值剪应力或偏应力）；② 临界状态时的剪应力或偏应力（临界状态强度）；③ 残余强度，即残余状态时的剪应力或偏应力。图 11.13 给出了剪应力与剪应变的整个变形过程曲线，也给出了工程中最常用的 3 种剪切强度对应的特殊点（b，c，d）。其中峰值强度最大，对于强超固结土，峰值强度不是一个平衡、稳定的强度；临界状态强度比峰值强度小，但比残余强度要大，它是一定期间内稳定的强度；残余强度是 3 种强度中最小的，它是长期的、最小的并且是最稳定的强度。这 3 种剪切强度对应的摩擦角如图 11.14 所示。

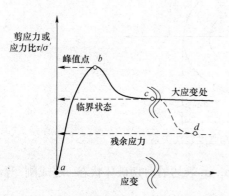

图 11.13　工程中最常用的 3 种剪切强度图示
（Mitchell et al.，2005）

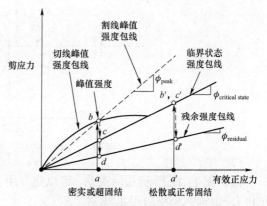

图 11.14　3 种常用剪切强度对应的摩擦角
（Mitchell et al.，2005）

图 11.14 中存在一个问题，这个问题一直没有引起工程界的注意，并且也很少有人对其进行认真的讨论。这个问题就是：当有效应力为 0 时，为何其抗剪切强度 $\tau_f = 0$？为何要这样做？一个较为合理的解释就是，这样做主要是为了数学处理的方便。另外，物理上的解释也合理。由于实际实验结果离散性很大，不同人对 c' 和 ϕ' 的看法和侧重不同，拟合得到的 c' 和 ϕ' 值也就不同，它们没有唯一性。实际上，只有线性的强度破坏包线才会有固定不变的 c' 和 ϕ' 值；反之，固定不变的 c' 和 ϕ' 值就意味着剪切破坏包线是线性的。而过原点，在数学上处理就比较方便，即没有 c'，只有 ϕ'，实验数据拟合的结果也可以获得唯一性。

从物理的角度来考虑，饱和黏土的黏聚力一般不会很大。另外，由 7.5 节和第 4 章的讨论可以了解到，多数黏聚力是短程作用力，当到达峰值强度时，其应变值已经较大，此时很多短程作用力都超过了其适用的范围，所以黏聚力已经变得很小了，参考图 11.8。为了数学处理的方便，假定黏聚力为 0，而这样做通常不会产生较大的误差。另外，即使存在微小的黏聚力，这种做法也相当于将黏聚力转化为黏聚力所对应的附加摩擦角。在这种做法中，当压力较小时，就是减小 c' 值（即令 $c'=0$）而增加 ϕ' 值。当有效压力较小时，这种处理方法是偏于安全或保守的；反之，如果考虑 c' 的存在和影响，对于强超固结土，因峰值强度是不稳定的，则有可能高估了其稳定状态的强度，会给长期稳定带来不安全因素。而当有效压力较大时，其破坏包线是一条曲线，此时莫尔-库仑强度理论的线性假定就失效了，见图 11.22及其相应的讨论。另外，当有效应力 $\sigma'=0$ 时，现有的常规直剪仪一般很难准确地测定此时的抗剪强度 τ_f。关于黏聚力的进一步讨论见 11.10 节。

在实际问题的处理中，破坏时如果黏聚力较大，可以按超固结的方法计算和分析，参考 11.3.3 节。

还有一种解释，就是在临界状态强度（残余强度状态也类似）时，土已经处于剪应变的流动状态，所有颗粒间的黏结和咬合作用均遭到破坏。所以临界状态在滑动（流动）摩擦（没有剪胀）阶段，当 $\sigma'=0$ 时，必然会有 $\tau_f=0$；而正常固结土的临界状态强度就是它的峰值状态强度（参考图 11.24），所以正常固结土的临界状态强度满足：当 $\sigma'=0$ 时，$\tau_f=0$。它的峰值状态强度也会满足：当 $\sigma'=0$ 时，$\tau_f=0$。有了这样一个假定，在现实中难以找到满足这一条件的正常固结黏土，但黏土悬液经固结而形成的泥浆土就完全满足这一条件，它就是标准的正常固结土。

饱和砂土的黏聚力更小，所以工程界普遍接受：当 $\sigma'=0$ 时，$\tau_f=0$，即假定黏聚力 $c'=0$。

此处讨论原点的强度为零的假定是为将来采用两种强度分析的方法奠定基础，即对没有剪胀的土，采用滑移破坏面为平面并过原点的莫尔-库仑强度的有效应力表达式（11.13）；而对具有剪胀的土，将采用后面介绍的超固结土的强度分析方法，见 11.3.2 节。

1. 饱和土抗剪强度的一般特征

（1）产生土的剪切强度的机理已经在 11.1 节中介绍了，它们包括：滑动摩擦、咬合作用、土颗粒的破碎和重新排列、黏结作用。产生各种剪切强度的机理及其影响的大小依赖于有效应力的大小和变化、组构的形式和变化及体积的大小和变化等。

（2）当剪切破坏面已知时，饱和土抗剪强度可以用式（11.6）、式（11.7）分析和计算；当剪切破坏面未知时，饱和土抗剪强度可以用主应力的表达式（11.9）、式（11.10）分析和计算。

（3）工程中最常用的 3 种剪切强度：峰值剪应力（或偏应力）、临界状态时的剪应力或偏应力、残余状态时的剪应力（或偏应力），参见图 11.13 和图 11.14。强超固结土或密实砂土试样到达峰值强度后，在较大剪应变或剪切位移作用下，试样难以保持其均匀性，土颗粒开始沿着局部破坏面定向排列，剪切强度不断降低，最后到达临界状态强度，甚至在长期大剪应变和位移作用下到达残余强度。

（4）峰值剪切破坏包线通常是曲线形的，见图 11.14、图 11.17。这种曲线行为主要是由于膨胀的抑制和高应力产生的颗粒压碎所引起的。很多黏土残余状态的破坏包线也是曲线形的，如图 11.15 所示。

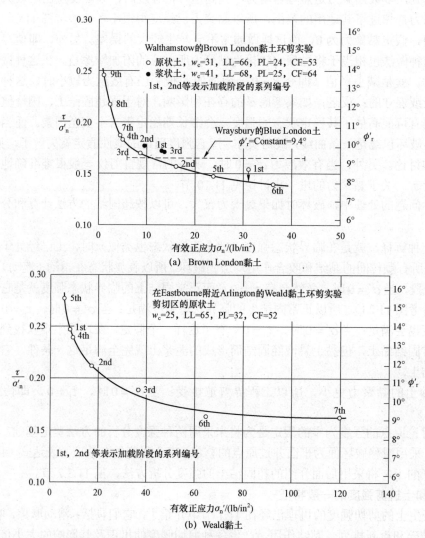

图 11.15　不同应力水平的残余强度（Bishop et al.，1971）

（5）无黏性土的峰值强度最可能受到土的密度、有效围压、实验方法和制样方法的影响。就密砂而言，峰值强度包线的割线（图 11.14 中原点到 b 点的连线）的摩擦角，是由滑移摩擦角和咬合摩擦角（剪胀角 $\angle boc$）共同构成的，参见图 11.14。而咬合作用必然伴随有体积膨胀或颗粒破碎。第 9 章已经介绍过，松砂（剪缩的砂）峰值摩擦角通常与其临界状态摩擦角相同，见图 11.14 中 c' 点。并且，松砂的峰值剪应力或偏应力与其临界状态的剪应力或偏应力相等。

（6）饱和黏土的峰值强度最可能受到土的超固结比、排水条件、有效围压、土的原始结构、扰动（包括有效应力的变化、黏结作用的损失）及蠕变或应变率效应的影响。在给定有效应力时，超固结黏土比正常固结黏土通常具有更高的峰值强度，如图 11.16 所示。这种峰值强度的差别是由于不同的应力历史和峰值时它们的含水率（孔隙体积）不同所共同引起的。为了比较，选定具有相同含水率或孔隙比但却具有不同有效应力的点 A 和 A'，见图 11.16。图 11.16 还给出了 Hvorslev 峰值强度包线及其参数 c'_e, ϕ'_e（Hvorslev，1937，1960）。Hvorslev

峰值强度包线通常是一个过原点的曲线。关于 Hvorslev 峰值强度包线及其参数 c'_e, ϕ'_e 的详细说明，可以参考 11.3.2 节。

（7）临界状态剪切变形阶段，土已经完全失去了结构性。临界状态的摩擦角是独立于应力历史和初始结构的。对于给定的一组实验条件，剪切抵抗仅依赖于土的构成和有效应力。临界状态的基本概念是：如果破坏是均匀、一致并且持续不断的剪切变形，则在孔隙比 e、平均有效应力 p' 和偏应力 q 之间存在唯一的关系。图 11.17 给出了重塑的 Weald 黏土和 Toyoura 砂的临界状态的实验结果。无论黏土和砂土，在 $p'-q$ 应力平面内临界状态都是一条直线；然而在 $e-\ln p'$ 平面内，黏土的临界状态是一条直线；但砂土的临界状态却是一条曲线。

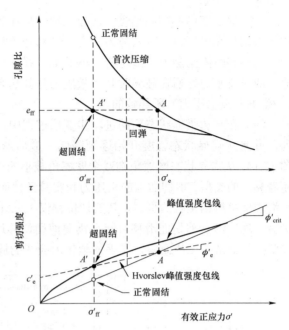

图 11.16　超固结对有效应力强度包线的影响

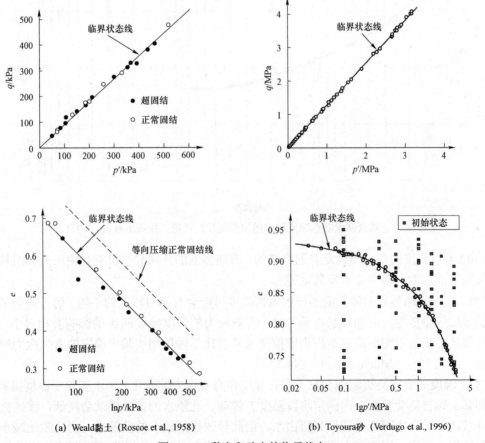

(a) Weald黏土（Roscoe et al., 1958）　　(b) Toyoura砂（Verdugo et al., 1996）

图 11.17　黏土和砂土的临界状态

（8）对于密砂和超固结黏土，排水剪切后在破坏时会具有更大的剪切破坏强度值；或不排水剪切后在破坏时其有效应力比变形过程开始时的有效应力更大。这是由于剪胀所导致的。对于松砂和略固结黏土（超固结比小于4），排水剪切后在破坏时具有比较小的剪切破坏强度值；或不排水剪切后在破坏时其有效应力与其初始的有效应力相比更小。这是由于剪缩趋势（产生的孔隙水压力）所导致的。

（9）在到达临界状态后的进一步变形过程中，黏土的片状颗粒会沿着破坏面开始定向排列，并且从临界状态强度开始逐渐降低。最后形成的剪切摩擦角称之为残余摩擦角，参见图11.14。从临界状态摩擦角到残余摩擦角减小的过程中，所需要的剪切位移的大小（峰值后）随着黏土的类型、剪切面上的正压力和实验条件而变化。例如，与钢材表面或其他具有坚硬、光滑表面材料相接触的页岩，其剪切位移仅1～2 mm就足以达到残余强度。而土颗粒之间的接触，通常沿着剪切面滑移可能会需要剪切位移达到几十毫米，如图11.18所示。然而，就较低围压的密实土样而言，显著的软化由应变的局部化和剪切带的发展所引起。

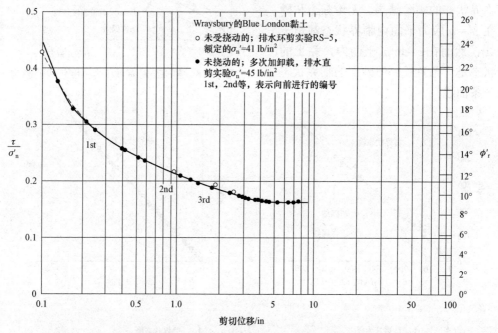

图11.18　残余强度随剪切位移的增加而变化的情况（Bishop et al.，1971）

（10）剪切强度的各向异性是普遍存在的，剪切强度的各向异性可能是由应力和组构的各向异性共同引起的，参考第6章的论述。

（11）三轴压缩与三轴伸长的不排水剪切强度可能会有相对较大的不同。而不同类型的实验方法（如三轴压缩与三轴伸长实验）对于有效应力的强度参数c'、ϕ'的影响会相对小一些。平面应变条件下测量得到的有效应力摩擦角通常会比三轴压缩实验中确定的有效应力摩擦角大一些，约大10%（Mitchell et al.，2005）。

（12）温度的变化会引起饱和黏土中孔隙比和有效应力的变化。排水实验中温度提高，孔隙水和黏土颗粒都会膨胀。而固结阶段温度T_c越高，孔隙水的黏滞性就会越低，渗透性会增加，并且部分结合水可能会转换为自由水，由此导致排出较多的孔隙水，而孔隙比减小，黏土的强度随之提高。饱和黏土固结后，进行不排水剪切实验时，其温度T_s越高，孔隙水和黏土颗粒就会膨胀得越大，由此会产生较高的孔隙水压力（以便于维持体积不变），所以导致有效应力减小，土的剪切强度降低。图 11.19 给出了高塑性的淤积黏土的固结不排水直剪实验结果，其中纵坐标是峰值剪应力 τ_m。在竖直压力 $p' = 408\ \text{kPa}$ 下固结，由图 11.19 可见，随固结温度 T_c 的提高，在同样温度下剪切实验得到的不排水剪切强度也随之提高；在同样固结温度下固结的试样，剪切温度 T_s 越高，土的固结不排水剪切峰值强度反而越低。

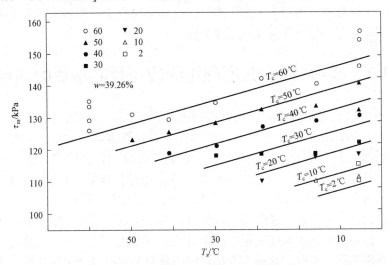

图 11.19　固结温度 T_c 和剪切温度 T_s 对固结不排水剪切峰值强度的影响（李广信，2016）

2. 莫尔–库仑强度理论的局限性

（1）从图 11.11 可以看到，实际土体的强度包线通常是一条曲线，而莫尔–库仑强度理论采用了直线包线。这意味着压应力较大时，会产生较大的误差。

（2）莫尔–库仑强度理论是二维应力作用下最简单的强度理论。它没有考虑中主应力 σ_2 的影响，关于中主应力 σ_2 的影响在 10.10 节中进行了讨论。三维强度理论不存在没有主应力 σ_2 的问题，关于三维强度理论将在 11.5 节中讨论。

（3）假定破坏面是一个平面，没有考虑剪胀的影响。

（4）没有考虑土的结构性影响。土的结构性影响在第 5、6 章中讨论过，这里不再赘述。

（5）1.3.2 节讨论过影响土的剪切强度有很多因素，见式（11.13）：

$$\tau_f = f(\sigma_{ii}, u_w, u_a, e, D_c, \dot{L}, T, H, P, S, C, A, S_r, F, t, c, E, \cdots) \tag{11.13}$$

忽略了式（11.13）中给出的很多因素的影响，而采用式（11.6）描述土的抗剪强度是一种极为简化的结果。将式（11.13）与式（11.6）进行对比，可以看到式（11.6）仅考虑了应力的影响。由于忽略了很多其他因素的影响，必然会产生误差。

（6）除了有效应力以外，如果考虑再多增加一个影响因素，通常都会选择增加孔隙比 e，它反映了土的密实程度。前面讲过，土的强度是依赖于土的密实程度的。除了有效应力和孔隙比以外，忽略式（11.13）中所有其他因素的影响，此时土的抗剪强度通常可以认为是有效应力和孔隙比的唯一函数，即 $\tau_f = f(\sigma', e)$，实验表明是近似存在这种唯一性的。这就意味着：有效应力和孔隙比是影响土的抗剪强度的两个最重要的因素。从这两个因素分析土的强度，即有效应力越大、其强度就越大；土越密实，其强度也越大。基于这样的分析，工程上通常就不会产生大的问题。

（7）实际场地中土体一般是各向异性的，即土体中各个方向的强度和刚度是不同的，这点在第 6 章讨论过。而莫尔-库仑强度理论假定土体是各向同性的，没有考虑土体强度各向异性的影响。

（8）三维应力空间中，莫尔-库仑强度理论在 π 平面上存在奇点，不便于数值分析和处理。

由于莫尔-库仑强度理论存在上述局限性，其结果必然会产生较大的误差和不确定性。对此在第 1 章绪论中已经进行了讨论，见 1.3 节。

11.3 莫尔-库仑强度理论的应用及其参数的确定

土的强度理论与土工结构物的破坏直接相关，因此在土力学的研究中它始终居于首要位置。土的变形行为比强度要复杂得多，因为变形需要描述整个过程，而强度仅需要研究特殊点或特殊阶段。与土的变形研究相比，土的强度研究通常会更多，也更为深入，实验的结果和数据也相对要多一些。这可能是因为，就土工结构物的破坏而言，强度更加重要。另外，强度的研究相对简单和容易一些。正是由于这些情况，本章篇幅也偏大一些。

强度仅是土的整个变形过程的特殊点或特殊阶段，所以对强度有影响的因素也必然会对变形产生影响。但这些影响因素在变形过程中可能会有变化，即不同变形阶段，这些影响因素的作用也会有所不同。所以，对整个变形过程的研究及其模拟会更加复杂。**下面针对强度所讨论的一些影响因素，通常对变形也会产生影响**，然而目前这些影响因素中的很多因素在强度理论中得到了考虑、研究和讨论，但在变形的模型和理论中却没有或很少考虑、研究和讨论，这是需要引起注意的。

工程应用中，**土的强度是由实验确定的**。通常室内确定土的强度时所采用的实验仪器是直剪仪或三轴仪。莫尔-库仑强度理论的实验方法有（赵成刚 等，2017）：

（1）不固结不排水剪切实验；

（2）固结不排水剪切实验；

（3）固结排水剪切实验。

不排水意味着体积不变，有效应力也就不会变化。而排水意味着体积变化，有效应力也就随之而改变。

实验方法中不固结不排水剪切实验是想反映整个剪切过程中，由于不排水，有效应力不变，土样初始时刻所具有的前期固结状态不发生变化，即有效应力不变，其抗剪强度只与土样初始时刻所具有的前期固结状态有关，而与围压无关。不固结意味着保持土样初始具有的前期固结状态不变，围压全部转变为土内的孔隙水压力。由于不需要反映前期固结状态的初始围压的固结过程，实验时间会较短。

初始围压的固结，意味着该过程需要排水，并使围压全部转变为有效应力，这一固结过程可以反映场地某一确定深度的土层中有效应力的情况。

实验方法中排水或不排水情况是想反映基础底面以下土层的渗透速率和加载速率的影响。如果土层的渗透速率快于加载速率，即加载过程较长或较慢，使得土层经每步加载后也可以有足够的时间完成固结过程，则可以采用排水实验，如渗透性非常好的砂石土或加载速率很慢的建造过程。反之，如果土层的渗透速率慢于加载速率，即加载过程很快，使得土层加载后没有时间完成固结过程，并可以产生超静孔压，则可以采用不排水实验，如渗透性较差的黏土或加载速率很快的建造过程。

需要指出的是，只有三轴实验才能严格控制试样固结和剪切过程中的排水条件；而直剪实验因仪器条件的限制只能近似地模拟工程中可能出现的固结和排水情况。直剪实验只能通过慢剪（慢剪过程可以进行排水，但难以达到完全固结）来模拟排水实验情况，或快剪（快剪过程排水来不及完成，不能保证完全不排水）来模拟不排水实验情况。但这种做法只能近似地模拟排水情况，难以做到准确。直剪实验中土样的固结情况，因为测不到土样内的孔隙水压力，也难以做到或做好不固结或完全固结的条件和状态。

11.3.1　实验确定莫尔–库仑强度指标的两种方法

式（11.6）是莫尔–库仑强度理论的一般表达式，它可以用图 11.20 表示，图中 c, ϕ 是黏聚力和摩擦角。但通常很少能够完整、正确地使用该方程，原因将在后面讨论。

通过实验确定莫尔–库仑强度，就是确定该理论中的强度参数 c, ϕ。通常有两种方法确定强度参数 c, ϕ，即有效应力方法和总应力方法。

不固结不排水实验是典型的总应力方法，而固结排水实验是典型的有效应力方法。

总应力方法是用总应力和式（11.6）及图 11.20 确定其中的强度参数 c, ϕ。这是库仑建立土的强度

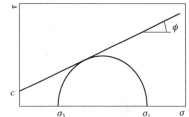

图 11.20　一般形式的莫尔–库仑强度图示

理论后最早使用的方法。但用这种方法确定土的强度及其参数的缺点是误差和不确定性非常大。后来，Terzaghi 提出了有效应力原理。人们认识到是有效应力控制和决定了土的强度，并提出了采用有效应力确定土的强度及其参数的方法。与总应力方法相比，有效应力表示的莫尔–库仑强度理论更加科学和精确，并且有效应力方法减小了确定土的强度及其参数的误差和不确定性。因此，如果能够知道孔隙水压力或有效应力，最好采用有效应力方法。

由于存在两种确定强度及其参数的方法，而采用这两种方法得到的强度实验结果和参数也是不同的。也就是说，有效应力强度指标与总应力强度指标是存在差别的。

应该注意：图 11.16 中的坐标系是 $\tau - \sigma'$，而不是坐标系 $q - p'$，这两个坐标系是不同的。三维轴对称应力状态下，坐标系 $\tau - \sigma'$ 和坐标系 $q - p'$ 的关系，如图 11.21 所示，其中 τ'_n，σ'_n 是剪切破坏面上的应力，σ'_a，σ'_r 是三轴仪中竖向有效压力和水平向有效围压。此处 σ' 为三维轴对称情况下莫尔圆的圆心到原点的距离，即平均有效压力。常规做法是采用下式：

$$\sigma' = \frac{1}{2}(\sigma'_a + \sigma'_r) \approx s' \tag{11.14}$$

三维轴对称情况下剪应力 τ'：

$$\tau' = \frac{1}{2}(\sigma'_a - \sigma'_r) = \frac{1}{2}q' = \tau \tag{11.15}$$

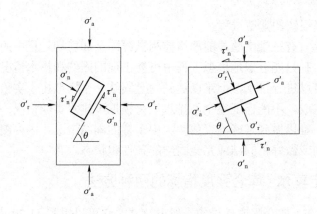

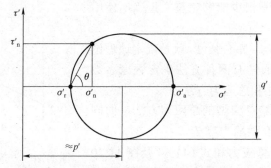

图 11.21　三轴应力与直剪应力的关系图示

对于二维平面应力或平面应变问题，其莫尔圆中平均有效压力为：$s' = \dfrac{1}{2}(\sigma'_1 + \sigma'_2)$；剪应力（莫尔圆的半径）为：$\tau = \dfrac{1}{2}(\sigma'_1 - \sigma'_2)$。

三维轴对称情况下摩擦角 ϕ' 与 σ'_a, σ'_r 的关系表达式为

$$\sin \phi' = \frac{\sigma'_a - \sigma'_r}{\sigma'_a + \sigma'_r} \tag{11.16}$$

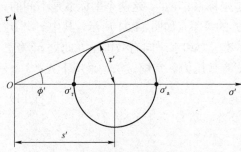

图 11.22　三轴剪切强度实验中破坏线、
摩擦角和应力状态

如图 11.22 所示，图中 s', τ' 分别为莫尔圆的圆心横坐标和半径。也有人建议（Atkinson et al.，1978）三轴剪切实验采用：$s' = \dfrac{1}{3}(\sigma'_a + 2\sigma'_r)$；$\tau' = \dfrac{1}{2}(\sigma'_a - \sigma'_r)$。

很多时候，用有效应力表示的实验结果都被错误使用（总应力方法也有类似的情况），所得到的强度指标 c' 值偏高，而 ϕ' 值偏低。产生这种情况的原因是没有采用曲线破坏包线。图 11.23 给出了 Bishop（1966）的实验结果。实验土样的范围很宽，从黏土到碎石样本都有。从图 11.23 的实验结果可以看到，采用线性拟合实验数据，必然会得到黏聚力 c' 值，而由前面的讨论可知，实际上 c' 接近或等于 0；同时有效摩擦角 ϕ' 也可能会稍微低一点。但这只是线性拟合的结果，并不代表土的真实情况。

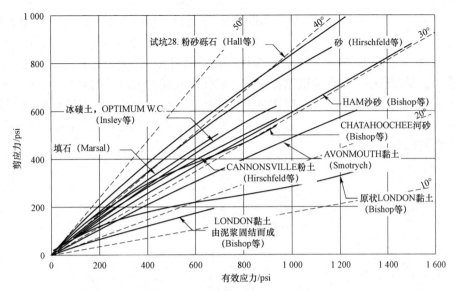

图 11.23　一定范围内土的抗剪强度包线（Bishop，1966）

赵成刚等人（2017）在《土力学原理》中做过下述讨论，库仑强度准则公式中的 c' 和 ϕ' 值，虽然具有一定的宏观物理意义，即黏聚力和摩擦角，但最好把 c' 和 ϕ' 值理解为是将破坏实验结果整理后得到的两个拟合参数。因为即使是同一种土样，其 c' 和 ϕ' 值也并非常数，它们会因实验方法和实验条件（如固结与排水条件）等的不同而变化。但从这种宏观的物理意义上讲，黏聚力和摩擦角不应随外界实验条件或实验方法而发生变化。另外应该指出，许多土类的抗剪强度并非都呈线性，而是随着应力水平的增大而逐渐呈现出非线性。莫尔 1910 年就指出，当法向应力范围较大时，抗剪强度线往往呈曲线形状，这一现象可用图 11.11 说明。由于土的 τ_f,σ' 之间的关系是曲线而非直线，曲线上各点的抗剪强度指标 c' 和 ϕ' 并非是恒定值，而应由该点的切线（或两点之间的割线）性质决定。此时就不能用线性的库仑公式来概括整个范围土的抗剪强度特性。另外，基于实验曲线原点的切线确定的抗剪强度指标 c' 和 ϕ'，参见图 11.23 中最上端的虚线，当有效应力较大时，其预测结果可能会远大于实验结果，这会导致过于冒险。

下面将讨论莫尔–库仑强度理论的应用及其参数的确定方法。需要注意的是，经过实验而确定的 c' 和 ϕ' 值，已经不是通常意义上的黏聚力和摩擦角了，它们此时仅是实验结果的拟合参数。

11.3.2　剪胀土和剪缩土的划分及其莫尔–库仑强度表达式

图 11.24 给出了两类土的应力和应变的行为曲线。在剪应力作用下，这两类土会产生不同的反应。为了描述这两种不同的反应，一般把这两类土定义为 Ⅰ 类土和 Ⅱ 类土。Ⅰ 类土为剪缩区的土，它包括正常固结黏土和略超固结黏土（超固结比小于 2）及松砂。Ⅱ 类土为剪胀区的土，它包括强超固结黏土（超固结比大于 2）及中等密实程度以上的砂土。第 9 章给出了剪胀和剪缩区的划分方法，参见图 9.13。由图 11.24 可以知道，Ⅰ 类土是应变硬化土，随着剪应力的增加，土的竖向应变随之而增加，孔隙比减小（体积减小）；剪应力到达峰值后，其峰值剪应力保持不变，土的竖向应变和孔隙比也保持不变。这意味着 Ⅰ 类土已经到达临界状态，此时的峰值剪应力就是临界状态时的剪应力或称为临界状态抗剪强度，简称为临界状

态强度。Ⅱ类土在初始阶段会随着剪应力的增加，土的竖向应变随之而增加，孔隙比减小（体积减小）。但到达相变后，随着剪应力的增加，土的竖向应变开始减小，孔隙比开始增大（体积增大）。当剪应力增加到峰值时，其孔隙比还在不断增大，说明没有到达临界状态；剪应力到达峰值后，开始减小，出现应变软化阶段，软化阶段其孔隙比还在增大；一直到剪应力保持水平、不变，土的竖向应变和孔隙比也不再变化。这意味着Ⅱ类土已经到达临界状态，此时的剪应力就是临界状态强度。注意Ⅱ类土的峰值剪应力大于临界状态剪应力，但峰值摩擦角却小于临界状态摩擦角。

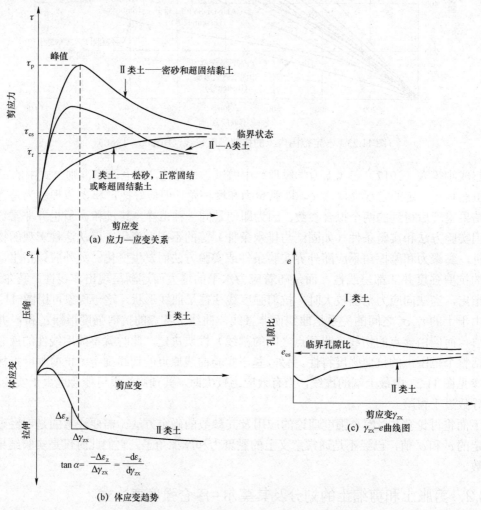

图 11.24　Ⅱ类土的应力和应变的行为曲线

通过第 9 章的介绍（或图 11.24）已经了解到，在剪胀区土的峰值剪应力或峰值偏应力大于临界状态的剪应力或偏应力。另外，在剪缩区土的峰值剪应力或峰值偏应力（其抗剪强度）等于其临界状态时的剪应力或偏应力。所以，正常固结土或略超固结土的峰值抗剪强度包线就是应力空间的临界状态线，参见图 11.16。图 11.16 中临界状态线与水平轴之间的夹角（当 $\sigma_1' \geqslant \sigma_2' = \sigma_3'$ 时）就是图 11.22 中的有效摩擦角，参见图 11.14。

剪胀区（强超固结）土的峰值剪应力或峰值偏应力可以用图 11.16 中 Hvorslev 峰值强度包线的线性表达式进行描述，这将在 11.3.3 节中讨论。

1. Ⅰ类土（剪缩状态土）的强度

由 11.2.3 节的讨论已经知道，黏土中的黏聚力会随着剪应变的增大而迅速减小，到达峰值前就已经很小了。所以，针对Ⅰ类土可以假定土的黏聚力 $c' = 0$。另外，从图 11.25 可以看到，N 和 W 曲线是Ⅰ类土的实验曲线，根据图 11.25 及第 9 章的知识可以判断：N 和 W 曲线中剪应力 τ 的峰值强度就是它们的临界状态强度。由此可以得到另一个结论，Ⅰ类土的强度就是它的临界状态强度。

对于Ⅰ类土，假定其黏聚力 $c' = 0$，在其破坏面上用有效应力表达的莫尔–库仑强度理论为

$$\tau_f = \sigma' \cdot \tan \phi' \qquad (11.17)$$

式中，σ' 是有效应力，ϕ' 是有效摩擦角。与式（11.17）相应的图示如图 11.26 所示。

对于Ⅰ类土，用总应力表达的莫尔–库仑强度理论也应该具有与式（11.17）同样的表达式，即黏聚力也为零。只不过需要将式（11.17）中的有效应力 σ' 和有效摩擦角 ϕ' 替换成总应力 σ 和总应力对应的摩擦角 ϕ。

实际上，即使是针对剪缩土，土的压缩剪切破坏强度包线未必一定就通过坐标原点。这是因为，与压缩剪切破坏强度包线相切的莫尔圆的最小主应力需要满足 $\sigma_3 > 0$，否则就会出现张拉应力（$\sigma_3 < 0$），因而不满足压缩的定义，除非莫尔圆直径为零，即剪应力为零。所以，黏聚力 $c = 0$ 仅仅是为数学处理方便的一种假定。

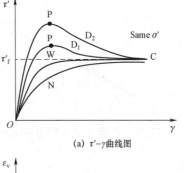

(a) τ'–γ 曲线图

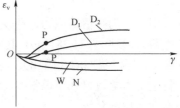

(b) ε_v–γ 曲线图

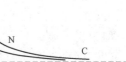

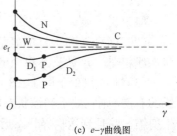

(c) e–γ 曲线图

图 11.25　排水抗剪实验的结果

利用直剪实验可以直接确定式（11.17）中的摩擦角 ϕ'。利用三轴实验的话，可以参考图 11.22 和式（11.16）确定摩擦角 ϕ'。采用式（11.17）就可以预测Ⅰ类土的抗剪强度。而用总应力表达的莫尔–库仑强度理论和图示，只需要将有效应力换为总应力及将有效摩擦角换为总应力对应的摩擦角就可以了，这里就不再赘述。

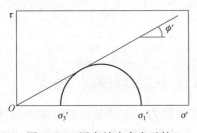

图 11.26　用有效应力表示的
莫尔–库仑强度图示

采用式（11.17）预测Ⅰ类土在其破坏面上的抗剪强度，这种方法当其破坏面上的有效应力较小时，它是偏于保守和安全的。而一旦破坏面上的有效应力偏大时，由于破坏包线是曲线，而采用过原点的直线会过高地估计土的抗剪强度，这是偏于不安全的。

2. Ⅱ类土（剪胀状态土）的强度

具有剪胀状态的Ⅱ类土，峰值剪应力大于临界状态剪应力，如图 11.27 所示。本书 9.6.3 节介绍了峰值偏应力即 Hvorslev 包线的线性表达式。此处，将介绍在 $\tau' : \sigma'$ 应力空间中 Hvorslev 包线的莫尔–库仑表达式。注意此处和上面Ⅰ类土强度的讨论都是基于有效应力表达的情况，将来采用的强度指标也必然是有效应力对应的强度指标。

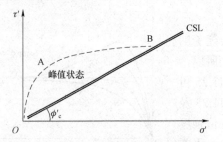

图 11.27　$\tau':\sigma'$ 应力空间中 Hvorslev 包线图示

图 11.28 给出了两个系列土样的峰值状态，它们到达峰值状态时，其孔隙比分别为 e_1,e_2。图 11.28 中 CSL 表示临界状态线，ϕ_p',ϕ_c' 分别表示峰值状态线和临界状态线的倾角，c_{p1}',c_{p2}' 分别表示两个系列土样的峰值状态线和临界状态线在纵坐标轴上的截距。剪应力的峰值可以用有效应力表示的莫尔–库仑强度公式表示：

$$\tau_p' = c_{pe}' + \sigma' \cdot \tan\phi_p' \tag{11.18}$$

式中，τ_p' 为峰值剪应力，c_{pe}' 为峰值状态线在纵坐标轴上的截距，ϕ_p' 为峰值状态线的倾角（摩擦角），参见图 11.28（a）。其中下角标 p 代表峰值，在 c_{pe}' 中角标 e 代表截距，c_{pe}' 依赖于孔隙比 e（峰值状态的孔隙比）。关于强超固结土用有效应力表示的峰值莫尔–库仑强度，因为本科生土力学教材介绍得很少，所以此处将较为详细地加以介绍。

图 11.28 中关于峰值强度有以下需要注意的内容：

（1）$\phi_p' < \phi_c'$。

（2）两个系列土样的峰值状态线与临界状态线相交，并交于 A_1 和 A_2 点。

（3）土如果处于图 11.28（b）中临界状态线的右侧，则它处于剪缩状态区，剪切时会产生剪缩，并且到达临界状态后没有软化阶段。

（4）峰值应力状态。它是处于剪胀区的Ⅱ类土（密砂或强超固结黏土），峰值应力状态是剪切过程中不断剪胀的结果。

（5）峰值状态线在图 11.28（a）中具有结束点，即最小有效应力点，如图 11.28（a）中 B_1 和 B_2 点。也就是说，当有效应力小于该点的有效压力时就不能用式（11.18）计算其峰值强度，此时该式已经失效了。所以式

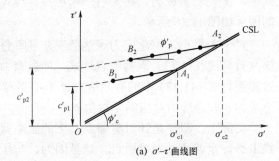

（a）$\sigma'-\tau'$ 曲线图

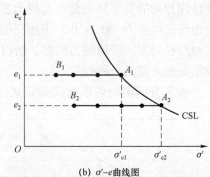

（b）$\sigma'-e$ 曲线图

图 11.28　峰值状态的莫尔–库仑线

（11.18）中 c_{pe}' 不是有效应力为零时承担抵抗剪应力作用的黏聚力，它只是莫尔–库仑公式中的一个拟合参数。因为如果是密砂，c_{pe}' 不会与黏结作用或黏土颗粒之间的吸引作用有任何联系。

（6）峰值强度是一种不稳定的强度，随着变形的发展，它会软化并逐渐减小，一直到达稳定的临界状态强度或残余强度。另外，它依赖于初始状态，不同的孔隙比和固结压力，会具有不同的峰值强度。而峰值强度一般大于临界状态强度，所以这种不稳定的峰值强度的预测结果与临界状态强度相比是偏于不安全的，采用时应该注意此种情况。

通常 c_{pe}' 与强超固结土的初始孔隙比相关，不同的初始孔隙比对应于不同的 c_{pe}'，参见图 11.28，所以其峰值强度也会不同。为了考虑不同孔隙比对 c_{pe}' 的影响，可以利用 9.5.6 节介绍的归一化方法，采用临界状态的有效应力 σ_c' 作为归一化参数。图 11.28（b）给出了土的临界

状态时孔隙比 e_c 与有效应力 σ'_c 的关系曲线。图 11.29 给出了图 11.28（a）中的峰值状态线经过归一化后的结果。经过归一化后，不同孔隙比的峰值状态线简化为一条直线（BA 线），BA 线的右端 A 点是临界状态线上的点。

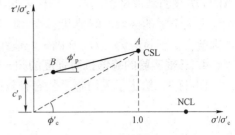

图 11.29 中峰值状态线 BA 线所对应的方程为

$$\tau'_p / \sigma'_c = c'_p + \sigma'_p / \sigma'_c \cdot \tan \phi'_p \qquad (11.19)$$

图 11.29　归一化后的峰值状态的莫尔–库仑线

式中，σ'_c 为临界状态时孔隙比 e_c 所对应的有效应力，参见图 11.28（b），c'_p 为

$$c'_p = \frac{c'_{pe}}{\sigma'_c} \qquad (11.20)$$

由式（9.19）和式（11.20），式（11.18）中 c'_{pe} 可以表示为

$$\lg \frac{c'_{pe}}{c'_p} = \frac{e_\Gamma - e}{C_c} \qquad (11.21)$$

式（11.21）表明，c'_{pe} 随着孔隙比 e 的增加而减小；而对于给定的有效应力，强超固结土或密砂的峰值强度也随着孔隙比 e（饱和土的含水率）的增加而减小。

根据图 11.29 的几何关系可以得到下式：

$$c'_p = \tan \phi'_c - \tan \phi'_p \qquad (11.22)$$

所以，将式（11.22）代入式（11.19），可以得到下式：

$$\tau'_p / \sigma'_c = (\tan \phi'_c - \tan \phi'_p) + \sigma'_p / \sigma'_c \cdot \tan \phi'_p \qquad (11.23)$$

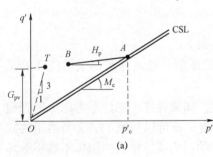

式（11.23）和式（11.19）中的参数 c'_p, ϕ'_c, ϕ'_p 不依赖于孔隙比和含水率，这隐含着孔隙比和含水率的影响包含在临界状态有效应力 σ'_c 中。并且 ϕ'_c 和 ϕ'_p 是相互独立的，即可以分别通过实验确定它们。所以，如果莫尔–库仑强度方程对土的峰值强度是一个好的描述，则与其相应的这些参数仅仅是一种材料参数。

3. 三轴实验中 II 类土（剪胀状态土）的莫尔–库仑强度表达式

与直剪实验相同，三轴实验的峰值剪应力状态（峰值抗剪强度）依赖于土样的比体积。图 11.30（a）给出了应力空间 q' : p' 中的峰值状态线 BA 线段，峰值状态线 BA 与特定的比体积 v 相对应，如图 11.30（b）所示。图 11.30（a）中峰值状态线 BA 可以用下式表示：

$$q'_p = G_{pv} + H_p \cdot p'_p \qquad (11.24)$$

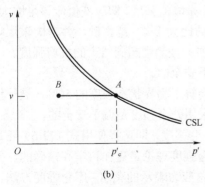

图 11.30　三轴实验中的峰值状态

式中，q'_p 为峰值偏应力，H_p 为峰值状态线 BA 的斜率，G_{pv} 为峰值状态线 BA 在纵坐标轴上的截距，p'_p 为峰值状态线 BA 上某一点的有效应力。图 11.30（a）中过原

点的 OT 线的斜率是 $q'/p'=3$，代表围压为零的条件，即无拉应力的边界线，OT 线的左侧是拉应力大于零的区域。峰值状态线 BA 的左端点 B 最小也不应该小于 BA 线与 OT 线的交点，否则就会出现拉应力。G_{pv} 是确定峰值线位置的参数，而不是有效应力为零时的峰值偏应力。

4. 三轴实验的峰值抗剪强度的归一化表示

图 11.31 给出了采用临界状态有效压力进行归一化后的峰值强度和临界状态强度，它类

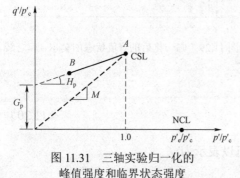

图 11.31 三轴实验归一化的
峰值强度和临界状态强度

似于图 11.29 中的情况。图 11.31 中临界状态线和正常固结线归一化后，简化为 2 个独立的点，而峰值强度线 BA 可以用下列方程表示：

$$q'_p / p'_c = G_p + H_p \cdot p'_p / p'_c \qquad (11.25)$$

式中，G_p 是截距，H_p 是 BA 线的斜率。

根据图 11.30 的几何关系可以得到下式：

$$G_p = M - H_p \qquad (11.26)$$

将式（11.26）代入式（11.25）有

$$q'_p / p'_c = (M - H_p) + H_p \cdot p'_p / p'_c \qquad (11.27)$$

三轴实验的峰值强度表达式（11.27）和式（11.23）是等价的。式（11.27）中的参数 M, H_p 不依赖于孔隙比和含水率，孔隙比和含水率的影响包含在临界状态有效应力 p'_c 中。并且 M, H_p 是相互独立的，即可以分别通过实验确定它们。所以，如果莫尔–库仑强度方程对土的峰值强度是一个好的描述，则与其对应的这些参数仅仅是一种材料参数。

图 11.27 给出的峰值状态线是一条过原点的曲线。9.6.6 节讨论了这种峰值状态曲线的模拟问题，可以参考。

11.3.3　莫尔–库仑强度指标的确定

工程中确定土的强度时，需要考虑的问题及工作步骤如下：

（1）需要确定采用哪种强度理论。如果仅仅是静力的压剪问题，通常都采用线性的莫尔–库仑强度理论。

（2）确定是否需要考虑土的强超固结（或密砂）情况。如果保守一些，不考虑土的强超固结（或密砂）的峰值强度，而仅考虑稳态的临界状态强度，就可以按照 11.3.2 节给出的式（11.17）预测土的抗剪强度。但此时需要注意：① 直剪仪的压力或三轴仪的围压不要小于场地土层中真实的竖向压力；② 剪切强度要到达稳态，而不是峰值强度，即应变值应该足够大，以便于达到稳态强度。如果土是强超固结土（一般超固结比大于 4）或密砂，并考虑采用峰值强度，可以按照 11.3.2 节给出的式（11.23）或式（11.27）预测强超固结土的抗剪强度。这种峰值强度与临界状态强度相比，可能是偏于不保守或不安全的。

（3）是否考虑土的残余强度。黏土的残余强度可能会等于临界状态强度的 50%，坡体抗滑设计时应该引起注意，并可以采用土的残余强度。而采用残余强度是偏于安全的。

（4）确定是采用总应力还是有效应力表示的莫尔–库仑强度，即选择使用式（11.6）还是使用式（11.7）。前面讨论过，有效应力表示的莫尔–库仑强度理论是更加科学和精确的，并且所确定土的强度及其参数的误差和不确定性会小于用总应力表示的莫尔–库仑强度方法。因此，如果能够知道孔隙水压力或有效应力，一般建议采用有效应力方法。

（5）确定实验仪器，即是采用直剪仪还是采用三轴仪。三轴仪是较好的实验仪器，它可以测量孔隙水压力，计算出有效应力，并可以进行排水或不排水实验。但直剪仪却做不到这些。

（6）确定土的抗剪强度指标。确定土的抗剪强度指标，即确定摩擦角 ϕ 和黏聚力 c 的具体值，是土的抗剪强度实际应用中的重要一步，这一步是关系到设计、分析、预测能否成功的关键一步。通常采用直剪仪或三轴仪确定土的抗剪强度并测量其相应的指标。需要注意的是：① 即使采用同一试样，但采用不同仪器，如直剪仪或三轴仪进行测量，所得到的摩擦角 ϕ 和黏聚力 c 很可能会不同（有时相差较大），这可能是不同仪器的误差造成的；② 采用不同的测试方法，所得到的摩擦角 ϕ 和黏聚力 c 也会有很大的不同，如排水或不排水实验。所以，要了解各种不同强度测量仪器的优缺点，以及采用各种方法所测到的指标的具体含义。否则，将这些指标随便用于工程实际，就会因低估土的强度而造成浪费，或高估土的强度而造成工程事故。所以，了解各种实验方法和相应指标的具体含义，对工程应用中正确选择和使用土的抗剪强度指标是具有重要意义的。

1. 三轴实验的强度指标

8.3 节讨论了固结和排水条件的物理含义，以及对强度和变形的影响。本节将讨论具体固结和排水条件下的实验结果及其表述。

1）三轴不固结不排水剪切实验的强度指标

三轴不固结不排水剪切实验也称为不排水剪，用 UU 表示。不固结不排水剪切实验中的"不固结"是指在三轴压力室内不再固结（体积不变，即不排水），而试样仍保持着原有场地的有效固结压力不变，或保持着实验室制备的试样中的有效固结压力不变。在排水阀门关闭的情况下施加围压 σ_3，即 σ_3 所引起的超静孔压不消散。随后在排水阀门关闭的不排水条件下缓慢、逐级增加偏应力 $\sigma_1 - \sigma_3$ 进行剪切，直到剪应力 $\tau = 1/2(\sigma_1 - \sigma_3)$ 达到峰值而破坏，一般 $10 \sim 20$ min 就可以出现剪应力 τ 达到峰值。实验结果如图 11.32 所示。实验结果表明，在含水率恒定条件下的 UU 实验中，无论在多大的 σ_3 作用下（由于不排水，围压 σ_3 全部转为由土内的孔隙水压力 u 承担，即 $\sigma_3 = u$），试样破坏时所得到的峰值剪应力 τ_f 恒为常数。图 11.32 中 3 个总应力圆直径相同，故抗剪强度包线为一条水平线。该直线可以表示为

$$\begin{cases} \tau_f = c_u = \dfrac{1}{2}(\sigma_1 - \sigma_3) \\ \phi_u = 0 \end{cases} \tag{11.28}$$

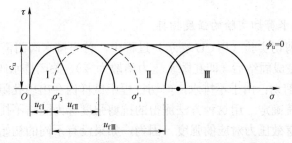

图 11.32 饱和黏性土三轴不固结不排水剪切实验结果

不固结不排水强度公式（11.7）本质上是用总应力表示的强度，其强度值 c_u 取决于土样的先期固结压力，即场地土的埋深（通常场地越深，强度越大）。另外，c_u 是一个状态量，

它还依赖于自身的密实程度，即孔隙比。孔隙比越小，强度值 c_u 就越大。

这里需要注意的是：摩擦角 $\phi_u = 0$，并不是该土样（砂样也是如此）不存在摩擦作用，否则该土样（如砂样）就不会有抗剪强度值 c_u。前面讲过，实验得到的强度指标 c,ϕ 值，仅仅是实验数据的拟合参数。c,ϕ 不代表土中所真实存在的黏聚力和摩擦角，砂样的不固结不排水剪切强度 c_u 就是一个很好的例证。实际上，不固结不排水剪切实验中砂样的摩擦抗剪强度是通过 c_u 反映的。

2）三轴固结排水剪切实验的强度指标

三轴固结排水剪切实验（用 CD 表示）过程中，排水阀门始终需要打开。土样首先在围压 σ_3 作用下完全排水固结完成后，再缓慢、逐级增加偏应力 $\sigma_1 - \sigma_3$ 进行剪切。并且在这一剪切过程中都充分排水，即在每一步加载前都要保持超静孔隙水压力为零，即 $u = 0$。因此在这一剪切过程中，土样的总应力始终都等于有效应力。这种实验方法本质上是用有效应力表达强度的方法。通过这种实验方法得到的抗剪强度称为排水强度，相应的强度指标称为排水强度指标 c_d, ϕ_d。又因为加载结束后的应力始终为有效应力，所以其强度指标 c_d, ϕ_d 就是有效应力指标 c', ϕ'。

三轴固结剪切实验（包括排水与不排水实验）中，固结压力（围压）σ'_3 有一个重要作用，即将它用于判断和划分土的超固结状态。当土样的先期固结压力 σ'_p 已知（如利用压缩曲线，采用 Casagrande 方法确定），就可以根据 σ'_3 / σ'_p 判断土的超固结状态。当 $\sigma'_3 \geqslant \sigma'_p$ 时，土样处于正常固结状态；反之，当 $\sigma'_3 < \sigma'_p$ 时，土样处于超固结状态。当 $\sigma'_3 / \sigma'_p \geqslant 0.5$ 时，可以认为是 I 类土（剪缩状态土），通常认为不会出现剪胀，采用式（11.7）进行预测和实验结果的拟合。当 $\sigma'_3 / \sigma'_p < 0.5$ 时，通常认为是 II 类土（剪胀状态土），对应于强超固结黏土或密砂，会出现软化和峰值。当需要考虑不稳定的峰值状态时，采用式（11.27）进行预测和实验结果的拟合。

图 11.23 表明，土的破坏包线是一条曲线，而不是直线。所以，土的应力 τ_f, σ' 之间的关系是曲线而非直线；破坏包线上各点的抗剪强度指标 c' 和 ϕ' 也并非恒定值，而是由该点的切线（或两点之间的割线）的斜率和截距决定的。当采用破坏曲线上两点的割线代替该曲线时，则在这两点范围内，其局部割线的结果会好于整个有效压力范围内的线性拟合结果。因此，如果难以确定该场地土的超固结情况或土的剪胀和剪缩情况，则可以根据场地实际竖向有效压力的可能范围和附加有效压力的情况，确定试样破坏包线可能的法向有效压力范围，用该范围内的莫尔-库仑破坏直线（割线）代替破坏曲线，并进一步确定该莫尔-库仑破坏直线（割线）的两个参数 c', ϕ'。

3）三轴固结不排水剪切实验的强度指标

三轴固结不排水剪切实验（用 CU 表示）过程中，首先排水阀门需要打开，在围压 σ_3 作用下进行排水固结；完成固结后（即孔隙水压力消散为零），关闭排水阀门，再缓慢、逐级增加偏应力 $\sigma_1 - \sigma_3$ 进行剪切；由于不排水，剪切过程中试样内会出现孔隙水压力，其具体数值可以通过孔压量测系统确定。用这种方法测得的抗剪强度称为固结不排水强度，固结不排水强度本质上还是反映有效压力对应的强度。因为，如果没有不同的初始有效压力，就不会有破坏包线的斜率，也就不会有摩擦角 ϕ_{cu}。也就是说，如果有效压力不变化，总压应力无论如何变化也不会引起抗剪强度发生变化。所以，破坏包线的斜率反映的是有效应力的变化。因此其实验结果最好用有效应力表示，其测定的参数用 c'_{cu}, ϕ'_{cu} 表示。否则，用总应力表示，其破坏包线具有摩擦角（有斜率），就意味着包线上隐含的有效应力会改变，但这又会与不排水时总压应力无论如何变化也不会引起抗剪强度变化的结论相矛盾。针对总应力表示的三轴固结不排水强度，可以参考宋二祥（2021）的探讨和研究。对于剪缩状态的 I 类土，其黏聚力 $c'_{cu} = 0$。对于剪胀状态的 II 类土（强超固结土），在剪胀区域的莫尔-库仑强度线指标为 c'_{cu}, ϕ'_{cu}。

II 类土（剪胀状态土）有效应力表示的三轴固结不排水强度公式为

$$\tau_p = c'_{cu} + \sigma' \cdot \tan \phi'_{cu} \tag{11.29}$$

式中，τ_p 为峰值剪应力，c'_{cu} 为峰值状态线在纵坐标轴上的截距，ϕ'_{cu} 为峰值状态线的倾角（摩擦角）。c'_{cu} 取决于初始状态，即初始固结压力和孔隙比。剪缩状态的 I 类土也可以采用式（11.29）表示三轴固结不排水强度，但必须取 $c'_{cu} = 0$。

式（11.29）是 II 类土（剪胀状态土）的三轴固结不排水实验强度的有效应力表达式，而式（11.18）一般是固结排水实验强度的有效应力表达式。

应该指出，在 CU 实验的剪切过程中试样因不能排水而使体积保持不变，而在 CD 实验的排水剪切过程中，试样的体积要发生变化。二者得出的 c'_{cu}, ϕ'_{cu} 和 $c'_{cd} = c', \phi'_{cd} = \phi'$ 会有一些差别，一般由 c'_{cu}, ϕ'_{cu} 参数确定的强度略小于由 c'_{cd}, ϕ'_{cd} 参数确定的强度，并且可能会有 $c'_{cu} \geqslant c'_{cd}$，$\phi'_{cu} \leqslant \phi'_{cd}$。但实用上，它们的差别可忽略不计。

2. 关于按两类土的划分确定土的抗剪强度的讨论

根据 I 类土（剪缩状态土）和 II 类土（剪胀状态土）的划分和前面按照这种划分建立的抗剪强度计算公式，针对这两类土的固结和排水情况及相应的计算公式，可以得到它们的强度包线分别是两段折线 ab 和 bc（排除不固结不排水情况），如图 11.33 所示。折线 ab 为 II 类土（超固结土）的强度包线，直线 Obc 为 I 类土（正常固结土）的强度包线。图 11.33 中正常固结土的莫尔圆的小主应力 $\sigma_3 = \sigma_p$（σ_p 为先期固结压力），该莫尔圆与其破坏强度包线 Obc 线相切的切点为 b 点。当莫尔圆的小主应力 $\sigma_3 > \sigma_p$ 时，为正常固结状态；反之，当莫尔圆的小主应力 $\sigma_3 < \sigma_p$ 时，

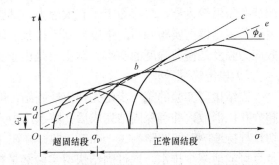

图 11.33 超固结阶段（II 类土）和正常固结段（I 类土）莫尔-库仑破坏线的拟合

为超固结状态。三轴压缩实验中会采用多个不同围压 σ_3 值，其中既有 $\sigma_3 > \sigma_p$ 的（属于正常固结），也有小于 σ_p 的（这就意味着超固结），并用这种多个不同围压 σ_3 确定土的抗剪强度及其强度指标。这种情况确定的强度指标用 c_d, ϕ_d 表示，参见图 11.33 中的 de 直线，de 线的截距为 c_d，摩擦角为 ϕ_d。由 de 线在图 11.33 中的位置可以知道，在超固结阶段，de 线在超固结强度 ab 线的下方，但却在正常固结土强度 bc 线的上方。这意味着，在超固结（剪胀区）阶段，de 线位于 ab 线和 Obc 线之间，de 线相对于正常固结强度线 Obc 是偏于不安全的，但相对于超固结强度线 ab 却是偏于安全的。在正常固结（剪缩区）阶段，de 线在正常固结土强度 bc 线的下方，这也是偏于安全的，并且它可能会更接近于曲线的破坏包线。这可能就是目前不区分土的类型，而是采用几个不同围压（其中有莫尔圆的小主应力，即围压 $\sigma_3 < \sigma_p$ 的超固结情况）确定土的抗剪强度及其参数的原因。

3. 直剪实验强度指标

直剪仪是工程中最常用的确定土的抗剪强度的仪器，如图 11.34 所示，下面介绍如何使用直剪仪确定土的抗剪强度及其强度指标。直剪仪无法严格控制土试样的排水条件，也无法测量土试样内的孔隙水压力，只能通过控制加载速率近似地模拟场地的排水条件，以及通过时间对土的固结情况进行判断。通常直剪实验可以分为 3 种：固结慢剪、固结快剪和快剪。

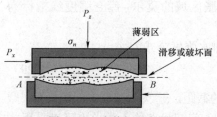

图 11.34　直剪仪示意图

固结慢剪实验与三轴固结排水实验相对应，固结快剪实验与三轴固结不排水实验相对应，快剪实验与三轴不固结不排水实验相对应。通过控制加载速率，直剪仪可以模拟三轴仪相应的排水条件，得到与三轴实验较为接近的抗剪强度及强度指标，这依赖于土样的工程性质，如渗透系数和土样厚度等。在很难判断直剪仪土样内孔隙水压力的消散情况或土样的排水情况时，两种仪器的实验结果可能会有很大的差别。

1）固结慢剪实验

固结慢剪实验要求每一步加载都要足够得慢，保证整个实验过程中超静孔隙水压力充分地消散，并每一步都要求等于零，即要求加载速率小于孔压的消散速率。这种情况正好与三轴固结排水实验情况相似。

通过固结慢剪实验得到的强度指标为：c_s, ϕ_s。由于慢剪的加载速率很慢，每一步都要求超静孔压消散为零，总应力等于有效应力，其强度指标与有效应力强度指标相近。实验结果表明，固结慢剪实验测得的强度略高于排水三轴实验测得的有效应力强度，通常排水三轴有效应力强度是慢剪强度的 90%。这主要是由于实验仪器和实验方法的不同所导致的。

2）固结快剪实验

固结快剪实验的第一步是先使土样固结，即先施加竖向压力，让土样有足够的时间使其超静孔压消散，并确保固结完成后孔隙水压力为零。然后，快速施加水平荷载进行剪切。剪切过程持续的时间通常为 3～5 min，即试样在 3～5 min 内剪坏，快（或剪切时间少）的目的是尽可能地减少排水。通过固结快剪实验测量得到的强度指标为：c_{cq}, ϕ_{cq}。固结快剪实验与三轴固结不排水实验相似。

3）快剪实验

快剪实验是施加竖向压力后，马上快速施加水平荷载进行剪切。剪切过程持续的时间通常为 3～5 min，即试样在 3～5 min 内剪坏，快（或剪切时间少）是为了尽可能地减少排水和不让其固结。通过快剪实验测量得到的强度指标为：c_q, ϕ_q。就黏土而言，快剪实验与三轴不固结不排水实验相似。

4）直剪实验需要注意的问题

前面提到过，直剪实验通过加载速率控制土样的排水和固结条件，但直剪实验的排水情况不仅与加载速率有关，还与土样本身的性质（如渗透性和厚度）相关。所以，通过各种仪器和实验方法测得的抗剪强度及其指标的差别与土的性质关系很大。

就黏性较大的土样而言，快速剪切时能够保持土样内孔隙水压力消散很小、密度变化不大，这种情况下直剪仪的固结快剪和快剪实验与三轴固结不排水和不固结不排水实验近似相同。但就无黏性土而言，直剪实验的土样很薄，在边界处难以保证不排水。因此，即使在规定的时间或加载速率下，土样仍然会排水和固结，极端情况有可能接近完全固结。这种情况下直剪仪的固结快剪和快剪实验与三轴固结不排水和不固结不排水实验所测得的抗剪强度及其指标就会有很大的差别。李广信等人（2013）给出了具有不同塑性指数的黏土在 3 种直剪实验的结果，见表 11.1。该表说明了 3 种直剪实验中所测得的抗剪强度及其指标的差别和抗剪强度及其指标与土的塑性指数的关系。对于塑性指数高的黏土，采用表中各种实验方法确定的指标具有明显的不同，与三轴实验同类指标的变化规律相似。对塑性指数较低的黏土，采用表中各种实验方法确定的摩擦角已经区别不明显了。就砂土而言，由于渗透系数大，3 种直剪实验都接近完全排水情况，它们的指标都接近有效应力指标 $c'、\phi'$。因此，在选择实验仪器和实验方法及总结实验结果时，都需要注意土的性质的影响。

表 11.1　黏土 3 种直剪实验强度指标的比较（李广信 等，2013）

土样编号	塑性指数 I_p	快剪		固结快剪		慢剪	
		c_q/kPa	ϕ_q/（°）	c_{cq}/kPa	ϕ_{cq}/（°）	c_s/kPa	ϕ_s/（°）
1	15.4	90	2°30′	33	18°30′	23	24°30′
2	9.1	66	24°30′	44	29°00′	20	36°30′
3	5.8~8.5	51	34°50′	37	36°00′	15	36°30′

总之，实际工程中，具体情况十分复杂，强度指标的选择需要非常小心，要认真地进行调查、工程勘察和实验，按照 11.3.3 节开始时给出的确定土强度的步骤，再根据工程经验最后确定土的强度指标。

11.3.4　三轴仪的特点、破坏模式及摩擦角和不固结不排水强度的分布范围

三轴仪具有以下特点：① 能够分别独立地控制竖向和径向压力（应力）；② 能够控制排水条件，即可以做排水或不排水实验；③ 可以控制竖向位移或应力。三轴仪可以做很多不同实验，这里仅介绍工程中最常用的实验。

图 11.35 给出了三轴实验中 4 种典型的破坏模式。破坏模式 1 绝大多数是用于描述软黏土和疏松的粗颗粒土的破坏情况。破坏模式 2、3 和 4 大多是用于描述坚硬的细颗粒黏土和密实的粗颗粒土的破坏情况；而在剪切荷载作用下，这些土会呈现峰值响应。触发破坏模式 2、3、4 以后，会出现软化阶段，这时所测得的应力、孔压和应变都不是很可靠。三轴仪中孔隙水压力是在土样上下端部的边界处量测的。在软化阶段，由于应变局部化导致土样不均匀，并逐渐形成破坏面或剪切带。由于软化阶段土样不再均匀，此时很难可靠地量测到土样内部的应力、孔压和应变及其变化。

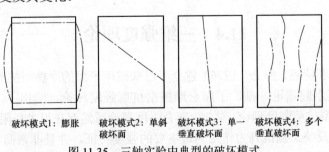

破坏模式1：膨胀　　破坏模式2：单斜破坏面　　破坏模式3：单一垂直破坏面　　破坏模式4：多个垂直破坏面

图 11.35　三轴实验中典型的破坏模式

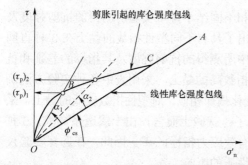

图 11.36 Ⅱ类土（剪胀区）的强度包线与剪胀角

表 11.2 给出了不同种类土的摩擦角和剪胀角的分布范围及不固结不排水剪切强度 s_u 的范围。表 11.2 中 $\phi'_{cs}, \phi'_p, \phi'_r, \alpha_p, s_u$ 分别是临界状态强度摩擦角、峰值强度摩擦角、残余强度摩擦角、剪胀角、不固结不排水剪切强度。对于剪缩区的Ⅰ类土，其摩擦角为 ϕ'_{cs} 。对于剪胀区的Ⅱ类土有：$\phi'_p = \phi'_{cs} + \alpha_p$ 。但需要注意，当剪胀区的强度为曲线时，曲线上各点的剪胀角是不同的，如图 11.36 所示。

表 11.2 不同种类土的摩擦角和剪胀角的分布范围及不固结不排水剪切强度 s_u 的范围（Budhu，2015）

土类	ϕ'_{cs}	ϕ'_p	ϕ'_r
砾石	30～35	35～50	
砾石、砂与细粒土的混合物	28～33	30～40	
砂	27～37	32～50	
粉土和粉砂	24～32	27～35	
黏土	15～30	20～30	5～15

土体剪胀角的典型范围

土类	$\alpha_p/{}^\circ\mathrm{C}$
密砂	10～15
松砂	<10
正常固结黏土	0

饱和细粒土 s_u 典型值

描述	s_u / psf
非常软（极低）	<200
软	200～500
中等硬（中等）	500～1 000
硬（高）	1 000～2 000
非常硬（非常高）	2 000～4 000
极硬（极高）	>4 000

11.4 三维强度理论

根据土的性质和特点，库仑（1776）建立了已知破坏平面的摩擦型抗剪强度理论。后来，基于应力状态的莫尔圆理论，推广了库仑摩擦型抗剪强度理论，给出了二维应力状态的莫尔–库仑平面摩擦型抗剪强度理论。莫尔–库仑强度理论虽然存在很多局限性（见 11.2.3 节），但由于该理论能够反映土抵抗外力作用的最主要的强度特征，并且非常简单、实用，因此到目前为止，它几乎还是工程界唯一在使用的土的强度理论。

　　然而随着科学的进步和土力学理论的发展及工程实践的需要，土的强度理论也是需要发展和变革的。然而如何发展和变革？首先，要了解已有的科学理论的成果，即要站在巨人的肩膀上。已有的科学理论的成果，既包括土力学方面的，也包括其他相关学科的成果，如塑性力学和其他材料强度理论的成果。然后，根据土的性质和特点推进土的强度理论的发展和创新。

　　库仑和莫尔-库仑强度理论本质上是二维的，无论 τ, σ 或 σ_1', σ_3' 的应力状态，都是二维应力状态，它们没有第 2 主应力 σ_2' 的作用和影响。另外，在三轴仪中三维轴对称应力状态，由于没有考虑罗德角的影响，也不是真正的三维应力状态。而实际工程中多数问题都是三维应力状态，所以，应该考虑和建立三维应力状态土的强度理论。

　　塑性力学理论中，为了使数学分析和处理简单、容易，通常假定屈服面、加载面和破坏面的形状是相似的，不同之处仅在于硬化参数的变化（实际上这 3 个面很可能是各不相同的）。在这一假定条件下，确定其中 1 个面之后，其他 2 个面的形状就知道了。

　　本章开始就已经指出，土的强度是指土破坏时的应力状态。定义土的破坏就是给出土的破坏准则。在复杂应力状态下土的破坏准则通常是应力状态的某种组合。所以，强度理论与破坏准则的表达式是一致的。当仅讨论力对强度的影响时，土的强度理论的一般表达式为

$$f = \sigma_{ij}' + k_1$$

式中，σ_{ij}' 为二阶有效应力张量，反映了土体中有效应力控制了土的强度，它有 6 个独立变量；k_1 为若干土的强度参数。如果用主应力表示，土的强度除了与 3 个主应力的大小相关外，它还与主应力的方向有关。对于各向同性的材料，如果采用土力学中经常使用的广义球应力 p'、广义偏应力 q 和罗德角 θ 表示，三维应力空间中土的强度表达式为

$$f = (q, p', \theta, k_1) \tag{11.30}$$

　　从力学的角度来看，式（11.30）中每一个应力张量的分量都可能会对强度产生影响。然而，像式（11.30）这样具有普遍性的强度理论直到目前还没有建立。而可以控制 6 个独立变化的应力变量的室内土工仪器也没有制造出来。目前土工仪器的研发远落后于土力学理论的发展，并且是土力学理论发展的瓶颈。

　　在工程实践中，人们总是探求和选择使材料破坏的主要的应力分量，忽略次要的应力分量，建立适用于某种破坏的破坏准则，并根据材料在这种简单的应力分量作用下的实验确定材料强度参数和指标。另外，人们往往从不同角度将强度理论进行分类，并用于处理不同类型的问题。本节将首先介绍一些经典的强度理论，然后对各种强度理论进行比较分析。

11.4.1　土力学中常见的强度理论简介

　　不同的研究者根据自己的研究思路，提出了不同的强度理论。本节介绍土力学中经常提到或用到的一些强度理论。这些强度理论通常也是屈服准则（形状相同，而参数不同）。

1. 米泽斯屈服准则

　　米泽斯屈服准则（1913）考虑了 3 个主应力影响，在偏应力张量不变量 J_2 达到极限值时，材料发生破坏。米泽斯屈服准则的表达式为

$$F(J_2) = J_2 - k^2 = 0 \tag{11.31}$$

其中

$$J_2 = \frac{1}{6}[(\sigma_1 - \sigma_2)^2 + (\sigma_2 - \sigma_3)^2 + (\sigma_3 - \sigma_1)^2]$$

式中，k 为实验常数。主应力空间中式（11.31）表示一个半径为 $\sqrt{6 \cdot k}$ 的圆柱面。它在 π 平面上的轨迹是一个圆（见图 11.37）。由于它是一个圆柱面而没有角点，在用作屈服面时，米泽斯屈服准则是光滑的，所以人们在数值计算中常选用它为屈服准则。由土的摩擦性质可以知道，平均主应力 p 对抗剪强度具有重要影响。而米泽斯屈服准则没有反映平均主应力 p 对抗剪强度的影响，所以它只能用于近似地预测饱和黏土的不排水强度。

2. 特雷斯卡（Tresca）屈服准则

特雷斯卡屈服准则是剪应力达到最大值时，材料发生破坏。它是 1864 年特雷斯卡针对金属材料提出的一个屈服准则。用数学表达式表示为

$$\sigma_1 - \sigma_3 = 2\bar{k} \tag{11.32}$$

式中，$\bar{k}$ 为实验常数，是实验中试样破坏时的纯剪应力，它与式（11.31）中 k 的物理含义不同，其实验结果也不一样。如果在三维主应力空间中用应力不变量形式表述，三维特雷斯卡屈服准则可写成：

$$\sqrt{J_2} \sin\left(\theta + \frac{\pi}{2}\right) - \bar{k} = 0 \tag{11.33}$$

式中，θ 为罗德角。罗德角 θ 的计算公式见式（10.66）。

土力学中，特雷斯卡屈服准则只对于饱和黏土的不排水强度指标适用。这时有：

$$\begin{aligned} \sigma_1 - \sigma_3 &= 2c_u \\ k &= c_u \end{aligned} \tag{11.34}$$

米泽斯屈服准则和特雷斯卡屈服准则在主应力空间 $\sigma_1 : \sigma_2 : \sigma_3$（$\sigma_1, \sigma_2, \sigma_3$ 只代表 3 个主应力，而不代表大小次序）表示为一个正六边形的棱柱面。它在 π 平面的轨迹是一个正六边形，如图 11.37 所示。

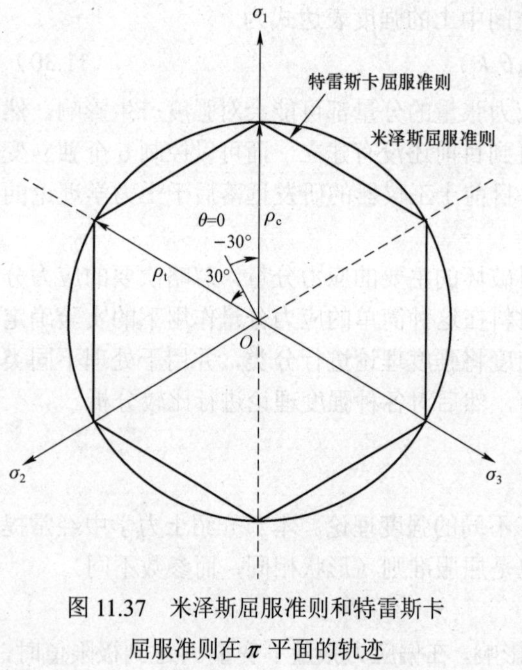

3. 广义米泽斯屈服准则（DP 屈服准则）和广义特雷斯卡屈服准则

前面提到，土是摩擦性材料，平均主应力 p 对抗剪强度具有重要影响。而经典的米泽斯屈服准则和特雷斯卡屈服准则没有反映平均主应力 p 对抗剪强度的影响，所以不适合描述土的强度。为了描述摩擦性材料的抗剪强度，Drucker 和 Prager（1952）建立了广义米泽斯屈服准则，或称之为 Drucker-Prager 屈服准则，简称为 DP 屈服准则。DP 屈服准则通过引入第一不变量张量项，反映等向压缩球应力 $I_1 = \sigma_1 + \sigma_2 + \sigma_3 = 3p$ 对抗剪强度的影响。其表达式为

图 11.37 米泽斯屈服准则和特雷斯卡屈服准则在 π 平面的轨迹

$$\begin{cases} F(J_2) = J_2 - \alpha I_1 - k = 0 \\ q - \sqrt{3} \cdot \alpha p - \sqrt{3} \cdot k = 0 \end{cases} \tag{11.35}$$

$$I_1 = \sigma_1 + \sigma_2 + \sigma_3$$

式中，k 与 α 为材料常数。广义米泽斯屈服准则在主应力空间中表示为一个正圆锥面（图 11.38），在 π 平面上的轨迹仍是一个圆（图 11.37）。

与广义米泽斯屈服准则一样，特雷斯卡屈服准则也可以通过引入第一不变量张量项，反映等向压缩球应力 $I_1 = \sigma_1 + \sigma_2 + \sigma_3 = 3p$ 对抗剪强度的影响。其表达式为

$$\sigma_1 - \sigma_3 = 2\bar{k} + \alpha I_1 \tag{11.36}$$

$$\sqrt{J_2}\sin\left(\theta + \frac{\pi}{2}\right) - \bar{k} - \frac{1}{2}\alpha I_1 = 0 \tag{11.37}$$

式（11.36）或式（11.37）是三维主应力空间的表达式。式（11.37）中，$\frac{1}{2}\alpha I_1$ 项反映了等向压缩球应力的影响。这个公式所定义的破坏面在主应力空间是一个正六边形的角锥面，如图 11.38 所示。

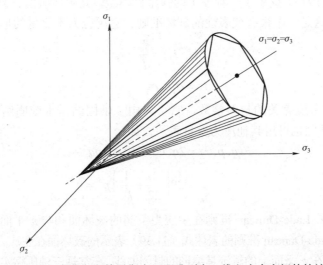

图 11.38 米泽斯和特雷斯卡屈服准则在三维主应力空间的轨迹

4. 莫尔–库仑强度准则

莫尔–库仑强度准则被广泛应用于岩土材料，它表明材料的抗剪强度与作用于该平面上的正应力有关。强度不是由于最大剪应力所引起材料的破坏，而是由于在该破坏平面上 τ/σ 的最危险组合。莫尔–库仑强度准则用主应力可表示为［参见式（11.9）］

$$\sigma_1 = \sigma_3 \frac{1 + \sin\phi}{1 - \sin\phi} + 2 \cdot c \frac{\cos\phi}{1 - \sin\phi}$$

在三维主应力空间中用 (q, p, θ) 坐标系，式（11.9）可以表示为

$$p\sin\phi + \frac{1}{\sqrt{3}}q\left(\frac{1}{\sqrt{3}}\sin\phi \cdot \sin\theta - \cos\theta\right) + c \cdot \cos\theta = 0 \tag{11.38}$$

式（11.38）是广义的莫尔–库仑强度准则。图 11.39（b）给出了式（11.38）表示的广义莫尔–库仑准则在 π 平面上的投影，图 11.39（b）给出了其在三维空间中的完整破坏面。由图 11.39（b）可见，莫尔–库仑准则在 π 平面上，当 $\tau_\pi = q\sqrt{2/3}$ 在 $\theta = -\pi/6$（三轴压缩剪）时要大于 $\theta = \pi/6$（三轴伸长剪，即挤剪）时的值。所以，莫尔–库仑准则在 π 平面上的轨迹是一个不等角的六边形，参见图 11.39（b）。

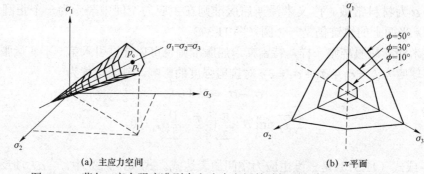

(a) 主应力空间   (b) π平面

图 11.39 莫尔–库仑强度准则在主应力空间的破坏面和在 π 平面上的轨迹

5. Lade-Duncan 强度准则

Lade-Duncan（1975）提出了一种砂土的弹塑性模型，其中屈服面、塑性势面和破坏面在形状上是一致的。这是一个很有代表性的破坏准则。它用应力不变量的形式表示：

$$F(I_1, I_3) = \frac{I_1^3}{I_3} + k_{\mathrm{f}} \tag{11.39}$$

$$I_3 = \sigma_1 \sigma_2 \sigma_3$$

式中，k_{f} 是与砂土密度有关的材料常数，它可以由三轴固结排水或固结不排水实验确定。Lade-Duncan 强度准则也可用其他应力变量表达，如：

$$F(q, p, \theta) = 2q^3 \cos(3\theta) - 9pq^2 +$$
$$729 \left(\frac{1}{27} - \frac{1}{k_{\mathrm{f}}} \right) p^3 = 0 \tag{11.40}$$

图 11.40 给出了 Lade-Duncan 准则在主应力空间的破坏面和与 π 平面相交的轨迹。由图 11.40 可以看到，Lade-Duncan 准则的表达式（11.39）表示的破坏面在主应力空间是一个锥面，顶点在坐标原点。它在 π 平面上的轨迹是梨形的封闭曲线。在常规三轴压缩实验中，当摩擦角 ϕ 接近 0°时，它趋近于一个圆；当摩擦角 $\phi = 90°$时，它退化为一个正三角形。当各向等压（$\sigma_1 = \sigma_2 = \sigma_3$）时 $I_1^3 / I_3 = 27$。所以 $k_{\mathrm{f}} > 27$ 是必要条件，因为静水压力下不会引起材料破坏。

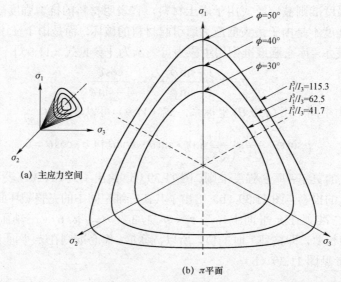

(b) π平面

图 11.40 Lade-Duncan 准则在主应力空间的破坏面和在 π 平面上的轨迹

许多砂土的实验结果表明,这一强度准则是比较接近实验结果的。图 11.41 是 Monterey 松和密两种砂的真三轴实验结果与这种破坏轨迹之间的比较,由图 11.41 可见它符合得比较好。对于松砂,当 b 在 0 到 1 之间时,Lade-Duncan 准则估计强度偏高。**实际上,实验的数据只分布在 $\theta = 0° \sim 60°$ 的角域内。** 假设土是各向同性的,并且 $\sigma_1, \sigma_2, \sigma_3$ 不代表应力的大小顺序条件;再将实验数据及破坏轨迹按对称性分布在整个 360° 内。从图 11.41 中可看出,它基本上合理地反映了中主应力 σ_2 对于土抗剪强度的影响。应当说,对于砂土和正常固结黏土,Lade-Duncan 准则是很成功的,它的表达式简单,实验常数少,并且能较好地反映复杂应力状态对土强度的影响。

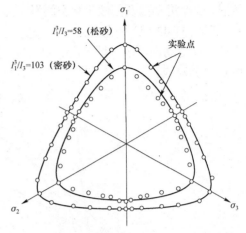

图 11.41 实验结果与 Lade–Duncan 准则在 π 平面上轨迹比较(Lade et al.,1975)

6. SMP 准则

松冈元–中井照夫(Matsuoka-Nakai)(1974)提出的 SMP(spatially mobilized plane)准则,考虑了中主应力的影响,建立了三维应力条件下的强度准则。这一破坏准则认为,当某一滑动面上的剪应力与正应力的比值到达某一数值时,土体破坏,并且将这种三维应力条件下土的破坏滑动面称为空间滑动面。SMP 准则主要参考莫尔–库仑强度准则的物理机制和概念而建立,在 π 平面上 SMP 准则与莫尔–库仑强度准则的交点相切,并且松冈元认为,SMP 准则是光滑化的莫尔–库仑强度准则。由于 SMP 准则不存在奇点,数值处理方便,其结果又与莫尔–库仑强度准则的结果接近,易于被工程界所接受,所以这里将较为详细地介绍 SMP 准则。

土体是由于剪应力与正压力比的作用,使颗粒之间克服了摩擦阻力,产生了相对滑移破坏,所以应该关注 $(\tau / \sigma)_{max}$。由图 11.12 可以知道,剪切破坏不是出现在最大剪应力处,而是在 $(\tau / \sigma)_{max}$ 处,并且 $(\tau / \sigma)_{max}$ 作用面与大主应力 σ_1 作用面之间的夹角 α_f 为:$\alpha_f = 45° + \varphi / 2$,图 11.42(a)中给出了 3 个角度为 $45° + \phi_{moij} / 2$ 的面(i, j=1,2,3;$i<j$),这种面是二维可能的破坏滑动面,称之为滑动面。图 11.43 中给出了当滑动面的倾角与其相应的破坏摩擦角相

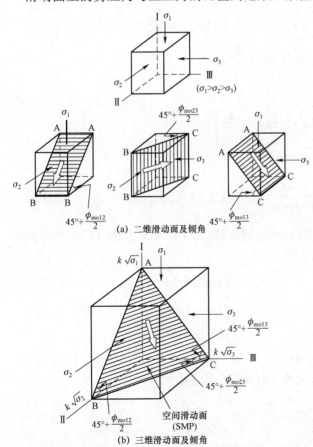

(a)二维滑动面及倾角

(b)三维滑动面及倾角

图 11.42 三维应力空间中的二维和三维滑动面及其倾角

等时，3 个滑动面及其倾角和空间滑动面上的剪应力和法向正压力。所谓空间滑动面 SMP，它是以图 11.42（a）中角度为 $45° + \phi_{moij} / 2$ 的 3 个滑动面为 3 个边作图而得到，如图 11.42（b）中的空间滑动面所示。图 11.42（b）中空间滑动面上的正应力 σ_{SMP} 和剪应力 τ_{SMP} 与图 11.43 中点 P 相对应。

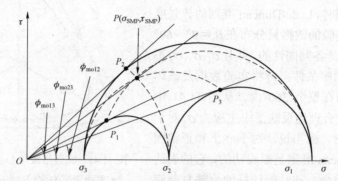

图 11.43　3 个滑动面及其倾角和空间滑动面上的剪应力和法向正压力

图 11.43 中二维滑动面的倾角 ϕ_{moij} 可以由三轴应力状态与破坏摩擦角的关系式（11.16）表示：

$$\sin\phi_{moij} = \frac{\sigma_a - \sigma_r}{\sigma_a + \sigma_r} = \frac{\sigma_i - \sigma_j}{\sigma_i + \sigma_j} (i, j = 1, 2, 3; i < j) \tag{11.41}$$

当黏聚力 $c=0$ 时，由莫尔–库仑强度准则的主应力表达式（赵成刚 等，2017）有：

$$\sigma_3 = \sigma_1 \tan^2\left(45° + \frac{\phi_{13}}{2}\right)$$

上式两边开平方，得

$$\sqrt{\sigma_3} = \sqrt{\sigma_1} \tan\left(45° + \frac{\phi_{13}}{2}\right)$$

所以可以得到

$$\tan\left(45° + \frac{\phi_{moij}}{2}\right) = \sqrt{\frac{\sigma_i}{\sigma_j}} \quad (i, j = 1, 2, 3; i < j) \tag{11.42}$$

根据图 11.44 能够求出空间滑动面的方向余弦，即利用式（11.42）及图 11.44 中空间滑动面的位置，有

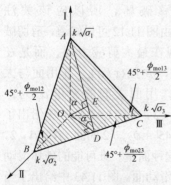

图 11.44　空间滑动面的方向余弦

$$\begin{cases} OA = k\sqrt{\sigma_1} \\ OB = k\sqrt{\sigma_2} \\ OC = k\sqrt{\sigma_3} \end{cases}$$

由图 11.44 可知，OA，OB，OC 表示了空间滑动面的位置，并且上式满足式（11.42），所以有

$$\sin\left(45° + \frac{\phi_{mo23}}{2}\right) = \frac{OB}{\sqrt{OB^2 + OC^2}} = \frac{\sqrt{\sigma_2}}{\sqrt{\sigma_2 + \sigma_3}} \tag{11.43}$$

由图 11.44 可知，三维空间滑动面对于 Ⅰ 方向的方向余弦为

$$n_1 = \cos\alpha = \frac{OE}{OA} = \frac{OD}{AD} = \frac{OC\sin\left(45° + \dfrac{\phi_{mo23}}{2}\right)}{\sqrt{OA^2 + OD^2}} = \frac{\dfrac{\sqrt{\sigma_3}\sqrt{\sigma_2}}{\sqrt{\sigma_2 + \sigma_3}}}{\sqrt{\sigma_1 + \dfrac{\sigma_2\sigma_3}{\sigma_2 + \sigma_3}}} = \frac{\sqrt{\sigma_2\sigma_3}}{\sqrt{\sigma_1\sigma_2 + \sigma_1\sigma_3 + \sigma_2\sigma_3}}$$

$$= \frac{\sqrt{\sigma_1\sigma_2\sigma_3}}{\sqrt{\sigma_1}\sqrt{\sigma_1\sigma_2 + \sigma_1\sigma_3 + \sigma_2\sigma_3}} = \frac{\sqrt{I_3}}{\sqrt{\sigma_1}\sqrt{I_2}}$$

$$(11.44)$$

同理可以得到三维空间滑动面对于其他方向的方向余弦。3 个方向余弦的一般式为

$$n_i = \frac{1}{\sqrt{\sigma_i}}\frac{\sqrt{I_3}}{\sqrt{I_2}} \quad (i = 1, 2, 3) \tag{11.45}$$

$$n_1^2 + n_2^2 + n_3^2 = \left(\frac{1}{\sigma_1} + \frac{1}{\sigma_2} + \frac{1}{\sigma_3}\right)\frac{I_3}{I_2} = \left(\frac{\sigma_2\sigma_3 + \sigma_1\sigma_3 + \sigma_1\sigma_2}{\sigma_1\sigma_2\sigma_3}\right)\frac{I_3}{I_2} = \left(\frac{I_2}{I_3}\right)\frac{I_3}{I_2} = 1$$

将式（11.45）代入上式后，通过 3 个方向的方向余弦的平方之和等于 1，可验算证明式（11.45）的正确性。由式（11.45）可知，空间滑动面的方向余弦与主应力相关。

图 11.43 中给出了用莫尔圆表示的 SMP 准则，其中点 P_i $(i=1,2,3)$ 所对应的滑动面是二维滑动面，而点 P 所对应的滑动面是三维空间滑动面。当土为 I 类土时，黏聚力 $c=0$，由式（11.45）可以得到空间滑动面上的正应力 σ_{SMP} 和剪应力 τ_{SMP} 及它们的比分别为

$$\sigma_{SMP} = 3\frac{I_3}{I_2}$$

$$\tau_{SMP} = \frac{\sqrt{I_1 I_2 I_3 - 9I_3^2}}{I_2} \tag{11.46}$$

$$\frac{\tau_{SMP}}{\sigma_{SMP}} = \sqrt{\frac{I_1 I_2 - 9I_3}{9I_3}} = \frac{2}{3}\sqrt{\left(\frac{\sigma_1 - \sigma_2}{2\sqrt{\sigma_1\sigma_2}}\right)^2 + \left(\frac{\sigma_2 - \sigma_3}{2\sqrt{\sigma_2\sigma_3}}\right)^2 + \left(\frac{\sigma_3 - \sigma_1}{2\sqrt{\sigma_3\sigma_1}}\right)^2} \tag{11.47}$$

$$= \frac{2}{3}\sqrt{\tan^2\phi_{mo12} + \tan^2\phi_{mo23} + \tan^2\phi_{mo31}} = C(\text{常数})$$

当土为 I 类土时，黏聚力 $c=0$，三轴压缩时，$\sigma_1 > \sigma_2 = \sigma_3$；将 $\sigma_2 = \sigma_3$ 代入式（11.45）得到空间滑动面上 σ_{SMP} 和 τ_{SMP} 之比为

$$\frac{\tau_{SMP}}{\sigma_{SMP}} = \frac{\sqrt{2}}{3}\frac{\sigma_1 - \sigma_3}{\sqrt{\sigma_1\sigma_3}} = C(\text{常数}) \tag{11.48}$$

I 类土三轴压缩时，由莫尔-库仑强度准则可以得到

$$\frac{\tau}{\sigma} = \tan\phi = \frac{\sigma_1 - \sigma_3}{2\sqrt{\sigma_1\sigma_3}} \tag{11.49}$$

式中，ϕ 为三轴压缩时的摩擦角。由图 11.43 可见，当 $\sigma_2 = \sigma_3$ 时，其倾角为 $45° + \phi/2$，$\phi_{mo23} = 0$，$\phi_{mo12} = \phi_{mo13} = \phi$。这种情况与莫尔-库仑强度准则一致。假定三轴压缩时，π 平面上 SMP 破坏线与莫尔-库仑破坏线的轨迹重合，令式（11.48）等于式（11.49），可以得到 SMP 准则式

（11.48）和式（11.47）中的常数 C 用三轴压缩时的摩擦角 ϕ 表示为

$$\frac{\tau_{\mathrm{SMP}}}{\sigma_{\mathrm{SMP}}} = \sqrt{\frac{I_1 I_2 - 9I_3}{9I_3}} = \frac{2\sqrt{2}}{3}\tan\phi \tag{11.50}$$

1）适用于黏聚力 $c=0$ 的 I 类土的 SMP 准则

对于砂土（即 $c=0$），SMP 准则还可以表示为

$$\frac{I_1 I_2}{I_3} = k_{\mathrm{f}} = 8\tan^2\phi + 9 \tag{11.51}$$

$$I_2 = \sigma_1\sigma_2 + \sigma_2\sigma_3 + \sigma_3\sigma_1$$

用主应力表示为

$$\frac{(\sigma_1-\sigma_3)^2}{\sigma_1\sigma_3} + \frac{(\sigma_2-\sigma_3)^2}{\sigma_2\sigma_3} + \frac{(\sigma_1-\sigma_2)^2}{\sigma_1\sigma_2} = k_{\mathrm{f}} - 9 \tag{11.52}$$

用 (q, p, θ) 坐标系表示为

$$\left(\frac{16}{27}\tan^2\phi + \frac{2}{3}\right)\frac{3\tan^2\theta - 1}{(\tan^2\theta + 1)^{3/2}}\left(\frac{q}{p}\right)^3 + \left(\frac{8}{3}\tan^2\phi + 2\right)\left(\frac{q}{p}\right)^2 - 8\tan^2\phi = 0 \tag{11.53}$$

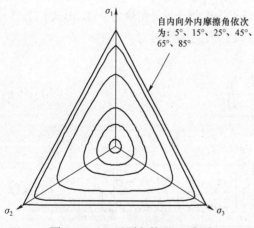

图 11.45 π 平面上的 SMP 准则

根据式（11.53）绘制的 SMP 破坏面，如图 11.45 所示，由图 11.45 可知，p 不变时，当内摩擦角较小时，空间破坏面接近圆形。随着内摩擦角的增大，空间破坏面变成光滑的外凸三角形，最后变为正三角形。

π 平面上的点与空间滑动面的对应关系，如图 11.46 所示。图 11.46（b）中的实线空间滑动面对应图 11.46（a）中的点 a，这是三轴压缩情况，$\sigma_1 > \sigma_2 = \sigma_3$，所以在图 11.46（b）中，有 $OA > OB = OC$。图 11.46（b）中的虚线空间滑动面对应图 11.46（a）中的点 b，这是三轴伸长情况，$\sigma_1 = \sigma_2 > \sigma_3$，所以在图 11.46（b）中，有 $OA' = OB' > OC'$。

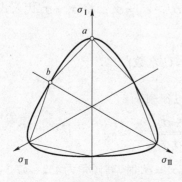

（a）π 平面上的 SMP 准则

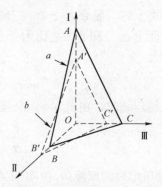

（b）三轴压缩与三轴伸长条件下的空间滑动面

图 11.46 π 平面上的点与空间滑动面的对应关系

2）适用于黏聚力 $c\neq0$ 的 Ⅱ 类土的 SMP 准则

式（11.47）及式（11.50）至式（11.53）表示的 SMP 准则仅适用于黏聚力 $c=0$ 的 Ⅰ 类土，对于黏聚力 $c\neq0$ 的 Ⅱ 类土的 SMP 准则，可以通过坐标平移的方法，将其转化为 $c=0$ 的情况，如图 11.47 所示。图 11.47 中给出了黏聚力 $c\neq0$ 的情况，通过将竖向坐标轴向左移 σ_0 而得到新的坐标系，但其中图形和曲线保持不变。

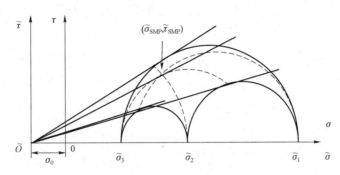

图 11.47　扩展 SMP 上的剪应力和垂直应力

坐标平移公式为

$$\tilde{\sigma}_i = \sigma_i + \sigma_0 \quad (i=1,2,3) \tag{11.54}$$

$$\begin{cases} \tilde{I}_1 = \tilde{\sigma}_1 + \tilde{\sigma}_2 + \tilde{\sigma}_3 \\ \tilde{I}_2 = \tilde{\sigma}_1\tilde{\sigma}_2 + \tilde{\sigma}_2\tilde{\sigma}_3 + \tilde{\sigma}_3\tilde{\sigma}_1 \\ \tilde{I}_3 = \tilde{\sigma}_1\tilde{\sigma}_2\tilde{\sigma}_3 \end{cases} \tag{11.55}$$

将式（11.54）代入式（11.55）就可以得到经坐标平移后的不变量 $\tilde{I}_1,\tilde{I}_2,\tilde{I}_3$ 的表达式，再将式（11.54）或式（11.55）代入式（11.47）、式（11.50）至式（11.53）就可以得到坐标平移后的 SMP 准则。坐标平移后的 SMP 准则适用于黏聚力 $c\neq0$ 的 Ⅱ 类土。

11.4.2　土力学中常见的强度理论的联系和比较

土的强度理论通常是根据某种应力状态或某种应力组合的形式而定义或建立的，但在具体确定土的强度指标时，这些指标的实验结果不但受到应力状态的影响，并且还受到实验仪器、实验方法及实际问题中材料的限制和约束条件的影响。例如平面应变问题的条件对土的限制和约束就与三维轴对称条件对土的限制和约束是不同的，它们对土的强度指标的影响也是不同的。因此，即使采用相同的莫尔-库仑强度理论，但使用三轴仪和平面应变仪确定的指标是有差别的，这种差别很可能就是由于平面应变问题中侧向约束大于三维轴对称问题中的侧向约束而产生的。所以，在确定土的强度时，不但要关注土的应力情况，还要注意平面应变问题与三维轴对称问题的侧向限制和约束的差别。其他情况也是类似的。

特雷斯卡屈服准则和米泽斯屈服准则都没有反映平均主应力 p 对土抗剪强度的影响，这就未能反映土作为摩擦性材料的基本力学特性。尽管这两个准则的"广义"形式考虑了平均主应力 p 对抗剪强度的影响，但这个影响并非破坏面上正应力对该面上的抗剪强度的影响。特雷斯卡屈服准则是最大剪应力屈服准则，而米泽斯屈服准则是八面体最大剪应力屈服准则，这与土的摩擦剪切强度是不一致的。其中最为突出的矛盾是在三轴压缩（$\sigma_2=\sigma_3$）应力状态与三轴伸长应力状态（$\sigma_1=\sigma_2$）下，用这两个准则预测的土的抗剪强度 $(\sigma_1-\sigma_2)_f$ 或者 q_f 都是相等的。

莫尔–库仑强度准则、广义特雷斯卡屈服准则和 DP 屈服准则在一个 π 平面（第一不变量 I_1 或 p 为常数）上的轨迹都表示在图 11.48 中。在图 11.48（a）中，点 D_1、D_2、D_3 表示（$p=$ 常数）π 平面与 3 个坐标轴的交点。OD_1、OD_2、OD_3 在 π 平面上投影为 $O'D_1 = O'D_2 = O'D_3 = \sqrt{2/3} \cdot I_1$。为了简化，设黏聚力 $c=0$，并且对于 3 个准则，假设在常规三轴压缩情况 [（图 11.48（b）中按本书定义罗德角为 $\theta = 0°$）] 三者的抗剪强度都相等，3 个破坏轨迹相交于图 11.48 中的 A 点。

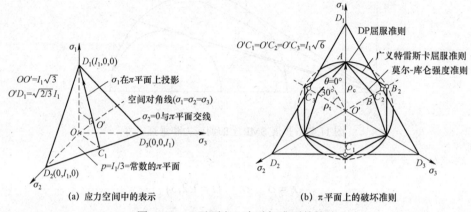

图 11.48　π 平面上 3 个破坏准则的轨迹

当 $\sigma_1 = \sigma_2$ 且 p 不变时，亦即罗德角 $\theta = -60°$ 时（三轴伸长实验），由于广义特雷斯卡屈服和 DP 屈服准则在 π 平面上的轨迹分别是正六边形和圆形，参见图 11.48（b），所以三轴伸长抗剪强度与三轴压缩抗剪强度是一样的，即图中 $O'B_2 = O'A$。这样在 $\theta = -60°$ 情况下，这两个准则的破坏轨迹就可能位于 D_1D_2，D_2D_3，D_1D_3 线之外，也就是说，相应的应力状态有一个负的主应力，即土中出现拉应力，这对于黏聚力 $c=0$ 的情况是不可能出现的。在常规三轴压缩实验中，如果在三轴压缩实验中得到砂土的有效摩擦角 $\phi' = 36.9°$，这时用 DP 屈服和广义特雷斯卡屈服准则预测三轴伸长应力状态（$\sigma_1 = \sigma_2 > \sigma_3$）的强度都会得出不现实的结果（$\sigma_3 = 0$）。

莫尔–库仑强度准则描述剪切破坏面上剪应力 τ 与该面上正应力 σ 之间关系，表现了土作为摩擦性材料的基本特点。这是比较合理的，并且简单、易于使用，所以它在土力学中得到了广泛的应用。但它假设中主应力 σ_2 对土的抗剪强度没有影响，它的强度包线常常被假设是直线，即参数 c,ϕ 是常数，与围压无关，不区分强超固结情况，这些近似一般不会引起很大误差。但当应力水平很大时，可能会引起比较大误差。当用莫尔–库仑强度准则作为塑性模型的屈服准则时，由于其屈服面在 π 平面上的轨迹有导数不连续的奇异角点，这会导致不易进行数值分析。

广义特雷斯卡屈服和 DP 屈服准则在应力空间的子午面（过原点 O 的平面）上，抗剪强度 q 与平均应力 p 之间也是直线关系，同样未能反映在高围压下土抗剪强度的非线性。相对广义特雷斯卡屈服准则和莫尔–库仑强度准则，DP 屈服准则在应力空间的曲面和在 π 平面上的轨迹都是光滑的，因而作为屈服准则进行数值计算是比较方便的。为了避免用常规三轴压缩实验得到的 π 平面上圆半径过大的问题（图 11.48），有时 DP 屈服准则在 π 平面上的圆半径 [或式（11.36）中的 α 值] 用三轴伸长实验确定，或采用上述两种实验的平均值。

将广义特雷斯卡屈服准则、DP 屈服准则、莫尔–库仑强度准则、拉德–邓肯准则、SMP 准则绘制在 π 平面上，并且考虑在三轴压缩条件（$\sigma_1 > \sigma_2 = \sigma_3$）下各种破坏线重合，在 π 平面上表示的各种强度准则如图 11.49 所示，图中 $\phi = 30°$。由图 11.49 可知，莫尔–库仑强度准则在 π 平面上范围最小，DP 屈服准则范围最大，其余 3 个准则在两者之间。SMP 准则、莫尔–库仑强度准则、拉德–邓肯准则都考虑了三轴压缩与三轴伸长强度的不同；SMP 准则和莫尔–库仑强度准则在三轴压缩和三轴伸长时强度参数都相等。

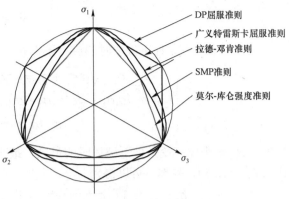

图 11.49　π 平面上各种强度准则

不同的强度准则，因其观点和建立的思路不同，强度参数也随之不同。莫尔–库仑强度准则虽然没有考虑中主应力的影响，但因其概念清楚，公式简单，在解决工程问题中得到了广泛的应用，并且工程技术人员熟知莫尔–库仑强度准则的强度参数 c,ϕ 的概念和测定方法。若考虑在三轴压缩条件（$\sigma_1 > \sigma_2 = \sigma_3$）下各种破坏线重合，并且考虑破坏面通过原点，各种破坏准则强度参数与 ϕ 的关系见表 11.3。若黏聚力 $c \neq 0$，则可以通过坐标平移，即利用式（11.54）而得到解答。

表 11.3　各种破坏准则强度参数与莫尔–库仑强度准则摩擦角 ϕ 的关系（姚仰平 等，2018）

DP 屈服准则	广义特雷斯卡屈服准则	拉德–邓肯准则	SMP 准则
$\alpha = \dfrac{2}{\sqrt{3}}\dfrac{\sin\phi}{3 - \sin\phi}$	$\alpha = \dfrac{2\sin\phi}{3 - \sin\phi}$	$k_1 = \dfrac{(3 - \sin\phi)^3}{1 - \sin\phi - \sin^2\phi + \sin^3\phi}$	$C = \dfrac{2\sqrt{2}}{3}\tan\phi$

11.4.3　平面应变条件下土的强度

平面应变条件是岩土工程中广泛存在的一种应力状态，如大坝、挡土墙、条形基础等。而在工程计算中，即使是平面应变条件，采用的土的抗剪强度参数却大多是由三轴压缩实验确定的，而三轴压缩实验是轴对称状态，轴对称状态与平面应变状态是明显不同的。对于平面应变问题，直接使用三轴压缩实验提供的土性指标与实际情况会有一定的差异。所以需要关注三轴压缩应力状态与平面应变条件的应力状态的联系及它们摩擦角之间的关系。

1. 基于 SMP 准则的三轴压缩应力状态与平面应变条件的应力状态的联系

平面应变问题对应明确的应变条件（$\mathrm{d}\varepsilon_2 = 0$），但并不对应明确的应力条件。因此从理论上建立平面应变问题的应力条件表达式，对于研究平面应变问题的强度，进而建立平面应变问题与三轴压缩条件下抗剪强度的关系都是非常有用的。SMP 准则可以很好地表示三维应力条件下土的强度，当然也包括了平面应变条件下的强度。佐武根据相关联流动法则和 SMP 准则推导出了平面应变条件下土体破坏时的应力条件公式：

$$\sigma_2 = \sqrt{\sigma_1 \sigma_3} \tag{11.56}$$

2. 基于 SMP 准则的平面应变破坏角 ϕ_{ps} 与摩擦角 ϕ 之间的关系

SMP 准则为式（11.53），即

$$\frac{I_1 I_2}{I_3} = 8\tan^2\phi + 9$$

根据平面应变条件下破坏时的应力条件式（11.56）得到应力不变量为

$$\begin{cases} I_1 = \sigma_1 + \sqrt{\sigma_1\sigma_3} + \sigma_3 = (\sigma_1\sigma_3)^{1/2}(1 + R_{ps}^{1/2} + R_{ps}^{-1/2}) \\ I_2 = \sigma_1\sqrt{\sigma_1\sigma_3} + \sqrt{\sigma_1\sigma_3}\,\sigma_3 + \sigma_3\sigma_1 = (\sigma_1\sigma_3)(1 + R_{ps}^{1/2} + R_{ps}^{-1/2}) \\ I_3 = \sigma_1\sqrt{\sigma_1\sigma_3}\,\sigma_3 = (\sigma_1\sigma_3)^{3/2} \end{cases} \tag{11.57}$$

式中，R_{ps} 是平面应变条件下破坏时的最大、最小主应力比，即 $R_{ps} = \sigma_1/\sigma_3$。将式（11.57）代入式（11.53），整理后可以得到

$$\frac{\sigma_1}{\sigma_3} = R_{ps} = \frac{1}{4}\left(\sqrt{8\tan^2\phi + 9} + \sqrt{8\tan^2\phi + 6 - 2\sqrt{8\tan^2\phi + 9} - 1}\right)^2 \tag{11.58}$$

式（11.58）就是根据 SMP 准则和佐武的平面应变问题中的应力条件式（11.56）得出的平面应变状态下摩擦性材料的破坏条件。如果将平面应变状态下土的摩擦角用 ϕ_{ps} 表示，按照摩擦角的定义式（11.41）可以得到 ϕ_{ps} 为

$$\sin\phi_{ps} = \frac{\sigma_1 - \sigma_3}{\sigma_1 + \sigma_3} = \frac{R_{ps} - 1}{R_{ps} + 1} \tag{11.59}$$

图 11.50 是根据式（11.59）绘出的平面应变条件下摩擦角 ϕ_{ps} 与三轴压缩条件下摩擦角 ϕ 的关系。由图 11.50 可以看出，当摩擦角 ϕ 满足 $0° < \phi < 90°$ 时，$\phi_{ps} > \phi$。所以，平面应变条件下的摩擦角大于三轴压缩条件下的摩擦角。

将 Kimata，Uchida 和 Hasegawa 等研究者的实验结果与根据式（11.59）计算的结果进行比较，结果如图 11.51 所示。由图 11.51 可以看

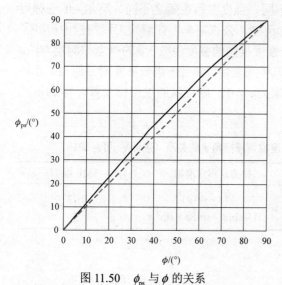

图 11.50 ϕ_{ps} 与 ϕ 的关系

到计算结果（实线）与实验值符合得较好。

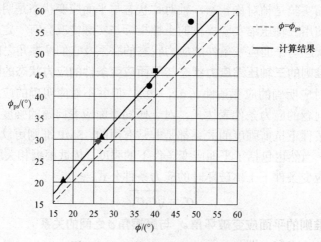

图 11.51 计算结果与实验结果比较

11.5　影响土强度的因素

影响土的剪切强度有很多因素，本书 1.3.2 节给出了下式：

$$\tau_{\mathrm{f}} = f(\sigma_{\mathrm{ii}}, u_{\mathrm{w}}, u_{\mathrm{a}}, e, \dot{L}, T, H, P, S, C, A, S_{\mathrm{r}}, F, t, c, E, \cdots)$$

上式中列出的各种影响因素可以分为两大类，一类是土本身的因素，主要是指土的物理性质方面的因素；另一类是外界条件，主要是指外部环境及使土体产生应力和应变的原因和条件。本节将对一些重要的影响因素进行讨论。

11.5.1　土的组构、结构与强度

1. 无黏性土剪切时组构的变化

第 6 章讨论了土的初始组构对砂、碎石和填石的变形的影响。Oda（1972a，1972b，1972c）用均匀的砂（圆滑的颗粒，粒径范围为 0.84～1.19 mm，平均轴长比为 1.45）做三轴压缩实验，实验表明：剪切过程中组构的变化与颗粒的滑移、偏转和翻滚相关。

用两种方法制样：一种是击实法，另一种是侧向敲击法。采用这两种不同的制样方法会形成不同的组构。同时采用两种液体对土样进行饱和处理，一种为水，另一种为缓凝的水溶树脂溶液。对采用两种制样方法制做而成的试样，在相继较高的应变作用下进行实验。然后，将缓凝的水溶树脂溶液注入砂的薄片试样中，并进行同样的实验 [图 11.52（b）]。实验结果表明，具有两种不同初始组构的砂的应力–应变与体积应变的曲线是明显不同的，如图 11.52 所示。图 11.52 给出的实验结果与图 6.50 的结果相似。图 11.52 中采用侧向敲击法制作的试样进行的三轴实验所获取的强度、变形模量、剪胀性均比击实试样明显要高，这说明制样方法的影响大于不同孔隙溶液的影响。

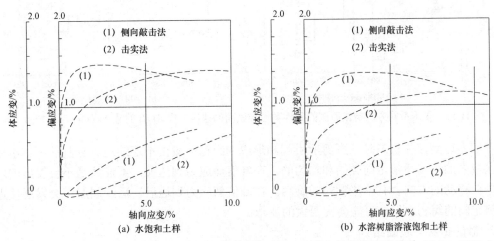

图 11.52　孔隙比为 0.64 并具有不同初始组构的砂的应力–应变与体积应变的关系（Oda，1972a）

随着轴向应变的增加，对土颗粒定向排列的变化进行统计分析如下：

（1）采用侧向敲击法所形成的初始组构中，一些颗粒长轴的优势方向倾向于与水平方向平行，并且变形过程中其定向的程度会略有增加。

（2）采用击实法所形成的初始组构具有较弱的初始竖向的优势定向，但是这种较弱的初始竖向的优势定向会随着变形的增加而逐渐弱化，并最后消失。

剪切变形会破坏土颗粒或土颗粒聚集体的排列和形状。在达到峰值剪应力后，才可能出现剪切带或剪切面，然而，对于土颗粒接触面的法线方向 $E(\beta)$（组构各向异性的测度）的贡献确实会随着应变的增加而变化，这可以从图 11.53 中看到。图 11.53 表明，采用两种制样方法而形成的不同初始组构的分布及变形过程中颗粒接触面法线方向集中在与竖向成 50° 角左右。所以，在每一种考虑颗粒接触面方向的情况中，组构趋向于发展一种更大的各向异性。在到达峰值剪应力后，土颗粒接触面的法线方向 $E(\beta)$ 几乎没有更进一步的变化。这隐含着，接下来颗粒的重新排列对整体土的组构不会引起足够有意义的变化。

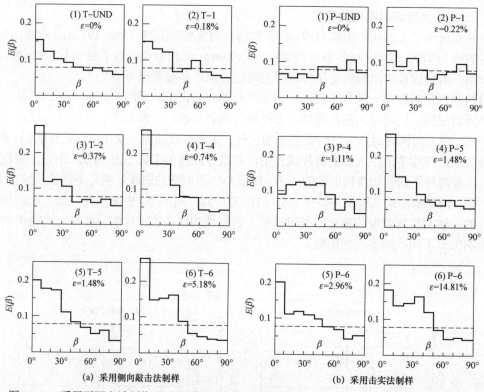

图 11.53　采用不同方法制作而成的砂样颗粒接触面的法线方向 $E(\beta)$ 的分布（Oda，1972a）

当应力达到破坏状态时，直剪所引起和形成的组构一般由不连续边界分割的区域组成，这些区域内的组构通常是同类的和均匀的。在峰值剪应力到达前，不连续是不会发展的，当然在颗粒移动的方向会有一些颗粒的旋转。在峰值剪应力到达后，后续屈服中会发展接近完全优势定向的组构，但这可能会需要大的变形。

2. 砂的击实与超固结

剪切前，两个砂样具有相同的孔隙比和应力状态，但却具有不同的组构；而在剪切过程中，不同组构的砂样会呈现出不同的应力–应变行为。例如，在给定的初始围压下，将两个钙质砂样制备成初始孔隙比相同，但一种是超固结而另一种是击实的两种砂样。Coop（1990）对这两种砂样进行了三轴不排水压缩实验，其实验结果如图 11.54 所示。两种砂样的不排水应力路径和应力-应变关系曲线分别示于图 11.54 中。其中超固结砂样初始时的刚度大于击实砂样，如图 11.54（c）所示。两种砂样行为的不同主要归因于：① 制样中不同的应力路径发展并形成了不同的初始组构；② 不同程度的颗粒破碎（超固结土的预压阶段就已经出现了某些破碎）。砂样制备方法的不同（如超固结和击实）会形成具有不同力学性质的试样。但是在大变形阶段，两种砂样呈现出相似的强度，这是初始组构的破坏和消失所产生的结果。

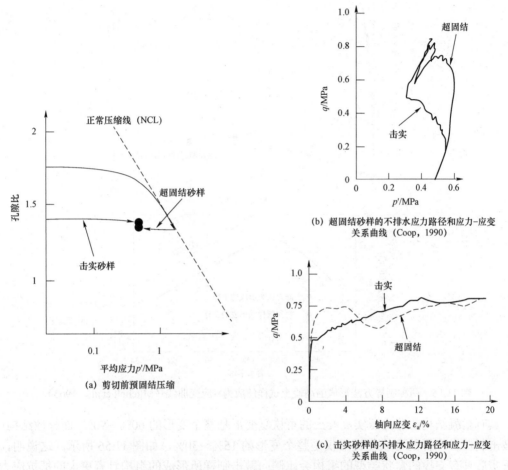

(a) 剪切前预固结压缩

(b) 超固结砂样的不排水应力路径和应力-应变
关系曲线（Coop，1990）

(c) 击实砂样的不排水应力路径和应力-应变
关系曲线（Coop，1990）

图 11.54　超固结和击实钙质砂样不排水实验结果

3. 黏土结构对其变形的影响

具有高敏感性的流动性黏土的行为说明了下述情况，即絮凝、开放性组构比反絮凝组构具有更大的初始刚度，但也具有更大的不稳定性。在击实的细颗粒土中也可能观测到相似的现象，Mitchell 和 McConnell（1965）对具有敏感结构的高岭土进行了一系列实验，也解释了它们性质的不同。图 11.55 给出了高岭土试样的两种击实制样条件（捏和制样和静力压实制样）与相应的应力-应变曲线。采用捏和制样法制成的土样，在具有最优含水率时，较大的剪应变会破坏土的絮凝结构，并且这种情况已经考虑了这种制样方法会具有很低的峰值强度。

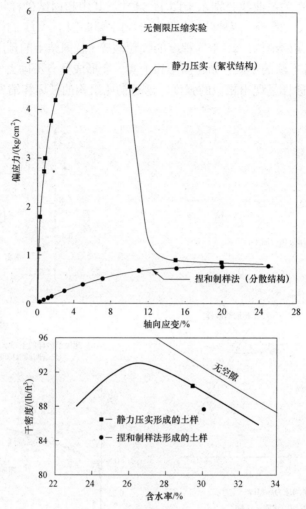

图 11.55　两种制样方法形成的高岭土试样的应力－应变曲线（Mitchell et al.，1965）

具有絮凝结构的静力压实高岭土的可恢复变形是整个变形的 60%～90%，而分散结构（侧向敲击制样）土样的可恢复变形仅是整个变形的 15%～30%，如图 11.56 所示。这说明，静力压实后具有支撑的盒状类型的组构会比侧向敲击制样所形成的组构具有更大的抵抗应力的能力且变形更稳定，而侧向敲击制样所形成的组构却可能易于遭受到破坏。

土的不同宏观组构特征能对其变形行为造成影响，图 11.57 给出了具有 3 种不同组构的土样的不排水三轴压缩实验结果。其中多样沉积相的土样混入了软体动物和蠕虫的土样（生物扰动作用），它的刚度最大；覆盖层土样的刚度居中；明显层状土样的刚度最小、最软。

如果破坏导致滑移面的发展，片状和细长颗粒的长轴会沿着滑移的方向排列。此时，片状黏土颗粒的基面处于两侧具有高度定向颗粒的剪切带之间。移动的剪切区域内的变形机制主要是基本面的滑动，并且剪切区域的整个厚度是 50 μm。Morgenstern 和 Tchalenko（1967）、Tchalenko（1968）、McKyes 和 Yong（1971）通过薄片试样及偏光显微镜和电子显微镜已经研究了与剪切带和剪切面相关的组构，而与残余强度相关的组构将在后面讨论。

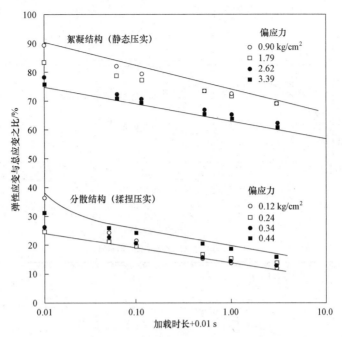

图 11.56　两种组构的弹性与总应变之比

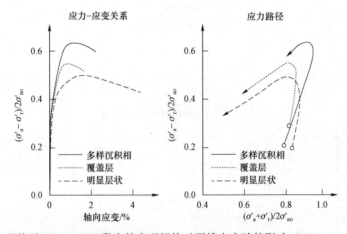

图 11.57　英格兰 Bothkennar 黏土的宏观组构对不排水实验的影响（Hight et al.，2003）

4. 土的结构、有效应力和强度

有效应力的强度参数，如 c',ϕ'，是各向同性的参数，但其不排水强度却具有各向异性，这可以通过剪切时会发展超静孔压而得到解释。假如未扰动部分的强度不是来自黏结作用，重塑的未扰动黏土的不排水强度的减小也可以通过有效应力的不同而进行考虑。土样的重塑会破坏土的结构，并会引起有效应力转变为孔隙水压力。图 11.58 给出了一个实验的例子（Mitchell et al.，2005），这个例子显示了两个（未扰动和重塑）旧金山湾区淤泥试样的三轴压缩实验的结果。这些实验中，扰动黏土试样首先在 80 kPa 固结压力下达到平衡；不排水加载直到破坏，之后三轴室被拆除，土样被适当地重塑；将三轴仪和土样重新安装好，并测量孔隙水压力。此时，重塑土样与原始未扰动土样的含水率是相同的，开始压缩时的有效应力也是已知的。图 11.58（a）给出了应力–应变曲线，图 11.58（b）给出了孔压–应变曲线，

图 11.58（c）给出了 Test 1 的应力路径曲线。

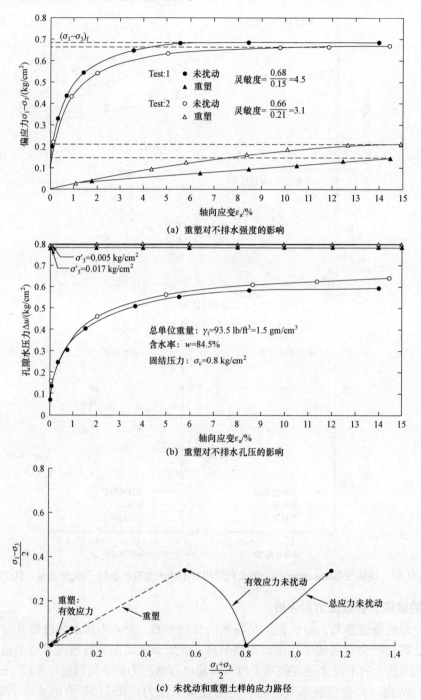

（a）重塑对不排水强度的影响

（b）重塑对不排水孔压的影响

（c）未扰动和重塑土样的应力路径

图 11.58　旧金山湾区淤泥试样不排水实验（Mitchell et al.，2005）

　　由触变硬化或击实方法的不同所引起的组构差别、强度不同，也可以通过与前述相同的方法进行解释和说明。所以，在缺少化学和矿物学变化时，具有相同的土和孔隙比的两个土样的强度差别可以用有效应力的不同加以解释。

11.5.2 黏土矿物的摩擦行为

抗剪强度理论的摩擦角［如在式（11.5）至式（11.10）中］包含了源于各种不同物理机制的贡献，如颗粒接触处的滑移、体积变化的阻抗（膨胀）、颗粒的重新排列、颗粒的压碎等。6.3 节和 11.1 节对土的摩擦机理进行了论述，此处不再做进一步讨论。

已经得到的数据中既有支持式（11.1）至式（11.4）的预测结果的，也有反对的。Rowe（1962）在与石英块体接触的石英颗粒聚集体上施加了具有 50 倍变化的法向荷载，发现这种荷载对摩擦阻抗没有影响。Kenney（1967）给出了图 11.59，指出石英、长石和方解石的残余摩擦角是独立于其法向应力的。

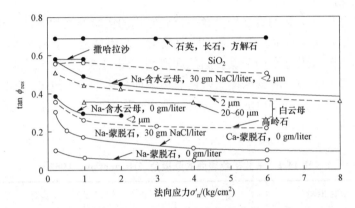

图 11.59　不同矿物的摩擦角随法向应力变化的曲线（Kenney，1967）

另外，对于云母和黏土矿物，随着法向荷载一直增加到某一极限值，其摩擦角会减小，图 11.59 给出了明显的证据。Bishop 等人（1971）对一些黏土和黏土页岩，Bowden 和 Tabor（1964）对金刚石，Campbell（1969）对固体润滑（如石墨和二硫化钼）的研究也发现了类似的情况。另一些黏土矿物的数据表明，随着法向应力的增加（一直增加到 200 kPa），摩擦阻力后呈现减小的变化（Chattopadhyay，1972）。

对于云母、长石和方解石，其摩擦阻抗独立于其法向应力的作用，就这一现象至少有以下两种可能的解释：

（1）当每一个颗粒的荷载增加时，粗糙表面的接触数量按比例增加，但每一个凹凸不平的峰顶的变形却基本保持不变。在这种情况下，式（11.1）至式（11.4）将会失效。某些凹凸不平、多峰接触的理论分析和考虑也包括这种情况（Johnson，1985）。上述情况表明，凹凸不平、多峰接触的面积近似地正比于所施加的荷载，所以其摩擦系数保持不变，即摩擦系数不随荷载的增加而变化。

（2）当凹凸平面的每个峰的荷载增加时，其强度值也会增加［图 11.5（c）］，这反映了固体接触面积的比例大于吸附接触面积的比例。所以，当接触面积的增加小于荷载增加的比例，而平均单位接触强度的增加大于荷载增加的比例时，总的结果是摩擦阻抗基本不变。

石英是坚硬的脆性材料，它能够呈现两种变形：弹性和塑性变形。产生塑性变形需要 11 GPa 的法向压力；而脆性破坏通常会在塑性变形出现前就产生了。塑性变形明显地仅限于具有小而高的多峰型凹凸面，并且弹性变形至少控制其一部分行为（Bromwell，1965）。前面两种解释的可用性依赖于颗粒表面结构的细节，即其微观尺度的结构及吸附膜的特征。

除了一些石英的数据外，关于真摩擦角随颗粒尺寸而变化的信息和资料似乎很少。Rowe（1962）发现，石英颗粒聚集体平面的摩擦角 ϕ_μ 由31°减小到22°（对于粗粉土），这与摩擦阻抗独立于颗粒尺寸具有明显的矛盾。另外，对于所有尺寸的颗粒而言，可能无法全部满足凹凸面的一个峰的接触假定。此外，微观尺度的颗粒表面结构可能会是尺度依赖的。更进一步，实验中具有不同尺寸的颗粒可能会有不同数量颗粒的重新排列和旋转，这也可能会使摩擦角发生变化。下面主要针对黏土矿物的摩擦行为进行讨论。

评测黏土真实的摩擦系数和摩擦角是很困难的，因为在两个很小的颗粒产生相对滑移时，做实验是非常困难的，并且颗粒聚集体实验的结果会受到颗粒排列、体积变化、颗粒表面制备因素等的影响。这些将在下面进行讨论。

1. 非黏土矿物

表11.4给出了一些矿物的真实摩擦角及确定它们的实验类型和条件。较大的石英矿物、长石和方解石的抛光面会对水具有显著的防滑效果，这明显是由于水对吸附水膜（层）的破坏作用所致。而吸附水膜可作为干燥表面的润滑剂。图11.59给出了证据，水的存在对石英表面的摩擦阻抗没有影响（测量摩擦系数前石英表面被化学处理过）。表11.4给出了许多矿物表面的摩擦角，其中 Horn 和 Deere（1962）是在矿物表面未经过化学处理的条件下进行实验而得到摩擦角的。

表11.4　一些矿物表面的摩擦角（Horn et al.，1962）

矿物	实验类型	条件	$\phi_\mu/(°)$	说明	参考书
石英	将石英块放在石英颗粒上研磨	干的	6	实验前用氯化钙干燥	Tschebotarioff and Welch (1948)
	将石英块放在固定好的3个微粒上	潮湿的 水饱和的 水饱和的	24.5 24.5 21.7	每个微粒法向承受从1 g增加到100 g载荷	Hafiz (1950)
	将石英块放在石英块上	干的 水饱和的 水饱和的	7.4 24.2 21～31	ϕ随粒径增加而减少	Horn and Deere (1962)
	在抛光石英块上放微粒	可变的	0～45	取决于粗糙度和清洁程度	Rowe (1962)
	微粒对微粒 微粒对平面 微粒对平面	饱和的 饱和的 干的	26 22.2 17.4	单个点接触	Bromwell (1966) Procter and Barton (1974)
长石	长石块上放长石块	干的 水饱和的	6.8 37.6	抛光表面	Horn and Deere (1962)
	长石表面上的自由微粒	水饱和的	37	25～50号筛	Lee (1966)
	微粒对平面	饱和的	28.9	单个点接触	Procter and Barton (1974)
方解石	方解石上放方解石块	干的 水饱和的	8.0 34.2	抛光表面	Horn and Deere (1962)

续表

矿物	实验类型	条件	$\phi_\mu / (°)$	说明	参考书
白云母	沿着解理面	干的 干的 饱和的	23.3 16.7 13.0	烘干 空气平衡的	Horn and Deere (1962)
金云母	沿着解理面	干的 干的 饱和的	17.2 14.0 8.5	烘干 空气平衡的	Horn and Deere (1962)
黑云母	沿着解理面	干的 干的 饱和的	17.2 14.6 7.4	烘干 空气平衡的	Horn and Deere (1962)
绿泥石	沿着解理面	干的 干的 饱和的	27.9 19.3 12.4	烘干 空气平衡的	Horn and Deere (1962)

　　水的明显防滑效果可能也是由于硅表面（石英和长石表面）或碳酸盐表面（方解石表面）的表面作用及颗粒接触处形成的硅和碳酸盐的黏结作用所导致的。许多砂的沉积就呈现出时间的效应，即它们的强度和刚度，在沉积、扰动或密实化几周至数月以后，会明显增加，这些情况可以参考 Mitchell 和 Solymar（1984），Mitchell（1986），Mesri 等人（1990），Schmertmann（1991）发表的论文。在某些情况下，已经测得贯入阻抗会增加 100%。目前并不清楚相对重要的化学因素，如颗粒接触处的沉淀物、颗粒表面物理特征的变化，以及力学因素（如依赖时间的应力重新分配）和颗粒的重新定向排列，是如何引起土的行为发生可见变化的。

　　当表面粗糙度增加时，水的明显防滑效果会降低，图 11.60 给出了经过清理和没有经过清理的石英表面的摩擦系数。经过清洗的石英表面的摩擦阻抗会随着表面粗糙度的增加而减小，但无论干燥或潮湿，摩擦系数则是相同的。很明显，增加土颗粒的粗糙度能够使粗糙的颗粒表面容易突破表面薄膜，导致颗粒接触面积增加，参见图 11.5（c）。而随着土颗粒粗糙度的增加，摩擦减小，这是难以解释和说明的。有一种可能，即清理过程对粗糙表面并不有效。

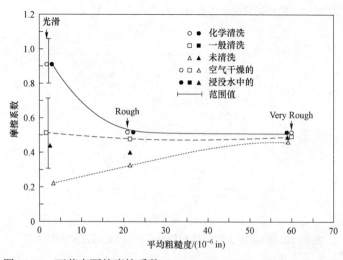

图 11.60　石英表面的摩擦系数（Bromwell，1966；Dickey，1966）

对于天然土，大的黏土矿物颗粒的表面最可能具有像图 11.60 给出的颗粒表面的粗糙度，并且它们没有经过化学处理。所以，对于石英，无论干或湿，其摩擦系数和摩擦角分别为：$\mu = 0.5$ 和 $\phi_\mu = 26°$ 是合理的。

另外，对于片状颗粒，水具有明显的润滑作用，如表 11.4 中给出的白云母、金云母、黑云母和绿泥石的饱和状态的摩擦角。这是由于空气中颗粒的吸附膜很薄，并且表面离子没有充分与水化合。所以，吸附层不易被打乱或破坏。Horn 和 Deere（1962）的观测表明，在空气中测试时，片状矿物的表面被抓坏；而当层状硅酸盐表面被湿化时，表膜水的流动性会增加，这是由于表膜水的厚度增加，以及更多的表面离子被水化和分解。所以，表 11.4 中给出的饱和片状矿物摩擦角（$\phi_\mu = 7°\sim13°$）对土中片状矿物颗粒可能是适当的。

2. 黏土矿物

黏土矿物的摩擦系数 ϕ_μ 的测量值，即使存在也是很少能够测量得到的。然而，它们表面的结构类似于前述硅酸盐的层状结构，预计会得到大致相同的值，并且具有较高塑性的黏土和黏土矿物所测量得到的残余摩擦角的范围支持这种观点。在非常活跃的胶体纯黏土中（如蒙脱土），摩擦角也较小。图 11.59 中给出的钠蒙脱石的残余值已经低至 4。

钙和钠蒙脱土的有效应力的破坏包线是不同的，如图 11.61 所示，并且摩擦角依赖于有效应力。三轴压缩排水和不排水实验的有效应力破坏包线对于每一种材料都是相同的，并且不会受到电解质浓度（浓度在整个调查范围内：$0.001\ N\sim0.1\ N$）的影响。钙蒙脱土在任何有效应力作用下的含水率不依赖于电解质浓度，但是钠蒙脱石的行为却随着电解质浓度以某种不同方式而变化，如图 11.62 所示。

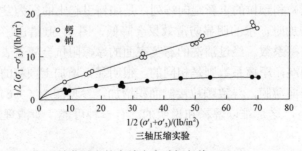

图 11.61　钙和钠蒙脱土的有效应力破坏包线（Mesri et al.，1970）

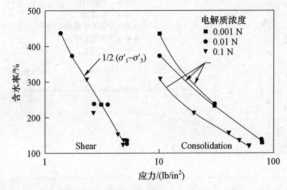

图 11.62　钠蒙脱土的剪切和固结行为（Mesri et al.，1970）

对这种固结现象可以做如下解释：钙蒙脱土的层间膨胀被限制在 c 轴 1.9 nm 的空间距离内，导致形成由相应的域或几个单位层的集聚结构；钠蒙脱土的层间距对于层之间的排斥力是敏感的，而这种排斥力又取决于电解质浓度。电解质浓度对钠蒙脱土固结影响是随含水率而变化的，但对任何确定的有效应力下强度的影响却不会产生变化。这意味着强度产生的机制是独立于化学作用的。

作为具有薄水膜的钠蒙脱土晶片是通过较高的排斥力而分离的（它承载着有效应力），对于这种情况，如果假定没有粒间接触，则式（7.25）就变为

$$\sigma_i' = \sigma + A - u_0 - R = 0 \tag{11.60}$$

假定忽略长程范围的吸引力 A，将传统的有效应力 $\sigma' = \sigma - u_0$ 代入式（11.60），就可以得到

$$\sigma' = R \tag{11.61}$$

这是考虑固结压力增加，则需要减小含水率，同时剪切强度几乎没有增加，这是因为水和溶液的剪切强度基本独立于静水压力。对于钠蒙脱石，比较小的摩擦角在低有效应力时，是可以观测到的，这种摩擦角主要可以归因于一些颗粒间的接触摩擦，这种接触会抵抗颗粒的重新排列。源于这种情况的阻抗，在有效应力较高时，显然接近一个常值。作为证据，在平均有效应力值大于约 50 psi（350 kPa）时，破坏包线是接近水平的，参见图 11.61。就整个范围内的有效应力而言，孔隙流体的黏性对土的强度会有较小比例的贡献。

Santamarina 等人（2001）利用所谓"电"表面粗糙度的概念给出了缺少颗粒接触的细小颗粒之间的摩擦假定，如图 11.63 所示。考虑具有粒间流体的两个黏土颗粒表面，如图 11.63（b）所示。黏土颗粒表面有若干离散电荷，所以沿着黏土颗粒表面存在一系列能量源。有以下两种情况可以考虑：

（1）当粒间距小于几纳米时，颗粒表面附近存在多个最小能量源，并且当颗粒相互移动时，需要一种力，用于克服多个能量源之间的障碍。剪切也包含粒间流体分子的相互作用。由于存在多个能量源，粒间流体分子会连续流经颗粒表面附近存在的类似固体的固定状态的吸附薄层。所以会产生黏性滑动，这种黏性滑动对摩擦阻抗和能量耗散会有影响和贡献。

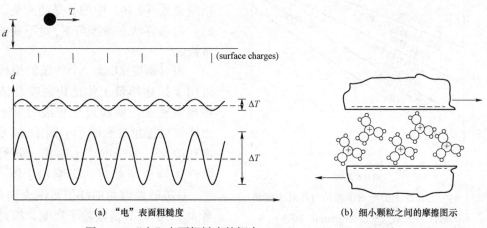

(a) "电"表面粗糙度　　　　　　　　　(b) 细小颗粒之间的摩擦图示

图 11.63 "电"表面粗糙度的概念（Santamarina et al.，2001）

（2）当粒间距大于几纳米时，两个颗粒表面的相互作用仅仅是粒间流体中动力黏滞效应，而这种摩擦力可以利用流体动力学的理论进行估计。

钙蒙脱石黏土片的聚集会产生一些粒组，这些粒组的行为更像三维尺度相近的颗粒的行为，而不太像片状颗粒的行为。根据强度数据，钙蒙脱土的含水率范围为 50%～97%，而钠蒙脱土的含水率范围为 125%～450%，使得钙蒙脱土比钠蒙脱土具有更多的物理干扰和颗粒接触。当固结压力约为 500 kPa 时，钠蒙脱土的破坏包线的倾斜角是 10°，它是非黏土片状矿物破坏包线斜率范围的中间值。

11.6 砂土的抗剪强度参数

砂土的很多行为和影响因素都不是相互独立的，它们共同决定了土体的抗剪能力和强度，如砂土的矿物、颗粒尺寸、颗粒形状、颗粒尺寸的分布、密实程度、应力状态、实验的类型、应力路径、排水条件等对抗剪强度的影响，参见式（1.2）。本节将对砂土的一些研究成果进行综述，给出一些关系并提供砂土强度参数的典型值和范围及影响这些参数的不同因素，这些可以作为将来研究和从事实际工程的参考。

前面就无黏性土抗剪强度产生的机理进行过论述，参见 11.1 节。9.7.5 节对砂土剪胀及 Taylor 剪胀模型进行了论述。11.1 节还对砂土中剪切强度的各种作用机理及其影响因素进行了讨论，参见图 11.7。下面将对其他一些影响因素进行讨论。

1. 砂土的峰值摩擦角

前面讨论过，密砂的峰值摩擦角不是一个稳定的状态，它与初始条件和应力路径相关。密砂的峰值摩擦角可以认为是颗粒间摩擦、颗粒重排、破碎和剪胀这些因素作用的总和。Bolton（1986）针对平面应变问题提出了确定砂土峰值摩擦角的经验公式：

$$\phi'_{peak} = \phi'_{crit} + 0.8\phi' \tag{11.62}$$

式中，ϕ'_{peak}，ϕ'_{crit}，ϕ' 分别为峰值摩擦角、临界状态摩擦角、剪胀摩擦角。由图 11.14 可以看到，剪胀摩擦角 ϕ' 是随着应力状态而变化的量，通常 ϕ' 取为体积应变增量 $d\varepsilon_v$ 与轴向应变增量 $d\varepsilon_a$ 的比值。Taylor（1948）剪胀模型公式（9.36）中的 μ 是随应变而变化的，但临界状态摩擦角 ϕ'_{crit} 是不变的材料常数。

相对密度 D_r 是一个传统的指标，它可用于描述填筑土体结构的咬合情况。将相对密度、颗粒尺寸和级配对无黏性土峰值摩擦角的影响示于图 11.64 中，而将孔隙比、干密度、土的统一分类对无黏性土峰值摩擦角的影响示于图 11.65 中。石英砂摩擦角的峰值范围大约是 30° 至大于 50°，其值依赖于级配、相对密度和围压。

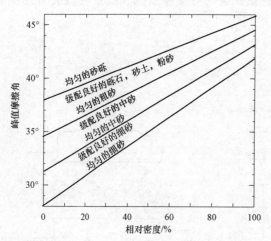

图 11.64 无黏性土的峰值摩擦角与相对密度和土的级配的关系（Schmertmann，1978）

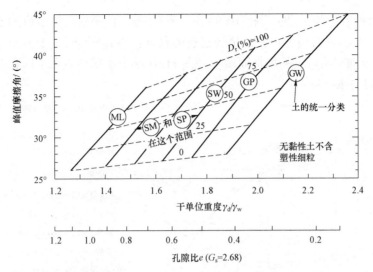

图 11.65　无黏性土的峰值摩擦角与土的统一分类、孔隙比和干密度的关系（Navfac，1982）

　　就给定的矿物，粒间摩擦角和临界状态摩擦角基本是一个常量，而膨胀角的大小却随着有效压力而变化，也就是将围压的特定值施加在图 11.64 和图 11.65 中所产生的情况。通常膨胀随着密度的增加而增加，而密度却随着围压的增加而减小。将围压对峰值摩擦角的影响示于图 11.66 中（Yamamuro et al.，1996）。当围压增加到 5～10 MPa 时，峰值摩擦角会随着围压的增加而减小，因为这时再增加围压会抑制膨胀，并会增加颗粒破碎。当围压超过 10 MPa 时，峰值摩擦角会近似地保持为常量，通常三轴伸长实验中测得的峰值摩擦角小于三轴压缩实验中测得的峰值摩擦角。

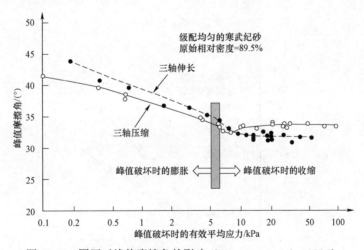

图 11.66　围压对峰值摩擦角的影响（Yamamuro et al.，1996）

　　为了考虑围压的影响，Bolton（1986）提出了一个归一化的膨胀指数 I_R：

$$I_R = D_r(Q - \ln p') - R = D_r \ln\left(\frac{\sigma_c}{p'}\right) - R \qquad （11.63）$$

式中，D_r 为相对密度，p' 为平均有效围压，Q 为与土颗粒压碎强度相关的经验参数，即 $Q = \ln\sigma_c$，σ_c 为土颗粒压碎强度（与 p' 尺度相同）。Q 的单位为 kPa，石英和长石的 Q 值为

10 kPa，石灰岩的 Q 值为 8 kPa，无烟煤的 Q 值为 7 kPa，白垩地层的 Q 值为 5.5 kPa。Bolton（1986）发现：当 $R=1$ 时能够很好地拟合已有的数据；当 $I_R=0$ 时，土体到达临界状态。膨胀指数 I_R 随着土的密实程度的增加而增加。图 11.67 给出了描述砂土不同状态的一些状态参数与临界状态的关系。

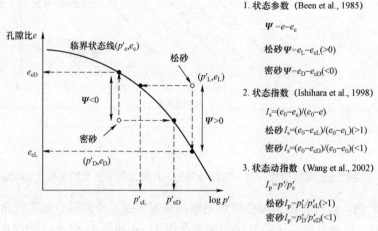

1. 状态参数（Been et al., 1985）

$$\Psi=e-e_c$$

松砂 $\Psi=e_L-e_{cL}(>0)$

密砂 $\Psi=e_D-e_{cD}(<0)$

2. 状态指数（Ishihara et al., 1998）

$$I_s=(e_0-e_c)/(e_0-e)$$

松砂 $I_s=(e_0-e_{cL})/(e_0-e_L)(>1)$

密砂 $I_s=(e_0-e_{cD})/(e_0-e_0)(<1)$

3. 状态动指数（Wang et al., 2002）

$$I_p=p'/p'_c$$

松砂 $I_p=p'_L/p'_{cL}(>1)$

密砂 $I_p=p'_D/p'_{cD}(<1)$

图 11.67　描述砂土不同状态的一些状态参数与临界状态的关系（Mitchell et al.，2005）

Bolton（1986）利用膨胀指数（ $I_R=0\sim4$ ），根据图 11.68 推导得出以下结论。

三轴压缩实验：

$$\phi'_{max}-\phi'_{crit}=3I_R \tag{11.64}$$

平面应变实验：

$$\phi'_{max}-\phi'_{crit}=5I_R \tag{11.65}$$

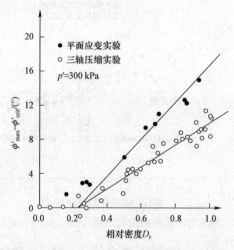

图 11.68　峰值摩擦角和临界状态摩擦角的不同（Bolton，1986）

膨胀对砂土强度的贡献可以通过三轴压缩峰值摩擦角与临界状态摩擦角之差表示，如图 11.69 所示，图中所示之值适合于石英砂（ $Q=10$ kPa）。

正像图 11.68 和式（11.64）、式（11.65）所表明的，临界状态摩擦角和峰值摩擦角的变化依赖于实验的应力条件，如中主应力参数 b。

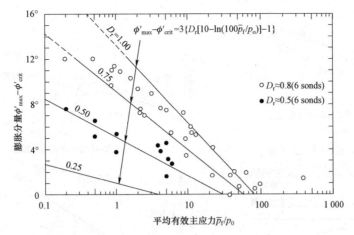

图 11.69　膨胀分量与破坏时平均有效主应力的关系（Bolton，1986）

2. 砂土不排水强度

很多情况下，砂土的变形是在不排水条件下发生的。无论如何，当发生地震时，砂土的不排水条件下的行为是重要的。上述事件都是突然而迅速发生的事件，而从疏松到中等密实程度砂土的快速变形会使土体产生超静孔压，并导致强度减小甚至出现液化。图 11.70（a）给出了丰浦砂不同初始孔隙比的三轴不排水实验的应力-应变关系，图 11.70（b）则给出了不同初始孔隙比的三轴不排水实验的应力路径曲线（Yoshimine et al.，1998）。在松砂沉积层中，随着剪切应变的迅速增加（来不及排水），孔隙水压力会迅速增加，强度也会随之迅速下降，并且可能会发生突然的流动破坏。具有不同密实程度（不同孔隙比）的土样典型的不排水反应示于图 11.71（a）中。

即使松砂也呈现出峰值强度和随后的软化，见图 11.70（a）和图 11.71（a）。在应力（p',q）平面中，峰值应力状态称为坍塌面（Sladen et al.，1985），坍塌面的斜

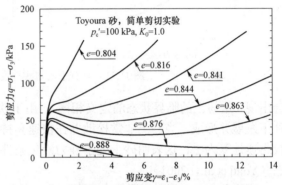

（a）不同初始孔隙比的三轴不排水实验的应力-应变关系

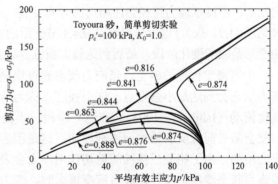

（b）不同初始孔隙比的三轴不排水实验的应力路径曲线

图 11.70　制备成不同孔隙比的丰浦砂样不排水实验的反应（Yoshimine et al.，1998）

率随着初始密实程度的增加而增加，但却随着围压的增加而减小，见图 11.71（b）。在三轴压缩实验中，许多砂土坍塌面的斜率范围是 0.62～0.90，其上界值是 1.0（Olson et al.，2003）。一旦砂土出现软化，大的剪切变形在中等剪切应力作用下就会产生。砂土的软化变形过程最后会到达稳定状态，此时不会有进一步收缩变形的趋势。变形的稳定状态（体积不变）为：砂土还在持续承受剪切，其孔压和应力保持不变（赵成刚 等，2001；Castro，1975；Poulos，1981）。当土体以常体积、常应力、常速度的方式连续地发生剪切变形时，砂土变形的稳态就

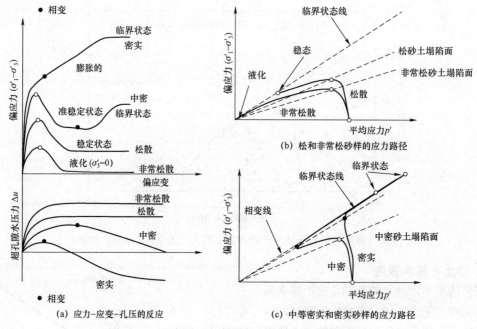

图 11.71　具有不同密实程度土样的典型不排水反应

会出现（这与土的临界状态的定义相同）。由于软化砂土的流动性质，其稳态会在应力控制条件下发展并形成。当砂土非常松散并在快速和持续的剪切作用下（不排水）时，有效应力会较迅速地变为零，这表明砂土处于静力液化条件下，这时颗粒材料从固体状态转变为液体状态（Youd et al.，2001）。

密实砂土，在变形初期的小应变阶段，也会呈现出正孔隙水压力。然而，当到达一定的应力比后，不排水应力路径会往相反的方向发展，这表明：砂土的变形行为由压缩转变为膨胀，参见图 11.71（c），这种情况就是 9.4.3 节介绍的相变状态（Ishihara et al.，1975）。相变状态后的变形是应变硬化阶段，最后到达稳态或临界状态（此时假定负的孔隙水没有汽化）。

中等密实程度的砂土，当应力状态通过塌陷面后就开始软化，参见图 11.71（c）。然后，应力状态会到达最小强度点，这个强度点称为伪稳态（Alarcon-Guzman et al.，1988）或有限液化流动（Ishihara，1993）。在这一阶段，土处于相变状态，并且这种瞬变的最小强度点随后就会随着剪应变的增加而逐渐增加，这是因为由剪胀而产生的负孔隙水压的发展会使有效应力增加。由于相变后持续的剪切作用，土会表现出应变硬化的行为，并且其应力路径会沿着临界状态线向上爬升，最后应变很大时，应力到达最终的稳定状态。已有的数据表明，在应力（p', q）平面中临界状态线的斜率与相变线的斜率近似相同（Been et al.，1991；Ishihara，1993；Zhang et al.，1997），至少这两个线是较难相互区分的。

就松砂而言，不排水实验的稳态是最小的剪切强度，这种强度与土结构的迅速塌陷相联系。由图 11.71（b）可以看到，当初始围压相同时，松砂到达临界状态的点还是其密实程度或孔隙比的函数，即松砂不排水实验的临界状态点与其初始的密实程度或孔隙比相关。临界状态线在（$e, \ln p'$）坐标平面中唯一的关系，参见图 11.17（b），它是一条曲线，并且是不同于黏土的线性关系的（Castro，1975；Poulos et al.，1985）。曲线的形状依赖于砂土的棱角情况和细粒的含量（Zlatovic et al.，1995）。给定初始孔隙比，不排水实验的稳态强度可以由临界状态线确定。对于围压相对较小的砂样不排水实验而言，初始孔隙比较小的变化都能够引起不排水剪切强度的显著差别，因为，在这一应力水平，临界状态线在（$e, \ln p'$）坐标平面中其形状是很平缓的。

对于中等密实程度的砂样不排水实验而言，伪稳态可以认为是最小的不排水抗剪强度，并且当砂样继续变形时，剪切阻抗会增加。虽然，在（q, p'）坐标平面中伪稳态的应力比和临界状态的应力比是相似的，但在（e, p'）坐标平面中伪稳态线却低于临界状态线，如图 11.72 所示。所以，对于给定的初始孔隙比，伪稳态的应力状态小于临界状态的应力状态。

伪稳态线在（e, p'）坐标平面中的位置受到剪切模量和砂样制备方法（即土的组构）的影响。图 11.73 表示了丰浦砂在三轴压缩、三轴伸长和单剪（不同剪切方式）的不排水实验中的剪切行为（Yoshimine et al., 1999）。试样具有类似的孔隙比，并施加 100 kPa 的初始围压。最小的不排水剪切强度和伪稳态很大程度上取决于剪切方式，这反过来在（e, p'）坐标平面中又会导致不同的伪稳态线，如图 11.74 所示。因此，可以经常观测到，剪切方式对最小不排水剪切强度的影响有较大的不同。

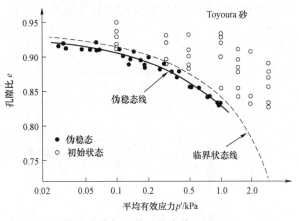

图 11.72　伪稳态线低于临界状态线（Ishihara, 1993）

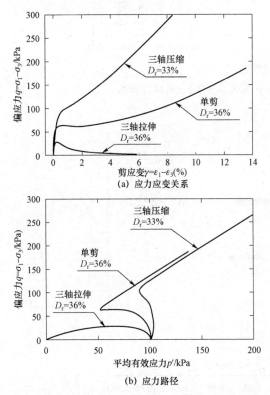

图 11.73　丰浦砂在三轴压缩、三轴伸长和单剪的不排水实验中的剪切行为（Yoshimine et al., 1999）

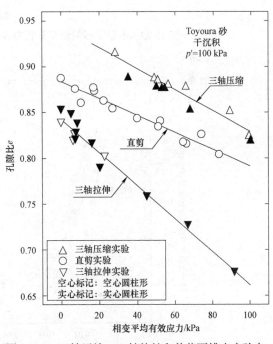

图 11.74　三轴压缩、三轴伸长和单剪不排水实验在（e, p'）坐标平面中的伪稳态线（Yoshimine et al., 1999）

坍塌面的斜率和最小不排水强度与初始密实程度和围压这两个因素相关。图 11.75 给出了三轴压缩实验典型的坍塌面应力比值与状态参数 ψ［状态参数的定义，见 9.7.4 节和式（9.27）］的关系曲线（Olson et al.，2003）。虽然实验数据有些离散，但对于给定砂土还是存在一个普遍的趋势，即坍塌面的斜率随状态参数 ψ 的减小而减小。与此类似，用初始固结压力归一化的最小不排水强度比也与状态参数 ψ 相关，如图 11.76 所示。对于给定砂土，不排水强度比随着状态参数 ψ 的增加而减小，并且三轴压缩实验的强度值大于三轴伸长实验的强度值。

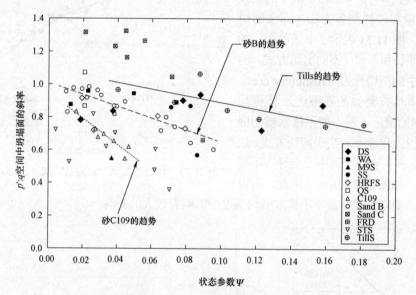

图 11.75 不稳定线的斜率与状态参数 ψ 的关系（Olson et al.，2003）

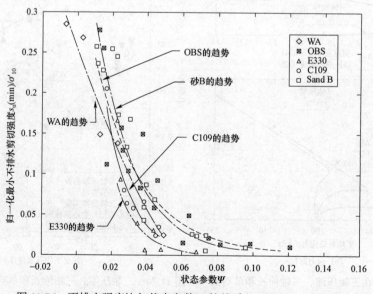

图 11.76 不排水强度比与状态参数 ψ 的关系（Olson et al.，2003）

11.7 黏土的抗剪强度参数

1. 黏土的摩擦角

黏土的峰值摩擦角随着塑性指数和活性的增加而减小，如图 11.77 所示。正常固结高岭黏土的临界状态摩擦角的范围是 20°～25°，蒙脱黏土的临界状态摩擦角接近 20°。然而，在持续剪切作用下，正常固结蒙脱黏土的摩擦角会下降到 5°～10°。这种情况称之为残余状态。大变形时高岭黏土摩擦角趋向于保持在上述残余摩擦角附近。

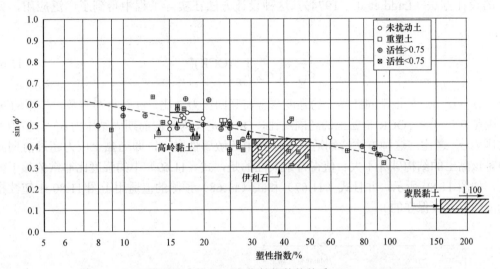

图 11.77 正常固结土的 $\sin\phi'$ 与塑性指数的关系（Kenny，1959）

2. 黏土不排水剪切强度

用总应力表示的不排水强度 s_u，通常用于检测不排水条件下土工结构的破坏状态，见式（11.27）。饱和正常固结黏土的不排水强度通常采用各向同性固结土样确定，图 6.70 给出了不排水强度与液性指数的函数关系。

对于给定初始孔隙比 e_{ini} 的黏土不排水强度 s_u，根据临界状态线方程式（9.11）和式（9.12），可以推导得到下式：

$$s_u = \tau_f = \frac{q_f}{2} = \frac{M}{2} \exp\left(\frac{\Gamma - 1 - e_{ini}}{\lambda}\right) \tag{11.66}$$

式（11.66）在正常固结黏土和超固结黏土中都可以应用。

对于给定黏土，初始孔隙比 e_{ini} 可以与目前应力状态和超固结比相关。Wroth 和 Houlsby（1985）根据临界状态土力学推导得到了各向同性固结压力 σ_i' 归一化的不排水强度关系为

$$\frac{s_u}{\sigma_i'} = 0.129 + 0.004\,35\mathrm{PI} \tag{11.67}$$

式中，PI 为塑性指数。

作为另一种选择，对于具有低到中等塑性的正常固结或略超固结的黏土，则可以使用下

面的关系式（Jamiolkowski et al.，1985）：

$$\frac{s_u}{\sigma'_{vp}} = 0.23 \pm 0.04 \qquad (11.68)$$

式中，σ'_{vp} 为竖向前期固结压力，s_u 是单剪实验不排水强度。

图 11.78 和图 11.79 给出了超固结对黏土不排水强度的影响。在图 11.78 中，黏土不排水强度是通过上覆有效压力 σ'_{v0} 归一化的。在图 11.79 中，超固结黏土归一化强度通过正常固结黏土的归一化强度再进一步归一化。这种归一化的不排水强度会形成唯一的关系，如图 11.78 和图 11.79 所示关系，并形成了一种在软黏土中考虑应力历史和归一化土的工程性质的设计方法（Ladd et al.，1974），这种设计方法在实际工程中得到了广泛应用，见下式：

$$\frac{s_u}{\sigma'_{v0}} = \left(\frac{s_u}{\sigma'_{v0}}\right)_{NC} (OCR)^m \qquad (11.69)$$

式中，$(s_u / \sigma'_{v0})_{NC}$ 是正常固结黏土的强度与现在竖向压力之比，m 是材料常数，典型的 m 值的范围是 0.7～0.9，OCR 是黏土的超固结比，OCR 定义为竖向前期固结压力 σ'_{vp} 与初始上覆有效压力 σ'_{v0} 之比。这种方法特别适用于低到中等敏感性黏土，即当黏土应力超过前期固结压力时该黏土的结构破坏不大。值得特别关注的是，式（11.69）中的强度比非常依赖于剪切方式，如图 11.80 所示，并且式（11.67）和式（11.68）预测的值适用于图 11.80 中塑性指数较低值的范围（保守的）。

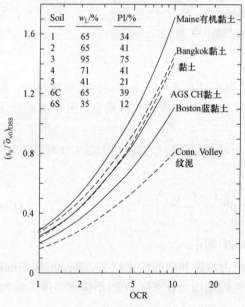

图 11.78　超固结对黏土归一化不排水强度的影响（Ladd et al.，1977）

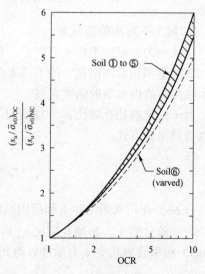

图 11.79　归一化不排水强度比与超固结的函数关系（Ladd et al.，1977）

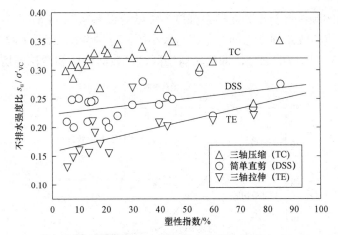

图 11.80　剪切方式对不同塑性土的不排水强度比的影响（Ladd，1991）

11.8　土的残余状态和残余强度

　　完好的强超固结黏土，当剪应力（偏应力）到达峰值后，其不排水强度会降低，这可以归因于：① 由于可能出现的剪胀而使含水率增加；② 黏土颗粒沿者剪切面的方向产生重新定向和排列。在这些因素作用下，土体的剪切应变不断增加，并到达残余状态或残余强度。正常固结黏土中，如果结构破坏和颗粒重新定向所造成的强度损失超过了在剪切过程中由固结而产生的强度增加，这种情况正常固结黏土强度也会出现峰后强度的下降。土的残余强度是最小的强度。在软化阶段的变形中土体会产生局部化，并且会产生剪切带，最后在剪切带内发展成为残余状态。对于给定实验类型和应变速率条件下，决定残余强度的因素可归结为有效应力、土的成分构成、摩擦角。相应于残余强度的摩擦角称为残余摩擦角 ϕ'_r。土的残余摩擦角的大小依赖于土的矿物成分、级配、大颗粒或聚集体的特征和剪切速率。图 11.81 给出了剪切面在常法向应力作用下剪切应力–剪切位移曲线（Skempton，1985）。不排水情况下，残余条件或状态也不能发展起来。这种情况，在剪切面上处于残余状态的有效应力将会不同于初始或峰值状态的有效应力。

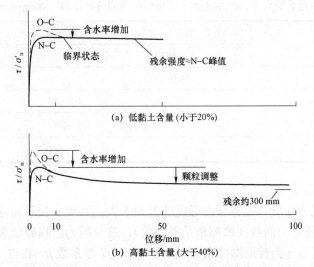

图 11.81　剪切面在常法向应力作用下应力–剪切位移曲线（Skempton，1985）

低黏粒含量土的颗粒重新排列对残余强度的贡献可以参考图 11.81（a）；不排水条件下的强度损失（介于峰值和残余强度之间）是相对较小的。这种情况在图 11.82 中也得到了反映。图 11.82 中给出了 3 个区域的划分，即旋转剪切区、过渡剪切区和滑移剪切区。

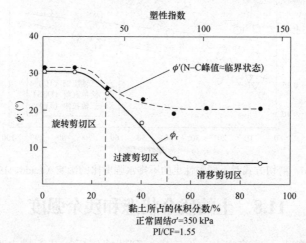

图 11.82　砂–膨润土混合土的黏土含量对峰值和残余摩擦角的影响（环剪实验确定）
（Lupini et al.，1981）

达到残余强度所要求的剪切变形是很大的，正因为如此，当事先存在滑移面时，大坝、路堤及边坡的稳定性是被残余强度控制的。而首次滑移时，它们的稳定性由处于峰值强度和残余强度之间的某一平均强度值控制，该值会受到沿着剪切面的渐进破坏量的影响。

残余强度条件的充分发展需要非常大的应变，对此一些特殊的实验方法已经得到了发展。例如，Bishop 等人（1971）开发了一种环剪装置，该装置可以沿着单一方向产生很大的剪切应变。表 11.5 给出了黏粒含量大于 30% 的土在不同剪切状态时所需求的单一方向的位移值（Skempton，1985）。如果没有环剪装置，则经常采用的方法是，对直剪盒分 2 次加载，使上下两个直剪盒的相对位移连续并沿着单一方向。

表 11.5　黏粒含量大于 30% 的土的不同剪切阶段相应的位移（Skempton，1985）

阶段	位移/mm	
	超固结	正常固结
峰值	0.5～3	3～6
体变速率≈0	4～10	
$\phi_r'+1°$ 处	30～200	
残余 ϕ_r'	100～500	

1. 非黏土矿物

非黏土矿物的残余强度与临界状态强度的差别不大。石英、长石和方解石都具有相同的摩擦角 $\phi_r'=35°$（即使它们的粒间摩擦角是不同的）。这是因为，临界状态摩擦角会变成近似独立于粒间摩擦的作用（当粒间摩擦角变成大于 25° 或摩擦系数 $\mu=0.47$），参见图 8.11。而土颗粒的形状和粗糙度是影响临界状态摩擦角的重要特征。

2. 黏土颗粒含量增加的影响

当黏土颗粒含量增加时，土的残余摩擦角减小，这是由于随着粉土和砂土含量的减少，颗粒重排对摩擦的贡献减小，同时黏土砂物本身滑移摩擦角也较小。黏土含量的影响是通过土体从滚动剪切（主要存在于大块颗粒或聚集体构成的局部土体中）到滑移剪切（主要存在于高含量的黏土尺寸颗粒的局部土体中）的变换而显示的。黏土部分的活性越大，对于一个给定的黏土所占的体积分数，其残余摩擦角就越小。

Kenney（1967），Lupini 等人（1981），Skempton（1985）等人推导出了土的残余摩擦角与黏土所占的体积分数的函数关系，如图 11.83 所示。当 PI 超过 30% 时，残余摩擦角有一个突然的下降。这是从紊乱的剪切到滑动剪切转换的结果。Mesri 和 Cepeda-Diaz（1986）、Colotta 等人（1989）、Stark 和 Eid（1994）还给出了残余摩擦角与其他类型土的关系曲线。

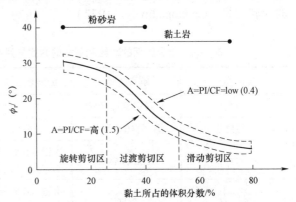

具有高塑性的火山土是图 11.83 给出的一般性关系的一个例外。这种土可能会有黏土所占的体积分数超过 59% 的情况，但却呈现出其残余摩擦角比图 11.83 给出的残余摩擦角要大几度。这可能是颗粒形态和颗粒结构导致的（Sitar, 1991；Wesley, 1992）。火山黏土通常包含大量的水铝英石，它是由较大的颗粒而不是由片状颗粒组成的，滚动剪切可能会持续不断的作用是产生较高的残余摩擦角的主要原因之一。另外，粒间物

图 11.83　残余摩擦角与土的活性和黏土所占的体积分数的关系

理化学吸引力可能会强大到足以防止片状颗粒和基面上的剪切（这种剪切会使颗粒产生或发展平行定向）。

Wesley（2003）的研究表明，对于液限超过 50% 的土，比如黏土或火山灰土，位于塑性图 11.84 中 A 线以上区域，此时残余摩擦角均比较小，ΔPI 可以较好地表征残余摩擦角的规律。

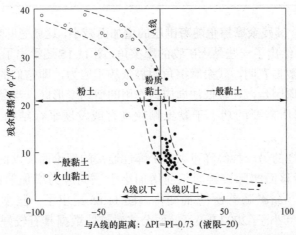

图 11.84　火山黏土和一般黏土的残余摩擦角与它们在塑性图中的位置相对于 A 线距离的关系（Wesley，2003）

3. 黏土矿物

大应变时，基面滑移是黏土矿物和其他层状硅酸盐矿物的主导变形机制。具有基面的压缩结构（近似地垂直于法向荷载的方向）会在剪切区域内形成，并且最大的变形会出现在这一区域及颗粒高度定向排列的区域。层状硅酸盐和具有固体润滑的矿物（如石墨和二硫化钼）的行为也是相似的。

沿裂解面的联结类型和数目对于基面的滑移是很重要的，这可以在表 11.6 中看到。表 11.6 提到的材料中，只有绿坡缕石不满足临界状态摩擦角 ϕ'_r 随着层状联结强度的减小而减小的方式。绿坡缕石具有较大的临界状态摩擦角 ϕ'_r 是由于条状颗粒以网状聚集体的形式出现，并且晶体结构产生出阶梯状的解理模式。所以，绿坡缕石的行为更像巨大的矿物，而不像剪切中的片状矿物（Chattopadhyay，1972）。

表 11.6　沿裂解面的联结和裂解的方式与残余摩擦角 ϕ'_r（Chattopadhyay，1972）

矿物	解理方式	沿解理平面的结合键	ϕ'_r /（°）	颗粒形状
石英	无固定解理部位	SiO—Si，弱的	35	块状
绿坡缕石	沿（110）平面		30	纤维状和针状
云母	完整的基面	次键（0.5～5 kcal/mol）+K 键	17～24	片状
高岭石	基面	次键（0.5～5 kcal/mol）+K 键	12	扁平状
伊利石	基面	次键（0.5～5 kcal/mol）+K 键	10.2	扁平状
蒙脱石	完整的基面	次键（0.5～5 kcal/mol）+可交换的离子键	4～10	扁平～薄膜状
滑石	基面	次键（0.5～5 kcal/mol）	6	扁平状
石墨	基面	范德瓦耳斯键	3～6	片状
二硫化钼	基面	弱结合层	2	片状

就许多黏土而言，其残余摩擦角随着围压的增加而减小，这就意味着其破坏包线是曲线，而不是直线。图 11.59 给出了一些黏土矿物的摩擦角，图 11.15 还给出了 London 黏土和 Weald 黏土的摩擦角。这些数据表明，残余摩擦角明显依赖于应力，即它们的破坏包线是曲线。产生曲线的一种可能的原因是，在较低法向应力作用的剪切变形区，当黏土颗粒缺少优势定向时，剪切黏土的变形所需要的功小于黏土颗粒具有或发展平行结构（优势定向）所需要的功。

黏土的应力依赖性的另一种解释可以基于弹性连接的理论而加以说明。如果颗粒接触的变形是弹性的，则滑移面实际接触面积的增加小于法向应力增加的比例，并且根据公式 $\mu = \tan \phi' = \tau_i K \sigma'^{-1/3}$，$\tan \phi'$ 随着 $\sigma'^{-1/3}$ 而变化。图 11.85 给出了一些黏土的数据，这些数据表明：当压力较低时（小于 200 kPa），前面公式对这些数据具有较好的适用性；但当压力较高时，则 $\tan \phi'$ 是应力独立的，这说明了压力较高时接触面积随着一些法向应力而成正比变化。

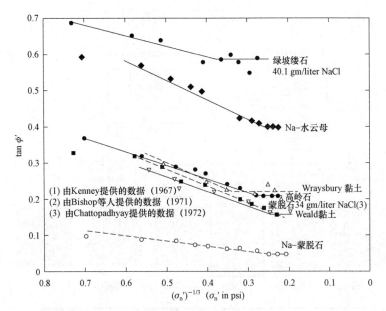

图 11.85 残余摩擦角 $\tan\phi'$ 与法向有效应力 $\sigma'^{-1/3}$ 的函数关系（Chattopadhyay，1972）

残余摩擦角是否依赖于围压，这两种假设似乎都成立，而且没有证据表明其中一个优于另一个。尽管如此，就实际情况而言，在确定特定问题的残余强度时，很明显其压力（围压）需要满足实际现场的压力条件。

其他需要考虑的重要因素包括土的结构特征和野外现场勘察的细节。针对前者（结构特征），如由古滑坡和地质构造、冰川变形而产生的预先存在的剪切面；针对后者（野外现场勘察的细节），如水平层理面、叠片结构及弱联结处（Mesri et al.，2003）。这些因素在相对小的应变后，都可能会对残余强度的降低产生影响。

11.9 混合土的强度

砂土中存在的细颗粒可以显著地影响其强度行为。所产生的不同程度的影响依赖于颗粒尺寸、形状和制样方法。图 11.86 给出了两种不同尺寸颗粒的粒间基质的不同情况（Thevanayangam et al.，2002）。初始时，砂土和粉土的混合土的最大和最小孔隙比随着粉土含量的增加而减小，但当粉土成为主要成分或含量时，其孔隙比却会随着粉土含量的增加而增加，参见图 6.4。图 11.86 中给出了 4 种情况，见图中微观结构一行的图示。对于情况 1，土中的细颗粒充填在粗颗粒形成的孔隙中，这样形成的土的行为很少受到其细颗粒的影响，因为外力是由粗颗粒的接触而传递的。对于情况 2 和 3，细颗粒开始充满部分粗颗粒形成的孔隙，并且开始分离粗颗粒和防止它们相互接触。这些细颗粒可能会增强粗颗粒形成的土骨架，也可能会造成土骨架不稳定。对于情况 4，当细颗粒所占比例较大时，粗颗粒可以在细颗粒的基质中流动。此种情况，细颗粒控制了混合土体的力学行为，粗颗粒只是作为一种增强单元，它对混合土体的剪切阻抗可能有影响，也可能没有影响。一旦细颗粒土的含量增加到情况 4，土体的孔隙比会随着细颗粒含量的增加而增加，同时也会增加混合土的比表面积。到达情况 4 的细颗粒土含量的界限值依赖于混合土的特性，但大多数情况下，细颗粒土含量的范围是 25%～45%（Polito et al.，2001）。

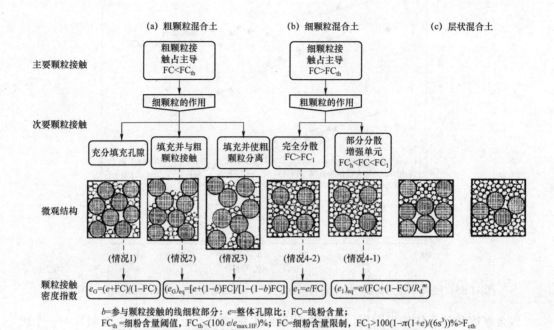

b=参与颗粒接触的细细粒部分；e=整体孔隙比；FC=线粉含量；
FC_{th}=细粉含量阈值，$FC_{th}<(100\,e/e_{max.HF})\%$；FC=细粉含量限制，$FC_l>100(1-\pi(1+e)/(6s^3))\%>F_{eth}$
m为增强因子；$R_d=D/d$=颗粒粒径差比；$s=1+s/R_d$ a=10；$e_{max.HF}$ 为细粉土最大孔隙比

图 11.86 土颗粒混合的分类（Thevanayangam et al.，2002）

对于情况 1、2、3，颗粒的孔隙比 e_G 定义为：单位体积中孔隙体积/颗粒体积（无黏土细颗粒的体积）。当考虑细颗粒影响时，颗粒的孔隙比 e_G 是一个很有用的指标。如果具有不同细粒含量的两种混合土却具有相同的颗粒孔隙比 e_G 和相同的力学性质，则细颗粒的作用仅占据了一定的孔隙空间，并且没有影响到其剪切阻抗。

大多数报告表明，对于给定颗粒的孔隙比 e_G 的混合土，其不排水强度和循环剪切阻抗，或独立于粉土含量，或随着粉土含量的增加而增加（Shen et al.，1977；Vaid，1994；Polito et al.，2001；Carraro et al.，2003）。砂与粉土的混合土不排水响应示于图 11.87 中（Kuerbis et al.，1988）。混合土的试样是通过泥浆沉积方法制备的，所有的试样都有相似的 e_G，实际孔隙比随着粉土含量的增加而减小。等向固结后，进行三轴压缩不排水实验和三轴伸长不排水实验。增加粉土含量，三轴压缩不排水实验会给出具有更大刚度的反应。显然，粉土充填进了大孔隙的空间，使土体更加稳定了，如图 11.88（a）所示。然而，对于三轴伸长不排水实验，这种影响较小。

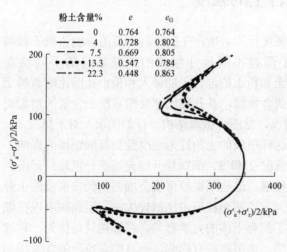

图 11.87 不同粉土含量的不排水三轴压缩和
三轴伸长实验（Kuerbis et al.，1988）

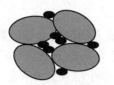
(a) 粉土颗粒在孔隙中

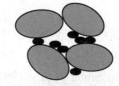
(b) 粉土颗粒处在粗砂粒接触之间且颗粒的
孔隙比大于孔隙比最大值

(c) 砂与黏土的混合土

(d) 砂与云母的混合土

图 11.88　细颗粒充填在粗颗粒基质中的方式图示

　　混合土对液化的抵抗能力随着相对密度的增加而增加，如图 11.89 所示。然而，随着粉土含量的增加，循环阻抗比随相对密度增加的关系变得不明显（20 周循环加载），见图 11.89（a），是由于粉土含量增加导致最大和最小孔隙比发生变化所导致的。如果循环阻抗比值用孔隙比和循环阻抗表示，如图 11.89（b）所示，则给定孔隙比的液化阻抗随着粉土含量的增加而减小。如果循环阻抗比值表示为颗粒的孔隙比 e_G 的函数，如图 11.89（c）所示，则砂–粉土的混合土会比纯砂具有更高的液化阻抗，但这些混合土对液化的阻抗是独立于粉土含量的。

　　当砂–粉土的混合土颗粒的孔隙比 e_G 小于土的最大孔隙比 e_{max}（即没有黏土或非常细小颗粒土）时，上述这些结果是可以应用的。当细颗粒土不断加入，也可能会使混合土的土颗粒的孔隙比 e_G 大于土的最大孔隙比 e_{max}，虽然混合土的整体孔隙比是小于最大孔隙比 e_{max} 的（Lade et al., 1997；Thevanayagam et al., 2000）。如果某些细颗粒处于粗颗粒之间的接触处，见图 11.88（b），这种情况下，混合土的结构是亚稳态的，并且由于相对较少的粗砂颗粒的接

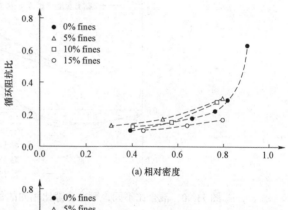
(a) 相对密度

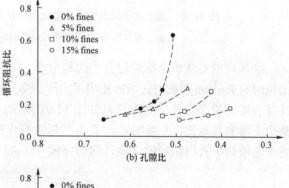
(b) 孔隙比

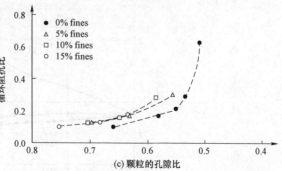
(c) 颗粒的孔隙比

图 11.89　砂–粉土的循环阻抗比与其他因素的关系
（Carraro et al., 2003）

触会导致土的强度减小。

当更小的颗粒如黏土颗粒加入到混合土中时，黏土颗粒就会像砂颗粒接触处的润滑剂（图 11.88（c）），并使土体产生不稳定。图 11.90 给出了 Ham-river 砂与不同含量的高岭土混合的土的不排水反应（Georgiannou et al.，1991）。将砂子浸入到含有悬浮的高岭土颗粒的蒸馏水中并进行制样，由此可以得到相似颗粒的孔隙比 e_G。土样在 K_0 条件下固结，并分别进行了三轴不排水压缩和伸长实验。三轴不排水压缩实验中，黏土含量的增加不会影响到峰值应力，但应变软化行为却更加明显。土样应力路径通过相变线后，应力路径会向临界状态方向发展。当黏土体积分数达到 20%时，土体摩擦角就不会变化了。这会延缓土的各向异性组构的发展，可抵抗增大的荷载作用。

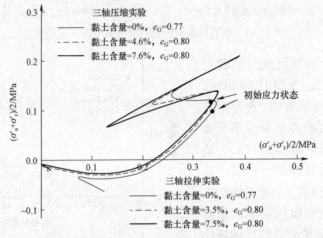

图 11.90　混合比不同、颗粒孔隙比相同的黏土−砂混合土的不排水三轴压缩和伸长实验的应力路径（Georgiannou et al.，1991）

细颗粒的形状也会影响混合土的稳定性。Hight 等人（1998）经研究发现，在建设位于孟加拉国的 Jamuna 桥梁时云母砂出现了流滑。较大的云母片将砂粒联结起来，参见图 11.88（d），并且会增加整个土体的孔隙比，如图 11.91 所示。另外，包含少量的粉土和黏土颗粒会降低整个土体的孔隙比，参见图 6.4。砂−云母混合土的开放组构可能会呈现复杂的变形和强度性质，这依赖于云母颗粒的定向与剪切方式（Hight et al.，1998）。

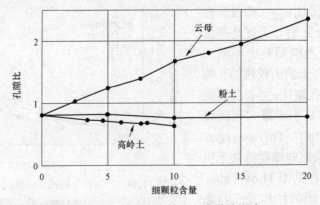

图 11.91　砂土中细颗粒（云母、粉土和高岭土）含量的影响（Hight et al.，1998）

　　细颗粒含量的进一步增加可能会导致砂颗粒在黏土或粉土中漂浮、流动，参见图 11.86 中的情况 4。此时混合土的行为更像纯黏土或粉土，其变形行为更多地受到黏土或粉土的控制，粗颗粒对强度可能会有影响，也可能没有影响。例如，图 11.92 表明粉土含量大于 35% 的混合土的循环阻抗比与颗粒的孔隙比 e_G 无关（Polito et al.，2001）。

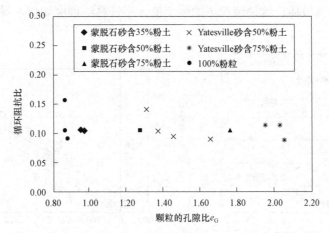

图 11.92　粉土含量超过界限值的混合土的循环阻抗比与颗粒的
孔隙比的关系（Polito et al.，2001）

11.10　土的黏聚力

　　土力学中，土的黏聚力和真黏聚力的概念是不同的。通常意义上的黏聚力是指微观颗粒之间的相互作用力或黏结作用。而真黏聚力是指超过抵抗摩擦滑移、颗粒重新排列、颗粒破碎作用的那部分强度。真黏聚力必须没有外力或自重作用，并且是颗粒之间的黏结作用的结果。当土骨架中不存在有效压力，但却存在抗拉或抗剪强度时，可以认为在破坏面具有真黏聚力。然而，由于土的摩擦本质及大多数颗粒的接触面方向不同于宏观剪切面的方向，这也就意味着，施加某一方向的宏观剪切应力将会引起大多数微观土颗粒接触面产生法向应力。这种法向应力就会在接触处产生对滑移的阻抗，并提供大于零的 ϕ_μ 值。

　　证实存在真黏聚力和采用强度实验确定真黏聚力的值是困难的，因为绝大多数破坏包线是曲线，而破坏包线在有效压力为零的点是不确定的，除非实验是在有效压力非常低的情况下进行的，但这种情况下的抗剪强度又很难准确测量（离散很大）。另外，大多数土的张拉实验是很难做的，这是因为很难对土样施加拉应力。Harison 等人（1994）对击实黏土试样进行了不同形式的张拉实验，发现土的张拉强度随着试样尺寸的增加而降低，这由于内部缺陷数量的增加所致。当破坏面上的有效应力为零时，没有一种方便的方式可用来进行三轴压缩实验。而强度是通过没有法向应力的直接剪切而测量得到的。Bishop 和 Garga（1969），Graham 和 Au（1985），Morris 等人（1992）给出了一些实验结果。然而，测量得到的强度并不完全源自真黏聚力的贡献。

1. 产生真黏聚力的可能的原因

　　（1）黏结。颗粒间的化学结合可能是由碳酸盐、二氧化硅、氧化铝、氧化铁和有机化合物进行黏结而形成的。黏结材料可能源于土中矿物质本身（作为溶液再沉积过程的结果），或可能来自溶液。Ingles（1962）对黏结强度进行了分析和总结，参考 7.5 节的讨论。由黏结产生的黏结强度可能会达到几百 kPa。图 11.93 给出了具有黏土黏结的砂的应力-应变曲线和峰值破坏包线。这些曲线表明，即使相对少量的黏土黏结也会对变形性质产生很大影响。较小的黏聚力值就会对土的稳定性和无支撑的陡峭斜坡的抗滑能力产生较大的影响。然而，大应变时，黏结作用遭到破坏，这种情况下的强度值，不管黏结程度如何，最后都会变得相似，参见图 11.93（a）。

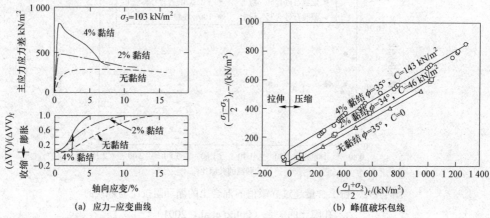

图 11.93　相对密度为 74% 的有黏结和无黏结砂的应力-应变曲线和

峰值破坏包线（Clough et al., 1981）

（2）静电和电磁吸引作用。4.11 节和 7.5 节已经讨论了细小颗粒之间的静电和电磁吸引作用。就颗粒之间的距离小于 2.5 mm 的土而言，其静电吸引力会变得显著和有意义（大于 7 kPa）。电磁吸引力或范德华力是产生抗拉强度的原因，但其产生和存在的条件是：土颗粒必须很小（小于 1 μm）且颗粒之间的距离非常接近。

（3）初始化合价的联结和吸附作用。正常固结土卸载后，它就变为超固结土，但土的强度却没有随着有效应力的减小而成比例的减小，部分强度被保存下来，参见图 11.16。超固结土强度是否会更高，这依赖于其孔隙比是否会更低，并且也依赖于所形成的粒间化合价的联结是否会更强（通常这是未知的）。另外，塑性变形增加了摩擦面积 [图 11.5（c）] 及吸附作用都可能对超固结土强度的增加产生影响。这也是能够由颗粒接触处的初始化合价的联结而产生的。

2. 表观黏聚力

表观黏聚力能够由毛细作用而产生。非饱和土中孔隙水表面张力会对两个接触颗粒的表面产生吸引力（表观吸引力或表观黏聚力），但这种表观黏聚力不是真黏聚力，相反，它是由负孔隙水压力所产生的有效应力引起的一种摩擦强度。

3. 小结

图 11.94 中给出了一些对黏聚力有影响的因素，图中使用了各种因素或机制产生的潜在张拉强度与颗粒直径的关系表达式。除化学黏结外，对所有的作用和机制而言，黏聚力是由内部吸引力而产生的颗粒之间的法向应力作用的结果。源自这些吸引力的剪切抵抗机制应该是相同的，就像颗粒间接触法向应力是由土中有效压应力产生出来的一样。因此，可以方便地认为：黏聚力（黏结除外）也是由于（源自于粒间吸力的）颗粒间摩擦力引起的，莫尔-库仑方程中的摩擦是应力引起的粒间摩擦的发展而形成的。Taylor（1948）给出了基本相同的

概念，即黏聚力隶属于一种固有的压力。**现有的证据指出，粒间吸引力所产生的黏聚力，几乎在所有情况下都很小，但化学黏结作用却很显著。**

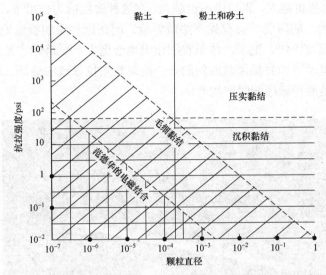

图 11.94　一些黏结机制对土的强度的潜在贡献（Ingles，1962）

11.11　土的抗拉强度和抗拉剪耦合作用强度理论

在许多工程问题中，土体会发生开裂，这些裂缝经常是由于土体的张拉和拉剪耦合作用引起的破坏。土体的张拉和拉剪破坏及压剪破坏是土坡、堤防、路基及垃圾填埋场等边坡失稳破坏的主要破坏模式。边坡的稳定性受坡顶局部的张拉和拉剪耦合作用及压剪耦合作用共同影响，如图 11.95 所示。此外，汶川地震边坡破坏现象的调查发现（许强 等，2008；殷跃平，2009），滑坡体上部多数会发生张拉破坏，甚至有些岩土体被抛出，这是一个很好的启示。静力作用时，坡体即使不存在张拉应力，但在地震往复荷载作用时，坡体通常会有张拉应力或拉剪耦合应力的作用，尤其是在坡肩或坡表面处，这是由于地震波在自由表面的反射作用会产生瞬态张拉应力。为此，必须弄清在地震或动力作用下边坡产生张拉或拉剪耦合应力作用时土的强度。而传统的压剪强度理论建立在土体受压应力和剪应力耦合作用的基础上，它通常不适用于分析土的张拉和拉剪应力耦合作用的强度。

地表黏土的龟裂是在外力接近于零的情况下，由内应力作用而产生的，如图 11.96 所示。地表黏土龟裂主要是由于：地表土体的水分蒸发，含水率减少，导致黏土产生体积收缩（膨胀土的体积收缩会更加严重）。而半空间地表的

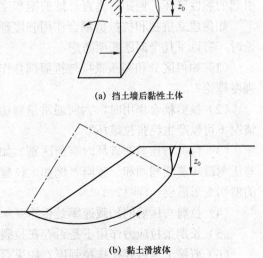

(a) 挡土墙后黏性土体

(b) 黏土滑坡体

图 11.95　滑坡土体中因张拉产生的裂缝

土体会受到周围土体的变形限制（即限制其水平向的收缩和变形）。所以，这种体积收缩和土周围水平变形的限制，会使蒸发区域土体内部产生张拉作用。通常越接近地表，水分蒸发得越多，因此其收缩趋势也越大，张拉作用也越大。在这种张拉应力作用下，接近地表土层（通常此处张拉作用最大）的薄弱处会首先产生微裂缝。而在这种土的裂缝处，汽-水界面会急剧增加，导致水分蒸发更快、更多，体积收缩作用也会更大，裂缝越容易扩展，裂缝长度和宽度也会越大。这里没有彻底搞清楚的问题是：龟裂是张拉导致的破坏，还是拉剪耦合作用导致的破坏？或者是两种破坏同时产生？

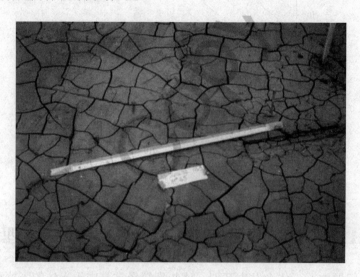

图 11.96　龟裂的照片（Konrad et al.，1997）

　　由土体的张拉直接引起的破坏一般是脆性破坏，而不是较为缓慢的、变形较大的塑性破坏。土体通常的剪切破坏则表现为缓慢的、剪切变形较大的塑性破坏，这是由于剪切破坏需要颗粒之间产生相对较大的滑移，而**脆性张拉破坏不需要较大的切向滑移和法向应变（这是脆性张拉破坏与塑性的剪切破坏的重要区别）**。饱和度较低的非饱和土可能会产生由张拉作用引起的脆性破坏。例如，垂直开挖的饱和度较低的土体就可能会产生脆性的张拉破坏。

　　如何建立抗拉和抗拉剪耦合作用强度理论？首先，在建立抗拉和抗拉剪耦合作用强度理论时，有以下几个问题需要考虑：

　　（1）如何区分和判断张拉与拉剪耦合作用的破坏？如何分别建立张拉和拉剪耦合作用的强度理论？

　　（2）拉剪耦合作用时，为何通常是剪切破坏而不是张拉破坏？理由和依据是什么？什么情况下可以产生纯张拉破坏？

　　（3）拉剪与压剪在破坏时有何区别？如何描述和表示拉剪破坏？拉剪破坏的描述和表示与压剪破坏需要相同和一致吗？例如，拉剪破坏时，其剪切变形和流动需要多大？（与压剪的剪切变形需要一样吗？）

　　（4）拉剪与压剪的加载速率是否需要一样？排水条件又如何考虑？

　　（5）长期张拉应力作用下是否存在拉裂情况？

　　（6）剪缩土是否存在抗拉强度？如果存在，如何考虑？

　　（7）一旦破坏的描述和标准不一致，剪胀土的拉剪耦合强度如何与压剪耦合强度理论联结起来？（不同区域采用的破坏标准可以不同，但数学表达式可以互联。）

问题（1）的讨论。首先需要分别建立张拉作用和拉剪耦合作用的破坏判断标准。如果需要描述张拉作用和拉剪耦合作用的脆性破坏，则加载速率不会太慢，一般是不排水条件，并且应变也不会太大。另外，拉剪耦合应力中剪应力越大，破坏时其剪应变也会越大，然而肯定会小于压剪作用时的破坏剪应变；通常张拉作用破坏时拉应变不会很大。此外，如果试样出现裂缝，则可以根据裂缝的长度和宽度确定破坏指标。但这些只是定性描述，应该通过实验建立大家都能够接受的、破坏的定量指标。如果试样不出现裂缝，则可以根据轴向应变来描述其极限应变或破坏。其次，关于分别建立抗拉和抗拉剪耦合作用的强度理论，将会在11.11.1 节和 11.11.2 节中讨论。

问题（2）的讨论。当土体存在拉应力和拉剪耦合应力作用时，首先需要区分是脆性破坏，还是塑性剪切破坏。另外，土体为何一般是拉剪破坏而不是纯拉伸破坏？实际上，纯粹的张拉应力只有在三维球拉应力（三个主应力相等）作用及水力劈裂作用时才可能是纯粹拉力作用。这是因为，即使是一维的拉伸作用，由于横截面上的主应力为零，$\sigma_1 > \sigma_2 = \sigma_3 = 0$ 存在偏应力 $\sigma_1 - \sigma_2$ 或 $\sigma_1 - \sigma_3$。所以，一般一维的拉伸作用也是拉–剪的共同作用。而这种张拉作用通常只是降低了法向压力，甚至产生法向张拉应力，并导致摩擦作用减小，甚至产生拉剪破坏。前面已经提到，张拉作用的同时还会在其他方向上存在偏应力或剪应力，最后，可能还是作用在接触面上的偏应力或剪应力使接触面产生相对较大的滑移而破坏。

土体在三维球拉压宏观应力作用时，由于土颗粒形状和排列的不均匀，总会在颗粒之间的接触面上同时产生拉–剪或压–剪的耦合应力。所以，大多数情况还是会产生剪切应力，并引起塑性剪切破坏。而颗粒接触面上只存在法向拉应力的情况是很少的（除非颗粒形状一致、平行排列并与主应力作用的方向垂直）。而当土的黏聚力非常大时，如低饱和度的土，其抵御剪切应力的能力有较大的提高，此时土体可能会产生张拉的脆性破坏（剪切变形一般不大）而不是剪切破坏。这是因为张拉应力大于其抗张拉强度（土的抗拉强度一般很低），而剪应力却小于其抗剪强度。水力劈裂可能会呈现纯张拉破坏。

问题（3）的讨论。拉剪与压剪破坏的区别是：压剪作用产生的破坏一般是塑性剪切破坏，并且其塑性剪切变形通常大于拉剪破坏的塑性剪切变形。另外，拉剪破坏有很大可能是脆性破坏。如何描述和表示拉剪破坏？这在问题（1）的讨论中已经论述过，拉剪破坏与压剪破坏肯定会有所不同，这主要是由土的抗拉与抗压的性质极为不同所致。所以，即使拉剪破坏和压剪破坏都是剪切破坏，但破坏时的剪应变一定是不同的，通常拉剪破坏的剪应变小于压剪破坏的剪应变。

问题（4）的讨论。拉剪与压剪的加载速率通常应该是不同的。由于拉剪破坏很可能是脆性破坏，而脆性破坏通常会出现得较突然，所以加载速率需要较快，并且是不排水条件。当然，拉剪作用也可能会出现较缓慢的塑性破坏。因此，需要注意区分拉剪作用的脆性破坏和塑性破坏，并采用不同的破坏指标和标准。

问题（5）的讨论。长期张拉应力作用下是否存在拉裂情况？这个问题涉及两个方面。第一个方面是，长期张拉应力作用时，即使张拉应力小于抗拉强度是否也会产生拉裂现象？第二个方面是，长期拉剪耦合应力作用时，即使拉剪耦合应力小于拉剪强度包线是否也会产生拉裂现象？这两个方面需要通过实验加以检验和论证。

问题（6）的讨论。剪缩土是否存在抗拉强度？如果存在，如何考虑？黏土由于存在颗粒之间的黏聚力，所以会存在一定的抗拉强度。但与压剪的情况不同，拉剪应力到达峰值强度或与拉剪强度包线相交时，其峰值剪应力和剪应变都很小，而此时短程的黏聚力可能没有全部破坏，会留存一部分，这就是其抗张拉强度存在的原因。前面讨论过（11.3.2 节），剪缩土的压缩剪切破坏强度包线未必一定就通过坐标原点。这是因为，与压缩剪切破坏强度包线相切的莫尔圆的最小主应力 $\sigma_3 > 0$，否则就会出现张拉应力（$\sigma_3 < 0$）而不满足压缩的定义，除非莫尔圆直径为零，即剪应力为零，参考图 11.98 中莫尔圆⑤。

问题（7）的讨论。一旦破坏的描述和标准不一致，剪胀土的拉剪耦合强度如何与压剪耦合强度理论联结起来？这里可以按Ⅰ类和Ⅱ类土（即剪缩和剪胀）分别描述。压剪耦合作用的强度包线可以采用式（11.13）和式（11.17）分别表示，其适用范围是与压缩剪切破坏强度包线相切的莫尔圆的最小主应力 $\sigma_3 \geqslant 0$。存在张拉应力（$\sigma_3 < 0$）的拉剪耦合阶段的强度包线需要重新建立，具体见 11.11.2 节。最后，再把它们联结起来。

下面将分别建立土的抗拉和抗拉剪耦合作用的强度分析模型。

11.11.1 土的抗拉强度理论

当 $\sigma' < 0$ 时土骨架中产生拉力，这个拉力超过土的抗拉强度 σ'_t，或者产生的拉应变 ε 超过土体的极限拉应变 ε_t，此时在土体中发生开裂或破坏。通常这一抗拉准则可以表示为

$$\sigma'_3 = -\sigma'_t \text{ 或者 } \varepsilon_1 = -\varepsilon_t \tag{11.70}$$

式中，σ'_3 为最小主应力，$-\sigma'_t$ 为抗拉强度，其中负号表示拉应力（压为正），ε_1 为单拉（一维）应变，ε_t 为极限拉应变（压缩为正）。

饱和土不排水三轴实验时，有

$$\sigma'_3 = u_0 + \Delta u - \sigma'_t \tag{11.71}$$

由于孔隙水压力的提高，在土体中引起张拉裂缝发生和发展的现象称为水力劈裂，其实这是一种张拉破坏。这种现象在工程中存在有利和有害的两个方面。有利方面表现在黏性土灌浆方面，若用水泥黏土浆不可灌入，当灌浆压力大到一定程度时，土体会产生水力劈裂，此时可以进行劈裂灌浆，这种方法可用于修补裂隙、孔洞，起到土体防渗和加固的作用。另外，在石油开采中可通过水力劈裂开辟新的出油通道。有害的方面是它们使水利建筑物的防渗体失效。如高土石坝的心墙中任一点，因本身总应力较低，在蓄水后，由于孔隙水压力增加而使有效最小主应力出现负值，并且绝对值接近土的抗拉强度，沿着最小主应力面发生水力劈裂，导致土石坝渗透破坏。这一问题已引起工程界的重视。

关于水力劈裂的破坏准则，可以采用式（11.70）或式（11.71）进行分析。

11.11.2 土的抗拉剪耦合作用强度理论

大量实验和工程实践已经证明，莫尔-库仑强度理论可以较好地给出饱和土的压剪强度。然而由于土的抗拉剪耦合作用强度值偏低，又由于它们具有不稳定性，工程建设中一般不主动利用抗拉剪耦合作用强度，并导致抗拉剪耦合作用强度理论的研究相对不足。但在实际工程建设中，张拉与剪切总是相伴而存在的，如边坡上部的拉剪耦合作用，土的干裂过程及垃圾填满场覆盖层的破坏过程、基坑开挖中竖直面的坍塌失稳等，经常会出现拉剪耦合应力作用下的土体破坏。尤其是 2008 年汶川地震中，其边坡破坏很多情况是在地震引起的拉应力或拉剪耦合应力作用下产生的破坏（许强 等，2008）。因此对土的抗拉剪耦合作用强度问题需要给予足够的重视。本节主要参考孔小昂的博士论文而编写（孔小昂，2018）。

最简单的建立抗拉剪耦合作用强度理论的方法是将已有的抗压剪耦合作用的莫尔–库仑强度理论直接拓展到拉应力区（$\bar{\sigma}<0$），用于描述抗拉剪耦合作用强度，见图 11.97 中最上端的直线。但这种做法与拉伸的实验结果偏差很大，将会明显高估黏土的抗拉强度及抗拉剪耦合作用时的强度，并且是偏于不安全的，难以得到工程界的接受。拉伸的实验结果表明，当存在拉应力时其强度包线是在莫尔–库仑强度包线下面的一条曲线，见图 11.97。另外，还有两种联合强度理论（压剪和拉剪联合在一起的强度理论）主要是针对黏土建立的：第一种是根据低围压下的剪切实验及拉伸实验资料，采用一条经验曲线描述包括拉剪强度的联合包线；另一种是在一定假设下，根据压剪强度指标 c、ϕ 和单轴拉伸强度 σ_t 推导而建立的强度理论。但这些关于黏土联合的强度理论存在以下缺陷：

（1）均未对当土体处于多向拉伸应力状态时，其受力特点及强度特征（尤其是抗剪强度特征）进行描述，缺乏理论的完备性。

（2）一些研究未将三向拉伸强度与单轴拉伸强度加以区分，存在概念上的混淆。

（3）很多以压剪强度指标 c、ϕ 为基础建立强度公式，由于 c、ϕ 是以压剪强度实验拟合所得的强度指标，不适用于分析土的抗拉强度和抗拉剪耦合作用强度。

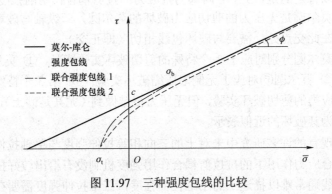

图 11.97　三种强度包线的比较

图 11.98 给出了存在拉应力并用莫尔圆表示的剪切破坏包线。

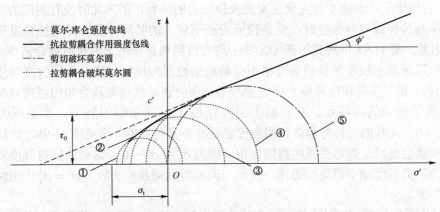

图 11.98　饱和土的拉剪耦合作用破坏示意图（二维平面问题）

1. 拉剪耦合作用破坏的机理

图 11.98 给出了饱和土拉剪耦合作用破坏的情况。饱和土的抗剪强度，在压剪应力作用

（与破坏包线相切的莫尔圆中的最小主应力 $\sigma_3' > 0$ ）时，假定符合莫尔–库仑强度准则，参见图 11.98 中莫尔圆⑤。莫尔圆⑤中的最小主应力 $\sigma_3' = 0$，莫尔圆⑤是一个界限莫尔圆。如果与破坏包线相切的莫尔圆中的最小主应力 $\sigma_3' > 0$，则该莫尔圆右侧区域的破坏包线属于压剪耦合作用的破坏包线，并且满足莫尔–库仑强度理论。但如果与破坏包线相切的莫尔圆中的最小主应力 $\sigma_3' < 0$，就会存在拉应力，其破坏包线就不再是一条直线，而是一条曲线了，见图 11.98 中与莫尔圆①、②、③、④相切的破坏包线。

在与破坏包线相切的莫尔圆中，有 3 个特殊的莫尔圆是值得关注的。

第一个是莫尔圆⑤，它的特殊性在于其最小主应力 $\sigma_3' = 0$。也就是说，此时的 σ_3' 是最小值，如果再继续小于这个 σ_3' 值，就会出现拉应力。

第二个是莫尔圆①，它的特殊性在于其最大主应力 $\sigma_1' = 0$。也就是说，此时的最大主应力 σ_1' 是最小值了，再继续小于这个 σ_1' 值，就会连 σ_1' 都出现拉应力，即二维问题中 2 个主应力都是拉应力。因此，所有 3 个主应力中就不存在压应力了（此时，中主应力 $\sigma_2' < \sigma_1' < 0$，也是拉应力）。这就需要考虑 3 个方向的主应力都是拉应力的新的破坏模型。由于 3 个方向的主应力都是拉应力的实验资料非常少，目前难以给出准确、定量的描述和认知，也难以建立相应的模型。但可以肯定的是，3 个方向都为抗应力的拉剪耦合作用的强度会更低。

第三个特殊的莫尔圆是无压力的剪切应力破坏的莫尔圆，即纵轴与破坏包线相交点处的莫尔圆。该莫尔圆在此交点处，需要与破坏包线相切（即正交）。

这 3 个特殊的莫尔圆分别对应于 3 个特殊的剪切破坏实验情况。① 莫尔圆①对应于无侧限拉伸破坏实验；② 莫尔圆⑤对应于无侧限压缩破坏实验；③ 第 3 个特殊的莫尔圆对应于剪切破坏面上无压应力的剪切破坏实验，但无压力很难做到（尤其是砂土），通常采用较低压力时其剪切破坏作为其破坏的近似表示。

应该注意到：现有的许多研究中未对土的三向相等拉伸强度与单轴拉伸强度进行明确区分，因而对拉剪耦合应力作用下的抗拉剪耦合作用强度机制没有给出较好描述。二维应力作用条件下的强度包线通常难以描述土的三维拉伸强度，三维拉伸强度需要在三维应力空间内对其进行探讨。而土体发生单轴拉伸破坏时，并非单纯的拉伸破坏，而是在拉剪耦合应力作用下的拉剪耦合破坏。这是因为实际土体处于三维主应力空间中，只有在三向相等拉应力（球应力）的作用下，土体才会完全受宏观张拉应力的控制，因为此时没有剪应力作用；但土体仅受单轴拉伸或双向张拉时，受到拉应力和剪应力的共同作用，并可能会发生拉剪耦合破坏。因此，图 11.98 中的莫尔圆①②③④均为拉剪耦合作用下的拉剪耦合破坏，并且抗拉剪耦合作用强度包线在单拉破坏时绝不能简单地被视为抗拉剪耦合作用强度包线与横轴（有效应力轴）相交于单轴拉伸应力 σ_t' 的强度点；而应该是抗拉剪耦合作用强度包线与单轴拉伸莫尔圆①相切的破坏点，莫尔圆①的直径是 σ_t'，莫尔圆①的大、小主应力分别为 $\sigma_3' = \sigma_t', \sigma_1' = 0$，此时的抗拉剪耦合作用强度包线并不是封闭的，参见图 11.98。此后，当 σ_1' 继续减小，就会出现三向都受拉的剪切作用，因为 $\sigma_2' < \sigma_1' < 0$，这时的抗剪强度肯定会比单向拉伸的抗剪强度减小得更加迅速，直到三向相等的球拉应力 $\sigma_1' = \sigma_2' = \sigma_3'$ 作用时，强度会到达最小值。

由于三向受拉的剪切实验太难做，实验数据也很难找到。因此，目前人们关于抗拉剪耦合作用强度的认识及合理的描述只能是针对莫尔圆的最大主应力 $\sigma_1' \geq 0$ 的情况（即莫尔圆①是最左端的莫尔圆），莫尔圆再继续向左侧扩展的理论或模型是缺少实验验证和支持的。

2. 抗拉剪耦合作用强度包线的拟合

前面讨论过，如果与破坏包线相切的莫尔圆中的最小主应力 $\sigma_3' < 0$，就会存在拉应力，此时破坏包线就不再是一条直线，而是一条曲线了。为了描述这段破坏包线，假定这一破坏包线是二次抛物线，即

$$\sigma' = a\tau^2 + b \tag{11.72}$$

式中，a、b 为需要通过实验确定的系数。这两个系数需要 2 个破坏包线上的实验点来确定。

确定式（11.72）二次曲线中的参数 a 和 b，需要用到前面提到过的莫尔圆①和莫尔圆⑤。莫尔圆⑤对应于无侧限三轴压缩破坏实验，其最大压应力值（破坏时的压力值）$\sigma_p' = \sigma_1'$；由于莫尔圆⑤还是压剪破坏，它满足莫尔−库仑强度准则，所以有

$$\begin{cases} \sigma_p' = \sigma_1'; \quad \sigma_3 = 0 \\ \tau_b = \sin(\phi' + 90°) \cdot (\sigma_1' + \sigma_3') / 2 = \sin(\phi' + 90°) \cdot \sigma_1' / 2 \\ \sigma_b' = (\sigma_1' + \sigma_3') / 2 + \cos(90° + \phi') \cdot (\sigma_1' + \sigma_3') / 2 = [1 + \cos(90° + \phi')] \cdot \sigma_1' / 2 \end{cases} \tag{11.73}$$

式中，ϕ' 是有效应力对应的摩擦角，它可以用常规的压缩实验方法确定（这就意味着此点破坏包线的斜率与线性的莫尔−库仑线的斜率相等）；τ_b 是莫尔圆⑤与破坏包线相切点处的剪应力；σ_b' 是莫尔圆⑤与破坏包线相切点处的有效压力；σ_p'（$= q_u$，见图 11.99）是外荷载引起的无侧限三轴压缩的最大压力值（破坏时的压力值）。当 $\sigma_p', \sigma_1', \sigma_3', \phi'$ 已知，就可以利用上面的表达式计算得到 τ_b, σ_b'。即采用莫尔圆⑤对应于无侧限三轴压缩破坏实验，就可以得到破坏包线上的一个点 (τ_b, σ_b')。

莫尔圆①对应于无侧限三轴张拉破坏实验，其最大拉应力值（破坏时的拉应力值）$\sigma_t' = \sigma_3'$。由于莫尔圆①是拉剪破坏，它不满足莫尔−库仑强度准则，其摩擦角因破坏包线是一条曲线，所以莫尔圆①与该破坏包线相切点的切线与水平线的夹角 α 是大于压缩摩擦角 ϕ' 的。由于无侧限三轴张拉破坏实验的资料较少，难以准确地给出夹角 α 的确定数值，此处假定 $\alpha = 1.5\phi'$（如果有夹角 α 的实测结果，则采用实测值）。莫尔圆①有以下关系式：

$$\begin{cases} \sigma_t' = \sigma_3'; \quad \sigma_1' = 0 \\ \tau_a = \sin(\alpha + 90°) \cdot (\sigma_1' + \sigma_3') / 2 = \sin(\alpha + 90°) \cdot \sigma_3' / 2 \\ \sigma_a' = (\sigma_1' + \sigma_3') / 2 + \cos(90° + \alpha) \cdot (\sigma_1' + \sigma_3') / 2 = [1 + \cos(90° + \alpha)] \cdot \sigma_3' / 2 \end{cases} \tag{11.74}$$

当 $\sigma_t', \sigma_1', \sigma_3', \alpha$ 已知时，就可以利用式（11.74）计算得到 τ_a, σ_a'。即采用莫尔圆①对应于无侧限三轴张拉破坏实验，就可以得到破坏包线上的一个点 (τ_a, σ_a')。

根据上述两个实验，即莫尔圆①对应的无侧限拉伸破坏实验和莫尔圆⑤对应的无侧限压缩破坏实验，可以得到破坏包线上的 2 个点：(τ_a, σ_a') 和 (τ_b, σ_b')。由这两个点就可以确定二次抛物线式（11.72）中的 2 个系数 a、b。经过推导得到

$$\begin{cases} a = \dfrac{\sigma_a' - \sigma_b'}{\tau_a^2 - \tau_b^2} \\ b = \sigma_b' - \dfrac{\sigma_a' - \sigma_b'}{\tau_a^2 - \tau_b^2} \tau_b^2 \end{cases} \tag{11.75}$$

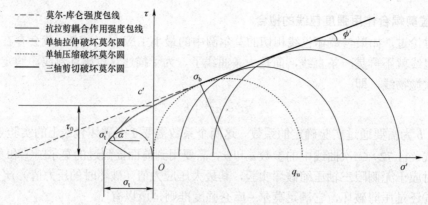

图例：
- --- 莫尔-库仑强度包线
- —— 抗拉剪耦合作用强度包线
- —·— 单轴拉伸破坏莫尔圆
- ······ 单轴压缩破坏莫尔圆
- —— 三轴剪切破坏莫尔圆

图 11.99　饱和黏土抗拉剪耦合作用强度模型破坏包线

式（11.72）给出了抗拉剪耦合作用强度的破坏包线的数学表达式，由于该线是二次曲线，其曲线各点的斜率是不同的。式（11.72）给出的破坏包线是莫尔−库仑强度包线下面的一条二次曲线（图 11.99），可以看到该破坏包线上各点切线的斜率是不同的，并且是大于压缩摩擦角 ϕ' 的。也就是说，该破坏包线上各点的常规意义上的 c'、ϕ' 值是不同的。通常已经知道二次曲线破坏包线的具体表达式（11.72），就可以利用解析几何学原理求得式（11.72）中各点的切线方程。二次曲线破坏包线上某一点的切线方程的斜率及与纵坐标轴的截距就分别对应了该点的常规意义上的 c'、ϕ' 值。

另外，还可以利用拉剪耦合破坏包线中剪切破坏面上有效压应力为零时的剪应力 τ_0 的实验结果，对模拟公式（11.72）进行对比验证，以观测拟合结果的准确性。当然，也可以利用 3 个实验点 (τ_a, σ'_a)、(τ_b, σ'_b) 和 $(\tau_0, \sigma'_0 = 0)$ 对二次曲线式（11.72）进行最小二乘法的拟合，具体做法就不在此叙述了。

11.3.2 节针对两类土，即 I 类土和 II 类土，分别建立了压剪强度理论。下面将同样根据这两类不同土的分类，分别建立拉剪与压剪联合强度理论。

3. I 类土的拉剪与压剪联合强度

I 类土的压剪强度，假定其黏聚力 $c' = 0$，并且破坏时其莫尔圆最小主应力 $\sigma'_3 \geqslant 0$。在其破坏面上用有效应力表达的莫尔−库仑强度理论为

$$\tau_f = \sigma' \cdot \tan \phi'$$

用有效主应力 σ'_1、σ'_3 表达的剪切破坏状态，即极限平衡状态为

$$\sigma'_1 = \sigma'_3 \frac{1 + \sin \phi'}{1 - \sin \phi'}$$

此式就是 I 类土剪切破坏状态时，主应力 σ'_1、σ'_3 应该满足的关系式。式中参数 ϕ' 的定义与库仑强度表达式（11.7）的参数 ϕ'_μ 相同。通常当已知一个有效主应力 σ'_1 或 σ'_3 时，采用此式就可以求得剪切破坏时另一个有效主应力的具体值。

I 类土的拉剪强度包线采用式（11.72）作为强度表达式，并利用式（11.73）至式（11.75）确定其系数，其中摩擦角 ϕ' 与 I 类土压剪实验的摩擦角相同（正常固结土过原点的强度线的摩擦角），其适用范围为最小主应力 $\sigma'_3 < 0$。这里需要注意的是：压剪阶段，当破坏面的有效压应力为零时，忽略黏聚力的作用（实际上就是忽略了抵抗张拉的强度和作用），假定其抗剪强度为零。这种做法是为了简化和数学处理方便，并且是偏于保守的。但抗拉剪强度就是

要考虑黏聚力抵抗张拉应力的作用及其影响，此时黏聚力就不可忽略。因此，在破坏莫尔圆的最小主应力 $\sigma_3' = 0$ 时，考虑黏聚力的抗拉剪强度与不考虑黏聚力的抗压剪强度就会出现突变和跳跃。此处，拉剪强度反而会大于压剪强度。产生这种情况的原因是是否考虑黏聚力的影响。在 2 个破坏包线中有效压力为零时，也存在同样的情况（实际上，压剪破坏包线的适用范围是其破坏时的莫尔圆的最小主应力 $\sigma_3' \geqslant 0$，而不是破坏包线中有效压力为零时的情况，见图 11.98 中莫尔圆⑤）。

4. Ⅱ类土的拉剪与压剪联合强度

Ⅱ类土的压剪强度是用剪应力的峰值表示的，并且破坏时其莫尔圆最小主应力 $\sigma_3' \geqslant 0$。它可以用 11.3.2 节介绍的有效应力表示的莫尔–库仑强度公式表示：

$$\tau_p' = c_{pe}' + \sigma_p' \cdot \tan \phi_p'$$

式中，τ_p' 为峰值剪应力，c_{pe}' 为峰值状态线在纵坐标轴的截距，ϕ_p' 为峰值状态线的倾角（摩擦角），该倾角 ϕ_p' 小于Ⅰ类土的摩擦角 ϕ'。在 c_{pe}' 中，角标 e 代表截距，c_{pe}' 依赖于孔隙比 e，参见图 11.28（a）。由图 11.28（a）可以看到，$c_{pe}' > 0$，即有效压力为零时还可以承受张拉应力。

用有效主应力 σ_1'，σ_3' 表达的剪切破坏状态，即极限平衡状态为

$$\sigma_1' = \sigma_3' \frac{1 + \sin \phi_p'}{1 - \sin \phi_p'} + 2c_{pe}' \frac{\cos \phi_p'}{1 - \sin \phi_p'} \tag{11.76}$$

式（11.76）就是Ⅱ类土剪切破坏状态时，主应力 σ_1'，σ_3' 应该满足的关系式。其中 c_{pe}' 和 ϕ_p' 的含义与式（11.18）中的相同。

Ⅱ类土的**抗拉剪强度**包线仍然采用式（11.72）作为强度表达式，并利用式（11.73）至式（11.75）确定其系数。其中式（11.73）中的摩擦角 ϕ' 此时与Ⅱ类土峰值线的摩擦角 ϕ_p' 相同，参见图 11.28（a）。其适用范围为破坏时的莫尔圆最小主应力 $\sigma_3' < 0$。这里需要注意的是：压剪阶段，当破坏面的有效压应力为零时，不忽略超固结和黏聚力的作用，其抗剪强度不为零。因此，在破坏莫尔圆的最小主应力 $\sigma_3' = 0$ 时，可以考虑拉剪强度与压剪强度在此处相等和连续，所以此处有：式（11.73）中 $\phi' = \phi_p'$。

在有拉应力条件下，黏性土的破坏可能是剪切破坏，也可能是拉伸破坏。在有拉应力存在的复杂应力状态下，破坏状态的判断是比较困难的。实际应用中，通常保守的做法是：分别分析土的抗拉强度和抗拉剪耦合作用强度，然后取两个强度的最小强度作为土的强度。

11.11.3　土的抗拉强度和抗拉剪耦合作用强度的测试

在土力学实验中，测定土的抗拉强度一般不能像其他材料一样进行竖向的单轴拉伸实验。这是由于土的抗拉强度值一般很低，其极限拉应变也很小（一般当 ε 为 0.1%左右时就会出现断裂破坏）。土的自重常常足以导致土体被拉断。另外，土样端部由于抗拉强度很低，难以承受卡具的固定作用以进行常规的实验，因此通常需要对土样端部进行局部增强或加固。

张拉或拉剪实验首先需要建立相应的破坏准则和判断标准，另外还要给出加载速率。通常如果是脆性破坏，由于变形和破坏过程较短，一般采用不排水条件进行实验。在没有建立工程界接受的破坏准则和判断标准前，暂时以 0.8 mm/min 的剪切速度进行剪切，直至测力计读数出现峰值，再继续剪切至剪切位移为 4 mm 时，或试样出现裂缝时（轴向应变 ε 接近 0.1%就可能会出现裂缝），停机记下破坏值。

土的单轴拉伸实验是测定土抗拉强度的最直接和有效的实验方法，它还可以测得土的拉

伸应力–应变关系。但由于土抗拉强度和极限拉应变都很小，并且对于土样缺陷很敏感，所以这种实验一般很难做好，必须细心进行。

下面介绍北京交通大学研制的土体抗拉强度实验装置（车睿杰，2015）。图11.100为新型土体抗拉强度实验装置设计平面图及侧视图，图11.101为新型土体抗拉强度实验装置实体图。实验装置由加载系统、数据传输系统和拉伸系统三部分组成。在具体实验过程中，左侧拉伸模具保持固定不动，右侧拉伸模具在电动机的牵引下拉伸土样，直至试样被拉坏。实验过程中，拉力和位移的数据可实现同步采集。每个土样在拉伸实验前后进行空车拉伸测试，测得移动模具的摩擦力数据，取其平均值作为拉伸实验过程中的摩擦力。实验过程中力传感器所采集到的数据为移动模具所受的总拉力值，总拉力值减去摩擦力即为土样所受实际拉力值。也可以将试样下部涂油或放置涂油滚珠及玻璃条以消除底部的摩擦力。将所获得的实际

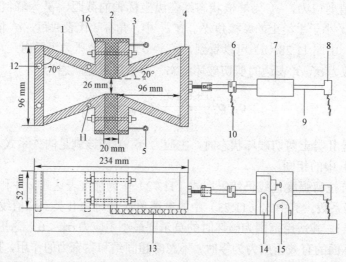

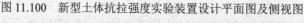

注：1—拉伸模具侧壁；2—不锈钢插块；3—插块固定螺栓；4—拉伸模具端壁；5—位移光栅；6—S形力传感器；7—加载系统；8—位移传感器；9—电动机轴；10—数据传输线；11—侧壁固定螺栓；12—端壁固定螺栓；13—导轨；14—电动机；15—加载控制系统；16—拉伸模具延伸臂。

图11.100　新型土体抗拉强度实验装置设计平面图及侧视图

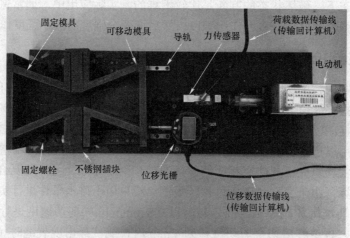

图11.101　新型土体抗拉强度实验装置实体图

拉力除以截面面积得到土样中的拉应力值，土样拉伸破坏的位移与土样受拉方向的有效长度 20 mm 之比即为土样的应变值。由此可求得抗拉应力-应变曲线，并选取该曲线上的峰值点作为该条件下土样的抗拉强度值。

Lu 等人（2007）还研制了一种砂土的张拉实验装置，并给出了一些非饱和砂土的实验结果。

思 考 题

1. 如何描述土的强度？

2. 除了外力作用外，还有哪些因素会引起土体的破坏？

3. 为何说土的强度是某一点的强度？

4. 如何确定土的破坏？

5. 土的破坏有哪些表现形式？

6. 土的脆性破坏与塑性破坏有哪些相同和不同？

7. 常用的破坏准则有哪些？

8. 临界状态强度与残余强度有何相同和不同？

9. 为何土的强度主要是抗剪强度？

10. 产生土的抗剪强度的机理有哪些？

11. 库仑强度理论与莫尔－库仑强度理论的区别是什么？

12. 强度破坏包线与莫尔圆有何关系？破坏包线上每一点的参数 c', ϕ' 是否相同，它们是如何确定的？

13. 莫尔－库仑强度理论有何局限性？

14. 为何说对于强超固结土，峰值强度不是一个平衡、稳定的强度？

15. 土的临界状态摩擦角与其应力历史和初始结构有何关系？

16. 为何说土的强度与实验方法有关？

17. 三轴压缩与三轴伸长实验有何不同？反映了什么情况？

18. 为何说温度的变化会引起饱和黏土中孔隙比和有效应力的变化？

19. 实验方法中排水或不排水条件是如何确定的？

20. 有哪两种确定土的强度及其参数的方法？

21. 为何说很多时候，用有效应力表示的实验结果都被错误使用（总应力法也有类似的情况），所得到的强度指标 c' 值偏高，而 ϕ' 值偏低？

22. 坐标系 τ, σ' 与坐标系 q, p' 这两个坐标系中的应力有何关系？

23. 三轴实验中，软黏土（或松砂）与较坚硬的黏土（密砂）的破坏模式分别是怎样的？

24. 土的破坏概念可能会有很多含义，试着给出一些解释和说明。

25. 土体进入峰值后的应变软化阶段意味着什么？

26. 当围压不变时，偏应力作用下，什么情况会产生正孔压？什么情况会产生负孔压？

27. 通常实验曲线中，有效应力为 0 时，为何其抗剪切强度 $\tau_f = 0$？

28. 讨论为何有下面的说法："库仑强度准则公式中的 c' 和 ϕ' 值，虽然具有一定宏观的物理意义，即黏聚力和摩擦角，但最好把 c' 和 ϕ' 值理解为是将破坏实验结果进行整理后得到的两个拟合参数。"

29. 如何描述强超固结土的强度?

30. 工程中确定土的强度时,需要考虑哪些问题及采用哪些工作步骤?

31. 试讨论:具体固结和排水条件下的实验结果(即 c' 和 ϕ' 值)与产生土的抗剪强度的机理之间具有怎样的关系?

32. 11.3.3 节中提到,根据 I 类土(剪缩状态土)和 II 类土(剪胀状态土)的划分和前面按照这种划分建立的抗剪强度计算公式,针对这两类土的固结和排水情况及相应的计算公式,可以得到它们的强度包线分别是两段折线 ab 和 bc(排除不固结不排水情况),如图 11.33 所示。折线 ab 为 II 类土(超固结土)的强度包线,直线 Obc 为 I 类土(正常固结土)的强度包线。图 11.33 中正常固结土的莫尔圆的小主应力 $\sigma_3 = \sigma_p$(σ_p 为先期固结压力),该莫尔圆与其破坏强度包线 Obc 线相切于 b 点。当莫尔圆的小主应力 $\sigma_3 > \sigma_p$,为正常固结状态;反之,当莫尔圆的小主应力 $\sigma_3 < \sigma_p$,为超固结状态。三轴压缩实验中会采用多个不同围压 σ_3 值,其中既有 $\sigma_3 > \sigma_p$ 的(属于正常固结),也有小于 σ_p 的(这就意味着超固结),并用这种多个不同围压 σ_3 确定土的抗剪强度及其强度指标。这种情况确定的强度指标用 c_d, ϕ_d 表示,见图 11.33 中的 de 直线,de 线的截距为 c_d,摩擦角为 ϕ_d。这样确定的剪切强度线 de 与 I 类土的剪切强度线 bc 和 II 类土的剪切强度线 ab 相比有何优缺点?

33. 为何说:"确定土的强度时,不但要关注土的应力情况,还要注意平面应变问题与三维轴对称问题的侧向限制和约束的差别"?

34. 混合土的剪切强度有哪些特点?

35. 何时需要考虑土的张拉强度和拉剪耦合强度?张拉强度和拉剪耦合强度是如何描述的?

12 饱和土的固结理论

固结是土力学最重要的问题之一，它是土区别于一般金属材料的一个重要特性。金属材料受力后变形会立刻发生，但土的变形是随时间不断发展的，原因在于土的变形是由有效应力控制的。土体在受力后，超静孔隙水压力随时间逐渐消散，而有效应力将随时间逐渐增大，进而导致变形随时间的发展而不断增大，这个过程就是固结。即使总应力不变，孔隙水压力的减小也能引起有效应力的增大，进而导致土体进一步压缩。由于孔隙水的变化与水的流动有关，而水的流动往往要经历一定时间，因此固结是一个变形随时间不断发展的过程。

12.1 太沙基一维固结理论

一维固结又称单向固结，是指土体在荷载作用下产生的变形与孔隙水的流动仅发生在一个方向上的固结问题。严格的一维固结只发生在室内有侧限的固结实验中，在实际工程中并不存在；但在大面积均布荷载作用下的固结，可近似为一维固结问题。

12.1.1 固结模型

为了便于分析和求解，太沙基作了一系列简化假设：

（1）土体是均质的、完全饱和的；

（2）土的渗透系数与压缩系数均为常量；

（3）土粒与水均为不可压缩介质；

（4）外荷载一次瞬时加到土体上，在固结过程中保持不变；

（5）土体的应力与应变之间存在直线关系；

（6）在外力作用下，土体中只引起上下方向的渗流与压缩；

（7）土中渗流服从达西定律；

（8）土体变形完全是由孔隙水排出和超静水压力消散所引起的。

太沙基（1925）建立了如图 12.1 所示的模型，图中整体代表一个土单元，弹簧代表土骨架，水代表孔隙水，活塞上的小孔代表土的渗透性，活塞与筒壁之间无摩擦。

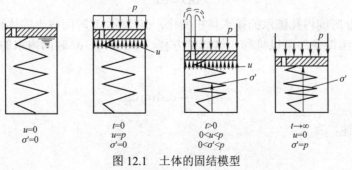

图 12.1 土体的固结模型

在外荷载刚施加的瞬时，水还来不及从小孔中排出，弹簧未被压缩，荷载全部由孔隙水所承担，水中产生超静孔隙水压力。固结过程就是超静孔隙水压力随时间消散的过程。超静孔隙水压力有两种定义（Gibson et al.，1989）：一是指超出静水压力的那部分水压力；二是指超过稳定流场中土的孔隙水压力。实际上超静孔隙水压力是由土的变形趋势引起的孔隙水压力增量。

随着时间的发展，水不断从小孔中向外排出，超静孔隙水压力逐渐减小，弹簧逐步受到压缩，弹簧所承担的力逐渐增大。弹簧中的应力代表土骨架所受的力，即土体中的有效应力，根据有效应力原理，在这一阶段有效应力与超静孔隙水压力之和为总应力。当水中超静孔隙水压力减小到 0 时，水不再从小孔中排出，全部外荷载由弹簧承担，即有效应力等于总应力。

12.1.2　太沙基一维固结方程

根据上述物理模型与基本假定，取土体中距排水面某一深度处的土单元体，如图 12.2 所示。水位线位于土层顶面，在初始时刻未施加荷载时，土体孔压为线性分布，此时顶部和底部的总水头相等，土中水处于静水平衡状态。随后在土层顶面施加一个均布荷载 p，土体内部将产生超静孔隙水压力 u，由于土层顶面是透水面，其超静孔隙水压力将迅速降为 0，在水头差驱使下导致孔隙水由底部向顶部渗流。由于土骨架对孔隙水的渗流有阻碍作用，因此除了在荷载施加的瞬时及固结完成时刻以外，在固结过程中土单元的上下表面处的超静孔隙水压力是不同的。因此，超静孔隙水压力是时间和深度的函数。在固结过程中，单元体在 t 时间内沿竖向排出的水量等于单元体在时间内竖向压缩量。

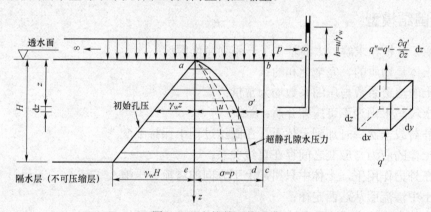

图 12.2　土体单元的固结

对于饱和土，假定土颗粒和水不可压缩，土体的变形只能由孔隙水的排出引起，即

$$dQ = dV \tag{12.1}$$

式中，dQ 表示 dt 时间内孔隙水的排水体积变化，dV 表示 dt 时间内土的体积变化。

利用这个连续性条件可以推导一维固结方程，单元体在 dt 时间内水的流量变化可以表示为

$$dQ = \frac{\partial v}{\partial z} dz dx dy dt \tag{12.2}$$

根据达西定律，有

$$v = ki = \frac{k}{\gamma_{\mathrm{w}}}\frac{\partial u}{\partial z} \tag{12.3}$$

将式（12.3）代入式（12.2）中，有

$$\mathrm{d}Q = \frac{k}{\gamma_{\mathrm{w}}}\frac{\partial^2 u}{\partial z^2}\mathrm{d}x\mathrm{d}y\mathrm{d}z\mathrm{d}t \tag{12.4}$$

由此建立排水体积与孔压的关系。接下来看式（12.1）的右边。

$$V = (1+e)V_{\mathrm{s}} = (1+e)\frac{V_0}{1+e_0} \tag{12.5}$$

因此，$\mathrm{d}t$ 时间内体积变化为

$$\mathrm{d}V = \frac{V_0}{1+e_0}\mathrm{d}e \tag{12.6}$$

根据土的一维压缩曲线，可以得出孔隙比与有效应力的关系，即

$$\mathrm{d}e = -a\mathrm{d}\sigma' = -a(\mathrm{d}\sigma - \mathrm{d}u) \tag{12.7}$$

将式（12.7）代入式（12.6）中，有

$$\mathrm{d}V = \frac{aV_0}{1+e_0}\mathrm{d}u = \frac{a}{1+e_0}\left(\frac{\partial u}{\partial t} - \frac{\partial \sigma}{\partial t}\right)\mathrm{d}x\mathrm{d}y\mathrm{d}z\mathrm{d}t \tag{12.8}$$

将式（12.8）和式（12.4）代入式（12.1）中，得到

$$\frac{\partial u}{\partial t} - \frac{\partial \sigma}{\partial t} = C_{\mathrm{v}}\frac{\partial^2 u}{\partial z^2} \tag{12.9}$$

式中，C_{v} 为固结系数，表示为

$$C_{\mathrm{v}} = \frac{k(1+e_0)}{a\gamma_{\mathrm{w}}} \tag{12.10}$$

根据前述假设（4），此时 $\dfrac{\partial \sigma}{\partial t} = 0$，此时式（12.9）可简化为

$$\frac{\partial u}{\partial t} = C_{\mathrm{v}}\frac{\partial^2 u}{\partial z^2} \tag{12.11}$$

式（12.11）就是太沙基一维固结方程。这是一个关于超静孔隙水压力的微分方程，通过求解此方程可以得到超静孔隙水压力随时间消散的情况。

12.2 太沙基一维固结方程的求解

太沙基一维固结方程（12.11）与热传导方程具有同样的形式，如果固结系数是常数，就可以采用热传导方程的通解来给出解答。因此太沙基做了假设（2），即土的渗透系数与压缩系数均为常量，这样一来，固结系数也是常量。只要给定边界条件和初始条件，就可以求解微分方程式（12.11），从而就能得到超静孔隙水压力随时间沿深度的变化规律。

采用分离变量法，令 $u(z,t) = F(z) \cdot G(t)$，代入式（12.11）中得到

$$C_v F''(z) G(t) = F(z) G'(t)$$

$$或 \frac{F''(z)}{F(z)} = \frac{1}{C_v} \frac{G'(t)}{G(t)} \tag{12.12}$$

式（12.12）通解为

$$u = \left[B_1 \cos(Az) + B_2 \sin(Az) \right] \exp\left(-A^2 C_v t \right) \tag{12.13}$$

根据不同的初始条件和边界条件，可以确定式（12.13）中的参数，得到相应的解析解。

12.2.1 单面排水应力均布

1. 超静孔隙水压力的求解

如图 12.2 所示，土层厚度为 H，排水条件为单面排水，表面作用瞬时施加的大面积均布荷载 p。此时边界条件（可压缩土层顶底面排水条件）和初始条件（开始固结时的附加应力分布情况）如下：

边界条件为

$$z = 0, \quad u(t, 0) = 0$$
$$z = H, \frac{\partial u}{\partial z} = 0 \tag{12.14}$$

初始条件为

$$t = 0, \quad u(0, z) = p \, (0 \leqslant z \leqslant H) \tag{12.15}$$

结束条件为

$$t = \infty, \quad u(\infty, z) = 0 \, (0 \leqslant z \leqslant H) \tag{12.16}$$

根据边界条件式（12.14）、初始条件式（12.15）和结束条件式（12.16），可确定式（12.13）中的积分常数 A、B_1、B_2，得到此时的解析解为

$$u(t, z) = \frac{4p}{\pi} \sum_{n=1}^{\infty} \frac{1}{(2n-1)} \sin \frac{(2n-1)\pi z}{2H} \exp\left[-\frac{(2n-1)^2 \pi^2}{4} T_v \right] \tag{12.17}$$

式中，n——正整数，即 n=1，2，3，…；

H——最长排水距离，当土层为单面排水时，H 等于土层厚度；当土层为上下双面排水时，H 取一半土层厚度；

T_v——时间因数，$T_v = \dfrac{C_v t}{H^2}$。

2. 超静孔隙水压力瞬时分布

图 12.3 给出了顶面排水底部不排水条件下，土体在不同时刻的超静孔隙水压力的瞬时等压线。未施加荷载时孔隙水处于平衡状态，此时的孔压分布如图 12.3（a）中 ab 线所示，土样内部的总水头（位置水头与压力水头之和）均为 H，不存在水头差。土层表面施加均布附加应力的瞬时，产生超静孔隙水压力，由于顶部排水，假设顶部水压瞬时降为 0，则初始时刻瞬时超静孔隙水压力分布为 af_1e，该曲线与 de 相切，表明此时固结只发生在上部土体，下部土体未发生变形。从图 12.3（a）中还可以看到，此时土层底部水头（$H+h_1$）大于顶部总水头（H），水将会从底部向顶部渗流。随着排水从表层开始逐渐深入，当孔压分线 af_1 到达 ec

时，底部也开始排水，此后随着时间的发展，超静孔隙水压力分布线逐渐变为 af_2，直到最后变为 ac 时超静孔隙水压力完全消散。

图 12.3（b）给出了不同时刻在孔压-深度坐标系中超静孔压力分布情况，从这个图可以更明确地看到图 12.3（a）中的超静孔隙水压力变化。初始时刻超静孔隙水压力最大，随着时间发展，超静孔隙水压力不断减小，在土层底部直线 cf_2 长度逐渐减小，表征有效应力大小的 e 点、f_2 点之间的距离增大。

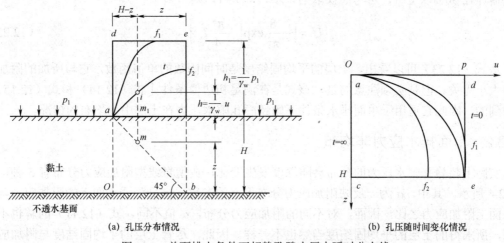

(a) 孔压分布情况　　　　　　　　　　　　(b) 孔压随时间变化情况

图 12.3　单面排水条件下超静孔隙水压力瞬时分布线

3. 固结度

利用式（12.17）可以求出在任意时刻 t 和任意深度 z 处的超静孔隙水压力。为了更好地研究超静孔隙水压力的消散，接下来给出固结度的概念。土中一点的固结度可以定义为在某一荷载作用下经过时间 t 后土体固结过程完成的程度。土体在固结过程中完成的固结变形和土体抗剪强度增长均与固结度有关。土体中某点的固结度可表示为

$$U = \frac{\sigma'}{\sigma} = 1 - \frac{u}{\sigma} \tag{12.18}$$

在实际应用中，人们更关心的是土层的平均固结度。地基土层在某一荷载作用下，经过时间 t 后所产生的固结变形量 S_t，与该土层固结完成时最终固结变形量 S_∞ 之比称为平均固结度，也称地基固结度，即

$$U = \frac{S_t}{S_\infty} \tag{12.19}$$

其中 t 时刻土层的总沉降量可按下式计算

$$S_t = \int_0^H \varepsilon \, dz = \int_0^H \frac{\sigma'}{E_s} \, dz = \int_0^H \frac{\sigma - u}{E_s} \, dz \tag{12.20}$$

式中，ε 为应变，σ' 为有效应力，E_s 为压缩模量。将式（12.20）代入式（12.19）得到

$$U = \frac{\int_0^H \dfrac{\sigma - u}{E_s} \, dz}{\int_0^H \dfrac{\sigma}{E_s} \, dz} = 1 - \frac{\dfrac{1}{E_s} \int_0^H u \, dz}{\dfrac{\sigma}{E_s} H} = 1 - \frac{\dfrac{1}{H} \int_0^H u \, dz}{\sigma} = 1 - \frac{u_t}{\sigma} \tag{12.21}$$

式中，H 为土层厚度，u_t 为 t 时刻土层的平均孔压。将式（12.17）代入式（12.21），可以得到固结度表达式为

$$U = 1 - \frac{8}{\pi^2} \sum_{n=1}^{\infty} \frac{1}{(2n-1)^2} \exp\left[-\frac{(2n-1)^2 \pi^2}{4} T_v\right], \quad n = 1, 2, 3, \cdots \quad （12.22）$$

式（12.22）的级数收敛很快，计算时可根据情况近似地取级数前几项，一般情况下当固结度取值估计在 30% 以上时，可考虑仅取前一项，即 $n=1$，则

$$U = 1 - \frac{8}{\pi^2} \exp\left(-\frac{\pi^2}{4} T_v\right) \quad （12.23）$$

从式（12.23）可以看出，土层的平均固结度是时间因数的单值函数，它与所加的附加应力的大小无关。但是必须注意的是，该式是在满足初边值条件［式（12.14）和式（12.15）］下得到的，因此它适用于单面排水条件下始超静孔隙水压力在土层中为均布的情况。

12.2.2 单面排水应力非均布

实际上超静孔隙水压力的分布会随深度发生变化，典型直线型附加应力分布有 5 种，如图 12.4 所示。其中，α 为一反映附加应力分布形态的参数，定义为透水面上的附加应力与不透水面上附加应力之比。因而，对不同的附加应力分布，α 值不同，式（12.11）的解也不尽相同，所求得的土层的平均固结度当然也不一样。因此，尽管土层的平均固结度与附加应力大小无关，但其与 α 值有关，即与土层中附加应力的分布形态有关。

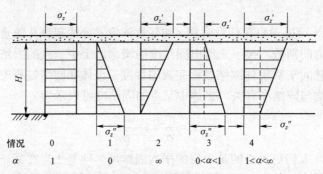

图 12.4　典型直线型附加应力分布

式（12.23）是在满足式（12.14）～式（12.16）的边界条件下得到的。原则上，对于各种情况的初始条件和边界条件，式（12.11）均可求解，从而得到类似于式（12.23）的土层平均固结度。如图 12.4 所示的情况 1，其附加应力随深度呈逐渐增大的正三角形分布，此时初始条件变为

$$t = 0, \quad u = \sigma_z'' \frac{z}{H} (0 \leqslant z \leqslant H) \quad （12.24）$$

根据上述条件，以及式（12.14）和式（12.16），求解式（12.11）得到情况 1 的平均固结度为

$$U_1 = 1 - \frac{32}{\pi^3} \sum_{n=1}^{\infty} \frac{(-1)^{n-1}}{(2n-1)^3} \exp\left[-(2n-1)\frac{2\pi^2}{4} T_v\right], \quad n = 1, 2, 3, \cdots \quad （12.25）$$

式（12.25）比式（12.22）收敛得更快，一般也可以只取级数的第一阶。

对于其他情况，也可应用不同初始边界条件进行求解。研究表明，在某种分布图形的附加应力作用下，任一历时内均质土层的变形相当于此应力分布图各组成部分在同一历时内所引起的变形的代数和，亦即在固结过程中，有效应力与孔隙应力分布图形可根据叠加原理来确定。如图 12.4 中的情况 3，在任一历时 t 内所产生的沉降量应等于该图中情况 0 和情况 1 在相同历时内所引起的沉降量之差。可以证明，图 12.4 所示的直线分布各种附加应力作用下土层的平均固结度可以用情况 0 和情况 1 的固结度来表示，即

$$U_3 = \frac{2\alpha U + (1-\alpha)U_1}{1+\alpha} \qquad (12.26)$$

式中，U 表示均布附加应力下的土层固结度，由式（12.22）求得；U_1 表示附加应力三角形分布下的土层固结度，由式（12.25）求得。

为了方便使用，已将各种附加应力呈直线分布（即不同 α 值）情况下土层的平均固结度与时间因数之间的关系绘制成曲线，如图 12.5 所示。

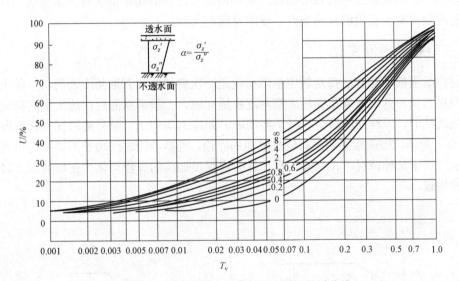

图 12.5　平均固结度 U 与时间因数 T_v 关系曲线

12.2.3　双面排水

对于双面排水的情况，此时边界条件变为

$$u(t,0) = 0$$
$$u(t,H) = 0 \qquad (12.27)$$

利用边界条件也可以求出双面排水的解析解，此时排水最长距离变为 $H/2$，时间因数计算的取值与单面排水不同。

双面排水条件下，其附加应力分布也可能存在如图 12.4 所示的各种不同情况。此时，不论土层中附加应力分布为哪一种情况，只要是线性分布，均可按图 12.4 中的情况 0 计算。因为此时如果利用叠加原理，其余情况进行叠加后均可简化情况 0 的分布。图 12.6 中不同附加应力条件下的双面排水展示了不同附加应力分布条件下双面排水的等压线分布图，从图中可

以看到，双面排水的超静孔隙水压力分布线的形状相同，只是峰值大小存在差别。

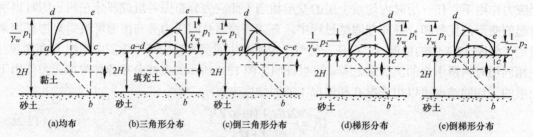

(a)均布   (b)三角形分布   (c)倒三角形分布   (d)梯形分布   (e)倒梯形分布

图 12.6   不同附加应力条件下的双面排水超静孔隙水压力分布（Terzaghi，1943）

12.3   一维固结理论的发展

太沙基一维固结理论中有很多假设，这些假设与土体的实际情况有一定差别，许多新的固结理论就是在减少假设约束的条件下逐渐发展起来的。

12.3.1   荷载随时间变化

上述固结度的计算方法都是假定基础荷载是一次突然施加到地基上去的，实际上，工程的施工期相当长，基础荷载是在施工期内逐步施加的。一般可以假定在施工期间荷载随时间的增加是线性的，工程完成后荷载就不再增加。如施工期为 t_1，荷载随时间变化的曲线可用图 12.7（a）表示。如在施工期内有较长时间的停顿，则荷载随时间增长的曲线可以用图 12.7（b）表示。对于这种情况，在实际工程计算中将逐步加荷的过程简化为在加荷起止时间中点一次瞬时加载。

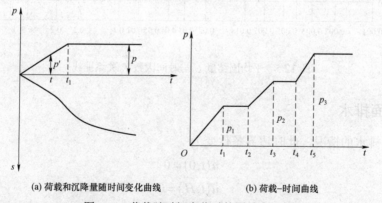

(a) 荷载和沉降量随时间变化曲线   (b) 荷载−时间曲线

图 12.7   荷载随时间变化时的固结度计算

对于如图 12.7（a）所示情况，应力分布可以表示为

$$\sigma = \begin{cases} pt/t_1, & t < t_1 \\ p, & t \geqslant t_1 \end{cases} \tag{12.28}$$

太沙基（Terzaghi，1943）提出了一个简化计算方法，用面积相等原理，在 $t=t_1$ 的固结度

近似等于 $t=t_1/2$ 瞬时的固结度，此时固结度为

$$\begin{cases} U_t = U_{\frac{t}{2}} \cdot \dfrac{p'}{p}, \ 0 < t < t_1 \\ U_t = U_{t-\frac{t_1}{2}}, \qquad t \geqslant t_1 \end{cases} \tag{12.29}$$

式中：U_t——t 时刻对荷载 p 而言的固结度；

p'——当 $t < t_1$ 时 t 时刻的荷载；

$U_{\frac{t}{2}}, U_{t-\frac{t_1}{2}}$——瞬时荷载为 p，加荷时间为 $t/2$ 和 $t-t_1/2$ 的固结度。

如多级加载，如图 12.7（b）所示，可采用叠加法计算，即

$$U_t = U_{t_1} \frac{p_1}{\sum p} + U_{t_2} \frac{p_2}{\sum p} + \cdots \tag{12.30}$$

式中：U_t——t 时刻对荷载 $\sum p$ 而言的固结度；

$\sum p$——各级荷载之和；

U_{t_i}——t 时刻对荷载 p_i 而言的固结度，可采用式（12.29）计算。

实际工程中还存在更多复杂的情况，比如荷载非线性增加，此时亦可按上述方法简化计算。但如果要严格地考虑荷载随时间的变化，则需根据固结方程式（12.9）进行求解。

12.3.2　参数随深度变化

太沙基固结理论假设渗透系数与压缩系数均为常量，从而保证了固结系数是一个常数，便于固结方程的求解，但实际土体中不同位置处的这些参数并不是常数。可能存在多层不同性质土体的情况，如果各分层间的固结特性相差较大，则需对土体进行分层来求解。不均匀土层中超静孔隙水压力的分布将有明显变化，此时固结方程的求解也将更加复杂。

对于渗透系数不是常数的情况，则式（12.4）应该表示为

$$dQ = \frac{\partial}{\partial z}\left(\frac{k}{\gamma_w} \frac{\partial u}{\partial z} \right) dxdydzdt \tag{12.31}$$

将式（12.31）和式（12.8）代入式（12.1）中，并假定荷载不随时间变化，则可得

$$m_v \frac{\partial u}{\partial t} = \frac{\partial}{\partial z}\left(\frac{k}{\gamma_w} \frac{\partial u}{\partial z} \right) \tag{12.32}$$

式中，m_v 是体积压缩系数，其定义为

$$m_v = \frac{a}{1+e_0} \tag{12.33}$$

Zhu 和 Yin（2012）给出了参数随深度变化条件下固结方程的解析解，假定参数随深度变化为

$$k = k_0\left(1 + \alpha \frac{z}{H}\right)^p$$
$$\tag{12.34}$$
$$m_v = m_{v0}\left(1 + \alpha \frac{z}{H}\right)^q$$

式中，k_0 为表层土的渗透系数，m_{v0} 为表层土的体积压缩系数，α、p、q 为参数。

图 12.8 和图 12.9 给出了在不同条件下的式（12.32）解析解的结果。可以看到，单面排水受参数变化的影响要大于双面排水。对于图 12.8 中只有渗透系数随深度变化的情况，其随深度变化率越大（α 绝对值越大），固结度变化越大。单面排水条件下，$\alpha > 0$，渗透系数随深度增幅越大时，固结度变小；而 $\alpha < 0$，渗透系数随深度减幅越大时，固结度变大。而对于双面排水，不论渗透系数增大还是减小，其固结度均变大。图 12.9 给出了压缩系数变化时固结度的变化，从图中看到压缩系数变化的影响要小于渗透系数。

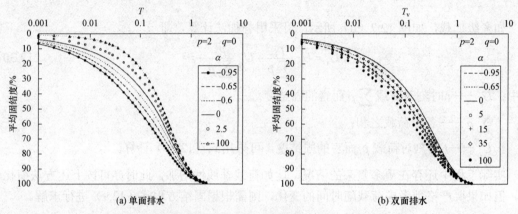

图 12.8　渗透系数随深度变化时的固结度（Zhu et al.，2012）

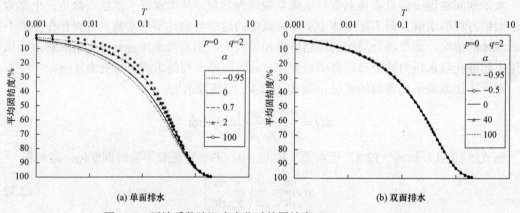

图 12.9　压缩系数随深度变化时的固结度（Zhu et al.，2012）

12.3.3　土层厚度随时间变化

土层在沉积过程中其厚度随时间不断变化（图 12.10），这是一个在自重作用下的固结过程，当沉积是均匀发生在大面积的土层范围内的话，就近似为一个一维固结问题。此时土层厚度是一个随时间变化的函数 $H(t)$，因此固结方程（12.9）变为

$$C_v \frac{\partial^2 u}{\partial z^2} = \frac{\partial u}{\partial t} - \gamma \frac{\partial H}{\partial t}$$

（12.35）

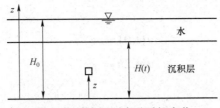

图 12.10 土层厚度随时间变化

单面排水边界条件为

$$z = 0, \quad u = 0$$
$$z = H, \frac{\partial u}{\partial z} = 0 \tag{12.36}$$

此时由于边界条件随时间不断变化，要想得到解析解，需要给出土层厚度随时间变化的规律，为此 Gibson（1958）给出了不同的解答。

如果土层厚度与时间的平方根成正比，即

$$H = R\sqrt{t} \tag{12.37}$$

式中，R 为表征沉积速率的参数。

利用式（12.37），求解可以得到

$$u = \gamma' R\sqrt{t} \left[1 - \frac{\exp\left(-\dfrac{z^2}{4C_v t}\right) + \dfrac{z}{2}\left(\dfrac{\pi}{C_v t}\right)^{\frac{1}{2}} \mathrm{erf}\left(\dfrac{z}{2\sqrt{C_v t}}\right)}{\exp\left(-\dfrac{R^2}{4C_v t}\right) + \dfrac{R}{2}\left(\dfrac{\pi}{C_v}\right)^{\frac{1}{2}} \mathrm{erf}\left(\dfrac{R}{2\sqrt{C_v}}\right)} \right] \tag{12.38}$$

式中，$\mathrm{erf}(x) = \dfrac{2}{\sqrt{\pi}} \displaystyle\int_0^x \mathrm{e}^{-u^2} \, \mathrm{d}u$ 为误差函数。

如果土层厚度与时间成正比，即

$$H = Qt \tag{12.39}$$

利用式（12.39），求解可以得到

$$u = \gamma' Qt - \frac{\gamma'}{\sqrt{\pi C_v t}} \exp\left(-\frac{z^2}{4C_v t}\right) \int_0^\infty \xi \tanh\left(\frac{Q\xi}{2C_v}\right) \cosh\left(\frac{z\xi}{2C_v t}\right) \exp\left(-\frac{z^2}{4C_v t}\right) \mathrm{d}\xi \tag{12.40}$$

需要对其中的积分进行数值求解后，才能得到相应的解答。

12.3.4 连续排水边界条件

边界条件对固结性状有重要影响，针对不同的边界条件得到的解答不同，比如达到同一固结度，单面排水所需时间为双面排水的 4 倍。太沙基一维固结理论将土体的边界视为完全透水边界或完全不透水边界，但边界的实际排水能力介于完全透水与完全不透水之间。Gray（1945）提出透水边界和不透水边界线性组合的半透水边界，然而半透水边界条件在方程求解过程中较为复杂，且一般难以求得显式解析解。梅国雄等人（2011）提出了考虑边界孔压随时间指数衰减的连续排水边界条件。

连续排水边界条件如下

$$u(t,0) = pe^{-bt}$$
$$u(t,2h) = pe^{-ct}$$

（12.41）

式中： p ——边界初始孔压；

b，c ——反映边界排水性状的参数，与上下界面材料性质有关，单位为 s^{-1}。

根据边界条件（12.41）可知，当 b 值越大，排水性能越好。当 b、$c \to +\infty$ 时，$u=0$，退化为太沙基一维固结理论中的透水边界；当 b、$c \to 0$ 时，$u=p$，退化为太沙基一维固结理论中的不透水边界。

基于该边界条件，对固结方程（12.11）求解得到

$$u(t,z) = \sum_{k=1}^{\infty} \frac{4bp(2h-z)\sin\frac{(2k-1)\pi z}{2h}}{2h(2k-1)\left\{C_{\mathrm{v}}\left[\frac{(2k-1)\pi}{2h}\right]^2 - b\right\}\pi}\left(\mathrm{e}^{-bt} - \mathrm{e}^{-C_{\mathrm{v}}\left[\frac{(2k-1)\pi}{2h}\right]^2 t}\right) +$$

$$\frac{4cpz\sin\frac{(2k-1)\pi z}{2h}}{2h(2k-1)\left\{C_{\mathrm{v}}\left[\frac{(2k-1)\pi}{2h}\right]^2 - c\right\}\pi}\left(\mathrm{e}^{-ct} - \mathrm{e}^{-C_{\mathrm{v}}\left[\frac{(2k-1)\pi}{2h}\right]^2 t}\right) + \frac{(2h-z)pe^{-bt}}{2h} + \frac{pze^{-ct}}{2h}$$

（12.42）

当 b，$c \to +\infty$，式（12.42）退化为式（12.17）。利用式（12.42）可计算出相应的固结度，将连续排水条件下固结度与太沙基一维固结方程对比，如图 12.11 所示。相同的时间，连续排水条件下的固结度比太沙基解答取值要更小。当 b 和 c 取值越大时，透水性越大，孔压消散越快，其结果越接近于太沙基方程的固结度；反之，当 b 和 c 取值越小时，透水性越小，孔压消散越慢，其结果越来越偏离太沙基方程的固结度；当时间因数较小时，根据太沙基方程得出的固结度有较大差别，当时间因数大到一定程度时，两者相差相对要小些。

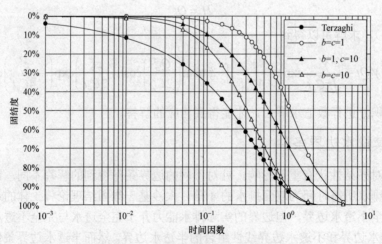

图 12.11　连续排水边界条件固结度

12.3.5　大变形问题

太沙基固结理论中并没有考虑土体大变形的影响，因为一般情况下土层应变很小，可以忽略不计。对于软黏土和吹填土，当荷载较重、土体变形较大时，小变形分析可能会带来较大的误差。大变形固结理论的研究起源于 20 世纪 60 年代，1958 年苏联学者弗洛林以总水头为控制变量，提出了大应变固结方程。Mikasa（1965）采用固结比和自然应变为控制变量，得到空间描述的一维大变形固结方程，即

$$\frac{\partial \varepsilon}{\partial t} = C_v \frac{\partial^2 \varepsilon}{\partial z^2} + \frac{\mathrm{d} C_v}{\mathrm{d} \varepsilon}\left(\frac{\partial \varepsilon}{\partial z}\right)^2 - \frac{\mathrm{d}}{\mathrm{d}\varepsilon}(C_v m_v \gamma')\frac{\partial \varepsilon}{\partial z} \tag{12.43}$$

Gibson（1967）基于固相物质坐标，推导了以孔隙比为控制变量的一维大变形固结方程为

$$\pm (G_s - 1)\frac{\mathrm{d}}{\mathrm{d}e}\left[\frac{k(e)}{1+e}\right]\frac{\partial e}{\partial z} + \frac{\partial}{\partial z}\left[\frac{k(e)}{\rho_f(1+e)}\frac{\mathrm{d}\sigma'}{\mathrm{d}e}\frac{\partial e}{\partial z}\right] + \frac{\partial e}{\partial t} = 0 \tag{12.44}$$

Mikasa 的理论仅考虑了快速沉积后土体在自重作用下的固结，Gibson 理论则可以考虑快速沉积、缓慢沉积和逐步加荷情况下土体的固结。随后大量学者对大变形固结理论开展了研究，在数值方法、解析方法和室内外实验等方面都取得进展，形成较完整的体系。

一维大应变固结理论一般以孔隙比等变量为控制变量，也有学者采用孔隙率、位移或超静孔隙水压力作为控制变量建立方程。一维情况下孔隙比与沉降量存在一一对应关系，孔隙比可用于表述平衡方程、本构方程、几何方程和渗流连续性条件，物理意义明确且便于求解。但是因为孔隙比是具有特定含义的物理量，很难被纳入到多维情况下的几何方程和本构方程中。虽然它仍然可以用来表述渗流连续性条件，但是难以表述本构方程和几何方程。一般认为，严格的多维大变形固结理论建立在连续介质力学基本原理的基础之上。基于连续介质力学基本原理，Carter（1977）首次提出了欧拉描述的一般形式的饱和土体大变形固结理论，并推导了有限元方程。目前基于连续介质力学基本原理的多维大变形固结理论已取得较大进展，其应用范围也在继续扩大。目前的应用中不仅能够将复杂的材料非线性问题引入到大变形固结领域中，在计算方法方面也不再局限于传统的数值方法和近似解析解法。

12.4　三维固结理论

在实际工程中一维固结问题非常少见，大多数都是二维固结或三维固结情况。二维固结和三维固结常称为多维固结。在多维固结问题中，水的渗流和土体的变形都是多维的，因此，本节将对太沙基三维固结理论和 Biot 固结理论进行介绍。

12.4.1　太沙基三维固结理论

为了求解多维固结问题，Rendulic（1935）首先将太沙基一维固结方程推广至多维条件，得到 Tezaghi-Rendulic 扩散方程。该理论与太沙基一维固结理论建立在同一个理论基础上，即在饱和黏土的固结过程中，土中任意单元体的体积变化率与流经该单元体表面的水量变化率相等。

此时流量 3 个方向均有变化，参考式（12.4），将 3 个方向上的流量变化相加，得到流量变化为

$$dQ = \frac{1}{\gamma_w}\left(k_x\frac{\partial^2 u}{\partial x^2} + k_y\frac{\partial^2 u}{\partial y^2} + k_z\frac{\partial^2 u}{\partial z^2}\right)dxdydzdt \qquad (12.45)$$

式中：k_x，k_y，k_z ——x，y，z 方向的渗透系数；

γ_w ——水的重度。

此时体积变化可以用体变来表示，即

$$dV = -\frac{\partial\varepsilon_v}{\partial t}dxdydzdt \qquad (12.46)$$

将式（12.45）和式（12.46）代入式（12.1），得到

$$-\frac{\partial\varepsilon_v}{\partial t} = \frac{1}{\gamma_w}\left(k_x\frac{\partial^2 u}{\partial x^2} + k_y\frac{\partial^2 u}{\partial y^2} + k_z\frac{\partial^2 u}{\partial z^2}\right) \qquad (12.47)$$

在推导一维方程时，采用了一维压缩曲线关系式来给出应力与应变的关系，对于三维问题，此时可以用线弹性本构关系，即

$$\begin{cases} d\varepsilon_x = \dfrac{1}{E}\Big[d\sigma_x' - \mu(d\sigma_y' + d\sigma_z')\Big] \\[2mm] d\varepsilon_y = \dfrac{1}{E}\Big[d\sigma_y' - \mu(d\sigma_x' + d\sigma_z')\Big] \\[2mm] d\varepsilon_z = \dfrac{1}{E}\Big[d\sigma_z' - \mu(d\sigma_x' + d\sigma_y')\Big] \\[2mm] d\gamma_{xy} = \dfrac{1}{G}d\tau_{xy} \\[2mm] d\gamma_{yz} = \dfrac{1}{G}d\tau_{yz} \\[2mm] d\gamma_{zx} = \dfrac{1}{G}d\tau_{zx} \end{cases} \qquad (12.48)$$

式中：ε_v ——体积应变，$\varepsilon_v = \varepsilon_x + \varepsilon_y + \varepsilon_z$；

E ——弹性模量；

G ——剪切变形模量。

利用式（12.48）前三式求和可得到体变与应力的关系为

$$d\varepsilon_v = d\varepsilon_x + d\varepsilon_y + d\varepsilon_z = \frac{1-2\mu}{E}\left(d\sigma_x' + d\sigma_y' + d\sigma_z'\right) \qquad (12.49)$$

因此

$$\frac{\partial\varepsilon_v}{\partial t} = \frac{1-2\mu}{E}\frac{\partial\left(\sigma_x' + \sigma_y' + \sigma_z'\right)}{\partial t} \qquad (12.50)$$

根据有效应力原理有

$$\frac{\partial \varepsilon_{\mathrm{v}}}{\partial t} = \frac{1-2\mu}{E}\left(\frac{\partial \Theta}{\partial t} - 3\frac{\partial u}{\partial t}\right) \tag{12.51}$$

式中，$\Theta = \sigma_x + \sigma_y + \sigma_z$ 为总应力。

同样，如果假定总荷载一次瞬时施加并不随时间变化，有 $\dfrac{\partial \Theta}{\partial t} = 0$，式（12.51）可简化为

$$\frac{\partial \varepsilon_{\mathrm{v}}}{\partial t} = -\frac{3(1-2\mu)}{E}\frac{\partial u}{\partial t} \tag{12.52}$$

将式（12.52）代入式（12.47），得到固结方程表达式为

$$\frac{\partial u}{\partial t} = \frac{E}{3\gamma_{\mathrm{w}}(1-2\mu)}\left(k_x\frac{\partial^2 u}{\partial x^2} + k_y\frac{\partial^2 u}{\partial y^2} + k_z\frac{\partial^2 u}{\partial z^2}\right) \tag{12.53}$$

如果假定土体 3 个方向上的渗透系数相等，即 $k_x = k_y = k_z = k$，则太沙基三维固结方程可以表示为

$$\frac{\partial u}{\partial t} = C_{\mathrm{v}3}\left(\frac{\partial^2 u}{\partial x^2} + \frac{\partial^2 u}{\partial y^2} + \frac{\partial^2 u}{\partial z^2}\right) \tag{12.54}$$

其中固结系数 $C_{\mathrm{v}3}$ 为

$$C_{\mathrm{v}3} = \frac{kE}{3\gamma_{\mathrm{w}}(1-2\mu)} \tag{12.55}$$

12.4.2 Biot 固结理论

太沙基固结理论中假设荷载一次瞬时施加并随时间不变，这一假定不并符合实际情况。Biot（1941）从连续介质基本方程出发，建立了 Biot 固结理论。

三维条件下的力平衡方程表达式为

$$\begin{cases} \dfrac{\partial \sigma_x}{\partial x} + \dfrac{\partial \tau_{xy}}{\partial y} + \dfrac{\partial \tau_{xz}}{\partial z} - X = 0 \\[2mm] \dfrac{\partial \tau_{xy}}{\partial x} + \dfrac{\partial \sigma_y}{\partial y} + \dfrac{\partial \tau_{yz}}{\partial z} - Y = 0 \\[2mm] \dfrac{\partial \tau_{zx}}{\partial x} + \dfrac{\partial \tau_{zy}}{\partial y} + \dfrac{\partial \sigma_z}{\partial z} - Z = 0 \end{cases} \tag{12.56}$$

式中，X，Y，Z——x，y，z 方向单元体所受体力。

饱和土有效应力原理给出了有效应力 σ'、孔隙水压力 u_{w} 和总应力 σ 之间的关系，即

$$\begin{cases} \sigma_x = \sigma_x' + u \\ \sigma_y = \sigma_y' + u \\ \sigma_z = \sigma_z' + u \end{cases} \tag{12.57}$$

反映主体形变和位移的几何方程为（以压缩为正）

$$
\begin{cases}
\varepsilon_x = -\dfrac{\partial w_x}{\partial x} \\[2mm]
\varepsilon_y = -\dfrac{\partial w_y}{\partial y} \\[2mm]
\varepsilon_z = -\dfrac{\partial w_z}{\partial z} \\[2mm]
\gamma_{xy} = -\dfrac{\partial w_x}{\partial y} - \dfrac{\partial w_y}{\partial x} \\[2mm]
\gamma_{yz} = -\dfrac{\partial w_y}{\partial z} - \dfrac{\partial w_z}{\partial y} \\[2mm]
\gamma_{zx} = -\dfrac{\partial w_z}{\partial x} - \dfrac{\partial w_x}{\partial z}
\end{cases}
\tag{12.58}
$$

式中，w_x，w_y，w_z——x，y，z 方向上的土体位移。

假设土体骨架变形服从广义胡克定律，则土体应力应变关系可以表示为

$$
\begin{cases}
\sigma'_x = 2G\left(\varepsilon_x + \dfrac{\mu}{1-2\mu}\varepsilon_v\right) \\[2mm]
\sigma'_y = 2G\left(\varepsilon_y + \dfrac{\mu}{1-2\mu}\varepsilon_v\right) \\[2mm]
\sigma'_z = 2G\left(\varepsilon_z + \dfrac{\mu}{1-2\mu}\varepsilon_v\right) \\[2mm]
\tau_{xy} = G\gamma_{xy}, \quad \tau_{yz} = G\gamma_{yz}, \quad \tau_{zx} = G\gamma_{zx}
\end{cases}
\tag{12.59}
$$

式中：ε_v——体积应变，$\varepsilon_v = \varepsilon_x + \varepsilon_y + \varepsilon_z$；

　　　μ——泊松比；

　　　G——剪切变形模量。

将式（12.57）～式（12.59）代入力平衡方程（12.56）中，可以得到

$$
\begin{cases}
\dfrac{G}{1-2\mu}\dfrac{\partial \varepsilon_v}{\partial x} - G\nabla^2 w_x + \dfrac{\partial u}{\partial x} + X = 0 \\[2mm]
\dfrac{G}{1-2\mu}\dfrac{\partial \varepsilon_v}{\partial y} - G\nabla^2 w_y + \dfrac{\partial u}{\partial y} + Y = 0 \\[2mm]
\dfrac{G}{1-2\mu}\dfrac{\partial \varepsilon_v}{\partial z} - G\nabla^2 w_z + \dfrac{\partial u}{\partial z} + Z = 0
\end{cases}
\tag{12.60}
$$

式中，∇^2——拉普拉斯算子，$\nabla^2 = -\dfrac{\partial^2}{\partial x^2} + \dfrac{\partial^2}{\partial y^2} + \dfrac{\partial^2}{\partial z^2}$。

式（12.60）中有 4 个未知数，分别是 3 个方向上的位移 w_x，w_y，w_z 和超静孔隙水压力 u，但是只有 3 个方程，未知数个数比方程个数多，因而无法求解，需要增加 1 个方程。此时同样需要利用到连续性条件，对于饱和土，固结过程中单位时间内流经单元土体表面的水量（等于单元土体单位时间内排出的水量）与单位时间内土体体积改变量相等，即此时仍然满足式（12.47），从而得到

$$\frac{\partial \varepsilon_{\mathrm{v}}}{\partial t} + \frac{k_x}{\gamma_{\mathrm{w}}}\frac{\partial^2 u}{\partial x^2} + \frac{k_y}{\gamma_{\mathrm{w}}}\frac{\partial^2 u}{\partial y^2} + \frac{k_z}{\gamma_{\mathrm{w}}}\frac{\partial^2 u}{\partial z^2} = 0 \tag{12.61}$$

式（12.60）和式（12.61）为 Biot 固结理论方程式。结合边界条件和初始条件，联立求解式（12.60）和式（12.61），即可得到地基中任一点任一时刻的位移 w_x，w_y，w_z 值和超静孔隙水压力 u 值。

根据三维的普遍情况，很容易得出平面应变固结问题和轴对称问题的 Biot 固结方程。

在平面应变问题中，坐标轴取 xOz 平面，则 $\varepsilon_y = 0$，$\gamma_{xy} = \gamma_{yz} = 0$，或 $u = u(x,\ z)$，$v = 0$，$w = w(x,\ z)$，于是平面应变问题的 Biot 固结方程的表达式为

$$\begin{cases} \dfrac{G}{1-2\mu}\dfrac{\partial \varepsilon_{\mathrm{v}}}{\partial x} + G\nabla^2 w_x - \dfrac{\partial u}{\partial x} + X = 0 \\[3mm] \dfrac{G}{1-2\mu}\dfrac{\partial \varepsilon_{\mathrm{v}}}{\partial z} + G\nabla^2 w_z - \dfrac{\partial u}{\partial z} + Z = 0 \\[3mm] \dfrac{\partial \varepsilon_{\mathrm{v}}}{\partial t} + \dfrac{k_x \partial^2 u}{\gamma_{\mathrm{w}} \partial x^2} + \dfrac{k_z \partial^2 u}{\gamma_{\mathrm{w}} \partial z^2} = 0 \end{cases} \tag{12.62}$$

式中：ε_{v}——体积应变，$\varepsilon_{\mathrm{v}} = \varepsilon_x + \varepsilon_z$；

∇^2——拉普拉斯算子，$\nabla^2 = \dfrac{\partial^2}{\partial x^2} + \dfrac{\partial^2}{\partial z^2}$。

同理，可得轴对称条件下 Biot 固结方程为

$$\begin{cases} \dfrac{G}{1-2\mu}\dfrac{\partial}{\partial r}\left(\dfrac{\partial w_r}{\partial r} + \dfrac{w_r}{r} + \dfrac{\partial w_z}{\partial z}\right) + G\left(\dfrac{\partial^2 w_r}{\partial r^2} + \dfrac{1}{r}\dfrac{\partial w_r}{\partial r}\right) + G\dfrac{\partial^2 w_r}{\partial z^2} - \dfrac{\partial u}{\partial r} = 0 \\[3mm] \dfrac{G}{1-2\mu}\dfrac{\partial}{\partial z} + \left(\dfrac{\partial w_r}{\partial r} + \dfrac{w_r}{r} + \dfrac{\partial w_z}{\partial z}\right) + G\left(\dfrac{\partial^2 w_r}{\partial r^2} + \dfrac{1}{r}\dfrac{\partial w_r}{\partial r}\right) + G\dfrac{\partial^2 w_r}{\partial z^2} - \dfrac{\partial u}{\partial r} + Z = 0 \\[3mm] \dfrac{\partial}{\partial t}\left(\dfrac{\partial w_r}{\partial r} + \dfrac{w_r}{r} + \dfrac{\partial w_z}{\partial z}\right) + \dfrac{k_r}{\gamma_{\mathrm{w}}}\left(\dfrac{\partial^2 u}{\partial r^2} + \dfrac{1}{r}\dfrac{\partial u}{\partial r}\right) + \dfrac{k_z \partial^2 u}{\gamma_{\mathrm{w}} \partial z^2} = 0 \end{cases} \tag{12.63}$$

式中：k_r，k_z——径向和轴向渗透系数；

w_r，w_z——径向和轴向土体位移。

12.4.3 固结理论的比较

1. 基本假设的区别

Biot 固结方程与 Terzaghi-Rendulic 扩散方程推导时都假设土骨架是线弹性体，小变形，渗流服从达西定律。但扩散方程还假设了总应力是一次瞬时施加并不随时间变化，正是这一假设导致两种固结方程存在不同。在 Terzaghi-Rendulic 扩散方程推导过程中可以看到，正是利用这一假定才使得应变表示为超静孔隙水压力的函数［即式（12.52）］，使得方程极大简化。而在 Biot 固结方程中，由于没有相关假设，位移与孔压必须联系方程才能进行求解。

对 Biot 固结方程中的本构关系式（12.59）前三式求和，整理可得

$$\Theta' = 2G\frac{1+\mu}{1-2\mu}\varepsilon_{\mathrm{v}} = \frac{E}{1-2\mu}\varepsilon_{\mathrm{v}} \tag{12.64}$$

式中，Θ'——有效应力之和，$\Theta' = \sigma'_x + \sigma'_y + \sigma'_z$。

根据式（12.64）可得

$$\frac{\partial \varepsilon_v}{\partial t} = \frac{1-2\mu}{E} \frac{\partial \Theta'}{\partial t} = \frac{1-2\mu}{E} \frac{\partial(\Theta - 3u_w)}{\partial t} \tag{12.65}$$

此时如果假定固结过程中总应力 Θ 值保持为一个常数，则式（12.65）就变为扩散方程。由此可见，Terzaghi-Rendulic 扩散方程可视为 Biot 固结理论的一种特殊情况。

2. 孔压与位移的关系

太沙基三维固结方程式（12.54）中只有超静孔隙水压力一个未知数，与位移无关。这是因为做了总应力不变这一假设后，可将应力或应变从方程中消去，只剩下超静孔隙水压力这一个变量，无须再引入几何方程，不需要将孔压与位移联系起来，孔压的消散只取决于孔压的初边值条件，而与位移的变化无关。

Biot 固结方程中由于没有总应力不变这一假定，方程中不能将应力或应变用孔压直接表示出来，因此需要引入几何方程和物理方程，结合力平衡方程，将孔隙水压力与位移建立关系，联立求解。这就可以反映固结过程中位移与孔压的相互影响，或者说反映了二者的耦合。因此 Biot 固结方程实际上也是流固耦合问题的最基本的方程。

在实际土体的固结过程中，孔隙水压力的变化总是与土的位移分不开。Biot 固结理论能够考虑土体固结过程中孔隙水压力消散与土骨架变形之间的耦合作用，理论上更完整严密。而太沙基三维固结方程中孔隙水压力消散和土骨架变形是分别加以计算的，先由孔隙水压力变化推求各时刻固结度，进而求沉降。Biot 理论在解孔隙水压力的同时也解出位移的变化，这种解答要比太沙基方程估算沉降更符合实际。太沙基三维固结方程孤立地分析孔压的变化，不与位移相联系，会带来一定的误差，甚至在有些问题中难以给出恰当的分析。此外，Biot 固结方程不仅解出了沉降，还能间接解出水平位移，这是太沙基理论所无法解决的，这就进一步显示了 Biot 固结方程的优越性。

3. Mandel-Cryer 效应

Mandel（1953）对 Biot 固结方程进行了求解，发现按 Biot 固结理论解饱和土的固结问题时会出现一种异乎寻常的现象：在不变的荷重施加于土体上后的某时段内，土体内的孔隙水压力不下降，反而继续上升，而且超过应有的压力值。后来 Cryer（1963）也发现了这种现象，故称为 Mandel-Cryer 效应，或称应力传递效应。

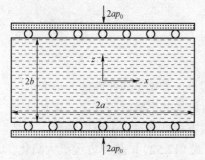

图 12.12　Mandel 效应示意图

Mandel 针对一个无限长矩形的砂层进行了求解，如图 12.12 所示。土层的顶部和底部为两无摩擦钢板，在 $t=0$ 时刻在钢板上施加 $2ap_0$ 大小的力并保持不变。土层为横观各向同性的弹性材料，由于假设土层无限长，对于平面应变问题有 $\varepsilon_y = \gamma_{xy} = \gamma_{yz} = 0$，此时固结方程为式（12.62）。

利用初边值条件对方程进行求解后，得到超静孔隙水压力随时间分布的情况，如图 12.13 所示。超静孔隙水压力随着时间的延长先增加后减小，呈现非单调变化的情况。这种固结"初期"会出现孔隙水压力不消散反而升高的现象，这一现象首先被 Mandel 发现，随后 Cryer 在球形土中也发现有类似现象。

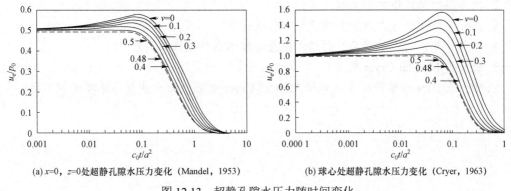

(a) $x=0$，$z=0$ 处超静孔隙水压力变化（Mandel，1953）　(b) 球心处超静孔隙水压力变化（Cryer，1963）

图 12.13　超静孔隙水压力随时间变化

Cryer（1963）分别用 Biot 理论与 Terzaghi 理论分析了饱和土球受静水压力时土球中心的孔隙水压力。计算采用如图 12.14 所示的球形，球的半径为 a。在 $t=0$ 时刻在各向同性弹性土体的表面施加一个荷载 p_0，表面为透水边界。

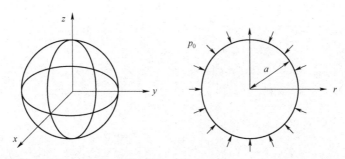

图 12.14　球形土层

产生 Mandel-Cryer 效应的原因可以解释如下。在表面透水的地基面上施加荷量，经过短暂的时间，靠近排水面的土体由于排水发生体积收缩，总应力与有效应力均有增加。土的泊松比也随之改变，但是内部土体还来不及排水。为了保持变形协调，表层的压缩必然挤压土体内部，使内部应力有所增大。因此，某个区域内的总应力分量将超过它们的起始值，而内部孔隙水由于收缩力迫使其压力上升。水平总应力分量的相对增长（与起始值相比）比垂直分量的相对增长要大。

考虑孔隙水压力消散与土骨架变形之间的耦合作用就可以解释 Mandel-Cryer 效应，即土体固结初期部分土体孔隙水压力不仅不消散反而上升的现象。应该说，Biot 固结理论比 Terzaghi-Rendulic 理论更为精确。太沙基理论曲线与泊松比无关，而 Biot 曲线受泊松比的影响很明显，若泊松比小则固结慢，反之，若泊松比大则固结快。此外，固结的初期阶段对于 Biot 曲线，孔隙水压力会有所上升，超过初始孔隙水压力。假定总应力是否随时间变化，对孔隙水压力消散的影响是明显的，无疑也影响有效应力的增长，影响固结度。

思 考 题

1. 什么是土的固结？其原理和机制是什么？

2. 太沙基固结理论的基本假定是什么?

3. Biot 固结理论与太沙基固结理论有什么区别?

4. 如何计算土的固结沉降? 固结沉降量与排水条件是否有关?

5. 什么是 Mandel-Cryer 效应?

6. 为什么 Biot 固结理论可以解释 Mandel-Cryer 效应, 而太沙基固结理论却不行?

13 土的流变

13.1 流变是什么

　　流变学是研究在外力作用下物体的变形和流动的学科，研究对象主要是流体、软固体，或者在某些条件下可以流动而不是发生弹性形变的固体，它适用于具有复杂结构的物质。流变学出现在 20 世纪 20 年代。学者们在研究橡胶、塑料、油漆、玻璃、混凝土及金属等工业材料，岩石、土、石油、矿物等地质材料，以及血液、肌肉骨骼等生物材料性质的过程中，发现使用古典弹性理论、塑性理论和牛顿流体理论已不能说明这些材料的复杂特性，于是就产生了流变学的思想（吴其晔 等，2002）。

　　英国物理学家麦克斯韦在 1869 年发现，材料可以是弹性的，也可以是黏性的。对于黏性材料，在恒定载荷作用下会出现变形随时间而增大的现象，称之为"蠕变"。而黏性材料在恒定应变下，应力随着时间的变化而减小至某个有限值，这一过程称为"应力松弛"。同样地，黏性材料在不同的加载速度下会测出不同的强度屈服值，称为强度的加载速率效应。材料的这三大特性统称为材料的流变特性，也称为时间效应。可以说，一切材料都具有流变特性或时间效应，只不过因材料不同，强弱不同而已。鉴于材料流变特性的重要性，1929 年，美国在宾厄姆教授的倡议下，创建了流变学会。1939 年，荷兰皇家科学院成立了以伯格斯教授为首的流变学小组。1940 年，英国出现了流变学家学会。1948 年，国际流变学会议在荷兰举行。法国、日本、瑞典、澳大利亚、奥地利、捷克斯洛伐克、意大利、比利时等国也先后成立了流变学会，而中国流变学学会相对来说成立较晚（1985 年）。

　　在土木、水利、道铁等工程中，地基的变形可延续数百年之久，如意大利的比萨斜塔，地下隧道竣工数十年后，仍可出现结构蠕变断裂和下沉等蠕变灾害，青藏铁路的冻土蠕变病害也不可忽视。因此，岩土材料流变性能的研究日益受到重视。本章聚焦于相对比较简单也很重要的软黏土流变，这是因为在我国软黏土分布较广，工程流变灾害日益突出。在我国，软黏土主要分布在东南沿海地区、各大河流的中下游地区及湖泊附近地区，这些地区基本上是人口稠密、经济活动活跃、各类工程建设大量展开的地区。

　　早在 20 世纪 90 年代末，孙钧院士就指出"软黏土受力作用后其变形位移随时间的增长变化及他们的后期沉降与土体的长期强度等都是人们迫切关注的热点"（孙钧，1999）。近年来，随着我国经济的迅猛发展和城市化进程的进一步深入，在软黏土地基环境中的建设项目日益增多，如道路桥梁工程、大型港口工程、机场建设、大型地下空间的开发利用、大型基坑工程及高层建筑深基础、沿海的海防工程及沿江的堤岸工程等。最近几年，由于土地的稀缺，在沿海软黏土地区更是涌现出很多大型围海造地及人工岛等类型的建设项目。由于软黏土作为构筑物的支承地基，在不同应力状态作用下有长期变形难以收敛的流变特性，造成工程结构物的长期沉降变形速率难以控制，给工程稳定性带来了很大的安全隐患，且对工程灾变的防控及维护造成了巨大的经济负担。例如，沿海地区的结构性软黏土地基上修建的公路，在即桥（涵）台和路堤连接处由于公路路堤的长期沉降远大于桩基处理过的桥台而普遍出现"桥头跳车"现象；我国东部沿海的"千里海堤"大都建在结构性软黏土层上，堤坝的长期沉降很大，轻则导致其高度满足不了设计标高，重则导致地基滑移破坏。然而，工程建设的可持续发展需要既安全又经济的工程设计。因此，软黏土的长期变形难以收敛等问题，给软土地基环境下岩土工程的设计和建设提出了一个新的挑战。

针对软土工程流变灾害，报道较多的有以下内容。① 软土地基上修建路堤。路堤作为一种填方路基，在其自重及交通荷载作用下会产生压密沉降和路堤基础变形。而当路堤基础土为软黏土时，由于孔隙水压力消散较慢，其长期变形的特性就显得尤为明显。② 边坡。边坡工程或黏土质自然边坡的稳定性是一个比较复杂的问题，也是关系民生的重要研究课题。对于软黏土边坡，由于土体的流变性、各向异性和结构性的存在，会导致其变形渐进产生；反过来，塑性变形又会降低其抗剪强度，最终造成破坏。因此，在边坡渐进性破坏分析中考虑土体流变特性很有必要。③ 基坑开挖和隧道建设。黏土蠕变是引起基坑周围土体时效变形的因素之一，深入研究土体蠕变特性对于分析基坑的时效变形有着重要作用。建设于软黏土地区的地铁隧道会有显著的长期沉降，在正常情况下隧道的长期沉降占总沉降量的 30%～90%（Shirlaw，1995）。

13.2　软黏土流变的微观解释

以往学者归纳的黏土流变的内在机理，主要表现为黏土颗粒体积压缩及微观颗粒间的错动。从孔隙尺寸上讲，黏土中孔隙可以分为纳米级孔隙、微米级孔隙、细观级孔隙（Hicher et al.，2000），其中微米级和细观级孔隙可从黏土扫描电镜照片上清晰可辨（图 13.1），而纳米级孔隙则需要穿透式电镜才能观测到。

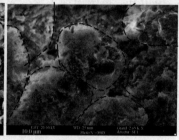

(a) 纯矿物黏土　　　　　　　(b) 天然海相黏土

图 13.1　黏土扫描电镜照片

如图 13.2（a）所示，每个黏土颗粒都由多个电子层叠加而成，在黏土颗粒内电子层的方向相对平行，黏土颗粒中电子层间距可视为纳米级孔隙。由于很强的电子力的存在，多个黏土颗粒交错叠加在一起，形成有一定大小的黏土颗粒团，如图 13.2（b）所示。在黏土颗粒团内部，黏土颗粒之间的孔隙为微米级孔隙，这种孔隙可以通过微观扫描电镜观察到。众多个黏土颗粒团聚集在一起，就形成了土体。由于颗粒团间的孔隙相对较大，可以通过一般的显微镜甚至肉眼观察到，可称之为细观孔隙。通常说的孔隙比中的孔隙是指颗粒团间孔隙和颗粒团内孔隙（或颗粒间空隙，黏土叶片间空隙不算在内）。理论上讲，黏土在受到体应力或者剪应力时土体发生变形，土体颗粒间发生重组或错动，土体微观结构发生改变，即三种类型孔隙中的一种或多种的大小和形态发生改变。同时，不同级别孔隙中的流体在不同孔隙压力下发生相互流动，加之不同级别孔隙有不同大小的渗透系数。因此，黏土要想达到宏观稳定状态，就需要微观结构的状态平衡，而达到微观结构的平衡状态需要一定的时间，这便是土体变形时间效应的重要原因之一。可

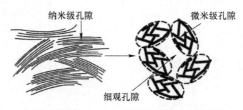

图 13.2　黏土微观结构示意图

以通过研究这三种级别的孔隙及其内部水压力的变化来解释流变发生的微观机理。

　　通常纳米级孔隙较为稳定，但在高应力状态下，纳米级孔隙也会影响黏土流变特性。这是因为黏土矿物的结构都是由硅氧四面体层和铝氢氧八面体层两种基本单元按照不同的组合方式累积而成的。一层铝氢氧八面体和一层或者两层硅氧四面体通过公共氧原子连接成一个晶胞，这种晶胞本身是相对稳定的结构，而晶胞之间连接处的稳定性较弱，比较容易受到环境因素的影响，比如晶胞间含水率、水溶液离子类型和浓度变化等都会引起晶胞间距变化（Mitchell et al.，2005），从而从纳米级孔隙上影响黏土流变特性。

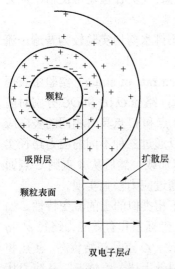

图 13.3　黏土颗粒双电子层示意图

　　另外，黏土颗粒外有薄膜水包围着，薄膜水受到电分子引力的作用，具有黏滞性。黏土的双电层理论合理地解释了孔隙水离子浓度、阳离子价数对黏性土微观颗粒的吸引力的影响（图 13.3）。然而，组成双电层中的反离子层的离子类型和浓度会随着自由溶液中离子类型和浓度的改变而改变，产生离子交换现象，双电层的厚度、颗粒团的大小等也会随之改变（Mitchell et al.，2005）。

　　此外，由于黏土颗粒具有胶体性质，具有吸引外界极性分子和离子的能力，这种吸附作用也会改变黏粒表面的电荷量。反离子层的离子交换及黏土颗粒的吸附作用，黏土颗粒间、黏土颗粒与自由溶液间的作用力会相应发生改变（Mitchell et al.，2005），从而影响各级孔隙的压缩特性。如刘先锋（2010）分别用纯水、离子浓度 10%的铅溶液和锌溶液制备了重塑高岭土，研究了铅和锌金属离子对黏土次固结特性的影响（图 13.4）：当竖向应力大于 100 kPa 时（重塑试样固结应力为 50 kPa），金属溶液重塑高岭土的次固结系数大于纯水重塑高岭土，且铅金属溶液对次固结系数的影响大于锌金属溶液。

　　不同于砂性土，软黏土的一个重要特性在于黏土颗粒间具有黏聚力，且这种黏聚力与不同级别孔隙的大小相关。不论从土体物理上三种级别孔隙的演变角度，还是从孔隙化学溶液类型与浓度影响角度描述黏土的流变特性机理，都与黏聚力变化息息相关。受限于当前科学技术的发展水平，目前对于软黏土流变微观机理研究尚处于起步阶段。

　　在上述黏土孔隙物理演变和孔隙液体化学的共同作用下，土体在宏观上表现出流变现象。

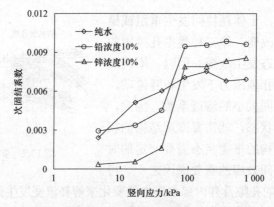

图 13.4　金属离子对高岭土次固结系数的影响

13.3　软黏土的三大流变特性

试样尺度下的软黏土流变主要指在实验室土工实验中发现的应力应变关系的时间效应，主要包括：① 抗剪强度的大小和先期固结压力的大小在很大程度上都取决于加载速率，即强度的加载速率效应；② 在恒定应力下应变随时间发生的蠕变现象；③ 在恒定应变值下应力随时间减小的应力松弛现象。这三大现象统称为土的流变特性。

在软黏土的室内土工实验中，一维固结或压缩实验及三轴不排水剪切实验较为普遍。流变三大特性的相互关联性和统一性可由此来描述。

在一维应力条件下，相同的土样在高加载速率 CRS（constant rate of strain）实验中表现出先期固结压力大于低加载速率 CRS 实验。如图 13.5（a）所示，路径 OAB 和 OC 分别对应高加载速率和低加载速率情况，应力状态点 O 代表初始状态，A 点和 C 点具有相同的竖向应力，B 点和 C 点具有相同的孔隙比。从应力状态 O 点到 C 点可以通过三种不同的应力路径实现：① 慢速加载，直接从 O 点到 C 点；② 从 O 点到 A 点快速加载，然后从 A 点到 C 点通过蠕变实现；③ 从 O 点到 B 点快速加载，然后从 B 点到 C 点通过应力松弛实现。

在三轴应力条件下，三轴不排水实验可以得到与一维条件下相类似的土的流变特性。如图 13.5（b）所示，不同加载速率条件下在偏应力 – 轴向应变 $q - \varepsilon_a$ 坐标系和有效应力路径 $p' - q$ 坐标系下，图中四个应力状态点 O、A、B 和 C 具有相同的孔隙比，O 点是初始状态，A 点和 C 点具有相同的偏应力，B 点和 C 点具有相同的轴向应变。类似于上述一维情况，从应力状态 O 点到 C 点同样可以通过三种不同的应力路径来实现。

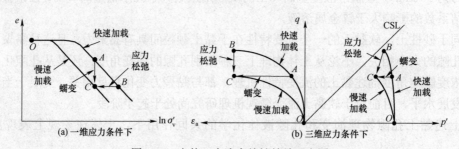

图 13.5　土体三大流变特性等效示意图

13.3.1 加载速率效应的实验现象

早在 20 世纪 30 年代，Buisman（1936）通过室内实验研究指出土体应力–应变–强度关系具有不可忽略的速率相关性。一般实际工程的应变速率（$10^{-2} \sim 10^{-3}$ %/h）和实验室常规实验所采用的应变速率（$0.5 \sim 5$ %/h）有很大差别（Kabbaj et al.，1988）。因此，以实验室标准加载速度条件下取得的抗剪强度和先期固结压力作为工程设计依据而不考虑土的加载速率效应特征，将导致岩土工程结构物在施工阶段失稳或工后长期沉降过大。基于此，黏土的应变率效应特性研究一直是土体基本性状探索的热点课题之一。

所谓的加载速率效应，就是土体的应力及强度随着加载速率的增大而增大。图 13.6 为典型的土体常应变速率实验曲线的示意图：在相同的应变条件下，当加载速率 $c_3 > c_2 > c_1$ [图 13.6（a）] 时，与加载速率对应的应力 $\sigma_3 > \sigma_2 > \sigma_1$ [图 13.6（b）]。本节对黏土在不同应力条件下的加载速率效应特性进行了系统性总结，这其中包括：一维压缩、三轴压缩与伸长及非常规的复杂应力等条件。

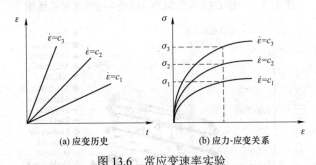

(a) 应变历史   (b) 应力-应变关系

图 13.6 常应变速率实验

1. 一维条件下的先期固结压力加载速率效应

传统的一维 CRS 实验就是在一维固结仪中对试样通过竖向恒定位移速度控制施加荷载，在实验过程中直接测量竖向应力和竖向变形，进而得到两者之间的关系，以研究不同应变速率下土体固结特性。由于一维 CRS 实验是最简单的，也是最基本的研究土体应变速率效应特性的实验，因此是研究土体流变本构特性的基础之一。基于前人所做的一维 CRS 实验结果，这里主要针对以下几个问题进行讨论：① 先期固结压力的速率效应；② 压缩曲线的速率归一化；③ 不同先期固结压力–速率方程的探讨。

众多一维 CRS 实验都表明：加载速率越大，相应的先期固结压力 σ'_p 也越大 [图 13.7（a）]。其中，Leroueil 等人（1985）通过分析多地区黏土的一维 CRS 实验结果，系统地总结了黏土的一维应变率效应，并指出可以用 "等速率线体系"（Suklje，1957）描述一维情况下先期固结压力与加载速率的一一对应关系，即可以用式（13.1）来表达

$$\sigma'_\mathrm{p} = f(\dot{\varepsilon}) \tag{13.1}$$

式中，$\dot{\varepsilon}$ 是轴向加载速率，σ'_p 是与加载速率 $\dot{\varepsilon}$ 对应的先期固结压力。等速率线如图 13.7（b）所示，图中 A 点和 B 点是弹性线与等加载速率线 $\dot{\varepsilon}^r$ 及 $\dot{\varepsilon}$ 的交点，与它们对应的先期固结压力分别为 σ_p^r 和 σ_p。

为了能够定量化地描述先期固结压力与加载速率的相关性，本书总结了 17 种黏土 CRS 实验结果，并把先期固结压力与加载速率的关系绘于图 13.8 中。可以看出，图 13.8 中所有土样的应变速率在 $0.002 \sim 27$%/h，在此应变速率范围内 σ'_p 与加载速率成正比关系。如图 13.8

的箭头显示，天然软黏土的先期固结压力也可能小于超静竖向压力。

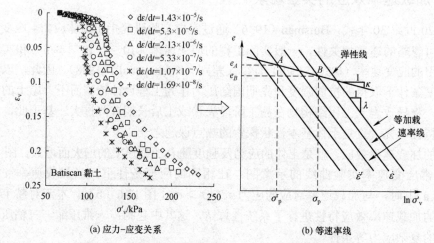

(a) 应力–应变关系　　　　　　(b) 等速率线

图 13.7　一维 CRS 实验应力–应变–应变速率关系图

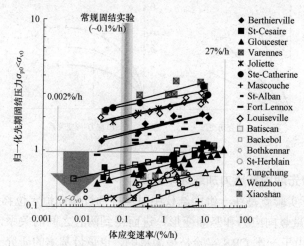

图 13.8　先期固结压力与应变速率的关系

　　然而需要说明的是，到目前为止，还没有可用的低应变速率（＜0.01%/h）和高应变速率（＞100%/h）下的实验结果，因此在低和高应变速率范围内 σ'_p 与加载速率之间的关系如何（比如 σ'_p 是否存在极值）一直没有定论。究其原因，影响低加载速率下的 CRS 实验结果的可能因素有：① 用时过长，如应变速率为 0.001%/h，达到体应变 10% 时，所需要的时间是 417 天；② 实验仪器位移控制台的加载速率精度控制问题（比如机械原因）；③ 实验时间过长，会造成土体自身产生温度/化学胶结。影响高加载速率下 CRS 实验结果的可能因素有：① 快速加载会引起孔压急剧产生，从而会导致试样中有效应力极不均匀；② 快速加载过程中产生的声、热等能量消散问题，尚无法反映在有效应力理论中；③ 机械和设备原因，如传感器无法高速记录孔压变化等。这些因素都制约着低应变速率和高应变速率下黏土力学特性的研究。

　　为探寻压缩曲线的速率归一化特性，Leroueil 等人（1985）基于 Batiscan 黏土做了 14 个 CRS 实验，把通过各 CRS 实验得到的压缩曲线（$\sigma'_v - \varepsilon_v$ 关系）用各自的先期固结压力 σ'_p 归一化，得到归一化后的各压缩曲线基本重合 [图 13.9（a）]。此外，赵成刚等人（2011）通过基于 Vanttila 黏土的 3 个固结实验（每级荷载历时分别为 1 天，10 天，100 天）和 7 个 CRS

实验（加载速率范围 $1.11 \times 10^{-6} \sim 1.11 \times 10^{-5}\ \mathrm{s}^{-1}$）所得的实验结果，同样得到归一化后的各压缩曲线基本重合［图 13.9（b）］。此外，这种压缩曲线可以归一化的规律同样也得到了大量其他 CRS 实验的支持，因此，可以得出结论：黏土的一维压缩曲线的速率相关性可由其先期固结压力 σ'_p 的应变率效应来表征，即可以用式（13.2）来表示

$$\frac{\sigma'_v}{\sigma'_p} = g(\varepsilon) \tag{13.2}$$

式（13.2）也表明先期固结压力 σ'_p 归一化的压缩曲线与加载速率无关。

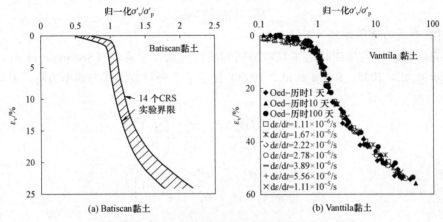

图 13.9　黏土一维 CRS 实验归一化的应力应变关系

但是，需要说明的是，因为当采用等时间线体系来描述土体的一维应变速率效应时［图 13.9（b）］，不同应变率实验的应力从初始值增加到 σ'_p 过程中产生的弹性应变有差异，从而使得土体屈服时的应变不同，所以不同加载速率 CRS 实验归一化的压缩曲线不会绝对重合。然而，式（13.2）并没有考虑应变率对屈服应变的这种影响。

如上所述，在一维 CRS 实验中，土的先期固结压力 σ'_p 与加载速率有一一对应的关系。然而，对不同类型的土体而言，加载速率对 σ'_p 的影响又不尽相同，具体表现为图中曲线斜率的不同。在土的速率效应特性研究中，一般使用速率参数值的大小来定量化描述此影响的强弱。为计算此速率参数值，学者们基于各自或极有限的实验结果总结出了多个不同形式的速率方程。为探寻这些速率方程间的适用性和相关性，本书把这些速率方程根据选用坐标系的不同分为两类进行讨论：指数形式的速率方程和对数形式的速率方程。

1）指数形式的速率方程

根据先期固结压力与加载速率对数间的线性关系计算速率参数的速率方程可以统称为指数形式的速率方程。这些速率方程一般是在 Graham 等人（1983）所提方程基础上扩张而来的，Graham 等人（1983）最先用速率参数 $\eta_{0.1}$ 表达加载速率对先期固结压力的影响。$\eta_{0.1}$ 表示以加载速率为 0.1%/h 的 CRS 实验对应的先期固结压力 $\sigma'_{p,0.1}$ 为基准值，当加载速率增大 10 倍时，先期固结压力的变化值 $\Delta\sigma'_p$ 与 $\sigma'_{p,0.1}$ 的比值，表示为

$$\eta_{0.1} = \Delta\sigma'_p / \sigma'_{p,0.1} \tag{13.3}$$

基于此思想，更为通用的速率方程可表示为

$$\eta_{N1} = \frac{(\sigma'_p / \sigma'^r_p - 1)}{\lg(\dot{\varepsilon} / \dot{\varepsilon}_r)} \tag{13.4}$$

式中，先期固结压力 σ'_p 对应于加载速度 $\dot\varepsilon$，参考先期固结压力 σ'^r_p 对应于参考加载速度 $\dot\varepsilon^r$；η_{N1} 为速率参数。

根据 Fodil 等人（1997）的建议，另外一个速率方程可以表达为

$$\eta_{N2} = \frac{(\sigma'_p / \sigma'^r_p - 1)}{\lg(\dot\varepsilon / \dot\varepsilon_r + 1)} \qquad (13.5)$$

式（13.5）中的参数的意义与式（13.4）相同，与式（13.4）的差别在于分母的速率比值加 1；η_{N2} 为速率参数。当 $\dot\varepsilon / \dot\varepsilon^r = 10$ 时，可以推出两个速率参数 η_{N1}, η_{N2} 之间的关系为

$$\eta_{N1} = \lg 11 \cdot \eta_{N2} \qquad (13.6)$$

2）对数形式的速率方程

根据先期固结压力与加载速率双对数间的线性关系，学者们（Shahrour et al.，1995；Hinchberger et al.，2005；Rowe et al.，1998）提出了 3 种对数形式的速率方程，并得到了广泛应用。

$$\eta_{L1} = \frac{\lg(\sigma'_p / \sigma'^r_p)}{\lg(\dot\varepsilon / \dot\varepsilon_r)} \quad 或 \quad \frac{\sigma'_p}{\sigma'^r_p} = \left(\frac{\dot\varepsilon}{\dot\varepsilon^r}\right)^{\eta_{L1}} \qquad (13.7)$$

$$\eta_{L2} = \frac{\lg(\sigma'_p / \sigma'^r_p)}{\lg(\dot\varepsilon / \dot\varepsilon_r + 1)} \quad 或 \quad \frac{\sigma'_p}{\sigma'^r_p} = \left(\frac{\dot\varepsilon}{\dot\varepsilon^r} + 1\right)^{\eta_{L2}} \qquad (13.8)$$

$$\eta_{L3} = \frac{\lg(\sigma'_p / \sigma'^r_p - 1)}{\lg(\dot\varepsilon / \dot\varepsilon_r)} \quad 或 \quad \frac{\sigma'_p}{\sigma'^r_p} - 1 = \left(\frac{\dot\varepsilon}{\dot\varepsilon^r}\right)^{\eta_{L3}} \qquad (13.9)$$

式中，$\eta_{L1}, \eta_{L2}, \eta_{L3}$ 为对数形式速率方程的速率参数，其他参数的意义与式（13.4）相同。

当 $\dot\varepsilon / \dot\varepsilon^r = 10$ 时，可以推出 3 个速率参数 $\eta_{L1}, \eta_{L2}, \eta_{L3}$ 之间的关系为

$$\eta_{L2} = \frac{\eta_{L1}}{\lg 11} \qquad (13.10)$$

$$\eta_{L3} = \lg(10^{\eta_{L1}} - 1) \qquad (13.11)$$

此外，Mesri 和 Choi（1979）根据一维 CRS 实验与一维固结实验关系，提出先期固结压力和加载速率的关系与土样的次固结系数 C_α（$=\Delta e / \Delta \lg t$）及压缩指数 C_c（$=\Delta e / \Delta \lg \sigma_v$）相关，即

$$\sigma'_p / \sigma'^r_p = (\dot\varepsilon / \dot\varepsilon^r)^{C_\alpha / C_c} \qquad (13.12)$$

对比式（13.7）和式（13.12），不难发现

$$\eta_{L1} = C_\alpha / C_c \qquad (13.13)$$

而 Kutter 和 Sathialingam（1992），Leoni 等人（2008），Yin 等人（2010）认为式（13.14）更符合实验现象

$$\eta_{L1} = C_\alpha / (C_c - C_s) \qquad (13.14)$$

由于压缩指数 C_c 通常是回弹指数 C_s 的 10 倍左右，上述两个公式结果较为接近。由于文献中同时提供速率参数值和 C_α / C_c 值的结果较少，基于广泛黏土实验的速率参数值与次固结系数的相关性还有待于深入调查。

上述两种坐标系下的速率参数具有一定关联，联立式（13.4）和式（13.7），速率参数 η_{N1} 和 η_{L1} 的关系为

$$\frac{\eta_{N1}}{\eta_{L1}} = \frac{(\sigma_p'/\sigma_p'^r - 1)}{\lg(\sigma_p'/\sigma_p'^r)} \tag{13.15}$$

当 $\dot{\varepsilon}/\dot{\varepsilon}^r = 10$ 时，由式（13.4）可得 $\sigma_p'/\sigma_p'^r - 1 = \eta_{N1}$，由式（13.7）可得 $\sigma_p'/\sigma_p'^r = 10^{\eta_{L1}}$，继而

$$\eta_{N1} = 10^{\eta_{L1}} - 1 \tag{13.16}$$

对于软黏土而言，比值 C_α/C_c 的范围一般为 $0.03 \sim 0.09$（Mesri et al.，1977），因此 η_{L1} 的变化范围为 3%～9%，从而通过式（13.16）计算出 η_{N1} 的变化范围为 7.2%～23%，这与所归纳黏土的速率参数 η_{N1} 和 η_{L1} 的变化范围基本吻合（η_{L1}：2%～8.9%，η_{N1}：4.7%～23.4%，去除了 Tungchung 黏土）。

2. 三轴条件下的不排水抗剪强度加载速率效应

三轴 CRS 实验就是在保持三轴围压室压力恒定的条件下，对试样通过竖向恒定位移速度控制施加荷载，在实验过程中直接测量竖向应力、孔隙水压力和竖向变形，进而得到三者之间的关系，以研究不同应变速率下土体抗剪特性。相对于一维 CRS 实验，土体三轴 CRS 实验可以通过控制试样侧向应力的大小，执行多种应力路径下的剪切实验，因此研究三轴 CRS 实验特性也非常有必要。由于三轴排水实验要求低速率加载（低于 0.18%/h 以保证加载过程中土样内部不产生超孔隙水压力），不宜应用于速率效应的研究。因此，三轴 CRS 实验通常是在不排水条件下进行。类似于一维 CRS 实验，基于现有三轴 CRS 实验结果，这里主要针对以下几个问题进行讨论：① 不排水抗剪强度的速率效应；② 应力–应变曲线的归一化；③ 不同抗剪强度–速率方程的探讨。

由于不排水抗剪强度是评价黏土力学特性的一项重要指标，与工程设计与施工安全息息相关。Bjerrum（1967）首次提出三轴不排水抗剪强度与加载速率相关的观点。然后，学者们通过大量的三轴 CRS 实验研究得出加载速率越大，土体的不排水抗剪强度越高，且应变率增加 10 倍时，土体不排水抗剪强度增长幅度为 5%～20% 的结论。同时研究表明，此增长幅度与土体固结状态（K_0 或等向固结）、固结应力及实验类型（伸长或压缩）均无关，而与土体的物理力学性质相关。因此，土体物理力学性质的差异会导致不排水强度增长幅度不同。

为更形象地描述不排水抗剪强度 S_u 与应变速率的相关性，这里总结了强度归一化的 17 种黏土的 CRS 实验结果，如图 13.10 所示，图中所有土样的应变速率在 $0.003 \sim 800\%/h$，在

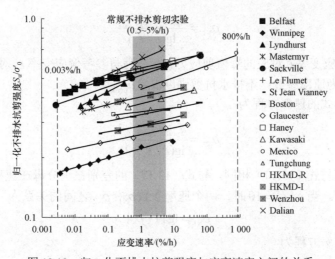

图 13.10　归一化不排水抗剪强度与应变速率之间的关系

此应变速率范围内 S_u 与加载速率成正比关系。需要说明的是，因为在低应变速率（<0.01%/h）和高应变速率（>100%/h）下三轴 CRS 实验同样存在 1D-CRS 实验可能存在的问题，因此不排水抗剪强度 S_u 与在两个极端应变速率范围内的规律如何，尚无法定论。

同一维 CRS 实验压缩曲线归一化特性类似，三轴 CRS 实验同样具有应力-应变曲线的归一化特性。不同的是，因为现有研究表明三轴不排水抗剪强度峰值对应的应变与加载速率无关，所以，理论上讲，三轴 CRS 实验归一化特性要优于一维 CRS 实验。以香港黏土在三种加载速率下的压缩与伸长实验为例，三轴压缩和伸长强度随加载速率的增加逐渐增大［图 13.11（a）］，且用与加载速率对应的最大压缩或伸长强度值归一化后的应力应变曲线几乎重合［图 13.11（b）］。因此可以得出，不同加载速率下的三轴 CRS 实验应力-应变曲线具有较好的归一化特性。

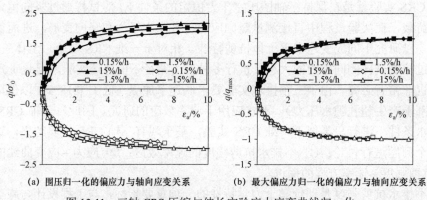

（a）围压归一化的偏应力与轴向应变关系   （b）最大偏应力归一化的偏应力与轴向应变关系

图 13.11　三轴 CRS 压缩与伸长实验应力应变曲线归一化

综上所述，鉴于不排水抗剪强度在土力学研究中的重要性，研究其加载速率效应特性也很有意义。与一维 CRS 实验研究方法类似，在三轴 CRS 实验中同样采用速率参数值来表征加载速率对不排水抗剪强度的影响，且三轴 CRS 实验不排水抗剪强度的速率方程与一维 CRS 实验先期固结压力的速率方程在表达式的形式上完全相同。采用类似的探讨方法，根据表达式形式的不同把速率方程分为两类：指数形式的速率方程和对数形式的速率方程。

指数形式的速率方程为

$$\rho_{N1} = \frac{q_{peak}/q_{peak}^r - 1}{\lg(\dot{\varepsilon}/\dot{\varepsilon}_r)} \tag{13.17}$$

式中，q_{peak} 为与偏应变率 $\dot{\varepsilon}$ 对应的峰值剪应力；q_{peak}^r 为与参考偏应变率 $\dot{\varepsilon}^r$ 对应的峰值剪应力；先期固结压力 ρ_{N1} 为速率参数；不排水抗剪强度 $S_u = q_{peak}/2$。

第二个指数形式的速率方程为

$$\rho_{N2} = \frac{q_{peak}/q_{peak}^r - 1}{\lg(\dot{\varepsilon}/\dot{\varepsilon}_r + 1)} \tag{13.18}$$

式中各参数的意义与式（13.17）相同，与式（13.17）的差别在于分母在速率比值的基础上加 1。ρ_{N2} 为速率参数。当 $\dot{\varepsilon}/\dot{\varepsilon}^r = 10$ 时，两个速率参数 ρ_{N1}，ρ_{N2} 之间的关系为

$$\rho_{N1} = \lg 11 \cdot \rho_{N2} \tag{13.19}$$

对数形式的速率方程为

$$\rho_{L1} = \frac{\lg\left(q_{peak}/q_{peak}^r\right)}{\lg\left(\dot{\varepsilon}/\dot{\varepsilon}^r\right)} \quad \text{或} \quad \frac{q_{peak}}{q_{peak}^r} = \left(\frac{\dot{\varepsilon}}{\dot{\varepsilon}^r}\right)^{\rho_{L1}} \tag{13.20}$$

$$\rho_{L2} = \frac{\lg\left(q_{peak}/q_{peak}^r\right)}{\lg\left(\dot{\varepsilon}/\dot{\varepsilon}_r+1\right)} \quad \text{或} \quad \frac{q_{peak}}{q_{peak}^r} = \left(\frac{\dot{\varepsilon}}{\dot{\varepsilon}^r}+1\right)^{\rho_{L2}} \tag{13.21}$$

$$\rho_{L3} = \frac{\lg\left(q_{peak}/q_{peak}^r-1\right)}{\lg\left(\dot{\varepsilon}/\dot{\varepsilon}_r\right)} \quad \text{或} \quad \frac{q_{peak}}{q_{peak}^r}-1 = \left(\frac{\dot{\varepsilon}}{\dot{\varepsilon}^r}\right)^{\rho_{L3}} \tag{13.22}$$

式中，ρ_{L1}，ρ_{L2}，ρ_{L3} 为三个对数形式速率方程，对于速率参数，其他参数的意义与式（13.17）相同。且当 $\dot{\varepsilon}/\dot{\varepsilon}^r=10$ 时，三个速率参数 ρ_{L1}，ρ_{L2}，ρ_{L3} 之间的关系为

$$\rho_{L2} = \frac{\rho_{L1}}{\lg 11} \tag{13.23}$$

$$\rho_{L3} = \lg(10^{\rho_{L1}}-1) \tag{13.24}$$

为探讨上述不排水抗剪强度速率方程式（13.17）～式（13.18）和式（13.20）～式（13.22）的适用性，以 Winnipeg 黏土（Graham et al.，1983）为例，图 13.12 为不排水偏应力 q_{peak} 与加载速率关系，以及选用参照点处 $\dot{\varepsilon}^r$ 和 q_{peak}^r 为速率方程的参照值所得到的五个速率方程的拟合结果。结果表明，用指数形式的速率方程式（13.17）与式（13.18）和对数形式的速率方程式（13.20）与式（13.21）拟合的结果回归系数 R^2 最大，拟合结果最为理想。此外，式（13.18）和式（13.21）需要在 $\dot{\varepsilon}/\dot{\varepsilon}_r$ 的基础上加 1，使用起来也不直接，以及式（13.9）有其特定的使用范围（$\dot{\varepsilon}>\dot{\varepsilon}_r$）。综上所述，无论从适用性还是拟合效果上来说，式（13.18）和式（13.21）最有使用价值。

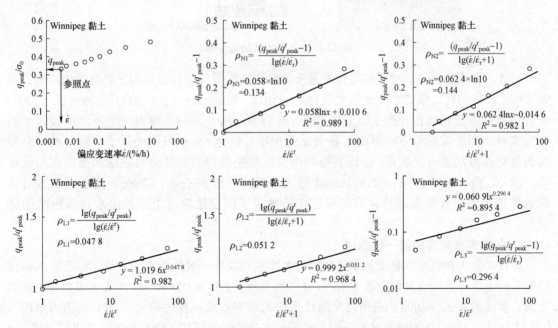

图 13.12　三轴 CRS 实验不排水强度速率方程对比

此外，根据式（13.17）和式（13.20）可以推出 ρ_{N1} 和 ρ_{L1} 的关系是

$$\frac{\rho_{N1}}{\rho_{L1}} = \frac{q_{peak}/q_{peak}^{r} - 1}{\lg(q_{peak}/q_{peak}^{r})} \qquad (13.25)$$

以及当 $\dot{\varepsilon}_a / \dot{\varepsilon}_a^{r} = 10$ 时，有

$$\rho_{L1} = \lg(\rho_{N1} + 1) \qquad (13.26)$$

3. 复杂应力条件下的强度加载速率效应

实际工程中软黏土所受的应力状态远复杂于一维和三轴应力等理想土单元体状态。因此，进行一些实际土体在复杂应力下的加载速率效应实验，如非常规室内实验等，也很有必要。

十字板剪切实验作为一种快速测定饱和软黏土抗剪强度的一种简易的原位测试方法，在我国沿海软土地区被广泛使用。Rangeard 等人（2003）利用如图 13.13（a）所示室内十字板剪切仪研究了剪切速率下的 Saint Herblain 黏土抗剪强度的影响。实验在多级不同十字板旋转速度下进行，旋转速度依次为 $0.2°/s$、$0.06°/s$、$0.2°/s$、$1.2°/s$，最大抗剪强度值出现在累计旋转角度 $20°\sim30°$，归一化剪切强度值与十字板旋转速度、累计旋转角度之间的关系。很明显地，增大或减小十字板旋转速度会显著地引起抗剪强度值增加或降低。

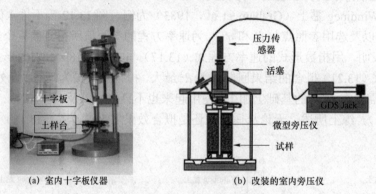

(a) 室内十字板仪器   (b) 改装的室内旁压仪

图 13.13　速率效应测量仪器

另外，旁压仪也是一种能够方便测量土体应变速率效应的仪器。为了更有效地控制边界条件和土样均匀性，南特中央理工大学 Hicher 团队（Rangeard et al.，2003；Yin et al.，2008）开发了室内旁压测试仪［图 13.13（b）］。Yin 和 Hicher（2008）根据三个不同加载速率的旁压实验，利用反分析方法推演了黏土黏性参数，结合 MCC 模型优化了实验参数，并用实测值对该方法进行了验证，结果表明利用旁压实验获得的参数值与三轴和固结实验值吻合。此外，Prevost（1976）、Prapaharan 等人（1989）和 Silvestri（2006）通过分析轴对称荷载作用下的小孔扩张理论，应用旁压实验推导了应变速率对土体不排水强度影响的解析解。

4. 加载速率效应的统一性探讨

现有文献大都叙述软黏土加载速率效应的实验现象和一般性的研究方法，而没有具体描述黏土的速率参数特点及讨论各 CRS 实验之间关系。为探究 1D 和 3D 加载速率效应之间的关系，但汉波等人（2008）选用温州原状土作为研究对象，首先研究了 1D 先期固结压力［图 13.14（a）］和 3D 不排水抗剪强度与轴向应变速率关系［图 13.14（b）］，并以式（13.4）、式（13.7）、式（13.17）和式（13.20）为例计算出加载速率参数 $\eta_{N1} = 8.8\%$、$\eta_{L1} = 3.5\%$、$\rho_{N1} = 7.7\%$，$\rho_{L1} = 3.1\%$（ρ_{N1} 和 ρ_{L1} 为三个围压下的平均值）。然后，把 1D 先期固结压力和 3D 不排

水抗剪强度分别用加载速率为 0.2%/h 实验对应的强度值归一化，并绘于同一幅图中［图 13.14（c）］。结果表明，温州黏土一维与三轴条件下的归一化强度值与轴向应变速率的对数近似呈直线关系。因此，可以说温州黏土在一维与三轴条件下的速率效应具有较好的统一性。值得指出的是，对于同种黏土，同时做过 1D-CRS 实验和 3D-CRS 实验的研究较少。因此，黏土的一维和三轴速率效应的统一性还需要更多的实验论证。

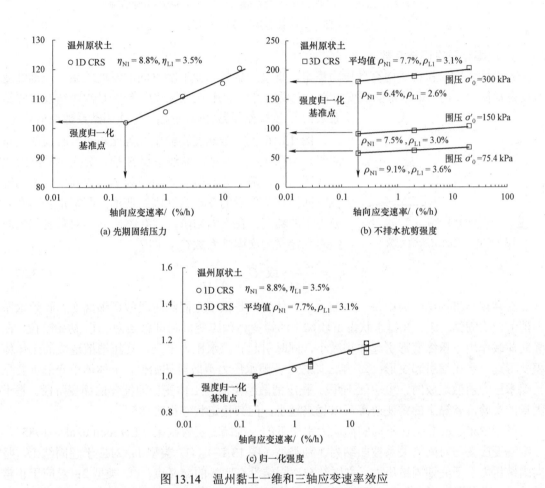

图 13.14　温州黏土一维和三轴应变速率效应

13.3.2　蠕变特性的实验现象

为了更好地了解软黏土的蠕变特性并指导工程设计，各国学者们都对软土的基本蠕变性质进行了大量的蠕变实验。在应力保持恒定时，应变随时间持续发展的现象叫蠕变。软土蠕变特性的研究在土力学中占有重要地位，主要是由于建筑物沉降、边坡和隧道等问题中的长期力学行为与蠕变性质密切相关。图 13.15 为典型的土体蠕变规律示意图。从点 A 至点 B 为应力加载路径，土样变形至 A 点时，开始蠕变实验［图 13.15（a）］，保持应力不变［图 13.15（b）］。随着时间的推移，土样应变逐渐增加［图 13.15（c）］。本节总结了黏土在不同应力条件下的蠕变特性：一维压缩，三轴剪切，非常规的复杂应力，以及基于现场实验的大尺寸复杂应力。

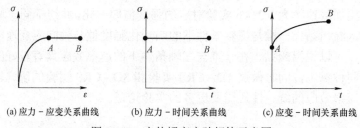

(a) 应力–应变关系曲线 (b) 应力–时间关系曲线 (c) 应变–时间关系曲线

图 13.15　土体蠕变实验规律示意图

1. 次固结及次固结系数

一维蠕变实验保持竖向有效压力恒定，直接测量竖向变形随时间的发展关系。一维蠕变特性是最简单，也是最基本的蠕变特性，主要回答以下几个问题：① 什么是次固结及次固结系数；② 次固结系数如何演化；③ 次固结系数如何确定。

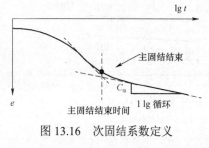

图 13.16　次固结系数定义

图 13.16 为一维蠕变实验中孔隙比与对数时间的关系曲线。由图 13.16 可见，曲线呈反 S 形，分为主固结阶段和次固结阶段两部分。转折处的时刻 t 为主固结完成的近似时间，在此以后的变形为次固结变形，即恒定竖向有效应力下的蠕变。在次固结阶段，孔隙比 e 与对数时间的曲线斜率定义为次固结系数 C_α，即

$$C_\alpha = \frac{\Delta e}{\Delta \lg t} \quad 或 \quad C_\alpha = \frac{\Delta e}{\Delta \ln t} \qquad (13.27)$$

在常规一维固结实验中每一级加载，土体变形是由于主固结阶段的压缩蠕变、孔隙水压力消散及次固结压缩。在排水状态下软黏土的蠕变体积应变机制可总结为：① 初始阶段，在竖向荷载作用下压缩变形引起体积减小，同时引起孔隙水压力上升，孔压消散造成的土体体积变形远小于压缩引起变形；② 第二阶段，孔隙水压力消散至初始值，土体体积变形主要是孔隙水压力消散造成的；③ 第三阶段，孔压消散结束后的土体变形即纯粹的蠕变阶段。基于大量的实验，软黏土的蠕变速率可以越来越小，但其稳定状态很难达到。

基于 Batiscan 黏土在不同竖向应力水平下的一维蠕变实验结果（Leroueil et al.，1985），一维蠕变应变与时间的关系被归纳为 3 种类型（图 13.17）。① 类型 1：对应于超固结土，竖向固结压力小于先期固结压力，主固结与次固结没有明显的交叉点。② 类型 2：对应于正常固结土，竖向固结压力与先期固结压力较为接近，次固结线斜率明显大于类型 1。③ 类型 3：对应于正常固结土，竖向固结压力远大于先期固结压力，土样竖向变形与对数时间曲线斜率逐渐降低，呈现明显的反 S 形。

然而，这种分类方法存在不合理之处，即没有把结构性土的原状土和重塑土分开讨论，通常只有结构性土的蠕变与时间关系可以分为这 3 种情况，且类型 2 的变形曲线对应土结构的破坏，与先期固结压力无关（Yin et al.，2012；Yin et al.，2011）。而对于正常固结重塑土，蠕变变形应始终与变形类型 3 类似。

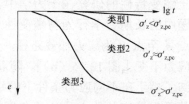

Leroueil 等人（1985）还指出，次固结系数值与竖向应力值相关（图 13.17）。Fodil 等人（1997）同样总结了次固结系数与竖向荷载的关系，也符合 Murayama 和 Shibata

图 13.17　Batiscan 黏土一维蠕变实验

（1961）的结论。同时，Mesri 和 Godlewski（1977）通过对比重塑土和不同 OCR（超固结比）的天然土的一维固结实验，指出次固结系数与土体材料的应力历史相关。通常对天然原状土而言，随着竖向压力的增大，次固结系数逐渐增长，达到一个峰值后再逐渐降低；而重塑土的次固结系数变化较小，可以看做与竖向应力没有关系。

对于天然软黏土，次固结系数的演化分析应综合土体的超固结度、密实度或孔隙比，尤其是土结构及其破坏特性等状态因素，而与竖向应力的关系仅仅是表观现象。

如上所述，由于天然软黏土的次固结系数与很多因素相关，很难取到一个固定值，因此，一个确定的次固结系数应该对应于一个特定的条件。基于此，大部分的文献所提供的次固结系数都是不完整的。因此，现有的次固结系数液塑限、初始孔隙率、天然含水率等相关性公式均有待于重新修正。

另一种次固结系数的确定方法隐含在 Mesri 和 Goldleeski（1977）的 C_{α}/C_{c}（次固结系数/压缩指数）的确定之中，即

$$\frac{C_{\alpha}}{C_{c}}=\frac{\Delta e/\lg t}{\Delta e/\lg \sigma_{v}'}=\frac{\lg \sigma_{v}'}{\lg t}=\mathrm{const} \tag{13.28}$$

式中，σ_{v}' 为竖向应力。

这个比值的一个优点在于隐性地统一了超固结度、土结构及其破坏等对次固结系数的影响。对不同类型土，C_{α} 和 C_{c} 的比值一般都在 0.025 到 0.100 之间，其中泥煤的比值最高，其次是有机土，然后是黏土，淤泥最小。Mesri 和 Castro（1987）指出，大多数无机软黏土的 C_{α}/C_{c} 值等于 0.04 ± 0.01，而有机塑性黏土的 C_{α}/C_{c} 值等于 0.05 ± 0.01。这些数据分析给工程设计提供了很大的便利。

值得指出的是，压缩指数包括弹性部分 C_{s} 和非弹性部分 $(C_{c}-C_{s})$，而次固结系数 C_{α} 只包括不可恢复的非弹性变形蠕变。与 C_{α}/C_{c} 比较，比值 $C_{\alpha}/(C_{c}-C_{s})$ 的物理力学意义应更加明确。

还有一种次固结系数的确定方法就是采用人工智能方法将土体的物理参数和次固结系数建立一个关系，然后仅利用土体的物理参数即可预测土体的次固结系数。此参数推荐使用 Jin 等人（2019）提出的基于进化多项式公式得到的参数，即

$$\ln C_{\alpha}=\left(0.311\,4\frac{I_{P}^{2}}{\mathrm{CI}}-0.122\,9\frac{1}{I_{P}^{2}}+0.645\,5\frac{1}{I_{P}}\right)e-5.130\,8 \tag{13.29}$$

式中，I_{P} 为塑性指数，CI 为黏粒含量，e 为孔隙比。此外，Zhang 等人（2020）利用随机森林（RF）也建立了次固结系数和土体物理参数之间的关系。

2. 三轴蠕变实验现象

三轴蠕变实验保持径向和轴向应力恒定，直接测量竖向变形随时间的发展关系。如图 13.18 所示，根据排水条件可分为：① 排水蠕变，平均有效应力 p' 和偏应力 q 均保持恒定；② 不排水蠕变，平均总应力 p 保持恒定，但平均有效应力 p' 随超孔隙水压力的产生而变小，偏应力 q 保持恒定。三轴蠕变特性是三维蠕变本构模型开发的基础，主要回答两个问题：① 排水蠕变速率的演化过程；② 不排水蠕变 3 阶段及长期不排水抗剪强度。

Singh 和 Mitchell（1968）研究了黏土排水蠕变速率 $\dot{\varepsilon}$ 与时间 t 之间的关系，定义了参数 m 为

$$m=-\frac{\Delta\lg\dot{\varepsilon}}{\Delta\lg t} \tag{13.30}$$

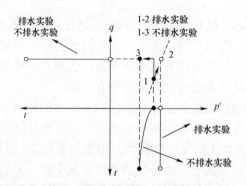

图 13.18　排水与不排水条件下三轴蠕变实验示意图

m 值即为 $\lg\dot{\varepsilon}-\lg t$ 关系图中曲线的斜率（图 13.19）。

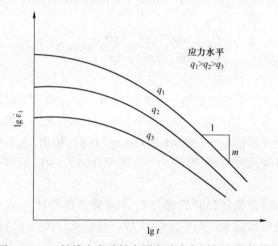

图 13.19　三轴排水实验轴向蠕变速率与时间之间的关系

Singh 和 Mitchell（1968）通过实验得出了 m 值与偏应力变化无关的结论，对于不同黏土，m 值的变化范围为 0.75～1.0。然而，Bishop 和 Lovenbury（1969）研究了 Pancone 黏土在不同偏应力下的三轴排水蠕变特性，指出蠕变速率总体变化趋势是随着时间进行逐渐变小，而且蠕变速率随着偏应力水平增加而增加。Tian 等人（1994）基于墨西哥海相沉积土排水蠕变实验结果也提出，对于高塑性的墨西哥土，其 m 值随着偏应力水平的增长而增长。Zhu 研究了香港海积黏土排水蠕变特性，实验结果表明对于香港黏土，偏应力水平对 m 值影响不大。另外，Tavenas 等人（1978）通过弱超固结 Saint-Alban 土的排水蠕变实验，指出体积和剪切应变的发展均可以用参数 m 表示。国内学者孔令伟等人（2011）通过对湛江强结构性黏土的不同围压条件下三轴排水蠕变实验，指出围压是影响强结构性黏土蠕变特性的重要因素。陈晓平等人指出固结作用会弱化黏土的蠕变。

对于三轴蠕变实验的认识，目前还仅限于利用量测的 m 值通过拟合公式来计算土体蠕变，而 m 值隐含了应变加速度的概念，与黏土蠕变速率特性参数（如 C_α 等）之间的关系还有待深入研究。

基于大量的三轴不排水蠕变随时间变化曲线，不排水蠕变可分为 3 个阶段（图 13.20）：初始蠕变或瞬时蠕变，对应于蠕变速率随时间降低；次级蠕变或静态蠕变，对应于蠕变速率随时间基本稳定；第三级蠕变或蠕变破坏，对应于蠕变速率随时间增加。大量实验结果表明，土体基本都有初始蠕变，次级蠕变仅发生在偏应力水平较低时，而蠕变破坏只在高偏应力情况下出现。

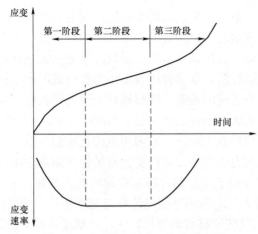

图 13.20　不排水蠕变三阶段示意图

很多实验也表明蠕变 3 个阶段很难在同一级载荷下出现，Hicher（1985）提出，当施加的应力接近于不排水抗剪强度时，初始蠕变阶段比较明显，第三级蠕变阶段也很明显，而次级蠕变阶段则很难观察到。

软黏土不排水蠕变会导致长期强度折减。与图 13.20 描述的三轴不排水蠕变特性相同，如果用不同应力水平的偏应力执行三轴不排水蠕变实验，可得到如图 13.21（a）所示的实验结果。对于 3 种应力水平较高的实验，实验刚开始阶段，轴向应变率随着时间而减小（蠕变衰减阶段），然后再增大至破坏（蠕变加速阶段）。定义蠕变衰减及蠕变加速阶段交叉点坐标分别为蠕变破坏时的应变率及时间。蠕变实验中所施加的偏应力（蠕变偏应力）与蠕变破坏时应变速率及蠕变破坏时间关系如图 13.21（b）、图 13.21（c）所示，图中问号表示演化规律不够确切的区域。图 13.21（c）显示，不排水抗剪强度的折减与蠕变破坏时间成正比。这对于长期处于不排水蠕变状态的软土工程设计很有指导意义。

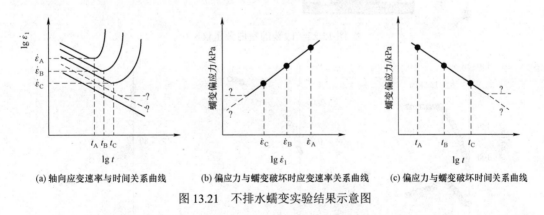

(a) 轴向应变速率与时间关系曲线　　(b) 偏应力与蠕变破坏时应变速率关系曲线　　(c) 偏应力与蠕变破坏时间关系曲线

图 13.21　不排水蠕变实验结果示意图

基于现有实验结果很难归纳不排水抗剪强度的折减随时间收敛与否（即如何评价长期不排水抗剪强度），因在偏应力较低的情况下，不排水蠕变发展通常需要很长时间，有实验操作上的困难。然而，从图 13.21 可以很清楚地知道，长期不排水抗剪强度要比标准实验得到的常规不排水抗剪强度小。

3. 复杂应力下的蠕变实验

实际工程中软黏土所受的应力状态远复杂于一维和三轴应力状态，因此进行一些复杂应力下的蠕变实验，如非常规室内实验、现场实验等，也很有必要。

相对于一维和三轴蠕变实验，应用其他非常规实验仪器进行土体蠕变实验的例子较少，比较典型的有旁压蠕变实验。旁压蠕变实验是将圆柱形旁压器竖直放入土中，通过旁压器在竖直的孔内加压，使旁压膜膨胀，并由旁压膜将压力传给周围的土体，使土体产生变形，通过量测施加的压力和土变形之间的关系，获得地基土的力学指标。为了更有效地控制边界条件和土样均匀性，Hicher 团队（Rangeard et al.，2003；Yin et al.，2008）开发了室内旁压测试仪（图 13.22）。该仪器可以在三轴压力室内再现旁压实验条件，它的一个特殊功能就是可以测量实验中洞壁孔隙水压力的发展，可在实验室条件下测量旁压洞壁的侧向位移在旁压压力固定情况下的发展，以及由于旁压洞室膨胀引起的孔压变化。实验结果如图 13.23 所示，图中 σ_{ra} 为旁压洞室径向应力，δ_{ra} 为洞壁侧向位移与洞室初始半径的比值。实验过程中，固定旁压力 $\sigma_{ra}=132$ kPa，洞壁侧向位移初始增长较快，后期逐步趋于稳定值；孔隙水压力在旁压蠕变开始阶段降低速度较快，很短的时间内，在实验进行 7×10^4 s 后孔压逐步趋于稳定。

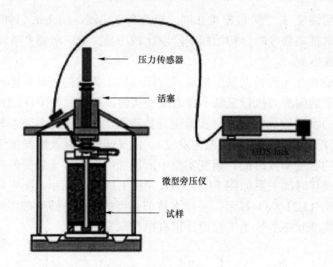

图 13.22　改装的室内旁压仪

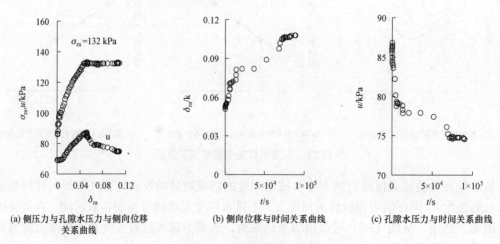

(a) 侧压力与孔隙水压力与侧向位移　　　(b) 侧向位移与时间关系曲线　　　(c) 孔隙水压力与时间关系曲线
　　关系曲线

图 13.23　旁压蠕变实验结果

为研究黏土蠕变现场特性，20 世纪建造了多个实验测试用路堤。其中较为著名的有：1993

年建于芬兰西部 Seinäjoki 镇附近的 Murro 实验路堤（Karstunen et al.，2010），1997 年建于芬兰西部 Harrajoki 镇附近的实验路堤（图 13.24），加拿大 Sackville 实验路堤（Rowe et al.，1998）和英国的 Gloucester 实验路堤（Hinchberger et al.，2005）。其中，Sackville 路堤经过土工加固。堤坝的现场实测数据表明：① 路堤的长期沉降远远大于施工刚结束时沉降；② 土工加固可以大大降低路堤基础土的长期变形；③ 如果路堤基础的排水条件不允许孔压快速消散，在路堤施工结束后相当长的时间内，路堤基础土体内部都会存在超孔隙水压力。

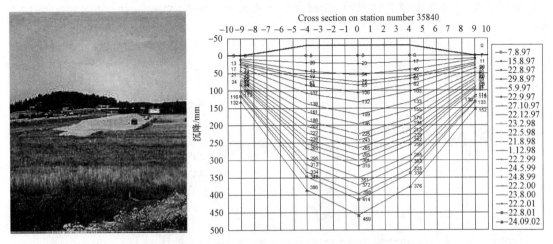

图 13.24　芬兰西部 Harrajoki 实验路堤现场及沉降观测结果

边坡开挖的长期稳定性同样与黏土蠕变特性关系密切。例如，1988 年在加拿大 Saint-Hilaire 结构性软土上进行的边坡开挖现场测试（Lafleur et al.，1988）。当时在 60 m × 60 m 的方形场地内，开挖了 45°、34°、27° 和 18° 四个不同坡度的边坡。在开挖结束 1 d 和 14 d 后，最陡的 45° 和次陡的 34° 边坡相继发生破坏，另外两个角度的边坡却一直没有破坏（图 13.25）。现场实测数据表明：① 破坏发生在边坡达到稳定状态前，且发生破坏时速度较

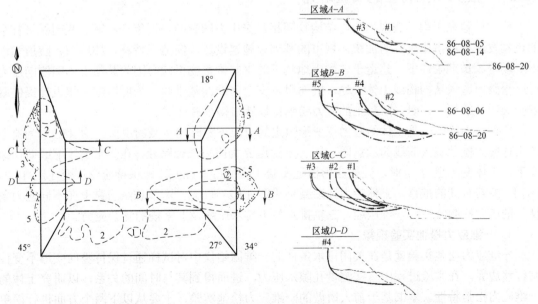

图 13.25　加拿大 Saint-Hilaire 边坡开挖现场测试：边坡渐进破坏形态

快；②在开挖结束 5 个月之后，非破坏边坡孔隙水压力仍然在发展；③基于短期计算方法稳定分析得到的边坡稳定性系数偏大。

城市地铁的长期沉降，尤其是建设在软弱、高压缩性软土中的隧道，其长期沉降也是相当显著的。Shirlaw（1995）在研究大量隧道长期沉降实测数据基础上得出，正常情况下隧道的长期沉降占总沉降量的比例为 30%～90%。Reilly 等人（1991）通过对建造在正常固结黏土、直径为 3 m 的英国 Grimsby 隧道 11 年的观察结果分析也证实了上述结论。国内上海地铁 1 号线隧道在 10 多年的运营过程中，同样产生了非常大的沉降（Shen et al.，2014），如图 13.26 所示。

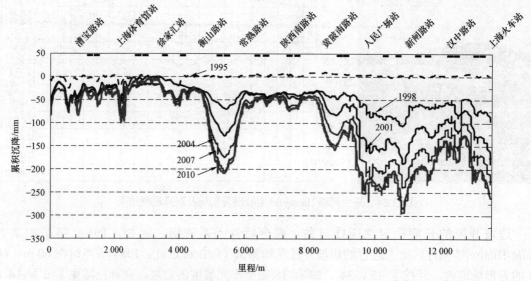

图 13.26　上海地铁 1 号线沉降观测结果（Chen et al.，2000；Ye et al.，2007）

13.3.3　应力松弛特性的实验研究

应力松弛在工程上表现为土与结构物间相互作用力的衰减。近年来，随着我国经济社会的迅猛发展和城市化进程的加快，城市的基础设施建设逐步向地下转移，如地铁、隧道和地下广场等。长期条件下，建造于软黏土地基下的这些构筑物可能会因为其与土体间侧向压力过度松弛而造成结构物或土体失稳，继而引发安全问题。基于此，为能够给工程设计提供既安全又经济的指导，研究软黏土的应力松弛特性就显得很有必要。

所谓应力松弛就是土体的应力在变形恒定的情况下随时间衰减的现象。图 13.27 为典型的土体应力松弛实验曲线的示意图，从点 A 到点 B 为应力加载路径，在一定的压缩或剪切速率下，土体变形至 A 点时，开始应力松弛实验 [图 13.27（a）]，即保持应变不变 [图 13.27（b）]，随着时间的推移，土体应力逐渐减小 [图 13.27（c）]。本节总结了黏土在不同应力条件下的应力松弛特性：一维压缩，三轴排水与不排水压缩及非常规的复杂应力。

1. 一维应力松弛实验现象

一维应力松弛实验就是在关闭排水条件的一维固结仪中对试样通过保持竖向变形不变控制位移边界，在实验过程中直接测量孔隙水压力，进而得到其与时间的关系，以研究土体的一维应力松弛特性。本书基于前人所做的一维应力松弛实验，主要从以下两个方面进行简单

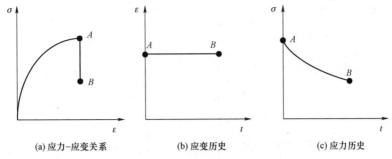

(a) 应力-应变关系   (b) 应变历史   (c) 应力历史

图 13.27   应力松弛实验（$A \rightarrow B$）

描述：① 应力松弛过程中的孔压变化规律；② 应力变化规律。实验结果表明，在一维固结实验中，无论主固结还是次固结阶段，关闭排水条件后，都会引起有效应力的显著降低。一维应力松弛实验中，Yoshikuni 等人（1994）首先以三种不同应变速率加载至竖向有效应力 341 kPa [图 13.28（a）]，然后待土样主固结阶段结束后，关闭排水条件，观察了孔隙水压力随时间的变化规律 [图 13.28（b）]。实验结果表明，应力松弛开始后，孔隙水压力逐渐增大；应力松弛开始前的压缩应变速率越大，应力松弛过程中形成的超孔隙水压力也越大。

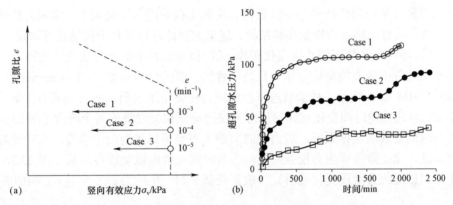

图 13.28   一维应力松弛实验中孔隙水压力演化规律

    需要说明的是，由于松弛实验的结果不能直接应用于工程设计中更加常见的土体蠕变或应变率效应中去，因此相对于土体蠕变和应变率效应，目前对土体应力松弛性状的实验研究并不多见，且在一维条件下进行的实验更少。如能得到蠕变或应变率效应与应力松弛的一一对应关系（见第 8 章），则应力松弛实验可得以推广。

    在一维不排水应力松弛实验过程中，孔隙水压力逐渐增长。相应地，土样的有效应力逐渐减小 [图 13.29（a）]。Yin 和 Graham（1989）从重塑伊利土一维应力松弛实验中得到，竖向有效应力在松弛开始阶段减小较快，在 $t = 500$ min 后，应力减小速度逐渐降低。Kim 和 Leroueil（2001）从 Berthierville 黏土应力松弛实验中得到了相似的结论 [图 13.29（b）]。

    值得一提的是，也可通过位移控制的一维压缩实验仪（如结合三轴仪的加载系统与固结装置）直接量测应力的变化，得到一维应力松弛规律。

2. 三轴应力松弛实验现象

    三轴应力松弛实验就是在保持三轴围压室压力恒定的条件下，首先在特定加载速率下剪切试样至预定的初始应变，然后通过固定竖向位移控制位移边界，直接测量竖向应力及不排

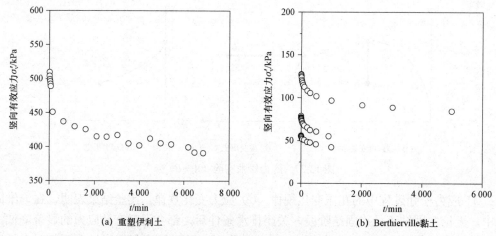

(a) 重塑伊利土 (b) Berthierville黏土

图 13.29　一维应力松弛实验中有效应力与时间关系

水实验下的孔隙水压力或排水条件下的体积应变，进而得到它们随时间的变化规律，以研究三轴条件下土体应力松弛特性。相对于一维应力松弛实验，土体三轴应力松弛实验可以设定不同的侧向应力水平，执行多种应力路径下（不同 K_0、不同超固结度、不同围压等）的松弛实验，因此研究三轴应力松弛实验特性更符合实际工程的需求。类似于一维应力松弛实验的研究方法，基于现有三轴应力松弛实验结果，这里主要针对以下几个问题进行讨论：① 应力变化规律；② 不排水条件下的孔压变化规律；③ 排水条件下的体应变变化规律。

应力松弛过程中应力的变化规律一直是学者们主要关注的对象。其中，Lacerda 和 Houston（1973）对 SFBM 黏土施加三种加载速率后的应力松弛结果表明，所有的应力松弛曲线形态都非常相似，且应力随时间变化规律可以分为快速降低和缓慢降低两个阶段 ［图 13.30（a）］；而在应力与时间对数的坐标系下，应力与时间的关系也可以分为两个阶段，在初始阶段应力几乎没有衰减，第二阶段即应力松弛阶段应力与时间对数近似呈线性关系 ［图 13.30（b）］。目前为止，对松弛应力阶段变化的研究一般都是基于归一化应力 q/q_0 与 $\lg t$ 之间的关系。

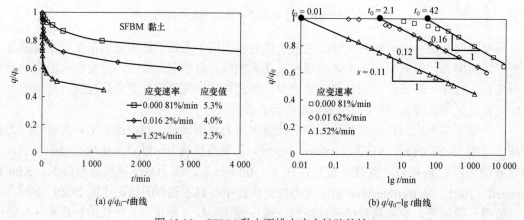

(a) q/q_0-t曲线 (b) q/q_0-$\lg t$曲线

图 13.30　SFBM 黏土不排水应力松弛特性

$$\frac{q}{q_0} = 1 - s\lg\left(\frac{t}{t_0}\right), \quad t > t_0 \tag{13.31}$$

式中，q 为偏应力；q_0 为应力松弛开始时偏应力的初始值；t_0 为应力松弛初始等效时间，在

q/q_0 与 $\lg t$ 关系图中表示为应力松弛线性部分延长线与 $\lg t$ 轴的交点 [图 13.30（b）]；s 为应力松弛曲线的斜率，表现为应力松弛的速率 [图 13.30（b）]。

作为土体黏性特性在应力松弛过程中的体现，s 和 t_0 是描述土体应力松弛特性的两个最为重要的参数，而不同学者对它们与土体特性、应力状态、应力松弛前加载速率及应力松弛时轴向应变的关系认识不尽相同，例如：Sheahan 等人（1994）认为 s 是土体固有特性，与应变速率、应变值与 OCR 都没有关系；而 Akai 等人（1975），Murayama 和 Shibata（1974）认为 s 与应力松弛时的应变值相关；Oda 和 Mitachi（1988）通过对四种重塑黏土多个加载速率下的应变松弛实验研究表明 s 与松弛前加载速率有关。相比较而言，学者们对 t_0 的特性研究较少，较为统一的笼统的观点是应力松弛前的加载速率越大，t_0 越小，却缺乏定量的描述其变化特性及影响因素。

利用式（13.31）拟合了图 13.30（a）中 SFBM 黏土应力松弛实验结果，拟合出来的各实验曲线所对应的 s 和 t_0 值见图 13.30（b），结果显示 SFBM 黏土应力松弛斜率 s 和 t_0 都随着加载速率和应变值而变化。

为此，本书基于现有文献实验数据，尝试分析应力松弛速率 s 与应力松弛初始等效时间 t_0 的影响因素，以期望加深对土体应力松弛特性的认识。首先尝试讨论应变量固定时，应力松弛前的加载速率对 s 与 t_0 的影响，然后讨论加载速率固定时，应力松弛开始时的应变量对 s 与 t_0 的影响。

值得说明的是，到目前为止，对同一应变值处的不同初始加载速率的不排水应力松弛实验较少，可供查阅的只有 Sheahan 等人（1994）对 BBC 黏土的应力松弛研究。他们使用式（13.31）分析了 BBC 黏土的应力松弛实验，并得到了两种初始加载速率的 BBC 黏土分别在三种应变处的应力松弛结果，并对比了 SFBM 黏土松弛速率 s 与初始加载速率的关系。结果表明，应力松弛速率 s 与松弛前加载速率的对数近似呈线性关系，线性拟合出的斜率在 $0.005 \sim 0.013$。

在不排水三轴应力松弛实验中，Lacerda 和 Houston（1973）、Akai 等人（1975）、Murayama 和 Shibata（1964）的研究表明孔隙水压力在整个应力松弛过程中几乎不变化。此外，Silvestri 等人（1988）、Zhu 等人（1999）和 Sheahan 等人（1994）的应力松弛实验过程中出现了较小的超孔隙水压力，例如，香港黏土在应力松弛实验中产生的超孔隙水压力与围压的比值在 $-0.5\% \sim 4.2\%$。此外，Oda 和 Mitachi（1988）、Sheahan 等人（1994）的研究结果表明，当应力松弛前的加载速率超过 50%/h 时，松弛过程中将会出现较大的超孔隙水压力。实际上，土体在应力松弛过程中产生超孔隙水压力的影响因素很多，包括：应力松弛开始前的应变速率，开始时的应变，应力状态（压缩或者伸长实验）。然而到目前为止，还没有定论来解释应力松弛过程中孔隙水压力变化的机理。

由于试样为饱和土样，在排水应力松弛过程中孔隙水可以自由进出土样，孔隙水体积变化即为土样体积变化。实验结果表明（Hicher et al.，2000；Mitchell et al.，2005），土体的体积在松弛过程中几乎没有变化，这与不排水松弛实验的结论"应力松弛过程中，孔隙水压几乎保持定值"是一致的。同样，应力松弛开始前的应变速率及开始时的应变、应力状态也会影响排水条件下的体应变变化规律。然而实际的规律如何，尚无有效结论。

3. 非常规应力松弛实验现象

实际工程中软黏土所受的应力状态远复杂于一维和三轴应力等理想土单元体状态。因此，进行一些非理想土单元体和复杂应力下的应力松弛特性实验，如非常规室内实验、现场实验等，也很有必要。

相对于三轴应力松弛实验，应用其他非常规实验仪器进行土体应力松弛的例子较少，比较典型的有旁压应力松弛实验。旁压应力松弛实验是将圆柱形旁压器竖直入土中，通过旁压器在竖直的孔内加压，使旁压膜膨胀，并由旁压膜将压力传给周围的土体，使土体产生变形，通过量测施加的压力和土变形之间的关系，获得地基土的力学指标。为了更有效地控制边界条件和土样均匀性，Hicher 团队（Rangeard et al.，2003；Yin et al.，2008）开发了室内旁压测试仪（图 13.22）。该仪器可以在三轴压力室内再现旁压实验条件，它的一个特殊功能就是可以测量实验中洞壁孔隙水压力的发展，可在实验室条件下测量旁压压力在旁压洞壁的侧向位移固定情况下的发展，以及旁压洞室周围孔压变化。Yin 和 Hicher（2008）利用如图 13.22所示旁压仪做了一系列旁压应力松弛实验，实验中当洞壁位移与洞室初始半径比 δ_{ra} 为 3.5%时开始应力松弛（图 13.31），整个应力松弛过程持续大约 2×10^5 s。从图 13.31 中可以看出，旁压力与时间对数呈直线关系，这点与三轴条件下的应力松弛结果一致。另外，洞壁孔隙水压力在应力松弛阶段从 62 kPa 逐渐减小至 57 kPa，并逐步趋于稳定。

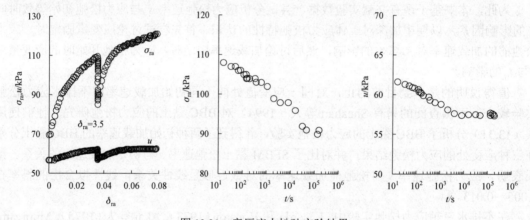

图 13.31　旁压应力松弛实验结果

由于现场实验对实验场地环境要求较为严格、人力和物力需求较大等问题，因此开展现场应力松弛实验的例子较少。为探寻土体现场应力松弛特性，孙钧在我国某铁路隧道的黄土地段，开挖了长 11 m、高 2 m、跨度 3 m 的实验用旁洞（孙钧，1999），实验加载系统由螺旋千斤顶和测力环组成，承载板面积 30 cm×30 cm［图 13.32（a）］。实验过程中，在荷载作用

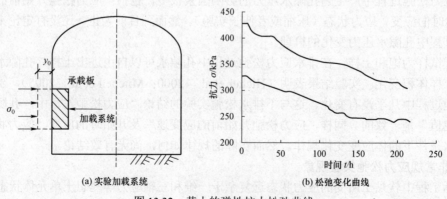

(a) 实验加载系统　　　　(b) 松弛变化曲线

图 13.32　黄土的弹性抗力松弛曲线

下加载板向地层内变形，当变形达到 y_0 时，停止扳动千斤顶，从此时开始记录测力环读数。图 13.32（b）为松弛开始后地层弹性抗力松弛随时间变化曲线，结果表明，弹性抗力在松弛过程中逐渐减小，但并未松弛到零。

4. 应力松弛系数

基于应力松弛实验结果［图 13.33］，根据双对数坐标下应力松弛一段时间 t_α 后，$\ln q$ 随着 $\ln t$ 线性发展的关系，定义应力松弛系数 R_α 为

$$R_\alpha = -\frac{\Delta \ln q}{\Delta \ln t} \tag{13.32}$$

即 R_α 为 $\ln q - \ln t$ 图中曲线的斜率，代表应力松弛过程中应力随时间的衰减速率。t_α 也与上述 t_0 概念类似，为双对数坐标系下应力松弛初始等效时间。

利用式（13.32）拟合了图 13.30 中 SFBM 黏土应力松弛实验结果：不同于 s 和 t_0，三个加载速率对应的 R_α 基本相等，t_α 随加载速率增大而减小且 t_α 大于对应的同速率条件的 t_0 值。采用类似方法，测量了上述所有黏土的 R_α 和 t_α 值。并如上述，研究了它们与应力松弛前加载速率和应变值的关系。

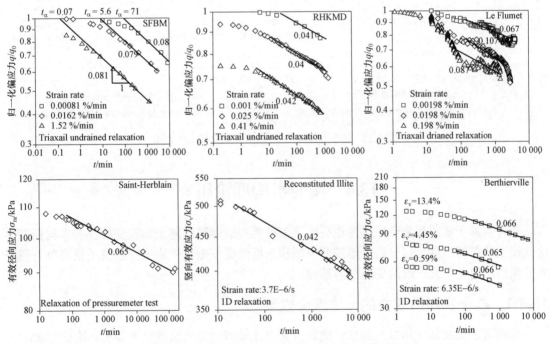

图 13.33　一维应力松弛实验中有效应力与时间关系

图 13.34（a）显示，应力松弛前加载速率对 R_α 几乎没有影响。对比图 13.30（b）和图 13.34（b）可以看出，应力松弛时轴向应变对松弛速率 R_α 和 s 的影响类似。同时，图 13.35（a）所示 t_α 与加载速率和轴向应变的关系，得到与 t_0 类似结果。SFBM 黏土和 BBC 黏土的 t_α 值范围为 $0.913 \sim 1.123$。而从图 13.35（b）可以看出，t_α 同样受轴向应变影响不大。

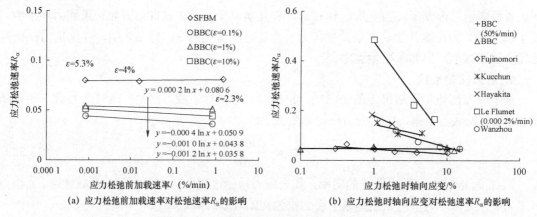

(a) 应力松弛前加载速率对松弛速率 R_α 的影响 　　　(b) 应力松弛时轴向应变对松弛速率 R_α 的影响

图 13.34　不同因素对应力松弛速率 R_α 的影响

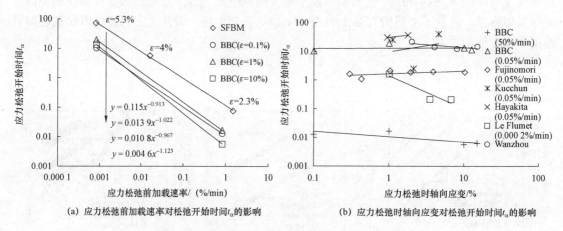

(a) 应力松弛前加载速率对松弛开始时间 t_α 的影响 　　(b) 应力松弛时轴向应变对松弛开始时间 t_α 的影响

图 13.35　不同因素对应力松弛开始时间 t_α 的影响

13.4　流变本构理论研究

　　学者们基于实验现象和经典理论提出了多种类型的能够描述土体流变特性的本构模型，这些模型从空间角度可以分为一维流变模型和三维流变模型。一维流变模型是最简单、最基本的模型，也是研究三维流变模型的基础。

13.4.1　基于次固结现象的一维流变模型

　　在我国，陈宗基（1958）最早尝试着用黏弹性模型结合固结理论来分析一维固结现象。由于黏弹性模型不能全面反映土体的流变性质，目前国际上较多的采用弹黏塑性模型，即总应变速率分为弹性应变速率和黏塑性应变速率

$$\dot{\varepsilon}_z = \dot{\varepsilon}_z^e + \dot{\varepsilon}_z^{vp} \tag{13.33}$$

其中，弹性应变速率可以表达为

$$\dot{\varepsilon}_z^e = \frac{\kappa}{1+e_0} \frac{\dot{\sigma}_z'}{\sigma_z'} \tag{13.34}$$

式中，κ 为膨胀指数，可从 $e-\ln\sigma'_z$ 曲线量取；e_0 为初始孔隙比；σ'_z 为当前有效应力。而对于黏塑性应变速率，基于一维次固结系数，有以下几类模型。

1. 基于等效时间概念的殷建华模型

殷建华等人（1989）应用对数函数在一维弹黏塑性理论中引入了"等效时间"概念，提出了一维流变模型。模型假设：① 弹性变形为可恢复变形，与时间无关；② 黏性变形为不可恢复变形，与时间相关；③ 黏性与弹性变形同时发生。此模型涉及四个主要的概念：等效时间、参考时间线、瞬时时间线、极限时间线（图 13.36）。

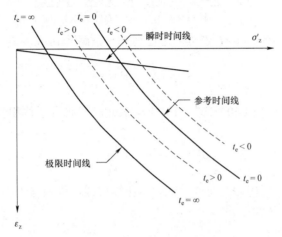

图 13.36　等效时间模型原理

此模型的黏塑性应变率可分解为两个部分。

1）参考时间线（塑性）

$$\dot{\varepsilon}_z^{ep} = \dot{\varepsilon}_{z0}^{ep} + \frac{\lambda}{(1+e_0)}\ln\left(\frac{\sigma'_z}{\sigma'_{z0}}\right) \tag{13.35}$$

2）蠕变时间线（黏性）

$$\dot{\varepsilon}_z^{tp} = \frac{C_\alpha}{(1+e_0)}\ln\left(\frac{t_0+t_e}{t_0}\right) \tag{13.36}$$

式中，ε_{z0} 为初始有效应力 σ'_{z0} 对应的初始应变，λ 为压缩指数，t_0 为蠕变参考时间，C_α 为次固结系数（在 $e-\ln t$ 坐标上定义）。

等效时间可写为

$$t_e = -t_0 + t_0\exp\left[(\varepsilon_z - \varepsilon_{z0}^{ep})\frac{(1+e_0)}{C_\alpha}\right]\left(\frac{\sigma'_z}{\sigma'_{z0}}\right)^{-\lambda/C_\alpha} \tag{13.37}$$

最终，此模型的黏塑性应变速率方程为

$$\dot{\varepsilon}_z^{vp} = \frac{C_\alpha}{(1+e_0)t_0}\exp\left[-(\varepsilon_z - \varepsilon_{z0}^{ep})\frac{1+e_0}{C_\alpha}\right]\left(\frac{\sigma'_z}{\sigma'_{z0}}\right)^{\lambda/C_\alpha} \tag{13.38}$$

殷宗泽等人（2003）提出的相对时间坐标系与绝对时间坐标系的概念与此模型概念有类似之处。

2. 基于固结曲线的蠕变模型

图 13.37 展示了常规的各向同性固结压缩回弹曲线，其中 $a \rightarrow b$ 的变形由土的次固结引起，根据经典的次固结理论，此次固结变形可写为

$$e_1 - e = C_\alpha \ln\left(\frac{t}{t_0}\right) \tag{13.39}$$

由式（13.39）可得体应变速率为

$$\dot{\varepsilon}_z^{vp} = -\frac{de}{dt}\frac{1}{(1+e_0)} = \frac{C_\alpha \exp\left[(e-e_1)/C_\alpha\right]}{t_0(1+e_0)} \tag{13.40}$$

从图 13.37 中可以看出，$a \rightarrow b$ 也可以通过另外一条路径 $a \rightarrow c \rightarrow d \rightarrow b$ 来完成，从而有

$$e_1 - e = (\lambda - \kappa)\ln\left(\frac{p_0}{p_L}\right) \tag{13.41}$$

综合式（13.39）、式（13.40）、式（13.41），Kutter 等推导了体积黏塑性应变速率为

$$\dot{\varepsilon}_z^{vp} = \frac{C_\alpha}{t_0(1+e_0)}\left(\frac{p_L}{p_0}\right)^{\frac{\lambda-\kappa}{C_\alpha}} \tag{13.42}$$

同时，Vermeer 等人（1999）通过一维固结压缩曲线，引入与先期固结压力相关的蠕变，得到了一维黏塑性应变速率为

$$\dot{\varepsilon}^{vp} = \frac{C_\alpha}{(1+e_0)t_0}\left(\frac{\sigma'}{\sigma_p}\right)^{\frac{\lambda-\kappa}{C_\alpha}} \tag{13.43}$$

式中，t_0 可取固结实验每级荷载的持续时间，对于常规实验，$t_0 = 24$ h。

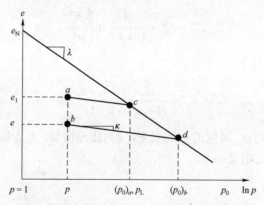

图 13.37 $e - \ln p$ 空间中 e、p_L 和 p_0 相对位置

实际上，对于殷建华模型，代入式（13.35）～式（13.38），可以得到与上述 Kutter 模型和 Vermeer 模型完全相同的表达式。

13.4.2 基于先期固结压力速率效应的一维流变模型

一维 CRS 实验结果表明软黏土的应力-应变关系与应变速率存在一一对应的关系，且此对应关系与土体的应力历史无关。Leroueil 等人（1985）和尹振宇等人（2010，2012）基于软黏土的加载速率效应特性分别提出了一维流变模型。

1. 基于速率效应的 Leroueil 模型

基于大量的软黏土加载速率效应实验结果，Leroueil 等人（1985）提出了两个可用于描述 $\sigma'_z, \varepsilon_z, \dot{\varepsilon}_z$ 关系的方程。第一个方程描述先期固结压力与应变速率关系

$$\sigma'_{z0} = f(\dot{\varepsilon}_z^{vp}) \tag{13.44}$$

第二个方程描述归一化的有效应力与应变关系

$$\frac{\sigma'_z}{\sigma'_{z0}} = g(\varepsilon_z^{vp}) \tag{13.45}$$

对于特定的土样，如果式（13.44）和式（13.45）能够确定，那么 $\sigma'_z, \varepsilon_z, \dot{\varepsilon}_z$ 的关系也就相应得到。图 13.38 为 Leroueil 等人（1985）在总结了大量加载速率实验结果的情况下得到的一般土体的 CRS 压缩特性曲线，表明了软黏土先期固结压力的加载速率相关性。

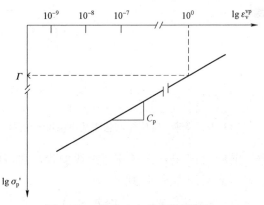

图 13.38　基于速率效应模型原理

由此，Kim 和 Leroueil（2001）提出了一个基于应变速率的模型

$$\dot{\varepsilon}_z^{vp} = 10^{(\lg \sigma'_z - \Gamma - \varepsilon_{oi} - C_\varepsilon \dot{\varepsilon}_z^{vp})/C_p} \tag{13.46}$$

式中，Γ 是 CRS 实验应变速率 $\dot{\varepsilon}_v^{vp} = 1\,\mathrm{s}^{-1}$ 时 $\lg \sigma'_{z0}$ 的值；C_p 是图 13.38 中直线的斜率；C_ε 是应变相关压缩指数［$\lg(\sigma'_z / \sigma'_{z0}) - \varepsilon_z^{vp}$ 坐标空间中直线的斜率］；ε_{oi} 是坐标空间中的截距。

2. 基于速率效应的尹振宇模型

同样地，基于先期固结压力与应变速率的关系，尹振宇等人（2010，2012）总结出表达式

$$\frac{\dot{\varepsilon}_z}{\dot{\varepsilon}_z^r} = \left(\frac{\sigma'_{p0}}{\sigma'^r_{p0}}\right)^\beta \tag{13.47}$$

式中，先期固结压力 σ'_{p0} 对应于任意的应变速度 $\dot{\varepsilon}_z$，参考先期固结压力 σ'^r_{p0} 对应于参考应变速度 $\dot{\varepsilon}_z^r$；β 为材料参数，同斜率相关（图 13.39）。

根据压缩回弹曲线的几何关系，黏塑性应变速率与总应变速率的关系为

$$\dot{\varepsilon}_z^{vp} = \frac{\lambda - \kappa}{\lambda}\dot{\varepsilon}_z \tag{13.48}$$

综合式（13.47）、式（13.48），可得黏塑性应变速度的表达式

$$\dot{\varepsilon}_z^{vp} = \dot{\varepsilon}_z^r \frac{\lambda - \kappa}{\lambda}\left(\frac{\sigma'_{p0}}{\sigma'^r_{p0}}\right)^\beta \tag{13.49}$$

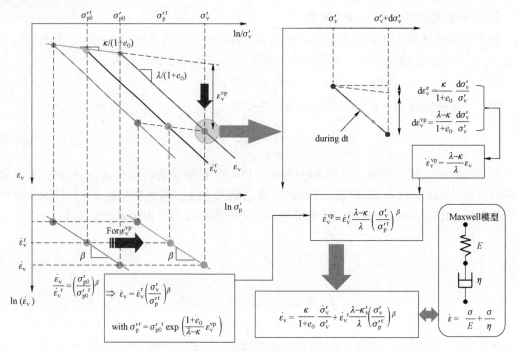

图 13.39　等速一维压缩示意图及模型推导过程

在图 13.39 中，如果当前应力 σ'_z 沿着 $\dot{\varepsilon}_z$ 等速压缩线加载，则随着黏塑性应变量的积累，当前应力 σ'_z 的值将从 σ'_{p0} 发展到新的当前应力值

$$\sigma'_z = \sigma'_{p0} \exp\left(\frac{1+e_0}{\lambda - \kappa}\varepsilon_z^{vp}\right) \tag{13.50}$$

相应地，相同应变水平下的参考应力为

$$\sigma'^r_p = \sigma'^r_{p0} \exp\left(\frac{1+e_0}{\lambda - \kappa}\varepsilon_z^{vp}\right) \tag{13.51}$$

将式（13.50）、式（13.51）代入至式（13.49）中，则当前黏塑性应变速度可以用当前应力来表达，即

$$\dot{\varepsilon}_z^{vp} = \dot{\varepsilon}_z^r \frac{\lambda - \kappa}{\lambda}\left(\frac{\sigma'_z}{\sigma'^r_p}\right)^{\beta} \tag{13.52}$$

对比式（13.52）、式（13.43），二者在形式上较为一致。基于此，可以得到以下等效关系式

$$\dot{\varepsilon}_z^r = \frac{\lambda}{\lambda - \kappa}\frac{C_\alpha}{(1+e_0)t_0}, \quad \beta = \frac{\lambda - \kappa}{C_\alpha} \tag{13.53}$$

此模型与 Leroueil 的模型同样基于速率效应，推导清晰、易懂，公式简单，易于拓展三维模型。更值得一提的是，尹振宇等在此基础上，结合结构性土的结构渐进破坏特性，进一步提出了结构性土的一维流变模型（Yin et al.，2012；Zhu et al.，P. Y 等，2015；Yin et al.，2017）。

事实上，基于等效时间概念的殷建华模型与基于固结曲线的 Kutter 或 Vermeer 模型及基于速率效应的尹振宇模型是对等和可互换的，详见下述推导：

将式（13.34）积分可得

$$\varepsilon_z^e = \frac{\kappa}{1+e_0} \ln\left(\frac{\sigma_z'}{\sigma_p'}\right)$$

弹性变形可以表示为 $\varepsilon_z^e = \varepsilon_z - \varepsilon_z^{ep}$，同时上式两端同时乘以 $\frac{1+e_0}{C_{\alpha e}}$ 可得

$$\left(\varepsilon_z - \varepsilon_z^{ep}\right)\frac{1+e_0}{C_{\alpha e}} = \frac{\kappa}{C_{\alpha e}} \ln\left(\frac{\sigma_z'}{\sigma_p'}\right)$$

对上式两边求指数，有

$$\exp\left[-\left(\varepsilon_z - \varepsilon_z^{ep}\right)\frac{1+e_0}{C_{\alpha e}}\right] = \left(\frac{\sigma_z'}{\sigma_p'}\right)^{-\frac{\kappa}{C_{\alpha e}}}$$

上式两边同时乘以 $\frac{C_{\alpha e}}{(1+e_0)t_0}\left(\frac{\sigma_z'}{\sigma_p'}\right)^{\frac{\lambda_e}{C_{\alpha e}}}$，则有

$$\frac{C_{\alpha e}}{(1+e_0)t_0}\exp\left[-\left(\varepsilon_z - \varepsilon_z^{ep}\right)\frac{1+e_0}{C_{\alpha e}}\right]\left(\frac{\sigma_z'}{\sigma_p'}\right)^{\frac{\lambda}{C_{\alpha e}}} = \frac{C_{\alpha e}}{(1+e_0)t_0}\left(\frac{\sigma_z'}{\sigma_p'}\right)^{\frac{\lambda-\kappa}{C_{\alpha e}}}$$

由此可以证明两模型是等价的。

13.4.3 元件组合一维流变模型

土的元件模型多数是基于金属等固体材料及流体的流变模型，然后结合土的流变特性加以选择、改进和组合。这些元件组合流变模型通常采用一些代表材料的某种性质基本元件，如用"胡克弹簧"模拟材料的弹性，用"牛顿黏壶"描述理想牛顿液体的黏性，以及用"圣维南刚塑体"描述材料的刚塑性。选取上述基本元件进行"串联"或"并联"，可得到不同组合的流变模型，用来描述土体流变特性，解释流变现象。其中，以 Maxwell 模型、Kelvin 模型和 Bingham 模型等较为经典。

由于 Maxwell 模型和 Bingham 模型分别与超应力模型和扩展超应力模型有相似之处，此处以 Maxwell 模型和 Bingham 模型为例介绍元件模型的组成和计算方法。

1. Maxwell 模型

Maxwell 模型由弹性元件与黏性元件串联而成（图 13.40），因此可以看出，只要存在应力，则黏性应变就会持续发生。

$$\dot{\varepsilon} = \frac{\dot{\sigma}}{E} + \frac{\sigma}{\eta} \qquad （13.54）$$

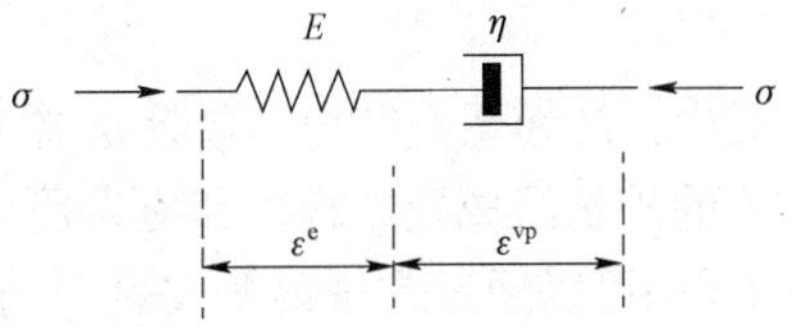

图 13.40 Maxwell 模型

实际上，从本构公式上看，假设土不存在弹性临界应力，上述一维流变模型均与 Maxwell 模型的思想较为一致。

2. Bingham 模型

Bingham 模型由非流变元件和流变元件串联组成，非流变元件用弹簧代表弹性单元，流

变元件包括一个黏性系数为 η 的黏壶和阈值为 σ_y 的刚塑体，二者并联（图 13.41），可表示为

$$\dot{\varepsilon} = \begin{cases} \dot{\varepsilon}^e + \dot{\varepsilon}^{vp} = \dfrac{\dot{\sigma}}{E} + \dfrac{(\sigma - \sigma_y)}{\eta}, & \sigma > \sigma_y \\[3mm] \dot{\varepsilon}^e = \dfrac{\dot{\sigma}}{E}, & \sigma \leqslant \sigma_y \end{cases} \qquad (13.55)$$

只有当 $\sigma > \sigma_y$ 时，黏塑性单元才处于激活状态，因此，只有 σ 和 σ_y 的差值才能产生黏塑性应变，且差值固定时，黏塑性应变速率也为定值。因此，Bingham 模型的思想与超应力模型（Perzyna，1966）思想较为一致。

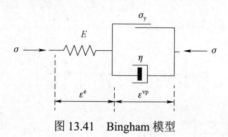

图 13.41　Bingham 模型

国内学者如詹美礼等人（1993）、陈晓平等人（2001）、王小平等人（2011）采用 Bingham 模型分别建立了弹黏塑性流变模型，王元战等人（2009）提出了简单的三元件并串联数学模型。此外，殷德顺等人（2007）在上述三个基本体外提出了一种新的岩土流变模型元件。国外学者 Forlati 等人（2001）、Gioda 等人（2004）基于 Bingham 模型也建立了一些流变模型并用于边坡稳定性分析。

然而，尽管包括 Bingham 模型在内的元件模型能够在一定程度上反映土体的流变特性，但是存在一定的不足之处，例如：① 软黏土的弹性和黏塑性变形都具有高度非线性特性，而元件模型只能反映土体的线性特征；② 元件模型无法描述加速蠕变；③ 一般情况下元件模型只能反映一维应力应变条件下的流变特性。由于软黏土特性的复杂性，基于元件模型的扩展三维模型很难反映其耦合特性。

13.4.4　基于三轴蠕变速率发展规律的一维流变模型

Singh 和 Mitchell（1968）基于三轴固结不排水及固结排水剪切蠕变实验（图 13.42），较早地提出

$$\dot{\varepsilon} = A e^{\alpha D}\left(\frac{t_i}{t}\right)^m \qquad (13.56)$$

式中，D 为蠕变应力；参数 m 控制轴向应变随时间减小的速率；参数 A 为方程系数，反映土体的矿物组成及结构性和应力历史的影响；参数 α 反映应力强度对蠕变速率的影响。参数 m，A 和 α 可以通过常规蠕变实验得到（Mitchell et al.，1968）。

由于方程可较好地描述黏土在 30%～90% 抗剪强度的应力范围内的应变−时间关系，较适用于一般工程计算。在我国，李军世等人（2000）、王志俭等人（2007）、杨超等人（2012）、王琛（2005）、朱鸿鹄等人（2006）使用 Singh−Mitchell 模型模拟了多个地区软土的流变特性，并得到一些拟合参数。王常明等人（2004）在 Singh−Mitchell 理论框架下建立了适用于天津滨海软黏土的蠕变模型。

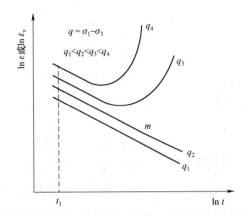

图 13.42　三轴实验轴向蠕变速率−时间关系示意图

　　然而，需要指出的是，Singh−Mitchell 模型具有以下两个方面的局限性：① 模型描述土体在常应力水平下的应变特性，因此，此模型仅适用于初次加载；② 对特殊土体，m 可以假设为常数。但是在一般情况下，即使相同的土体，不同应力水平下的蠕变曲线所表现出的 m 值都不尽相同（Lovenbury，1969；Augustesen et al.，2004）。

13.5　三维流变本构模型

　　现有三维流变本构模型从总体上可以分为以下 4 类。

13.5.1　基于非稳态流动面理论的模型

　　非稳态流动面理论是由 Naghdi 等人（1963）、Olszak 等人（1966，1970）等提出的，其理论基础是弹塑性理论中屈服面的概念。经典弹塑性理论中各向同性硬化屈服状态可用下式表示：

$$f(\sigma'_{ij},\varepsilon^p_{ij})=0 \tag{13.57}$$

式中，σ'_{ij}，ε^p_{ij} 分别为有效应力和塑性应变。由式（13.57）可知，当塑性应变保持固定时，屈服状态也不会发生变化，即为稳定屈服状态。而非稳态流动面理论在式（13.57）的基础上引入了一个与时间相关的函数 β，屈服面可随着 β 改变（图 13.43），而不仅仅只与塑性应变相关，如

$$f(\sigma'_{ij},\varepsilon^p_{ij},\beta)=0 \tag{13.58}$$

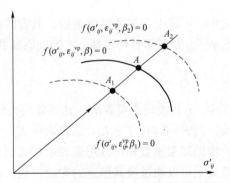

图 13.43　非稳态流动面理论加载路径和屈服面

　　非稳态流动面理论中总应变速率也是弹性应变速率和黏塑性应变速率之和，黏塑性应变速率的求解方程为

$$\dot{\varepsilon}^{\mathrm{vp}}_{ij}=\langle\Lambda\rangle\frac{\partial g}{\partial\sigma'_{ij}} \tag{13.59}$$

式中，Λ 是非负的乘子，可表达为

$$\Lambda = -\frac{\dfrac{\partial f}{\partial \sigma'_{ij}}\dot{\sigma}'_{ij} + \dfrac{\partial f}{\partial \beta}\dot{\beta}}{\dfrac{\partial f}{\partial \varepsilon^{\mathrm{vp}}_{kl}}\dfrac{\partial g}{\partial \sigma'_{ij}}} \tag{13.60}$$

Λ 可以分为 Λ_1 和 Λ_2 两部分，即

$$\Lambda = \Lambda_1 + \Lambda_2 = -\frac{\dfrac{\partial f}{\partial \sigma'_{ij}}\dot{\sigma}'_{ij}}{\dfrac{\partial f}{\partial \varepsilon^{\mathrm{vp}}_{kl}}\dfrac{\partial g}{\partial \sigma'_{ij}}} - \frac{\dfrac{\partial f}{\partial \beta}\dot{\beta}}{\dfrac{\partial f}{\partial \varepsilon^{\mathrm{vp}}_{kl}}\dfrac{\partial g}{\partial \sigma'_{ij}}} \tag{13.61}$$

由此，乘子 Λ_1 与黏土的弹塑性变形相关，而 Λ_2 决定了土黏塑性变形。

基于非稳态流动面理论和实验结果，一些学者建立了不同的流变模型，包括 Sekiguchi 模型、Nova 模型、Matsui-Abe 模型（1985），这些模型都可以用来模拟正常固结土的流变特性。非稳态流动面理论的不足在于当初始应力状态在屈服面内时，非稳态流动面模型不能描述黏土的应力松弛和蠕变特性，仅能描述黏土的加载速率效应特性。

值得说明的是，20 世纪七八十年代是非稳态流动面理论的流变本构模型开发的高峰期。由于其物理框架的缺陷，近年来的相关研究鲜见报道。

13.5.2　基于超应力理论的模型

本部分关于超应力模型理论的描述主要基于 Perzyna（1963，1966）。超应力模型假设总应变率由弹性应变率和黏塑性应变率组成，即

$$\dot{\varepsilon}_{ij} = \dot{\varepsilon}^{\mathrm{e}}_{ij} + \dot{\varepsilon}^{\mathrm{vp}}_{ij} \tag{13.62}$$

式中，$\dot{\varepsilon}_{ij}$ 为总应变率张量，上标"e"和"vp"分别表示弹性和黏塑性分量。弹性应变率可由广义胡克定律得到，而与时间相关的黏塑性应变率的流动法则为

$$\dot{\varepsilon}^{\mathrm{vp}}_{ij} = \gamma \langle \Phi(F) \rangle \frac{\partial g}{\partial \sigma'_{ij}} \tag{13.63}$$

式中，γ 是土骨架的黏度系数，具有时间倒数的量纲；$\Phi(F)$ 是标度函数；$\langle \rangle$ 为 McCauley 函数；g 是黏塑性势函数；F 为动态荷载面与静态屈服面之差，即超应力函数，可以表达为

$$F = \frac{f_{\mathrm{d}} - K_{\mathrm{s}}}{K_{\mathrm{s}}} \tag{13.64}$$

式中，f_{d} 代表动态荷载面，且当前应力状态点 P 在 f_{d} 上（图 13.44）。K_{s} 为静态屈服面硬化参数，当 $F = 0$ 时，$f_{\mathrm{d}} = K_{\mathrm{s}}$，这也表示 K_{s} 一定要能够反映静态屈服函数 f_{s}。理论上，经典塑性理论中的屈服函数都可以用来表示静态屈服函数。但是在应力空间中，f_{s} 的位置不容易确定，理论上可以通过极其慢速的实验得到，但目前尚无法界定具体的加载速率。另外，慢速实验也很难在实验室中实现。

从概念上讲，超应力理论类似于 Bingham 模型。在 Bingham 模型中，当且仅当应力大于阈值 σ_{y} 时，黏性就会发生作用，且黏性应变速率与 σ 和 σ_{y} 的差值相关。而在超应力模型中，当荷载大于静态屈服面时，产生黏塑性应变，且黏性应变速率与过应力大小 F 密切相关。

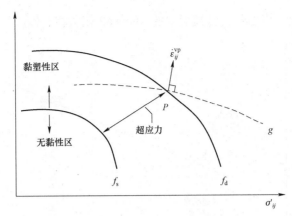

图 13.44 超应力模型原理

超应力模型的关键在于如何选用或确定标度函数，见表 13.1。尹振宇等人（2010）研究了不同标度函数在模拟应变速率对土体强度和流变特性的差异性，进而评估了多种类型的标度函数模型性能。

表 13.1 可应用于软黏土的标度函数 $\Phi(F)$ 表示方法

函数 $\Phi(F)$	文献
$\exp\left[N(F_d - F_s)\right]$	Adachi 和 Oka（1982）、Oka 等人（2004）、Kimoto 和 Oka（2005）
$\left(\dfrac{F_d}{F_s} - 1\right)^N$	Shahrour 和 Meimon（1995）、陈铁林等人（2003）
$\exp\left[N\left(\dfrac{F_d}{F_s} - 1\right)\right] - 1$	Fodil 等人（1997）、Yin 和 Hicher（2008）、Karstunen 和 Yin（2010）、Yin 和 Karstunen（2011）、Rocchi 等人（2003）
$\left(\dfrac{F_d}{F_s}\right)^N$	Rowe 和 Hinchberge（1998）、Tong 和 Tuan（2007）
$\left(\dfrac{F_d}{F_s}\right)^N - 1$	Hinchberger 和 Rowe（2005）、Hinchberger and Rowe（2005）、Yin 等人（2011）、Hinchberger 和 Qu（2009）

超应力模型有以下特点：① 黏塑性应变与应力历史无关，只与当前应力状态 P 与静态屈服面的距离相关；② 当超应力 $F<0$ 时，无黏塑性应变产生；③ 超应力理论本身不能够描述蠕变破坏。

13.5.3 基于扩展超应力理论的模型

超应力理论假设了纯弹性区域的存在，模型的黏性参数大小同此纯弹性区域的大小密切相关，且参数确定通常需要从实验结果反算而得，这对工程师们来讲是一个挑战（如图 13.45 所示，确定低速率 A 点处的先期固结压力）。为消除传统超应力模型的这一局限性，尹振宇等人（2010）基于屈服应力和强度的加载速率效应实验现象，提出了扩展超应力模型的概念，即屈服面改为参考面，不存在纯弹性区域，土体在任意大小应力下，都存在一定量的黏塑性变形。因此，扩展超应力模型与元件模型中的 Maxwell 模型相类似。

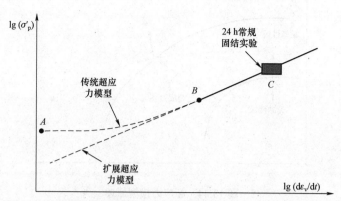

图 13.45　传统和扩展超应力理论中先期固结压力与应变速率关系

由于软黏土的复杂力学特性，现有流变模型在考虑各向异性、结构破坏等特性上不尽相同。但从流变特性角度讲，可依据标度函数分为 4 类，见表 13.2。其中，第二、三类标度函数在应力状态靠近极限状态时（即 $q/p' \to M$）黏塑性体应变率始终为正，在力学上导致了负的二阶功，造成不排水条件下的非稳定性；对于第二类标度函数，无论当前应力在大应力比状态（$q/p' > M$）还是小应力比状态（$q/p' < M$），黏塑性体应变率始终为正，即土体始终处于剪缩状态，不符合实验规律。因此，第一、四类的标度函数是可取的。

表 13.2　扩展超应力模型的标度函数 $\Phi(F)$ 表示方法

函数 $\Phi(F)$	文献
$\dfrac{C_\alpha}{\tau(1+e_0)}\left(\dfrac{p_c^d}{p_c^r}\right)^{\frac{\lambda-\kappa}{C_\alpha}}\dfrac{1}{(\partial f_d/\partial p')_{K_0}}$	Kutter 和 Sathialingam（1992）、但汉波等人（2010）
$\dfrac{C_\alpha}{\tau(1+e_0)}\left(\dfrac{p_c^d}{p_c^r}\right)^{\frac{\lambda-\kappa}{C_\alpha}}\dfrac{1}{\partial f_d/\partial p'}$	Vermmer et Neher（1999）、Leoni 等人（2009）
$\dfrac{C_\alpha}{\tau(1+e_0)}\left(\dfrac{p_c^d}{p_c^r}\right)^{\frac{\lambda}{C_\alpha}}\dfrac{1}{|\partial f_d/\partial p'|}$	殷建华等人（2002）、周成等人（2005）、Kelln 等人（2008）
$\dot\varepsilon_v^r\dfrac{\lambda-\kappa}{\lambda}\left(\dfrac{p_c^d}{p_c^r}\right)^{\beta}\dfrac{1}{(\partial f_d/\partial p')_{K_0}}$	尹振宇等人（2010，2011，2012）、Grimstad 等人（2010）

需要说明的是，由于缺乏在极低速率下（$d\varepsilon_v/dt < 1\times10^{-8}\,\mathrm{s}^{-1}$）先期固结压力与应变速率的关系，扩展超应力理论在弹性区内的假设正确与否尚无法直接验证。然而，这并不影响扩展超应力模型在工程中的应用。

13.5.4　基于边界面理论框架的模型

边界面模型最早由 Dafalias 和 Popov（1975）提出并用于金属材料的循环加载，后来在土力学中广泛被采用。模型假设应力空间中存在一个应力点运动的边界屈服面，边界面的内部包含一个通过当前应力点的与边界面几何相似的加载面。

1. Kaliakin 模型

Kaliakin 等人（1990）提出了针对黏性土的弹黏塑性边界面模型（图 13.46），此模型也可以理解为剑桥模型的扩展：剑桥模型中的塑性面用边界面和黏性部分来代替。边界面的方程为

$$F = \left(\overline{I} - I_0\right)\left(\overline{I} + \frac{R-2}{R}I_0\right) + (R-1)^2\left(\frac{\overline{J}}{N}\right)^2 = 0 \tag{13.65}$$

式中，$\overline{I} = b(I - CI_0) + CI_0$；$\overline{J} = bJ$。

应变速率由 3 部分组成，即

$$\dot{\varepsilon}_{ij} = \dot{\varepsilon}_{ij}^e + \dot{\varepsilon}_{ij}^p + \dot{\varepsilon}_{ij}^v = C_{ijkl}\dot{\sigma}_{kl} + \langle L \rangle \frac{\partial F}{\partial \overline{\sigma}_{ij}} + \langle \varphi \rangle \frac{\partial F}{\partial \overline{\sigma}_{ij}} \tag{13.66}$$

式中，$C_{ijkl} = \frac{2G-3K}{18KG}\delta_{ij}\delta_{kl} + \frac{1}{2G}\delta_{ik}\delta_{jl}$；$L = \dfrac{\dfrac{\partial F}{\partial \hat{\sigma}_{ij}}\dot{\overline{\sigma}}_{ij} + \langle \varphi \rangle \dfrac{\partial F}{\partial q_n}r_n^v}{\overline{K}_p}$；$\varphi = \frac{1}{\eta}\exp\left(\frac{J}{NI}\right)\left(\frac{\hat{\delta}}{r - \frac{r}{s_v}}\right)^n$。

其中 I 和 J 是应力第一不变量和偏应力第二不变量；R 是控制边界面形状的模型参数；N 是临界应力比；C 为材料常数（$0<C<1$）；b（$b>1$），n，η 为模型参数。

李兴照等人（2007）同样采用以修正剑桥模型为边界面，通过采用滞后变形的概念，建立了一个边界面弹黏塑性本构模型。

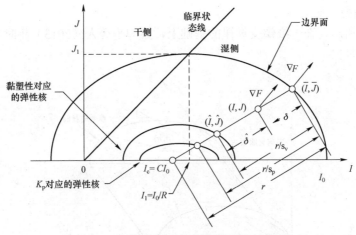

图 13.46　基于边界面理论的弹黏塑性模型

2. Nakai 模型

Nakai 等人（2011）基于之前所建立的 t_{ij} 模型，通过增加 ψ 参数来实现对土体流变特性的模拟。如图 13.47 所示，在一维条件下，塑性孔隙比可表示为

$$(-\Delta e)^p = (\lambda - \kappa)\ln\frac{\sigma}{\sigma_0} - (\rho_0 - \rho) - (\psi_0 - \psi) \tag{13.67}$$

之后，在 t_{ij} 模型的框架下，把一维本构方程扩展到三维，即

$$\mathrm{d}f = \mathrm{d}F - \left[(1+e_0)\Lambda\frac{\partial F}{\partial t_{ij}} - \mathrm{d}\rho - \mathrm{d}\psi\right] = 0 \tag{13.68}$$

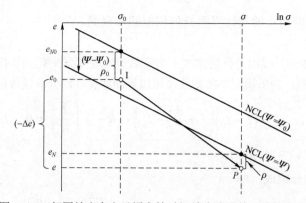

图 13.47 超固结土中由于蠕变等时间效应造成的孔隙比变化

$$\Lambda = \frac{\mathrm{d}F + \mathrm{d}\psi}{(1+e_0)\left\{\dfrac{\partial F}{\partial t_{kk}} + \dfrac{G(\rho)}{t_N} + \dfrac{Q(\omega)}{t_N}\right\}} = \frac{\mathrm{d}F + \mathrm{d}\psi}{h^{\mathrm{p}}} \tag{13.69}$$

$$\mathrm{d}\psi = \frac{\partial \psi}{\partial t}\mathrm{d}t = \lambda_\alpha \frac{1}{t}\mathrm{d}t = (-\dot{e})^p_{(\mathrm{equ})}\mathrm{d}t \tag{13.70}$$

$$(-\dot{e})^p_{(\mathrm{equ})} = \sqrt{3}(1+e_0)\left\|\dot{\varepsilon}^{\mathrm{p}}_{ij}\right\| \tag{13.71}$$

此模型不仅可以描述土的超固结特性、结构破坏特性，还可以描述蠕变、速率效应等流变特性。

3. 姚仰平模型

如图 13.48 所示，在一维蠕变规律的基础上，姚仰平等人（2013）将时间参量引入到三维 UH 模型中，即

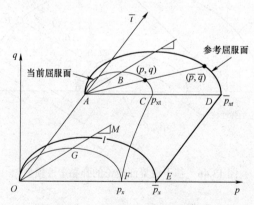

图 13.48 当前屈服面和参考屈服面

$$f = \ln\frac{p}{p_{xt^0}} + \ln\left(1 + \frac{\eta^2}{M^2}\right) + \overline{t} - \frac{1}{c_{\mathrm{p}}}\int\frac{M_{\mathrm{f}}^{\,4} - \eta^4}{M^4 - \eta^4}\mathrm{d}\varepsilon^{\mathrm{p}}_{\mathrm{v}} = 0 \tag{13.72}$$

$$\overline{t} = \frac{C_\alpha}{\lambda - \kappa}\int\frac{M_{\mathrm{f}}^{\,4}}{M^4}R^{(\lambda-\kappa)/C_\alpha}\mathrm{d}t \tag{13.73}$$

式中，p_{xt^0} 为当前屈服面与 p 轴的初始交点；M 为临界状态线；M_{f} 是根据超固结度对正常固结度的 M 进行的修正的超固结土的潜在强度；$c_{\mathrm{p}} = (\lambda-\kappa) / (1+e_0)$，$\eta = q/p$ 为应力比。式中 $\overline{t}$

不是真实的时间，而是根据土的超固结状态修正所得的时间参量，代表了时间对土的影响程度，定义为折算时间。

值得注意的是，采用边界面理论建立的弹黏塑性模型的优点在于可以描述黏土的超固结特性；缺点在于边界面的大小难以确定，在现有的实验速度下得到的实验结果并不支持边界面的存在，导致在实际应用中参数确定的随意性太大，缺乏实验依据。

13.6 三大流变特性的统一性

应力松弛、蠕变、速率效应是土体的流变特性在不同应力应变状态下的反映，本节主要从理论角度来进一步验证此统一性关系。

13.6.1 应力松弛解析解

尹振宇等人（Yin et al.，2010；Yin et al.，2012）基于黏土的加载速率效应提出了一维弹黏塑性模型。模型的表达式见式（13.74）。本节的目的在于推导应力松弛系数及探寻各流变参数间关系，此处不再累述此方程的推导过程。

$$\dot{\varepsilon}_v = \frac{\kappa}{1+e_0}\frac{\dot{\sigma}'_v}{\sigma'_v} + \dot{\varepsilon}_v^r \frac{\lambda-\kappa}{\lambda}\left[\frac{\sigma'_v}{\sigma'^{r}_{p0}\exp\left(\frac{1+e_0}{\lambda-\kappa}\varepsilon_v^{vp}\right)}\right]^\beta \quad (13.74)$$

式中，β 是加载速率系数，其实际上等于第 2 章所研究加载速率参数 η_{N1} 和 ρ_{L1} 的倒数，表示为 $\log(\sigma'_{p0})$–$\log(d\varepsilon_v/dt)$ 线性关系的斜率，即

$$\frac{\dot{\varepsilon}_v}{\dot{\varepsilon}_v^r} = \left(\frac{\sigma'_{p0}}{\sigma'^{r}_{p0}}\right)^\beta \quad (13.75)$$

式中，先期固结压力 σ'_{p0} 与加载速率 $\dot{\varepsilon}_v$ 对应，参考先期固结压力 σ'^{r}_{p0} 与参考加载速率 $\dot{\varepsilon}_v^r$ 对应。Qu 等人（2010）对软黏土的加载速率效应研究表明，β 的变化范围一般在 13～60。ρ_{L1} 范围为 2.3%～8.7%，根据此值计算的 β 范围为 11.5～43.5，与 Qu 等的总结结果有稍微差别。

在一维应力松弛条件下，$\dot{\varepsilon}_v = 0$。假设 σ'_{vi} 为应力松弛开始时的竖向应力，参考先期固结压力从 σ'_{p0} 演变至 σ'^{r}_p。在应力松弛过程中，以 σ'^{r}_p 为参考先期固结压力的初始值，从而在应力松弛过程中应力与塑性体积应变关系为

$$\frac{\kappa}{1+e_0}\frac{\dot{\sigma}'_v}{\sigma'_v} + \dot{\varepsilon}_v^r \frac{\lambda-\kappa}{\lambda}\left[\frac{\sigma'_v}{\sigma'^{r}_p\exp\left(\frac{1+e_0}{\lambda-\kappa}\varepsilon_v^{vp}\right)}\right]^\beta = 0 \quad (13.76)$$

应力松弛过程中体应变为零，从而塑性体积应变速率与弹性体积应变速率大小相等，符号相反，即

$$\dot{\varepsilon}_v^{vp} = -\frac{\kappa}{1+e_0}\frac{\dot{\sigma}'_v}{\sigma'_v} \quad (13.77)$$

在 Δt 步长内，有

$$\varepsilon_v^{vp} = \Delta t \cdot \dot{\varepsilon}_v^{vp} = -\frac{\kappa}{1+e_0}\int_0^{\Delta t}\frac{\dot{\sigma}'_v}{\sigma'_v}dt \quad (13.78)$$

将式（13.78）代入式（13.76）得

$$\frac{\kappa}{1+e_0}\frac{\dot{\sigma}'_{\mathrm{v}}}{\sigma'_{\mathrm{v}}}+\dot{\varepsilon}^{\mathrm{r}}_{\mathrm{v}}\frac{\lambda-\kappa}{\lambda}\left[\frac{\sigma'_{\mathrm{v}}}{\sigma'^{\mathrm{r}}_{\mathrm{p}}\exp\left(-\dfrac{\kappa}{\lambda-\kappa}\displaystyle\int_0^{\Delta t}\frac{\dot{\sigma}'_{\mathrm{v}}}{\sigma'_{\mathrm{v}}}\mathrm{d}t\right)}\right]^{\beta}=0 \qquad （13.79）$$

积分 $\displaystyle\int_0^{\Delta t}\frac{\dot{\sigma}'_{\mathrm{v}}}{\sigma'_{\mathrm{v}}}\mathrm{d}t=\ln\sigma'_{\mathrm{v}}-\ln\sigma'_{\mathrm{vi}}$，从而式（13.79）可以进一步表示为

$$\frac{\kappa}{1+e_0}\frac{\dot{\sigma}'_{\mathrm{v}}}{\sigma'_{\mathrm{v}}}+\dot{\varepsilon}^{\mathrm{r}}_{\mathrm{v}}\frac{\lambda-\kappa}{\lambda}\left[\frac{\sigma'_{\mathrm{v}}}{\sigma'^{\mathrm{r}}_{\mathrm{p}}\left(\dfrac{\sigma'_{\mathrm{v}}}{\sigma'_{\mathrm{vi}}}\right)^{-\frac{\kappa}{\lambda-\kappa}}}\right]^{\beta}=0 \qquad （13.80）$$

整理式（13.80），从而应力松弛过程中竖向应力的一阶微分为

$$\dot{\sigma}'_{\mathrm{v}}=-\dot{\varepsilon}^{\mathrm{r}}_{\mathrm{v}}\frac{(1+e_0)(\lambda-\kappa)}{\lambda\cdot\kappa}\left(\frac{1}{\sigma'^{\mathrm{r}}_{\mathrm{p}}\cdot\sigma'^{\frac{\kappa}{\lambda-\kappa}}_{\mathrm{vi}}}\right)^{\beta}\sigma'^{\frac{\lambda\beta}{\lambda-\kappa}+1}_{\mathrm{v}} \qquad （13.81）$$

式（13.81）中，除竖向应力 σ'_{v} 外，对特定土样，其他所有参数都可以视为常数，为便于求解此一维微分方程，将式（13.81）整理为更为一般的形式，即

$$(\sigma'_{\mathrm{v}})'=A(\sigma'_{\mathrm{v}})^m;\ A=-\dot{\varepsilon}^{\mathrm{r}}_{\mathrm{v}}\frac{(1+e_0)(\lambda-\kappa)}{\lambda\cdot\kappa}\left(\frac{1}{\sigma'^{\mathrm{r}}_{\mathrm{p}}\cdot\sigma'^{\frac{\kappa}{\lambda-\kappa}}_{\mathrm{vi}}}\right)^{\beta},\ m=\frac{\lambda\beta}{\lambda-\kappa}+1 \qquad （13.82）$$

求解一阶微分方程，可得到解为

$$\frac{(\sigma'_{\mathrm{v}})^{1-m}}{1-m}=At+C \qquad （13.83）$$

式中，C 为不定积分的常数项，当 $t=0$，即应力松弛开始时，$\sigma'_{\mathrm{v}}=\sigma'_{\mathrm{vi}}$，从而

$$C=\frac{\sigma'^{1-m}_{\mathrm{vi}}}{1-m} \qquad （13.84）$$

将常数项 C 代入方程的解，从而可以得到应力松弛过程中，竖向应力随时间演变的解析解为

$$\sigma'_{\mathrm{v}}=[A(1-m)t+\sigma'^{1-m}_{\mathrm{vi}}]^{\frac{1}{1-m}} \qquad （13.85）$$

将常数 A 和 m 值代入，则可得到竖向应力在松弛过程中演变的完整表达式

$$\sigma'_{\mathrm{v}}=\left[-\dot{\varepsilon}^{\mathrm{r}}_{\mathrm{v}}\frac{(1+e_0)(\lambda-\kappa)}{\lambda\cdot\kappa}\left(\frac{1}{\sigma'^{\mathrm{r}}_{\mathrm{p}}\cdot\sigma'^{\frac{\kappa}{\lambda-\kappa}}_{\mathrm{vi}}}\right)^{\beta}\left(-\frac{\lambda\beta}{\lambda-\kappa}\right)t+\sigma'^{-\frac{\lambda\beta}{\lambda-\kappa}}_{\mathrm{vi}}\right]^{-\frac{\lambda-\kappa}{\lambda\beta}} \qquad （13.86）$$

13.6.2 应力松弛特性预测

为验证上述推导出的应力松弛解析解，即式（13.86），采用表 13.3 中的模型参数，对不同加载速率的 CRS 和应力松弛相结合的实验进行了理论预测。4 个 CRS 的体积应变都加载至 5%，然后开始应力松弛。

表 13.3　应力松弛拟合土体参数

e_0	κ	λ	σ^r_{p0}/kPa	$\text{d}\varepsilon_\text{v}/\text{d}t$	β
1.92	0.037	0.39	27	1.07×10^{-7}	16

图 13.49 为理论预测结果，高加载速率对应较大的先期固结压力。相应地，加载速率越小，先期固结压力越小。应力松弛开始后，试样的体积不再发生变化，轴向应力降低。

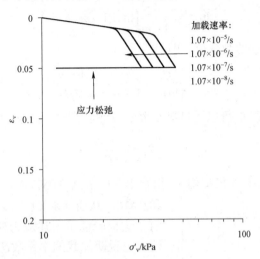

图 13.49　CRS 和应力松弛实验模拟

图 13.50（a）为轴向应力随时间的演化过程。由于应力松弛开始前加载速率的差异，应力松弛开始时的应力也是不等的，4 个应力松弛曲线随着时间发展逐渐归一化，并逐渐趋于重合一条曲线。图 13.50（b）为归一化的轴向应力随时间的变化过程，此曲线与 SFBM 黏土（Yin et al.，1989；Kim et al.，2001；Lacerda，1973）的三轴应力松弛实验曲线趋势相同，高加载速率后的轴向应力在较短时间内就开始快速松弛。

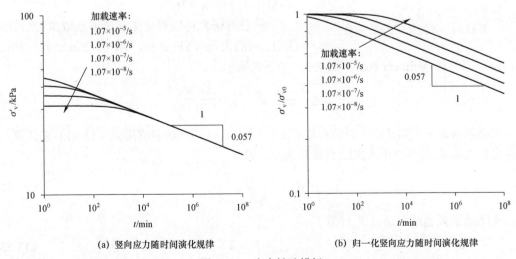

(a) 竖向应力随时间演化规律　　　　　　　　(b) 归一化竖向应力随时间演化规律

图 13.50　应力松弛模拟

13.6.3 流变参数内在关系

应力松弛解析解，即式（13.86）也说明，在双对数坐标下，当应力松弛经历一段时间 t_0 后，$\ln\sigma'_v$ 才随着 $\ln t$ 线性发展，时间 t_0 与应力松弛前加载速率相关。应力松弛系数 R_α 也可以通过式（13.85）或式（13.86）推导得到。在应力松弛阶段，当 $t>t_0$ 时，σ'^{1-m}_{vi} 相对于 $A(1-m)t$ 是个无限小的数。对式（13.85）两边取对数，即

$$\ln\sigma'_v = \frac{1}{1-m}\left[\ln A(1-m) + \ln t\right] \qquad (13.87)$$

简化后，可得 $\ln\sigma'_v$ 对 $\ln t$ 的微分值，即

$$\frac{\Delta\ln\sigma'_v}{\Delta\ln t} = \frac{1}{1-m} = -\frac{\lambda-\kappa}{\lambda\beta} \qquad (13.88)$$

可以看出，应力松弛系数 R_α 可以用材料参数 λ，κ 和 β 来表示，从而

$$R_\alpha = \frac{\lambda-\kappa}{\lambda\beta} \qquad (13.89)$$

上述结果可以验证图 13.50 的模拟结果，拟合出来的 $R_\alpha = 0.057$，而输入参数 $\lambda = 0.39$，$\kappa = 0.037$ 和 $\beta = 16$，从而 $(\lambda-\kappa)/(\lambda\beta) = 0.057$，结果完全相同。这也验证了上述应力松弛系数推导过程的正确性，也说明加载速率系数 β 同样可以通过 R_α 计算得到，即

$$\beta = \frac{\lambda-\kappa}{\lambda R_\alpha} \qquad (13.90)$$

对于天然软黏土而言，λ/κ（$=C_c/C_s$）一般在 5～15 变化，根据此关系，速率效应参数 β 可以根据式（13.90）直接用 R_α 来表示。图 13.51 显示 β 和 R_α 之间关系固定在一个被 λ/κ 包围的窄条状区域，图中最大和最小的 β 值取 60 和 13。

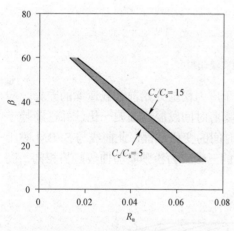

图 13.51 β 和 R_α 之间的关系

从已有研究可以确定加载速率系数 β 和次固结系数 C_α 间的关系（Yin et al.，2010；Yin et al.，2012；Yin et al.，2011；Vermeer et al.，1999），如下式所示

$$\beta = \frac{\lambda-\kappa}{C_\alpha} \quad 或 \quad C_\alpha = \frac{\lambda-\kappa}{\beta} \qquad (13.91)$$

根据加载速率系数 β 和次固结系数 C_α 的关系，式（13.90）的 β 用式（13.91）来代替，继而应力松弛系数 R_α 可以用次固结系数来表示，即

$$R_\alpha = \frac{\lambda-\kappa}{\lambda\beta} = \frac{C_\alpha}{\lambda} \qquad (13.92)$$

次固结系数也可以通过 R_α 计算

$$C_\alpha = R_\alpha \cdot \lambda \qquad (13.93)$$

通过转换坐标系，上式也可以写为

$$R_\alpha = \frac{C_c - C_s}{C_c \beta} = \frac{C_\alpha}{C_c}, \quad C_\alpha = R_\alpha \cdot C_c \tag{13.94}$$

Mesri 和 Godlewski（1977）指出次固结系数 C_α 与压缩指数 C_c 相关，更为准确地说，C_α/C_c 是常数，并在调查了大量文献的基础上得出 C_α/C_c 大致在 0.02～0.1。对大多数无机黏土而言，C_α/C_c 等于 0.04±0.01，而对于高塑性黏土，C_α/C_c 等于 0.05±0.01。非常有意思的是这些分类刚好同时适用于 R_α，因此，前人对于 C_α/C_c 的研究也可以直接应用于 R_α。

此外，一些研究者针对 λ 与土体液塑限关系提出了一些拟合方程。其中使用较为广泛的是 Terzaghi 和 Peck（1968）于 1967 年提出的 $C_c = 0.009$ ($w_L - 10$)。根据这个方程，图 13.52 示意当液限分别等于 20%、40%、60% 和 100% 时，C_α 和 R_α 之间的关系。可以看出，C_α/R_α 的比值受土体液限影响较大。

综上所述，加载速率系数 β、次固结系数 C_α 和应力松弛系数 R_α 间具有统一性，它们之间可以通过表达式相互表示。因此，仅仅通过加载速率效应实验、蠕变实验或者应力松弛效应实验就能得到 3 个流变参数。

为验证上述 3 个流变参数的统一性，此部分将以重塑伊利土为研究对象，分别从加载速率实验、蠕变实验和应力松弛实验提取出相应的流变参数，然后根据上述各参数间的相互表达式，计算实验和

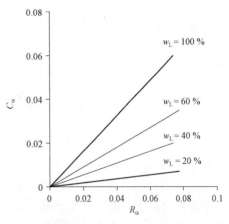

图 13.52　C_α 和 R_α 之间的关系

推导的流变参数，并对比之间的互等性。Yin 和 Graham（1989）对重塑伊利土进行了多加载速率的 CRS 实验，并在 CRS 实验之后进行了应力松弛实验。此重塑伊利土具有如下性质：含水率 $w = 51\%$，塑限 $w_P = 26\%$，液限 $w_L = 61\%$，黏粒含量 CI = 61%。文献根据多加载步 CRS 实验给出了其力学参数 $\lambda/(1+e_0) = 0.10$，$\kappa/(1+e_0) = 0.025$，$C_{\alpha e}/(1+e_0) = 0.004$，$\sigma_{p0}^r = 200$ kPa（图 13.53）。从应力松弛阶段 $\ln\sigma_v'$ 随 $\ln t$ 的关系图中，量取出重塑伊利土的 $R_\alpha = 0.042$。此外，基于土样的先期固结压力与加载速率的关系，重塑伊利土的加载速率系数 $\beta = 16.7$（图 13.53、图 13.54）。

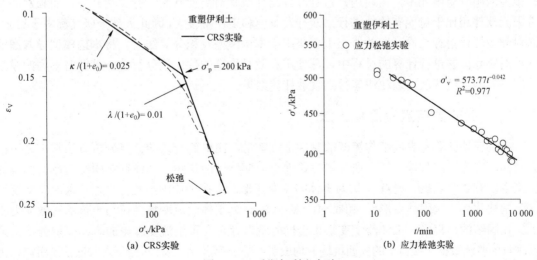

(a) CRS实验　　　　　　　　　　(b) 应力松弛实验

图 13.53　重塑伊利土实验

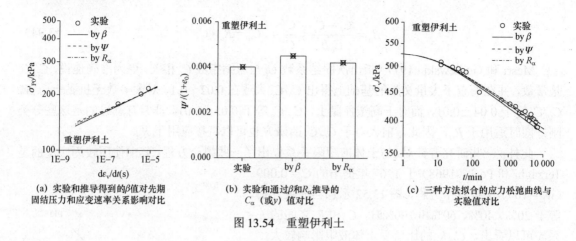

(a) 实验和推导得到的β值对先期
固结压力和应变速率关系影响对比

(b) 实验和通过β和R_α推导的
C_α（或ψ）值对比

(c) 三种方法拟合的应力松弛曲线与
实验值对比

图 13.54　重塑伊利土

13.7　流变本构理论的应用研究

流变变形作为岩土材料变形的重要组成部分，在实际岩土工程的设计和计算中需要考虑其影响。目前岩土力学分析用到的方法主要分为 3 类，分别为理论分析方法、实验方法和数值模拟分析方法，这 3 类方法相辅相成，互为补充。然而实验往往只能模拟一些较为简单的力学条件及工况，并且需要严格控制实验条件，而数值计算能够模拟特殊实验过程，在求解复杂力学问题上往往更具有优势且更为经济。

在计算机技术日益发展的今天，数值分析得到越来越多的重视和认可，在过去的几十年中，有限元法发展为计算非线性问题最强有力的工具。大型商业软件计算所得结果也被用于学术研究及实际工程分析中，如 ABAQUS、PLAXIS 等有限元分析软件。目前大部分有限元软件只含有少量的较为常见的模型（如剑桥模型、莫尔−库仑模型等）。由于实际工程中的土性质特殊，特别是黏土（具有加载率效应、蠕变、应力松弛等流变特性），难以用现有商业软件中本身包含的模型对其进行全面模拟。随着土力学理论的不断发展，出现了大量能描述土体特性的本构模型，其中有线弹性模型、弹塑性及弹黏塑性等非线性模型。若要将特定的本构模型应用到有限元中，需要用户自行开发软件或者对商业软件进行二次开发，而独立编制有限元软件相比于对现有软件进行二次开发难度和工作量较大，因此大部分研究集中于后者。而对商业软件进行二次开发的难点主要集中于本构模型及积分算法上。将本构模型导入商业软件对实际问题进行计算的过程中，需使用高效且稳定的数值积分解法，且针对不同的模型采用不同的数值解法，以便快速得到收敛计算结果。

13.7.1　殷式固结流变简化方法

为快速地计算考虑固结与流变的黏性土沉降量，简单而有效的计算分析方法常常是工程人员和研究人员的首选。基于研究者对黏性土流变特性的认知，当前针对固结与流变变形的关系主要有 2 个观点。观点 A 认为土体的流变变形发生在土体固结变形之后，因而流变变形又常常被称为"次固结变形"；相对地，观点 B 认为土体的流变特性仅与土体的有效应力相关，在固结的过程中，土体流变变形也会同时耦合存在。采用流变理论的本构模型分析结果及现场的监测数据（如日本的关西机场）均表明：基于观点 A 的计算结果常常低估了沉降，因而观点 B 是正确的。然而，在当前国内外的规范设计中，通常采用的是观点 A 的计算方法，即

$$S_{totalA} = S_{primary} + S_{secondary}$$

$$= \begin{cases} U_v S_f, & t < t_{EOP,field} \\ U_v S_f + C_\alpha \lg\left(\dfrac{t}{t_{EOP,field}}\right)H, & t > t_{EOP,field} \end{cases} \qquad (13.95)$$

式中，S_{totalA} 是基于观点 A 计算的总沉降，$S_{primary}$ 是主固结沉降，$S_{primary} = U_v s_f$，其中 U_v 是平均固结度，S_f 是主固结最终沉降，可用 C_c 和 C_e 计算；$S_{secondary}$ 是次固结沉降，$S_{secondary} = C_\alpha \lg(t/t_{EOP,field})H$，其中，$C_\alpha$ 是次固结系数，H 是土层厚度，$t_{EOP,field}$ 是现场的主固结完成时间（相应的超孔压为零），t 是时间。

殷建华 等人（Nakai et al.，2011；姚仰平 等，2013；Qu et al.，2010；Terzaghi et al.，1968；殷建华，2011；Yin et al.，2018；Yin et al.，2017；殷建华 等，2019）结合流变模型里的等效时间的概念和式（13.95）的表达形式，提出了考虑固结期间流变变形的一维应变黏性土固结流变简化方法（Yin et al.，2018；Yin et al.，2017；殷建华 等，2019），即

$$S_{totalB} = S_{primary} + S_{creep} \qquad (13.96)$$

式中，S_{totalB} 是基于观点 B 计算的总沉降，S_{creep} 是蠕变沉降（蠕变是土体在常应力作用下变现出流变特性的一种形式）。图 13.55 是工程界的常规 $\lg\sigma_z' - e$（或 ε_z）关系图。正常固结压缩指数为 C_c，超固结和卸载/再载入指数为 C_e，先期超固结应力和相应的应变为 $(\sigma_{zp}', \varepsilon_{zp})$。图 13.55 中的 1～6 点分别对应初始点 $(\sigma_{z1}', \varepsilon_{z1})$，超固结状态点 $(\sigma_{z2}', \varepsilon_{z2})$，正常固结点 $(\sigma_{z3}', \varepsilon_{z3})$，正常固结点 $(\sigma_{z4}', \varepsilon_{z4})$ 和卸载－再加载状态点 $(\sigma_{z5}', \varepsilon_{z5})$、$(\sigma_{z6}', \varepsilon_{z6})$（也是超固结状态点）。假设 C_c 和 C_e 是由每级荷载蠕变 1 d 的实验点得到的，即相对应 24 h 的孔隙比 e_{24} 得到的。据图 13.55 所示，从土体不同的应力－应变状态（即正常固结、超固结）和卸载/再加载状态，以分别介绍具体的计算流程和特点。

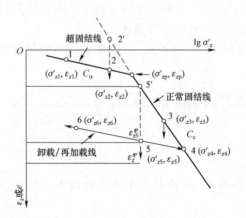

图 13.55　一维压缩 $\lg\sigma_z' - e$（或 ε_z）关系和应力－孔隙比（应变）状态点

（1）正常固结状态：先期固结压力定义为土体在历史上经历的最大的压力。基于土体的先期固结压力，土体可分为正常固结状态和超固结状态。对加一级荷载下，如果最终的应力－应变状态点大于先期固结应力和相应的应变 $(\sigma_{zp}', \varepsilon_{zp})$，土体处于正常固结状态如图 13.55 中的正常固结线，如点 4。从初始点 $(\sigma_{z1}', \varepsilon_{z1})$ 经先期超固结应力－应变点 $(\sigma_{zp}', \varepsilon_{zp})$ 到点 $(\sigma_{z4}', \varepsilon_{z4})$，其中有 $\sigma_{z4}' = \sigma_{z1}' + \Delta\sigma_z'$，其固结最终沉降为

$$S_{\mathrm{f}} = \frac{C_{\mathrm{e}}}{1+e_0} \lg \frac{\sigma'_{zp}}{\sigma'_{z1}} H + \frac{C_{\mathrm{c}}}{1+e_0} \lg \frac{\sigma'_{z4}}{\sigma'_{zp}} H \qquad (13.97)$$

如果全处于正常固结状态，即从点 $(\sigma'_{zp}, \varepsilon_{zp})$ 直到图中状态点 $(\sigma'_{z4}, \varepsilon_{z4})$，固结最终沉降为

$$S_{\mathrm{f}} = \frac{C_{\mathrm{c}}}{1+e_0} \lg \frac{\sigma'_{z4}}{\sigma'_{zp}} H \qquad (13.98)$$

蠕变沉降包括忽略超孔隙水压力影响的变形 $S_{\mathrm{creep,f}}$ 和由于超孔隙水压力而推迟的变形部分 $S_{\mathrm{creep,d}}$，计算表达式为

$$S_{\mathrm{creep}} = [\alpha S_{\mathrm{creep,f}} + (1-\alpha)S_{\mathrm{creep,d}}] \quad t \geqslant 1\,\mathrm{d}\ \mathrm{for}\ S_{\mathrm{creep,f}}$$
$$t \geqslant t_{\mathrm{EOP,field}}\ \mathrm{for}\ S_{\mathrm{creep,d}} \qquad (13.99)$$

式中，α 为固结与蠕变的近似耦合参数，在殷氏简化方法中，针对土层在 10 m 之内的典型软土，建议取值为 0.8。在正常固结状态下，忽略孔隙水压力的影响而直接认为土单元的应力状态已达到最终的应力应变点，如图 13.55 中状态点 $(\sigma'_{z4}, \varepsilon_{z4})$，其计算表达式为

$$S_{\mathrm{creep,f}} = \frac{C_{\alpha}}{1+e_0} \lg \left(\frac{t_0 + t_{\mathrm{e}}}{t_0} \right) H, \qquad t_{\mathrm{e}} \geqslant 0 \qquad (13.100)$$

式中，等效时间 t_{e} 在正常固结状态下，与时间的关系为：$t_{\mathrm{e}} = t - t_0$ 和 $t_0 = 1\,\mathrm{d}$。

而考虑超孔隙水压力对土单元中有效应力的影响，导致蠕变变形被推迟的部分，计算表达式为

$$S_{\mathrm{creep,d}} = \frac{C_{\alpha}}{1+e_0} \lg \left(\frac{t_0 + t_{\mathrm{e}}}{t_0 + t_{\mathrm{e,EOP,field}}} \right) H, \qquad t_{\mathrm{e}} \geqslant t_{\mathrm{e,EOP,field}} \qquad (13.101)$$

式中，t_{e} 与上述一致，$t_{\mathrm{e}} = t - t_0$；$t_{\mathrm{e,EOP,field}}$ 是基于现场主固结时间而计算的等效时间：$t_{\mathrm{e,EOP,field}} = t_{\mathrm{EOP,field}} - t_0$。而计算现场主固结时间的方法与 A 方法的公式（13.95）保持一致。因而，在殷氏固结流变简化方法中，在正常固结状态下，由于超孔隙水压力而推迟的蠕变变形部分与 A 方法中计算"次固结"变形是等效的。

将式（13.100）和式（13.101）代入式（13.99），可得到正常固结状态下，蠕变变形的一般表达式，即

$$S_{\mathrm{creep}} = \left\{ \alpha \frac{C_{\alpha}}{1+e_0} \lg \left(\frac{t_0 + t_{\mathrm{e}}}{t_0} \right) + (1-\alpha) \frac{C_{\alpha}}{1+e_0} \lg \left(\frac{t_0 + t_{\mathrm{e}}}{t_0 + t_{\mathrm{e,EOP,field}}} \right) \right\} H \quad t_{\mathrm{e}} \geqslant 0\ \mathrm{for}\ S_{\mathrm{creep,f}}$$
$$t_{\mathrm{e}} \geqslant t_{\mathrm{e,EOP,field}}\ \mathrm{for}\ S_{\mathrm{creep,d}} \qquad (13.102)$$

特别地，假设土体状态图 13.55 中从点 1 加载到点 4，没有水压力耦合（$t_{\mathrm{e,EOP,field}} = 0$），总沉降为

$$S_{\mathrm{totalB}} = S_{\mathrm{primary}} + S_{\mathrm{creep}}$$

$$= \frac{C_{\mathrm{e}}}{1+e_0} \lg \frac{\sigma'_{zp}}{\sigma'_{z1}} H + \frac{C_{\mathrm{c}}}{1+e_0} \lg \frac{\sigma'_{z4}}{\sigma'_{zp}} H + \left\{ \alpha \frac{C_{\alpha}}{1+e_0} \lg \left(\frac{1+t-1}{1} \right) H + (1-\alpha) \frac{C_{\alpha}}{1+e_0} \lg \left(\frac{1+t-1}{1} \right) \right\}$$

$$= \frac{C_{\mathrm{e}}}{1+e_0} \lg \frac{\sigma'_{zp}}{\sigma'_{z1}} H + \frac{C_{\mathrm{c}}}{1+e_0} \lg \frac{\sigma'_{z4}}{\sigma'_{zp}} H \quad (t=1\ \mathrm{d})$$

$$\qquad (13.103)$$

式（13.103）的沉降对应图 13.55 中的点 4（点 4 已有 1d 的蠕变时间），这也是采用 $t_e = t - t_0$ 计算等效时间 t_e 的原因。

（2）超固结状态：如果最终的应力–应变状态点处于超固结状态（如在图 13.55 中的超固结线上的点 2）。当土体状态从初始点 $(\sigma'_{z1}, \varepsilon_{z1})$ 到达超固结应力–应变状态点 $(\sigma'_{z2}, \varepsilon_{z2})$ 时，最终固结沉降为

$$S_f = \frac{C_e}{1 + e_0} \lg \frac{\sigma'_{z2}}{\sigma'_{z1}} H \tag{13.104}$$

在超固结状态下，忽略孔隙水压力的影响的蠕变沉降计算表达式为

$$S_{\text{creep,f}} = \frac{C_\alpha}{1 + e_0} \lg \left(\frac{t_0 + t_e}{t_0 + t_{e2}} \right) H, \quad t_e \geqslant t_{e2} \tag{13.105}$$

具体的推导过程为：将图 13.55 中的斜率为 C_c 的正常固结线反向延长（点划线），此线为时间参考线。按照殷建华等人（Yin et al.，1989；Yin et al.，1994；殷建华 等，2019；Yin et al.，2017；Yoshikuni et al.，1994；Yin et al.，2018；Shen et al.，2014；殷建华，2011）对于等效时间定义，总应变可表达为

$$\varepsilon_z = \varepsilon_{zp} + \frac{C_c}{V} \lg \frac{\sigma'_z}{\sigma'_{zp}} + \frac{C_\alpha}{V} \lg \frac{t_0 + t_e}{t_0} \tag{13.106}$$

从式（13.106）得到等效时间为

$$\lg \frac{t_0 + t_e}{t_0} = (\varepsilon_z - \varepsilon_{zp}) \frac{V}{C_\alpha} - \frac{C_c}{C_\alpha} \lg \frac{\sigma'_z}{\sigma'_{zp}}$$

$$\frac{t_0 + t_e}{t_0} = 10^{\left[(\varepsilon_z - \varepsilon_{zp}) \frac{V}{C_\alpha} + \lg \left(\frac{\sigma'_z}{\sigma'_{zp}} \right)^{-\frac{C_c}{C_\alpha}} \right]} \tag{13.107}$$

由式（13.107）得

$$t_e = t_0 \cdot 10^{(\varepsilon_z - \varepsilon_{zp}) \frac{V}{C_\alpha}} \left(\frac{\sigma'_z}{\sigma'_{zp}} \right)^{-\frac{C_c}{C_\alpha}} - t_0 \tag{13.108}$$

基于式（13.108），图 13.55 中点 2 的等效时间为

$$t_{e2} = t_0 \cdot 10^{\left[(\varepsilon_{z2} - \varepsilon_{zp}) \frac{V}{C_\alpha} \right]} \left(\frac{\sigma'_{z2}}{\sigma'_{zp}} \right)^{-\frac{C_c}{C_\alpha}} - t_0 \tag{13.109}$$

如果是在超固结点，如图 13.55 中点 2 的位置，从点 1 到点 2 的加载时间为 t，从点 2 开始进一步蠕变的等效时间为

$$t_e = t_{e2} + t - t_0$$

$$= t_0 \cdot 10^{\left[(\varepsilon_{z2} - \varepsilon_{zp}) \frac{V}{C_\alpha} \right]} \left(\frac{\sigma'_{z2}}{\sigma'_{zp}} \right)^{-\frac{C_c}{C_\alpha}} + t - 2t_0 \tag{13.110}$$

式中，t 为本级荷载的加载时间。将式（13.109）和式（13.110）代入式（13.105），可得到

$$S_{\text{creep,f}} = \frac{C_\alpha}{1+e_0} \lg \left[\frac{t_0 \cdot 10^{(\varepsilon_{z2}-\varepsilon_{zp})\frac{V}{C_\alpha}} \left(\frac{\sigma'_{z2}}{\sigma'_{zp}}\right)^{-\frac{C_c}{C_\alpha}} + t - t_0}{t_0 \cdot 10^{(\varepsilon_{z2}-\varepsilon_{zp})\frac{V}{C_\alpha}} \left(\frac{\sigma'_{z2}}{\sigma'_{zp}}\right)^{-\frac{C_c}{C_\alpha}}} \right] H \tag{13.111}$$

类似地，在超固结状态下，考虑超孔隙水压力对土单元中有效应力的影响导致蠕变变形被推迟的部分，计算表达式为

$$S_{\text{creep,d}} = \frac{C_\alpha}{1+e_0} \lg \left(\frac{t_0 + t_e}{t_{\text{EOP,field}} + t_{e2}} \right) H = \frac{C_\alpha}{1+e_0} \lg \left[\frac{t_0 \cdot 10^{(\varepsilon_{z2}-\varepsilon_{zp})\frac{V}{C_\alpha}} \left(\frac{\sigma'_{z2}}{\sigma'_{zp}}\right)^{-\frac{C_c}{C_\alpha}} + t - t_0}{t_0 + t_{e,\text{EOP,field}} + t_0 \cdot 10^{(\varepsilon_{z2}-\varepsilon_{zp})\frac{V}{C_\alpha}} \left(\frac{\sigma'_{z2}}{\sigma'_{zp}}\right)^{-\frac{C_c}{C_\alpha}}} \right] H \tag{13.112}$$

需注意的是，由式（13.112）可看出，殷氏简化方法中超固结状态下推迟的蠕变变形与观点 A 中的"次固结"有明显的不同，即推迟的蠕变变形计算中，可根据土体的应力应变状态合理地描述出其蠕变变形的特点，而观点 A 中针对超固结土的"次固结"计算中，常常保持同样的计算公式（$C'_\alpha \lg \left(\frac{t}{t_{\text{EOP,field}}} \right) H$）而采用一个新的折减后"次固结系数"$C'_\alpha$来计算。

将式（13.111）和式（13.112）代入式（13.99），可得到超固结状态下，蠕变变形的一般表达式为

$$S_{\text{creep}} = \left\{ \alpha \frac{C_\alpha}{1+e_0} \lg \left[\frac{t_0 \cdot 10^{(\varepsilon_{z2}-\varepsilon_{zp})\frac{V}{C_\alpha}} \left(\frac{\sigma'_{z2}}{\sigma'_{zp}}\right)^{\frac{C_c}{C_\alpha}} + t - t_0}{t_0 \cdot 10^{(\varepsilon_{z2}-\varepsilon_{zp})\frac{V}{C_\alpha}} \left(\frac{\sigma'_{z2}}{\sigma'_{zp}}\right)^{-\frac{C_c}{C_\alpha}}} \right] + (1-\alpha) \frac{C_\alpha}{1+e_0} \lg \left[\frac{t_0 \cdot 10^{(\varepsilon_{z2}-\varepsilon_{zp})\frac{V}{C_\alpha}} \left(\frac{\sigma'_{z2}}{\sigma'_{zp}}\right)^{\frac{C_c}{C_\alpha}} + t - t_0}{t_0 + t_{e,\text{EOP,field}} + t_0 \cdot 10^{(\varepsilon_{z2}-\varepsilon_{zp})\frac{V}{C_\alpha}} \left(\frac{\sigma'_{z2}}{\sigma'_{zp}}\right)^{\frac{C_c}{C_\alpha}}} \right] \right\} H \tag{13.113}$$

特别地，假设没有水压力耦合（$t_{e,\text{EOP,field}} = 0$），$t = 1$ d 对应的总沉降为

$$\begin{aligned}
S_{\text{totalB}} &= S_{\text{primary}} + S_{\text{creep}} \\
&= \frac{C_e}{1+e_0} \lg \frac{\sigma'_{z2}}{\sigma'_{z1}} H + \left\{ \alpha \frac{C_\alpha}{1+e_0} \lg \left(\frac{t_0 + t_e}{t_0 + t_{e2}} \right) H + (1-\alpha) \frac{C_\alpha}{1+e_0} \lg \left(\frac{t_0 + t_e}{t_0 + t_{e,\text{EOP,field}} + t_{e2}} \right) H \right\} \\
&= \frac{C_e}{1+e_0} \lg \frac{\sigma'_{z2}}{\sigma'_{z1}} H \quad (t = 1\,\text{d})
\end{aligned} \tag{13.114}$$

土体在卸载或再加载的过程中，亦属于超固结状态。因而，可采用式（13.113）确定其在对应状态下的蠕变变形。当土体从点 4 到点 6 的卸载时间为 t，其卸载下的蠕变变形为

$$S_{\text{creep}} = \left\{ \alpha \frac{C_\alpha}{1+e_0} \lg \frac{t_0 \cdot 10^{(\varepsilon_{z6}-\varepsilon_{zp})\frac{V}{C_\alpha}} \left(\frac{\sigma'_{z6}}{\sigma'_{zp}}\right)^{\frac{C_c}{C_\alpha}} + t - t_0}{t_0 \cdot 10^{(\varepsilon_{z6}-\varepsilon_{zp})\frac{V}{C_\alpha}} \left(\frac{\sigma'_{z6}}{\sigma'_{zp}}\right)^{\frac{C_c}{C_\alpha}}} + (1-\alpha)\frac{C_\alpha}{1+e_0} \lg \frac{t_0 \cdot 10^{(\varepsilon_{z6}-\varepsilon_{zp})\frac{V}{C_\alpha}} \left(\frac{\sigma'_{z6}}{\sigma'_{zp}}\right)^{\frac{C_c}{C_\alpha}} + t - t_0}{t_0 + t_{\text{e,EOP,field}} + t_0 \cdot 10^{(\varepsilon_{z6}-\varepsilon_{zp})\frac{V}{C_\alpha}} \left(\frac{\sigma'_{z6}}{\sigma'_{zp}}\right)^{\frac{C_c}{C_\alpha}}} \right\} H$$

$$(13.115)$$

式（13.97）和式（13.102），式（13.104）和式（13.113）是殷氏固结流变简化计算方法基于 B 观点针对正常固结状态和超固结状态的典型表达式，可用于 4 种不同的加载、卸载、再加载的应力–应变状态。其中，蠕变系数 C_α 来自正常固结蠕变实验，但在采用了等效时间后，可用于描述其他加载和应力–应变状态。需说明的是，上面的 C_c 和 C_e 是对应 1 d 的蠕变压缩得到的，所以 $t_0 = 1$ d。这个取值，也是为了与常见规范中采用 1 d 的数据分析土体压缩性保持一致。对于一般的土层，可采用太沙基经验公式计算土层的固结度，即

$$\text{当} U_v < 0.6 \text{时}，T_v = \frac{\pi}{4}U_v^2; \quad U_v = \sqrt{\frac{4T_v}{\pi}} \tag{13.116}$$

$$\text{当} U_v > 0.6 \text{时}，T_v = -0.933\lg(1-U_v) - 0.085; \quad U_v = 1 - 10^{-\frac{T_v + 0.085}{0.933}}$$

13.7.2　三维固结流变耦合方法

1. 三维流变模型 EVP–MCC

按照 Perzyna 超应力理论（1966），总应变速率由 2 部分组成：弹性应变速率和黏塑性应变速率。式（13.33）可扩展为三维张量形式，即

$$\dot{\varepsilon}_{ij} = \dot{\varepsilon}_{ij}^{\text{e}} + \dot{\varepsilon}_{ij}^{\text{vp}} \tag{13.117}$$

弹性应变速率的计算类似于修正剑桥模型，表达式为

$$\dot{\varepsilon}_{ij}^{\text{e}} = \frac{1}{2G}\dot{s}_{ij} + \frac{\kappa}{3(1+e_0)p'}\dot{p}'\delta_{ij} \tag{13.118}$$

黏塑性应变速率则符合以下流动准则，即

$$\dot{\varepsilon}_{ij}^{\text{vp}} = \dot{\lambda}\frac{\partial g}{\partial \sigma'} = \mu \langle \Phi(F) \rangle \frac{\partial f_d}{\partial \sigma'_{ij}} \tag{13.119}$$

式中，μ 为黏性参数；$\langle\ \rangle$ 为 McCauley 函数；f_d 为对应于当前应力的动应力面方程；$\Phi(F)$ 为计算超应力大小的标度函数，一般用动应力面和静屈服面的位置关系来确定。

基于一维压缩实验中得到的先期固结压力和加载速度在双对数坐标上的直线关系，由式（13.49）扩展新的标度函数，以计算超应力的大小，即

$$\langle \Phi(F) \rangle = \left(\frac{p_m^{\text{d}}}{p_m^{\text{r}}}\right)^{\beta} \tag{13.120}$$

式中，p_m^{d} 和 p_m^{r} 分别为动应力面和参考面的大小。在这个公式里，不管 $p_m^{\text{d}}/p_m^{\text{r}}$ 的大小，黏塑性应变总存在。因此，模型不存在纯弹性区域。

按照修正剑桥模型，动应力面方程可写为椭圆公式，即

$$f_d = \frac{3}{2} \frac{s_{ij} : s_{ij}}{M^2 p'} + p' - p_m^d = 0 \qquad (13.121)$$

式中，s_{ij} 为偏应力张量；M 为土的 $p'-q$ 坐标上临界状态线的斜率；p' 为平均有效应力；p_m^d 可由当前应力状态用式（13.121）计算得到（图 13.56）。

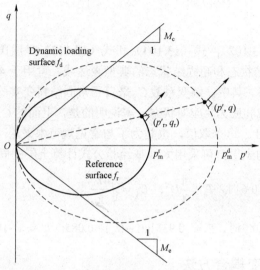

图 13.56　三维模型在 $p'-q$ 平面上的定义

为了描述土体在不同罗德角 θ 方向上有不同的强度，采用 Sheng 等人（2000）的公式来修正 M 值，即

$$M = M_c \left[\frac{2c^4}{1 + c^4 + (1-c^4)\sin 3\theta} \right]^{\frac{1}{4}} \qquad (13.122)$$

其中

$$\frac{-\pi}{6} \leqslant \theta = \frac{1}{3} \sin^{-1} \left(\frac{-3\sqrt{3}\,\overline{J}_3}{2\overline{J}_2^{3/2}} \right) \leqslant \frac{\pi}{6} \qquad (13.123)$$

且 $c = M_e / M_c$；$\overline{J}_2 = \overline{s}_{ij} : \overline{s}_{ij} / 2$；$\overline{J}_3 = \overline{s}_{ij} \overline{s}_{jk} \overline{s}_{ki} / 3$；$\overline{s}_{ij} = \sigma_d - p' \alpha_d$。

参考面同动应力面有着相同形式的方程但大小不同（用 p_m^r 来描述）。参考面的硬化准则可采用修正剑桥模型（Oda et al., 1988）[由式（13.51）拓展而得]

$$\mathrm{d}p_m^r = p_m^r \left(\frac{1 + e_0}{\lambda - \kappa} \right) \mathrm{d}\varepsilon_v^{vp} \qquad (13.124)$$

由上所述，模型有以下参数为：κ、λ、e_0、β、μ、p_{m0}^r、υ、M_c。

由于一维压缩实验为三轴压缩实验的一个特例，由式（13.119）推导一维压缩路径下的公式，再结合式（13.49），可以得到黏性参数为

$$\mu = \frac{\dot{\varepsilon}_v (\lambda - \kappa)}{\lambda} \frac{M_c^2}{(M_c^2 - \eta_{K_0}^2)}, \quad \beta = \beta \qquad (13.125)$$

如果选取标准一维固结实验为参考实验，式（13.125）可写成

$$\mu = \frac{C_\alpha M_c^2}{\tau(1+e_0)(M_c^2 - \eta_{K_0}^2)} \ , \quad \beta = \frac{\lambda - \kappa}{C_\alpha} \tag{13.126}$$

参数 p_{m0}^r 可由式（13.121）用参考一维压缩实验中得到的 $\sigma_{p0}^{\prime r}$ 算得

$$p_{m0}' = \left[\frac{3(1-K_0)^2}{M_c^2(1+2K_0)} + \frac{(1+2K_0)}{3} \right] \sigma_{p0}^{\prime r} \tag{13.127}$$

其中，由假定 $K_0 = 1 - \sin\phi_c$ 可得 $K_0 = (6-2M_c)/(6+M_c)$ 和 $\eta_{K0} = 3M_c/(6-M_c)$。

由于标准一维固结实验在工业界被广泛使用，建议此模型用这类实验来确定参数，模型的输入参数便简化为：κ, λ, e_0, $\sigma_{p0}^{\prime r}$, υ, M_c, C_α，比剑桥模型仅多了一个参数 C_α。

沿着这一思路，如要同时考虑土体的其他特性的耦合效应（如各向异性、结构性等），请参阅相关文献（Yin et al.，2020；Yin et al.，2011）。

2. 流变模型的一般时间积分算法

基于上述本构公式和硬化方程，可以列出以下方程组，即

$$\left\{ \begin{array}{l} \varepsilon_{n+1}^e - \varepsilon_{n+1}^{e\,trial} + \Delta\lambda \left(\dfrac{\partial g}{\partial \sigma} \right)_{n+\theta} \\ k_{n+1} - k_{n+1}^{trial} - \Delta\lambda H_{n+\theta} \end{array} \right\} = \left\{ \begin{array}{l} 0 \\ 0 \end{array} \right\} \tag{13.128}$$

其中 $\varepsilon_{n+1}^{e\,trial}$ 为当前步长弹性试算结果。

$$\Delta\lambda = \Delta t \dot{\lambda}(\{\sigma_{n+\theta}\}, \{k_{n+\theta}\}) \tag{13.129}$$

对于黏塑性应变增量的计算有多种不同的方法，如 Ortiz 和 Popov（1985）提出的梯形算法和重点算法。梯形法表达式为

$$\Delta\varepsilon^{vp} = \Delta\lambda \left(\frac{\partial g}{\partial \sigma} \right)_{n+\theta} = \Delta\lambda \left[(1-\theta) \frac{\partial g(\{\sigma_n\}, \{k_n\})}{\partial \sigma} + \theta \frac{\partial g(\{\sigma_{n+1}\}, \{k_{n+1}\})}{\partial \sigma} \right] \tag{13.130}$$

$$\Delta k = \Delta\lambda H_{n+\theta} = \Delta\lambda \left[(1-\theta) H(\{\sigma_n\}, \{k_n\}) + \theta H(\{\sigma_{n+1}\}, \{k_{n+1}\}) \right] \tag{13.131}$$

其中 $0 \leqslant \theta \leqslant 1$，若 $\theta = 0$，则为显式算法，当使用此种算法时，所有的参数均由 t_n 时刻的已知参数显式表示，即前进欧拉法。这其实是一个特例，不再需要进行牛顿迭代，但需要限制步长以保证计算的稳定性。若 $0 < \theta < 1$，则为隐式算法，需要迭代得到黏塑性应变增量。若 $\theta = 1$，则为完全隐式算法，即后退欧拉法。

若用中点法求解黏塑性应变，公式为

$$\Delta\varepsilon^{vp} = \Delta\lambda \frac{\partial g(\{\sigma_{n+\theta}\}, \{k_{n+\theta}\})}{\partial \sigma} \tag{13.132}$$

$$\Delta k = \Delta\lambda H(\{\sigma_{n+\theta}\}, \{k_{n+\theta}\}) \tag{13.133}$$

其中 $g(\sigma_{n+\theta}, k_{n+\theta})$ 与 $H(\{\sigma_{n+\theta}\}, \{k_{n+\theta}\})$ 中的 $\sigma_{n+\theta}$ 和 $k_{n+\theta}$ 分别表示为

$$\sigma_{n+\theta} = (1-\theta)\sigma_{n+1} + \theta\sigma_n \tag{13.134}$$

$$k_{n+\theta} = (1-\theta)k_n + \theta k_{n+1} \tag{13.135}$$

同理，若 $\theta = 1$，则为完全隐式算法，若 $\theta = 0$ 时为显式算法。隐式回归算法中，每级应变增量

中的塑性应变的组成部分包括结束时的应力状态。若完全由结束时的应力状态决定，即 $\theta=1$，计算一定收敛。里面涉及的公式偏导如下

$$\frac{\partial g}{\partial \sigma} = \frac{\partial g}{\partial \sigma_d}\frac{\partial \sigma_d}{\partial \sigma} + \frac{\partial g}{\partial p}\frac{\partial p}{\partial \sigma} \tag{13.136}$$

$$\sigma_d = \begin{bmatrix} \sigma_{11} - p & \sigma_{22} - p & \sigma_{33} - p & \sqrt{2}\sigma_{12} & \sqrt{2}\sigma_{13} & \sqrt{2}\sigma_{23} \end{bmatrix} \tag{13.137}$$

$$\frac{\partial g}{\partial \sigma_d} = \frac{3\sigma_d}{M^2 p'} \tag{13.138}$$

$$\frac{\partial \sigma_d}{\partial \sigma} = \begin{bmatrix} \frac{2}{3} & -\frac{1}{3} & -\frac{1}{3} & 0 & 0 & 0 \\ -\frac{1}{3} & \frac{2}{3} & -\frac{1}{3} & 0 & 0 & 0 \\ -\frac{1}{3} & -\frac{1}{3} & \frac{2}{3} & 0 & 0 & 0 \\ 0 & 0 & 0 & \sqrt{2} & 0 & 0 \\ 0 & 0 & 0 & 0 & \sqrt{2} & 0 \\ 0 & 0 & 0 & 0 & 0 & \sqrt{2} \end{bmatrix} \tag{13.139}$$

$$\frac{\partial g}{\partial p} = -\frac{\frac{3}{2}\sigma_d \sigma_d}{M^2 p'^2} + 1 \tag{13.140}$$

$$\frac{\partial p}{\partial \sigma} = \begin{bmatrix} \frac{1}{3}, \frac{1}{3}, \frac{1}{3}, 0, 0, 0 \end{bmatrix}^{\mathrm{T}} \tag{13.141}$$

$$H = \frac{p_c(1+e_0)}{\lambda - \kappa}\frac{\partial g}{\partial p} \tag{13.142}$$

应用经典的牛顿-拉弗森法，便可以解上述方程组。为了同时满足两个方程，进行迭代的未知数可以是屈服函数中的某一变量，如塑性乘子。迭代得到的残余项需根据不同的本构方程来具体推导。更多的算法请参阅尹振宇等人（Yin et al.，2019；Li et al.，2020；Li et al.，2021）。

3. 有限元耦合固结分析理论

大多数的数值积分算法都是只考虑了力学行为，其结果只能考虑排水或者不排水的情况。但是事实上，黏土属于与时间相关、孔隙水压力相关、加载速率相关和水力边界条件相关的情况。为了求解这类多孔介质的问题，需要同时考虑流体和土骨架的力学行为，这一方法称为耦合的方法。

由于考虑了土骨架孔隙中的流体，水力边界条件就必须要考虑。这些边界条件与孔压的变化有关。在有限元中，多孔介质的控制方程可以表述为

$$\begin{bmatrix} K_G & L_G \\ L_G{}^{\mathrm{T}} & -\beta \Delta t [\phi_G] \end{bmatrix} \begin{bmatrix} \{\Delta d\}_{nG} \\ \{\Delta p_f\}_{nG} \end{bmatrix} = \begin{bmatrix} \{\Delta R_G\} \\ \left([n_G] + Q + [\phi_G]\left(\{\Delta p_f\}_{nG}\right)_1\right)\Delta t \end{bmatrix} \tag{13.143}$$

其中

$$\boldsymbol{K}_G = \sum_{i=1}^{N}[K_E]_i = \sum_{i=1}^{N}\left(\int_V \boldsymbol{B}^{\mathrm{T}}\boldsymbol{D}'\boldsymbol{B}\mathrm{d}V\right)_i$$

$$\boldsymbol{L}_G = \sum_{i=1}^{N}[L_E]_i = \sum_{i=1}^{N}\left(\int_V \{m\}\boldsymbol{B}^{\mathrm{T}}\boldsymbol{N}_p\mathrm{d}V\right)_i \qquad (13.144)$$

$$\{\Delta R_G\} = \sum_{i=1}^{N}[\Delta R_E]_i = \sum_{i=1}^{N}\left[\left(\int_V \boldsymbol{N}^{\mathrm{T}}\{\Delta F\}\mathrm{d}V\right)+\left(\int_S \boldsymbol{N}^{\mathrm{T}}\{\Delta T\}\mathrm{d}S\right)_i\right]$$

$$m^{\mathrm{T}} = [1\,1\,1\,0\,0\,0]$$

$$\phi_G = \sum_{i=1}^{N}[\phi_E]_i = \sum_{i=1}^{N}\left(\frac{\boldsymbol{E}^{\mathrm{T}}\boldsymbol{K}\boldsymbol{E}}{\gamma f}\mathrm{d}V\right)_i \qquad (13.145)$$

$$n_G = \sum_{i=1}^{N}[n_E]_i = \sum_{i=1}^{N}\left(\int_V \boldsymbol{E}^{\mathrm{T}}\boldsymbol{K}\{i_G\}\mathrm{d}V\right)_i$$

式中，$\boldsymbol{B}$ 是用于推导形函数的应变矩阵，$\boldsymbol{N}$ 单元位移增量，$\boldsymbol{E}$ 是与单元孔压 $\boldsymbol{N}_p$ 相关的形函数，$\boldsymbol{D}$ 是材料的刚度矩阵，$\boldsymbol{K}$ 是渗透系数矩阵，$\{\Delta F\}$ 是体荷载增量，$\{\Delta T\}$ 面荷载增量，$\{\Delta d\}_{nG}$ 是节点位移增量，$\left\{\Delta p_f\right\}_{nG}$ 是节点孔隙水压增量，γ_f 是水的体积模量，$\{i_G\}$ 是重力方向的单位向量，Δt 是时间增量。

为了求解这些方程，需要知道孔隙水压随着时间增量 Δt 的变化。这是由参数 β 控制的。为了数值稳定 $\beta > 0.5$ 而对于隐式算法 $\beta = 1$。大多数的软件都允许自定义 β 值的大小。正是如此，才将本构关系表达成增量的形式。

方程是节点位移增量 $\{\Delta d\}_{nG}$ 与节点孔压 $\left\{\Delta p_f\right\}_{nG}$ 之间的关系。一旦刚度矩阵和右边的荷载增量确定，这一方程就可以求解。由于是一个多步的求解过程，这一分析荷载必须是逐渐增加的。即使本构关系是线性的，渗透是常数，几何关系线性，也必须逐渐增加。如果本构关系是非线性或者几何非线性，步长可以随着相应的非线性进行变化。

前面的描述中，将渗透系数定义为 $\boldsymbol{K}$。如果这一渗透系数不是常数，而是与应力或应变相关的变量，渗透系数矩阵 $\boldsymbol{K}$ 也是随着增量步在不断变化的。当求解方程时必须格外注意。这与求解非线性应力应变关系时是一致的。如前所述，有多种方法可以用来求解非线性方程，如前述的切线刚度法、牛顿-拉弗森法等都可以用来求解非线性渗透。

在推导式（13.143）时，单元的孔压增量依赖于节点的孔压形函数 $\boldsymbol{N}_p$。如果一个单元所有节点的孔压增量自由度都一样，那么 $\boldsymbol{N}_p$ 与 $\boldsymbol{N}$ 相同。因此，孔压在单元上的变化形式与位移在单元上的变化形式一致。例如，对于八节点四边形单元，位移和孔压都随着单元的四边在变。但是，如果位移随着四边在变，应变、有效应力都会线性变化。这会导致单元上的有效应力和孔压变化不一致。尽管在理论上可行，使用者期望单元上的有效应力和孔压变化一致。对于八节点单元，可以通过四个节点的孔压自由度设置获得。这将会使得 $\boldsymbol{N}_p$ 与 $\boldsymbol{N}$ 不一致。对于六边形单元，可以仅仅通过三个节点的自由度设置获得。

由于耦合求解的原因，在有限元中不允许部分单元是孔压单元，而其他单元不是孔压单元。在上述理论中，有限元的方程考虑了孔压的变化。同样的可以考虑超静孔压或水头的变化。在这种情况下，超静孔压或水头都将有自由度。

需要注意的是，式（13.143）假设土为饱和土。对于非饱和土，还需要考虑额外的因素。而且这将会导致刚度矩阵的非对称性。

有关考虑土体流变的有限元耦合固结分析的例子，请参考相关文献（Jin et al.，2021；Karstunen et al.，2010）。

13.8 结　　论

本章以大量的饱和软黏土的室内实验为基础，围绕流变特性，阐述了恒应力条件下的蠕变特性及其描述方法、应力应变的加载速率效应特性及其描述方法、恒应变条件下的应力松弛特性及其描述方法、流变特性的统一性及关键流变参数；接着系统地总结了流变本构模拟方法、流变模型的数值算法及有限元二次开发；然后介绍了两种工程计算方法：即殷式固结流变简化方法及以 EVP-MCC 模型为例的三维流变模型耦合固结有限元分析法。

思　考　题

1. 请从微观角度分析软黏土发生流变的机制。

2. 请分别从理论和工程角度分析流变的重要性。

3. 何谓软黏土的三大流变特性？可以通过哪些实验手段对软黏土的三大流变特性进行研究？

4. 一维流变本构模型主要有哪些类型？它们各自有何特点与不足？

5. 什么是软黏土的先期固结压力速率效应？哪些本构模型可以描述先期固结压力速率效应？

6. 三维流变本构模型主要有哪几类，它们各自的优缺点是什么？

7. 请分析软黏土三大流变特性的内在联系。

8. 常用的流变参数有哪些？请详述它们的物理意义及不同流变参数之间的内在联系。

9. 次固结系数 C_α 与压缩指数 C_c 通常呈一定的比例关系，并且该比例关系通常与土的类型有关。请根据土的类型给出次固结系数 C_α 与压缩指数 C_c 的合理比值范围。

10. 次固结系数 C_α 的确定方法有哪些？

11. 当前对固结与流变变形的关系研究中主要分为两个观点，这两个观点分别是什么？两者的根本区别是什么？

12. 已知某饱和软土层层厚 4 m，土层的底部不排水，顶部自由排水。土体的基本参数见表 13.4。土层的饱和重度为 15 kN/m³，初始应变为 0。请分别基于本章所提到的固结与流变变形的关系研究中观点 A 和观点 B 对下列两种应力情况进行计算。

表 13.4　土体的基本参数

C_e	C_c	σ'_{zp}/kPa	C_α	t_0/d	e_0	k/（m/d）	α
0.07	0.56	60	0.032	1	1.2	6×10^{-5}	0.8

（1）瞬时施加竖向荷载 90 kPa，分别计算荷载施加后第 5 年和 50 年的沉降。

（2）瞬时施加竖向荷载 20 kPa，分别计算荷载施加后第 5 年和 50 年的沉降。

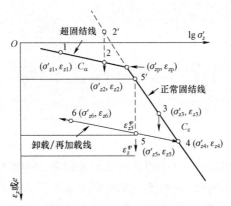

图 13.57　第 12 题图

13. 已知一饱和黏土层厚度为 4 m，饱和重度为 15 kN/m³。土样的土性参数如下：C_e=0.09，C_c=1.46，C_α=0.06，$V=1+e_0$=3.65，t_0=1 d，k_v=1.94×10⁻⁴ m/d，α=0.8。土层的底部为不排水边界，顶部为排水边界。在土层表面瞬时施加 20 kPa 的堆载，请根据殷式固结简化方法进行下列计算：

（1）当超孔隙比 OCR=1 时，将土层划分为一个子层计算土层的最终沉降。

（2）当超孔隙比 OCR=1.25 时，将土层划分为一个子层计算土层的最终沉降。

（3）将土层分别划为 2、4、8 个子层。对比在 OCR=1 和 OCR=1.25 两种条件下殷式固结简化方法所计算的土层最终沉降的差异。

14 非饱和土力学

非饱和土是比饱和土更具有一般性的土，研究非饱和土的重要性已经得到广泛认可。学习非饱和土的目的并不仅仅是按照饱和土的理论框架来对其力学特性进行分析和描述，更重要的是通过非饱和土的学习，能够使土力学理论扩展至更广阔的空间。从两相的饱和土理论出发，发展到三相的非饱和土理论，进而迈向多相多场耦合理论。只有这样才能使土力学不断发展，满足复杂环境条件下工程所需。

14.1 概　述

地球表面大部分土体均处于非饱和状态，早期的土力学为了简化大多针对饱和土或干土，它们实际上都是非饱和土的特例。非饱和土是典型的三相多孔介质，其要面对的问题比饱和土复杂得多。导致非饱和土问题复杂的一个重要原因就是其中的含水状态容易受到环境影响而不断改变（图14.1），这种改变将对土体行为产生影响。比如当土体的饱和度（或含水量）发生改变时，其强度、渗流特性和体积都会发生较大的改变。例如，膨胀土湿润的时候会伴随着极大的体积膨胀；与此相反，黄土浸润的时候，会表现出湿陷性。再如，当土壤变干时，其强度会发生改变，通常会随着吸力的增加而产生不同程度的增高，而其渗透特性会随着吸力的增加迅速的降低。这些现象用饱和土理论都无法解释，采用饱和土力学只能分析和理解土的行为中的一小部分，因此需要研究和发展非饱和土力学理论，以拓展和加深对土的行为的认识和理解。

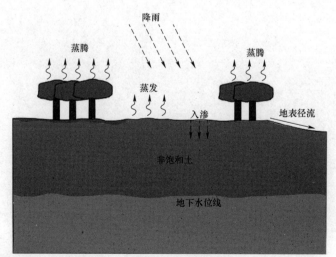

图 14.1　周围环境对非饱和土含水状态的影响（Houston，2019）

现实世界中存在着大量的非饱和土的工程问题。通常由于吸力会增加土的强度和刚度，因此有时认为利用饱和土力学的理论分析和处理非饱和土的问题是偏于安全的。但是以下一些常见的工程现象值得关注，如降雨后的滑坡现象，非饱和土中的隧道在开挖时遇水后的塌陷现象，湿陷性黄土雨后的沉降和膨胀性土雨后的膨胀会导致结构物产生开裂现象等。非饱和土理论的发展有助于解决更复杂的工程问题。

14.2 吸力与土水特征曲线

14.2.1 非饱和土中的相间相互作用

非饱和土是三相的多孔介质，由固相组成土骨架，土骨架的孔隙中填充的液相和气相。固相主要是不同矿物组成的土颗粒，这部分特性在第 3 章已有说明。液相一般条件下指的是土中的水，也可以是油等。气相一般情况下是空气，也可以是甲烷、二氧化碳等气体。三相本身的性质会对土体产生影响，这其中起决定作用的是固相，固相组成决定了土体的类型，进而影响到土的基本特性。除了相自身性质外，相与相之间的相互作用带来的影响也不可忽略。不同相之间必然存在交界面，交界面区域内，两侧分子受力不平衡，为了克服这种不平衡，在交界面上会产生界面力。界面力主要来源于介质内部的物理化学作用，包括表面张力、范德瓦耳斯力、离子静电引力、极性分子作用力，双电层排斥力等。从能量的角度来看，界面力的存在使得交界面上产生了相对于原先不存在交界面系统自由能的过剩自由能，即界面自由能。这些存在于土体内部的作用力与土体所受外力一样，会对土体的变形和强度产生影响。

对于一般的非饱和土来说其内部存在 3 种界面，气液交界面、固液交界面和固气交界面。其中气液交界面是非饱和土区别于饱和土行为的一个重要因素，受到了广泛关注。为了强调气液交界面的重要性，Fredlund 等将收缩膜（即气液交界面）作为非饱和土的第四相，将非饱和土作为四相混合物来分析。气液交界面上会形成表面张力，产生毛细作用，相当于对颗粒骨架施加了“预应力”，提高其承载能力，进而影响到土的行为。这是非饱和土中必须有考虑的，也是早期描述非饱和土变形和强度时重点关注的问题。除了收缩膜的影响，固液交界面的影响也逐渐被重视。在饱和土中，针对土体构成和性能的研究重点是放在土矿物学和土的固相结构上，而较少考虑液相的性质和作用。原因在于经典饱和土力学建立在有效应力原理之上，该原理假定土的体积和强度是由土骨架承担的应力决定，而液相只是中性的，对土强度没有直接的影响。实际上孔隙中液体和土颗粒之间必然会产生相互作用，在通常情况下，液体中的一些分子会强烈地吸引和吸附在土颗粒的表面，形成水膜和双电层。吸附水的能量状态不同于普通水，它能够影响可测的孔隙水压力，对土的工程性质会产生重要影响，这已在第 4 章有详细论述。当前研究认识到，气液交界面上的毛细作用和固液交界面上的吸附作用都会对非饱和土的行为产生重要影响。

土–水相互作用是由于土颗粒和液体在交界面处发生突变所导致的内力场不平衡的力所引起的。自由水状态与孔隙水状态之间自由能变化是由土骨架–孔隙流体之间相互作用引起的，包括毛细作用，渗透作用，多层吸附，表面水化，层间阳离子水化，离子水化等。一般来说，土–水相互作用会降低孔隙水的自由能水平（Lu et al.，2019）。该自由能改变是土中很多现象的物理机制，如水力滞回现象（Iwata et al.，1995），由含水量变化引起的土颗粒接触应力变化（Lu et al.，2006），水力传导（van Genuchten，1980）等。

土中微颗粒具有很强的吸湿能力，即土矿物颗粒会把水分或液体吸附到其表面上。颗粒越细小，这种吸附能力就越强；即使大气中相对湿度较低，较为干燥的土也会把大气中的水分吸引到其颗粒表面上。这种吸附作用来自水和土颗粒的相互作用。黏土矿物对孔隙水具有强烈的吸附作用，这对土的几乎所有方面的行为都具有重要影响。

14.2.2　吸力

在 20 世纪 50 年代人们就已经认识到，只有适当地考虑吸力的作用才能够真正理解非饱和土的性质和行为。在利用连续孔隙介质理论和热力学理论处理非饱和土的问题时，要求增加新的独立状态变量以满足描述非饱和土行为的需要，这种新的独立状态变量之一就是吸力。

以自由水为参考状态，土–水相互作用会降低孔隙水的自由能水平。土中总吸力的产生就是源自这种自由能的降低，导致这种自由能降低的物理化学作用主要有毛细作用、吸附作用和渗透作用。渗透作用所引起的吸力一般称为溶质吸力，它是由于孔隙水中含有溶解的盐分，导致相对湿度会随着含盐量的发生变化，从而改变吸力。溶质吸力发生变化会对土的性质产生影响，例如，土中盐量改变会使土的体积和强度发生变化。因此当土体中的孔隙水有化学浓度变化或有化学溶液物输运时，溶质吸力对土的性质会有较大的影响。

毛细作用和吸附作用引起的吸力一般称为基质吸力（图 14.2）。毛细作用主要出现在气–液交界面中，由表面张力的作用而产生的。吸附作用主要出现在土颗粒吸附的水膜中，由电场力和范德瓦耳斯力等作用产生。基质吸力的这两部分作用，哪一部分起主要作用依赖于含水量和土的类别。黏土矿物对孔隙水具有强烈的吸附作用，能把水分或液体吸附到其表面上，且颗粒越细小，这种吸附能力就越强。吸力的两个部分在概念上的区分是明显的，对非饱和土作用的机理和影响是不同的。对非黏性土或较高饱和度的土，毛细部分起控制作用；而对较高塑性指数的黏土或低饱和度的土，黏吸部分起控制作用。

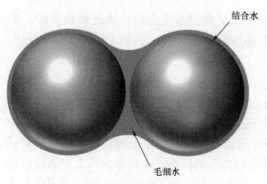

结合水

毛细水

图 14.2　基质吸力的两部分作用

基质吸力和溶质吸力这两种吸力对非饱和土性质的影响是不同的，哪种吸力影响大主要依赖于土的种类。对于塑性指数较大的土或有机矿物较多的黏土，溶质吸力（与基质吸力相比）可能会具有较大的影响。就一般土而言，基质吸力对土的性质会产生重要影响。基质吸力主要受气–水交界面（即张力收缩膜）的影响，并且与饱和度的变化密切相关；而溶质吸力与饱和度的变化关系不大。工程界所说的吸力通常是指随饱和度的变化而改变的基质吸力，而不考虑溶质吸力，本书也主要关注基质吸力作用。

14.2.3　土水特征曲线

非饱和土力学中，水、气两相比例的变化规律及其界面效应主要通过土水特征曲线来描述，它描述了土中基质吸力与含水量之间的关系，是高度非线性函数。土水特征曲线（soil-water characteristic curve，SWCC），常常也被称为持水曲线（soil water retention curve，SWRC）。实际上该曲线不仅与持水特征有关，与土本身的特性也相关，从这个角度来看土水特征曲线这一叫法既强调水的特征又包含了土的影响，因此本书也将统一用土水特征曲线这一表述。

　　土水特征曲线描述了基质吸力随含水量增大而减小的特点，其中含水量可采用质量含水量、体积含水量、饱和度或有效饱和度来表示。一个典型的土水特征曲线如图 14.3 所示，它一般被分为 3 个区域：边界效应区、过渡区和残余区。这 3 个区域的分界点是位于曲线上的两个转折点。第一个转折点是进气值，进气值是土体孔隙中开始出现气泡时的吸力，与土体的最大孔径有关。当吸力小于进气值时，土体上没有气体进入，仍被认为是饱和状态。第二转折点是残余值，通常认为当吸力大于残余值，此时以结合水为主，不再有自由水流动，含水量的变化主要指水蒸气或水膜的变化。

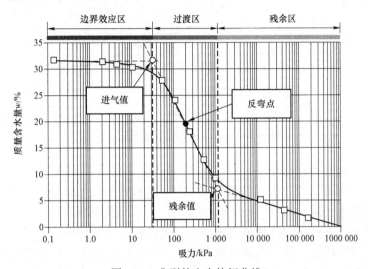

图 14.3　典型的土水特征曲线

　　土水特征曲线的不同分区实际上对应着基质吸力的不同作用，基质吸力包含毛细作用和吸附作用，残余吸力之前的过渡区以毛细作用为主，而残余区以吸附作用为主。这两部分由于作用机制不同，对土体宏观力学性质的影响也不同。对于低塑性的或较高含水量下的土体，基质吸力中的毛细部分占支配地位；然而对于高塑性的黏土或较低含水量下的土体，基质吸力中的吸附部分占支配地位。随着含水量的变化，吸力的变化范围可从 0 至上百兆帕，使得全吸力范围土水特征曲线的测量变得非常复杂。通常在不同的吸力范围内，需要采用不同的测试方法，低吸力段可采用压力板法或轴平移法，中吸力段可采用滤纸法，高吸力段可采用蒸汽平衡法或露点水势仪，多种方法同时使用才能获得全吸力范围内完整的土水特征曲线。早期土水特征曲线研究主要集中在毛细区，随着测量技术的进步和理论的发展，高吸力范围的研究也得到了发展，借助全吸力范围的土水特征曲线，可对非饱和土的行为进行更全面的研究。

　　大量的实验表明，SWCC 具有明显的滞后效应，同一吸力值在干燥曲线上对应的含水量高于湿化曲线对应的含水量，如图 14.4 所示。图中还可以看 SWCC 并不是唯一的，不仅干燥和湿化曲线不重合，即使同为干燥或同为湿化曲线也不重合。将饱和土体首次从饱和脱湿至完全干燥的曲线是初始干燥线（primary drying curve），从初始干燥线最大吸力处开始吸湿至吸力为 0 的曲线称为主湿化线（main wetting curve）。此时土中可能残存气体，导致吸力为 0 时土体无法达到初始饱和度。随后再进行脱湿至完全干燥的曲线成为主干燥线（main drying curve）。主干燥和主湿化线一般成为边界线，在其中可能存在无数个干燥或湿化路径，这些曲线称为扫描线（scanning curve），在边界线内部存在无数条扫描线。

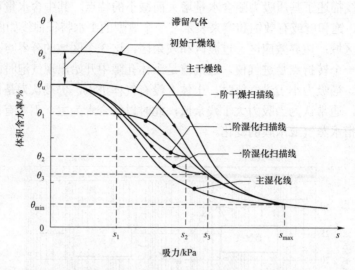

图 14.4 典型的土水特征曲线滞回曲线（Pham et al.，2003）

SWCC 出现的滞后原因有很多，Fredlund（2000）总结了以下 5 点。

（1）孔隙尺寸的不均匀分布。在湿化过程中，水将首先进入湿锋附近的小孔隙，并将其充满，然后再充满大孔隙。相反，在干燥过程中，位于大孔隙中的孔隙水首先排出来，然后再轮到小孔隙排水，孔隙内的气体就有可能会沿着连通大孔隙形成连通的气流路径，从而阻隔了小孔隙的进一步排水，使得孔隙水在孔隙介质中呈块状分布。可见孔隙尺寸的不均匀分布，会导致润湿和干燥过程中孔隙水的分布不同，从而对土中水－气的结构和非饱和土的性质和行为产生重要影响。

（2）瓶颈效应。不同大小的孔隙，以及相互连通的孔隙喉道之间的尺寸差别造成了这种作用。在浸润过程中，由于孔隙以及与其连通的喉道之间存在着尺寸差异，孔隙水在涌入的过程中自然面临着瓶颈的"约束"而难以突破，导致在相同吸力下浸润时的含水量小于干燥时的含水量。

（3）接触角的影响。在干燥与浸润过程中，水－气交界面上的接触角会有所不同。一般干燥时接触角小，浸润时；小的接触角对应的表面张力较大，因此对水的滞留能量较大。接触角的大小差异决定了水的滞留特性的差别，这种现象称之为雨点效应。

（4）残余气体的影响。当吸力增加或减少时孔隙中的气体的体积及其变化是不同的，并导致饱和度的变化也不同。

（5）触变和时间效应等。

实际上土水特征曲线的滞后效应不仅出现在毛细作用区，在高吸力区也可能存在滞后效应。Lu 等人（2015）对高吸力的滞后效应进行研究，发现膨胀土在高吸力区有明显滞后效应，而非膨胀土如高岭土在高吸力时无明显滞后。高吸力区以吸附水膜作用为主，此时产生滞后的原因主要与水化作用相关，如颗粒表面水化和晶体阳离子水化。Nitao 和 Bear（1996）指出在土体含水量低于某一微观含水量（吸附水和联结水所占的含水量）时，滞后的发生主要与化学势有关，当土体含水量大于这一含水量时，液相滞后主要就是由于气液交界面的不稳定性导致的。也就是说滞后可以理解为是干湿循环过程中的交界面从不稳定状态转化到稳定的几何形状的一种耗散过程。

14.2.4 土水特征曲线模型

1. 基本模型

非饱和土力学模型中的许多重要参数都需要利用 SWCC 而得到。现有的 SWCC 的概念及相关的应用方法大都来源于土壤学，由于土壤学和非饱和土力学中所研究的土的物理状态及这两个学科所研究问题的侧重点的差异，直接将土壤学中的相关研究成果应用到非饱和土力学中不一定合适。因此如何将 SWCC 与土壤学所没有涉及的相关问题如变形与强度问题建立联系，是决定非饱和土力学能否正确地应用于岩土工程中的关键。为此，人们提出了大量的 SWCC 模型，这些模型大多是根据实验结果拟合得到的经验方程，如表 14.1 所示。

表 14.1 常用的 SWCC 方程

来源	方程	参数
Gardner（1958b）	$\Theta = \dfrac{1}{1+(s/a)^n}$	a，n
Brooks and Corey（1964）	$\Theta = \begin{cases} 1, & s \leqslant s_a \\ (s/s_a)^{-\lambda}, & s > s_a \end{cases}$	λ
van Genuchten（1980）	$\Theta = \dfrac{1}{[1+(s/a)^n]^m}$	a，n，m
Mualem（1976）	$\Theta = \dfrac{1}{[1+(s/a)^n]^m}$	a，n，$m=1-1/n$
Fredlund and Xing（1994）	$\Theta = C(s)\left[\dfrac{\theta_s}{ln[e+(s/a)^n]}\right]^m$ $C(s) = 1 - \dfrac{ln[1+(s/s_r)]}{ln[1+(10^6/s_r)]}$	a，n，m

注：Θ 表示有效饱和度。

2. 全吸力范围的 SWCC

表 14.1 中的 SWCC 方程大都只是针对吸力在进气值到残余状态之间建立的，大多忽略了吸附作用影响，例如，常用的 VG 模型、FX 模型曲线形式均为 S 形，在进气值之前的低吸力区和残余值之后的高吸力区，S 形曲线都是接近平行与吸力轴的水平线，即吸力不变，但实际上，在这两个区域吸力仍然可能发生变化，因此上述模型无法描述吸附部分吸力随饱和度的变化。为了考虑这两部分的作用，近年来很多学者提出了区分毛细和吸附作用的土水特征曲线模型。常用的做法是先建立吸附部分的方程，然后将毛细部分方程中的残余含水量用吸附部分的方程代替并建立新的毛细部分的方程，再将吸附部分与毛细部分方程的求和得到土中水总的表达式。

Campbell 和 Shiozawa（1992）在高吸力的范围内建立了吸附模型，简称"CS"模型。Khlosi（2006）在此基础上提出了修正的模型（KCGS 模型）。但 KCGS 模型中的吸附方程可引起体积含水量随着吸力的减小而不断增加，与实际情况不符。Zhou（2016）在吸附模型的基础上考虑了毛细冷凝的情况，进而建立了全吸力范围内的毛细和吸附模型。一般情况下，对于吸附水在低吸力的范围内应该达到最大值并且保持不变。Lu（2016）提出了一个新的吸附模型，考虑了含水量为零时最高吸力的限制，并且避免了高饱和时吸附水含量被低估导致过量毛细水的现象。毛细模型在 VG 模型的基础上，将 VG 模型中残余含水量用吸附模型的含水量代替，由此得到的毛细模型是吸附模型的函数，并且在建立的毛细模型的基础上，考虑空化现象的影响，将空化现象表示成一个标准正态分布函数。建立的毛细模型和吸附模型能够合理地预测全吸力范围内的实验数据，而且可以做出很好的预测。

3. 滞回模型

SWCC 的滞后效应说明土中的含水量不仅取决于当前的吸力值，也与吸力的变化历史密切相关。许多学者通过实验发现，仅用吸力无法准确地描述土中的含水量对其水力、力学性能的影响，在模拟土中水力、力学特性时还需要考虑滞后效应的影响。而建立适当的土水特征曲线滞后计算模型是开展这类研究的关键所在。现有的滞回模型主要包括以下几种类型。

（1）经验模型。这类滞后模型主要是以经验公式为基础而建立起来的，大致分为两类，一类是曲线的拟合公式，另一类是基于干燥/浸润边界之间的关系进行预测的经验模型。其中引用较多的是 Scott 等人（1983）提出的比例缩放模型，属于第一种类型。之后，也有一些研究者在此基础之上做出了一些修正，如 Kawai 等人（2000），Karube 等人（2001）。实际上扫描曲线形状与边界面形状并不完全相符，因此该类模型的精确度不高，但是由于其简单适用，因此得到了一定的应用。另外一类的经验模型主要以 Feng & Fredlund（1999）模型为主。此类模型主要是对浸润/干燥边界面的描述，缺乏对任意扫描线描述的功能。但是，该模型仅需少数的几个点即可得出整条曲线。另外，在简化的 Feng & Fredlund 模型中用一条边界曲线即可拟合另外一条边界线。Feng & Fredlund 模型及后续的简化模型拟合的精度非常高，而且所需标定的数据较少，因此在边界面的模拟中得到了广泛的应用。

（2）域模型。域模型是一种将土视为孔隙的集合体，以每个孔隙的吸排水特性作为基本的研究单元，在统计学的基础上，通过引入孔隙水分布函数来计算土中含水量随吸力变化规律的土水特征曲线滞后模型。域模型本质上是一种利用边界滞回圈通过内插的方法计算扫描线的计算模型，早期的域模型在计算时除了需要实测两条边界曲线外，还需要一定数量的扫描线来标定参数，由于这些模型在计算时所需的实测数据较多，因此应用起来并不方便。Mualem（1973）假定"孔隙水分布函数可表示为两个独立分布函数的乘积"，利用"相似性假定"简化后的域模型仅需实测两条边界曲线即可预测滞回圈中的扫描线。Mualem 随后将他的相似性假定应用到了一系列毛细滞回循环模型中，这既提高了域模型的计算精度，又在一定程度上简化了域模型的计算过程，使得域模型在工程中得到了一定的应用。域模型的优点是具备良好的理论基础，在一定程度上能够反映土水特征曲线滞后特性的物理本质；其不足之处在于，这类模型的计算过程，尤其是计算高阶扫描线时，在吸力变化历史未知的情况下确定扫描线过程十分复杂，因而限制了它在工程上的应用。

（3）理性外推模型。Mualem 模型暗示着浸润与干燥扫描线非常规则而又光滑地穿越区域边界，但是实验结果（Topp，1971）表明：干燥边界曲线的斜率往往与扫描线的斜率不同。Parlange（1976）在 Mualem 的相似性假设的基础上提出了理性外推模型，Hogarth 等人（1988）、Liu 等人（1995）发展了理性外推模型，使其能考虑含气量的大小。但是，此类理性外推模型存在一些难以解决的缺陷：在含水量变化较小时对扫描曲线的描述往往比较准确，但是一旦含水量变化范围太大，或者浸润扫描线贴近于浸润边界线，这时模型的预测结果往往与实测结果有不小的差距。

（4）边界面模型。根据边界面塑性理论，可以利用加载面上的应力点与其在边界面上的映射点之间的距离来确定加载面上的塑性反应。基于这一理论，Li（2005）和 Wei（2006）分别建立了模拟土水特征曲线滞回循环的计算模型。他们提出的模型都是以边界浸润和干燥曲线作为计算的边界，以浸润-干燥的反弯点作为投影中心，建立扫描线上的斜率与边界曲线斜率之间的关系。与实验结果对比，这两个模型预测结果都比较好，且都能够计算高阶扫描线，每个模型中各有一个参数，标定参数时除了需要测量边界干燥和浸润曲线外，还都需实测一条一阶扫描曲线，因此利用这两个模型计算都需要提供较多的实验数据。

（5）接触角模型。湿化和干燥过程中接触角的不同也常常用来解释 SWCC 的滞后效应，基于接触角变化，也有很多学者建立了相关的滞后模型。湿化的过程中，接触角会不断增大，在主湿化线上达到最大值；相反干燥过程中，接触角会不断减小，在主干燥线上达到最小值。扫描线上的接触角介于最大值和最小值之间，通过接触角的变化，得到扫描线与边界线上吸力的关系，从而可实现利用边界线对扫描线的预测。

4. 其他影响因素

土水特征曲线不仅与土中水含水状态有关，还受到众多因素的影响，如土的矿物成分、孔隙结构、应力状态、密实程度、温度和水溶液等。土体矿物成分不同，土体的持水能力会不同，随着土中黏粒含量逐渐增多，土的进气值和残余体积含水量都逐渐变大，持水能力逐渐增强。一般来说，砂土的进气值小于 10 kPa，粉质黏土的进气值在 10～100 kPa，而黏性土的进气值可达几十至几百千帕。对于确定的土样并且温度变化不大时，矿物成分和温度影响可以不考虑，此时孔隙结构和密实程度的影响其主要作用。土体的孔隙结构对 SWCC、其自身的变形、渗透系数都存在影响。土体变形将改变土的密实程度（表现为孔隙比的改变），进而影响到土水特征曲线在"含水量-吸力"空间中的位置和形状。孔隙比的变化会改变土的进气值，从而使 SWCC 的位置移动；但孔隙分布指数并没有随着孔隙比的改变而单调变化，即孔隙分布指数和孔隙比的变化没有唯一的关系，它如何变化依赖于土的类型。另外孔隙比对 SWCC 的影响程度还依赖于土的初始孔隙结构：孔隙比对具有双孔结构的土的 SWCC 影响较大，而对具有分散结构的土的 SWCC 影响则比较小。当前已发展了大量考虑不同影响因素的 SWCC 模型，如考虑孔隙比影响的模型、考虑结构性的模型、考虑温度影响的模型等。

14.3　独立状态变量的选择

14.3.1　非饱和土有效应力概述

有效应力原理的提出促使土力学发生了根本性的变化，使土力学从一般力学中独立出来，并成为一门独立的学科。由于非饱和土普遍地存在于地球的表面，它又与土木工程建设密切相关，因此，受到研究者和工程界的关注，并进行了大量的实验与研究。然而具有三相不同物质组成的非饱和土的性质非常复杂，有效应力原理在非饱和土中是否存在?如果存在，它的具体形式又如何?这些问题促使研究者对其进行了持续不断的研究。

太沙基提出的有效应力原理，实际上就是抓住了影响土体行为的最主要的因素，假定土体的吸力由有效应力控制。从这个角度来看，有效应力实际上就是描述材料的力学特性的一个独立变量。对金属而言最简单的情况就是将内力作为其独立变量，即可以根据内力确定材料的变形和强度。土力学涉及的问题更加复杂，除了力的作用，还需要考虑水的作用，因此太沙基提出了采用有效应力用于描述饱和土的特性，其表达式为

$$\sigma'_{ij} = \sigma_{ij} - u_w \delta_{ij} \qquad (14.1)$$

对于非饱和土，现有研究已经认识到，仅有一个应力变量是难以完整描述其力学行为的，除了外荷载会对其产生影响，水的作用带来的变化也不可忽略。吸力常常作为第二个变量被用于描述非饱和土。吸力对非饱和土的性质和行为有两种作用或影响：① 吸力的变化会引起孔隙内流体的平均压力发生改变，从而引起非饱和土的平均骨架应力的变化；② 由于毛细水表面的拉力提供了颗粒之间的附加拉力，因此形成了土颗粒之间的一种黏聚力。值得注意的是饱和度对这两种作用的影响很大。即使吸力相同，而饱和度不同时，非饱和土也会因饱和度的不同而使其平均骨架应力发生变化；并且颗粒之间毛细连接的数目和连接强度也会随之发生较大的变化，从而导致非饱和土的强度、刚度，甚至渗透性产生较大变化。可见考虑吸力而不计及饱和度难以完整描述非饱和土行为。因此对非饱和土独立变量的选择也更加复杂。

Houston（2019）采用了图 14.5 来表征非饱和土中不同相的作用。其中图 14.5（a）表征了外力作用，是土体受到的总应力，是由外部施加在土颗粒上使土颗粒靠近的力。图 14.5（b）表征了孔隙气的作用，是土体内部的孔隙中的气压作用，对土颗粒产生推力，使颗粒相互分开。图 14.5（c）表征了孔隙水压作用，是土体内部的孔隙中的水压作用，对土颗粒产生拉力，使颗粒相互靠拢。需要注意的是，该图只是简单地说明了不同相在土中的作用力，实际土体的受力还要受到相间相互作用和物理化学等环境因素的影响，会更加复杂。

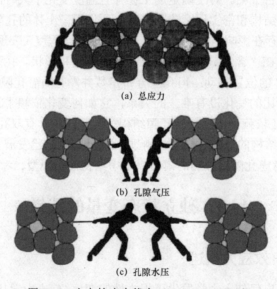

(a) 总应力

(b) 孔隙气压

(c) 孔隙水压

图 14.5　土中的应力状态（Houston，2019）

从热力学的观点来看，选择何种独立状态变量对非饱和土系统进行描述是一个基本而重要的问题。独立的状态变量的选择不是唯一的，而是有多种可能。通常独立的状态变量越少，相应的理论就会越简单。状态变量既包括应力变量也包括其他热力学变量。应力状态变量只是传统力学框架下的独立变量，在多场耦合框架下独立变量的范围远超出应力状态变量范畴。此时独立状态变量的叫法会更加合适。在应力位移关系中，力是诱发变形的主要因素，因此把力作为自变量；而在温度影响下，温度是诱发变形的主要因素，因此温度也可以作为自变

量。从这个角度来说，独立状态变量的选择并不能局限于"应力"。但非常巧合的是，吸力的量纲正好与应力相同，但这并不能说明它就是应力。现有的研究也逐渐认识到，基质吸力不是一个简单的力的概念，称为"基质势"更加合适。因此状态变量不一定具有同样的物理单位，例如压力、温度、湿度等。通常所选择的本构变量越多，描述的现象就可能越多或越复杂，所建立的本构关系也越复杂，参数也会越多。

14.3.2 Bishop 应力

Bishop（1959）提出了著名的 Bishop 有效应力，表达式为

$$\tilde{\sigma} = (\sigma - u_a) + \chi(u_a - u_w) \tag{14.2}$$

为了简化表示，式（14.2）中没有采用指标记号，$\sigma - u_a$ 为净应力，$u_a - u_w$ 为基质吸力，χ 称为有效应力参数或者 Bishop 参数，它受非饱和土性质的影响，从 0（干土时）到 1（饱和时）变化。

Bishop 有效应力在土体饱和时，可以自动退化为太沙基有效应力。有效应力参数 χ 的确定是 Bishop 有效应力的关键问题。通常认为 χ 与土中流体所占孔隙的体积分数有关，Bishop 和 Donald 尝试将参数表示为饱和度的函数。但是实验结果表明 χ 与饱和度之间并不存在着唯一对应的关系，他们认为参数 χ 实际上描述了吸力对有效应力的贡献，与土体结构有很重要的关系。他们指出 χ 与吸力比（即基质吸力与进气值的比值）之间存在唯一对应关系，并给出了相应的 χ 的表达式。由于 Bishop 参数的复杂性，使得它很难通过实验获得，可能需要进行一些非传统的实验来确定其取值，导致 Bishop 应力的应用受到限制。

此外，Jennings 和 Burland（1962）还指出它无法描述非饱和土在湿化过程中的湿陷现象。因为湿化过程中吸力的减小会导致式（14.2）中 Bishop 应力减小，根据弹性理论，应力减小相当于卸载，计算出的体积将出现膨胀，从而无法预测非饱和土在湿化过程中的湿陷现象，导致 Bishop 应力在当时遭到了很大的质疑。然而，湿陷现象本质上属于一种塑性变形机制，必须结合合适的塑性模型才可以进行描述，但是以上论述几乎都是基于弹性的模型框架，故无法描述这样一个塑性湿陷现象，因此不能把模型本身的缺陷归咎于应力变量。即使是饱和土，仅仅依靠应力状态变量而没有结合合适的塑性模型也是无法描述塑性行为的。

随着非饱和土研究的不断深入，对非饱和土有效应力的认识和理解也不断深化。非饱和土单应力变量的有效应力公式简单、容易被工程师掌握，也易于在已有的有限元程序中实现和应用。只要能合理的定义有效应力参数，结合完整的弹塑性本构模型，单应力变量的有效应力原理是可以描述非饱和土的强度和变形的。但非饱和土单应力变量有效应力的致命弱点是：当含水量变化时，它仅能描述其应力的变化，却不能同时描述其内部结构（指水、气的分布结构及它们的相互作用），其工程性质也随之变化；而非饱和土的力学行为不仅取决于其应力的变化，而且还与其内部结构的变化相关。很多学者开始采用 Bishop 应力和吸力作为两个独立应力变量，用于描述非饱和土的性质。具有以下优点：① 用它们建立本构模型时饱和与非饱和状态可以进行连续和光滑的过渡；② 可以建立体积应变、抗剪强度和屈服压力之间协调一致的关系；③ 很容易考虑水力滞回和饱和度变化的影响；④ 从力学的角度，它便于在有限元中应用。其缺点为：① Bishop 应力不是一个可控量，因此在实验中它不方便使用和控制；② 加载路径不易明确或直接表示，而当缺少含水量的数据时其加载路径是不能明确表示的；③ 非饱和土的行为被同时蕴藏在本构方程和有效应力的定义中，导致本构方程的物理

含义不是很明确；④ 当吸力和饱和度之积非常大时将导致非饱和土产生很不实际的压缩。

14.3.3　双应力变量

由于早期 Bishop 应力受到质疑，Coleman（1962）、Bishop 和 Blight（1963）、Blight（1967）提出了用两个独立的应力变量来描述非饱和土的强度和变形，Fredlund 和 Morgenstern（1977）提出了零位实验，验证了采用这两个应力变量描述非饱和土的强度和变形的正确性。此后，用这两个应力变量描述非饱和土的变形和强度的研究得到了迅速的发展，并形成主流。

Fredlund 和 Morgenstern（1977）利用多相连续介质力学的概念，得到了非饱和土各相的平衡方程。平衡方程的每种形式都包含两个应力状态变量的组合，三个可能的应力变量（即 $\sigma-u_a$、$\sigma-u_w$ 和 u_a-u_w）中的任何两个都可以用来描述非饱和土中土壤结构和收缩表层的应力状态。由于气压一般可认为等于大气压，此时采用 $\sigma-u_a$ 和 u_a-u_w 两个变量描述更加方便。非饱和土中某一点的应力状态可以表示为

$$\begin{bmatrix} \sigma_x-u_a & \tau_{yx} & \tau_{zx} \\ \tau_{xy} & \sigma_y-u_a & \tau_{zy} \\ \tau_{xz} & \tau_{yz} & \sigma_z-u_a \end{bmatrix}, \begin{bmatrix} u_a-u_w & 0 & 0 \\ 0 & u_a-u_w & 0 \\ 0 & 0 & u_a-u_w \end{bmatrix} \tag{14.3}$$

当非饱和土接近饱和时，饱和度接近 100%。基质吸力 u_a-u_w 趋于零，非饱和土的第二个应力张量消失。一旦孔隙水压力等于孔隙气压力，就只剩下第一应力张量来表示饱和土的应力状态。随着土壤变得饱和，孔隙水压力 u_w 接近孔隙气压力 u_a，第一应力张量中的孔隙气压力项 u_a 变得等于孔隙水压 u_w。此时，饱和土的应力张量与太沙基有效应力变量 $\sigma-u_w$ 一致。

双应力变量的提出避免了 Bishop 应力存在材料参数的问题，用净应力和基质吸力作为两个独立应力变量具有以下优点：① 它们相互独立，在三轴实验中是可控的；② 不含材料参数，因此应力空间在整个变形过程中是不变的，所以实验容易控制，实验数据也容易得到解释；如果应力包含材料参数或变形影响，则在应力作用下材料的响应就难以准确的区分是应力的影响还是材料参数或变形的影响造成的，并使应力路径变得复杂；③ 加载路径明确。其缺点为：① 用它们建立本构模型时难以处理饱和与非饱和状态的连续和光滑的变换；② 难以处理强度随吸力的变化，这是由于高吸力的局限性导致的；③ 其水力模型与力学模型相互没有关系，难以处理饱和度的影响以及力与渗流的耦合问题。目前普遍认同可采用两个应力变量作为本构变量。但采用何种具体变量，依赖于研究者的认识和方便。另外本构模型的优劣不仅取决于所选择的应力或本构变量，更取决于它对非饱和土的关键性质的描述能力。

值得注意的是，双应力变量还存在一个问题就是其中所采用的基质吸力的表述只考虑了毛细作用，缺少对吸附作用的描述，因此基于该变量建立的非饱和土理论存在局限性。随着非饱和土理论的发展，研究人员已经认识到吸附作用不可忽略，此时采用净应力和毛细基质吸力作为应力变量将难以描述土体在全吸力范围的力学行为。

14.3.4　吸应力

实际上土受力形式可以分为内力和外力两种（图 14.5），作用于骨架上的外力主要包括重力和外部结构施加的荷载等，这部分作用是一般材料力学中考虑的应力。土力学更加复杂的原因在于其内部的作用力，即土体内部颗粒间接触的相互作用力，这部分作用源自土体内部的物理化学作用，包括范德瓦耳斯力、双电层排斥力、化学胶结作用力、毛细作用等。Lu 和

Likos（2006）指出这两种类型的力都是非饱和土中的主动力，有效应力应当是这两种类型的力共同作用下产生的。此时土骨架应力表示为

$$\sigma_C = (\sigma - u_a) + \Delta\sigma_{pc} + \sigma_{cap} + \chi(u_a - u_w) \qquad (14.4)$$

式中，第一项由外荷载引起，第二项 $\Delta\sigma_{pc}$ 表示为由胶结、范德瓦耳斯引力和双电层斥力引起的土颗粒间物理化学作用，第三项 σ_{cap} 表示由表面张力引起的毛细吸应力，第四项表示负孔隙水压力引起的土颗粒间接触应力部分。显然，如果忽略其他中间两项，式（14.4）就退化为 Bishop 应力的形式。

Lu 和 Likos（2006）将源自内部相互作用力的这部分应力称为吸应力，其表达式为

$$\sigma_s = \Delta\sigma_{pc} + \sigma_{cap} + \chi(u_a - u_w) \qquad (14.5)$$

吸应力公式的物理化学作用力部分和表面张力引起的毛细吸应力部分为概念公式，没有显式的计算公式进行表达。范德瓦耳斯力是由于临近表面相邻原子之间的电磁场相互作用而产生的。一般来说，范德瓦耳斯力在小于约 2 nm 的距离处最为明显。根据土颗粒大小和几何形状及土体饱和度的不同，范德瓦耳斯力提供了一个宏观上具有吸引力的颗粒间接触应力，其上限约为 1000 kPa。双电层斥力是由于黏土片层间所带的固定负电荷作用引起的。由于黏土矿物晶层的同晶取代以及矿物表面的络合反应，黏土层表面通常带有一定的负电荷。在负电荷电场作用下，孔隙水中的阳离子具有向黏土颗粒表明靠拢的趋势，进而形成电子双层。当黏土片层间距离较近时，重叠的电子双层通常会在宏观上产生排斥性颗粒间应力。根据土颗粒粒径、土骨架的矿物组成和孔隙水中的化学成分，双电层排斥产生的应力可能接近1000 kPa。纯水饱和黏土中的双层排斥作用最强。对于砂土等粗粒土，双电层斥力基本上不存在。对于具有胶结性的非饱和土，也需要考虑胶结作用对土颗粒间有效应力的影响。吸力的提出，可以在宏观上统一定义由物理化学力、胶结力、表面张力和由负孔压引起的土颗粒间接触应力。

吸应力为与含水量或基质吸力相关的函数，通常可以用吸应力特征曲线来进行表征。吸应力的概念也在不断发展中，并建立了可以显式计算的描述毛细作用引起土颗粒间接触应力变化的吸应力表达式（Lu et al.，2010）。近年来，可显式计算的吸应力公式又进一步扩展为考虑毛细和吸附作用共同作用的影响（Zhang et al.，2020）。

14.3.5　粒间应力

由吸应力的概念可知，非饱和土的有效应力既包括外荷载，也包括由表面张力和负孔压引起的土颗粒间接触应力、各相之间的物理化学作用等微观作用力。其中物理化学微观相互作用不仅受饱和度变化的影响，也受孔隙溶液中的化学溶质作用的影响。特别是对于滨海地区，在降雨或蒸发等土与大气相互作用或人工作用影响下，孔隙水中盐溶液浓度可能会发生变化，进而引发非饱和土有效应力的变化，使得土体发生变形行为。在城市垃圾填埋场和高放射核废料深部地质处置等环境岩土工程中，常采用蒙脱土等膨胀性黏土作为隔离孔隙溶液中化学组分的缓冲屏障。在垃圾填埋场渗滤液及深部地下含有溶解盐分的地下水作用下，缓冲屏障的力学和渗流性能可能会发生变化，进而影响环境岩土工程的稳定性。

由于与化学力学耦合有关的岩土工程的迫切理论需求，Wei（2014）基于热力学和多孔介质理论，建立了可以统一描述外荷载、由负孔隙水压力引起的土颗粒间接触应力、由表面张力引起的毛细吸应力及物理化学作用影响的粒间应力表达式，该表达式为

$$\sigma'' = (\sigma - u_a) + \sigma_{pc} \tag{14.6}$$

式中，第一项是净应力，第二项表征物理化学作用力，其具体表达式为

$$\sigma_{pc} = n^l s + \int_{n^l}^{n_0^l} (s - \Pi_D) dn^l + n_0^l \rho^l \Omega_0^l - n^l \Pi_D \tag{14.7}$$

式中，n^l 为体积含水量，Π_D 为 Donnan 渗透压，为与土体固定电荷密度、孔隙盐溶液浓度和体积含水量有关的函数。Ω_0^l 为表面力，表征固液相之间的吸附作用。式（14.7）中第一项表示由负孔隙水压力引起的土颗粒间接触应力，第二项表示由表面张力引起的毛细应力，第三项和第四项分别表示物理化学作用力的吸引力和排斥力部分。该粒间应力表达式能够对白垩岩、膨胀土、海相岩土、非饱和土等化学力学耦合行为进行很好的理论描述。

　　粒间应力在应用的过程中，可以根据实际情况进行简化，可退化为更简单的有效应力形式。对于非饱和土膨胀土，上述作用全部都需要考虑，最为复杂。对于非饱和非膨胀土，由于土中的固定负电荷较少，因此土水之间由双电层斥力等引起的物理化学相互作用较弱，可以忽略最后两项的影响。对于饱和膨胀土，土水之间物理化学作用较为强烈，土颗粒间接触应力的计算需要考虑双电层斥力以及范德瓦耳斯引力等影响，但无须考虑毛细力，其基质吸力中毛细部分等于 0。对于饱和非膨胀土，土颗粒间不存在毛细作用。由于土-水之间相互作用较弱，因此不考虑固液相之间的物理化学作用对土颗粒接触应力的贡献，其粒间应力可退化为太沙基有效应力的形式。不同类型土体的有效应力形式见表 14.2，从这个角度也可以看到粒间应力更具有一般性。

表 14.2　不同情况下的有效应力（宋朝阳，2020）

土的类型	有效应力表达式
非饱和膨胀土（要考虑固液相之间的所有物理化学作用）	$(\sigma - u_a) + n^l s + \int_{n^l}^{n_0^l} (s - \Pi_D) dn^l + n_0^l \rho^l \Omega_0^l - n^l \Pi_D$
非饱和非膨胀土（不考虑双电层斥力等引起的物理化学相互作用）	$\sigma - u_a + n^l s + \int_{n^l}^{n_0^l} s dn^l$
饱和膨胀土（不考虑毛细作用）	$\sigma - u_w + \int_n^{n_0} \Pi_D dn + n_0 \rho^l \Omega_0^l - n \Pi_D$
饱和非膨胀土（不考虑固液相之间的所有物理化学作用）	$\sigma - u_w$

14.4　非饱和土的强度理论

14.4.1　非饱和土强度特性

　　强度指的是材料抵抗外荷载的能力，对土体而言，主要关注抗剪强度。破坏的定义与土的强度密切相关，针对不同的研究问题有不同的方法，这在第 11 章已做过介绍。非饱和土强度区别于不饱和土的一个最大的特点就是，非饱和土的破坏受会到土的吸力或含水量的影响。实验发现非饱和土的强度具有以下特点：① 相同吸力时，围压越大，强度越大；② 相同围

压时，吸力越大，强度越大；③ 非饱和土的强度与吸力之间的关系是非线性的。

研究还发现，吸力或含水量的变化不仅会改变土的强度，也会改变土的破坏模式。Hatibu 和 Hettiaratchi（1993）对不同含水量条件下的非饱和土开展三轴实验，发现随着含水量的增加，土的破坏模式逐渐由脆性破坏转变为延性破坏，并给出了破坏模式的划分，如图 14.6 所示。其中土样 A、B、C 是脆性破坏，破坏特点分别是柱状、剥落和断层；土样 D 的破坏呈现破碎剪切破坏的特点，是从脆性想延性破坏的过渡；土样 E、F、G 属于延性破坏。

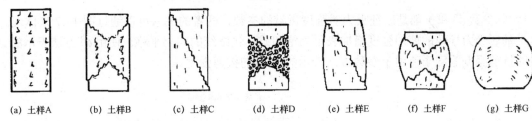

(a) 土样A　　(b) 土样B　　(c) 土样C　　(d) 土样D　　(e) 土样E　　(f) 土样F　　(g) 土样G

图 14.6　不同含水量土体的破坏模式（Hatibu et al.，1993）

可以看到在含水量较低时，土体的峰值强度最高，但应力应变曲线在达到峰值后迅速下降，呈现出脆性破坏的特点。随着含水量的增大，峰值强度下降的幅度明显减小，土体变形表现为峰值后软化的特点，体积变化最终是剪胀。当含水量继续增大，此时土的变形则表现为硬化形式，没有明显峰值，体积变形也变为剪缩。

14.4.2　非饱和土的强度模型

1. 扩展 Mohr–Coulomb 准则

非饱和土的强度理论的研究中，应力状态变量的选取非常重要，而选用不同的应力状态变量，本质上是对饱和度和吸力的作用的不同考虑。常用的非饱和土的抗剪强度模型是"扩展 Mohr–Coulomb"破坏准则。第 11 章详细介绍了饱和土的 Mohr–Coulomb 准则，其表达式为

$$\tau = c' + (\sigma - u_w)\tan\phi' \tag{14.8}$$

式中：τ 为剪应力；c' 为有效黏聚力；$(\sigma - u_w)$ 为有效正应力；σ 为总正应力；u_w 为破坏时的孔隙水压力；ϕ' 为有效内摩擦角。

在饱和土的 Mohr–Coulomb 强度准则的基础上，Fredlund（1978）等人将 Mohr–Coulomb 破坏准则推广到非饱和土，提出了一个适用于非饱和土的线性强度准则，即

$$\tau = c' + (\sigma - u_a)\tan\phi' + (u_a - u_w)\tan\phi^b \tag{14.9}$$

式中：$(\sigma - u_a)$ 为净正应力；u_a 为孔隙空气压力；$(u_a - u_w)$ 为基质吸力；ϕ^b 为表示剪切强度随基质吸力变化的速率的角度。已通过实验证实，ϕ^b 随着吸力是非线性变化的，目前也有不同的形式。

式（14.9）中的强度准则是基于双应力变量有效应力提出的，基于 Bishop 应力也可以给出非饱和土的强度方程，其表达式为

$$\tau = c' + [(\sigma - u_a) + \chi(u_a - u_w)]\tan\phi' \tag{14.10}$$

式中，χ 是 Bishop 有效应力系数，针对 χ 的不同形式，目前也有多种不同的表达式，如 Obergt、Khalili 等。

从式（14.9）和式（14.10）可以发现，这两种强度方程在形式上相似，如果两者相等则得出关系式

$$(u_a - u_w)\tan\phi^b = \chi(u_a - u_w)\tan\phi' \qquad (14.11)$$

此时

$$\chi = \frac{\tan\phi^b}{\tan\phi'} \qquad (14.12)$$

实际参数 ϕ^b 和 χ 都是表征吸力对强度贡献的参数，两者的关系可以通过图 14.7 来体现。由于基质吸力导致的剪切强度增加表示为饱和破坏包络线的向上平移。使用 ϕ^b 方法表示的 A 点的抗剪强度等同于使用 χ 参数方法表示的 A' 点的抗剪强度。

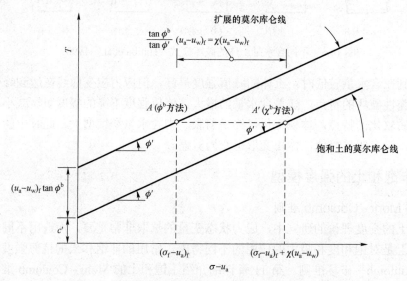

图 14.7　两种抗剪强度方程的 ϕ^b 和 χ 方法之间的比较

上述不同形式的方程可以统一采用下式来表示

$$\tau = (\sigma - u_a)\tan\phi' + c' + \tau_s \qquad (14.13)$$

式中，τ_s 表示由于吸力引起的黏聚力的变化。

基于扩展的莫尔库仑准则，目前发展了不同的非饱和土强度公式，区别大多在于式（14.13）中第三项 τ_s 的形式（表 14.3）。

表 14.3　不同强度公式

作者	τ_s 表达式	附加参数
Vanapalli et al.（1996）	$sS_e\tan\phi'$	S_e 为有效饱和度
Vanapalli et al.（1996）	$sS^\kappa\tan\phi'$	κ 为拟合参数
Oberg and Sallfors（1997）	$sS_r\tan\phi'$	/
Khalili and Khabbaz（1998）	$s\left(\dfrac{s}{s_a}\right)^{-0.55}\tan\phi'$	s_a 为进气值

作者	τ_s 表达式	附加参数
Tekinsoy et al.（2004）	$(s_a + p_{at})\ln\left[\dfrac{s + p_{at}}{p_{at}}\right]\tan\phi'$	s_a 为进气值 p_{at} 为大气压 101.3 kPa

2. 非饱和土临界状态

除了上述抗剪强度方程外，由于剪切强度和体积变化方程密切相关，非饱和土的本构模型可以描述土体从变形到破坏的过程，自然也可以得到抗剪强度公式。由于在本构模型中，常常采用临界状态作为破坏，因此非饱和土的抗剪强度也可以通过本构模型中的临界状态方程来反映。

在临界状态方程中考虑基质吸力的影响，采用净应力和吸力作为应力状态变量，Alonso 等人（1990）在 BBM 模型中提出的临界状态形式为

$$q = M(p - u_a) + k(u_a - u_w) \tag{14.14}$$

式中，M 是临界状态线斜率，与饱和土相同；k 是土壤参数。

Jommi（2000）基于 Bishop 形式的有效应力，并提出了类似的临界状态方程

$$q = M\left[(p - u_a) + S_r(u_a - u_w)\right] \tag{14.15}$$

式中，S_r 是破坏时土壤的饱和度。

Sheng（2011）对不同模型中的强度方程进行了总结，将非饱和土临界状态方程统一表示为

$$q = M\left[(p - u_a) + p_0\right] \tag{14.16}$$

式中，p_0 是吸力的函数，在不同的本构模型中有不同的形式，见表 14.4。

表 14.4　不同本构模型中的临界状态（Sheng，2011）

本构模型来源	p_0 的表达式	参数个数
Oberg and Sallfors	sS_r	SWCC[①]
Fredlund et al.	$(S_r)^k s$	1，SWCC
Vanapalli et al.	$\left(\dfrac{\theta - \theta_r}{\theta_x - \theta_r}\right)s$	2，SWCC
Toll and Ong	$\left(\dfrac{S_r - S_{ra}}{S_{r1} - S_{r2}}\right)^k s$	2，SWCC
Alonso et al.	as	1
Sun et al.	$\dfrac{as}{s + a}$	1
Khalili and Khabbaz	$\left(\dfrac{s_{sa}}{s}\right)^r s$ or s	2
Sheng et al.	$s_{sa} + (s_{sa} + 1)\ln\dfrac{s + 1}{s_{sa} + 1}$ or s	1

注：① SWCC 指土水特征曲线的参数个数。

研究发现，基于本构模型临界状态的强度公式，可以很好地描述非饱和土的强度特性。但由于本构模型往往包含较多的参数，如果仅仅是针对强度问题而言，此方法较复杂。

众多抗剪强度方程本质上是相同的，不过是采取了不同形式的数学表达式和选用了不同的材料参数，这源于不同研究者考虑问题的方法和角度不同。各强度公式的预测性能多取决于其所用材料参数的取值和推导时参考的实验结果和采取的假定，各强度公式均只能对有限的某几种土的几组实验数据表现出很好的预测性，而对其他数据点预测性较差，目前还没有一个统一的抗剪强度公式能对已得所有抗剪强度数据均表现出很好的预测性；一般来说公式所含参数越多，对实验数据的拟合越灵活。

3. 高吸力下的强度方程

以上非饱和土强度公式主要针对较低吸力、毛细作用占优的情况，然而实践中非饱和土大都处于地表，尤其对于干旱及半干旱地区的土体，如我国黄土高原广泛分布的黄土，自然状态下土体的含水率较低，吸力较大，此时基质吸力的吸附作用将发挥主要作用。与毛细作用相比，吸附作用下土体中孔隙水的赋存形式、孔隙水和固相颗粒间的作用力及土体的组构均差异明显，这两部分吸力的作用机制不同，对土体宏观力学性质的影响也不同。

针对高吸力条件下的抗剪强度实验，不能再采用传统的轴平移技术，由于轴平移测量范围有限，因此常常采用饱和盐溶液蒸汽平衡法，通过测量和控制相对湿度和 Kelvin 公式来间接达到吸力的测量和控制。实验结果发现，高吸力作用土体的破坏会表现出明显的脆性特征，即峰值后强度迅速下降，变形也会表现出明显的剪胀，如图 14.8 所示。Patil（2017）研究了吸力对峰值的影响，如图 14.9 所示，吸力越大峰值强度与残余强度的差别就越大，表明土体表现出的脆性特性越明显。

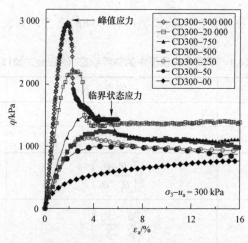

图 14.8　不同吸力作用下非饱和土的应力应变关系曲线（Patil，2017）

此时仅采用针对毛细作用建立的强度公式，难以描述高吸力下土的强度行为。为此徐筱等人（2018）建立了一个二元介质强度模型来描述全吸力作用下的强度。该模型假定实际土体中土－水相互作用是由理想毛细部分（只存在毛细作用）和理想吸附部分（只存在吸附作用）根据不同权重组合而成的。然后，对于理想毛细状态和理想吸附状态，分别给出了对应的抗剪强度公式。此时强度仍可用式（14.13）表示，但有

$$\tau_s = (1-\xi)c_a + \xi s S_r^e \tan \phi' \tag{14.17}$$

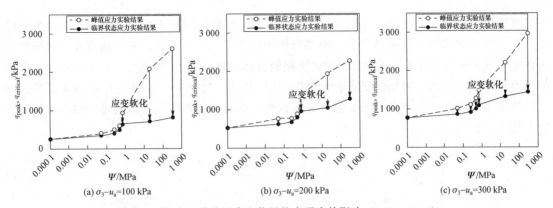

图 14.9　吸力对峰值强度和临界状态强度的影响（Patil, 2017）

式中，第一项 c_a 表示理想吸附状态的抗剪强度；第二项代表理想毛细状态的抗剪强度；ξ 为实际土体剪切破坏时，毛细作用对土体抗剪强度的分担比重，$0 < \xi < 1$；$1-\xi$ 为吸附作用的分担比重，可以表示为

$$\xi = \frac{1}{2}\left[1 + \mathrm{erf}\left(\frac{S_r - S_{r,c}}{\sqrt{2}\sigma_c}\right)\right] \tag{14.18}$$

式中，erf( ) 为误差函数；σ_c 为标准差（与饱和度量纲相同）。不同参数下参与函数的变化规律参考徐筱等人（2018），σ_c 可在 0.1 附近取值。

14.4.3　非饱和土拉剪强度理论

土体破坏可能基于不同的破坏模式，除了通常认为的剪切破坏，张裂破坏也是土体破坏失稳的重要原因。在实际工程中，张拉作用与剪切作用总是相伴存在，土体的拉伸破坏并不是孤立地由张拉作用引起，而是同时受到剪切作用的影响，其实质上为拉–剪耦合应力作用下的破坏。如边坡上部的拉剪耦合作用，土壤的干裂过程及垃圾填满场覆盖层的破坏过程等，经常出现拉–剪耦合应力作用下的土体破坏，因此土的拉剪耦合强度问题值得关注。

针对这一问题，研究人员提出了土的联合强度理论，经过多年的发展，取得了一些有益的研究成果，如 Griffith 强度准则、双曲线型联合强度准则和 Griffith–Mohr 强度准则等。联合强度准则大致分为两种：第一种为根据低围压下的剪切实验及抗拉实验资料，采用某一经验曲线描述其强度包线，比如 Haefdi（1951）、沈珠江（2000）、等；另一种为根据抗剪强度指标和单轴拉伸强度推导并建立其强度理论，比如 Bishop（1969）、Vesga（2009）等学者采用第二种方法建立了相应的联合强度理论和公式。但黏土联合强度理论存在一些问题：① 缺少对土体处于多向拉伸应力状态时的受力特点及强度特征的描述；② 未对三向拉伸强度与单轴拉伸强度进行区分，存在概念上的混淆；③ 主要基于三轴拉伸实验结果进行分析和讨论，而忽视了与三轴压缩应力状态相联系的拉剪耦合强度；④ 多数以压剪强度指标为基础建立强度公式，由于抗剪强度指标是以压剪强度实验拟合所得的强度指标，不适用于分析土的抗拉强度和拉剪耦合强度。

图 14.10 给出了不同应力状态下土体的包线。在三轴拉伸实验中，黏土试样在张拉破坏的过程中，随着围压的不断增大，轴向应力由拉应力减小变为压应力增大，试样也由张拉剪切破坏而逐渐转变为压缩剪切破坏，饱和黏土的抗剪强度在压–剪应力作用时符合莫尔–库

仑强度准则。然而在低压应力和受拉区，莫尔-库仑强度包线已不能准确地描述土体强度特征，此时将强度破坏包线划分为拉-剪耦合作用区与压-剪作用区，分别建立拉-剪耦合应力作用和压-剪应力作用下的破坏函数，完整的破坏包线如图 14.10 所示。拉-剪耦合作用区的强度破坏包线与剪应力轴的交点为无侧限抗剪强度 τ_0，并与压-剪作用区的强度破坏包线在单轴压缩破坏点 σ_b 处光滑连接。强度破坏包线与单轴拉伸破坏莫尔圆相切于破坏点 σ'_t，张拉剪切内摩擦角为 α。

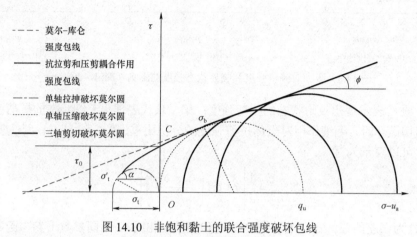

图 14.10　非饱和黏土的联合强度破坏包线

采用二次曲线函数描述拉-剪耦合作用区的强度破坏包线，建立其表达式为

$$\sigma - u_a = A\tau^2 + B\tau + C \tag{14.19}$$

式中，A, B, C 为材料参数。利用单轴压缩破坏点 σ_b 和单轴拉伸破坏点 σ'_t 可以确定参数的取值。

对于压剪强度准则仍采用莫尔-库仑形式，两破坏包线在破坏点 σ_b 处光滑连接，此时利用式（14.19）和联合强度理论可以表示为

$$\begin{cases} \sigma - u_a = A\tau^2 + B\tau + C, & \sigma < \sigma_b \\ \tau = (\sigma - u_a)\tan\phi' + c, & \sigma \geqslant \sigma_b \end{cases} \tag{14.20}$$

基于非饱和黏土压剪强度模型，考虑到拉剪耦合强度作用机制，得到了非饱和黏土的拉-剪和压-剪联合强度模型。图 14.11 对比了不同联合强度模型，可以看到拉-剪和压-剪联合强度模型能够准确地描述非饱和黏土的拉剪耦合强度及压剪强度特征。

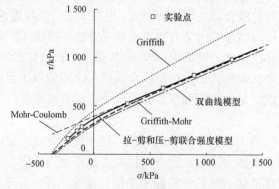

图 14.11　不同联合模型的预测结果（孔小昂，2018）

14.4.4 非饱和土强度理论的应用

自然界的地基土体大多以非饱和形态存在，土颗粒性质、土颗粒孔隙间水气含量的不同都会导致土体的性质各异。工程结构的安全性取决于底层非饱和土的强度，重要的是量化非饱和土壤的抗剪强度，并且能够量化由于水渗入土壤而可能发生的抗剪强度变化。非饱和土的强度公式可以用下式统一表示，即

$$\tau = (\sigma - u_a)\tan\phi' + c \qquad (14.21)$$

式中，c 是总黏聚力，对于不同的强度公式有不同的表述，$c = c' + \tau_s$。

类似于饱和土，可将非饱和土的强度理论应用到在土压力、地基承载力和边坡稳定性问题中。

1. 极限平衡条件

非饱和土的强度包线在净应力和剪应力的坐标空间中的形式，类似于饱和土库仑公式包线，仍然是用直线表示。区别在于纵坐标的截距不仅仅是饱和土的黏聚力，而且包含了吸力的影响。当莫尔圆与强度包线相切，即达到极限平衡状态，利用该条件可以得到非饱和土在极限平衡条件下的关系。

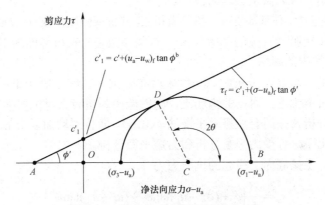

图 14.12　非饱和土的极限平衡态条件

$$\sin\phi' = \frac{\left[(\sigma_1 - u_a) - (\sigma_3 - u_a)\right]/2}{\left[(\sigma_1 - u_a) + (\sigma_3 - u_a)\right]/2 + c\cot\phi'} \qquad (14.22)$$

经过三角变换，可以得到如下关系

$$(\sigma_1 - u_a) = (\sigma_3 - u_a)\tan\left(45° + \frac{\phi'}{2}\right)^2 + 2c\tan\left(45° + \frac{\phi'}{2}\right) \qquad (14.23)$$

$$(\sigma_3 - u_a) = (\sigma_1 - u_a)\tan\left(45° - \frac{\phi'}{2}\right)^2 - 2c\tan\left(45° - \frac{\phi'}{2}\right) \qquad (14.24)$$

式（14.23）和式（14.24）从形式上看与饱和土类似，但要注意其中黏聚力与强度方程中吸力项 τ_s 相关。

将极限平衡条件下的式（14.23）和式（14.24）应用于郎肯土压力理论中，可以得到非饱和土土压力的计算公式。

对于主动土压力，采用式（14.24）计算，其主动土压力系数为

$$K_a = \tan\left(45° - \frac{\phi'}{2}\right)^2$$

对于被动土压力，采用式（14.23）计算，被动土压力系数为

$$K_p = \tan\left(45° + \frac{\phi'}{2}\right)^2$$

系数的计算方法与饱和土相同，但此时需要考虑吸力的影响，必须给出吸力随高度的分布情况，才能确定土压力的大小。

2. 在地基承载力中的应用

根据 Terzaighi 承载力理论，地基的总极限承载力可所示为

$$q_f = \frac{1}{2}\rho g B N_\gamma + c N_c + \rho g D_f N_q \tag{14.25}$$

式中，B 为基础宽度；c 为黏聚力；D_f 为基底埋深；N_γ、N_c、N_q 为无量纲系数，是关于内摩擦角的函数。

非饱和土的地基承载力可以看作是饱和土土力学的衍生，最重要的是应用于非饱和土时对抗剪强度参数和基质吸力做出合理的估计。

在应力状态变量法中，具有基质吸力的非饱和土，其抗剪强度参数有三项：有效内摩擦角 ϕ'、有效黏聚力 c'、与基质吸力有关的摩擦角 ϕ^b，这些参数建立在破坏面为平面的假设基础上。

3. 在边坡稳定性中的应用

在进行饱和土的边坡稳定分析时，一般采用有效抗剪强度参数（即 c' 和 ϕ'），而忽略基质吸力提供的部分抗剪强度；对于非饱和土，则需考虑基质吸力对抗剪强度的影响。

边坡的稳定性分析常采用普遍极限平衡法（GLE），即将滑动面以上的土体分为若干个竖向土体，对每一个土条进行受力平衡分析和力矩平衡分析。

对于非饱和土，土条底面上引起的抗剪力为

$$s_m = \frac{\beta}{F}\left\{c' + (\sigma_n - u_a)\tan\phi' + (u_a - u_w)\tan\phi^b\right\} \tag{14.26}$$

式中，β 为土条底面的斜向长度；F 为安全系数；c' 为有效黏聚力；$\sigma - u_a$ 为净正应力；$u_a - u_w$ 为基质吸力；ϕ' 为与净正应力状态变量相关的内摩擦角；ϕ^b 为与基质吸力相关的内摩擦角。

可以将基质吸力看作土的黏聚力的一部分，即土的总黏聚力 $c = c' + (u_a - u_w)\tan\phi^b$，作用于土条底面的抗剪力可写为

$$s_m = \frac{\beta}{F}\left\{c + (\sigma_n - u_a)\tan\phi'\right\} \tag{14.27}$$

使用这种方法，抗剪强度公式可以保留与饱和土一样的传统形式，因而可以利用饱和土的计算机程序求解非饱和土问题。

对于典型的非饱和土，如膨胀土、黄土、残积土等，进行侧向土压力分析、地基承载力分析、边坡稳定性分析时，使用非饱和土理论能够提供可靠的依据，得到更为准确的成果。

14.5 非饱和土的变形理论

非饱和土的变形必然受到含水量和吸力的影响。

研究应力与渗流作用下土体的行为，是土力学的最基本的问题。Terzaghi 最早研究了饱和多孔介质中流体流动和固体变形之间的耦合现象，提出饱和土体的有效应力原理，并建立了饱和土体一维固结理论，标志着土力学这一学科的诞生。Biot（1941）从连续介质力学的基本方程出发，根据弹性理论建立了较为完善的可以反映孔压消散与骨架变形相互关系的三维固结理论。Fredlund（1979）提出了非饱和土一维固结理论，随后又给出了非饱和土三维固结方程。

14.5.1 非饱和土的体积变形特性

土的体积变化对土的性质和行为影响的重要性，土体积的变化对于土体结构及抗剪刚度和强度的变化具有重要影响，是土力学研究的重要内容之一。对于非饱和土来说，由于吸力变化引发的大规模体积变化会对基础和上部结构造成严重破坏。同时，体积变化方程也是研究非饱和土的屈服应力–吸力、剪切强度–吸力关系的基础。与饱和土理论类似，要建立非饱和土的本构联系首先也必须对土的体积变化这一规律有所了解。

1. 体积变形计算

对于饱和土，正常固结土在各向同性压缩条件下的方程可以表示为

$$v = N - \lambda \ln p' \tag{14.28}$$

与饱和土类似，非饱和土正常固结线的方程，由于其有效应力的选择不同，形式也有所不同。采用双应力变量作为有效应力，非饱和土压缩方程表示为

$$v = N - \lambda_{\mathrm{vp}} \ln \overline{p} - \lambda_{\mathrm{vs}} \ln\left(\frac{s + u_{\mathrm{a}}}{u_{\mathrm{a}}}\right) \tag{14.29}$$

图 14.13 为非饱和土压缩系数随饱和度变化规律。

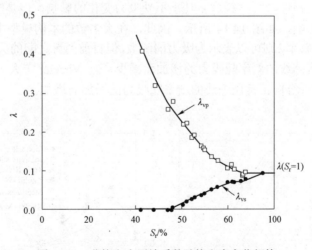

图 14.13 非饱和土压缩系数随饱和度变化规律

式（14.29）最主要的优点是将因应力和吸力产生的压缩变形进行分离，这不但为模拟土的性质提供了极大的灵活性，同时也有来自实验数据的支持。非饱和土的这两种压缩性指标 λ_{vp}、λ_{vs} 具有完全不同的性质，一方面，吸力压缩系数 λ_{vs} 随饱和度的降低而降低；另一方面，应力压缩系数 λ_{vp} 随吸力的增大而增加，这在具有高压缩性大孔隙（聚集体间孔隙）的压实土中表现尤为突出。

采用 Bishop 应力作为有效应力，非饱和土压缩方程表示为

$$v = N - \lambda_{vp} \ln \tilde{p} = N - \lambda_{vp} \ln \bar{p} - \lambda_{vp} \ln(\chi s) \qquad (14.30)$$

非饱和土的体积变形主要由外荷载和吸力两部分作用引起。在外荷载增加的情况下，土骨架间作用力增大，发生弹性压缩变形。随着外荷载的逐渐增加，土颗粒之间发生滑移的可能性增大，进而引发土体塑性变形的发生。在外荷载减小的情况下，土骨架发生弹性回弹变形。外荷载引起的土体变形特性与饱和土类似，通过应力压缩系数 λ_{vp} 进行表征，区别在于应力压缩系数会随饱和度的减小而减小。说明水力特性的变化会改变土体的应力压缩性。

除了外荷载，吸力或含水量的变化同样也会导致土体发生变形，这种变化要比外荷载作用更加复杂。随着含水量的降低，土-水相互作用增强，引起土颗粒间接触应力增大。若此时土颗粒间接触应力小于土体的先期固结压力，则引发土体的弹性压缩变形；若此时土颗粒间接触应力大于先期固结压力值，则土骨架在孔隙水的干化过程中将发生塑性压缩变形。随着含水量增加，土-水相互作用逐渐减弱，土颗粒间接触应力减小，土体发生弹性回弹行为。但值得注意的是，湿化过程中，由土-水相互作用的减弱也会导致土体的结构性减弱，这种弱化会使得土体的屈服应力降低，进而使得土体更容易发生屈服，引发土体发生塑性湿陷行为。干湿循环过程也会引发土体发生变形行为，干化过程土骨架塑性变形的发生以及湿化过程中湿陷的发生仍然由上述条件决定。

根据式（14.30）可以求得增量关系

$$dv = -\lambda_{vp} \frac{d\bar{p}}{\bar{p}} - \lambda_{vs} \frac{ds}{s} \qquad (14.31)$$

根据非饱和土常吸力实验结果，发现非饱和土的压缩系数 λ_{vp} 受到吸力的影响。非饱和土在控制吸力条件下等向加载，土体变形会表现出明显的弹塑性，实验结果绘制在 $v - \ln \bar{p}$ 平面内为双线性的直线。弹性阶段，斜率 κ 几乎不受吸力变化的影响，但是塑性阶段的斜率 λ 则明显地受到吸力的影响，如图 14.14 所示。因此，在大多数的本构模型中，弹性斜率 κ 都假设为常数，弹塑性的斜率 λ 则可以表示为吸力的函数，但目前两者之间的关系并不唯一。Alonso 等给出的等向正常压缩线的斜率随吸力的增加而减少，但 Wheeler 等人（1995）和 Chiu 等人（2003）的数据却支持等向正常压缩线的斜率随吸力的增加而增加。

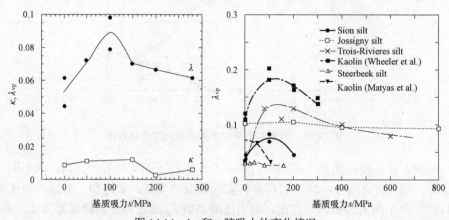

图 14.14 λ_{vp} 和 κ 随吸力的变化情况

2. 先期固结压力

应力历史对于饱和土的行为有重要影响,饱和土可以用超固结比来表征应力历史的影响,然而在非饱和土中超固结的定义却不是特别明确。关于饱和土超固结比的定义在第 8 章有详细论述,可以利用式(8.4)来表征,即先期固结压力除以当前应力,这里的应力指的都是有效应力。但要给出非饱和土超固结比并不简单,这其中的困难在于非饱和土的先期固结压力如何定义。对于饱和土,先期固结压力指的是其历史上受到的最大有效应力,而非饱和土的有效应力并不唯一,并且与水力历史密切相关,因此要确定非饱和土历史上的最大有效应力存在困难。14.3 节对非饱和土有效应力进行了论述,可以看到吸力是其中一个重要的量,它受环境影响变化非常大。如果采用 Bishop 形式的应力来描述,那么显然由于吸力可以不断改变其历史最大值难以确定。因此对非饱和土的行为研究,一般把应力历史和吸力历史分开讨论,而先期固结压力或超固结比主要用于体现应力历史的影响。

Fredlund 和 Rahardjo(1993)给出的非饱和土先期固结压力定义如下:土体达到平衡时,历史上受到的最大压力(the preconsolidation pressure refers to the maximum applied stress to which the soil has come to equilibrium in its history)。在各向同性应力状态下,先期固结压力就是土的屈服应力。非饱和土的先期固结压力受到吸力的影响,由于弯液面的毛细作用,使得吸力可以通过表面张力在土颗粒连接处提供附加的联结力,由此提高了屈服应力。吸力对屈服应力的影响表现在吸力对先期固结压力影响上,通常也称为吸力硬化效应。

Alonso 等人提出的加载湿化屈服曲线(loading-collapse yield curve,LC 屈服线)描述了非饱和土的屈服应力随吸力的变化情况,其表达式为

$$\frac{p_c(s)}{p_o} = \left(\frac{p_c(0)}{p_o}\right)^{[\lambda(0)-\kappa/\lambda(s)-\kappa]} \tag{14.32}$$

式(14.32)反映了屈服应力随吸力增大而增大的特点,是目前使用比较广泛的一个形式。式中 $p_c(s)$ 是吸力为 s 时的屈服应力;p_o 为参考应力,是指从非饱和状态浸湿到饱和状态时的净平均应力; $p_c(0)$ 是饱和条件下的先期固结压力,它与体积应变硬化有关: $p_c(0) = \exp\left[v_c\varepsilon_v^p/(\lambda(0)-\kappa)\right]$。当 $p_o = p_c(0)$ 时,LC 曲线为一条竖直线。Wheeler 等人(2002)对 LC 屈服面的形式进行了研究,认为这一假设并不完全成立,并举例说明了可能存在不是直线的情形。此外他们还指出实验确定 p_o 非常困难,故 Wheeler(1995)用大气压替换了 p_o 推导得到了一个 LC 屈服面。

Sheng 等人(2008)基于双应力变量提出了 SFG 模型,对屈服应力随吸力如何变化进行了探讨。他们指出对于饱和土在平面 $s-\bar{p}$ 内的屈服线应该是一条 45 度的斜线,当土体从饱和状态变到非饱和状态时,LC 曲线将偏离 45 度线,而这种偏离应该是光滑连续的过渡,而不是像 BBM 模型给出的 LC 曲线那样,BBM 模型中的 LC 屈服实际上属于后继屈服面。在他们的模型中,对于从未发生超固结的土样,屈服应力将会先随吸力的增加而减小,而对于压实土样其屈服应力则可能随吸力增加而增加。

Loret 和 Khalili(2000)指出,通常有两种做法来考虑吸力对先期固结压力的影响:一种是将吸力的影响与体积硬化作用两者耦合在一起,即在原本的硬化函数基础上乘以一个受吸力影响的系数;另一种方法是将吸力的影响与体应变硬化的作用解耦分别考虑,认为吸力对土体应变硬化有一个附加作用,总的硬化函数等于两者之和。这两种作用的耦合与否主要取决于材料自身的性质,他利用一些实验结果,假设了一个同时包含以上两种情况的先期固结压的表达式,即

$$p_c = p_{c0} \exp(\xi X) p_{cm}(s) + p_{ca}(s) \qquad (14.33)$$

式中，p_{c0} 是饱和土初始屈服应力，X 是硬化参数，$p_{cm}(s)=1$ 表示体应变硬化与吸力影响之间是解耦的，$p_{ca}(s)=1$ 表示体应变硬化与吸力影响是耦合的，见图 14.15。

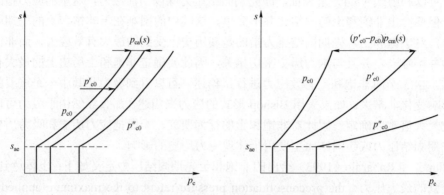

图 14.15　吸力对先期固结压力的影响

在含水量发生单调变化时，基于 LC 曲线的本构模型能够很好地描述非饱和土的变形及强度特性。但从已有的研究发现，LC 曲线大多通过基质吸力的大小来反映土体在塑性变形中的非饱和效应，而没有考虑饱和度的影响，因此无法有效地用来描述土体在饱和与非饱和状态转换时的力学特性。式（14.33）的好处就是可以通过选择合适的硬化参数，把饱和度等对硬化的影响考虑进来。

对于采用双应力变量的模型，LC 屈服函数形式通常都是高度非线性形式，比较复杂，比如 BBM 模型、SFG 模型等；对于采用较复杂的应力状态变量，如广义有效应力时，屈服面形式可以简单表示为线性，如 Wheeler 等人（2003）等。当然，为了考虑更多更复杂的情况，也有模型采用了复杂的应力变量的同时选择了较为复杂的 LC 函数。在建立模型的时候应当根据具体的问题来选择适当的应力变量和硬化参数，来正确地反映先期固结压力在不同应力条件下的变化情况。

14.5.2　非饱和土的 BBM 模型简介

非饱和土力学发展的核心问题之一就是本构关系问题。Roscoe 等人建立了饱和土的临界状态弹塑性模型以后，如何把它拓广到非饱和土中去，一直困扰着土力学的研究者们。1990年，Alonso 等开展了非饱和细粒土的常规三轴实验，根据实验结果总结出不同吸力作用下非饱和土体积变化与应力的规律，并将此规律与修正的剑桥模型结合起来，在弹塑性力学和临界状态土力学框架内提出了一个统一的弹塑性本构模型——Barcelona Basic Model，这是描述非饱和土应力应变关系的第一个得到广泛认可的本构模型，被称为 BBM 模型。

1. 应力状态变量与弹性关系
BBM 模型采用的是双应力变量，即

$$\bar{p} = p - u_a \qquad (14.34)$$

$$s = u_a - u_w \qquad (14.35)$$

式中，$\bar{p}$ 为平均净应力，s 为吸力。

土体弹性变形分别由上述两个应力引起，可以表示为

$$d\varepsilon_v^e = \frac{\kappa}{v}\frac{d\overline{p}}{\overline{p}} + \frac{\kappa_s}{v}\frac{ds}{p_{at}} \tag{14.36}$$

式中，$d\varepsilon_v^e$ 表示弹性体应变增量，κ 为弹性参数，κ_s 为吸力相关的弹性参数，p_{at} 表示大气压强，即 101 kPa。

2. 加载湿陷屈服面

BBM 模型最大的贡献在于其提出了加载湿陷屈服面的概念，给出了屈服应力随吸力的变化关系。屈服面形式如图 14.16（b）所示，利用体积变化关系，可以推导出屈服面的具体表达式。考虑图 14.16（a）中从点 A 到点 C 的体积变化情况，点 A 位于吸力为 s 的正常固结线上，当前应力为 p_c。保持吸力不变卸载至点 B，此时应力为 p_{co}，随后保持应力不变改变吸力使其从点 B 变为点 C。在这一过程中总的体积满足如下关系

$$v_C = v_A + \Delta v_p + \Delta v_s \tag{14.37}$$

其中 Δv_p 表示吸力不变的情况下从点 A 至点 B 卸载产生的体变，Δv_s 表示应力不变的情况下从点 B 到点 C 湿化产生的体变。

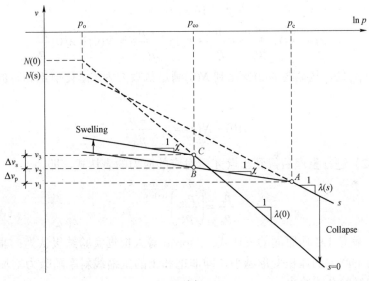

(a) v–$\ln p$ 空间

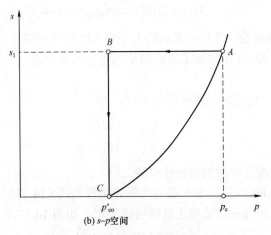

(b) s–p 空间

图 14.16　加载湿陷屈服面

对于等向加载时，正常固结线可用类似于式（14.28）的方程计算，此时有

$$v_A = N(s) - \lambda(s)\ln\frac{p_c}{p_o} \tag{14.38}$$

$$v_C = N(0) - \lambda(0)\ln\frac{p_{co}}{p_o} \tag{14.39}$$

式中，p_{co} 是饱和土的先期固结压力；p_o 是处于某一状态下的平均净应力，在该状态下，非饱和土样在湿化过程中，只产生弹性变形。

由点 A 卸载到点 B，利用式（14.36）可计算出此时土体发生弹性变形增量为

$$\Delta v_p = \kappa\ln\frac{p_c}{p_{co}} \tag{14.40}$$

由点 B 湿化到点 C，利用式（14.36）可计算出此时土体发生弹性变形增量为

$$\Delta v_s = \kappa_s\ln\frac{s + p_{at}}{p_{at}} \tag{14.41}$$

将式（14.38）～式（14.41）代入式（14.37），有

$$N(s) - \lambda(s)\ln\frac{p_c}{p_o} + \kappa\frac{p_c}{p_{co}} + \kappa_s\ln\frac{s + p_{at}}{p_{at}} = N(0) - \lambda(0)\frac{p_{co}}{p_o} \tag{14.42}$$

在参考应力 p_o 处，从截距 $N(s)$ 变化到 $N(0)$ 满足从吸力为 s 湿化值饱和时的体积变化，可以表示为

$$N(0) - N(s) = \kappa_s\frac{s + p_{at}}{p_{at}} \tag{14.43}$$

对式（14.42）进行整理后得到，点 A 所对应的应力的表达式，即

$$\frac{p_c}{p_o} = \left(\frac{p_{co}}{p_o}\right)^{\frac{\lambda(0)-\kappa}{\lambda(s)-\kappa_s}} \tag{14.44}$$

式（14.44）就是 LC 屈服面的表达式。Alonso 等人根据实验结果认为：非饱和土中吸力越大，同样压力下产生的体积变形越小，即非饱和土的压缩线斜率随吸力增加逐渐降低，斜率变化由下面的经验公式给出

$$\lambda(s) = \lambda(0)\big[(1-r)\exp(-\beta s) + r\big] \tag{14.45}$$

式中，r 和 β 均为材料参数，其中 r 表示吸力无穷大时的压缩斜率与饱和土压缩斜率的比值，与压缩斜率最小值有关；而 β 控制了压缩斜率随吸力减小程度。

3. 硬化法则

对 LC 屈服面，其硬化法则与剑桥模型相同，即

$$\frac{dp_{co}}{p_{co}} = \frac{v\,d\varepsilon_{vp}^p}{\lambda(0) - \kappa} \tag{14.46}$$

式中，$d\varepsilon_{vp}^p$ 为净应力改变产生的塑性体应变。

除了 LC 屈服面，Alonso 等提出了吸力的屈服条件为式（14.47），并将其称为吸力增加（SI）屈服面。其屈服应力的确定方法与正常固结线类似，如图 14.17 所示，此时屈服应力为

$$s = s_c = \text{constant} \tag{14.47}$$

当 $s < s_c$ 时只有弹性变形，此时体变可用式（14.36）计算。当非饱和土的吸力达到 s_c 时，将产生不可恢复的塑性变形，其含义与 p_c 相似。此时由吸力产生的变形可以表示为

$$d\varepsilon_v = \frac{\lambda_s}{v} \frac{ds}{s + p_{at}}$$ （14.48）

式中，λ_s 是在 $v - \ln s$ 空间中，屈服后曲线的斜率，类似于 $v - p$ 空间中的正常固结线斜率。

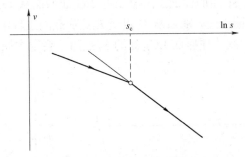

图 14.17 吸力空间中的屈服应力

当净应力不变，吸力改变引起的塑性变形，进而引起 SI 屈服面的移动，其硬化法则为

$$\frac{ds_c}{s_c + p_{at}} = \frac{vd\varepsilon_{vs}^p}{\lambda(s) - \kappa_s}$$ （14.49）

式中，$d\varepsilon_{vs}^p$ 为吸力改变产生的塑性体应变。

式（14.46）和式（14.49）给出的硬化法则并没有考虑两者的耦合。总的塑性体应变应当包含两部分，即

$$d\varepsilon_v^p = d\varepsilon_{vp}^p + d\varepsilon_{vs}^p$$ （14.50）

如果在硬化方程中采用总塑性体应变，那么两个屈服面将建立联系，因此 BBM 模型采用的硬化法则为

$$\frac{dp_{co}}{p_{co}} = \frac{vd\varepsilon_v^p}{\lambda(0) - \kappa}$$ （14.51）

$$\frac{ds_c}{s_c + p_{at}} = \frac{vd\varepsilon_v^p}{\lambda(s) - \kappa_s}$$ （14.52）

根据该硬化法则可知，净应力变化产生的塑性变形使得 $d\varepsilon_v^p > 0$，会引起式（14.51）中屈服应力 p_{co} 增加，表现为 LC 屈服面向右移动。类似地，吸力的变化也会产生的塑性变形，使得 $d\varepsilon_v^p > 0$，引起式（14.49）中屈服应力 s_c 增加，进而引起 SI 屈服面向上移动。不仅如此，两个屈服面之间还会相互影响，在控制净应力不变、增加吸力的条件下，当吸力增加达到屈服应力 s_c，土体将发生塑性变形 $d\varepsilon_{vs}^p$，此时 $d\varepsilon_v^p = d\varepsilon_{vs}^p$，根据硬化法则，即式（14.51）可知，此时不仅 s_c 会增大，p_{co} 也会增加，SI 屈服面的上移带动了 LC 屈服面向外移动。在控制吸力不变增加净应力的条件下，当净应力增加达到屈服应力 p_{co}，土体将发生塑性变形 $d\varepsilon_{vp}^p$，此时 $d\varepsilon_v^p = d\varepsilon_{vp}^p$，根据硬化法则即式（14.52）可知，此时不仅 p_{co} 会增大，s_c 也会增加，LC 屈服面的外移的同时也将带动了 SI 屈服面向上移动。

LC 和 SI 屈服面的耦合可以利用图 14.18 来说明，该图是 Alonso 等人（1990）的论文中给出的一个例子。图中给出了两个应力路径，初始均位于 A 点并处于饱和状态，初始屈服面

由 LC_i 和 SI_i 组成。一个应力路径是饱和加载路径，即 A 点到 B 点；另一个应力路径是从 A 点控制净应力不变，经历干燥至 C 点后湿化至 D 点，再控制吸力不变由 D 点加载至 E 点，体变结果如图 14.18（b）所示。从 A 点到 B 点加载过程中，在到达初始 LC_i 屈服面的 Y_1 点后，开始出现塑性变形，此时 LC 屈服面随着加载不断向右移动直至 LC_B 位置。应力路径 $ACDE$ 要更加复杂，从 A 点开始增加吸力，至 SI_i 线出现屈服到 C 点过程中，屈服面不断上移由 SI_i 变为 SI_C。在这一过程中，SI 屈服面的上移会引起 LC 屈服面从 LC_i 向外移动至 LC_D。从 C 点到 D 点湿化过程中屈服面不变，随后从 D 点至 E 点加载的过程中，由于 LC 屈服面发生了移动，此时屈服应力增大，到达屈服面 LC_D 处的 Y_2 点后才会发生屈服，随后屈服面向外移动至 LC_E。

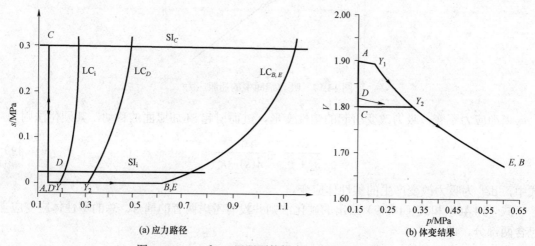

(a) 应力路径　　　　　　　　　　　　　　　　(b) 体变结果

图 14.18　LC 和 SI 屈服面的耦合（Alonso，1990）

4. 三维应力下的模型表述

在（$\bar{p}$，q）平面内的 BBM 模型的屈服轨迹采用修正剑桥模型。

对饱和土，方程为

$$M^2 p(p - p_{co}) + q^2 = 0 \qquad (14.53)$$

对非饱和土，方程为

$$M^2(\bar{p} + p_s)(\bar{p} - p_c) + q^2 = 0 \qquad (14.54)$$

式中，p_s 表征了吸力对土体凝聚力的贡献，可以表示为

$$p_s = ks \qquad (14.55)$$

在三维空间中的屈服面如图 14.19 所示，在 $\bar{p} - q$ 空间中的投影仍然为椭圆的形式，考虑吸力影响后，土体可以承受一定的拉力，此时的屈服面端点位于原点左侧。

最后只要再利用流动法则，即可得到弹塑性的增量方程。BBM 模型采用了非关联流动法则，即

$$\mathrm{d}\varepsilon_{vp}^p = \mu_1 \qquad (14.56)$$

$$\mathrm{d}\varepsilon_s^p = \mu_1 \frac{2q\alpha}{M^2(2p + p_s - p_{co})} \qquad (14.57)$$

$$\mathrm{d}\varepsilon_{vs}^p = \mu_2 \qquad (14.58)$$

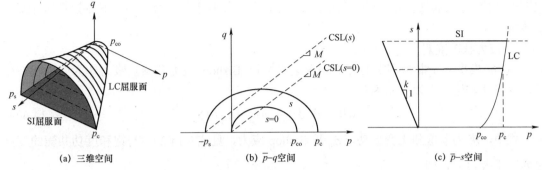

图 14.19　BBM 模型屈服面（Alonso，1990）

式中，

$$\alpha = \frac{M(M-9)(M-3)}{9(6-M)} \frac{1}{1-\kappa/\lambda(0)}$$ （14.59）

利用一致性条件求出 μ_1 和 μ_2，最后可得到增量本构方程。

5. 模型优缺点

BBM 模型是非饱和土的第一个完整的本构模型，对非饱和土的发展产生了巨大的影响，模型提出了加载湿陷屈服面的概念，它描述了非饱和土的屈服应力如何随吸力而变化，使得模型可预测非饱和土的最重要的变形特性——湿陷。LC 屈服面的成功应用使得它成为非饱和土模型的一个重要部分并被广大的研究者所认可。在该模型的影响下，20 世纪 90 年代以后非饱和土弹塑性本构模型的研究已经成为土力学的热点之一。

该模型的优点有：

① 为从总体上认识和理解非饱和土的不同性质和特性提供了一个一致的理论框架；

② 有助于确定非饱和土的基本参数以及控制非饱和土行为的参考状态；

③ 为进一步发展描述更加复杂现象的本构模型提供理论基础；

④ 为用于工程实际问题的数值分析方法提供理论模型和本构方程。

该模型的局限性有以下几点。

① 模型中不含有饱和度 S_r 或含水量 w，没有考虑前期饱和度或含水量变化历史的影响。

② BBM 模型中，LC 和 SI 是两条独立的屈服线，耦合关系不是很明确。而且在屈服面的交点处存在角点，为数值计算带来了困难。有学者针对这一问题，将其修正为光滑的屈服面。

③ 无法有效地用来描述土体在饱和与非饱和状态转换时的力学特性。

④ 无法考虑土体的初始结构、沉积历史、吸力循环下的滞水特性等复杂因素的影响。

⑤ 无法反映泥浆土在干燥时发生的塑性变形现象。

14.5.3　非饱和土 GCM 模型简介

Wheeler 等人（2000）提出了一个水 – 力耦合非饱和土模型，即 Glasgow Coupled Model，简称 GCM 模型。BBM 模型的一个最大的问题在于无法体现饱和度的影响，而 GCM 模型可以认为是最早考虑了饱和度影响，并实现了水力和力学耦合的非饱和土模型。

GCM 模型考虑非饱和土中的两种弹塑性机制：应力作用下土骨架的弹塑性变形和孔隙水变化导致的饱和土弹塑性变化。前者将土颗粒和团聚体的变形视为弹性变形，而将土颗粒或团聚体接触面之间的滑动视为塑性变形，并且考虑了两者的耦合作用。下面就具体介绍一下该模型。

1. 应力状态变量

GCM 模型基于非饱和土的变形功表达式选择 Bishop 应力和修正吸力作为应力状态变量，变形功表达式可以表示为

$$dW = \tilde{\sigma}_{ij} d\varepsilon_{ij} - n(u_a - u_w) dS_r \quad (14.60)$$

式中，W 为非饱和土变形功，$\tilde{\sigma}_{ij}$ 是 Bishop 应力，见式（14.2）。与饱和度功共轭的变量称为修正吸力 s^*，即

$$s^* = ns = n(u_a - u_w) \quad (14.61)$$

应力加载引起的弹性变形可以表示为

$$d\varepsilon_v^e = \frac{\kappa}{v} \frac{d\tilde{p}}{\tilde{p}} \quad (14.62)$$

饱和度的弹性变形可以表示为

$$dS_r^e = -\frac{\kappa_s ds^*}{s^*} \quad (14.63)$$

2. 屈服曲线

GCM 模型中包含两种弹塑性机制，类似骨架变形，饱和度的变化也分为可恢复与不可恢复两部分，通过 SI 和 SD 屈服曲线来进行区分。如图 14.20 所示，当土体沿着湿化或干燥路径的边界线变化时，饱和度发生塑性变化。当土体状态曲线在干燥或湿化路径的扫描线变化时，仅发生水－气接触面的移动，此时饱和度发生的是弹性变化。

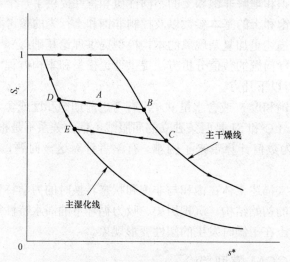

图 14.20　饱和度的弹塑性变化

GCM 模型的屈服曲线包括加载湿陷屈服线（LC 线）、吸力增加屈服线（SD 线）和吸力减小屈服线（SI 线）。其中 LC 屈服线在 $\tilde{p}:s^*$ 平面内是一条垂直的直线，见图 14.21。SI 和 SD 屈服曲线在 $\tilde{p}:s^*$ 平面内是两条水平线，见图 14.22。这两个屈服面之间并不是独立的，而是存在相互影响，通过这种影响实现力的作用与水的作用的耦合。

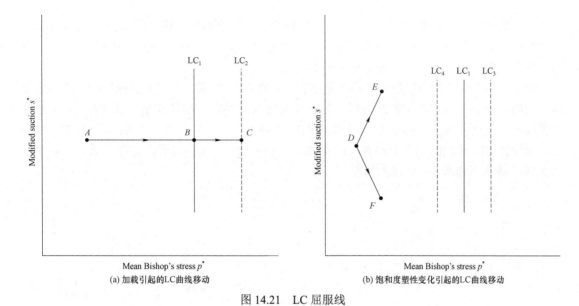

(a) 加载引起的LC曲线移动　　(b) 饱和度塑性变化引起的LC曲线移动

图 14.21　LC 屈服线

图 14.21 给出了 LC 屈服线的演化，对于加载路径 ABC（图 14.21（a）），屈服曲线的初始位置为 LC_1，加载至 B 点时，土体发生屈服，土中将发生塑性体应变，此时屈服曲线由 LC_1 移动到 LC_2。对于干燥路径 DE（图 14.21（b）），在排水过程中，饱和度减小，弯液面数量开始增加，土体稳定性也增强，此时土骨架不易屈服，饱和度出现不可恢复的减小。尽管此时应力路径尚未到达初始 LC 屈服线，但是 SI 屈服仍会带动 LC 曲线发生向外移动，由 LC_1 移动到 LC_3；相反地，对于等应力湿化路径 DF，饱和度发生塑性增加，土体稳定性降低，SD 屈服会带动 LC 曲线向内移动，由 LC_1 移动到 LC_4。DE 路径只有出现塑性变形后才会诱发屈服面的耦合。

图 14.22 给出了 SI 和 SD 屈服线的演化。对于干燥路径 ABC（图 14.22（a）），排水干燥过程使得饱和度在 B 点出现了不可恢复的改变，此时将促使 SI 屈服线向上移动，由 SI_1 移动到 SI_2，同时带动 SD 曲线上移，由 SD_1 到 SD_2。对于加载路径 AH（图 14.22（b）），加载过

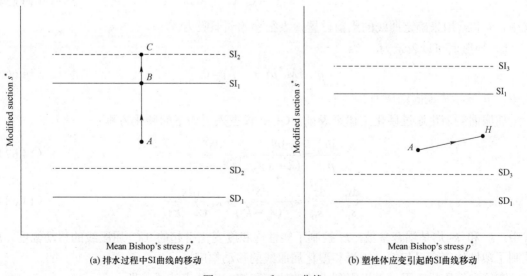

(a) 排水过程中SI曲线的移动　　(b) 塑性体应变引起的SI曲线移动

图 14.22　SI 和 SD 曲线

程如果出现塑性体积应变，LC 屈服线将向外移动。尽管此时应力路径尚未到达 SI 屈服面，但 LC 屈服仍会带动 SI 和 SD 曲线耦合上移，即由 SI₁ 移动到 SI₃、SD₁ 移动到 SD₃。*AH* 路径只有发生塑性变形，才会诱发屈服面的耦合。

图 14.23 给出了 GCM 模型在不同应力空间中的 LC、SI 和 SD 屈服曲线，在三条屈服曲线包围的矩形范围内仅发生弹性变形。各种屈服曲线的耦合运动是该模型的关键，LC 曲线的屈服产生塑性体应变，会导致 SI 和 SD 曲线的耦合上移。SI 曲线的屈服导致 S_r 的塑性降低，会导致 SD 曲线的耦合上移和 LC 曲线的外移。SD 曲线的屈服，S_r 塑性增加，会导致 SI 曲线的耦合下移和 LC 曲线的内移。

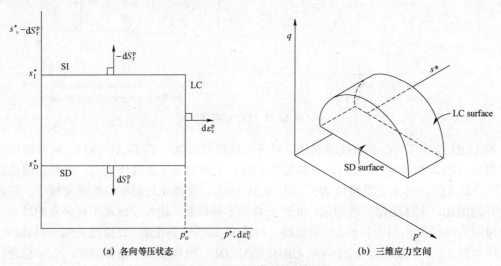

(a) 各向等压状态 　　　　　　　　　(b) 三维应力空间

图 14.23　GCM 模型的屈服面

3. 本构方程

SD 和 SI 屈服曲线可以表示为

$$s^* = s_I^*\tag{14.64}$$

$$s^* = s_D^*\tag{14.65}$$

式中，s_I^* 和 s_D^* 用来确定曲线的当前位置，表征初始屈服吸力。

LC 屈服面可以表示为

$$q^2 - M^2 \tilde{p}(\tilde{p}_c - \tilde{p}) = 0\tag{14.66}$$

式中，$\tilde{p}_c$ 表示先期固结压力。

屈服面的演化通过硬化定律来表征，GCM 模型采用如下的硬化方程

$$\frac{\mathrm{d}\tilde{p}_{c0}}{\tilde{p}_{c0}} = \frac{v\mathrm{d}\varepsilon_v^p}{(\lambda - \kappa)} - k_1 \frac{\mathrm{d}S_r^p}{(\lambda_s - \kappa_s)}\tag{14.67}$$

$$\frac{\mathrm{d}s_I^*}{s_I^*} = \frac{\mathrm{d}s_D^*}{s_D^*} = -\frac{\mathrm{d}S_r^p}{(\lambda_s - \kappa_s)} + k_2 \frac{v\mathrm{d}\varepsilon_v^p}{(\lambda - \kappa)}\tag{14.68}$$

式中，k_1 和 k_2 均是耦合参数，k_1 控制了塑性饱和度变化引起的 LC 屈服线的移动幅度，k_2 控制了塑性体应变引起的主干燥和湿化屈服线的移动幅度。

在等向等压状态下，可以得到土体的体变和饱和度的表达式，即

$$d\varepsilon_v = \frac{\kappa}{v}\frac{d\tilde{p}}{\tilde{p}} + \frac{(\lambda-\kappa)}{v(1-k_1k_2)}\left(\frac{d\tilde{p}}{\tilde{p}} - k_1\frac{ds^*}{s^*}\right) \tag{14.69}$$

$$dS_r = -\frac{\kappa_s ds^*}{s^*} - \frac{(\lambda_s-\kappa_s)}{(1-k_1k_2)}\left(\frac{ds^*}{s^*} - k_2\frac{d\tilde{p}}{\tilde{p}}\right) \tag{14.70}$$

三维应力状态下表达式可根据一致性条件进行推导得到，可参考 Lloret（2014）。GCM 模型实现了水力与力学行为的耦合，可以描述非饱和土的湿陷行为，同时也可以描述土体变形导致的土水特征曲线的变化。且由于该模型是基于 Bishop 应力和修正吸力所建立，可以自然地从饱和状态过渡到非饱和状态。

14.5.4 非饱和土本构模型的发展

在 BBM 模型之后，非饱和土本构模型取得了巨大的发展，促使非饱和土的研究成为热点。非饱和土作为一种三相多孔介质材料，比饱和土复杂得多，为了考虑不同因素的影响，可以建立不同的本构模型，如线性和非线性弹性本构模型、弹塑性模型、结构性模型、多种因素耦合模型等。接下来主要介绍水力–力学耦合弹塑性模型，利用类似的方法，在此基础上可以发展出更多复杂的本构模型。非饱和土有效应力原理是建立非饱和土本构模型的前提，14.3 节已对有效应力进行了分析。单应力变量的有效应力原理简单、易于被接受和掌握，可以用来建立非饱和土本构模型。目前大部分做法都是采用两个应力状态变量来建立模型，接下来主要对这类模型进行简单的介绍。

1. 基于净应力和基质吸力建立的弹塑性模型

BBM 模型是基于净应力和基质吸力建立的弹塑性模型的典型代表，前文已对该模型进行了论述。这类基于双应力变量建立的弹塑性模型，虽然可以考虑吸力对土体的影响，但却无法反映饱和度的作用。吸力既改变了土体有效应力，又改变了土体的结构和屈服应力。而吸力的这两种作用实际上受饱和度的影响很大，即使吸力相同而饱和度不同，非饱和土也会因饱和度的不同而使土颗粒之间毛细连接的数目和连接强度发生较大的变化，从而导致非饱和土的强度、刚度甚至渗透性也随之产生较大的变化。Jommi 指出如果不考虑滞后效应，则饱和度和吸力存在唯一的关系，那么使用饱和度或是吸力都是等价的，但如果考虑滞后的话，土体的行为将依赖于交界面的位置，而交界面的分布情况是由饱和度而不是吸力反映的。LC 屈服面给出的吸力对屈服应力的影响，无法考虑干湿循环出现的滞回效应。Wheeler 等人同样也指出塑性饱和度可以直接反映孔隙中流体的变化情况，它对弯液面的影响比吸力更加重要。因此，在非饱和土的模型当中，仅考虑吸力是不够的，还要考虑饱和度的影响。

Sheng 等人（2008）基于双应力状态变量提出了 SFG 模型。该模型将净应力变化和吸力变化对体变的影响分开计算，得到的体积变化是与应力路径相关的。模型很巧妙地利用了数学方法，通过积分得到了初始 LC 屈服面的表达式，并根据不同应力路径在从当前屈服面加载至同一后继屈服面上所产生的塑性体应变应当相同的原理，推算出了后继屈服面的表达式。它可以很好地呈现非饱和土屈服面随着基质吸力的演变过程，对于从未发生超固结的土样，其屈服应力将会先随吸力的增加而减小，而对于压实土样其屈服应力则可能随吸力的增加而增加。而且该模型能够预测泥浆土在干化过程中的体积收缩现象。SFG 模型可以很好地反映土体压缩性随吸力变化的情况，在吸力恒定条件下可以得到一条光滑连续的正常固结线。此外它可适用于不同类型的土，它不仅可以很好地反映初始非饱和土的行为，而且可以反映泥浆土，或是进气值变化较大的土体的行为。

尽管目前也有很多针对 BBM 模型的修正，但这些修正并没有从根本上改变 BBM 模型的缺点，这是因为仅采用双应力状态变量而不考虑其他因素的影响导致了模型本身的缺陷。其中还有一个很大的问题在于双应力变量中所采用的基质吸力只考虑了毛细作用的影响，忽略了吸附作用，这也使得基于双应力变量所建立的本构模型只能描述非饱和土毛细作用范围的行为。

2. 基于 Bishop 应力和基质吸力建立的弹塑性模型

针对与双应力变量模型存在的问题，Bishop 形式的有效应力开始被用于描述非饱和土的模型。非饱和土在受到外力的作用时，会同时产生力学方面（如变形和强度）和水力方面（如饱和度）的变化。一方面饱和度循环变化及其变化的历史会改变非饱和土的变形及强度特性。即使饱和度或含水率相同，由于干湿变化路径不同也会导致土的力学性质和渗流性质不同。因为加湿或干燥会使孔隙水具有不同的分布形态，而孔隙水分布形态对非饱和土的宏观力学行为会产生重要影响。另一方面土骨架变形也会反过来影响非饱和土的土水特征行为，例如，在控制吸力不变的加载实验中，当土体出现塑性体应变，尽管此时吸力没有变化，饱和度也会有明显的增加，这种现象用一般的土水特征曲线是无法描述的。所以非饱和土的力学行为除了与应力历史有关外，还与加湿−脱湿路径有关，这一点使得非饱和土模拟与饱和土模拟存在明显不同。一般分别用弹塑性模型和土水特征曲线描述非饱和土的力学性质和毛细特性，非饱和土的这两种性质被分别考虑，不相关联。因而不能考虑变形引起毛细特性的变化，也不能考虑饱和度的变化对非饱和土力学性质的影响。针对这种状况，如何用弹塑性力学的方法建立可以同时预测非饱和土的水力性状和力学性状的耦合的数学模型成为研究的热点。

为了考虑饱和度及其变化历史对非饱和土力学性质的影响，首先要选择适当的变量来考虑饱和度的作用，目前使用最多的是采用 Bishop 有效应力和吸力作为应力状态变量。Wheeler 等人（2003）正是采用以上两种方法提出了一个简单的耦合模型，该模型应该是最早的一个可以反映水力和力学相互影响的模型，在他之前虽然也有考虑水力力学耦合的模型如 Vaunat 等（Vaunat et al.，2000），但 Vaunat 模型中并未考虑饱和度的影响。Wheeler 等人（2003）的模型提供了一个简单的方法将水力与力学行为耦合起来，固液两相的相互影响通过屈服面之间的耦合来建立，但该模型只适用于等向固结状态，过于简单不能模拟实际情况；在平均净应力−吸力的平面上该模型投射出一条垂直的 LC 曲线，这也与实验观测不相符合。Sheng 等人（2004）采用了与 Wheeler 模型相同的变量建立模型，区别在于其模型对吸力的两个屈服面采用了非相关联流动法则，因而可以预测塑性的体积膨胀。Lloret（2013）在 Wheeler 模型的基础上，建立了 GCM 模型，可以描述三维应力状态下的非饱和土行为，同时实现了在饱和与非饱和之间的光滑过渡。这种将饱和度引入硬化方程中以考虑干湿循环变化的历史对力学特性影响的做法，得到了广泛的认可，已被广泛应用于水力−力学耦合的本构模型当中。

为了考虑固相变形对毛细特性的影响，需要研究变形对土水特征曲线的影响。土水特征曲线定义了土中基质吸力与含水量之间的关系。变形会改变土中的孔隙结构，这将影响到 SWCC 的位置和形状。对于确定的土样并且温度变化不大时，SWCC 受矿物成分和温度的影响可以不考虑，此时孔隙结构和密实程度的影响起主要作用。在孔隙结构变化不太大的土体变形过程中，可以用孔隙比变化表示孔隙结构和密实程度的变化。而应力历史和应力路径对土水特征曲线的影响，可通过最终的耦合弹塑性模型来反映。目前土水特征曲线的模型有很多，最简单的做法是将其简化成双线性形式，假设在扫描线上只有弹性变形，边界线上发生弹塑性变形，并且将扫描线与边界线均表示为孔隙比的函数（Sun et al.，2007），有很多模型也将孔隙比替换为比体积或体应变。双线性形式的 SWCC 虽然可以简单地应用于非饱和土本构模型中，但是与实际情况比有较大的误差，因此可以用经验的 SWCC 方程来替代其边界面，例如，用 VG 方程作为边界面方程，可以较好地拟合实验数据。此外也可采用边界面模型来建立 SWCC 方程，或域模型来建立液相方程，所得结果也能很好地反映实际情况。

同时考虑以上两方面的影响，才能建立非饱和土的水力–力学耦合的本构模型，近些年已发展了很多考虑非饱和土的这两方面性质的耦合模型。此类模型大多采用了 Bishop 形式有效应力和吸力作为应力状态变量，因此可以在饱和与非饱和状态之间进行连续和光滑的变换。以水力–力学耦合为基础，可以进一步发展出考虑更多复杂因素的模型，如考虑温度变化的模型（蔡国庆 等，2011；姚仰平 等，2011）、考虑化学影响的模型（刘泽佳 等，2008；周雷 等，2009）、双孔隙结构模型（李舰，2014）等。

3. 采用其他变量构建的本构模型

为了考虑饱和度及其变化历史对非饱和土力学性质的影响，除了采用 Bishop 有效应力和吸力作为应力状态变量。也有其他做法，如 Gallipoli 等人（2003）提出了毛细作用的概念，并将其表示为饱和度和吸力的函数。Zhou（2012）用饱和度替换吸力，在应力与饱和度空间中建立了耦合本构模型。其次为了考虑饱和度循环变化的历史对力学特性影响，通常把塑性饱和度或塑性含水量作为硬化参数，利用硬化方程来反映。

非饱和土模型早期关注如何描述吸力的作用，随后开始关注饱和度变化带来的影响，水力耦合的模型不断得到完善。随着非饱和土本构模型的不断发展，出现考虑更多复杂因素的模型，如损伤模型、各向异性模型、超固结模型、考虑循环荷载作用的模型等，这些模型的出现也推动非饱和土理论的不断发展。

4. 热力学和多孔介质理论在本构建模中的应用

近些年来，越来越多的学者开始利用热力学原理来建立一般材料和岩土材料的本构模型。Ziegler 和 Wehrli（Ziegler et al.，1987）最早提出了利用热力学理论建立材料本构方程的方法，其关键是确定材料的能量势函数和耗散势函数。Collins 和 Houlsby（Collins et al.，1997）把这种方法进行推广并用于饱和土，对剑桥模型进行了推导。Houlsby（Houlsby，1997）基于热动力学理论推导了非饱和土的功和能量平衡方程的表达式。Wheeler（Wheeler et al.，2003）、Sheng 等人（Sheng et al.，2004）通过功的表达式来选择应力状态变量，建立了水力力学耦合的本构模型。Li（Li，2007a；Li，2007b）给出了热力学方法建模的理论框架，并最终建立了非饱和土弹塑性本构模型。秦理曼和迟世春等（秦理曼 等，2005；秦理曼 等，2007）基于能量耗散原理研究土体各向同性模型和各向异性模型，建立了砂土的本构模型。郭晓霞（郭晓霞，2009）讨论了土体能里势函数和耗散函数的构造方法以及土的能量耗散特性，用热力学方法对多种土体模型进行了研究。胡冉等人（Hu et al.，2015）也采用热力学方法建立了水力–力学耦合的本构模型。近年来赵成刚团队等在此方面做了大量工作，通过热力学方法建立了非饱和土模型的理论框架，给出了非饱和土临界状态的必要条件，并针对不同类型土建立了相应的本构方程，包括非饱和黏土、非饱和砂土和膨胀土等，并开始考虑多场耦合效应的影响，如应力场、温度场、化学场等。

非饱和土作为一种三相多孔介质，内部结构极为复杂，用传统方法很难对其进行精确的描述。此外，由于非饱和土并不是孤立地存在于自然界中，它会在各种环境条件改变时，发生复杂的耦合效应，如应力场、渗流场、温度场、化学场及电磁场等不同场的耦合过程。在上述各场的耦合作用过程中，土骨架将发生变形，土中流体将发生流动，热量在土骨架和流体中会发生热传导和热对流，某些情况下土体内还会发生化学及电磁作用等。并且上述作用和变化过程并不是相互独立的，而是相互作用、相互影响着的。为了描述非饱和土的这种多场耦合行为，多相孔隙介质理论开始应用到土力学中，为分析非饱和土的复杂行为提供了理论基础。

为适应实际多场耦合工程问题的需要，一些具体的多场耦合模型得到了发展，代表性的模型有：两场耦合比如水力-力学耦合模型、水力-化学耦合模型及热-水力耦合模型；多场耦合如水力-化学-力学耦合模型、热-水力-化学-力学耦合模型、热-水力-力学-传质耦合模型及水力-电化学-力学多场耦合输运模型等。上述模型大都是在宏观、经验性的基础上建立的，尽管各能量守恒方程中都相应地增加了其他场的耦合作用项及各场之间的界面效应项，但所采用的本构方程一般很少考虑多场耦合的作用；模型中通常假定渗流过程服从经典 Darcy 定律，质量扩散过程服从经典 Fick 定律，热传导过程服从经典 Fourier 定律；这些定律都是基于线性假定而建立的，难以考虑非线性。对于输运过程材料发生变形的情况，通常采用 Terzaghi 固结理论或者 Biot 固结理论与输运过程相耦合而进行简化处理，很少做到真正的多场耦合。

通过宏观唯象方法建立的多场耦合理论难以解决复杂的非饱和土多场耦合问题，而基于热力学的多孔介质理论则为发展非饱和土多场耦合理论提供了可行的思路。多孔介质理论可以统一地描述多相孔隙介质中复杂的相互作用及它在外力和环境作用下的响应，为非饱和土多场耦合理论的建立奠定了基础。关于这一问题将在第 15 章进行详细介绍。

思 考 题

1. 什么是非饱和土？举例说明实际工程中存在哪些非饱和土问题。

2. 阐述吸力的概念。如何理解吸力的毛细作用和吸附作用？

3. 什么是土水特征曲线？它对于描述非饱和土的行为有何作用？

4. 简述土水特征曲线的滞后效应。

5. 土水特征曲线受到哪些因素的影响？

6. 什么是 Bishop 有效应力？它有何优缺点？

7. 什么是吸应力？

8. 什么是粒间应力？粒间应力如何描述不同类型土的行为？

9. 简述非饱和土有效应力对描述非饱和土力学行为的重要性。

10. 简述非饱和土的莫尔库仑强度理论。采用不同应力状态变量表征时的强度方程有什么异同？

11. 如何理解非饱和土的临界状态？

12. 何谓加载湿陷屈服面？为什么引入加载湿陷屈服面后可以描述土体的湿陷行为？

13. 简述 BBM 模型有什么优缺点。

14. 简述 GCM 模型是如何实现力学与水力行为之间的耦合的。

15　土的渗流

15.1　概　　述

土是多孔的粒状或片状材料的集合体，土颗粒之间存在大量的孔隙，而孔隙的分布是很不规则的。当土体中存在能量差时，土体孔隙中的水就会沿着土骨架之间的孔隙通道从能量高的地方向能量低的地方流动。水在这种能量差的作用下在土孔隙通道中流动的现象叫渗流，土的这种与渗流相关的性质为土的渗透性。水在土孔隙中的流动必然会引起土体中应力状态的改变，从而使土的变形和强度特性发生变化。

渗流问题是土力学的三大基本问题之一。渗流对铁路、水利、矿山、建筑和交通等工程的影响及由此而产生的破坏是多方面的，直接会影响到土工建筑物和地基的稳定和安全。随着理论研究的深入和实际工程的发展，非饱和土渗流问题在岩土工程及环境岩土工程中受到越来越多的重视，例如降雨引起的土质边坡饱和度及渗透性变化，并最终导致的滑坡灾害；地基基础或路基中压实土的固结及膨胀土的隆起；土质堤坝的防渗（陈正汉　等，2006；孙德安，2009；Sheng，2011；赵成刚　等，2013）。研究土的渗透性，掌握水在土中的渗透规律，在土力学中具有重要的理论价值和现实意义。

本章主要学习饱和土与非饱和土渗透性的相关知识，包括饱和土的渗透性和渗流定律、饱和土的渗透系数、非饱和土的渗透性、非饱和土的渗透系数及渗透系数的测定。

15.2　饱和土的渗透性和渗流定律

15.2.1　饱和土的渗透性

由于土体颗粒排列具有任意性，水在土孔隙中流动的实际路线是不规则的，渗流的方向和速度都是变化着的，如图 15.1（a）所示。土体两点之间的压力差和土体孔隙的大小、形状和数量是影响水在土中渗流的主要因素。为分析问题方便，在渗流分析时常将复杂的渗流土体简化为一种理想的渗流模型，如图 15.1（b）所示。该模型不考虑渗流路径的迂回曲折而只分析渗流的主要流向，而且认为整个空间均为渗流所充满，即假定同一过水断面上渗流模型的流量等于真实渗流的流量，任一点处渗流模型的压力等于真实渗流的压力。

水在饱和土体中渗流时，在垂直于渗流方向取一个土体截面，该截面叫过水截面。过水截面包括土颗粒和孔隙所占据的面积，平行渗流时为平面，弯曲渗流时为曲面。那么在时间 t 内渗流通过该过水截面（其面积为 A）的渗流量为 Q，渗流速度为

$$v = \frac{Q}{At} \tag{15.1}$$

 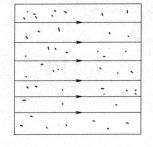

(a) 实际的渗流土体　　　　　　(b) 理想的渗流模型

图 15.1　渗流模型分析

　　渗流速度表征渗流在过水截面上的平均流速（名义流速），并不代表水在土体的孔隙中渗流的真实流速。水在饱和土体中渗流时，孔隙中水流运动的平均流速为

$$v_0 = \frac{Q}{nAt} \tag{15.2}$$

式中，n 为土体的孔隙率。

15.2.2　达西定律的表达式

　　如图 15.2 所示，根据水力学知识，水在土中从 A 点渗透到 B 点应该满足连续定律和能量平衡方程（Bernoulli 方程），水在土中任意一点的总水头可以分解为位置水头、压力水头和速度水头，即

$$h = z + \frac{u}{\gamma_w} + \frac{v^2}{2g} \tag{15.3}$$

式中，z 是相对于任意选定的基准面的高度，代表单位液体所具有的位能，为该点的位置水头；u 是孔隙水压力，代表单位质量液体所具有的压力势能；u/γ_w 为该点孔隙水压力的水柱高，为该点的压力水头；v 是渗流速度；g 是重力加速度；$v^2/(2g)$ 是单位质量液体所具有的动能，为该点的速度水头；h 是总水头，表示该点单位质量液体所具有的总机械能；h_{AB} 为单位质量液体从 A 点向 B 点流动时，为克服阻力而消耗的能量，称为水头差；γ_w 是水的重度；

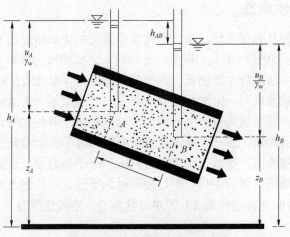

图 15.2　水在土中渗流示意图

L 是渗流路径长度。

1856 年，达西为了研究水在砂土中的流动规律，进行了大量的渗流实验，得出了层流条件下土中水渗流速度和水头损失之间关系的渗流规律，即达西定律（Darcy's law）。达西定律常用于描述饱和土的渗透规律。

图 15.3 为达西渗透实验装置。实验筒中部装满砂土。砂土试样长度为 L，截面积为 A，从实验筒顶部右端注水，使水位保持稳定，砂土试样两端各装一支测压管，测得前后两支测压管水位差为 Δh，实验筒右端底部留一个排水口排水。实验结果表明：在某一时段 t 内，水从砂土中流过的渗流量 Q 与过水断面 A 和土体两端测压管中的水位差 h_{AB} 成正比，与土体在测压管间的距离 L 成反比。达西定律可表示为

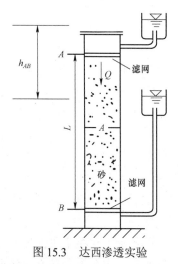

图 15.3　达西渗透实验

$$q = \frac{Q}{t} = k\frac{h_{AB}A}{L} = kAi \qquad (15.4)$$

$$v = \frac{q}{A} = ki \qquad (15.5)$$

式中，q 是单位时间渗流量（m³/s）；v 是渗流速度、达西流速或比流量，为通量（m/s）；i 是水力梯度，定义为 h_{AB}/L；k 是土的渗透系数（m/s），其物理意义表示单位水力梯度时的渗流速度。

15.2.3　达西定律的适用范围

1. 地下水流动的雷诺数

讨论达西定律的适用范围之前，首先介绍地下水流动的雷诺数。雷诺数可作为层流和紊流分类的标准。孔隙介质中地下水流动的雷诺数为

$$Re = \frac{v\rho d}{\mu} = \frac{vd}{\upsilon} \propto \frac{惯性力}{黏滞力} \qquad (15.6)$$

式中，v 是渗流速度；ρ 为水的密度；d 为特征长度；μ 为动力黏度；υ 为流体运动黏度。通常认为特征长度 d 是平均粒径或 d_{10}（即粒径为 d 的颗粒质量占所有样品质量的 10%），有些文献也使用 d_{50} 值作为代表性的颗粒粒径或特征长度。对于孔隙介质的流动，当雷诺数很大时，流动状态属于紊流，否则为层流。

2. 达西定律适用的上限

研究表明，达西定律所表示渗流速度与水力梯度成正比关系是在特定的水力条件下的实验结果。随着渗流速度的增加，这种线性关系不再存在，因此达西定律应该有一个适用界限。实际上水在土中渗流时，由于土中孔隙的不规则性，水的流动是无序的，水在土中渗流的方向、速度和加速度都在不断地改变。当水运动的速度和加速度很小时，其产生的惯性力远远小于由液体黏滞性产生的摩擦阻力，这时黏滞力占优势，水的运动是层流，渗流服从达西定律；当水运动速度达到一定的程度，惯性力占优势时，由于惯性力与速度的平方成正比，达西定律就不再适用了，但是这时的水流仍属于层流范围。图 15.4 为一典型的水力梯度与渗流速度之间的关系曲线，图中虚线为达西定律。

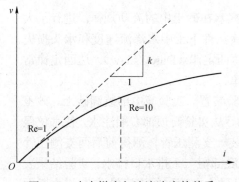

图 15.4　水力梯度与渗流速度的关系

实际上水在土中渗流时服从达西定律存在一个界限问题。现在来讨论一下达西定律的上限值，如水在粗颗粒土中渗流时，随着渗流速度的增加，水在土中的运动状态可以分成以下 3 种情况：

（1）水流速度很小，为黏滞力占优势的层流，达西定律适用，这时雷诺数 Re 小于 $1\sim10$ 之间的某一值；

（2）水流速度增加到惯性力占优势的层流和层流向紊流过渡时，达西定律不再适用，这时雷诺数 Re 在 $10\sim100$ 之间；

（3）随着雷诺数 Re 的增大，水流进入紊流状态，达西定律完全不适用。

3. 达西定律适用的下限

在黏性土中由于土颗粒周围结合水膜的存在而使土体呈现一定的黏滞性。因此，一般认为黏土中自由水的渗流必然会受到结合水膜黏滞阻力的影响，只有当水力梯度达一定值后渗流才能发生，将这一水力梯度称为黏性土的起始水力梯度 i_0，即存在一个达西定律有效范围的下限值。此时，达西定律可写成

$$v = k(i - i_0) \tag{15.7}$$

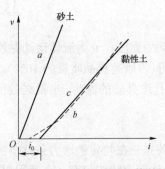

图 15.5　砂土和黏性土渗透规律的比较

式中，i_0 为起始水力梯度。图 15.5 绘出了典型砂土和黏性土的渗透实验结果。其中，直线 a 表示砂土的结果，虚线 b 表示黏性土的结果，对于后者为应用方便起见一般用折线来代替（直线 c）。

关于起始水力梯度是否存在的问题，目前尚存在较大的争论。为此，不少学者进行过深入的研究，并给出不同的物理解释，大致可归纳为以下 3 种观点。

（1）达西定律在小梯度时也完全适用，偏离达西定律的现象是由于实验误差造成的。

（2）达西定律在小梯度时不适用，但存在起始水力梯度 i_0。当水力梯度小于 i_0 时无渗流存在，而当水力梯度大于 i_0 时，$v-i$ 关系呈线性关系，即满足式（15.5）。

（3）达西定律在小梯度时不适用，但也不存在起始水力梯度。$v-i$ 曲线通过原点，呈非线性关系。

15.3 饱和土的渗透系数

15.3.1 固有渗透率

达西渗透实验结果表明渗流速度 v 与水力梯度 ∇h 之间存在线性关系。该线性关系即为达西定律，表示为

$$v = -k\nabla h \tag{15.8}$$

式中，渗透系数 k 表征单位水力梯度下孔隙介质在单位截面积中单位时间的流量，同时反映孔隙介质及流体的特性。

实验结果和 Poiseuille 定律表明，渗透系数 k 与土体孔隙结构及流体特性相关，可表示为

$$k = \frac{\rho g n \bar{R}^2}{8\mu\bar{T}} \tag{15.9}$$

式中，ρ 为流体密度；g 为重力加速度；n 为孔隙率；$\bar{R}$ 为平均孔隙直径；μ 为流体动力黏度；$\bar{T}$ 为土体孔隙平均弯曲度。式（15.9）表明，渗透系数 k 与土体的孔隙率 n、平均孔隙直径的平方 $\bar{R}^2$ 成正比，与平均弯曲度 $\bar{T}$ 成反比；渗透系数 k 与流体密度 ρ 成正比，与流体动力黏度 μ 成反比。由于弯曲度在方向上具有优先性，因此渗透系数亦有方向性。

土体粒径分布与平均孔隙半径 $\bar{R}$ 之间存在关联性，因此，渗透系数 k 与平均粒径 d 之间亦具有定量关系，可表示为

$$k = (Nd)^2 \frac{\rho g}{\mu} \tag{15.10}$$

式中，N 为与土体孔隙的几何形态相关的一个无量纲常数。

固有渗透率 K 定义为

$$K = (Nd)^2 \tag{15.11}$$

因此，渗透系数 k 与固有渗透率 K 间的关系式为

$$k = K\frac{\rho g}{\mu} \tag{15.12}$$

固有渗透率 K 常简称为渗透率，单位为 m^2，其取值仅与孔隙几何形态和平均粒径有关。通常假设 d 等于 d_{10}。如图 15.6 所示，通常固有渗透率 K 与 d_{10}^2 间具有良好的线性关系。

考虑两个土柱，其固有渗透率均为 $K = 10^{-12}\ m^2$，该值是粉土固有渗透率的常见值。其中，一个土柱被水完全饱和，另一个完全干燥（被空气完全饱和）。20 ℃ 时水的密度为 1 000 kg/m³，动力黏度为 $10\times10^{-3}\ N\cdot s/m^2$，由式（15.12）可计算被水完全饱和的土柱的渗透系数为

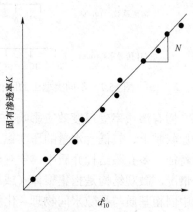

图 15.6 固有渗透率 K 与 d_{10}^2 的关系图

$$k_{w} = K\frac{\rho_{w}g}{\mu_{w}} = 10^{-12} \times \frac{1\,000 \times 9.81}{10 \times 10^{-3}} = 9.6 \times 10^{-6}\,(\text{m/s}) \tag{15.13}$$

空气的密度为 1 kg/m^3，动力黏度为 $1.785 \times 10^{-5}\,\text{N} \cdot \text{s/m}^2$，可得完全干燥的土柱的气体传导率为

$$k_{a} = K\frac{\rho_{a}g}{\mu_{a}} = 10^{-12} \times \frac{1 \times 9.81}{1.785 \times 10^{-5}} = 0.55 \times 10^{-6}\,(\text{m/s}) \tag{15.14}$$

上述的计算结果表明，土中水的渗透系数大约是气体传导率的 17.5 倍，相应的前者流速也是后者的 17.5 倍。在上述分析表明土中流体的流速不仅与土体孔隙几何形态和平均粒径有关，而且与流体材料参数，即 $\rho g / \mu$ 有关。土体孔隙结构与外荷载、环境因素（温度、含水量、孔隙水离子溶度）等因素相关，这些外部因素可以使土的孔隙结构改变（如膨胀、收缩），甚至诱发液体产生流动。流体材料参数与流体类型、温度等因素关系密切，水、空气的密度和黏度与温度成一定的函数关系。

15.3.2　固有渗透率取值范围

固有渗透率与土体孔隙几何形态和平均粒径有关，并且其取值随土的类型变化大。图 15.7 展示了不同类型土的固有渗透率的取值范围，以及固有渗透率、渗透系数与气体传导率之间的关系。碎石土的固有渗透率可高达 $10^{-7}\,\text{m}^2$，超密度黏土的固有渗透率可低至 $10^{-20}\,\text{m}^2$，两者相差 13 个数量级。同类型土的固有渗透率的取值也会相差几个数量级。

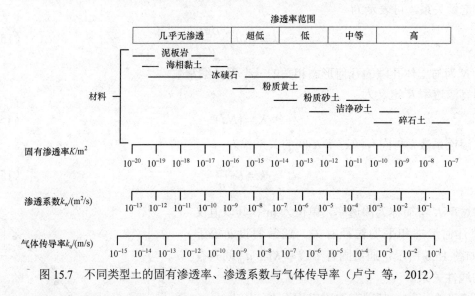

图 15.7　不同类型土的固有渗透率、渗透系数与气体传导率（卢宁 等，2012）

固有渗透率受尺度效应影响，常随所研究的土体特征体积的增加而增加。诸多黏土材料，如原状黏土、较低含水量的压实黏土及由膨润土粒状体组成的土体等均具有明显的多孔隙结构特征。多孔隙结构介质中，宏观结构指集聚体（或块状体）的排列及其间孔隙中流体的分布情况，微观结构是指集聚体（或块状体）的内固相基质及孔隙中流体的分布情况。微观结构中固相基质与孔隙水间物理-化学作用显著，微观孔隙水为吸附水，其流动性有限。宏观结构中孔隙水为自由水，其流动（即环绕颗粒集群的流动）比微观结构区域里的流动（即穿过集群的流动）显著得多。因此，当进行室内和现场的渗透率或渗透系数的实验时，选择

具有代表性的实验单元尺度是至关重要的。

15.3.3 渗透系数的各向异性

土体渗透系数常表现出各向异性，即某一个方向测得的渗透系数不同于其他方向。实验研究表明不同类型黏土的原状土样的水平与竖向渗透系数之比变化区间从小于 1 到大于 7（Mitchell，1956）。渗透系数的各向异性与细长或扁平颗粒的优选方向和土壤沉积物的分层相关。荷载与沉积作用常使得土中片状矿物平行于水平面叠积（图 15.8），形成有层次的岩土介质。这种具有层次的排列使得水流在平行于层理的流动路径与垂直于层理的流动路径不同。矿物的形状和它排列方向可以造成垂直于片状矿物平面方向上的流动弯曲度大于其他方向。这意味着这种介质的弯曲度随流动方向而异，或弯曲度存在各向异性。根据式（15.9），弯曲度决定着土体的渗透系数，因此渗透系数表现出各向异性。

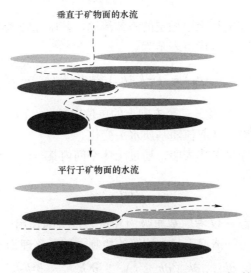

图 15.8　垂直和平行于片状矿物流动的示意图（叶天齐 等，2017）

15.4　非饱和土的渗透性

15.4.1　土中水的势能

控制非饱和土中液体水流的基本热力学参量是孔隙水的总势能。土体孔隙水势能可用每单位物质的量或质量所包含的能量表示，即化学势 μ（J/mol 或 J/kg）；可用每单位体积的能量表示，即压力势能 ψ（$J/m^3 = N \cdot m/m^3 = N/m^2 = Pa$）；可用每单位重量的能量表示：水头势能 h（$J/N = N \cdot m/N = m$）。

总势能常用总吸力或总水头描述。总势能 μ_t（J/mol）与总吸力 ψ_t（kPa）间的关系式为

$$\mu_t = \psi_t v_w \tag{15.15}$$

式中，v_w 为水的偏摩尔体积（m^3/mol）。

总势能 μ_t（J/kg）与总水头 h_t（m）间的关系式为

$$\mu_t = h_t \omega_w g \tag{15.16}$$

式中，ω_w 是水的摩尔质量（kg/mol）；g 是重力加速度（m/s²）。

总势能通常分解为重力势能、压力势能和渗透势能。因此，总吸力 ψ_t 可分解为重力分量 ψ_g、基质吸力 ψ_m 和渗透吸力 ψ_o，即

$$\psi_t = \psi_g + \psi_m + \psi_o \tag{15.17}$$

式中，重力分量 ψ_g 代表了高度 z 的变化，指的是从所研究的点到另一点之间的距离（$\psi_g = \rho_w g z$）；基质吸力 ψ_m 代表土中孔隙水与矿物基质、孔隙气间的相关作用；渗透吸力 ψ_o 与重力水中离子浓度相关（Baker et al.，2009）。

总水头 h_t 可分解为重力水头 h_g、基质吸力水头 h_m 与渗透水头 h_o，即

$$h_t = h_g + h_m + h_o = z + h_m + h_o \tag{15.18}$$

15.4.2　稳定渗流

达西定律可用于描述非饱和土中稳定的液体流动，其中孔隙水势能由式（15.18）确定。三维情况下，非饱和土的达西定律可表示为

$$v = -k_x(h_m)\frac{\partial h_t}{\partial x}\boldsymbol{i} - k_y(h_m)\frac{\partial h_t}{\partial y}\boldsymbol{j} - k_z(h_m)\frac{\partial h_t}{\partial z}\boldsymbol{l} \tag{15.19}$$

式中，$\boldsymbol{i}$、$\boldsymbol{j}$ 和 $\boldsymbol{l}$ 分别为 x、y 以及 z 三个方向上的单位向量；$k_x(h_m)$、$k_y(h_m)$ 和 $k_z(h_m)$ 为每个坐标方向上的渗透系数函数，其取值随基质水头变化。

在稳定渗流中，质量守恒定律表明，通过土体空间内某一固定点、任意单元上的净流量等于 0，且与时间无关，即

$$\nabla \cdot (k\nabla h_t) = 0 \tag{15.20}$$

当忽略渗透水头的贡献，仅考虑基质吸力和重力水头的作用（$h_t = h_m + z$）时，结合达西定律和质量守恒定律，二维情况下稳定渗流的控制方程可整理为

$$\frac{\partial k_x}{\partial x}\frac{\partial h_m}{\partial x} + \frac{\partial k_z}{\partial z}\left(\frac{\partial h_m}{\partial z} + 1\right) + k_x\frac{\partial^2 h_m}{\partial x^2} + k_z\frac{\partial^2 h_m}{\partial z^2} = 0 \tag{15.21}$$

根据合适的边界条件和初始条件可求解上述方程。

15.4.3　瞬态渗流

非饱和土中的液体流动速率和含水量随空间和时间的改变而变化，这一方面归因于土体边界条件随时间的变化，另一方面归因于土体自身的持水能力。应用质量守恒定律可推导瞬态渗流（或非稳定流）的控制方程。对于给定的土体单元，质量守恒定律要求，土体单元中水的质量变化等于水的净流量。质量守恒定律也称为连续性原理。

图 15.9 所示为一个具有体积含水量 θ 的土体单元，沿坐标正方向流入的总水流质量为

$$q'_{in} = \rho(v_x\Delta y\Delta z + v_y\Delta x\Delta z + v_z\Delta x\Delta y) \tag{15.22}$$

式中，ρ 为水的密度（kg/m³），v_x、v_y 与 v_x 分别为 x、y 和 z 方向的流速（m/s）。

与此同时，流出土体单元的总水流质量为

$$q'_{out} = \rho\left[\left(v_x + \frac{\partial v_x}{\partial x}\Delta x\right)\Delta y\Delta z + \left(v_y + \frac{\partial v_y}{\partial y}\Delta y\right)\Delta x\Delta z + \left(v_z + \frac{\partial v_z}{\partial z}\Delta z\right)\Delta x\Delta y\right] \tag{15.23}$$

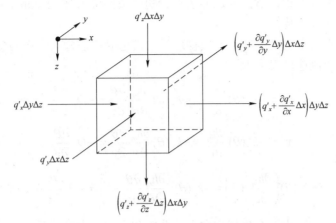

图 15.9　土单元体积与液体流动连续性原理示意图

在瞬态流动过程中，土体单元中水的质量变化可表示为

$$\frac{\partial(\rho\theta)}{\partial t}\Delta x\Delta y\Delta z \tag{15.24}$$

由质量守恒定律可知，土体单元中水的质量变化等于水的净流量，由此可得

$$-\rho\left(\frac{\partial v_x}{\partial x}\Delta x\Delta y\Delta z + \frac{\partial v_y}{\partial y}\Delta y\Delta x\Delta z + \frac{\partial v_z}{\partial z}\Delta z\Delta x\Delta y\right) = \frac{\partial(\rho\theta)}{\partial t}\Delta x\Delta y\Delta z \tag{15.25}$$

进一步整理为

$$-\rho\left(\frac{\partial v_x}{\partial x} + \frac{\partial v_y}{\partial y} + \frac{\partial v_z}{\partial z}\right) = \frac{\partial(\rho\theta)}{\partial t} \tag{15.26}$$

应用达西定律，式（15.26）中的流速可表示为

$$v_x = -k_x(h_{\mathrm{m}})\frac{\partial h}{\partial x} \quad v_y = -k_y(h_{\mathrm{m}})\frac{\partial h}{\partial y} \quad v_z = -k_z(h_{\mathrm{m}})\frac{\partial h}{\partial z} \tag{15.27}$$

当忽略渗透水头的贡献，并假设水的密度为常量时，将式（15.27）代入式（15.26），整理得

$$\frac{\partial}{\partial x}\left[k_x(h_{\mathrm{m}})\frac{\partial h_{\mathrm{m}}}{\partial x}\right] + \frac{\partial}{\partial y}\left[k_y(h_{\mathrm{m}})\frac{\partial h_{\mathrm{m}}}{\partial y}\right] + \frac{\partial}{\partial z}\left[k_z(h_{\mathrm{m}})\left(\frac{\partial h_{\mathrm{m}}}{\partial z} + 1\right)\right] = \frac{\partial\theta}{\partial t} \tag{15.28}$$

基于土–水特征曲线，体积含水量是基质吸力水头的函数，因此上式等号右边项可表示为

$$\frac{\partial\theta}{\partial t} = \frac{\partial\theta}{\partial h_{\mathrm{m}}}\frac{\partial h_{\mathrm{m}}}{\partial t} \tag{15.29}$$

式中，$\partial\theta/h_{\mathrm{m}}$ 为体积含水量与基质吸力水头关系曲线的斜率，该斜率称为比水容量 C。由于土–水特征曲线是非线性的，因此比水容量 C 是关于基质吸力水头的函数，即 $C(h_{\mathrm{m}})$。

基于上述关系，非饱和土瞬态渗流的控制方程可表示为

$$\frac{\partial}{\partial x}\left[k_x(h_{\mathrm{m}})\frac{\partial h_{\mathrm{m}}}{\partial x}\right] + \frac{\partial}{\partial y}\left[k_y(h_{\mathrm{m}})\frac{\partial h_{\mathrm{m}}}{\partial y}\right] + \frac{\partial}{\partial z}\left[k_z(h_{\mathrm{m}})\left(\frac{\partial h_{\mathrm{m}}}{\partial z} + 1\right)\right] = C(h_{\mathrm{m}})\frac{\partial h_{\mathrm{m}}}{\partial t} \tag{15.30}$$

该式就是 Richards 方程。根据适当的边界条件和初始条件可求解 Richards 方程，获得基质吸力水头的时间和空间分布特征。

除了选取基质吸力水头变量外，土壤物理学中常选取体积含水量作为变量给出 Richards 方程。根据达西定律流速可表示为

$$v_x = -k_x(\theta)\frac{\partial h_{\mathrm{m}}}{\partial x} = -k_x(\theta)\frac{\partial h_{\mathrm{m}}}{\partial \theta}\frac{\partial \theta}{\partial x} = -D_x\frac{\partial \theta}{\partial x} \tag{15.31}$$

$$v_y = -k_y(\theta)\frac{\partial h_{\mathrm{m}}}{\partial y} = -k_y(\theta)\frac{\partial h_{\mathrm{m}}}{\partial \theta}\frac{\partial \theta}{\partial y} = -D_y\frac{\partial \theta}{\partial y} \tag{15.32}$$

$$v_z = -k_z(\theta)\left(\frac{\partial h_{\mathrm{m}}}{\partial z}+1\right) = -k_z(\theta)\left(\frac{\partial h_{\mathrm{m}}}{\partial \theta}\frac{\partial \theta}{\partial z}+1\right) = -D_z\frac{\partial \theta}{\partial z}-k_z(\theta) \tag{15.33}$$

式中，D_x、D_y 和 D_z 定义为每个坐标方向上的非饱和土的水力扩散系数，它是相同坐标方向上的渗透系数与比水容量的比值，即 $D_x = k_x(\theta)/C(h_{\mathrm{m}})$、$D_y = k_y(\theta)/C(h_{\mathrm{m}})$ 和 $D_z = k_z(\theta)/C(h_{\mathrm{m}})$。

把式（15.31）～（15.33）代入式（15.26）中，整理得

$$\frac{\partial}{\partial x}\left(D_x(\theta)\frac{\partial \theta}{\partial x}\right)+\frac{\partial}{\partial y}\left(D_y(\theta)\frac{\partial \theta}{\partial y}\right)+\frac{\partial}{\partial z}\left(D_z(\theta)\frac{\partial \theta}{\partial z}\right)+\frac{\partial k_z(\theta)}{\partial z}=\frac{\partial \theta}{\partial t} \tag{15.34}$$

上式推导过程中亦忽略了渗透水头的贡献，并假设水的密度为常量。

根据大量不同的初始条件和边界条件，对式（15.30）和式（15.34）进行求解，构成了丰富的经典土壤物理学和地下水水文学问题。

15.5　非饱和土的渗透系数

15.5.1　渗透系数与相对渗透系数

非饱和土的渗透系数取值与一些材料参数相关。这些材料参数主要包括 3 类，分别为孔隙结构参数（如孔隙比和孔隙率）、孔隙液体性质参数（如密度和黏度）、孔隙液体的相对量（如含水量和饱和度）等。8.3 节指出，饱和土的渗透系数亦与前两类材料参数相关，并且这两组材料参数对饱和土与非饱和土的渗透系数的影响机制是相近的。此节关注非饱和土渗透系数与孔隙水相对含量间关联性。

图 15.10 展示了非饱和土渗透系数与孔隙水相对含量间关联性示意图。通常，土–水特征曲线可划分为 3 个部分，即① 边界效应区，② 过渡区，③ 非饱和残余区。在边界效应区，土孔隙中完全充满水，基质吸力的变化对土中含水量的影响较小。该区域的渗透系数即为饱和渗透系数。由于饱和时可用于孔隙水渗流的孔隙空间的横截面积最大，因此该区域的渗透系数为最大值。该区域内渗透系数可能随着吸力的增加稍微降低。与此相反，该区域的气体传导率为 0。

当吸力增大并超过进气值时，气泡开始进入到最大的土孔隙中，孔隙水此时开始排出，曲线即进入过渡区，此时，土中的含水量将随基质吸力的增大而迅速减小。在该区域，随着吸力的增加，孔隙水不断地向外排出，土的含水量显著降低，孔隙水流动的路径变小变曲折，

渗透系数也持续降低。在初期阶段，这种降低现象是比较显著的，因为先期排空的孔隙最大且连通性最好，承担着大部分水的渗流。

当含水量随着吸力增加并超过残余值时，孔隙气体将处于连通状态，孔隙水仅残存于不连续的小孔隙中，此时基质吸力的变化将不会引起含水量明显的改变，这个阶段即为曲线的残余区。在该区域，土体含水量接近于残余含水量，此时的孔隙水主要以不连续的弯液面存在于颗粒之间。这种状态的渗透系数将降低到 0，孔隙水的运移形式也以蒸汽相为主。通常情况下，大部分土从边界效应区变化至非饱和残余区，渗透系数大小的变化幅度超过 6 个数量级。

渗透系数与流体流动所占孔隙空间的体积分数直接相关，可选取体积含水量或饱和度描述非饱和土渗透系数。由于土–水特征曲线呈现滞后作用，渗透系数与吸力间的关系亦表现出滞后性。在吸力值相同的条件下，沿着脱湿路径（被水所填充的孔隙所占的体积分数比较大）的渗透系数通常大于沿着吸湿路径的渗透系数。

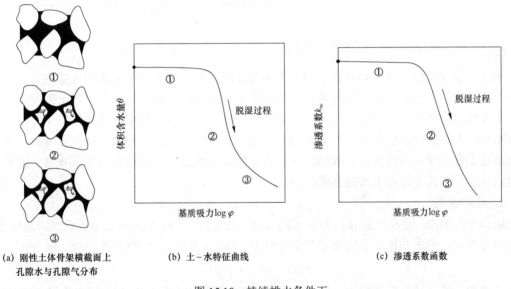

(a) 刚性土体骨架横截面上　　(b) 土–水特征曲线　　(c) 渗透系数函数
　　孔隙水与孔隙气分布

图 15.10　持续排水条件下

通常分别采用完全水饱和与完全气饱和时的最大传导率值，对非饱和土的渗透系数和气体传导率进行标准化，并引入相对渗透系数 k_{rw} 和相对空气传导率 k_{ra}，即

$$k_{rw} = \frac{k_w}{k_{sw}} \qquad (15.35)$$

$$k_{ra} = \frac{k_a}{k_{sa}} \qquad (15.36)$$

式中：k_{rw}、k_{ra} 分别为相对渗透系数和相对气体传导率；k_w、k_a 分别为渗透系数和气体传导率；k_{sw}、k_{sa} 分别完全水饱和与完全气饱和时的渗透系数和气体传导率。相对传导率是一个取值范围介于 0 到 1 之间的无量纲标量。图 15.11 为相对渗透系数、相对气体传导率与饱和度的关系曲线示意图。

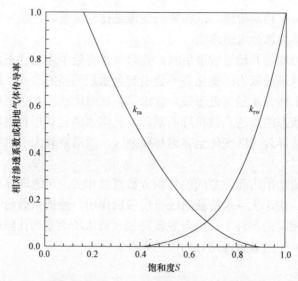

图 15.11　相对气体传导率、相对渗透系数与饱和度的关系曲线

15.5.2　非饱和土渗透系数预测模型

由于毛细作用的存在，当水在非饱和土中流动时，它一般沿着含有水的孔隙流动。因此即使是同一土样，当具有不同含水量时，孔隙水的连通路径和通道大小会有很大的区别，导致渗透系数取值也发生很大的变化。由于非饱和土渗透系数对饱和度的依赖性很大，另外在有些情况下非饱和土的饱和度又是易变的，故造成测量的困难，特别是在低饱和度时，非饱和土渗透系数测量很费时间。一般情况下，直接测量非饱和土的渗透系数不太容易，因此常采用间接方法估算非饱和土渗透系数。

1. 经验模型

所谓经验模型，是在实验直接测出不同吸力（或含水率）时非饱和土渗透系数的基础上，通过曲线拟合，给出非饱和土渗透系数 k 与吸力 s（或含水率 θ_w）的关系

$$k = f(s) \quad \text{或} \quad k = f(\theta_w) \tag{15.37}$$

非饱和土的渗透系数随吸力（或含水率）的变化曲线，与相应的土水特征曲线（SWCC）具有相似的形状，Leong 和 Rahardjo（1997）认为这主要是因为非饱和土中液体的流动仅在液相中进行。需要指出的是，虽然经验模型的建立相对简单，但需要以大量既费时又耗力的渗透实验为基础，这使其应用存在较大局限。

2. 宏观模型

渗透系数宏观模型的建立主要基于以下认识：被液体充满的孔隙可以由不同尺寸的连续的毛细管束来表示。在微观层面上，不同尺寸的毛细管内的液体流动均可视为层流，并且共同组成了土体内部液体整体的宏观流动，对于一个由层流管组成的土体系统，宏观模型认为流体的流动可近似由土体内部整体的平均流速、平均水力梯度、平均水力半径及平均渗透系数等宏观变量来描述，而并不考虑不同毛细管（或孔隙）的尺寸及其分布的影响（Brooks et al.，1964；Leong et al.，1997；Huang 等，1998）。

基于上述认识，Brooks 和 Corey（1964）推导给出了下列形式的非饱和土相对渗透系数 k_r 的表达式

$$k_{\mathrm{r}} = \left[\frac{S_{\mathrm{r}} - S_{\mathrm{rres}}}{1 - S_{\mathrm{rres}}} \right]^2 \frac{\int_0^{S_{\mathrm{r}}} \mathrm{d}S_{\mathrm{r}} / s^2}{\int_0^1 \mathrm{d}S_{\mathrm{r}} / s^2} \tag{15.38}$$

式中，等号右端 $\left[(S_{\mathrm{r}} - S_{\mathrm{rres}}) / (1 - S_{\mathrm{rres}}) \right]^2$ 为"迂曲度因子"项，用来描述土体中的平均流速与实际流速之间、平均水力梯度与实际水力梯度之间均存在的差别，S_{rres} 为残余饱和度，$S_{\mathrm{re}} = (S_{\mathrm{r}} - S_{\mathrm{rres}}) / (1 - S_{\mathrm{rres}})$ 定义为有效饱和度；等号右端 $(\int_0^{S_{\mathrm{r}}} \mathrm{d}S / s^2) / (\int_0^1 \mathrm{d}S / s^2)$ 为"水力半径"项，可以通过对土水特征曲线的积分得到。在双对数型坐标平面内，有效饱和度 S_{re} 可以表示为吸力 s 的幂函数，则非饱和土相对渗透系数的宏观模型可简化表示为

$$k_{\mathrm{r}} = S_{\mathrm{re}}^{\delta} \tag{15.39}$$

式中，δ 为拟合参数。大部分宏观模型的 δ 为常数，而为了考虑孔径分布对渗透系数的影响，Brooks 和 Corey（1964）、Mualem（1976）的宏观模型中的 δ 表示为孔径分布指数 λ 的函数。

虽然宏观模型与经验模型具有较为相似的表达式，但其推导建立过程却不同，经验模型仅是简单的实验结果的拟合，依赖于对非饱和土渗透系数的直接测试，而宏观模型则基于流体力学理论，利用宏观变量并通过理论推导给出描述土体内部流动的近似表达式，可以通过非饱和土土水特征曲线间接求解。

3. 统计模型

统计模型是基于不同尺寸的孔隙对渗透系数的不同贡献而建立的，充分考虑了土体内部的孔径分布及孔隙之间的相互连通性，是一种已被证实的最为严格和有效地建立非饱和土渗透系数方程的间接方法。在统计模型中，只要已知非饱和土的土水特征曲线及相应的饱和渗透系数，即可方便求解出其相对渗透系数。统计模型的建立一般基于下列 3 个假设：① 土体由一系列相互连通的、任意尺寸的孔隙组成，孔径为 r 的孔隙的频率分布为 $g(r)$，对于土体内任一横截面，孔径为 r 的孔隙的断面面积的频率分布也为 $g(r)$，也就是说，土体内的任一横截面均具有相同的孔径分布；② 对于每一个孔隙而言，Hagen−Poiseuille 方程成立；③ 基于 Kelvin 毛细模型，非饱和土的土水特征曲线可以表征其孔隙分布函数。

通过对已有的统计模型进行总结，可将其归纳为下面两类一般表达式

$$k_{\mathrm{r}}(\theta_{\mathrm{w}}) = \Phi^x \frac{\int_0^{\theta_{\mathrm{w}}} \mathrm{d}\theta_{\mathrm{w}} / s^y}{\int_0^{\theta_{\mathrm{s}}} \mathrm{d}\theta_{\mathrm{w}} / s^y} \tag{15.40}$$

$$k_{\mathrm{r}}(\theta_{\mathrm{w}}) = \Phi^x \frac{\int_0^{\theta_{\mathrm{w}}} \frac{\theta_{\mathrm{w}} - \xi}{s^y} \mathrm{d}\xi}{\int_0^{\theta_{\mathrm{s}}} \frac{\theta_{\mathrm{w}} - \xi}{s^y} \mathrm{d}\xi} \tag{15.41}$$

式中，Φ 为迂曲度因子，反映土体内孔隙迂曲度对渗透性能的影响，对提高模型的预测能力具有重要作用，一般可用归一化的体积含水率 Θ [定义为 $\Theta = (\theta_{\mathrm{w}} - \theta_{\mathrm{r}}) / (\theta_{\mathrm{s}} - \theta_{\mathrm{r}})$，$\theta_{\mathrm{s}}$ 和 θ_{r} 分别为饱和体积含水率、残余体积含水率] 或有效饱和度 S_{re} 表示；ξ 为虚拟积分变量；x、y、z 为常数。Burdine 模型（Burdine，1953），相当于式（15.40）中取 $x = 2$，$y = 2$，$z = 1$；Mualem 模型（Mualem，1976），相当于式（15.41）中取 $x = 0.5$，$y = 1$，$z = 2$；CCG 模型（Childs 和 Collis−George，1950），相当于式（15.40）中取 $x = 0$，$y = 2$，$z = 1$；修正 CCG 模型（Agus 等 2003），相当于式（15.41）中取 $x = 0$，$y = 0$，$z = 2$。

15.6　渗透系数的测定

15.6.1　饱和土渗透系数的测量实验

从实验原理上看，饱和土渗透系数 k 的室内测定方法可以分成常水头法和变水头法。下面分别介绍这两种实验方法的原理。

1. 常水头渗透实验

常水头实验装置如图 15.12 所示，它适用于测量渗透性大的砂性土的渗透系数，前面介绍的达西渗流实验就是常水头实验。实验时，在圆形容器中装高度为 L，横截面积为 A 的饱和试样。不断向试样桶内加水，使其水位保持不变，水在水头差压的作用下流过试样，从容器底部排出。实验过程中，水头差 h_{AB} 保持不变，因此叫常水头实验。实验过程中测得在一定时间 t 内流经试样的水量 Q，那么，根据达西渗透定律有

$$k = \frac{QL}{h_{AB}At} \tag{15.42}$$

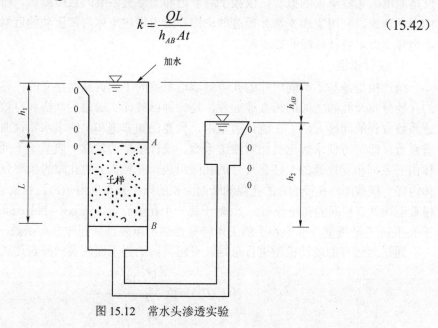

图 15.12　常水头渗透实验

需要指出，对于黏性土来说由于其渗透系数较小；故渗水量较小，用常水头渗透实验不易准确测定。因此，对于这种渗透系数小的土可用变水头实验。

2. 变水头渗透实验

变水头实验装置如图 15.13 所示，土样的高度为 L，截面积为 A。在 t_0 时刻，在初始水头差 h_0 作用下，水从变水头管中自下而上渗流过土样。实验时，装土样的容器内的水位保持不变，而变水头管内的水位逐渐下降，渗流水头差随实验时间的增加而减小，因此叫变水头实验。经过一段时间后记录 t_1 时刻的水头差 h_1。设实验过程中任意时刻 t 时的水头差为经过 $\mathrm{d}t$ 时段后，变水头管中的水位下降 $\mathrm{d}h$，那么，$\mathrm{d}t$ 时间内流入试样的水量为

$$\mathrm{d}Q = -a\mathrm{d}h \tag{15.43}$$

式中，a 为变水头管的内截面积；"$-$"表示渗水量随 h 的减小而增加。

根据达西定律，$\mathrm{d}t$ 时间内流出试样的渗流量为

$$dQ = kiAdt = k\frac{h}{L}Adt \tag{15.44}$$

根据水流连续条件，流入量和流出量应该相等，那么

$$-adh = k\frac{h}{L}Adt \tag{15.45}$$

即

$$dt = -\frac{aL}{kA}\frac{dh}{h} \tag{15.46}$$

等式两边在 $t_0 \sim t_1$ 时间内积分，得

$$\int_{t_0}^{t_1}dt = -\frac{aL}{kA}\int_{h_0}^{h_1}\frac{dh}{h} \tag{15.47}$$

$$t_1 - t_0 = -\frac{aL}{kA}\ln\frac{h_0}{h_1} \tag{15.48}$$

于是，可得土的渗透系数为

$$k = -\frac{aL}{A(t_1 - t_0)}\ln\frac{h_0}{h_1} \tag{15.49}$$

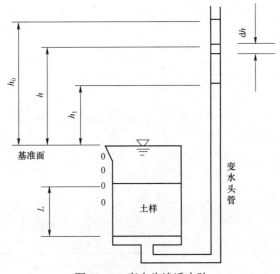

图 15.13 变水头渗透实验

室内测定渗透系数的优点是设备简单、花费较少，在工程中得到普遍应用。但是，土的渗透性与其结构构造有很大关系，而且实际土层中水平与垂直方向的渗透系数往往有很大差异；同时，由于取样时不可避免的扰动，一般很难获得具有代表性的原状土样。因此，室内实验测得的渗透系数往往不能很好地反映现场土的实际渗透性质，必要时可直接进行大型现场渗透实验。有资料表明，现场渗透实验值可能比室内小试样实验值大 10 倍以上，需引起足够的重视。

3. 渗透系数的现场测定

现场进行土的渗透系数的测定常采用井孔抽水实验或井孔注水实验，抽水与注水实验的原理相似。

图 15.14 为一现场井孔抽水实验示意图。在现场打一口实验井，贯穿要测定渗透系数的砂土层，并在距井中心不同距离处设置一个或两个观测孔。然后自井中以不变的速率连续进行抽水。抽水使井周围的地下水位逐渐下降，形成一个以井孔为轴心的降落漏斗状的地下水面。测定实验井和观察孔中的稳定水位，可以画出测压管水位变化图形。测压管水头差形成的水力梯度，使水流向井内。假设水流是水平流向时，则流向水井的渗流过水断面应该是一系列的同心圆柱面。当出水量和井中的动水位稳定一段时间后，若测得的抽水量为 Q，观测孔距井轴线的距离分别为 r_1，r_2 孔内的水位高度为 h_1、h_2，通过达西定律即可求出上层的平均渗透系数。

围绕井轴取一过水断面，该断面距井中心距离为 r，水面高度为 h，那么过水断面的面积为

$$A = 2\pi rh \tag{15.50}$$

设该过水断面上各处的水力梯度为常数，且等于地下水位线在该处的水力梯度，则

$$i = -\frac{\mathrm{d}h}{\mathrm{d}r} \tag{15.51}$$

根据达西定律，单位时间内井内抽出的水量为

$$q = -Aki = 2\pi rhk\frac{\mathrm{d}h}{\mathrm{d}r} \tag{15.52}$$

即

$$q\frac{\mathrm{d}r}{r} = 2\pi hk\mathrm{d}h \tag{15.53}$$

两边积分，得

$$q\int_{r_1}^{r_2}\frac{\mathrm{d}r}{r} = 2\pi k\int_{h_1}^{h_2}h\mathrm{d}h \tag{15.54}$$

可得渗透系数为

$$k = \frac{q}{\pi}\frac{\ln(r_2/r_1)}{\pi(h_2^2 - h_1^2)} \tag{15.55}$$

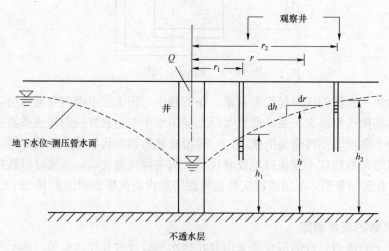

图 15.14 抽水实验

15.6.2　非饱和土渗透系数的测量实验

测量非饱和土渗透系数的室内实验方法可分为稳态法和瞬态法。对于稳定状态测试技术，土–水实验系统的流量、水力梯度与含水量均为常数；而对于瞬变状态测量技术，上述参数均随时间的改变而变化。上述两类方法中，通常均假设土骨架不发生显著的变形。

1. 稳定状态测量技术

常水头法是测量非饱和土渗透系数最常用、最古老的室内稳态实验方法之一。与传统的饱和土常水头测量方法相类似。实验过程中土样水头差保持恒定，当土样渗流场达到稳定状态时，测量通过土样液体的流速。假定达西定律适用于非饱和土，因此对应于某一含水量或吸力时的渗透系数，可以通过已知几何条件流场的流量和水力梯度的测量值计算得到。

非饱和土渗透系数稳态法采用轴平移技术控制土样基质吸力。常用的渗透系数测量系统可分为刚性壁与柔性壁两种，后者可控制侧向压力或监测侧向变形。对于刚性壁测试系统，土样上、下两端与高进气值陶土板紧密接触，两端陶土板外侧与马特瓶或水压控制器连接，确保水的流入与流出，气压从侧壁进入土样（图 15.15）。对于柔性壁测试系统，可使用高进气值和低进气值表面组成的环形盖板与土样上下两端接触，控制土样上、下表面的水压与气压。水压与气压控制装置可确保土样水力梯度为常量。

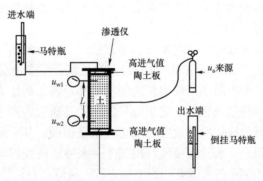

图 15.15　非饱和土渗透系数刚性壁测试系统示意图（Klute et al.，1986）

通常情况下，在进行渗透实验前，应将土样饱和。在常水头梯度作用下，土样渗流场逐渐达到稳定状态，并测量达到稳定状态时通过试样的水的流量。随着实验时间逐渐增加，水分在迁移过程中，气泡将聚集在实验系统的管线中，为确保流量测量的准确性，需要定期把这些气泡排出系统，并计算其所占的体积。

当实验完成后，可根据已测量的流量、系统内部的水头损失与土样几何尺寸，用达西定律计算相应的渗透系数

$$k = -\frac{v}{i} = v\frac{\Delta L}{\Delta h} \tag{15.56}$$

通常在脱湿路径下测试非饱和土渗透系数。实验时分步增加基质吸力，这可以通过逐渐增加孔隙气压或逐渐降低孔隙水压来完成，随后测量相应于每步吸力增量下的稳定状态的水流量。渗透系数也可在吸湿路径条件下测量，实验时可逐步降低基质吸力，但这种方法不常用。因为在渗流状态下，土样内的孔隙水压不是处处相等的，常采用由已知的气压与两个孔隙水压测量的平均基质吸力来计算渗透系数。用于计算渗透系数的含水量，可由独立测定

出的土–水特征曲线来推算，或者用损伤式测量方法直接测量（即每步实验结束后，把土样从实验系统中取出来测量土样的含水量）。

除了常水头法外，非饱和土渗透系数的稳定状态测量计算还包括常流量法、离心法等。其中，常流量法实验过程中保持流量恒定。相关介绍可参阅文献（Benson et al.，1997）。

2. 瞬态流动的测量技术

1）溢出法

正如 8.4.3 节所述，水力扩散系数控制着非饱和土的瞬态渗流过程。水力扩散系数可定义为渗透系数与比水容量的比值，即

$$D = \frac{k}{C} \qquad (15.57)$$

式中，比水容量 C 可由土–水特征曲线的斜率得到，即

$$C = \frac{\partial \theta}{\partial \psi} \qquad (15.58)$$

基于式（15.57）和式（15.58），渗透系数的表达式可整理为

$$k = DC = D\frac{\partial \theta}{\partial \psi} \qquad (15.59)$$

因此，可通过瞬态流动实验确定水力扩散系数，并根据土–水特征曲线确定比水容量，进而依据式（15.59）计算渗透系数。

溢出法是一种应用范围较广的室内瞬态实验方法。现有的溢出法包括多步法、单步法、多步直接法与连续溢出法（Benson et al.，1977）。此处仅介绍多步溢出法（Gardner，1956）的基本原理和实验步骤。多步溢出法使用传统的轴平移设备，如压力板或非饱和土固结仪。实验过程中逐步增加土样的基质吸力，记录每一施加的基质吸力步下的孔隙水流出速率和总流出量。根据渗流量数据和施加的基质吸力确定含水量剖面。基于施加的基质吸力和每一增量步平衡时的含水量获得土–水特征曲线，根据土–水特征曲线斜率确定比水容量。在可控制的边界条件下，求解一维瞬态流体流动的控制方程，获得水力扩散系数，并应用式（15.59）确定渗透系数。

分析多步溢出法实验结果时做如下假设：① 每一吸力增量步，土样的渗透系数保持恒定；② 每一吸力增量步，含水量与吸力成线性相关；③ 高进气值陶土板不会对孔隙水的流出造成阻碍；④ 孔隙水的流动是一维的；⑤ 忽略重力驱动力；⑥ 土样是均质且刚性的。根据这些假定条件，水溢出过程的扩散控制方程［式（15.34）］可简化为

$$\frac{\partial \psi}{\partial t} = D\frac{\partial^2 \psi}{\partial z} \qquad (15.60)$$

式中，水力扩散系数 D 为常数；z 为竖向坐标（土样底部 $z=0$，土样顶部 $z=L$）。

根据施加的初始条件和边界条件，Gardner（1956）给出了式（15.60）的解，即

$$\ln\left(\frac{V_\infty - V_t}{V_\infty}\right) = \ln\left(\frac{8}{\pi^2}\right) - \frac{D\pi^2 t}{4L^2} \qquad (15.61)$$

式中，V_∞ 为施加了某一步吸力增量时，排出的孔隙水的总体积；V_t 为实验进行到 t 时排出的孔隙水的体积。根据式（15.61）绘制时间 t 与 $\ln[(V_\infty - V_t)/V_\infty]$ 的关系线，其斜率为 $D\pi^2/4L^2$，截距为 $\ln(8/\pi^2)$。根据斜率确定扩散系数 D，并利用式（15.59）确定渗透系数，即

$$k_\psi = D \frac{\Delta \theta}{\Delta \psi}$$

（15.62）

式中，$\Delta \theta$ 为对应于吸力增量步 $\Delta \psi$ 的含水量变化值。实际上，利用式（15.62）确定的渗透系数 k_ψ 是这一吸力增量步的平均值，对应于平均含水量 θ_{avg} 或平均基质吸力 ψ_{avg}。

该方法的主要优点包括：与稳态法相比，溢出法实验所需时间短，实验设备简单，并且可以同时获得非饱和土渗透系数与土－水特征曲线。其主要缺点包括：缺乏充分的稳态法和溢出法实验结果的对比；为了提高多步溢出法的有效性，吸力增量步需要相当小，增加实验所需时间（尽管较稳态法短）；对于饱和渗透系数较高的土体，高进气值陶土板对孔隙水流出的阻碍作用不能忽略（Miller et al.，1958；Rijtema，1959；Kunze et al.，1962）；孔隙水流出率通常很小且难以准确测量（Jackson et al.，1963）；流出管线中形成的气泡可能会混淆数据（Kunze et al.，1962）。

2）瞬时剖面法

瞬时剖面法是一种适用于室内或现场确定渗透系数的瞬态测量技术。该方法是指在进行瞬态渗流实验时，定期测量土柱不同含水量和吸力剖面，确定土柱中某一点流动到另一点的水的体积，确定驱动流动过程的水力梯度，并结合达西定律计算渗透系数。如果仅直接测量了含水量或吸力剖面分布，则另一个剖面分布可通过土－水特征曲线获得。

Richards 和 Weeks（1953）对室内瞬时剖面法进行了论述。Watson（1966）、Hamilton（1981）、Daniel（1983），Meerdink（1996）、Chiu 和 Shackelford（1998）、Li 等人（2009）等根据该方法的原理，开发了各种测量技术。该实验可采用重塑样或原状样。土样装入一个刚性壁的柱形容器中，其长度通常为 10~30 cm，实验时该容器可置于水平或垂直方向。若容器置于水平方向，在分析结果时可忽略重力对渗流的驱动作用。实验中控制土柱边界条件的方法很多，主要包括通过重力作用排水、施加基质吸力排水、通过蒸发作用排水、采用流量泵或水滴控制系统注水等。实验中常用的可直接测量吸力的传感器有张力计、热电偶干湿计（Daniel，1983；Meerdink et al.，1996），可直接测量含水量剖面的传感器有时域反射仪（TDR）探测器、外置 γ 射线衰减仪、电阻测量系统等。

图 15.16 所示为典型的室内瞬时剖面法实验装置。装置内的土柱是水平放置的。控制土柱两端（$x=0$，$x=L$）边界条件。沿土柱长度方向布置数个测量含水量或吸力分布的传感器，传感器间距通常约为整个土柱长度的 10%。尽管计算渗透系数函数仅需要两个传感器，但布置传感器数量越多，绘制的含水量或吸力分布曲线越光滑。

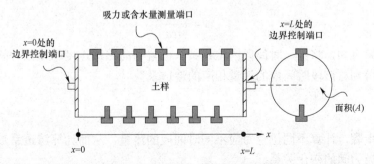

图 15.16　用室内瞬时剖面法测量土柱渗透系数示意图（卢宁和 Likos，2012）

初始阶段（$t = t_0$），土柱为均质土，初始含水量为 θ_0，初始吸力水头为 h_0。通过位于土柱左端（$x = 0$）的流量泵，对土柱缓慢地注入稳定流量的水。在土柱左端放置一叠滤纸，使入渗水流均匀地分布于土柱左端的横截面上。土柱右端（$x = L$）直接与大气相通，允许水自由向外排出。随着土柱左端水流的注入，土柱含水量和吸力沿着水平方向不断地发生改变。图 15.17（a）和图 15.17（b）展示了不同时刻（t_0、t_1、t_2、t_3 与 t_4）土柱内各位置的吸力和含水量的分布示意图。t_i 时刻，土柱中 x_i 位置的吸力水头梯度 i 等于吸力分布曲线上该时刻和该点处的斜率，即

$$i(x_i, t_i) = \frac{\mathrm{d}h}{\mathrm{d}x}\bigg|_{x_i, t_i} \tag{15.63}$$

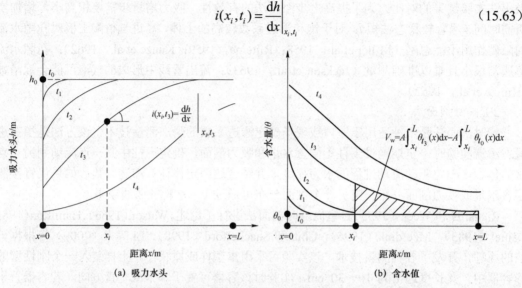

(a) 吸力水头   (b) 含水值

图 15.17　室内瞬时剖面法的概念化分布示意图（卢宁和 Likos，2012）

如果水流尚未流出土柱右端时就终止实验，则实验进行到任意时刻、流经任一土柱截面的总水量等于该截面与土柱右端之间土柱内的水体积变化值，可表示为

$$\Delta V_{\mathrm{w}} = A\int_{x_i}^{L} \theta_{t=j}(x)\mathrm{d}x - A\int_{x_i}^{L} \theta_{t=m}(x)\mathrm{d}x \tag{15.64}$$

式中，ΔV_{w} 为从 $t = j$ 到 $t = m$ 时间段 Δt 内，通过位置 x_i 土柱横截面的水的体积，A 为土样的横截面面积。图 11.15（b）中阴影部分面积与横截面面积 A 的乘积，就代表了 t_0 到 t_3 时段内通过位置 x_i 横截面的水的体积。类似地，可由该图计算出对应于任意时间段和任意位置的图形面积。渗透速度 v 等于水量体积的变化值 ΔV_{w} 除以土柱横截面积 A 和时间间隔 Δt 的乘积

$$v = \frac{\Delta V_{\mathrm{w}}}{A\Delta t} \tag{15.65}$$

由达西定律可知，将某一时间段内土柱某一位置处的渗透速度除以该时间段内的平均水力梯度，即可得到与该段时间内的流量相应的渗透系数

$$k = -\frac{v}{i} \tag{15.66}$$

重复上述步骤，计算不同位置对应不同时间段的流量，从而计算渗透系数与较大范围的含水量或基质吸力间的变化关系。

相较于稳态或多步溢出法，瞬时剖面法实验速度快，只要测量吸力和含水量剖面，即可同时获得渗透系数和土－水特征曲线。然而，其测试结果受传感器布设间距和测试时间间隔

等因素的影响。现场瞬时剖面法的原理与室内瞬时剖面法是一致的，相关介绍可参阅文献（Benson et al.，1997）。

思 考 题

1. 达西定律的内容是什么？其应用条件和适用范围是什么？达西定律中的各个指标的物理意义是什么？

2. 什么叫土的渗透系数？如何确定土的渗透系数？影响土的渗透系数的因素是什么？

3. 材料的固有渗透率是否取决于流体密度和黏度等流体特性？

4. 渗透系数各向异性的原因是什么？

5. 对比非饱和土中稳定液体流动和瞬态液体流动之间的主要区别。

6. 在什么情况下，粉土的非饱和渗透系数大于砂土的渗透系数？

7. 在相同吸力条件下，某非饱和土为什么有不同的渗透系数？

8. 简述饱和土渗透系数测试方法中常水头、变水头渗透实验和现场实验的实验原理；这几种方法有什么区别，适用于什么条件？

9. 简述本章所述的非饱和土渗透系数测试方法的原理、步骤和特点。

10. 对水力扩散系数进行定义，并解释为什么该变量与含水量成函数关系。

16 土的多场多变量耦合理论

土本身和周围赋存的环境所涉及的范围及其变化是非常广泛和巨大的，因此，经典土力学的范围也在不断地拓展和变化，以满足现代社会发展的需要。另外，人类社会经过发展和进步已经到了需要考虑多种环境的作用和影响的时代，而经典土力学理论面对这样的问题时，就更加需要拓展其范围，以适应社会发展的需求。多孔介质理论可以作为多场多耦合问题的理论基础。

16.1 概　　述

随着人类社会的不断发展和进步，人们所面临的岩土工程问题越来越复杂，土力学所要处理的问题也更加宽广、复杂和多变。除力学作用外，水力、温度、化学等环境因素的变化也会改变岩土体的工程性质，进而对人类的生产生活造成影响，例如：降雨诱发的土体滑坡、蒸发引起的地基变形、基础设施冻胀融沉破坏、核废料深部地质处置与城市固废隔离建设和长期运营安全性、新能源（如煤层气、天然气水合物等）高效开采等。

地表土与大气相互作用下，降雨及蒸发使得土体的含水量发生变化。在降雨作用下，浅层边坡土体中的含水量增加，并可能导致滞水发生，使得土体中原有的吸力及对抗剪强度的增强作用降低甚至丧失，进而降低边坡稳定的安全系数。在干旱条件下，由于失水导致土体收缩变形的发生。地基土的收缩沉降引发其上部的房屋建筑发生开裂破坏。地基土的沉降也会引发高速公路以及机场跑道的开裂受损。

多年冻土和季节性冻土分布广泛，冻土区公路铁路等路网交通、管道廊道等基础设施发生冻胀融沉等病害，不仅会造成严重的经济损失，还会对人民的生命财产安全造成威胁。另外，随着全球气候的不断变暖，青藏高原等多年冻土区土中的冰层可能发生融化，容易引起地面沉降等地质灾害，还会对寒区生态环境产生不可逆转的影响。

核废料深部地质处置库建设和长期的运营过程中，在近场围岩、缓冲或回填材料及混凝土构筑物等中的地下水位、化学成分、环境温度等变化的影响下，高压实膨润土缓冲屏障的热－水－力－化环境发生变化，并对膨润土缓冲屏障的力学、渗透、吸附等性能产生影响。

在垃圾填埋场工程中，土中孔隙溶液组分随时间会发生迁移，并使得缓冲屏障的孔隙溶液浓度发生变化。且由于气候的影响，防护层的含水量也可能会发生变化。因此，在含水量及孔隙溶液浓度变化的情况下，垃圾填埋场缓冲屏障的渗透性及力学行为也会随之发生变化，进而影响垃圾填埋场的稳定性。

在上述岩土工程问题中，岩土体的稳定性除与外荷载有关外，也与环境荷载（水力、温度、化学等）有关。土体在应力、渗流、温度和化学等场的共同作用下，土骨架的变形、孔隙水的渗流、组分物质或污染物的迁移与扩散、化学反应（溶解、沉淀）、相变等多场多变量的耦合问题，是目前国内外研究中的一个迫切需要解决而又十分困难的问题。而传统的理论绝大多数都是基于直觉的、经验的、宏观现象学的认识，缺少严格和科学的理论基础。由此所建立的理论适用范围有限，也未能严格和有效地描述多场作用下土体中多场和多过程耦合的现象。因此，无法满足解决上述实际工程问题的需要。土体在多种环境作用下多场多变量耦合的统一和完备的理论基础有待于研究和发展。

16.2 流动规律和耦合流动

流体、热量、电流和化学物质可以在土中流动。假设流动过程不改变土的状态，单位时间内不同类型的流量 J_i（图 16.1）与其对应的驱动力 X_i 间呈线性关系，即

$$J_i = L_{ii} X_i \tag{16.1}$$

式中，L_{ii} 为流动的传导系数。图 16.1 中 A 为垂直于流动方向的总横截面面积；n 为孔隙率。针对特定的流动类型并使用熟知的现象学系数时，对于垂直于流动方向的某一横截面（面积 A），式（16.1）可表示为

水流 $\qquad q_h = k_h i_h A \qquad$ 达西定律（Darcy's law）$\tag{16.2}$

热流 $\qquad q_t = k_t i_t A \qquad$ 傅里叶定律（Fourier's law）$\tag{16.3}$

电流 $\qquad I = \sigma_e i_e A \qquad$ 欧姆定律（Ohm's law）$\tag{16.4}$

化学流动 $\qquad J_D = D i_c A \qquad$ 菲克定律（Fick's law）$\tag{16.5}$

式中，q_h、q_t、I 和 J_D 分别为水、热、电和化学流量；系数 k_h、k_t、σ_e 和 D 分别为水力系数、导热系数、导电系数和扩散系数；流动的驱动力分别为水力、热、电和化学梯度 i_h、i_t、i_e 和 i_c。

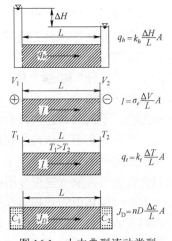

通常，即使单一的驱动力作用时，岩土材料中仍存在不同种类的耦合流动。例如，当含有化学物质的孔隙水在水力梯度下流动时，土体中化学物质产生平行流动。这种类型的化学运输称为平流。根据研究，一种类型的梯度 X_j 可以导致另一种类型的流动 J_i，即

$$J_i = L_{ij} X_j \tag{16.6}$$

式中，L_{ij} 为耦合系数。表 16.1 列出了耦合流动类型及常用术语。

图 16.1 土中典型流动类型
（Mitchell et al., 2005）

热渗透是温度梯度下的水分运动。其在非饱和土中很重要，但在饱和土中不太重要。在半干旱和干旱地区、易冻土和膨胀土中存在热驱动水分运动现象。电渗透可用于控制水流和加固土体。化学渗透是由作用于黏土层的化学梯度引起的水分运动现象。

在流动的地下水中，由水流引起的等温传热给冻土屏障的形成带来了极大的困难。电驱动热流（Peltier 效应）和化学驱动热流（Dufour 效应）在土中并不重要。

流动电流是水力驱动的电流和离子流，它对电势发展和化学流动均很重要。温度和化学梯度产生的电势在腐蚀和某些地下水流动及稳定性问题中是很重要的。

热致扩散，即 Soret 效应，是指均匀液体混合物中的组分在温度场梯度作用下发生迁移

并形成浓度梯度。其在土中是否重要尚未得到评估；然而，由于化学活动高度依赖于温度，在某些系统中可能是一个重要的过程。电泳是指带电粒子在电场中的运动，其已被应用于浓缩矿山废物等。

表 16.1　直接和耦合流动现象（Mitchell et al.，2005）

流动 J	梯度 X			
	水头	温度	电	化学浓度
液体	水力传导 达西定律	热渗透	电渗透	化学渗透
热	等温传热 或热过滤	热传导 傅里叶定律	Peltier 效应	Dufour 效应
电流	流动电流	热电 Seebeck 或 Thompson 效应	电传导 欧姆定律	扩散和膜电位 或沉淀电流
离子	流动电流 超滤	热致扩散 或 Soret 效应	电泳	扩散 菲克定律

16.3　多孔介质理论

多孔介质即多相多组分孔隙介质的简称，指的是由固相组成固体骨架遍布整个多孔介质空间，骨架间存在各种连通或封闭的孔隙，这些孔隙中可能包含液相或气相等其他物质的多相系。显然多孔介质是典型的混合物，组成混合物的单一物质称为混合物的"相"，而"相"则由不同"组分"构成。"相"是具有相同的物理化学性质且被明确界限包围的一个系统或系统内部的一个部分。一般系统中所有气体都视为一个相，称为气相，因为气体几乎都是可以互相混合，不同气体之间没有明确的物理界限，如空气；而液体则可能有多个相，因为液体之间可以互不相溶，使得不同液体之间有明确的分界面。除了相的概念外，还需要明确的另一个概念是"组分"，它是指在相中具有单一化学物质的各个成分，如作为气相的空气，其内部包含有氧气、氮气等很多不同的组分。

土是一种典型的三相多孔介质，它是一种疏松和联结力很弱的矿物颗粒的堆积物，地壳表面的整体岩石在大气中经受长期的风化作用而破碎后，形成形状不同、大小不一的颗粒，土作为这些碎散颗粒的集合体，由固体土颗粒组成其固相土骨架，固相骨架之间是孔隙，孔隙由液体和气体这两种流体填充。土骨架、孔隙液体和孔隙气体其各自的运动通常是不同的，并且它们之间存在相互作用。另外，土有着极不规则的内部结构，孔隙结构的几何尺寸非常复杂，且这种尺寸会随空间的位置而变化，使得对多孔介质的描述变得非常困难。为克服这些困难，应当转向更为粗略的平均水平，即转向宏观的水平。宏观的方法是一种连续介质方法，实质上是用一种宏观上均匀的连续介质替代微观上不均匀的孔隙介质，但这种替代应具有宏观的等价性，即两种介质应具有同样的宏观表现和行为。这种宏观上均匀的连续介质就可以用连续介质力学或连续介质热力学方法进行分析和研究。也就是说对于土这种三相的孔隙介质，连续介质的经典方程不能直接拿来使用，而是需要利用多孔介质理论才能建立方程。

16.3.1　混合物理论的发展

多孔介质作为一种混合物（mixture）是由几种不同性质（物理性质或化学性质）的单一物质（单组分或多组分）混合形成的复杂介质。这些物质的混合可以是局部和整体都均匀的混合，如混合气体和溶液等，也可以是局部不均匀但整体均匀的混合。混合物的各相之间不仅存在相对运动，而且存在相互作用，甚至可能存在物质转化（相变或化学反应等）。混合物理论（mixture theory）就是研究混合物各相运动规律、相互作用规律和相互转化规律，以及混合物整体运动变化与外界对混合物作用之间关系的理论体系。该理论以热力学为基础，是对单一物质连续统理论的拓展，也称为相互作用连续介质理论，具有很好的自洽性和系统性。它从基本的物理规律出发，针对问题的具体情况进行数学演绎，所以在该理论框架下所建立的本构方程都可以按一定的规则提出，所考虑的多相介质的物理性质，物理规律的限制，分析、演绎中的具体假定和简化都有清楚的表述。所以这种本构方程具有科学严密性和系统性，对各种因素的考虑也具有一致性，可以避免得出不协调的结论。

de Boer（1992，1996）回顾了混合物理论的发展史，他们指出 Woltman 是第一个提出混合物概念的学者。早在 1794 年，Woltman（1794）在讨论泥浆土的力学行为时，提及了混合物，并且引入了体积分数的概念，但此后一段时间混合物理论并没有得到实质性的发展。进入 20 世纪后，Fillunger（1913，1914，1915，1929，1930a，1930b，1934，1936）的研究为混合物理论发展起了先驱作用，他认为可以把混合物看作由代表各组成物质的连续介质叠加而成，混合物中的任意一点同时被每个组成物质中的一个质点占据，这些相互叠加的连续介质之间存在相互作用。然而，由于混合物理论的分析方法比较抽象，不易被工程人员接受，且 Fillunger 当时的研究还存在很多不完善的地方，再加上当时 Terzaghi 理论在学术届和工程届所处的统治地位，使得混合物理论的发展一直处于低潮。

直到 1957 年，德国著名理性力学家 Truesdell 教授建立起了混合物的数学理论（Truesdell，1984），该理论包括 3 个基本假设：① 混合物的所有性质，完全由组成其的各组成物质的性质所决定；② 要描述混合物中某一组分的运动，只需将该组分从混合物中分离出来，而把其他组分对该组分的影响以适当的作用形式施加在所研究的组分上；③ 混合物的运动和单一物质的运动满足相同的方程。由此建立了混合物理论的公理化体系，并以此为基础给出了混合物的运动描述方法和平衡定律，为了考虑混合物中其他相对某一相的作用，在给出该相平衡方程时增加了对应量的供给项。然而，Truesdell 所建立的混合物理论多考虑的是多组分的气体混合物。

以 Truesdell 为开端，混合物理论在 20 世纪六七十年代进入发展高潮期。这一时期，国际上一大批理性力学家致力于混合物理论的研究，并将处理对象由气体推广到多孔介质，其优越性也由理性力学领域扩展到工程领域。其中主要的研究成果包括：Kelly（1964）拓展了 Trusedell 的理论，先建立积分形式的平衡方程，再进行局部化得出局部形式的平衡方程和间断面上的跃迁条件。Adkins（1963a，1963b，1964）发展了流体混合物和流体与弹性固体混合物的纯力学理论，这些工作的意义在于给出了满足物质标架无差异公理要求的混合物本构变量组合形式。Coleman 等人（1963）指出了 Clausius–Duhem 不等式对单一物质本构方程的限制和简化作用。Eringen 和 Ingram（1965）、Ingram 和 Eringen（1967）第一个把 Clausius–Duhem 不等式引入混合物理论，但他对混合物各个组成物质分别应用熵不等式的做法被 Bowen 认为不具有普遍性。Green 和 Naghdi（1965）的研究只对混合物整体应用了

Clausius–Duhem 不等式便推导出了单一温度的混合物理论。Gurtin 和 De La Penha（1970）一批研究者试图通过最基本的方法建立混合物理论的公理化体系，他们考察了可能发生在混合物各相之间体积的和面积的相互作用，得到了与 Trusedell 和 Kelly 不同的混合物能量平衡定律和动量平衡定律，除了各相偏应力外，还得出了服从其他平衡方程的内嵌应力（embeding stresses）。Cross（1973）分析了相的物质对称性对独立本构变量的要求。文献（Bedford et al., 1983；Bowen，1983）是这一时期研究的综合性权威文献，这一时期研究的里程碑是给出了考虑了全耦合的弹性固相介质和可压缩不可混溶黏性流体组成的混合物的本构描述。

20 世纪 80 年代初，经典混合物理论的基本框架已经形成（Bedford et al., 1983；Bowen，1983）。在随后的 20 世纪八九十年代，国际上理性力学家们对混合物理论的研究日趋沉寂，但应用力学家及诸多工程问题研究者对混合物理论表现出了极大的兴趣，并进一步将混合物理论应用到工程上常见的多相孔隙介质的研究中，逐渐形成了一门新兴学科——孔隙介质力学，推动了混合物理论发展的又一个高潮。其中，最具影响力的研究包括英国皇家工程科学院院士、国际著名工程力学和计算力学家 Zienkiewicz 教授（其研究团队主要成员包括现意大利国家科学院院士、帕多瓦大学 Schrefler 教授），美国国家科学基金委评审委员、德州农工大学前校长、工程力学专家 Bowen 教授、德国埃森大学孔隙介质力学专家 de Boer 教授。

作为有限元数值方法研究的先驱者之一，Zienkiewicz 教授领导的研究团队（Gawin et al., 1995；Schrefler et al., 1994；Schrefler et al., 1996；Simon et al., 1984；Zienkiewicz et al., 1988）将岩土类材料考虑为固、液、气三相介质，利用 Bishop 有效应力原理，系统研究了饱和、非饱和介质变形过程的数值模拟，并开发出了相应的程序 FEM 应用于工程实际。但需要指出的是，这些研究虽然可以考虑多孔介质中的某些耦合现象（如变形和渗流的耦合），但所采用的本构关系依旧是 Terzaghi 型的经验方程，对流体仍采用经验的达西定律，这就导致其理论基础不够坚实，也不能完全考虑各个层次的耦合现象。

Bowen（1980，1982）利用混合物理论研究了可压缩和不可压缩的恒温多相孔隙介质，将体积分数作为内变量，以考虑微观结构对多孔介质性质的影响，在此基础上，建立了质量、动量、能量和熵的宏观平衡方程，并由熵不等式并结合适当的本构假设建立了相应的弹性本构关系，但值得关注的是，Bowen 虽然给出了基于体积分数演化的热力学限制，但是却没有能够给出具体的演化方程。

de Boer（1996）及其研究团队建立了考虑体积分数变化的饱和弹塑性多孔介质的混合物理论（后被称为孔隙介质理论），并发展了相应的数值模拟方法。他们将变形梯度分为两部分加以考虑，分别用来解释材料外部的真实变形和材料内部孔隙的改变，并且指出关于上述两个变形变量的方程是相互依存的，即只需确定其中一个，另外一个即可随之确定，在此基础上得到额外的本构方程，形成闭合问题。但 de Boer 的研究局限在饱和多孔介质，对涉及非饱和的多相流多孔介质不适用。除此之外，Eringen（1994）从工程需要出发，分析了弹性固体和黏性流体组成的混合物，但并未将体积分数作为独立状态变量。Atkinson 和 Appleby（1994）发展了弹性多孔介质的 Laplace 变换域中的变分原理。Coussy（1995）引入"塑性孔隙率"的概念以考虑固相不可恢复的压缩变形，相应地流相质量不可恢复变化将受到固体骨架不可恢复变形和塑性孔隙率两者的影响。Hansen 等人（1991）考察了经典混合物理论中对混合物变量的定义，指出以质量密度为权叠加来定义混合物有关量的方法会引起矛盾，他提出以各相体积分数作为叠加权重的混合变量定义方法，由此形成了所谓的体积分数混合物理论（volume fraction mixture theory）。Reid 和 Jafari（1995）把混合物每一相与 Borel 集合相联系、混合物与这些集合的并集相联系，给出了混合物运动新的描述方法和普遍形式的平衡方程。Costa Mattos（1998）应用不可逆热力学推导出了满足物质客观性公理的流体混合物本构关系。Samohýl（1997a，1997b）建立了具有任意对称性的黏弹性相组成的非简单混合物热力学，所研究的混合物具有单一温度和非线性输运特性。

进入 20 世纪 90 年代以来，混合物理论出现了新的发展，主要包括：Hutter 为代表的基于理性热力学的混合物理论研究（Hutter et al.，2004），Gray 及其研究团队（Gray，1983；Gray et al.，2005；Gray et al.，2006；Gray et al.，2009a；Gray et al.，2009b；Gray et al.，2010；Jackson et al.，2009；Miller et al.，2005；Miller et al.，2008）开创的考虑非饱和多孔介质中界面效应的研究，以及 Achanta 和 Cushman 研究团队为代表的复合混合物理论研究。

Svendsen 等人（1995）基于理性热力学，采用拉格朗日乘子方法，推导了各相同性黏弹性多孔介质材料的本构关系，并将其推广到研究饱和/非饱和土的本构模型研究中（Hutter et al.，1999）。但他们的研究偏于理论，没有很好地考虑土介质自身的特性，不能与土力学很好地结合。

Hassanizadeh 和 Gray（1979a，1979b，1980）提出了一个将水气界面作为单独一相考虑的多孔介质模型，对多相孔隙介质的本构建模提出了新的思路和方法。他们首次在热力学第二定律所限定的范围内推导了毛细压力的演化方程，从而建立毛细压力和状态变量之间的关系，为研究非饱和多孔介质内水力–力学之间的相互影响机制提供了理论基础。但上述研究在肯定毛细松弛效应重要性的同时，却忽略了其时间效应。随后，Hassanizadeh（1986a，1986b）、Hassanizadeh 和 Gray（1990）基于普适性的热力学理论，研究了固相颗粒不可压缩的可变形饱和多孔介质中多组分物质的输运现象，通过平均化方法建立了固相和各流体组分的质量、动量、能量和熵平衡方程，由合理的本构假定和熵不等式推导本构方程，得到一般性的 Darcy 定律和 Fick 定律。他的研究表明：Bowen 的宏观平衡方程和被平均化后的微观方程完全等价。Wei 和 Muraleetharan（2002a，2002b）引入体积分数作为状态变量，在给出毛细压力演化的热力学限制基础上，建立了能够描述界面上各相相互作用的动力协调条件，并以此发展了能够描述非饱和土变形特性的本构模型。Schrefler（2002）也基于平均化方法给出了饱和/非饱和土中的平衡方程，并通过热力学方法得到了使系统闭合的本构方程。Achanta 和 Cushman（1994）把这种平均化理论和经典混合物理论相结合的理论称为复合混合物理论（hybrid mixture theory）。复合混合物理论假设存在多尺度的重叠连续介质，它不仅具有经典混合物理论的优点，而且可将场中变量的微观信息通过平均化包含到所建立的宏观模型中。

国内学者中，陈正汉等人（1993a，1993b）最早利用混合物理论来研究土力学问题，针对非饱和土的固结问题，构建了数学模型，并给出非饱和土的非线性弹性模型和土水特征曲线的理论框架。杨松岩和俞茂宏（1998，2000）在混合物理论的框架内，提出了一个处理饱和和非饱和的多相孔隙介质材料变形和强度本构建模的方法，给出了一个具体的弹塑性损伤本构方程，可描述材料性质的损伤和软化过程以及非饱和程度对材料变形强度特性的影响。苗天德等人（1999）、牛永红和苗天德（2002）用混合物理论对冻土进行了研究。黄义和张引科（2003a，2003b），应用经典混合物理论得到了非饱和土非线性本构方程和场方程，并通过对非线性方程的线性化，推导出了线性本构方程和线性场方程，Biot 的饱和多孔介质本构方程和场方程是其中的特例，说明了用混合物理论处理非饱和土本构问题的正确性。李相菘（2013）利用多孔介质理论探讨了饱和土弹塑性理论的数理基础。Wei（2014）基于多孔介质理论，利用熵增不等式得到的本构关系对多相多组分孔隙介质的平衡特性进行了探讨。

16.3.2 多孔介质理论框架

本节介绍多相多组分孔隙介质的平衡方程和热力学第二定律。针对多相孔隙介质，Hassanizadeh 和 Gray（1979a，1979b）、Gray 和 Hassanizadeh（1989）基于局部平均方法推导了平衡方程和热力学第二定律。其后，Bennethum 和 Cushman（1996，2002）将其扩展至多相多组分孔隙介质。下文推导过程中，忽略了相间界面热力学性质，因此本节仅介绍组分和相的平衡方程。

1. 质量平衡方程

α 相中的第 j 组分的质量平衡方程为

$$\frac{D_\alpha^j(n_\alpha\rho_\alpha^j)}{Dt} + n_\alpha\rho_\alpha^j\nabla\bullet v_\alpha^j = \hat{e}_\alpha^j + \hat{r}_\alpha^j \tag{16.7}$$

式中，D_α^j/Dt 为物质导数，$D_\alpha^j(\bullet)/Dt = \partial(\bullet)/\partial t + v_\alpha^j\bullet\nabla(\bullet) = D_\alpha(\bullet)/Dt + u_\alpha^j\bullet\nabla(\bullet)$，$v_\alpha^j$ 为 α 相中的组分 j 自身的绝对速度，u_α^j 为 α 相中的组分 j 相对于 α 相的扩散速度，$u_\alpha^j = v_\alpha^j - v_\alpha$，$v_\alpha$ 为 α 相自身的绝对速度；ρ_α^j 为 α 相中的组分 j 的平均质量密度；$\hat{e}_\alpha^j$ 表示 α 相中的组分 j 与 α 相外的其他相之间的质量交换率；$\hat{r}_\alpha^j$ 组分 j 与 α 相内的其他组分之间的质量交换率。

对组分的质量平衡方程求和，得到 α 相的质量平衡方程为

$$\frac{D_\alpha(n_\alpha\rho_\alpha)}{Dt} + n_\alpha\rho_\alpha\nabla\bullet v_\alpha = \hat{e}_\alpha \tag{16.8}$$

式中，$D_\alpha(\bullet)/Dt = \partial(\bullet)/\partial t + v_\alpha\bullet\nabla(\bullet)$；以土骨架作为参照系，则其他相（$\beta$ 相）对于固相骨架 s 的质量平均速度 $v_{\beta,s}$ 为 $v_{\beta,s} = v_\beta - v_s$，$D_\beta(\bullet)/Dt = D_s(\bullet)/Dt + v_{\beta,s}\bullet\nabla(\bullet)$；$\rho_\alpha$ 为 α 相的平均质量密度；$\hat{e}_\alpha$ 表示 α 相与其他相之间的质量交换率。

对相的质量平衡方程求和，形成土体混合物整体的质量平衡方程

$$\frac{D\rho}{Dt} + \rho\nabla\bullet v = 0 \tag{16.9}$$

式中，ρ 为土体的整体质量密度；v 为整体速度。

相的各物理量与相应的组分的物理量之间存在下列关系

$$\rho_\alpha = \sum_{j=1}^{N}\rho_\alpha^j, \quad v_\alpha = \sum_{j=1}^{N}C_\alpha^j v_\alpha^j, \quad \hat{e}_\alpha = \sum_{j=1}^{N}\hat{e}_\alpha^j \tag{16.10}$$

式中，C_α^j 为质量分数，$C_\alpha^j = \rho_\alpha^j / \rho_\alpha$。混合物整体的各物理量与相应的各相的物理量之间存在下列关系

$$\rho = \sum_\alpha n_\alpha\rho_\alpha, \quad v = \sum_\alpha\frac{\rho_\alpha}{\rho}v_\alpha \tag{16.11}$$

同时，满足下列限制条件

$$\sum_{j=1}^{N}C_\alpha^j = 1, \quad \sum_\alpha n_\alpha = 1, \quad \sum_\alpha\sum_{j=1}^{N}\hat{e}_\alpha^j + \hat{r}_\alpha^j = 0, \quad \sum_{j=1}^{N}\hat{r}_\alpha^j = 1, \quad \sum_\alpha\hat{e}_\alpha = 0 \tag{16.12}$$

2. 动量平衡方程

α 相中的第 j 组分的动量平衡方程为

$$n_\alpha\rho_\alpha^j\frac{D_\alpha^j v_\alpha^j}{Dt} - \nabla\bullet(n_\alpha t_\alpha^j) - n_\alpha\rho_\alpha^j g_\alpha^j = \hat{T}_\alpha^j + \hat{i}_\alpha^j \tag{16.13}$$

式中，t_α^j 为 α 相中组分 j 的应力张量；g_α^j 为组分 j 受到的外体力密度；$\hat{T}_\alpha^j$ 为第 j 组分在 α 相与其他相发生作用过程中所获得的动量；$\hat{i}_\alpha^j$ 为第 j 组分在与 α 相内其他组分发生作用而获得的动量。

α 相的动量平衡方程为

$$n_\alpha\rho_\alpha\frac{D_\alpha\boldsymbol{v}_\alpha}{Dt}-\nabla\cdot(n_\alpha\boldsymbol{t}_\alpha)-n_\alpha\rho_\alpha\boldsymbol{g}_\alpha=\hat{\boldsymbol{T}}_\alpha \tag{16.14}$$

式中，$\boldsymbol{t}_\alpha$ 为 α 相的应力张量；$\boldsymbol{g}_\alpha$ 为 α 相的外体力密度；$\hat{\boldsymbol{T}}_\alpha$ 为 α 相与其他相之间的动量交换率。

土体混合物整体的动量平衡方程为

$$\rho\frac{D\boldsymbol{v}}{Dt}-\nabla\cdot\boldsymbol{t}-\rho\boldsymbol{g}=0 \tag{16.15}$$

式中，$\boldsymbol{t}$ 和 $\boldsymbol{g}$ 分别为土体混合物整体的应力张量和外体力密度，一般情况下，取 $\boldsymbol{g}$ 为重力加速度。

相的各物理量与相应的组分的物理量之间存在下列关系

$$\boldsymbol{t}_\alpha=\sum_{j=1}^{N}\left(\boldsymbol{t}_\alpha^j-\rho_\alpha^j\boldsymbol{u}_\alpha^j\otimes\boldsymbol{u}_\alpha^j\right),\quad \boldsymbol{g}_\alpha=\sum_{j=1}^{N}C_\alpha^j\boldsymbol{g}_\alpha^j,\quad \hat{\boldsymbol{T}}_\alpha=\sum_{j=1}^{N}\left(\hat{\boldsymbol{T}}_\alpha^j+\hat{e}_\alpha^j\boldsymbol{u}_\alpha^j\right) \tag{16.16}$$

混合物整体的各物理量与相应的各相的物理量之间存在下列关系

$$\boldsymbol{t}=\sum_\alpha\left(n_\alpha\boldsymbol{t}_\alpha-\rho_\alpha\boldsymbol{u}_\alpha\otimes\boldsymbol{u}_\alpha\right),\quad \boldsymbol{g}=\sum_\alpha n_\alpha\boldsymbol{g}_\alpha \tag{16.17}$$

式中，$\boldsymbol{u}_\alpha$ 为各相中相对于混合物整体的相对速度，$\boldsymbol{u}_\alpha=\boldsymbol{v}_\alpha-\boldsymbol{v}$，若取土骨架为参照系，则固相相对速度为零。同时，满足下列限制条件

$$\sum_{j=1}^{N}\rho_\alpha^j\boldsymbol{u}_\alpha^j=0,\quad \sum_\alpha\left(\hat{\boldsymbol{T}}_\alpha^j+\hat{e}_\alpha^j\boldsymbol{v}_\alpha^j\right)=0,\quad \sum_{j=1}^{N}\left(\hat{i}_\alpha^j+\hat{r}_\alpha^j\boldsymbol{v}_\alpha^j\right)=0,\quad \sum_\alpha\left(\hat{\boldsymbol{T}}_\alpha+\hat{e}_\alpha\boldsymbol{v}_\alpha\right)=0 \tag{16.18}$$

3. 能量平衡方程

α 相中的第 j 组分的能量平衡方程为

$$n_\alpha\rho_\alpha^j\frac{D_\alpha^j E_\alpha^j}{Dt}-n_\alpha\boldsymbol{t}_\alpha^j:\boldsymbol{d}_\alpha^j-\nabla\cdot(n_\alpha\boldsymbol{q}_\alpha^j)-n_\alpha\rho_\alpha^j h_\alpha^j=\hat{Q}_\alpha^j+\hat{E}_\alpha^j \tag{16.19}$$

式中，E_α^j 为 α 相中组分 j 的内能密度；$\boldsymbol{d}_\alpha^j$ 是 $\nabla\boldsymbol{v}_\alpha^j$ 的对称部分，称为欧拉形变率张量，控制伸长量；$\boldsymbol{q}_\alpha^j$ 是 α 相中组分 j 的热流向量；h_α^j 是外热供给密度（一般由于辐射引起）；$\hat{Q}_\alpha^j$ 表示第 j 组分与 α 相外的其他相之间的能量交换（非物质交换引起）；$\hat{E}_\alpha^j$ 表示第 j 组分与 α 相内的其他组分之间的能量交换（非化学、力学作用引起）。

α 相的能量平衡方程为

$$n_\alpha\rho_\alpha\frac{D_\alpha E_\alpha}{Dt}-n_\alpha\boldsymbol{t}_\alpha:\boldsymbol{d}_\alpha-\nabla\cdot(n_\alpha\boldsymbol{q}_\alpha)-n_\alpha\rho_\alpha h_\alpha=\hat{Q}_\alpha \tag{16.20}$$

式中，E_α、$\boldsymbol{d}_\alpha$、$\boldsymbol{q}_\alpha$、h_α 分别为 α 相的内能密度、形变率张量、热流向量、外热供给密度；$\hat{Q}_\alpha$ 表示 α 相与其他相之间的能量交换。

土体混合物整体的能量平衡方程为

$$\rho\frac{DE}{Dt}-\boldsymbol{t}:\boldsymbol{d}-\nabla\cdot\boldsymbol{q}-\rho h=0 \tag{16.21}$$

式中，E、d、q、h 分别为土体混合物整体的内能密度、形变率张量、热流向量、外热供给密度。

相的各物理量与相应的组分的物理量之间存在下列关系

$$E_\alpha = \sum_{j=1}^{N} C_\alpha^j \left(E_\alpha^j + \frac{1}{2} \boldsymbol{u}_\alpha^j \cdot \boldsymbol{u}_\alpha^j \right), \quad \boldsymbol{q}_\alpha = \sum_{j=1}^{N} \left[\boldsymbol{q}_\alpha^j + \boldsymbol{t}_\alpha^j \cdot \boldsymbol{u}_\alpha^j - \rho_\alpha^j \left(E_\alpha^j + \frac{1}{2} \boldsymbol{u}_\alpha^j \cdot \boldsymbol{u}_\alpha^j \right) \boldsymbol{u}_\alpha^j \right],$$

$$h_\alpha = \sum_{j=1}^{N} C_\alpha^j \left(h_\alpha^j + \boldsymbol{g} \cdot \boldsymbol{u}_\alpha^j \right), \quad \hat{Q}_\alpha = \sum_{j=1}^{N} \left[\hat{Q}_\alpha^j + \hat{\boldsymbol{T}}_\alpha^j \cdot \boldsymbol{u}_\alpha^j + \hat{e}_\alpha^j \left(E_\alpha^j - E_\alpha + \frac{1}{2} \boldsymbol{u}_\alpha^j \cdot \boldsymbol{u}_\alpha^j \right) \right] \quad （16.22）$$

混合物整体的各物理量与相应的各相的物理量之间存在下列关系

$$E = \sum_\alpha n_\alpha \left(E_\alpha + \frac{1}{2} \boldsymbol{u}_\alpha \cdot \boldsymbol{u}_\alpha \right), \quad \boldsymbol{q} = \sum_\alpha \left[\boldsymbol{q}_\alpha + \boldsymbol{t}_\alpha \cdot \boldsymbol{u}_\alpha - \rho_\alpha \left(E_\alpha + \frac{1}{2} \boldsymbol{u}_\alpha \cdot \boldsymbol{u}_\alpha \right) \boldsymbol{u}_\alpha \right],$$

$$h = \sum_\alpha n_\alpha (h_\alpha + \boldsymbol{g} \cdot \boldsymbol{u}_\alpha) \quad （16.23）$$

同时，下列限制条件满足

$$\sum_\alpha \left[\hat{Q}_\alpha^j + \hat{\boldsymbol{T}}_\alpha^j \cdot \boldsymbol{v}_\alpha^j + \hat{e}_\alpha^j \left(E_\alpha^j + \frac{1}{2} \boldsymbol{v}_\alpha^j \cdot \boldsymbol{v}_\alpha^j \right) \right] = 0, \quad \sum_{j=1}^{N} \left[\hat{E}_\alpha^j + \hat{\boldsymbol{i}}_\alpha^j \cdot \boldsymbol{u}_\alpha^j + \hat{r}_\alpha^j \left(E_\alpha^j + \frac{1}{2} \boldsymbol{v}_\alpha^j \cdot \boldsymbol{v}_\alpha^j \right) \right] = 0,$$

$$\sum_\alpha \left[\hat{Q}_\alpha + \hat{\boldsymbol{T}}_\alpha \cdot \boldsymbol{v}_\alpha + \hat{e}_\alpha \left(E_\alpha + \frac{1}{2} \boldsymbol{v}_\alpha \cdot \boldsymbol{v}_\alpha \right) \right] = 0 \quad （16.24）$$

4. 熵不等式

热力学第二定律要求，系统总的熵产必须大于或等于零，即

$$\Lambda = \sum_\alpha \sum_{j=1}^{N} \left[n_\alpha \rho_\alpha^j \frac{D_\alpha^j \eta_\alpha^j}{Dt} - \nabla \cdot \left(\frac{n_\alpha \boldsymbol{q}_\alpha^j}{T} \right) - n_\alpha \rho_\alpha^j \varsigma_\alpha^j - \hat{\omega}_\alpha^j - \hat{\eta}_\alpha^j \right] \geqslant 0 \quad （16.25）$$

式中，η_α^j 为 α 相中组分 j 的熵密度；T 为绝对温度；ς_α^j 为外部熵供给密度；$\hat{\omega}_\alpha^j$ 为第 j 组分与 α 相外的其他相之间的熵交换（非物质交换引起），$\hat{\eta}_\alpha^j$ 为第 j 组分与 α 相内的其他组分之间的熵交换（非物质交换引起）。

相的各物理量与相应的组分的物理量之间存在下列关系

$$\eta_\alpha = \sum_{j=1}^{N} C_\alpha^j \eta_\alpha^j, \quad A_\alpha = \sum_{j=1}^{N} C_\alpha^j \left(A_\alpha^j + \frac{1}{2} \boldsymbol{u}_\alpha^j \cdot \boldsymbol{u}_\alpha^j \right) \quad （16.26）$$

同时，满足下列限制条件

$$\sum_\alpha \left(\hat{\omega}_\alpha^j + \hat{e}_\alpha^j \eta_\alpha^j \right) = 0, \quad \sum_{j=1}^{N} \left(\hat{\eta}_\alpha^j + \hat{r}_\alpha^j \eta_\alpha^j \right) = 0, \quad \sum_\alpha \left(\hat{\omega}_\alpha + \hat{e}_\alpha \eta_\alpha \right) = 0 \quad （16.27）$$

定义 Helmholtz 自由能函数

$$A_\alpha^j = E_\alpha^j - T \eta_\alpha^j, \quad A_\alpha = E_\alpha - T \eta_\alpha \quad （16.28）$$

利用式（16.20）～式（16.28），将上述以组分量表示的熵不等式（16.25）转化为以相的物理量表示的形式，在实际研究多孔介质理论时，学者们更关心扩散速度 $\boldsymbol{u}_\alpha^j$ 和渗流速度 $\boldsymbol{v}_{\beta,s}$，所以在转化时以这两个速度替代原绝对速度。整理后的表达式为

$$T\Lambda = \sum_\alpha -n_\alpha \rho_\alpha \left(\frac{D_\alpha A_\alpha}{Dt} + \eta_\alpha \frac{D_\alpha T}{Dt} \right) +$$

$$\sum_\alpha n_\alpha \boldsymbol{d}_\alpha : \left(\boldsymbol{t}_\alpha + \sum_{j=1}^N \rho_\alpha^j \boldsymbol{u}_\alpha^j \otimes \boldsymbol{u}_\alpha^j \right) + \sum_\alpha \sum_{j=1}^N n_\alpha \left(\nabla \boldsymbol{u}_\alpha^j \right) : \left(\boldsymbol{t}_\alpha^j - \rho_\alpha^j A_\alpha^j \boldsymbol{I} \right) -$$

$$\sum_\alpha \sum_{j=1}^N \boldsymbol{u}_\alpha^j \cdot \left[\nabla \left(n_\alpha \rho_\alpha^j A_\alpha^j \right) + \hat{\boldsymbol{T}}_\alpha^j + \hat{\boldsymbol{i}}_\alpha^j \right] +$$

$$\sum_\alpha \frac{n_\alpha}{T} \nabla T \cdot \left\{ \boldsymbol{q}_\alpha + \sum_{j=1}^N \left[\rho_\alpha^j \boldsymbol{u}_\alpha^j \left(A_\alpha^j + \frac{1}{2} \boldsymbol{u}_\alpha^j \cdot \boldsymbol{u}_\alpha^j \right) - \boldsymbol{t}_\alpha^j \cdot \boldsymbol{u}_\alpha^j \right] \right\} -$$

$$\boldsymbol{v}_{\beta,s} \cdot \hat{\boldsymbol{T}}_\beta - \hat{e}_\beta \left(A_\beta - A_s + \frac{1}{2} \boldsymbol{v}_{\beta,s} \cdot \boldsymbol{v}_{\beta,s} \right) - \sum_{j=1}^N \hat{e}_\beta^j \left(\frac{1}{2} \boldsymbol{u}_\beta^j \cdot \boldsymbol{u}_\beta^j - \frac{1}{2} \boldsymbol{u}_s^j \cdot \boldsymbol{u}_s^j \right) + \quad (16.29)$$

$$\sum_\alpha n_\alpha \rho_\alpha h - \sum_\alpha n_\alpha \rho_\alpha T \varsigma \geq 0$$

5. 孔隙介质理论的闭合问题

各种平衡方程所包含的变量可分为两大类型，即依赖变量和独立变量。根据具体问题的不同，变量的类型是可以互相转换的。例如，在熵平衡方程中，根据不同情况，温度 T 和熵密度 η 都可作为独立变量，但是如果 T 为独立变量，那么 η 必须是依赖变量；反之，如果 η 是独立变量，那么 T 就是依赖变量。显然，上述平衡方程中未知变量（包括独立和依赖变量）总数明显多于方程（包括平衡方程和约束方程）总数。为了使得问题具有可解性，未知变量数应该等于独立方程数。因此，除了平衡方程，还需建立各种本构方程，以便在依赖变量与独立变量之间建立起某种联系，这些本构方程的建立必须要遵循热动力学第二定律的约束要求（即具有热动力学相容性）。

本构方程的建立步骤如下。

（1）选择独立的状态变量。独立的状态变量的选择依赖于所涉及问题的性质和特点、已有的认识（包括理论知识和实验结果等）和研究者的经验等。

（2）遵照 Coleman 和 Noll（1963）的方法，建立平衡时的各种方程和相应的限制和约束条件。应该指出的是，求解多场耦合问题时所使用的各种平衡方程是普适性的方程，它们不随具体问题的特殊性而改变。所以耦合现象的特殊性多反映在相应的本构关系中。而这时所建立的限制和约束条件通常就给出了某些变量和相应现象的定义。

（3）利用热力学第二定律和给出的具体耗散函数，就可以建立非平衡时的多场耦合问题所需要的本构方程。当然热力学第二定律的具体形式及耗散函数的确定还依赖于实验结果、研究者的学识和研究经验。

不同学者依据上述步骤构建的本构方程存在差异，此处不再一一介绍。详细推导过程和结论可参阅相关文献（例如：蔡国庆 2012；Wei，2014）。下文分别介绍水–力（HM）耦合、热–水–力（THM）耦合（高温）、热–水–力（THM）耦合（低温）、水–力–化（HMC）耦合过程相关的平衡方程和本构方程。其中，提及的本构方程并不一定遵守上述多孔介质理论的构建步骤，而是基于实验结果而获得的经验公式。

16.4 水–力（HM）耦合方程

针对非饱和土的多场耦合问题，Olivella 等人（1994）推导了适用于非饱和土的 HM 耦合方程。其特点是采用组合法建立质量平衡方程。具体做法是针对组分建立平衡方程，而不是针对相。通过各相中组分平衡方程的叠加获得总的组分平衡方程。通过这种方式推导多场耦合方程时，相间交换项被抵消，这在假设平衡时用处较大。

构建非饱和土水-力耦合控制方程时，需要区分相和组分。假设非饱和多孔介质由固相（s）、液相（l）和气相（g）组成，并且由矿物（s）、水（w）和空气（a）三种组分组成。此处假设固相和矿物一致，对于水-力耦合问题该假设是合理的。其次，液相可看作由水和溶解的空气组成，气相可看作是水蒸气和干空气的混合物。因此，液相和水组分不一致，气相和空气组分也不一致。虽然空气是多种气体的混合物，但是此处假设空气是一个单一的组分。

16.4.1 平衡方程

对于土的代表性单元体（REV），水组分的质量平衡方程必须满足 REV 内水的变化量等于水的净流入/流出量（加上可能存在的任何汇或源项）。净流入/流出量等价于总流量的散度。对于非饱和土，储存项和通量项中须要考虑液体和气体形式的水。因此，水组分的质量平衡方程可表示为

$$\frac{\partial}{\partial t}(\rho_l^w S_l n + \rho_g^w S_g n) + \nabla \cdot (\boldsymbol{j}_l^w + \boldsymbol{j}_g^w) = f^w \tag{16.30}$$

式中，ρ_l^w 和 ρ_g^w 分别是液相和气相中水组分的平均质量密度，代表单位体积的固相和液相中水组分的质量，且 $\rho_l^w = C_l^w \rho_l$ 和 $\rho_g^w = C_g^w \rho_g$，C_l^w 和 C_g^w 分别为液相和气相中水组分的质量分数，ρ_l 和 ρ_g 分别是液相和气相密度；S_l 和 S_g 分别是液相和气相的饱和度，且根据变量定义满足限制条件 $S_l + S_g = 1$；n 为孔隙率；$\boldsymbol{j}_l^w$ 和 $\boldsymbol{j}_g^w$ 分别是液相和气相中水组分的质量流量；f^w 为水组分的外部供应量。

液相和气相中水组分的质量流量 $\boldsymbol{j}_l^a$ 和 $\boldsymbol{j}_g^a$ 可分解为

$$\boldsymbol{j}_l^w = \boldsymbol{i}_l^w + \rho_l^w S_l n \boldsymbol{v}_{l,s} + \rho_l^w S_l n \boldsymbol{v}_s = \boldsymbol{i}_l^w + \rho_l^w \boldsymbol{w}_l + \rho_l^w S_l n \boldsymbol{v}_s = \boldsymbol{j}_l'^w + \rho_l^w S_l n \boldsymbol{v}_s \tag{16.31}$$

$$\boldsymbol{j}_g^w = \boldsymbol{i}_g^w + \rho_g^w S_g n \boldsymbol{v}_{g,s} + \rho_g^w S_g n \boldsymbol{v}_s = \boldsymbol{i}_g^w + \rho_g^w \boldsymbol{w}_g + \rho_g^w S_g n \boldsymbol{v}_s = \boldsymbol{j}_g'^w + \rho_g^w S_g n \boldsymbol{v}_s \tag{16.32}$$

式中，$\boldsymbol{i}_l^w$ 和 $\boldsymbol{i}_g^w$ 分别为液相和气相中水组分的非对流质量流量；$\boldsymbol{v}_{l,s}$ 和 $\boldsymbol{v}_{g,s}$ 分别为液相和气相相对于固相的速度；$\boldsymbol{w}_l$ 和 $\boldsymbol{w}_g$ 分别是液相的达西渗流速度和气相的达西传导速度；$\boldsymbol{v}_s$ 为由土骨架变形引起的固相速度；$\boldsymbol{j}_l'^w$ 和 $\boldsymbol{j}_g'^w$ 分别是液相和气相中水组分相对于固相的质量流量。

空气组分的质量平衡方程可表示为

$$\frac{\partial}{\partial t}(\rho_l^a S_l n + \rho_g^a S_g n) + \nabla \cdot (\boldsymbol{j}_l^a + \boldsymbol{j}_g^a) = f^a \tag{16.33}$$

式中，ρ_l^a 和 ρ_g^a 分别是液相和气相中空气组分的平均质量密度，且 $\rho_l^a = C_l^a \rho_l$ 和 $\rho_g^a = C_g^a \rho_g$；C_l^a 和 C_g^a 分别为液相和气相中空气组分的质量分数，且根据定义满足限制条件 $C_l^w + C_l^a = 1$ 和 $C_g^w + C_g^a = 1$；$\boldsymbol{j}_l^a$ 和 $\boldsymbol{j}_g^a$ 分别是液相和气相中空气组分的质量流量；f^a 为空气组分的外部供应量。

液相和气相中空气组分的质量流量 $\boldsymbol{j}_l^a$ 和 $\boldsymbol{j}_g^a$ 可分解为

$$\boldsymbol{j}_l^a = \boldsymbol{i}_l^a + \rho_l^a S_l n \boldsymbol{v}_{l,s} + \rho_l^a S_l n \boldsymbol{v}_s = \boldsymbol{i}_l^a + \rho_l^a \boldsymbol{w}_l + \rho_l^a S_l n \boldsymbol{v}_s = \boldsymbol{j}_l'^a + \rho_l^a S_l n \boldsymbol{v}_s \tag{16.34}$$

$$\boldsymbol{j}_g^a = \boldsymbol{i}_g^a + \rho_g^a S_g n \boldsymbol{v}_{g,s} + \rho_g^a S_g n \boldsymbol{v}_s = \boldsymbol{i}_g^a + \rho_g^a \boldsymbol{w}_g + \rho_g^a S_g n \boldsymbol{v}_s = \boldsymbol{j}_g'^a + \rho_g^a S_g n \boldsymbol{v}_s \tag{16.35}$$

式中，$\boldsymbol{i}_l^a$ 和 $\boldsymbol{i}_g^a$ 分别为液相和气相中空气组分的非对流质量流量，且根据定义满足限制条件

$i_1^w + i_1^a = 0$ 和 $i_g^w + i_g^a = 0$；$j_1'^a$ 和 $j_g'^a$ 分别是液相和气相中空气组分相对于固相的质量流量。

非饱和土的固相质量平衡方程和整体动量方程可表示为

$$\frac{\partial}{\partial t}\left[\rho_s(1-n)\right] + \nabla \cdot \left[\rho_s(1-n)v_s\right] = 0 \tag{16.36}$$

$$\nabla \cdot \sigma + b = 0 \tag{16.37}$$

式中，ρ_s 是固相密度；σ 是总应力；b 是体力。

利用物质导数的概念，可以消除固相的质量平衡方程，将平衡方程的数量从 4 个减少到 3 个。物质导数定义为

$$\frac{D_s(\bullet)}{Dt} = \frac{\partial(\bullet)}{\partial t} + v_s \cdot \nabla(\bullet) \tag{16.38}$$

基于式（16.38），固相的质量平衡方程可整理为

$$\frac{D_s n}{Dt} = \frac{1}{\rho_s}\left[(1-n)\frac{D_s\rho_s}{Dt}\right] + (1-n)\nabla \cdot v_s \tag{16.39}$$

基于式（16.38）和式（16.39），液相、气相质量平衡方程可整理为

$$n\frac{D_s(\rho_1^w S_1 + \rho_g^w S_g)}{Dt} + (\rho_1^w S_1 + \rho_g^w S_g)\nabla \cdot v_s + \nabla \cdot (j_1'^w + j_g'^w) = f^w \tag{16.40}$$

$$n\frac{D_s(\rho_1^a S_1 + \rho_g^a S_g)}{Dt} + (\rho_1^a S_1 + \rho_g^a S_g)\nabla \cdot v_s + \nabla \cdot (j_1'^a + j_g'^a) = f^a \tag{16.41}$$

上式推导过程中假设固相密度 ρ_s 为常数。

综上，非饱和土 HM 耦合控制方程包括：质量平衡方程（16.40）、（16.41）和动量平衡方程（16.37）。

16.4.2 本构方程

本构方程是多场耦合控制方程的关键组成部分。它们描述了材料或材料成分的行为特征。许多多场响应是相互耦合的，这种耦合关系经常反映在本构关系中。

1. 开尔文定律

开尔文定律表征吸力与蒸汽分压间关系，其表达式为

$$\mathrm{RH} = \frac{p_v}{(p_v)^0} = \frac{\rho_g^w}{(\rho_g^w)^0} = \exp\left(\frac{-s_t M_w}{RT\rho_w}\right) \tag{16.42}$$

式中，p_v 为溶液的平衡蒸汽分压；$(p_v)^0$ 为相同温度下自由水的平衡蒸汽压力；ρ_g^w 为蒸汽平均质量密度；$(\rho_g^w)^0$ 为相同温度下自由水的平衡蒸汽平均质量密度；s_t 为总吸力；M_w 为水的分子质量（18.016 kg/kmol）；R 为通用气体常数（8.314 J/（mol K））；T 为热力学温度。

2. 达西定律

达西定律描述液体和气体的渗流（对流），其表达式为

$$w_f = -\frac{k_f k_{rf}}{\mu_f}(\nabla p_f - \rho_f g) \quad f = 1,g \tag{16.43}$$

式中，k_f 为固有渗透率；k_{rf} 为相对渗透系数；μ_f 为流体黏度；p_f 为流体压力。固有渗透率

k_f取决于土体孔隙率、孔隙结构等；相对渗透系数k_{rf}取决于吸力或饱和度。详细介绍可参阅第 8 章土的渗流。

3. 持水曲线

持水曲线（或土水特征曲线，SWCC）表征吸力与饱和度（或含水量）之间的关系，控制着土的储水能力，是非饱和土流固耦合问题中一个重要的本构关系。它与水力路径相关，表现为滞回特性，并且与土孔隙大小分布相关。详细介绍可参阅第 14 章非饱和土力学。

4. 菲克定律

菲克定律控制相内组分（气相中的蒸汽，液相中的溶解空气）的扩散流动（非对流）。这类流动的热力学驱动力是浓度梯度。菲克定律的表达式为

$$i_f^j = -D_f^j \nabla C_f^j \quad j = w, \alpha; \quad \alpha = l, g \tag{16.44}$$

式中，D_f^j为弥散张量。

蒸汽扩散的本构关系可表示为

$$i_g^w = -D_g^w \nabla C_g^w = -(\rho_g n S_g \tau D_m^w I + \rho_g D_g') \nabla \omega_g^w \tag{16.45}$$

式中，D_g^w为蒸汽弥散张量；τ为弯曲度；D_m^w为蒸汽在空气中的扩散系数；D_g'为机械弥散张量。弯曲度是一个经验参数，旨在解释多孔介质内蒸汽扩散的事实。

5. 力学模型

Alonso 等人（1990）提出了具有极大影响的非饱和土 BBM 模型，模型选用了净应力$\bar{\sigma}$

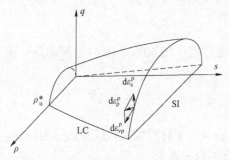

图 16.2　$(\bar{p}, q, s)$坐标系中 BBM 模型屈服面示意图

和吸力s作为应力变量，是基于双应力变量的弹塑性模型的典型代表。该模型可以描述非饱和土的许多力学特性，如屈服应力随吸力的增大而变大、因湿化而引起湿陷变形等。BBM 模型最重要部分是加载湿化（Loading－collapse，LC）屈服曲线（图 16.2），它描述了非饱和土的屈服应力是如何随吸力而变化的。通过引入 LC 屈服面，模型可预测非饱和土的最重要的变形特性——湿化变形。在含水量发生单调变化时，基于 LC 曲线的本构模型能够很好地描述非饱和土的变形及强度特性。

基于双应力变量建立的弹塑性模型，虽然可以考虑吸力对土体的影响，但是它们无法反映饱和度的作用。非饱和土力学的一个重要发展是引入了吸力的概念，吸力既改变了土体有效应力，又影响了土体的屈服应力。饱和度对上述吸力的两种作用影响很大，一般不宜忽略。这主要是因为，即使吸力相同而饱和度不同，非饱和土也会因饱和度的不同而使土颗粒之间毛细连接的数目和连接强度发生较大的变化，从而导致非饱和土的强度、刚度甚至渗透性也随之产生较大的变化。后续不同学者关注用弹塑性力学的手法建立可以同时预测非饱和土的水力性状和力学性状的耦合的数学模型，并已经提出了一些水力和力学耦合的模型。非饱和土本构模型的详细介绍可参阅第 14 章非饱和土力学。

6. 相密度关系

液体密度ρ_l以准线性的方式依赖于液体压力p_l，满足关系式$\mathrm{d}\rho_l = \dfrac{\rho_l}{K_l}\mathrm{d}p_l$，其中$K_l$为液相体积模量。液相中主要组分水的体积模量约为$2.2 \times 10^6$ MPa，高压下该体积模量增加。

气体密度与气体压力呈非线性关系，符合理想气体定律 $p_g V = n_m RT$，其中 p_g 为气相压力；V 为体积；n_m 为摩尔数；R 为通用气体常数；T 为热力学温度。

16.5　热－水－力（THM）耦合方程（高温）

在诸如高放废物地质处置工程、极端气候下铁路路基工程、城市垃圾填埋场工程及地源热泵系统工程等岩土工程领域中，都有一个共性且关键的科技问题，即土体的热－水－力耦合问题。应力场（堆体自重和外部荷载）、水分场（雨水入侵和地下水位）和温度场（内部放热和环境温度）的共同作用会显著改变土体（防渗垫层、缓冲层、路基土和桩周土）性质，如变形、渗流和强度，进而影响其长期服役性能，影响工程运行效率、工程质量甚至是导致安全问题。

16.5.1　平衡方程

针对非等温条件下非饱和土的多场耦合问题，Olivella 等人（1994）推导了适用于高温范围的 THM 耦合方程。在非等温方程中，需要引入温度变量，并建立一个能量平衡方程。针对非饱和土推导能量平衡时遵循以下假设。

① 非饱和土由三相组成，即固相（s）、液相（l）和气相（g）。

② 对于相间热平衡，仅给出一个针对整个介质的单一方程。鉴于大多数岩土过程的特征时间，这是一个合理的假设。

③ 忽略力学功的贡献。在非等温情况下常采用该假设。

④ 土的三相内能变化等于热能的净流入（或流出）加上汇/源项的贡献。

基于此，非饱和土的能量平衡可表示为

$$\frac{\partial}{\partial t}\left[E_s\rho_s(1-n) + E_l\rho_l S_l n + E_g\rho_g S_g n\right] + \nabla \cdot (i_c + j_{Es} + j_{El} + j_{Eg}) = f^Q \tag{16.46}$$

式中，E_s、E_l 和 E_g 为各相比内能；i_c 为传导热流（非对流项）；j_{Es}、j_{El} 和 j_{Eg} 为各相对流能量通量；f^Q 是汇/源项，表征内部或外部的能量供应。等式左端第一项是材料内能的变化，第二项是热能的净流入/流出（用散度表示）。严格来说，加入一个汇/源项与热力学第一定律相矛盾，这表明所采用的状态参数并不能完整描述系统（Houlsby et al.，2006）。

非饱和土各相的内能表示为

$$E_s = c_s T \tag{16.47a}$$

$$E_l = C_l^w E_l^w + C_l^a E_l^a = (C_l^w c_l^w + C_l^a c_l^a)T \tag{16.47b}$$

$$E_g = C_g^w E_g^w + C_g^a E_g^a = C_g^w(c_g^w T + l) + C_g^a c_g^a T \tag{16.47c}$$

式中，T 是热力学温度；E_l^w、E_l^a、E_g^w 和 E_g^a 为各相中组分的比内能；c_s 为固相的比热容；c_l^w、c_l^a、c_g^w 和 c_g^a 为各相中组分的比热容；l 是蒸发/凝结的比潜热。25 ℃时液态水的比热容为 4.18 kJ/（kg·K），100 ℃时蒸汽的比热容为 1.89 kJ/（kg·K），25 ℃时空气的比热容为 1.01 kJ/（kg·K）。在大多数岩土工程所涉及的温度范围内，这些特性变化很小。

热流由多个部分组成，包括热传导 i_c、固相、液相和气相运动引起的对流 j_{Es}、j_{El}、j_{Eg}。对流项 j_{Es}、j_{El}、j_{Eg} 可表示为

$$j_{Es} = E_s\rho_s(1-n)v_s \tag{16.48a}$$

$$j_{El} = j_1'^w E_1^w + j_1'^a E_1^a + E_1\rho_1 S_1 n v_s = j_{El}' + E_1\rho_1 S_1 n v_s \tag{16.48b}$$

$$j_{Eg} = j_g'^w E_g^w + j_g'^a E_g^a + E_g\rho_g S_g n v_s = j_{Eg}' + E_g\rho_g S_g n v_s \tag{16.48c}$$

式中，j_{El}' 和 j_{Eg}' 分别为各相相对于固相的对流能量流量。

采用物质导数定义，能量平衡方程可整理为

$$n\frac{D_s(E_1\rho_1 S_1 + E_g\rho_g S_g)}{Dt} + (1-n)\frac{D_s(E_s\rho_s)}{Dt} + \tag{16.49}$$
$$(E_1\rho_1 S_1 + E_g\rho_g S_g)\nabla \cdot v_s + \nabla \cdot (i_c + j_{El}' + j_{Eg}') = f^E$$

综上，THM 耦合控制方程包括：质量平衡方程（16.40）、（16.41）、动量平衡方程（16.37）和能量平衡方程（16.49）。

16.5.2 本构方程

大多数物理过程中温度的影响是普遍存在的。因此，在解决非等温相关问题时，需要考虑与温度相关的本构模型。

1. 开尔文定律

温度对开尔文定律的影响是双重的。一方面，开尔文定律表达式中包括温度变量。另一方面，平衡蒸汽压力（平衡蒸汽浓度）也取决于温度。基于 Garrels 和 Christ（1965）的相关数据得到关系式

$$p_v^0 = 136.075\exp\left(-\frac{5239.7}{T}\right) \tag{16.50}$$

2. 傅里叶定律

傅里叶定律控制热传导，其表达式为

$$i_c = -\lambda(T)\nabla T \tag{16.51}$$

其中，λ 为导热系。在多相介质中，导热系数是各相热导率的某种平均值，其与材料的微观结构排列相关。如果各相排列是串联的，则采用谐波平均值；如果各相排列是平行的，则采用算术平均值。对于中间情况，可采用体积分数加权的几何平均值，即

$$\lambda = \lambda_s^{1-n}\lambda_1^{S_1 n}\lambda_g^{(1-S_1)n} = \lambda_{sat}^{S_1}\lambda_{dry}^{1-S_1} \tag{16.52}$$

构成土中固相的大多数常见物质的热导率具有有限的取值范围（石英除外）。因此，饱和土的导热系数通常在 1～3 W/（mK）范围内，其与渗透系数相比是一个非常窄的范围。25℃时液态水的导热系数为 0.6 W/（mK）。气相的导热系数较低，100℃时水蒸气的导热系数为 0.016 W/（mK），25℃时空气的导热系数为 0.024 W/（mK）。因此，土的饱和度对非饱和多孔介质的导热率有重要影响。虽然，导热系数对温度本身有一定的依赖性，但与含水量或饱和度的影响相比，温度影响一般较小。

3. 热渗效应

温度梯度作用下孔隙水发生迁移，对孔隙水渗流特性产生影响，即热渗效应。对于热渗效应，最常采用的方式是对 Darcy 定律进行修正，即

$$w_1 = -\frac{K_1 k_{rl}}{\mu_1}(\nabla p_1 - \rho_1 g) - k_{IT}\nabla T \tag{16.53}$$

式中，k_{IT} 为热渗系数张量。

此外，温度引起的水的黏度变化，进而导致相应的渗透系数的变化。20 ℃时水的黏度为 1 Pa·s，100 ℃时水的黏度下降至 0.28 Pa·s。温度亦引起土体持水能力的变化，进而影响相对渗透系数。

4. 持水曲线

土体的持水特性与温度相关。在饱和条件下（边界影响区），与封闭气泡的热效应有关；在含水率较高的条件下（过渡区），持水性主要受毛细作用主导，温度变化引起表面张力、土颗粒–水界面接触角、溶液密度、封闭气泡的变化。在低含水率条件下（残余区），持水性主要受吸附作用主导，温度改变了土颗粒表面与水的相互作用机理。温度对吸附和毛细作用的影响，使土体持水性随温度的升高而降低。然而，温度升高会引起不可恢复的收缩变形，导致孔隙和孔隙通道减小，持水性增强。

现有的考虑温度影响的非饱和土土–水特征曲线模型可以分为两类，经验模型和理论模型。经验模型假定常规土–水特征曲线模型参数是温度的函数，依据不同温度下非饱和土的土–水特征曲线实验结果进行修正和拟合，推导出非等温条件下非饱和土的土–水特征曲线模型。经验模型表达式简单，能够有效模拟土体持水性随温度升高而减弱的现象，但其适用范围有限，缺乏理论依据。

理论模型主要依据 Laplace 方程、Kelvin 方程和热力学理论推导出等体积含水率或等质量含水率下吸力随温度变化的方程，然后将该方程代入常规非饱和土的土–水特征曲线模型中，并依据实验结果修正模型参数，建立考虑温度影响的土–水特征曲线模型。理论模型有足够的理论依据，能够明确阐述温度对土–水特征曲线的影响机理，与经验模型相比更具有适用性和一般性。

5. 菲克定律

菲克定律［式（16.45）］中的蒸汽扩散系数依赖于温度。蒸汽扩散系数与温度间的经验关系为（Pollock，1986）

$$D_m^w = 5.9 \times 10^{-12} \frac{T^{2.3}}{p_g} \tag{16.54}$$

式中，p_g 单位是 MPa。

6. 力学模型

土体的力学特性与温度相关。现有实验结果表明超固结比会影响土的热变形，正常固结土加热会产生热收缩，弱超固结土加热先膨胀后收缩，强超固结土加热会产生热膨胀，其中热膨胀为弹性变形，热收缩为塑性变形，热膨胀与收缩之间的过渡温度随超固结比的增大而升高。

温度对土体的先期固结压力影响与土体的超固结比（应力历史）密切相关。对于正常固结土样，先期固结压力随温度的升高而增大（即热硬化规律），这是因为在加热过程中正常固结土产生了热收缩变形，使得土样更为密实，土骨架不易变形。对于超固结土样，先期固结压力随温度的升高而减小（即热软化规律），可以解释为超固结土在温度升高时产生的热膨胀变形使土样变得疏松，同时颗粒间的胶结作用减弱，土骨架更容易变形。

温度对土的强度和摩擦角的影响规律存在矛盾之处（即随温度升高可能增大、减小甚至不变），其影响机理较为复杂，与土的含水率、应力历史、组成成分、结构等密切相关，目前尚没有系统和统一的看法。

Hueckel 和 Borsetto（1990）在临界状态框架下，对剑桥模型进行扩展，建立了第一个考虑热效应的弹塑性模型。该模型给出了应力为弹性和塑性状态时屈服面随温度的变化规律。处于弹性状态时，若温度升高，则屈服面变小，即发生软化（图 16.3）。处于塑性状态时，同时产生热软化和塑性应变硬化。当应力恒定时，塑性应变硬化大于热软化对屈服面的影响时，就会产生热固结。该模型能够简单有效地描述先期固结压力和强度随温度的变化，同时能够在一定程度上模拟热变形，因此很快得到推广和发展。其后，不同学者建立了饱和土的热-力耦合本构模型和非饱和土的热-水-力耦合本构模型。

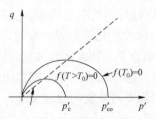

图 16.3　弹性状态时温度引起的屈服面收缩

7. 相密度关系

液态水的密度依赖于温度，4℃时达到最大值。气体密度随温度的变化可依据理想气体定律确定，即 $p_g V = n_m RT$。

16.6　热-水-力（THM）耦合控制方程（低温）

本节讨论低温下的非等温问题，重点研究冻土和冻融现象。永久冻土覆盖着北半球约 24%的陆地，尽管其中大部分区域都很少有人居住。然而，偏远地区的资源和交通发展需要在永久冻土地区开展重大工程。此外，地基冻结技术等是独立于气候条件而出现的与冻土相关的岩土工程问题。

土壤冻结过程具有一定的复杂性。假设土壤是饱和的，当温度降至 0℃时，与固体表面结合最少的水开始冻结。随着温度进一步下降，更多的液态水逐渐冻结。出现了液态水/冰界面，其作用类似于非饱和土中的液体/气体界面（图 16.4）。随着温度持续的降低，液态水的吸力值会增加。由于势能差，未冻土区域孔隙水向冻土区域移动。

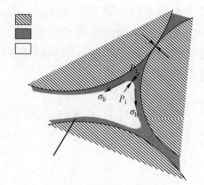

图 16.4　冻土中固相、未冻水、冰和界面排列示意图

16.6.1　平衡方程

针对低温条件下饱和土的多场耦合问题，Nishimura 等人（2009）推导了适用于低温范围的 THM 耦合方程。低温条件下，可将饱和土看作由三相组成，即固相（s）、液相（l）与冰相（i），由两组分构成，即固体矿物（s）和水（w）。

水组分质量平衡方程为

$$\frac{\partial}{\partial t}(\rho_l^w S_l n + \rho_i^w S_i n) + \nabla \cdot (\boldsymbol{j}_l^w + \boldsymbol{j}_i^w) = f^w \tag{16.55}$$

式中，S_l 和 S_i 是液相和冰相的饱和度，且 $S_l + S_i = 1$。上式中需要考虑液态水变成冰时密度的降低。冰的密度为 916.2 kg/m³，随着温度的降低冰的密度缓慢增加（例如，-10 ℃时为 918.9 kg/m³，-100℃时为 925.7 kg/m³）。上式推导时假设不存在相对于固相的冰相移动，即 $\boldsymbol{j}_i^w = \boldsymbol{j}_s$。

低温情况下饱和土的能量平衡方程推导过程与高温情况相同。对于代表性单元体（REV），

内能的变化等于热的净流入/流出（加上可能存在的任何汇/源项）。低温情况下饱和土的能量平衡方程为

$$\frac{\partial}{\partial t}\left[E_s\rho_s(1-n)+E_l\rho_l S_l n+E_i\rho_i S_i n\right]+\nabla\cdot(\boldsymbol{i}_c+\boldsymbol{j}_{Es}+\boldsymbol{j}_{El}+\boldsymbol{j}_{Ei})=f^Q \tag{16.56}$$

式中，E_s、E_l 和 E_i 分别是固相、液相和冰相的比内能；$\boldsymbol{i}_c$ 为传导热流，$\boldsymbol{j}_{Es}$、$\boldsymbol{j}_{El}$ 和 $\boldsymbol{j}_{Ei}$ 分别为固相、液相和冰相运动对应的总对流能流；f^Q 是汇/源项。

比内能定义为

$$E_s=c_s T,\ \ E_l=c_l T;\ \ E_i=-l+c_i T \tag{16.57}$$

式中，c_s、c_l 和 c_i 分别是固相、液相和冰相的比热；l 是融化的比潜热。冰的比热 [0℃时为 2.05 kJ/（kg·K）] 显著低于液态水的比热 [25℃时为 4.18 kJ/（kg·K）]。

适用于低温条件下的热–水–力（THM）耦合控制方程包括水质量平衡方程[式（16.56）]、固相质量平衡平衡 [式（16.36）]、动量平衡方程 [式（16.37）] 和能量平衡方程 [式（16.56）]。

16.6.2 本构方程

1. 克拉伯龙方程

基于热力学平衡可确定吸力和温度间的关系。假设两相处于平衡状态，冰和液态水具有相同的化学势（Kirillin，1976），即

$$-(\eta_l-\eta_i)\mathrm{d}T+v_l\mathrm{d}p_l-v_i\mathrm{d}p_i=0 \tag{16.58}$$

式中，η_l、v_l 和 p_l 分别为液态水的比熵、比体积和压力，η_i、v_i 和 p_i 分别为冰的比熵、比体积和压力。基于比体积与质量密度间的反比关系，可进一步整理为

$$\mathrm{d}p_i=\frac{\rho_i}{\rho_l}\mathrm{d}p_l-\frac{\rho_i l}{T}\mathrm{d}T \tag{16.59}$$

式中，ρ_l 和 ρ_i 分别是液态水和冰的密度；l 是融化比潜热，且 $l=(\eta_l-\eta_i)T$。该关系式是著名的 Clausius–Clapeyron–Poynting 方程的一种形式。融化潜热为 333.7 kJ/kg。以大气压力和 $T=273.15$ K 为参考，对式（16.59）进行积分，可得

$$p_i=\frac{\rho_i}{\rho_l}p_l-\rho_i l\ln\left(\frac{T}{273.15}\right) \tag{16.60}$$

因此，在热力学平衡中，p_i、p_l 和 T 必须满足关系式（16.60）。

2. 傅里叶定律

傅里叶定律 [式（16.51）] 控制热传导。介质整体的导热系数可通过各相的体积分数加权的几何平均值确定（Côté et al.，2005），即

$$\lambda=\lambda_s^{1-n}\lambda_l^{S_l n}\lambda_i^{(1-S_l)n} \tag{16.61}$$

液态水的导热系数 [25 ℃时为 0.6 W/（m·K）] 显著低于冰的导热系数 [0 ℃时为 2.22 W/（m·K）]。

3. 达西定律

达西定律 [式（16.43）] 控制液体的流动 $\boldsymbol{w}_l$。对于冻土而言，土中冰含量增加，相对渗透系数随着未冻水含量的减小降低几个数量级，液态水的流量就会急剧减少。

4. 冻结特征函数

非饱和土的持水曲线与冻土的冻结特征函数之间存在明显的平行关系。冻结特征函数表

征未冻水饱和度 S_l 与土体吸力 s 间的关系（Black et al., 1989）。持水曲线与冻结特征函数均由土体孔隙大小特征和界面表面张力决定。由于满足 Clausius-Clapeyron-Poynting 方程的要求，温度对冻结特性曲线的影响已得到充分证实。

5. 力学模型

冻土的力学行为无疑是复杂的。通常基于总应力构建本构模型。使用单一应力变量的有效应力方法并不常见。Li 等人（2000）采用 Bishop 形式的有效应力表达式，其中以冰压力代替气体压力。这种方法的缺点是，在冰压力占主导地位的富冰土壤中，与观测结果相比，其会导致低应力下的抗剪强度值非常低。

Nishimura 等人（2009）基于 BBM 提出了不同的力学本构模型，并使用了两个独立的应力变量，即净应力 $\bar{\sigma} = \sigma_t - p_i I$ 和吸力 $s = p_i - p_l$（图 16.5）。此处冰压 p_i 起到了参考压力的作用。如图 16.5 所示，当温度降低时，吸力增加，屈服面膨胀，并引起颗粒联结增强（向右膨胀）和冰强化（向左膨胀）。通过这种简单的方法，考虑了孔隙率和冰强化的综合效应。该模型较好地预测了冻土的强度特征。这个简单的冻土本构模型不能描述一些重要特征，包括：冻土的时间依赖性、累积融化固结现象等。为了描述这些行为特征，有必要对模型进一步改进，与黏性公式、循环行为等相结合。

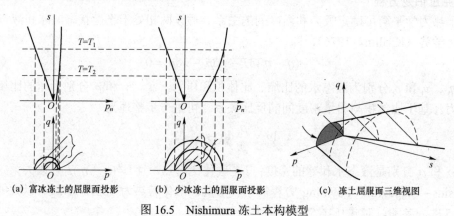

(a) 富冰冻土的屈服面投影　　(b) 少冰冻土的屈服面投影　　(c) 冻土屈服面三维视图

图 16.5　Nishimura 冻土本构模型

16.7　水-力-化（HMC）耦合控制方程

岩土工程中化学过程包括：沉淀/溶解现象（如碳酸盐或硫酸盐）、阳离子交换、氧化/还原过程（如涉及黄铁矿或铁化合物）、硅酸盐矿物的分解和硫酸盐还原。这些过程通过胶结、降解、体积变化、孔隙率变化、孔隙结构变化、黏土膨胀性变化等方式对土和其他岩土材料的水力和力学特性产生显著影响。化学作用也是一些重要现象的机理，如风化、硫酸盐引起的膨胀、甲烷水合物分解或生物降解等。此外，它们与渗透流等过程直接相关，其在富含黏土的材料中尤为突出，并且在污染物运移和土壤净化等领域也至关重要。

16.7.1　平衡方程

针对非饱和土的多场耦合问题，Guimarães 等人（2017）推导了热-水-力-化（THMC）耦合方程。为了考虑参与化学反应的化学物质，固相不仅包括主要矿物，而且包括沉淀析出的矿物和吸附的阳离子。因此，固相和矿物组成不再一致。液相中含有水、溶解的空气，以及溶解的化学物质。气相中没有考虑任何化学物质，如果需要可以很容易地包括它们。在公式中所考虑的化学反应包括以下两种。

（1）只涉及液相的单项反应：水合物生成、酸碱反应、氧化/还原反应。

（2）涉及液、固相的多相反应：矿物的溶解/沉淀和阳离子交换。

除一些矿物的溶解/沉淀外，所有的化学反应都假定为局部平衡，也可以假定为动力学。使用这两种假设中的一种或另一种取决于化学反应或输运引起的浓度变化的速率（或特征时间）之间的比较。当输运特征时间远高于化学反应的特征时间时，局部平衡是动力学的极限情况，这在多孔材料中是常见的，特别是细粒材料。

推导水－力－化耦合控制方程时，必须加入新的变量和新的平衡方程。新的变量是化学物质的浓度 c_1^j，新的平衡方程是表征化学物质质量平衡的反应输运方程。N 种化学物质的质量平衡方程表示为

$$\frac{\partial}{\partial t}(nS_1\rho_1 c_1^j) + \nabla \cdot \boldsymbol{j}_1^j = R_1^j \quad (j = 1, \cdots, N) \tag{16.62}$$

式中，c_1^j 为物质 j 的浓度，单位 mol/kg；$\rho_1 c_1^j$ 为物质 j 的摩尔浓度，单位 mol/m³；$\boldsymbol{j}_1^j$ 为物质 j 的总通量，单位为 mol/(m²/s)；R_1^j 为化学反应引起的物质 j 的总生产速率，单位为 mol/(m³/s)。在这种情况下，右侧项是非常重要的，因为它表征了多孔介质中发生的化学反应的影响。

总通量 $\boldsymbol{j}_1^j$ 可表示为

$$\boldsymbol{j}_1^j = \boldsymbol{i}_1^j + \rho_1 c_1^j S_1 n \boldsymbol{v}_{1,s} + nS_1\rho_1 c_1^j \boldsymbol{v}_s = \boldsymbol{i}_1^j + \rho_1 c_1^j \boldsymbol{w}_1 + nS_1\rho_1 c_1^j \boldsymbol{v}_s = \boldsymbol{j}_1^{j\prime} + nS_1\rho_1 c_1^j \boldsymbol{v}_s \tag{16.63}$$

式中，$\boldsymbol{i}_1^j$ 为物质 j 的非对流质量流量；$\boldsymbol{j}_1^{j\prime}$ 为物质 j 相对于固相的通量。

16.7.2　本构方程

1. 化学平衡和动力学

为了获得系统中独立的浓度变量的集合，有必要引入局部平衡反应。系统中含有 N 种物质，可逆独立反应的数量是 N_x，则独立的化学物质的数量为 $N_c = N - N_x$。两种类型化学物质间的反应可表示为

$$B^j = \sum_{j=1}^{N_c} v^{ij} B^i \quad (i = 1, \cdots, N_x) \tag{16.64}$$

式中，B^j 和 B^i 分别为主要物质和次要物质的化学公式，v^{ij} 为单位摩尔的次要物质 i 中包含的主要物质 j 的摩尔数。主要和次要物质的划分并不唯一，根据所分析问题的特征确定。仅主要物质的方程归属于待求解的平衡方程组；次要物质的浓度是由化学平衡模型推导而得。这种做法会减少分析涉及的总自由度数目。可利用最小化吉布斯自由能求解化学平衡方程，详见相关文献（Guimarães et al.，2017）。

2. 溶质扩散

除了化学物质浓度梯度外，温度梯度（Soret 效应）和基质压力梯度（超滤）会引起孔隙水中溶质的扩散。物质 j 的非对流质量流量 $\boldsymbol{i}_1^j$ 可表示为（Nassar et al.，1997）

$$\boldsymbol{i}_1^j = -\boldsymbol{D}_1 \cdot \nabla c_1^j - \boldsymbol{D}_{1T} \cdot \nabla T + \boldsymbol{D}_{1sm} \cdot \nabla h_m \tag{16.65}$$

式中，$\boldsymbol{D}_1$ 是流体动力弥散张量；$\boldsymbol{D}_{1T}$ 是温度影响的溶质扩散张量；$\boldsymbol{D}_{1sm}$ 是基质吸力影响的溶质扩散张量；h_m 为基质压力水头。

3. 化学渗透

化学物质浓度梯度作用下孔隙水发生迁移，对孔隙水渗流特性产生影响，即化学渗透流动。对于化学渗透流动，最常采用的方式是对 Darcy 定律进行修正（张志红 等，2020），即

$$w_1 = -\frac{\boldsymbol{K}_1 k_{r1}}{\mu_1}[\nabla p_1 - \rho_1 \boldsymbol{g} - \omega RT\nabla(\rho_1 c_1^j)] \tag{16.66}$$

式中，ω 为化学渗透效率系数；R 为通用气体常数；T 为热力学温度。

4. 持水曲线

总吸力包含基质吸力与渗透吸力，孔隙溶液中盐分的存在主要对渗透吸力产生贡献。但由于孔隙溶液中盐分的存在会改变土－水之间相互作用，进而改变土体的微观结构和持水特性。因此学者们对不同孔隙盐溶液浓度条件下土体的持水特性进行了研究。

盐溶液浓度对基质吸力的影响与土的矿物组成密切相关。对于含蒙脱土矿物成分较少的低塑性黏土或不含蒙脱土矿物成分的砂土及粉土，土水之间相互作用较弱，孔隙溶液中盐分的改变对微观结构的影响较弱，进而对基质吸力的影响较小。对于含蒙脱石等矿物成分较多的试样，孔隙溶液中盐分的存在对基质吸力产生影响。

目前仅有学者对考虑孔隙盐溶液浓度的土水特征曲线表达式进行了初步尝试。但由于实验数据较少，且实验规律并不统一，因此考虑孔隙溶液中盐分浓度的土水特征曲线测试和模型表达有待进一步研究。

5. 力学模型

在描述饱和黏土的力学行为时，Terzaghi 有效应力与实验结果有一定偏差。并且实验结果表明，在土体边界外力恒定的情况下，增加孔隙中的盐溶液浓度，膨胀土颗粒间发生压缩，膨胀变形会减弱，剪切强度会增加。Terzaghi 有效应力无法解释土的上述行为。因此学者们开始研究考虑物理化学作用的土颗粒间接触应力表达式。

学者们采用符号 R 和 A 来分别表示土水之间微观物理化学作用的排斥力与吸引力部分，对应的有效应力表达式为

$$\sigma' = \sigma - p_w^1 + (A - R) \tag{16.67}$$

但该公式中 R 和 A 的具体表达形式未能实现定量计算。Rao 和 Thyagaraj 建立了考虑渗透吸力作用的有效应力表达式

$$\sigma' = \sigma - p_w^1 + p_\pi \tag{16.68}$$

式中，p_π 表示渗透吸力部分对土颗粒间接触应力的影响，$p_\pi = \alpha\pi$，α 为经验常数，位于 0 到 1 之间，π 为通过 van't Hoff 方程计算得到的渗透吸力，其表达式为

$$\pi = iMRT \tag{16.69}$$

式中，i 为 van't Hoff 系数，M 为孔隙溶液的溶质摩尔浓度，R 为通用气体常量；T 为热力学温度。

孔隙盐溶液浓度的增大会使得黏土的体积发生压缩。该体积压缩机制由两部分构成：① 在化学浓度梯度作用下，黏土片层间物理化学作用的排斥力部分减小，使得土体的孔隙比降低，该部分称为化学固结；② 土体与边界之间存在化学浓度梯度，且土体外部的溶质浓度较高的情况下，由于黏土中的渗透效应，水从土孔隙中流出，导致有效应力的增加和土体体积的压缩，该部分称为渗透固结。由于黏土的半透膜特性具有非理想性，这两部分现象是同时发生的。

　　为了研究孔隙盐溶液作用下土体的强度及变形行为，学者们首先建立了描述孔隙盐溶液浓度对饱和土力学行为影响的本构模型。发展初始，研究者选用孔隙盐溶液浓度或基于 van't Hoft 方程的渗透吸力作为描述孔隙盐溶液浓度的变量，建立饱和土的化学力学耦合本构模型。其中，Hueckel 建立的饱和土化学力学耦合本构模型最具有代表性。该模型以修正剑桥模型为基础，考虑了孔隙盐溶液浓度对屈服应力的影响（图 16.6），能够预测化学固结现象。

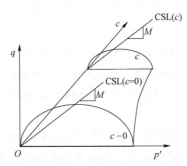

图 16.6　Hueckel 本构模型在 $p'-q-c$ 空间屈服面示意图

参考文献

ALARCON–GUZMAN A, LEONARDS G A, CHAMEAU J L, 1988. Undrained monotonic and cyclic strength of sands[J]. Journal of Geotechnical Engineering, 114(10): 1089–1109.

ALONSO E E, A GENS, A JOSA, 1990. A constitutive model for partially saturated soils[J]. Géotechnique, 40(3): 405-430.

ALSHIBLI K A, BATISTE S N, STURE S, 2003. Strain localization in sand: Plane strain versus triaxial compression[J]. Journal of Geotechnical and Geoenvironmental Engineering, 129(6): 483–494.

ALTHER G, EVANS J C, PANEOSKI S E, 1988. Organically modified clays for stabilization of organic hazardous wastes[C]// Proceedings of the Ninth National Conference, 440–445.

MATERIALS A, 1970. Special Procedures for Testing Soil and Rock for Engineering Purposes[C]. Philadelphia: American Society for Testing and Materials.

ANANDARAJAH A, CHEN J, 1997. Van der Waals attractive force between clay particles in water and contaminant[J]. Soils and Foundations, 37(2): 27–37.

ANDERSON D M, HOEKSTRA P, 1965. Crystallization of clay adsorbed water[J]. Science, 149: 318–319.

ARTHUR J, DUNSTAN T, AL–ANI Q, ASSADI A, 1977. Plastic deformation and failure in granular media[J], Geotechnique, 27(1): 53–74.

ARULANANDAN K, 1991. Dielectric method for the prediction of porosity of saturated soil[J]. Journal of Geotechnical Engineering, ASCE, 117(2): 319–330.

ARULANANDAN K, SMITH S S, SPIEGLER K S, 1973. Soil structure evaluation by the use of radio frequency electrical dispersion[C]// Proceedings of the International Symposium on Soil Structure. Gothenburg: 29–49.

Aggregate S, By S, Hydrometer D, 1998. Standard Test Method for Identification and Classification of Dispersive Clay Soils by the Pinhole Test[S]. West Conshohocken.

ATKINS P, PUALA J D, 2002. Physical Chemistry, Seventh Edition[M]. Oxford: Oxford University Press.

ATKINSON, J. H, 2007. The Mechanics of Soils and Foundations, Second edition[M]. Taylor & Francis.

ATKINSON J H, BRANSBY P L, 1978. The Mechanics of Soils：an introduction to critical state soil mechanics[M]. London: McGraw-Hill.

ATKINSON J H, 2000. Non-linear stiffness in routine design[J]. Geotechnique, 50(5): 487–508.

AUGUSTESEN A, LIINGAARD M, LADE P V, 2004. Evaluation of time-dependent behavior of soils[J]. International Journal of Geomechanics, 4(3): 137-156.

BALASUBRAMONIAM, AS, 1969. Some factors influencing the stress-strain behviour of clay[D]. Cambridge: University of Cambridge.

BALASUBRAMONIAN B, MORGENSTERN N R, 1972. Discussion[J]. Geotechnique, 22: 542–544.

BARDEN L, 1973. Macro and microstructure of soils[C]// Appendix to the Proceedings of the International Symposium on Soil Structure. Gothenburg: 21–26.

BARRETT P, 1980. The shape of rock particles, a critical review[J]. Sedimentology, 27: 291–303.

BAWA K S, 1957. Laterite soils and their engineering characteristics[J]. Journal of the Soil Mechanics and Foundations Division, ASCE, 83(4): 1428–1–1428–15.

BEAR J, BACHMAT Y, 1990. Introduction to modeling of transport phenomena in porous media[M]. Dordrecht: Kluwer Academic Publish.

BEEN K, JEFFERIES M G, 1985. A state parameter for sands[J]. Geotechnique, 35(2): 99–112.

BEEN K, JEFFERTIES M G, HACHEY J, 1991. The critical state of sands[J]. Geotechnique, 41(3): 365–381.

BELGERI J J, SIEGEL T C, 1998. Design and performance of foundations in expansive shale[C]// Ohio River Valley Soils Seminar XXIX. Louisville, KY.

BELLOTTI R, GHIONNA V N, MORABITO P, 1991. Uniformity tests in calibration chamber samples by the thermal probe method[J]. ASTM Geotechnical Testing Journal, 14(2): 195–205.

BENNETT R H, HURLBUT M H, 1986. Clay Microstructure[M]. Boston/Houston/London: International Human Resources Development Corporation.

BHATIA S, SOLIMAN A, 1990. Frequency distribution of void ratio of granular materials determined by an image analyzer[J]. Soils and Foundations, 30(1): 1–16.

BIAREZ J, HICHER P Y, 1994. Elementary Mechanics of Soil Behaviour[M]. Rotterdam, Brookfield: A.A.Balkema.

BIOT M A, 1956a. Theory of propagation of elastic waves in fluidsaturated porous solid, I. Low frequency range[J]. Journal of the Acoustic Society of America, 28: 168–178.

BIOT M A, 1956b. Theory of propagation of elastic waves in fluidsaturated porous solid, II. High frequency range[J] Journal of the Acoustic Society of America, 28: 179–191.

BISCHOFF J L, GREER R E, LUISTRO A O, 1970. Composition of interstitial waters of marine sediments: Temperature of squeezing effect[J]. Science, 167: 1245–1246.

BISHOP A W, 1959. The principle of effective stress[J]. Teknisk Ukeblad, 106(39): 113–143.

BISHOP A W, 1966. The Strength of Soils as Engineering Materials[J]. Geotechnique, 16(2): 89–130.

BISHOP A W, GARGA V K, 1969. Drained tension tests on London clay[J]. Geotechnique, 19: 309–313.

BISHOP A W, GREEN G E, GARGA V K, ANDRESEN A, BROWN D J, 1971. A new ring shear apparatus and its application to the measurement of residual strength[J]. Geotechnique, 21(4): 273–328.

BISHOP A W, HENKEL D J, 1962. The measurement of soil properties in the triaxial test[M].

London: Edward Arnold.

BISHOP A W, GARGA V K, 1969. Drained tension tests on London clay[J]. Geotechnique, 19(2): 309-313.

BJERRUM L, 1967. Engineering geology of Norwegian normally-consolidated marine clays as related to settlements of buildings[J]. Geotechnique, 17(2): 83-118.

BJERRUM L, 1954. Geotechnical properties of Norwegian marine clays[J]. Geotechnique, 4: 49–69.

BJERRUM L, 1967. Engineering geology of Norwegian normally consolidated clays as related to settlements of buildings[J]. Geotechnique, 17: 214–235.

BJERRUM L, ROSENQVIST I TH, 1956. Some experiments with artificially sedimented clays[J]. Geotechnique, 6: 124–136.

BJERRUM L, SIMONS N E, 1960. Comparison of shear strength characteristics of normally consolidated clays[C]// ASCE Research Conference on the Shear Strength of Cohesive Soils. Boulder, CO: 711–726.

BJERRUM L, WU T H, 1960. Fundamental shear strength properties of the Lilla Edit clay[J]. Geotechnique, 10(3): 101–109.

BLACK W, DE JONGH J G V, OVERBEEK J TH, SPARNAAY M J, 1960.Measurement of Retarded van der Waals' Forces[J]. Transactions of the Faraday Society, 56: 1597.

BLACKMORE A V, MILLER R D, 1962. Tactoid size and osmotic swelling in calcium montmorillonite[C]// Soil Science Society of America Proceedings, 25: 169–173.

BLASER H D, ARULANANDAN K, 1973. Expansion of soils containing sodium sulfate[C]// Proceedings of the Third International Conference on Expansive Soils. Haifa, 1: 13–16.

BLASER H D, SCHERER O J, 1969. Expansion of soils containing sodium sulfate caused by drop in ambient temperature[R].

BOLT G H, 1955. Analysis of the validity of the Gouy-Chapman theory of the electric double layer[J]. Journal of Colloid Science, 10: 206.

BOLT G H, 1956. Physico-chemical analysis of the compressibility of pure clays[J]. Geotechnique, 6(2): 86–93.

BOLT G H, MILLER R D, 1958. Calculation of total and component potentials for water in soil[J]. Transactions of the American Geophysical Union, 39(5): 917–928.

BOLTON M D, 2000. The role of micro-mechanics in soil mechanics[J]// HYODO M, NAKATA Y. Proceedings of the International Workshop on Soil Crushability, Yamaguchi University, Japan.

BOLTON M D, 1986. The strength and dilatancy of sands[J]. Geotechnique, 36(1): 65–78.

BOWDEN F P, TABOR D, 1950. The Friction and Lubrication of Solids, Part I[M]. London: Oxford University Press.

BOWDEN F P, TABOR D, 1964. The Friction and Lubrication of Solids, Part II[M]. London: Oxford University Press.

BOWMAN E T, SOGA K, DRUMMOND T, 2001. Particle shape characterization using fourier analysis[J]. Geotechnique, 51(6): 545–554.

BRINCH-HANSEN J, GIBSON R E, 1949. Undrained shear strengths of anisotropically consolidated clays[J]. Geotechnique, 1(3): 189–204.

BRINDLEY G W, MACEWAN D M C, 1953. Structural aspects of mineralogy of clays and related silicates[J]// GREEN A T, STEWARD G H. Symposium on Ceramics. Stoke-on-Trent: 15–19.

BRINDLEY G W, BROWN G, 1980. Crystal Structures of Clay Minerals and Their X-ray Identification[J]// Mineralogical Society Monograph No.5. London.

BROMWELL L G, 1965. Adsorption and friction behavior of minerals in vacuum[R].

BROMWELL L G, 1966. The friction of quartz in high vacuum[R].

BRUGGENWERT M G M, KAMPHORST A, 1979. Survey of experimental information on cation exchange in soil systems[J]// Bolt G H. Soil Chemistry, Part B: Physico–Chemical Models. New York: Elsevier: 141–203.

BRYANT L, MAULDON M, MITCHELL J K, 2003. Impact of pyrite on properties and behavior of soil and rock[J]// CULLIGAN P J, EINSTEIN H H, WHITTLE A J. Proceedings Soil and Rock America 2003, Essen, 1: 759–766.

BUDHU M, 2015. Soil mechanics fundamentals[M]. Chichester: John Wiley & Sons, Ltd.

BUISMAN A S, 1936. Results of long duration settlement tests[C]// Proceedings of the first International Conference on Soil Mechanics and Foundation Engineering. Cambridge, 103-107.

BURKART B, GOSS G C, KERN J P, 1999. The role of gypsum in production of sulfate-induced deformation of lime-stabilizing soils[J]. Environmental & Engineering Geoscience, 2: 173–187.

BURLAND J B, 1967. Deformation of soft clay[D]. Cambridge: Cambridge University.

BURLAND J B, 1990. On the compressibility and shear strength of natural clays[J]. Geotechnique, 40(3): 329–378.

CAMPBELL W E, 1969. Solid lubricants[J]// LING F F, KLAUS E E, FEIN R S. Boundary Lubrication: An Appraisal of World Literature. ASME: 197–227.

CARLSLAW H S, JAEGER J C, 1957. Conductivity of Heat in Solids[M]. Oxford: Clarendon Press.

CARNIE S L, TORRIE G M, 1984. The statistical mechanics of the electrical double layer[J]. Advances in Chemical Physics, 56: 141–253.

CARRARO J A H, BANDINI P, SALGADO R, 2003. Liquefaction resistance of clean and nonplastic silty sands based on cone penetration resistance[J]. Journal of Geotechnical and Geoenvironmental Engineering, ASCE, 129(11): 965–976.

CARROLL D, 1970. Clay Minerals: A Guide to Their X-Ray Identification[R].

CARTER D L, MORTLAND M M, KEMPER W D, 1982. Specific surface[J]// Methods of Soil Analysis, 2nd ed.Madison: Agronomy No.9, 1: 413-423.

CARTER J P, SMALL J C, BOOKER J R, 1977. A theory of finite elastic consolidation[J]. Int. J. Solids Struct., 13(5): 467-478.

CASAGRANDE A, 1932a. The structure of clay and its importance in foundation engineering[C]//

Contributions to Soil Mechanics, 1925–1940. Boston: 72–112.

Casagrande, A. 1938. Compaction test and critical density investigation of cohesionless materials for Franklin Falls dam[J]. U.S. Engineer Corps.

CASAGRANDE A, 1948. Classification and identification of soils[J]. Transactions, ASCE, 113: 901–991.

CASAGRANDE A, 1932b. Research on the Atterberg limits of soils[J]. Public Roads, 13(8): 121–136.

CASIMIR H B C, POLDER D, 1948. The influence of retardation of the London-van der Waals forces[J]. Physical Review, 73: 360.

CASTRO G, 1975. Liquefaction and cyclic mobility of saturated sands[J]. Journal of Geotechnical Engineering Division, ASCE, 101(GT6): 551–569.

CHANDLER R J, 2000. Clay sediments in depositional basins: The Geotechnical cycle (3rd Glossop Lecture)[J]. Quarterly Journal of Engineering, Geology, and Hydrololgy, 30: 5–39.

CHAPMAN D L, 1913. A contribution to the theory of electrocapillarity[J]. Philosophical Magazine, 25(6): 475–481.

CHATTOPADHYAY P K, 1972. Residual shear strength of some pure clay minerals[D]. Edmonton: University of Alberta.

CHEN F H, 1975. Foundations on Expansive Soils[J]. Developments in Geotechnical Engineering, 125(3): 29-30.

CHEN W F, MIZUNO E, 1990. Nonlinear analysis in soil mechanics[J]. Elsevier.

CHENG C M, YIN J H, 2005. Strain-Rate Dependent Stress--Strain Behavior of Undisturbed Hong Kong Marine Deposits under Oedometric and Triaxial Stress States[J]. Marine Georesources and Geotechnology, 23(1-2): 61-92.

CHRISTENSON H K, ISRAELACHVILI J N, PASHLEY R M, 1987. Properties of capillary fluids at the microscopic level[J]. SPE Reservoir Engineering, 2(02): 155–165.

CLEVENGER W A, 1958. Experiences with loess as a foundation material[J]. Transactions, ASCE, 123: 151–180.

CLOUGH G W, SITAR N, BACHUS R C, SHAFFI RAD N, 1981. Cemented sands under static loading[J]. Journal of the Geotechnical Engineering Division, ASCE, 107(6): 799–817.

COLLINS I F, HOULSBY G T, 1997. Application of thermomechanical principles to the modelling of geotechnical materials[C]// Proceedings of the Royal Society A Mathematical, Physical and Engineering Sciences. London, 453: 1975–2001.

COLLINS K, MCGOWN A, 1974. The form and function of microfabric features in a variety of natural soils[J]. Geotechnique, 24(2): 223–254.

COLOTTA T, CANTONI R, PAVESI U, RUBERL E, MORETTI P C, 1989. Correlation between residual friction angle, gradation and the index properties of cohesive soils[J]. Geotechnique, 34(2): 343–346.

COOP M R, LEE I K, 1993. The behaviour of granular soils at elevated stress[J]. Predictive Soil Mechanics, 101–112.

COOP M R, 1990. The mechanics of uncemented carbonate sands[J]. Geotechnique, 40(4):

607–626.

COOP M R, SORENSEN K K, BODAS FREITAS T, GEORGOUTSOS G, 2004. Particle breakage during shearing of a carbonate sand[J]. Geotechnique, 54(3): 157–163.

COTECCHIA F, CHANDLER R J, 2000. A general framework for the mechanical behavior of clays[J]. Geotechnique, 48: 257–270.

COUTINHO R Q, LACERDA W A, 1987. Characterization and consolidation of Juturnaiba organic clays[C]// Proceedings of the International Symposium on Geotechnical Engineering of Soft Soils. Mexico City: 17–24.

CRAFT C D, ACCIARDI R G, 1984. Failure of pore-water analyses for dispersion[J]. Journal of Geotechnical Engineering, ASCE, 110(4): 459–472.

CUCCOVILLO T, COOP M R, 1997. Yielding and pre-failure deformation of structured sands[J], Geotechnique, 47(3): 491–508.

CUCCOVILLO T, AND COOP M. R, 1999. On the mechanics of structured sands[J]. Geotechnique, 49(6): 41-760.

CUNDALL P A, 2001. A discontinuous future for numerical modeling in geomechanics[J]. Proceedings of the institution of civil engineers-geotechnical engineering, 49(1): 41-47.

CUNDALL P A, STRACK O D L, 1979. A discrete numerical model for granular assemblies[J]. Geotechnique, 29(3): 47-65.

DAFALIAS Y F, POPOV E P, 1975. A model of nonlinearly hardening materials for complex loading[J]. Acta mechanica, 21(3): 173-192.

DAVIDTZ J C, LOW P F, 1970. Relation between crystal lattice configuration and swelling of montmorillonites[J]. Clays and clay minerals, 18(6): 325.

DAY P R, 1955. Effect of shear on water tension in saturated clay[R].

DAY R W, 1995. Engineering properties of diatomaceous fill[J]. Journal of geotechnical engineering, 121(12): 909-110.

DEERE D U, PATTON F D, 1971. Slope stability in residual soils[C]// Proceedings of the Fourth Pan American Conference on Soil Mechanics and Foundation Engineering, San Juan: 87-170.

DEGENS E T, 1965. Geochemistry of sediments[M]. Englewood Cliffs: Prentice-Hall.

DELAGE P, LEFEBVRE G, 1984. Study of the structure of a sensitive Champlain clay and of its evolution during consolidation[J]. Canadian geotechnical journal, 21(1): 21-35.

DELAGE P, TESSIER D, MARCEL–AUDIGUIER M, 1982. Use of the Cryoscan apparatus for observation of freeze-fractured planes of a sensitive Quebec clay in scanning electron microscopy[J]. Canadian Geotechnical Journal, 19(1): 111-114.

DERJAGUIN B V, LANDAU L, 1941. Theory of the stability of strongly charged lyophobic sols and the adhesion of strongly charged particles in solutions of electrolyte[J]. Acta physicochimica urss, 14: 633-662.

Dermatis D, Mitchell J K, 1992. Clay soil heave caused by lime-sulfate reactions[J]// Walker D D, Hardy Jr T B, Hoffman D C, et al. Innovations and Uses of Lime. Philadelphia: 41-64.

DESRUES J, CHAMBON R, MOKNI M, et al., 1996. Void ratio evolution inside shear bands in triaxial sand specimens studied by computed tomography[J]. Geotechnique, 46(3): 529-546.

DHOWIAN A W, EDIL T B, 1980. Consolidation behavior of peats[J]. Geotechnical testing journal, 3(3): 105-114.

DI MAIO C, 1996. Exposure of bentonite to salt solution: Osmotic and chemical effects[J]. Geotechnique, 46(4): 695-707.

DIAMOND S, 1970. Pore size distributions in clays[J]. Clays and clay minerals, 18: 7-23.

DIAMOND S, KINTER E.B, 1956. Surface area of clay minerals as derived from measurements on glycerol retention[J]. Clays and clay minerals, 556: 334-347.

DICKEY J W, 1966. Frictional characteristics of quartz[D]. Cambridge: Massachusetts Institute of Technology.

DRUCKER D C, PRAGER W, 1952. Soil mechanics and plastic analysis or limit design[J]. Q. Appl. Math, 10(2): 157-165.

DUNCAN J M, 1993. Limitations of conventional analysis of consolidation settlement[J]. Journal of geotechnical engineering, 119(9): 1333-1359.

DUNCAN J M, SEED H B, 1966. Anisotropy and stress reorientation in clay[J]. Journal of the soil mechanics and foundations division, 92(5): 21-52.

EDEN W J, CRAWFORD C B, 1957. Geotechnical properties of Leda clay in the Ottawa area[C]// Proceedings of the Fourth International Conference on Soil Mechanics and Foundation Engineering. London: 22-27.

EDIL T B, MOCHTAR N E, 1984. Prediction of peat settlement[C]// Proceedings of the Symposium on Sedimentation Consolidation Models. San Francisco: 411-424.

EISENBERG D, KAUZMAN W, 1969. The structure and properties of water[M]. New York: Oxford University Pres.

FANNING F A, PILSON M E Q, 1971. Interstitial silica and pH in marine sediments: Some effects of sampling procedures[J]. Science, 173(4003): 1228-1231.

FARRAR D M, COLEMAN J D, 1967. The correlation of surface area with other properties of nineteen British clay soils[J]. Journal of soil science, 18(1): 118-124.

FINEBERG J, 1997. From Cinderella's dilemma to rock slides[J]. Nature, 386(6623): 323-324.

FINK D H, NAKAYAMA F S, MCNEAL B L, 1971. Demixing of exchangeable cations in free swelling bentonite clay[J]. Soil science society of america proceedings, 35(4): 552-555.

FISHER N, LEWIS T, EMBLETON J, 1987. Statistical analysis of spherical data[M]. Cambridge: Cambridge University Press.

FODIL A, ALOULOU W, HICHER P Y, 1997. Viscoplastic behaviour of soft clay[J]. Géotechnique, 47(3): 581-591.

FOOKES P G, 1997. Tropical residual soils[R]// A Geological Society Engineering Group Working Party Revised Report. The Geological Society, London.

FORLATI F, GIODA G, SCAVIA C, 2001. Finite element analysis of a deep-seated slope deformation[J]. Rock mechanics and rock engineering, 34(2): 135-159.

FOSTER M D, 1953. Geochemical studies of clay minerals: II. Relation between ionic substitution and swelling in montmorillonite[J]. American mineralogist, 38(11-12): 994-1006.

FOSTER M D, 1955. The relation between composition and swelling in clays[J]. Clays and clay minerals, 3: 205-220.

FRANKLIN A F, OROZCO L F, SEMRAU R, 1973. Compaction of slightly organic soils[J]. Journal of soil mechanics and foundations division, 99(7): 541-557.

FRANKLIN J A, CHANDRA R, 1972. The slake durability test[J]. International journal of rock mechanics and mining sciences, 9: 325-341.

FRIPIAT J J, LETELLIER M, LEVITZ P, 1984. Interaction of water with clay surfaces[C]// Philosophical Transactions of the Royal Society of London.

FROST J D, JANG D J, 2000. Evolution of sand microstructure during shear[J]. Journal of geotechnical and geoenvironmental engineering, 126(2): 116-130.

FUKUMOTO T, 1992. Particle breakage characteristics of granular soils[J]. Soils and foundations, 32(1): 26-40.

GEORGIANNOU V N, BURLAND J B, HIGHT D W, 1991. The undrained behavior of clayey sands in triaxial compression and extension[J]. Geotechnique, 40(3): 431-449.

GIBBS H J, 1960. Shear strength of cohesive soils[C]// Research Conference on Shear Strength of Cohesive Soil. Colorado: 33-162.

GIBBS H J, BARA J P, 1967. Stability problems of collapsing soils[J]. Journal of the soil mechanics and foundations division, 93: 577-594.

GIBSON R E, 1958. The progress of consolidation in a clay layer increasing in thickness with time[J]. Géotechnique, 8(4): 171-182.

GIBSON R E, ENGLAND G L, HUSSEY M J L, 1967. The theory of one-dimensional consolidation of saturated clays[J]. Géotechnique, 17(3): 261-273.

GIBSON R E, SCHIFFMAN R L, WHITMAN R V, 1989. On two definitions of excess pore water pressure[J]. Géotechnique, 39(1): 169-171.

GIDIGASU M D, 1972. Mode of formation and geotechnical characteristics of laterite materials of Ghana in relation to soil forming factors[J]. Engineering geology, 6(2): 79-150.

GILLOTT J E, 1970. Fabric of Leda clay investigated by optical, electron-optical, and X-ray diffraction methods[J]. Engineering geology, 4(2): 133-153.

GILLOTT, J. E. 1976. Importance of specimen preparation in microscopy[J]// Soil Preparation for Laboratory Testing Philadelphia: 289-307.

GIODA G, BORGONOVO G, 2004. Finite element modeling of the time-dependent deformation of a slope bounding a hydroelectric reservoir[J]. International journal of geomechanics, 4(4): 229-239.

GLAESER R, MERING J, 1954. Isothermes d'hydration des montmorillonites bi-ioniques (Na-Ca)[J]. Clay minerals bulletin, 2: 188-193.

GOLDSCHMIDT V M, 1926. Undersokelser ved Lersedimenter.

GOUY, G. 1910. Sur la constitution de la charge electrique a la surface d'un electrolyte[J]. Anniue Physique, 9: 457-468.

GRAHAM J, CROOKS J H A, BELL A L, 1983. Time effects on the stress-strain behaviour of natural soft clays[J]. Géotechnique, 33(3): 327-340.

GRAHAM J, AU V C S, 1985. Influence of freeze-thaw and softening effects on stress-strain behavior of natural plastic clay at low stresses[J]. Canadian geotechnical journal, 22(1): 69-78.

GRANT K, 1974. Laterites, ferricretes, bauxites and silcretes[C]// Proceedings of the Second International Congress of the International Association of Engineering Geology. Sao Paulo.

GRAY D H, MITCHELL J K, 1967. Fundamental aspects of electro-osmosis in soils[J]. Soil mechanics and foundation division journal, 93(6): 209-236.

GRAY H, 1945. Simultaneous consolidation of contiguous layers of unlike compressible soils[J]. Transactions of the american society of civil engineering, 110: 1327-1356.

GRIFFIN J J, WINDOM H, GOLDBERG E D, 1968. The distribution of clay minerals in the world ocean[J]. Deep sea research, 15(4): 433-459.

GRIM R E, 1968. Clay Mineralogy[M]. NewYork: McGraw-Hill.

GÜVEN N, 1992. Molecular as pects of clay-water interactions[C]// CMS workshop lectures. Clay Minerals Society: 2-79.

HAEFELI R, 1951. Investigation and measurements of the shear strengths of saturated cohesive soils[J]. Géotechnique, 2(3): 186-208.

HAGERTY M M, HITE D R, ULLRICH C R, et al., 1993. One-dimensional high-pressure compression of granular media[J]. Journal of geotechnical engineering, 19(1): 1-18.

HARISON J A, HARDIN B O, MAHBOUB K, 1994. Fracture toughness of compacted cohesive soils using ring test[J]. Journal of geotechnical engineering, 120(5): 872-891.

HASHIGUCHI K, 2009. Elastoplasticity theory[M]. Berlin: Springer.

HAWKINS A B, PINCHES G M, 1997. Understanding sulfate generated heave resulting from pyrite degradation[C]// Ground Chemistry Implications for Construction: Proceedings of the International Conference on the Implications of Ground Chemistry and Microbiology for Construction. Balkema: 51-75.

HAWKINS A E, 1993. The shape of powder-particle outlines[M]. New York: Wiley.

HENKEL D J, 1960. The shear strength of saturated remoulded clay[C]// Research Conference on Shear Strength of Cohesive Soil. Colorado: 533-540.

HESELTON, L. R. 1969. The Continental Shelf [M].

HICHER P. Y. 1985. Comportement mécanique des argiles saturées sur divers chemins de sollicitations monotones et cycliques application à une modélisation élastoplastique et viscoplastique[D].

HICHER P Y, WAHYUDI H, TESSIER D, 2000. Microstructural analysis of inherent and induced anisotropy in clay[J]. Mechanics of cohesive-frictional materials, 5(5): 341-371.

HIGHT D W, GEORGIANNOU V N, MARTIN P L, et al., 1998. Flow slides in micaceous sands[C]// Proc. Int. Symposium on Problematic Soils, Balkema: 945-958.

HINCHBERGER S D, ROWE R K, 2005. Evaluation of the predictive ability of two elastic-viscoplastic constitutive models[J]. Canadian geotechnical journal, 42(6): 1675-1694.

HOLTZ W G, GIBBS H J, 1956. Engineering properties of expansive clays[J], Transactions, 121: 641-677.

HORN H M, DEERE D U, 1962. Frictional characteristics of minerals, Geotechnique[J], 12(4): 319-335.

HOULSBY G T, 1982. Theoretical analysis of the fall cone test[J]. Geotechnique, 32(2): 111-118.

HOUSE W A, 1998. Environmental Interactions of Clays[M]. Berlin: Springe: 55-91.

HOUSTON, W. N. 1967. Formation mechanisms and property interrelationships in sensitive clays[D]. Berkeley: University of California.

HOUSTON, W. N. 1967. Formation mechanisms and property interrelationships in sensitive clays[D]. Berkeley: University of California.

HOUSTON W N, MITCHELL J K, 1969. Property interrelationships in sensitive clays[J]. Journal of the Soil Mechanics and Foundations Division, 95(SM4): 1037-1062.

HUBER K A, 1997. Design of Shale Embankments[R]// Report to the Virginia Department of Transportation and the Virginia Transportation Research Council. Blacksburg.

HVORSLEV M J, 1937. Ingerniorvidenshabeliege skriften[M]. Kobenhavn: Danmarks Naturvidenshabelige Samfund.

HVORSLEV M J, 1960. Physical components of the shear strength of saturated clays[C]// Proceedings ASCE Research Conference on the Shear Strength of Cohesive Soils. Boulder: 169-273.

INGLES O G, 1962. A theory of tensile strength for stabilized and naturally coherent soils[C]// Proceedings of the First Conference of the Australian Road Research Board.

ISHIHARA K, 1993. Liquefaction and flow failure during earthquakes[J]. Geotechnique, 43(3): 351-415.

ISHIHARA K, TATSUOKA F, YASUA S, 1975. Undrained deformation and liquefaction of sand under cyclic stresses[J]. Soils and foundations, 15(1): 29-44.

IWASHITA K, ODA M, 1998. Rolling resistance at contacts in simulation of shear band development by DEM[J]. Journal of engineering mechanics, 124(3): 285-292.

IWASHITA K, ODA M, 2000. Micro-deformation mechanism of shear banding process based on modified distinct element method[J]. Powder technology, 109: 192-205.

JACKSON M L, LIM C H, ZELAZORY L W, 1986. Methods of soil analysis[M]. Madison: American Society of Agronomy.

JACKSON T A, 1998. The biogeochemical and ecological significance of interactions between colloidal minerals and trace elements[J]// Parker A, Rae J E, Environmental Interactions of Clays. Berlin: Springer: 93-205.

JAKY J, 1944. The coefficient of earth pressure at rest[J]. Journal of the society of hungarian architects and engineers, 355-358.

JAMIOLKOWSKI M, LADD C C, GERMAINE J T, et al., 1985. New developments in field and laboratory testing of soils[C]// Proceedings of the Eleventh International Conferenceon Soil Mechanics and Foundation Engineering. San Francisco: 57-153.

JANBU N, 1963. Soil compressibility as determined by oedometer and triaxial test[C]// European Conf. SMFE. Wiesbaden: 19-25

JANG D J, FROST J D, PARK J Y, 1999. Preparation of epoxy impregnated sand coupons for image analysis[J]. Geotechnical testing journal, 22(2): 147-158.

JEWELL R J, ANDREWS D C, KHORSHID M S, 1988. Engineering for calcareous sediments[C]// Proceedings of the International Conference on Calcareous Sediments. Balkema.

JIN Y F, YIN Y, LI J, et al., 2021. A novel implicit coupled hydro-mechanical SPFEM approach for modelling of delayed failure of cut slope in soft sensitive clay[J]. Computers and geotechnics, 140: 104474.

JIN Y F, YIN Z Y, ZHOU W H, et al., 2019. A single-objective EPR based model for creep index of soft clays considering L2 regularization[J]. Engineering geology, 248: 242-255.

JOHNSON K L, 1985. Contact mechanics[M]. Cambridge: Cambridge University Press.

JOMMI C, 2000. Remarks on the constitutive modeling of unsaturated soils[J]// Tarantino A, Mancuso C, Experimental Evidence and Theoretical Approaches in Unsaturated Soils. Rotterdam: 139–153.

KABBAJ M, TAVENAS F, LEROUEIL S, 1988. In situ and laboratory stress–strain relationships[J]. Geotechnique, 38(1): 83-100.

KALIAKIN V N, DAFALIAS Y F, 1990. Theoretical aspects of the elastoplastic-viscoplastic bounding surface model for cohesive soils[J]. Soils and foundations, 30(3): 11-24.

KALIAKIN V N, DAFALIAS Y F, 1990. Verification of the elastoplastic-viscoplastic bounding surface model for cohesive soils[J]. Soils and foundations, 30(3): 25-36.

KALLSTENIUS T, BERGAU W, 1961. Research on texture of granular masses[C]// Proceedings of the Fifth International Conference on Soil Mechanics and Foundation Engineering. Paris: 1: 165-170.

KANATANI K, 1984. Distribution of directional data and fabric tensors[J]. International journal of engineering science, 22(2): 107-117.

KARLSSON R, 1961. Suggested improvements in the liquid limit test with reference to flow properties of remolded clays[C]// Proceedings of the Fifth International Conference on Soil Mechanics and Foundation Engineering. 1: 171-184.

KARSTUNEN M, YIN Z Y, 2010. Modelling time-dependent behaviour of Murro test embankment[J]. Géotechnique, 60(10): 735-749.

KAZI A, MOUM J, 1973. Effect of leaching on the fabric of normally consolidated marine clays[C]// Proceedings of the International Symposium on Soil Structure. Gothenburg: 137-152.

KENNEY T C, 1959. Discussion[J]. Journal of the soil mechanics and foundations division, 85(3): 67-79.

KENNEY T C, 1967. The influence of mineralogical composition on the residual strength of natural soils[C]// Proceedings of the Geotechnical Conference on Shear Strength Properties of Natural Soils and Rocks. Oslo: 123-129.

KIDDER G, REED L W, 1972. Swelling characteristics of hydroxy-aluminum interlayered clays[J]. Clays and clay minerals, 20(1): 13-20.

KIE T T, 1983. Swelling Rocks and the Stability of Tunnels[M]. Balkema.

KIM Y T, LEROUEIL S, 2001. Modeling the viscoplastic behaviour of clays during consolidation: application to berthierville clay in both laboratory and field conditions[J]. Canadian geotechnical journal, 38(3): 484-497.

KLUG H P, ALEXANDER L E, 1974. X-Ray diffraction procedures[J]. Sen'i gakkaishi, 31(7):

204-214.

KNUDSEN D, PETERSON G A, PRATT P F, 1986. Lithium, sodium and potassium, methods of soil analysis[J]. Agronomy, 9(2): 225-246.

KOKUSHO T, HARA T, HIRAOKA R, 2004. Undrained shear strength of granular soils with different particle gradations[J]. Journal of geotechnical and geoenvironmental engineering, 130(6): 621-629.

KOLB C R, SHOCKLEY W G, 1957. Mississippi valley geology—its engineering significance[J]. Journal of the soil mechanics and foundations division, 83(3): 1-14.

KOMINE H, OGATA N, 2004. Predicting swelling characteristics of bentonites[J]. Journal of geotechnical and geoenvironmental engineering, 130(8): 818-829.

KONDNER R L, VENDRELL J R, 1964. Consolidation coefficients: cohesive soil mixtures[J]. Journal of soil mechanics and foundations division, 90(5): 31-42.

KONISHI J, ODA M, NEMAT-NASSER S, 1982. Inherent anisotropy and shear strength of assembly of oval cross-sectional rods[C]// IUTAM Conference on Deformation and Failure of Granular Materials. Balkema: 403-412.

KOUMOTO T, HOULSBY G T, 2001. Theory and practice of the fall cone test[J]. Geotechnique, 51(8): 701-712.

KRAMER S L, 1996. Geotechnical Earthquake Engineering[M]. Englewood Cliffs.

KRINITZKY E L, TURNBULL W J, 1967. Loess deposits of mississippi[J]. Geological society of america special paper.

KRINSLEY D H, SMALLEY I J, 1973. Shape and nature of small sedimentary quartz particles[J]. Science, 180: 1277-1279.

KRUMBEIN W C, SLOSS L L, 1963. Stratigraphy and Sedimentation[M]. San Francisco.

KUHN M R, 1999. Structured deformation in granular materials[J]. Mechanics of materials, 31(6): 407-429.

KULHAWY F H, MAYNE P W, 1990. Manual on Estimating Soil Properties for Foundation Design[R].

KUNZE G W, DIXON J B, 1986. Pretreatment for mineralogical analysis[J]. Agronomy, (9): 167-179.

KUO C Y, FROST J D, CHAMEAU J L, 1998. Image analysis determination of stereology based fabric tensors[J]. Geotechnique, 48(4): 515-525.

KURUKULASURIYA L C, ODA M, KAZAMA H, 1999. Anisotropy of undrained shear strength of an overconsolidated soil by triaxial and plane strain tests[J]. Soils and foundations, 39(1): 21-29.

KUTTER B L, SATHIALINGAM N, 1992. Elastic-viscoplastic modelling of the rate-dependent behaviour of clays[J]. Géotechnique, 42(3): 427-441.

LACERDA W A, 1973. Stress relaxation in soils[J].

LADD C C, 1991. Stability evaluation during staged construction[J]. Journal of geotechnical engineering, 117(4): 540-615.

LADD C C, FOOTT R, 1974. New design procedure for stability of soft clays[J]. Journal of geotechnical engineering division, 100(7): 763-786.

LADD C C, MARTIN R T, 1967. The effects of pore fluid on the undrained strength of kaolinite[R].

LADE P V, YAMAMURO J A, BOPP P A, 1996. Significance of particle crushing on granular materials[J]. journal of geotechnical engineering, 122(4): 309-316.

LADE P V, DUNCAN J M, 1975. Elastoplastic stress-strain theory for cohesionless soil[J]. Journal of geotechnical engineering division, 101(10): 1037-1053.

LAFEBER D, 1966. Soil structural concepts[J]. Engineering geology, 1(4): 261-290.

LAFEBER D, 1968. Discussion of morgenstern and tchalenko[J]. Geotechnique, 18(3): 379-382.

LAFEBER D, WILLOUGHBY D R, 1971. Fabric symmetry and mechanical anisotropy in natural soils[C]//Proceedings of the Australia-New Zealand Conference on Geomechanics. Melbourne: 165-174.

LAFLEUR J, SILVESTRI V, ASSELIN R, et al., 1988. Behaviour of a test excavation in soft champlain sea clay[J]. Canadian geotechnical journal, 25(4): 705-715.

LAGALY G, 1984. Clay-organic interactions[J]. Philosophical transactions of the royal society of london, 311: 315-332.

LAHAY N, BRESLER E, 1973. Exchangeable cation-structural parameter relationships in montmorillonite[J]. Clays and clay minerals, 21: 249-255.

LAMBE T W, 1952. Differential thermal analysis[C]// Proceedings of the Highway Research Board.

LAMBE T W, 1953. The structure of inorganic soil[J]. ASCE, 79(315): 1-49.

LAMBE T W, 1960. A mechanistic picture of the shear strength of clay[C]// Proceedings of the ASCE Research Conference on the Shear Strength of Cohesive Soils. Boulder CO: 437.

LAMBE T W, MARTIN R T, 1954. Composition and engineering properties of soils: II[C]// Proceedings of the Highway Research Board. Washington D C.

LAMBE T W, WHITMAN R V, 1979. Soil Mechanics[M]. Wiley.

LANGMUIR I, 1938. The role of attractive and repulsive forces in the formation of tactoids, thixotropic gels, protein crystals and coacervates[J]. Journal of chemical physics, 6(12): 873-896.

LAUDELOUT H, 1987. Cation exchange equilibrium in clays[J]//. Newman A C D. chemistry of clays and clay minerals. london: 225-236.

LEE K L, FARHOOMAND I, 1967. Compressibility and crushing of granular soil in anisotropic compression[J]. Canadian geotechnical journal, 4(1): 68-86.

LEE M D, 1992. The angles of friction of granular fills[D]. University of Cambridge.

LEEDER M R, 1982. Sedimentology: Processes and Products[M]. London.

LEGGET R F, HATHEWAY A W, 1988. Geology and Engineering[M]. New York: McGraw−Hill.

LEONARDS G A, Ramiah B K, 1960. Time effects in the consolidation of clays[J]// Special Tech. Publ: 116-130.

LEONI M, KARSTUNEN M, VERMEER P A, 2008. Anisotropic creep model for soft soils[J].

Géotechnique, 58(3): 215-226.

LEROUEIL S, KABBAJ M, TAVENAS F, 1988. Study of the validity of a $\Sigma\upsilon'$-$E\upsilon$-$E\upsilon$ model in in-situ conditions[J]. Soils and foundations, 28(3): 13-25.

LEROUEIL S, KABBAJ M, TAVENAS F, et al., 1985. Stress–strain–strain rate relation for the compressibility of sensitive natural clays[J]. Géotechnique, 35(2): 159-180.

LEROUEIL S, TAVENAS F, SAMSON L, et al., 1983. Preconsolidation pressure of champlain clays. part ii. laboratory determination[J]. Canadian geotechnical journal, 20(4): 803-816.

LEROUEIL S, VAUGHAN P R, 1990. The general and congruent effects of structure in natural soils and weak rocks[J]. Geotechnique, 40(3): 467-488.

LEROUEIL S, TAVENAS F, LE BIHAN J P, 1983. Propriete's caracteristiques desargiles delestdu [J]. Canadian geotechnical journal, 20(4): 681-705.

LESSARD G, 1978. Traitement chimique desargiles sensiblesd Outardes[D]. Montreal:Ecole Polytechnique de Montreal.

LESSARD G, 1981. Biogeochemical phenomena in quick clays and their effects on engineering properties[D]. Berkeley: University of California.

LESSARD G, MITCHELL J K, 1985. The causes and effects of aging in quick clays[J]. Canadian geotechnical journal, 22(3): 335-346.

LI J, YIN Z Y, 2020. A modified cutting-plane time integration scheme with adaptive substepping for elasto-viscoplastic models[J]. International journal for numerical methods in engineering, 121(17): 3955-3978.

LI J, YIN Z Y, 2021. Time integration algorithms for elasto-viscoplastic models with multiple hardening laws for geomaterials: enhancement and comparative study[J]. Archives of computational methods in engineering, 28(5): 3869-3886.

LI X S, DAFALIAS Y F, 2000. Dilatancy for cohesionless soils[J]. Géotechnique, 50(4): 449-460.

LI X S, DAFALIAS Y F, 2002. Constitutive modeling of inherently anisotropic sand behavior[J]. Journal of geotechnical and geoenvironmental engineering, 128(10): 868-880.

LIN X, NG T–T, 1997. A three-dimensional discrete element model using arrays of ellipsoids[J] Geotechnique, 47(2): 319-329.

LITTLE A L, 1969. The engineering classification of residual tropical soils[C]// Proceedings of the Specialty Session on the Engineering Properties of Lateritic Soils. Mexico City: 1-10.

LOUDON P A, 1967. Some deformation characteristics of kaolin[D]. Cambridge: University of Cambridge.

LOVENBURY H T. 1969. Creep characteristics of london clay[J]. University of london.

LOW P F, 1980. The swelling of clay: II. montmorillonites[J]. Journal of the soil science society of america, 44(4): 667-676.

LOW P F, 1992. Interparticle forces in clay suspensions: Flocculation, viscous flow and swelling[J]// Guven N, Pollastro R M. Clay-Water Interface and its Rheological Implications. CO: 157-190.

LOW P F, 1979. Nature and properties of water in montmorillonite-water systems[J]. Soil science society of america journal, 43(5): 651-658.

LOW P F, 1987. Structural component of the swelling pressure of clays[J]. Langmuir, 3(1): 18-25.

LOW P F, 1994. The clay/water interface and its role in the environment[J]. Progress in colloid and polymer science, (95): 98-107.

LOW P F, WHITE J L, 1970. Hydrogen bonding and polywater in clay-water systems[J]. Clays and clay minerals, 18(1): 63-66.

LU N, GODT J, WU D, 2010. A closed-form equation for effective stress in variably saturated soil[J]. Water resources research, (46):W05515.

LU N, LIKOS W J, 2006. Suction stress characteristic curve for unsaturated soils[J]. Journal of geotechnical and geoenvironmental engineering, 132(2): 131-142.

LU N, WU B L, TAN C P, 2007. Tensile strength characteristics of unsaturated sands[J]. Journal of geotechnical and geoenvironmental engineering, 133(2): 144-154.

LU N, KHORSHIDI M, 2015. Mechanisms for soil-water retention and hysteresis at high suction range[J]. Journal of geotechnical and geoenvironmental engineering.

LUPINI J F, SKINNER A E, VAUGHAN P R, 1981. The drained residual strength of cohesive soils[J]. Geotechnique, 31(2): 181-213.

LUZZANI L, COOP M R, 2002. On the relationship between particle breakage and the critical state of sands[J]. Soils and foundations, 42(2): 71-82.

LLORET-CABOT M, WHEELER S J, SÁNCHEZ M, 2014. Unification of plastic compression in a coupled mechanical and water retention model for unsaturated soils[J]. Canadian Geotechnical Journal, 51(12): 1488-1493.

MA T T, WEI C F, XIA X L, et al., 2016. Constitutive model of unsaturated soils considering the effect of intergranular physicochemical forces[J]. Journal of engineering mechanics, 142(11): 04016088.

MA T T, WEI C, CHEN P, et al., 2019. Chemomechanical coupling constitutive model for chalk considering chalk-fluid physicochemical interaction[J]. Géotechnique, 69(4): 308-319.

MacEwan D M C, Wilson M J, 1980. Interlayer and intercalation complexes of clay minerals[M]. London: Mineralogical Society: Chapter3.

MACFARLANE I C, 1969. Muskeg Engineering Hand book[M]. Toronto: University of Toronto Press.

MADSEN F T, MÜLLER–VONMOOS M, 1985. Swelling pressure calculated from mineralogical properties of a Jurassic opalinum shale[J]. Clays and clay minerals, 33(6): 501-509.

MADSEN F T, MÜLLER–VONMOOS M, 1989. The swelling behavior of clays[J]. Applied clay science,4(2): 143-156.

MAEDA T, TAKENAKA H, WARKENTIN B P, 1977. Physical properties of allophane soils[M]. New York: Academic Press: 229-264.

MAHMOOD A, 1973. Fabric-mechanical property relationships in fine granular soils[D]. Berkeley: University of California.

MAHMOOD A, MITCHELL J K, 1974. Fabric-property relationships in fine granular materials[J]. Clays and clay minerals, 22(5): 397-408.

MAIR R J, Wood D M, 1987. Pressuremeter Testing: Methods and Interpretation[R].

MAKSE H A, HAVLIN S, KING P R, et al., 1997. Spontaneous stratification in granular mixtures[J]. Nature, (386): 379-381.

MARSAL R H, 1973. Mechanical properties of rockfill[M]. New York: Wiley: 109-208.

MARSHALL C E, 1964. The Physical Chemistry and Mineralogy of Soils[M]. New York: Wiley: (1).

MARTIN R T, 1966. Quantitative fabric of wet kaolinite[C]// Proceedings of the Fourteenth National Clay Conference: 271–287.

MARTIN R T, 1955. Ethylene glycol retention by clays1[J]. Soil science society of america journal, 19(2): 160-164.

MASAD E, MUHUNTHAN B, 2000. Three-dimensional characterization and simulation of anisotropic soil fabric[J]. Journal of geotechnical & geoenvironmental engineering, 126(3): 199-207.

MATALUCCI R V, ABDEL-HADY M, SHELTON J W, 1970. Influence of grain orientation on direct shear strength of a loessial soil[J]. Engineering geology, 4(2): 341-351.

MATALUCCI R V, SHELTON J W, ABDEL-HADY M, 1969. Grain orientation in vicksburg loess[J]. Journal of sedimentary petrology, 39(3): 969-979.

MATSUI T, ABE N, 1985. Elasto/viscoplastic constitutive equation of normally consolidated clays based on flow surface theory[J]. Proc.int.conf.numerical methods in geomechanics: 407-413.

MATSUOKA H, NAKAI T, 1974. Stress-strain relationship of soil based on the SMP[J]. Janpan society of civil engineering, (232): 59-70.

MAXWELL J C, 1881. A Treatise on Electricity and Magnetism[M]. 2nd ed, Clarendon, Oxford.

MCBRIDE M B, 1989. Surface chemistry of soil minerals[J]// Dixon J B, Weed S B. Minerals in Soil Environments. Madison: 35-88.

MCBRIDE M B, 1997. A critique of diffuse double layer models applied to colloid and surface chemistry[J]. Clays and clay minerals, 45(4): 598-608.

MCBRIDE M B, BAVEYE P, 2002a. Diffuse double-layer models, long-range forces, and ordering in clay colloids[J]. Soilence society of america journal, 66(4): 1207-1217.

MCBRIDE M B, BAVEYE P, 2002b. Response to comments on diffuse double-layer models, long range forces, and ordering of clay colloids[J]. Soil science society of america journal, 67(6): 1961-1963.

MCDOWELL G R, BOLTON M D, 1998. On the micromechanics of crushable aggregates[J]. Géotechnique, 48(5): 667-679.

MCDOWELL G R, 2001. Statistics of soil particle strength[J]. Geotechnique, 51(10): 897-900.

MCGOWN A, 1973. The nature of the matrix in glacial ablation tills[C]// Proceedings of the International Conference on Soil Structure, Gothenburg: 87-96.

MCKYES E, YONG, R N, 1971. Three techniques for fabric viewing as applied to shear distortion of a clay[J]. Clays and clay minerals, 19(5): 289-293.

MCLEAN E O, 1982. Soil pH and lime requirement[M]. Madison: American Society of Agronomy: 199-224.

MCNEAL B L, 1970. Prediction of interlayer swelling of clays in mixed-salt solutions[J]. Soil science society of america journal, 34(2): 201-201.

MCNEAL B L, NORWELL W A, COLEMAN N T, 1966. Effect of solution composition on the swelling of extracted soil clays[J]. Soil science society of america proceedings, 30(3): 313-317.

MEHTA P K, HU F, 1978. Further evidence for expansion of ettingite by water adsorption[J]. Journal of the american ceramic society, 61(3-4): 179-180.

MELOY T P, 1977. Fast fourier transform applied to shape analysis of particle silhouettes to obtain morphological data[J]. Powder technology, 17(1): 27-35.

MESRI G, CASTRO A, 1987. Cα/Cc concept and k0 during secondary compression[J]. Journal of geotechnical engineering, 113(3): 230-247.

MESRI G, CHOI Y K, 1979. Strain rate behaviour of saint-jean-vianney clay[J]. Canadian geotechnical journal, 16(4): 831-834.

MESRI G, GODLEWSKI P M, 1977. Time and stress-compressibility interrelationship[J]. Geotech eng div, 103(5): 417-430.

MESRI G, CEPEDA-DIAZ A F, 1986. Residual shear strength of clays and shales[J]. Geotechnique, 36(2): 269-274.

MESRI G, OLSON R E, 1970. Shear strength of montmorillonite[J]. Geotechnique, 20(3): 261-270.

MESRI G, SHAHIEN M, 2003. Residual shear strength mobilized in first-time slope failures[J]. Journal of geotechnical and geoenvironmental engineering, 129(1): 12-31.

MESRI G, FENG T W, BENAK J M, 1990. Postdensification penetration resistance of clean sands[J]. Journal of geotechnical engineering, 116(7): 1095-1115.

MIKASA M, 1965. The consolidation of soft clay[J]. Civil Engineering in Japan, 21-26.

MILLER C T, GRAY W G, 2005. Thermodynamically constrained averaging theory approach for modeling flow and transport phenomena in porous medium systems: 2. foundation[J]. Advances in water resources, 28(2): 181-202.

MILLER R H, OVERMAN A R, PEVERLY J H, 1969. The absence of threshold gradients in clay-water systems[J]. Soil science society of america proceedings, 33(2): 183-187.

von MISES R. Mechanik der plastischen formverinderung von kristallen[J]. Angew. Z,Math Mech. 1928,8: 161～185

MITCHELL J K, CAMPANELLA R G, SINGH A, 1968. Soil creep as a rate process[J]. Journal of soil mechanics & foundations div, 94(1): 231-253.

MITCHELL J K, 1976. Fundamental of Soil Behavior[M]. NewYork: John Wiley & Sons.

MITCHELL J K, 1993. Fundamental of Soil Behavior[M]. NewYork: John Wiley & Sons.

MITCHELL J K, SOGA K, 2005. Fundamentals of soil behavior[M]. 3rd ed. New York: John Wiley & Sons, Inc.

MITCHELL J K, 1956. The fabric of natural clays and its relation to engineering properties[J]. Proceedings of the highway research board, 35: 693-713.

MITCHELL J K, 1960. Fundamental aspects of thixotropy in soils[J]. Journal of the soil mechanics and foundations division, 86(3): 19-52.

MITCHELL J K, 1962. Components of pore water pressure and their engineering significance[C]// Proceedings of the Ninth National Clay Conference on clays and clay minerals. West Lafayette: 162-184.

MITCHELL J K, COUTINHO R Q, 1991. Occurrence, geotechnical properties, and special problems of some soils of America[C]// Proceedings of the Ninth Panamerican Conference on Soil Mechanics and Foundation Engineering. Vina Del Mar: 1651-1741.

MITCHELL J K, KAO T C, 1978. Measurement of soil thermal resistivity[J]. Journal of geotechnical engineering, 104(5): 1307-1320.

MITCHELL J K, SITAR N, 1982. Engineering properties of tropical residual soils[C]// Proceedings of the Conference on Engineering and Construction in Tropical Residual Soils. Honolulu: 30-57.

MITCHELL J K, CHATOIAN J M, CARPENTER G C, 1976. The influences of sand fabric on liquefaction behavior[R].

MITCHELL J K, 1986. Practical problems from surprising soil behavior[J]. Journal of geotechnical engineering, 112(3): 259-289.

MITCHELL J K, MCCONNELL J R, 1965. Some characteristics of the elastic and plastic deformation of clay on initial loading[C]// Procedures of the Sixth International Conference on Soil Mechanic sand Foundation Engineering. Montreal: 313-317.

MITCHELL J K, SOLYMAR Z V, 1984. Time-dependent strength gain in freshly deposited or densified sand[J]. Journal of the geotechnical engineering division, 110(11): 1559-1576.

MIURA N, MURATA H, YASUFUKU N, 1984. Stress-strain characteristics of sand in a particle-crushing region[J]. Soils and foundations, 24(1): 77-89.

MOORE C A, 1971. Effect of mica on k_0 compressibility of two soils[J]. Journal of the soil mechanics and foundations division, 97(9): 1275-1291.

MOORE C A, MITCHELL J K, 1974. Electromagnetic forces and soil strength[J]. Geotechnique, 24(4): 627-640.

MOORE D M, REYNOLDS R C JR, 1997. X-Ray Diffraction and the Identification and Analysis of Clay Minerals[M]. NewYork: Oxford University Press.

MOREAU J J, 1994. Some numerical methods in multibody dynamics: application to granular materials[J]. European journal of mechanics a-solids. 13(4): 933–114.

MORGENSTERN N R, EIGENBROD K D, 1974. Classification of argillaceous soils and rocks[J]. Journal of the geotechnical engineering division, 11(10): 1137-1156.

MORGENSTERN N R, TCHALENKO J S, 1967. The optical determination of preferred orientation in clays and its application to the study of microstructure in consolidated kaolin[J]. Proceedings of the royal society of london, 300(1461): 218-234.

MORGENSTERN N R, TCHALENKO J S, 1967b. Microscopic structures in kaolin subjected to direct shear[J]. Geotechnique, 17(4): 309-328.

MORGENSTERN N R, TCHALENKO J S, 1967c. Microstructural observations on shear zones from slips in natural clays[C]// Proceedings of the Geotechnical Conference. Oslo: 147-153.

MORIN W J, TODOR P C, 1975. Laterite and lateritic soils and other problem soils of the tropics[J]. Clay.

Moriwaki Y, Mitchell J K, 1977. The role of dispersion in the slaking of intact clay[J]// Sherard J L, Decker R S. Dispersive Clays, Related Piping, and Erosion in Geotechnical Projects. Philadelphia: 287-302.

MOROTO N, ISHII T, 1990. Shear strength of uni-sized gravels under triaxial compression[J]. Soils and foundations, 30(2): 23-32.

MORRIS P H, GRAHAM J, WILLIAMS D J, 1992. Cracking in drying soils[J]. Canadian geotechnical journal, 29(2): 263-277.

Moum J, Loken T, Torrance J K, 1971. A geotechnical investigation of the sensitivity of a normally consolidated clay from drammen, norway[J]. Geotechnique, 21(4): 329-340.

MUHUNTHAN B, CHAMEAU J L, MASAD E, 1996. Fabric effects on the yield behavior of soils[J]. Soils and foundations, 36(3): 85-97.

MULILIS J P, SEED H B, CHAN C K, et al., 1977. Effects of sample preparation on sand liquefaction[J]. Journal of the geotechnical engineering division, 103(2): 91-108.

MULLA D J, LOW P F, 1983. The molar absorptivity of interparticle water in clay-water systems[J]. Journal of colloid interface science, 95(1): 51-60.

MURAYAMA S, SHIBATA T, 1961. Rheological properties of clays[C]// Proc. 5th International Conference on Soil Mechanics and Foundation Engineering. Paris: 216-230.

MURAYAMA S, SEKIGUCHI H, UEDA T, 1974. A study of the stress-strain-time behavior of saturated clays based on a theory of nonlinear viscoelasticity[J]. Soils and foundations, 14(2): 19-33.

MURAYAMA S, SHIBATA T, 1964. Flow and stress relaxation of clays.

MURFF J D, 1987. Pile capacity in calcareous sands: state of the art[J]. Journal of geotechnical engineering, 113(5): 490-507.

NAGARAJ T S, PANDIAN N S, NARASIMHA-RAJU P S R, 1991. An approach for prediction of compressibility and permeability behaviour of sand-bentonite mixes[J]. Indian geotechnical journal, 21(3): 271-282.

NAGHDI P M, MURCH S A, 1962. On the mechanical behavior of viscoelastic/plastic solids[J]. Journal of applied mechanics, 30(3): 321.

NAKAGAWA K, SOGA K, MITCHELL J K, 1997. Observation of the biot compression wave of the second kind in granular soils[J]. Geotechnique, 47(1): 133-147.

NAKAI T, SHAHIN H M, KIKUMOTO M, et al., 2011. A simple and unified three-dimensional model to describe various characteristics of soils[J]. Soils and foundations, 51(6): 1149-1168.

NAKASE A, KAMEI T, 1983. Undrained shear strength anisotropy of normally consolidated cohesive soils[J]. Soils and foundations, 23(1): 91-101.

NAKATA Y, KATO Y, HYODO M, et al., 2001. One-dimensional compression behaviour of uniformly graded sand related to single particle crushing strength[J]. Soils and foundations, 41(2): 39-51.

NASH D F T, SILLS G C, DAVISON L R, 1992. One-dimensional consolidation testing of soft clay from bothkennar[J]. Geotechnique, 42(2): 241-256.

NAVFAC, 1982. Soil Mechanics[M]. Alexandria: Naval Facilities Engineering Command.

NELSON D W, SOMMERS L E, 1982. Methods of Soil Analysis[M]. Madison: American Society of Agronomy: 539-579.

NELSON, R E, 1982. Methods of Soil Analysis[M]. Madison: American Society of Agronomy: 181-197.

NOBLE D F, 1977. Accelerated Weathering of Tough Shales[R].

NOBLE D F, 1983. Use of Deo᾽s Classification System on Rock[R].

NOORANY I, 1985. Side friction of piles in calcareous sand[C]// Proceedings of the Eleventh International Conference on Soil Mechanics and Foundation Engineering. San Francisco: 1611-1614.

NOORANY I, 1989. Classification of marine sediments[J]. Journal of geotechnical engineering, 115(1): 23-37.

NOORANY I, GIZIENSKI S F, 1970. Engineering properties of submarine soils: state-of-the-art review[J]. Journal of the soil mechanics and foundations division, 96(5): 1735-1762.

NORRISH K, 1954. The swelling of montmorillonite[J]. Discussions of the Faraday Society, 18: 120-134.

NOUGUIER-LEHON C, CAMBOU B, VINCENS E, 2003. Influence of particle shape and angularity on the behaviour of granular materials: a numerical analysis[J]. International journal numerical and analytical methods in geomechanics, 27(14): 1207-1226.

NOVICH B E, RING T A, 1984. Colloid stability of clays using photon correlation spectroscopy[J]. Clays and clay minerals, 32(5): 400-406.

NRC, 1985. Liquefaction of Soils During Earthquakes[M]. Washington: National Academy Press.

NUTH M, LALOUI L, 2008. Effective stress concept in unsaturated soils: clarification and validation of a unified framework[J]. International journal for numerical and analytical methods in geomechanics, 32(7): 771-801.

OADES J M, 1989. An introduction to organic matter in mineral soils[J]// Dixon J B, Weed S B. Minerals in Soil Environments. Madison: 89-159.

ODA Y, TOSHIYUKI M, 1988. Stress relaxation characteristics of saturated clays[J]. Soils and foundations, 28(4): 69-80.

ODA M, 1972a. Initial fabrics and their relations to mechanical properties of granular material[J]. Soils and foundations, 12(1): 17-37.

ODA M, 1972b. The mechanism of fabric changes during compressional deformation of sand[J]. Soil sand foundations, 12(2): 1-18.

ODA M, 1972c. Deformation mechanism of sand in triaxial compression tests[J]. Soils and foundations, 12(4): 45-63.

ODA M, IWASHITA K, 1999. Mechanics of granular materials: an introduction[M]. Rotterdam: Balkema.

ODA M, KAZAMA H, 1998. Microstructure of shear bands and its relation to the mechanisms of dilatancy and failure of dense granular soils[J]. Geotechnique, 48(4): 465-581.

ODA M, NEMAT-NASSER S, KONISHI J, 1985. Stress-induced anisotropy in granular masses[J].

Soils and foundations, 25(3): 85-97.

ODA M, NEMAT-NASSER S, MEHRABADI M M, 1982b. Statistical study of fabric in a random assembly of spherical granules[J]. International journal of numerical and analytical methods in geomechanics, 6(1): 77-94.

ODELL R T, THORNBURN T H, MCKENZIE L, 1960. Relationships of atterberg limits to some other properties of illinois soils[J]. Proceedings of the soil Science society of america, 24(5): 297-300.

OHTAKI H, RADNAI T, 1993. Structure and dynamics of hydrated ions[J]. Chemical reviews, 93: 1157-1204.

OLSEN H W, 1965. Deviations from darcy's law in saturated clay[J]. Soil science society of america, 29: 135-140.

OLSEN H W, 1969. Simultaneous fluxes of liquid and charge in saturated kaolinite[J]. Soil science society of america, 33(3): 338-344.

OLSON R E, 1974. Shearing strength of kaolinite, illite, and montmorillonite[J]. Journal of soil mechanics and foundations division, 100(11): 1215-1229.

OLSON R E, MESRI G, 1970. Mechanisms controlling the compressibility of clay[J]. Journal of the soil mechanics and foundations division, 96(6): 1863-1878.

OLSON R E, MITRONOVAS F, 1962. Shear strength and consolidation characteristics of calcium and magnesium illite[J]. Clays and clay minerals, 9(1): 185-209.

OLSON S M, STARK T D, 2003. Use of laboratory data to confirm yield and liquefied strength ratio concepts[J]. Canadian geotechnical journal, 40(6): 1164-1184.

OLSZAK W, PERZYNA P, 1966. The constitutive equations of the flow theory for a non-stationary yield condition[M]. Berlin: Springer: 545-553.

OLSZAK W, PERZYNA P, SAWCZUK A, et al., 1970. Teoria plasticiăţii[M].

O'REILLY M P, MAIR R J, ALDERMAN G H, 1991. Long-term settlements over tunnels: an eleven-year study at grimsby[J]. Elsevier.

ORTIZ M, POPOV E P, 1985. Accuracy and stability of integration algorithms for elastoplastic constitutive relations[J]. International journal for numerical methods in engineering, 21(9): 1561-1576.

OSIPOV V I, SOKOLOV V N, 1978. Microstructure of recent clay sediments examined by scanning electron microscopy[J]// Whalley W B. Scanning Electron Microscopy in the Study of Sediments. Norwich: 29-40.

OSTER J D, LOW P F, 1964. Heat capacities of clay and water mixtures[J]. Soil science society of america, 28: 605-609.

OTANI J, OBARA Y, 2004. X-ray CT for Geomaterials: Soils, Concrete, Rocks[M]. Lisse: Balkema.

OTANI J, MUKUNOKI T, OBARA Y, 2000. Application of x-ray ct method for characterization of failure in soils[J]. Soils and foundations, 40(2): 113-120.

OYAMA T, CHIGIRA M, OHMURA N, et al.,1998. Heave of house foundation by the chemical weathering of mudstone[J]. Journal of the japan society of engineering geology, 39(3):

261-272.

PARK C S, TATSUOKA F, 1994. Anisotropic strength and deformation of sands in plane strain compression[C]// Proc. 13th ICSMFE. New Dehli: 1-6.

PARRY R H G, 1956. Strength and deformation of clay[D]. London: University of London.

PARRY R H G, 1960. Triaxial compression and extension tests on remoulded saturated clay[J]. Geotechnique, 10: 166−180.

PATIL U D, 2017. Modeling critical-state shear strength behavior of compacted silty sand via suction-controlled triaxial testing[J]. Engineering geology, 231(14): 21-33.

Penner E, 1963. Anisotropic thermal conductivity in clay sediments[C]// Proceedings of the International Clay Conference. Stockholm: 365-376.

PENNER E, 1963c. Sensitivity in Leda clay[J]. Nature, 197(4865): 347-348.

PENNER E, 1964. Studies of sensitivity and electro-kinetic potential in leda clay[J]. Nature, 204(4960): 808-809.

PENNER E, 1965. A study of sensitivity in leda clay[J]. Canadian journal of earth sciences, 2(5): 425-441.

PERZYNA P, 1963. The constitutive equation for work-hardening and rate sensitive plastic materials[J]. Proc vibrational problems warsaw, 4(4): 281-290.

PERZYNA P, 1963. The constitutive equations for rate sensitive plastic materials[J]. Quarterly of applied mathematics, 20(4): 321-332.

PERZYNA P, 1966. Fundamental problems in viscoplasticity[J]. Advances in applied mathematics, 9(2): 243-377.

PESTANA J M, WHITTLE A J, 1995. Compression model for cohessionless soils[J]. Geotechnique, 45(4): 611-631.

PHILIPSON H B, BRAND E W, 1985. Sampling and testing of residual soils: a review of international practice[M]. Scorpion Press.

PLONA T J, 1980. Observation of a second bulk compressional wave in a porous medium at ultrasonic frequencies[J]. Applied physics letters, 36(4): 259-261.

POLITO C P, MARTINII J R, 2001. Effects of nonplastic fines on the liquefaction resistance of sands[J]. Journal of geotechnical and geoenvironmental engineering, 127(5).

POPLE J A, 1951. Molecular as sociation in liquids. II[J]. A theory of the structure of water, Proceedings of the royal society of London, 205(1081): 163-178.

POTTS D M, ZDRAVKOVIC L, 1999. Finite Element analysis in geotechnical engineering: Theory[M]. London: Thomas Telford.

POULOS S J, 1981. The steady state of deformation[J]. Journal of geotechnical engineering division, 107(5): 553-562.

POULOS S J, CASTRO G, FRANCE J W, 1985. Liquefaction evaluation procedure[J]. Journal of geotechnical engineering, ASCE, 111(6): 772-791.

POWELL D H, TONGKHAO K, KENNERY S J, 1997. A neutron diffraction study of interlayer water in sodium Wyoming montmorillonite using a novel difference method[J]. Clays and clay minerals, 45: 290.

POWERS M C, 1953. A new roundness scale for the sedimentary particles[J]. Journal of sedimentary petrology, 23(2): 117-119.

PRAPAHARAN S, CHAMEAU J L, HOLTZ R D, 1989. Effect of strain rate on undrained strength derived from pressuremeter tests[J]. Geotechnique, 39(4): 615-624.

PRESS F, SIEVER R, 1994. Understanding Earth[M]. New York: W.H. Freeman.

PREVOST J H, 1976. Undrained stress-strain-time behavior of clays[J]. Journal of geotechnical and geoenvironmental engineering, 102.

PUSCH R, YONG R N, 2006. Microstructure of Smectite Clays and Engineering Performance[M]. London and New York: Taylor & Francis.

PUSCH R, 1973a. Influence of salinity and organic matter on the formation of clay microstructure[C]// Proceedings of the international symposium on soil structure. Gothenburg: 11(4): 161-173.

PUSCH R, 1973b. Physico-chemical processes which affect soil structure and vice versa[C]// Appendix to the Proceedings of the International Symposium on Soil Structure. Gothenburg: 27-35.

QU G, HINCHBERGER S D, LO K Y, 2010. Evaluation of the viscous behaviour of clay using generalised overstress viscoplastic theory[J]. Geotechnique, 60(10): 777-789.

QUIGLEY R M, THOMPSON C D, 1966. The fabric of anisotropically consolidated sensitive marine clay[J]. Canadian geotechnical journal, 3(2): 61-73.

RADJAI F, 1999. Multicontact dynamics of granular systems[J]. Computer physics communications, 121-122: 294-298.

RADJAI F, ROUX S, 1995. Friction-induced self-organization of a one-dimensional array of particles[J]. Physical review e, 51(6): 6177-6187.

RADJAI F, JEAN M, MOREAU J, et al., 1996. Force distributions in dense two-dimensional granular systems[J]. Physical review letters, 77(2): 274-277.

RANGEARD D Y, HICHER P Y, ZENTAR R,2003. Determining soil permeability from pressuremeter tests[J]. International journal for numerical and analytical methods in geomechanics, 27(1): 1-24.

RAVINA I, LOW P F, 1972. Relation between swelling, water properties, and b-dimension in montmorillonite-water systems[J]. Clays and clay minerals, 20: 109-123.

REINHEIMER G, 1971. Mikrobiologic der Gerqasser[M]. Jena: VEB Gustav Fischer.

RHOADES J D, 1982. Methods of Soil Analysis[M]. Madison: American Society of Agronomy: 167-179.

RICH C I, 1968. Hydroxy interlayers in expansible layer silicates[J]. Clays and clay minerals, 16: 15-30.

RIPPLE C D, DAY P R, 1966. Suction responses due to shear of dilute montmorillonite-water pastes[J]. Clays and clay minerals, 14: 307-316.

ROSCOE K H, BURLAND J B,1968. On the generalized stress-strain behavior of wet clay[C]// Engineering Plasticity. Cambridge, 1968: 535-609.

ROSCOE K H, SCHOFEILD A N, THURAIRAJAH A H, 1963. Yielding of soils in states wetter than critical[J]. Géotechnique, 13(3): 211-240.

ROSCOE K H, SCHOFEILD A N, WROCH C P, 1958. On the yielding of soils[J]. Géotechnique, 8(1): 22-53.

ROSENQVIST I TH, 1946. Om leirers kvikkaktighet[J]. Meddelelsen fra vegdirektoren, (3): 29-36.

ROSENQVIST I TH, 1953. Considerations on the sensitivity of norwegian quick clays[J], Geotechnique, 3(5): 195-200.

ROWE R K, HINCHBERGER S D, 1998. The significance of rate effects in modelling the Sackville test embankment[J]. Canadian geotechnical journal, 35(3): 500-516.

ROWE P W, 1962. The stress-dilatancy relation for static equilibrium of an assembly of particles in contact[J]. Proceedings of the royal society, A269: 500-527.

RUSSELL E R, MICKLE J L, 1970. Liquid limit values of soil moisture tension[J]. Journal of soil mechanics and foundations division, 96(3): 967-989.

SANGREY D A, 1970. Discussion of houston and mitchell[J]. Journal of soil mechanics and foundations division, 96(3): 1067-1080.

SANGREY D A, 1972. Naturally cemented sensitive soils[J]. Geotechnique, 1: 139-152.

SANTAMARINA J C, 2003. Soil behavior at the microscale: particle forces[J]. Soil behavior and soft ground construction, 119: 25-26.

SANTAMARINA J C, CHO G C, 2003. The omnipresence of localizations in particulate materials[J]// H. Di Benedetto, T. Doanh, H. Geoffroy, et al. Deformation Characteristics of Geomaterials, Balkema, Lisse: 465-473.

SANTAMARINA J C, CHO G C, 2004. Soil behaviour: The role of particle shape, Advances in Geotechnical Engineering[C]// The Skempton conference, Thomas Telford, London: 604-617.

SANTAMARINA J C, KLEIN K A, FAM M A, 2001. Soils and Waves—Particulate Materials Behavior[M], New York: Wiley.

SATAKE M, 1978. Constitution of mechanics of granular materials through graph representation[J]. Theoretical and applied mechanics, 26: 257-266.

SCARPELLI G, WOOD D M, 1982. Experimental observations of shear band patterns in direct shear tests[C]// Proceedings of the IUTAM Conference on Deformation and Failure of Granular Materials. Balkema, Rotterdam: 473-484.

SCHMERTMANN J H, 1969. Swelling sensitivity[J]. Geotechnique, 19(4): 530-533.

SCHMERTMANN J H, 1991. The mechanical aging of soils[J]. Journal of geotechnical engineering, 117(9): 1288-1330.

SCHNITZER M, 1982. Methods of Soil Analysis[M]. Madison: American Society of Agronomy: 581-594.

SCHOFEILD A N, 2005. Disturbed soil properties and geotechnical design[M]. London: Thomas Telford Publishing.

SCHOFEILD A N, WROCH C P, 1968. Critical state soil mechanics[M]. London: McGRAW-HILL.

SEED H B, CHAN C K, 1957. Thixotropic characterization of compacted clays[J]. Journal of the soil mechanics and foundations division, 83(SM4): 1427-1435.

SEED H B, CHAN C K, 1959. Structure and strength characteristics of compacted clays[J]. Journal of the soil mechanics and foundations division, 85(SM5): 87-128.

SEED H B, MITCHELL J K, CHAN C K, 1962a. Studies of swell and swell pressure characteristics of compacted clays[J]. Highway Research Board Bulletin, 313: 12-39.

SEED H B, WOODWARD R J, LUNDGREN R. 1962b. Prediction of swelling potential for compacted clays[J]. Journal of soil mechanics and foundations division, 88(3): 53-87.

SEEDSMAN R, 1986. The behaviour of clay shales in water[J]. Canadian geotechnical journal, 23: 18-22.

SEKIGUCHI H, 1977. Rheological characteristics of clays[C]. Proc. of 9th International Conf. on Soil Mech. and Foundation Eng,1.

SERGEYEV Y M, GRABOWSKA-OLSZEWSKA B, OSIPOV V I, et al., 1980. The classification of microstructures of clay soils[J]. Journal of microscopy, 120: 237-260.

SHAHROUR I, MEIMON Y, 1995. Calculation of marine foundations subjected to repeated loads by means of the homogenization method[J]. Computers and geotechnics, 17(1): 93-106.

SHARMA B, BORA P K, 2003. Plastic limit, liquid limit and undrained shear strength of soil-reappraisal[J]. Journal of geotechnical and geo environmental engineering, 129: 774-777.

SHEAHAN T C, LADD C C, GERMAINE JOHN T, 1994. Time-dependent triaxial relaxation behavior of a resedimented clay[J]. Geotechnical testing journal, 17(4): 444-452.

SHEN S L, WU H N, CUI Y J, et al., 2014. Long-term settlement behaviour of metro tunnels in the soft deposits of Shanghai[J]. Tunnelling and underground space technology, 40: 309-323.

SHEN C K, VRYMOED J L, UYENO C K, 1977. The effect of fines on liquefaction of sands[C]// IX Int. Conf. on Soil Mechanicsand Foundation Engineering. Tokyo: 381-385.

SHENG D, ZHOU A, FREDLUND DG, 2011. Shear strength criteria for unsaturated soils[J]. Geotechnical and geological engineering, 2011, 29(2): 145-159.

SHENG D, SLOAN S W, YU H S, 2000. Aspects of finite element implementation of critical state models[J]. Computational mechanics, 26(2): 185-196.

SHERARD J L, DECKER R S, 1977. Summary-evaluation of symposium on dispersive clays[C]// Dispersive Clays, Related Piping, and Erosion in Geotechnical Projects. Philadelphia: 467-479.

SHERARD J L, DECKER R S, RYKER N L, 1972. Piping in earth dams of dispersive clay[C]// Proceedings of the ASCE Specialty Conference on the Performance of Earth and Earth Supported Structures. Purdue University, West Lafayette: 598-626.

SHERARD J L, DUNNIGAN L P, DECKER R S, et al., 1976. Identification and nature of dispersive soils[J]. Journal of the geotechnical division, ASCE, 102(GT4): 187-301.

SHIH B, MURAKAMI Y, WU Z, 1998. Orientation of aggregates of fine-grained soil: Quantification and application[J]. Engineering geology, 50(1): 59-70.

SHIRLAW J N, 1995. Observed and calculated pore pressures and deformations induced by an earth balance shield: Discussion[J]. Canadian geotechnical journal, 32(1): 181-189.

SILVESTRI V, 2006. Strain-rate effects in self-boring pressuremeter tests in clay[J]. Canadian geotechnical journal, 43(9): 915-927.

SILVESTRI VINCENT, SOULIE MICHEL, TOUCHAN ZIAD, et al., 1988. Triaxial relaxation tests on a soft clay[M].

SITAR N, 1991. Volcanic soils, Report presented at the Ninth Pan-American Conference on Soil Mechanics and Foundation Engineering[R].

SKEMPTON A W, 1953. The colloidal activity of clay[C]// Proceedings of the Third International Conference on Soil Mechanics and Foundation Engineering. Zurich: 57-61.

SKEMPTON A W, 1960a. Significance of Terzaghi's concept of effective stress[J]// L. Bjerrum, A. Casagrande, R. B. Peck, et al. Theory to Practice in Soil Mechanics. Wiley, New York: 43-53.

SKEMPTON A W, 1960b. Effective stress in soil, concrete and rocks[C]// Proceedings of the Conference on Pore Pressure and Suction in Soils. Butterworths: 4-16.

SKEMPTON A W,1984. Selected Papers on Soil Mechanics[M]. London: Thomas Telford: 106-118.

SKEMPTON A W, NORTHEY R D, 1952. The sensitivity of clays[J]. Geotechnique, 3(1): 30-53.

SKEMPTON A W, 1985. Residual strength of clays in land-slides, folded strata and the laboratory[J]. Geotechnique, 35(1): 3-18.

SKINNER A, 1969. A note on the influence of interparticle friction on the shearing strength of a random assembly of spherical particles[J]. Geotechnique, 19(1): 150-157.

SLADEN J A, D'HOLLANDER, R D, KRAHN J, 1985. The liquefaction of sands, a collapse surface approach[J]. Canadian geotechnical journal, 22: 564-578.

SMALLEY I J, CABRERA J G, HAMMOND G, 1973. Particle nature in sensitive soils and its relation to soil structure and geotechnical properties[C]// Proceedings of the International Symposium on Soil Structure. Gothenburg: 184-193.

SMALLEY M V, 1990. Electrostatic interaction in macro-ionic solutions and gels[J]. Molecular physics, 71: 1251-1267.

SMART P, TOVEY N K, 1982. Electron Microstructure of Soils and Sediments: Techniques[M]. Oxford: Oxford University Press.

SODERBLOM R, 1969. Salt in Swedish clays and its importance for quick clay formation[J]. Swedish geotechnical proceedings, (22).

SOGAMI I, ISE N, 1984. On the electrostatic interaction in macroionic solutions[J]. Journal of chemical physics, 81: 6320-6332.

SOVERI U, 1950. Differential thermal analysis of some quarternary clays of Fennoscandia[J]. Suomalaisen tideakaternian toimituksia annaks academiae scientiarium fennicae. Se. A, III Geologica-Geographica 23.

SPOSITO G, 1984. The Surface Chemistry of Soils[M]. New York: Oxford University Press.

SPOSITO G, 1989. The Chemistry of Soils[M]. New York: Oxford University Press.

SPOSITO G, 1992. The diffuse ion swarm near smectite particles suspended in 1:1 electrolyte solutions: Modified Gouy-Chapman Theory and quasicrystal formation[J]// N Guven, R M Pollastro. Clay-Water Interface and Its Rheological Implications, cms workshop lectures,

Vol.4, Clay Minerals Society. Boulder, CO: 128-155.

SRIDHARAN A, 2002. Engineering behavior of clays: Influence of mineralogy[J]// Di Maio C, Hueckel T, Loret B. Chemo-Mechanical Coupling in Clays: From Nano-Scale to Engineering Applications. Lisse: 3-28.

STARK T D, EID H T, 1994. Drained residual strength of cohesive soils[J]. Journal of geotechnical engineering, ASCE, 120(5): 856-871.

STATTON C T, MITCHELL J K, 1977. Influence of eroding solution composition on dispersive behavior of a compacted clay shale[J]// J. L. Sherard and R. S. Decker, Dispersive Clays, Relating Piping and Erosion in Geotechnical Projects. Philadelphia: 398-407.

STERN O, 1924. Zur Theorie der Elektrolytischen Doppelschriht[J]. Zeitschrift electrochem, 30: 508-516.

STILLINGER F H, 1980. Water revisited[J]. Science, 209: 451.

STOCKMEYER M R, 1991. Adsorption of organic compounds on organophilic bentonites[J]. Applied clay science, 6(1): 39-57.

STOLL R D, 1989. Sediment Acoustics[M]. New York: Springer.

STOOPES G, 2003. Guidelines for Analysis and Description of Soil and Regolith Thin Sections[M]. Madison: Acsess.

SUKLJE L, 1957. The analysis of the consolidation process by the isotaches method[C], 200-206.

SUKUMARAN K, ASHMAWY A K, 2001. Quantitative characterization of the geometry of discrete particles[J]. Geotechnique, 51(7): 619-627.

SUN Y, LIN H, LOW P F, 1986. The nonspecific interaction of water with the surfaces of clay minerals[J]. Journal of colloid and interface science, 112(2): 556-564.

SWEDISH STATE RAILWAYS. 1992, Geotechnical Commission, Final Report. Stockholm.

TAN K H, HAJEK B F, BARSHAD I, 1986. Methods of Soil Analysis, Agronomy[M]. Madison: American Society of Agronomy: Chapter 7.

TAVENAS F, LEROUEIL S, ROCHELLE P LA, et al., 1978. Creep behaviour of an undisturbed lightly overconsolidated clay[J]. Canadian Geotechnical Journal, 15(3): 402-423.

TAYLOR D W, 1948. Fundamentals of soil mechanics[M]. New York: Wiley.

TCHALENKO J S, 1968. The evolution of kink-bands and the development of compression textures in sheared clays[J]. Tectonophysics, 6(2): 159-174.

TERZAGHI K,1925. Erdbaumechanik auf bodenphysikalischer grundlage[M]. Vienna: Deuticke.

TERZAGHI K, PECK R B, 1968. Soil mechanics in engineering science[M]. New York: John Wiley.

TERZAGHI K, 1943. Theoretical soil mechanics[M]. New York: John Wiley & Sons, Inc.

TERZAGHI K, 1931. Colloid Chemistry, Vol. III[M]. New York: Chemical Catalog Co: 65-88.

TERZAGHI K, 1936. The shearing resistance of saturated soils[C]//Proceedings of the First International Conference on Soil Mechanics, Cambridge, MA:1:54-56.

TERZAGHI K, 1941. Undisturbed clay samples and undisturbed clays[J]. Journal of the boston society of civil engineers, 28(3): 211-231. Also in Contributions to soil mechanics 1941-1953, Boston society of civil engineers, Boston, 1953: 45-65.

TERZAGHI K, 1944. Ends and means in soil mechanics[J]. Engineering Journal of Canada, 27: 608.

TERZAGHI K, PECK R B, MESRI G, 1996. Soil Mechanics in Engineering Practice, 3rd ed.[M]. New York: Wiley.

THEVANAYAGAM S, MARTIN G R 2002. Liquefaction in silty soils—screening and remediation issues[J]. Soil dynamics and earthquake engineering, 22: 1035-1042.

THOMAS G W, 1982. Methods of Soil Analysis, Agronomy[M]. Madison: American Society of Agronomy: 159-165.

THORNTON C, 2000. Numerical simulations of deviatoric shear deformation of granular media[J]. Geotechnique, 50(1): 43-53.

THORNTON C, ANTONY S J, 1998. Quasi-static deformation of particulate media[J]. Philosophical transactions of the royal society of London A, 356(1747): 2763-2782.

THORNTON C, BARNES D J, 1986. Computer simulated deformation of compact granular assemblies[J]. Acta. Mechanica, 64: 45-61.

TIAN W M, SILVA A J, VEYERA G E, et al. 1994. Drained creep of undisturbed cohesive marine sediments[J]. Canadian geotechnical journal, 31(6): 841-855.

TOBITA T, 1989. Fabric tensors in constitutive equations for granular materials[J]. Soils and foundations: 91-104.

TORRANCE J K, 1974. A laboratory investigation of the effect of leaching on the compressibility and shear strength of Norwegian marine clays[J], Geotechnique, 24(2): 155-173.

TORRANCE J K, 1983. Towards a general model of quick clay development[J], Sedimentology: 547-555.

TOVEY N K, WONG K Y, 1973. The preparation of soils and other geological materials for the S.E.M., Proceedings of the international symposium on soil structure, Gothenburg, Sweden: 59-67.

TOVEY N K, 1971. A selection of scanning electron micrographs of clays[D]. England: Cambridge.

TOWNSEND F C, MANKE P G, PARCHER J V, 1971. The influence of sesguioxides on lateritic soil properties[J]. Highway research record, Washington, DC: 80-92.

TOWNSEND R P, 1984. Thermodynamics of ion exchange in clays[J]. Philosophical transactions of the royal society of London: 301-314.

TUNCER R E, LOHNES R A, 1977. An engineering classification of certain basalt-derived lateritic soils[J]. Engineering geology, 11(4): 319-339.

UNDERWOOD L B, 1967. Classification and identification of shales[J]. Journal of the soil mechanics and foundations division, ASCE, 93(6): 97-116.

VAID Y P, 1994. Liquefaction of silty soils[J]// PRAKASHAND S, DAKOULAS P, et al., Ground failures under seismic conditions. New York: (44): 1-16.

VAN OLPHEN H 1977. An introduction to clay colloid chemistry[J], 2nd ed., Wiley Interscience, NewYork,126(1): 59-59.

VAUGHAN P R, 1994. Assumption, prediction and reality in geotechnical engineering[J].

Géotechnique, 44(4): 573-609.

VAUGHAN P R, 1988. Characterising the mechanical properties on insitu residual soil[J]. Proceedings 2nd int. conf. geomechanics in tropical soils, Singapore, Balkema, Rotterdam, 27(1): 469-487.

VERDUGO R, ISHIHARA K, 1996. The steady state of sandy soils[J]. Soils and foundations: 81-92.

VERMEER P A, NEHER H P, 1999. A soft soil model that accounts for creep[J]. Beyond 2000 in computational geotechnics: 249-261.

VERMEER P A, 1990. The orientation of shear bands in biaxial tests, Geotechnique: 223-236.

VERWEY E J W, OVERBEEK J TH G, 1948. Theory of the stability of lyophobic colloids Elsevier[J], Amsterdam, 51(3): 631-636

VESGA L F, 2009. Direct tensile-shear test (DTS) on unsaturated kaolinite clay[J], Geotechnical testing journal, 32(5): 397-409.

VIGGIANI G, ATKINSON J H, 1995. Stiffness of fine-grained soil at very small strains[J]. Geotechnique, 45(2): 149-154.

WAN R G, GUO P J, 2001. Effect of microstructure on undrained behaviour of sands, Canadian geotechnical journal: 16-28.

WARKENTIN B P, BOZOZUK M, 1961. Shrinking and swelling properties of two Canadian clays[J]. Proceedings of the fifth international conference on soil mechanics and foundation engineering, Paris: 851-855.

WARKENTIN B P, BOLT G H, MILLER R D, 1957. Swelling pressure of montmorillonite[J]. Soil science society of America proceedings, 21(5): 495-497.

WEAVER C E, POLLARD L D, 1973. The chemistry of clay minerals[J], Developments in sedimentology, Vol.15, Elsevier, Amsterdam.

WEI C F, 2014. A theoretical framework for modeling the chemomechanical behavior of unsaturated soils[J]. Vadose Zone Journal, 13(9): 1-21.

WESLEY L D, 1977. Shear strength properties of halloysite and allophone clays in Java, Indonesia[J]. Geotechnique, 27(2): 125-136.

WESLEY L D, 1988. Engineering classification of residual soils[C]// Proceedings of 2nd International Conference on Geomechanics in Tropical Soils, Singapore, Rotterdam: 77-84.

WESLEY L D, IRFAN T Y, 1997. Classification of residual soils// Mechanics of Residual Soils, Balkema, Rotterdam: 17-29.

WESLEY L D, 1992. Some residual strength measurements on New Zealand soils[C]// Proceedings of the sixth Australia-New Zealand conference on geomechanics, Christ church: 381-385.

WESLEY L D, 2003. Residual strength of clays and correlations using atterberg limits[J], Geotechnique, 54(7): 669-672.

WEST T R 1995. Geology applied to engineering[J]. Prentice Hall, Englewood Cliffs, NJ.

WHITE W A, 1955. Water sorption properties of homoionic clay minerals[D]. University of Illinois, Urbana.

WHITMAN R V, 1960. Some considerations and data regarding the shear strength of clays[C]// Soil mechanics and foundations division, Research conference on shear strength of cohesive soil, Colorado: 581-614.

WHITTIG L D, ALLARDICE W R, 1986. X-ray diffraction techniques[J]. Madison: American society of agronomy: 331-362.

WHYTE I L, 1982. Soil plasticity and strength—a new approach using extrusion[J], Ground engineering, 15(1): 16-24.

WILLIAMS J W, REGE N, 1997. The development of circulation cell structures in granular materials undergoing compression[J], Powder technology, 90(3): 187-194.

WILSON S D, 1973. Deformation of earth and rockfill dams[J]. Embankment dam engineering, casagrande volume, New York: Wiley: 365-427.

WINTERKORN H F, TSCHEBOTARIOFF G P, 1947. Sensitivity of clay to remolding and its possible causes[J]. Proceedings of the highway research board.

WOOD D M, 1991. Soil behaviour and critical state soil mechanics[D]. Cambridge: Cambridge university press.

WROTH C P, WOOD D W, 1978. The correlation of index properties with some basic engineering properties of soils[J]. Canadian Geotechnical Journal, 17(2): 137-145.

WROTH C P, HOULSBY G T, 1985. Soil mechanics—property characterization and analysis procedures[J], Proceedings of the eleventh international conference on soil mechanics and foundation engineering, San Francisco: 1-55.

WU T H, 1960. Geotechnical properties of glacial lake clays[J]. Transactions, 84(3): 994.

YAMANAKA T, MIYASAKA H, ASO I, et al., 2002. Involvement of sulfur- and iron-transforming bacteria in heaving of house foundations[J]. Geomicrobiology, 19(5): 519-528.

YAO Y P, HOU W, ZHOU A N, 2009. UH model: three-dimensional unified hardening model for overconsolidated clays. Géotechnique, 59(5): 451-469.

YAO Y P, LU D C, ZHOU A N, et al., 2004. Generalized non-linear strength theory and transformed stress space. Science in china series e: technological sciences, 47(6): 691-709.

YAO Y P, SUN D A, MATSUOKA H, 2008. A unified constitutive model for both clay and sand with hardening parameter independent on stress path. Computers and geotechnics, 35(2): 210-222.

YAPA K, MITCHELL J K, SITAR N, 1995. Decomposed granite as an embankment fill material—mechanical properties and the influence of particle breakage[R].

YARIV S, 2002. Introduction to organo-clay complexes and interactions, Chapter 2[J]// YARIV S, CROSS H, et al. Organo-clay complexes and interactions, MARCEL DEKKER, New York, Philadelphia: 39-111.

YASUFUKU M, MURATA H, HYODO M, 1991. Yield characteristics of anisotropically consolidated sand under low and high stresses[J]. Soils and foundations, 31(1): 95-109.

YIMSIRI S, 2001. Pre-failure deformation characteristics of soils: anisotropy and soil fabric[D]. Cambridge: University of Cambridge, Cambridge.

YIMSIRI S, SOGA K, 2000. Micromechanics-based stress-strain behaviour of soils at small strains[J], Geotechnique, 50(5): 559-571.

YIN J H, FENG W Q, 2017. A new simplified method and its verification for calculation of consolidation settlement of a clayey soil with creep[J]. Canadian geotechnical journal, 54(3): 333-347.

YIN J H, FENG W Q, 2018. Validation of a new simplified hypothesis b method for calculating consolidation settlement of clayey soils exhibiting creep[J]. Geotechnical engineering, 49(2).

YIN J H, GRAHAM J, 1989. Viscous–elastic–plastic modelling of one-dimensional time-dependent behaviour of clays[J]. Canadian geotechnical journal, 26(2): 199-209.

YIN J H, GRAHAM J, 1994. Equivalent times and one-dimensional elastic viscoplastic modelling of time-dependent stress-strain behaviour of clays[J]. Canadian geotechnical journal, 31(1): 42-52.

YIN Z Y, CHANG C S, KARSTUNEN M, et al., 2010. An anisotropic elastic–viscoplastic model for soft clays[J]. International journal of solids and structures, 47(5): 665-677.

YIN Z Y, HICHER P Y, JIN Y F, 2020. Practice of constitutive modelling for saturated soils[M]. Springer.

YIN Z Y, HICHER PI Y, 2008. Identifying parameters controlling soil delayed behaviour from laboratory and in situ pressuremeter testing[J]. International journal for numerical and analytical methods in geomechanics, 32(12): 1515-1535.

YIN Z Y, KARSTUNEN M, 2011. Modelling strain-rate-dependency of natural soft clays combined with anisotropy and destructuration[J]. Acta mechanica solida sinica, 24(3): 15.

YIN Z Y, KARSTUNEN M, CHANG C S, et al., 2011. Modeling time-dependent behavior of soft sensitive clay[J]. Journal of geotechnical and geoenvironmental engineering, 137(11): 1103-1113.

YIN Z Y, LI J, JIN Y F, et al., 2019. Estimation of robustness of time integration algorithms for elasto-viscoplastic modeling of soils[J]. International journal of geomechanics, 19(2): 4018197.

YIN Z Y, WANG J H, 2012. A one-dimensional strain-rate based model for soft structured clays[J]. Science China technological sciences, 55(1): 90-100.

YIN Z Y, ZHU Q Y, ZHANG D M, 2017. Comparison of two creep degradation modeling approaches for soft structured soils[J]. Acta geotechnica, 12(6): 1395-1413.

YOHTA H, 1999. Biochemical weathering of the neogene mudstone and damages to foundations[J], Dobuku kogaku ronbushu（Bulletin of civil engineers）, 1999(617): 213-224.

YOHTA H, 2000. A study on heaving due to biochemical weathering of the Neogene sedimentary soft rock[D]. Tokyo: Nihon University.

YONG R N, WARKENTIN B P, 1966. Introduction to soil behavior, Macmillan, New York.

YONG R N, WARKENTIN B P, 1975. Soil properties and behavior[J]. Elsevier scientific publishing company, Amsterdam.

YOSHIKUNI H, KUSAKABE O, HIRAO T, et al., 1994. Elasto-viscous modelling of time-dependent behavior of clay[C]: 417-420.

YOSHIMINE M, ISHIHARA K, 1998. Flow potential of sand during liquefaction[J], Soils and foundations, 38(3): 189-198.

YOSHIMINE M, ROBERTSON P K, WRIDE C E, 1999. Undrained shear strength of clean sands to trigger flow liquefaction[J], Canadian geotechnical journal: 891-906.

YOSHINAKA R, KAZAMA H, 1973. Microstructure of compacted kaolinclay[J], Soils and foundations, 13(2): 19-34.

YOUD T L, 1973. Factors controlling the maximum and minimum densities of sands[J]// SELIG E T, LADD R S, et al., Evaluation of relative density and its role in geotechnical projects involving cohesionless soils. Philadelphia: 98-112.

YOUD T L, IDRISS I M, ANDRUS R D, et al., 2001. Liquefaction resistance of soils: summary report from the 1996 nceer and 1998 nceer/nsf workshops on evaluation of liquefaction resistance of soils[J], Journal of geotechnical and geoenvironmental engineering, ASCE, 127(4): 817-833.

ZHANG C, LU N, 2020. Unified effective stress equation for soil[J]. Journal of Engineering Mechanics, 146(2): 04019135.,

ZHANG P, YIN Z Y, JIN Y F, et al., 2020. A novel hybrid surrogate intelligent model for creep index prediction based on particle swarm optimization and random forest[J]. Engineering Geology, 265: 105328.

ZHANG H, GARGA V K, 1997. Quasi-steady state: a real behavior? Canadian geotechnical journal: 749-761.

ZHAO C G, LIU Z Z, SHI P X, et al., 2016. Average soil skeleton stress for unsaturated soils and discussion on effective stress[J]. International journal of geomechanics, Vol.16, No.6.

ZHU J G, YIN J H, LUK S T, 1999. Time-dependent stress-strain behavior of soft Hong Kong marine deposits[J]. Geotechnical testing journal, 22(2): 118-126.

ZHU Q Y, YIN Z Y, HICHER P Y, et al., 2015. Nonlinearity of one-dimensional creep characteristics of soft clays[J]. Acta geotechnica, 11(4): 887-900.

ZHU G, YIN J, 2012. Analysis and mathematical solutions for consolidation of a soil layer with depth-dependent parameters under confined compression[J]. International journal of geomechanics, 12 (4): 451-461.

ZLATOVIC S, ISHIHARA K, 1995. On the influence of nonplastic fines on residual strength[C]// First international conference on earthquake geotechnical engineering. Rotterdam: Balkema: 239-244.

比亚尔赫，伊谢尔，2014. 试验土力学[M]. 尹振宇，姚仰平，编译. 上海：同济大学出版社.

蔡正银，李相菘，2007. 砂土的剪胀理论及其本构模型的发展[J]. 岩土工程学报，29（8）: 1122-1128.

车睿杰，2015. 非饱和粉砂抗拉强度特性研究[D]. 北京：北京交通大学.

陈国兴，2007. 岩土地震工程. 北京：科学出版社.

陈晓平，杨春和，白世伟，2001. 软基上吹填边坡蠕变特性有限元分析[J]. 岩石力学与工程学报，（4）: 514-518.

陈晓平，周秋娟，朱鸿鹄，等，2007. 软土蠕变固结特性研究[J]. 岩土力学，28（S1）: 1-10.

陈宗基，1958. 固结及次时间效应的单向问题[J]. 土木工程学报，5（1）：1-10.

但汉波，王立忠，2008. K₀固结软黏土的应变率效应研究[J]. 岩土工程学报，30（5）：718-725.

高国瑞，2013. 近代土质学[M]. 2 版，北京：科学出版社.

高执隶，2006. 化学热力学基础[M]. 北京：北京大学出版社.

龚晓南，1996. 高等土力学[M]. 杭州：浙江大学出版社.

龚晓南，1999. 土塑性力学[M]. 2 版，杭州：浙江大学出版社.

古德曼，2020. 工程艺术大师：卡尔·太沙基[M]. 朱合华，史培新，译. 上海：同济大学出版社.

黄文熙，1983. 土的工程性质[M]. 北京：水利电力出版社.

蒋明镜，2019. 现代土力学研究的新视野：宏微观土力学[J]. 岩土工程学报，41（2）：195-254.

孔令伟，张先伟，郭爱国，等，2011. 湛江强结构性黏土的三轴排水蠕变特征[J]. 岩石力学与工程学报，30：（2）：365-372.

孔小昂，2018. 土的拉-剪和压-剪联合强度模型及应用[D]. 北京：北京交通大学.

李广信，2004. 高等土力学[M]. 北京：清华大学出版社.

李广信，2016. 高等土力学[M]. 2版，北京：清华大学出版社.

李广信，张丙印，于玉贞，2013. 土力学[M]. 2版，北京：高等教育出版社.

李军世，林咏梅，2000. 上海淤泥质粉质粘土的Singh-Mitchell蠕变模型[J]. 岩土力学，21（4）：363-366.

李如生，1986. 非平衡态热力学和耗散结构[M]. 北京：清华大学出版社.

李相崧，2013. 饱和土弹塑性理论的数理基础：纪念黄文熙教授[J]. 岩土工程学报，35（1）：1-33.

李兴照，黄茂松，王录民. 2007. 流变性软黏土的弹黏塑性边界面本构模型[J]. 岩石力学与工程学报，26（7）：1393-1401.

刘艳，赵成刚，蔡国庆. 2016. 理性土力学与热力学[M]. 北京：科学出版社.

卢国胜，2004. 考虑位移的土压力计算方法[J]. 岩土力学，25（4）：586-589.

梅国雄，夏君，等，2011. 基于不对称连续排水边界的太沙基一维固结方程及其解答[J]. 岩土工程学报，33（1）：28-31.

钱家欢，殷宗哲，1980. 土工原理与计算[M]. 北京：中国水利水电出版社.

邵龙潭，郭晓霞，2014. 有效应力新解[M]. 北京：中国水利水电出版社.

沈珠江，1993. 几种屈服函数的比较[J]. 岩土力学，14（1）：41-50.

沈珠江，2000. 理论土力学[M]. 北京：中国水利水电出版社.

宋朝阳，韦昌富，赵成刚，2021. 考虑物理化学作用的饱和黏土统一压缩模型及验证[J]. 岩石力学与工程学报，40（S1）：2888-2895.

宋朝阳，赵成刚，韦昌富，等，2020. 非饱和土平均有效应力的计算及应用[J]. 岩土力学，41（8）：2665-2674.

宋朝阳，2022. 基于有效应力的非饱和土化-水-力耦合本构模型研究[D]. 北京：北京交通大学.

宋二祥，付浩，林世杰，等，2022. 饱和黏性土不排水分析中总应力强度指标的选用[J]. 岩土工程学报，54（9）：88-95.

宋飞，张建民，2011. 考虑挡墙位移效应的被动侧土压力计算方法[J]. 岩土力学，32（1）：

151-157.

孙德安，张俊然，吕海波，2013. 全吸力范围南阳膨胀土的土-水特征曲线[J]. 岩土力学，34（7）：1839-1846.

孙钧，1999. 城市地下工程活动的环境土工学问题（上）[J]. 地下工程与隧道，1999（3）：2-6.

王常明，王清，张淑华，2004. 滨海软土蠕变特性及蠕变模型[J]. 岩石力学与工程学报，（2）：227-230.

王琛，张永丽，刘浩吾，2005. 三峡泄滩滑坡滑动带土的改进 Singh-Mitchell 蠕变方程[J]. 岩土力学，2005（3）：415-418.

王小平，封金财，2011. 基于非局部化方法的边坡稳定性分析[J]. 岩土力学，32（S1）：247-252.

王元战，王婷婷，王军，2009. 滨海软土非线性流变模型及其工程应用研究[J]. 岩土力学，30（9）：2679-2685.

王志俭，殷坤龙，简文星，2007. 万州区红层软弱夹层蠕变试验研究[J]. 岩土力学，28（S1）：40-44.

吴其晔，巫静安，2002. 高分子材料流变学[M]. 北京：高等教育出版社.

谢定义，姚仰平，党发宁，2008. 高等土力学[M]. 北京：高等教育出版社.

谢定义，2015. 非饱和土力学[M]. 北京：高等教育出版社.

须藤俊男，1974. 严寿鹤译，1981. 黏土矿物学[M]. 北京：地质出版社.

徐日庆，龚慈，魏刚，等，2005. 考虑平动位移效应的刚性挡土墙土压力理论[J]. 浙江大学学报（工学版），39（1）：119-122.

徐筱，赵成刚，蔡国庆，2018. 区分毛细和吸附作用的非饱和土抗剪强度模型[J]. 岩土力学，39（6）：2059-2064.

许强，黄润秋，2008. 5·12汶川大地震诱发大型崩滑灾害动力特征初探[J]. 工程地质学报，16（6）：721-729.

杨超，汪稔，孟庆山，2012. 软土三轴剪切蠕变试验研究及模型分析[J]. 岩土力学，33（S1）：105-111.

姚仰平，孔令明，胡晶，2013. 考虑时间效应的UH模型[J]. 中国科学：技术科学，43（3）：298-314.

姚仰平，罗汀，侯伟，2018. 土的本构关系[M]. 2版. 北京：人民交通出版社.

姚仰平，2015. UH模型系列研究[J]. 岩土工程学报，37（2）：193-217.

殷德顺，任俊娟，和成亮，等，2007. 一种新的岩土流变模型元件[J]. 岩石力学与工程学报，2007（9）：1899-1903.

殷建华，冯伟强，2019. 蠕变黏性土固结沉降计算的新简化方法及验证[J]. 岩土工程学报，41（A02）：5-8.

殷建，2011. 从本构模型研究到试验和光纤监测技术研发[J]. 岩土工程学报，33（1）：1-15.

殷跃平，2009. 汶川八级地震滑坡高速远程特征分析[J]. 工程地质学报，17（2）：153-166.

殷宗泽，张海波，朱俊高，等，2003. 软土的次固结[J]. 岩土工程学报，25（5）：521-526.

殷宗泽，2007. 土工原理[M]. 北京：中国水利水电出版社.

臧秀平，2004. 工程地质[M]. 北京：高等教育出版社.

詹美礼，钱家欢，陈绪禄，1993. 软土流变特性试验及流变模型[J]. 岩土工程学报，15（3）：

54-62.

张建民，2012. 砂土动力学若干基本理论探究[J]. 岩土工程学报，34（1）：1-50.

张克绪，凌贤长，2020. 非经典土力学[M]. 北京：科学出版社.

张学言，1993. 岩土塑性力学[M]. 北京：人民交通出版社.

赵成刚，白冰，等，2017. 土力学原理[M]. 2版. 北京：北京交通大学出版社.

赵成刚，李舰，宋朝阳，等，2018. 土力学理论需要发展与变革[J]. 岩土工程学报，40（8）：1383-1394.

赵成刚，尤昌龙，2001. 饱和砂土液化与稳态强度[J]. 土木工程学报，34（3）：90-96.

郑颖人，龚晓南，1989. 岩土塑性力学基础[M]. 北京：中国建筑工业出版社.

中华人民共和国水利部，1999. 土工试验规程：SL 237—1999[S]. 北京：中国水利水电出版社.

朱鸿鹄，陈晓平，程小俊，等，2006. 考虑排水条件的软土蠕变特性及模型研究[J]. 岩土力学，27（5）：694-698.

编 后 语

　　《土力学理论需要发展与变革》（赵成刚 等，2018）一文展示了我对土力学理论的总体看法。Terzaghi 建立的土力学是一种充满了各种荒谬的假设，缺少一致性，并且是一种极为简化的、难以准确预测土的行为的理论。人们将其称为半理论、半经验的学科。对于这样一种粗糙的理论，Terzaghi 学派却视之为珍宝，摸不得、碰不得。尤其是有效应力原理，更是不可触碰。该学派仅在这一原理的框架下进行一些修修补补的研究。由于这一学派的保守观点，并在土力学研究领域居于主流位置，导致土力学研究难有突破性进展，致使土力学学科在国际上处于衰败的境地。

　　真正的研究者应该是现行理论的批判者和新理论的创造者。《土力学理论需要发展与变革》仅做了一些批判性的工作，并且批判得不彻底。至于创造，还有待于将来的青年学者的努力，我已经老了，只能做到批判这一步了。

　　土力学的未来属于青年一代。

赵成刚

2022 年 1 月 25 日